U0166843

国家科学技术学术著作出版基金资助出版

中国科学院中国动物志编辑委员会主编

中国动物志

昆虫纲 第七十二卷

半 翅 目

叶蝉科 (四)

横脊叶蝉亚科

李子忠 李玉建 邢济春 著

国家自然科学基金重大项目
中国科学院知识创新工程重大项目
(国家自然科学基金委员会 中国科学院 科技部 资助)

科 学 出 版 社
北 京

内 容 简 介

本志分为总论和各论两大部分。总论部分包括分类概况与研究简史、形态特征、生物学与生态学、经济意义与防治、地理分布及区系分析、材料和方法。各论部分系统记述我国横脊叶蝉亚科 4 族 49 属 299 种，含 8 新属 76 新种、2 中国新纪录属、1 中国新纪录种和 26 种新组合，提出 21 种新异名，还编制了族、属、种检索表。每个种均有较详细的文字描述，包括中名、学名、引证、外形特征、雄性外生殖器、体色斑纹、寄主、检视标本及分布。全书共有插图 303 幅，成虫背面原色图版 14 面 112 幅。书末附参考文献、英文摘要、中名索引和学名索引。

本志可供从事昆虫学教学和科学研究，以及植物保护、森林保护的科技工作者参考。

图书在版编目(CIP)数据

中国动物志. 昆虫纲. 第七十二卷，半翅目. 叶蝉科. 四. 横脊叶蝉亚科/李子忠，李玉建，邢济春著. —北京：科学出版社，2020. 10

ISBN 978-7-03-066254-5

I. ①中… II. ①李… ②李… ③邢… III. ①动物志-中国 ②昆虫纲-动物志-中国 ③半翅目-动物志-中国 ④叶蝉科-动物志-中国 IV. ①Q958. 52

中国版本图书馆 CIP 数据核字 (2020) 第 183246 号

责任编辑：韩学哲 付丽娜 /责任校对：郑金红

责任印制：肖 兴 /封面设计：刘新新

科 学 出 版 社 出版

北京东黄城根北街 16 号

邮政编码：100717

http://www.sciencep.com

中国科学院印刷厂 印刷

科学出版社发行 各地新华书店经销

*

2020 年 10 月第 一 版 开本：787 × 1092 1/16

2020 年 10 月第一次印刷 印张：35 3/4 插页：8

字数：845 000

定价：380.00 元

(如有印装质量问题，我社负责调换)

Supported by the National Fund for Academic Publication in Science and Technology

Editorial Committee of Fauna Sinica, Chinese Academy of Sciences

FAUNA SINICA

INSECTA Vol. 72

Hemiptera

Cicadellidae (IV)

Evacanthinae

By

Li Zizhong, Li Yujian and Xing Jichun

A Major Project of the National Natural Science Foundation of China
A Major Project of the Knowledge Innovation Program
of the Chinese Academy of Sciences

(Supported by the National Natural Science Foundation of China,
the Chinese Academy of Sciences, and the Ministry of Science and Technology of China)

Science Press

Beijing, China

EDITORIAL COMMITTEE OF FAUNA SINICA, CHINESE ACADEMY OF SCIENCES

前　言

横脊叶蝉亚科昆虫均属植食性，直接刺吸植物汁液，产卵划伤植物输导组织而对植株造成伤害，分泌的蜜露堵塞植物气孔，影响光合作用，导致烟煤病发生，一些种还可以传播植物病毒病，是一类重要或潜在的农林害虫。该亚科种类分布广泛，遍及世界各动物地理界，以东洋界种类最丰富，尤其中国记述种类最多。目前全世界已知 4 族 46 属 256 种，中国已记述 4 族 41 属 239 种。

长期以来，对于横脊叶蝉亚科分类系统，国内外学者意见有分歧。Dietrich (2004) 对横脊叶蝉亚科的系统发育进行了较全面的研究，建立了横脊叶蝉亚科 Evacanthinae 高级分类系统，包括横脊叶蝉族 Evacanthini、隐脉叶蝉族 Nirvanini、缺缘叶蝉族 Balbillini 和无脊叶蝉族 Pagaroniini，这 4 族在中国均有分布记载。

国外研究中国横脊叶蝉分类最早的是 Melichar（1902），记述了分布于我国四川的横脊叶蝉 2 属 4 新种。中国学者最早研究横脊叶蝉分类的是葛钟麟，在《中国经济昆虫志第十册同翅目叶蝉科》（1966）中，记述了分布于我国的横脊叶蝉 5 种、隐脉叶蝉 6 种，其后在《昆虫学报》上发表“拟隐脉叶蝉属二新种记述”（1973），这是中国学者首次在中国刊物上发表的横脊叶蝉亚科分类的文章。李子忠（1985）在《昆虫学报》上发表“横脊叶蝉属一新种记述（同翅目：横脊叶蝉科）”，从此他亦步入中国横脊叶蝉分类研究的行列，后他与汪廉敏教授及陈祥盛、李玉建、邢济春等博士研究生对横脊叶蝉进行了较系统的分类研究。

我们对横脊叶蝉的分类研究先后得到了贵州省科学技术委员会科学研究基金“贵州叶蝉总科分类研究”（1985-1987）、贵州省教育委员会科学研究基金“中国横脊叶蝉亚科系统分类研究”（1994-1996）、国家自然科学基金“隐脉叶蝉亚科分类及系统发育研究”（1995-1997）（编号：39460015）等的资助。其间，我们已在国内外学术刊物上发表横脊叶蝉分类文章 58 篇，出版了《贵州农林昆虫志》（卷 4）（1992）、《中国横脊叶蝉（同翅目：叶蝉科）》（1996）、《中国隐脉叶蝉（同翅目：叶蝉科）》（1999）等学术专著 3 部，建立 15 新属 121 新种。“贵州叶蝉总科分类研究”获贵州省科学技术进步奖三等奖（1988），《贵州农林昆虫志》（卷 4）获贵州省科学技术进步奖三等奖（1993），“中国横脊叶蝉亚科系统分类研究”获贵州省科学技术进步奖三等奖（1999），“隐脉叶蝉亚科分类及系统发育研究”获贵州省科学技术进步奖二等奖（2004）。上述项目的资助及阶段性研究成果的取得为本志编研奠定了良好的基础。2011 年，我们很荣幸地接受国家自然科学基金重大项目“《中国动物志》编研”（编号：31093430）的子课题“中国动物志昆虫纲半翅目叶蝉科横脊叶蝉亚科”的编研任务后，便集中精力全力着手本志的编研。在国内同行专家的大力支持与帮助下，编写组全力配合，经过 5 年的努力，完成了本志的编写，这是我们从事横脊叶蝉分类研究 30 余年的系统总结，也是我国目前横脊叶蝉亚科分类研究最完整的论著。

本志共记述中国横脊叶蝉亚科 4 族 49 属 299 种，含 8 新属 76 新种、2 中国新纪录属、1 中国新纪录种和 26 种新组合，提出 21 种新异名，编制族、属、种检索表。每个种均有较详细的文字描述，包括中名、学名、引证、外形特征、雄性外生殖器、体色斑纹、寄主、检视标本及分布。全书共有插图 303 幅，成虫背面原色图版 14 面 112 幅。书末附参考文献、英文摘要、中名索引和学名索引。由于本次研究有 9 种未获得标本，3 种只有雌性标本，因此仅根据原始文献整理并仿制特征图。

横脊叶蝉亚科分类研究和本志编写过程中使用标本 23 540 余号，标本主要采自 20 世纪 70 年代至今，我们先后在国内 28 个省（区）采集收藏，有 851 号标本来自国内外同行专家馈赠、交换、借用，基本反映了中国横脊叶蝉亚科的分布面貌。主要采集者除著者外，还包含贵州大学（原贵州农学院）植物保护专业历届本科生，杨茂发教授、陈祥盛教授、戴仁怀教授、金道超教授及他们所指导的研究生，以及汪廉敏教授、廖启荣副教授、宋琼章高级实验师等。

在本志编写过程中，国内外同行专家给予了大力支持与帮助。安徽农业大学葛钟麟教授、中国农业大学杨集昆教授和李法圣高级工程师、西北农林科技大学张雅林教授、江西农业大学林毓鉴教授、河北大学任国栋教授、长江大学王文凯教授和李传仁教授、南开大学刘国卿教授和苏州大学蔡平教授等在借用或提供模式标本核对方面给予了诸多方便；中山大学梁络球教授将采自美国夏威夷的隐脉叶蝉标本、福建农林大学林乃铨教授将采集的部分隐脉叶蝉标本赠送给贵州大学昆虫研究所永久保存；原西南农业大学石福明教授将采自四川省的横脊叶蝉标本、英国威尔士大学 V. Novotny 博士将采自越南的横脊叶蝉标本无私馈赠，此外，华南农业大学田明义教授、扬州大学杜予州教授、西藏自治区农牧科学院王保海研究员和何谭研究员、广西壮族自治区农业科学院周志宏研究员、山东省商河县林业局闫家河高级工程师、山东省平阴县丁世明先生、甘肃省农业科学院孙智泰研究员、甘肃省镇原县农牧局曹巍先生、贵州省安顺地区疾病预防控制中心魏濂艨主任医师等将自己采集并收藏的部分横脊叶蝉标本无私馈赠；台湾台中自然科学博物馆黄坤炜博士、詹美铃博士、杨万琮先生在著者赴台湾考察和采集标本时提供了方便，并互换标本；英国自然历史博物馆 M. D. Webb 博士将馆藏东南亚的横脊叶蝉标本提供借用研究。

在本志编写过程中，承蒙范志华博士绘制部分特征图、贵州大学各级领导的关心鼓励，以及《中国动物志》编辑委员会黄大卫研究员、陶冶副研究员的支持帮助，作者对上述提到及未提到的同仁一并表示诚挚的谢意。

由于著者水平有限，本志中不足之处在所难免，恳请同仁和读者批评指正。

李子忠 李玉建 邢济春

2018 年 1 月 20 日于贵阳

目 录

总　　论

一、分类概况与研究简史

(一) 分 类 地 位

横脊叶蝉亚科 Evacanthinae，隶属于昆虫纲 Insecta 半翅目 Hemiptera 头喙亚目 Auchenorrhyncha 叶蝉总科 Cicadelloidea 叶蝉科 Cicadellidae。

(二) 分 类 系 统

横脊叶蝉亚科 Evacanthinae 由 Haupt 于 1929 年以横脊叶蝉属 *Evacanthus* 为模式属建立，当时用名为 Euacanthinae，归在叶蝉科 Jassidae (=Cicadellidae)，还包括大叶蝉亚科中的边大叶蝉属 *Kolla* 和窗翅叶蝉属 *Mileewa* 等；Metcalf (1939) 正名为 Evacanthinae，并建立横脊叶蝉族 Evacanthini 和长胸叶蝉族 Signoretiini (=Signoretiinae)；Evans (1938，1941，1947)、Metcalf (1967，1946)、Ishihara (1963)、葛钟麟 (1981)、李子忠 (1985) 等将其提升为科级单元；Hamilton (1983)、Huang (1992) 将其作为族级单元归于大叶蝉亚科 Cicadellinae；Oman 等 (1990) 则将其作为亚科级单元，随后该观点得到普遍接受，诸如张雅林 (1990)、李子忠和汪廉敏 (1996b)、Dietrich (2004)、Viraktamath (2007) 等。

Melichar (1903) 以斯里兰卡产 *Pythamus dealbatus* 为模式种建立了片脊叶蝉属 *Pythamus*，将该属归入扁叶蝉亚科 Gyponinae；Baker (1915，1923) 先后以片脊叶蝉属 *Pythamus* 为模式属建立了片脊叶蝉科 Pythamidae (包含片脊叶蝉亚科 Pythaminae)；Oman 等 (1990) 认为片脊叶蝉亚科为横脊叶蝉亚科的异名。

Distant (1908) 根据头冠的形状和冠面的长短等特征，将横脊叶蝉属 *Evacanthus* 和长胸叶蝉属 *Signoretia* 归在大叶蝉亚科，并建立了斜脊叶蝉属 *Bundera*、凹冠叶蝉属 *Mainda* 和脊胸叶蝉属 *Preta*，根据头冠的长宽比例将南无僧叶蝉属 *Namsangia*、弯头叶蝉属 *Vangama* 和片脊叶蝉属 *Pythamus* 归入扁叶蝉亚科 Gyponinae，将新建的翘头叶蝉属 *Dussana* 放在叶蝉亚科 Jassinae；Viraktamath (2007) 认为翘头叶蝉属为片脊叶蝉属的异名。

Baker (1915) 根据单眼位于头冠侧域的特征将长胸叶蝉属、片脊叶蝉属从大叶蝉亚科中剔出，分别建立了长胸叶蝉亚科 Signoretiinae 和片脊叶蝉亚科 Pythaminae，并将两个亚科归于 Stenocotidae，前者包括长胸叶蝉属 *Signoretia*、脊胸叶蝉属 *Preta*，后者包括片脊叶蝉属 *Pythamus* 和脊叶蝉属 *Tortor*。

Baker (1923) 将叶蝉作为总科，包括长胸叶蝉科 Signoretiidae、横脊叶蝉科 Evacanthidae、片脊叶蝉科 Pythamidae 和隐脉叶蝉科 Nirvanidae 等 15 科，其中横脊叶蝉科 Evacanthidae 包括横脊叶蝉属 *Evacanthus* 和斜脊叶蝉属 *Bundera*，长胸叶蝉科包括长胸叶蝉属*Signoretia*和脊叶蝉属*Tortor*，片脊叶蝉科Pythamidae包含6属，分别是*Pythamus*、*Onukia*、*Oniella*、*Tortor*、*Dryadomorpha*和*Chudania*等，将隐脉叶蝉作为一科，在科下建立3亚科，即Nirvaniinae、Macroceratogoniinae和Stenometopiinae，在隐脉叶蝉亚科下未分族，直接列出亚科下8属的检索表。Baker (1923) 建立的分类系统随着分类研究的深入及后人不断的补充修改而逐渐完善。

Haupt (1929) 将隐脉叶蝉科科名Nirvaniidae订正为Nirvanidae，亚科名为Nirvaninae。

Evans (1947) 在 *Anatural classification of leaf-hoppers* (*Jassoidea, Homoptera*). *Part 3*: *Jassidae* 一文中对叶蝉科 Jassidae (=Cicadellidae) 的高级类群进行了概括和描述，提出叶蝉科分为 17 亚科 33 族的分类系统，对于隐脉叶蝉亚科当时没有再往下分族，仅列出当时所知的隐脉叶蝉亚科 Nirvaninae 下 32 属的属级名称及其模式种，基本支持了 Baker 的分类系统，从而固定了该亚科分类系统的基本框架。

Metcalf (1962-1968) 在 *General Catalogue of the Homoptera* 中将叶蝉科提升为总科，采用了横脊叶蝉科 Evacanthidae 包括横脊叶蝉亚科 Evacanthinae、长胸叶蝉亚科 Signoretiinae 和片脊叶蝉亚科 Pythaminae 这一系统。将隐脉叶蝉亚科提升为隐脉叶蝉科 Nirvanidae，在科下未设亚科级，并将其分为 4 族 2 亚族，即增加 Mukariini 族，在 Macroceratogoniini 族包含 Macroceratogoniina 亚族和 Balbillina 亚族，罗列了至 1955 年年底前全世界隐脉叶蝉科 21 属 67 种，其系统与 Baker (1923) 的基本一致。

Linnavuori (1972) 在 *Revisional studies on African leafhoppers* (*Homoptera Cicadelloidea*) 一文中将隐脉叶蝉作为一亚科，包括 4 族，即 Nirvanini、Macroceratogoniini、Occiroceratogoniini 和 Balbillini，同时建立 4 新属和大量新种，编制族、属、种检索表。

Oman 等 (1990) 在 *Leafhoppers* (*Cicadellidae*): *A bibliography, generic check-list and index to the world literature 1956-1985* 中将横脊叶蝉作为一科，仅包括横脊叶蝉亚科 Evacanthinae 横脊叶蝉族 Evacanthini。将隐脉叶蝉作为一亚科，包括 4 族，即 Nirvanini、Macroceratogoniini、Occiroceratogoniini 和 Balbillini，并将 Stenometopiini 归入角顶叶蝉亚科 Deltocephalinae，沿用额垠叶蝉族 Mukariini 提升为额垠叶蝉亚科 Mukariinae 的观点，增加 Occinirvanini 族，将 Balbillina 亚族从 Macroceratogoniini 族中独立为 Balbillini 族，将长胸叶蝉族 Signoretiini 提升为独立的亚科 Signoretiinae。

Viraktamath (1992) 在 *Oriental Nirvanine leafhoppers* (*Homoptera*: *Cicadellidae*): *a review of C. F. Baker's species and keys to the genera and species from Singapore, Borneo and the Philippines* 一文中对东洋界隐脉叶蝉进行系统研究后，确立了分布于新加坡、菲律宾的隐脉叶蝉亚科有缺缘叶蝉族 Balbillini 和隐脉叶蝉族 Nirvanini，编制了属、种检索表。

Dietrich (2004) 对横脊叶蝉亚科的系统发育进行了研究，确认隐脉叶蝉亚科 Nirvaninae 是横脊叶蝉亚科的异名，建立横脊叶蝉亚科高级分类系统，包括 4 族，即横脊叶蝉族 Evacanthini、隐脉叶蝉族 Nirvanini、缺缘叶蝉族 Balbillini 和无脊叶蝉族 Pagaroniini。

本志将遵循 Dietrich (2004) 的高级分类系统。

(三) 分类研究简史

1. 世界分类研究简史

横脊叶蝉属 *Evacanthus* Lepeletier *et* Serville, 1825 是横脊叶蝉亚科中最早建立的属，随后 Van Duzee (1892)、Melichar (1902)、Distant (1908)、Matsumura (1912)、Oman (1949)、Hamilton (1983) 等都研究过此属的分类。隐脉叶蝉属 *Nirvana* Kirkaldy, 1900 也是较早建立的属，随后 Melichar (1903)、Distant (1908)、Matsumura (1912)、Schumacher (1915)、Baker (1923) 等都对此属进行过分类研究，建立了一些新的分类单元。

较系统研究横脊叶蝉亚科分类的有 Melichar (1902，1903)，记述横脊叶蝉属 *Evacanthus* 和消室叶蝉属 *Chudania* 共 4 新种，以斯里兰卡产的 *Pythamus dealbatus* 为模式种建立了片脊叶蝉属 *Pythamus*。

Distant (1908) 将横脊叶蝉属和长胸叶蝉属 *Signoretia* 归在大叶蝉亚科，并建立了斜脊叶蝉属 *Bundera*、凹冠叶蝉属 *Mainda* 和脊胸叶蝉属 *Preta*，同时将弯头叶蝉属 *Vangama* 和片脊叶蝉属 *Pythamus* 归入扁叶蝉亚科 Gyponinae，记述产于印度、缅甸和斯里兰卡的大批新种。

Matsumura (1915) 分别记述朝鲜横脊叶蝉属 *Euacanthus* (=*Evacanthus*) 和隐脉叶蝉属 *Nirvana* 各 1 新种。

Baker (1915) 以片脊叶蝉属 *Pythamus* 为模式属，建立片脊叶蝉亚科 Pythaminae，并描记该属 3 种级单元。

Baker (1923) 在 *The Jassoidea related to the Stenocotidae with special reference to Malayan species* 一文中对菲律宾及相邻地区叶蝉总科 Jassoidea (=Cicadelliodea) 进行了较系统的研究，并首次在隐脉叶蝉科 Nirvanidae 下建立 3 新亚科 (即 Macroceratogoniinae、Nirvaniinae、Stenometopiinae) 4 新属 (分别是 *Pseudonirvana*=*Sophonia*、*Stenotortor*、*Nirvanoides*、*Jassonirvana*) 和大批新种，并编制亚科、属、种检索表。Baker 的研究工作为其后横脊叶蝉亚科的进一步分类研究奠定了基础。

Izzard (1955) 记述产于印度的隐脉叶蝉 1 新属 1 新种。

Karamer (1965，1976) 对新北界隐脉叶蝉进行较系统研究，先后建立 7 新属 8 新种。

Okada (1976，1978) 先后记述日本 *Pagaronia* 15 新种。

Linnavuori (1972) 在 *Revisional studies on African leafhoppers* (*Homoptera Cicadelloidea*) 一文中系统研究了非洲拟隐脉叶蝉，建立 4 新属和大量新种，编制族、属、种检索表。

Viraktamath 和 Wesley (1988) 在 *Revision of the Nirvaninae* (*Homoptera*: *Cicadellidae*) *of the Indian subcontinent* 一文中系统记述了隐脉叶蝉亚科中缺缘叶蝉族 Balbillini、隐脉叶蝉族 Nirvanini、Occinirvanini 族 8 属 30 种，包含 11 新种，编制了属、种检索表。

Hayashi 和 Kenji (1990) 记述日本无脊叶蝉属 *Pagaronia* 5 新种。

Viraktamath (1992) 对 Baker 建立的隐脉叶蝉亚科种类进行了考订，较系统地研究了新加坡、菲律宾隐脉叶蝉亚科的缺缘叶蝉族 Balbillini 和隐脉叶蝉族 Nirvanini 中 9 属所含种类，编制了属、种检索表。

Li 和 Webb (1996) 记述越南、泰国横脊叶蝉亚科 4 新种。

Li 和 Novotny (1997) 记述越南脊额叶蝉属 1 新种。

Viraktamath 和 Webb (2007) 在 *Review of the leafhopper genus Pythamus Melichar (Hemiptera: Cicadellidae: Evacanthinae) in the Indian subcontinent* 一文中对印度片脊叶蝉进行全面考订，确认 *Dussana* 是片脊叶蝉属 *Pythamus* 的异名，*Dussana quaerenda* 是 *Pythamus dealbatus* 的异名，记述印度片脊叶蝉 3 新种，将 *Dussana assamensis* 组合在 *Onukia*。

Hayashi和Okudera (2007) 记述日本无脊叶蝉属*Pagaronia* 6新种。

Webb 和 Viraktamath (2004) 在 *On the identity of an invasive leafhopper on Hawaii (Hemiptera, Cicadellidae, Nirvaninae)* 一文中报道分布于美国夏威夷的拟隐脉叶蝉属 *Sophonia* 4 种。

Dietrich (2011) 报道产于泰国的隐脉叶蝉族 1 新属和 1 新种。

Wang 等 (2013) 记述泰国横脊叶蝉亚科 1 新属 3 新种。

Wang 和 Zhang (2014) 记述横脊叶蝉亚科 1 新属 1 新种。

Wang 和 Zhang (2015a) 记述泰国横脊叶蝉亚科 1 新属和 1 新种。

Wang 和 Zhang (2015b) 记述中国片脊叶蝉属 2 新种。

Wang 等 (2016) 记述澳大利亚隐脉叶蝉族 1 新属。

Wang 等 (2017) 报道非洲隐脉叶蝉族 2 新种。

2. 中国分类研究简史

回顾我国横脊叶蝉的研究历史，至今已有 100 多年。新中国成立前，我国横脊叶蝉亚科分类主要由外国人进行了零星研究。最早研究中国横脊叶蝉的是 Melichar (1902) 在 *Homopteren aus West China, Persien und dem Sud Ussuri Gebiete* 一文中记述产于中国四川的横脊叶蝉属 *Evacanthus* 2 新种 (当时归在 Tettigonidae)、消室叶蝉属 *Chudania* 2 新种 (当时归在 Tettigonidae *Tettigonia*)；Matsumura (1912b) 记述产于中国台湾的横脊叶蝉属 *Evacanthus* 2 新种、锥头叶蝉属 *Onukia* 3 新种、隐脉叶蝉属 *Nirvana* 1 新种 (=*Sophonia orientalis*)；Kato (1933) 记述产于中国台湾的斜脊叶蝉属 *Bundera* 和锥头叶蝉属 *Onukia* 各 1 新种；Jacobi (1944) 记述产于福建的楔叶蝉属 *Cunedda* 2 新种、翘头叶蝉属 *Dussana* 1 新种 (=*Riseveinus sinensis*)；Ishihara (1963) 以台湾产 *Evacanthus formosanus* 为模式种建立拟锥头叶蝉属 *Onukiades*，以台湾产 *Onukia arisana* 为模式种建立副锥头叶蝉属 *Paraonukia*。

新中国成立后，中国学者步入横脊叶蝉亚科分类研究的行列。最早涉足横脊叶蝉亚科分类研究的是葛钟麟 (1966)，在《中国经济昆虫志第十册同翅目叶蝉科》中，记述分布于我国的横脊叶蝉 5 种、隐脉叶蝉 6 种，在《昆虫学报》上发表“拟隐脉叶蝉属二新种记述”(1973)，这是中国学者首次在中国权威刊物上发表的隐脉叶蝉分类文章。其后他在国内学术刊物上分别对我国横脊叶蝉属 *Evacanthus*、斜脊叶蝉属 *Bundera*、小板叶蝉属 *Oniella*、拟隐脉叶蝉属 *Sophonia* (=*Pseudonirvana*) 进行了较系统的分类研究，尤其在《西藏昆虫》第一册 (1981)、《西藏农业病虫及杂草》(一) (1987)、《横断山区昆虫》(第一册) (1992) 等专著中记述我国横脊叶蝉亚科大批新的分类阶 (单) 元。他对中国横脊叶蝉亚科分类研究做出了极大的贡献，是我国横脊叶蝉亚科分类研究的先驱者和奠基人。

20 世纪 90 年代，中国横脊叶蝉亚科分类研究有了新进展。黄坤炜博士对台湾横脊叶蝉亚科进行了较系统的分类研究，先后发表 *Redescriptions of three species of Hecalus of Taiwan and with male genital characters of Ophiuchus basilanus* (1989a)、*Taxonomy of Evacanthini of Taiwan* (*Homoptera*: *Cicadellidae*: *Nirvaninae*) (1992)、*Supplement of Nirvanini of Taiwan* (*Homoptera*: *Cicadellidae*: *Nirvaninae*) (1994) 等多篇论文，共记述我国台湾横脊叶蝉 2 族 13 属 27 种，含 4 新属 12 新种。

张雅林 (1990) 在《中国叶蝉分类研究 (同翅目: 叶蝉科) 》中记述了我国隐脉叶蝉亚科 4 属 19 种，并与杨集昆合作对消室叶蝉属 *Chudania* 进行了订正，记述了该属 8 新种；指导杨玲环完成《中国横脊叶蝉系统分类》博士学位论文 (2001)；与杨玲环、高敏、戴武、张新民、魏琮等合作先后发表多篇论文，记述我国横脊叶蝉亚科 5 新属 24 新种。

蔡平与葛钟麟在《昆虫学报》上发表“中国隐脉叶蝉科 3 新种 (同翅目：叶蝉总科)”(1996)，与申效诚合作在《昆虫分类学报》上发表“横脊叶蝉亚科四新种 (同翅目：叶蝉科)”(1997)，与孙江华、江佳富合作在《林业科学》上发表“中国葛藤叶蝉名录及新种、新记录描述 (同翅目：叶蝉科) ”(2001)，记述横脊叶蝉属 1 新种；与申效诚、何俊华、顾晓玲合作在河南昆虫区系分类系列专著中较系统地记述了分布于河南的横脊叶蝉亚科的种类。

李子忠带领贵州大学昆虫分类研究团队对横脊叶蝉亚科进行系统分类研究，指导陈祥盛完成“隐脉叶蝉亚科系统分类研究”硕士学位论文 (1996)，指导李玉建完成“中国横脊叶蝉亚科区系分类及生物地理学研究”博士学位论文 (2009)；与汪廉敏合著《贵州农林昆虫志》(卷 4) (1992) 和《中国横脊叶蝉 (同翅目: 叶蝉科)》(1996)，与陈祥盛合著《中国隐脉叶蝉 (同翅目: 叶蝉科)》(1999) 等 3 部学术专著；独著或与汪廉敏、陈祥盛、李玉建、邢济春、杨茂发、孟泽洪等合作，先后在国内外学术刊物上发表横脊叶蝉亚科分类文章 58 篇，已在相关专著和论文中建立并发表横脊叶蝉亚科 15 新属 121 新种。

先后从事横脊叶蝉亚科分类研究的中国学者有葛钟麟、葛竞麟、杨集昆、黄坤炜、张雅林、杨玲环、高敏、戴武、张新民、蔡平、申效诚、李子忠、汪廉敏、陈祥盛、李玉建、邢济春、孟泽洪等，他 (她) 们对中国横脊叶蝉分类研究功不可没，将中国横脊叶蝉亚科分类研究提高到一个新水平，促进了叶蝉分类研究学科的发展。

二、形态特征

(一) 成　　虫

1. 外部特征

体小到中型，体长一般 3-10mm，多呈圆筒形或较扁平。体色多暗或鲜艳，常具淡黄、灰白、乳白、黄、红、绿、褐、黑等色彩斑纹。头部较前胸背板窄，头冠前端呈角状或宽圆突出，少数极度延长突出，如弯头叶蝉属 *Vangama*，中央和边缘均具脊，一些类群二单眼间有横脊相连，如横脊叶蝉属 *Evacanthus*；单眼位于头冠前侧缘，与复眼之距较头冠顶端近；颜面额和后唇基愈合，统称额唇基，额唇基隆起部平坦，两侧有横印痕列，中央有纵脊，或仅基域有纵脊。前翅翅脉完全，或革片基部翅脉模糊不清，一些类群常有附加横脉，R_{1a}脉常与前缘反折或垂直相交。一些类群具短翅型和性二型。

2. 体躯量度

体躯量度 (measurement) 指直观的外部大小量度，如体长、体宽及各部分长度之比等。

体长 (length)：指成虫处于休息状态时，从头冠前缘至前翅末端之间的长度，即体连翅长，短翅型量至腹部末端。

头冠长 (length of crown)：或称头冠中长，指头冠前缘至后缘之间的距离。

头冠宽 (width of crown)：指头部背面 (包括复眼) 最宽处的距离。

复眼间宽 (interocular width)：指头部背面二复眼间最狭处的距离。

前胸背板长 (length of pronotum)：指前胸背板中部前、后缘之间的距离。

前胸背板宽 (width of pronotum)：指前胸背板最宽处的距离。

3. 头部

头冠 (crown)：指头部 (head) (图 1) 背面二复眼之间的区域。常用的分类特征是：头冠长度，头冠形状，是否有斑点或条纹，与前胸背板长宽之比，单眼与复眼之间距离等。

冠缝 (coronal suture)：指蜕裂线的中干，冠缝长度是分类特征之一。

颜面 (face)：指头部从腹面观察到的部分。

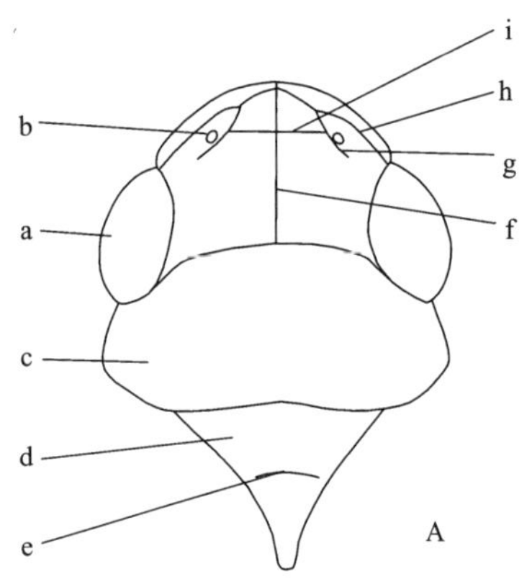

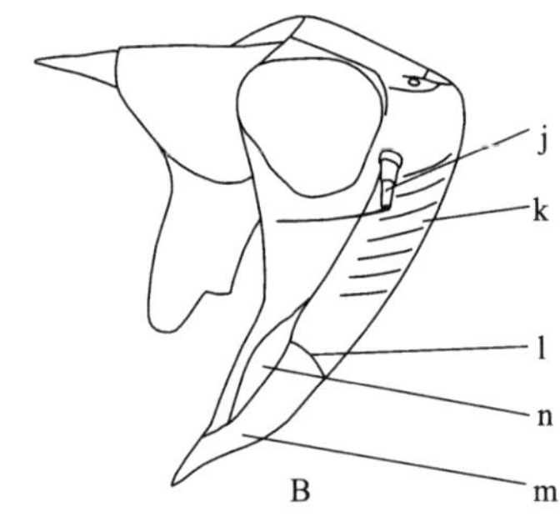

图 1 头、胸部 (head and thorax)

A. 头、胸部背面观 (head and thorax, dorsal view)；B. 头、胸部侧面观 (head and thorax, lateral view)

a. 复眼 (eye)；b. 单眼 (ocellus)；c. 前胸背板 (pronotum)；d. 小盾片 (scutellum)；e. 横印痕 (transverse imprint)；f. 冠缝 (coronal suture)；g. 侧脊 (lateral carina)；h. 缘脊 (margin carina)；i. 横脊 (transverse carina)；j. 触角 (antenna)；k. 额唇基 (frontoclypeus)；l. 唇基间缝 (frontoclypeal sulcus)；m. 前唇基 (anteclypeus)；n. 舌侧板 (lorum)

唇基 (clypeus)：连接于额区端部，以额唇基缝与额区分界。

额唇基 (frontoclypeus)：额和后唇基之间常无明显的缝分界，因而形成额唇基区，额唇基一般隆起，中央有纵脊，两侧有明显的肌肉印痕。

前唇基 (anteclypeus)：是指唇基的前部，上唇着生处、前唇基形状、长宽之比等是常用的分类特征。

触角 (antenna)：位于头部腹面侧区复眼下方，着生处常凹陷，称为触角窝。触角上方有 1 横脊，称为触角脊或触角檐。常用特征有触角着生的位置、触角窝的深浅、触角脊的有无及长短、触角长短等。

单眼 (ocellus)：单眼一对，位于头冠前侧缘，背面可见，常着生在侧脊外侧或侧脊分叉处。单眼着生位置是常用的分类特征。

复眼 (eye)：复眼位于头冠两侧，复眼大小及占头部背面比例为常用的分类特征。

4. 胸部

胸部 (thorax) (图 1) 由前、中、后胸 3 部分组成，在中、后胸背面两侧分别着生前翅和后翅各 1 对，在前、中、后胸腹面分别着生前、中、后足各 1 对，在分类中常用的特征是前胸背板、中胸背板、前翅、后翅及胸足构造。

前胸背板 (pronotum)：一般横宽，前缘弧形突出，后缘微凹或接近平直。前胸背板表面有无刻点、皱纹及前胸背板宽度与头宽之比均是分类特征。

小盾片 (scutellum)：中胸小盾片的简称，指中胸背面的可见部分，分类中常用的特征是形状大小、横印痕曲直。

翅 (wing)：具前翅 (forewing) 和后翅 (hindwing) (图 2) 各 1 对，常用的分类特征是前翅的质地、翅脉增减变化、端片有无及大小、端室数。后翅的特征在横脊叶蝉分类中不常使用。

足 (leg)：胸足由基节、基转节、转节、腿节、胫节和跗节组成，在分类中常用特征是后足胫节末端刺的排列形式。

5. 腹部

腹部 (abdomen) 由 11 节组成，第 1、2 腹节退化，可见到的第 1 完整腹节实为第 3 腹节。通常雄虫第 9 腹节为生殖节，该节着生用于交尾的雄性外生殖器。雌虫第 8、9 腹节为生殖节，形成用于交尾和产卵的雌性外生殖器。自腹面观，通常雄虫仅见 6 节，雌虫可见 5 节。雌雄两性均由第 9 腹节形成尾节，尾节侧面常生有许多刚毛。第 10、11 腹节在两性中均退化，形成肛管 (anal tube) 和肛刺突 (anal style)，嵌在第 9 腹节背面的凹刻内。腹部末端的生殖节及其所包含的外生殖器构造特征是鉴别属、种的重要分类特征 (图 3)。

雄性外生殖器 (male genitalia)：包括外部的尾节和生殖腔内的交尾器官，如连索、阳茎、阳基侧突等。雄性尾节与外生殖器的构造特征在分类中起着重要的作用，是属、种鉴定的重要依据。

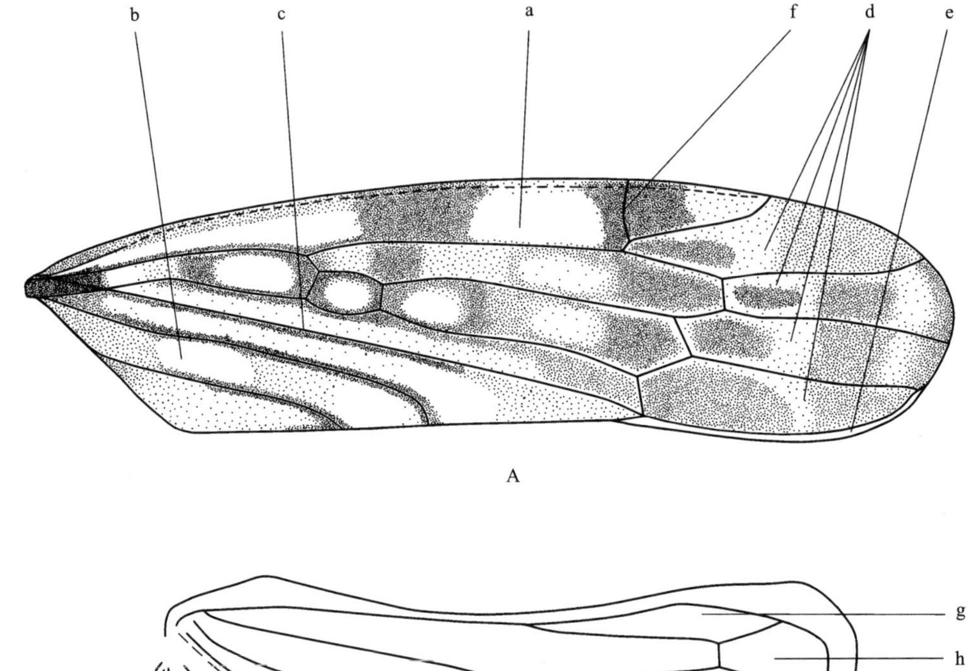

A

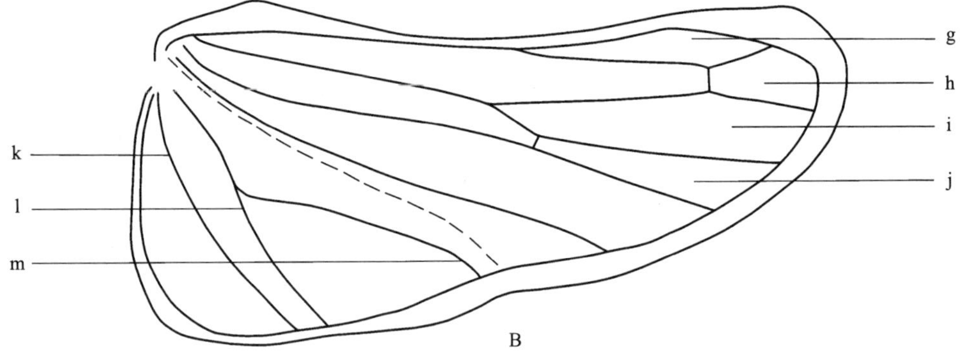

B

图 2　翅 (wing)

A. 前翅 (forewing)；B. 后翅 (hindwing)

a. 革片 (corium)；b. 爪片 (clavus)；c. 爪缝 (claval suture)；d. 端室 (apical cell)；e. 端片 (appendix)；f. 径分脉 (R_{1a})。g, h, i, j. 端室 (apical cell)；k, l, m. 爪脉 (clavus vein)

生殖瓣 (genital valve)：又称生殖基瓣，位于生殖节的腹面，由第 9 腹节腹板形成，常呈半圆形、三角形、椭圆形等，其后接下生殖板。生殖瓣的外形特征在属、种鉴定中偶用。

尾节 (pygofer)：又称生殖荚，是除生殖腔内的连索、阳茎、阳基侧突以外的壳体。尾节形状是分类中常用的特征。

尾节侧瓣 (pygofer side)：又称上生殖板，是第 9 腹节背板和侧板愈合的复合体，尾节侧瓣的形状、刚毛着生情况、腹缘是否着生突起，以及突起的形状等是属、种鉴定的重要依据。

下生殖板 (subgenital plate)：下生殖板紧接基瓣之后，其形状大小、是否着生突起、刚毛多少、排列形式等均是重要的分类特征。

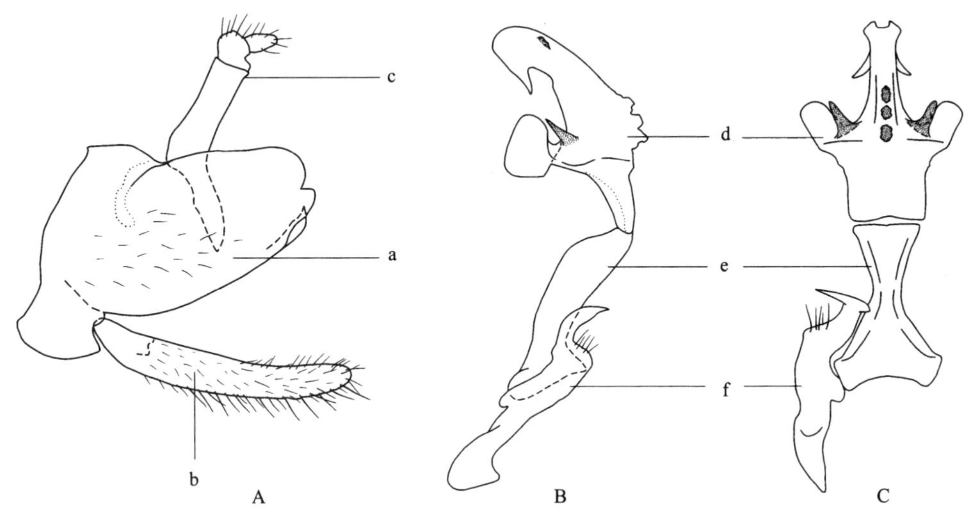

图 3 雄虫生殖节和外生殖器 (male genital segment and genitalia)

A. 雄虫生殖节侧面观 (male genital segment, lateral view); B. 雄虫外生殖器侧面观 (male genitalia, lateral view); C. 雄虫外生殖器腹面观 (male genitalia, ventral view)

a. 尾节侧瓣 (pygofer side); b. 下生殖板 (subgenital plate); c. 肛管 (anal tube); d. 阳茎 (aedeagus); e. 连索 (connective); f. 阳基侧突 (style)

阳茎 (aedeagus): 位于生殖腔中央，基部与连索相连或愈合。阳茎的形状、腹突的有无及形状、阳茎是否对称及阳茎与连索之间的关联形式等是极为重要的分类特征。

连索 (connective): 又称阳茎基，是属于阳茎基部的骨化构造。其形状大小、长与宽之比、与阳茎相连或愈合等是分类中常用的特征。

阳基侧突 (style): 又称抱器，位于连索两侧，在内缘近基部与连索相连。阳基侧突端部形状及中部有无突起是分类中常用的特征。

雌性外生殖器 (female genitalia): 雌性外生殖器由于种间变异不大，在分类中尚未普遍应用。产卵器伸出尾节侧瓣与否、各产卵瓣特征、生殖前节 (第 7 腹节) 腹板的形状变化特征在属乃至种的鉴定中常用 (图 4)。

(二) 若 虫

横脊叶蝉亚科昆虫属于不完全变态，若虫与成虫外形相似，唯按比例头部显得特大、腹部较小，近似锥形。在形态构造上，若虫无翅或仅具翅芽，跗节仅 2 节，生殖节板片至后期方才分化。一般若虫初孵时体色较淡，但随着龄期的不同体色斑纹也有差异。一般若虫至 3 龄时开始出现翅芽，到 5 龄时翅芽伸达第 3 腹节，4 龄时开始生殖节板片分化。若虫各龄期主要根据体型大小、各部分比例及翅芽有无等进行区别。

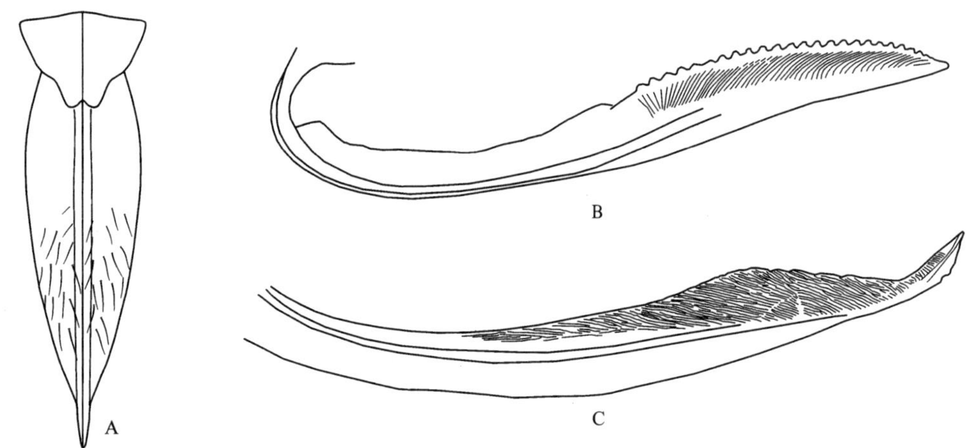

图 4　雌虫生殖节和外生殖器 (female genital segment and genitalia)

A. 雌虫生殖节腹面观 (female genital segment, ventral view)；B. 第二产卵瓣 (second ovipositor)；C. 第一产卵瓣 (first ovipositor)

三、生物学与生态学

横脊叶蝉亚科所有种类均属于不完全变态，它的生活周期经过卵、若虫、成虫等三个虫期，其发生、发展与生态环境密不可分。

(一) 生　活　史

目前有关横脊叶蝉生活史的研究不多，现有文献仅限于对农、林、果树及经济植物造成危害的数种，如黄面横脊叶蝉 *Evacanthus interruptus* (Linnaeus)、条翅横脊叶蝉 *Evacanthus taeniatus* Li、竹子斜脊叶蝉 *Bundera bambusana* Yang, Chen *et* Li、淡色拟隐脉叶蝉 (=淡色隐脉叶蝉) *Pseudonirvana pallida* (=*Nirvana pallida*) 和叉线拟隐脉叶蝉 (=长线拟隐脉叶蝉) *Pseudonirvana furcilinea* (=*Sophonia longitudinalis*) 等，尤以淡色拟隐脉叶蝉和叉线拟隐脉叶蝉的研究较为系统，其他种类的生物学、生态学研究文献资料少见。

1. 越冬虫态和越冬场所

横脊叶蝉卵、若虫、成虫均可越冬，但以成虫和卵越冬为主。越冬场所因越冬虫态不同而有差异，一般卵期在寄主植物组织内越冬，若虫期和成虫期则在隐蔽处或寄主植物上越冬，诸如黑脊狭顶叶蝉 *Angustuma nigricarina* (Li) 和淡脉横脊叶蝉 *Evacanthus danmainus* Kuoh 等常在杂草丛中越冬。在热带和亚热带地区，温热条件好的地方则周年发生，无明显越冬现象，如淡色拟隐脉叶蝉和叉线拟隐脉叶蝉在福建无明显越冬现象，番石榴树上周年均可见到各个虫态。

2. 年生活史及生活周期

横脊叶蝉年生活史随着不同种或同种在不同地区而有差异。例如，叉线拟隐脉叶蝉在福建相思树上一年发生 3-4 代，淡色拟隐脉叶蝉在番石榴上周年均可见到各个虫态，一年发生 3-4 代，夏秋季世代重叠。

对于一些常绿植物，横脊叶蝉可周年、终生在寄主植物上生活，如热带和亚热带地区，由于冬季番石榴树叶常青，1-2 月淡色拟隐脉叶蝉的卵仍可发育孵化，孵化时间持续到 4 月中下旬至 5 月初，为第 1 代若虫盛发高峰期，4 月下旬至 5 月中下旬出现第 1 代成虫高峰。6 月中旬至 7 月初为第 2 代若虫盛发高峰期，其后 7 月中下旬成虫迅速增加，出现第 2 次高峰。这一代若虫、成虫的种群数量大，持续时间长，与其后出现的世代相互重叠。7 月中旬至 10 月中旬是淡色拟隐脉叶蝉种群数量的稳定发展期，卵、若虫和成虫的种群数量波动较小。10 月中下旬，若虫、成虫同时出现高峰。此期由于寄主植物丰富，相当部分若虫、成虫可转移到果园内套种植物上取食 (陈义群等，2002)。

淡色拟隐脉叶蝉和叉线拟隐脉叶蝉混合种群，在番石榴园内多种寄主植物 (番石榴、大豆、甘薯、扁豆、花生) 并存时的发生动态独具特色。根据陈义群等 (2002) 的研究，8-11月由于寄主植物丰富，拟隐脉叶蝉的种群数量也持续增长，成为番石榴园全年拟隐脉叶蝉数量最多的时期，并且世代重叠现象十分严重。在秋季番石榴叶片衰老后，拟隐脉叶蝉成虫、若虫喜欢转移到甘薯叶上取食。在甘薯叶上取食的拟隐脉叶蝉成虫、若虫占总数的81.9%，在花生叶上占7.1%，只有11.0%的成虫、若虫留在番石榴叶上取食。同时，两种拟隐脉叶蝉成虫在不同寄主植物上的数量比例也略有不同，在甘薯叶上以淡色拟隐脉叶蝉为主，占84.6%，叉线拟隐脉叶蝉仅占15.4%；在番石榴叶上淡色拟隐脉叶蝉成虫占68.4%, 叉线拟隐脉叶蝉成虫占31.6%；在花生叶上淡色拟隐脉叶蝉成虫占81.9%，叉线拟隐脉叶蝉成虫仅占18.1%；大豆叶上100%都是淡色拟隐脉叶蝉，未发现叉线拟隐脉叶蝉成虫；在扁豆叶上以淡色拟隐脉叶蝉为主。由此可见，在番石榴园内多种寄主植物并存的情况下，仍以淡色拟隐脉叶蝉的种群数量为主。

(二) 各虫期习性

1. 卵期

卵为长椭圆形，长约 1mm，表面光滑，一般是端部细、基部较粗，微弯曲。卵一般产在寄主植物组织内，初产下的卵产卵痕不十分明显，接近孵化时产卵痕稍隆起，卵孔向外伸展，可见到头部，红色的眼点非常明显，孵化后卵壳带出产卵痕外约 1/3 处。卵历期的长短与温湿度关系密切。卵一般在上午孵化，据陈义群等 (2002) 观察，87 粒叉线拟隐脉叶蝉卵中，78 粒在晚上和上午孵化，占总数的 89.7%；下午孵化者仅 9 粒，占总数的 10.3%。

2. 若虫期

横脊叶蝉若虫与成虫外形相似，仅大小不同而已。一般头部较大，腹部较小，末端尖细。在外形构造上，若虫无翅或仅有翅芽，跗节仅 2 节。若虫期脱皮 4 次，有 5 龄期，龄期长短与温湿度和食料条件关系密切，在食料条件不足的情况下可增加脱皮次数，延长龄期。若虫期稍有群集习性，畏光，常聚集在叶片背面取食为害。

3. 成虫期

成虫有横走习性，稍受惊扰便横行或短距离飞行，一般在叶背或背光处取食、交尾，弱光照条件下，喜欢在植株上部活动。部分种类有趋光性，在灯光下常见。成虫产卵多为散产，产卵时先用产卵管插入植物组织内选择合适的位置产卵，往往多处刺伤植物组织，然后才能产下1粒卵，导致植物嫩梢、叶片伤痕累累。卵一般产在嫩梢或叶脉组织内，从产卵处可见产卵痕，叶片正面可见到略微隆起的卵冒。

(三) 性　二　型

横脊叶蝉雌雄个体间在外形特征和体色斑纹上常有差异，呈现明显性二型。例如，凹冠叶蝉属 *Concaves* Li *et* Li，雄性个体体背及前翅均具有明显的黑色斑，雌性个体体背及前翅均为黄白色，无明显黑色斑纹，貌似不同种；消室叶蝉属 *Chudania* Distant 所有种，雌雄体色斑纹明显不同，一般雄虫黑色斑占据体背及前翅大部，雌虫黑色斑占据体背及前翅面积较小，不足 1/3；横脊叶蝉属 *Evacanthus* Lepeletier *et* Serville 的一些种，如端钩横脊叶蝉 *E. uncinatus* Li 雌性个体前翅较短，盖不及腹部末端，致生殖节背面可见，而雄性个体前翅较长，伸过腹部末端，背面难见生殖节；黑脊狭顶叶蝉 *Angustuma nigricarina* (Li) 雄虫前翅黑色，雌虫前翅黄绿色。

四、经济意义与防治

(一) 寄主植物及危害和天敌

横脊叶蝉所有种类均以植物为食，不但刺吸植物汁液，对植物造成直接危害，而且许多种类可以传播植物病毒病，是农、林、果树及经济植物的重要害虫之一，如赤条拟隐脉叶蝉 *Sophonia ruficincta* (=*Sophonia orientalis*) 于 1987 年在美国夏威夷州首次被发现，很快传遍各岛屿，严重危害果树、蔬菜、观赏植物等，寄主植物多达 83 科 300 种，引起人们的高度重视，并指派专人从拟隐脉叶蝉的原产地寻找、引进有效天敌进行生物防治并开展合作研究 (蔡平和何俊华，1999)。其主要危害方式有刺吸植物汁液、取食和产卵造成植物伤痕并传播植物病毒病，它的排泄物——蜜露堵塞植物气孔，影响植物的光合作用并导致烟煤病的发生。

1. 寄主植物

横脊叶蝉食性较广，能取食危害多种植物。Evans (1947) 认为，叶蝉取食的植物应分为两类，一类为食料植物，叶蝉只在其上取食，一般不在其上产卵繁殖；另一类为寄主植物，叶蝉成虫在其上取食、产卵，若虫在其上取食、生长、发育。本志对食料植物和寄主植物均以“寄主”一词概之。

有关横脊叶蝉的寄主植物，国内外均有不少文献资料。在中国，已知横脊叶蝉的寄主植物主要有禾本科、芸香科、豆科、毛茛科、锦葵科、蔷薇科、荨麻科等科的 100 余种植物。一些种类可取食数种到数十种植物，如淡色隐脉叶蝉 *Nirvana pallida* Melichar 的寄主植物和食料植物有大豆、苎麻、绿豆、豇豆、蚕豆、木豆、水稻、甘蔗、刺梨、樟树、柑橘、番石榴等 (李子忠和陈祥盛，1999)；拟隐脉叶蝉属 *Sophonia* Walker 的寄主植物有茶树、水稻、柑橘、相思树、红木、番石榴、蜡梅 (葛钟麟和葛竞麟，1983)；武当消室叶蝉 *Chudania wudangana* Zhang *et* Yang 的寄主是荆草；点翅横脊叶蝉 *Evacanthus stigmatus* Kuoh 的寄主植物是各种蔬菜 (葛钟麟，1987)；红缘横脊叶蝉 *Evacanthus rufomarginatus* Kuoh 的寄主是柑橘；红边横脊叶蝉 *Evacanthus ruficostatus* Kuoh 取食麦类；*Sophonia rufofascia* (Kuoh) 取食危害茶树 (Huang，1989)；黄纹锥头叶蝉 *Onukia flavimacula* Kato 的寄主植物是 *Miscanthus sinensis* Anders (Huang，1992)；黑脊狭顶叶蝉 *Angustuma nigricarina* (Li) 危害玉米 (李子忠和汪廉敏，1991)；褐带横脊叶蝉 *Evacanthus acuminatus* (Fabricius) 的寄主是玉米、大豆、三叶草；黄面横脊叶蝉 *Evacanthus interruptus* (Linnaeus) 和白边横脊叶蝉 *Evacanthus albicostatus* Kuoh 的寄主是玉米、小麦、黑麦；竹子斜脊叶蝉 *Bundera bambusana* Chen, Yang *et* Li、白边狭顶叶蝉 *Angustuma leucostriata* (Li *et* Wang)、白翅狭顶叶蝉 *Angustuma albida* (Li *et* Li)、黑色锥头叶蝉 *Onukia nigra* Li *et* Wang、白边脊额叶蝉 *Carinata kelloggii* (Baker)、斑驳锥头叶蝉 *Onukia guttata* Li *et* Wang 和黑色锥头叶蝉 *Onukia nigra* Li *et* Wang 等的寄主是竹类 (陈祥盛等，2012)。

东方拟隐脉叶蝉 *Sophonia orientalis* (Matsumura) 已在美国夏威夷猖獗危害成灾，尤以果树、蔬菜、观赏植物危害严重；在澳大利亚，隐脉叶蝉取食 *Inocarpus edulis* 和木麻黄属植物及巴豆 (Evans, 1941)；黄面横脊叶蝉 *Evacanthus interruptus* (Linnaeus) 在日本取食 *Asteracea* 类植物 (Ishihara，1953)；在南美洲，*Tahura fowleri* Kramer 在西番莲属植物上取食 (Kramer，1964)；在印度，淡色隐脉叶蝉 *Nirvana pallida* Melichar、*Nirvana greeni* Distant 取食繁殖于黑色绿豆、绿豆、豇豆、蚕豆、木豆和大豆上 (葛钟麟，1966)。

2. 危害

在木本和草本植物上常见横脊叶蝉取食危害，具有一定的经济重要性。有关横脊叶蝉的经济重要性及取食危害的寄主植物，李子忠和汪廉敏 (1991) 及李子忠和陈祥盛 (1999) 分别进行过评述。陈义群等 (2002) 对淡色拟隐脉叶蝉和叉线拟隐脉叶蝉的种群动态及生物学特性进行了初步观察。陈祥盛等 (2012) 在《中国竹子叶蝉》一书中记述了危害竹子的横脊叶蝉种类。目前尚未见横脊叶蝉的危害造成重大灾害的相关文献，但是潜在的危险是存在的，因为横脊叶蝉均属于植食性昆虫，其中大多数种类的寄主是农、林、果树和经济植物，一旦农林生态环境改变，致横脊叶蝉种群数量增加，便会造成灾害，而且有些种类已直接威胁到植物的正常生长。有关横脊叶蝉取食危害植物的方式归纳如下。

刺吸植物汁液：以刺吸式口器的上、下颚口针插入植物幼嫩组织，分泌唾液破坏叶绿素，通过食物唾道吸食植物汁液，导致植株叶片褪绿、发黄，呈现众多黄褐色斑点，直至整叶枯焦。例如，条翅横脊叶蝉 *Evacanthus taeniatus* Li 在贵州危害玉米，致使部分叶片褪绿，植株早衰。

产卵刺伤植物组织：横脊叶蝉有较发达的产卵器，产卵时有试探性产卵习性，当产卵器插入植物组织后，如不宜着卵，则产卵器反复收缩插入，直到适宜着卵为止，导致植物伤痕累累，影响植物水分和养分的运输，最终将影响植物的正常生长发育，导致植物产量和品质下降。

分泌蜜露污染植物叶片和茎秆：横脊叶蝉排泄物中含有大量未经消化吸收的物质——"蜜露"，黏附在植物叶片和茎秆上，影响植物的呼吸作用和光合作用，同时蜜露是霉菌的培养基，会导致植物烟煤病发生。

3. 天敌

横脊叶蝉天敌包括寄生性天敌、捕食性天敌和病原性天敌三大类。

寄生性天敌：据蔡平和何俊华 (1999) 的报道，叶蝉寄生性天敌主要有缨小蜂、螯蜂、头蝇、赤眼蜂。此外，姬小蜂、跳小蜂及金小蜂的有些种类也寄生于叶蝉。缨小蜂和赤眼蜂是叶蝉重要的卵寄生蜂。在福建，叉线拟隐脉叶蝉和淡色拟隐脉叶蝉寄生性天敌有 11 种，以 *Chaetomymar* sp.为优势种群，占寄生蜂种群数量的 65.8%。寄生蜂具有明显季节分布，9-11 月是它们种群数量最多的月份。一年中 9 月寄生率最高，可达 91.4%，4-11 月平均寄生率为 61.9%，最低为 31.0%，一般喜选择寄生前中期卵。裂骨缨小蜂属 *Schizophragma* 的种类在国外也仅知道它可寄生于拟隐脉叶蝉 *Sophonia rufofascia* (Kuoh *et* Kuoh) 的卵，我国尚无分布记载。

捕食性天敌：蔡平和何俊华 (1999) 指出，在叶蝉捕食性天敌中, 农田蜘蛛占较大的比例。蜘蛛种类繁多，分布广泛，生境复杂，繁殖力强，捕食量大。我国有 3000 多种蜘蛛，其中 80%左右见于农林草原生境之中。王洪全 (1989) 指出，我国至少有 98 种蜘蛛取食叶蝉。彭宇等 (1997) 指出，蜘蛛占叶蝉捕食性天敌总数的 35.16%。蜘蛛全为肉食性，不伤害植物，在自然界和农田生态系统中蜘蛛对横脊叶蝉种群数量起着重要的控制作用。

病原性天敌：主要有真菌和线虫，个别细菌也能侵染叶蝉，此类天敌在协调防治中意义较大。目前在叶蝉综合治理中，国内研究及应用偏重于真菌。

(二) 防　　治

根据横脊叶蝉的生活习性和发生危害规律，以及国内在叶蝉科昆虫防治研究中的成果和经验，当农、林、果树及经济植物出现横脊叶蝉的危害时，可以采取以下综合措施。

农业防治：推行健身栽培，提高植物抗虫耐害能力。针对不同植物的种植方式，采取相应措施加强植物的应激能力。例如，对于一年生栽培植物，从种子处理、品种合理布局、科学施肥、加强田间管理、加强越冬期的防治方面采取措施；对于多年生果树及经济林木，措施有科学合理修剪、合理施肥、注重越冬期防治。掌握关键时期施用高效、低残留农药。

物理机械防治：利用成虫趋光习性，用黑光灯诱杀。早上露水未干时进行人工网捕。冬季修剪果树枝条并进行科学处理，可以减少部分越冬卵。

生物防治：保护利用天敌。有很多捕食性、寄生性和病原性天敌可供利用。在栽培管理过程中，采取多种农业技术措施，创造有利于优效天敌增殖的生态环境，充分发挥自然天敌的调控作用，尤其对卵期、若虫期和成虫期寄生性天敌加以保护利用。

农药防治：合理使用农药，当自然天敌不足以控制横脊叶蝉的种群数量时，根据虫情预测，掌握关键时期，选择对天敌安全的高效低毒低残留农药防治。目前可供选用的农药有 2.5%三氟氯氰菊酯乳油 500 倍液、2.5%溴氰菊酯乳油 2500-5000 倍液、30%双效菊酯乳油 50 000 倍液、25%速乐菊酯乳油 2500 倍液、2.5%高效氟氯菊酯水乳剂 750 倍液、50%异丙威乳油 1000-1500 倍液、40%氧化乐果 1200 倍液、20%吡虫啉 1500 倍液喷雾。

五、地理分布及区系分析

按照世界动物地理区划的 6 界 [古北界、东洋界、非洲界、澳洲界 (大洋洲界)、新北界、新热带界]、中国动物地理区划的 7 区 (东北区、华北区、蒙新区、青藏区、西南区、华中区和华南区) 统计分析中国横脊叶蝉亚科 4 族 49 属 299 种昆虫的区系特点。

(一) 中国横脊叶蝉亚科属级地理分布

中国横脊叶蝉亚科 49 属在世界和中国动物地理区划中的分布如表 1 所示。由表 2 可得出，中国横脊叶蝉亚科 49 属在世界动物地理区划中的分布有 7 式区系型，其中“东洋界”式区系型所含属最多，共计 27 属，占总属数的 55.10%；其次为“东洋界-古北界”式区系型，计 16 属，占总属数的 32.65%；再次为“东洋界-古北界-新北界”式区系型，计 2 属，占总属数的 4.08%；另外，“古北界”“东洋界-澳洲界”“东洋界-古北界-非洲界”和“东洋界-古北界-澳洲界”式区系型各含 1 属，各占总属数的 2.04%。

如果将跨区属计算在内，东洋界为最多，有 48 属分布，占总属数的 97.96%；其次为古北界 (分布有 22 属)，占总属数的 44.90%，其他动物地理界相对较少，新北界和澳洲界各分布有 2 属，各占总属数的 4.08%；非洲界仅分布有 1 属，占总属数的 2.04%。由此可见，我国横脊叶蝉在世界动物地理区划中属级水平上，以东洋界为主，古北界次之。

表 1　中国横脊叶蝉亚科已知属在世界和中国动物地理区划中的分布

Tab. 1　The distribution patterns of all genera of Chinese Evacanthinae in zoogeographical region of the world and China

属名	世界动物地理区划						中国动物地理区划						
							古北界				东洋界		
	古北界	新北界	东洋界	非洲界	新热带界	澳洲界	华北区	东北区	蒙新区	青藏区	西南区	华中区	华南区
1. 狭顶叶蝉属 *Angustuma*			√								√	√	√
2. 曲尾叶蝉属 *Bentus*			√									√	√
3. 冠垠叶蝉属 *Boundarus*	√		√				√	√		√	√	√	
4. 斜脊叶蝉属 *Bundera*	√		√							√	√	√	√
5. 脊额叶蝉属 *Carinata*			√								√	√	√
6. 凹冠叶蝉属 *Concaves*	√		√				√				√	√	√
7. 扁头叶蝉属 *Concavocorona*	√		√				√					√	
8. 凸冠叶蝉属 *Convexana*	√		√				√				√	√	√
9. 楔叶蝉属 *Cunedda*			√								√	√	√
10. 横脊叶蝉属 *Evacanthus*	√	√	√				√	√	√	√	√	√	√
11. 多突叶蝉属 *Multiformis*			√								√	√	√
12. 隆脊叶蝉属 *Oncusa*			√								√	√	
13. 锥头叶蝉属 *Onukia*	√		√								√	√	√
14. 拟锥头叶蝉属 *Onukiades*	√		√							√	√	√	√
15. 锥顶叶蝉属 *Onukiana*			√								√		
16. 拟脊额叶蝉属 *Paracarinata*			√								√		
17. 副锥头叶蝉属 *Paraonukia*			√									√	√
18. 拟片脊叶蝉属 *Parapythamus*			√									√	
19. 长突叶蝉属 *Processus*	√		√				√				√	√	√
20. 片脊叶蝉属 *Pythamus*			√								√		√
21. 突额叶蝉属 *Risefronta*	√		√				√				√	√	√
22. 突脉叶蝉属 *Riseveinus*			√								√	√	√
23. 窄冠叶蝉属 *Shortcrowna*			√									√	√
24. 思茅叶蝉属 *Simaonukia*			√								√		
25. 皱背叶蝉属 *Striatanus*	√		√							√	√	√	√
26. 锥茎叶蝉属 *Subulatus*			√								√	√	√
27. 角突叶蝉属 *Taperus*			√								√	√	√
28. 横脉叶蝉属 *Transvenosus*			√								√	√	
29. 弯头叶蝉属 *Vangama*			√									√	√
30. 腹突叶蝉属 *Ventroprojecta*			√										√

续表

属名	世界动物地理区划						中国动物地理区划						
							古北界				东洋界		
	古北界	新北界	东洋界	非洲界	新热带界	澳洲界	华北区	东北区	蒙新区	青藏区	西南区	华中区	华南区
31. 叉突叶蝉属 *Aequoreus*			√									√	√
32. 双突叶蝉属 *Biprocessa*			√									√	√
33. 消室叶蝉属 *Chudania*	√		√	√			√			√	√	√	√
34. 凹片叶蝉属 *Concaveplana*	√		√				√				√	√	√
35. 隆额叶蝉属 *Convexfronta*	√		√				√				√	√	
36. 对突叶蝉属 *Decursusnirvana*	√		√								√	√	√
37. 端突叶蝉属 *Extenda*	√		√				√				√	√	√
38. 内突叶蝉属 *Extensus*	√		√				√				√	√	√
39. 短冠叶蝉属 *Kana*			√										√
40. 长索叶蝉属 *Longiconnecta*	√		√				√				√	√	√
41. 长头叶蝉属 *Longiheada*			√								√		
42. 隐脉叶蝉属 *Nirvana*	√		√			√	√				√	√	√
43. 小板叶蝉属 *Oniella*	√		√				√	√			√	√	√
44. 扁头叶蝉属 *Ophiuchus*			√			√						√	√
45. 类隐脉叶蝉属 *Sinonirvana*			√										√
46. 拟隐脉叶蝉属 *Sophonia*	√	√	√				√			√	√	√	√
47. 缺缘叶蝉属 *Balbillus*			√									√	√
48. 薄扁叶蝉属 *Stenotortor*			√									√	√
49. 无脊叶蝉属 *Pagaronia*	√							√					

表 2　中国横脊叶蝉亚科所有属在世界动物地理区划中的区系型、属数和比例

Tab. 2　The fauna type, genera number and proportion of all genera of Chinese Evacanthinae in zoogeographical region of the world

序号	区系型	属数	比例（%）
1	东洋界	27	55.10
2	古北界	1	2.04
3	东洋界-古北界	16	32.65
4	东洋界-澳洲界	1	2.04
5	东洋界-古北界-新北界	2	4.08
6	东洋界-古北界-非洲界	1	2.04
7	东洋界-古北界-澳洲界	1	2.04

中国横脊叶蝉亚科 49 属在中国动物地理区划中的归属见表 1。由表 3 可得出，中国横脊叶蝉亚科 49 属在中国动物地理区划中的分布有 15 式区系型，其中“华中区-华南区”和“华北区-西南区-华中区-华南区”式区系型，所占属数最多，共计 10 属，占总属数的 20.41%；其次为“西南区-华中区-华南区”式区系型，计 9 属，占总属数的 18.37%；再次为“西南区”和“华南区”式区系型，计 4 属，占总属数的 8.16%；“青藏区-西南区-华中区-华南区”式区系型，计 3 属，占总属数的 6.12%；另外，“华中区”“东北区”“西南区-华中区”“华北区-华中区”“华北区-西南区-华中区”“华北区-东北区-青藏区-西南区-华中区”“华北区-青藏区-西南区-华中区-华南区”“华北区-东北区-西南区-华中区-华南区”和“华北区-东北区-蒙新区-青藏区-西南区-华中区-华南区”式区系型都仅含 1 属，各占总属数的 2.04%。

如果将跨区属计算在内，华中区最多分布有 40 属，占总属数的 81.63%；其次，华南区分布有 38 属，占总属数的 77.55%；再次，西南区分布有 34 属，占总属数的 69.39%；华北区分布有 16 属，占总属数的 32.65%；青藏区分布有 7 属，占总属数的 14.29%；东北区分布有 4 属，占总属数的 8.16%；蒙新区所含属最少，为 1 属，占总属数的 2.04%；由此可见，中国横脊叶蝉亚科在中国动物地理区划属级水平上以华中区为主，华南区和西南区次之。

表 3 中国横脊叶蝉亚科已知属在中国动物地理区划中的各区系型属数和比例

Tab. 3 The fauna type, genera number and proportion of all genera of Chinese Evacanthinae in zoogeographical region of China

序号	区系型	属数	比例（%）
1	西南区	4	8.16
2	华南区	4	8.16
3	华中区	1	2.04
4	东北区	1	2.04
5	华中区-华南区	10	20.41
6	西南区-华中区	1	2.04
7	华北区-华中区	1	2.04
8	西南区-华中区-华南区	9	18.37
9	华北区-西南区-华中区	1	2.04
10	华北区-西南区-华中区-华南区	10	20.41
11	青藏区-西南区-华中区-华南区	3	6.12
12	华北区-东北区-青藏区-西南区-华中区	1	2.04
13	华北区-青藏区-西南区-华中区-华南区	1	2.04
14	华北区-东北区-西南区-华中区-华南区	1	2.04
15	华北区-东北区-蒙新区-青藏区-西南区-华中区-华南区	1	2.04

(二) 中国横脊叶蝉亚科种级地理分布

中国横脊叶蝉亚科299种在世界动物地理区划中的归属如表4所示。由表5可得出，中国横脊叶蝉亚科299种在世界动物地理区划中的分布有4式区系型，其中“东洋界”式区系型所含种数最多，共计251种，占总种数的83.95%；其次为“东洋界-古北界”式区系型，计43种，占总种数的14.38%；再次为“古北界”式区系型，计3种，占总种数的1.00%；“东洋界-古北界-新北界”式区系型最少，仅计2种，占总种数的0.67%。

如果将跨区种计算在内，东洋界分布有294种，占总种数的98.33%；其次为古北界，分布有50种，占总种数的16.72%；新北界分布最少，为2种，占总种数的0.67%。由此可见，中国横脊叶蝉亚科在世界动物地理区划种级水平上，以东洋界为主，古北界次之。

表4　中国横脊叶蝉亚科种级阶元在世界和中国动物地理区划中的分布

Tab. 4　The distribution patterns of all species of Chinese Evacanthinae in zoogeographical region of the world and China

种名	世界动物地理区划						中国动物地理区划						
							古北界				东洋界		
	古北界	新北界	东洋界	非洲界	新热带界	澳洲界	华北区	东北区	蒙新区	青藏区	西南区	华中区	华南区
1. 白翅狭顶叶蝉 *Angustuma albida*			√									√	
2. 白斑狭顶叶蝉 *Angustuma albonotata*			√								√		√
3. 景洪狭顶叶蝉 *Angustuma jinghongensis*			√								√		
4. 白边狭顶叶蝉 *Angustuma leucostriata*			√								√	√	
5. 长尾狭顶叶蝉 *Angustuma longipyga*			√								√		√
6. 勐仑狭顶叶蝉 *Angustuma menglunensis*			√								√		
7. 黑脊狭顶叶蝉 *Angustuma nigricarina*			√								√	√	√
8. 黑尾狭顶叶蝉 *Angustuma nigricauda*			√										√
9. 黑缘狭顶叶蝉 *Angustuma nigrimargina*			√										√
10. 黑背狭顶叶蝉 *Angustuma nigrinota*			√										√
11. 灰片狭顶叶蝉 *Angustuma pallidus*			√									√	
12. 盘县狭顶叶蝉 *Angustuma panxianensis*			√									√	√
13. 红背狭顶叶蝉 *Angustuma rudorsuma*			√										√
14. 红翅狭顶叶蝉 *Angustuma rufipenna*			√								√		√
15. 望谟狭顶叶蝉 *Angustuma wangmoensis*			√									√	
16. 黄纹曲尾叶蝉 *Bentus flavomaculatus*			√									√	√
17. 钩突冠垠叶蝉 *Boundarus ancinatus*			√									√	
18. 黑背冠垠叶蝉 *Boundarus nigronotus*	√		√				√	√				√	
19. 单突冠垠叶蝉 *Boundarus prickus*			√									√	

续表

种名	世界动物地理区划						中国动物地理区划						
							古北界				东洋界		
	古北界	新北界	东洋界	非洲界	新热带界	澳洲界	华北区	东北区	蒙新区	青藏区	西南区	华中区	华南区
20. 北方冠垠叶蝉 *Boundarus ogumae*	√		√				√	√		√	√	√	
21. 三斑冠垠叶蝉 *Boundarus trimaculatus*	√		√				√					√	
22. 竹子斜脊叶蝉 *Bundera bambusana*			√								√		
23. 异色斜脊叶蝉 *Bundera doscolora*			√									√	
24. 峨眉斜脊叶蝉 *Bundera emeiana*			√								√	√	
25. 四斑斜脊叶蝉 *Bundera fourmacula*			√								√		
26. 黑翅斜脊叶蝉 *Bundera heichiana*			√									√	
27. 斑翅斜脊叶蝉 *Bundera maculata*			√								√		
28. 黑面斜脊叶蝉 *Bundera nigricana*			√								√		
29. 透斑斜脊叶蝉 *Bundera pellucida*			√								√	√	
30. 红条斜脊叶蝉 *Bundera rufistriana*			√								√		
31. 梯斑斜脊叶蝉 *Bundera scalarra*			√									√	
32. 黄氏斜脊叶蝉 *Bundera tengchihugh*			√										√
33. 三斑斜脊叶蝉 *Bundera trimaculata*			√									√	
34. 双斑斜脊叶蝉 *Bundera venata*	√		√							√		√	√
35. 紫云斜脊叶蝉 *Bundera ziyunensis*			√									√	
36. 白色脊额叶蝉 *Carinata albusa*			√									√	√
37. 环突脊额叶蝉 *Carinata annulata*			√									√	√
38. 倒钩脊额叶蝉 *Carinata bartulata*			√										√
39. 叉突脊额叶蝉 *Carinata bifida*			√									√	
40. 双叉脊额叶蝉 *Carinata biforka*			√									√	
41. 双突脊额叶蝉 *Carinata bifurca*			√									√	
42. 端叉脊额叶蝉 *Carinata bifurcata*			√										√
43. 双钩脊额叶蝉 *Carinata bihamuluca*			√										√
44. 枝茎脊额叶蝉 *Carinata branchera*			√										√
45. 赤水脊额叶蝉 *Carinata chishuiensis*			√									√	
46. 周氏脊额叶蝉 *Carinata choui*			√								√		√
47. 大田脊额叶蝉 *Carinata datianensis*			√									√	
48. 独山脊额叶蝉 *Carinata dushanensis*			√									√	
49. 峨眉脊额叶蝉 *Carinata emeishanensis*			√								√		
50. 肛阔脊额叶蝉 *Carinata expenda*			√									√	
51. 黄色脊额叶蝉 *Carinata flavida*			√								√		

续表

种名	世界动物地理区划						中国动物地理区划						
							古北界				东洋界		
	古北界	新北界	东洋界	非洲界	新热带界	澳洲界	华北区	东北区	蒙新区	青藏区	西南区	华中区	华南区
52. 黄盾脊额叶蝉 *Carinata flaviscutata*			√									√	
53. 黑条脊额叶蝉 *Carinata ganga*			√									√	
54. 白边脊额叶蝉 *Carinata kelloggii*			√									√	√
55. 白腹脊额叶蝉 *Carinata leucoventera*			√										√
56. 斑头脊额叶蝉 *Carinata maculata*			√									√	
57. 钩突脊额叶蝉 *Carinata meandera*			√										√
58. 端黑脊额叶蝉 *Carinata nigerenda*			√									√	
59. 黑色脊额叶蝉 *Carinata nigra*			√								√		
60. 黑尾脊额叶蝉 *Carinata nigricauda*			√									√	
61. 黑带脊额叶蝉 *Carinata nigrofasciata*			√								√	√	
62. 黑斑脊额叶蝉 *Carinata nigropictura*			√									√	√
63. 斜纹脊额叶蝉 *Carinata obliquela*			√									√	
64. 弯突脊额叶蝉 *Carinata recurvata*			√									√	
65. 红翅脊额叶蝉 *Carinata rufipenna*			√									√	
66. 斑颊脊额叶蝉 *Carinata signigena*			√									√	
67. 帚突脊额叶蝉 *Carinata scopulata*			√									√	
68. 扭突脊额叶蝉 *Carinata torta*			√									√	
69. 单钩脊额叶蝉 *Carinata unicurvana*			√									√	
70. 一点脊额叶蝉 *Carinata unipuncta*			√									√	
71. 杨氏脊额叶蝉 *Carinata yangi*			√								√	√	
72. 元宝山脊额叶蝉 *Carinata yuanbaoshanensis*			√									√	
73. 白额凹冠叶蝉 *Concaves albiclypeus*			√										√
74. 双斑凹冠叶蝉 *Concaves bipunctatus*			√								√		
75. 黄斑凹冠叶蝉 *Concaves flavopunctatus*	√		√				√				√	√	√
76. 黑色扁头叶蝉 *Concavocorona abbreviata*			√									√	
77. 白脊凸冠叶蝉 *Convexana albicarinata*	√		√				√				√	√	
78. 白带凸冠叶蝉 *Convexana albitapeta*			√								√		
79. 双斑凸冠叶蝉 *Convexana bimaculata*			√								√	√	
80. 翘尾凸冠叶蝉 *Convexana curvatura*			√									√	
81. 十字凸冠叶蝉 *Convexana cruciata*			√									√	
82. 曲突凸冠叶蝉 *Convexana fleura*			√								√		
83. 刺突凸冠叶蝉 *Convexana furcella*			√									√	

续表

种名	世界动物地理区划						中国动物地理区划						
							古北界				东洋界		
	古北界	新北界	东洋界	非洲界	新热带界	澳洲界	华北区	东北区	蒙新区	青藏区	西南区	华中区	华南区
84. 黑背凸冠叶蝉 *Convexana nigridorsuma*			√								√		
85. 黑额凸冠叶蝉 *Convexana nigrifronta*			√									√	
86. 黑腹凸冠叶蝉 *Convexana nigriventrala*			√								√		
87. 淡翅凸冠叶蝉 *Convexana palepenna*			√									√	
88. 红色凸冠叶蝉 *Convexana rufa*			√								√	√	
89. 神农凸冠叶蝉 *Convexana shennongjiaensis*			√									√	
90. 隆脊凸冠叶蝉 *Convexana vertebrana*			√									√	
91. 白斑楔叶蝉 *Cunedda albibanda*			√									√	
92. 褐额楔叶蝉 *Cunedda brownfronsa*			√										√
93. 红河楔叶蝉 *Cunedda honghensis*			√								√		√
94. 透斑楔叶蝉 *Cunedda hyalipictata*			√									√	
95. 大型楔叶蝉 *Cunedda macrusa*			√										√
96. 斑翅楔叶蝉 *Cunedda punctata*			√										√
97. 宜昌楔叶蝉 *Cunedda yichanga*			√									√	
98. 褐带横脊叶蝉 *Evacanthus acuminatus*	√		√				√			√	√	√	√
99. 白边横脊叶蝉 *Evacanthus albicostatus*	√		√							√	√	√	
100. 白缘横脊叶蝉 *Evacanthus albimarginatus*	√									√			
101. 白条横脊叶蝉 *Evacanthus albovittatus*	√		√							√	√		
102. 二点横脊叶蝉 *Evacanthus biguttatus*	√		√				√	√		√	√	√	√
103. 双钩横脊叶蝉 *Evacanthus bihookus*	√						√						
104. 双斑横脊叶蝉 *Evacanthus bimaculatus*			√								√		
105. 二带横脊叶蝉 *Evacanthus bivittatus*	√		√				√			√	√		
106. 眉纹横脊叶蝉 *Evacanthus camberus*			√							√			
107. 淡脉横脊叶蝉 *Evacanthus danmainus*	√		√				√	√		√	√	√	√
108. 齿突横脊叶蝉 *Evacanthus dentisus*			√								√		
109. 齿片横脊叶蝉 *Evacanthus densus*			√								√		
110. 指片横脊叶蝉 *Evacanthus digitatus*			√								√		
111. 三斑横脊叶蝉 *Evacanthus extremes*	√		√				√			√	√	√	
112. 黑额横脊叶蝉 *Evacanthus fatuus*	√							√					
113. 黄缘横脊叶蝉 *Evacanthus flavisideus*			√								√		
114. 黄边横脊叶蝉 *Evacanthus flavocostatus*	√		√				√					√	
115. 叉片横脊叶蝉 *Evacanthus forkus*			√									√	

续表

种名	世界动物地理区划						中国动物地理区划						
							古北界				东洋界		
	古北界	新北界	东洋界	非洲界	新热带界	澳洲界	华北区	东北区	蒙新区	青藏区	西南区	华中区	华南区
116. 黑褐横脊叶蝉 *Evacanthus fuscous*	√		√							√		√	
117. 黑面横脊叶蝉 *Evacanthus heimianus*	√		√							√	√	√	
118. 黄面横脊叶蝉 *Evacanthus interruptus*	√	√	√				√	√	√	√	√	√	√
119. 葛氏横脊叶蝉 *Evacanthus kuohi*			√								√		
120. 片刺横脊叶蝉 *Evacanthus laminatus*	√		√				√				√	√	
121. 宽索横脊叶蝉 *Evacanthus latus*	√		√				√					√	
122. 片突横脊叶蝉 *Evacanthus longianus*	√		√				√				√	√	
123. 长刺横脊叶蝉 *Evacanthus longispinosus*	√		√				√				√	√	
124. 黑带横脊叶蝉 *Evacanthus nigrifasciatus*			√							√			
125. 黑盾横脊叶蝉 *Evacanthus nigriscutus*			√								√	√	√
126. 黑条横脊叶蝉 *Evacanthus nigristreakus*			√								√		
127. 黄褐横脊叶蝉 *Evacanthus ochraceus*			√								√	√	
128. 浅色横脊叶蝉 *Evacanthus qiansus*			√							√	√		
129. 黄带横脊叶蝉 *Evacanthus repexus*	√		√				√		√		√	√	
130. 红脉横脊叶蝉 *Evacanthus rubrivenosus*			√								√		
131. 红条横脊叶蝉 *Evacanthus rubrolineatus*			√									√	
132. 红边横脊叶蝉 *Evacanthus ruficostatus*			√								√		
133. 红缘横脊叶蝉 *Evacanthus rufomarginatus*			√								√		
134. 嵩县横脊叶蝉 *Evacanthus songxianensis*			√									√	
135. 侧刺横脊叶蝉 *Evacanthus splinterus*	√		√					√	√			√	
136. 点翅横脊叶蝉 *Evacanthus stigmatus*	√		√							√	√		
137. 条翅横脊叶蝉 *Evacanthus taeniatus*			√								√	√	
138. 小字横脊叶蝉 *Evacanthus trimaculatus*	√		√					√	√	√			
139. 端钩横脊叶蝉 *Evacanthus uncinatus*			√								√	√	
140. 雅江横脊叶蝉 *Evacanthus yajiangensis*			√								√		
141. 龙陵多突叶蝉 *Multiformis longlingensis*			√								√		
142. 黑面多突叶蝉 *Multiformis nigrafacialis*			√								√	√	
143. 叉突多突叶蝉 *Multiformis ramosus*			√								√		
144. 兰坪隆脊叶蝉 *Oncusa lanpingensis*			√								√		
145. 皱纹隆脊叶蝉 *Oncusa rugosa*			√									√	
146. 斑驳锥头叶蝉 *Onukia guttata*			√								√	√	
147. 黑色锥头叶蝉 *Onukia nigra*			√									√	

续表

种名	世界动物地理区划						中国动物地理区划						
							古北界				东洋界		
	古北界	新北界	东洋界	非洲界	新热带界	澳洲界	华北区	东北区	蒙新区	青藏区	西南区	华中区	华南区
148. 大贯锥头叶蝉 *Onukia onukii*	√		√									√	
149. 白缘锥头叶蝉 *Onukia palemargina*			√										√
150. 乌黑锥头叶蝉 *Onukia pitchara*			√								√		
151. 马鞍锥头叶蝉 *Onukia saddlea*			√									√	
152. 白边拟锥头叶蝉 *Onukiades albicostatus*			√									√	
153. 双突拟锥头叶蝉 *Onukiades connexia*	√		√							√	√		
154. 台湾拟锥头叶蝉 *Onukiades formosanus*			√										√
155. 纵带拟锥头叶蝉 *Onukiades longitudinalis*			√										√
156. 墨脱锥顶叶蝉 *Onukiana motuona*			√								√		
157. 黄冠拟脊额叶蝉 *Paracarinata crocicrowna*			√								√		
158. 黑额副锥头叶蝉 *Paraonukia arisana*			√									√	√
159. 长突副锥头叶蝉 *Paraonukia keitonis*			√										√
160. 赭色副锥头叶蝉 *Paraonukia ochra*			√										√
161. 望谟副锥头叶蝉 *Paraonukia wangmoensis*			√									√	√
162. 绥阳拟片脊叶蝉 *Parapythamus suiyangensis*			√									√	
163. 双带长突叶蝉 *Processus bifasciatus*			√										√
164. 叉突长突叶蝉 *Processus bistigmanus*	√		√				√					√	
165. 中带长突叶蝉 *Processus midfascianus*			√								√		
166. 吴氏长突叶蝉 *Processus wui*			√									√	
167. 海南片脊叶蝉 *Pythamus hainanensis*			√										√
168. 红纹片脊叶蝉 *Pythamus rufus*			√										√
169. 白带突额叶蝉 *Risefronta albicincta*			√								√		
170. 白脉突脉叶蝉 *Riseveinus albiveinus*			√				√				√	√	
171. 单钩突脉叶蝉 *Riseveinus asymmetricus*			√										√
172. 保山突脉叶蝉 *Riseveinus baoshanensis*			√								√		
173. 扁茎突脉叶蝉 *Riseveinus compressus*			√										√
174. 中华突脉叶蝉 *Riseveinus sinensis*			√									√	
175. 二点窄冠叶蝉 *Shortcrowna biguttata*			√									√	
176. 黄头窄冠叶蝉 *Shortcrowna flavocapitata*			√									√	√
177. 雷山窄冠叶蝉 *Shortcrowna leishanensis*			√									√	
178. 黑缘窄冠叶蝉 *Shortcrowna nigrimargina*			√									√	
179. 长刺思茅叶蝉 *Simaonukia longispinus*			√								√		

续表

种名	世界动物地理区划						中国动物地理区划						
							古北界				东洋界		
	古北界	新北界	东洋界	非洲界	新热带界	澳洲界	华北区	东北区	蒙新区	青藏区	西南区	华中区	华南区
180. 曲突皱背叶蝉 *Striatanus curvatanus*			√								√	√	√
181. 道真皱背叶蝉 *Striatanus daozhenensis*			√									√	
182. 齿突皱背叶蝉 *Striatanus dentatus*			√								√	√	√
183. 直突皱背叶蝉 *Striatanus erectus*			√										√
184. 西藏皱背叶蝉 *Striatanus tibetaensis*	√									√			
185. 百色锥茎叶蝉 *Subulatus baiseensis*			√									√	
186. 二点锥茎叶蝉 *Subulatus bipunctatus*			√								√		
187. 黄背锥茎叶蝉 *Subulatus flavidus*			√								√		
188. 桑植锥茎叶蝉 *Subulatus sangzhiensis*			√									√	
189. 三斑锥茎叶蝉 *Subulatus trimaculatus*			√										√
190. 白带角突叶蝉 *Taperus albivittatus*			√								√	√	
191. 端黑角突叶蝉 *Taperus apicalis*			√									√	
192. 版纳角突叶蝉 *Taperus bannaensis*			√										√
193. 道真角突叶蝉 *Taperus daozhenensis*			√									√	
194. 横带角突叶蝉 *Taperus fasciatus*			√								√	√	√
195. 黄额角突叶蝉 *Taperus flavifrons*			√									√	√
196. 福贡角突叶蝉 *Taperus fugongensis*			√								√		
197. 绿春角突叶蝉 *Taperus luchunensis*			√								√	√	
198. 方瓣角突叶蝉 *Taperus quadragulatus*			√									√	
199. 白脉横脉叶蝉 *Transvenosus albovenosus*			√										√
200. 凹斑横脉叶蝉 *Transvenosus emarginatus*			√									√	
201. 扩茎横脉叶蝉 *Transvenosus expansinus*			√										√
202. 端斑横脉叶蝉 *Transvenosus signumes*			√										√
203. 囊茎横脉叶蝉 *Transvenosus sacculuses*			√										√
204. 黑色弯头叶蝉 *Vangama picea*			√									√	√
205. 黄斑腹突叶蝉 *Ventroprojecta luteina*			√										√
206. 黑斑腹突叶蝉 *Ventroprojecta nigriguttata*			√										√
207. 褐带叉突叶蝉 *Aequoreus disfasciatus*			√										√
208. 黄氏叉突叶蝉 *Aequoreus huangi*			√										√
209. 细纹叉突叶蝉 *Aequoreus linealaus*			√									√	√
210. 斜纹双突叶蝉 *Biprocessa obliquizonata*	√		√							√	√		
211. 褐纹双突叶蝉 *Biprocessa specklea*			√								√		

续表

种名	世界动物地理区划						中国动物地理区划						
							古北界				东洋界		
	古北界	新北界	东洋界	非洲界	新热带界	澳洲界	华北区	东北区	蒙新区	青藏区	西南区	华中区	华南区
212. 叉突消室叶蝉 *Chudania axona*			√									√	√
213. 印度消室叶蝉 *Chudania delecta*			√								√	√	√
214. 峨眉消室叶蝉 *Chudania emeiana*			√								√	√	√
215. 佛坪消室叶蝉 *Chudania fopingana*			√									√	
216. 福建消室叶蝉 *Chudania fujianana*	√		√							√	√	√	√
217. 甘肃消室叶蝉 *Chudania ganana*	√		√				√					√	
218. 广西消室叶蝉 *Chudania guangxiana*			√									√	√
219. 贵州消室叶蝉 *Chudania guizhouana*			√							√		√	
220. 赫氏消室叶蝉 *Chudania hellerina*			√									√	√
221. 金平消室叶蝉 *Chudania jinpinga*			√										√
222. 昆明消室叶蝉 *Chudania kunmingana*			√								√	√	√
223. 丽江消室叶蝉 *Chudania lijiangensis*			√								√	√	√
224. 多刺消室叶蝉 *Chudania multispinata*			√								√		√
225. 中华消室叶蝉 *Chudania sinica*			√				√				√	√	√
226. 三叉消室叶蝉 *Chudania trifurcata*			√									√	
227. 武当消室叶蝉 *Chudania wudangana*			√									√	
228. 云南消室叶蝉 *Chudania yunnana*			√								√	√	√
229. 双刺凹片叶蝉 *Concaveplana bispiculana*			√									√	√
230. 车八岭凹片叶蝉 *Concaveplana chebalingensis*			√										√
231. 叉突凹片叶蝉 *Concaveplana forkplata*			√										√
232. 叉茎凹片叶蝉 *Concaveplana furcata*			√										√
233. 钩茎凹片叶蝉 *Concaveplana hamulusa*			√										√
234. 茂兰凹片叶蝉 *Concaveplana maolana*	√		√				√					√	
235. 红条凹片叶蝉 *Concaveplana rubilinena*			√								√	√	
236. 红线凹片叶蝉 *Concaveplana rufolineata*			√				√					√	
237. 端刺凹片叶蝉 *Concaveplana spinata*			√								√	√	
238. 侧突凹片叶蝉 *Concaveplana splintera*			√										√
239. 绥阳凹片叶蝉 *Concaveplana suiyangensis*			√									√	
240. 三带凹片叶蝉 *Concaveplana trifasciata*			√									√	√
241. 腹突凹片叶蝉 *Concaveplana ventriprocessa*			√									√	√
242. 郭氏隆额叶蝉 *Convexfronta guoi*	√		√				√				√	√	
243. 端黑对突叶蝉 *Decursusnirvana excelsa*	√		√							√	√	√	

续表

种名	世界动物地理区划						中国动物地理区划						
							古北界				东洋界		
	古北界	新北界	东洋界	非洲界	新热带界	澳洲界	华北区	东北区	蒙新区	青藏区	西南区	华中区	华南区
244. 纵带对突叶蝉 *Decursusnirvana fasciiformis*			√								√		
245. 宽带端突叶蝉 *Extenda broadbanda*			√								√		
246. 中带端突叶蝉 *Extenda centriganga*			√									√	
247. 横带端突叶蝉 *Extenda fasciata*	√		√				√				√	√	
248. 黑背端突叶蝉 *Extenda nigronotum*			√									√	√
249. 三带端突叶蝉 *Extenda ternifasciatata*			√									√	
250. 宽带内突叶蝉 *Extensus latus*	√		√				√				√	√	√
251. 横带短冠叶蝉 *Kana lanyuensis*			√										√
252. 白翅长索叶蝉 *Longiconnecta albula*	√		√				√					√	
253. 基斑长索叶蝉 *Longiconnecta basimaculata*			√									√	
254. 黄色长索叶蝉 *Longiconnecta flava*			√									√	
255. 斑缘长索叶蝉 *Longiconnecta marginalspota*			√								√		√
256. 猩红长头叶蝉 *Longiheada scarleta*			√								√		
257. 淡色隐脉叶蝉 *Nirvana pallida*	√		√				√					√	√
258. 宽带隐脉叶蝉 *Nirvana suturalis*	√		√				√				√	√	√
259. 白头小板叶蝉 *Oniella honesta*	√		√				√		√		√	√	√
260. 陕西小板叶蝉 *Oniella shaanxiana*	√		√				√				√	√	
261. 双带扁头叶蝉 *Ophiuchus bizonatus*			√									√	√
262. 多毛类隐脉叶蝉 *Sinonirvana hirsuta*			√										√
263. 饰纹拟隐脉叶蝉 *Sophonia adorana*			√								√		
264. 白色拟隐脉叶蝉 *Sophonia albuma*	√		√				√				√	√	√
265. 肛突拟隐脉叶蝉 *Sophonia anushamata*			√								√	√	√
266. 弧纹拟隐脉叶蝉 *Sophonia arcuata*			√									√	√
267. 双线拟隐脉叶蝉 *Sophonia bilineara*			√								√	√	√
268. 双枝拟隐脉叶蝉 *Sophonia biramosa*			√									√	
269. 枝突拟隐脉叶蝉 *Sophonia branchuma*			√								√		
270. 逆突拟隐脉叶蝉 *Sophonia contrariesa*			√										√
271. 桫椤拟隐脉叶蝉 *Sophonia cyatheana*			√									√	√
272. 红纹拟隐脉叶蝉 *Sophonia erythrolinea*			√								√		√
273. 侧突拟隐脉叶蝉 *Sophonia flanka*			√								√		
274. 褐缘拟隐脉叶蝉 *Sophonia fuscomarginata*			√								√	√	√
275. 细线拟隐脉叶蝉 *Sophonia hairlinea*			√								√		

续表

种名	世界动物地理区划						中国动物地理区划						
							古北界				东洋界		
	古北界	新北界	东洋界	非洲界	新热带界	澳洲界	华北区	东北区	蒙新区	青藏区	西南区	华中区	华南区
276. 长线拟隐脉叶蝉 *Sophonia longitudinalis*			√									√	√
277. 庐山拟隐脉叶蝉 *Sophonia lushana*			√								√	√	
278. 细点拟隐脉叶蝉 *Sophonia microstaina*			√								√		
279. 黑边拟隐脉叶蝉 *Sophonia nigricostana*			√								√		
280. 黑线拟隐脉叶蝉 *Sophonia nigrilineata*			√									√	
281. 黑面拟隐脉叶蝉 *Sophonia nigrifrons*	√		√				√			√	√	√	
282. 东方拟隐脉叶蝉 *Sophonia orientalis*	√	√	√							√	√	√	√
283. 尖板拟隐脉叶蝉 *Sophonia pointeda*			√								√		√
284. 红色拟隐脉叶蝉 *Sophonia rufa*			√									√	
285. 蔷薇拟隐脉叶蝉 *Sophonia rosea*			√								√	√	√
286. 剑突拟隐脉叶蝉 *Sophonia spathulata*			√								√	√	
287. 端刺拟隐脉叶蝉 *Sophonia spinula*			√										√
288. 曲茎拟隐脉叶蝉 *Sophonia tortuosa*			√								√		
289. 横纹拟隐脉叶蝉 *Sophonia transvittata*			√								√	√	
290. 纯色拟隐脉叶蝉 *Sophonia unicolor*			√									√	√
291. 单线拟隐脉叶蝉 *Sophonia unilineata*	√		√				√				√	√	
292. 盈江拟隐脉叶蝉 *Sophonia yingjianga*			√								√		
293. 云南拟隐脉叶蝉 *Sophonia yunnanensis*			√								√		
294. 张氏拟隐脉叶蝉 *Sophonia zhangi*			√										√
295. 白色缺缘叶蝉 *Balbillus albuma*			√									√	
296. 吊罗山缺缘叶蝉 *Balbillus diaoluoshanensis*			√										√
297. 锥纹缺缘叶蝉 *Balbillus laperpatteus*			√										√
298. 红纹薄扁叶蝉 *Stenotortor subhimalaya*			√									√	√
299. 白色无脊叶蝉 *Pagaronia albescens*	√							√					

表 5 中国横脊叶蝉亚科所有在世界动物地理区划中的区系型、种数和比例

Tab. 5 The fauna type, species number and proportion of all species of Chinese Evacanthinae in zoogeographical region of the world

序号	区系型	种数	比例（%）
1	东洋界	251	83.95
2	古北界	3	1.00
3	东洋界-古北界	43	14.38
4	东洋界-古北界-新北界	2	0.67

中国横脊叶蝉亚科 299 种在中国动物地理区划中的归属见表 4。由表 6 可得出，中国横脊叶蝉亚科 299 种在中国动物地理区划中的分布有 31 式区系型，其中“华中区”式区系型所占种数最多，计 76 种，占总种数的 25.42%；其次为“西南区”式区系型，计 54 种，占总种数的 18.06%；再次为“华南区”式区系型，计 50 种，占总种数的 16.72%；“华中区-华南区”式区系型计 24 种，占总种数的 8.03%；“西南区-华中区”式区系型计 19 种，占总种数的 6.35%；“西南区-华中区-华南区”式区系型计 14 种，占总种数的 4.68%；“西南区-华南区”式区系型计 10 种，占总种数的 3.34%；“华北区-西南区-华中区”式区系型计 9 种，占总种数的 3.01%；“华北区-西南区-华中区-华南区”式区系型计 6 种，占总种数的 2.01%；“东北区-华中区”式区系型计 5 种，占总种数的 1.67%；“青藏区”和“青藏区-西南区”式区系型各计 4 种，各占总种数的 1.34%；“东北区”“青藏区-华中区”“青藏区-西南区-华中区”“青藏区-西南区-华中区-华南区”和“华北区-东北区-青藏区-西南区-华中区-华南区”式区系型各计 2 种，各占总种数的 0.67%。另外 14 式区系型：“华北区”“青藏区-华中区-华南区”“华北区-东北区-华中区”“青藏区-西南区-华南区”“华北区-华中区-华南区”“东北区-蒙新区-华中区”“东北区-蒙新区-青藏区”“华北区-青藏区-西南区”“华北区-蒙新区-西南区-华中区”“华北区-青藏区-西南区-华中区”“华北区-蒙新区-西南区-华中区-华南区”“华北区-东北区-青藏区-西南区-华中区”“华北区-青藏区-西南区-华中区-华南区”和“华北区-东北区-蒙新区-青藏区-西南区-华中区-华南区”式区系型都只分布 1 种，各占总种数的 0.33%。

如果将跨区种计算在内，华中区分布有 171 种，占总种数的 57.19%；其次，西南区分布有 130 种，占总种数的 43.48%；再次，华南区分布有 114 种，占总种数的 38.13%；华北区分布有 27 种，占总种数的 9.03%；青藏区分布有 24 种，占总种数的 8.03%；东北区分布有 14 种，占总种数的 4.68%；蒙新区分布种数最少，仅有 5 种，占总种数的 1.67%。由此可见，中国现知的横脊叶蝉亚科 299 种在中国动物地理区划种级水平上，以华中区为主，西南区和华南区次之。

表 6　中国横脊叶蝉亚科所有种在中国动物地理区划中的区系型、种数和比例

Tab. 6　The fauna type, species number and proportion of all species of Chinese Evacanthinae in zoogeographical region of China

序号	区系型	种数	比例（%）
1	华中区	76	25.42
2	西南区	54	18.06
3	华南区	50	16.72
4	青藏区	4	1.34
5	东北区	2	0.67
6	华北区	1	0.33
7	华中区-华南区	24	8.03
8	西南区-华中区	19	6.35
9	西南区-华南区	10	3.34

续表

序号	区系型	种数	比例（%）
10	东北区-华中区	5	1.67
11	青藏区-西南区	4	1.34
12	青藏区-华中区	2	0.67
13	西南区-华中区-华南区	14	4.68
14	华北区-西南区-华中区	9	3.01
15	青藏区-西南区-华中区	2	0.67
16	青藏区-华中区-华南区	1	0.33
17	华北区-东北区-华中区	1	0.33
18	青藏区-西南区-华南区	1	0.33
19	华北区-华中区-华南区	1	0.33
20	东北区-蒙新区-华中区	1	0.33
21	东北区-蒙新区-青藏区	1	0.33
22	华北区-青藏区-西南区	1	0.33
23	华北区-西南区-华中区-华南区	6	2.01
24	青藏区-西南区-华中区-华南区	2	0.67
25	华北区-蒙新区-西南区-华中区	1	0.33
26	华北区-青藏区-西南区-华中区	1	0.33
27	华北区-蒙新区-西南区-华中区-华南区	1	0.33
28	华北区-东北区-青藏区-西南区-华中区	1	0.33
29	华北区-青藏区-西南区-华中区-华南区	1	0.33
30	华北区-东北区-青藏区-西南区-华中区-华南区	2	0.67
31	华北区-东北区-蒙新区-青藏区-西南区-华中区-华南区	1	0.33

六、材料和方法

(一) 材　　料

1. 标本来源

本志研究中使用的标本均为成虫态，检视标本 23 540 余号，采自全国 28 个省（区），主要是由贵州大学昆虫研究所的教职工、动物学和农业昆虫学与害虫防治专业的硕士及博士研究生、植物保护专业本科生等数十年系统采集并收藏的；另有 851 号标本来自国内外同行专家无私馈赠、交换、借用。

2. 标本收藏单位

AAU　Anhui Agricultural University, Hefei, Anhui, China (中国安徽合肥，安徽农业大

学)

BMNH　The National History Museum (formerly British Museum of Natural History), London, UK (英国伦敦，英国自然历史博物馆)

CAU　China Agricultural University, Beijing, China (中国北京，中国农业大学)

FAFU　Fujian Agriculture and Foresty University, Fuzhou, Fujian, China (中国福建福州，福建农林大学)

GUGC　Institute of Entomology, Guizhou University, Guiyang, Guizhou, China (中国贵州贵阳，贵州大学昆虫研究所)

HBU　Hebei University, Baoding, Hebei, China (中国河北保定，河北大学)

IPPC　Institute of Plant Protection, Chinese Academy of Agricultural Sciences, Beijing, China (中国北京，中国农业科学院植物保护研究所)

IZCAS　Institute of Zoology, Chinese Academy of Sciences, Beijing, China (中国北京，中国科学院动物研究所)

JXAU　Jiangxi Agricultural University, Nanchang, Jiangxi, China (中国江西南昌，江西农业大学)

NKU　Nankai University, Tianjin, China (中国天津，南开大学)

NMNS　Museum of Natural Sciences, Taizhong, Taiwan, China (中国台湾台中，自然科学博物馆)

NWAFU　Northwest A & F University, Yangling, Shaanxi, China (中国陕西杨凌，西北农林科技大学)

SCAU　South China Agricultural University, Guangzhou, Guangdong, China (中国广东广州，华南农业大学)

SWU　Southwest University, Chongqing, China (中国重庆，西南大学)

SYSU　Sun Yat-sen University, Guangzhou, Guangdong, China (中国广东广州，中山大学)

TAHS　Tibet Academy of Agricultural and Animal Husbandry Sciences, Lasa, Tibet, China (中国西藏拉萨，西藏农牧科学院)

YTU　Yangtze University, Jingzhou, Hubei, China (中国湖北荆州，长江大学)

(二) 方　法

1. 标本采集

白天，用捕虫网扫捕，或指形管扣捉；夜间，在诱虫灯下用指形管、毒瓶、毒管等扣捉。

2. 标本制作

对于虫体较大的标本，用针插式固定保存；对于虫体较小的标本，则用加拿大树胶粘贴在三角纸片上，再用昆虫针插三角纸片，写上采集标签，放置在标本盒、标本柜中干燥保存。

3. 雄性外生殖器处理

雄性外生殖器构造的解剖，通常是用昆虫针或医用缝合针针尖撬取腹部末端或整个腹部，然后置于8%-10%的NaOH溶液中，煮沸2-3min (视标本骨化程度而定)，待标本透明后，从NaOH溶液中取出，蒸馏水清洗干净，置于事先滴好甘油的单凹玻片上，用解剖针轻轻地将生殖腔中的结构如阳茎、阳基侧突、连索等拉出，然后在解剖镜下对生殖节进行观察、绘图，并对比查阅相关资料进行物种鉴定。观察、绘图完成后，将其保存于装有甘油的PCR小管中，插于针插标本下方，以备后期观察检视；或将经8%-10%的NaOH溶液处理后的雄性外生殖器在载玻片上整姿、脱水，滴一滴加拿大树胶，用盖玻片封盖，贴上标签永久保存。

4. 雄性外生殖器绘图

雄性外生殖器的观察、标本的鉴定及特征描记均在解剖镜下进行。雄性外生殖器结构的绘图在Olympus CX41显微镜下进行。

5. 图像拍摄

所有成虫整体图运用佳能 EOS 70D 相机 (镜头：佳能 EF 100mm f/2.8L IS USM) 拍照，再应用合成软件 Helicon Focus 6.7.1 进行深度叠加合成。

各　论

横脊叶蝉亚科 Evacanthinae Metcalf, 1939

Euacanthinae Haupt, 1929, Zool. Jb. (Syst.), 58: 1074. **Type genus**: *Evacanthus* Lepeletier *et* Serville, 1825.

Evacanthinae Metcalf, 1939, Soc. Bibiog. Nat. Hist.: 247.

亚科特征：体强壮，近乎圆筒形或微扁平，体长 3.0-10.0mm。体色多为褐色，部分种体色较淡，常具黄、黑、红和褐色斑纹。头冠有明显的中脊和侧脊，一些类群后缘亦具脊；单眼位于头冠侧缘，常置于凹陷内；颜面额唇基隆起，中央有 1 明显的纵脊或缺。小盾片三角形，中等大；前翅翅脉完全，或有附加横脉，一些类群翅脉退化；后足腿节端刺式多为 2∶1∶1。常有短翅型和性二型现象。

地理分布：东洋界，古北界，新北界，非洲界。

横脊叶蝉亚科 Evacanthinae 由 Haupt (1929) 以横脊叶蝉属 *Evacanthus* 为模式属建立，当时用名为 Euacanthinae，归在叶蝉科 Jassidae；Metcalf (1939) 正名为 Evacanthinae；Evans (1938)、Ishihara (1963)、葛钟麟 (1981)、李子忠 (1985) 等曾将其提升为科级分类单元；Metcalf (1963a) 在 *General Catalogue of the Homoptera, Fascicle. Pt. 6. Evacanthinae* 中采用了横脊叶蝉亚科 Evacanthinae 的分类系统。该分类系统已得到国内外普遍接受。

目前全世界已知该亚科 4 族 46 属 256 种。中国已记述 4 族 41 属 239 种。本志记述 4 族 49 属 299 种，含 8 新属 76 新种、2 中国新纪录属、1 中国新纪录种和 26 种新组合，提出 21 种新异名。

族 检 索 表

1. 后足腿节端刺式 2∶1∶0 或 2∶0∶0，前足胫节宽扁……………………………**缺缘叶蝉族 Balbillini**
   后足腿节端刺式 2∶1∶1，前足胫节圆筒形……………………………………………………2
2. 额唇基无中纵脊…………………………………………………………**无脊叶蝉族 Pagaroniini**
   额唇基有中纵脊…………………………………………………………………………………3
3. 额唇基仅基部中纵脊明显；前足腿节腹面中部扩大，腹缘有 1 列刚毛………**隐脉叶蝉族 Nirvanini**
   额唇基中脊明显完整；前足腿节较匀称，腹缘有 2 列以上刚毛…………**横脊叶蝉族 Evacanthini**

一、横脊叶蝉族 Evacanthini Metcalf, 1939

Evacanthini Metcalf, 1939, Soc. Bibiog. Nat. Hist.: 247.

Pythaminae (sic) Baker, 1915, Philip. Jour. Sci., 10(3): 193.

族征：体多呈圆筒形，体长 3.0-10.0mm。体色较深，常为黑色、褐色或带黄色色泽，亦具红、黄、黑等色彩斑纹。常具短翅型和性二型种类。头部较前胸背板狭，头冠约与前胸背板等长、微长或特长，中央有 1 明显的纵脊，侧缘亦具脊；单眼位于头冠前侧域，着生在侧脊外侧，常置于凹陷内；复眼低于头冠中域水平面，并叠置于前胸背板前角；触角中等长，触角脊短，位于颜面基缘域；颜面额唇基隆起平坦，中央有 1 显著纵脊，前唇基宽而隆起，前端超过下颚板端缘，下颚板宽，常呈半月形。前胸背板中域隆起，前狭后宽，侧缘长；前翅长而狭，端片狭小或缺，R_{1a} 和 M_{1+2} 脉常消失或 R_{1a} 脉与前缘反折或垂直相交；前足与中足胫节切面圆形，后足胫节长而扁，具有发达的刺列。

地理分布：东洋界，古北界，新北界。

此族由 Metcalf (1939) 建立，同时将横脊叶蝉亚科名 Euacanthinae 订正为 Evacanthinae，包含新建的横脊叶蝉族 Evacanthini。该亚科名和族名被多数学者接受，如 Metcalf (1946)、葛钟麟 (1966)、李子忠和汪廉敏 (1992a)、Huang (1992)、Dietrich (2004)、Viraktamath (2007) 等。据 Metcalf (1963a) 在 *General Catalogue of the Homoptera, Fascicle. Pt. 6. Evacanthinae* 中的统计，1955 年年底全世界已记载横脊叶蝉亚科 4 属，目前已增至 27 属，中国已知 25 属。本志记述 30 属，含 5 新属、1 中国新纪录属。

属检索表

1. 头冠中央长度大于二复眼间宽度 3 倍……………………弯头叶蝉属 ***Vangama***
   头冠中央长度不如前述……………………………………2
2. 头冠中央纵脊呈片状突……………………………………3
   头冠中央纵脊不呈片状突…………………………………5
3. 雄虫尾节侧瓣腹缘有突起……………………楔叶蝉属 ***Cunedda***
   雄虫尾节侧瓣腹缘无突起…………………………………4
4. 阳茎两侧呈片状扩延……………………片脊叶蝉属 ***Pythamus***
   阳茎两侧不呈片状扩延……………………拟片脊叶蝉属 ***Parapythamus***
5. 头冠中央长度约等于二复眼间宽度 2 倍，爪脉在中部愈合……………6
   头冠中央长度小于二复眼间宽度 2 倍，爪脉分开……………7
6. 雄虫尾节侧瓣有腹突……………………皱背叶蝉属 ***Striatanus***
   雄虫尾节侧瓣无腹突……………………突脉叶蝉属 ***Riseveinus***
7. 头冠扁平，与颜面角状相交，额唇基不显著隆起……………扁头叶蝉属 ***Concavocorona***
   头冠与颜面弧圆或角状相交，额唇基轻度隆起或显著隆起……………8
8. 头冠前端呈角状突出，额唇基显著隆起……………突额叶蝉属 ***Risefronta***
   头冠与颜面弧圆相交，额唇基轻度隆起……………9
9. 头冠前端有 1 横脊或横堤……………………………10
   头冠前端无横脊和横堤……………………………11

10. 头冠前端二单眼间有 1 横脊相连……………………………横脊叶蝉属 ***Evacanthus***
    头冠前端有 1 横埂……………………………………………冠埂叶蝉属 ***Boundarus***
11. 头冠有 5 纵脊……………………………………………………………………12
    头冠有 3 纵脊……………………………………………………………………21
12. 头冠中脊两侧低洼…………………………………凹冠叶蝉属，新属 ***Concaves* gen. nov.**
    头冠中脊两侧不低洼………………………………………………………………13
13. 雄虫尾节侧瓣腹缘有突起…………………………………………………………14
    雄虫尾节侧瓣腹缘无突起…………………………………………………………17
14. 雄虫尾节侧瓣端部弯曲……………………………………曲尾叶蝉属，新属 ***Bentus* gen. nov.**
    雄虫尾节侧瓣端部不弯曲…………………………………………………………15
15. 阳茎基部有 2 对长突……………………………………………多突叶蝉属 ***Multiformis***
    阳茎基部突起不如前述……………………………………………………………16
16. 阳茎端部多刺…………………………………………………锥茎叶蝉属 ***Subulatus***
    阳茎端部无刺………………………………………………………………………18
17. 阳茎端部腹面有 1 片状倒突，中部两侧无突起……………………狭顶叶蝉属 ***Angustuma***
    阳茎端部腹面无片状倒突，中部两侧有 1 刺状突…………………锥顶叶蝉属 ***Onukiana***
18. 阳茎基部背面有 1 对长突……………………………………思茅叶蝉属 ***Simaonukia***
    阳茎基部背面无长突………………………………………………………………19
19. 阳茎基部腹面有 1 端部分叉的长突……………………………副锥头叶蝉属 ***Paraonukia***
    阳茎基部腹面无端部分叉的长突…………………………………………………20
20. 阳茎端部具有 2 或多对刺状突…………………………………拟锥头叶蝉属 ***Onukiades***
    阳茎端部无突起，细管状弯曲…………………………………锥头叶蝉属 ***Onukia***
21. 头冠侧脊较弱………………………………………………………………………22
    头冠侧脊明显………………………………………………………………………24
22. 雄虫尾节侧瓣腹缘突起明显……………………………………脊额叶蝉属 ***Carinata***
    雄虫尾节侧瓣腹缘无明显突起……………………………………………………23
23. 雄虫尾节侧瓣无端突…………………………………………凸冠叶蝉属 ***Convexana***
    雄虫尾节侧瓣有端突……………………………拟脊额叶蝉属，新属 ***Paracarinata* gen. nov.**
24. 头冠中脊和侧脊间明显低洼………………………………………………………25
    头冠中脊和侧脊间不明显低洼……………………………………………………26
25. 雄虫尾节侧瓣腹缘有突起……………………………………横脉叶蝉属 ***Transvenosus***
    雄虫尾节侧瓣腹缘无突起……………………………隆脊叶蝉属，新属 ***Oncusa* gen. nov.**
26. 雄虫尾节侧瓣端背缘或端腹缘有刺丛…………………………角突叶蝉属 ***Taperus***
    雄虫尾节侧瓣端背缘或端腹缘无刺丛……………………………………………27
27. 雄虫尾节侧瓣腹缘有突起…………………………………………………………28
    雄虫尾节侧瓣端部无突起…………………………………………………………29
28. 尾节侧瓣腹缘突起始于端部……………………………………长突叶蝉属 ***Processus***

尾节侧瓣腹缘突起始于基部…………………………………**腹突叶蝉属，新属 *Ventroprojecta* gen. nov.**

29\. 头冠中央长度小于二复眼间宽………………………………………………**窄冠叶蝉属 *Shortcrowna***

头冠中央长度大于二复眼间宽………………………………………………**斜脊叶蝉属 *Bundera***

1. 狭顶叶蝉属 *Angustuma* Xing *et* Li, 2013

Angustella Li, 1986, Acta Zootaxonomica Sinica, 11(3): 309. **Type species**: *Angustella nigricarina* Li, 1986.

Angustuma Xing *et* Li, 2013, Zootaxa, 3702(4): 388, nom. nov. for *Angustella* Li, 1986, nec *Gervillia* (*Angustella*) Waagen, 1907.

模式种产地：贵州毕节。

属征：头冠前端微呈锥状突出，中央长度微大于前胸背板中长，中域微隆起，沿侧脊处低凹，有 5 纵脊，即 1 中脊、2 侧脊、2 单眼下脊；单眼位于侧脊外侧，距复眼较距顶端近；颜面额唇基隆起，中脊明显，两侧有横印痕。前翅翅脉明显，R_{1a} 脉与前缘垂直或反折相交，有 4 端室，端片狭小。

雄虫尾节侧瓣腹缘有 1 细长突起；雄虫下生殖板外侧域有长刚毛列；阳茎近乎囊状，端部背缘有 1 钩状突，腹缘有 1 棒状突，阳茎孔位于末端；连索 Y 形；阳基侧突基部扭曲，端部弯折外伸。

一些种具性二型，雌雄个体体色斑纹明显不同。

地理分布：东洋界。

此属是李子忠 (1986) 以 *Angustella nigricarina* Li 为模式种建立，之后李子忠和汪廉敏 (1991)、杨玲环和张雅林 (1919)、蔡平等 (2001)、李子忠和汪廉敏 (2003)、Li 和 Li (2011a)、陈祥盛等 (2012) 等描记了采自贵州、云南和浙江等地的一些新种。该属曾用名 *Angustella*，鉴于此属名已被占用，Xing 和 Li (2013) 更换新名为 *Angustuma*，并记述分布于云南的 1 新种。

全世界已知 13 种，中国均有分布。本志记述 15 种，含 2 新种。

种 检 索 表 (♂)

1\. 前胸背板、小盾片全黑色……………………………………………………………………2

前胸背板、小盾片非全黑色……………………………………………………………………5

2\. 前翅黑褐色，仅前缘近中部有较小透明斑……………………………**黑背狭顶叶蝉 *A. nigrinota***

前翅黑色或褐色，无透明斑……………………………………………………………………3

3\. 前翅褐色……………………………………………………………………**灰片狭顶叶蝉 *A. pallidus***

前翅黑色……………………………………………………………………………………4

4\. 头冠黑色，端缘有三角形淡白色斑…………………**勐仑狭顶叶蝉，新种 *A. menglunensis* sp. nov.**

头冠淡黄褐色，有 1 黑色大斑……………………………………………**黑脊狭顶叶蝉 *A. nigricarina***

5\. 前翅灰白色半透明…………………………………………………………**白翅狭顶叶蝉 *A. albida***

前翅翅色不如前述……6
6. 前翅端部黑褐色……7
前翅端部非黑褐色……8
7. 前翅青绿色或黄绿色……**黑尾狭顶叶蝉 *A. nigricauda***
前翅淡橙黄色……**望谟狭顶叶蝉，新种 *A. wangmoensis* sp. nov.**
8. 前翅青绿色，前缘淡黄白色……**白边狭顶叶蝉 *A. leucostriata***
前翅非污黄色，前缘不具黄白色边……9
9. 前翅前缘中部白色半透明……10
前翅前缘中部非白色半透明……11
10. 前翅中央有 1 白色透明斑……**白斑狭顶叶蝉 *A. albonotata***
前翅爪缝和革片中部各有 1 黑带……12
11. 体和前翅红褐色；前胸背板中央有 1 黑色纵带……**红背狭顶叶蝉 *A. rudorsuma***
体和前翅橘黄色；前胸背板中央无黑色纵带……**长尾狭顶叶蝉 *A. longipyga***
12. 前胸背板中域无黑斑……**景洪狭顶叶蝉 *A. jinghongensis***
前胸背板中域有黑斑……13
13. 前胸背板中域黑斑短粗，且与后缘黑带相连……**红翅狭顶叶蝉 *A. rufipenna***
前胸背板中域黑斑狭长，且与后缘黑带不相连……14
14. 前翅革片中央无黑色纵纹……**黑缘狭顶叶蝉 *A. nigrimargina***
前翅革片中央有 1 黑褐色纵纹……**盘县狭顶叶蝉 *A. panxianensis***

(1) 白翅狭顶叶蝉 *Angustuma albida* (Li *et* Li, 2011) (图 5)

Angustella albida Li *et* Li, 2011, Zootaxa, 2740: 48. **Type locality**: Guizhou (Libo).
Angustuma albida (Li *et* Li): Xing *et* Li, 2013, Zootaxa, 3702(4): 386.

模式标本产地　贵州荔波。

体连翅长，雄虫 7.0mm。

头冠前端微呈角状突出，中央长度大于二复眼间宽，具 5 纵脊，即 1 中脊、2 侧脊、2 单眼下脊；单眼位于侧脊外侧，距复眼较距顶端近；颜面额唇基纵向隆起，中央有 1 明显的纵脊。前胸背板前缘弧圆突出，后缘接近平直。

雄虫尾节侧瓣端向渐窄，端缘呈角状突出，腹缘基部有 1 细长突起，其长度微超过尾节侧瓣端缘；雄虫下生殖板基部分节，两端细中部较宽，微弯曲，中域有粗长刚毛列；阳茎囊状，背缘有 1 弯钩状突起，腹缘有 1 骨化较强的倒突；连索 Y 形，主干是臂长的 4 倍；阳基侧突亚端部极度弯曲，弯曲处有细长刚毛。

体淡黄白色。头冠中央有 1 黑褐色菱形纹；复眼黑褐色；单眼黄白色；颜面额唇基中央沿纵脊、两侧纵纹和舌侧板黑褐色；触角黄白色。前翅灰白色无明显斑纹；胸部腹板淡黄白色无明显斑纹。

检视标本　**贵州**：♂ (正模)，荔波，1998.Ⅴ.30，李子忠采 (GUGC)。

分布　贵州。

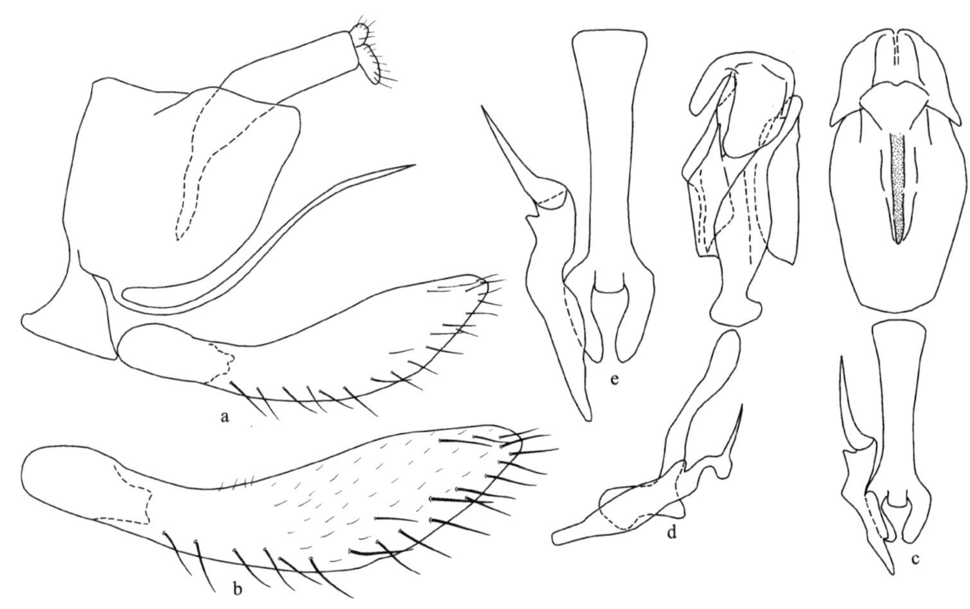

图 5　白翅狭顶叶蝉 *Angustuma albida* (Li *et* Li)

a. 雄虫尾节侧面观 (male pygofer, lateral view)；b. 雄虫下生殖板 (male subgenital plate)；c. 阳茎、连索、阳基侧突腹面观 (aedeagus, connective and style, ventral view)；d. 阳茎、连索、阳基侧突侧面观 (aedeagus, connective and style, lateral view)；e. 连索、阳基侧突 (connective and style)

(2) 白斑狭顶叶蝉 *Angustuma albonotata* (Yang *et* Zhang, 1999) (图 6；图版 I：1)

Angustella albonotata Yang *et* Zhang, 1999, Entomotaxonomia, 21(2): 101. **Type locality**: Yunnan (Xishuangbanna).

Angustuma albonotata (Yang *et* Zhang): Xing *et* Li, 2013, Zootaxa, 3702(4): 386.

模式标本产地　云南西双版纳。

体连翅长，雄虫 7.0-7.8mm，雌虫 7.5-7.8mm。

头冠前端呈角状突出，中央长度与二复眼间宽近似相等，具 5 纵脊，即 1 中脊、2 侧脊、2 单眼下脊；单眼位于侧脊外侧，距复眼较距顶端近；颜面额唇基纵向隆起，中央有 1 明显的纵脊。前胸背板前缘弧圆突出，后缘微凹；小盾片三角形，横刻痕位于中后部，弧形弯曲。

雄虫尾节侧瓣宽短，端缘斜切，端背角尖突，亚端部有数根短刚毛，基部腹缘有 1 细长突起，其长度超过尾节侧瓣端缘甚多；雄虫下生殖板宽片状，基部分节，长度超过尾节侧瓣端缘，内侧有 1 列粗长刚毛，端区密生短刚毛；阳茎囊状，端部背缘有 1 钩状突，腹面有 1 大的骨化突起；连索 Y 形，主干端部膨大；阳基侧突中部宽大，端部向外侧扩延，亚端部呈细颈状。雌虫第 7 节腹板较第 6 节长，两侧叶特长，后缘中央平直，产卵器超过尾节侧瓣端缘。

体淡黄色。头冠中央有 1 不规则形黑色斑；复眼黑褐色；单眼橙黄色；颜面中脊、两侧纵纹、颊区中央短纹、舌侧板黑色，前唇基中央淡褐色。前胸背板橙黄色，前缘和后缘具黑褐色横带纹；小盾片淡橙黄色；前翅淡黄褐色，翅脉橙黄色，前缘中央有1白色透明大斑，爪片大部灰白色，透明。胸部腹面及胸足淡黄白色。雄虫下生殖板黑褐色。雌虫腹面黄白色，产卵器及尾节褐色。

检视标本　**云南**：2♂5♀，腾冲，2002.Ⅶ.14，李子忠采 (GUGC)；1♂2♀，盈江，2002.Ⅶ.21，李子忠采 (GUGC)；7♂12♀，梁河勐养，2013.Ⅶ.27，范志华、杨卫诚采 (GUGC)；6♂13♀，高黎贡山，2013.Ⅷ.5，范志华、杨卫诚采 (GUGC)；3♂5♀，盈江，2013.Ⅷ.19，杨卫诚采(GUGC)。

分布　云南。

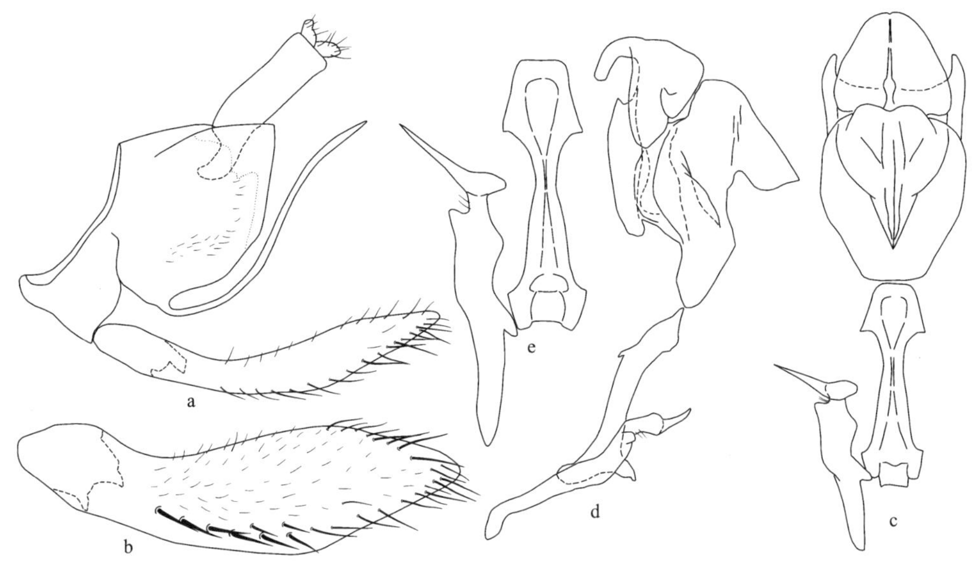

图6　白斑狭顶叶蝉 *Angustuma albonotata* (Yang *et* Zhang)

a. 雄虫尾节侧面观 (male pygofer, lateral view)；b. 雄虫下生殖板 (male subgenital plate)；c. 阳茎、连索、阳基侧突腹面观 (aedeagus, connective and style, ventral view)；d. 阳茎、连索、阳基侧突侧面观 (aedeagus, connective and style, lateral view)；e. 连索、阳基侧突 (connective and style)

(3) 景洪狭顶叶蝉 *Angustuma jinghongensis* (Li *et* Li, 2011) (图7；图版Ⅰ：2)

Angustella jinghongensis Li *et* Li, 2011, Zootaxa, 2740: 48. **Type locality**: Yunnan (Jinghong).

Angustuma jinghongensis (Li *et* Li): Xing *et* Li, 2013, Zootaxa, 3702(4): 386.

模式标本产地　云南景洪。

体连翅长，雄虫6.5-7.0mm，雌虫7.0-7.3mm。

头冠前端近乎锥状突出，中央长度与二复眼间宽近似相等，具5纵脊，即1中脊、2侧脊、2单眼下脊；单眼位于侧脊外侧，距复眼较距顶端近；颜面额唇基纵向隆起，中央有1明显的纵脊。前胸背板前缘弧圆突出，后缘接近平直；小盾片横刻痕位于中后部，弧形弯曲。

雄虫尾节侧瓣端缘向背面斜伸，端背角呈尖角状，端区有粗长刚毛，腹缘突起细长，向外侧伸出，超过尾节侧瓣端缘甚多；雄虫下生殖板长叶片状，中域有粗长刚毛，外缘有细长刚毛；阳茎囊状，背缘钩状突强壮，侧面观腹缘棒状突起粗短，末端尖突；连索Y形，主干长度是臂长的3倍，基部较细；阳基侧突细长，亚端部呈颈状，端缘平切向外侧伸出。

体淡黄色。头冠中央有1近似梯形黑色斑；复眼黑色；单眼淡黄白色，四周有黑色环绕，近乎黑色小斑点；颜面淡黄白色，额唇基基缘有1黑色小斑，此斑沿中央纵脊延伸，额唇基两侧缘各有1黑褐色纵纹。前胸背板具黑褐色横带纹；前翅姜黄色，翅端色较暗，端区有1橘黄色横带纹，前缘、后缘、沿爪缝和翅脉黑褐色；胸部腹板和胸足淡黄白色，无明显斑纹。

寄主　竹类。

检视标本　**云南**：♂(正模)，景洪，2006.Ⅷ.27，张培采 (GUGC)；1♀，西双版纳勐腊，2011.Ⅶ.24，郑维斌采 (GUGC)；5♂，西双版纳勐仑，2011.Ⅶ.28，郑维斌采 (GUGC)；1♂，绿春黄连山，2011.Ⅷ.4，常志敏、郑维斌采 (GUGC)；5♂6♀，西双版纳勐仑，2014.Ⅷ.18，周正湘、王英鉴采 (GUGC)。

分布　云南。

图7　景洪狭顶叶蝉 *Angustuma jinghongensis* (Li *et* Li)

a. 雄虫尾节侧面观 (male pygofer, lateral view)；b. 雄虫下生殖板 (male subgenital plate)；c. 阳茎、连索、阳基侧突腹面观 (aedeagus, connective and style, ventral view)；d. 阳茎、连索、阳基侧突侧面观 (aedeagus, connective and style, lateral view)；e. 连索、阳基侧突 (connective and style)

(4) 白边狭顶叶蝉 *Angustuma leucostriata* (Li *et* Wang, 1992) (图8)

Angustella leucostriata Li *et* Wang, 1992a, Agriculture and Forestry Insect Fauna of Guizhou, 4: 50. **Type locality**: Guizhou (Kuankuoshui).

Angustuma leucostriata (Li *et* Wang): Xing *et* Li, 2013, Zootaxa, 3702(4): 386.

模式标本产地　贵州宽阔水。

体连翅长，雄虫 6.5-6.8mm，雌虫 7.2-7.5mm。

头部前端呈角状突出，中央长度与二复眼间宽度接近相等，中域轻度隆起，有 5 纵脊，即 1 中脊、2 侧脊、2 单眼下脊；单眼位于侧脊外侧，与复眼的距离较距头冠顶端近；颜面适度隆起，中央有 1 明显纵脊，两侧有横印痕列，前唇基中域隆起，由基至端逐渐变狭，端缘弧圆。前胸背板较头部宽，比头冠短，前缘弧圆突出，后缘接近平直；小盾片与前胸背板等长，横刻痕弧形凹陷。

雄虫尾节侧瓣端背缘接近平直，端腹缘斜向伸出，致端背角明显，腹缘突起细长，伸出尾节侧瓣端缘；雄虫下生殖板基部分节，狭长，长度超过尾节侧瓣端缘，其外侧有 2 列粗刚毛；阳茎囊状，端部背缘钩状突近似棒状，侧面观腹缘棒状突极度发达，末端斜而尖突；连索 Y 形，基部近似圆环状，两臂特短；阳基侧突中部粗壮，端部弯细成刺状，且弯曲向外伸。雌虫腹部第 7 节腹板较第 6 节短，后缘中央凹入，两侧叶长。

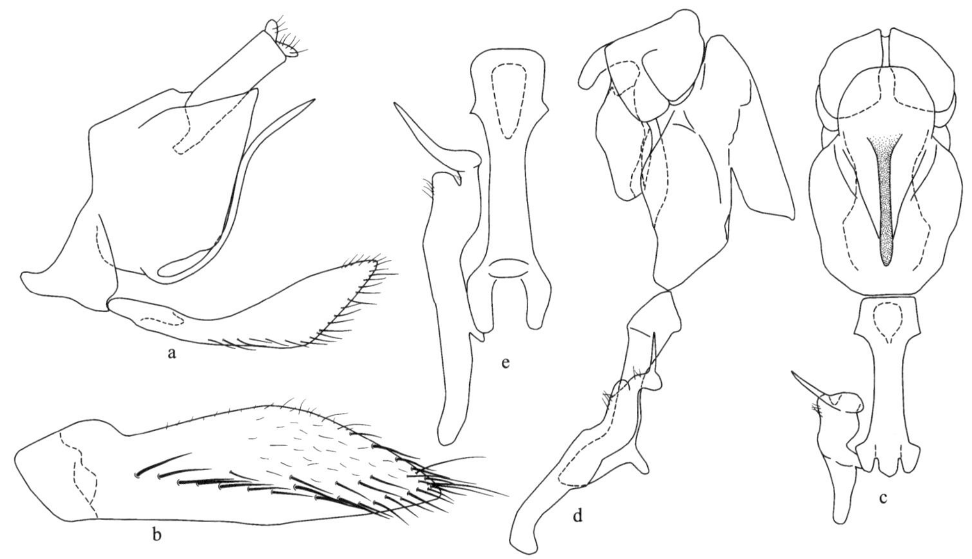

图 8　白边狭顶叶蝉 *Angustuma leucostriata* (Li *et* Wang)

a. 雄虫尾节侧面观 (male pygofer, lateral view)；b. 雄虫下生殖板 (male subgenital plate)；c. 阳茎、连索、阳基侧突腹面观 (aedeagus, connective and style, ventral view)；d. 阳茎、连索、阳基侧突侧面观 (aedeagus, connective and style, lateral view)；e. 连索、阳基侧突 (connective and style)

体淡黄白微带绿色色泽。头冠中前域有 1 不规则黑色大斑；复眼黑褐色；单眼淡褐色；颜面淡黄白色，中脊和两侧纵线状纹及舌侧板上 1 大斑黑色。前胸背板浅橙黄色，沿前缘和后缘具黑褐色狭边；小盾片淡橙黄白色；前翅青绿色，前缘域和端区淡黄白色半透明，翅脉橙黄色；胸部腹板和胸足淡黄白色。腹部背面黑褐色，腹面淡黄白色，尾节黑褐色。

寄主　竹类。

检视标本　**贵州**：♂ (正模)，♀ (配模)，8♂16♀ (副模)，宽阔水，1984.Ⅷ.4-6，李子

忠、高念昭采 (GUGC); 5♂9♀ (副模)，望谟，1986.Ⅵ.15-17，李子忠采 (GUGC); 1♂2♀，安顺，1991.Ⅶ.7，魏濂艨采(GUGC)；5♂3♀，绥阳宽阔水，2010.Ⅷ.10-15，戴仁怀、李虎采 (GUGC); 3♂4♀，望谟，2013.Ⅵ.26-28，龙见坤、孙海燕采 (GUGC)。**云南**: 7♂9♀，龙陵，2002.Ⅶ.24-25，李子忠、杨茂发采 (GUGC)；1♂，玉溪，2012.Ⅶ.22，郑维斌采 (GUGC)；3♂4♀，高黎贡山，2013.Ⅷ. 5，范志华、杨卫诚采 (GUGC)。

分布　贵州、云南。

(5) 长尾狭顶叶蝉 *Angustuma longipyga* (Li *et* Wang, 2003) (图 9；图版 Ⅰ：3)

Angustella longipyga Li *et* Wang, 2003, Acta Zootaxonomica Sinica, 28(4): 708. **Type locality**: Yunnan (Yingjiang).

Angustuma longipyga (Li *et* Wang): Xing *et* Li, 2013, Zootaxa, 3702(4): 386.

模式标本产地　云南盈江。

体连翅长，雄虫 6.0-6.2mm，雌虫 6.2-6.8mm。

头冠前端呈角状突出，中央长度与二复眼间宽近似相等，冠面隆起，有 5 纵脊，即 1 中脊、2 侧脊、2 单眼下脊；单眼位于侧脊外侧，与复眼的距离较距头冠顶端近；颜面额唇基隆起，中央有 1 纵脊。前胸背板宽大隆起，前缘弧圆突出，后缘接近平直；小盾片横刻痕位于中后部。

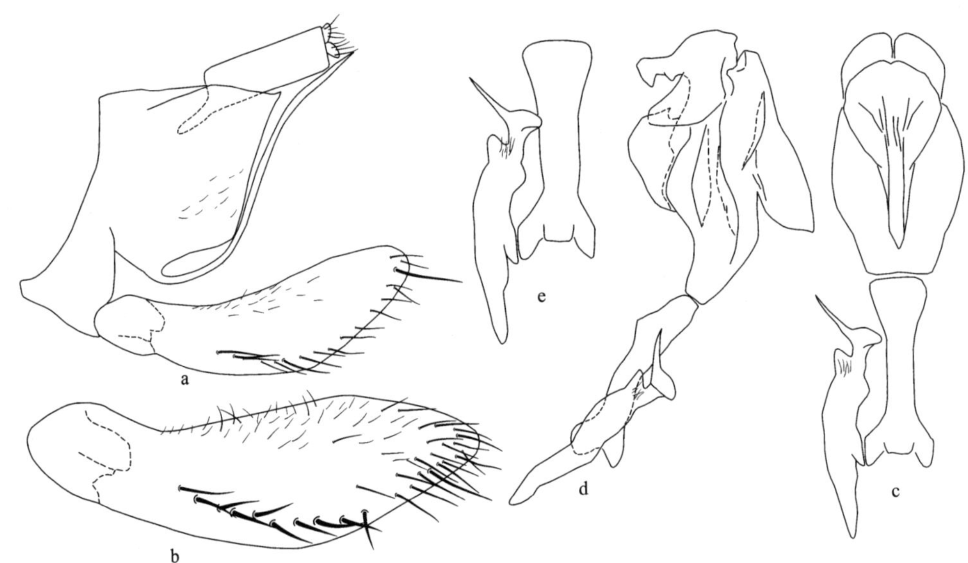

图 9　长尾狭顶叶蝉 *Angustuma longipyga* (Li *et* Wang)

a. 雄虫尾节侧面观 (male pygofer, lateral view)；b. 雄虫下生殖板 (male subgenital plate)；c. 阳茎、连索、阳基侧突腹面观 (aedeagus, connective and style, ventral view)；d. 阳茎、连索、阳基侧突侧面观 (aedeagus, connective and style, lateral view)；e. 连索、阳基侧突 (connective and style)

雄虫尾节侧瓣端区骤变细，呈尖角状突出，生细小刚毛，腹缘突起向外侧伸出，其长度超过尾节侧瓣端缘甚多；雄虫下生殖板片状，基部分节，亚端部阔大，端缘圆，内侧有粗长刚毛列，端区密生刚毛；阳茎囊状，背面钩状突强壮，有 2 齿突，侧面观腹面棒状突较长，末端尖细；连索 Y 形，主干粗长，基部膨大，两臂特短；阳基侧突亚端部近似颈状，末端平直，向外侧伸出。雌虫腹部第 7 节腹板中长与第 6 节近似相等，后缘中央平凹入，产卵器微伸出尾节侧瓣端缘。

体及前翅橘黄色。头冠中前域有 1 五角形黑纹；颜面额唇基两侧纵纹、中脊及舌侧板大部和复眼黑色。前胸背板前域 1 斑点及基缘狭边黑色；前翅前缘、内缘、后缘、爪缝及革片中央纵纹和端区黑色；胸部腹板及胸足淡黄白色。腹部腹板淡黄微带褐色色泽，各节后缘狭边浅褐色。

检视标本 **云南**：♂ (正模)，7♂9♀ (副模)，盈江，2002.Ⅶ.2-4，李子忠、戴仁怀、杨茂发采 (GUGC)；2♂，绿春，2012.Ⅷ.3，常志敏采 (GUGC)；3♂，红河黄连山，2012.Ⅷ.3，郑维斌采 (GUGC)；2♂4♀，盈江铜壁关，2013.Ⅶ.19，杨卫诚采 (GUGC)；1♂2♀，盈江铜壁关，2013.Ⅶ. 21，范志华采 (GUGC)；2♀，高黎贡山，2013.Ⅷ.5，范志华采 (GUGC)；2♂3♀，绿春，2014.Ⅷ. 4，郭梅娜采 (GUGC)；3♂5♀，普洱，2014.Ⅷ.24，周正湘采 (GUGC)。

分布 云南。

(6) 勐仑狭顶叶蝉，新种 *Angustuma menglunensis* Li, Li *et* Xing, sp. nov. (图 10；图版 Ⅰ：4)

模式标本产地 云南勐仑。

体连翅长，雄虫 6.2-6.3mm。

头冠前端呈角状突出，中央长度明显大于二复眼间宽，具纵皱纹，中域轻度隆起，沿侧脊低凹，有 5 纵脊，即 1 中脊、2 侧脊、2 单眼下脊；单眼位于侧脊外侧，与复眼的距离较距头冠顶端近；颜面额唇基隆起，中央有 1 纵脊，前唇基由基至端渐窄。前胸背板隆起光滑，前缘弧圆突出，后缘接近平直；小盾片横刻痕处低凹。

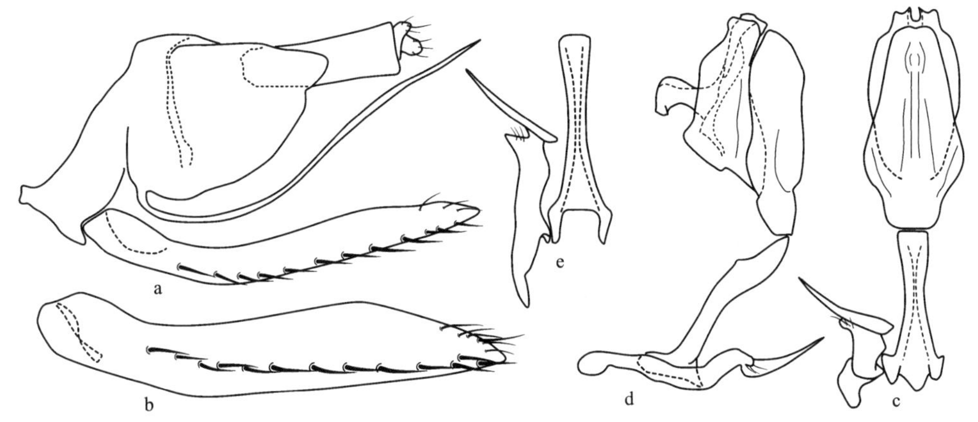

图 10 勐仑狭顶叶蝉，新种 *Angustuma menglunensis* Li, Li *et* Xing, sp. nov.

a. 雄虫尾节侧面观 (male pygofer, lateral view)；b. 雄虫下生殖板 (male subgenital plate)；c. 阳茎、连索、阳基侧突腹面观 (aedeagus, connective and style, ventral view)；d. 阳茎、连索、阳基侧突侧面观 (aedeagus, connective and style, lateral view)；e. 连索、阳基侧突 (connective and style)

雄虫尾节侧瓣近似三角形突出，密生细小刚毛，腹缘突起始于基部，光滑细长，末端伸出尾节侧瓣端缘甚多；雄虫下生殖板呈片状，中域有 1 列粗长刚毛；阳茎囊状，侧面观背面突起成钩状弯曲，腹缘棒状突紧贴；连索 Y 形，主干微弯，明显大于臂长；阳基侧突亚端部骤然变细，端缘呈刺状延伸。

体及前翅黑色。颜面黄白色，基缘黄白色向头冠延伸，致头冠端缘有 1 三角形淡白色斑，额唇基中央、两侧和颊区外侧纵纹均黑色。胸部腹板和胸足淡黄白色，前足胫节黑褐色。腹部背面黑褐色，腹面淡黄白色。

正模　♂，云南勐仑，2014.Ⅷ.17，孙海燕采。副模：1♂，采集地点、采集时间和采集人同正模。所有模式标本均保存在贵州大学昆虫研究所 (GUGC)。

词源　新种名来源于模式标本采集地，云南勐仑。

分布　云南。

新种外形特征与黑背狭顶叶蝉 *Angustuma nigrinota* (Yang *et* Zhang)相似，不同点是新种体较小、前翅黑色、阳茎背域突起宽扁。

(7) 黑脊狭顶叶蝉 *Angustuma nigricarina* (Li, 1986) (图 11；图版Ⅰ：5)

Angustella nigricarina Li, 1986, Acta Zootaxonomica Sinica, 11(3): 310. **Type locality**: Guizhou (Bijie, Panxian, Pingtang).

Angustuma nigricarina (Li): Xing *et* Li, 2013, Zootaxa, 3702(4): 386.

模式标本产地　贵州毕节、盘县、平塘。

体连翅长，雄虫 7.0-7.3mm，雌虫 7.5-7.8mm。

头冠前端呈角状突出，中央长度与前胸背板接近等长，中域轻度隆起，有 5 纵脊，即 1 中脊、2 侧脊、2 单眼下脊；单眼位于侧脊外侧，与复眼的距离较距头冠顶端近；颜面额唇基隆起，中央有 1 纵脊，两侧有横印痕列。前胸背板宽大隆起，前缘弧圆突出，后缘接近平直；小盾片三角形，横刻痕位于中部。

雄虫尾节侧瓣宽短，斜向背面伸出，端背角尖突，腹缘突起细长，紧靠尾节后缘，端部向外侧弯曲，超过尾节侧瓣甚多；雄虫下生殖板宽叶片状，基部分节，具排列不规则的粗长刚毛列；阳茎囊状，侧面观端腹面有骨化极强的棒状突，背面钩状突弯曲，阳茎孔位于末端；连索 Y 形，主干中长是臂长的 2 倍；阳基侧突基部扭曲，端部尖细，向外侧伸出。雌虫腹部第 7 节腹板后缘深凹入，两侧叶长，产卵器伸出尾节侧瓣端缘。

雌雄个体色彩斑纹不同。雄虫头冠中前域有 1 多角形大黑斑，此斑前方凹入，后方突出，向外扩伸至侧脊处，且头冠基域有 1 对小黑色横斑；复眼黑褐色；单眼暗褐色；颜面淡黄褐色，额唇基中脊黑色，两侧各有 1 线状纵纹，舌侧板上有 1 大黑斑；触角淡黄褐色。前胸背板凹痕后全黑色，无别的斑纹；前翅黑色；胸部腹板和胸足淡黄褐色，唯前足胫节和跗节黑色。腹部背、腹面黄褐色，尾节黑褐色。雌虫前胸背板前域有 1 弧形凹痕，中域有 1 短黑褐色横带纹，沿后缘有 1 黑褐色宽横带纹；前翅黄绿色，沿爪缝、前缘、后缘和革片中央 1 纵带纹均黑色。

寄主　玉米、竹类。

检视标本　**湖北**：7♂1♀，巴东，2006.Ⅶ.15-16，夏芳、胡伟采（YTU）；2♂5♀，星斗山，2010.Ⅷ.4，倪俊强采（GUGC）；1♀，大别山，2014.Ⅷ.29，周正湘采（GUGC）。**湖南**：1♂，张家界，2013.Ⅷ.2，吴云飞采（GUGC）。**贵州**：♂(正模)，♀(配模)，2♂4♀(副模)，毕节，1977.Ⅸ.5，李子忠采（GUGC）；2♀(副模)，平塘，1981.Ⅶ.11，李子忠采（GUGC）；4♂2♀(副模)，盘县，1983.Ⅷ.7，李子忠采(GUGC)；12♀，道真，1988.Ⅵ.16，李子忠采（GUGC）；2♀，安顺，1991.Ⅷ.19，魏濂艨采（GUGC）；10♂15♀，绥阳宽阔水，2001.Ⅶ.15-17，李子忠、戴仁怀采（GUGC）；9♂3♀，道真，2004.Ⅷ.17-20，杨茂发采（GUGC）；2♂，安顺龙宫，2005.Ⅶ.20，杨再华采（GUGC）；1♂，麻阳河，2007.Ⅸ.26，宋琼章采（GUGC）；13♂4♀，关岭，2009.Ⅷ.17，邢济春、李虎采（GUGC）；6♂9♀，绥阳宽阔水，2010.Ⅷ.12，李玉建采（GUGC）；9♂12♀，绥阳宽阔水茶场，2010.Ⅷ.13，李虎采（GUGC）；3♂1♀，绥阳宽阔水，2010.Ⅷ.13，倪俊强采（GUGC）；7♂3♀，望谟，2013.Ⅵ.26-28，孙海燕、郭梅娜采（GUGC）；9♂3♀，道真，2004.Ⅷ.17-20，杨茂发采（GUGC）。**云南**：3♂1♀，龙陵，2002.Ⅶ.24-25，李子忠、杨茂发采（GUGC）；1♂，勐腊，2008.Ⅷ.19，宋月华采（GUGC）；1♂，屏边，2014.Ⅷ.6，周正湘采（GUGC）。

分布　湖北、湖南、贵州、云南。

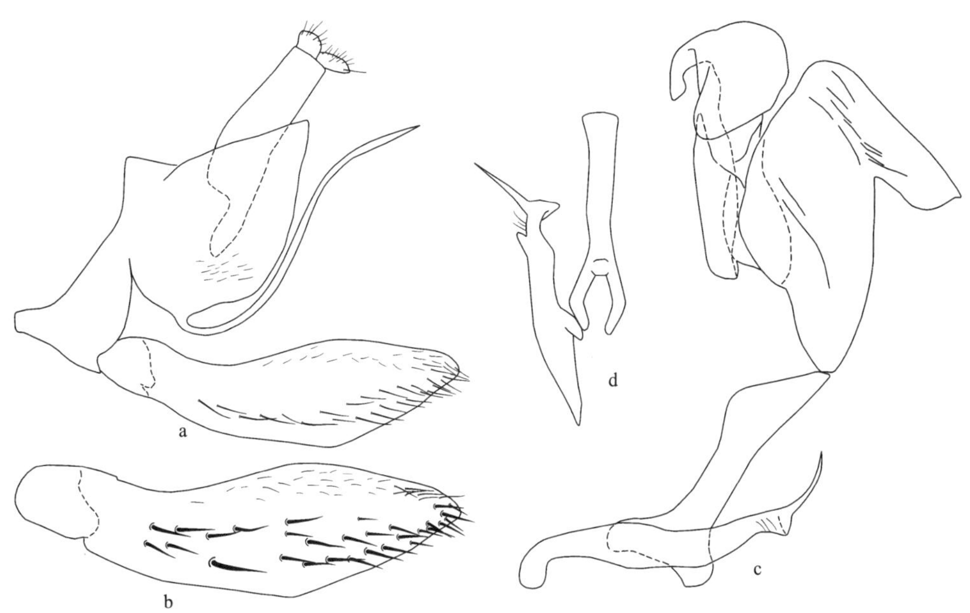

图 11　黑脊狭顶叶蝉 *Angustuma nigricarina* (Li)

a. 雄虫尾节侧面观（male pygofer, lateral view）；b. 雄虫下生殖板（male subgenital plate）；c. 阳茎、连索、阳基侧突侧面观（aedeagus, connective and style, lateral view）；d. 连索、阳基侧突（connective and style）

(8) 黑尾狭顶叶蝉 *Angustuma nigricauda* (Chen, Yang *et* Li, 2012) (图 12；图版Ⅰ：6)

Angustella nigricauda Chen, Yang *et* Li, 2012, Bamboo-feeding Leafhoppers in China: 103. **Type locality**: Yunnan (Lvchun).

Angustuma nigricauda (Chen,Yang *et* Li): Xing *et* Li, 2013, Zootaxa, 3702(4): 386.

模式标本产地 云南绿春。

体连翅长，雄虫 6.6-6.9mm，雌虫 7.1-7.4mm。

头冠前端呈锐角突出，中央长度较明显大于前胸背板，中域轻度隆起，有 5 纵脊，即 1 中脊、2 侧脊、2 单眼下脊；单眼位于侧脊外侧，与复眼的距离较距头冠顶端近；颜面额唇基隆起，中央有 1 纵脊。前胸背板宽大隆起，前缘弧圆突出，后缘接近平直；小盾片横刻痕位于中部，明显凹陷。

雄虫尾节侧瓣端缘呈尖角状突出，腹缘突起细长始于基部，向外侧缘延伸，其长度超过尾节侧瓣端缘甚多；雄虫下生殖板基部分节，阔而长，超过尾节侧瓣端缘，以中端部处最宽，外侧域有 1 列粗刚毛；阳茎囊状，端部具复杂突起，侧面观，背面钩状突膨大具 2 齿，腹面棒状突呈长片状，末端尖细；连索 Y 形，主干是臂长的 1.8 倍；阳基侧突粗壮，亚端部骤然变细，端部呈尖刺状向外侧伸出。雌虫腹部第 7 节腹板中央长度明显大于第 6 节腹板中长，后缘中央深凹，产卵器伸出尾节侧瓣端缘。

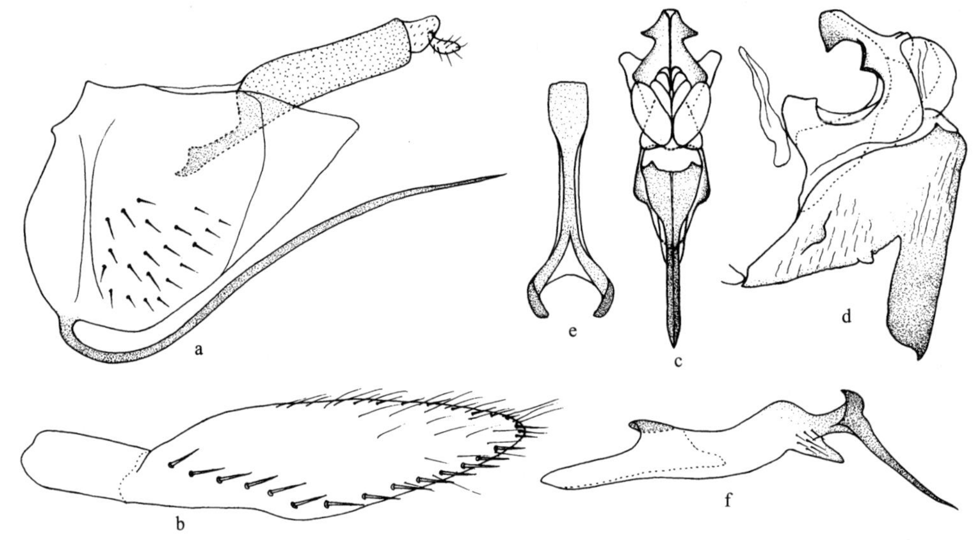

图 12 黑尾狭顶叶蝉 *Angustuma nigricauda* (Chen, Yang *et* Li)

a. 雄虫尾节侧面观 (male pygofer, lateral view)；b. 雄虫下生殖板 (male subgenital plate)；c. 阳茎腹面观(aedeagus, ventral view)；d. 阳茎侧面观 (aedeagus, lateral view)；e. 连索 (connective)；f. 阳基侧突 (style)

体呈深绿色和黄绿色。深绿色个体，头冠中域具 1 黑褐色大斑，单眼淡褐色；复眼褐色；颜面中脊和两侧线状纵纹暗褐色，舌侧板外侧大部黑褐色。前胸背板沿前缘和后缘具黑褐色狭边。前翅除端区暗褐色、前缘域淡黄褐色近透明外，大部为青绿色；后翅暗褐色，翅脉黑褐色。腹部腹面中后部颜色逐渐加深为暗褐色，雄虫尾节黑褐色。黄绿色个体，除前翅大部为黄绿色、前缘域为淡黄白色近透明外，其余各部颜色如深绿色个体。

寄主 竹类。

检视标本 **云南**：♂ (正模)，绿春黄连山，2011.Ⅷ.4，常志敏、郑维斌采 (GUGC)；8♂11♀ (副模)，采集时间、地点、采集人同正模 (GUGC)；2♂4♀，玉溪，2012.Ⅶ.21-22，

常志敏采 (GUGC)；3♂2♀，红河，2012.Ⅷ.5-7，郑维斌采 (GUGC)；3♂2♀，勐腊，2017.Ⅷ.20，智妍采 (GUGC)。

分布　云南。

(9) 黑缘狭顶叶蝉 *Angustuma nigrimargina* (Li *et* Li, 2011) (图 13)

Angustella nigrimargina Li *et* Li, 2011, Zootaxa, 2740: 49. **Type locality**: Yunnan (Mengla).

Angustuma nigrimargina (Li *et* Li): Xing *et* Li, 2013, Zootaxa, 3702(4): 386.

模式标本产地　云南勐腊。

体连翅长，雄虫 6.5-6.8mm，雌虫 7.5-8.0mm。

头冠前端呈锐角突出，中域轻度隆起，中央长度大于二复眼间宽，小于前胸背板中长，有 5 纵脊，即 1 中脊、2 侧脊、2 单眼下脊；单眼位于侧脊外侧，与复眼的距离较距头冠顶端近；颜面额唇基隆起，中央有 1 纵脊。前胸背板宽大隆起，前缘弧圆突出，后缘微凹；小盾片横刻痕位于中后部。

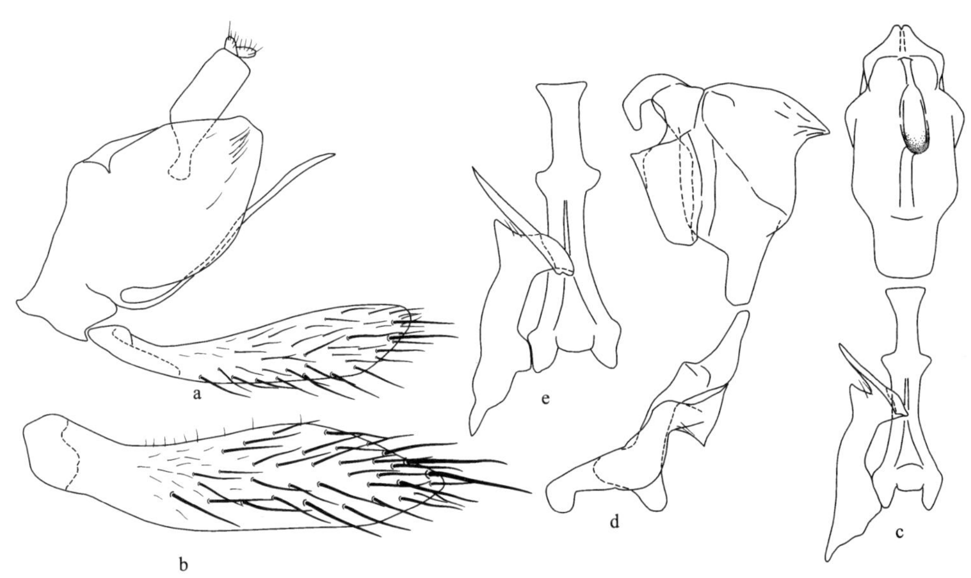

图 13　黑缘狭顶叶蝉 *Angustuma nigrimargina* (Li *et* Li)

a. 雄虫尾节侧面观 (male pygofer, lateral view)；b. 雄虫下生殖板 (male subgenital plate)；c. 阳茎、连索、阳基侧突腹面观 (aedeagus, connective and style, ventral view)；d. 阳茎、连索、阳基侧突侧面观 (aedeagus, connective and style, lateral view)；e. 连索、阳基侧突 (connective and style)

雄虫尾节侧瓣宽短，端区有数根细刚毛，腹缘突起细长，伸出尾节侧瓣端缘甚多；雄虫下生殖板宽叶片状，基部分节，中域密生粗长刚毛，外缘有细长刚毛；阳茎囊状，侧面观端部背缘钩状突强壮，腹缘棒状突粗短，近似锥状；连索 Y 形，主干是臂长的 2.5 倍，中央两侧各有 1 向外侧延伸的角状突；阳基侧突亚端部呈瓶颈状，端缘平切向外侧伸出。雌虫腹部第 7 节腹板中央长度明显大于第 6 节腹板中长，后缘中央近乎舌形突出，两侧微凹，产卵器伸出尾节侧瓣端缘甚多。

体淡橘黄色。头冠中央有 1 黑褐色纹；复眼黑色；单眼淡黄白色，四周有黑色环绕，近乎 1 小黑点；颜面额唇基和前唇基中央纵贯 1 黑色线状纹，额唇基两侧各有 1 黑褐色纵纹。前胸背板前缘中央 1 短纹和后缘基部横带纹均黑褐色；前翅淡姜黄色，前缘、后缘、沿爪缝和翅脉黑褐色；胸部腹板和胸足淡黄白色，无明显斑纹。

寄主 竹类。

检视标本 **云南**：♂(正模)，勐腊，1992.Ⅹ.20，李子忠采 (GUGC)；1♀(副模)，勐腊，2008.Ⅶ.19，蒋晓红采 (GUGC)；1♀，西双版纳勐腊，2011.Ⅶ.24，郑维斌、常志敏采 (GUGC)；1♂2♀，绿春黄连山，2011.Ⅷ.4，常志敏、郑维斌采 (GUGC)；2♂3♀，西双版纳勐腊，2012.Ⅶ.25，郑维斌采 (GUGC)；2♂，西双版纳勐腊，2013.Ⅶ.25，杨卫诚采 (GUGC)；2♂1♀，绿春，2014.Ⅷ.4，郭梅娜采 (GUGC)；1♂，普洱，2014.Ⅷ.23，郭梅娜采 (GUGC)。

分布 云南。

(10) 黑背狭顶叶蝉 *Angustuma nigrinota* (Yang *et* Zhang, 1999) (图 14)

Angustella nigrinota Yang *et* Zhang, 1999, Entomotaxonomia, 21(2): 103. **Type locality**: Yunnan (Xishuangbanna).

Angustuma nigrinota (Yang *et* Zhang): Xing *et* Li, 2013, Zootaxa, 3702(4): 386.

模式标本产地 云南西双版纳。

体连翅长，雄虫 7.0-7.3mm，雌虫 7.6-7.8mm。

头冠前端呈锐角突出，中央长度与二复眼间宽近乎相等，中域轻度隆起，有 5 纵脊，即 1 中脊、2 侧脊、2 单眼下脊；单眼位于侧脊外侧，与复眼的距离较距头冠顶端近；颜面额唇基隆起，中央有 1 明显的纵脊。前胸背板宽大隆起；小盾片横刻痕位于中后部。

雄虫尾节侧瓣端缘斜向背面伸出，端背缘呈角状突出，腹缘突起向外侧伸出，长度超过尾节侧瓣端缘；雄虫下生殖板宽叶状，基部分节，有不规则排列的粗长刚毛；阳茎囊状，背缘钩状突基部宽大，腹缘有骨化极强的突起；连索 Y 形，主干长度是臂长的 2.5 倍；阳基侧突基部宽，中部长，亚端部细颈状，其颈部有数根细长刚毛。

体黑色。头冠顶端有 1 黄白色小圆斑，两侧脊近复眼处之间有 1 弧形淡黄白色宽横带；颜面黄白色，沿中脊、额唇基两侧纵纹、前唇基侧缘、颊区、舌侧板均黑色。前翅黑褐色，仅前缘近中部有 1 白色透明斑。虫体腹面除下生殖板基部淡褐色外，其余均为黑褐色。

检视标本 **云南**：8♂1♀，福贡，2012.Ⅶ.25，龙见坤采 (GUGC)；2♂1♀，红河，2012.Ⅷ.5，郑维斌采 (GUGC)。

分布 云南。

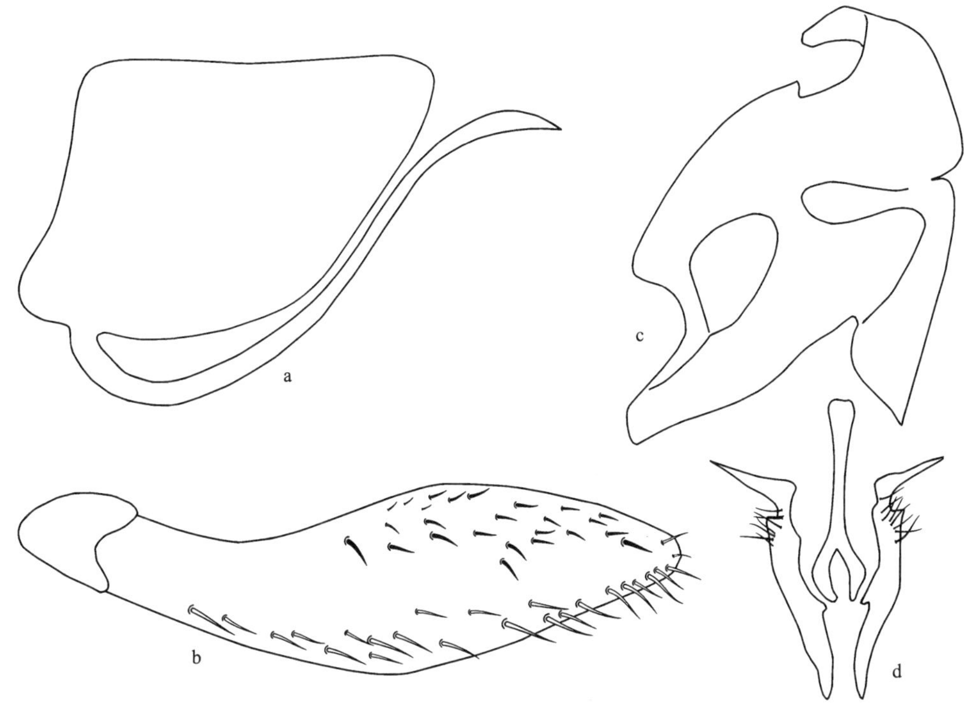

图 14　黑背狭顶叶蝉 *Angustuma nigrinota* (Yang *et* Zhang)

a. 雄虫尾节侧瓣侧面观 (male pygofer side, lateral view)；b. 雄虫下生殖板 (male subgenital plate)；c. 阳茎侧面观 (aedeagus, lateral view)；d. 连索、阳基侧突 (connective and style)

(11) 灰片狭顶叶蝉 *Angustuma pallidus* (Cai *et* He, 2001) (图 15)

Angustella pallida Cai *et* He, 2001, In: Wu *et* Pan (ed.), Insects of Tianmushan National Nature Reserve: 196. **Type locality**: Zhejiang (Tianmushan).

Angustuma pallidus (Cai *et* He): Xing *et* Li, 2013, Zootaxa, 3702(4): 386.

模式标本产地　浙江天目山。

体连翅长，雄虫 6.0-7.6mm，雌虫 8.0mm。

头冠前端呈角状突出，中央长度小于二复眼间宽，冠面显著凹陷，沿中脊和侧脊隆起；单眼位于凹陷内，距复眼较距顶端近；颜面额唇基隆起，中央有 1 明显的纵脊，两侧有横印痕，前唇基端向渐窄，呈倒梨形。前胸背板具横皱纹，前缘弧圆，后缘呈角状凹入。

雄虫尾节侧瓣端向收窄，近似三角形，端部有粗刚毛，腹缘有 1 细长突起，末端伸出背缘；雄虫下生殖板近似柳叶状，中后部有不规则排列的粗刚毛；阳茎干侧扁，腹面向两侧膨胀，背面有 1 对鹅毛形翼状突，端部向背面指状突出，其基部向腹下方和两侧膨胀，阳茎孔位于末端；连索 Y 形，主干大于臂长；阳基侧突细长，向外侧伸出。

体背黑色，仅单眼侧域、头冠于复眼内侧、前胸背板两侧域暗褐色。复眼黑褐色；颜面淡黄褐色，额唇基基域 1 斑点、端部两侧各 1 长形斑黑褐色。前翅褐色，翅脉黑褐色，爪片除基域黑色外，其余连同革片中域均为灰白色，翅端灰褐色；胸部腹板和胸足淡黄褐色，腹部黑色 (摘自蔡平和何俊华，2001)。

检视标本 本次研究未获标本。

分布 浙江。

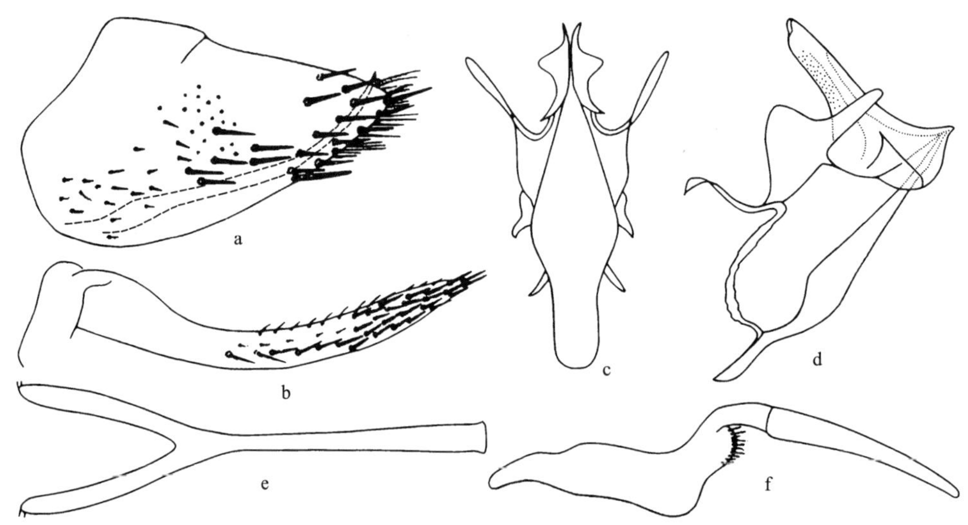

图 15 灰片狭顶叶蝉 *Angustuma pallidus* (Cai *et* He) (仿蔡平和何俊华，2001)

a. 雄虫尾节侧瓣侧面观 (male pygofer side, lateral view)；b. 雄虫下生殖板 (male subgenital plate)；c. 阳茎腹面观 (aedeagus, ventral view)；d. 阳茎侧面观 (aedeagus, lateral view)；e. 连索 (connective)；f. 阳基侧突 (style)

(12) 盘县狭顶叶蝉 *Angustuma panxianensis* (Li *et* Li, 2011) (图 16)

Angustella panxianensis Li *et* Li, 2011, Zootaxa, 2740: 47. **Type locality**: Guizhou (Panxian).

Angustuma panxianensis (Li *et* Li): Xing *et* Li, 2013, Zootaxa, 3702(4): 386.

模式标本产地 贵州盘县。

体连翅长，雄虫 6.0-6.5mm，雌虫 7.0-7.3mm。

头冠前端近似角状突出，中央长度大于二复眼间宽，约与前胸背板等长，中域轻度隆起，有 5 纵脊，即 1 中脊、2 侧脊、2 单眼下脊；单眼位于侧脊外侧，与复眼的距离较距头冠顶端近；颜面额唇基隆起，中央有 1 纵脊。前胸背板宽大隆起，前缘弧圆突出，后缘接近平直；小盾片横刻痕位于中后部。

雄虫尾节侧瓣端向渐细，端缘近乎角状突出，腹缘突起细长，伸出尾节侧瓣端缘甚多；雄虫下生殖板微弯曲，基部分节，外侧有粗长刚毛列，端部内侧有细长刚毛；阳茎囊状，侧面观端部背缘有钩状突，腹缘有骨化极强的突起；连索 Y 形，主干长度是臂长的 3 倍，基部微扩大；阳基侧突端部弯曲成细颈状，弯曲处有细刚毛。雌虫腹部第 7 节腹板中央长度微大于第 6 节腹板中长，后缘中央接近平直，产卵器伸出尾节侧瓣端缘。

体淡姜黄色。头冠中央有 1 枚近乎菱形黑色纹；复眼黑褐色；单眼淡黄白色，四周黑褐色，近似黑色小斑点；颜面额唇基中央沿纵脊有 1 黑褐色宽纵纹，前唇基中央黑褐色，额唇基两侧纵纹和舌侧板黑褐色。前胸背板中央、中后缘大部黑褐色；小盾片侧缘黑褐色；前翅淡姜黄色，前缘、后缘、沿爪缝和革片中央纵纹黑褐色；胸部腹板和胸足淡黄白色，无明显斑纹。雌虫体色斑纹与雄虫近似，唯前胸背板后缘具黑褐色横带纹，前翅前缘区黄白色透明。

检视标本　**贵州**：♂ (正模)，5♂2♀ (副模)，盘县，1983.Ⅷ.7-11，李子忠采 (GUGC)；1♂1♀，望谟，2013.Ⅵ.26，郭梅娜、刘洋洋采 (GUGC)。**云南**：2♂2♀，屏边，2014.Ⅷ.7-8，周正湘、郭梅娜采 (GUGC)；2♂1♀，西双版纳磨憨，2014.Ⅷ.21，郭梅娜采 (GUGC)。

分布　贵州、云南。

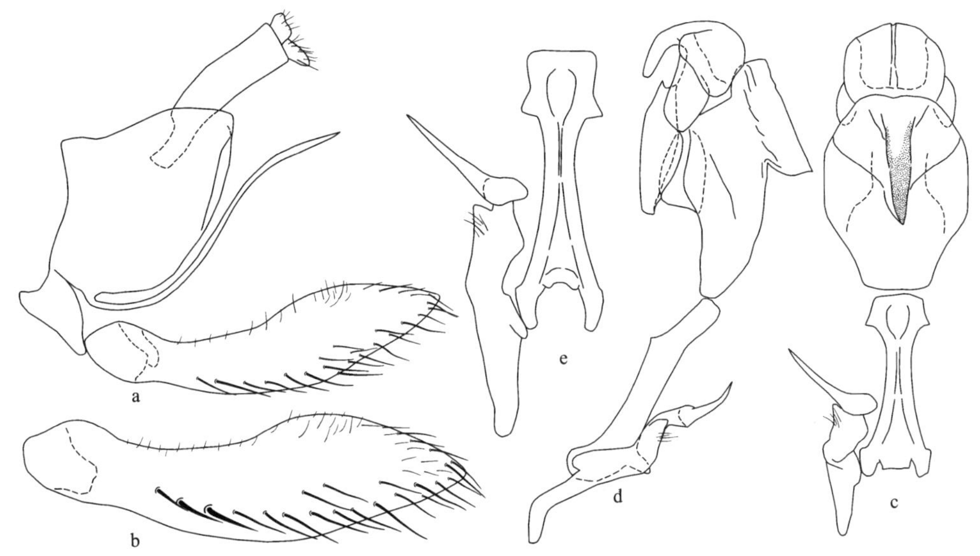

图 16　盘县狭顶叶蝉 *Angustuma panxianensis* (Li *et* Li)

a. 雄虫尾节侧面观 (male pygofer, lateral view)；b. 雄虫下生殖板 (male subgenital plate)；c. 阳茎、连索、阳基侧突腹面观 (aedeagus, connective and style, ventral view)；d. 阳茎、连索、阳基侧突侧面观 (aedeagus, connective and style, lateral view)；e. 连索、阳基侧突 (connective and style)

(13) 红背狭顶叶蝉 *Angustuma rudorsuma* Xing *et* Li, 2013 (图 17；图版Ⅰ：7)

Angustuma rudorsuma Xing *et* Li, 2013, Zootaxa, 3702(4): 388. **Type locality**: Yunnan (Jinping).

模式标本产地　云南金平。

体连翅长，雄虫 5.8-5.9mm，雌虫 6.0-6.1mm。

头冠前端近似角状突出，中央长度大于二复眼间宽，中域轻度隆起，有 5 纵脊，即 1 中脊、2 侧脊、2 单眼下脊，侧脊与单眼下脊间有纵皱；单眼位于侧脊外侧，与复眼的距离较距头冠顶端近；颜面额唇基隆起，中央有 1 纵脊，两侧有横印痕列，前唇基中部收窄致端部两侧平行。前胸背板宽大隆起，较头部宽，微短于头冠，前缘弧圆突出，后缘接近平直；小盾片横刻痕位于中后部。

雄虫尾节侧瓣近似三角形，端区有粗长刚毛，腹缘突起始于侧瓣基部，长度微超过尾节侧瓣端缘；雄虫下生殖板基部分节，较匀称，内侧有排列不规则的粗长刚毛；阳茎囊状，侧面观中部腹缘突出部内凹，端部背向弯曲，性孔位于末端；连索 Y 形，主干基部两侧各有 1 齿突；阳基侧突端部扭曲，末端尖细。

体和前翅红褐色。头冠中前域有 1 黑色大斑；复眼黑褐色；颜面淡红褐色，额唇基沿纵脊黑色。前胸背板前域两侧、中央纵带纹和基域黑色；小盾片基缘和基侧角黑色；前翅沿爪缝、革片中央纵带纹黑褐色，端区淡煤褐色；胸部腹板和胸足淡黄褐色。

检视标本 **云南**：♂ (正模)，金平，2012.Ⅷ.7，徐世燕采 (GUGC)；1♀ (副模)，采集时间、采集地点、采集人同正模 (GUGC)；1♂1♀ (副模)，金平分水岭，2012.Ⅷ.7，郑维斌采 (GUGC)；7♂10♀，屏边，2014.Ⅷ.7-8，郭梅娜、刘洋洋采 (GUGC)。

分布 云南。

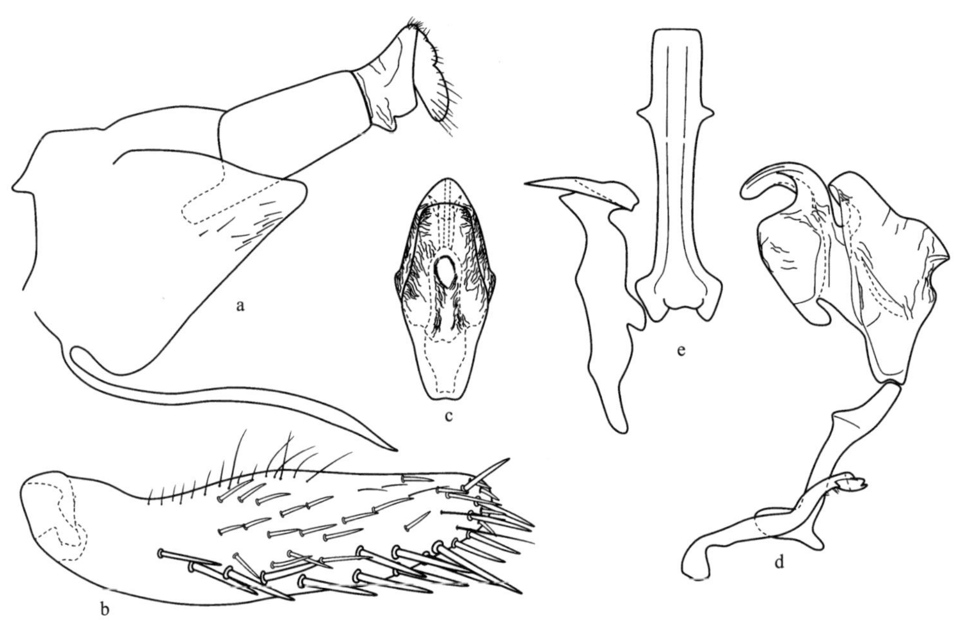

图 17 红背狭顶叶蝉 *Angustuma rudorsuma* Xing *et* Li

a. 雄虫尾节侧面观 (male pygofer, lateral view)；b. 雄虫下生殖板 (male subgenital plate)；c. 阳茎腹面观 (aedeagus, ventral view)；d. 阳茎、连索、阳基侧突侧面观 (aedeagus, connective and style, lateral view)；e. 连索、阳基侧突 (connective and style)

(14) 红翅狭顶叶蝉 *Angustuma rufipenna* (Li *et* Wang, 2003) (图 18)

Angustella rufipenna Li *et* Wang, 2003, Acta Zootaxonomica Sinica, 28(4): 709. **Type locality**: Yunnan (Longling).

Angustuma rufipenna (Li *et* Wang): Xing *et* Li, 2013, Zootaxa, 3702(4): 386.

模式标本产地 云南龙陵。

体连翅长，雄虫 5.8-6.0mm，雌虫 6.0-6.2mm。

头部前端略呈锥状突出，头冠中域轻度隆起，有 5 纵脊，即 1 中脊、2 侧脊、2 单眼下脊；单眼着生在侧脊外侧，距复眼较距头冠顶端近；颜面额唇基隆起，中央有 1 纵脊，两侧有横印痕列。前胸背板宽大隆起，前缘、后缘接近弧形。

雄虫尾节侧瓣端向较细，致端区成尖角状突出，端区有细小刚毛，腹缘突起始于尾节侧瓣基部，向外侧伸出，接近尾节侧瓣端缘；雄虫下生殖板基部分节，较匀称，中域有 1 列粗刚毛，外侧域有不规则细毛；阳茎囊状，侧面观端部背缘突起强度弯曲，腹缘棒状突粗短；连索 Y 形，主干长大于臂长的 1.5 倍，中部两侧各有 1 角状突；阳基侧突端部颈状，弯折外伸。雌虫腹部第 7 节腹板中长明显大于第 6 腹节，中央纵向隆起，后缘中央呈“山”字形突出。

体及前翅红色。头冠中前域黑色，其黑色部向颜面延伸，致额唇基中脊和两侧纵纹亦黑色，舌侧板及额颊缝靠近舌侧板处黑色；单眼淡黄白色；复眼黑色。前胸背板前域 1 小斑、基缘域 1 宽横带纹均黑褐色；前翅前缘、内缘、后缘及沿爪缝狭窄边和革片中央纵纹黑色，端区浅褐色。

图 18 红翅狭顶叶蝉 *Angustuma rufipenna* (Li *et* Wang)

a. 雄虫尾节侧面观 (male pygofer, lateral view)；b. 雄虫下生殖板 (male subgenital plate)；c. 阳茎、连索、阳基侧突腹面观 (aedeagus, connective and style, ventral view)；d. 阳茎、连索、阳基侧突侧面观 (aedeagus, connective and style, lateral view)；e. 连索、阳基侧突 (connective and style)

检视标本 **云南**：♂ (正模)，11♂8♀ (副模)，龙陵，2002.Ⅶ.24-25，李子忠、戴仁怀采 (GUGC)；2♂，梁河勐养，2013.Ⅶ.24，范志华采 (GUGC)；1♂，高黎贡山，2013.Ⅷ.5，范志华采 (GUGC)；8♂7♀，屏边，2017.Ⅷ.19-20，罗强采 (GUGC)。

分布 云南。

(15) 望谟狭顶叶蝉，新种 *Angustuma wangmoensis* Li, Li *et* Xing, sp. nov. (图 19；图版 Ⅰ：8)

模式标本产地 贵州望谟。

体连翅长，雄虫 6.1mm。

头冠前端呈锐角状突出，中央长度大于二复眼间宽，中域轻度隆起，有 5 纵脊，即 1 中脊、2 侧脊、2 单眼下脊，侧脊与单眼下脊间有纵皱；单眼位于侧脊外侧，与复眼的距离约等于单眼直径的 1.5 倍；颜面额唇基隆起，中央有 1 纵脊，两侧有横印痕列，前唇基端向渐细，端缘弧圆。前胸背板宽大隆起，较头部宽，微短于头冠，前缘弧圆突出，后缘接近平直；小盾片横刻痕中段平直，两侧曲折。

雄虫尾节侧瓣三角形，端区有粗长刚毛，腹缘突起细长弯曲，始于基部，向后延伸超过尾节侧瓣端缘甚多；雄虫下生殖板基部分节，中部扩大，中域有 1 列粗长刚毛；阳茎囊状，背缘有 1 弯钩状突起，腹缘有 1 骨化较强的棒状倒突，倒突端部尖细；连索 Y 形，主干长明显大于臂长；阳基侧突端向渐细成刺状。

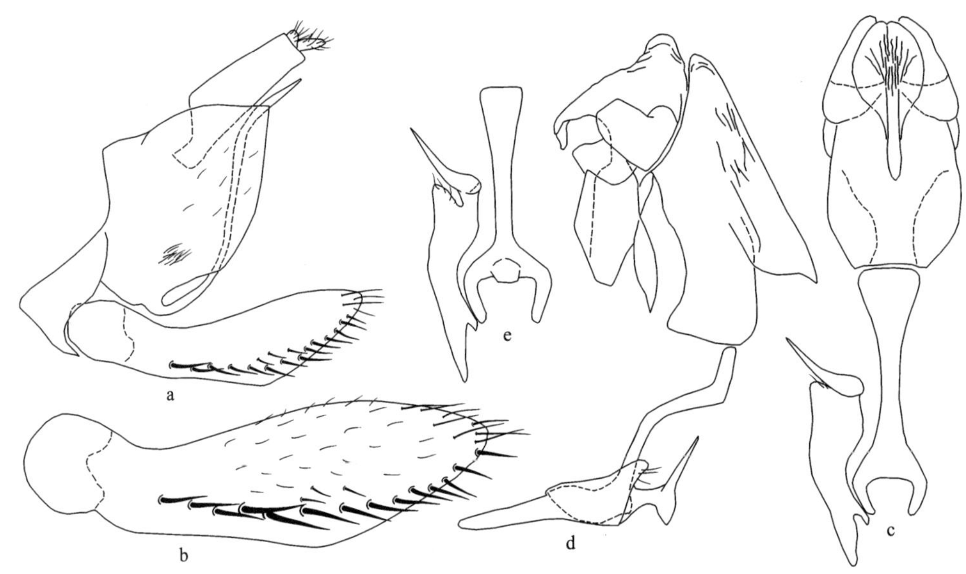

图 19 望谟狭顶叶蝉，新种 *Angustuma wangmoensis* Li, Li *et* Xing, sp. nov.

a. 雄虫尾节侧面观 (male pygofer, lateral view)；b. 雄虫下生殖板 (male subgenital plate)；c. 阳茎、连索、阳基侧突腹面观 (aedeagus, connective and style, ventral view)；d. 阳茎、连索、阳基侧突侧面观 (aedeagus, connective and style, lateral view)；e. 连索、阳基侧突 (connective and style)

体及前翅淡橙黄色。头冠中央有 1 黑色大斑，此斑前缘凹入，后缘接近平直，靠近复眼内侧缘黑色；复眼黑褐色；单眼红褐色；颜面淡黄白色，额唇基沿中央纵脊、侧缘基部纵纹、舌侧板黑色。前胸背板前缘和后缘黑色；小盾片橙黄带白色色泽；前翅端区煤褐色；胸部腹板和胸足淡黄白色无明显斑纹。

正模 ♂，贵州望谟，2013.Ⅵ.25，孙海燕采。模式标本保存在贵州大学昆虫研究所(GUGC)。

词源　新种以模式标本产地——贵州望谟命名。

分布　贵州。

新种外形特征与黑尾狭顶叶蝉 *Angustuma nigricauda* (Chen, Yang *et* Li)相似，不同点是本新种体和前翅淡橙黄色，前翅前缘不透明，阳茎背缘钩状突细小。

2. 曲尾叶蝉属，新属 *Bentus* Li, Li *et* Xing, gen. nov.

Type species: *Onukia flavomaculata* Kato, 1933.

模式种产地：台湾。

属征：头冠前端呈锐角状突出，中央纵脊、侧脊和单眼下脊均较明显，中脊与侧脊间凹洼，中域密布纵皱纹，侧域有数根与侧脊平行的皱纹；单眼位于侧脊外侧，距复眼较距头冠顶端近；颜面额唇基隆起，密布微小柔毛，中央纵脊隆起明显，两侧有横印痕列。前胸背板中后域密生横皱纹，中央长度短于头冠中长，显著宽于头部，前缘弧圆突出，后缘接近平直；小盾片较前胸背板短或近似相等，横刻痕凹陷且短，横刻痕前方密生小的圆形刻点；前翅 R_{1a} 脉与前缘垂直相交，有 4 端室，端片狭小。

雄虫尾节侧瓣基域宽大，中域向背缘急剧变窄，并背向弯曲，腹缘无突起；雄虫下生殖板宽大，基部分节，内缘生有粗长刚毛，呈梳子状排列；阳茎基部细管状，中部背面有 1 对片状突，腹面有 1 较大的三角形片状突；连索 Y 形；阳基侧突粗细匀称，端部扭曲，扭曲部分较短。

词源：新属以雄虫尾节侧瓣端部弯曲延伸这一显著特征命名。

地理分布：东洋界，古北界。

新属与锥头叶蝉属 *Onukia* Matsumura 相似，主要区别是，新属头冠中脊与侧脊间凹洼明显，雄虫尾节侧瓣中后部缢缩弯曲，阳茎背面有 1 对大的片状突；与狭顶叶蝉属 *Angustuma* Xing *et* Li 的区别是新属雄虫尾节侧瓣腹缘无突起。

本属为新厘定，含 1 种新组合。

(16) 黄纹曲尾叶蝉 *Bentus flavomaculatus* (Kato, 1933) (图 20)

Onukia flavomaculata Kato, 1933, Ent. World, 1: 455. **Type locality**: Taiwan.

Bentus flavomaculatus (Kato, 1933). **New combination.**

模式标本产地　台湾。

体连翅长，雄虫 6.5-7.0mm，雌虫 7.0-7.5mm。

头冠前端呈尖角状突出，冠面轻度隆起，中央有 1 明显的纵脊，两侧有起自头冠顶端的 1 侧脊和单眼下脊；单眼位于头冠侧域，着生在侧脊外侧，与复眼的距离约等于单眼到头冠顶端的 2.5 倍；颜面显著隆起，中央有 1 纵脊，两侧有横印痕列，前唇基中域亦隆起，由基至端逐渐变狭。前胸背板较头部宽，短于头冠，中域隆起，有横皱纹，前后缘接近平直；小盾片较前胸背板短，横刻痕较直且凹陷。

雄虫尾节侧瓣端部延伸且极度弯曲，腹缘无突起；雄虫下生殖板长叶片状，微弯曲，侧缘有粗长刚毛；阳茎中部背域两侧有片状突起，端部细管状弯曲，中央有 1 锥形突，侧面观腹缘中央呈角状突出；连索 Y 形，主干基部膨大，明显大于臂长；阳基侧突弯曲，近端部有许多细刚毛。雌虫腹部第 7 节腹板较第 6 节短，后缘深凹入，两侧叶宽大而端圆，产卵器长超出尾节端缘。

体及前翅黑色。头冠单眼着生区有 1 小黄白色斑；单眼淡黄白色；小盾片横刻痕后淡黄白色；前翅具淡黄白色斑，其中前缘域、爪片末端、革片末端、端区横带淡黄白色；胸足亦淡黄白色。腹部背面黑色，腹面淡黄微带褐色。

寄主　芒果。

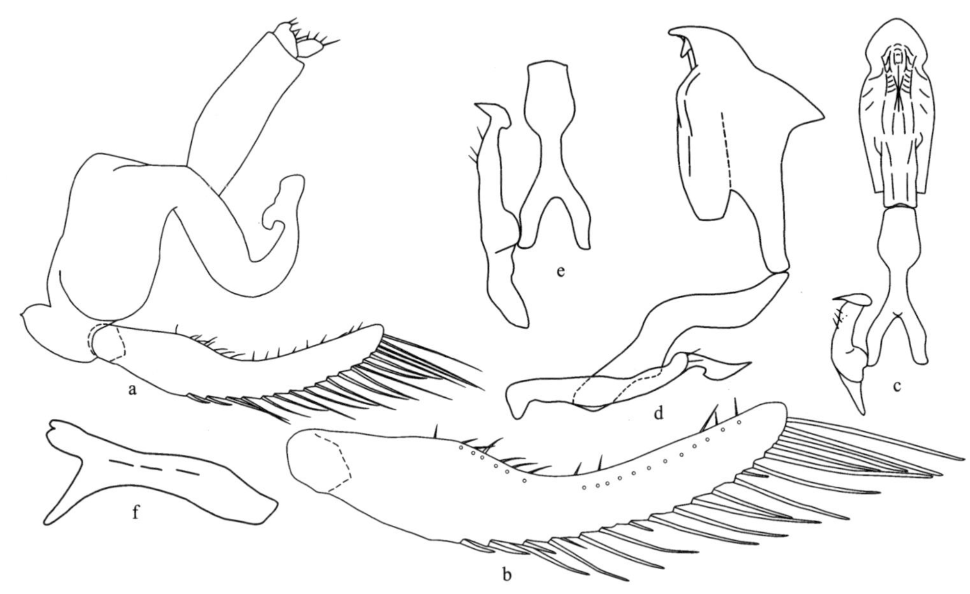

图 20　黄纹曲尾叶蝉 *Bentus flavomaculatus* (Kato)

a. 雄虫尾节侧面观 (male pygofer, lateral view)；b. 雄虫下生殖板 (male subgenital plate)；c. 阳茎、连索、阳基侧突腹面观 (aedeagus, connective and style, ventral view)；d. 阳茎、连索、阳基侧突侧面观 (aedeagus, connective and style, lateral view)；e. 连索、阳基侧突 (connective and style)；f. 连索侧面观 (connective, lateral view)

检视标本　**陕西**：1♀，佛坪岳坝村，2010.Ⅶ.15，李虎、范志华采 (GUGC)；1♂，佛坪岳坝村，2010.Ⅷ.5，常志敏采 (GUGC)；1♂2♀，佛坪岳坝村，2010.Ⅷ.5，郑延丽采 (GUGC)。**湖北**：1♂，巴东，2006.Ⅶ.19，余换平采 (GUGC)。**浙江**：1♂2♀，西天目山，2009.Ⅶ.21，倪俊强采 (GUGC)；1♀，西天目山，2009.Ⅶ.21，孟泽洪采 (GUGC)。**台湾**：2♂，Nantou，1985.Ⅶ. 22，C. T. Yang 采 (GUGC)。

分布　陕西、浙江、湖北、福建、台湾。

3. 冠垠叶蝉属 *Boundarus* Li *et* Wang, 1998

Boundarus Li *et* Wang, 1998, Acta Zootaxonomica Sinica, 23(2): 198. **Type species**: *Boundarus trimaculatus* Li *et* Wang, 1998.

模式种产地：陕西火地塘。

属征：头部前端宽圆突出，中央长度微大于或等于二复眼间宽，中央 1 纵脊与头冠中域 1 横垠成"＋"字形交叉，该纵脊未到达头冠顶部；单眼位于头冠前侧域，着生在横垠末端；颜面额唇基长大于宽，中央有明显纵脊，两侧有横印痕列。前胸背板较头部宽，具横皱纹；小盾片三角形，比前胸背板短；前翅长超过腹部末端，一些雌性个体前翅长盖不及腹部末端，翅脉明显，有 4 端室，端片狭小。

雄虫尾节侧瓣侧面观端缘宽圆突出，端区散生数根粗长刚毛，腹缘无突起；雄虫下生殖板端区外侧有 1 排细长刚毛，基域内侧刚毛排列不整齐；阳茎管状弯曲，中部背域两侧有 1 对片状突，端部有 1 对向后延伸的突起；连索 Y 形；阳基侧突手杖形。

地理分布：东洋界，古北界。

此属由李子忠和汪廉敏 (1998) 以 *Boundarus trimaculatus* Li *et* Wang 为模式种建立；Zhang 等 (2010b) 考订了此属，并描述四川、河南 2 新种。

全世界已记述 3 种。本志记述 5 种，含 1 新种 1 种新组合，提出 2 种新异名。

种 检 索 表 (♂)

1. 头冠中央有 1 黑色大斑……2
   头冠中央无明显的黑色大斑……3
2. 阳茎中部片状突端部弯曲成钩状，阳茎端部无锥形突……**钩突冠垠叶蝉 *B. ancinatus***
   阳茎中部片状突端部不弯曲，阳茎端部有 1 锥形突……**单突冠垠叶蝉，新种 *B. prickus* sp. nov.**
3. 头冠基域有 2 黑色小斑，前缘冠面相交处有 3 黑斑……**三斑冠垠叶蝉 *B. trimaculatus***
   头冠斑纹不如前述……4
4. 阳茎中部腹缘呈角状突出……**黑背冠垠叶蝉 *B. nigronotus***
   阳茎中部腹缘轻度凹入……**北方冠垠叶蝉 *B. ogumae***

(17) 钩突冠垠叶蝉 *Boundarus ancinatus* Zhang, Zhang *et* Wei, 2010 (图 21)

Boundarus ancinatus Zhang, Zhang *et* Wei, 2010, Zootaxa, 2575: 65. **Type locality**: Sichuan (Baoxing).

模式标本产地　四川宝兴。

体连翅长，雄虫 4.5-5.0mm，雌虫 5.0-6.0mm。

头冠前缘宽圆突出，端部隆起，基域低凹，中央长度大于二复眼间宽，较前胸背板微宽，中央纵脊细弱；单眼位于头冠前侧域，着生在横垠末端。前胸背板较头部宽；小盾片比前胸背板短。

雄虫尾节侧瓣近似长方形，端缘弧圆，端区有粗长刚毛；雄虫下生殖板细长，端向渐窄，端缘弧圆，外侧中部微扩大，生不规则的粗长刚毛；阳茎向背面弯曲，基部细小，中部背缘有 1 对大的片状突起，片状突端部弯曲成钩状，端部两侧各有 1 向后延伸的指状突；连索 Y 形，主干细长，约等于臂长的 4 倍，基部膨大；阳基侧突端部急剧弯曲，弯曲处有粗长刚毛，末端尖细呈针刺状，中部粗壮且弯曲，基部较细。

体淡黄褐色。头冠前缘域和基缘黑色；复眼褐色；颜面基缘 2 斑点和中央纵纹褐色。前胸背板基缘和前缘域黑褐色；小盾片黑色；前翅黑褐色，革片基部和翅端前缘域淡黄白色；胸部腹面和胸足淡黄白色 (摘自 Zhang *et al*., 2010b)。

检视标本 本次研究未获标本。

分布 四川。

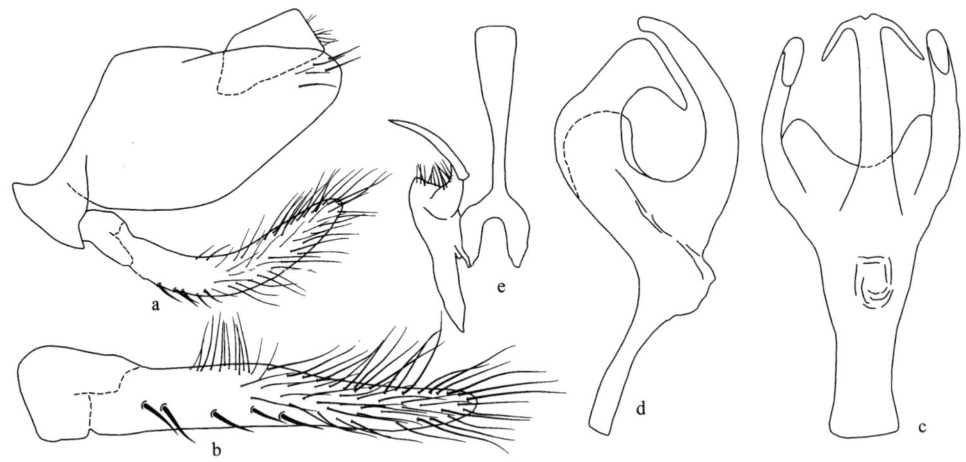

图 21 钩突冠垠叶蝉 *Boundarus ancinatus* Zhang, Zhang *et* Wei (仿 Zhang *et al*., 2010b)

a. 雄虫尾节侧面观 (male pygofer, lateral view)；b. 雄虫下生殖板 (male subgenital plate)；c. 阳茎腹面观 (aedeagus, ventral view)；d. 阳茎侧面观 (aedeagus, lateral view)；e. 连索、阳基侧突 (connective and style)

(18) 黑背冠垠叶蝉 *Boundarus nigronotus* Zhang, Zhang *et* Wei, 2010 (图 22)

Boundarus nigronotus Zhang, Zhang *et* Wei, 2010, Zootaxa, 2575: 66. **Type locality**: Henan (Luanchuan).

模式标本产地 河南栾川。

体连翅长，雄虫 5.5-6.0mm，雌虫 6.0-7.0mm。

头冠前端近似锐角突出，中域轻度隆起，中央有 1 明显的纵脊，横垠明显，由于四周均具脊，头冠中央沿脊凹陷，中央长度约等于二复眼间宽；单眼位于头冠前侧缘，着生在横印痕末端。前胸背板较头部宽，具横皱纹；小盾片比前胸背板短，横刻痕位于中后部。

雄虫尾节侧瓣端向渐窄，端缘弧圆，腹缘无突起；雄虫下生殖板长宽微弯，基部分节，边缘有长刚毛；阳茎基部细小，侧面观中部背缘有 1 对大的片状突起，端部弯曲，两侧各有 1 向后延伸的刺状突，腹缘中部呈角状扩延；连索近似 Y 形，两臂特短；阳基侧突端部尖细针状，中部粗壮且弯曲，弯曲处有刚毛，基部较细。雌虫腹部第 7 节腹板中央长度明显大于第 6 节腹板中长，后缘中央近似角状突出，产卵器伸出尾节侧瓣端缘。

体黑褐色。头冠黄褐色，中央有 1 黑色大斑；复眼黑褐色；颜面黄褐色。前胸背板、小盾片黑褐色；前翅亦黑褐色，翅脉黄白色。

寄主　竹类。

检视标本　**辽宁**：1♂，本溪衡山，2011.Ⅶ.19，李虎采 (GUGC)。**山西**：2♂1♀，历山，2012.Ⅶ.23，宋琼章采 (GUGC)。**陕西**：3♂2♀，宁陕，2012.Ⅶ.12，范志华采 (GUGC)；11♂19♀，太白山，2012.Ⅶ.17-18，焦猛、李虎采 (GUGC)。**四川**：3♂12♀，峨眉山，1991.Ⅷ.4-7，李子忠采 (GUGC)；1♂2♀，广元水磨沟，2007.Ⅷ.18，张玉波采 (GUGC)；7♂5♀，王朗自然保护区，2017.Ⅶ.19，杨再华、张文采 (GUGC)。**贵州**：1♂，梵净山金顶，1991.Ⅷ.15，李子忠采 (GUGC)；2♂1♀，梵净山金顶，1995.Ⅶ.16，杨茂发采 (GUGC)。

分布　吉林、辽宁、山西、河南、陕西、湖北、四川、贵州。

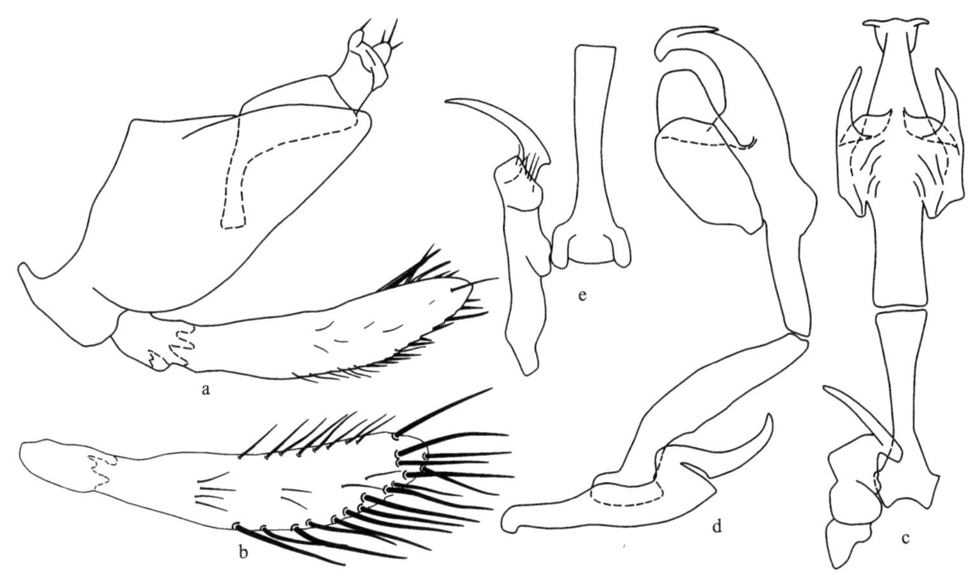

图 22　黑背冠垠叶蝉 *Boundarus nigronotus* Zhang, Zhang *et* Wei

a. 雄虫尾节侧面观 (male pygofer, lateral view)；b. 雄虫下生殖板 (male subgenital plate)；c. 阳茎、连索、阳基侧突腹面观 (aedeagus, connective and style, ventral view)；d. 阳茎、连索、阳基侧突侧面观 (aedeagus, connective and style, lateral view)；e. 连索、阳基侧突 (connective and style)

(19) 单突冠垠叶蝉，新种 *Boundarus prickus* Li, Li *et* Xing, sp. nov. (图 23)

模式标本产地　陕西太白山。

体连翅长，雄虫 5.2mm。

头冠前端宽圆突出，中央长度与二复眼间宽近似相等，横垠痕后域平凹，边缘亦具脊；单眼位于侧脊外侧，距复眼和顶端近似相等；复眼较大，但复眼面低于头冠面；颜面额唇基显著隆起，前唇基端向渐窄，亚端部两侧内凹。前胸背板较头部宽，与头冠中长近似相等，具细横皱纹；小盾片中域低凹。

雄虫尾节侧瓣近似三角形突出，端区有细小刚毛；雄虫下生殖板基部光滑，中后部密生粗长刚毛；阳茎基部细管状，中部背缘有 1 对大的片状突起，侧面观近中部腹缘有 1 结节状边缘有齿的突起，端部管状微弯曲，端缘有 1 对向后延伸的刺状突，背缘有 1 锥形突；连索 Y 形，主干细长，约等于臂长的 3 倍；阳基侧突端部尖细针刺状，中部粗壮且弯曲，基部较细。

体黑褐色。头冠淡橙黄色，中央有 1 近四边形大黑斑；复眼黑褐色；单眼红褐色；颜面淡黄白色，基缘有 3 黑色斑，额唇基、前唇基、舌侧板黑褐色。前胸背板黑褐色，中央 1 橙黄色圆形斑，基缘淡橙黄色；小盾片黑色；前翅黑褐色，翅脉、前缘域、后缘淡橙黄色；胸部腹板淡黄白色有黑褐色斑块，胸足淡黄白色。

正模 ♂，陕西太白山，2010.Ⅶ.18，焦猛采。模式标本保存在贵州大学昆虫研究所 (GUGC)。

词源 新种以阳茎端部背域有 1 锥形突这一明显特征命名。

分布 陕西。

新种外形特征与黑背冠垠叶蝉 *Boundarus nigronotus* Zhang, Zhang *et* Wei 相似，不同点是新种前胸背板中央有 1 橙黄色圆形斑，雄虫下生殖板中后部密生粗长刚毛，阳茎端部背缘有 1 锥形突。

图 23 单突冠垠叶蝉，新种 *Boundarus prickus* Li, Li *et* Xing, sp. nov.

a. 雄虫尾节侧瓣侧面观 (male pygofer side, lateral view)；b. 雄虫下生殖板 (male subgenital plate)；c. 阳茎、连索、阳基侧突腹面观 (aedeagus, connective and style, ventral view)；d. 阳茎、连索、阳基侧突侧面观 (aedeagus, connective and style, lateral view)；e. 连索、阳基侧突 (connective and style)

(20) 北方冠垠叶蝉 *Boundarus ogumae* (Matstumura, 1911) (图 24；图版 II：1)

Euacanthus ogumae Matstumura, 1911, Journal of the College of Agriculture, Imperial University of Tokyo, 4: 21. **Type locality**: Sakhalin, Russia.

Evacanthus fanjinganus Li *et* Wang, 1991: 56; Li *et* Wang, 1996, The Evacanthinae of China: 57. **New synonymy.**

Evacanthus spinosus Kuoh, 1992, Insects of the Hengduan Mountains Region, 1: 265. **New synonymy.**

Boundarus ogumae (Matstumura, 1911). **New combination.**

模式标本产地　俄罗斯库页岛。

体连翅长，雄虫 5.2-5.5mm，雌虫 5.5-5.8mm。

头冠前端近似锐角状突出，中央长度约等于二复眼间宽，中域轻度隆起，缘脊、侧脊及后缘亦具脊，致头冠沿脊凹陷；单眼位于头冠前侧缘，着生在缘脊和侧脊交汇的凹陷内；颜面隆起，中域平坦，中央有 1 细弱纵脊，两侧有横印痕列。前胸背板较头部宽，约与头冠等长，前缘、后缘接近平直；小盾片较小，中央长度明显短于前胸背板。

雄虫尾节侧瓣端向较细，致端缘近似角状突出；雄虫下生殖板长叶片状，末端圆，密被细刚毛，侧缘有长刚毛；阳茎基部细小管状，中部背缘有 1 对大的片状突起，侧面观腹缘中部凹入，端部管状弯曲，端腹缘有 1 对向后延伸的刺状突；连索 Y 形，主干细长，约等于臂长的 3.5 倍；阳基侧突端部尖细针刺状，中部粗壮且弯曲，基部较细。雌虫腹部第 7 节腹板中央长度大于第 6 节腹板的 1.5 倍，后缘接近平直，产卵器长超出尾节端缘。

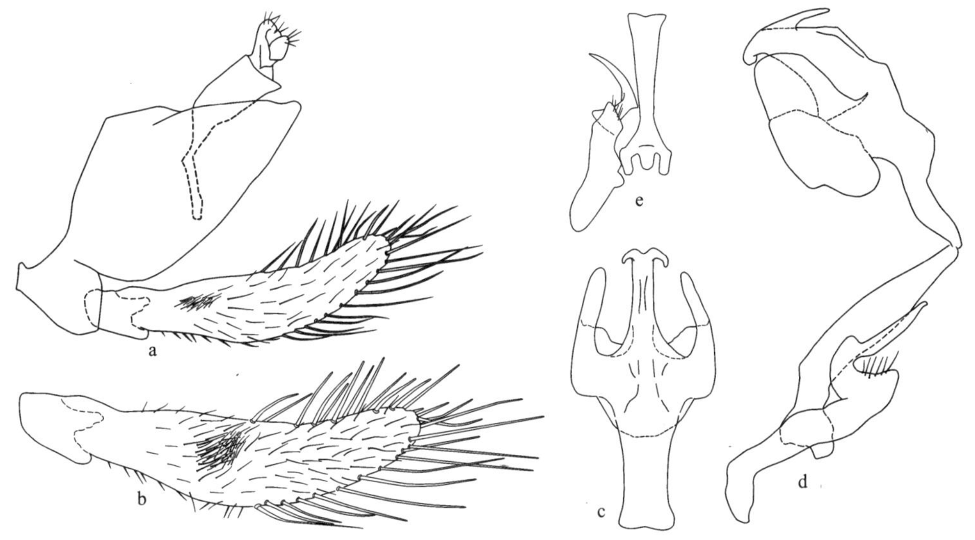

图 24　北方冠垠叶蝉 *Boundarus ogumae* (Matstumura)

a. 雄虫尾节侧面观 (male pygofer, lateral view)；b. 雄虫下生殖板 (male subgenital plate)；c. 阳茎腹面观 (aedeagus, ventral view)；d. 阳茎、连索、阳基侧突侧面观 (aedeagus, connective and style, lateral view)；e. 连索、阳基侧突 (connective and style)

体淡黄褐色。头冠中央有 1 心脏形黑斑；单眼淡黄褐色；复眼深褐色；颜面淡橙黄色，基缘域、额唇基两侧纵带纹、前唇基中域大部及舌侧板黑色。前胸背板淡橙黄色微带白色，前缘域横带纹、中后部 2 小斑均黑色，此斑与前缘域横带纹不相接；小盾片全黑色；前翅黑色，端区煤褐色，前缘域淡黄白色，翅脉淡橙黄色；胸部腹板黑色，胸足淡黄白色。腹部背、腹面均黑褐色，唯雌虫腹部第 6、第 7 腹节腹板及尾节黄褐色。

寄主　草本植物。

检视标本　**吉林**：11♂14♀，长白山，2011.Ⅶ.24-25，范志华、李虎、于晓飞、焦猛采 (GUGC)。**辽宁**：8♂10♀，桓仁老秃顶，2011.Ⅶ.19-20，范志华、李虎、于晓飞、焦猛采 (GUGC)。**河北**：1♂1♀，承德兴隆雾灵山，2011.Ⅷ.7-8，范志华采 (GUGC)。**山西**：1♂，宁武芦芽山，2011.Ⅷ.17，范志华采 (GUGC)。**河南**：1♀，白云山，2002.Ⅶ.20，陈祥盛采 (GUGC)；1♀，白云山，2008.Ⅷ.16，李玉建采 (GUGC)；1♀，白云山，2008.Ⅷ.15，李建达采 (GUGC)。**青海**：3♂，北山林场，2008.Ⅷ.17，宋琼章采 (GUGC)。**湖北**：1♂3♀，神农架，1997.Ⅷ.11，杨茂发采 (GUGC)。**四川**：1♀，米仓山，2007.Ⅷ.20，邢济春采 (GUGC)。**贵州**：1♂2♀，梵净山，2001.Ⅴ.31，李子忠采 (GUGC)。

分布　吉林、辽宁、河北、山西、河南、青海、湖北、四川、贵州、云南；俄罗斯 (远东地区)，朝鲜。

(21) 三斑冠垠叶蝉 *Boundarus trimaculatus* Li *et* Wang, 1998 (图 25；图版Ⅱ：2)

Boundarus trimaculatus Li *et* Wang, 1998, Acta Zootaxonomica Sinica, 23(2): 199. **Type locality**: Shaanxi (Huoditang, Huashan).

模式标本产地　陕西火地塘、华山。

体连翅长，雄虫 4.8-5.1mm，雌虫 7.1-7.2mm。

头冠前端宽圆突出，端部隆起，基域低凹；单眼位于头冠侧域，着生在横垠末端；颜面隆起，中域平坦，中央有 1 细弱纵脊，两侧有横印痕列。前胸背板较头部宽，约与头冠等长，前缘、后缘接近平直；小盾片较小，明显短于前胸背板；雄虫前翅长超过腹部末端，雌虫前翅盖不及部分末端。

雄虫尾节侧瓣侧面观端向渐窄，端缘圆，端区有粗长刚毛；雄虫下生殖板柳叶状，中域有排列不规则的长刚毛，侧缘有细刚毛；阳茎基部管状，中部背域有 1 对大的片状突，端部管状弯曲，末端有 1 对向后延伸的细长突起；连索 Y 形，基部扩大，主干长是臂长的 4 倍；阳基侧突基部细，中部粗壮，端部弯曲近似手杖形。

体淡黄白色。头冠基域 2 黑色小点、前端冠面相交处 3 大斑及复眼均黑色。前胸背板基域两侧有 1 不明显的褐色斑；前翅灰白色具白色柔毛，唯爪片、革片中央弯曲的纵带纹及端缘黑色。

检视标本　**河南**：2♂5♀，白云山，2002.Ⅶ.14-20，陈祥盛采 (GUGC)；1♀，伏牛山，2010.Ⅷ.3，范志采 (GUGC)。**陕西**：♂ (正模)，2♂ (副模)，火地塘，1985.Ⅵ.15，李金舫采 (NWAFU)；1♀ (副模)，华山，1979.Ⅶ.2，田畴、陈彤采 (NWAFU)；3♂1♀，安康火地塘，2012.Ⅶ.12，郑维斌采 (GUGC)；3♂4♀，安康火地塘，2012.Ⅶ.12，李虎、范志华采 (GUGC)。

分布　河南、陕西、四川。

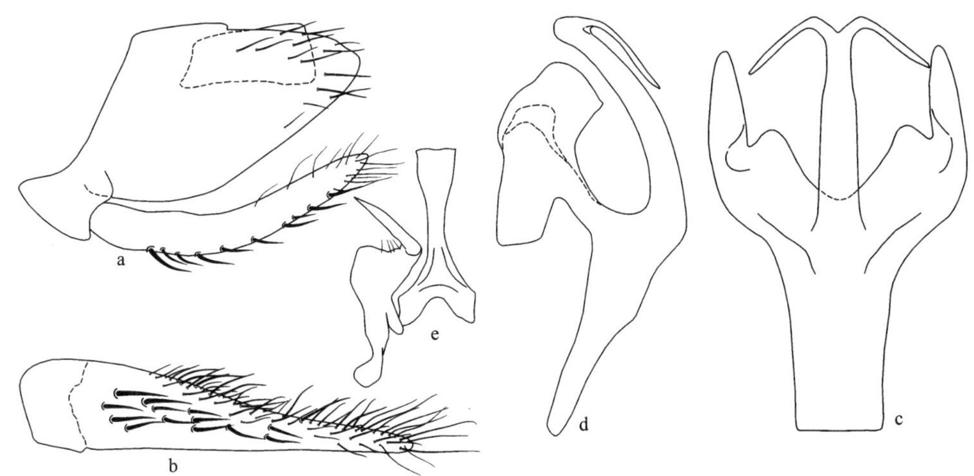

图 25　三斑冠垠叶蝉 *Boundarus trimaculatus* Li *et* Wang

a. 雄虫尾节侧面观 (male pygofer, lateral view)；b. 雄虫下生殖板 (male subgenital plate)； c. 阳茎腹面观 (aedeagus, ventral view)；d. 阳茎侧面观 (aedeagus, lateral view)；e. 连索、阳基侧突 (connective and style)

4. 斜脊叶蝉属 *Bundera* Distant, 1908

Bundera Distant, 1908, The fauna of British Indian including Ceylon and Burma, 4: 228. **Type species:** *Bundera venata* Distant, 1908.

Penuria Huang, 1992, Bulletin of National Museum of Natural Science, 3: 163.

模式种产地：缅甸。

属征：头冠前端宽圆突出，中央长度与二复眼间宽接近相等，复眼内缘弯曲，中央有 1 明显纵脊，两侧各有 1 斜脊，分别起自复眼内侧向前伸出，并于顶端与中央纵脊汇集如箭状；单眼位于头冠侧缘，着生在斜脊外侧；颜面额唇基隆起，其长度明显大于宽，中央有 1 明显的纵脊，两侧有横印痕列。前胸背板较头部宽，微短或等于头冠中长，前狭后宽，前缘弧圆突出，后缘微凹入；小盾片三角形；前翅长超过腹部末端，前缘凸圆，有 4 端室，缺端前室，端片狭小。

雄虫尾节侧瓣侧面观宽圆突出，端区常有细刚毛，腹缘无突起；雄虫下生殖板长叶片状，基部分节，生长刚毛；阳茎中部背缘两侧常有片状突起，侧面观 2 片状突扣合成囊状；连索 Y 形；阳基侧突端部向外侧扩延。

一些种雌雄体色斑纹明显不同。

地理分布：东洋界，古北界。

该属是 Distant (1908) 以 *Bundera venata* Distant 为模式种建立，随后国内外学者先后研究过此属分类，Kato (1933) 根据台湾标本记述 1 新种；葛钟麟 (1987) 描述西藏 1 新种；李子忠和汪廉敏 (1994a) 记述四川 1 新种；蔡平和何俊华 (1995) 记述浙江 1 新种；李子忠和汪廉敏 (2001b) 记述云南 1 新种；李子忠等 (2002) 对该属进行考订，并记述贵州、四川、湖北等省 4 新种和 1 种新组合；陈祥盛等 (2012) 记述云南 1 新种。

全世界已记述 13 种，其中 2 种的归属须重新进行调整，实有 11 种。本志记述 14 种，含 2 新种 1 种新组合。

种 检 索 表 (♂)

1. 头冠中央纵脊两侧生有 4 近方形黑色褐斑……………**四斑斜脊叶蝉，新种 *B. fourmacula* sp. nov.**
   头冠中央纵脊两侧无 4 近方形黑色褐斑……………2
2. 前胸背板全黑色……………3
   前胸背板非全黑色……………9
3. 前胸背板仅雄虫全黑色……………4
   前胸背板雌雄虫均全黑色……………5
4. 前翅爪片和前缘有黄白色透明斑……………**竹子斜脊叶蝉 *B. bambusana***
   前翅爪片和翅端前缘有烟灰褐色斑……………**异色斜脊叶蝉 *B. doscolora***
5. 头冠顶端有 1 黑色小横斑……………**黑翅斜脊叶蝉 *B. heichiana***
   头冠顶端无 1 黑色小横斑……………6
6. 颜面黑色……………**斑翅斜脊叶蝉 *B. maculata***
   颜面淡黄白色……………7
7. 头冠中央有 1 黑色大斑，两侧缘各有 1 黑色小斑……………**双斑斜脊叶蝉 *B. venata***
   头冠斑纹不如前述……………8
8. 前翅黑色，无明显斑纹……………**紫云斜脊叶蝉，新种 *B. ziyunensis* sp. nov.**
   前翅黑色，爪片部及翅端 1/6 处生 1 淡黄褐色横斑 ……………**峨眉斜脊叶蝉 *B. emeiana***
9. 前翅前缘白色透明……………**透斑斜脊叶蝉 *B. pellucida***
   前翅前缘非白色透明……………10
10. 头冠淡黄褐色无斑纹……………**黑面斜脊叶蝉 *B. nigricana***
    头冠淡黄白色有斑纹……………11
11. 头冠中央有 1 倒梯形黑色斑……………**梯斑斜脊叶蝉 *B. scalarra***
    头冠中央黑色斑不呈倒梯形……………12
12. 头冠中央有 1 倒锥形黑色斑……………**红条斜脊叶蝉 *B. rufistriana***
    头冠中央黑色斑不呈倒锥形……………13
13. 头冠橘黄色……………**黄氏斜脊叶蝉 *B. tengchihugh***
    头冠淡黄白色……………**三斑斜脊叶蝉 *B. trimaculata***

(22) 竹子斜脊叶蝉 *Bundera bambusana* Yang, Chen *et* Li, 2012 (图 26)

Bundera bambusana Yang, Chen *et* Li, 2012, Zootaxa, 3620 (3): 455. **Type locality**: Yunnan (Pianma).

模式标本产地 云南片马。

体连翅长，雄虫 6.6-6.7mm，雌虫 6.9-7.1mm。

头冠前端近似角状突出，中央长度与二复眼间宽度接近相等，侧缘与复眼衔接处略高于复眼；单眼位于头冠侧缘，着生在斜脊外侧；颜面额唇基长形，中域隆起，中央有突起甚高的纵脊，两侧有横印痕列，前唇基中央亦纵向隆起，基部拱出，整个如梨形，末端狭圆，长度超过下颚板端缘。

雄虫尾节侧瓣端向逐渐变狭，端部上翘，致端缘斜向背缘伸出；雄虫下生殖板狭而弯，端缘弧圆，中部最窄，中域具 1 列约 7 根粗刚毛，内侧、外侧及端缘均生长缘毛；阳茎基部细管状，中部膨大，背缘两侧有大的片状突，端部细，弯管状；连索 Y 形，主干长是臂长的 4 倍；阳基侧突中部宽，端部内突尖三角形，外角端向渐细，端部略向外弯，端缘近平截。

雄虫体黑色。头冠侧区中部生 1 淡黄褐色斑，触角、单眼及复眼黄褐色；颜面除颊区的下侧缘淡黄褐色外，其余黑褐色。前翅棕黑色，爪片基部具 1 淡黄褐色三角形斑，爪片末端 1 小圆形斑及与此斑相对的前缘区 1 大半圆形斑均无色透明；后足胫节末端与各跗节端部暗褐色。腹部背、腹面黑褐色。雌虫体淡黄褐色。仅头冠中央具 4 枚黑褐色横斑；颜面后唇基与前唇基侧缘区及中脊暗褐色。前胸背板淡灰黄色，前缘与中域有黄褐色晕斑；小盾片淡灰黄色，基角淡烟褐色；前翅爪片末端具 1 黑褐色斑纹。腹部各节背、腹板后缘及产卵器淡黄褐色。

寄主　竹类。

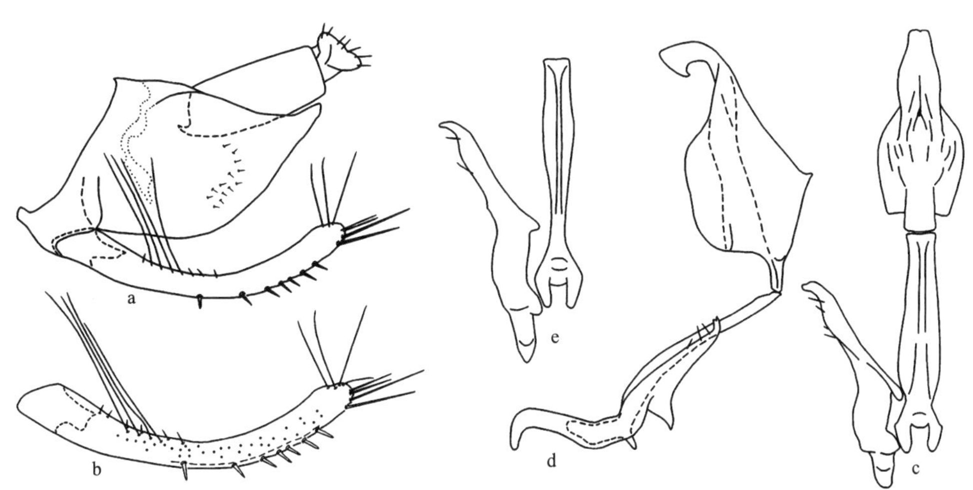

图 26　竹子斜脊叶蝉 *Bundera bambusana* Yang, Chen *et* Li

a. 雄虫尾节侧面观 (male pygofer, lateral view)；b. 雄虫下生殖板 (male subgenital plate)；c. 阳茎、连索、阳基侧突腹面观 (aedeagus, connective and style, ventral view)；d. 阳茎、连索、阳基侧突侧面观 (aedeagus, connective and style, lateral view)；e. 连索、阳基侧突 (connective and style)

检视标本　**云南**：♂ (正模)，泸水片马，2000.Ⅷ.17，陈祥盛采 (GUGC)；13♂9♀ (副模)，泸水片马，2000.Ⅷ.17，陈祥盛采 (GUGC)；9♂15♀，泸水片马，2000.Ⅷ.15-17，李子忠、杨茂发采 (GUGC)；3♂，泸水片马，2011.Ⅵ.16-19，李玉建采 (GUGC)；2♂，泸水片马，2011.Ⅵ.16-19，张斌采 (GUGC)；2♂1♀，兰坪，2012.Ⅶ.3，龙见坤采 (GUGC)；1♀，大理，2012.Ⅷ.14，范志华采 (GUGC)。

分布 云南。

(23) 异色斜脊叶蝉 *Bundera doscolora* (Cai *et* Shen, 1999) (图 27)

Taperus doscolora Cai *et* Shen, 1999, In: Sun *et* Pei (ed.), Fauna of Insects Henan Province of China, 4: 27. **Type locality**: Henan (Songxian).

Convexana doscolora (Cai *et* Shen): Zhang, Zhang *et* Wei, 2010, Zootaxa, 2726: 46.

Bundera doscolora (Cai *et* Shen, 1999). **New combination.**

模式标本产地 河南嵩县白云山。

体连翅长，雄虫 5.8-6.0mm，雌虫 6.2-6.6mm。

头冠前端呈钝角状突出，中央有 1 明显的纵脊，侧缘亦具脊，中央长度小于二复眼间宽；单眼位于头冠外侧缘，单眼间距接近二复眼间距的 2 倍。前胸背板与头冠接近等长，中域隆起，具横皱纹；小盾片中域横凹。

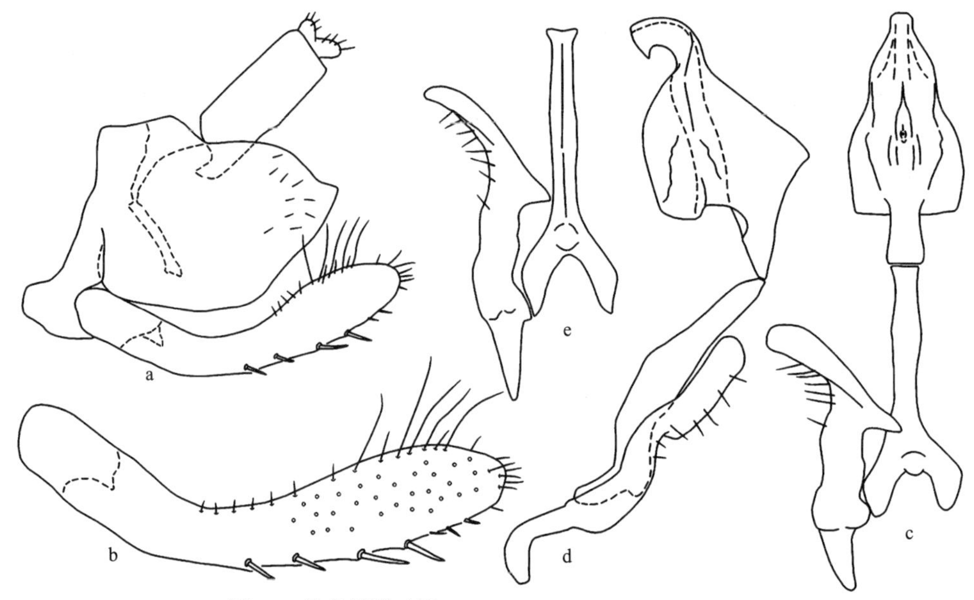

图 27 异色斜脊叶蝉 *Bundera doscolora* (Cai *et* Shen)

a. 雄虫尾节侧面观 (male pygofer, lateral view)；b. 雄虫下生殖板 (male subgenital plate)；c. 阳茎、连索、阳基侧突腹面观 (aedeagus, connective and style, ventral view)；d. 阳茎、连索、阳基侧突侧面观 (aedeagus, connective and style, lateral view)；e. 连索、阳基侧突 (connective and style)

雄虫尾节侧瓣宽大，端缘尖角状，端区有细小刚毛；雄虫下生殖板弧形弯曲，端区扩大，端部内缘有 1 列粗长刚毛，外缘有细小刚毛；阳茎基部细管状，侧面观中部膨大，腹缘中部呈角状突出，背缘两侧各有 1 片状突，端部管状弯曲；连索 Y 形，主干长是臂长的 3 倍；阳基侧突基部细，中部粗壮，末端卷曲，向两侧延伸。

雄虫体及前翅黑色。前翅仅爪片末端和端域 1 横行长斑淡黄褐色。雌虫体背烟灰褐色，仅单眼内侧 1 小斑和前翅前缘域及外缘域黑色，爪片末端黑褐色。雌、雄虫体腹面黑褐色，足淡黄白色。

检视标本　**河南**：1♂，嵩县白云山，2008.Ⅷ.14，李建达采 (GUGC)。

分布　河南。

(24) 峨眉斜脊叶蝉 *Bundera emeiana* Li *et* Wang, 1994 (图 28)

Bundera emeiana Li *et* Wang, 1994, Sichuan Journal of Zoology, 13(1): 7. **Type locality**: Sichuan (Emeishan).

模式标本产地　四川峨眉山。

体连翅长，雄虫 6.0-6.2mm，雌虫 6.3-6.5mm。

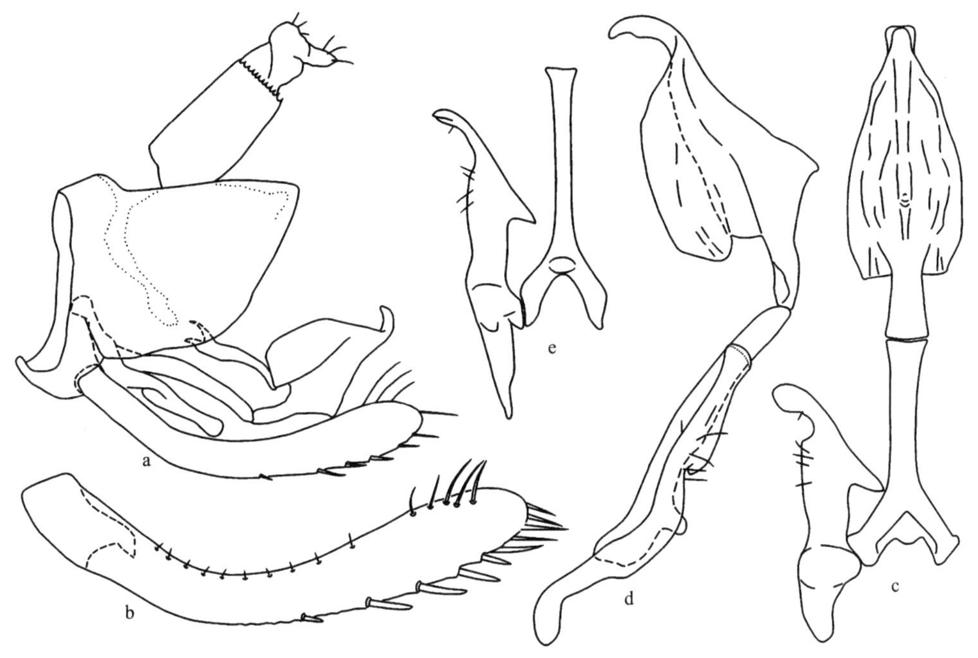

图 28　峨眉斜脊叶蝉 *Bundera emeiana* Li *et* Wang

a. 雄虫尾节侧面观 (male pygofer, lateral view)；b. 雄虫下生殖板 (male subgenital plate)；c. 阳茎、连索、阳基侧突腹面观 (aedeagus, connective and style, ventral view)；d. 阳茎、连索、阳基侧突侧面观 (aedeagus, connective and style, lateral view)；e. 连索、阳基侧突 (connective and style)

头冠前端呈钝角状突出，冠部隆起，中央有 1 明显纵脊，两侧于复眼内缘各有 1 向前延伸的斜脊，并于头冠顶端与中脊成箭状相接，斜脊于复眼前附生 1 小脊斜伸至复眼前缘，基域于纵脊两侧各有 2 短横印痕；单眼位于头冠斜脊外侧，与复眼的距离和与顶端之距近似相等；颜面额唇基长大于宽，中央有明显纵脊，两侧有横印痕列，前唇基由基至端逐渐变狭，端缘弧圆突出，中央隆起似 1 纵脊。

雄虫尾节侧瓣端背缘接近平直，端缘斜向上伸，致端背角向上翘，呈尖角状，并密生粗短刚毛；雄虫下生殖板狭长略弯曲，基部分节，侧缘有刚毛列；阳茎侧面观基部呈管状，中部膨大，背缘有大的片状突起，端部呈细管状弯曲，腹缘有龙骨状突起；连索Y形，主干长是臂长的5倍；阳基侧突手杖形。

体及前翅黑色。头冠二复眼前缘、触角及胸足淡黄白色。前翅爪片大部及翅端1/6处1横斑淡黄褐色。

寄主 草本植物。

检视标本 **陕西**：3♂2♀，太白山，2012.Ⅶ.18，范志华、于晓飞采 (GUGC)。**湖北**：1♂，神农架，1997.Ⅷ.13，杨茂发采 (GUGC)；1♀，神农架，2003.Ⅶ.14，王文凯采 (YTU)。**四川**：♂(正模)，10♂(副模)，峨眉山金顶，1991.Ⅷ.7，李子忠采 (GUGC)。**贵州**：1♂，毕节，1977.Ⅶ. 28，李子忠采 (GUGC)；3♂，梵净山，1994.Ⅷ.11，张亚洲采 (GUGC)；5♂3♀，梵净山，2001.Ⅷ.1-2，李子忠采 (GUGC)；4♂，绥阳宽阔水，2010.Ⅷ.23，于晓飞、戴仁怀采 (GUGC)。

分布 陕西、湖北、四川、贵州。

(25) 四斑斜脊叶蝉，新种 *Bundera fourmacula* Li, Li *et* Xing, sp. nov. (图29；图版Ⅱ：3)

模式标本产地 云南泸水。

体连翅长，雄虫6.5-6.8mm，雌虫6.8-7.2mm。

头冠前端呈角状突出，有3纵脊，即1中脊、2侧脊，侧脊在单眼前方分叉，中央纵脊近基部有斜向前方的印痕，冠面平坦，头冠长度小于宽度；复眼较大，长度约为头冠中长的2/3；单眼位于侧脊外侧，与复眼的距离和与头冠顶端的距离接近相等；颜面额唇基隆起，中央有1隆起纵脊，两侧有横印痕列。前胸背板约与头冠等长，前缘弧圆突出，后缘接近平直，宽度略大于头冠；小盾片横刻痕明显。

雄虫尾节侧瓣基部宽大，端缘向背面斜倾，近三角形，端区有细小刚毛；雄虫下生殖板基部分节，外缘具有细小刚毛，近基部和端部生数根细长刚毛，中域有1列粗刚毛；阳茎宽扁狭长，侧面观端部背向弯曲，中部背缘有1对长片状突，腹缘有1角状突；连索Y形，主干长是臂长的3倍；阳基侧突基部宽短，端部呈足状向外弯曲，生数根刚毛。雌虫腹部第7节腹板中央长度是第6节腹板中长的1.5倍，后缘中央近似舌形突出，产卵器伸出尾节侧瓣端缘。

体污黄色。头冠顶端有1小的黑褐色斑点，中央纵脊两侧生有4枚近方形黑色褐斑；复眼黄色，中间略带黑色；单眼灰色半透明；颜面额唇基和前唇基黄褐色，额唇基和前唇基边缘黑色，周边黄白色，额唇基中央纵脊深褐色，横印痕区黑褐色，复眼下方有1污黑色斑。前胸背板黑褐色；前翅黑褐色，爪片淡黄色，后缘中央有1白色半透明小斑，前缘域亚端部有1白色半透明半圆形斑。

正模 ♂，云南泸水片马，2000.Ⅷ.17，李子忠采。副模：5♂9♀，采集时间、地点、采集人同正模；1♀，云南泸水片马，2010.Ⅵ.16，李玉建采。所有模式标本均保存在贵州大学昆虫研究所 (GUGC)。

词源 新种以头冠具有4枚黑斑这一显著特征命名。

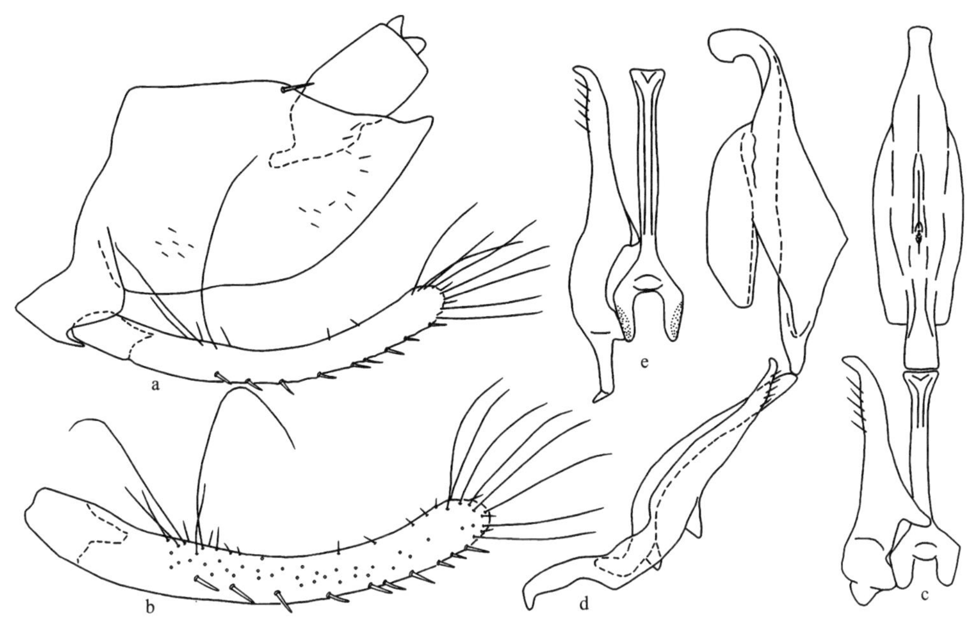

图 29 四斑斜脊叶蝉，新种 *Bundera fourmacula* Li, Li *et* Xing, sp. nov.

a. 雄虫尾节侧面观 (male pygofer, lateral view)；b. 雄虫下生殖板 (male subgenital plate)；c. 阳茎、连索、阳基侧突腹面观 (aedeagus, connective and style, ventral view)；d. 阳茎、连索、阳基侧突侧面观 (aedeagus, connective and style, lateral view)；e. 连索、阳基侧突 (connective and style)

分布 云南。

新种外形特征与斑翅斜脊叶蝉 *Bundera maculata* Kuoh 相似，不同点是本新种头冠具 4 枚近方形黑褐色斑，雄虫尾节侧瓣近似三角形，阳茎背面突起长方形。

(26) 黑翅斜脊叶蝉 *Bundera heichiana* Li *et* Wang, 1991 (图 30；图版 II：4)

Bundera heichiana Li *et* Wang, 1991, Agriculture and Forestry Insect Fauna of Guizhou, 4: 48. **Type locality**: Guizhou (Fanjingshan).

模式标本产地 贵州梵净山。

体连翅长，雄虫 4.5-4.8mm，雌虫 4.9-5.2mm。

头冠前端呈角状突出，中域隆起，中央长度与二复眼间宽近似相等，中央有 1 明显纵脊，两侧各有 1 斜脊，均起自复眼内侧，并于头冠顶端成箭状连接，两侧区有斜走皱纹；单眼位于头冠前侧缘，着生在斜脊外侧，与复眼的距离约与距头冠顶端相等；颜面额唇基狭长隆起，两侧有横印痕列。前胸背板较头部宽，微短于头冠中长，前缘突圆，后缘微凹，前缘域有 1 弧形凹痕，中后部密生横皱纹；小盾片宽约与前胸背板等长，横刻痕后生横皱纹。

雄虫尾节侧瓣侧面观宽圆突出，端缘呈尖角状，腹缘无突起；雄虫下生殖板狭长，末端超过尾节侧瓣端缘，端部向外侧弯曲，端缘圆，密生细长刚毛，端区内侧有粗长刚毛列；阳茎基部细，中部宽大，侧面观背缘两侧各有 1 大的片状突起，端部细呈管状，阳茎孔位于末端，腹缘中部呈角状突出；连索 Y 形，主干细长，其长度是臂长的 5 倍；阳基侧突两端细，中部粗壮，亚端部轻度缢缩。雌虫腹部第 7 节腹板中央长度与第 6 节接近等长，后缘中央凹入，产卵器伸出尾节侧瓣端缘。

体黑色。头冠淡黄褐色，基部 2/5 黑色，前端有 1 黑色小横斑，单眼外侧有 1 黑色斑，此斑延伸至颜面基缘两侧；单眼红褐色；复眼黑褐色；颜面淡黄褐色。前胸背板、小盾片和前翅黑色；胸部腹板黑色；胸足淡黄褐色。腹部背、腹面黑褐色。

寄主 草本植物。

检视标本 **湖北**：1♀，神农架，2013.Ⅶ.17，常志敏采 (GUGC)；2♂3♀，神农架，2013.Ⅶ.19，邢东亮采 (GUGC)；1♂，五峰，2013.Ⅶ.24，邢东亮采 (GUGC)。**贵州**：1♂，贵阳，1977.Ⅶ.8，李子忠采 (GUGC)；♂ (正模)，4♂ (副模)，梵净山，1986.Ⅶ.27，李子忠采 (GUGC)；7♂8♀，梵净山，2001.Ⅷ.1-2，李子忠采 (GUGC)；7♂2♀，雷公山，2004.Ⅷ.1-3，徐翩、宋琼章、颜凯采 (GUGC)；1♂，雷公山，2005.Ⅷ.13，张斌采 (GUGC)；15♂9♀，绥阳宽阔水，2010.Ⅷ.13-15，戴仁怀、李虎、于晓飞采 (GUGC)。

分布 湖北、四川、贵州。

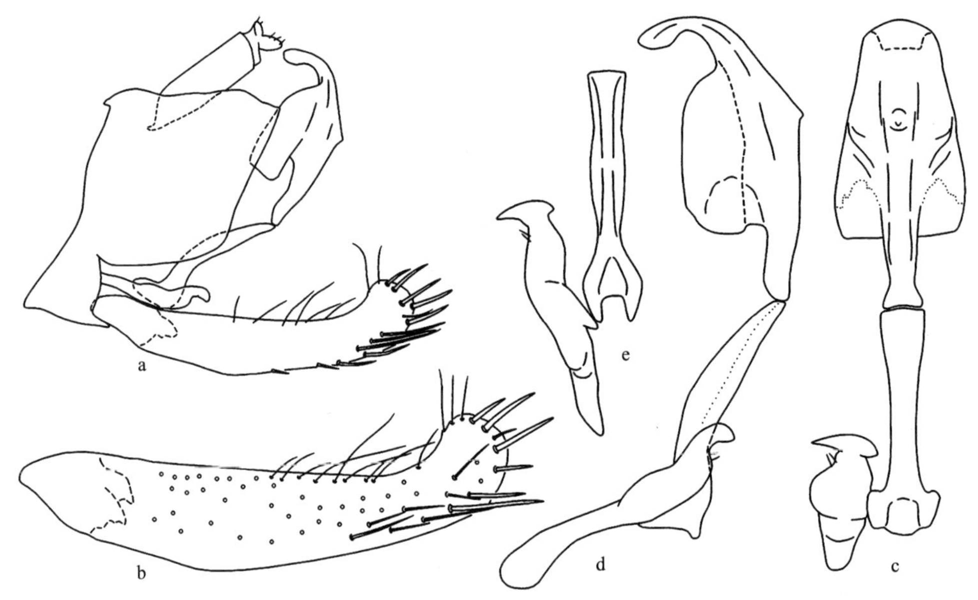

图 30 黑翅斜脊叶蝉 *Bundera heichiana* Li *et* Wang

a. 雄虫尾节侧面观 (male pygofer, lateral view)；b. 雄虫下生殖板 (male subgenital plate)；c. 阳茎、连索、阳基侧突腹面观 (aedeagus, connective and style, ventral view)；d. 阳茎、连索、阳基侧突侧面观 (aedeagus, connective and style, lateral view)；e. 连索、阳基侧突 (connective and style)

(27) 斑翅斜脊叶蝉 *Bundera maculata* Kuoh, 1987 (图 31)

Bundera maculata Kuoh, 1987, In: Zhang (ed.), Agricultural Insects, Spiders, Plant Diseases and Weeds of Xizang, 1: 117. **Type locality**: Xizang (Motuo, Hanmi).

模式标本产地　西藏墨脱汉密。

体连翅长，雄虫 5.7mm，雌虫 6.2mm。

头冠前端近似角状突出，中央长度与二复眼间宽度接近相等，侧缘与复眼衔接处略高于复眼；单眼位于头冠侧缘，着生在斜脊外侧；颜面额唇基长形，中域隆起，中央有突起甚高的纵脊，两侧有横印痕列。前唇基中央亦纵向隆起，基部拱出，整个如梨形，末端狭而圆，长度超过下颚板端缘。

雄虫尾节侧瓣背缘和腹缘均斜向延伸，致整个侧瓣由基至端逐渐变狭，端缘近似钝角状突出；雄虫下生殖板狭而弯，端缘弧圆，内侧、外侧及端缘均生缘毛；阳茎基部细管状，中部膨大，背缘两侧有大的片状突，端部细弯管状；连索 Y 形，主干长是臂长的 4 倍；阳基侧突端部细，外伸，中部粗壮。

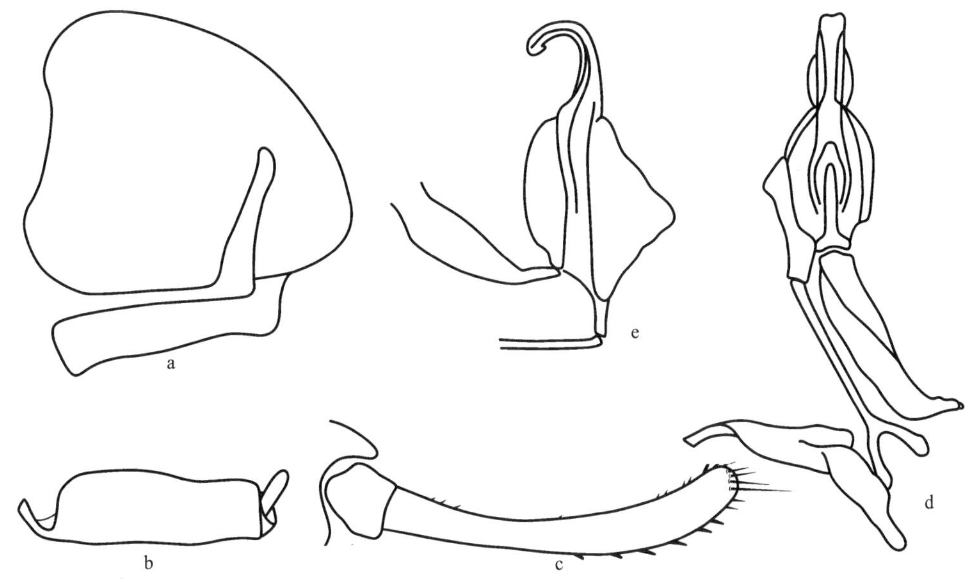

图 31　斑翅斜脊叶蝉 *Bundera maculata* Kuoh (仿葛钟麟, 1987)

a. 雄虫尾节侧面观 (male pygofer, lateral view)；b. 第 10 腹节 (tenth abdominal segment)；c. 雄虫下生殖板 (male subgenital plate)；d. 阳茎、连索、阳基侧突腹面观 (aedeagus, connective and style, ventral view)；e. 阳茎侧面观 (aedeagus, lateral view)

体黑色。头冠侧区中部生 1 淡黄褐色斑块，触角、单眼及复眼黄褐色。前翅棕黑色，唯爪片中部沿结合缝有 1 橘黄色长方形斑，爪片末端 1 小圆形斑及与此斑相对的前缘区 1 大的半圆形斑均无色透明，但因后翅烟黄色致爪片部 1 斑晦暗；各足爪、后足胫刺列及胫节末端和各跗节端部暗褐色。腹部黑无斑纹。雌虫体色与雄虫差异较大，头部淡黄白色，头冠黄白色，顶端有 1 黑斑，中区与基部各生 1 黑带；颜面后唇基与前唇基侧缘区及中脊黑色，基缘有 1 黑横线。前胸背板与小盾片淡灰黄色，前胸背板的前缘与中域一些晕斑、小盾片基角淡烟褐色。腹部各节背腹板后缘及产卵器淡黄褐色 (摘自 Kuoh, 1987)。

寄主　杂灌木。

检视标本 本次未获标本。

分布 西藏。

(28) 黑面斜脊叶蝉 *Bundera nigricana* Li *et* Yang, 2002 (图 32)

Bundera nigricana Li *et* Yang, 2002, Acta Zootaxonomica Sinica, 27(3): 551. **Type locality**: Sichuan (Emeishan).

模式标本产地 四川峨眉山。

体连翅长，雄虫 5.8-6.0mm，雌虫 6.2-6.7mm。

头冠前端呈钝角突出，中长约等于二复眼间宽，前端 1/3 处有弱的短横堔，中央有 1 纵脊，两侧有斜向端部的侧脊；单眼位于侧脊外侧；颜面额唇基隆起，中央纵脊及两侧横印痕列均明显，前唇基由基至端渐狭，端缘圆，长度超出下颚板端缘。

雄虫尾节侧瓣近方形，端区狭圆，端腹缘卷折似腹突，与侧瓣不分离，端区有数根粗刚毛，端腹缘密生柔毛；雄虫下生殖板中部狭而弯，中域有排列不规则的粗长刚毛，端区有细长刚毛；阳茎侧面观背缘两侧各有 1 长的片状突，腹面呈龙骨状，中后部呈角状，端部细管状微弯；连索 Y 形，主干长是臂长的 3 倍；阳基侧突手杖形。雌虫腹部第 7 节腹板中长约是第 6 节的 2 倍，后缘接近平直。

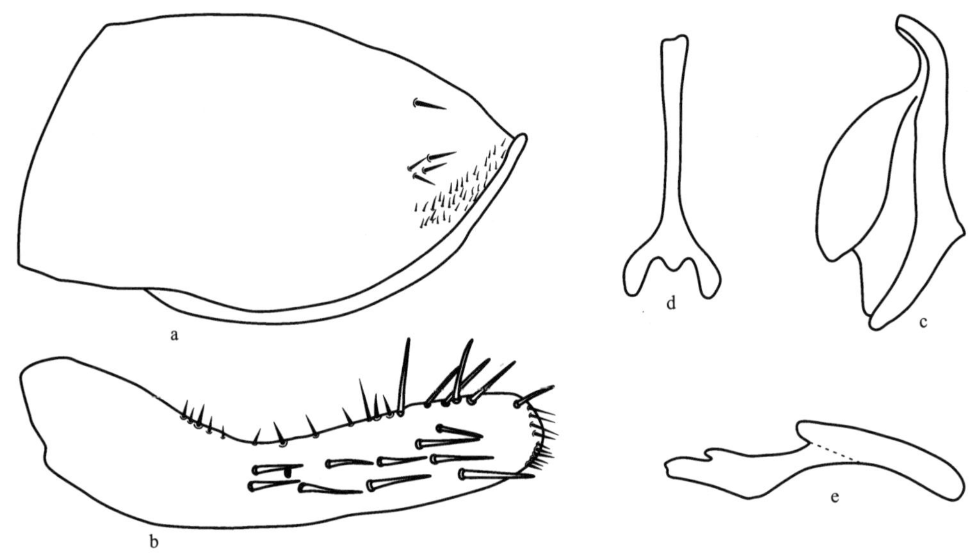

图 32 黑面斜脊叶蝉 *Bundera nigricana* Li *et* Yang

a. 雄虫尾节侧瓣侧面观 (male pygofer side, lateral view)；b. 雄虫下生殖板 (male subgenital plate)；c. 阳茎侧面观 (aedeagus, lateral view)；d. 连索 (connective)；e. 阳基侧突 (style)

体及前翅淡黄褐色。单眼深褐色；复眼黑褐色；颜面额唇基和颊区基半部淡黄微带白色，其余黑褐色。前胸背板及小盾片淡黄褐色无斑纹；前翅前缘域基半部、爪片末端及端缘域深褐色。雌虫颜面全黑色。

寄主 草本植物。

检视标本 **四川：**♂(正模)，峨眉山，1957.Ⅷ.20，黄克仁采 (IZCAS)；8♀(副模)，1957.Ⅷ.18，朱复兴采 (IZCAS)；1♂，峨眉山金顶，1991.Ⅷ.7，李子忠采 (GUGC)。

分布 四川。

(29) 透斑斜脊叶蝉 *Bundera pellucida* Li *et* Wang, 2001 (图 33)

Bundera pellucida Li *et* Wang, 2001, Zoological Research, 22(5): 388. **Type locality**: Yunnan (Lanping).

模式标本产地 云南兰坪。

体连翅长，雄虫5.0-5.2mm，雌虫5.2-5.4mm。

头冠前端呈钝角突出，中长约等于二复眼间宽，前端 1/3 处有弱的短横堺，中央及两侧均具脊；单眼位于侧脊外侧；颜面额唇基隆起，中央纵脊及两侧横印痕列均明显，前唇基由基至端渐狭，端缘圆，长度超出下颚板端缘。

雄虫尾节侧瓣端腹缘斜向上倾，致端背缘呈角状突出，端区被细小刚毛；雄虫下生殖板端部极度向外弯，内侧缘有长刚毛列，端缘密生粗刚毛；阳茎基部细管状，端部管状强度弯曲，侧面观中部背缘两侧有 1 大的片状突，腹缘呈隆脊状，中部呈尖角状突出；连索 Y 形，主干基部较粗，两臂特短；阳基侧突端部鸟喙形。雌虫腹部第 7 节腹板中长是第 6 节的 1.5 倍，中域隆起，后缘中央深凹入，产卵器微伸出尾节端缘。

体橘黄色。头冠中央 1 大斑、顶端 1 小斑均黑色；复眼黑色；颜面淡橘黄色，基缘有 2 黑色斑，此斑部分延伸至头冠侧缘，额唇基中纵脊和舌侧板中域 1 条形斑黑色。前胸背板 1“凸”字形斑和小盾片黑色；胸部腹板淡黄白色无斑纹；前翅黑色，前缘域中前部有白色透明长斑。腹部背、腹面黑色无斑纹。雌虫头冠、颜面和触角色泽减淡为淡黄白色，其余同雄虫。

检视标本 **湖北：**1♂，五峰后河，2002.Ⅶ.22，胡向前采 (YTU)；1♂，五峰，2013.Ⅶ.24，邢东亮采 (GUGC)；2♂1♀，神农架，2013.Ⅶ.17，邢东亮、常志敏采 (GUGC)。**广西：**1♂，元宝山，2004.Ⅶ.15，杨茂发采 (GUGC)；3♂1♀，大明山，2015.Ⅶ.22，詹洪平采 (GUGC)。**四川：**1♂2♀，水磨沟，2007.Ⅷ.17，邢济春采 (GUGC)；1♂，广元，2007.Ⅷ.16，孟泽洪采 (GUGC)。**贵州：**1♂，道真，1988.Ⅸ.8，李子忠采 (GUGC)；9♂12♀，雷公山自然保护区，2004.Ⅷ.1-2，宋琼章、廖启荣、徐翩、葛德燕采 (GUGC)；3♂1♀，道真大沙河，2004.Ⅷ.24，杨茂发采 (GUGC)；7♂4♀，茂兰，2011.Ⅶ.18，龙见坤采 (GUGC)。**云南：**♂(正模)，7♂5♀(副模)，兰坪，2000.Ⅷ.12，李子忠、杨茂发采 (GUGC)；3♂2♀，保山百花岭，2011.Ⅷ.14，李建达采 (GUGC)；1♂，勐海，2008.Ⅶ.24，李建达采 (GUGC)；3♂2♀，盈江铜壁关，2011.Ⅵ.1，李玉建采 (GUGC)；1♂2♀，瑞丽，2011.Ⅵ.7，李玉建采 (GUGC)；1♂3♀，高黎贡山，2013.Ⅷ.5，范志华采 (GUGC)；6♂2♀，勐仑，2015.Ⅸ.27，罗强采 (GUGC)。

分布 湖北、广西、四川、贵州、云南。

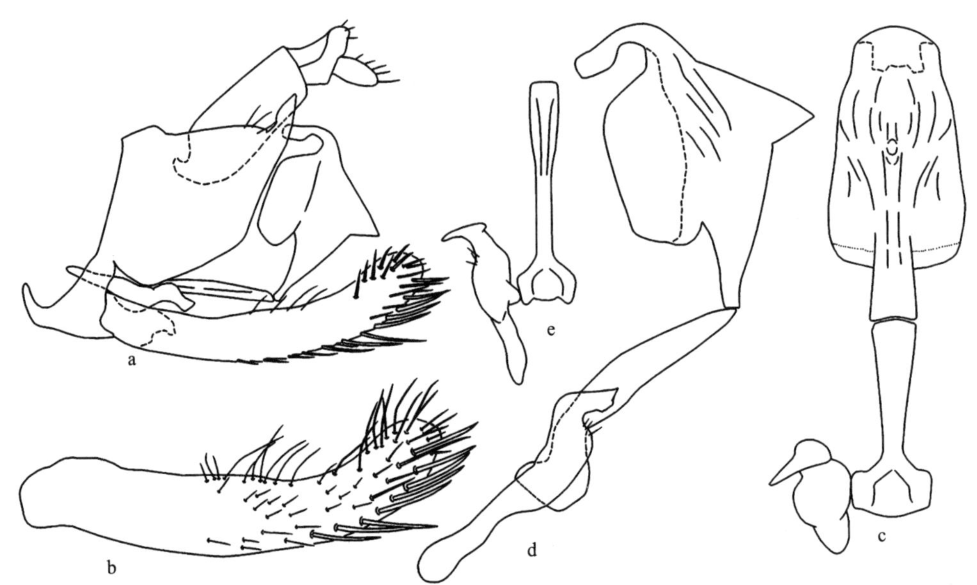

图 33　透斑斜脊叶蝉 *Bundera pellucida* Li *et* Wang

a. 雄虫尾节侧面观（male pygofer, lateral view）；b. 雄虫下生殖板（male subgenital plate）；c. 阳茎、连索、阳基侧突腹面观（aedeagus, connective and style, ventral view）；d. 阳茎、连索、阳基侧突侧面观（aedeagus, connective and style, lateral view）；e. 连索、阳基侧突（connective and style）

(30) 红条斜脊叶蝉 *Bundera rufistriana* Li *et* Wang, 2001 (图 34；图版Ⅱ：5)

Bundera rufistriana Li *et* Wang, 2001, Zoological Research, 22(5): 387. **Type locality**: Yunnan (Pianma).

模式标本产地　云南片马。

体连翅长，雄虫 6.0-6.2mm，雌虫 6.2-6.5mm。

头冠前端呈钝角突出，冠面隆起，中央有 1 纵脊，两侧于复眼内缘亦具向前延伸的斜脊，并于头冠顶端与中纵脊成箭状连接；单眼位于斜脊外侧，与复眼和头冠顶端之距近似相等；额唇基纵向隆起，中央有 1 纵脊，两侧有横印痕列，前唇基由基至端渐狭，中域两侧内缢。前胸背板较头部宽，中长与头冠长近似相等，具细弱横皱；小盾片横刻痕弧弯伸，两端伸不达侧缘。

雄虫尾节侧瓣端背缘和端腹缘斜向伸出致端缘成尖角状突出，端背缘有粗长刚毛，端区有细刚毛；雄虫下生殖板细长向外弯，内缘有 1 列长刚毛，中域有 1 列粗长刚毛；阳茎侧面观基部细管状，中部扩大，背缘两侧有 1 长方形片状突，腹缘呈隆脊状，中部有 1 大 1 小的角状突，端部呈管状弯曲；连索 Y 形，主干特长，是臂长的 5-6 倍；阳基侧突基部细，中部粗壮，端部斜向伸出，近似刀状。雌虫腹部第 7 节腹板中域向后成锥形突出。

雌雄虫体色斑纹不同。雄虫头冠淡黄白色，中央有 1 倒锥形大黑斑；颜面黑色，颊区和舌侧板外域灰白色。前胸背板前域黑色，后半部淡黄白色；小盾片全黑色；前翅黑色，爪片中域宽纵带纹和前缘域橙黄色，端区烟褐色；胸部腹板黑色，胸足橘黄色。腹部腹面黑色，侧节缘淡黄白色。雌虫头冠前端有 1 黑色短横斑，一些雌性个体仅有 2 小黑点，颜面橙黄色，颊区和舌侧板外域淡黄白色，前翅前缘和爪片中央纵带纹红色。

检视标本　**云南**：1♂1♀，兰坪，2000.Ⅷ.12，李子忠采 (GUGC)；1♀，泸水六库，2000.Ⅷ.15，李子忠采 (GUGC)；♂ (正模)，7♂9♀ (副模)，泸水片马，2000.Ⅷ.17-18，李子忠、杨茂发采 (GUGC)。

分布　云南。

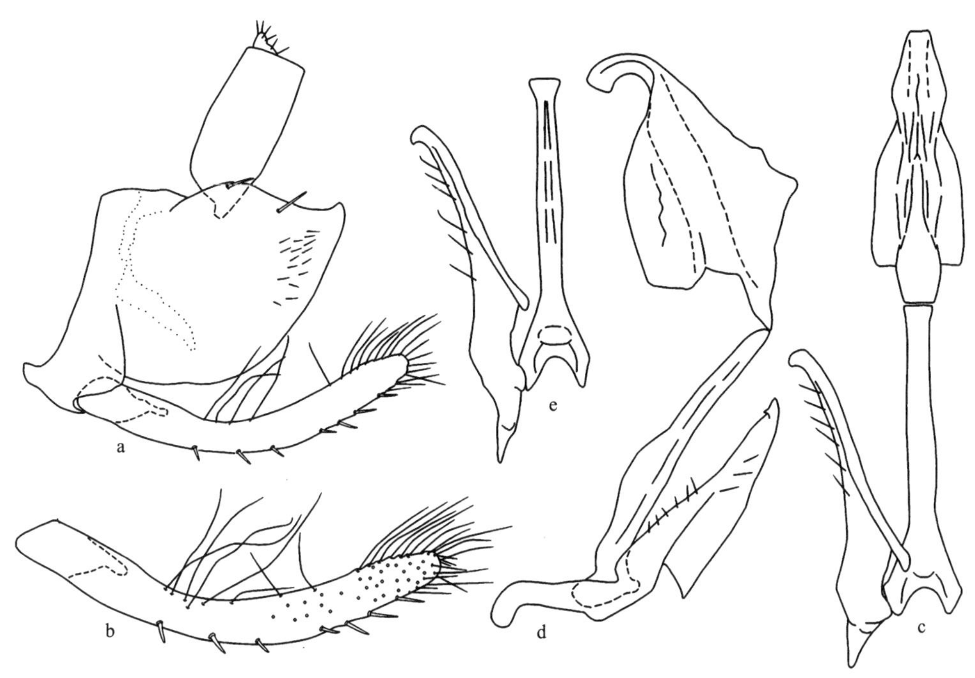

图 34　红条斜脊叶蝉 *Bundera rufistriana* Li *et* Wang

a. 雄虫尾节侧面观 (male pygofer, lateral view)；b. 雄虫下生殖板 (male subgenital plate)；c. 阳茎、连索、阳基侧突腹面观 (aedeagus, connective and style, ventral view)；d. 阳茎、连索、阳基侧突侧面观 (aedeagus, connective and style, lateral view)；e. 连索、阳基侧突 (connective and style)

(31) 梯斑斜脊叶蝉 *Bundera scalarra* Li *et* Wang, 2002 (图 35)

Bundera scalarra Li *et* Wang, 2002, Acta Zootaxonomica Sinica, 27(3): 552. **Type locality**: Guizhou (Fanjingshan).

模式标本产地　贵州梵净山。

体连翅长，雄虫 5.2-5.5mm，雌虫 5.8-6.0mm。

体及前翅生细柔毛。头冠前端呈角状突出，中脊和斜脊均明显，中域有细纵皱纹；单眼着生在斜脊外侧，距复眼较距头冠顶端近；颜面额唇基中央纵脊和两侧横印痕列均很明显。前胸背板较头部宽，前缘、后缘接近平直。

雄虫尾节侧瓣端区斜上伸出，端缘接近平直，有细齿；雄虫下生殖板基部分节，中域有排列不规则的粗刚毛列；阳茎基部管状，侧面观中部背缘有 1 对长片状突，腹缘呈龙骨状，端部管状弯曲，末端背缘有 1 小钩；连索 Y 形，主干特长，是臂长的 2 倍；阳基侧突较匀称，端部近似鸟喙形。雌虫腹部第 7 节腹板后缘深刻凹入，两侧叶宽圆突出，产卵器微伸出尾节端缘。

体及前翅黑色。头冠淡黄白色，中域 1 倒梯形斑、基缘近复眼 1 小斑点、顶端 1 大斑及复眼均黑色；颜面额唇基淡橙黄色，前唇基淡黄白色，沿额唇基中纵脊及颊区宽纵带纹黑色。前胸背板前缘淡黄白色；前翅端区淡煤褐色，后缘淡黄白色；胸部腹板和胸足淡黄白色，前足、后足胫节、跗节和爪黑褐色。腹部背面黑褐色，腹面淡黄白色。

检视标本 **四川**：1♀，水磨沟，2007.Ⅷ.18，孟泽洪采 (GUGC)。**贵州**：♂ (正模)，7♂3♀ (副模)，梵净山，2001.Ⅷ.2-4，李子忠采 (GUGC)；2♂1♀，道真大沙河，2004.Ⅷ.17，杨茂发采 (GUGC)。

分布 四川、贵州。

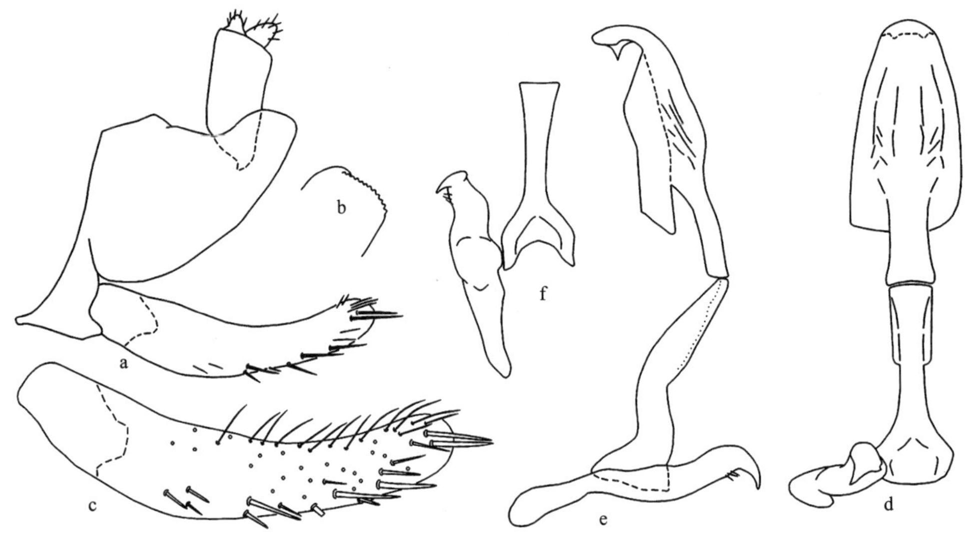

图 35 梯斑斜脊叶蝉 *Bundera scalarra* Li *et* Wang

a. 雄虫尾节侧面观 (male pygofer, lateral view)；b. 雄虫尾节侧瓣端部 (male end area of pygofer side)；c. 雄虫下生殖板 (male subgenital plate)；d. 阳茎、连索、阳基侧突腹面观 (aedeagus, connective and style, ventral view)；e. 阳茎、连索、阳基侧突侧面观 (aedeagus, connective and style, lateral view)；f. 连索、阳基侧突 (connective and style)

(32) 黄氏斜脊叶蝉 *Bundera tengchihugh* (Huang, 1992) (图 36；图版Ⅱ：6)

Penuria tengchihugh Huang, 1992, Bulletin of the National Museum of Nature and Science, 3: 163. **Type locality**: Taiwan.

Bundera tengchihugh (Huang): Li *et* Wang, 2002, Acta Zootaxonomica Sinica, 27(3): 550.

模式标本产地 台湾。

体连翅长，雄虫 5.2-6.0mm，雌虫 5.8-6.5mm。

头冠前端呈尖角状突出，中脊和斜脊均明显，中域有细纵皱纹；单眼着生在斜脊外侧，距复眼较距头冠顶端近；颜面额唇基中央有 1 明显的纵脊，两侧有横印痕列。前胸背板较头部宽；小盾片宽三角形。

雄虫尾节侧瓣宽大，侧面观向背面斜伸，致端背角近似指状突出；雄虫下生殖板扁平微弯，端缘圆，内侧和外侧均具刚毛；阳茎基部细管状，侧面观腹缘呈龙骨状，中部呈尖角状突出，背缘有 1 对长片状突，端部管状弯曲，背缘有 1 齿状突；连索 Y 形，主干长是臂长的 1.5 倍；阳基侧突两端细，中部粗，端部向外侧突伸。

体黑褐色。头冠橘黄色，端部和中部及侧缘 1 斑点黑褐色；颜面橘黄色，舌侧板、额唇基缝黑褐色。前翅黑色，端区褐色，前缘和后缘淡黄白色。腹部背面黑色，腹面淡黄白色无明显斑纹。

检视标本　**台湾**：1♀，Kaohsiung，1987.Ⅸ.5，K. W. Huang 采 (GUGC)；1♂，Kaohsiung，1989.Ⅸ.7, K. W. Huang 采 (GUGC)。

分布　台湾。

图 36　黄氏斜脊叶蝉 *Bundera tengchihugh* (Huang)

a. 雄虫尾节侧面观 (male pygofer, lateral view)；b. 雄虫下生殖板 (male subgenital plate)；c. 阳茎、连索、阳基侧突腹面观 (aedeagus, connective and style, ventral view)；d. 阳茎、连索、阳基侧突侧面观 (aedeagus, connective and style, lateral view)；e. 连索、阳基侧突 (connective and style)

(33) 三斑斜脊叶蝉 *Bundera trimaculata* Li *et* Yang, 2002 (图 37)

Bundera trimaculata Li *et* Yang, 2002, Acta Zootaxonomica Sinica, 27(3): 553. **Type locality**: Hubei (Shennongjia).

模式标本产地　湖北神农架。

体连翅长，雄虫 5.0-5.2mm，雌虫 5.3-5.8mm。

头冠前端宽圆突出，密生细纵皱纹，中脊和斜脊均明显；单眼着生在斜脊外侧，与头冠顶端距离微大于与复眼之距；颜面额唇基中央纵脊明显，两侧有横印痕列。前胸背板前域光滑，中后部有横皱。

雄虫尾节侧瓣端缘呈角状突出，端腹缘卷折向上似 1 突起；雄虫下生殖板中部弯曲，密生不规则排列的粗长刚毛；阳茎基部细管状，侧面观中部腹缘呈龙骨状突起，腹缘中部呈尖角状，背缘两侧各有 1 长片状突，端部弯曲管状，末端有 1 小钩；连索 Y 形，主干长是背长的 2.5 倍；阳基侧突端向外侧弯曲，其弯曲处有长刚毛。

体淡黄白色。头冠中央有 1 大黑斑，顶端及前侧缘两侧各有 1 小黑斑，其中侧缘斑延伸至颜面两侧基缘；复眼黑褐色；颜面淡黄白色，额唇基中纵脊黑褐色。前胸背板前缘域淡黄白色，中后部及小盾片黑色；前翅黑褐色，唯后缘及端区淡黄褐色；胸部腹板及胸足淡黄色无斑纹。腹部背面煤褐色，腹面淡黄白色。

检视标本　**湖北**：♂ (正模)，1♂ (副模)，神农架，1998.Ⅷ.4，杨忠歧采 (NWAFU)。**广西**：1♀，大明山，2015.Ⅶ.21，王英鉴采 (GUGC)。**贵州**：3♀，梵净山，1984.Ⅷ.29，李子忠采 (GUGC)；1♀，绥阳宽阔水，1994.Ⅷ.1，李子忠采 (GUGC)；4♀，梵净山，2001.Ⅷ.26，李子忠采 (GUGC)；2♀，绥阳宽阔水，2010.Ⅷ.11，李虎采 (GUGC)。

分布　湖北、广西、贵州。

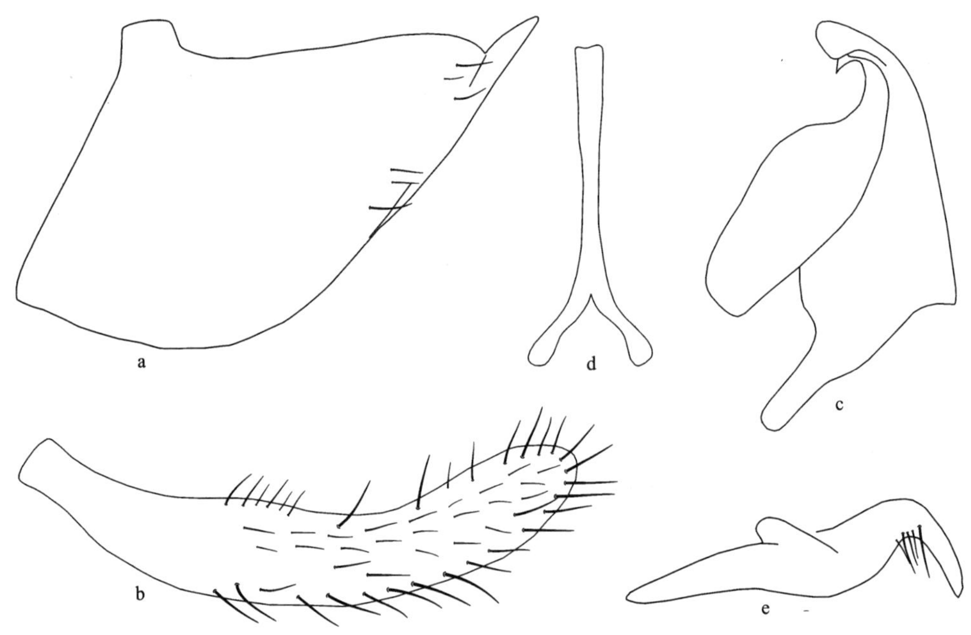

图 37　三斑斜脊叶蝉 *Bundera trimaculata* Li *et* Yang

a. 雄虫尾节侧瓣侧面观 (male pygofer side, lateral view)；b. 雄虫下生殖板 (male subgenital plate)；c. 阳茎侧面观 (aedeagus, lateral view)；d. 连索 (connective)；e. 阳基侧突 (style)

(34) 双斑斜脊叶蝉 *Bundera venata* Distant, 1908 (图 38；图版Ⅱ：7)

Bundera venata Distant, 1908, The fauna of British Indian including Ceylon and Burma, Rhynchota, 4: 228. **Type locality**: Burma.

模式标本产地 缅甸密达。

体连翅长，雄虫 4.5-4.8mm，雌虫 5.0-5.5mm。

头冠前端宽圆突出、冠面隆起，中央有 1 明显纵脊，两侧有起自复眼内缘斜向前端伸出的斜脊，此脊于头冠顶端与中央纵脊成箭状相连接；单眼位于头冠侧缘，着生在斜脊外侧；颜面额唇基长大于宽甚多，中央有 1 纵脊，两侧有横刻痕列，前唇基基域膨大，由基至端逐渐变狭，中央纵向隆起似脊，端缘平直。前胸背板较头部宽，微短于头冠中长，前缘弧圆突出，后缘微凹入，散布横皱纹；小盾片略与前胸背板等长，密生横皱纹，横刻痕凹陷；前翅生细小淡灰黄色柔毛。

雄虫尾节侧瓣宽大，生柔毛；雄虫下生殖板狭长，生细长刚毛，内侧有 1 列粗长刚毛，端区亦生粗刚毛；阳茎基部细管状，侧面观中前部背缘有 1 大而长的突起，腹缘中部微凹，端部管状弯曲；连索 Y 形，主干长是臂长的 6 倍；阳基侧突基部细，中部粗，端部突然变细而弯曲，其弯曲部的基域有数根刚毛。雌虫腹部第 7 腹节腹板后缘深刻凹入，两侧叶长，产卵器略伸至侧瓣端缘。

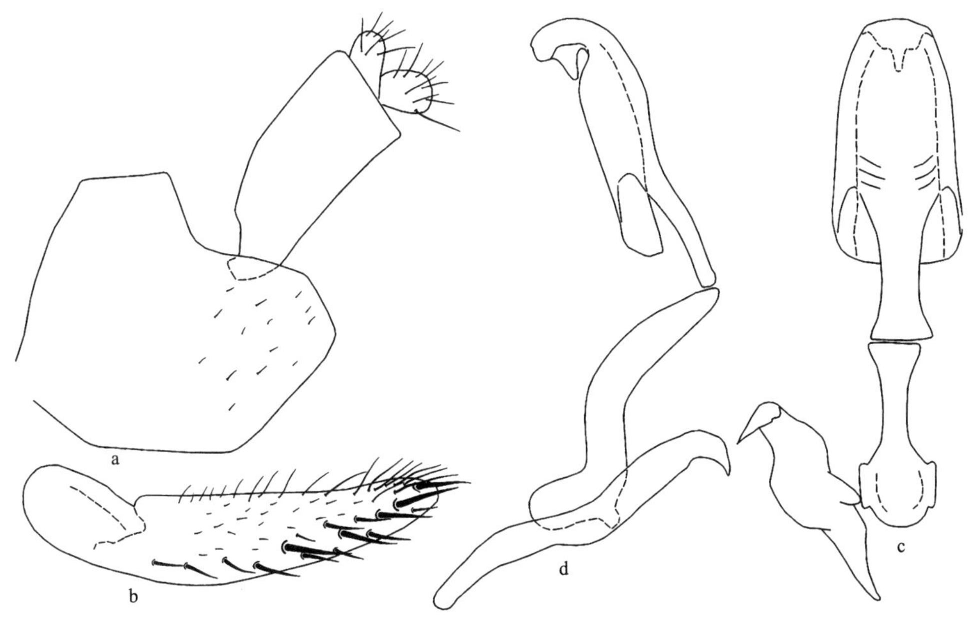

图 38 双斑斜脊叶蝉 *Bundera venata* Distant

a. 雄虫尾节侧瓣侧面观 (male pygofer side, lateral view)；b. 雄虫下生殖板 (male subgenital plate)；c. 阳茎、连索、阳基侧突腹面观 (aedeagus, connective and style, ventral view)；d. 阳茎、连索、阳基侧突侧面观 (aedeagus, connective and style, lateral view)

体黑褐色。头冠淡黄白色，中后部有 1 大黑斑，黑斑外侧抵达斜脊，并沿斜脊延伸，大黑斑前两侧各有 1 黑色斑，此斑延伸至颜面基缘两侧，前端有 1 黑点；单眼淡黄褐色；复眼黑色；颜面黄白色，中央纵脊及舌侧板大部黑褐色。前翅亦黑色，唯前翅前缘域、接合缝边缘淡黄白色，端区烟褐色致半透明状；胸部腹板和胸足淡黄白色。腹部背面黑色，背侧缘及腹面淡黄白色。

寄主 树梅及杂灌木。

检视标本 **湖北**：2♂，武当山，1997.Ⅷ.9，杨茂发采 (GUGC)。**广东**：1♂，广州南岭，2010.Ⅷ.23，郑延丽采 (GUGC)。**贵州**：2♂3♀，宽阔水，1984.Ⅷ.1，李子忠采 (GUGC)；1♂2♀，荔波茂兰，1999.Ⅸ.27，李子忠采 (GUGC)。**云南**：1♂，勐遮，2008.Ⅶ.24，李建达采 (GUGC)。

分布 湖北、广东、四川、贵州、云南、西藏；缅甸。

(35) 紫云斜脊叶蝉，新种 *Bundera ziyunensis* Li, Li *et* Xing, sp. nov. (图 39)

模式标本产地 贵州紫云。

体连翅长，雄虫 5.1mm。

头冠前端呈锐角状突出，中央长度大于二复眼间宽，具纵皱纹，中央纵脊和斜脊均明显；单眼位于头冠前侧域，与头冠端部的距离和与复眼之距近似相等；颜面长大于宽，额唇基中央有 1 明显纵脊，两侧有横印痕列。

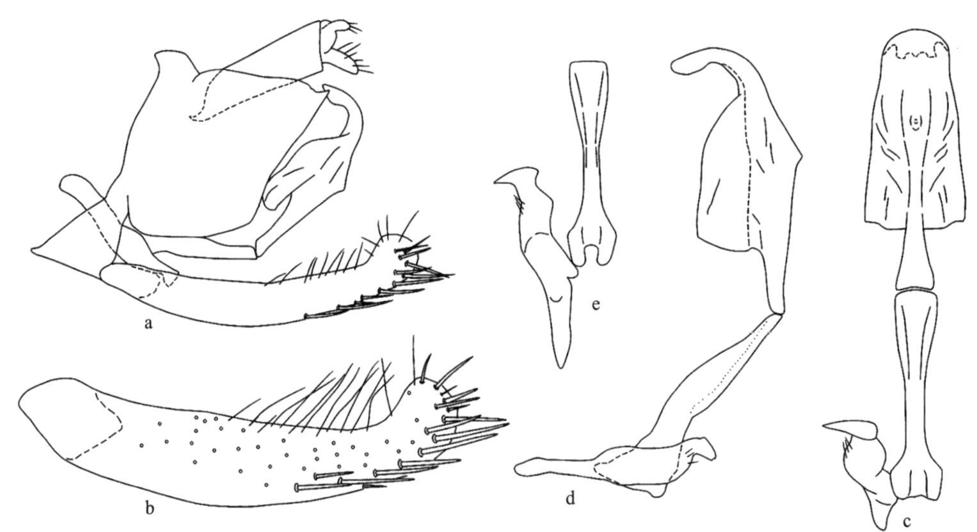

图 39 紫云斜脊叶蝉，新种 *Bundera ziyunensis* Li, Li *et* Xing, sp. nov.

a. 雄虫尾节侧面观 (male pygofer, lateral view)；b. 雄虫下生殖板 (male subgenital plate)；c. 阳茎、连索、阳基侧突腹面观 (aedeagus, connective and style, ventral view)；d. 阳茎、连索、阳基侧突侧面观 (aedeagus, connective and style, lateral view)；e. 连索、阳基侧突 (connective and style)

雄虫尾节侧瓣宽大，端背缘平直，端缘斜向背面伸出，致端背角成指状突；雄虫下生殖板宽扁弯曲，中域有不规则排列的粗长刚毛，侧缘有细长刚毛；阳茎基部管状，侧面观中部背域有 1 对长方形片状突，腹缘中部呈角状扩延，端部管状向背面弯曲；连索 Y 形，两臂特短；阳基侧突亚端部弯曲，弯曲处有细刚毛。

体及前翅黑色。头冠侧域近复眼处和顶端外侧淡黄褐色；复眼黑褐色；单眼黄白色；颜面淡黄白色，额唇基中央纵脊、舌侧板和基域两侧各 1 斑点黑色，其中基域两侧黑色斑与头冠黑色部相连。胸部腹板和胸足淡黄白色，其中腹板中央有黑褐色斑块，后足胫节黑褐色。腹部背面黑褐色，腹面淡黄白色，生殖节黑褐色。

正模 ♂，贵州紫云宗地，1996.Ⅶ.24，杨茂发采。模式标本保存在贵州大学昆虫研究所 (GUGC)。

词源　新种以模式标本产地——贵州紫云命名。

分布　贵州。

新种外形特征与峨眉斜脊叶蝉 *Bundera emeiana* Li *et* Wang 相似，不同点是本新种头冠黑色无明显斑纹，颜面淡黄白色，阳茎腹缘中部呈角状扩延。

5. 脊额叶蝉属 *Carinata* Li *et* Wang, 1991

Carinata Li *et* Wang, 1991, Agriculture and Forestry Insect Fauna of Guizhou, 4: 65. **Type species**: *Carinata rufipenna* Li *et* Wang, 1991.

模式种产地：贵州望谟。

属征：头冠前端呈锐角状突出，冠面隆起，中央有 1 明显纵脊，前侧缘各有 1 不甚明显的脊纹，且于单眼前消失，侧缘于复眼内侧反折向上，冠面密生纵皱纹；单眼位于头冠前侧缘，着生在单眼上脊外侧，距复眼较距头冠顶端近；颜面额唇基隆起，中央有 1 明显的纵脊，两侧有横印痕列，唇基间缝明显，前唇基由基至端逐渐变狭。前胸背板较头部宽，中央长度短于头冠；前翅长超过腹部末端，翅脉明显，R_{1a} 脉与前缘反折或垂直相交，爪片长大，前缘域宽，有 4 端室，端片不明显。

雄虫尾节侧瓣较下生殖板短，腹缘突起明显；雄虫下生殖板狭长，基部分节，外缘有细刚毛，中域有 1 列粗刚毛；阳茎背缘扩大或具片状突，阳茎孔位于末端；连索 Y 形；阳基侧突形状变化大。

部分种雌雄虫体色斑纹稍有不同。

地理分布：东洋界。

此属由李子忠和汪廉敏 (1991) 以 *Carinata rufipenna* Li *et* Wang 为模式种建立，并记述贵州 2 新种和 1 种新组合；李子忠和汪廉敏 (1992a，1992b，1993a, 1993b，1994b，1996a，1996b) 记述贵州、四川、云南、海南、江西 11 新种；汪廉敏和李子忠 (1998，2001) 记述广西、云南、贵州 4 新种；Li 和 Webb (1996) 从大英博物馆 Webb 博士收藏的东南亚地区的 Evacanthinae 标本中鉴定出该属 1 新种；Li 和 Novotny (1997) 发表产自越南的 1 新种；杨玲环和张雅林 (1999) 发表产于四川、广东、海南的 4 新种。

全世界已记述 24 种，中国均有分布，对其中 2 种的归属已进行调整，实有 22 种。本志记述 37 种，含 15 新种，提出 1 种新异名。

种检索表(♂)

1. 雄虫尾节侧瓣腹缘突起光滑……2
   雄虫尾节侧瓣腹缘突起分叉或呈枝状突……28
2. 体乳白色……**白色脊额叶蝉 *C. albusa***
   体非乳白色……3
3. 体黑色……4
   体淡黄白色……6
4. 小盾片橙黄色……**黄盾脊额叶蝉 *C. flaviscutata***
   小盾片黑色……5
5. 阳茎背缘片状突端部有1指状突……**黑色脊额叶蝉 *C. nigra***
   阳茎背缘片状突端部无指状突……**白腹脊额叶蝉 *C. leucoventera***
6. 阳茎干近端部两侧突起光滑或分叉……7
   阳茎干近端部两侧无突起……13
7. 阳茎干端部两侧突起分叉成鱼尾状……**斑颊脊额叶蝉 *C. signigena***
   阳茎干端部两侧突起不分叉……8
8. 阳茎干近端部两侧有2对突起……**黑斑脊额叶蝉 *C. nigropictura***
   阳茎干近端部两侧有1对突起……9
9. 阳茎干两侧突起位于末端……**黑尾脊额叶蝉，新种 *C. nigricauda* sp. nov.**
   阳茎干两侧突起不在末端……10
10. 阳茎干端部两侧突起环形……**环突脊额叶蝉，新种 *C. annulata* sp. nov.**
    阳茎干端部两侧突起不呈环形……11
11. 连索基部两侧各有1角状突……**斜纹脊额叶蝉，新种 *C. obliquela* sp. nov.**
    连索基部两侧无角状突……12
12. 阳茎干端部两侧突起尖刺状，背突棒状……**叉突脊额叶蝉 *C. bifida***
    阳茎干端部两侧突起弯钩状，背突宽短……**一点脊额叶蝉 *C. unipuncta***
13. 阳茎干中部两侧均有突起……14
    阳茎干中部两侧无突起……16
14. 阳茎干中部背域两侧各有1长1短的突起……**元宝山脊额叶蝉，新种 *C. yuanbaoshanensis* sp. nov.**
    阳茎干中部背域两侧各有1突起……15
15. 阳茎干中部两侧突起成细枝状向后延伸……**斑头脊额叶蝉 *C. maculata***
    阳茎干中部两侧宽短横向伸出……**端叉脊额叶蝉 *C. bifurcata***
16. 雄虫尾节侧瓣腹缘突起始于亚端部……17
    雄虫尾节侧瓣腹缘突起不始于亚端部……20
17. 阳茎干末端有4枝状突……**枝茎脊额叶蝉 *C. branchera***
    阳茎干末端无枝状突……18
18. 阳茎干末端双钩状……**双钩脊额叶蝉，新种 *C. bihamuluca* sp. nov.**
    阳茎干末端非双钩状……19

19. 前翅革片中央有 1 黑色纵带纹……………………………………………………黑条脊额叶蝉 *C. ganga*
前翅革片中央无黑色纵带纹…………………………峨眉脊额叶蝉，新种 *C. emeishanensis* **sp. nov.**
20. 阳茎端部有钩状突………………………………………………………………………………………21
阳茎端部无钩状突………………………………………………………………………………………22
21. 阳茎端部有 2 枚钩状突…………………………………………………………周氏脊额叶蝉 *C. choui*
阳茎端部有 6 枚钩状突………………………………………………………倒钩脊额叶蝉 *C. bartulata*
22. 雄虫肛管特别膨大……………………………………………肛阔脊额叶蝉，新种 *C. expenda* **sp. nov.**
雄虫肛管近似圆筒形……………………………………………………………………………………23
23. 雄虫尾节侧瓣腹缘突起端部扭曲………………………………扭突脊额叶蝉，新种 *C. torta* **sp. nov.**
雄虫尾节侧瓣腹缘突起端部不扭曲……………………………………………………………………24
24. 阳茎干背缘两侧各有 1 棒状突……………………………大田脊额叶蝉，新种 *C. datianensis* **sp. nov.**
阳茎干背缘两侧无棒状突………………………………………………………………………………25
25. 雄虫尾节侧瓣腹缘突起端部呈钩状…………………………钩突脊额叶蝉，新种 *C. meandera* **sp. nov.**
雄虫尾节侧瓣腹缘突起端部不呈钩状…………………………………………………………………26
26. 体及前翅橘黄色，头冠无明显斑纹……………………………………………弯突脊额叶蝉 *C. recurvata*
体及前翅淡黄白色，头冠有 1 黑色斑…………………………………………………………………27
27. 前翅革片中央有 1 弯曲的黑褐色带纹………………………………………黑带脊额叶蝉 *C. nigrofasciata*
前翅革片中央无黑褐色带纹……………………………………………………单钩脊额叶蝉 *C. unicurvana*
28. 雄虫尾节侧瓣腹缘突起分叉……………………………………………………………………………29
雄虫尾节侧瓣腹缘突起成枝状突………………………………………………………………………32
29. 雄虫尾节侧瓣腹缘突起在端部分叉……………………………………………双突脊额叶蝉 *C. bifurca*
雄虫尾节侧瓣腹缘突起在基部或亚端部分叉…………………………………………………………30
30. 雄虫尾节侧瓣腹缘突起基部分叉……………………………双叉脊额叶蝉，新种 *C. biforka* **sp. nov.**
雄虫尾节侧瓣腹缘突起亚端部分叉……………………………………………………………………31
31. 雄虫尾节侧瓣腹缘突起 2 枝均光滑…………………………………………黄色脊额叶蝉 *C. flavida*
雄虫尾节侧瓣腹缘突起内枝光滑，外枝呈羽状…………端黑脊额叶蝉，新种 *C. nigerenda* **sp. nov.**
32. 雄虫尾节侧瓣腹缘突起弯曲……………………………………………………………………………33
雄虫尾节侧瓣腹缘突起不弯曲…………………………………………………………………………34
33. 体橙红色，头冠前端有 1 心脏形黑色大斑…………………………………红翅脊额叶蝉 *C. rufipenna*
体淡橙黄色，头冠前端有 1 黑色小斑点………………………………………杨氏脊额叶蝉 *C. yangi*
34. 雄虫尾节侧瓣腹缘突起端部扫帚状…………………………帚突脊额叶蝉，新种 *C. scopulata* **sp. nov.**
雄虫尾节侧瓣腹缘突起端部非扫帚状…………………………………………………………………35
35. 前翅前缘黄白色透明……………………………………………………………白边脊额叶蝉 *C. kelloggii*
前翅前缘非黄白色不透明………………………………………………………………………………36
36. 阳茎亚端部两侧各有 1 刺状突…………………………独山脊额叶蝉，新种 *C. dushanensis* **sp. nov.**
阳茎亚端部两侧无刺状突………………………………赤水脊额叶蝉，新种 *C. chishuiensis* **sp. nov.**

(36) 白色脊额叶蝉 *Carinata albusa* Li *et* Wang, 1996 (图 40)

Carinata albusa Li *et* Wang, 1996, Entomotaxonomia, 18(2): 97. **Type locality**: Guizhou (Libo).

模式标本产地 贵州荔波。

体连翅长，雄虫 6.0-6.2mm，雌虫 6.2-6.5mm。

头冠前端呈角状突出，中域隆起，密生细纵皱纹，中央有 1 纵脊，两侧有起自头冠顶端的侧脊，此脊于单眼前域即消失；单眼位于头冠前侧缘，靠近复眼；颜面额唇基长大于宽，中域隆起，中央有 1 纵脊，两侧有横印痕列；前胸背板较头部宽，短于头冠中长，中域隆起，密生横皱纹，前缘弧圆突，后缘接近平直，前缘域有 1 弧形凹痕；小盾片较前胸背板短，横刻痕弧形凹陷。

雄虫生殖基瓣近似方形，尾节侧瓣宽短，端缘弧圆，腹缘突起宽大，末端尖；雄虫下生殖板宽短，基部内侧有 1 指状突，外侧有 1 列粗刚毛；阳茎中部背缘有 1 对片状突起，端部弯管状，末端尖微弯曲；连索 Y 形，主干宽短；阳基侧突近似棒状，端部有细小刚毛。雌虫腹部第 7 节腹板中央长度显著大于第 6 腹节，后缘中央微凹入，产卵器长超出尾节侧瓣端缘。

体乳白色。复眼淡褐色；单眼鲜红色。前翅乳白色，端缘浅褐色，第 1 端室端部有 1 褐斑点。雌虫腹部第 7 节腹板后缘褐色。

寄主 草本植物。

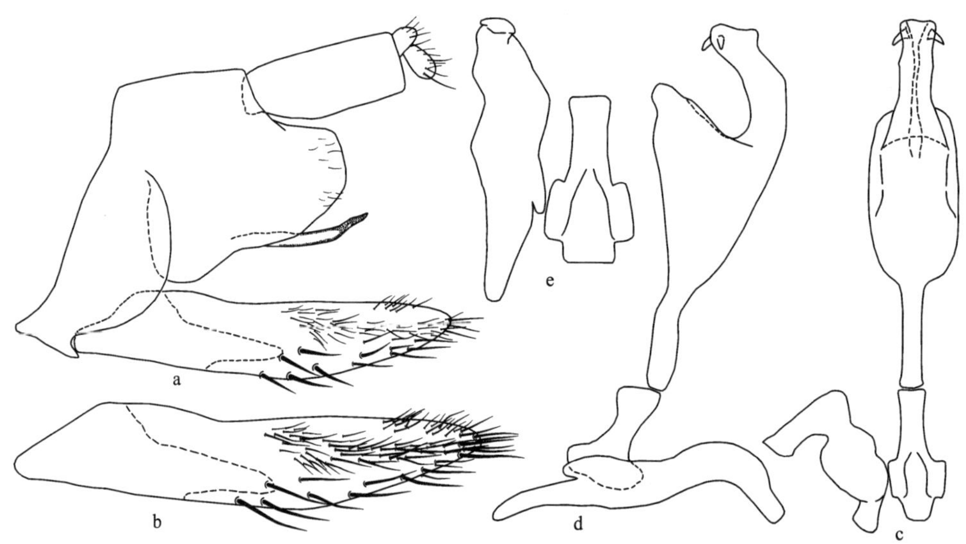

图 40 白色脊额叶蝉 *Carinata albusa* Li *et* Wang

a. 雄虫尾节侧面观 (male pygofer, lateral view)；b. 雄虫下生殖板 (male subgenital plate)；c. 阳茎、连索、阳基侧突腹面观 (aedeagus, connective and style, ventral view)；d. 阳茎、连索、阳基侧突侧面观 (aedeagus, connective and style, lateral view)；e. 连索、阳基侧突 (connective and style)

检视标本 **江西**：1♂，龙南古坑，2008.Ⅶ.16，孟泽洪采 (GUGC)；2♂2♀，龙南，

2008.Ⅶ.29，杨再华采 (GUGC)。**广西**：1♂，融水，2015.Ⅶ.12，詹洪平采 (GUGC)；2♂，河池，2015.Ⅶ.14，詹洪平采 (GUGC)；3♂5♀，武鸣，2015.Ⅶ.22，詹洪平采 (GUGC)；3♂2♀，金秀，2015.Ⅶ.21，罗强、王英鉴采 (GUGC)。**贵州**：♂ (正模)，5♂9♀ (副模)，荔波茂兰，1994.Ⅴ.25-26，张亚洲、陈祥盛采 (GUGC)；5♂5♀，荔波中洞，1996.Ⅶ.24，杨茂发采 (GUGC)；3♂2♀，荔波茂兰，2006.Ⅵ.19，李斌采 (GUGC)。

分布　江西、广西、贵州。

(37) 环突脊额叶蝉，新种 *Carinata annulata* Li, Li *et* Xing, sp. nov. (图 41)

模式标本产地　贵州荔波，台湾南投。

体连翅长，雄虫 6.2-6.3mm，雌虫 6.5mm。

头冠前端呈角状突出，中域轻度隆起，中央有 1 纵脊，前端有纵皱纹，两侧有不甚明显的纵脊，且于单眼前消失，侧缘有反折向上的侧脊；单眼位于头冠前侧缘，着生在侧脊外侧，距复眼较距头冠顶端近；颜面额唇基隆起，中央有 1 纵脊，两侧有横印痕列，前唇基由基至端逐渐变狭，端缘弧圆突出。前胸背板较头部宽，中央长度约等于头冠中长的 2/3，前缘弧圆突出，后缘中央微凹；小盾片约为头冠中长的 4/5，横刻痕位于中后部，弧形弯曲，两端伸不及侧缘。

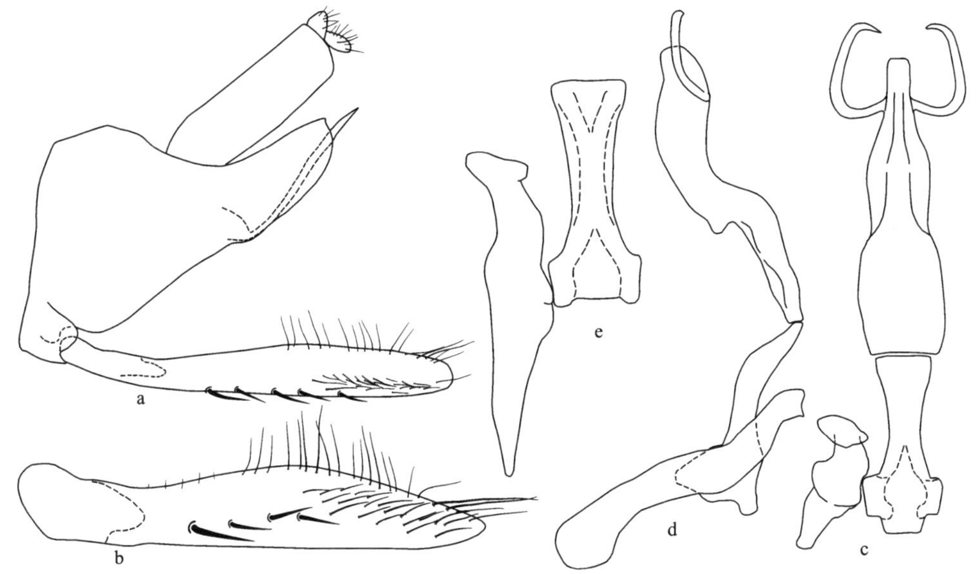

图 41　环突脊额叶蝉，新种 *Carinata annulata* Li, Li *et* Xing, sp. nov.

a. 雄虫尾节侧面观 (male pygofer, lateral view)；b. 雄虫下生殖板 (male subgenital plate)；c. 阳茎、连索、阳基侧突腹面观 (aedeagus, connective and style, ventral view)；d. 阳茎、连索、阳基侧突侧面观 (aedeagus, connective and style, lateral view)；e. 连索、阳基侧突 (connective and style)

雄虫尾节侧瓣端向渐窄，端缘宽圆，腹缘突起始于中部，末端尖细；雄虫下生殖板长叶片状，中域稍扩大，末端圆，边缘有细刚毛，中域有 1 列粗刚毛，端区散生数根刚毛；阳茎扁状弯曲，近端部两侧各有 1 长而弯曲的突起，阳茎孔位于末端；连索 Y 形；

阳基侧突粗细匀称，端部向外弯。雌虫腹部第 7 节腹板后缘中央有 1 小凹刻，产卵器末端超出尾节端缘。

体橙黄色。头冠中前域有 1 近似倒梯形黑斑；复眼黄褐色；单眼四周有黑色环，似 2 小黑点；颜面额唇基外侧靠近额颊缝处有 1 枚黑色斑。前胸背板后缘有褐色细条带；前翅橙黄色，中域有褐色条带，端区半透明；后翅烟褐色。

正模 ♂，贵州荔波茂兰板寨，1996.Ⅸ.24，陈会明采。副模：1♀，贵州荔波茂兰板寨，1996.Ⅺ.24，杨茂发采；1♂，Taiwan Nantou，1991.Ⅶ.12，W. T. Yang 采。所有模式标本均保存在贵州大学昆虫研究所 (GUGC)。

词源 新种以阳茎近端部两侧各有 1 弯曲成环状的长突命名。

分布 台湾、贵州。

新种与红翅脊额叶蝉 *Carinata rufipenna* Li *et* Wang 相似，其区别主要在于本新种前翅橙黄色，雄虫尾节侧瓣腹缘突起始于中部，阳茎近端部有 1 对弯曲长突。

(38) 倒钩脊额叶蝉 *Crinata bartulata* Yang *et* Zhang, 1999 (图 42；图版Ⅱ：8)

Crinata bartulata Yang *et* Zhang, 1999, Entomotaxonomia, 21(3): 194. **Type locality**: Hainan.

模式标本产地 海南。

体连翅长，雄虫 6.0-6.5mm，雌虫 6.7-7.0mm。

头冠前端呈角状突出，冠面隆起，有细皱纹，中央长度明显大于二复眼间宽及前胸背板，纵脊明显，侧脊及缘脊至单眼区即消失；颜面额唇基隆起呈半球形，中央纵脊明显，两侧有横印痕列，前唇基基域宽，端部狭圆，中后域隆起，似中纵脊，端缘超出下颚板。前胸背板比头部宽，前缘弧圆，后缘近平直，亚前缘有 1 弧形凹痕，前缘域光滑，中后域布满横皱纹；小盾片中长略短于前胸背板，横刻痕位于中后部。

雄虫尾节侧瓣基部宽大，端部狭窄，腹突细长而光滑，亚端部突起端向渐尖，长度接近尾节侧瓣端缘；雄虫下生殖板基部分节，中域偏内侧有 1 列粗大刚毛，端缘有数根细长刚毛，亚端部有数根细小刚毛，外侧端半部布满细刚毛；阳茎基部细管状，侧面观中部背域有 2 个大的片状突，片状突端半部变狭弯向阳茎端部，端部管状弯曲，亚端部腹面有 6 个小刺状倒钩；连索 Y 形, 主干为臂长的 3.5 倍多，主干顶端较粗，近中部膨大；阳基侧突略呈 S 形，基部细长，中部粗壮弯曲，端部变细外伸，近端部膨大处有数根小刚毛。雌虫腹部第 7 节腹板与第 6 节接近等长，后缘中央接近平直，产卵器伸出尾节侧瓣端缘。

体橘黄色。头冠中前域有 1 近圆形大黑斑；单眼黄白色；复眼除后背角黑色外，其余黄褐色。前胸背板橘黄色至橙黄色；小盾片淡黄白色，基角色较深；前翅淡黄褐色，翅脉黑色。虫体腹面及胸足黄白色。

检视标本 **海南**：7♂11♀，吊罗山自然保护区，2013.Ⅳ.2-3，龙见坤、邢济春、张玉波采 (GUGC)；3♂5♀，霸王岭，2014.Ⅳ.15，杨卫诚采 (GUGC)；2♂1♀，尖峰岭，2014.Ⅳ.21，杨卫诚采 (GUGC)。

分布 海南。

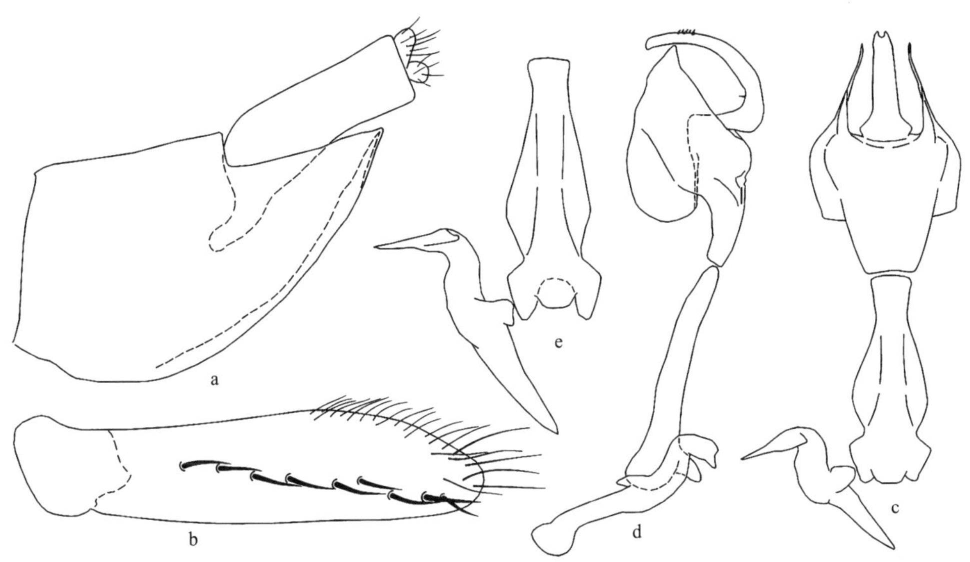

图 42 倒钩脊额叶蝉 *Crinata bartulata* Yang *et* Zhang

a. 雄虫尾节侧面观 (male pygofer, lateral view)；b. 雄虫下生殖板 (male subgenital plate)；c. 阳茎、连索、阳基侧突腹面观 (aedeagus, connective and style, ventral view)；d. 阳茎、连索、阳基侧突侧面观 (aedeagus, connective and style, lateral view)；e. 连索、阳基侧突 (connective and style)

(39) 叉突脊额叶蝉 *Carinata bifida* Li *et* Wang, 1994 (图 43；图版III：1)

Carinata bifida Li *et* Wang, 1994, Entomotaxonomia, 16(2): 99. **Type locality**: Fujiang (Chong' an).

模式标本产地 福建崇安。

体连翅长，雄虫 6.6-6.7mm，雌虫 6.7-7.0mm。

头冠前端呈角状突出，冠面轻度隆起，有细纵皱纹，中央有 1 纵脊，前侧缘有起自头冠顶端的 1 斜脊，此脊伸至单眼处逐渐消失，后侧缘于复眼内缘反折向上，似侧脊；单眼位于头冠侧域，着生于斜脊外侧，与头冠顶端的距离约等于与复眼距离的 2 倍；颜面额唇基中域隆起，中央有 1 纵脊，两侧有横印痕列，前唇基由基至端逐渐变狭。前胸背板较头部宽，前缘弧圆，后缘微凹，密生横皱纹；小盾片约与前胸背板等长，横刻痕位于中后部。

雄虫尾节侧瓣宽大，端缘弧圆，端腹角宽突向下延伸，延伸部端缘锯齿状，腹缘突起光滑，斜伸至端背缘；雄虫下生殖板基部内侧有 1 指状突，内侧有 1 列粗刚毛；阳茎基部背缘两侧各有 1 棒状突，亚端部两侧各有 1 刺状突，阳茎孔位于末端；连索近乎 Y 形，主干长是臂长的 8 倍；阳基侧突端部卷折。

体及前翅淡橙黄色。复眼黑褐色；单眼红褐色；头冠亚端部中央 1 枚大斑、额唇基外侧于触角窝下方 1 斑点、前胸背板后缘及前翅中部和爪片黑色。腹部背面及后翅烟褐色。

检视标本 **浙江**：7♂10♀，大平山，2013.Ⅶ.3，李斌、严斌采 (GUGC)。**福建**：♂ (正

模)，1♂ (副模)，崇安，1979.Ⅵ.30，杨集昆采 (CAU)；9♂12♀，邵武西山公园，2012.Ⅴ.27，常志敏、龙见坤采 (GUGC)；1♂1♀，武夷山，2013.Ⅵ.25，李斌、严斌采 (GUGC)。

分布 浙江、福建。

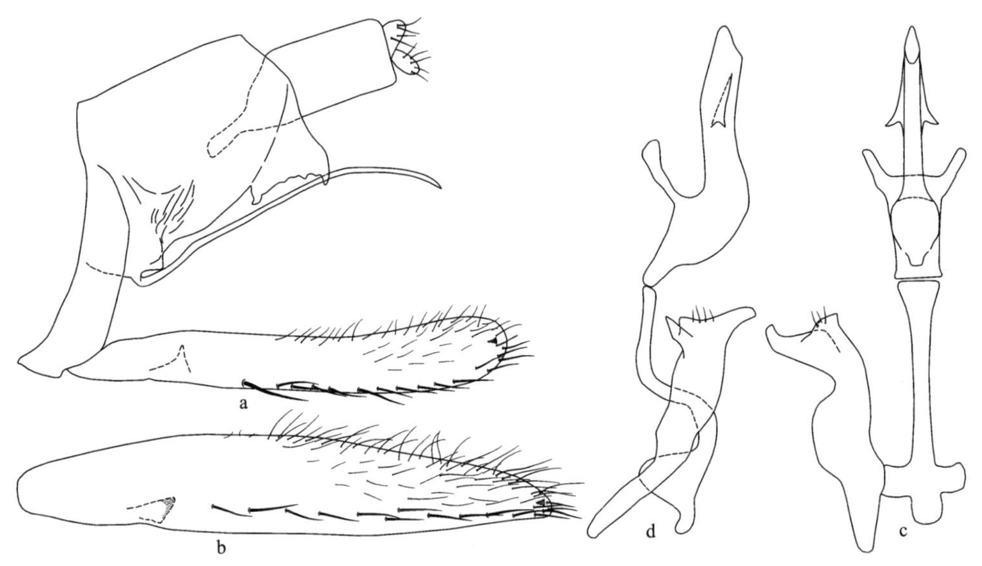

图 43 叉突脊额叶蝉 *Carinata bifida* Li *et* Wang

a. 雄虫尾节侧面观 (male pygofer, lateral view)；b. 雄虫下生殖板 (male subgenital plate)；c. 阳茎、连索、阳基侧突腹面观 (aedeagus, connective and style, ventral view)；d. 阳茎、连索、阳基侧突侧面观 (aedeagus, connective and style, lateral view)

(40) 双叉脊额叶蝉，新种 *Carinata biforka* Li, Li *et* Xing, sp. nov. (图 44；图版III：2)

模式标本产地 福建梅花山。

体连翅长，雄虫 8.0mm，雌虫 8.5mm。

头冠前端呈角状突出，中央长度明显大于二复眼间宽，冠面轻度隆起，有细纵皱纹，中央有 1 纵脊，前侧缘有起自头冠顶端的 1 斜脊，此脊伸至单眼处逐渐弱，基域于中脊两侧各有 1 凹陷，后侧缘于复眼内缘反折向上，似侧脊；单眼位于头冠侧域，着生于斜脊外侧，与复眼的距离约等于单眼直径的 3 倍；颜面额唇基中域隆起，中央有 1 纵脊，两侧有横印痕列，前唇基由基至端逐渐变狭。前胸背板较头部宽，前缘域有 1 弧形凹痕；小盾片横刻痕位于中后部，较直。

雄虫尾节侧瓣近似宽大，腹缘突起始于尾节侧瓣基部，二叉状，其内枝细，外枝粗；雄虫下生殖板基部内侧有 1 指状突，内侧域有 1 列粗长刚毛，蔓生细柔毛；阳茎侧面观呈 S 形弯曲，中部腹缘有 1 指状突，背域两侧各有 1 片状突，阳茎孔位于末端；连索 Y 形，主干长明显大于臂长；阳基侧突较匀称，亚端部有数根刚毛。雌虫腹部第 7 节腹板是第 6 节腹板中长的 1.5 倍，中央呈龙骨状突起，后缘中央向后突出，产卵器伸出尾节侧瓣端缘。

体淡黄白色。头冠中央有 1 前端凹入的长形黑色斑；复眼黑褐色；单眼土红色，四周有黑色环绕；颜面额唇基外侧有 1 黑色斑。前胸背板基域淡黄褐色；前翅前缘域淡黄白色，后域暗绿色，中央橘黄色。虫体腹面淡黄白色，腹部背面黑褐色。

正模 ♂，福建梅花山，2013.Ⅵ.21，李斌、严斌采。副模：1♀，采集时间、地点、采集人同正模。所有模式标本均保存在贵州大学昆虫研究所 (GUGC)。

词源 新种以雄虫尾节侧瓣腹缘突起成二叉状这一明显特征命名。

分布 福建。

新种外形特征与白边脊额叶蝉 *Carinata kelloggii* (Baker) 相似，不同点是新种前翅中央橘黄色，雄虫尾节侧瓣腹缘突起成二叉状，阳茎侧面观 S 形。

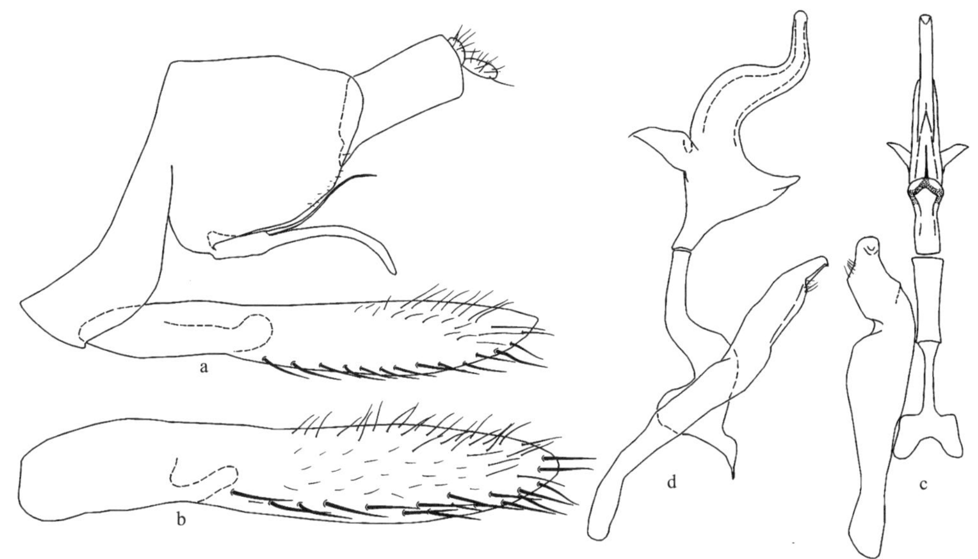

图 44 双叉脊额叶蝉，新种 *Carinata biforka* Li, Li *et* Xing, sp. nov.

a. 雄虫尾节侧面观 (male pygofer, lateral view)；b. 雄虫下生殖板 (male subgenital plate)；c. 阳茎、连索、阳基侧突腹面观 (aedeagus, connective and style, ventral view)；d. 阳茎、连索、阳基侧突侧面观 (aedeagus, connective and style, lateral view)

(41) 双突脊额叶蝉 *Carinata bifurca* Yang *et* Zhang, 1999 (图 45)

Carinata bifurca Yang *et* Zhang, 1999, Entomotaxonomia, 21(3): 195. **Type locality**: Sichuan (Chengdu).

模式标本产地 四川成都。

体连翅长，雄虫 7.0mm。

头冠前端呈锐角状突出，密布细纵皱纹，中央长度明显大于二复眼间宽，中脊明显，侧脊达复眼处即消失；单眼位于侧脊外侧，距头冠顶端的距离约为到复眼距离的 3 倍；颜面额唇基隆起，中央纵脊明显，两侧有横印痕，前唇基基部宽圆，末端不超出下颚板端缘。前胸背板宽于头冠，短于头冠，前缘弧圆，后缘近平直，前缘域有 2 半月形凹痕，中后域隆起；小盾片约与前胸背板等长，横刻痕位于中后部，明显凹陷。

雄虫尾节侧瓣近似三角形，腹缘突起始于基部，长度接近尾节侧瓣端缘，端部膨大且呈短叉状；雄虫下生殖板基部分节，内侧缘有 1 列约 7 根粗刚毛，端部中央有数根小刚毛，端部及亚端部外侧分布有细刚毛；阳茎基部细管状，中部有 2 宽短的片状突，端部长弯管状，腹面观其基部和亚端部两侧轻微膨大；连索近似 Y 形，主干宽短，两侧臂端部近似愈合；阳基侧突两端均钝，中部粗，长为连索的 2 倍多。

体及前翅白色，无明显斑纹。仅单眼外围有 1 小红圈，似 1 小红点。

检视标本 **广东**：1♂，南岭，2006.Ⅷ.10，周忠会采 (GUGC)。

分布 广东、四川。

图 45 双突脊额叶蝉 *Carinata bifurca* Yang *et* Zhang

a. 雄虫尾节侧面观 (male pygofer, lateral view)；b. 雄虫下生殖板 (male subgenital plate)；c. 阳茎、连索、阳基侧突腹面观 (aedeagus, connective and style, ventral view)；d. 阳茎、连索、阳基侧突侧面观 (aedeagus, connective and style, lateral view)

(42) 端叉脊额叶蝉 *Carinata bifurcata* Li *et* Novotny, 1997 (图 46；图版III：3)

Carinata bifurcata Li *et* Novotny, 1997, Acta Entomologica Sinica, 40(2): 187. **Type locality**: Vietnam.

Carinata brachyfurcata Yang *et* Zhang, 1999, Entomotaxonomia, 21(3): 192. **New synonymy.**

模式标本产地 越南。

体连翅长，雄虫 4.9-5.1mm，雌虫 5.2-5.5mm。

头冠前端呈角状突出，中域轻度隆起有纵皱纹，中央有 1 明显纵脊，侧脊细弱，起自头冠顶端；单眼位于侧脊外侧，距复眼较距头冠顶端近；颜面额唇基隆起，中央有 1 纵脊，两侧有横印痕列，前唇基基部隆起宽大，端向渐狭，端缘接近平直。前胸背板比头冠宽，有横皱纹，前缘宽圆突出，后缘微凹；小盾片横刻痕位于中后部，弧形弯曲，伸不及侧缘。

雄虫尾节侧瓣端向渐窄，腹缘突起细长，始于基部，微超过尾节侧瓣端缘；雄虫下生殖板基部分节，内侧有 1 列粗刚毛，外侧和端区有细长毛；阳茎基部细管状，侧面观中部背缘有 1 对大的片状突，片状突端部延伸变细，亚端部向背缘呈角状扩延，端部分叉弯曲成钩状；连索 Y 形，其主干长是臂长的 4 倍；阳基侧突中部弯曲，端部尖细。雌虫腹部第 7 节腹板中长略大于第 6 节，后缘中央浅凹入，产卵器长超出尾节端缘。

体橙黄色。头冠中前域有 1 大黑斑；复眼黑色；单眼四周有黑色环，似 2 小黑点。前胸背板基域褐色；前翅前缘域橙黄色，端区煤褐色，其余黄褐色。雌虫颜面淡黄白色，额唇基外侧靠近额缝处有 1 黑色大斑，前翅仅前缘区白色透明，其余部分淡黄褐色，第 7 节腹板中央黑褐色。

检视标本　**广西**：3♂11♀，龙州，1997.Ⅴ.30，杨茂发采（GUGC）；1♂，龙州弄岗，2011.Ⅴ.7，于晓飞采（GUGC）；7♂10♀，龙州，2012.Ⅴ.6-8，李虎、范志华采（GUGC）。**越南**：♂（正模），♀（配模），4♂3♀（副模），North Vietnam Tam Dao，1993.Ⅷ.22，V. Novotny 采（GUGC）。

分布　广东、海南、广西；越南。

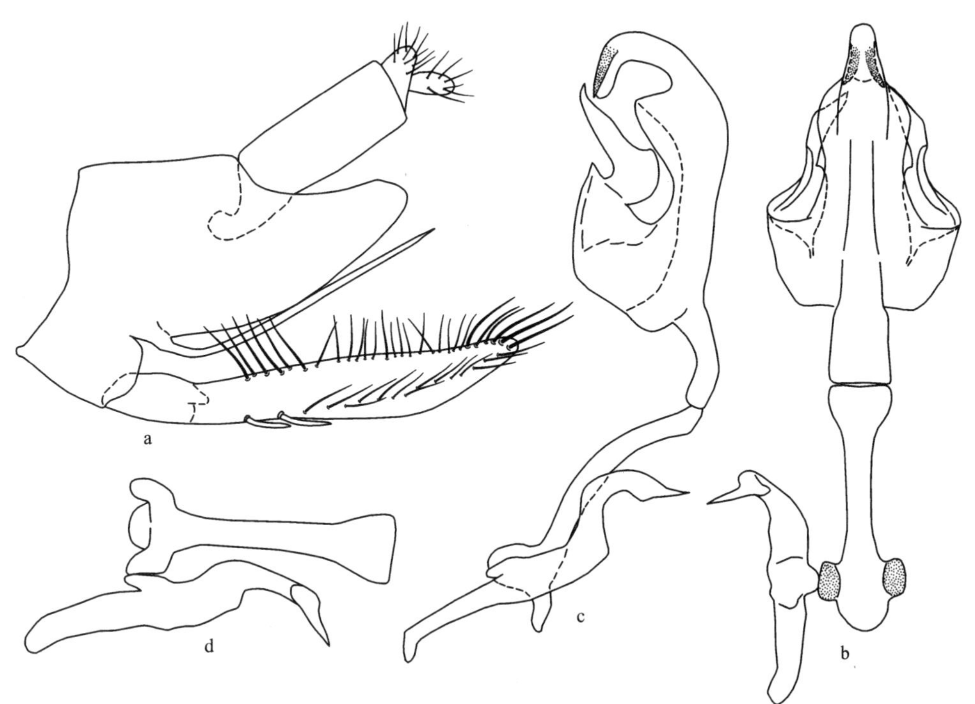

图 46　端叉脊额叶蝉 *Carinata bifurcata* Li *et* Novotny

a. 雄虫尾节侧面观（male pygofer, lateral view）；b. 阳茎、连索、阳基侧突腹面观（aedeagus, connective and style, ventral view）；c. 阳茎、连索、阳基侧突侧面观（aedeagus, connective and style, lateral view）；d. 连索、阳基侧突（connective and style）

(43) 双钩脊额叶蝉，新种 *Carinata bihamuluca* Li, Li *et* Xing, sp. nov.（图 47；图版III：4）

模式标本产地　云南元阳。

体连翅长，雄虫 6.0-6.2mm，雌虫 6.3-6.5mm。

头冠前端呈角状突出，中央长度明显大于二复眼间宽，中域轻度隆起，有纵皱纹，中央纵脊明显，侧脊细弱，起自头冠顶端；单眼位于侧脊外侧，距复眼较距头冠顶端近；颜面额唇基隆起，中央有 1 纵脊，两侧有横印痕列，前唇基基部隆起宽大，端向渐狭，端缘接近平直。前胸背板比头冠宽，有横皱纹，前缘宽圆突出，后缘接近平直；小盾片横刻痕位于中后部，弧形弯曲，两端伸不及侧缘。

雄虫尾节侧瓣基部宽大，端半部近似长方形，端区有柔毛，腹缘突起宽扁，始于亚端部，末端伸出尾节侧瓣端缘甚多；雄虫下生殖板中部微膨大，内侧有 1 列粗刚毛，外侧和端区有细长毛；阳茎管状，侧面观背腔发达，基部腹缘有发达的突起，其长度超过阳茎端缘，末端呈双钩状，性孔位于末端中央；连索 Y 形，主干明显大于臂长；阳基侧突中部弯曲，端部尖细。雌虫腹部第 7 节腹板中央长度明显大于第 6 节腹板中长，后缘中央接近平直，产卵器伸出尾节侧瓣端缘。

体淡黄白色。头冠中央有 1 黑色圆斑；复眼黑褐色；单眼红褐色；颜面黄白色，颊区外侧有 1 黑色斑。前胸背板前域淡橘黄色，后缘黑褐色；小盾片淡橘黄色；前翅淡橘黄色，前缘色较淡，后缘色较深。虫体腹面黄白色。

正模 ♂，云南元阳，2013.Ⅷ.3，刘洋洋采。副模：9♂13♀，采集时间、地点同正模，刘洋洋、邢济春采。所有模式标本均保存在贵州大学昆虫研究所 (GUGC)。

词源 新种名依据阳茎末端呈双钩状而命名。

分布 云南。

新种外形特征与枝茎脊额叶蝉 *Carinata branchera* Wang *et* Li 相似，不同点是新种头冠黑色斑小而圆，雄虫尾节侧瓣端部有尖突，阳茎末端呈双钩状。

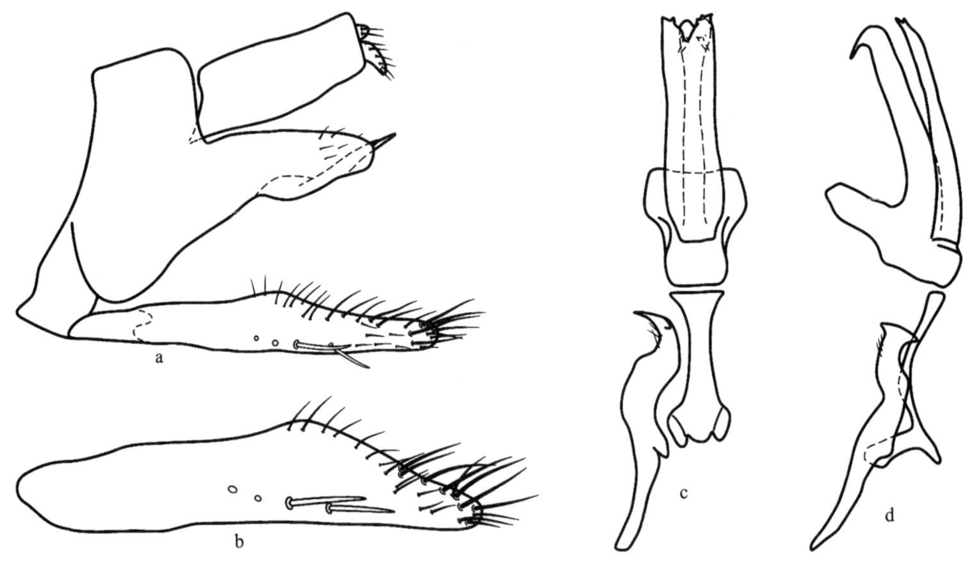

图 47 双钩脊额叶蝉，新种 *Carinata bihamuluca* Li, Li *et* Xing, sp. nov.

a. 雄虫尾节侧面观 (male pygofer, lateral view)；b. 雄虫下生殖板 (male subgenital plate)；c. 阳茎、连索、阳基侧突腹面观 (aedeagus, connective and style, ventral view)；d. 阳茎、连索、阳基侧突侧面观 (aedeagus, connective and style, lateral view)

(44) 枝茎脊额叶蝉 *Carinata branchera* Wang *et* Li, 1998 (图 48)

Carinata branchera Wang *et* Li, 1998, Entomotaxonomia, 20(2): 115. **Type locality**: Guangxi (Longzhou).

模式标本产地　广西龙州。

体连翅长，雄虫 5.5-5.8mm，雌虫 6.3-6.5mm。

头冠前端呈角状突出，中域轻度隆起，密生细纵皱，中央纵脊明显，侧脊细弱均起自头冠顶端；单眼位于头冠侧缘域，靠近复眼，与头冠顶端的距离约等于与复眼距离的 4 倍；颜面额唇基中央纵脊明显，两侧有横印痕列。前胸背板较头部宽，比头冠长，中域隆起向两侧倾斜，前缘、后缘接近平直；小盾片较前胸背板短，中域横凹陷。

雄虫尾节侧瓣基部宽大，端部急剧缢缩，端缘宽圆，腹缘突起片状，始于端部；雄虫下生殖板亚端部外侧呈角状凸出，端部渐狭，端缘圆，内侧缘轻度弯曲，中央有 1 列粗刚毛；阳茎管状，背突发达，基部腹缘有发达的突起，其长度超过阳茎端缘，末端有 4 根枝状突，性孔位于末端中央；连索 Y 形，主干基部膨大，中长明显大于臂长；阳基侧突棒状，端部弯曲。雌虫第 7 节腹板与第 6 节等长，后缘接近平直，产卵器长于尾节端缘。

体及前翅橙红色。头冠中前域有 1 前端内凹的黑色大斑；复眼黑色；单眼淡红色；颜面淡黄白色，额唇基外侧于触角窝下方有 1 黑色斑。前胸背板前缘中央 1 斑点及后缘黑色；雌虫前胸背板前域斑点向后延伸，几乎与后缘黑色部相连；前翅内缘黑色，一些个体沿爪缝中央有 1 黑色纵带纹，端区淡黄白色；一些个体翅脉红色，端区翅脉褐色。

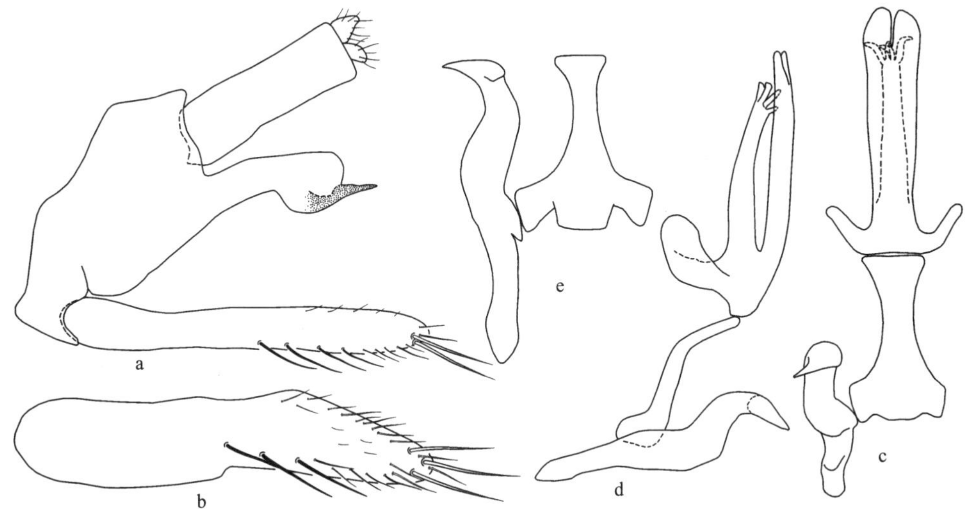

图 48　枝茎脊额叶蝉 *Carinata branchera* Wang *et* Li

a. 雄虫尾节侧面观 (male pygofer, lateral view)；b. 雄虫下生殖板 (male subgenital plate)；c. 阳茎、连索、阳基侧突腹面观 (aedeagus, connective and style, ventral view)；d. 阳茎、连索、阳基侧突侧面观 (aedeagus, connective and style, lateral view)；e. 连索、阳基侧突 (connective and style)

检视标本 **广西**：♂ (正模)，9♂15♀ (副模)，龙州，1997.Ⅴ.30-31，杨茂发采 (GUGC)；4♂5♀，河池，2015.Ⅶ.14，詹洪平采 (GUGC)。

分布 广西。

(45) 赤水脊额叶蝉，新种 *Carinata chishuiensis* Li, Li *et* Xing, sp. nov. (图 49；图版III：5)

模式标本产地 贵州赤水。

体连翅长，雄虫 6.0-6.1mm，雌虫 6.7-6.8mm。

头冠前端呈角状突出，有纵皱纹，中域轻度隆起，中央纵脊明显，侧脊细弱，侧缘反折向上似缘脊；单眼位于头冠前侧缘，着生在侧脊外侧，距复眼较距头冠顶端近；颜面额唇基隆起，中央纵脊隆起，两侧有横印痕列，唇基间缝明显，前唇基由基至端逐渐变狭，端缘弧圆突出。前胸背板较头部宽，中央长度约等于头冠中长的 3/4，前缘弧圆突出，后缘微凹，侧缘弧圆突出；小盾片约为前胸背板的 4/5，横刻痕位于中部，弧形弯曲，两端伸不及侧缘。

雄虫尾节侧瓣长形突出，微向上翘，腹缘突起粗壮弯曲，端部呈扫帚状；雄虫下生殖板长叶片状，中域稍扩大，末端圆，边缘有数根长刚毛，中域有 1 列粗刚毛；阳茎侧面观中部双瓣扣合成囊状，端部呈管状弯曲，阳茎孔位于末端；连索 Y 形，两侧有薄膜状包被；阳基侧突基部匀称，端部向外弯，末端针刺状，折曲处有数根刚毛。雌虫腹部第 7 节腹板后缘中央 U 形深凹，产卵器末端超出尾节端缘。

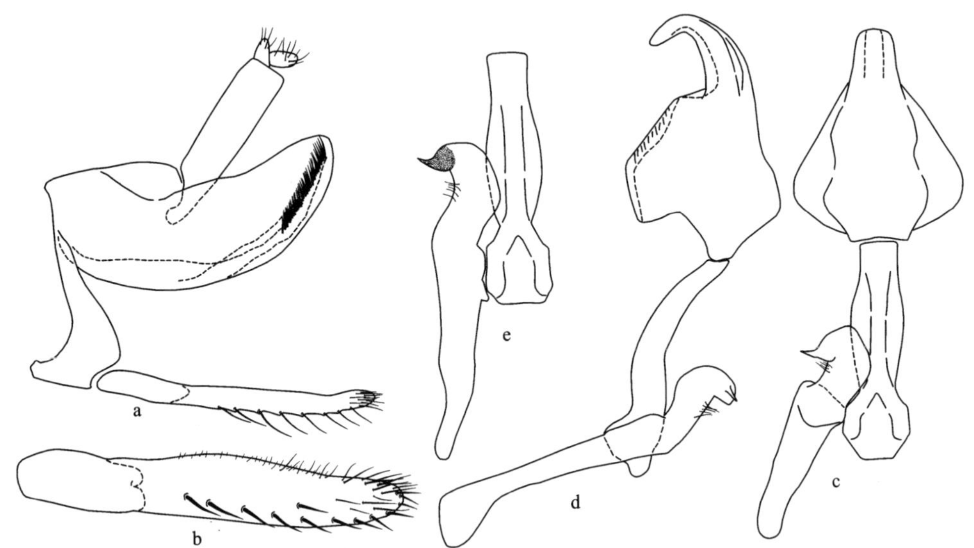

图 49 赤水脊额叶蝉，新种 *Carinata chishuiensis* Li, Li *et* Xing, sp. nov.

a. 雄虫尾节侧面观 (male pygofer, lateral view)；b. 雄虫下生殖板 (male subgenital plate)；c. 阳茎、连索、阳基侧突腹面观 (aedeagus, connective and style, ventral view)；d. 阳茎、连索、阳基侧突侧面观 (aedeagus, connective and style, lateral view)；e. 连索、阳基侧突 (connective and style)

体淡黄色。中前域有 1 近似心脏形黑斑，此斑前端凹入；复眼黑色；单眼黑色，似 2 小黑点；颜面额唇基外侧靠近额颊缝处有 1 黑斑；前胸背板前缘中域、后缘均黑褐色；

前翅橙黄色，端区半透明。

正模　♂，贵州赤水桫椤自然保护区，1989.Ⅶ.31，李子忠采。副模：3♂2♀，采集时间、地点、采集人同正模。所有模式标本均保存在贵州大学昆虫研究所 (GUGC)。

词源　新种以模式标本产地——贵州赤水命名。

分布　贵州。

新种外形特征与白色脊额叶蝉 *Carinata albusa* Li *et* Wang 相似，不同点是本新种头冠中前域有 1 近似心脏形黑斑，雄虫尾节侧瓣腹缘突起端部呈扫帚状，阳基侧突末端针刺状。

(46) 周氏脊额叶蝉 *Carinata choui* Yang *et* Zhang, 1999 (图 50)

Carinata choui Yang *et* Zhang, 1999, Entomotaxonomia, 21(3): 191. **Type locality**: Hainan (Jianfengling).

模式标本产地　海南尖峰岭。

体连翅长，雄虫 4.9-5.8mm，雌虫 5.9-6.1mm。

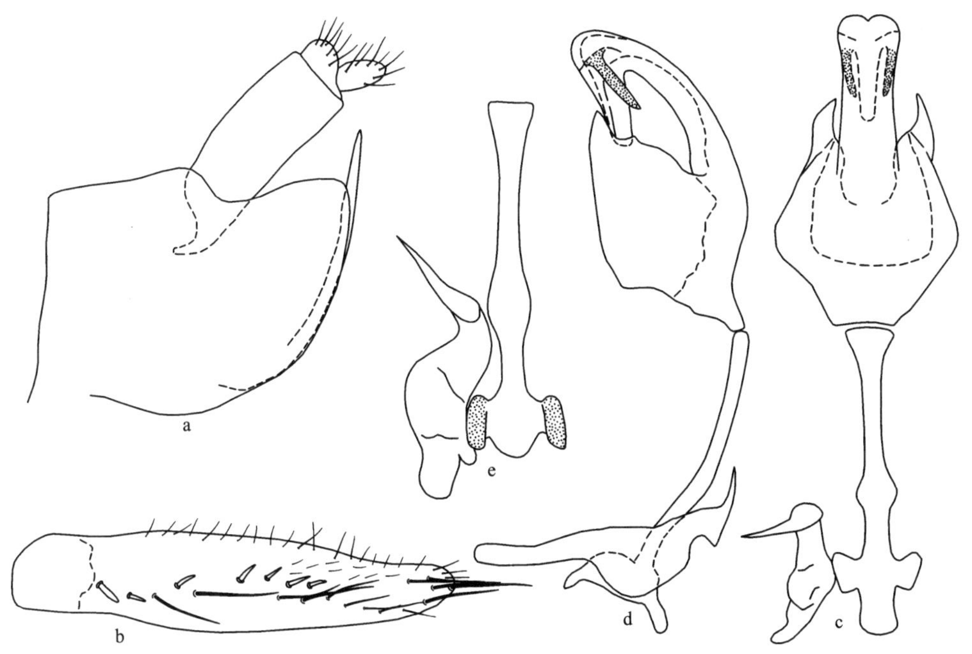

图 50　周氏脊额叶蝉 *Carinata choui* Yang *et* Zhang

a. 雄虫尾节侧瓣侧面观 (male pygofer side, lateral view)；b. 雄虫下生殖板 (male subgenital plate)；c. 阳茎、连索、阳基侧突腹面观 (aedeagus, connective and style, ventral view)；d. 阳茎、连索、阳基侧突侧面观 (aedeagus, connective and style, lateral view)；e. 连索、阳基侧突 (connective and style)

头冠前端呈尖角状突出，布满细纵皱纹，中纵脊明显，侧脊仅达复眼处；单眼位于侧脊外侧，与复眼间距离小于与头冠顶端距离；颜面额唇基隆起，中央纵脊明显，两侧有横印痕列，前唇基基部宽，端部渐狭，端缘略超出下颚板。前胸背板宽大于长，前缘弧圆，后缘中央略凹入，亚前缘中央两侧各有 1 横月形刻纹，前缘域光滑，中后域布满细横皱纹。小盾片中长与前胸背板中长相等，横刻痕后有短横皱纹。

雄虫尾节侧瓣宽大，背缘平直，端腹缘斜向上伸出，致端背角明显，腹缘突起长，超过尾节侧瓣端缘；雄虫下生殖板基部分节，中域有成列粗刚毛，外侧缘有细刚毛，端部有数根长刚毛；阳茎基部粗短，侧面观中部背域有 1 对大的片状突，片状突端半部细长弯折，阳茎端部长弯管状，顶端有 1 对长突，弯向腹面；连索 Y 形，主干长为臂长的 4 倍，顶端略粗；阳基侧突近呈手杖形，基部细长，中部较粗，端部变细外伸。雌性腹部第 7 节腹板中长约等于第 6 节，后缘近平直，产卵器超过尾节侧瓣端缘。

体及前翅淡橘黄色至橙黄色。头冠中前域有 1 近心脏形黑斑，黑斑前缘平直，后缘中央凹入；复眼仅后上角黑褐色，其余黄白色；单眼淡黄褐色，周围淡紫红至深红色，似小红点；颜面额唇基外侧有 1 短黑斑。前翅前缘色较淡，其余淡橘黄色至黄褐色不等。腹部背面各节除后缘外均呈黑褐色；腹板及下生殖板均为黄白色。雌虫腹板、尾节、产卵器均为黄白色。

检视标本　**广西**：2♂3♀，弄岗，2012.Ⅵ.6-8，李虎采 (GUGC)。**贵州**：2♂1♀，册亨，2016.Ⅷ.20，李洪星采 (GUGC)。**云南**：1♂，西畴，2017.Ⅷ.11，龚念采 (GUGC)。

分布　海南、广西、贵州、云南。

(47) 大田脊额叶蝉，新种 *Carinata datianensis* Li, Li *et* Xing, sp. nov. (图 51；图版Ⅲ：6)

模式标本产地　福建大田、永安。

体连翅长，雄虫 8.1-8.3mm，雌虫 8.3-8.6mm。

头冠前端呈角状突出，中央长度大于二复眼间宽，冠面隆起，具纵皱纹，中央纵脊明显，侧脊较弱；单眼位于侧脊外侧，距复眼较距头冠顶端近；颜面额唇基隆起，中央有 1 纵脊，两侧有横印痕列，前唇基长方形，端缘超出舌侧板端缘甚多。前胸背板隆起，有细小颗粒；小盾片较前胸背板短，中域低凹。

雄虫尾节侧瓣长方形，腹缘突起始于基部，光滑，长度不达尾节侧瓣端缘；雄虫下生殖板长形，基部内侧有 1 指形突，中域有 1 列粗长刚毛；阳茎侧面观中部膨大，背缘两侧各有 1 棒状突，腹缘拱突，阳茎孔位于末端；连索近似“＋”字形；阳基侧突两端细，中部较粗壮。雌虫腹部第 7 节腹板中央长度明显大于第 6 节腹板，后缘中央浅凹，产卵器伸出尾节侧瓣端缘。

体淡黄白色。头冠前端有 1 心脏形黑色斑；复眼黑褐色；单眼鲜红色；颜面额唇基外侧有 1 黑色斑。前胸背板中域色较深带褐色晕；前翅姜黄色，前缘域和后缘灰白色；胸部腹板和胸足淡黄白色。

正模　♂，福建大田大仙峰自然保护区，2012.Ⅴ.14，龙见坤采。副模：5♂3♀，福建大田大仙峰自然保护区，2012.Ⅴ.14，龙见坤、常志敏采；2♂，福建永安天宝岩自然保护区，2012.Ⅴ.7-8，龙见坤、杨卫诚采。所有模式标本均保存在贵州大学昆虫研究所 (GUGC)。

词源　新种以正模标本采集地——福建大田命名。

分布　福建。

新种外形特征与白边脊额叶蝉 *Carinata kelloggii* (Baker) 相似，不同点是新种前翅姜黄色，雄虫尾节侧瓣腹缘突起光滑，阳茎背缘有 1 对棒状突。

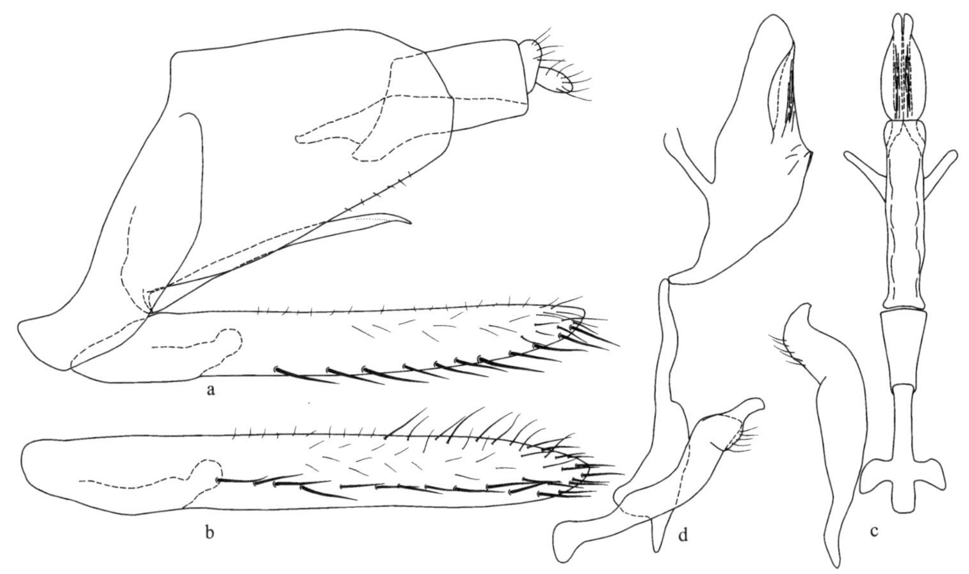

图 51　大田脊额叶蝉，新种 *Carinata datianensis* Li, Li *et* Xing, sp. nov.

a. 雄虫尾节侧面观 (male pygofer, lateral view)；b. 雄虫下生殖板 (male subgenital plate)；c. 阳茎、连索、阳基侧突腹面观 (aedeagus, connective and style, ventral view)；d. 阳茎、连索、阳基侧突侧面观 (aedeagus, connective and style, lateral view)

(48) 独山脊额叶蝉，新种 *Carinata dushanensis* Li, Li *et* Xing, sp. nov. (图 52)

模式标本产地　贵州独山。

体连翅长，雄虫 6.2mm，雌虫 6.5mm。

头冠前端呈尖角状突出，中央长度大于二复眼间宽，冠面隆起，具纵皱纹，中央纵脊明显，侧脊较弱；复眼较大，二复眼面低于头水平冠面；单眼位于头冠前侧缘，着生在侧脊外侧，距复眼较距头冠顶端近；颜面额唇基隆起，中央有 1 纵脊，两侧有横印痕列，前唇基长方形，端缘超出舌侧板端缘甚多。前胸背板较头部宽，与头冠接近等长；小盾片较前胸背板短，横刻痕弧形弯曲。

雄虫尾节侧瓣端背缘凹入，端缘斜向背面延伸，腹缘突起端区密生刺突；雄虫下生殖板较匀称，基部分节，散生柔毛，内侧近中部有 1 列粗长刚毛；阳茎基部膨大，侧面观背域两侧各有 1 基部宽大末端尖细的片状突，端部弯曲，弯曲处背缘两侧各有 1 刺状突，性孔位于末端；连索近似棒状，中部膨大；阳基侧突端部弯曲，弯曲处有数根刚毛，末端尖刺状。雌虫腹部第 7 节腹板中央长度明显大于第 6 节腹板中长，后缘中央微突，产卵器伸出尾节侧瓣端缘。

体淡橙黄色。头冠中前域有 1 近似椭圆形黑色斑；复眼黑色；单眼红褐色；颜面淡黄白色，额唇基外侧有 1 黑色斑。前翅淡橙黄色，前缘域淡黄白色；胸部腹板和胸足淡黄白色，无明显斑纹。

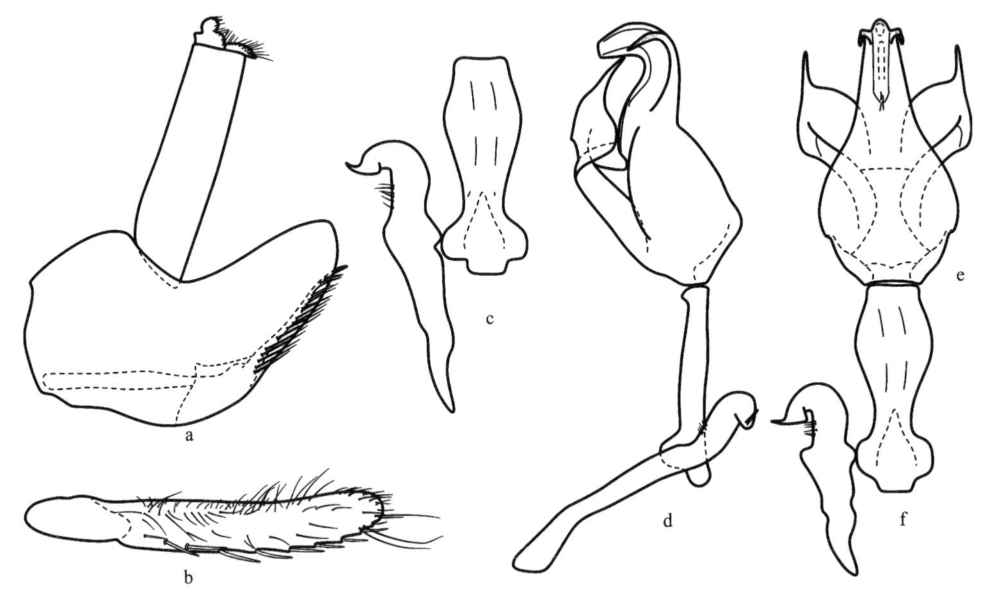

图 52 独山脊额叶蝉，新种 *Carinata dushanensis* Li, Li *et* Xing, sp. nov.

a. 雄虫尾节侧瓣侧面观 (male pygofer side, lateral view)；b. 雄虫下生殖板 (male subgenital plate)；c. 连索、阳基侧突腹面观 (connective and style, ventral view)；d. 阳茎、连索、阳基侧突侧面观 (aedeagus, connective and style, lateral view)；e. 阳基 (aedeagus, ventral view)；f. 连索和阳基侧突 (connective and style)

正模 ♂，贵州独山，2012.Ⅶ.12，宋琼章采。副模：1♀，贵州独山，2012.Ⅶ.14，邢东亮采。模式标本保存在贵州大学昆虫研究所 (GUGC)。

词源 新种以模式标本采集地——贵州独山命名。

分布 贵州。

新种外形特征与白边脊额叶蝉 *Carinata kelloggii* (Baker) 相似，不同点是新种头冠中前域有 1 近似椭圆形黑色斑，雄虫尾节侧瓣近似三角形，阳茎端部弯曲处背缘两侧各有 1 刺状突。

(49) 峨眉脊额叶蝉，新种 *Carinata emeishanensis* Li, Li *et* Xing, sp. nov. (图 53)

模式标本产地 四川峨眉山。

体连翅长，雄虫 5.6-5.9mm。

头冠前端呈角状突出，前端有纵皱纹，中域轻度隆起，中央有 1 纵脊，两侧有不甚明显的侧脊；单眼位于头冠前侧缘，距复眼较距头冠顶端近；颜面额唇基隆起，中央有 1 纵脊，两侧有横印痕列，唇基间缝明显，前唇基由基至端逐渐变狭，端缘弧圆突出。前胸背板较头部宽，中央长度约等于头冠中长的 3/4，前缘弧圆突出，后缘中央微凹，侧缘弧圆突出；小盾片约与前胸背板等长，横刻痕位于中部，微弧形弯曲，两端伸不及侧缘。

雄虫尾节侧瓣近似长方形，端背缘微缢缩，端缘斜向背面，致端背角尖突上翘，腹缘突起始于基部，末端微超过尾节侧瓣端缘；雄虫下生殖板基部分节，中域稍扩大，末端弧圆，边缘有细刚毛，中域有 1 列粗刚毛；阳茎基部膨大，侧面观中部双瓣扣合成囊状，端部呈管状弯曲，阳茎孔位于末端；连索 Y 形，主干及两臂间呈膜状；阳基侧突匀称，端部向外弯，弯曲处有刚毛。

体橙黄色。头冠中前域有 1 近似心脏形黑斑，此斑前端凹入；复眼黑色；单眼黑色，似 2 小黑点；颜面橙色，额唇基外侧靠近额颊缝处有 1 枚近圆形黑色斑。前胸背板前缘中域、后缘均褐黑色；前翅橙黄色，端区半透明，后翅烟褐色。

正模　♂，四川峨眉山，1991.Ⅷ.1，李子忠采。副模：4♂，采集时间、地点和采集人同正模。所有模式标本均保存在贵州大学昆虫研究所 (GUGC)。

词源　新种以模式标本产地——四川峨眉山命名。

分布　四川。

新种外形特征与黄色脊额叶蝉 *Carinata flavida* Li *et* Wang 相似，其区别主要在于本新种雄虫尾节侧瓣近似长方形，尾节侧瓣腹缘突起中部无指形突，阳基侧突明显不同。

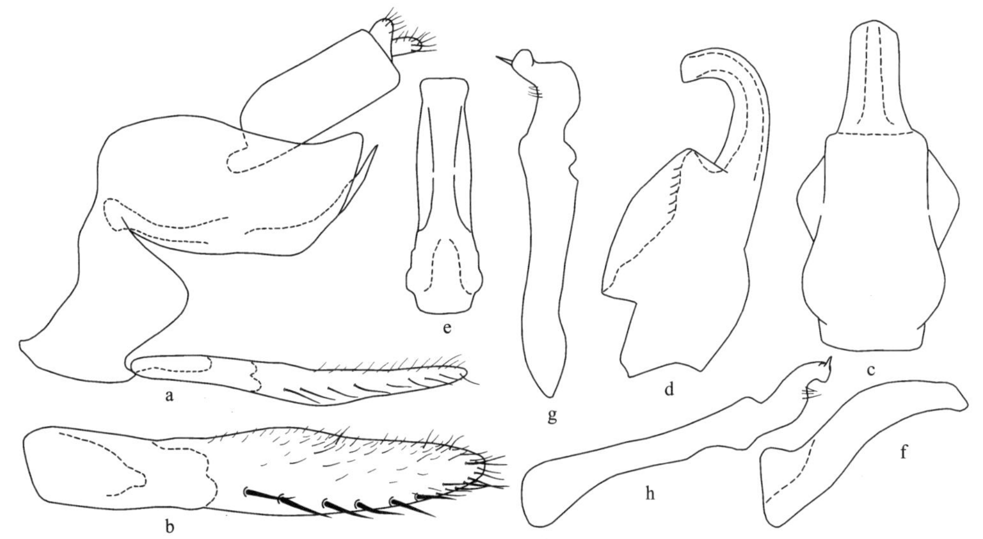

图 53　峨眉脊额叶蝉，新种 *Carinata emeishanensis* Li, Li *et* Xing, sp. nov.

a. 雄虫尾节侧面观 (male pygofer, lateral view)；b. 雄虫下生殖板 (male subgenital plate)；c. 阳茎腹面观 (aedeagus, ventral view)；d. 阳茎侧面观 (aedeagus, lateral view)；e. 连索背面观(connective, dorsal view)；f. 连索侧面观 (connective, lateral view)；g. 阳基侧突右侧观 (style, rightside view)；h. 阳基侧突左侧观 (style, leftside view)

(50) 肛阔脊额叶蝉，新种 *Carinata expenda* Li, Li *et* Xing, sp. nov. (图 54)

模式标本产地　广西花坪。

体连翅长，雄虫 6.3-6.5mm，雌虫 6.5mm。

头冠前端呈锐角状突出，密布细皱纹，中央纵脊明显，侧脊细弱，仅伸至单眼区即消失；单眼位于头冠前侧域，与头冠顶端距离约等于与复眼距离的 1.5 倍；颜面额唇基隆起，中央纵脊明显，两侧有横印痕列，前唇基端缘弧圆突出。前胸背板微短于头冠，中域隆起，前缘、后缘接近平直，小盾片较前胸背板短，横刻痕位于中后部，呈弧形弯曲。

雄虫尾节侧瓣宽大长形，腹缘突起弯曲光滑，起始于腹缘基部，约伸至端缘，肛管极度膨大；雄虫下生殖板基部分节，内侧域有 1 列粗刚毛，边缘有长刚毛；阳茎结构简单，基部管状，中部膨大，端部尖细；连索 Y 形，主干长约等于臂长的 1.5 倍；阳基侧突中部扩大，端部扭曲。雌虫腹部第 7 节腹板中央长度约与第 6 节等长，中域隆起，后缘接近平直，产卵器长超出尾节端缘甚多。

体淡黄白色。头冠淡黄微带白色色泽，前域中央有 1 近似心脏形黑色斑，此斑前缘凹入；复眼黑褐色；单眼红褐色；颜面黄白色，触角窝下方有 1 黑色斑。前胸背板姜黄色，后缘中部具黑色狭边；前翅姜黄色，前缘区淡黄白色；胸部腹板和胸足淡黄白色无斑纹。

正模 ♂，广西花坪，1997.Ⅵ.6，汪廉敏采。副模：2♂1♀，广西花坪，1997.Ⅵ.6，汪廉敏、杨茂发采。所有模式标本均保存在贵州大学昆虫研究所 (GUGC)。

词源 新种以雄虫尾节肛管极度膨大这一显著特征命名。

分布 广西。

新种外形特征与白边脊额叶蝉 *Carinata kelloggii* (Baker) 相似，不同点是新种雄虫尾节肛管极度膨大，尾节侧瓣腹缘突起光滑，阳茎构造简单。

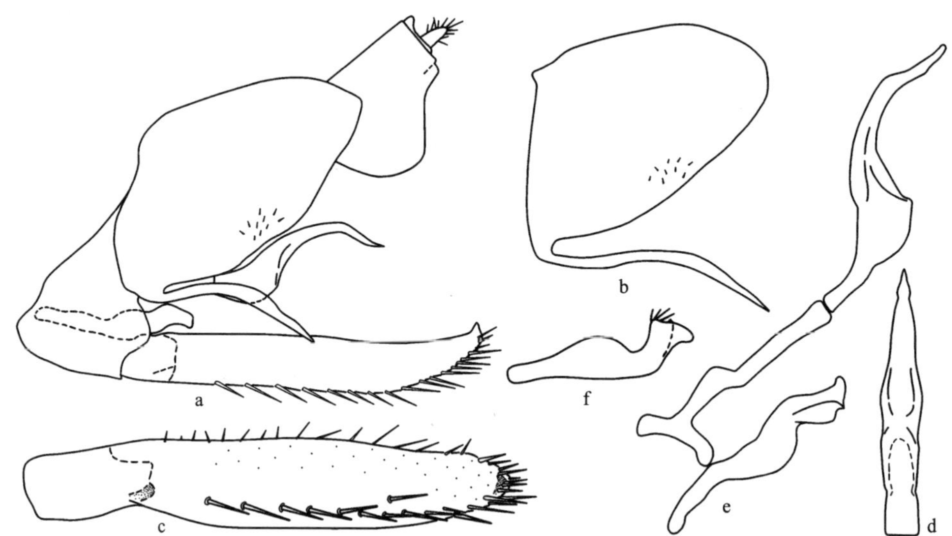

图 54 肛阔脊额叶蝉，新种 *Carinata expenda* Li, Li *et* Xing, sp. nov.

a. 雄虫尾节侧面观 (male pygofer, lateral view)；b. 雄虫尾节侧瓣侧面观 (male pygofer side, lateral view)；c. 雄虫下生殖板 (male subgenital plate)；d. 阳茎腹面观 (aedeagus, ventral view)；e. 阳茎、连索、阳基侧突侧面观(aedeagus, connective and style, lateral view)；f. 阳基侧突 (style)

(51) 黄色脊额叶蝉 *Carinata flavida* Li *et* Wang, 1992 (图 55)

Carinata flavida Li *et* Wang, 1992, Guizhou Science, 10(4): 45. **Type locality**: Sichuan (Emeishan).

模式标本产地　四川峨眉山。

体连翅长，雄虫 5.5-5.8mm，雌虫 6.0-6.5mm。

头冠前端呈锐角状突出，中央纵脊明显，两侧有起自头冠顶端的侧脊，此脊向后延伸至接近复眼前缘，头冠基域两侧有不甚明显的凹陷；单眼位于头冠侧缘，着生在侧脊外侧，与头冠顶端的距离约为到复眼距离的 2 倍；颜面额唇基隆起，中央有 1 纵脊，两侧有横印痕列。

雄虫尾节侧瓣光滑无毛，后缘切凹，端背角尖突，腹缘突起亚端部分叉，内叉较长，末端尖细；雄虫下生殖板基部分节，侧缘域有 1 列粗刚毛；阳茎侧面观中部背缘两侧各有 1 长片状突，端部呈管状弯曲；连索基部封口近似五边形，主干端部微扩大；阳基侧突管状，亚端部弯曲，其弯折处有数根刚毛，端部弯折外伸近似手杖形。雌虫腹部第 7 节腹板后缘中央深刻凹入，两侧叶末端宽圆，产卵器微超出尾节侧瓣端缘。

雌雄体色斑纹稍有不同。雄虫体及前翅淡橘黄色。头冠中前域 1 斑点、颜面触角窝下方于额唇基两侧各 1 黑色斑点。前胸背板前缘 1 斑点及后缘狭边和复眼均黑色；单眼淡褐色，四周有黑色环绕，似 2 小黑点。胸部腹板淡黄白色，胸足淡橘黄色。腹部腹面淡橘黄色，无斑纹。雌虫体及前翅色较淡，近乎淡黄白色。

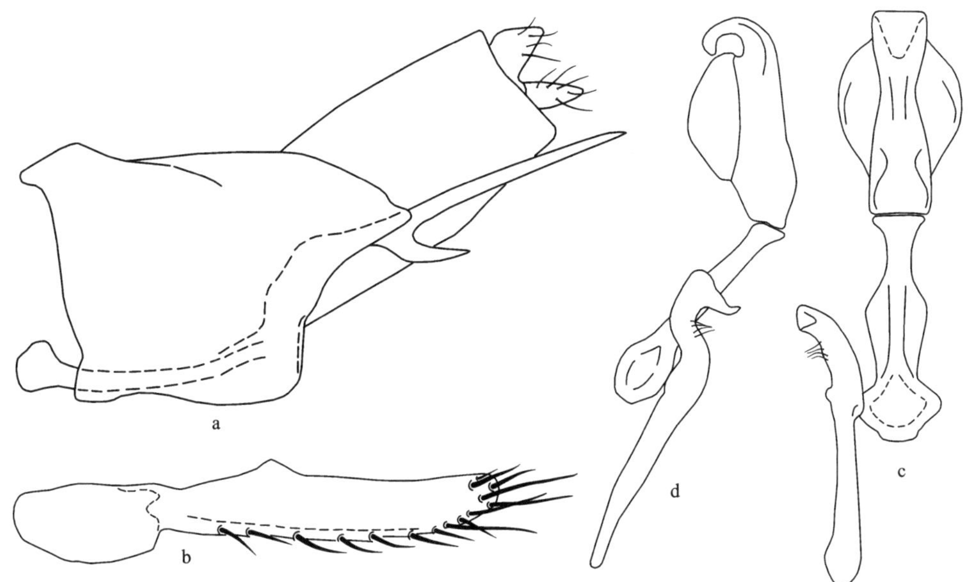

图 55　黄色脊额叶蝉 *Carinata flavida* Li *et* Wang

a. 雄虫尾节侧瓣侧面观 (male pygofer side, lateral view)；b. 雄虫下生殖板 (male subgenital plate)；c. 阳茎、连索、阳基侧突腹面观 (aedeagus, connective and style, ventral view)；d. 阳茎、连索、阳基侧突侧面观 (aedeagus, connective and style, lateral view)

寄主 草本植物。

检视标本 **四川**：♂ (正模)，♀ (配模)，7♂3♀ (副模)，峨眉山万年寺，1981.Ⅷ.4，李子忠采 (GUGC)；1♀，峨眉山，1996.Ⅶ.13，李子忠采 (GUGC)；1♂2♀，峨眉山万年寺，1996.Ⅶ.15，杨茂发采 (GUGC)。

分布 四川。

(52) 黄盾脊额叶蝉 *Carinata flaviscutata* Li *et* Wang, 1992 (图 56)

Carinata flaviscutata Li *et* Wang, 1992, Guizhou Science, 10(4): 44. **Type locality**: Guizhou (Fanjingshan, Kuankuoshui).

模式标本产地 贵州梵净山、宽阔水。

体连翅长，雄虫 6.0-6.2mm，雌虫 6.8-7.0mm。

头冠前端呈角状突出，中央长度约等于二复眼间宽，冠面轻度隆起、约高出复眼水平面，密生细纵皱纹，中央纵脊明显，侧脊细弱，起自头冠顶端，且于单眼着生处消失，基域中央两侧各有 1 不甚明显的凹陷；单眼位于头冠前侧缘，着生在侧脊外侧，距复眼较距头冠顶端近；颜面额唇基隆起，中央纵脊明显，两侧有横印痕列，前唇基由基至端逐渐变狭，端缘弧圆突出，舌侧板短小，伸不及前唇基端缘。前胸背板较头部宽，密布细横皱纹，前缘弧圆突出，后缘微凹；小盾片中央长度约与头冠等长，横刻痕位于中后部，弧形凹陷。

雄虫尾节侧瓣宽大，端缘宽圆，腹缘突起光滑细长，末端超过尾节侧瓣端缘；雄虫下生殖板基部分节，内侧域有 1 列粗刚毛，端区有群刺；阳茎基部管状，侧面观中部背域有 1 对大的片状突起，端部呈管状弯曲；连索 Y 形，主干极长，其长度约等于臂长的 1.2 倍；阳基侧突扭曲。雌虫腹部第 7 节腹板中长大于宽，后缘弧圆突起，产卵器超出尾节侧瓣端缘。

体黑色。头冠顶端 1 长斑、两侧与颜面交界处和颜面橙黄色；复眼和单眼均黑褐色。前胸背板黑色；小盾片橙黄色，两基侧角黑色；前翅黑色，唯后缘、前缘基半部淡橙黄色，爪片末端和端区前缘域各有 1 煤褐色大斑；胸部腹板淡黄白色，胸足橙黄色。腹部背面黑色，各节后缘有黄白色狭边，腹面淡黄白色。

检视标本 **湖北**：1♀，五峰，2002.Ⅶ.14，胡道春采 (YTU)；4♂5♀，浠水，2010.Ⅶ.11，倪俊强采 (GUGC)；2♂2♀，大别山，2014.Ⅵ.22，龙见坤采 (GUGC)；1♂，大别山，2014.Ⅵ.30，郭梅娜采 (GUGC)；5♂2♀，大别山，2014.Ⅷ.29，周正湘采 (GUGC)。**湖南**：2♂4♀，张家界，2013.Ⅷ.2，范志华采 (GUGC)。**江西**：1♂，武夷山，2014.Ⅷ.6，焦猛采 (GUGC)；3♂2♀，武夷山，2014.Ⅷ.21，焦猛采 (GUGC)。**安徽**：3♂7♀，六安天堂寨，2013.Ⅷ.1，李斌、严斌采 (GUGC)。**浙江**：3♂1♀，龙泉，2009.Ⅶ.30，戴仁怀采 (GUGC)；7♂5♀，庆元，2013.Ⅵ.30，李斌、严斌采 (GUGC)；4♂6♀，莫干山，2014.Ⅷ.4，龙见坤采 (GUGC)；1♂2♀，天目山，2014.Ⅷ.6，焦猛采 (GUGC)。**福建**：3♂3♀，永安，2012.Ⅴ.18，龙见坤采 (GUGC)；5♂8♀，武夷山森林公园，2012.Ⅴ.23，龙见坤采 (GUGC)；2♂3♀，武夷山，2012.Ⅴ.25，杨卫诚采 (GUGC)；3♂8♀，永安，2012.Ⅴ.17，常志敏、

龙见坤采 (GUGC); 3♂4♀，武夷山，2013.Ⅵ.23，常志敏采 (GUGC); 12♂16♀，武夷山，2013.Ⅵ.26，李斌、严斌采 (GUGC)。**海南**：1♂，吊罗山，2015.Ⅷ.15，罗强采 (GUGC)。**广西**：5♂9♀，龙胜，2012.Ⅴ.18，李虎、范志华采 (GUGC); 3♂7♀，兴安，2012.Ⅴ.21，李虎、范志华采 (GUGC); 3♂2♀，元宝山，2012.Ⅴ.24，杨楠楠采 (GUGC); 2♂1♀，天鹅，2015.Ⅶ.19，詹洪平采 (GUGC); 2♂3♀，兴安，2015.Ⅶ.20，吴云飞采 (GUGC); 2♂，大明山，2015.Ⅶ.22，詹洪平采 (GUGC)。**贵州**：5♂4♀ (副模)，绥阳宽阔水，1984.Ⅷ.1-3，李子忠、汪廉敏采 (GUGC); ♂ (正模)，♀ (配模)，5♂3♀ (副模)，梵净山，1986.Ⅶ.27，李子忠采 (GUGC); 1♂2♀，梵净山黑湾河，2001.Ⅶ.27-28，李子忠采 (GUGC); 2♂8♀，梵净山护国寺，2001.Ⅷ.2-7，李子忠采 (GUGC); 1♀，绥阳宽阔水，2001.Ⅷ.26，李子忠采 (GUGC); 1♂2♀，施秉，2009.Ⅴ.20，杨再华采 (GUGC); 4♂2♀，宽阔水茶场，2010.Ⅵ.2，李玉建采 (GUGC); 2♂1♀，宽阔水茶场，2010.Ⅵ.2，张培采 (GUGC); 3♂5♀，宽阔水，2010.Ⅵ.7，李虎、范志华采 (GUGC); 1♂3♀，宽阔水茶场，2010.Ⅵ.2-5，张斌采 (GUGC); 2♂1♀，宽阔水，2010.Ⅵ.5，郑延丽采 (GUGC); 2♂1♀，雷公山，2011.Ⅶ.8，杨卫诚采 (GUGC); 2♂1♀，雷公山，2011.Ⅶ.8，杨卫诚采 (GUGC)。

分布 安徽、浙江、湖北、江西、湖南、福建、海南、广西、贵州、云南。

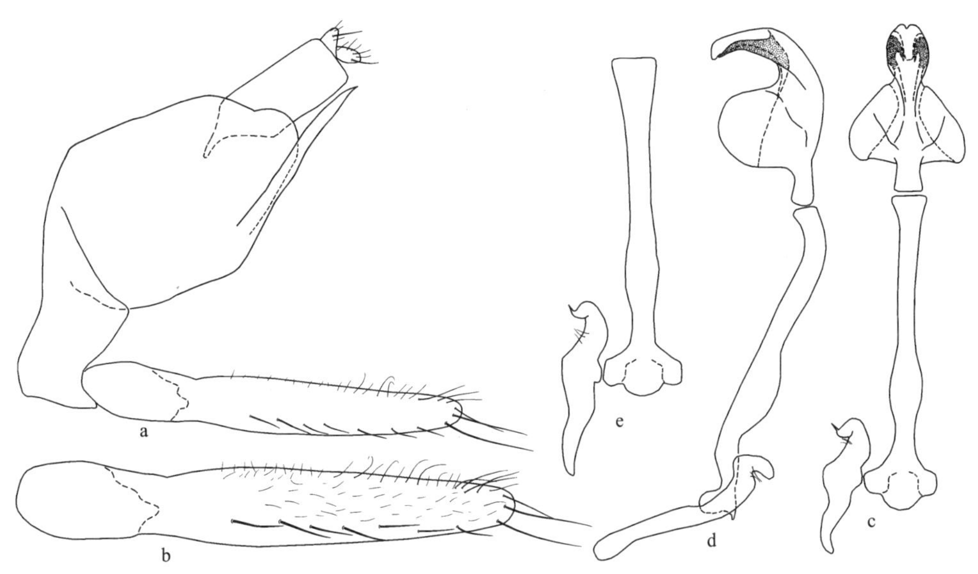

图 56 黄盾脊额叶蝉 *Carinata flaviscutata* Li *et* Wang

a. 雄虫尾节侧面观 (male pygofer, lateral view); b. 雄虫下生殖板 (male subgenital plate); c. 阳茎、连索、阳基侧突腹面观 (aedeagus, connective and style, ventral view); d. 阳茎、连索、阳基侧突侧面观 (aedeagus, connective and style, lateral view); e. 连索、阳基侧突 (connective and style)

(53) 黑条脊额叶蝉 *Carinata ganga* Li *et* Wang, 1992 (图 57；图版III：7)

Carinata ganga Li *et* Wang, 1992, Agriculture and Forestry Insect Fauna of Guizhou, 4: 66. **Type locality**: Guizhou (Rongjiang).

模式标本产地 贵州榕江。

体连翅长，雄虫 5.8-6.0mm，雌虫 6.5-6.8mm。

头冠前端呈角状突出，中域轻度隆起，具纵皱纹，中央纵脊明显，侧脊细弱，并于单眼前消失；单眼位于头冠前侧缘，与复眼的距离约等于到头冠顶端的 2 倍；颜面额唇基隆起，中央有 1 纵脊，两侧有横印痕列。

雄虫尾节侧瓣基部宽大，端部近似长方形，腹缘突起剑状，始于中后部，长度超过尾节侧瓣末端；雄虫下生殖板长叶片状，中域微扩大，边缘有长刚毛，内侧中域有 1 列粗刚毛；阳茎管状弯曲，末端分叉浅，腹缘有 1 长鞘状膜包被；连索 Y 形，主干明显长于臂长；阳基侧突细长，匀称，端部向外弯曲且端尖。雌虫腹部第 7 节腹板中央长度与第 6 节近似相等，后缘平直，产卵器较长，微超出尾节端缘。

体及前翅橙红色。头冠中前域有 1 大黑斑，此斑前缘凹入，后缘突出；复眼黑色；单眼似 1 小黑点；颜面淡黄色，额唇基外侧有 1 黑色斜斑。前胸背板前缘、后缘均具黑色狭边；前翅端区淡煤褐色，端缘褐色，翅脉橙红色，内缘靠近小盾片有 1 黑斑，沿爪缝有黑色狭边，革片中央有 1 黑色纵纹；后翅黑褐色；胸部腹面、胸足和腹部腹面淡黄白色。

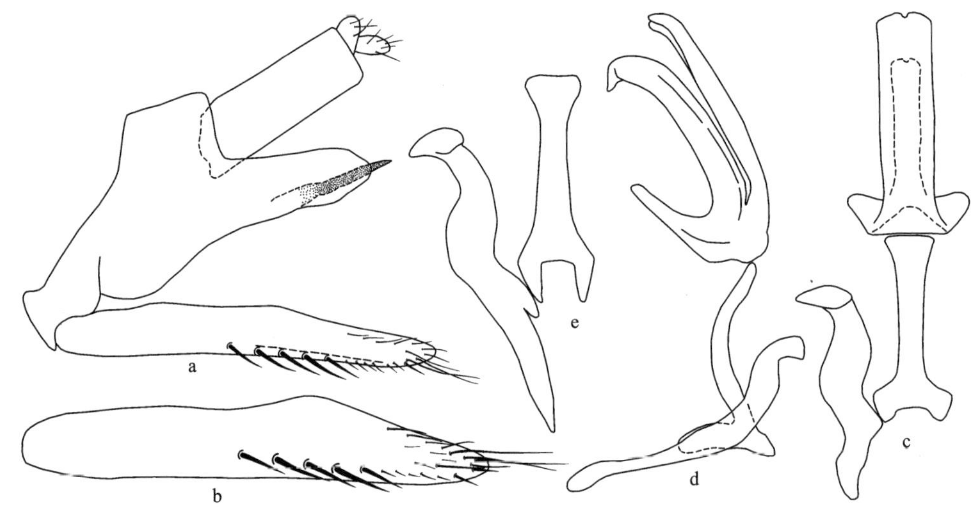

图 57 黑条脊额叶蝉 *Carinata ganga* Li *et* Wang

a. 雄虫尾节侧面观 (male pygofer, lateral view)；b. 雄虫下生殖板 (male subgenital plate)；c. 阳茎、连索、阳基侧突腹面观 (aedeagus, connective and style, ventral view)；d. 阳茎、连索、阳基侧突侧面观 (aedeagus, connective and style, lateral view)；e. 连索、阳基侧突 (connective and style)

寄主 草本植物。

检视标本 **陕西：**5♂9♀，留坝，2012.Ⅶ.22-23，李虎、范志华、于晓飞采 (GUGC)。**贵州：**♂ (正模)，♀ (配模)，2♀ (副模)，榕江，1989.Ⅷ.12，李子忠、汪廉敏采 (GUGC)；6♂3♀，荔波，1994.Ⅵ.24，陈祥盛采 (GUGC)；2♂4♀，荔波，1996.Ⅵ.24-26，张亚洲采 (GUGC)；3♂2♀，荔波茂兰三岔河，1996.Ⅶ.21，杨茂发采 (GUGC)；1♂1♀，荔波茂兰

中洞，1996.Ⅶ.24，杨茂发采 (GUGC)；2♂2♀，荔波茂兰洞塘，1996.Ⅸ.22，杨茂发采 (GUGC)；1♀，雷公山莲花坪，2005.Ⅸ.15，李子忠采 (GUGC)；1♂1♀，荔波茂兰，2011.Ⅶ.18，龙见坤采 (GUGC)。

分布　陕西、广西、贵州。

(54) 白边脊额叶蝉 *Carinata kelloggii* (Baker, 1923) (图 58；图版III：8)

Onukia kelloggii Baker, 1923, The Philippine Journal of Science, 23(4): 372. **Type locality**: Fujian.

Carinata kelloggii (Baker): Li *et* Wang, 1996, The Evacanthinae of China: 26.

模式标本产地　福建。

体连翅长，雄虫 5.8-6.0mm，雌虫 6.0-6.2mm。

头冠前端呈角状突出，冠面隆起，密生纵皱纹，中央有 1 明显纵脊，前侧缘亦具脊，且于单眼前消失；单眼位于头冠前侧缘，与复眼的距离较距头冠顶端近；颜面额唇基隆起，中央有明显的纵脊，两侧有横印痕列。前胸背板较头冠短，有皱纹，前缘弧圆，后缘微凹。

雄虫尾节侧瓣长方形，末端圆，腹缘突起端部羽状分枝；雄虫下生殖板狭长，基部分节，中域有 1 列粗刚毛；阳茎侧面观中部两侧片状突扣合成囊状，端部呈管状弯曲；连索 Y 形，主干长是臂长的 3 倍；阳基侧突较匀称，微弯折扭曲，末端尖刺状。雌虫腹部第 7 节腹板后缘中央深凹入，两侧叶长而宽大，产卵器末端伸出尾节端缘。

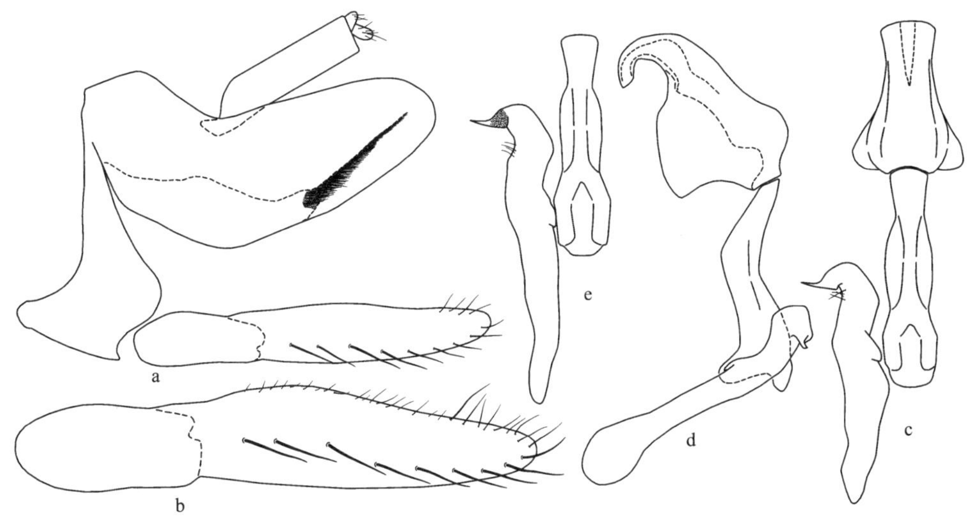

图 58　白边脊额叶蝉 *Carinata kelloggii* (Baker)

a. 雄虫尾节侧面观 (male pygofer, lateral view)；b. 雄虫下生殖板 (male subgenital plate)；c. 阳茎、连索、阳基侧突腹面观 (aedeagus, connective and style, ventral view)；d. 阳茎、连索、阳基侧突侧面观 (aedeagus, connective and style, lateral view)；e. 连索、阳基侧突 (connective and style)

体及前翅淡黄色微带绿色。头冠中前域有 1 黑斑，此斑前缘深凹；复眼黑色；单眼黑褐色；颜面额唇基两侧于触角窝下方各有 1 黑色横斑。前胸背板前缘、后缘有黑褐色狭边；前翅前缘域黄白色透明，端区浅烟褐色；后翅煤褐色；胸部腹板及胸足淡黄白色，无任何斑纹。雌虫体色较淡，头冠淡黄白色。

寄主 竹类。

检视标本 **湖北**：2♂5♀，武当山，2013.Ⅶ.13，李虎、邢东亮采 (GUGC)；4♂5♀，五峰，2013.Ⅶ.24，李虎、邢东亮采 (GUGC)。**湖南**：5♂4♀，张家界，1995.Ⅷ.14，李子忠采 (GUGC)；1♂2♀，八大公山，2013.Ⅷ.2，常志敏采 (GUGC)；3♂2♀，张家界，2013.Ⅷ.3，李虎采 (GUGC)。**江西**：8♂1♀，井冈山，2008.Ⅶ.19，孟泽洪采 (GUGC)。**福建**：5♀，建瓯万木林，2009.Ⅷ.10，孟泽洪采 (GUGC)。**海南**：5♀，吊罗山，2007.Ⅶ.17，张争光采 (GUGC)。**广西**：2♂10♀，元宝山，2004.Ⅶ.14-15，杨茂发采 (GUGC)；3♂2♀，天峨龙滩，2015.Ⅶ.19，詹洪平采 (GUGC)；3♂2♀，兴安，2015.Ⅶ.20，吴云飞采 (GUGC)；2♂3♀，大明山，2017.Ⅶ.22，詹洪平采 (GUGC)。**重庆**：10♂4♀，金佛山，1996.Ⅶ.3，杨茂发采 (GUGC)；6♂，缙云山，1996.Ⅵ.21，杨茂发采 (GUGC)。**贵州**：4♂4♀，绥阳宽阔水，1984.Ⅷ.1-5，李子忠采 (GUGC)；10♂5♀，梵净山，1986.Ⅶ.22，李子忠采 (GUGC)；1♂4♀，修文，1987.Ⅷ.8，李子忠采 (GUGC)；3♂4♀，道真大沙河，1988.Ⅸ.14，李子忠采 (GUGC)；5♀6♀，石阡佛顶山，1994.Ⅷ.14-16，张亚洲采 (GUGC)；2♂2♀，石阡佛顶山，1994.Ⅷ.15，陈祥盛采 (GUGC)；11♂17♀，梵净山，2001.Ⅶ.29-Ⅷ.4，李子忠采 (GUGC)；10♂13♀，绥阳宽阔水，2001.Ⅷ.26，李子忠采 (GUGC)；2♂5♀，雷公山，2004.Ⅷ.4，廖启荣、徐翩采 (GUGC)；7♂10♀，道真大沙河，2004.Ⅷ.17-20，杨茂发采 (GUGC)；2♂3♀，毕节，2011.Ⅷ.23，于晓飞采 (GUGC)；5♂7♀，宽阔水，2012.Ⅷ.11-15，戴仁怀、李虎采 (GUGC)；1♂3♀，望谟，2012.Ⅷ.23，郑维斌采 (GUGC)；1♂1♀，绥阳宽阔水，2013.Ⅷ.31，吴云飞采 (GUGC)。

分布 湖北、江西、湖南、福建、海南、广西、重庆、贵州。

(55) 白腹脊额叶蝉 *Carinata leucoventera* Li *et* Wang, 1993 (图 59)

Carinata leucoventera Li *et* Wang, 1993, J. of GAC, 12(Suppl.): 21. **Type locality**: Yunnan (Mengla).

模式标本产地 云南勐腊。

体连翅长，雄虫 4.9-5.0mm，雌虫 5.0mm。

头冠前端呈锐角状突出，中域隆起，密布细纵皱纹，中央纵脊明显，两侧有起自头冠顶端并向后延伸的侧脊，此脊伸于单眼着生区，继后逐渐消失；单眼位于头冠侧域，着生在侧脊外侧，距复眼较距头冠顶端近；颜面额唇基隆起，中央纵脊明显，两侧有横印痕列，前唇基基域膨大隆起，亚端部急收狭弯曲变细。前胸背板中域隆起向两侧倾斜，密生横皱纹，前缘、后缘接近平直；小盾片较前胸背板短，横刻痕后较平坦。

雄虫尾节侧瓣侧面观呈三角形，端区有柔毛，腹缘突起始于基部，其长度末端超过尾节侧瓣端缘甚多；雄虫下生殖板基部分节，蔓生柔毛，内侧侧域有 1 列粗刚毛；阳茎侧面观近似囊状，端部管状弯曲；连索近似 Y 形，主干特长；阳基侧突中部粗，亚端部细，端部弯折外伸，有长刚毛。雌虫腹部第 7 节腹板中长与第 6 节近似相等，后缘中央深凹入。

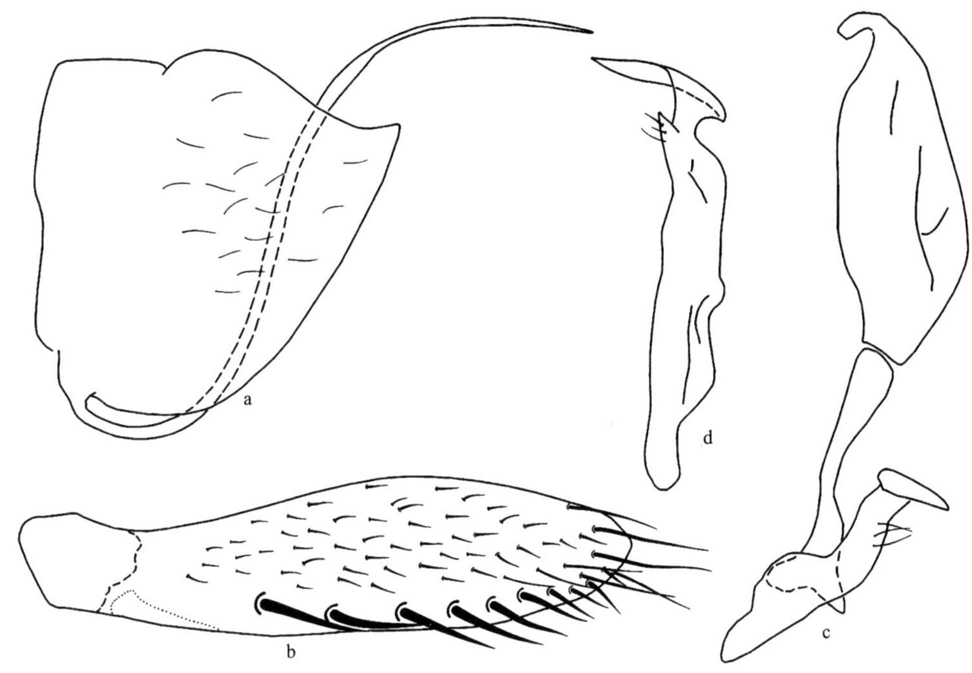

图 59　白腹脊额叶蝉 *Carinata leucoventera* Li *et* Wang

a. 雄虫尾节侧瓣侧面观 (male pygofer side, lateral view)；b. 雄虫下生殖板 (male subgenital plate)；c. 阳茎、连索、阳基侧突腹面观 (aedeagus, connective and style, ventral view)；d. 阳基侧突(style)

体及前翅黑色。前唇基、舌侧板端区、胸部腹板和胸足淡黄白色。前翅前缘黄白色透明，R_{1a} 脉红色。腹部背腹面淡黄色带黑色晕，尤以背面明显。

寄主　草本植物。

检视标本　**云南**：♂ (正模)，♀ (配模)，1♂ (副模)，勐腊，1992.Ⅹ.22，李子忠采 (GUGC)。

分布　云南。

(56) 斑头脊额叶蝉 *Carinata maculata* Li *et* Zhang, 1994 (图 60)

Carinata maculata Li *et* Zhang, 1994, Entomotaxonomia, 16(2): 100. **Type locality**: Hunan (Hengshan).

模式标本产地　湖南衡山。

体连翅长，雄虫 6.8-7.0mm，雌虫 7.5mm。

头冠前端呈角状突出，密生纵皱纹，中央纵脊明显，两侧有起自头冠顶端的侧脊，此脊于单眼着生区消失；单眼位于头冠前侧缘，与复眼的距离约等于与头冠顶端距离的 1.5 倍；颜面额唇基中域隆起，中央纵脊明显，两侧有横印痕列。前胸背板中域隆起，向两侧倾斜，中央长度与头冠中长近似相等；小盾片与前胸背板接近等长，横刻痕位于中后部。

雄虫尾节侧瓣宽大，端缘弧圆突出，端腹角呈叉状突延伸，腹缘突起始于基部，长度超过尾节侧瓣端缘；雄虫下生殖板狭长，基部内侧有 1 个指状突起，内侧缘有 1 列粗刚毛；阳茎侧面观基部两侧各有 1 长突，伸至阳茎亚端部，背缘有由基至端渐细的片状突；连索 Y 形，主干中部膨大；阳基侧突管状，端部扭曲。雌虫腹部第 7 节腹板后缘中央深凹，两侧叶长，产卵器约伸出尾节端缘。

体淡黄色微带白色。头冠亚端部中央有 1 大黑斑；复眼黑褐色；单眼红褐色；头冠亚端部中央有 1 大黑斑；额唇基外侧于触角窝下方有 1 黑色斑。前胸背板前缘和后缘狭边均黑色；前翅淡橙黄色，唯端区淡灰黄色。腹部背面烟褐色，腹面淡黄白色，下生殖板橙黄色。雌虫前翅前缘淡黄白色。

检视标本 **湖南**：♂ (正模)，2♂1♀ (副模)，衡山，1985.Ⅷ.8，张雅林、柴永辉采 (NWAFU)。

分布 湖南。

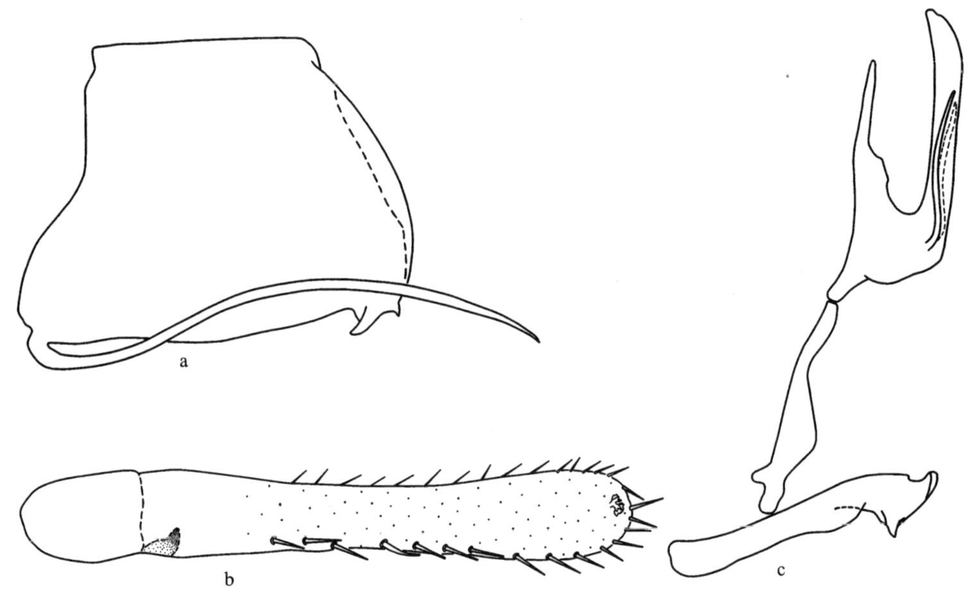

图 60 斑头脊额叶蝉 *Carinata maculata* Li *et* Zhang

a. 雄虫尾节侧瓣侧面观 (male pygofer side, lateral view)；b. 雄虫下生殖板 (male subgenital plate)；c. 阳茎、连索、阳基侧突侧面观 (aedeagus, connective and style, lateral view)

(57) 钩突脊额叶蝉，新种 *Carinata meandera* Li, Li *et* Xing, sp. nov. (图 61)

模式标本产地 广西龙州。

体连翅长，雄虫 4.9-5.0mm。

头冠前端呈尖角状突出，具纵皱纹，中央纵脊明显，两侧脊伸达单眼着生处；单眼位于头冠前侧缘，着生于侧脊外侧，与复眼之距约为单眼直径的 3 倍；颜面额唇基中央纵脊明显，两侧有斜向排列的印痕，前唇基近似长方形，末端伸出舌侧板端缘。前胸背板中域隆起，较头冠短，比头部宽。

雄虫尾节侧瓣端向渐窄，端缘斜向背缘致端背角明显，腹缘突起始于基部，端部细而弯曲成钩状；雄虫下生殖板基部内侧有1指状突，外侧缘有细刚毛，内侧有粗长刚毛列；阳茎基部管状，侧面观中部背缘两侧有片状突，腹缘向外侧呈角状扩延，端部细而弯曲；连索Y形，主干是臂长的1.5倍；阳基侧突端部变细而弯曲，弯曲处生细长刚毛。

头冠淡黄白色，中央有1前端凹入，后端细突延伸，两侧有向后扩延的黑色大斑；复眼黑褐色；单眼红褐色，四周绕黑色环。前胸背板淡黄褐色，前缘褐色，中央淡褐色；前翅淡姜黄色，无明显斑纹；胸部腹面和胸足淡黄白色。腹部背面褐色，腹面淡黄白色。

正模　♂，广西龙州，2012.Ⅴ.6，李虎采。副模：1♂，采集时间、地点、采集人同正模。所有模式标本均保存在贵州大学昆虫研究所 (GUGC)。

词源　新种以雄虫尾节侧瓣腹缘突起端部弯曲成钩状这一特征命名。

分布　广西。

新种外形特征与红翅脊额叶蝉 *Carinata rufipenna* Li *et* Wang 相似，不同点是新种前翅淡姜黄色，雄虫尾节侧瓣端向渐窄，腹缘突起端部弯曲。

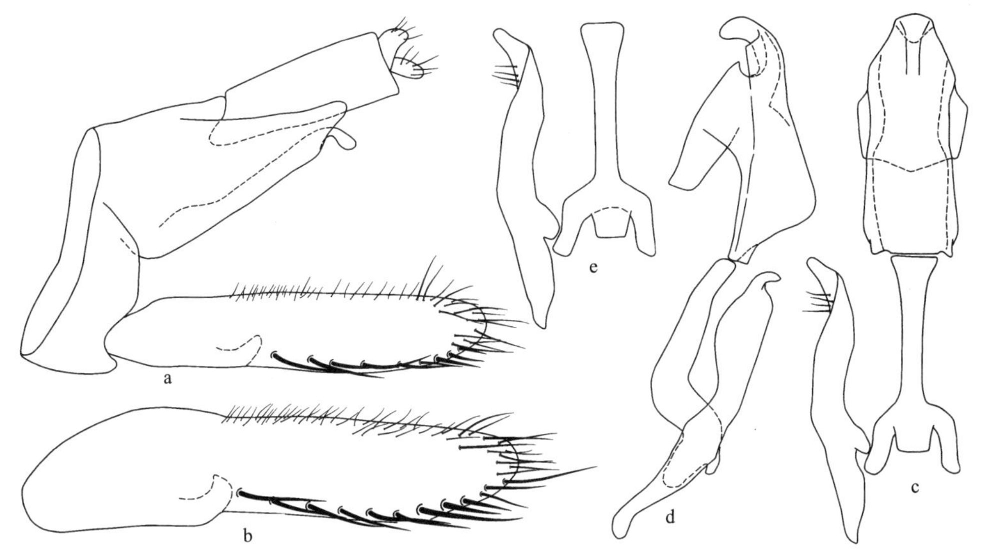

图61　钩突脊额叶蝉，新种 *Carinata meandera* Li, Li *et* Xing, sp. nov.

a. 雄虫尾节侧面观 (male pygofer, lateral view)；b. 雄虫下生殖板 (male subgenital plate)；c. 阳茎、连索、阳基侧突腹面观 (aedeagus, connective and style, ventral view)；d. 阳茎、连索、阳基侧突侧面观 (aedeagus, connective and style, lateral view)；e. 连索、阳基侧突 (connective and style)

(58) 端黑脊额叶蝉，新种 *Carinata nigerenda* Li, Li *et* Xing, sp. nov. (图62)

模式标本产地　贵州望谟。

体连翅长，雄虫5.5-5.6mm，雌虫5.7-6.0mm。

头冠前端呈锐角状突出，冠面隆起，中央纵脊明显，两侧有起自头冠顶端的侧脊，此脊越过单眼着生区，接近复眼前缘；复眼水平面明显低于冠面；单眼位于头冠前侧缘域，与头冠顶端的距离约等于与复眼距离的2倍；颜面额唇基中域隆起，中央纵脊明显，两侧有横印痕列，前唇基端向渐窄。前胸背板较头部宽，中域隆起向两侧斜倾，密布细横皱纹，前缘弧圆，后缘较直；小盾片横刻痕较直。

雄虫尾节侧瓣近似长方形，腹缘突起始于中后部，长度接近尾节侧瓣端缘，突起端部分叉，其内叉光滑，且由基至端渐细，外叉具数枚枝状突；雄虫下生殖板基部分节，中部扩大，中域有1列粗长刚毛；阳茎侧面观宽扁，中部背缘有1对较小的片状突，腹缘中部轻度凹入，端部弯管状；连索Y形，两臂短，主干长是臂长的1.5倍；阳基侧突端部弯曲，末端尖刺状。

体淡橙黄色。头冠中前域有1前缘深凹入、后缘弧圆突出的黑色斑；复眼黑色；单眼黑褐色似2小黑点；颜面姜黄色，额唇基外侧有1黑色斑。前胸背板前缘和基缘黑色；前翅姜黄色，前缘淡黄白色，端区黑褐色；胸部腹板和胸足姜黄色，无明显斑纹。

正模 ♂，贵州望谟，2012.Ⅷ.23，郑维斌采。副模：3♂2♀，采集时间、地点、采集人同正模。所有模式标本均保存在贵州大学昆虫研究所 (GUGC)。

词源 新种以前翅端部黑褐色这一显著特征命名。

分布 贵州。

新种外形特征与杨氏脊额叶蝉 *Carinata yangi* Li *et* Zhang 相似，不同点是新种头冠中前域具前缘凹入的黑色大斑，前翅端部黑褐色，雄虫尾节侧瓣腹缘突起端部分叉，其外叉具数枚枝状突。

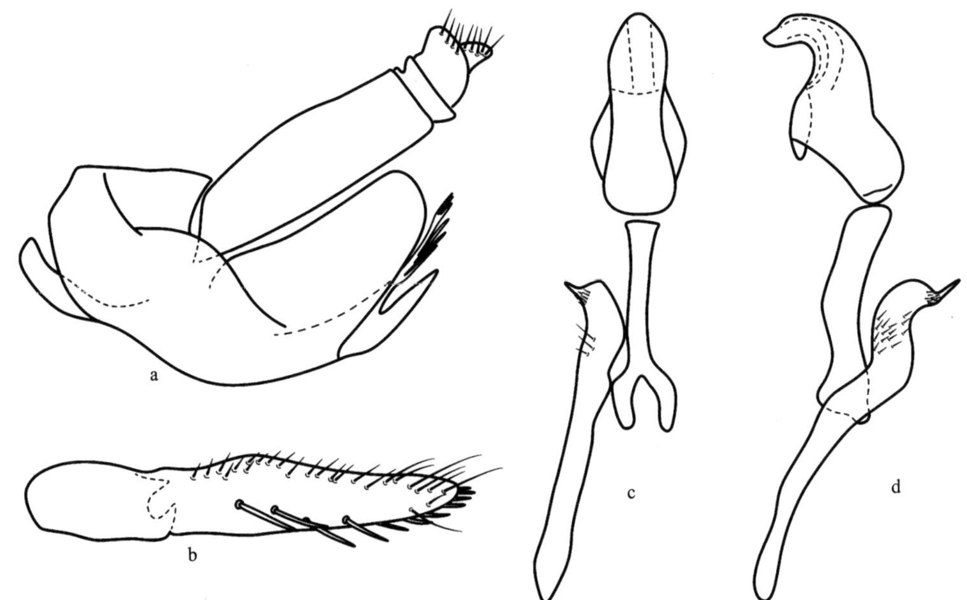

图 62 端黑脊额叶蝉，新种 *Carinata nigerenda* Li, Li *et* Xing, sp. nov.

a. 雄虫尾节侧面观 (male pygofer, lateral view)；b. 雄虫下生殖板 (male subgenital plate)；c. 阳茎、连索、阳基侧突腹面观 (aedeagus, connective and style, ventral view)；d. 阳茎、连索、阳基侧突侧面观 (aedeagus, connective and style, lateral view)

(59) 黑色脊额叶蝉 *Carinata nigra* Li *et* Wang, 1992 (图 63)

Carinata nigra Li *et* Wang, 1992, Guizhou Science, 10(4): 46. **Type locality**: Sichuan (Emeishan).

模式标本产地　四川峨眉山。

体连翅长，雄虫 3.8-4.0mm。

头冠前端呈角状突出，冠面隆起，中央纵脊明显，两侧有起自头冠顶端的侧脊，此脊越过单眼着生区，接近复眼前缘；单眼位于头冠前侧缘域，与头冠顶端的距离约等于与复眼距离的 2 倍；颜面额唇基中域隆起，中央纵脊明显，两侧有横印痕列。前胸背板较头部宽，中域隆起向两侧斜倾，密布细横皱纹，前缘弧圆，后缘微凹；小盾片横刻痕位于中后部。

雄虫尾节侧瓣宽大，端缘弧圆突出，端区有柔毛，腹缘突起细长光滑，向外侧直伸超过侧瓣端缘甚多；雄虫下生殖板基部分节，中侧域有 7 根粗刚毛排成 1 纵列，端区有众多刚毛；阳茎基部呈管状，侧面观中部背域两侧有片状突起，突起部有向上延伸的指状突，端部呈管状弯曲；连索 Y 形；阳基侧突基部细，中部粗，端部弯折外伸，近乎手杖形。

体及前翅黑色。前唇基和舌侧板端部、喙管、胸部腹板、胸足和腹部背面、腹面淡黄白色，无斑纹。前翅前缘域、爪片末端 1 斑点及端缘白色透明。

寄主　草本植物。

检视标本　四川：♂ (正模)，3♂ (副模)，峨眉山万年寺，1991.Ⅷ.2，李子忠采 (GUGC)。

分布　四川。

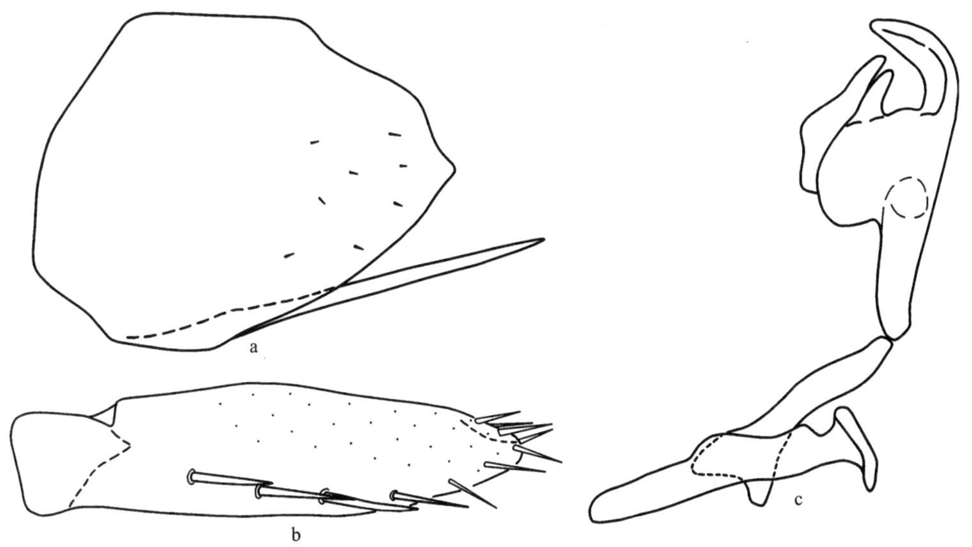

图 63　黑色脊额叶蝉 *Carinata nigra* Li *et* Wang

a. 雄虫尾节侧瓣侧面观 (male pygofer side, lateral view)；b. 雄虫下生殖板 (male subgenital plate)；c. 阳茎、连索、阳基侧突侧面观 (aedeagus, connective and style, lateral view)

(60) 黑尾脊额叶蝉，新种 *Carinata nigricauda* Li, Li *et* Xing, sp. nov. (图 64)

模式标本产地 江西龙南、井冈山。

体连翅长，雄虫 6.5mm，雌虫 6.7-7.1mm。

头冠前端呈尖角状突出，二复眼间宽仅及中央长度的 1/2，冠面轻度隆起，生细纵皱纹，中央纵脊明显，侧脊细弱，伸至单眼着生区即消失；单眼位于头冠前侧域，距复眼较距头冠顶端近；颜面额唇基隆起，中央纵脊明显，两侧有横印痕列，前唇基端向渐窄。前胸背板较头部宽，前缘弧圆突出，后缘接近平直；小盾片与前胸背板接近等长，横刻痕位于中后部，弧形弯曲。

雄虫尾节侧瓣近似三角形突出，端区有细刚毛，腹缘突起始于基部，端部扭曲，长度超过尾节侧瓣端缘；雄虫下生殖板基部光滑无毛，中域有 1 列粗长刚毛，端区有细长刚毛；阳茎侧面观发达的背腔和两侧片状突与阳茎干成 U 形弯曲，末端两侧各有 1 近似剑状突起；连索 Y 形，主干长是臂长的 1.5 倍；阳基侧突基部细，中部粗，端部弯曲，末端尖细。雌虫腹部第 7 节腹板明显大于第 6 节腹板中长，后缘中央有小缺凹，产卵器伸出尾节侧瓣端缘甚多。

体及前翅橘黄色。头冠中央有 1 前缘凹入的黑色大斑。复眼黑褐色；单眼粗视红褐色，其下缘黑褐色；额唇基外侧有 1 黑色斑。前胸背板前缘中央和后缘黑色；前翅沿爪缝、革片中央 2 基半部愈合的纵纹、翅端黑褐色。虫体腹面淡黄白色无明显斑纹。

正模 ♂，江西龙南，2008.Ⅶ.25，杨再华采。副模：1♀，江西井冈山，2008.Ⅶ.19，杨再华采；2♀，江西龙南，2008.Ⅶ.25，杨再华采。所有模式标本均保存在贵州大学昆虫研究所 (GUGC)。

词源 新种以前翅端部黑褐色这一明显特征命名。

分布 江西。

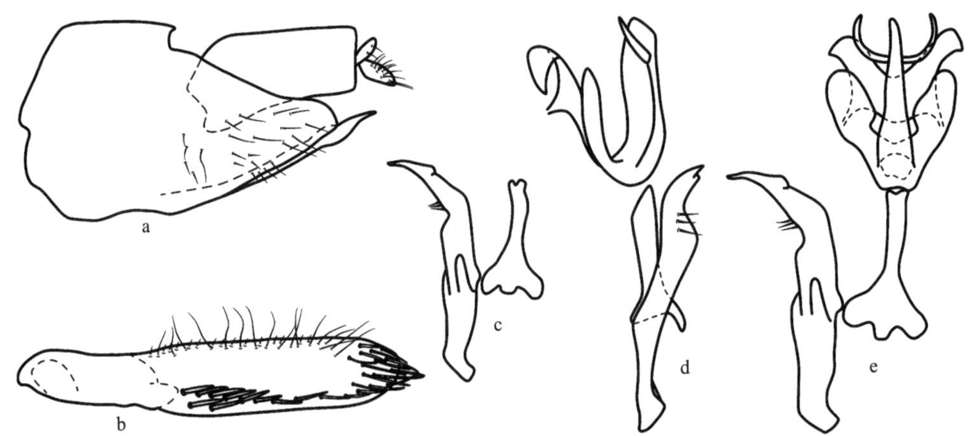

图 64 黑尾脊额叶蝉，新种 *Carinata nigricauda* Li, Li *et* Xing, sp. nov.

a. 雄虫尾节侧瓣侧面观 (male pygofer side, lateral view)；b. 雄虫下生殖板 (male subgenital plate)；c. 连索、阳基侧突 (connective and style)；d. 阳茎、连索、阳基侧突侧面观 (aedeagus, connective and style, lateral view)；e. 阳茎、连索、阳基侧突腹面观 (aedeagus,connective and style, ventral view)

新种外形特征与一点脊额叶蝉 *Carinata unipuncta* Wang *et* Li 相似，区别点是，新种体及前翅橘黄色，雄虫尾节侧瓣腹缘突起端部扭曲，阳茎末端两侧各有 1 近似剑状突。

(61) 黑带脊额叶蝉 *Carinata nigrofasciata* Li *et* Wang, 1994 (图 65；图版Ⅳ：1)

Carinata nigrofasciata Li *et* Wang, 1994, Entomotaxonomia, 16(2): 101. **Type locality**: Zhejiang (Tianmushan, Hangzhou), Gansu (Kangxian).

模式标本产地　浙江天目山、杭州，甘肃康县。

体连翅长，雄虫 5.6-5.8mm，雌虫 6.0-6.2mm。

头冠前端呈角状突出，冠面生细纵皱纹，中央纵脊明显，侧脊伸至单眼着生区即消失；单眼位于头冠前侧域，距复眼较距头冠顶端近；颜面额唇基隆起，中央纵脊明显，两侧有横印痕列，前唇基亦隆起具脊，端缘弧圆。前胸背板较头部宽，前缘弧圆突出，后缘接近平直；小盾片较前胸背板短，横刻痕位于中后部，呈弧形弯曲。

雄虫尾节侧瓣近似三角形突出，腹缘突起片状光滑，向后延伸超过侧瓣端缘；雄虫下生殖板叶片状，内侧有 1 列粗刚毛，外缘有细长毛；阳茎干向背面弯曲，侧面观中部背域两侧有 1 片状突扣合成囊状，片状突基部成指状延伸；连索 Y 形，主干细长，其长度是臂长的 5 倍，末端膨大；阳基侧突基部呈管状，端部呈弯钩状，弯曲处有长刚毛。雌虫腹部第 7 节腹板中长与第 6 节近似等长，后缘平直，产卵器长超出尾节端缘。

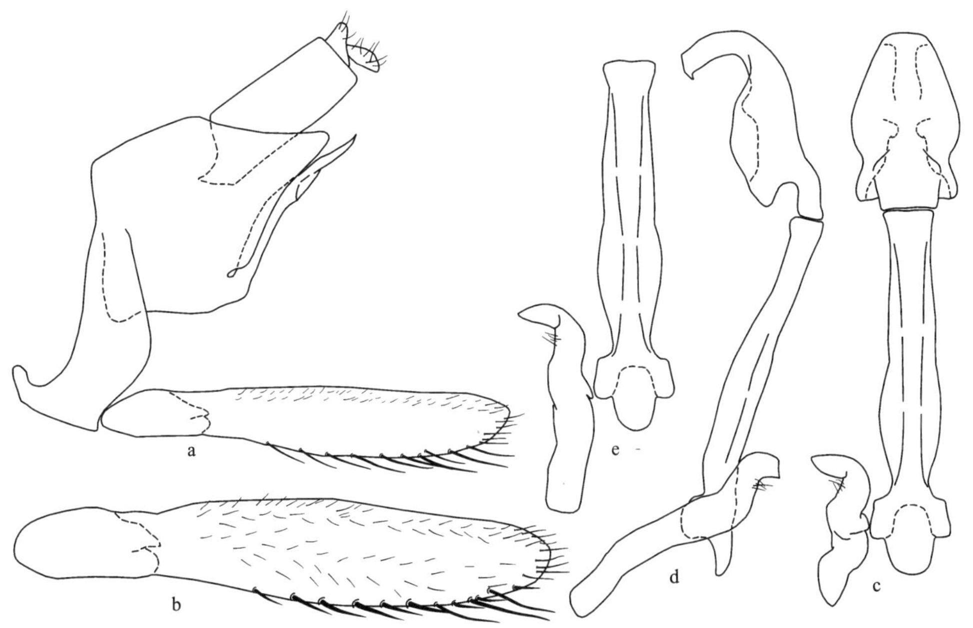

图 65　黑带脊额叶蝉 *Carinata nigrofasciata* Li *et* Wang

a. 雄虫尾节侧面观 (male pygofer, lateral view)；b. 雄虫下生殖板 (male subgenital plate)；c. 阳茎、连索、阳基侧突腹面观 (aedeagus, connective and style, ventral view)；d. 阳茎、连索、阳基侧突侧面观 (aedeagus, connective and style, lateral view)；e. 连索、阳基侧突 (connective and style)

体淡黄色。头冠亚端部中央有 1 前缘凹入，两侧沿侧脊后伸，致后部扩大，后缘有接近平直的黑色大斑；复眼黑褐色；单眼棕红色。前胸背板前缘、后缘具黑色狭边；前翅爪片大部及前缘域基部 4/5 淡橙黄色，中央有 1 黑色弯曲纵带纹，翅端煤褐色，爪片末端有 1 烟褐色区；后翅煤褐色；胸部腹板及胸足淡橙黄色无斑纹。腹部背面中央淡煤褐色，腹面淡黄微带白色。

检视标本 **河南**：1♂1♀，西峡，2010.Ⅶ.31，李虎、范志华采 (GUGC)。**陕西**：10♂15♀，青木川，2010.Ⅶ.20，李虎、范志华采 (GUGC)。**湖北**：1♂，神农架木鱼镇，2004.Ⅷ.13，雷敏采 (YTU)；1♂，兴山黄粮镇，2004.Ⅷ.15，彭红升采 (YTU)；2♀，远安，2009.Ⅶ.15，邓玉杰采 (YTU)。**江西**：1♂，西天目山，2009.Ⅶ.21，孟泽洪采 (GUGC)；1♀，清凉峰，2009.Ⅶ.23，孟泽洪采 (GUGC)。**浙江**：♂ (正模)，杭州，1954.Ⅵ.12，杨集昆采 (CAU)；1♀ (副模)，天目山，1957.Ⅵ.24，杨集昆采 (CAU)；1♀，天目山，I981.Ⅵ.23，李伟华采 (IPPC)。**重庆**：5♂2♀，缙云山，1996.Ⅵ.21，杨茂发采 (GUGC)；5♂1♀，金佛山，1996.Ⅶ.3，杨茂发采 (GUGC)。**四川**：3♂5♀，广元水磨沟，2007.Ⅷ.18，孟泽洪采 (GUGC)；1♀，米仓山，2007.Ⅷ.19，邢济春采 (GUGC)；5♂10♀，绵阳安县茶坪，2010.Ⅶ.19-22，郑延丽、李克彬采 (GUGC)。**云南**：2♂1♀，腾冲，2006.Ⅷ.17，张争光采 (GUGC)。

分布 河南、陕西、甘肃、浙江、湖北、江西、重庆、四川、云南。

(62) 黑斑脊额叶蝉 *Carinata nigropictura* Li *et* Webb, 1996 (图 66)

Carinata nigropictura Li *et* Webb, 1996, Entomologica Sinica, 3(1): 22. **Type locality**: North Vietnam Tam Dao.

模式标本产地 越南三岛湖（North Vietnam Tam Dao）。

体连翅长，雄虫 5.2-5.5mm，雌虫 6.0-6.2mm。

头冠前端呈锐角状突出，冠面轻度隆起，密生细皱纹，中央纵脊明显，侧脊起自头冠顶端，并向后延伸至单眼区即消失；单眼位于头冠前侧缘，着生在侧脊外侧，距复眼较距头冠顶端近；额唇基长大于宽，中央纵脊明显，两侧有横印痕列。前胸背板较头部宽，约与头冠等长，微隆起，密生横皱纹，前缘弧圆突出，后缘接近平直；小盾片横刻痕弧弯，伸不及两侧缘。

雄虫尾节侧瓣宽短，腹缘突起光滑细长，向后延伸超过肛管末端；雄虫下生殖板内侧有 1 列粗刚毛，外缘有细刚毛；阳茎粗大，侧面观端基部背域有 1 对方形的片状突，端部弯管状，弯曲处两侧有 1 枝状突；连索近似 Y 形，主干特长；阳基侧突末端尖。雌虫腹部第 7 节腹板后缘中央凹入，产卵器约与尾节侧瓣等长。

体及前翅淡橘黄色。头冠中前域有 1 近似心脏形黑斑；单眼淡黄褐色；复眼黑褐色。前翅端区淡煤褐色，接近透明，翅脉红色；胸部腹面及胸足淡橘黄色。腹部背面淡褐色，腹面淡黄白色。

检视标本 **海南**：3♀，尖峰岭，1997.Ⅴ.14，杨茂发采 (GUGC)。**广西**：2♂，百色大王岭，2007.Ⅶ.17-18，孟泽洪采 (GUGC)。**越南**：♂ (正模)，♀ (配模)，3♂5♀ (副模)，Vietnam Tam Dao，1989.Ⅶ.5，V. Novotny 采 (BMNH)；1♀ (副模)，Vietnam Tam Dao，

1989.Ⅶ.5，V. Novotny 采（GUGC）。

分布　海南、广西；越南。

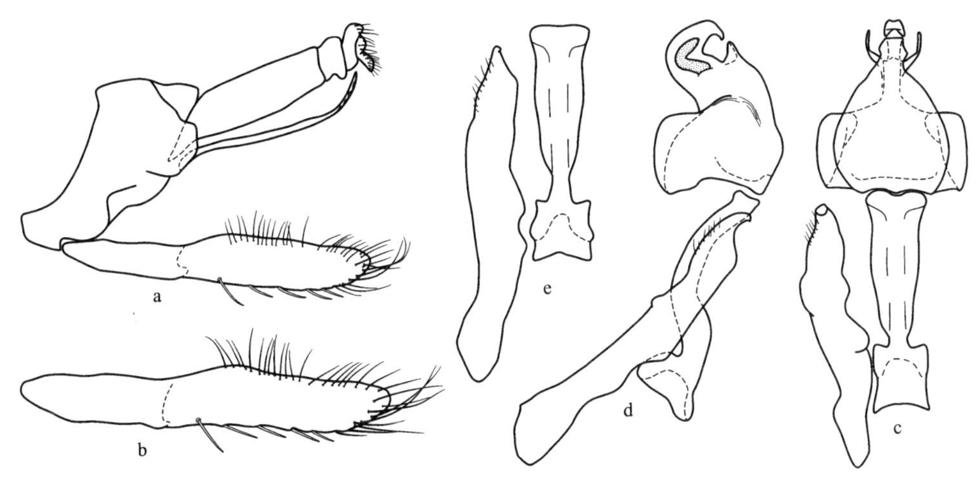

图 66　黑斑脊额叶蝉 *Carinata nigropictura* Li *et* Webb

a. 雄虫尾节侧面观（male pygofer, lateral view）；b. 雄虫下生殖板（male subgenital plate）；c. 阳茎、连索、阳基侧突腹面观（aedeagus, connective and style, ventral view）；d. 阳茎、连索、阳基侧突侧面观（aedeagus, connective and style, lateral view）；e. 连索、阳基侧突（connective and style）

(63) 斜纹脊额叶蝉，新种 *Carinata obliquela* Li, Li *et* Xing, sp. nov.（图 67；图版Ⅳ：2）

模式标本产地　贵州望谟。

体连翅长，雄虫 5.3-5.4mm，雌虫 5.5-6.0mm。

头冠前端呈锐角状突出，冠面轻度隆起，密生细皱纹，中央纵脊明显，侧脊起自头冠顶端，并向后延伸至单眼区；复眼面低于头冠面；单眼位于头冠前侧缘，着生在侧脊外侧，距复眼的距离约等于单眼直径的 3 倍；颜面额唇基显著隆起，中央纵脊明显，两侧有横印痕列，前唇基端向渐窄。前胸背板比头部宽，较头冠长，前缘接近平直，后缘弧形凹入；小盾片中域低凹，横刻痕弧弯。

雄虫尾节侧瓣三角形，端区有长刚毛，腹缘突起光滑，始于基部，向后延伸至尾节侧瓣亚端部；雄虫下生殖板微弯曲，中部微扩大，中域有排列不规则的粗长刚毛；阳茎向背面弯曲，基域管状，侧面观中部背域有 1 对近似长方形片状突，腹缘中部呈角状突出，亚端部两侧各有 1 刺突；连索近似“T”字形；阳基侧突端部扭曲向外侧延伸。雌虫腹部第 7 节腹板中央长度明显大于第 6 腹节，后缘中央微突，产卵器伸出尾节侧瓣端缘甚多。

体和前翅乳白色。头冠中域有 1 前端凹入，后部有向后凸出的黑色大斑，基域于中央有 1 黑色小斑，顶端有 1 黑色斑，此斑向颜面延伸，致中央纵脊黑色；复眼黑色；单眼黄褐色；颜面沿额唇基外侧有 1 黑色纵纹。前胸背板于复眼后有 1 黑色小斑，中前域有 1 褐色弧形横纹；前翅革片中央有 1 黑褐色斜纹，端部近前缘有 1 褐色纵纹；胸部腹板和胸足灰白色，无明显斑纹。

正模　♂，贵州望谟，2012.Ⅷ.23，常志敏采。副模：1♂6♀，贵州望谟，2012.Ⅷ.22-23，龙见坤、杨卫诚、常志敏采。所有模式标本均保存在贵州大学昆虫研究所 (GUGC)。

词源　新种以前翅革片中央有 1 黑褐色斜纹这一显著特征命名。

分布　贵州。

新种外形特征与白色脊额叶蝉 *Carinata albusa* Li *et* Wang 相似，不同点是新种颜面额唇基外侧有 1 黑色纵纹，前翅革片中部有 1 黑褐色斜纹，阳茎亚端部两侧各有 1 刺突。

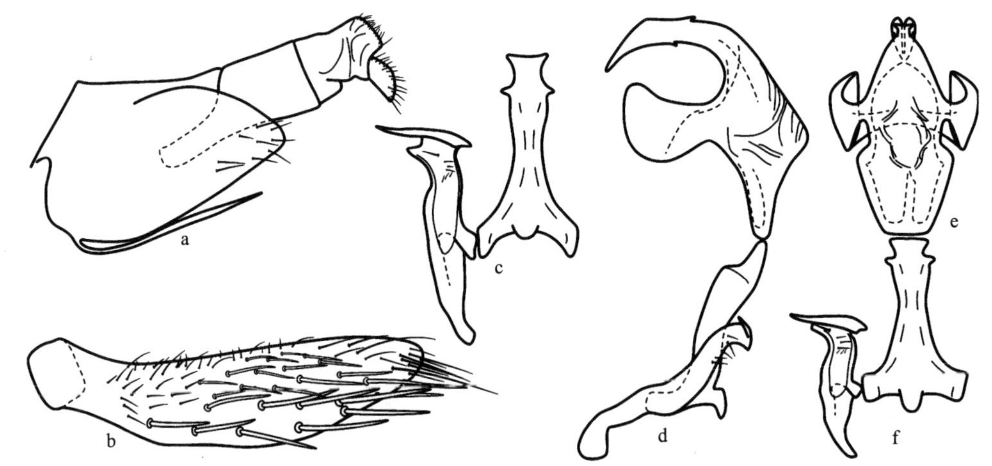

图 67　斜纹脊额叶蝉，新种 *Carinata obliquela* Li, Li *et* Xing, sp. nov.

a. 雄虫尾节侧瓣侧面观 (male pygofer side, lateral view)；b. 雄虫下生殖板 (male subgenital plate)；c. 连索、阳基侧突腹面观 (connective and style, ventral view)；d. 阳茎、连索、阳基侧突侧面观 (aedeagus, connective and style, lateral view)；e. 阳茎、连索腹面观 (aedeagus and connective, ventral view)；f. 连索、阳基侧突腹面观 (connective and style, ventral view)

(64) 弯突脊额叶蝉 *Carinata recurvata* Wang *et* Li, 1998 (图 68)

Carinata recurvata Wang *et* Li, 1998, Entomotaxonomia, 20(2): 116. **Type locality**: Guizhou (Libo).

模式标本产地　贵州荔波。

体连翅长，雄虫 5.8-6.0mm，雌虫 6.2-6.5mm。

头冠前端呈角状突出，中央纵脊明显，两侧有起自头冠顶端的细弱侧脊，延伸至单眼着生处消失，侧脊外侧有纵皱；单眼位于头冠侧缘域，靠近复眼，与头冠顶端的距离约等于与复眼距离的 4 倍。前胸背板前缘弧圆突出，后缘接近平直；小盾片较前胸背板短，中域横凹陷。

雄虫尾节侧瓣三角形，端区有数根粗长刚毛，腹缘突起始于基部，中部弯曲，末端伸出尾节侧瓣端缘；雄虫下生殖板较匀称，中域有 1 列粗刚毛，外侧缘有细长刚毛；阳茎近似 S 形弯曲，基部管状，侧面观中部背缘片状突较明显，端腹缘逆生齿状突；连索 Y 形；阳基侧突端部管状，末端平切。雌虫腹部第 7 节腹板中央长度是第 6 节的 2 倍，后缘中央平凹，两侧叶较短，产卵器微超出尾节侧瓣端缘。

体及前翅橘黄色。复眼煤褐色；单眼鲜红色。前翅端区淡黄白色，一些个体前翅端区翅脉红色。虫体腹面淡黄白色。

寄主　玉米。

检视标本　**贵州**：♂(正模)，1♂2♀，荔波茂兰，1996.Ⅶ.24，杨茂发采 (GUGC)。

分布　贵州。

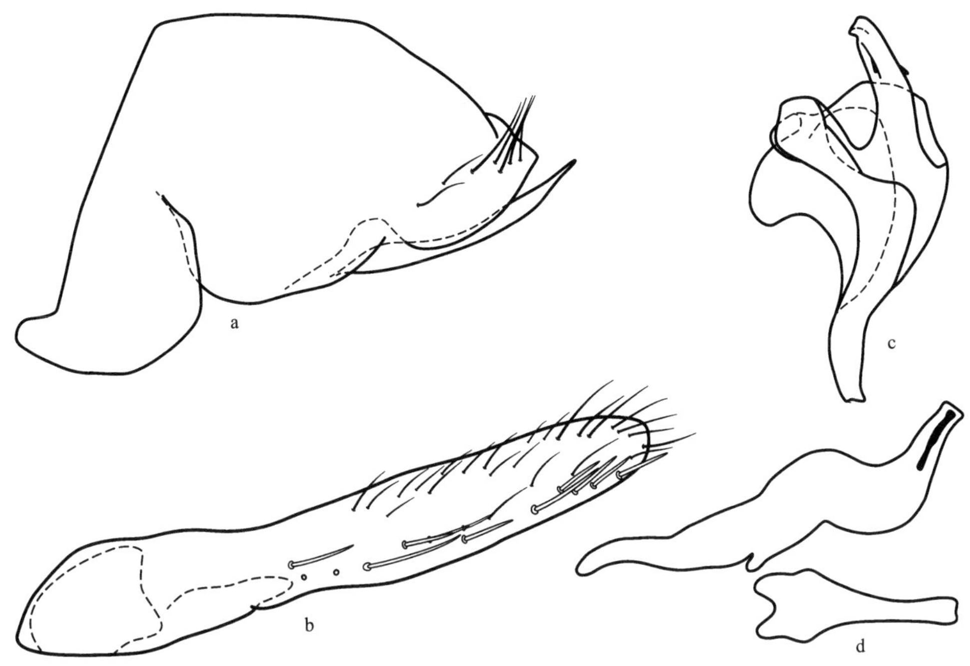

图 68　弯突脊额叶蝉 *Carinata recurvata* Wang *et* Li

a. 雄虫尾节侧瓣侧面观 (male pygofer side, lateral view)；b. 雄虫下生殖板 (male subgenital plate)；c. 阳茎侧面观 (aedeagus, lateral view)；d. 连索、阳基侧突 (connective and style)

(65) 红翅脊额叶蝉 *Carinata rufipenna* Li *et* Wang, 1991 (图 69)

Carinata rufipenna Li *et* Wang, 1991, Agriculture and Forestry Insect Fauna of Guizhou, 4: 65. **Type locality**: Guizhou (Wangmo).

模式标本产地　贵州望谟。

体连翅长，雄虫 5.8-6.0mm，雌虫 6.0-6.2mm。

头冠前端呈角状突出，中域轻度隆起，中央纵脊明显，两侧有不甚明显的单眼上脊，且于单眼前消失，外侧缘于复眼内侧反折向上似侧脊，前端有纵皱纹；单眼位于头冠前侧缘，着生在侧脊外侧，距复眼较距头冠顶端近；颜面额唇基隆起，中央有隆起的纵脊，两侧有横印痕列，前唇基由基至端逐渐变狭，基域隆起宽大，端缘弧圆突出。前胸背板较头部宽，中央长度约等于头冠中长的 2/3，前缘弧圆突出，后缘微凹，侧缘弧圆突出；小盾片约与前胸背板等长，横刻痕位于中后部，弧形凹弯，两端伸不及侧缘。

雄虫尾节侧瓣近似长方形，腹缘突起始于基部，粗壮弯曲，末端呈扫帚状；雄虫下生殖板内侧中域稍扩大，末端圆，边缘有细刚毛，中域有 1 列粗刚毛；阳茎干粗短，侧面观中部背域双瓣扣合成囊状，端部呈管状弯曲，阳茎孔位于末端；连索 Y 形；阳基侧突粗细匀称，端部向外弯。雌虫腹部第 7 节腹板后缘中央凹入，两侧叶长而宽大，产卵器末端超出尾节侧瓣端缘。

体及前翅橙红色。头冠中前域有 1 前端凹入近似心脏形的黑斑；复眼黑色；单眼黑色，似 2 小黑点；颜面额唇基外侧靠近额颊缝处有 1 枚长方形黑色斑。前胸背板前缘、后缘均褐黑色；前翅端区煤褐色，翅脉红色；胸部腹板和胸足淡橘黄色。腹部背面褐黑色，各节后缘具黄色边；腹面淡橘黄色，生殖节橙红色。雌虫头部淡黄白色，前胸背板、小盾片和前翅橙红微带绿色色泽。

寄主　禾本科植物。

检视标本　**贵州**：♂ (正模)，♀ (配模)，7♂5♀ (副模)，望谟，1986.Ⅵ.15-17，李子忠采 (GUGC)；1♀，望谟，1986.Ⅵ.17，李子忠采 (GUGC)。

分布　贵州。

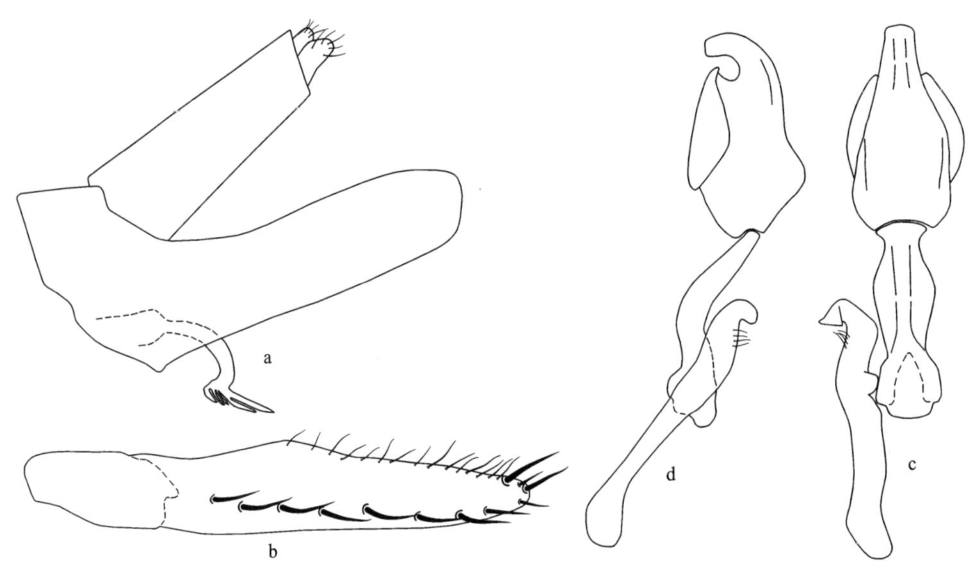

图 69　红翅脊额叶蝉 *Carinata rufipenna* Li *et* Wang

a. 雄虫尾节侧瓣侧面观 (male pygofer side, lateral view)；b. 雄虫下生殖板 (male subgenital plate)；c. 阳茎、连索、阳基侧突腹面观 (aedeagus, connective and style, ventral view)；d. 阳茎、连索、阳基侧突侧面观 (aedeagus, connective and style, lateral view)

(66) 帚突脊额叶蝉，新种 *Carinata scopulata* Li, Li *et* Xing, sp. nov. (图 70)

模式标本产地　贵州雷公山，广西元宝山。

体连翅长，雄虫 6.0-6.1mm，雌虫 6.1mm。

头冠前端呈角状突出，中域轻度隆起，有纵皱纹，中央纵脊明显，两侧有不甚明显的侧脊，单眼外侧于复眼内侧反折向上似脊；单眼位于头冠前侧缘，着生在侧脊外侧，距复眼较距头冠顶端近；颜面额唇基隆起，中央纵脊明显，两侧有横印痕列，前唇基由基至端逐渐变狭，基域隆起宽大，端缘弧圆突出，舌侧板仅达前唇基中部偏前。前胸背板较头部宽，中央长度约等于头冠中长的 2/3，前缘弧圆突出，后缘中央微凹；小盾片约与前胸背板等长，横刻痕位于中后部，弧形凹弯，两端伸不及侧缘。

雄虫尾节侧瓣中后部扩大，端半部长方形，腹缘突起基部宽大，中部弯曲，端部向前后扩延，密生枝形突起，似扫帚状；雄虫下生殖板基部向外侧扩大，端向渐窄，边缘有细刚毛，中域有 1 列粗长刚毛；阳茎向背面弯曲，侧面观中部背域双瓣扣合成囊状，端部呈管状弯曲，阳茎孔位于末端；连索 Y 形，主干两侧有膜状包被；阳基侧突较匀称，端部向外弯，顶端刺状，弯曲处有数根刚毛。雌虫腹部第 7 节腹板后缘中央 U 形凹入，产卵器末端超出尾节端缘。

体及前翅橙黄色。头冠中前域有 1 前端凹入近似心脏形的黑斑；复眼黑色；单眼半透明，周缘有黑色环；颜面橙黄色，额唇基外侧靠近额颊缝处有 1 椭圆形黑色斑。前胸背板前缘中央、后缘均褐黑色；前翅端区略带灰色，后翅烟褐色。雌虫头冠淡黄白色，颜面淡黄色，其他部位的颜色概如雄虫。

正模 ♂，贵州雷公山，2005.Ⅸ.17，李子忠、张斌采。副模：1♀，贵州雷公山，采集时间、地点、采集人同正模；1♂，广西融水元宝山，2004.Ⅶ.14，杨茂发采。所有模式标本均保存在贵州大学昆虫研究所 (GUGC)。

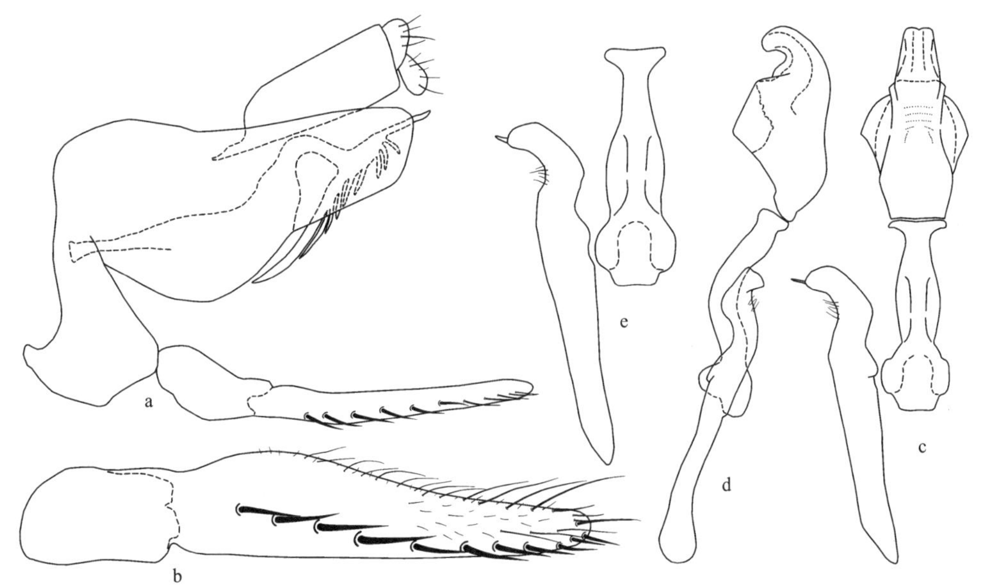

图 70 帚突脊额叶蝉，新种 *Carinata scopulata* Li, Li *et* Xing, sp. nov.

a. 雄虫尾节侧面观 (male pygofer, lateral view)；b. 雄虫下生殖板 (male subgenital plate)；c. 阳茎、连索、阳基侧突腹面观 (aedeagus, connective and style, ventral view)；d. 阳茎、连索、阳基侧突侧面观 (aedeagus, connective and style, lateral view)；e. 连索、阳基侧突 (connective and style)

词源 新种以雄虫尾节侧瓣腹缘突起成扫帚状这一显著特征命名。

分布 广西、贵州。

新种外形特征与红翅脊额叶蝉 *Carinata rufipenna* Li *et* Wang 相似，其区别主要在于本新种雄虫尾节侧瓣中后部扩大，雄虫尾节侧瓣腹缘突起成扫帚状，阳基侧突末端刺状。

(67) 斑颊脊额叶蝉 *Carinata signigena* Li *et* Wang, 2002 (图 71；图版Ⅳ：3)

Carinata signigena Li *et* Wang, 2002, In: Li *et* Jin (ed.), Insect Fauna from Nature Reserve of Guizhou Province 1: 190. **Type locality**: Guizhou (Libomaolan).

模式标本产地 贵州荔波茂兰。

体连翅长，雄虫 6.8-7.0mm，雌虫 7.2-7.5mm。

头冠前端呈锐角状突出，具纵皱纹，中央长度与前胸背板近似相等，中域隆起具明显的纵脊，侧脊细弱，此脊至单眼着生区消弱；单眼位于头冠前侧域，距复眼较距头冠顶端近；颜面额唇基中央纵脊明显，两侧有横印痕列，前唇基纵向隆起，由基至端渐窄。前胸背板中域隆起，有细横皱纹；小盾片中长与前胸背板近似相等，横刻痕位于中后部。

雄虫尾节侧瓣端部宽圆突出，端缘有数根长刚毛，腹缘突起向外侧直伸，由基至端渐细，末端尖突；雄虫下生殖板基部分节，亚基部缢缩，近端部向外侧扩延，中域有纵向排列不规则的粗长刚毛；阳茎基部细管状，中部膨大，亚端部两侧各有 1 分叉的突起；连索 Y 形，主干长明显大于臂长；阳基侧突近似棒状，亚端部有 1 角状突。雌虫腹部第 7 节腹板中央长度是第 6 节的 1.5 倍，产卵器伸出尾节侧瓣端缘。

体淡黄白色。头冠中央有 1 黑色圆斑；复眼黑色；单眼黄褐色；颜面淡黄白色，额唇基两侧各有 1 黑色斑。前胸背板和小盾片橙黄色，仅前胸背板基缘褐色；前翅橙黄色，翅端淡黄褐色；胸部腹板和胸足淡黄白色，无斑纹。腹部背面煤褐色，腹面淡黄白色。

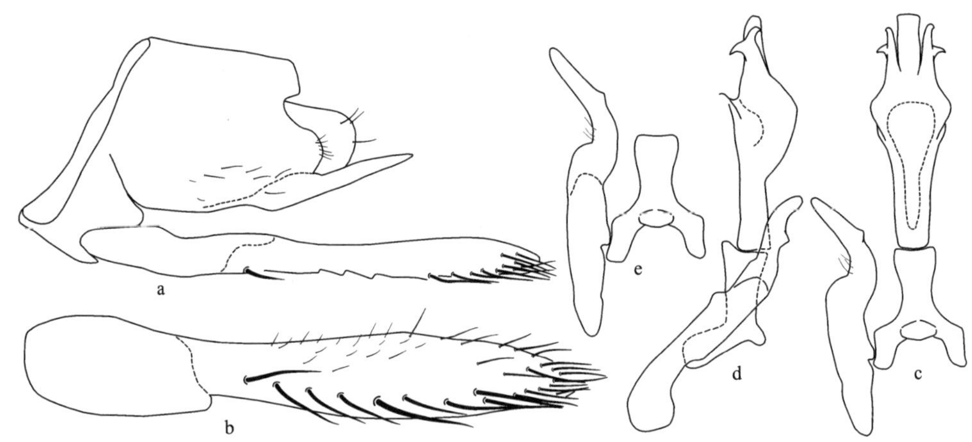

图 71 斑颊脊额叶蝉 *Carinata signigena* Li *et* Wang

a. 雄虫尾节侧面观 (male pygofer, lateral view)；b. 雄虫下生殖板 (male subgenital plate)；c. 阳茎、连索、阳基侧突腹面观 (aedeagus, connective and style, ventral view)；d. 阳茎、连索、阳基侧突侧面观 (aedeagus, connective and style, lateral view)；e. 连索、阳基侧突 (connective and style)

检视标本 **贵州**：1♂1♀，荔波茂兰，1996.Ⅷ.24，陈会明采 (GUGC)；♂(正模)，4♂

(副模)，荔波茂兰，1998.Ⅴ.25，李子忠采 (GUGC)；4♂5♀，荔波茂兰，1998.Ⅹ.21，李子忠采 (GUGC)。

分布　贵州。

(68) 扭突脊额叶蝉，新种 *Carinata torta* Li, Li *et* Xing, sp. nov. (图 72)

模式标本产地　贵州安龙。

体连翅长，雄虫 6.0-6.1mm。

头冠前端呈角状突出，有纵皱纹，中域轻度隆起，中央纵脊明显，两侧有不甚明显的单眼下脊，且于单眼前消失，侧缘反折向上似缘脊；单眼位于头冠前侧缘，距复眼较距头冠顶端近；颜面额唇基隆起，中央有隆起的纵脊，两侧有横印痕列，唇基间缝明显，前唇基由基至端逐渐变狭，基域隆起宽大，端缘弧圆突出。前胸背板较头部宽，中长约等于头冠中长的 3/4，中央有 1 凹痕，前缘弧圆突出，后缘平直；小盾片约与头冠等长，横刻痕位于中后部。

雄虫尾节侧瓣近似长方形，末端角状突出，腹缘突起向后延长成杆状，末端轻微扭曲；雄虫下生殖板内侧中域扩大，末端尖圆，边缘有细刚毛，中域有 1 列粗刚毛；阳茎粗短，侧面观背缘中部双瓣扣合成囊状，端部呈管状弯曲，阳茎孔位于末端；连索 Y 形，两侧有膜状扩突；阳基侧突粗细匀称，端部向外弯，弯曲处有数根刚毛。

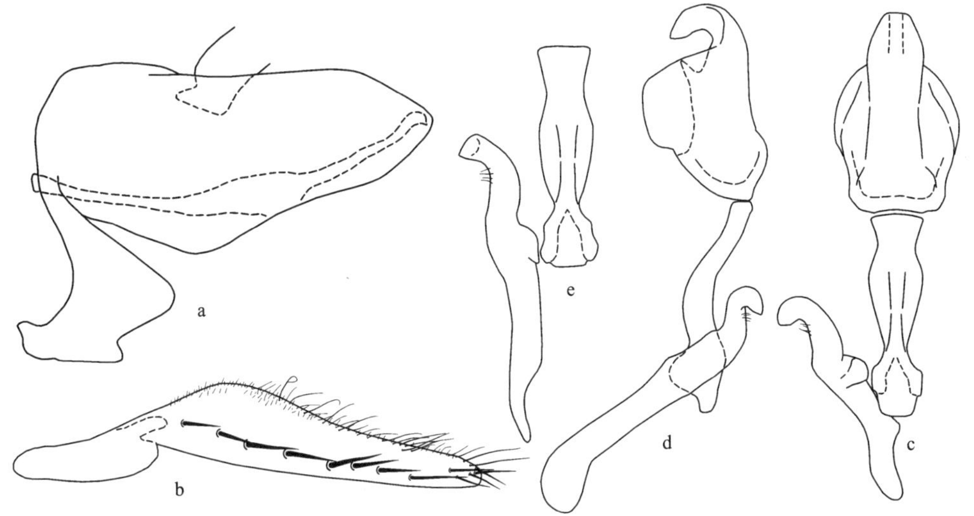

图 72　扭突脊额叶蝉，新种 *Carinata torta* Li, Li *et* Xing, sp. nov.

a. 雄虫尾节侧瓣侧面观 (male pygofer side, lateral view)；b. 雄虫下生殖板 (male subgenital plate)；c. 阳茎、连索、阳基侧突腹面观 (aedeagus, connective and style, ventral view)；d. 阳茎、连索、阳基侧突侧面观 (aedeagus, connective and style, lateral view)；e. 连索、阳基侧突 (connective and style)

体和前翅橘黄色。头冠中前域有 1 前端凹入近似心脏形的黑斑；复眼黑色；单眼亦黑色，边缘黑色环绕；颜面橘黄色，额唇基外侧靠近额颊缝处有 1 枚长方形黑色斑。前胸背板前缘中域、后缘均褐黑色；后翅烟褐色；胸部腹板和胸足橘黄色。

正模 ♂，贵州安龙，2008.Ⅶ.11，李玉建采。模式标本保存在贵州大学昆虫研究所(GUGC)。

词源 新种以雄虫尾节侧瓣腹缘突起扭曲这一明显特征命名。

分布 贵州。

新种外形特征与红翅脊额叶蝉 *Carinata rufipenna* Li *et* Wang 相似，其不同点在于新种雄虫尾节侧瓣末端尖突，腹缘突起扭曲，阳基侧突较匀称。

(69) 单钩脊额叶蝉 *Carinata unicurvana* Li *et* Zhang, 1994 (图 73)

Carinata unicurvana Li *et* Zhang, 1994, Entomotaxonomia, 16(2): 102. **Type locality**: Jiangxi (Lushan).

模式标本产地 江西庐山。

体连翅长，雄虫 6.0-6.2mm，雌虫 6.5-6.8mm。

头冠前端呈锐角状突出，密布细皱纹，中央纵脊明显，侧脊起自头冠顶端，伸至单眼区即消失；单眼位于头冠前侧域，与头冠顶端的距离约等于与复眼距离的 1.5 倍；颜面额唇基隆起，中央纵脊明显，两侧有横印痕列，前唇基端缘弧圆突出。前胸背板微短于头冠，中域隆起，前缘、后缘接近平直；小盾片较前胸背板短，横刻痕位于中后部，呈弧形弯曲。

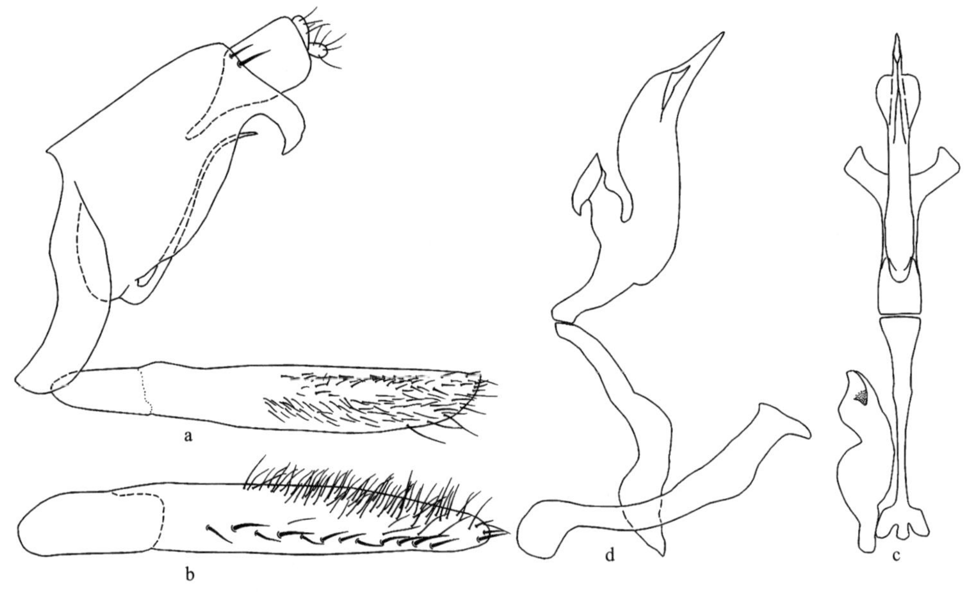

图 73 单钩脊额叶蝉 *Carinata unicurvana* Li *et* Zhang

a. 雄虫尾节侧面观 (male pygofer, lateral view)；b. 雄虫下生殖板 (male subgenital plate)；c. 阳茎、连索、阳基侧突腹面观 (aedeagus, connective and style, ventral view)；d. 阳茎、连索、阳基侧突侧面观 (aedeagus, connective and style, lateral view)

雄虫尾节侧瓣宽大，近似长方形，端缘有 1-2 大刺，端腹角延伸成弯钩状，腹缘突弯曲光滑，始于腹缘基部，约伸至端缘；雄虫下生殖板基部分节，内侧域有 1 列粗长刚毛；阳茎基部管状，背腔发达，侧面观中部膨大，端部尖细，亚端部两侧各有 1 刺状突；连索 Y 形，主干长约等于臂长的 1.5 倍；阳基侧突较匀称，端部手杖形。雌虫腹部第 7 节腹板中央长度约与第 6 节等长，中域隆起，后缘接近平直，产卵器长超出尾节侧瓣端缘甚多。

体淡黄微带白色。头冠前域中央 1 心脏形大斑、单眼外侧 1 小斑、触角窝下方 1 斑点均黑色。复眼黑褐色；单眼四周有黑色环，似 2 黑色小点。前胸背板前缘、后缘具黑色狭边；前翅橘红色，前缘和端区淡黄白色；胸部腹板和胸足淡黄白色无斑纹。

检视标本　**江西**：♂(正模)，庐山，1959.Ⅸ.5，杨集昆采 (CAU)。**广东**：1♂1♀，南岭，2006.Ⅷ.4，杨再华采 (GUGC)；5♂7♀，车八岭，2013.Ⅴ.10，焦猛、李斌采 (GUGC)。

分布　江西、广东。

(70) 一点脊额叶蝉 *Carinata unipuncta* Wang *et* Li, 1998 (图 74；图版Ⅳ：4)

Carinata unipuncta Wang *et* Li, 1998, Entomotaxonomia, 20(2): 117. **Type locality**: Guizhou (Libo).

模式标本产地　贵州荔波。

体连翅长，雄虫 6.0-6.2mm，雌虫 6.3-6.5mm。

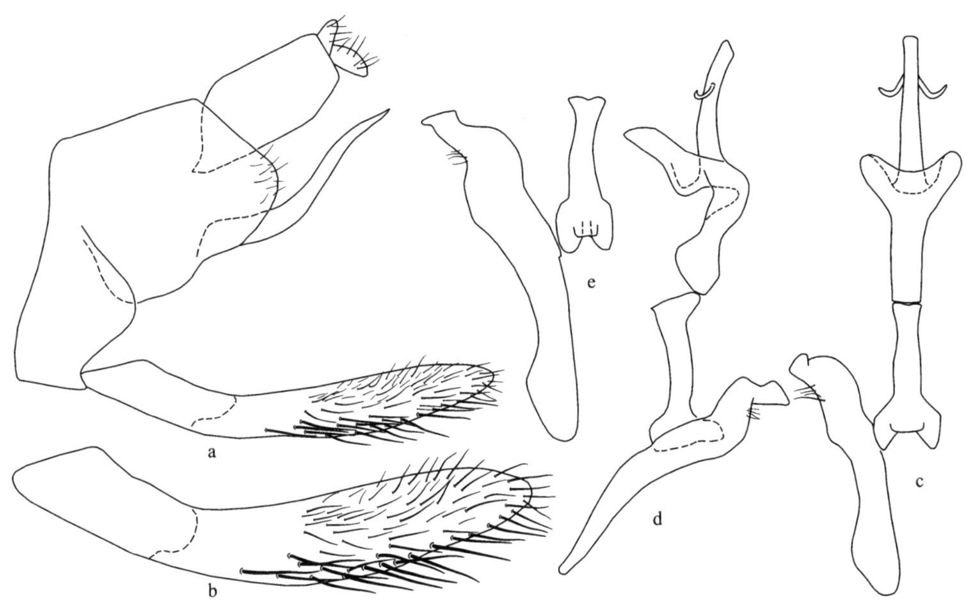

图 74　一点脊额叶蝉 *Carinata unipuncta* Wang *et* Li

a. 雄虫尾节侧面观 (male pygofer, lateral view)；b. 雄虫下生殖板 (male subgenital plate)；c. 阳茎、连索、阳基侧突腹面观 (aedeagus, connective and style, ventral view)；d. 阳茎、连索、阳基侧突侧面观 (aedeagus, connective and style, lateral view)；e. 连索、阳基侧突 (connective and style)

头冠前端呈角状突出，中域轻度隆起，密生细纵皱，中央纵脊明显，侧脊细弱；单眼位于头冠侧缘域，靠近复眼，与头冠顶端的距离约等于与复眼距离的4倍；额唇基中央纵脊明显，两侧有横印痕列。前胸背板较头部宽，比头冠短，中域隆起向两侧倾斜，前缘、后缘接近平直；小盾片较前胸背板短，中域横凹陷。

雄虫尾节侧瓣近似方形，端缘微突，端区有细刚毛，腹缘突起光滑始于中部，长过尾节侧瓣甚多；雄虫下生殖板狭长，基部分节，中域有1纵列粗刚毛；阳茎基部管状，中域两侧各有1片状突，亚端部着生2枝状突；连索Y形，主干长明显大于臂长；阳基侧突较匀称，端部鸟嘴状。雌虫第7节腹板中长明显大于第6腹节，中域隆起，后缘平切，产卵器微超过尾节端缘。

体灰白色。复眼煤褐色；单眼鲜红色。前翅灰白色，翅端前缘域有1黑色斑点。虫体腹面与体背同色，背面有黑色横带。雌虫前翅除端部前缘域1黑斑外，内缘不规则斑、翅中央1斜带纹亦黑色。

检视标本　**贵州**：1♀，赤水，1989.Ⅶ.31，李子忠采 (GUGC)；♂ (正模)，5♂1♀ (副模)，荔波，1996.Ⅷ.24，杨茂发采 (GUGC)；2♂4♀，茂兰，1996.Ⅷ.24，陈会明采 (GUGC)；4♂5♀，荔波洞马，1996.Ⅸ.22，李子忠采 (GUGC)；1♀，荔波洞马，1996.Ⅸ.22，杨茂发采 (GUGC)；3♂4♀，荔波茂兰板寨，1996.Ⅸ.24，杨茂发采 (GUGC)；1♂1♀，茂兰永康，1998.Ⅹ.28，戴仁怀采 (GUGC)。

分布　贵州。

(71) 杨氏脊额叶蝉 *Carinata yangi* Li *et* Zhang, 1994 (图 75)

Carinata yangi Li *et* Zhang, 1994, Entomotaxonomia, 16(2): 103. **Type locality**: Guangxi (Huaping), Sichuan (Emeishan).

模式标本产地　广西花坪，四川峨眉山。

体连翅长，雄虫5.2-5.5mm，雌虫6.2mm。

头冠前端宽圆突出，冠面隆起，密生细纵皱纹，中央纵脊明显，两侧有始于头冠顶端的侧脊，此脊伸至单眼着生区即消失；单眼位于头冠前侧域，着生在侧脊外侧，与头冠顶端的距离约等于与复眼距离的1.5倍；颜面额唇基中央纵脊明显，两侧有横印痕列，前唇基中央隆起似脊，端缘弧圆。前胸背板较头部宽，中长与头冠中长近似相等，前缘弧圆，后缘凹入；小盾片中长微短于头冠，横刻痕弧弯。

雄虫尾节侧瓣侧面观端向渐细，端缘弧圆，腹缘突起始于基部，中部弯曲，突起端部约有7枚羽状突；雄虫下生殖板狭长，内侧域有7根粗刚毛排成1纵列，外侧缘有细长毛；阳茎中部扩大近似囊状，端部骤变细成管状弯曲；连索Y形；阳基侧突端部平切。雌虫腹部第7节腹板后缘中央深凹，两侧叶端部宽圆，产卵器微伸出尾节侧瓣端缘。

体淡橙黄色。头冠中前域有1黑色小斑；复眼黑褐色；颜面额唇基外侧于触角窝下方有1小黑斑。前胸背板前缘中央和后缘有黑色狭边；前翅橙黄色，端区烟褐色；胸部腹板和胸足淡黄白色无斑纹。腹部背面中央烟褐色，腹面淡黄白色无任何斑纹。

检视标本　**广西**：♂ (正模)，2♂1♀，花坪，1982.Ⅵ.24-25，杨集昆采 (CAU)；3♂，

元宝山，2004.Ⅶ.13-16，杨茂发采 (GUGC)。**四川**：1♂ (副模)，峨眉山，1962.Ⅷ.26，杨集昆采 (GUGC)。**贵州**： 1♂，雷公山，2004.Ⅷ.4，廖启荣采 (GUGC)；1♂，雷公山，2004.Ⅷ.4，宋琼章采 (GUGC)；1♂，雷公山，2004.Ⅷ.4，徐翩采 (GUGC)；1♂，雷公山，2004.Ⅷ.4，严凯采 (GUGC)；3♂4♀，绥阳宽阔水，2010.Ⅵ.15-16，戴仁怀、常志敏采 (GUGC)。

分布　广西、四川、贵州。

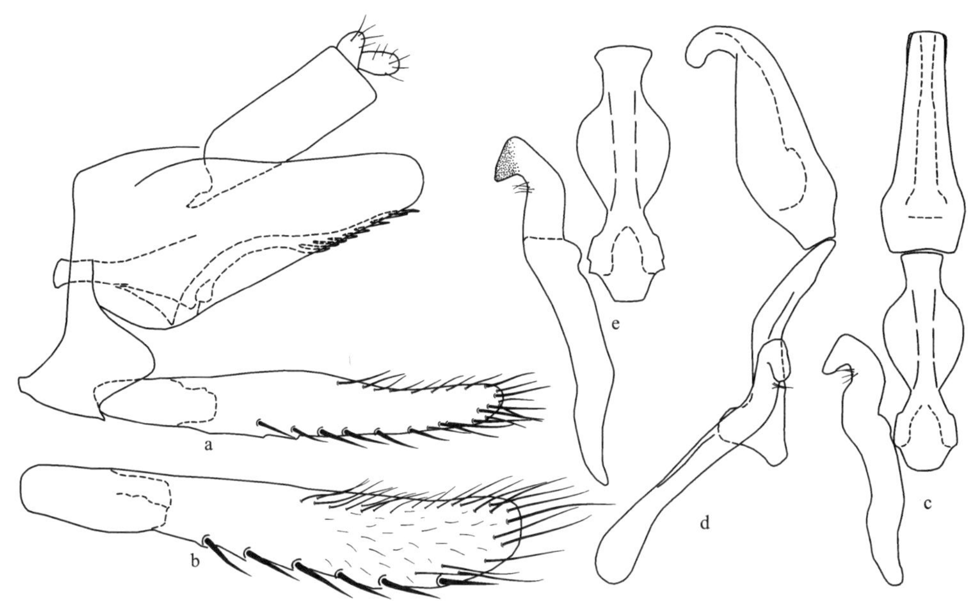

图 75　杨氏脊额叶蝉 *Carinata yangi* Li *et* Zhang

a. 雄虫尾节侧面观 (male pygofer, lateral view)；b. 雄虫下生殖板 (male subgenital plate)；c. 阳茎、连索、阳基侧突腹面观 (aedeagus, connective and style, ventral view)；d. 阳茎、连索、阳基侧突侧面观 (aedeagus, connective and style, lateral view)；e. 连索、阳基侧突 (connective and style)

(72) 元宝山脊额叶蝉，新种 *Carinata yuanbaoshanensis* Li, Li *et* Xing, sp. nov. (图 76)

模式标本产地　广西元宝山。

体连翅长，雄虫 5.8-6.0mm，雌虫 6.2-6.4mm。

头冠前端呈角状突出，冠面隆起，密生细纵皱纹，中央纵脊明显，两侧有始于头冠顶端的侧脊，此脊伸至单眼着生区即消失；单眼位于头冠前侧域，着生在侧脊外侧，与复眼的距离约等于单眼直径的 2 倍；颜面额唇基中央纵脊明显，两侧有横印痕列，前唇基端向渐窄，端部两侧接近平行。前胸背板较头部宽，中央长度短于头冠中长，前缘弧圆，后缘接近平直；小盾片中长微短于头冠，横刻痕位于中后部，弧形弯曲。

雄虫尾节侧瓣近似长方形，端腹角呈锥形突出，腹缘突起始于基部，光滑细长，端部向腹面弯曲；雄虫下生殖板细长，较匀称，散生细长刚毛，内侧中央有 1 列粗长刚毛；阳茎中部膨大，背缘两侧各有一长一短的刺状突，端部细长管状，阳茎孔位于末端；连索 Y 形，主干长明显大于臂长；阳基侧突较匀称，端部近似鱼尾形。雌虫腹部第 7 节腹板中央长度大于第 6 节腹板中长，后缘中央轻微凹入，产卵器伸出尾节侧瓣端缘。

体淡黄白色。头冠中前域有 1 近似椭圆形黑色斑，此斑前缘微凹；复眼黑褐色；单眼淡黄白色，四周有黑色环绕；颜面淡黄白色，额唇基外侧有 1 黑色长斑。前胸背板前缘中部有 1 褐色斑，后缘中部黑色；前翅淡黄白色；胸部腹板和胸足淡黄白色。腹部腹面黄白色，背面褐色。

正模 ♂，广西融水元宝山，2004.Ⅶ.14，杨茂发采。副模：6♂5♀，采集时间、采集地点、采集人同正模。所有模式标本均保存在贵州大学昆虫研究所 (GUGC)。

词源　新种以模式标本采集地——广西融水元宝山命名。

分布　广西。

新种外形特征与单钩脊额叶蝉 *Carinata unicurvana* Li *et* Zhang 相似，不同点是本新种前翅淡黄白色，复眼外侧无黑色斑点，阳茎背缘两侧各有 2 刺状突。

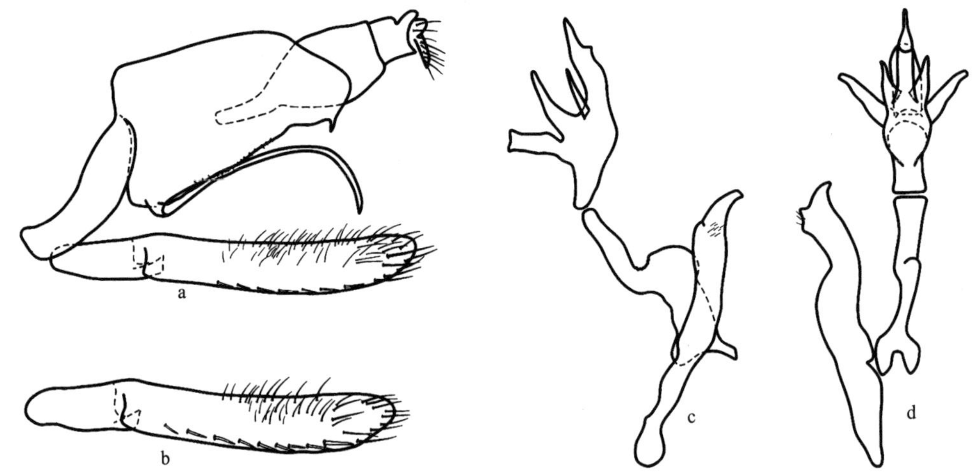

图 76　元宝山脊额叶蝉，新种 *Carinata yuanbaoshanensis* Li, Li *et* Xing, sp. nov.

a. 雄虫尾节侧面观 (male pygofer, lateral view)；b. 雄虫下生殖板 (male subgenital plate)；c. 阳茎、连索、阳基侧突侧面观 (aedeagus, connective and style, lateral view)；d. 阳茎、连索、阳基侧突腹面观 (aedeagus, connective and style, ventral view)

6. 凹冠叶蝉属，新属 *Concaves* Li, Li *et* Xing, gen. nov.

Type species: *Onukia albiclypeus* Li *et* Wang, 1993.

模式种产地：云南勐腊。

属征：头冠前端呈锐角突出，中央纵脊和侧脊均明显，单眼下脊较弱，中脊与侧脊间低洼；单眼位于侧脊外侧，距复眼较距头冠顶端近；复眼较小，复眼面略低于头冠水平面；颜面额唇基隆起，中央有 1 纵脊，两侧有横印痕列。前胸背板中央长度与头冠近似相等或略短于头冠中长，显著宽于头部，前缘弧圆突出，后缘接近平直，密生横皱纹；小盾片较前胸背板短或近似相等，横刻痕凹陷且短，伸不及侧缘；前翅 R_{1a} 脉与前缘反折相交，有 4 端室，端片不明显。

雄虫尾节侧瓣长形，近端部缢缩，腹缘无突起；雄虫下生殖板宽大，基部分节，散生数根粗刚毛；阳茎向背面弯曲，基部呈细管状，中部背面有 1 对片状突，亚端部背面有 1 对小片状突，端部细管状；连索 Y 形，主干细长；阳基侧突匀称，端部扭曲。

此属雌雄个体间体色斑纹差异较大，性二型明显。

词源　新属以头冠中脊和侧脊间明显凹陷这一明显特征命名。

地理分布　东洋界，古北界。

该新属外形特征与锥头叶蝉属 *Onukia* Matsumura 相似，不同点是本新属头冠中脊与侧脊间凹洼明显，单眼下脊弱，雄虫尾节侧瓣近端部缢缩，雌雄二型。

本属为新厘定，含 3 种新组合含 1 种新异名。

种检索表 (♂)

1. 颜面额唇基中域大部分乳白色，其余黑色……………………………… **白额凹冠叶蝉 *C. albiclypeus***
   颜面黄白色…………………………………………………………………………………………2
2. 头冠黑色斑纹不呈 X 形 ……………………………………………………**双斑凹冠叶蝉 *C. bipunctatus***
   头冠具 X 形黑色斑纹 …………………………………………………**黄斑凹冠叶蝉 *C. flavopunctatus***

(73) 白额凹冠叶蝉 *Concaves albiclypeus* (Li *et* Wang, 1993) (图 77；图版Ⅳ：5)

Onukia albiclypeus Li *et* Wang, 1993, Journal of Guizhou Agricultural College, 12(Suppl.): 37. **Type locality**: Yunnan (Mengla).

Concaves albiclypeus (Li *et* Wang, 1993). **New combination**.

模式标本产地　云南勐腊。

体连翅长，雄虫 4.8-5.0mm，雌虫 5.2-5.5mm。

头冠前端呈锐角状突出，中域轻度隆起，中央纵脊和侧脊均明显，单眼下脊较弱，中脊与侧脊间较低凹；单眼位于侧脊外侧，距复眼较距头冠顶端近；复眼较小，复眼面约低于头冠水平面；颜面额唇基隆起，中央有 1 明显的纵脊，两侧有横印痕列。前胸背板中央长度与头冠近似相等，显著宽于头部，前缘弧圆突出，后缘接近平直，密生横皱纹；小盾片较前胸背板短，横刻痕凹陷，两端伸不及侧缘。

雄虫尾节侧瓣宽大，末端呈锥状突出，腹缘无突起；雄虫下生殖板宽大，基部分节，中域有不规则排列的粗刚毛；阳茎基部细管状，中部背面有 1 对大的片状突，端部细管状弯曲，弯曲处有 1 短突；连索 Y 形，主干细长，约为臂长的 4 倍；阳基侧突粗细匀称，端部扭曲。雌虫腹部第 7 节腹板中央长度约为第 6 节的 2 倍，后缘中央深凹至中域分裂成 2 片，两侧叶端缘弧圆突出。

雄虫体黑色。头冠顶端、复眼前域、额唇基中域、触角、颊区外侧乳白色。小盾片乳白色，基侧角和基域中央 1 纵斑黑色；前翅黑色，肩角、爪片末端、前缘中后部 1 大斑乳白色，端区隐现 1 浅褐色横线纹；胸部腹板乳白色，胸足淡黄白色。腹部背面黑褐色，腹面淡黄褐色，尾节黑褐色。雌虫体及前翅乳白色。头冠 Y 形纹、额唇基两侧 1 纵带纹、小盾片基角及前翅中后部 1 斜横带纹和端缘黑色。

寄主 禾本科植物。

观察标本 **云南**：♂(正模)，♀(配模)，3♂2♀(副模)，勐腊，1992.Ⅹ.22，李子忠采(GUGC)；1♂，勐腊，2012.Ⅶ.24，郑维斌采 (GUGC)；3♂，勐仑，2012.Ⅶ.28，郑维斌采 (GUGC)。

分布 云南。

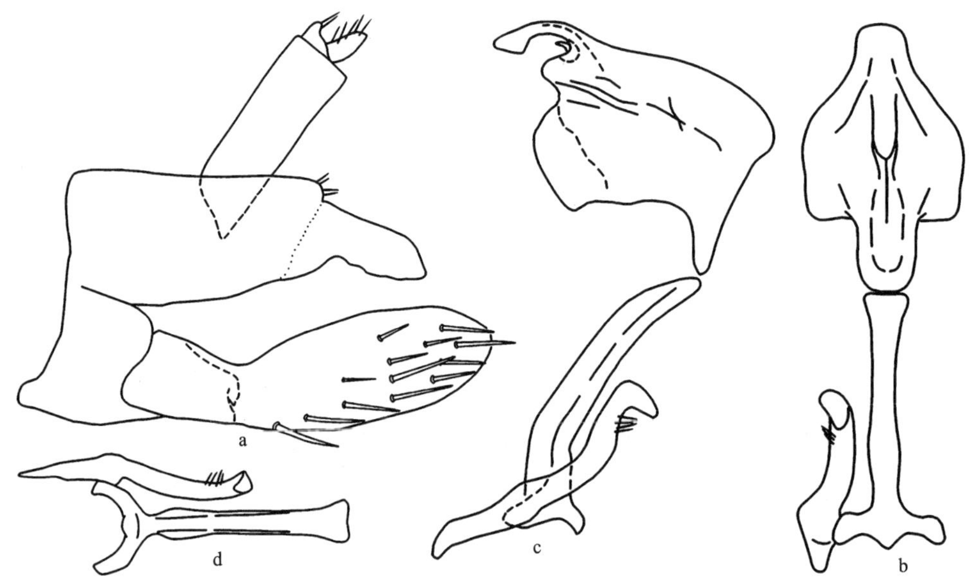

图 77 白额凹冠叶蝉 *Concaves albiclypeus* (Li *et* Wang)

a. 雄虫尾节侧面观 (male pygofer, lateral view)；b. 阳茎、连索、阳基侧突腹面观 (aedeagus, connective and style, ventral view)；c. 阳茎、连索、阳基侧突侧面观 (aedeagus, connective and style, lateral view)；d. 连索、阳基侧突 (connective and style)

(74) 双斑凹冠叶蝉 *Concaves bipunctatus* (Li *et* Wang, 1993) (图 78)

Onukia bipunctata Li *et* Wang, 1993, Journal of Guizhou Agricultural College, 12(Suppl.): 38. **Type locality**: Yunnan (Ruiliwanding).

Concaves bipunctatus (Li *et* Wang, 1993). **New combination.**

模式标本产地 云南瑞丽畹町。

体连翅长，雄虫 4.7mm，雌虫 4.8-5.0mm。

头冠前端呈锐角状突出，中域隆起，密布纵皱纹，中脊和侧脊明显，单眼下脊弱；颜面额唇基隆起，中央有 1 明显纵脊，两侧有横印痕列，前唇基基域扩大隆起，端部变狭，端缘接近平直。前胸背板较头部宽，微短于头冠，前缘、后缘接近平直；小盾片较前胸背板短，横刻痕位于中后部。

雄虫尾节侧瓣近似长方形，端缘有 2 刺状突；雄虫下生殖板宽扩，基部分节，侧域及端区有粗长刚毛；阳茎基部细管状，中部背面有大的片状突起，端部弯曲呈管状，近弯曲处有点扩延，阳茎孔位于末端；连索 Y 形，主干长是臂长的 7 倍；阳基侧突匀称，端部扭曲。雌虫腹部第 7 节腹板中央长度是第 6 节的 2 倍，后缘波状凹入。

雄虫体黑色。头冠顶端有淡黄白色斑点；颜面额唇基中域乳白色，其余部分淡黄白色。小盾片基域黑褐色，端半部淡黄白色；前翅黑色，前缘中部有 1 乳白色大斑，端区有 1 不甚明显的淡黄褐色细横带纹；胸部腹板和胸足淡黄白色无任何斑纹。腹部背面煤褐色，各节后缘淡黄白色。雌虫体及前翅乳白色。头冠两侧各有 1 圆形黑斑，一些个体前翅中央有淡黄褐色不甚明显的纵纹，端缘淡黄褐色。

寄主 禾本科植物。

检视标本 **云南**：♂ (正模)，瑞丽畹町，1992.Ⅹ.31，李子忠采 (GUGC)；♀ (配模)，3♀ (副模)，瑞丽畹町，1992.Ⅹ.31，李子忠采 (GUGC)。

分布 云南。

图 78 双斑凹冠叶蝉 *Concaves bipunctatus* (Li *et* Wang)

a. 雄虫下生殖板 (male subgenital plate)；b. 阳茎侧面观 (aedeagus, lateral view)；c.连索 (connective)；d. 阳基侧突 (style)

(75) 黄斑凹冠叶蝉 *Concaves flavopunctatus* (Li *et* Wang, 1991) (图 79；图版Ⅳ：6)

Onukia flavopunctata Li *et* Wang, 1991, Agriculture and Forestry insect Fauna of Guizhou, 4: 61. **Type locality**: Guizhou (Luodian).

Onukia chiangi Huang, 1992, Bulletin of National Museum of Natural Science, 3: 165. **New synonymy.**

Concaves flavopunctatus (Li *et* Wang, 1991). **New combination.**

模式标本产地 贵州罗甸。

体连翅长，雄虫 5.0-5.2mm，雌虫 5.5-5.6mm。

头冠前端呈锐角状突出，中央纵脊和侧脊明显，单眼下脊弱，脊间凹陷；单眼位于头冠前侧缘，着生在单眼上脊外侧，距复眼较距头冠顶端近；颜面额唇基长大于宽，中央有明显纵脊，两侧有横印痕列。前胸背板中长显著短于头冠中央长度，较头部宽，有横皱纹，前缘弧圆突出，后缘微凹；小盾片明显短于前胸背板，横皱纹细而不明显。

雄虫尾节侧瓣狭长，腹缘无突起，端部变细端缘斜向腹缘；雄虫下生殖板宽叶片状，端缘宽圆，端域蔓生粗长刚毛；阳茎基部短管状，中部膨大，背缘两侧各有 1 片状突，末端变细成管状弯曲，弯曲处有 1 指状突起；连索 Y 形，主干细长；阳基侧突匀称，端部向外侧伸出。雌虫腹部第 7 节腹板中域隆起，中央长度显著大于第 6 节腹板，后缘中央浅凹，产卵器微伸出尾节侧瓣端缘。

雄虫体淡黄白色。头冠具 X 形黑色斑纹，此纹前叉越过单眼着生区抵达单眼下脊，后叉仅抵达侧脊；复眼黑褐色；单眼红褐色；颜面淡黄白色无任何斑纹。前胸背板黑色，两侧缘域淡黄白色；小盾片淡黄白色，基域有 M 形黑色纹，中央竖纹抵达横刻痕处；前翅黑色，后缘有 3 灰白色斑，分列于爪脉和爪片末端，前缘中部有 1 黄白色大斑，肩角处和端区横带纹亦淡黄白色；胸部腹板和胸足淡黄白色。腹部背面黑褐色，腹面黄白色无任何斑纹。雌虫体及前翅乳白色。头冠二单眼间有 1 近似哑铃形黑色斑；复眼内缘有 1 黑色小点。前翅端缘及端区翅脉黑褐色；胸足淡橙黄色。

寄主 草本植物。

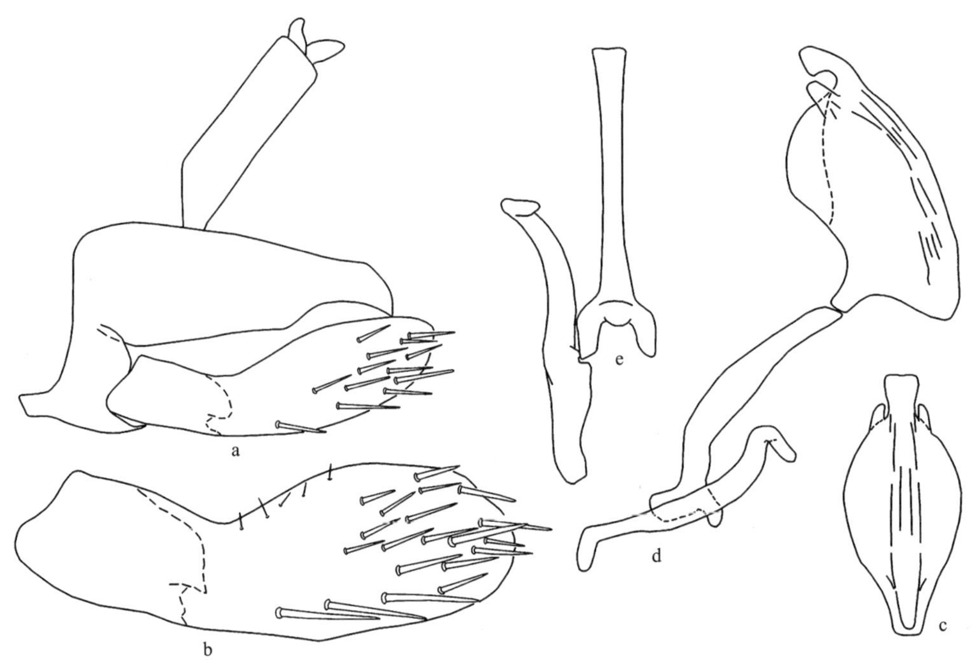

图 79 黄斑凹冠叶蝉 *Concaves flavopunctatus* (Li *et* Wang)

a. 雄虫尾节侧面观 (male pygofer, lateral view)；b. 雄虫下生殖板 (male subgenital plate)；c. 阳茎腹面观 (aedeagus, ventral view)；d. 阳茎、连索、阳基侧突侧面观 (aedeagus, connective and style, lateral view)；e. 连索、阳基侧突 (connective and style)

检视标本 **河北**：3♂，承德兴隆雾灵山，2011.Ⅷ.7-9，范志华采 (GUGC)。**山西**：1♂，翼城历山，2011.Ⅷ.25，范志华采 (GUGC)。**湖北**：1♂，五峰后河，1999.Ⅶ.11，郑乐怡采 (NKU)；1♂，五峰后河，2002.Ⅶ.16，周惠星采 (YTU)；2♂，武当山，2012.Ⅷ.7，于晓飞采 (GUGC)；1♂1♀，大别山，2014.Ⅷ.29，周正湘采 (GUGC)。**安徽**：1♂，庐山，

2013.Ⅷ.1，李斌采 (GUGC)。**浙江**：2♂2♀，庆元，2013.Ⅵ.29，李斌、严斌采 (GUGC)。**广西**：8♀，凭祥，1997.Ⅵ.1，杨茂发采 (GUGC)。**贵州**：2♂4♀，三都，1984.Ⅹ.25，李子忠采 (GUGC)；♂ (正模)，♀ (配模)，5♂7♀ (副模)，罗甸，1985.Ⅵ.25-30，李子忠、汪廉敏采 (GUGC)；5♂8♀，荔波，1988.Ⅷ.15-17，李子忠、谭诗信采 (GUGC)；1♂，望谟，1989.Ⅵ.10，李子忠采 (GUGC)；1♂，榕江，1989.Ⅷ.7，李子忠采 (GUGC)；2♂1♀，册亨，2012.Ⅶ.31，徐世燕采 (GUGC)。**云南**：2♂，兰坪，2000.Ⅷ.13，李子忠采 (GUGC)；3♂，大理，2012.Ⅷ.10，范志华采 (GUGC)；1♂，香格里拉，2012.Ⅷ.10，范志华采 (GUGC)；1♂，香格里拉，2012.Ⅷ.27，张歆逢采 (GUGC)。

分布　河北、山西、安徽、浙江、湖北、福建、台湾、广西、贵州、云南；越南。

7. 扁头叶蝉属 *Concavocorona* Wang *et* Zhang, 2014

Concavocorona Wang *et* Zhang, 2014, Zootaxa, 3794(4): 587. **Type species**: *Concavocorona supercilia* Wang *et* Zhang, 2014.

模式种产地：泰国。

属征：头冠前端呈角状突出，中域轻度凹陷，有不规则皱纹，头冠前缘与颜面呈角状相交，致前缘扁薄微向上卷，中央有 1 明显的纵脊，缘脊于复眼前分叉；单眼位于头冠前侧缘，紧靠复眼，与复眼之距约等于单眼直径；颜面额唇基隆起，中央有 1 明显的纵脊，两侧有横印痕列。前胸背板较头部宽，中域隆起，有横皱纹；小盾片较前胸背板短，有横皱纹；前翅长超过腹部末端，翅脉明显微突，有 4 端室，缺端片。

雄虫尾节侧瓣端向渐窄，近似三角形突出，近基部腹缘有 1 光滑的长突；雄虫下生殖板宽大，较匀称，中域有不规则排列的粗长刚毛和柔毛；阳茎基部呈细管状，中部背面有 1 对片状突，腹面近似隆脊状突起，并于中后部呈角状突出，端部管状弯曲；连索 Y 形；阳基侧突粗细匀称，亚端部扭曲，末端呈片状延伸。

地理分布：东洋界。

此属由 Wang 和 Zhang (2014) 以泰国产 *Concavocorona supercilia* Wang *et* Zhang 为模式种建立，并描述 1 新种和 1 种新组合。

全世界已知 2 种，中国已知 1 种。本志记述 1 种。

(76) 黑色扁头叶蝉 *Concavocorona abbreviata* (Jacobi, 1944) (图 80；图版Ⅳ：7)

Cunedda abbreviata Jacobi, 1944, Mitteilungen der Müchener Entomonigischen Gesellschaft, 34: 51. **Type locality**: Fujian (Wuyishan).

Concavocorona abbreviata (Jacobi): Wang *et* Zhang, 2014, Zootaxa, 3794(4): 591.

模式标本产地　福建武夷山。

体连翅长，雄虫 7.5-7.8mm，雌虫 7.8-8.0mm。

头冠前端呈角状突出，端缘扁薄，微向上翘，中域轻度凹陷，有不规则皱纹；单眼位于头冠前侧缘，紧靠复眼，着生在侧脊分叉的凹陷内，与复眼之距约等于单眼直径；颜面额唇基隆起，前唇基纵向隆起，端向渐窄，端缘弧圆。前胸背板较头部宽，中域隆起，有横皱纹；小盾片较前胸背板短，有横皱纹，横刻痕位于中后部，弧形弯曲。

雄虫尾节侧瓣呈三角形突出，基部腹缘有 1 光滑长突，此突起长超过尾节侧瓣端缘；雄虫下生殖板宽大，近似匀称，中域有不规则排列的粗长刚毛和柔毛；阳茎基部呈管状，中部背面有 1 对近似长方形的片状突，侧面观腹面呈隆脊状，中后部呈角状突出，端部管状弯曲，亚端部有 1 刺状突；连索 Y 形，主干长大于臂长的 1.5 倍；阳基侧突匀称，亚端部弯曲处有数根刚毛，末端向两侧延伸。雌虫腹部第 7 节腹板中央长度是第 6 节腹板中长的 2 倍，产卵器伸出尾节侧瓣端缘。

体及前翅黑色。头冠前缘冠面相交处姜黄色；复眼褐色；单眼黄白色；颜面黑褐色。前翅爪片末端淡褐色；胸部腹板和胸足淡黄褐色。

检视标本　**福建**：2♀，武夷山，2012.Ⅴ.23，范志华、龙见坤采 (GUGC)。**广西**：1♂，花坪，2012.Ⅳ.26，郑维斌采 (GUGC)；1♀，武鸣，2012.Ⅴ.14，范志华采 (GUGC)。

分布　福建、广西。

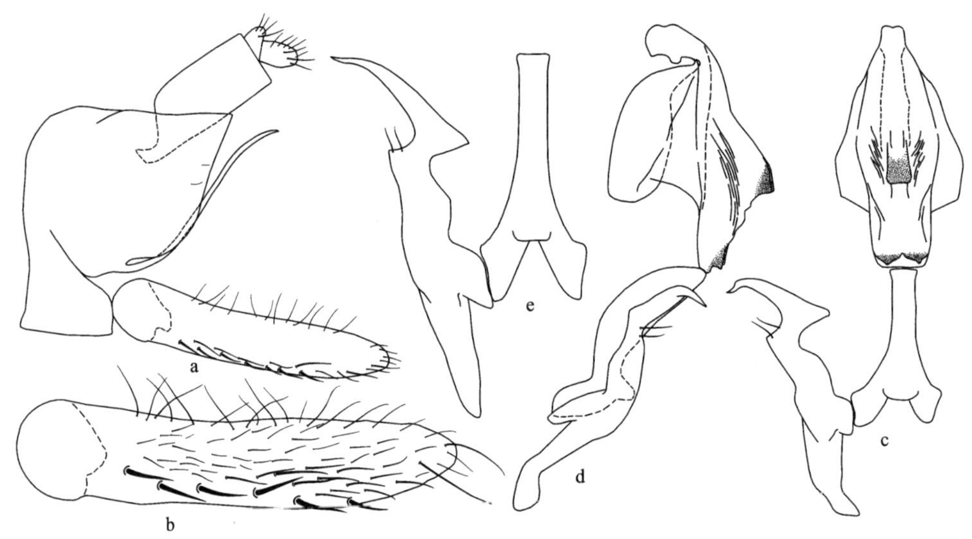

图 80　黑色扁头叶蝉 *Concavocorona abbreviata* (Jacobi)

a. 雄虫尾节侧面观 (male pygofer, lateral view)；b. 雄虫下生殖板 (male subgenital plate)；c. 阳茎、连索、阳基侧突腹面观 (aedeagus, connective and style, ventral view)；d. 阳茎、连索、阳基侧突侧面观 (aedeagus, connective and style, lateral view)；e. 连索、阳基侧突 (connective and style)

8. 凸冠叶蝉属 *Convexana* Li, 1994

Convexana Li, 1994, Acta Zootaxonomica Sinica, 19(4): 465. **Type species**: *Convexana nigrifronta* Li, 1994.

模式种产地：贵州贵阳。

属征：头冠前端呈角状突出，冠面隆起，密布细纵皱纹，中央有 1 明显纵脊，侧脊不甚明显；单眼位于头冠侧缘域，与复眼的距离较距头冠顶端近；颜面额唇基隆起，中央有 1 明显纵脊，两侧有横印痕列，唇基间缝明显，前唇基由基至端逐渐变狭，舌侧板宽大，末端伸不及前唇基端缘。前胸背板较头部宽，具横皱纹；小盾片比前胸背板短；前翅长超过腹部末端，翅脉明显，R_{1a} 脉与前缘反折相交，端片不明显，具 4 端室。

雄虫尾节侧瓣宽圆突出，腹缘无突起；雄虫下生殖板狭长，基部分节，中域有 1 列粗刚毛；阳茎双瓣扣合成囊状，端部呈管状，阳茎孔位于末端；连索 Y 形；阳基侧突末端弯折外伸。

部分种雌雄个体间色彩斑纹不同。

地理分布：东洋界。

此属系李子忠 (1994) 以 *Convexana nigrifronta* Li 为模式种建立，并记述贵州 3 新种；李子忠和汪廉敏 (1996a) 记述贵州 1 新种；Zhang 等 (2010c) 建立 1 种新组合；陈祥盛等 (2012) 发表云南 1 新种。

全世界记述 6 种，其中 1 种移出本属，实有 5 种。本志记述 14 种，含 9 新种。

种检索表 (♂)

1. 体及前翅红色……………………………………红色凸冠叶蝉 ***C. rufa***
   体及前翅非红色……………………………………2
2. 颜面黑褐色……………………………………黑额凸冠叶蝉 ***C. nigrifronta***
   颜面淡黄白色……………………………………3
3. 体及前翅淡黄褐色……………………………………**淡翅凸冠叶蝉，新种 *C. palepenna* sp. nov.**
   体及前翅黑褐色……………………………………4
4. 头冠中央有 1“十”字形白色印痕……………………………………**十字凸冠叶蝉，新种 *C. cruciata* sp. nov.**
   头冠中央无“十”字形白色印痕……………………………………5
5. 头冠、前胸背板、小盾片中央有 1 黄白色纵纹……………………………………6
   仅头冠中央有黄白色纵纹或仅前端和基域黄白色……………………………………7
6. 阳茎中部囊状突长方形……………………………………白脊凸冠叶蝉 ***C. albicarinata***
   阳茎中部囊状突近似三角形……………………………………**白带凸冠叶蝉，新种 *C. albitapeta* sp. nov.**
7. 头冠前端和基域有黄白色小斑……………………………………**黑腹凸冠叶蝉，新种 *C. nigriventrala* sp. nov.**
   头冠中央有黄白色纵纹……………………………………8
8. 前翅中部前缘白色透明斑特长……………………………………曲突凸冠叶蝉 ***C. fleura***
   前翅中部前缘透明斑近似方形……………………………………9
9. 雄虫尾节侧瓣端缘弯曲向上……………………………………**翘尾头冠叶蝉，新种 *C. curvatura* sp. nov.**
   雄虫尾节侧瓣端缘不向上翘……………………………………10
10. 阳茎腹缘龙骨状突起末端呈刺状延伸……………………………………**隆脊凸冠叶蝉，新种 *C. vertebrana* sp. nov.**
    阳茎腹缘龙骨状突起末端不延伸……………………………………11
11. 雄虫尾节侧瓣近似长方形……………………………………12

雄虫尾节侧瓣近似三角形…………………………………………………………………………………………… 13

12. 前翅褐色，前缘有 1 长方形白色透明斑………… **神农凸冠叶蝉，新种 *C. shennongjiaensis* sp. nov.**

前翅黑褐色，前缘无白色透明斑……………………………… **刺突凸冠叶蝉，新种 *C. furcella* sp. nov.**

13. 阳茎中后部腹缘呈钝角状突出……………………………………………… **双斑凸冠叶蝉 *C. bimaculata***

阳茎中后部腹缘不呈钝角状突出……………………… **黑背凸冠叶蝉，新种 *C. nigridorsuma* sp. nov.**

(77) 白脊凸冠叶蝉 *Convexana albicarinata* Li, 1994 (图 81)

Convexana albicarinata Li, 1994, Acta Zootaxonomica Sinica, 19(4): 467. **Type locality**: Guizhou (Suiyang).

模式标本产地 贵州绥阳。

体连翅长，雄虫 5.5-5.8mm，雌虫 6.0-6.2mm。

头冠前端呈钝角状突出，中域隆起，具纵皱纹，中央有 1 明显的纵脊，侧脊不甚明显，中域横跨中脊处有 1 短垠，侧缘于复眼前微呈角状突出；单眼位于头冠前侧缘，着生在凹陷内。前胸背板较头部宽，具横皱纹；小盾片横刻痕位于中后部。

雄虫尾节侧瓣侧面观端向渐窄，端缘尖突，腹缘无突起；雄虫下生殖板基部分节，狭长，由基至端逐渐变狭，末端圆，中域有 1 列粗刚毛，端缘有长刚毛；阳茎基部短管状，中部双瓣扣合成囊状，末端呈短管状弯曲；连索 Y 形，主干基部膨大，中长是臂长的 4 倍；阳基侧突基部扭曲，端部弯曲成手杖形。雌虫腹部第 7 节腹板后缘中央凹入，两侧叶宽大，产卵器微超出尾节侧瓣端缘。

体淡黄褐色。头冠黑色，中脊、单眼着生区、单眼、触角黄白色；颜面橙红色。前胸背板黑色，前缘近头冠中脊处淡黄褐色；小盾片黑色；前翅黑色，前缘域端半部有 1 淡黄白色长斑，端区有淡黄白色横斑；胸部腹板及胸足淡黄白色无斑纹。腹部背面黑褐色，腹面褐色，各节边缘有黄白色边，尾节黑色。雌虫体淡黄白色。小盾片中央淡黄褐色；前翅除端区前缘黄白色斑扩大外，爪片亦淡黄白色。腹部背面深褐色，腹面淡黄白色，基部第 1、第 2 节腹板中央及第 7 节腹板中央黑色。

寄主 草本植物。

检视标本 **河南**：1♂，少林寺，2002.Ⅶ.16，陈祥盛采 (GUGC)。**山西**：1♂1♀，历山自然保护区，2012.Ⅶ.29，邢济春采 (GUGC)。**广西**：1♀，百色大王岭，2010.Ⅷ.15，孟泽洪采 (GUGC)。**四川**：1♂1♀，绵阳，2010.Ⅶ.20，李克彬采 (GUGC)。**贵州**：♂ (正模)，♀ (配模)，5♂7♀，绥阳，1984.Ⅷ.4-6，李子忠采 (GUGC)；12♂1♀，荔波，1988.Ⅹ.16，李子忠采 (GUGC)；1♀，石阡佛顶山，1994.Ⅷ.9，陈祥盛采 (GUGC)；12♂1♀，荔波，1988.Ⅹ.16，李子忠采 (GUGC)；3♂2♀，绥阳宽阔水，2008.Ⅷ.15，宋琼章、徐芳玲采 (GUGC)。**云南**：1♂1♀，兰坪，2012.Ⅷ.3-4，龙见坤采 (GUGC)；1♂2♀，高黎贡山，2013.Ⅷ.1，范志华、杨卫诚采 (GUGC)。

分布 山西、河南、陕西、广西、四川、贵州、云南。

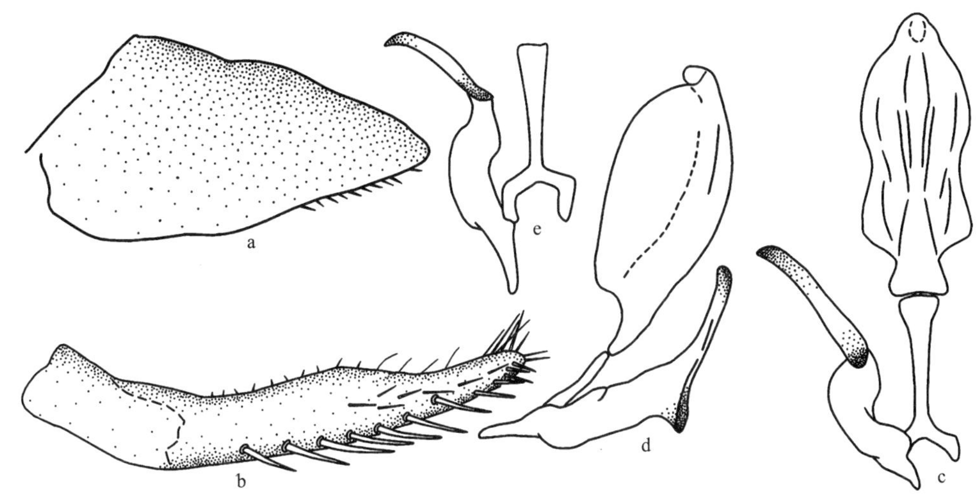

图 81　白脊凸冠叶蝉 *Convexana albicarinata* Li

a. 雄虫尾节侧瓣侧面观 (male pygofer side, lateral view)；b. 雄虫下生殖板 (male subgenital plate)；c. 阳茎、连索、阳基侧突腹面观 (aedeagus, connective and style, ventral view)；d. 阳茎、连索、阳基侧突侧面观 (aedeagus, connective and style, lateral view)；e. 连索、阳基侧突 (connective and style)

(78) 白带凸冠叶蝉，新种 *Convexana albitapeta* Li, Li *et* Xing, sp. nov. (图 82；图版Ⅳ：8)

模式标本产地　云南丽江。

体连翅长，雄虫 5.1-5.2mm，雌虫 5.3-5.4mm。

头冠前端宽圆突出，中央长度与二复眼间宽近似相等，中央有 1 纵脊，侧脊细弱，冠面隆起，具纵皱纹；单眼位于头冠前侧缘，与复眼的距离约等于单眼直径的 3.5 倍。前胸背板较头部宽，中域隆起，具横皱纹；小盾片三角形。

雄虫尾节侧瓣宽短，端向渐窄，近似三角形突出，端缘有细刚毛；雄虫下生殖板基部分节，中域有 1 列粗长刚毛，端缘有长毛；阳茎基部细管状，侧面观中部背域两侧片状突宽短，近似三角形扣合成短的囊状，腹面呈角状突出，端部管状弯曲，性孔位于末端；连索 Y 形，主干长是臂长的 3 倍；阳基侧突基部扭曲，端部向两侧扩延，扩延部近基部缺凹，端区强度弯曲。雌虫腹部第 7 节腹部中央长度与第 6 节腹板接近等长，后缘中央成缺刻状凹入，两侧叶斜向伸出，产卵器微伸出尾节侧瓣端缘。

体黑褐色。单眼着生区和沿中央纵脊黄白色；复眼黑褐色；颜面淡黄白色。前胸背板和小盾片黑褐色，中央纵贯 1 淡黄白色带纹，此带纹从头冠顶端到小盾片末端逐渐加宽；前翅淡黄褐色，爪片末端、革片中央纵带纹和端缘黑褐色，前缘中部和端部各有 1 白色透明斑；胸部腹板和胸足淡黄白色，无斑纹。腹部背面黑褐色，腹面黑褐色，各节后缘中部和生殖节黑褐色。

正模　♂，云南丽江，2000.Ⅷ.10，李子忠采。副模：1♂9♀，采集时间、采集地点和采集人同正模。所有模式标本均保存在贵州大学昆虫研究所 (GUGC)。

词源　新种以头冠、前胸背板和小盾片中央有 1 淡黄白色纵纹这一明显特征命名。

分布　云南。

新种外形特征与白脊凸冠叶蝉 *Convexana albicarinata* Li 相似，不同点是新种前翅黄褐色，雄虫尾节侧瓣宽短，阳茎中部腹缘呈角状突出。

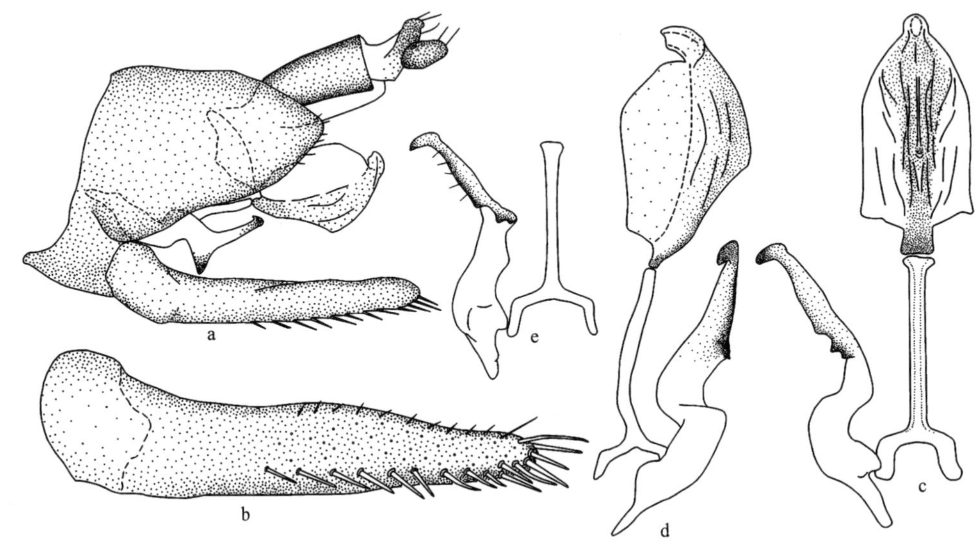

图 82 白带凸冠叶蝉，新种 *Convexana albitapeta* Li, Li *et* Xing, sp. nov.

a. 雄虫尾节侧面观 (male pygofer, lateral view)；b. 雄虫下生殖板 (male subgenital plate)；c. 阳茎、连索、阳基侧突腹面观 (aedeagus, connective and style, ventral view)；d. 阳茎、连索、阳基侧突侧面观 (aedeagus, connective and style, lateral view)；e. 连索、阳基侧突 (connective and style)

(79) 双斑凸冠叶蝉 *Convexana bimaculata* (Cai *et* Shen, 1997) (图 83)

Taperus bimaculatus Cai *et* Shen, 1997, Entomotaxonomia, 19(4): 250. **Type locality**: Henan (Yawushan).

Convexana bimaculatus (Cai *et* Shen): Zhang, Zhang and Wei, 2010, Zootaxa, 7121: 46.

模式标本产地 河南灵宝亚武山。

体连翅长，雄虫 5.7-6.0mm，雌虫 6.3-6.5mm。

头冠前端呈锐角状突出，中长略大于复眼间宽，冠面隆起，具纵皱纹，中央纵脊明显，侧脊不甚明显；单眼位于头冠前侧缘，单眼间距离约为单眼与复眼间距的 2.5 倍。前胸背板较头部宽，具横皱纹；小盾片三角形，横刻痕位于中后部。

雄虫尾节侧瓣端向渐次收窄，端腹缘斜向背面伸出，致端背角有尖突，表面无毛；雄虫下生殖板基部分节，趋向末端逐渐收窄，内缘端大半着生 1 列长短不一的大刚毛，约 13 根；阳茎基部细管状，侧面观中部背面两侧片状突起长形，腹面呈龙骨状，近基部呈角状扩延，端部细缢成弯管状，阳茎孔位于末端；连索近 Y 形，主干长匀称，中长是臂长的 3.5 倍；阳基侧突狭长，两度波曲，末端向两侧突出，外缘疏生细毛。雌虫第 7 节腹板为其前节 1.5 倍弱，后缘中央具近三角形深缺刻。

体黑褐色。头冠中央纵脊及单眼着生处侧缘所围区域浅黄色或亮褐色；复眼黑色；

单眼无色透明；颜面橘黄色。前胸背板黑褐至黑色，部分个体中后域黄褐色；小盾片黄褐色，基侧角黑褐色，少数个体全黑褐色；前翅灰褐色或暗褐色，前缘域黑褐色，端半部有大小各 1 无色透明斑，爪片末端及其外方 1 斑点、透明斑内缘和翅外缘域均黑褐色；胸部、腹部腹面姜黄色，足橘黄色。腹部背面及尾节侧瓣黑色，下生殖板黑褐色。雌虫体腹面及足黄褐色，第 7 节腹板中央及尾节端半暗褐至黑褐色。

检视标本 **河南**：1♂1♀，嵩县白云山，2002.Ⅶ.19，陈祥盛采 (GUGC)；1♂，嵩县白云山，2008.Ⅷ.24，李建达采 (GUGC)。**四川**：2♂，峨眉山，2012.Ⅷ.3，李虎采 (GUGC)；1♂，雅安天全，2012.Ⅶ.25，李虎采 (GUGC)。

分布 河南、四川。

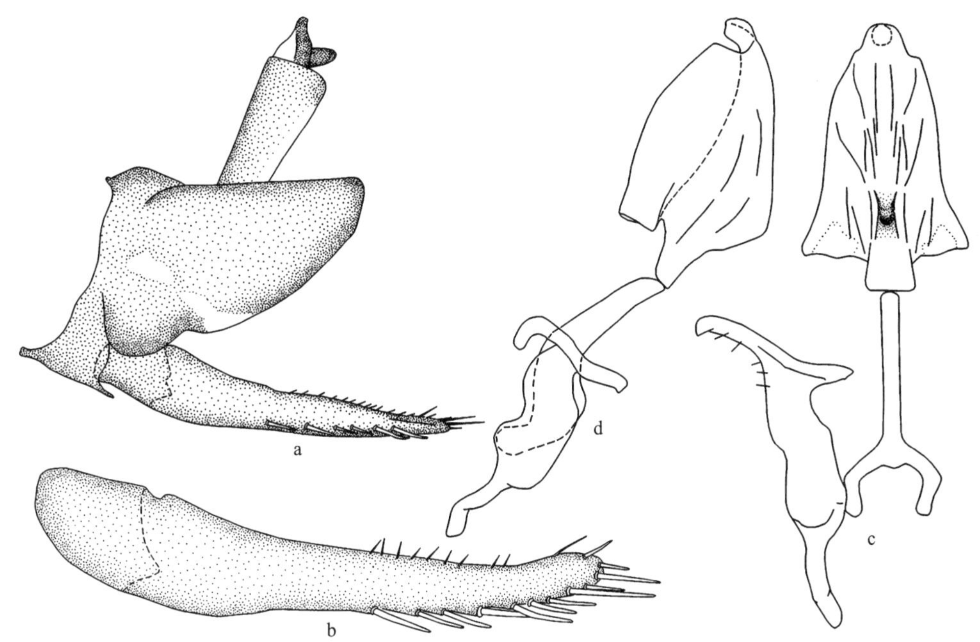

图 83　双斑凸冠叶蝉 *Convexana bimaculata* (Cai *et* Shen)

a. 雄虫尾节侧面观 (male pygofer, lateral view)；b. 雄虫下生殖板 (male subgenital plate)；c. 阳茎、连索、阳基侧突腹面观 (aedeagus, connective and style, ventral view)；d. 阳茎、连索、阳基侧突侧面观 (aedeagus, connective and style, lateral view)

(80) 十字凸冠叶蝉，新种 *Convexana cruciata* Li, Li *et* Xing, sp. nov. (图 84)

模式标本产地　贵州荔波。

体连翅长，雄虫 5.0mm，雌虫 5.2mm。

头冠前端呈钝角状突出，中央长度与二复眼间宽近似相等，中后部有 1 短横堀，与纵脊成“十”字形相交；单眼位于头冠外侧缘靠近复眼，与复眼的距离约等于单眼直径的 1.5 倍。前胸背板较头部宽，中域隆起，具横皱纹。

雄虫尾节侧瓣侧面观中部扩大，端缘呈角状突出，端区有细小刚毛；雄虫下生殖板狭长，基部分节，端部内侧有 1 列约 11 根粗长刚毛，外侧缘有细刚毛；阳茎基部管状，侧面观中部背缘两侧有1近似长方形的突起扣合成长囊状，腹缘呈钝角状突出，端部细管状向背面弯曲，阳茎孔位于末端；连索Y形，主干长是臂长的2倍；阳基侧突背面观中部膨大，基部细，端部手杖形向外侧扩延。雌虫腹部第7节腹板中央长度是第6节腹板中央长度的1.5倍，后缘中央深凹入，两侧叶波状伸出，产卵器伸出尾节侧瓣端缘。

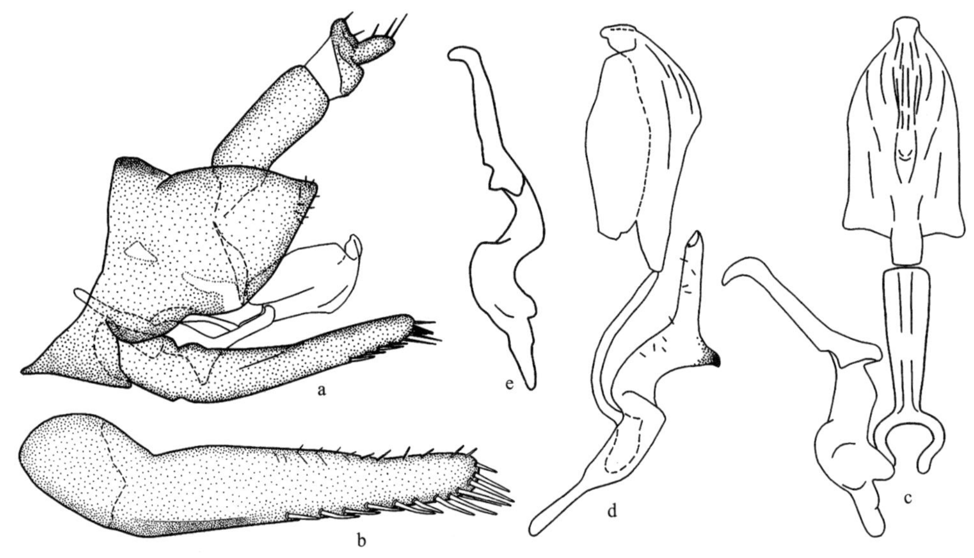

图84　十字凸冠叶蝉，新种 *Convexana cruciata* Li, Li *et* Xing, sp. nov.

a. 雄虫尾节侧面观 (male pygofer, lateral view)；b. 雄虫下生殖板 (male subgenital plate)；c. 阳茎、连索、阳基侧突腹面观 (aedeagus, connective and style, ventral view)；d. 阳茎、连索、阳基侧突侧面观 (aedeagus, connective and style, lateral view)；e. 阳基侧突 (style)

体黑褐色。头冠中央有1白色的"十"字形印痕，单眼着生区淡黄白色；复眼褐色；单眼无色透明；颜面黄白色，无斑纹。前胸背板黑褐色，前缘域有褐色纹；小盾片中后部黄褐色；前翅淡黄褐色，中部前缘有1长形透明斑，亚端部前缘有1白色透明小斑，爪片末端、端缘和翅脉黑褐色；胸部腹板和胸足淡黄白色，无斑纹。腹部背面黑褐色，腹面淡黄褐色，各节中央和生殖节黑褐色。

正模　♂，贵州荔波，1988.Ⅹ.16，李子忠采。副模：1♀，采集时间、采集地点和采集人同正模。所有模式标本均保存在贵州大学昆虫研究所 (GUGC)。

词源　新种以头冠中央有1白色的"十"字形印痕命名。

分布　贵州。

新种外形特征与白脊凸冠叶蝉 *Convexana albicarinata* Li 相似，不同点是新种头冠中央有1白色"十"字形短印痕，雄虫颜面黄白色，阳茎侧面观中部腹面呈钝角状突出。

(81) 翘尾凸冠叶蝉，新种 *Convexana curvatura* Li, Li *et* Xing, sp. nov. (图85)

模式标本产地　贵州荔波、石阡、宽阔水。

体连翅长，雄虫5.0-5.1mm，雌虫5.2-5.3mm。

头冠前端呈角状突出，中央长度微大于二复眼间宽，冠面隆起，中央有 1 明显的纵脊，侧脊不甚明显，具纵皱纹；单眼位于头冠前侧缘，远离复眼，与复眼的距离约等于单眼直径的 3.5 倍。前胸背板较头部宽，中域隆起，具横皱纹；小盾片横刻痕位于中后部，弧形弯曲。

雄虫尾节侧瓣侧面观端向渐窄，端缘中部内凹，端背缘亚端部缢缩，致端背角向上翘；雄虫下生殖板端向渐窄，基部分节，中域有 1 列 9 或 10 根粗长刚毛；阳茎基部管状，侧面观中部背缘两侧各有 1 近方形的突起扣合成囊状，腹缘中部呈尖角状突出，端部细管状向背面弯曲，腹面观近似钟状；连索 Y 形，主干较匀称，中长是臂长的 2.5 倍；阳基侧突背面观中部粗壮，端部向两侧突伸，外侧突长，内侧突较短。

体黑色。头冠中央纵脊、单眼着生区、触角和颜面淡黄白色。前翅黑褐色，端区前缘有 1 黄白色方形斑和 1 淡黄褐色横斑，端区煤褐色，翅脉黑色；胸部腹板和胸足淡黄白色，无斑纹。腹部背面黑褐色，腹面淡黄色，生殖节黑褐色。雌虫体色较淡，其小盾片端区和前翅爪片基半部灰褐色。

正模　♂，贵州荔波，1998.Ⅹ.15，李子忠采。副模：2♂2♀，采集时间、采集地点、采集人同正模；3♂，贵州石阡，1994.Ⅷ.16，陈祥盛、杨茂发采；1♂，贵州绥阳宽阔水，1989.Ⅵ.6，李子忠采。所有模式标本均保存在贵州大学昆虫研究所 (GUGC)。

词源　新种以雄虫尾节侧瓣端缘向上弯曲这一明显特征命名。

分布　贵州。

新种外形特征与白脊凸冠叶蝉 *Convexana albicarinata* Li 相似，不同点是本新种前胸背板中央无黄白色纵纹，前翅前缘基部无白色透明斑，阳茎腹缘中部呈尖角状突出。

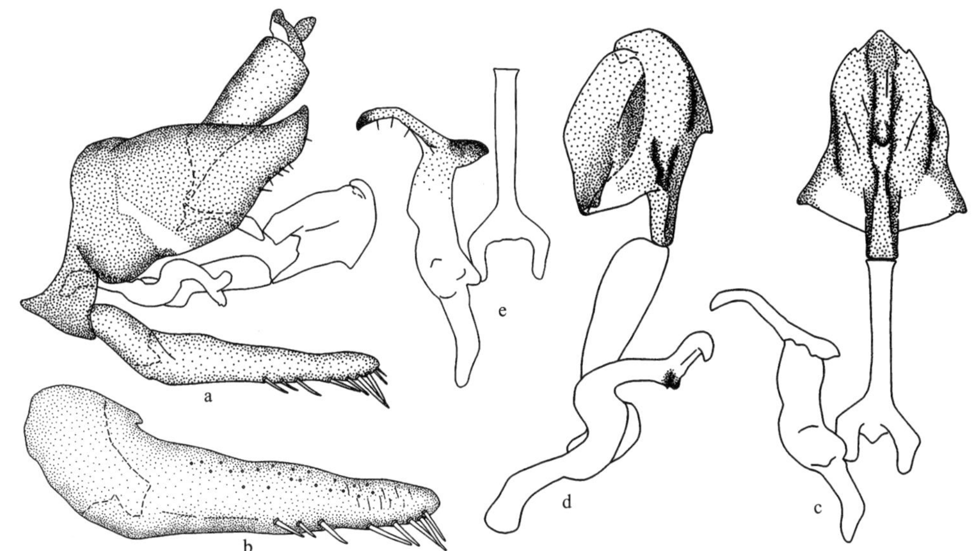

图 85　翘尾凸冠叶蝉，新种 *Convexana curvatura* Li, Li *et* Xing, sp. nov.

a. 雄虫尾节侧面观 (male pygofer, lateral view)；b. 雄虫下生殖板 (male subgenital plate)；c. 阳茎、连索、阳基侧突腹面观 (aedeagus, connective and style, ventral view)；d. 阳茎、连索、阳基侧突侧面观 (aedeagus, connective and style, lateral view)；e. 连索、阳基侧突 (connective and style)

(82) 曲突凸冠叶蝉 *Convexana fleura* Chen, Yang *et* Li, 2012 (图 86)

Convexana fleura Chen, Yang *et* Li, 2012, Bamboo-feeding Leafhoppers in China, Forest Publishing House of China: 117. **Type locality**: Yunnan (Lijiang, Longling, Yingjiang, Pianma).

模式标本产地 云南丽江、龙陵、盈江、片马。

体连翅长，雄虫 5.8-5.8mm，雌虫 5.8-6.0mm。

头冠前端呈钝角状突出，中央长度微大于二复眼间宽，冠面隆起，具纵皱纹，中域有 1 明显的纵脊，侧脊不甚明显；单眼位于头冠前侧缘，与复眼的距离约等于单眼直径的 4 倍。前胸背板较头部宽，具横皱纹。

雄虫尾节侧瓣端向渐细，近乎锥形，具微毛；雄虫下生殖板基部分节，亚端部收窄变细，端缘有长毛，内侧有 1 列粗长刚毛；阳茎基部细管状，侧面观中部背域两侧各有 1 较短的片状突，双瓣扣合成囊状，腹面中部呈角状突出，末端呈短管状弯曲；连索 Y 形，主干长是臂长的 4 倍；阳基侧突背面观端部弯曲，末端端向两侧扩延，外侧域长，末端近似足形，内侧域短；雌虫腹部第 7 节腹板中央长度是第 6 节腹板中长的 3 倍，后缘中央弧形凹入，两侧叶长形突出，产卵器伸出尾节侧瓣端缘。

体黑色。头冠中央纵脊前端和基部、单眼着生区黄白色；复眼黑褐色；单眼黄白色；颜面黄白色无斑纹。前翅黑色，前缘中部有 1 长形白色透明斑，一些个体端区有 2-3 淡黄白色横带斑；胸部腹板和胸足淡黄白色，中胸腹板中央黑褐色。腹部背面黑褐色，腹面淡黄白色，各节中央淡黄褐色，生殖节黑褐色。雌虫前翅色较淡，革片灰白色。

寄主 竹子。

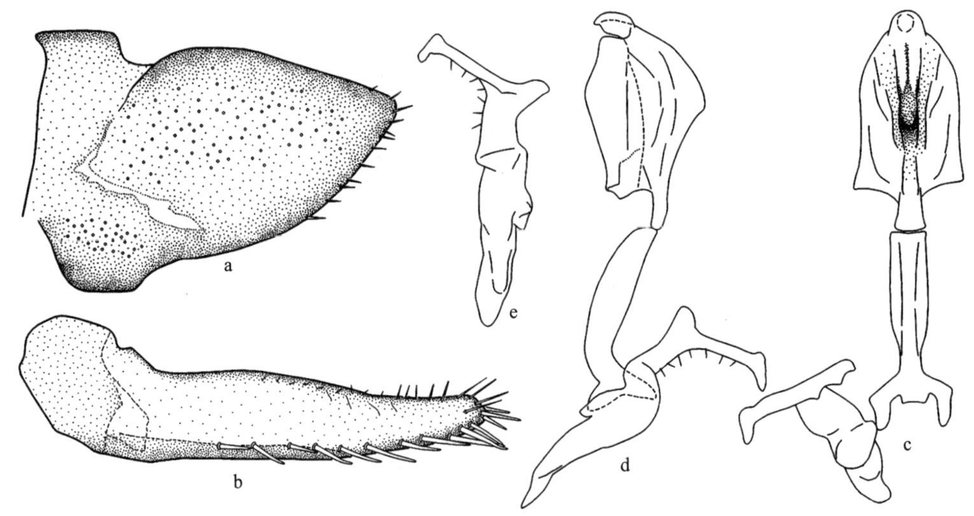

图 86 曲突凸冠叶蝉 *Convexana fleura* Chen, Yang *et* Li

a. 雄虫尾节侧瓣侧面观 (male pygofer side, lateral view)；b. 雄虫下生殖板 (male subgenital plate)；c. 阳茎、连索、阳基侧突腹面观 (aedeagus, connective and style, ventral view)；d. 阳茎、连索、阳基侧突侧面观 (aedeagus, connective and style, lateral view)；e. 阳基侧突 (style)

检视标本 **云南**：♂ (正模)，丽江，2000.Ⅷ.10，陈祥盛采 (GUGC)；1♂1♀ (副模)，龙陵，2000.Ⅶ.24，李子忠采 (GUGC)；2♀ (副模)，丽江，2000.Ⅷ.10，李子忠采 (GUGC)；2♂2♀，片马，2000.Ⅷ.15，李子忠采 (GUGC)；2♂3♀，兰坪，2006.Ⅷ.8，宋琼章采 (GUGC)；1♀，片马，2006.Ⅷ.14，张培采 (GUGC)；2♂5♀，盈江，2011.Ⅵ.3，李玉建采 (GUGC)；7♂11♀，龙陵，2011.Ⅵ.10-11，李玉建采 (GUGC)；4♂8♀，片马，2011.Ⅵ.19，李玉建、张斌采 (GUGC)。

分布 云南。

(83) 刺突凸冠叶蝉，新种 *Convexana furcella* Li, Li *et* Xing, sp. nov. (图 87)

模式标本产地 湖南张家界，贵州独山，福建武夷山。

体连翅长，雄虫 5.6-5.7mm，雌虫 6.1mm。

头冠前端呈锐角状突出，中央长度明显大于二复眼间宽，具纵皱纹，中央纵脊明显，侧脊较弱；单眼位于头冠前侧缘，着生在侧脊外侧的凹陷内，靠近复眼，与复眼的距离约等于单眼直径的 1.5 倍；颜面额唇基中央纵脊明显，前唇基基域横向隆起，端向渐窄。前胸背板较头部宽，有明显的横皱纹和细小颗粒，前缘、后缘接近平直；小盾片较头冠短，基域有横皱纹和细小颗粒，横刻痕低凹较直，位于中后部。

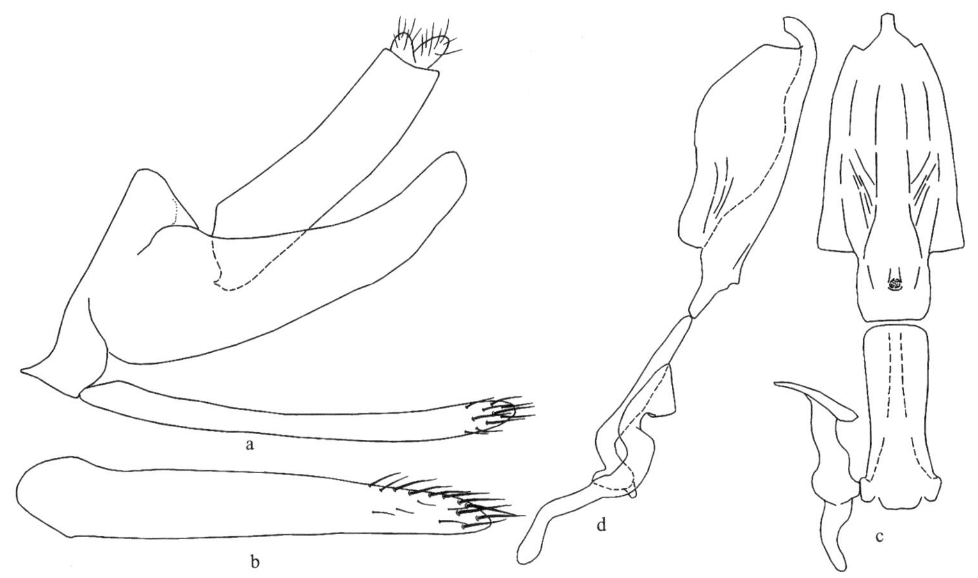

图 87 刺突凸冠叶蝉，新种 *Convexana furcella* Li, Li *et* Xing, sp. nov.

a. 雄虫尾节侧面观 (male pygofer, lateral view)；b. 雄虫下生殖板 (male subgenital plate)；c. 阳茎、连索、阳基侧突腹面观 (aedeagus, connective and style, ventral view)；d. 阳茎、连索、阳基侧突侧面观 (aedeagus, connective and style, lateral view)

雄虫尾节侧瓣近似长方形，长度超过阳茎干端缘甚多，端缘微向上翘，端区有皱纹；雄虫下生殖板长形匀称，基部分节，端区有众多粗长刚毛；阳茎基部管状，侧面观中部背缘两侧各有 1 中部微凸的长方形片状突，两突起扣合成囊状，腹缘基部有 1 锥形突起，端部呈管状弯曲；连索 Y 形，主干长明显大于臂长；阳基侧突端部弯曲，末端呈片状突出。雌虫腹部第 7 节腹板中长是第 6 节腹板中长的 1.5 倍，后缘接近平直，产卵器微超出尾节侧瓣端缘。

体黑褐色。头冠中脊、单眼着生区淡黄白色；复眼褐色；单眼黄白色；颜面姜黄至褐色。小盾片中域两侧各有 1 黄白色斑；前翅黑褐色，端区有不甚明显的横带纹；胸部腹板和胸足淡黄白色。雌虫体色较淡，多为淡黄褐色。

正模 ♂，湖南张家界，2013.Ⅷ.3，邢东亮采。副模：1♀，采集时间、地点、采集人同正模；1♂，贵州独山，2012.Ⅶ.14，邢东亮采；1♂，福建武夷山，2005.Ⅹ.31，周忠会采。所有模式标本均保存在贵州大学昆虫研究所 (GUGC)。

词源 新种以阳茎腹缘基部有 1 锥形突这一明显特征命名。

分布 湖南、福建、贵州。

新种外形特征与白脊凸冠叶蝉 *Convexana albicarinata* Li 相似，不同点是新种头冠中央无白色纵纹，雄虫尾节侧瓣近似长方形，阳茎腹缘基部有 1 锥形突。

(84) 黑背凸冠叶蝉，新种 *Convexana nigridorsuma* Li, Li *et* Xing, sp. nov. (图 88)

模式标本产地 云南盈江、龙陵、大理、泸水。

体连翅长，雄虫 5.1-5.2mm，雌虫 5.3-5.5mm。

头冠前端呈锐角状突出，冠面隆起，具纵皱纹，中央明显有 1 明显的纵脊，侧脊不甚明显；单眼位于头冠前侧缘，与复眼的距离约等于单眼直径的 4 倍；颜面额唇基隆起，中央纵脊明显，两侧有横印痕列。前胸背板较头部宽，中域隆起，具横皱纹。

雄虫尾节侧瓣亚端部急剧变细，端背缘轻度缢缩，端腹缘内凹，致端背角向上翘；雄虫下生殖板基部分节，亚端部内凹，内侧域有 1 列粗长刚毛；阳茎基部管状，侧面观中部背域两侧有长方形片状突扣合成囊状，腹缘呈龙骨状，端部呈细管状弯曲；连索 Y 形，主干中部膨大，中长约等于臂长的 4 倍；阳基侧突背面观近 S 形，末端向两侧伸出，外侧突长而端部弯，内侧突短。雌虫腹部第 7 节腹板中央长度明显大于第 6 节腹板中长，后缘中央宽凹，两侧叶接近平直。

体黑色。一些个体头冠中脊基部和端部淡褐色；复眼黑色；单眼无色透明；颜面淡黄白色。胸部腹板和胸足淡黄白色，无斑纹。腹部背面黑色，腹面黑褐色，各节后缘淡黄白色，生殖节黑色。

正模 ♂，云南盈江铜壁关，2011.Ⅵ.1，李玉建采。副模：8♂，云南盈江铜壁关，2011.Ⅵ.1-3，李玉建采；4♀，云南龙陵，2011.Ⅵ.11，李玉建采；5♂，云南泸水片马，2011.Ⅵ.19，李玉建采；3♂，云南大理，2001.Ⅵ.21，李玉建采；2♂，云南泸水片马，2012.Ⅶ.21-23，龙见坤采。所有模式标本均保存在贵州大学昆虫研究所 (GUGC)。

词源 新种以体背黑色这一明显特征命名。

分布 云南。

新种外形特征与黑额凸冠叶蝉 *Convexana nigrifronta* Li 相似，不同点是本新种颜面淡黄白色，雄虫尾节侧瓣亚端部急剧变细，连索主干中部膨大。

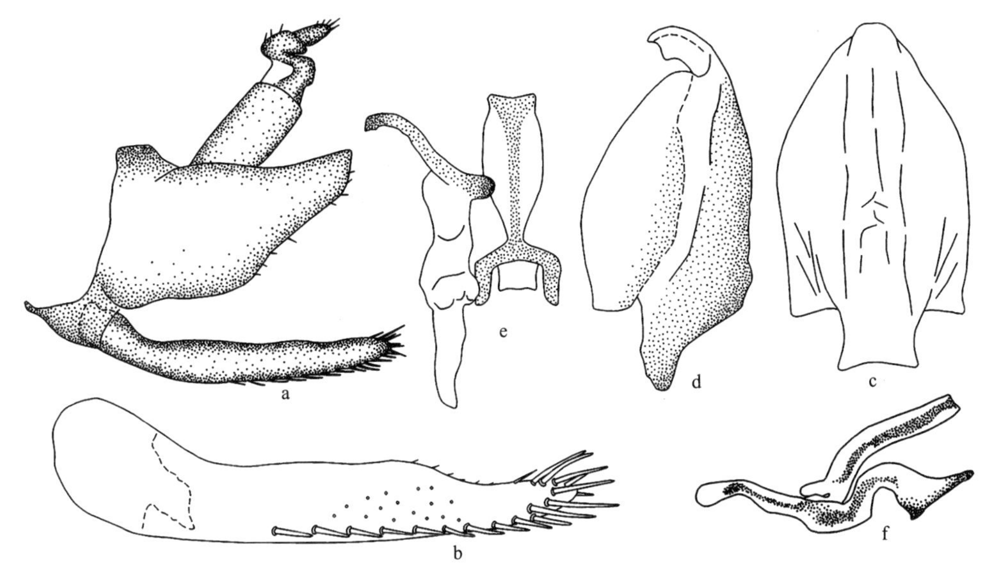

图 88 黑背凸冠叶蝉，新种 *Convexana nigridorsuma* Li, Li *et* Xing, sp. nov.

a. 雄虫尾节侧面观 (male pygofer, lateral view)；b. 雄虫下生殖板 (male subgenital plate)；c. 阳茎腹面观 (aedeagus, ventral view)；d. 阳茎侧面观 (aedeagus, lateral view)；e. 连索、阳基侧突 (connective and style)；f. 连索、阳基侧突侧面观 (connective and style, lateral view)

(85) 黑额凸冠叶蝉 *Convexana nigrifronta* Li, 1994 (图 89；图版 V：1)

Convexana nigrifronta Li, 1994, Acta Zootaxonomica Sinica, 19(4): 465. **Type locality**: Guizhou (Guiyang, Daozhen, Libo).

模式标本产地 贵州贵阳、道真、荔波。

体连翅长，雄虫 5.2-5.5mm，雌虫 5.5-5.8mm。

头冠隆起前倾，端缘弧形突出，中央长度短于二复眼间宽度，中央纵脊明显，有细纵皱纹；单眼位于头冠侧域，靠近复眼较距头冠顶端近；颜面额唇基隆起，中央有 1 纵脊，两侧有横印痕列，前唇基由基至端逐渐变狭，端缘弧圆；前胸背板较头部宽，约与头冠等长，密生横皱纹，前缘弧圆突出，后缘接近平直，前缘域有 1 横凹痕，凹痕前光滑；小盾片中长较前胸背板短，密布横皱纹，横刻痕位于中后部，且凹陷。

雄虫尾节侧瓣近似长方形，端腹缘有数根长刚毛；雄虫下生殖板狭长，基部分节，中后部凹入，致端部变细，末端圆，内侧域有 1 列粗刚毛；阳茎基部短管状，侧面观中部背域两侧有长片状突，双瓣扣合成囊状，腹缘龙骨状，端部成管状弯向背面；连索 Y 形，主干长是臂长的 2.5 倍；阳基侧突端部人足形。雌虫腹部第 7 节腹板中长是第 6 节的 2 倍，中央呈龙骨状突起，后缘轻度凹陷。

体黑色。头冠端区中央 1 斑点、基域中央 1 纵脊、颜面颊区、舌侧板、前唇基端域及触角淡黄白色。前翅黑褐色，爪片、前缘 1 纵斑、端区 1 横带纹淡黄白色；胸部腹板和胸足淡黄白色，唯中胸腹板有黑色斑块。腹部背面黑褐色，腹面基部数节黑褐色，端部数节淡褐色。雌虫第 7 节腹板中央有 1 黑色斑块。

寄主 草本植物。

检视标本 **湖南**：7♂9♀，张家界，1986.Ⅷ.14，李子忠采 (GUGC)。**四川**：5♂9♀，绵阳，2010. Ⅶ.20-22，范志华、李克彬采 (GUGC)。**贵州**：3♂2♀，毕节，1977.Ⅶ.13，李子忠采 (GUGC)；♂ (正模)，♀ (配模)，20♂30♀，贵阳，1986.Ⅵ.5-7，李子忠采 (GUGC)；5♂6♀，习水，1986.Ⅶ.16，马贵云采 (GUGC)；5♂7♀，道真大沙河，1988.Ⅸ.15-18，李子忠采 (GUGC)；5♂8♀，荔波茂兰，1988.Ⅹ.16，李子忠采 (GUGC)；1♂2♀，道真大沙河，2004.Ⅶ.17，杨茂发采 (GUGC)；5♂4♀，雷公山，2006.Ⅵ.2-4，张斌、宋月华采 (GUGC)；8♂10♀，绥阳宽阔水，2010.Ⅷ.13，戴仁怀、范志华采 (GUGC)；1♀，望谟，2013.Ⅵ.26，龙见坤采 (GUGC)；2♂2♀，习水，2013.Ⅷ.22，屈玲采 (GUGC)；11♂9♀，梵净山，2017. Ⅷ.30-31，王显益、张越采 (GUGC)。

分布 湖南、四川、贵州。

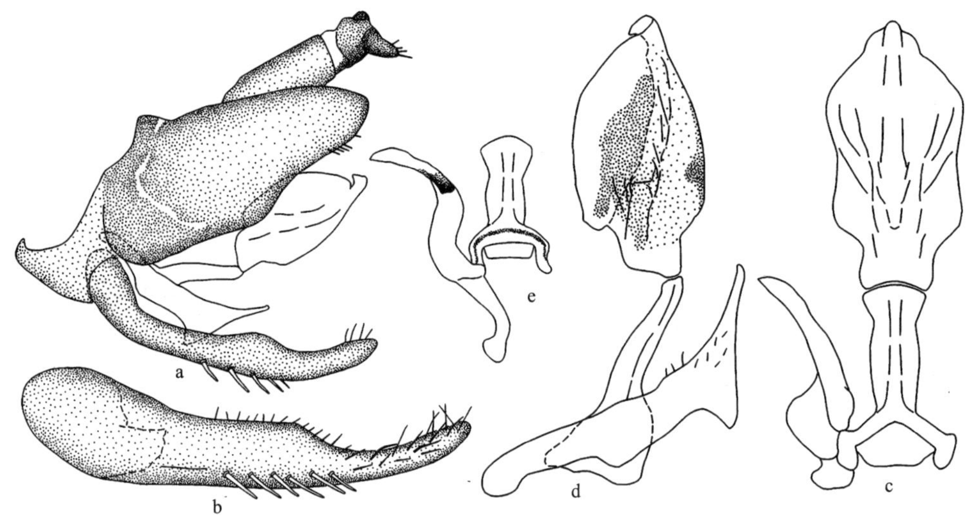

图 89 黑额凸冠叶蝉 *Convexana nigrifronta* Li

a. 雄虫尾节侧面观 (male pygofer, lateral view)；b. 雄虫下生殖板 (male subgenital plate)；c. 阳茎、连索、阳基侧突腹面观 (aedeagus, connective and style, ventral view)；d. 阳茎、连索、阳基侧突侧面观 (aedeagus, connective and style, lateral view)；e. 连索、阳基侧突 (connective and style)

(86) 黑腹凸冠叶蝉，新种 *Convexana nigriventrala* Li, Li *et* Xing, sp. nov. (图 90；图版 Ⅴ：2)

模式标本产地 云南泸水片马。

体连翅长，雄虫 5.3-5.5mm。

头冠前端呈角状突出，中央长度大于二复眼间宽，中央纵脊明显，有细纵皱纹；单眼位于头冠前侧缘，与复眼的距离小于与头冠顶端之距。前胸背板较头部宽，密生横皱纹，前缘弧圆突出，后缘接近平直；小盾片密布横皱纹，横刻痕位于中后部，且凹陷。

雄虫尾节侧瓣近似长方形，端腹缘较直，端背缘斜直，致端腹角尖突，端腹缘有长刚毛；雄虫下生殖板基部分节，中部外侧凹入，致端部收窄，内侧域中央有 1 列 11-12 根粗长刚毛；阳茎宽短圆形，侧面观中部背缘两侧有长片状突扣合成近似圆形的囊状，背缘龙骨状，端部成短管状弯向背面；连索 Y 形，主干粗壮，中长是臂长的 1.5 倍；阳基侧突基部扭曲，端部向外侧弯曲，近似手杖形。

体黑色。头冠端部和基域 2 小斑及颜面淡黄白色；复眼黑色。中胸腹板中央黑色，其余部分和胸足淡黄白色；前翅黑褐色，中部前缘有 1 白色透明长斑，端区有 1 淡黄褐色横斑；腹部背面黑色，腹面淡黄色，生殖节黑色。

正模　♂，云南泸水片马，2011.Ⅵ.16，李玉建采。副模：7♂，采集时间、地点、采集人同正模。所有模式标本均保存在贵州大学昆虫研究所 (GUGC)。

词源　新种名来源于中胸腹板中央黑色。

分布　云南。

新种外形特征与黑背凸冠叶蝉 *Convexana nigridorsuma* Li, Li *et* Xing, sp. nov.相似，不同点是本新种前翅中部前缘有 1 白色透明长斑，中胸腹板中央黑色，阳茎宽短圆形。

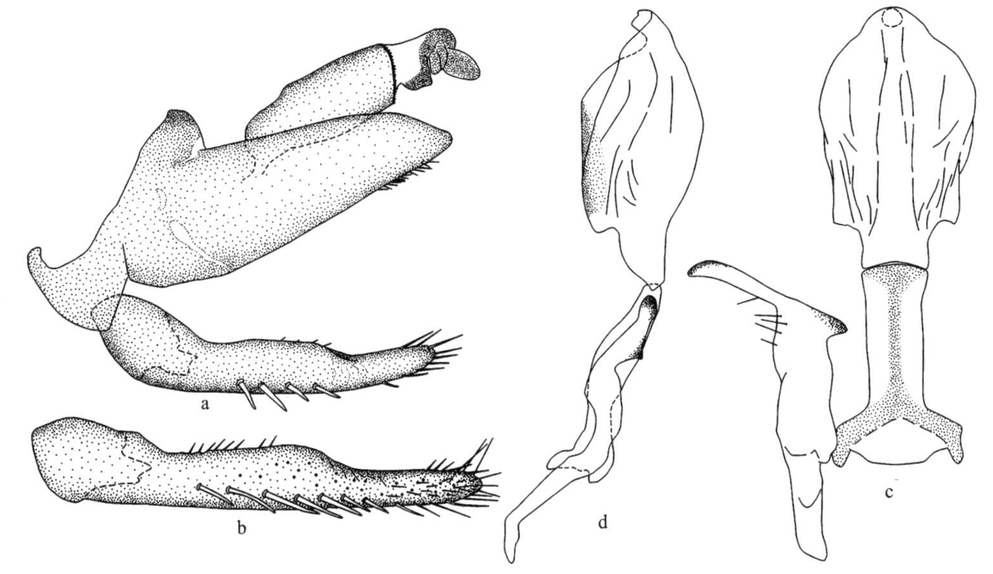

图 90　黑腹凸冠叶蝉，新种 *Convexana nigriventrala* Li, Li *et* Xing, sp. nov.

a. 雄虫尾节侧面观 (male pygofer, lateral view)；b. 雄虫下生殖板 (male subgenital plate)；c. 阳茎、连索、阳基侧突腹面观 (aedeagus, connective and style, ventral view)；d. 阳茎、连索、阳基侧突侧面观 (aedeagus, connective and style, lateral view)

(87) 淡翅凸冠叶蝉，新种 *Convexana palepenna* Li, Li *et* Xing, sp. nov. (图 91)

模式标本产地　湖北神农架。

体连翅长，雄虫 5.8-6.0mm，雌虫 6.5-6.8mm。

头冠前端呈尖角状突出，中央长度明显大于二复眼间宽，中央纵脊明显，有细纵皱纹；单眼位于头冠前侧缘，靠近复眼，与复眼的距离约为单眼直径的 1.5 倍；颜面额唇基隆起，中央纵脊明显，两侧有横印痕列。前胸背板较头部宽，密生横皱纹，前缘弧圆突出，后缘接近平直。

雄虫尾节侧瓣端向较细，端缘近似角状突出；雄虫下生殖板基部分节，端向渐窄，内侧中域有 1 列排列不规则的粗长刚毛；阳茎基部呈管状，侧面观中部呈角状突出，两瓣扣合成长囊状，囊体腹面中域向后近似角状扩突，末端成短管状弯曲，腹面观近似钟状；连索 Y 形，主干匀称，中央长度是臂长的 1.5 倍；阳基侧突扭曲，端部向两侧极度扩延，扩延基部外侧有齿状突，端部微弯。雌虫腹部第 7 节腹板中央长度与第 6 节腹板中央长度近似相等，后缘中央深凹入，两侧叶端缘接近平直。

体淡褐色。头冠端区、靠近复眼内侧黑褐色，单眼着生区、沿中央纵脊和颜面淡黄白色；复眼黑褐色；单眼红褐色。前胸背板中央淡黄褐色，两侧域黑褐色；小盾片中央淡黄白色，基侧角黑褐色；前翅淡褐色，爪片末端、前缘基部和端缘褐色，前缘中部和端区横带纹灰白色透明；胸部腹板和胸足淡黄白色，无明显斑纹。腹部背面黑褐色，腹面黄白色。

正模 ♂，湖北神农架，1997.Ⅷ.10，杨茂发采。副模：3♂5♀，采集时间、采集地点和采集人同正模。所有模式标本均保存在贵州大学昆虫研究所 (GUGC)。

词源 新种以前翅淡褐色这一明显特征命名。

分布 湖北。

新种外形特征与白脊凸冠叶蝉 *Convexana albicarinata* Li 相似，不同点是本新种体色较淡，雄虫下生殖板端向渐窄，阳茎侧面观腹缘中部呈角状突出。

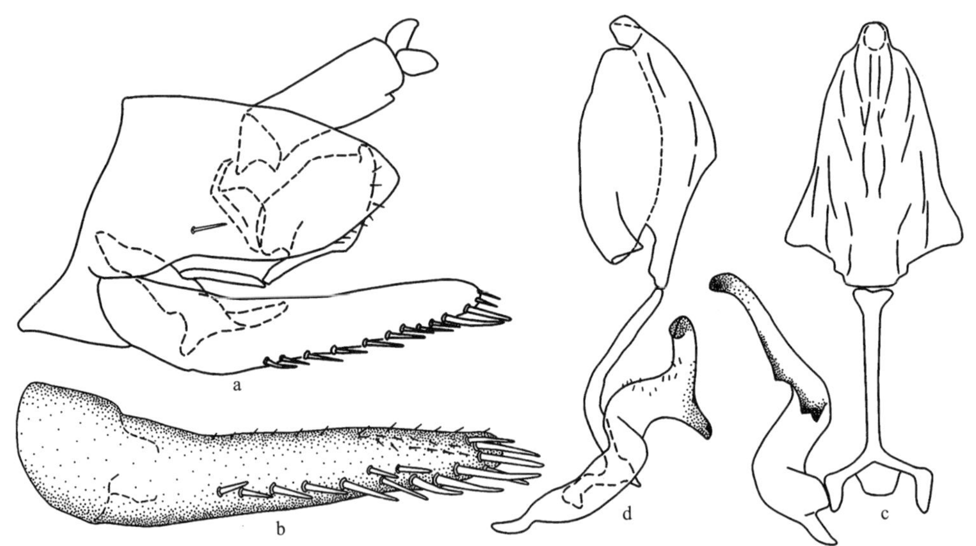

图 91 淡翅凸冠叶蝉，新种 *Convexana palepenna* Li, Li *et* Xing, sp. nov.

a. 雄虫尾节侧面观 (male pygofer, lateral view)；b. 雄虫下生殖板 (male subgenital plate)；c. 阳茎、连索、阳基侧突腹面观 (aedeagus, connective and style, ventral view)；d. 阳茎、连索、阳基侧突侧面观 (aedeagus, connective and style, lateral view)

(88) 红色凸冠叶蝉 *Convexana rufa* Li, 1994 (图 92；图版Ⅴ：3)

Convexana rufa Li, 1994, Acta Zootaxonomica Sinica, 19(4): 467. **Type locality**: Guizhou (Fanjingshan).

模式标本产地　贵州梵净山。

体连翅长，雄虫 6.6-6.8mm，雌虫 6.8-7.0mm。

头冠隆起较平坦，前缘宽圆突出，侧脊外侧有纵皱，基域中央于纵脊两侧有凹痕，中央长度短于二复眼间宽，约与前胸背板等长。前胸背板前缘弧圆突出，后缘接近平直，前缘域有横凹痕，凹痕前光滑，横凹痕后部密布横皱纹；小盾片横刻痕弧形凹陷，横刻痕前光滑，横刻痕后隆起有横皱纹。

雄虫尾节侧瓣端缘斜向背面伸出，背缘平直，致端背角尖突；雄虫下生殖板基部分节，端向渐窄，微弯曲，侧缘有长毛，内侧域中央有排列不规则的粗长刚毛列；阳茎基部短细管状，侧面观中部两侧有 1 长片状突，两瓣扣合成长囊状，囊体腹面近基部向外扩突，末端成细管状弯曲；连索 Y 形，主干较细，中长大于臂长；阳基侧突扭曲，端部向两侧扩延，外侧缘有细小刚毛。雌虫腹部第 7 节腹板中域隆起，后缘波曲，产卵器长超出尾节端缘。

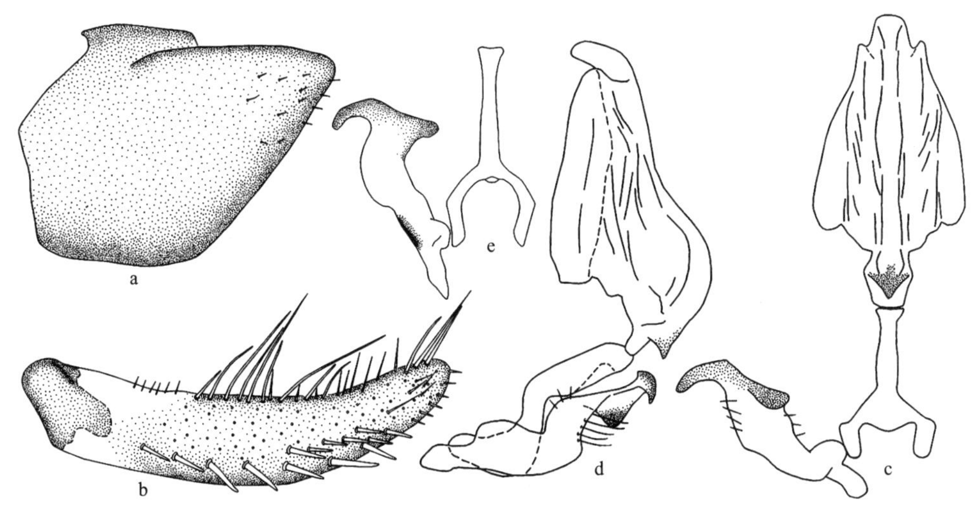

图 92　红色凸冠叶蝉 *Convexana rufa* Li

a. 雄虫尾节侧瓣侧面观 (male pygofer side, lateral view)；b. 雄虫下生殖板 (male subgenital plate)；c. 阳茎、连索、阳基侧突腹面观 (aedeagus, connective and style, ventral view)；d. 阳茎、连索、阳基侧突侧面观 (aedeagus, connective and style, lateral view)；e. 连索、阳基侧突 (connective and style)

体鲜红色。复眼黑色，复眼周缘白色；单眼红褐色；触角淡黄白色。前胸背板后缘、小盾片暗红色；小盾片基角处玫瑰色；前翅鲜红色，爪片部暗红色，端区黑褐色，端缘域褐色，翅脉红色；胸部腹板玫瑰红色。腹部背面、腹面黑褐色，侧缘域及腹面各节后缘淡黄白色，尾节亦淡黄白色。

寄主　草本植物。

检视标本　**广西**：4♂2♀，融水，2015.Ⅶ.20，詹洪平采 (GUGC)。**贵州**：♀ (正模)，1♀ (副模)，梵净山，1986.Ⅶ.22，李子忠采 (GUGC)；3♂1♀，雷公山，2004.Ⅷ.4，宋琼章、徐翩采 (GUGC)；1♀，望谟，2012.Ⅷ.23，徐世燕采 (GUGC)。**云南**：2♂1♀，龙陵，2002.Ⅶ.25，李子忠采 (GUGC)；1♀，绿春，2012.Ⅷ.4，徐世燕采 (GUGC)；2♂1♀，屏边，2014.Ⅷ.7，刘洋洋、王英鉴采 (GUGC)；1♂2♀，绿春，2014.Ⅷ.13，龙见坤采 (GUGC)。

分布　广西、贵州、云南。

注：雄性外生殖器首次记述。

(89) 神农凸冠叶蝉，新种 *Convexana shennongjiaensis* Li, Li *et* Xing, sp. nov. (图 93)

模式标本产地　湖北神农架、咸丰。

体连翅长，雄虫 4.8-5.1mm，雌虫 5.3mm。

头冠前端呈锐角状突出，具纵皱纹，中央长度明显大于二复眼间宽，中央纵脊明显，侧脊细弱；单眼位于头冠外侧域，与复眼之距约等于单眼直径的 3.5 倍；颜面额唇基隆起，中央有纵脊，两侧有横印痕列。前胸背板较头部宽，有横皱纹。

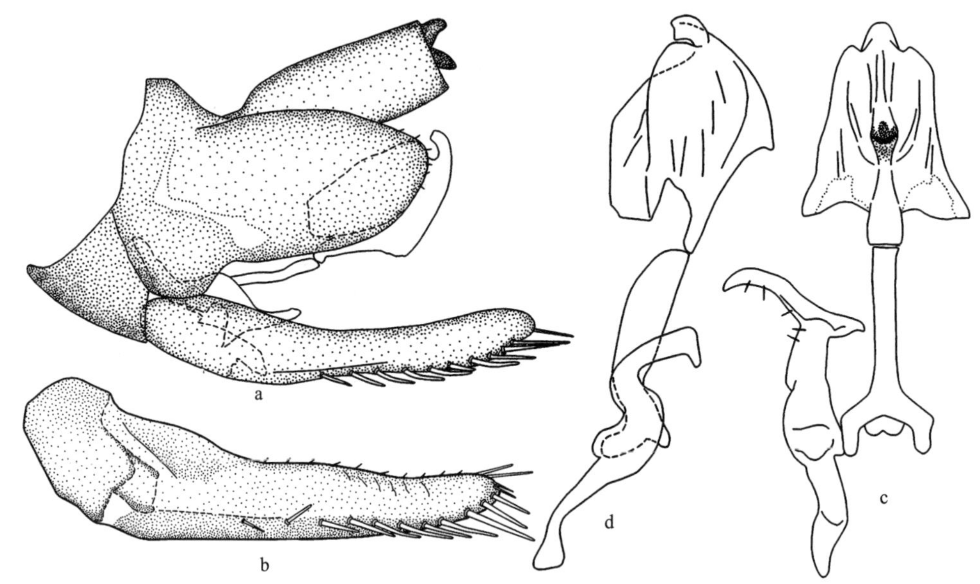

图 93　神农凸冠叶蝉，新种 *Convexana shennongjiaensis* Li, Li *et* Xing, sp. nov.

a. 雄虫尾节侧面观 (male pygofer, lateral view)；b. 雄虫下生殖板 (male subgenital plate)；c. 阳茎、连索、阳基侧突腹面观 (aedeagus, connective and style, ventral view)；d. 阳茎、连索、阳基侧突侧面观 (aedeagus, connective and style, lateral view)

雄虫尾节侧瓣近似长方形，端缘弧圆，有细刚毛；雄虫下生殖板基部分节，端向渐窄，内侧中央有 1 列 11-12 根粗长刚毛；阳茎基部细管状，侧面观背缘中部两侧有 1 长片状突，两瓣扣合成长囊状，腹面观近似钟状，囊体腹面中域向外侧扩突成尖角状，末端成细管状弯曲；连索 Y 形，主干匀称，中长是臂长的 4 倍；阳基侧突端部正面观基部较粗壮，端部向两侧扩延，扩突部中央凹入。雌虫腹部第 7 节腹板中央长度与第 6 节腹板中长近似相等，后缘中央深凹入，两侧叶斜向突出。

体黑褐色。头冠单眼着生区、中央纵脊淡黄白色；复眼黑褐色；单眼无色透明；颜面淡黄白色。小盾片基半部黑色，端半部淡黄褐色；前翅褐色，前缘端部有 1 长方形白色透明斑，端区有白色横带纹；胸部腹板和胸足淡黄白色。腹部背面黑褐色，腹面黄白色，生殖节黑色。

正模 ♂，湖北神农架，1997.Ⅷ.10，杨茂发采。副模：1♂1♀，采集时间、地点、采集人同正模；1♂，湖北咸丰，1999.Ⅶ.26，杜艳丽采；1♂，湖北神农架，2003.Ⅶ.17，张帆采。模式标保存在贵州大学昆虫研究所 (GUGC)。

词源 新种名来源于模式标本产地——湖北神农架。

分布 湖北。

新种外形特征与黑额凸冠叶蝉 *Convexana nigrifronta* Li 相似，不同点是本新种颜面淡黄白色，雄虫尾节侧瓣近似长方形，阳茎侧面观腹面中部呈尖角状突出。

(90) 隆脊凸冠叶蝉，新种 *Convexana vertebrana* Li, Li *et* Xing, sp. nov. (图 94)

模式标本产地 广西元宝山。

体连翅长，雄虫 5.0-5.2mm。

头冠前端呈锐角状突出，具纵皱纹，中央纵脊明显，侧脊细弱，中长大于二复眼间宽；单眼位于头冠前侧缘，靠近复眼，与复眼的距离约等于单眼直径的 2.5 倍；颜面额唇基隆起，中央纵脊明显，两侧有横印痕列。前胸背板较头部宽，密生横皱纹。

雄虫尾节侧瓣宽大，端背缘和端腹缘在端部均缢缩，致端部微窄，端缘斜直，腹缘有细毛；雄虫下生殖板基部分节，端区微收窄，内侧中域有 1 列粗长刚毛，外侧缘有细刚毛；阳茎基部管状，侧面观中部背缘两侧各有 1 长片状突，双瓣扣合成长囊状，腹缘呈龙骨状突起，中域微向外侧扩延，端部短管状弯曲，阳茎孔位于末端；连索 Y 形，主干基部较粗，中长明显大于臂长；阳基侧突基部粗壮，端部向外侧延伸，背面观延伸部弯曲，弯曲处腹缘有细刚毛。

体黑褐色。复眼黑褐色；单眼黄白色，单眼着生区、头冠中央纵脊淡黄白色；颜面和触角黄白色。前翅煤褐色，中部前缘有 1 淡黄白色透明长形斜斑，端区有 2-3 不甚明显的黄白色横带纹；胸部腹板淡黄白色无明显斑纹。腹部背面黑褐色，腹面黄白色，生殖节黑褐色。

正模 ♂，广西元宝山，2004.Ⅶ.15，杨茂发采。副模：2♂，采集时间、地点、采集人同正模。所有模式标本均保存在贵州大学昆虫研究所 (GUGC)。

词源 新种名来源于阳茎腹缘呈龙骨状突起。

分布 广西。

新种外形特征与白脊凸冠叶蝉 *Convexana albicarinata* Li 相似，不同点是本新种前胸背板黑色无白色纵纹，雄虫尾节侧瓣端部缢缩，阳茎腹缘呈龙骨状突起。

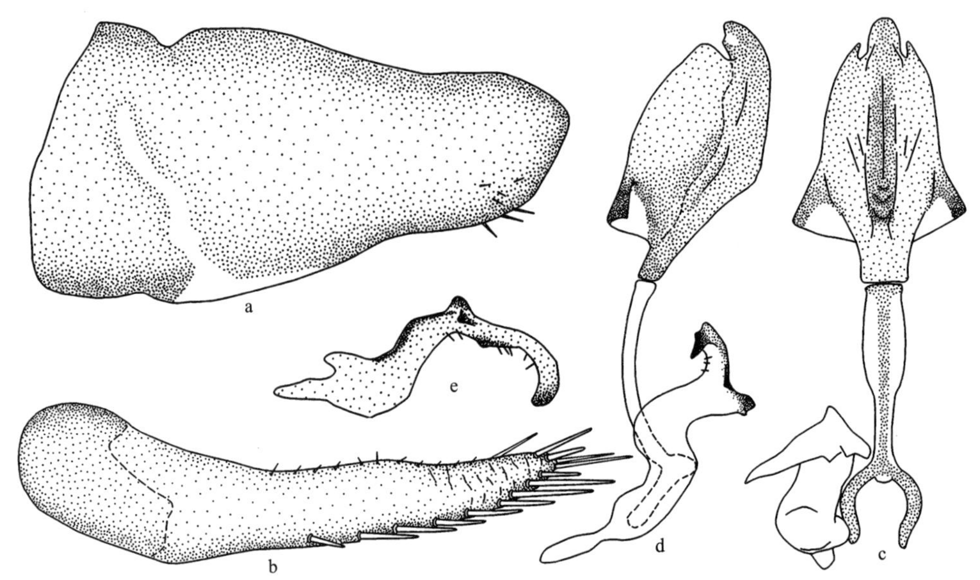

图 94 隆脊凸冠叶蝉，新种 *Convexana vertebrana* Li, Li *et* Xing, sp. nov.

a. 雄虫尾节侧瓣侧面观 (male pygofer side, lateral view); b. 雄虫下生殖板 (male subgenital plate); c. 阳茎、连索、阳基侧突腹面观 (aedeagus, connective and style, ventral view); d. 阳茎、连索、阳基侧突侧面观 (aedeagus, connective and style, lateral view); e. 阳基侧突 (style)

9. 楔叶蝉属 *Cunedda* Distant, 1918

Cunedda Distant, 1918, The fauna of British Indian including Ceylon and Burma, Rhynchota, 7: 46.

Type species: *Cunedda phaeops* Distant, 1918.

模式种产地：印度。

属征：头冠较前胸背板长，前端呈锐角状突出，中央有 1 片状隆起纵脊，两侧亦具脊，且于顶端汇集，中脊和侧脊间低凹；单眼位于侧脊外侧，靠近复眼较距头冠顶端近；颜面额唇基长而狭，中央有 1 突起的纵脊，两侧有横印痕列。前胸背板较头冠短，前缘弧圆突出，后缘近平直；小盾片三角形；前翅长超过腹部末端，翅脉明显突起，R_{1a} 脉与前缘反折相交，有 4 端室，缺端片。

雄虫尾节侧瓣端区有刚毛，腹缘无突起；雄虫下生殖板中域有 1 列或 2 列粗刚毛；阳茎基部细管状，中部膨大成囊状，端部管状弯曲；连索 Y 形；阳基侧突端部尖细弯曲外伸。

地理分布：东洋界。

此属由 Distant (1918) 以 *Cunedda phaeops* Distant 为模式种建立；Ramakrishnan (1988) 首次描述了该种雄性外生殖器的构造特征；Jacobi (1944) 记述我国福建 2 新种；Li 和 Webb (1996) 记述越南、印度 2 新种。

全世界已记述 5 种，其中 4 种的归属进行了调整，实有 1 种。中国已记述 2 种，其归属已进行调整。本志记述 7 种，含 4 新种 3 种新组合。

种检索表 (♂)

1. 头冠前端近似锥形突出……………………………………………………… **大型楔叶蝉 *C. macrusa***
   头冠前端角状突出………………………………………………………………………………………2
2. 额唇基褐色，头冠中域两侧各有 1 黄白色横斑…………**褐额楔叶蝉，新种 *C. brownfronsa* sp. nov.**
   额唇基非褐色，头冠斑纹不如前述………………………………………………………………………3
3. 体和前翅土红色……………………………………………………………………… **斑翅楔叶蝉 *C. punctata***
   体和前翅非土红色………………………………………………………………………………………4
4. 雄虫尾节侧瓣端缘反折……………………………………… **白斑楔叶蝉，新种 *C. albibanda* sp. nov.**
   雄虫尾节侧瓣端缘不反折…………………………………………………………………………………5
5. 颜面黄白色………………………………………………………………………… **透斑楔叶蝉 *C. hyalipictata***
   颜面淡黄褐色……………………………………………………………………………………………6
6. 阳茎中部背域两侧片状突长方形……………………………… **红河楔叶蝉，新种 *C. honghensis* sp. nov.**
   阳茎中部背域两侧片状突近似方形…………………………… **宜昌楔叶蝉，新种 *C. yichanga* sp. nov.**

(91) 白斑楔叶蝉，新种 *Cunedda albibanda* Li, Li *et* Xing, sp. nov. (图 95)

模式标本产地　贵州望谟。

体连翅长，雄虫 8.1mm。

头冠前端呈尖角状突出，中央纵脊片状，两侧有侧脊，复眼前角向外侧突出；单眼位于头冠前侧缘，距复眼的距离约等于单眼直径的 2 倍；颜面额唇基近似长方形，前唇基由基至端渐窄。前胸背板前窄后宽，中央长度短于头冠，比头部宽，密生横皱纹和细柔毛；小盾片横刻痕低凹较直。

雄虫尾节侧瓣端向渐窄，端缘反折，端区有数根粗短刚毛；雄虫下生殖板较匀称，基部分节，端缘尖突，中域有 1 列排列不规则的粗长刚毛；阳茎基部细，侧面观中部背缘呈片状突扩延，腹缘近似角状突出，末端弯管状，阳茎孔位于末端；连索 Y 形，主干中部膨大，两臂特短；阳基侧突亚端部弯曲，弯曲处有数根刚毛，末端平直，向两侧延伸。

体淡黄褐色。头冠大部淡黄色，前端近褐色，复眼内侧、基域中央沿纵脊、前端两侧各 1 横纹均淡黄白色；复眼黑褐色；单眼红褐色；颜面淡黄白色，额唇基中脊两侧及两侧横印痕、前唇基两侧均黄褐色。前胸背板淡黄褐色，中央有黄白色纵纹，两侧有淡褐色纵纹；小盾片淡黄白色，两侧角和基域中央淡褐色；前翅淡黄褐色，具不规则形白色透明斑，尤以前缘域和亚端部横带纹最明显，翅脉黄白色；胸部腹板和胸足淡黄褐色。

正模　♂，贵州望谟，2012.Ⅷ.22，龙见坤采。模式标本保存在贵州大学昆虫研究所 (GUGC)。

词源　新种以前翅具白色透明斑这一明显特征命名。

分布　贵州。

新种外形特征与透斑楔叶蝉 *Cunedda hyalipictata* (Li *et* Wang) 相似，不同点是本新种雄虫尾节侧瓣宽大，端缘折卷，雄虫下生殖板末端尖突。

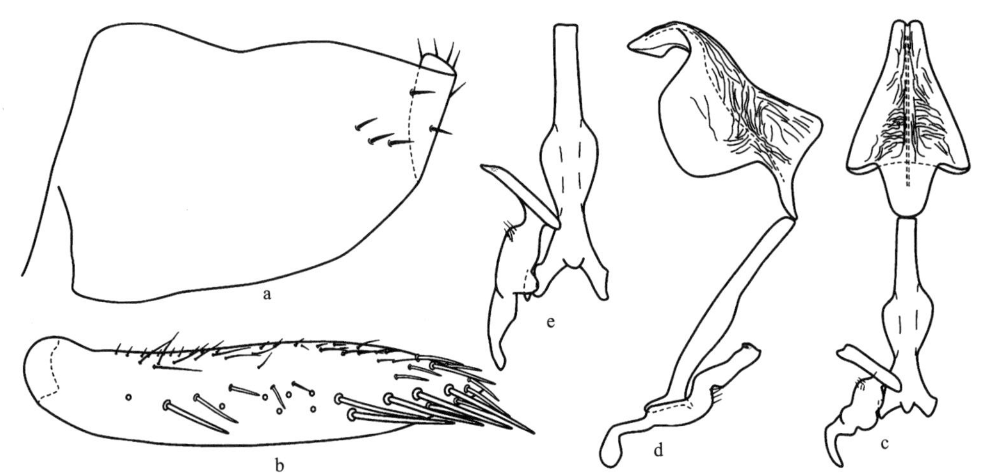

图 95　白斑楔叶蝉，新种 *Cunedda albibanda* Li, Li *et* Xing, sp. nov.

a. 雄虫尾节侧瓣侧面观 (male pygofer side, lateral view)；b. 雄虫下生殖板 (male subgenital plate)；c. 阳茎、连索、阳基侧突腹面观 (aedeagus, connective and style, ventral view)；d. 阳茎、连索、阳基侧突侧面观 (aedeagus, connective and style, lateral view)；e. 连索、阳基侧突 (connective and style)

(92) 褐额楔叶蝉，新种 *Cunedda brownfronsa* Li, Li *et* Xing, sp. nov. (图 96)

模式标本产地　云南屏边、西双版纳磨憨、普洱。

体连翅长，雄虫 5.2-5.5mm，雌虫 5.6-6.1mm。

头冠前端呈尖角状突出，中央长度明显大于二复眼内缘间宽，具纵皱纹，有 3 纵脊，其中中央纵脊明显高凸，中脊与侧脊间低凹；单眼位于头冠外侧，距复眼与到头冠顶端之距接近等长；颜面额唇基长大于宽，中央有 1 明显纵脊，两侧有横印痕列，前唇基基部宽大隆起，由基至端渐窄。前胸背板较头部宽，短于头冠中长，密生横皱纹；小盾片横刻痕低凹较直，两端伸不及侧缘。

雄虫尾节侧瓣宽大，端缘弧圆；雄虫下生殖板基部分节，微弯，亚端部扩大，密生细长刚毛，基域中央有 1 列粗长刚毛；阳茎基部较细，侧面观中部背缘有 1 对近似长方形的片状突，腹缘近基部呈角状突出，端部管状弯曲，阳茎孔位于末端；连索 Y 形，主干长是臂长的 3 倍；阳基侧突亚端部弯曲，弯曲处有数根细小刚毛，端缘平直向两侧延伸。雌虫腹部第 7 节腹板中央长度与第 6 节腹板中长接近相等，产卵器伸出尾节侧瓣端缘。

体黑褐色。头冠中域两侧各有 1 逗号形黄白色斑；单眼黄白色；额唇基褐色，颊区、舌侧板淡黄白色。前翅黑褐色，前缘中部横纹和端部淡黄褐色；胸部腹板和胸足淡黄白色。腹部背面黑褐色，腹面淡黄白色。

正模　♂，云南屏边，2014.Ⅷ.7，刘洋洋采。副模：3♂3♀，云南屏边，2014.Ⅷ.7，刘洋洋、郭梅娜、王英鉴采；2♂，云南西双版纳磨憨，2014.Ⅷ.21，郭梅娜采；3♀，云南普洱森林公园，2014.Ⅷ.23，王英鉴、郭梅娜采；7♂3♀，云南磨憨，2017.Ⅵ.29，罗强采；6♂4♀，云南屏边大围山，2017.Ⅷ.20，罗强采。所有模式标本均保存在贵州大学昆虫研究所 (GUGC)。

词源　新种以额唇基褐色这一明显特征命名。

分布　云南。

新种外形特征与斑翅楔叶蝉 *Cunedda punctata* (Li *et* Zhang) 相似，不同点是新种体和前翅黑褐色，颜面额唇基褐色，阳茎侧面观腹缘明显扩大。

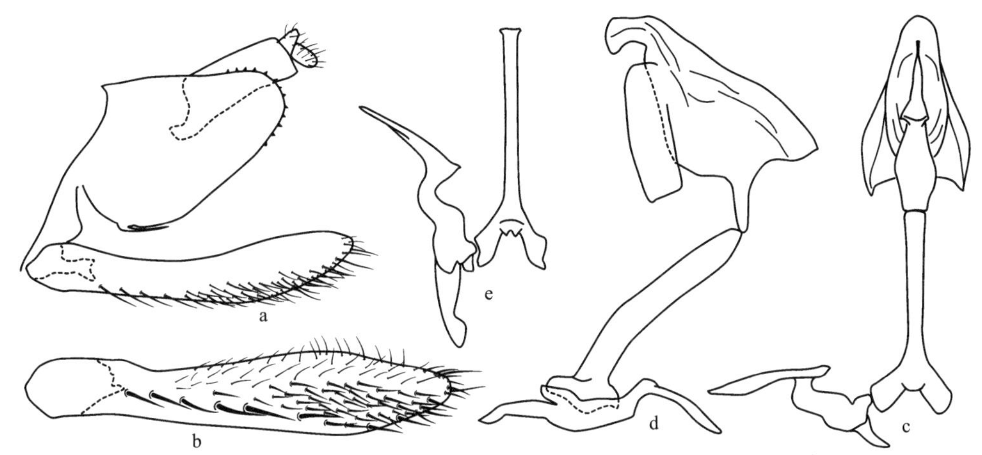

图 96　褐额楔叶蝉，新种 *Cunedda brownfronsa* Li, Li *et* Xing, sp. nov.

a. 雄虫尾节侧面观 (male pygofer, lateral view)；b. 雄虫下生殖板 (male subgenital plate)；c. 阳茎、连索、阳基侧突腹面观 (aedeagus, connective and style, ventral view)；d. 阳茎、连索、阳基侧突侧面观 (aedeagus, connective and style, lateral view)；e. 连索、阳基侧突 (connective and style)

(93) 红河楔叶蝉，新种 *Cunedda honghensis* Li, Li *et* Xing, sp. nov. (图 97)

模式标本产地　云南红河、瑞丽。

体连翅长，雄虫 8.9mm，雌虫 9.2mm。

头冠前端呈尖角状突出，中央长度大于二复眼间宽，中央纵脊呈片状隆起；单眼位于头冠外侧缘，着生在侧脊外侧，与复眼的距离约小于与头冠顶端之距；颜面额唇基隆起。前胸背板前窄后宽，中央长度大于头冠中长，较头部宽，有细横皱纹；小盾片横刻痕位于中后部，较低凹。

雄虫尾节侧瓣端向渐窄，侧面观中部腹缘拱凸，背缘平直，端缘有细长刚毛；雄虫下生殖板基部分节，较匀称，中域有 1 列粗长刚毛；阳茎基部细管状，侧面观中部背缘呈长形的片状扩延，腹缘中后部呈尖角状突出，中前部凹入；连索 Y 形，主干基部微膨大，长度是臂长的 4 倍；阳基侧突较匀称，端缘平直。雌虫腹部第 7 节腹板中央长度大于第 6 节腹板，后缘中央接近平直，产卵器伸出尾节侧瓣端缘甚多。

体黄褐色。头冠淡褐色，前缘中部 1 横斑、复眼内侧、基部中央沿纵脊淡黄白色；复眼黑褐色；单眼红褐色；颜面褐色，两侧横印痕列淡黄白色；触角淡黄褐色。前胸背板褐色，中央纵线纹、中前域 1 横纹淡黄白色；小盾片褐色，端区、中域两侧纵纹淡黄色；前翅淡褐色，具不规则淡黄色斑，翅脉淡黄白色；胸部腹板和胸足淡黄褐微带白色色泽。

正模　♂，云南红河分水岭，2012.Ⅷ.5，郑维斌采。副模：1♂，云南瑞丽，2013.Ⅶ.17，杨卫诚采；1♀，云南瑞丽，2013.Ⅶ.16，范志华采。所有模式标本均保存在贵州大学昆虫研究所 (GUGC)。

词源　新种名来源于正模标本采集地——云南红河。

分布　云南。

新种外形特征与斑翅楔叶蝉 *Cunedda punctata* (Li *et* Zhang) 相似，不同点是本新种雄虫尾节侧瓣长形，背缘平直，阳茎中部腹缘呈尖角状突出。

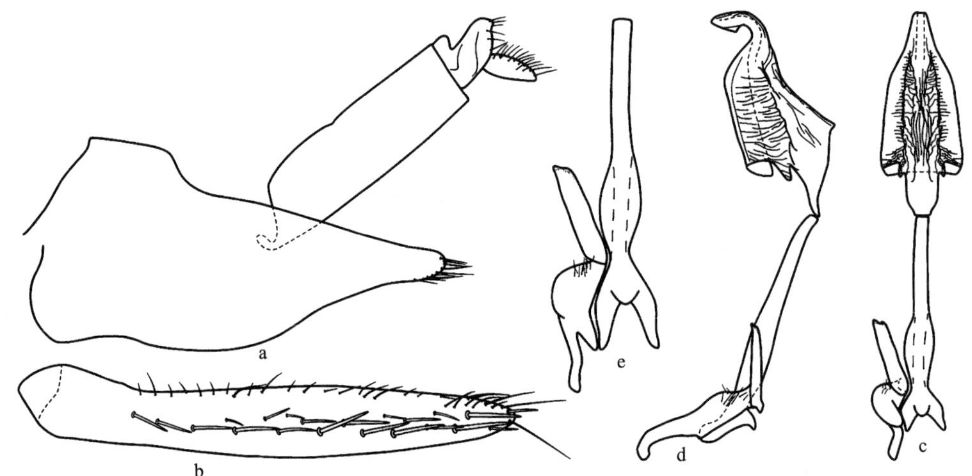

图 97　红河楔叶蝉，新种 *Cunedda honghensis* Li, Li *et* Xing, sp. nov.

a. 雄虫尾节侧瓣侧面观 (male pygofer side, lateral view)；b. 雄虫下生殖板 (male subgenital plate)；c. 阳茎、连索、阳基侧突腹面观 (aedeagus, connective and style, ventral view)；d. 阳茎、连索、阳基侧突侧面观 (aedeagus, connective and style, lateral view)；e. 连索、阳基侧突 (connective and style)

(94) 透斑楔叶蝉 *Cunedda hyalipictata* (Li *et* Wang, 2006) (图 98；图版Ⅴ：4)

Pythamus hyalipictatus Li *et* Wang, 2006, Cicadellidae, In: Li *et* Jin (ed.), Insect Fauna from Nature Reserve of Guizhou Province 4: 168. **Type locality**: Guizhou (Fanjingshan).

Cunedda hyalipictata (Li *et* Wang, 2006). **New combination.**

模式标本产地　贵州梵净山。

体连翅长，雄虫 9.0-9.1mm，雌虫 9.2-9.5mm。

头冠前端呈锥形突出，中央片状脊隆起，尤以头冠中域处隆起最高；单眼位于头冠外侧缘，距复眼约等于距头冠顶端的 2 倍；颜面额唇基隆起，中央纵脊明显，两侧有横印痕列。前胸背板较端部宽，短于头冠，中域隆起，向两侧倾斜。

雄虫尾节侧瓣基部宽，端部较窄，近似锥状，端区密生刚毛；雄虫下生殖板中域有排列不规则的粗长刚毛；阳茎基部管状，中部膨大成囊状，分别向背面和腹面扩延，侧面观腹缘近基部突出，中部凹入，端部管状向背面弯曲；连索 Y 形，主干特长，两臂特短；阳基侧突基部细，中部膨大，端部弯折成手杖形，弯曲处生刚毛。雌虫第 7 节腹板近似方形，中央长度是第 6 节的 1.5 倍，产卵器伸出尾节侧瓣端缘。

体淡黄褐色。头冠淡黄白色，顶端、中域和基部黄褐色；复眼黑褐色；单眼黄白色；颜面黄白色，沿中央纵脊、额唇基两侧纵纹、额颊缝、舌侧板缝均黑褐色。前胸背板淡黄褐色，中央纵纹及侧域淡黄白色，中央黄白色纵纹两侧镶嵌褐色边；小盾片淡黄白色，中央纵纹、基侧角和中央横刻痕黑褐色；前翅黑褐色，具淡黄白色透明斑，翅脉黄白色。胸部腹板和胸足淡黄白色。腹部腹面淡黄褐色，有不规则形淡黄白色斑。雌虫第 7 节腹板端半部黑褐色。

观察标本 **贵州**：♂ (正模)，1♂ (副模)，梵净山，1986.Ⅶ.22，李子忠采 (GUGC)；3♂1♀，梵净山黑湾河，2001.Ⅷ.2，杨茂发、李子忠采 (GUGC)；2♂5♀，梵净山，2011.Ⅸ.20-25，范志华采 (GUGC)；3♂2♀，梵净山，2011.Ⅸ.21，龙见坤采 (GUGC)；1♀，梵净山，2011.Ⅸ.21，常志敏采 (GUGC)；1♀，梵净山，2011.Ⅸ.22，郑维斌采 (GUGC)。

分布 贵州。

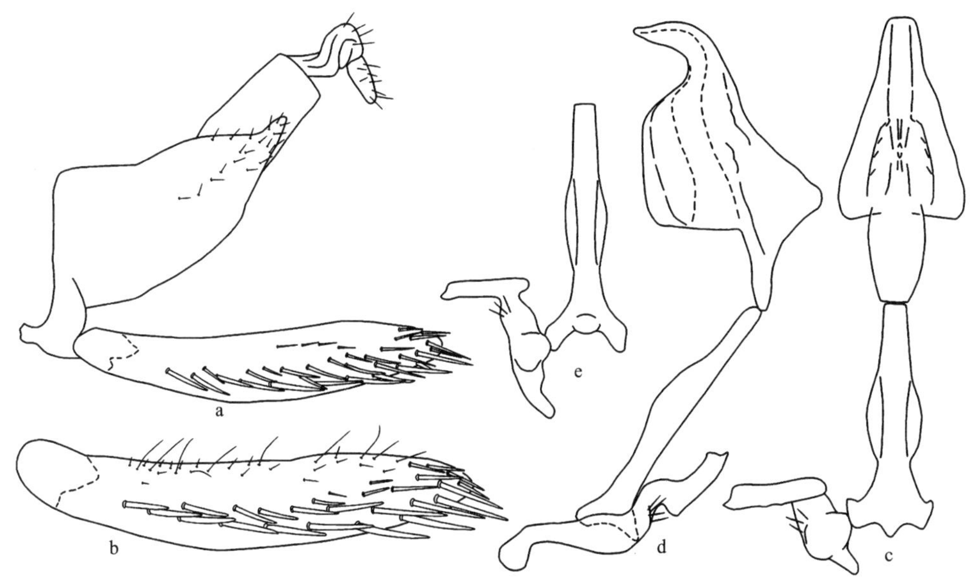

图 98 透斑楔叶蝉 *Cunedda hyalipictata* (Li *et* Wang)

a. 雄虫尾节侧面观 (male pygofer, lateral view)；b. 雄虫下生殖板 (male subgenital plate)；c. 阳茎、连索、阳基侧突腹面观 (aedeagus, connective and style, ventral view)；d. 阳茎、连索、阳基侧突侧面观 (aedeagus, connective and style, lateral view)；e. 连索、阳基侧突 (connective and style)

(95) 大型楔叶蝉 *Cunedda macrusa* (Cai *et* He, 2002) (图 99；图版Ⅴ：5)

Pythamus macrus (*montanus*) Cai *et* He, 2002, In: Huang (ed.), Forest Insects of Hainan: 141. **Type locality**: Hainan (Jianfengling).

Cunedda macrusa (Cai *et* He, 2002). **New combination.**

模式标本产地 海南尖峰岭。

体连翅长，雄虫 10.5-10.9mm，雌虫 10.8-11.0mm。

头冠前端尖突近似锥状突出，基缘凹入，中央长度大于二复眼间宽，中央片状脊高耸，中后部片状脊急剧增宽成三角形斜面；单眼间的距离为单眼与复眼间距离的 2 倍；颜面额唇基隆起近似椭圆形。前胸背板较头部宽，前缘、后缘接近平直，侧缘斜直；小盾片与前胸背板接近等长。

雄虫尾节侧瓣端部极细缢缩成锥形，端区有细小刚毛；雄虫下生殖板长超过尾节侧瓣端缘，中央有 1 列粗长刚毛，端区刚毛排列不规则；阳茎短，中部腹向扩增，两侧呈翼片状突出，端部缢缩成弯管状；连索 Y 形，主干长是臂长的 3.5 倍；阳基侧突亚端部急剧收缢，端部近似足形。雌虫第 7 节腹板明显大于第 6 节中央长度，后缘近似弧圆突出，产卵器与尾节侧瓣接近等长。

体淡黄褐色。头冠顶端、中后部倒 V 形纹、复眼前方 1 斑点均黑褐色，V 形纹所围区域淡黄色；颜面淡黄白色，额唇基中央、两侧纵纹及侧额缝黑褐色。前胸背板淡黄褐色，中央及两侧纵纹淡褐色；小盾片淡黄褐色，中央及两基侧角淡褐色；前翅淡煤褐色，半透明，具不规则形褐色斑，翅脉灰白色。

检视标本 **海南**：1♀，尖峰岭，2007.Ⅶ.10，宋琼章采 (GUGC)；1♂，尖峰岭，2007.Ⅶ.11，邢济春采 (GUGC)；1♂，尖峰岭，2013.Ⅳ.6，龙见坤采 (GUGC)。

分布 海南。

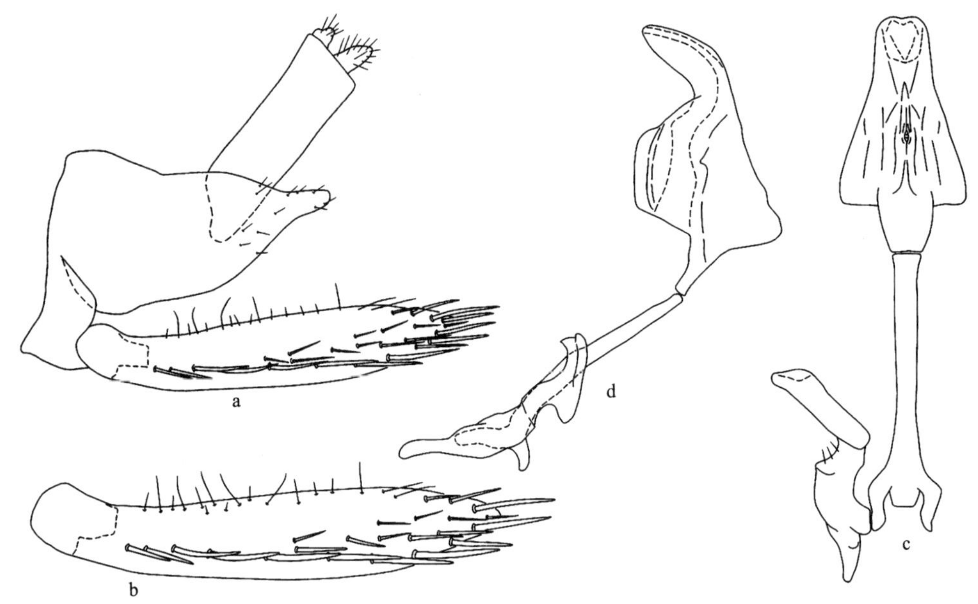

图 99 大型楔叶蝉 *Cunedda macrusa* (Cai *et* He)

a. 雄虫尾节侧面观 (male pygofer, lateral view)；b. 雄虫下生殖板 (male subgenital plate)；c. 阳茎、连索、阳基侧突腹面观 (aedeagus, connective and style, ventral view)；d. 阳茎、连索、阳基侧突侧面观 (aedeagus, connective and style, lateral view)

(96) 斑翅楔叶蝉 *Cunedda punctata* (Li *et* Zhang, 1993) (图 100；图版Ⅴ：6)

Pythamus punctatus Li *et* Zhang, 1993, J. of GAC, 12(Suppl.): 25. **Type locality**: Hainan (Jianfengling).
Cunedda punctata (Li *et* Zhang, 1993). **New combination.**

模式标本产地　海南尖峰岭。

体连翅长，雄虫 5.7-6.0mm，雌虫 6.1-6.4mm。

头冠前端呈尖角状突出，中央纵脊呈片状隆起；单眼位于侧脊外侧，距复眼较近；颜面额唇基隆起，中央有纵脊，前唇基由基至端逐渐变狭，中域隆起，端缘弧圆突出。前胸背板较头冠短，中域隆起向两侧倾斜，前侧缘长，后侧缘短，前缘、后缘接近平直，密生横皱纹；小盾片较前胸背板短，横刻痕弧弯，端部尖突。

雄虫尾节侧瓣端缘弧圆突出，端区有 5 或 6 根粗长刚毛；雄虫下生殖板内侧有 5 根粗长刚毛，外侧及端缘有细长刚毛；阳茎基部呈细管状，中部腹缘有 1 指状突，背缘有大的片状突起，端部成管状弯曲；连索 Y 形，主干长是臂长的 7 倍；阳基侧突端部细弯折外伸，中部粗壮，基部细。雌虫第 7 节腹板中央长度与第 6 节腹板接近等长，后缘中央接近平直，产卵器伸出尾节侧瓣端缘较多。

体及前翅土红色。头冠中央有 1 近似五角形黑色大斑；前胸背板有 1“八”字形黑纹，中央有 1 细线状黑纹，且与头冠纵脊相接，似 1 纵脊；小盾片基角处有 1 黑色纵斑；前翅端域烟褐色接近透明，沿爪缝、后爪缘狭边、爪片端部、翅中央纵斑及第 4 端室基部 1 斑点黑色。虫体腹面淡黄微带白色。

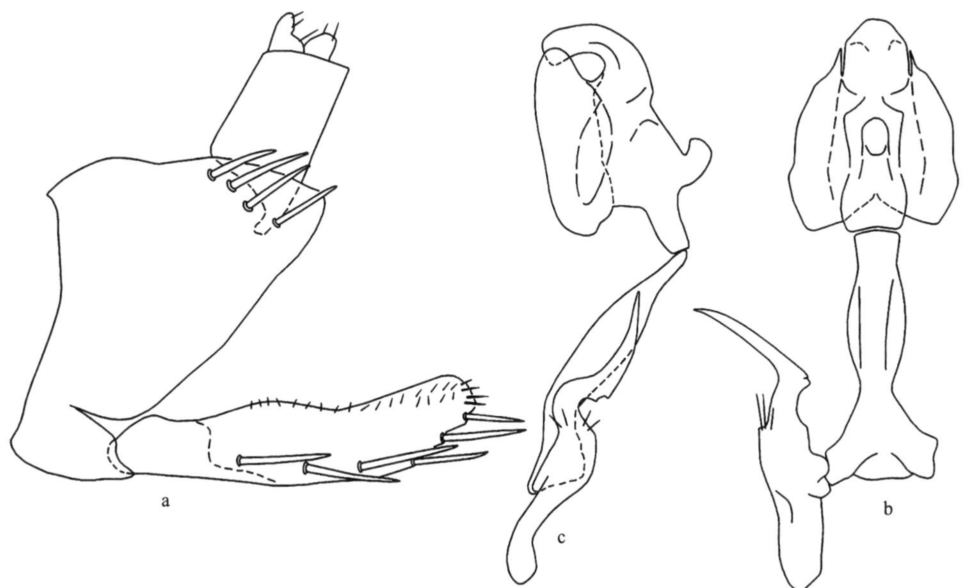

图 100　斑翅楔叶蝉 *Cunedda punctata* (Li *et* Zhang)

a. 雄虫尾节侧面观 (male pygofer, lateral view)；b. 阳茎、连索、阳基侧突腹面观 (aedeagus, connective and style, ventral view)；c. 阳茎、连索、阳基侧突侧面观 (aedeagus, connective and style, lateral view)

观察标本 **海南**：♂ (正模)，尖峰岭，1974.Ⅶ.14，杨集昆、李法圣采 (CAU)；1♂，尖峰岭，1974.Ⅶ.14，李法圣采 (CAU)；1♂1♀，尖峰岭，1997.Ⅴ.16，杨茂发采 (GUGC)；2♂，五指山，1997.Ⅴ.19，杨茂发采 (GUGC)；1♂，黎母岭，1997.Ⅴ.23，杨茂发采 (GUGC)；3♂，吊罗山，2007.Ⅶ.18，李玉建采 (GUGC)；1♂，尖峰岭，2007.Ⅶ.10-12，李玉建采 (GUGC)；2♂，吊罗山，2007.Ⅶ.17，邢济春采 (GUGC)；2♂1♀，尖峰岭，2007.Ⅶ.11-12，宋琼章采 (GUGC)；1♀，吊罗山，2009.Ⅳ.9，侯晓晖采 (GUGC)；7♂12♀，吊罗山，2013.Ⅳ.2-3，龙见坤、邢济春、张玉波采 (GUGC)；5♂15♀，尖峰岭，2013.Ⅳ.5-6，龙见坤、邢济春、张玉波采 (GUGC)。

分布 海南。

(97) 宜昌楔叶蝉，新种 *Cunedda yichanga* Li, Li *et* Xing, sp. nov. (图 101)

模式标本产地 湖北宜昌。

体连翅长，雄虫 8.1mm。

头冠前端呈尖角突出，中央纵脊明显，以中部隆起最高，中脊和侧脊间低洼；单眼位于头冠外侧缘，距复眼约等于距头冠顶端的 2.5 倍；颜面额唇基隆起。前胸背板较端部宽，与头冠等长，中域隆起，向两侧倾斜，前缘弧圆，后缘接近平直；小盾片中域低凹。

雄虫尾节侧瓣端向渐窄，端部呈指状，端缘有细长刚毛；雄虫下生殖板较匀称，散生刚毛，中域有 1 列粗长刚毛；阳茎粗短，侧面观中部背向扩伸，两侧呈翼片状突出，双瓣扣合成囊状，腹缘中部呈角状突出，中前部凹入，端部缢缩成弯管状；连索 Y 形，主干细长，中央长度是臂长的 5 倍；阳基侧突亚端部弯曲，弯曲处有数根刚毛，末端平直，向外侧延伸。

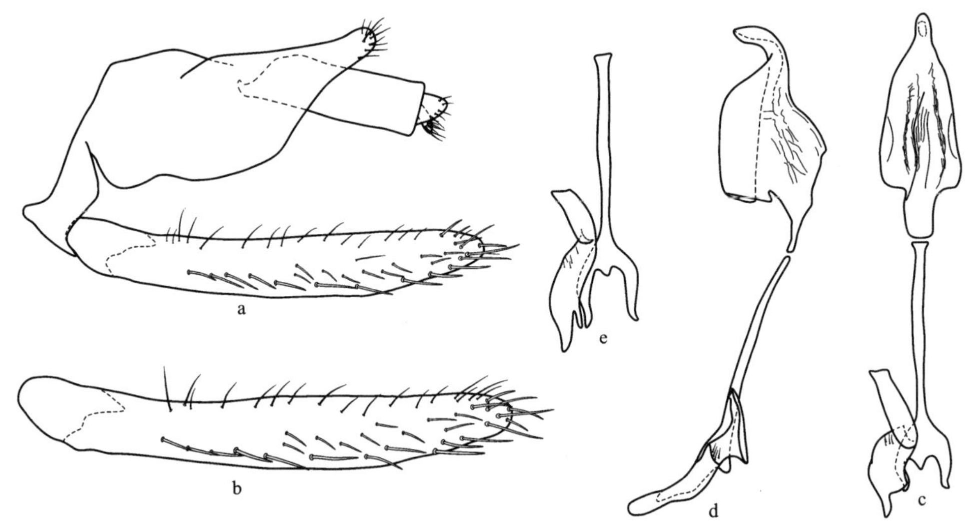

图 101 宜昌楔叶蝉，新种 *Cunedda yichanga* Li, Li *et* Xing, sp. nov.

a. 雄虫尾节侧面观 (male pygofer, lateral view)；b. 雄虫下生殖板 (male subgenital plate)；c. 阳茎、连索、阳基侧突腹面观 (aedeagus, connective and style, ventral view)；d. 阳茎、连索、阳基侧突侧面观 (aedeagus, connective and style, lateral view)；e. 连索、阳基侧突 (connective and style)

体淡黄褐色。头冠沿中脊两侧有 1 不规则弯曲的黑褐色纵纹；复眼黑褐色；单眼红褐色；颜面黄褐色，额唇基两侧横印痕、舌侧板黑褐色。前胸背板淡黄褐色，中央两侧大部淡褐色；小盾片淡黄褐色，中央及基侧角黑褐色；前翅淡煤褐色，半透明，具不规则形黄白色透明斑，尤以前缘 3 斑最显、翅脉黄白色。

正模 ♂，湖北宜昌，2013.Ⅶ.22，常志敏采。模式标本保存在贵州大学昆虫研究所 (GUGC)。

词源 新种名来源于模式标本采集地——湖北宜昌。

分布 湖北。

新种外形特征与透斑楔叶蝉 *Cunedda hyalipictata* (Li *et* Wang) 相似，不同点是新种头冠前端呈角状突出，中域两侧有黑色纵纹，雄虫尾节侧瓣端部呈指状。

10. 横脊叶蝉属 *Evacanthus* Lepeletier *et* Serville, 1825

Evacanthus Lepeletier *et* Serville, 1825, Enc. Meth., 10: 612. **Type species**: *Cicada interrupta* Linnaeus, 1758.

Amblycephalus Curtis, 1835, Brit. Entomol., 12: 572.

Euacanthrs Burmeistur, 1835, Handb. Ent., 2(1): 116.

模式种产地：欧洲。

属征：头冠前端宽圆突出，中央长度大于或等于二复眼间宽，中央有 1 明显的纵脊，端缘域有 1 缘脊，二复眼内缘亦有向前延伸隆起的侧脊，二单眼间有 1 横脊相连并与中央纵脊成十字相交叉；单眼位于头冠前侧域，着生在缘脊和侧脊交汇处；颜面额唇基隆起略呈半球形，中央有 1 明显的纵脊，两侧有横印痕列。前胸背板中域隆起，后部显著宽于前部，前缘弧圆突出，后缘微凹；前翅长而狭，翅脉明显，R_{1a} 脉与 M_{1+2} 脉常消失，端室 4，端片狭小，一些种出现短翅型。

雄虫尾节侧瓣发达，腹缘有突起；雄虫下生殖板狭长，具长刚毛；阳茎常有突起；连索 Y 形；阳基侧突形状变化较大。

地理分布：东洋界，古北界，新北界。

此属由 Lepeletier 和 Serville 1825 年以 *Cicada interrupta* Linnaeus 为模式种建立。继后国内外众多学者，诸如 Melichar (1903)、Distant (1908，1918)、Matsumura (1912a)、Ishihara (1979)、Anufriev 和 Emelyanov (1988) 对本属进行过分类研究；中国学者有葛钟麟 (1981a，1981b，1987，1992)、李子忠 (1989)、李子忠和汪廉敏 (1996a，1996b，2002a)、Huang (1992)、Liang (1995)、蔡平和申效诚 (1997)、蔡平和何俊华 (1998) 等。

全世界已记述 56 种。中国已报道 43 种，其中已对部分种的归属进行了调整，实有 33 种。本志记述 43 种，含 9 新种 1 中国新纪录种，提出 4 种新异名。

种 检 索 表 (♂)

1. 前翅翅脉呈网络状……………………………………………………………… **点翅横脊叶蝉 *E. stigmatus***

前翅翅脉不呈网络状……2
2. 前翅黑褐色……3
前翅非黑褐色，有或无黑色斑……26
3. 前翅翅脉红褐色……4
前翅翅脉非红褐色……12
4. 前胸背板有 3 黑色纵纹……5
前胸背板不具黑色纵纹……7
5. 阳茎背缘两侧片状突有 1 倒钩……**红脉横脊叶蝉 *E. rubrivenosus***
阳茎背缘两侧片状突无倒钩……6
6. 阳茎端部有 1 对钩状突……**端钩横脊叶蝉 *E. uncinatus***
阳茎端部无钩状突……**红边横脊叶蝉 *E. ruficostatus***
7. 阳茎中部背域有 2 刺状突……**红条横脊叶蝉 *E. rubrolineatus***
阳茎中部背域无刺状突……8
8. 阳茎中部腹缘锯齿状……**齿突横脊叶蝉，新种 *E. dentisus* sp. nov.**
阳茎中部腹缘不呈锯齿状……9
9. 阳茎中部背缘突起锯齿状……**齿片横脊叶蝉 *E. densus***
阳茎中部背缘片状突不呈锯齿状……10
10. 阳茎中部侧缘有 1 沿阳茎干延伸的片状突……**片刺横脊叶蝉 *E. laminatus***
阳茎中部侧缘无沿阳茎干延伸的片状突……11
11. 阳茎端部两侧各有 1 三角形突起……**宽索横脊叶蝉 *E. latus***
阳茎端部两侧无三角形突起……**红缘横脊叶蝉 *E. rufomarginatus***
12. 阳茎腹面有 2 基部愈合的片状突……**片突横脊叶蝉 *E. longianus***
阳茎构造不如前述……13
13. 前胸背板有 3 黑色斑成“小”字形排列……**长刺横脊叶蝉 *E. longispinosus***
前胸背板斑纹不如上述……14
14. 前翅后缘具淡黄色狭边……15
前翅后缘不具淡黄白色狭边……16
15. 阳茎中部背缘两侧各有 1 长突……**黄边横脊叶蝉 *E. flavocostatus***
阳茎中部背缘两侧不具长形突起……**黄缘横脊叶蝉，新种 *E. flavisideus* sp. nov.**
16. 前胸背板中域有 3 黑色纵纹……**三斑横脊叶蝉 *E. extremes***
前胸背板中域无 3 黑色纵纹……17
17. 颜面黑色……18
颜面非黑色……21
18. 阳茎中部腹缘有 1 对长突……**条翅横脊叶蝉 *E. taeniatus***
阳茎中部腹缘无长突……19
19. 阳茎端部两侧各有 1 锥形突……**黑褐横脊叶蝉 *E. fuscous***
阳茎端部两侧无锥形突……20

20. 阳茎干末端有 1 对倒突……………………………………………………………白条横脊叶蝉 *E. albovittatus*
阳茎干末端无倒突………………………………………………………………黑面横脊叶蝉 *E. heimianus*
21. 阳茎端部两侧各有 1 锥形突…………………………………………………………………………………… 22
阳茎端部两侧无锥形突……………………………………………………………………………………………… 23
22. 阳茎中部腹缘基部和中部各有 1 刺状突………………雅江横脊叶蝉，新种 *E. yajiangensis* sp. nov.
阳茎中部腹缘基部和中部无刺状突……………………………眉纹横脊叶蝉，新种 *E. camberus* sp. nov.
23. 体及前翅密生细柔毛………………………………………………………………淡脉横脊叶蝉 *E. danmainus*
体及前翅无细柔毛…………………………………………………………………………………………………… 24
24. 头冠前端有 1 黑色横带纹……………………………………………………黑带横脊叶蝉 *E. nigrifasciatus*
头冠前端无黑色横带纹……………………………………………………………………………………………… 25
25. 阳茎中部背缘叉状突端部分叉…………………………………………叉片横脊叶蝉，新种 *E. forkus* sp. nov.
阳茎中部背缘叉状突端部不分叉…………………………嵩县横脊叶蝉，新种 *E. songxianensis* sp. nov.
26. 前翅淡黄白微带绿色色泽，无明显斑纹…………………………………………………………………… 27
前翅淡黄褐色或姜黄色，有或无明显斑纹………………………………………………………………………… 29
27. 阳茎中部背缘两侧突起基部和端部均具钩状突……………双钩横脊叶蝉，新种 *E. bihookus* sp. nov.
阳茎中部背缘两侧突起不具钩状突………………………………………………………………………………… 28
28. 头冠基域有 2 黑色圆斑………………………………………………………………二点横脊叶蝉 *E. biguttatus*
头冠中域有 1 黑色大斑…………………………………白缘横脊叶蝉，新种 *E. albimarginatus* sp. nov.
29. 前翅无黑色斑带纹………………………………………………………………………………………………… 30
前翅有黑色斑带纹…………………………………………………………………………………………………… 32
30. 头冠基域 1 对黑色斑与中央黑色纵脊成“小”字形…………………小字横脊叶蝉 *E. trimaculatus*
头冠黑色斑纹不如前述……………………………………………………………………………………………… 31
31. 阳茎中部腹缘有 1 刺状突……………………………………………………………黄褐横脊叶蝉 *E. ochraceus*
阳茎中部腹缘无刺状突………………………………………………………………………葛氏横脊叶蝉 *E. kuohi*
32. 颜面黑色…… 33
颜面非黑色……… 35
33. 头冠基域 2 丘形隆起黑色…………………………………………………………………黑额横脊叶蝉 *E. fatuus*
头冠基域无丘形突…………………………………………………………………………………………………… 34
34. 头冠中域有 1 大黑斑………………………………………………………………黑条横脊叶蝉 *E. nigristreakus*
头冠全黑色……………………………………………………………………………………黄带横脊叶蝉 *E. repexus*
35. 前胸背板有 3 或 2 黑色纵纹……………………………………………………………………………………… 36
前胸背板无黑色纵纹………………………………………………………………………………………………… 37
36. 前胸背板有 3 黑色纵纹………………………………………………………………指片横脊叶蝉 *E. digitatus*
前胸背板有 2 黑色纵纹……………………………………侧刺横脊叶蝉，新种 *E. splinterus* sp. nov.
37. 前胸背板橙黄色……………………………………………………………………………………………………… 38
前胸背板非橙黄色…………………………………………………………………………………………………… 39
38. 前胸背板中域有 1 近似笔架形黑斑…………………………………………………黑盾横脊叶蝉 *E. nigriscutus*

前胸背板前域有 3 黑色斑……………………………………………………………浅色横脊叶蝉 *E. qiansus*

39. 头冠中域有 1 黑色纵纹……………………………………………………………双斑横脊叶蝉 *E. bimaculatus*

头冠中域无黑色纵纹…………………………………………………………………………………………………… 40

40. 阳茎端部两侧各有 1 长突…………………………………………………………黄面横脊叶蝉 *E. interruptus*

阳茎端部两侧无长突…………………………………………………………………………………………………… 41

41. 阳茎末端分叉……………………………………………………………………………白边横脊叶蝉 *E. albicostatus*

阳茎末端不分叉…… 42

42. 阳茎末端双钩状…………………………………………………………………………褐带横脊叶蝉 *E. acuminatus*

阳茎末端不呈双钩状………………………………………………………………………二带横脊叶蝉 *E. bivittatus*

(98) 褐带横脊叶蝉 *Evacanthus acuminatus* (Fabricius, 1794) (图 102)

Cicada acuminata Fabricius, 1794, Ent. Syst., 4: 36. **Type locality**: Germany.

Amblycephalus germari Curtis, 1829, Ent. Mag., 1: 192.

Tettigonia orbitalis: Walker, 1851, List Homopt, 4: 1159.

Evacanthus acuminatus (Fabricius): Economic Insect Fauna of China, 10: 51.

模式标本产地 德国。

体连翅长，雄虫 4.8-5.0mm，雌虫 5.5-6.0mm。

头冠前端宽圆突出，中央长度微小于二复眼间宽，四周有脊，致中域低凹；单眼位于头冠前侧域，着生在缘脊和侧脊交汇的凹陷内；颜面额唇基呈半球形，中域平坦，前唇基基域膨大，由基至端逐渐变狭，末端伸出下颚板端缘。前胸背板较头部宽，中央长度与头冠近似相等，中域隆起向两侧倾斜，前缘弧圆突出，后缘微凹，密生横皱纹；一些雌性个体前翅较短，致尾节端区部分外露在翅的端缘。

雄虫尾节侧瓣宽大，端缘宽圆，腹缘突出向外侧直伸，超过尾节侧瓣端缘；雄虫下生殖板长叶片状，微弯曲，密生柔毛和长刚毛；阳茎基部细，侧面观中部扩大，背缘两侧各有 1 片状突，端部弯曲有膜质包被，末端呈双钩状；连索 Y 形，主干中长大于臂长；阳基侧突端部扭曲弯折向外侧伸出，弯曲处生刚毛。雌虫腹部第 7 节腹板微长于第 6 节腹板，后缘中央轻度突出，产卵器伸出尾节侧瓣端缘。

体黑褐色。头冠黑色，边缘呈不规则状淡色边；复眼黑褐色；颜面额唇基褐色至暗褐色，两侧有淡色横纹，颊区亦淡黄褐色，沿额颊缝色较深为褐色。前胸背板黑色，仅后缘具淡黄褐色狭边，一些个体中域两侧各有 1 黄褐色纵纹；小盾片黑色；前翅淡污黄色，爪片内区 2/3 为黑褐色，革片的中部纵贯 1 黑褐色带纹，此带延伸至翅的端缘；后翅烟褐色；胸足污黄色，爪黑色。胸部、腹部腹板均黑褐色。一些雌性个体体色常有减淡的现象，色斑亦有变化。

寄主 杂灌木。

检视标本 **山西**：3♂4♀，历山自然保护区，2012.Ⅶ.29，邢济春采 (GUGC)。**陕西**：2♂6♀，太白山，2012.Ⅶ.12，徐世燕采 (GUGC)。**台湾**：1♀，Taichung，1987.Ⅷ.7，C. T. Yang 采 (GUGC)；1♂，Taichung，1987.Ⅷ.8，S. C. Tasur 采 (GUGC)；1♀，Taichung，

1990.Ⅶ.24，W. C. Chuang 采 (GUGC)。**广西**：2♂2♀，龙州，2012.Ⅳ.13，郑维斌采 (GUGC)；2♂4♀，龙胜，2012.Ⅴ.16，龙见坤采 (GUGC)；2♂5♀，花坪，2012.Ⅴ.18，范志华采 (GUGC)；4♂7♀，龙胜，2012.Ⅴ.18，李虎采 (GUGC)；2♂5♀，花坪，2012.Ⅴ.19，杨楠楠采 (GUGC)；2♂3♀，融安，2012.Ⅴ.21，范志华采 (GUGC)。**四川**：1♂2♀，峨眉山雷洞坪，1991.Ⅷ.7，李子忠采 (GUGC)。**贵州**：2♂3♀，梵净山，1986.Ⅶ.25，李子忠采 (GUGC)；1♂1♀，织金，1986.Ⅷ.18，李子忠采 (GUGC)；2♂4♀，梵净山，2002.Ⅵ.1，李子忠采 (GUGC)；5♂3♀，梵净山金顶，1995.Ⅶ.16，李子忠、杨茂发采 (GUGC)；1♂2♀，习水，2011.Ⅷ.14，于晓飞采 (GUGC)。**云南**：4♂，玉溪哀牢山，2012.Ⅶ.22，郑维斌采 (GUGC)。**西藏**：2♂5♀，墨脱，2003.Ⅷ.8，任国栋采 (HBU)。

分布　山西、陕西、台湾、广西、四川、贵州、云南、西藏；俄罗斯，朝鲜，日本，北美洲。

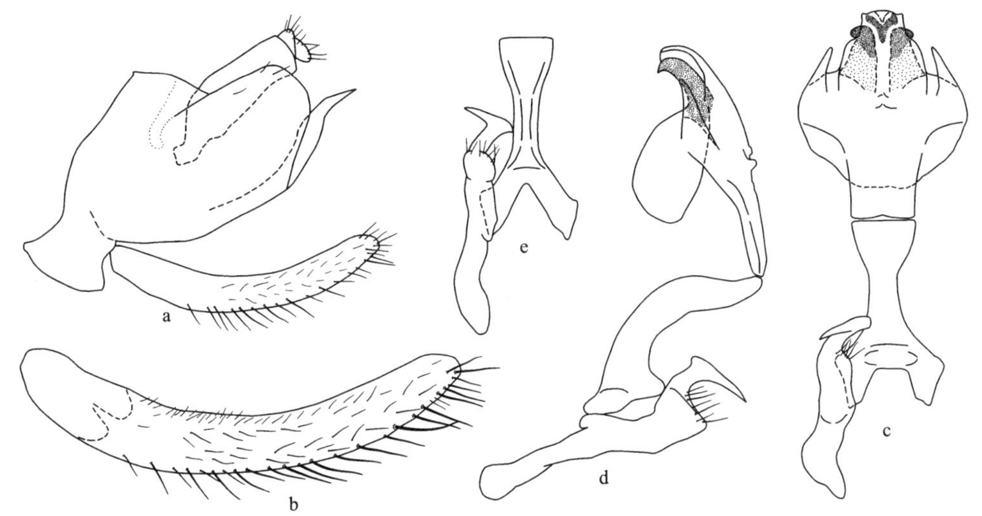

图 102　褐带横脊叶蝉 *Evacanthus acuminatus* (Fabricius)

a. 雄虫尾节侧面观 (male pygofer, lateral view)；b. 雄虫下生殖板 (male subgenital plate)；c. 阳茎、连索、阳基侧突腹面观 (aedeagus, connective and style, ventral view)；d. 阳茎、连索、阳基侧突侧面观 (aedeagus, connective and style, lateral view)；e. 连索、阳基侧突 (connective and style)

(99) 白边横脊叶蝉 *Evacanthus albicostatus* Kuoh, 1987 (图 103)

Evacanthus albicostatus Kuoh, 1987, In: Zhang (ed.), Agricultural Insects, Spiders, Plant Diseases and Weeds of Xizang, 1: 112. **Type locality**: Xizang (Motuo).

模式标本产地　西藏墨脱。

体连翅长，雄虫 5.5-5.8mm，雌虫 5.7-5.9mm。

头冠、前胸背板及小盾片有黄白色细柔毛。头冠前端宽圆突出，中域隆起，四周有脊致沿缘脊和侧脊凹陷，由基至端逐渐升高；单眼位于头冠前侧缘，着生在缘脊和侧脊交汇的凹陷内；颜面呈半球形隆起，中域平坦，前唇基由基至端逐渐变狭。前胸背板较头部宽，中央长度与头冠中长近似相等，前缘域有横凹痕，中后部密生横皱纹。雌虫前翅个体间存在不同程度的缩短，致腹部末端外露在前翅端缘。

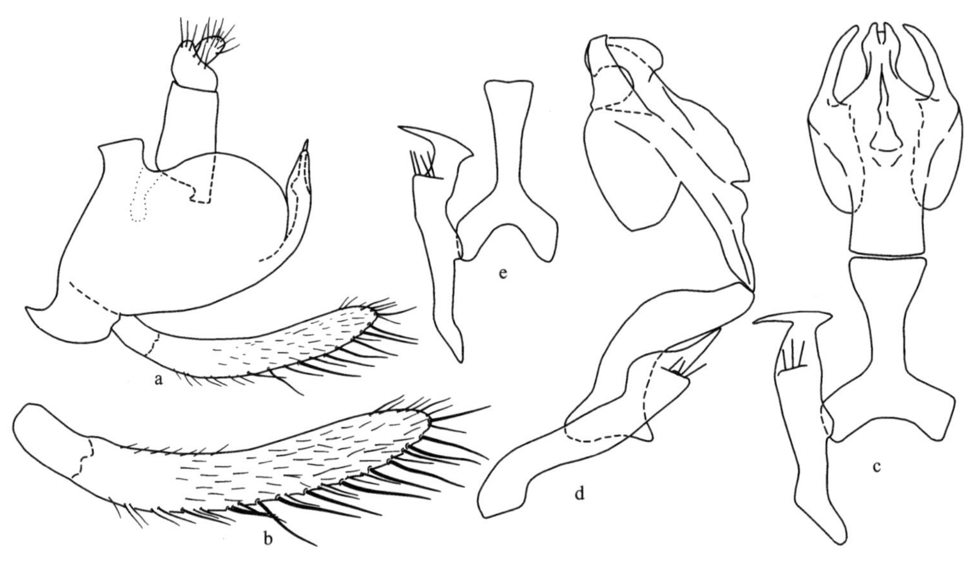

图 103 白边横脊叶蝉 *Evacanthus albicostatus* Kuoh

a. 雄虫尾节侧面观 (male pygofer, lateral view)；b. 雄虫下生殖板 (male subgenital plate)；c. 阳茎、连索、阳基侧突腹面观 (aedeagus, connective and style, ventral view)；d. 阳茎、连索、阳基侧突侧面观 (aedeagus, connective and style, lateral view)；e. 连索、阳基侧突 (connective and style)

雄虫尾节侧瓣端部宽圆突出，腹缘突起细长，沿外缘伸至背缘，突起亚端部有半圆形片状突起；雄虫下生殖板较匀称，微弯曲，侧缘有长刚毛；阳茎基部管状，中部背缘两侧各有 1 端部延伸的片状突，端部两侧微呈角状扩突，阳茎孔位于末端的叉口内；连索 Y 形，主干长是臂长的 3 倍；阳基侧突端部扭曲向外伸出。雌虫腹部第 7 节腹板中央长度与第 6 节近似相等，后缘接近平直，产卵器超出尾节端缘。

体黑色。头冠前侧角、后侧角、单眼着生区淡污黄褐色；复眼灰黑色；单眼淡污黄褐色；颜面污黄褐色，唯额唇基基域色较深暗。前胸背板后缘、前翅前缘域与爪片内、后缘均为污黄白色，形成明显的淡色缘带；后翅烟褐色；胸部腹面仅前胸腹板后缘及胸足淡污黄褐色，各足基节、爪及后足胫刺黑色。腹部黑色，各节背、腹板后缘区浅色部分较宽，几乎占整个宽度的 2/5，且呈曲带状。腹部背侧区、侧板及第 7 节腹板污黄白色。

寄主 杂灌木。

检视标本 **四川**：1♂，阿坝，1963.Ⅷ.8，采集人不详 (GUGC)；1♀，卧龙，1994.Ⅷ.24，杜予州采 (GUGC)；1♂，雅江，2005.Ⅷ.8，石福明采 (GUGC)；3♂4♀，巴丹，2005.Ⅷ.24，石福明采 (GUGC)。**云南**：5♂2♀，泸水片马，2000.Ⅷ.17，李子忠采 (GUGC)。**西藏**：1♂，墨脱拉格，2003.Ⅷ.8，任国栋采 (HBU)。

分布 四川、云南、西藏。

(100) 白缘横脊叶蝉，新种 *Evacanthus albimarginatus* Li, Li *et* Xing, sp. nov. (图 104)

模式标本产地　西藏林芝。

体连翅长，雄虫 4.5-4.7mm，雌虫 5.0mm。

头冠前端钝圆突出，中长约为二复眼间宽的 2/3，约与前胸背板等长，中央纵脊及侧脊前半部明显，中纵脊中部两侧凹陷，基域有 2 隆丘；单眼位于头冠前侧缘，单眼间有横脊相连；颜面额唇基中域略平坦，前唇基中域隆起，端缘弧圆，末端超出舌侧板端缘。前胸背板较头冠微宽，前缘弧圆，后缘中央凹陷，近前缘中央有 1 长的横刻痕，中后域有横皱纹；小盾片横刻痕后有横皱纹。

雄性尾节侧瓣近长方形，亚端部内侧有膜状突，腹缘突起向背缘伸出，端部尖细；雄虫下生殖板微弯曲，基部宽，端部狭圆，密生细小刚毛，侧缘及端缘生长刚毛；阳茎基部管状，中部背缘两侧各有 1 长突和 1 片状突，侧面观腹缘中部锯齿状；连索 Y 形，主干明显长于臂长；阳基侧突基部宽圆，中部粗壮弯曲，亚端部变细有数根刚毛，向两侧扩伸。雌虫第 7 节腹板与第 6 节接近等长，产卵器末端伸出前翅端缘。

体黑褐色。头冠黄白色，中域有 1 五边形黑斑；颜面黄白色。前胸背板两侧各有 1 黄白色半圆形斑，其余部分黑色；小盾片黑色；前翅灰褐色，前缘及后缘黄白色。

正模　♂，西藏林芝，1992.Ⅷ.14，王保海采。副模：2♂1♀，西藏林芝，2017.Ⅷ.10，杨茂发、严斌采。模式标本保存在贵州大学昆虫研究所 (GUGC)。

词源　新种以前翅前缘及后缘黄白色这一明显特征命名。

分布　西藏。

图 104　白缘横脊叶蝉，新种 *Evacanthus albimarginatus* Li, Li *et* Xing, sp. nov.

a. 雄虫尾节侧面观 (male pygofer, lateral view)；b. 雄虫下生殖板 (male subgenital plate)；c. 阳茎、连索、阳基侧突腹面观 (aedeagus, connective and style, ventral view)；d. 阳茎、连索、阳基侧突侧面观 (aedeagus, connective and style, lateral view)；e. 连索、阳基侧突 (connective and style)

本新种外形特征与黄面横脊叶蝉 *Evacanthus interruptus* (Linnaeus) 相似，其区别点是新种前翅前缘和后缘黄白色，头冠中央有 1 五边形黑斑，阳茎腹缘锯齿状。

(101) 白条横脊叶蝉 *Evacanthus albovittatus* Kuoh, 1987 (图 105；图版Ⅴ：7)

Evacanthus albovittatus Kuoh, 1987, In: Zhang (ed.), Agricultural Insects, Spiders, Plant Diseases and Weeds of Xizang, 1: 115. **Type locality**: Xizang (Motuo).

模式标本产地 西藏墨脱。

体连翅长，雄虫 4.2-4.5mm，雌虫 4.3-4.5mm。

头冠前端宽圆突出，中央长度显著短于二复眼间宽，前域 2/5 处有 1 明显的横印痕伸向单眼前缘，自前缘脊后的凹槽起向基部渐次隆起，致中域丰满拱出，其基部超过侧缘脊高度；单眼位于头冠前侧缘，着生在侧脊外侧；颜面额唇基中域平坦。前胸背板较头部狭，前缘域 2/3 处弧形凹痕明显，凹痕后密布横皱纹；前翅较短，仅伸过腹部末端，无端前室，亦无附加横脉。

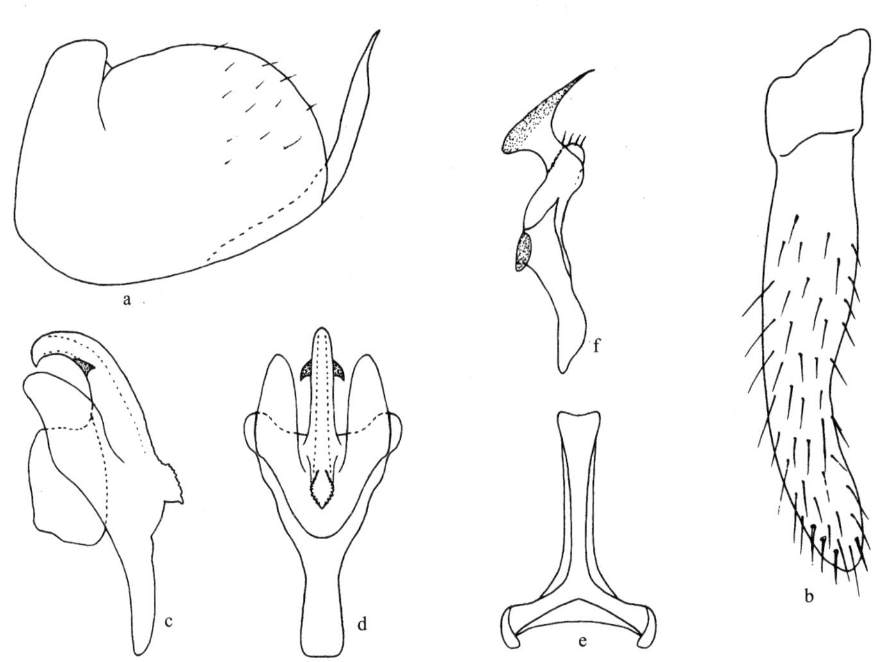

图 105 白条横脊叶蝉 *Evacanthus albovittatus* Kuoh

a. 雄虫尾节侧瓣侧面观 (male pygofer side, lateral view)；b. 雄虫下生殖板 (male subgenital plate)；c. 阳茎侧面观 (aedeagus, lateral view)；d. 阳茎腹面观 (aedeagus, ventral view)；e. 连索 (connective)；f. 阳基侧突 (style)

雄虫尾节侧瓣端缘弧圆突出，端缘宽圆，腹缘突起始于中后部，末端游离伸向背方；雄虫下生殖板端向渐窄，密被细刚毛；阳茎中部两侧有 1 大的片状突，端部生有 1 对逆刺；连索 Y 形，主干长是臂长的 3 倍；阳基侧突端部细，中部稍膨大，端部变细弯曲，弯曲处有刚毛。雌虫腹部生殖节末端伸出前翅端缘或与伸出甚多，第 7 节腹板是第 6 节腹板中长的 1.5 倍，后缘中央平直。

体黑色。头冠前侧缘、单眼区与后侧角区、前胸背板后缘、胸部腹面各节后缘及腹部背板与腹板各节后缘、雄虫下生殖板基部乌黄色；前翅黑色，前缘区、爪片后缘及爪缝形成 3 乌黄色带纹，一些个体爪缝乌黑色不明显；复眼黑褐色，其周缘黄褐色；胸足淡黄褐色，后足胫刺色较深，胫刺基部及爪黑色。

寄主　灌木。

检视标本　**四川**：4♂7♀，卧龙自然保护区，2017.Ⅷ.4，杨茂发、何宏力采 (GUGC)；1♀，丹巴亚拉雪山，2017.Ⅷ.5，杨茂发、严斌采 (GUGC)。**西藏**：1♀，左贡，2017.Ⅷ.15，杨茂发、何宏力采 (GUGC)。

分布　四川、西藏。

(102) 二点横脊叶蝉 *Evacanthus biguttatus* Kuoh, 1987 (图 106)

Evacanthus biguttatus Kuoh, 1987, In: Zhang (ed.), Agricultural Insects, Spiders, Plant Diseases and Weeds of Xizang, 1: 114. **Type locality**: Xizang (Linzhi).

模式标本产地　西藏林芝。

体连翅长，雄虫 5.0-5.2mm，雌虫 4.9-5.2mm。

前胸背板、小盾片生细小柔毛。头冠前端宽圆突出，中央长度略小于二复眼间宽，后缘亦具脊，致中域低凹；单眼位于头冠前侧缘，着生在缘脊和侧脊交汇的凹陷内；颜面额唇基长大于宽，前唇基由基至端逐渐变狭，端缘突出在舌侧板端缘。前胸背板较头部宽，中央长度与头冠中长近似相等，中前域有 1 弧形凹痕，凹痕后生横皱纹；前翅较短，腹部末端外露于翅的端缘。

雄虫尾节侧瓣宽而突出，端背缘斜直，端区有柔毛，腹缘突起沿尾节侧瓣延伸，超出尾节侧瓣端缘；雄虫下生殖板狭长，微弯曲，疏生刚毛；阳茎基部管状弯曲，中部背缘有 1 对大的片状突，端部细管状，亚端部两侧缘各有 1 锥状突，侧面观腹缘中部向后呈锥状；连索 Y 形，主干基部膨大；阳基侧突端部细，扭曲向外伸出，弯曲处有数根刚毛。雌虫腹部第 7 节腹板中央长度与第 6 节接近等长，后缘中央呈笔架形突出，产卵器外露在尾节侧瓣端缘。

体淡黄褐色。头冠基域有 1 对黑色圆斑，中域横脊和纵脊黑褐色，致成“十”字形黑褐色纹；复眼黑褐色。前胸背板淡褐色；前翅淡黄褐微带绿色色泽；虫体腹面及足淡黄褐色，爪黑褐色。雌虫头冠中域有“十”字形黄褐色纹，前胸背板淡黄褐色。

寄主　麦类及其他禾本科植物。

检视标本　**吉林**：2♂10♀，长白山，2011.Ⅶ.24-25，范志华、于晓飞采 (GUGC)。**陕西**：2♀，太白山，2012.Ⅶ.14，黄荣采 (GUGC)。**山西**：2♀，历山自然保护区，2012.Ⅶ.29，邢济春采 (GUGC)；1♂3♀，吕梁，2012.Ⅷ.22，于晓飞采 (GUGC)。**湖北**：5♀，神农架，1997.Ⅷ.11，杨茂发采 (GUGC)；1♀，神农架，2013.Ⅶ.17，常志敏采 (GUGC)。**四川**：1♂2♀，卧龙自然保护区，2017.Ⅷ.4，杨茂发、严斌采 (GUGC)；1♂5♀，王朗自然保护区，2017.Ⅶ.19，杨再华、张文采 (GUGC)。**贵州**：5♂17♀，威宁，1986.Ⅷ.21-22，

李子忠采 (GUGC)。**云南**：2♂，兰坪，2000.Ⅷ.12，李子忠采 (GUGC)。**西藏**：5♂3♀，林芝，2017.Ⅷ.10-11，杨茂发、严斌采 (GUGC)；2♂4♀，芒康，2017.Ⅷ.16，杨茂发、严斌采 (GUGC)。

分布 吉林、山西、陕西、湖北、台湾、四川、贵州、云南、西藏。

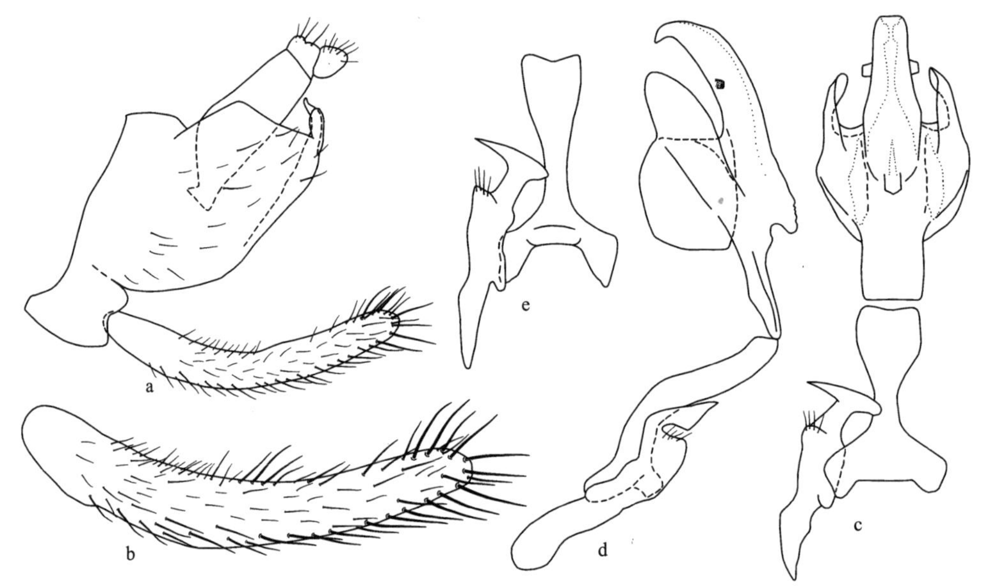

图 106 二点横脊叶蝉 *Evacanthus biguttatus* Kuoh

a. 雄虫尾节侧面观 (male pygofer, lateral view)；b. 雄虫下生殖板 (male subgenital plate)；c. 阳茎、连索、阳基侧突腹面观 (aedeagus, connective and style, ventral view)；d. 阳茎、连索、阳基侧突侧面观 (aedeagus, connective and style, lateral view)；e. 连索、阳基侧突 (connective and style)

(103) 双钩横脊叶蝉，新种 *Evacanthus bihookus* Li, Li *et* Xing, sp. nov. (图 107)

模式标本产地 山西历山。

体连翅长，雄虫 4.8mm。

头冠前端宽圆突出，中央长度微大于二复眼间宽，前后缘和侧缘均具脊，致中域低凹，基域于中脊两侧各有 1 丘形突起；单眼位于头冠前侧缘，着生在缘脊和侧脊交汇的凹陷内；颜面额唇基长大于宽，前唇基由基至端逐渐变狭，基域隆起。前胸背板较头部宽，中央长度与头冠中长近似相等，生柔毛和横皱纹；小盾片中域低凹，具横皱纹。

雄虫下生殖板基部分节，端向渐窄，具横皱，具不规则排列的细小刚毛；阳茎基部管状，侧面观中部背缘两侧各有 1 端部和中部具弯钩状的片状突，腹缘有微齿，端部管状弯曲；连索 Y 形，主干长明显大于臂长；阳基侧突端部强度弯曲成镰刀状，弯曲处有数根粗长刚毛。

体黑褐色。头冠姜黄色，中央有 1 多角形黑色大斑；复眼黑色；单眼红褐色；颜面淡橙黄色无斑纹。前胸背板和小盾片黑色；前翅姜黄色无明显斑纹；胸部腹板和胸足淡黄白色。

正模　♂，山西历山自然保护区，2012.Ⅶ.29，邢济春采。模式标本保存在贵州大学昆虫研究所 (GUGC)。

词源　新种以雄虫阳茎背缘两侧有 2 钩状突这一明显特征命名。

分布　山西。

新种外形特征与双斑横脊叶蝉 *Evacanthus bimaculatus* Li *et* Wang 相似，不同点是新种前胸背板和小盾片黑色，阳茎中部腹缘有微齿，背缘两侧有 2 钩状突。

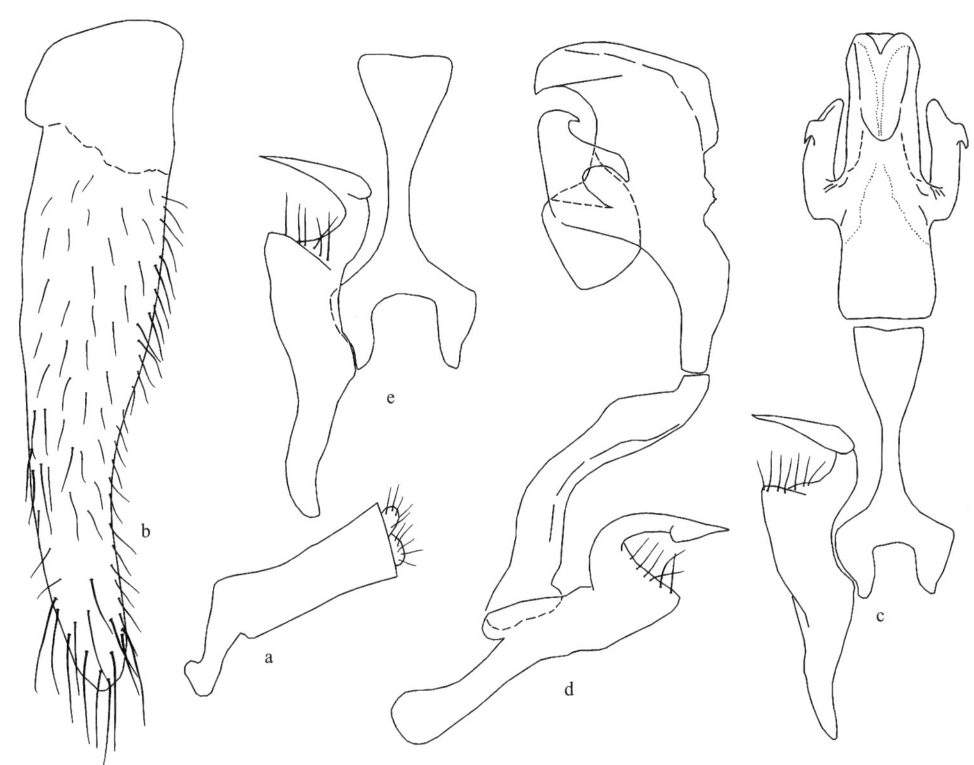

图 107　双钩横脊叶蝉，新种 *Evacanthus bihookus* Li, Li *et* Xing, sp. nov.

a. 肛管 (anal tube)；b. 雄虫下生殖板 (male subgenital plate)；c. 阳茎、连索、阳基侧突腹面观 (aedeagus, connective and style, ventral view)；d. 阳茎、连索、阳基侧突侧面观 (aedeagus, connective and style, lateral view)；e. 连索、阳基侧突 (connective and style)

(104) 双斑横脊叶蝉 *Evacanthus bimaculatus* Li *et* Wang, 2002 (图 108)

Evacanthus bimaculatus Li *et* Wang, 2002, Acta Entomologica Sinica, 45(Suppl.): 43. **Type locality**: Yunnan (Pianma).

模式标本产地　云南片马。

体连翅长，雄虫 5.3-5.5mm，雌虫 5.6-6.0mm。

体及前翅生稀疏白色柔毛。头冠前端宽圆突出，基域两侧有 1 对丘形突起，中央长度明显短于二复眼间宽，中域轻度隆起，沿脊低凹；单眼位于头冠前侧缘，着生在侧脊和缘脊交汇的凹陷处；颜面额唇基隆起，中域平坦。前胸背板较头部宽，与头冠接近等长。

雄虫尾节侧瓣端向渐窄，端缘呈角状突出，腹缘突起始于中后部，伸过尾节端缘，端部弯曲；雄虫下生殖板弯曲，内侧缘生粗刚毛，外侧域有细长刚毛；阳茎基部细，侧面观中部背域有 1 对片状突起，突起部的端缘有 1 指形突，腹缘中部突起明显，端部呈管状弯曲；连索 Y 形，主干长是臂长的 2 倍；阳基侧突端部呈扭曲的手杖形，弯曲处有刚毛。雌虫腹部第 7 节腹板中长大于第 6 节，中央纵向隆起，后缘接近平直，产卵器伸出尾节侧瓣端缘。

体淡黄白色。头冠中前域有 1 长形黑色纵纹，头冠、前胸背板及小盾片淡黄白色，一些个体淡黄略带橙色，前胸背板和小盾片具血红色晕；复眼黑色；单眼黄白色。前胸背板侧域及小盾片基侧角和侧缘中部 1 斑点黑色；前翅灰白色，爪片和革片各有 1 黑色宽纵带纹，其中革片上纵带纹伸达翅的端缘；胸部腹板和胸足淡黄白色无斑纹。腹部背、腹面均黑褐色。雄虫下生殖板端部深褐色，基部淡黄白色。雌虫尾节和第 7 节腹板淡黄白色无斑纹。

检视标本 **云南**：♂ (正模)，7♂5♀ (副模)，泸水片马，2000.Ⅷ.17-18，李子忠、杨茂发采 (GUGC)；1♂1♀，泸水片马，2011.Ⅴ.17，李玉建采 (GUGC)。

分布 云南。

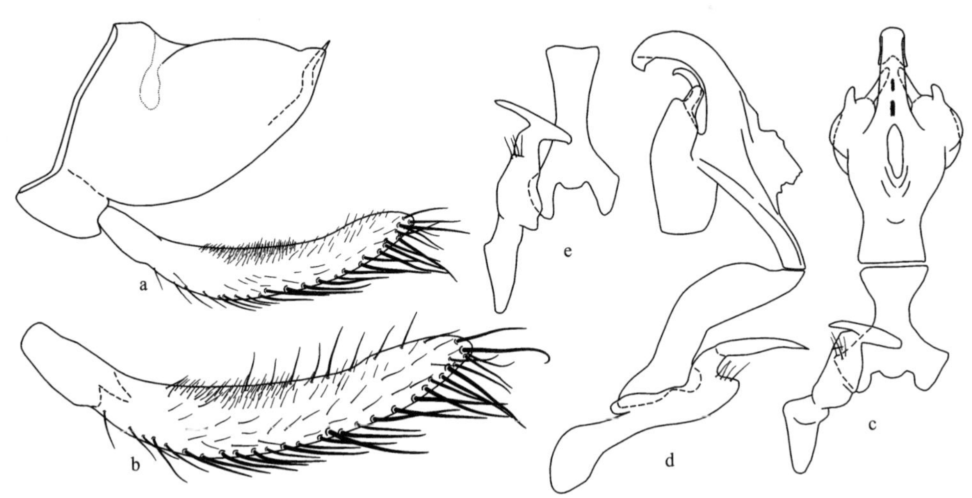

图 108 双斑横脊叶蝉 *Evacanthus bimaculatus* Li *et* Wang

a. 雄虫尾节侧面观 (male pygofer, lateral view)；b. 雄虫下生殖板 (male subgenital plate)；c. 阳茎、连索、阳基侧突腹面观 (aedeagus, connective and style, ventral view)；d. 阳茎、连索、阳基侧突侧面观 (aedeagus, connective and style, lateral view)；e. 连索、阳基侧突 (connective and style)

(105) 二带横脊叶蝉 *Evacanthus bivittatus* Kuoh, 1992 (图 109；图版Ⅴ：8)

Evacanthus bivittatus Kuoh, 1992, In: Chen (ed.), Insects of the Hengduan Mountains Region, 1: 257.

Type locality: Sichuan (Batangyidun).

模式标本产地　四川巴塘义敦。

体连翅长，雄虫 5.2-5.8mm，雌虫 6.2-7.8mm。

前胸背板和小盾片生刻点与细毛。头冠向前钝圆突出，中央长度与二复眼间宽近于相等，头冠亚前缘、侧缘与后缘均生脊，其中亚前缘脊于端缘 2/5 处向后分成两枝，弯曲构成长圆形，基部两侧区各有 1 长圆形隆丘；单眼位于头冠前缘脊分叉处；颜面额唇基区隆起，前唇基端向渐次收狭，末端狭而圆，超舌侧板端缘。前胸背板较头部宽，前缘域有 1 横凹痕，其后密生横皱；小盾片横刻痕平直低凹，端部密生横皱。雌虫前翅短，仅伸达腹部末端。

雄虫尾节侧瓣端部宽圆，端区有细刚毛，腹缘突起始于中后部，末端尖细；雄虫下生殖板匀称，生不规则排列长刚毛；阳茎基部管状弯曲，中部背缘两侧各有 1 片状突，端部管状向背面弯曲；连索近似 Y 形，两臂特短；阳基侧突亚端部急剧凹入弯曲，弯曲处有细刚毛，末端尖突。雌虫腹部第 7 节腹板后缘中央弧圆浅凹入。

体淡黄褐略带橙色。雄虫头冠中域黑褐色；复眼黑褐色。前胸背板与小盾片黑色，其中前胸背板侧缘区、后缘淡黄褐色；前翅淡黄褐色，爪片后半与翅端部各有 1 明显的黑褐色纵带，故称二带横脊叶蝉。腹部背面黑色，腹面及生殖节淡黄微绿色。雌虫头冠中域色减淡；后唇基中域加深成深黄褐色。前胸背板与小盾片为淡黄褐色；前翅二带消失，残留数个浅黑褐色条斑。有的整个体躯全为黑褐色，仅头部前缘与各足及前翅仍为淡黄褐色，而前翅端部黑带向基部延伸加长，胸部腹面边区与腹部各腹板后缘色减淡。

图 109　二带横脊叶蝉 *Evacanthus bivittatus* Kuoh

a. 雄虫尾节侧面观 (male pygofer, lateral view)；b. 雄虫下生殖板 (male subgenital plate)；c. 阳茎、连索、阳基侧突腹面观 (aedeagus, connective and style, ventral view)；d. 阳茎、连索、阳基侧突侧面观 (aedeagus, connective and style, lateral view)；e. 连索、阳基侧突 (connective and style)

检视标本　**吉林**：1♂2♀，长白山，1983.Ⅷ.26，李子忠采 (GUGC)；1♂，长白山，2011.Ⅶ.24，范志华采 (GUGC)。**四川**：2♂1♀，卧龙，2017.Ⅷ.11，杨再华、张文采 (GUGC)。**云南**：14♂18♀，兰坪，2000.Ⅷ.13-14，李子忠采 (GUGC)；3♂，兰坪，2000.Ⅷ.13，杨茂发采 (GUGC)。**西藏**：1♂，林芝，1992.Ⅷ.9，王保海采 (GUGC)；3♂，墨脱拉格，2003.Ⅷ.8，任国栋采 (HBU)；5♂8♀，林芝，2017.Ⅷ.10-11，杨茂发、杨再华、严斌采 (GUGC)；1♂2♀，芒康，2017.Ⅷ.16，杨茂发采 (GUGC)。

分布　吉林、四川、云南、西藏。

(106) 眉纹横脊叶蝉，新种 *Evacanthus camberus* Li, Li *et* Xing, sp. nov. (图 110)

模式标本产地　西藏左贡，青海白山林场。

体连翅长，雄虫 4.9-5.1mm，雌虫 5.2-5.3mm。

头冠前端宽圆突出，中央长度小于二复眼间宽，中域隆起，较光滑，二单眼着生区凹陷；单眼位于头冠前侧缘，着生在缘脊和侧脊交汇的凹陷处。前胸背板中域隆起，有横皱纹；小盾片与前胸背板接近等长，中域低凹。

雄虫尾节侧瓣接近方形，端缘微波曲，端区有柔毛，腹缘突起始于中后部，向背面伸出，长度超出尾节侧瓣端背角；雄虫下生殖板端向渐细，微弯曲，密生粗长刚毛；阳茎基部管状，侧面观腹缘中部有 1 角状突，背缘两侧各有 1 长片状突，端部管状弯曲，亚端部两侧各有 1 近似锥形突起，阳茎孔位于末端；连索 Y 形，两臂特短，主干端部膨大；阳基侧突亚端部骤然变细弯曲，弯曲处有细刚毛，末端平切，向两侧伸出。

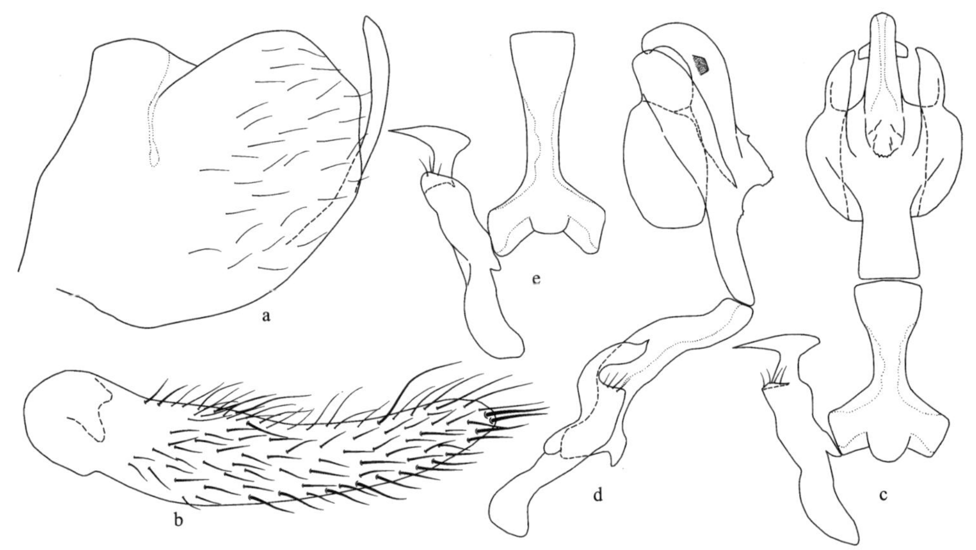

图 110　眉纹横脊叶蝉，新种 *Evacanthus camberus* Li, Li *et* Xing, sp. nov.

a. 雄虫尾节侧瓣侧面观 (male pygofer side, lateral view)；b. 雄虫下生殖板 (male subgenital plate)；c. 阳茎、连索、阳基侧突腹面观 (aedeagus, connective and style, ventral view)；d. 阳茎、连索、阳基侧突侧面观 (aedeagus, connective and style, lateral view)；e. 连索、阳基侧突 (connective and style)

体黑色。头冠前端两侧及单眼前缘 1 眉形纹、头冠与颜面相交处和头冠基侧缘即复眼后缘淡黄白色；单眼、复眼和颜面黑色。前翅黑色，前缘、后缘和沿爪缝淡黄白色；胸部腹板黑色，胸足淡黄褐色。

正模　♂，西藏左贡，2017.Ⅷ.15，杨茂发、何宏力采。副模：7♂3♀，采集时间、地点、采集人同正模；1♂，青海白山林场，2008.Ⅷ.17，宋琼章采。模式标本保存在贵州大学昆虫研究所 (GUGC)。

词源　新种以头冠单眼前域有 1 眉形淡黄白色纹这一明显特征命名。

分布　青海、西藏。

本新种外形特征与黄面横脊叶蝉 *Evacanthus interruptus* (Linnaeus) 相似，不同点是本新种头冠前端两侧各有 1 淡黄白色眉形纹，雄虫尾节侧瓣近似方形，阳茎端部弯曲。

(107) 淡脉横脊叶蝉 *Evacanthus danmainus* Kuoh, 1980 (图 111；图版Ⅵ：1)

Evacanthus danmainus Kuoh, 1980, Insects of Xizang, 1: 197. **Type locality**: Xizang (Jiangda).

Evacanthus albomaculatus Cai *et* Shen, 1997, Entomotaxonomia, 19(4): 247. **New synonymy.**

模式标本产地　西藏江达。

体连翅长，雄虫 5.0-5.2mm，雌虫 5.8-6.2mm。

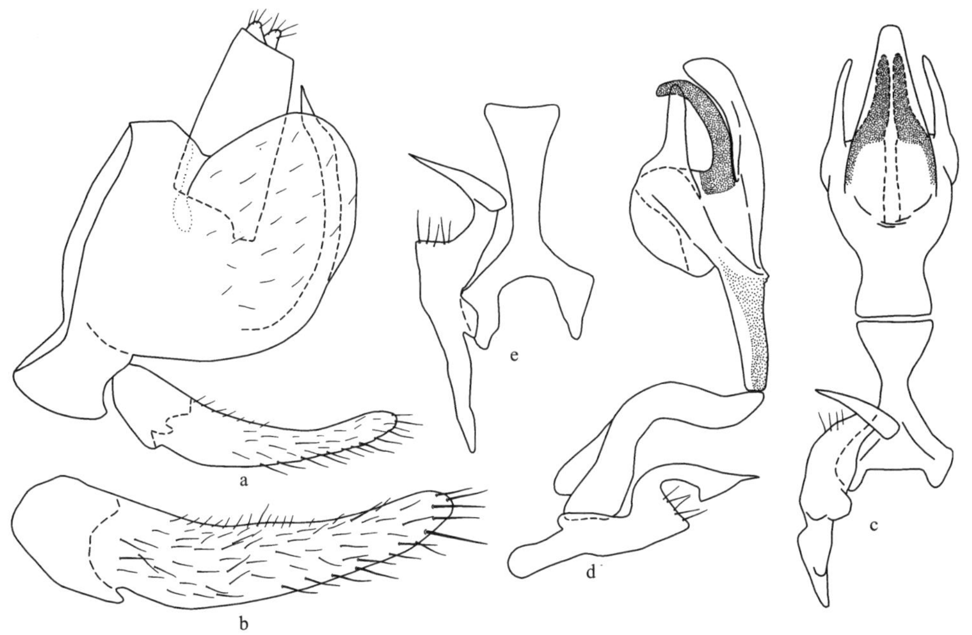

图 111　淡脉横脊叶蝉 *Evacanthus danmainus* Kuoh

a. 雄虫尾节侧面观 (male pygofer, lateral view)；b. 雄虫下生殖板 (male subgenital plate)；c. 阳茎、连索、阳基侧突腹面观 (aedeagus, connective and style, ventral view)；d. 阳茎、连索、阳基侧突侧面观 (aedeagus, connective and style, lateral view)；e. 连索、阳基侧突 (connective and style)

头冠前端钝圆突出，中央长度显著大于二复眼间宽，中域隆起，两侧凹陷；单眼位于头冠前侧缘域，着生在缘脊和侧脊交汇的凹陷内；颜面额唇基隆起略成半球形，中域平坦，前唇基基部宽大，向前收狭，末端超过舌侧板端缘。前胸背板中域隆起，向两侧斜倾，密生横皱纹，前缘域有 1 弧形凹痕，凹痕前域光滑，前缘弧圆突出，后缘微凹。

雄虫尾节侧瓣宽圆，端缘斜直，腹缘突起沿端缘斜伸至端背缘，亚端部扩大，末端尖细；雄虫下生殖板端向渐窄，密生长刚毛；阳茎基部细，侧面观中部背域有 1 较大且端部尖细的片状突起，腹缘有膜片包被，端部管状弯曲；连索 Y 形，主干基部膨大；阳基侧突端部扭曲向外伸出。雌虫腹部第 7 节腹板中央长度是第 6 节的 2 倍，中域隆起，后缘中央弧圆突出，产卵器长超出尾节端缘。

体及前翅黑褐色生黄白色柔毛。头冠侧缘区、单眼区、颜面基缘和侧缘域、前胸侧板边缘及腹部各节腹板后缘浅黄色；复眼黑色；单眼、触角及胸足淡黄褐色。前翅前缘域、端区及翅脉污黄白色。

寄主 草本植物。

检视标本 **辽宁**：2♂1♀，本溪桓仁，2011.Ⅶ.19，范志华采 (GUGC)。**山西**：7♂9♀，历山，2012.Ⅶ.24-26，邢东亮、王泽雨采 (GUGC)。**河南**：2♂4♀，白云山，2002.Ⅶ.19-20，陈祥盛采 (GUGC)；1♂1♀，伏牛山，2010.Ⅷ.2，李虎、范志华采 (GUGC)。**湖北**：2♂，神农架，1997.Ⅷ.11，杨茂发采 (GUGC)；1♂1♀，五峰，1999.Ⅶ.10，杜艳丽采 (GUGC)；3♂2♀，大别山，2014.Ⅵ.27，孙海燕采 (GUGC)；3♂1♀，大别山，2014.Ⅷ.29，周正湘采 (GUGC)。**安徽**：1♀，黄山汤口，1986.Ⅶ. 13，魏重生采 (AAU)。**福建**：7♂9♀，武夷山景区，2012.Ⅴ.24，龙见坤采 (GUGC)；2♂4♀，武夷山森林公园，2012.Ⅴ.21，范志华采 (GUGC)；5♂8♀，武夷山，2012.Ⅴ.24，杨卫诚采 (GUGC)；1♀，泉州戴云山，2013.Ⅴ.23，李斌采 (GUGC)。**广东**：1♂1♀，丹霞山，2013.Ⅴ.15，焦猛、李斌采 (GUGC)；2♀，丹霞山，2013.Ⅴ.15，李斌采 (GUGC)。**广西**：1♀，南宁，2002.Ⅴ.15，梁红兵采 (GUGC)；2♂6♀，龙胜，2010.Ⅴ.18，李虎采 (GUGC)；2♂5♀，龙州，2012.Ⅴ.13，郑维斌采 (GUGC)；2♂5♀，元宝山，2012.Ⅴ.24，范志华采 (GUGC)。**重庆**：1♂2♀，金佛山，1996.Ⅵ.17，杨茂发采 (GUGC)；6♂8♀，缙云山，1996.Ⅵ.21，杨茂发采 (GUGC)；5♂3♀，金佛山，1996.Ⅶ.3，杨茂发采 (GUGC)。**四川**：2♂3♀，炉霍，2006.Ⅷ.17，石福明采 (GUGC)；2♂4♀，甘孜康定，2012.Ⅶ.31，李虎、范志华采 (GUGC)。**贵州**：4♂7♀，贵阳，1983.Ⅵ.15，贵州农学院 79 级植保专业学生采 (GUGC)；7♂5♀，道真，1988.Ⅳ.15-16，李子忠采 (GUGC)；4♂4♀，贵阳，1992.Ⅴ.15，李子忠采 (GUGC)；1♂，镇远，1992.Ⅷ.2，李子忠采 (GUGC)；1♂2♀，梵净山，1994.Ⅷ.7，汪廉敏采 (GUGC)；1♀，茂兰洞塘，1998.Ⅴ.23，李子忠采 (GUGC)；2♂2♀，荔波永康，1998.Ⅴ.29，李子忠采 (GUGC)；3♂4♀，荔波小七孔，1998.Ⅴ.30，李子忠采 (GUGC)；5♂6♀，习水蔺江，2000.Ⅴ.28，李子忠采 (GUGC)；7♂4♀，习水长嵌沟，2000.Ⅴ.29，李子忠采 (GUGC)；3♂2♀，习水三岔河，2000.Ⅵ.2，李子忠采 (GUGC)；1♂，赤水金沙，2000.Ⅵ.5，戴仁怀采 (GUGC)；2♂2♀，赤水金沙，2000.Ⅵ.5，李子忠采 (GUGC)；2♂，贵阳，2001.Ⅶ.27，李子忠采 (GUGC)；9♂7♀，梵净山，2002.Ⅴ.27-29，李子忠采 (GUGC)；2♂3♀，道真，2004.Ⅴ.22-24，杨茂发采 (GUGC)；

1♂，道真三桥镇，2004.Ⅴ.22-24，徐翩采（GUGC）；5♂3♀，道真三桥镇，2004.Ⅴ.22-24，张斌、徐翩采（GUGC）；6♂6♀，道真仙女洞，2004.Ⅴ.25-27，张斌、徐翩采（GUGC）；5♂3♀，雷公山小丹江，2005.Ⅵ.1-4，李子忠、张斌采（GUGC）；1♂，沿河麻阳河，2007.Ⅸ.27，宋琼章采（GUGC）；1♀，沿河麻阳河大河坝，2007.Ⅵ.5，李玉建采（GUGC）；1♀，沿河麻阳河大河坝，2007.Ⅵ.5，张培采（GUGC）；1♂，沿河麻阳河大河坝，2007.Ⅵ.12，孟泽洪采（GUGC）；1♀，沿河麻阳河大河坝，2007.Ⅵ.11，张玉波采（GUGC）；1♂1♀，沿河麻阳河黎家坝，2007.Ⅵ.11，陈祥盛采（GUGC）；3♂2♀，施秉，2009.Ⅴ.20，杨再华采（GUGC）；14♂15♀，宽阔水茶场，2010.Ⅵ.2，李玉建采（GUGC）；11♂12♀，宽阔水茶场，2010.Ⅵ.2，张培采（GUGC）；10♂17♀，宽阔水茶场，2010.Ⅵ.2-5，张斌采（GUGC）；6♂6♀，宽阔水，2010.Ⅵ.5，郑延丽采（GUGC）；4♂3♀，绥阳下寺村，2010.Ⅵ.8，郑延丽采（GUGC）；3♂2♀，宽阔水白哨沟，2010.Ⅵ.5-7，戴仁怀、李虎采（GUGC）；2♂2♀，宽阔水茶场，2010.Ⅵ.5-6，戴仁怀、李虎采（GUGC）；1♂，宽阔水青杠塘镇，2010.Ⅵ.6-9，戴仁怀、李虎采（GUGC）；1♂，宽阔水水库，2010.Ⅵ.4，戴仁怀、李虎采（GUGC）；2♂2♀，宽阔水香树湾，2010.Ⅵ.5，闫毅采（GUGC）；2♂5♀，施秉，2012.Ⅵ.4，杨卫诚采（GUGC）。

分布　黑龙江、吉林、辽宁、山西、河南、陕西、甘肃、安徽、浙江、湖北、湖南、福建、广东、广西、重庆、四川、贵州、西藏。

(108) 齿突横脊叶蝉，新种 *Evacanthus dentisus* Li, Li *et* Xing, sp. nov. (图 112；图版Ⅵ：2)

模式标本产地　四川峨眉山。

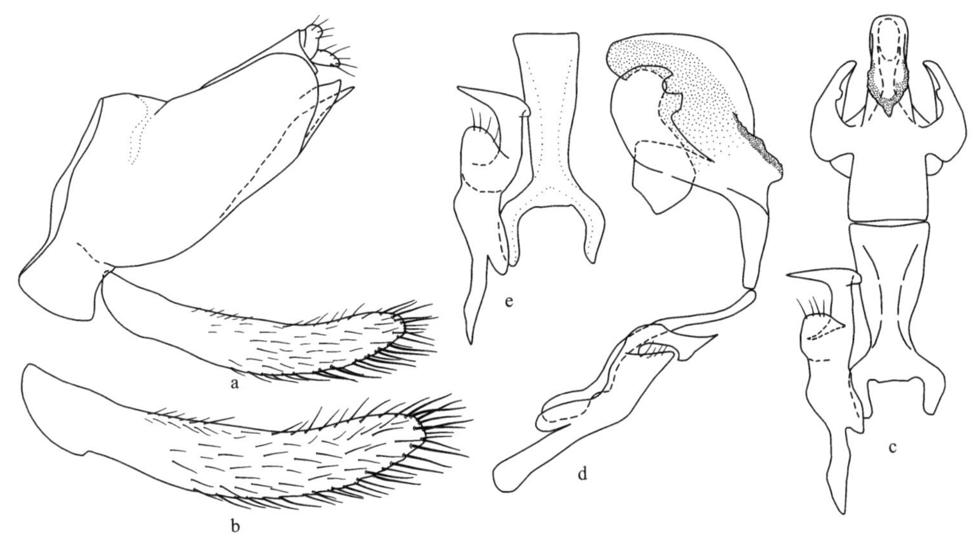

图 112　齿突横脊叶蝉，新种 *Evacanthus dentisus* Li, Li *et* Xing, sp. nov.

a. 雄虫尾节侧面观 (male pygofer, lateral view)；b. 雄虫下生殖板 (male subgenital plate)；c. 阳茎、连索、阳基侧突腹面观 (aedeagus, connective and style, ventral view)；d. 阳茎、连索、阳基侧突侧面观 (aedeagus, connective and style, lateral view)；e. 连索、阳基侧突 (connective and style)

体连翅长，雄虫 7.9-8.1mm，雌虫 8.1-8.3mm。

头冠前端呈角状突出，中长约为二复眼间宽的 2/3，短于前胸背板，中央纵脊及侧脊前半部明显，中纵脊中部两侧微凹陷，基域有 2 隆丘；颜面散生数根黄褐色细柔毛，额唇基中域略平坦，前唇基中域隆起，端缘弧圆，超出舌侧板端缘。前胸背板略宽于头冠，前缘弧圆，后缘中央凹陷；小盾片横刻痕低洼，端区有横皱纹。

雄性尾节侧瓣近长方形，腹突短，向后伸不及端背缘；雄虫下生殖板端向渐窄，微弯曲，密生长刚毛；阳茎基部管状，侧面观中部背面有 2 近圆形的片状突，腹缘中部锯齿状，端部背缘有 1 对刺状突；连索 Y 形，主干中长明显大于臂长；阳基侧突粗壮，近端部变细处有数根刚毛，端部呈鸟喙状外伸。雌虫腹部第 7 节板中央长度是第 6 节的 1.5 倍，后缘中央呈舌形突出，产卵器伸出尾节侧瓣端缘。

体黑褐色。头冠后缘近复眼基角及复眼周围黄白色；颜面黑褐色，复眼下方颊区及舌侧板周边黄褐色。前胸背板黑色，后缘及侧缘黄褐色；小盾片黑色；前翅黑褐色，前缘域、后缘及翅脉红褐色。

正模 ♂，四川峨眉山，1991.Ⅷ.1，李子忠采。副模：3♂4♀，采集地点、采集时间、采集人同正模；1♀，四川峨眉山，1995.Ⅶ.16，杨茂发采。所有模式标本均保存在贵州大学昆虫研究所 (GUGC)。

词源 新种名来源于阳茎腹缘锯齿状。

分布 四川。

新种外形特征与红脉横脊叶蝉 *Evacanthus rubrivenosus* Kuoh 相似，其区别点是本新种前胸背板黑色，后缘及侧缘黄褐色，雄虫尾节侧瓣近似长方形，阳茎腹缘锯齿状。

(109) 齿片横脊叶蝉 *Evacanthus densus* Kuoh, 1992 (图 113)

Evacanthus densus Kuoh, 1992, In: Chen (ed.), Insects of the Hengduan Mountains Region, 1: 258. **Type locality**: Yunnan (Pianma).

模式标本产地 云南片马。

体连翅长，雄虫 8.0mm，雌虫 9.1mm。

前胸背板与小盾片表面密生细毛。头冠前缘宽圆，致头冠较短，中长为二复眼间宽的 3/4，横脊与中纵脊垂直相交，中域自横脊向后渐次隆起，致各脊内域非均匀而低凹。前胸背板较头部宽，与头冠接近等长；前翅翅脉隆起显著，仅具内端前室，在中室中增生 1 横脉。

雄虫尾节侧瓣近似长方形，端缘弧圆突出，腹缘突起宽扁，伸出尾节侧瓣端缘；雄虫下生殖板长微弯曲，密生细小刚毛，侧缘有长刚毛；阳茎基部管状，侧面观中部背缘两侧有 1 对大的片状突，腹缘齿状，端部管状弯曲，末端钩状；连索 Y 形；阳基侧突亚端部强度弯曲，弯曲处有细小刚毛。雌虫第 7 节腹板后缘中央呈角状凹入。

头冠橙红色，单眼之前的前缘脊、整个中纵脊与横脊及基部两长圆形隆丘均褐黑色，其间色深污；复眼灰黑色；单眼淡黄微褐色。前胸背板黑色，侧缘与后缘黄褐色；前翅橙红色，各翅室间黑色，前缘区与翅脉橘红色，色泽鲜明；胸部腹面各板片的边缘及腹部各背板、腹板后缘与雄虫下生殖板基部和基瓣污黄白略带褐色。雌虫体色与雄虫基本一致，唯头冠中域色深或全为黑色，只边缘与单眼淡黄色，后足胫刺色减淡，有时产卵器为黄褐色。

检视标本　**云南**：1♂1♀，泸水片马姚家坪，2010.Ⅴ.21，张培采 (GUGC)。

分布　云南。

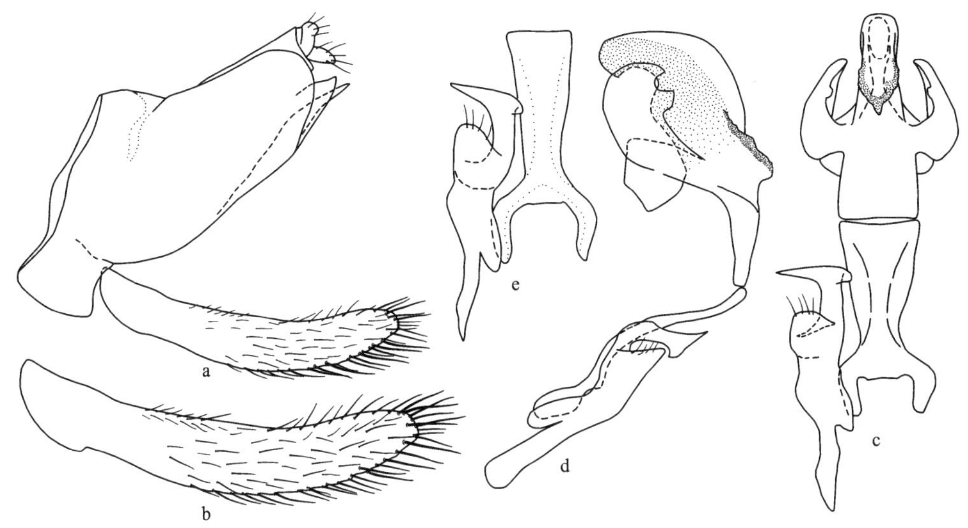

图 113　齿片横脊叶蝉 *Evacanthus densus* Kuoh

a. 雄虫尾节侧面观 (male pygofer, lateral view)；b. 雄虫下生殖板 (male subgenital plate)；c. 阳茎、连索、阳基侧突腹面观 (aedeagus, connective and style, ventral view)；d. 阳茎、连索、阳基侧突侧面观 (aedeagus, connective and style, lateral view)；e. 连索、阳基侧突 (connective and style)

(110) 指片横脊叶蝉 *Evacanthus digitatus* Kuoh, 1992 (图 114)

Evacanthus digitatus Kuoh, 1992, In: Chen (ed.), Insects of the Hengduan Mountains Region, 1: 262.
Type locality: Yunnan (Longzhibenshan).

模式标本产地　云南龙志奔山。

体连翅长，雄虫 6.0-6.2mm，雌虫 7.6-7.8mm。

头冠较长，向前成钝角突出，中长为二复眼间宽的 4/5，横脊相当低而不十分明显，微向前侧方斜伸，与中纵脊成“十”字形相交，冠面自近横脊处的横凹槽向基缘渐次升高，基部 2 丘隆远离基缘。前胸背板与小盾片表面无小毛；前翅在中室近基部增生 1 横脉。

雄虫尾节侧瓣近似长方形，端缘圆，腹缘突起沿外侧向上伸，但伸不及背缘；雄虫下生殖板长叶片形，密生细刚毛；阳茎管状，侧面观中部背域片状突亚端部有 1 指状倒突，端部管状弯曲；连索 Y 形，主干明显长于臂长；阳基侧突亚端部强度弯曲，弯曲处有细小刚毛。

体淡黄褐色。头冠、前胸背板与整个腹部略带红褐色。头冠横脊与中纵脊及基区两隆丘黑褐色，整个中域呈 1 深色斑块；复眼黑褐色。前胸背板具有 3 黑褐色纵斑，中斑呈倒置的长三角形，两侧斑宽带状；小盾片深烟黄色，基侧角乌黄色，中域有 2 不明显的并列圆点；前翅淡黄褐色，沿爪缝及端半部中域各有 1 烟黄褐色纵带，翅端后缘区亦为烟黄褐色；胸部腹面、各胸足乌黄白色。雌虫体色与雄虫基本一致，唯后唇基深黄褐色，中脊与侧区的横印痕列黑褐色，头冠前缘脊亦黑褐色，前翅烟黄色，前缘区与翅脉淡白色，腹部烟黑色，产卵器烟黄褐色。

检视标本 **云南**：2♂1♀，迪庆香格里拉，2012.Ⅷ.8，范志华采 (GUGC)。

分布 云南。

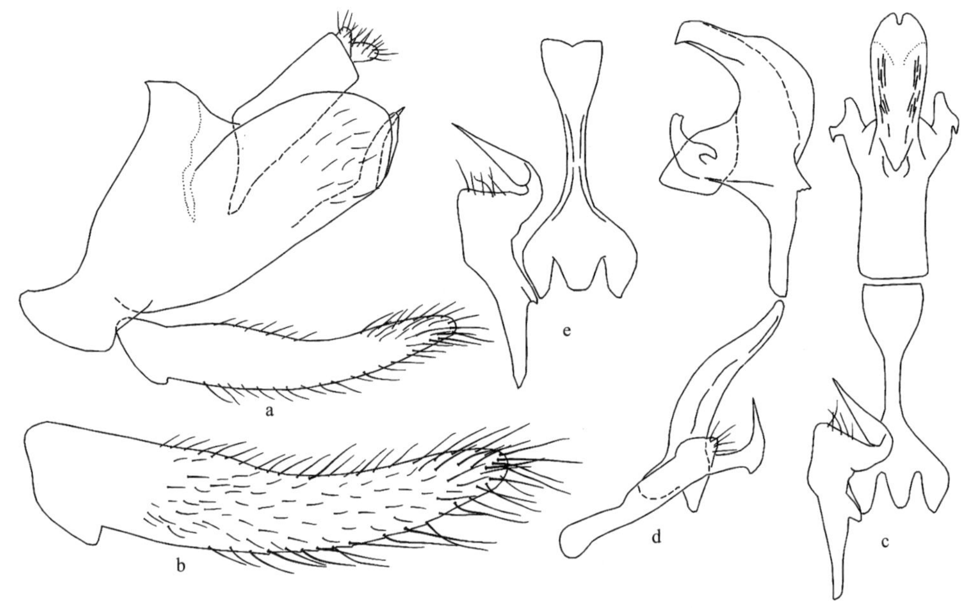

图 114 指片横脊叶蝉 *Evacanthus digitatus* Kuoh

a. 雄虫尾节侧面观 (male pygofer, lateral view)；b. 雄虫下生殖板 (male subgenital plate)；c. 阳茎、连索、阳基侧突腹面观 (aedeagus, connective and style, ventral view)；d. 阳茎、连索、阳基侧突侧面观 (aedeagus, connective and style, lateral view)；e. 连索、阳基侧突 (connective and style)

(111) 三斑横脊叶蝉 *Evacanthus extremes* (Walker, 1851) (图 115)

Tettigonia extremes Walker, 1851, List Homm.: 761. **Type locality**: India.

Evacanthus extremes: Stal, 1862, Ofr. Vet-AK. Forh.: 495.

模式标本产地 印度北方。

体连翅长，雄虫 7.5-7.8mm，雌虫 7.5-8.0mm。

头冠前端宽圆突出，中央长度略短于二复眼间宽，四周有脊，致沿脊微凹，中央有 1 明显的纵脊，前缘和侧缘亦具脊，前端 2/5 处有 1 横脊，连接二单眼并与纵脊成十字相交；单眼位于头冠侧缘，着生在侧脊与前缘脊交汇处；颜面额唇基隆起，中域平坦，中央有 1 明显的纵脊，两侧有横印痕列。前胸背板较头部宽，约与头冠等长，前缘弧圆突出，后缘中央凹入，密生细短柔毛；小盾片较前胸背板短。

雄虫尾节侧瓣宽圆突出，端缘弧圆，腹缘突起细小；雄虫下生殖板基部分节，微弯，密生粗长刚毛，基部内侧微扩大；阳茎侧面观呈管状弯曲，背缘有 1 对端部呈指状的片状突，腹缘有数枚齿突；连索 Y 形，主干基部膨大，明显大于臂长；阳基侧突亚端部弯曲，弯曲处有数根刚毛。雌虫腹部第 7 节腹板中央长度是第 6 节的 2 倍，后缘中央微突出，产卵器伸出尾节端缘。

头冠中域黑色，前缘、侧缘、后缘域及中脊前半部和颜面淡橙黄色；单眼淡黄色；复眼黑褐色。前胸背板淡黄微带白色，中央及两侧各有 1 黑色纵斑；小盾片黑色；前翅黑色，前缘域、后缘、爪缘灰白色，端区淡灰微带褐色；胸部腹板和胸足淡黄白色。腹部背面煤褐色，腹面淡橙黄色。

检视标本　**甘肃**：4♀，镇原，2007.Ⅵ.4，曹巍采 (GUGC)。**云南**：2♂，兰坪，2000.Ⅷ.12，杨茂发采 (GUGC)。

分布　甘肃、福建、云南、西藏；印度。

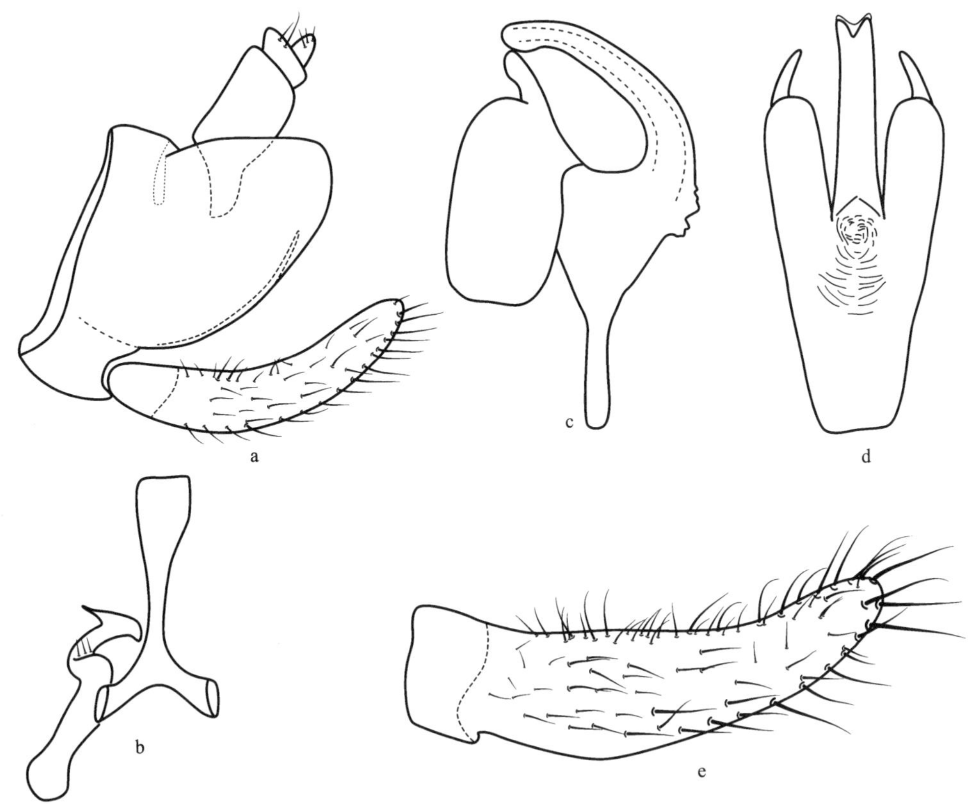

图 115　三斑横脊叶蝉 *Evacanthus extremes* (Walker)

a. 雄虫尾节侧面观 (male pygofer, lateral view)；b. 连索、阳基侧突 (connective and style)；c. 阳茎侧面观 (aedeagus, lateral view)；d. 阳茎腹面观 (aedeagus, ventral view)；e. 雄虫下生殖板 (male subgenital plate)

(112) 黑额横脊叶蝉 *Evacanthus fatuus* Anufriev, 1988 (图 116)

Evacanthus fatuus Anufriev, 1988, Keys to the Insects of the Far East, 2: 89. **Type locality**: Russian Far East.

模式标本产地 俄罗斯远东地区。

体连翅长，雄虫 5.3-5.5mm，雌虫 6.2-6.5mm。

前胸背板、小盾片、前翅具柔毛。头冠前端宽圆突出，中长约为二复眼间宽的 3/4，约与前胸背板等长，中央纵脊及侧脊前半部明显，中央纵脊中部两侧略微凹陷，基域有 2 隆丘；单眼位于头冠前侧缘，着生在侧脊和缘脊交汇处；颜面额唇基中域略平，前唇基超出舌侧板。前胸背板约与头冠等宽，前缘弧圆，后缘略微凹入，近前缘中央有 1 横印痕，散生细柔毛；小盾片横刻痕位于中前域。

雄性尾节侧瓣近长方形，腹突端部逐渐变细，向后背缘伸出，端部有膜质包被；雄虫下生殖板微弯曲，端部狭圆，密生细长刚毛；阳茎基部管状，侧面观中部背缘有 1 对近似椭圆形的片状突和 1 对沿阳茎伸展的长突，腹缘中部凹陷；连索 Y 形，宽短，基部膨大；阳基侧突基部较细，中部粗壮弯曲，近端部变细处生数根刚毛，端部向外侧伸出。

体淡黄褐色。头冠前缘、中脊及横脊周边、单眼后方不规则形斑、基域 2 隆丘均黑色；复眼灰黑色；单眼无色半透明；颜面黄色，基缘黑色，额唇基中脊黑色。前胸背板侧缘域及后缘中域有灰黑色斑；小盾片近前缘域有 1 对小黑斑。

寄主 杂草。

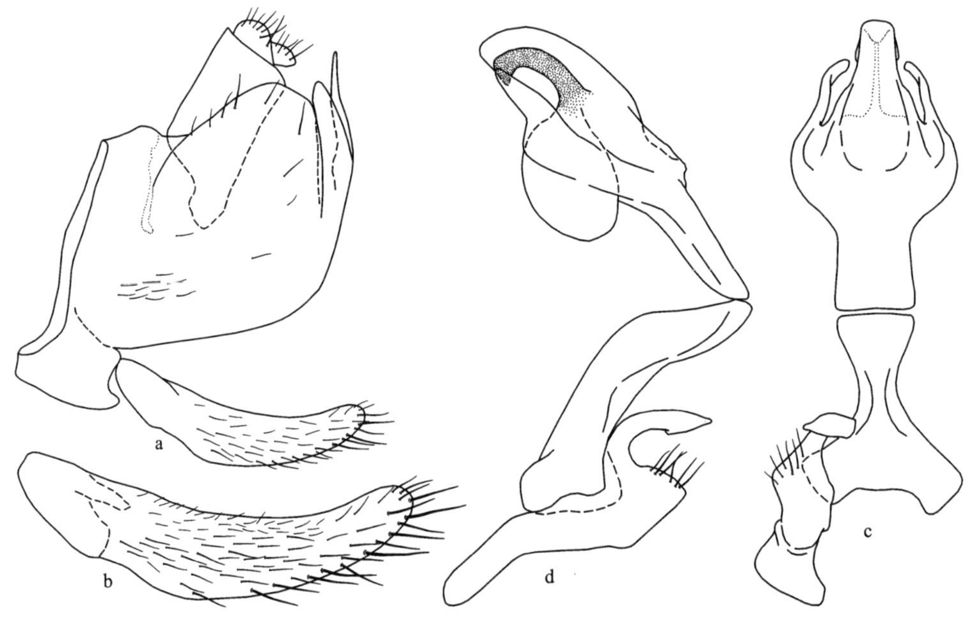

图 116 黑额横脊叶蝉 *Evacanthus fatuus* Anufriev

a. 雄虫尾节侧面观 (male pygofer, lateral view)；b. 雄虫下生殖板 (male subgenital plate)；c. 阳茎、连索、阳基侧突腹面观 (aedeagus, connective and style, ventral view)；d. 阳茎、连索、阳基侧突侧面观 (aedeagus, connective and style, lateral view)

检视标本　**辽宁**：2♂1♀，本溪桓仁老秃顶，2011.Ⅶ.19-20，范志华采 (GUGC)。

分布　辽宁；俄罗斯远东地区。

注：本种为中国首次记录。

(113) 黄缘横脊叶蝉，新种 *Evacanthus flavisideus* Li, Li *et* Xing, sp. nov. (图 117)

模式标本产地　四川甘孜泸定、天全。

体连翅长，雄虫 4.8-5.0mm，雌虫 5.0-5.2mm。

体及前翅散生细柔毛。头冠前端宽圆突出，中长明显大于二复眼间宽，中脊外侧明显低凹，基域隆起有 2 隆丘；单眼位于头冠前侧缘，着生在侧脊和缘脊交汇处；颜面额唇基中域略平坦，前唇基端向渐窄。前胸背板与头冠等宽，与头冠接近等长，前缘域中央有横凹，前缘弧圆，后缘微微凹；小盾片中长不及头冠之半，中域低凹。雌虫前翅盖不及腹部末端，致产卵器伸出末端外露，端室短小。

雄虫尾节侧瓣近似长方形，端缘宽圆，散生细长刚毛，腹缘突端部骤然变细，末端尖突；雄虫下生殖板基部分节，匀称，微弯曲，散生细长刚毛；阳茎基部管状，中部背缘两侧各有 1 片状突和 1 指形突，腹缘中部缢凹，端部管状弯曲，末端钩状，膜状包被；连索 Y 形，中长明显大于臂长；阳基侧突亚端部弯曲，弯曲处生细长刚毛，端部细而弯，末端尖细。雌虫腹部第 7 节腹板中央长度是第 6 节腹板中长的 1.5 倍，后缘中央呈笔架形，产卵器伸出尾节侧瓣端缘。

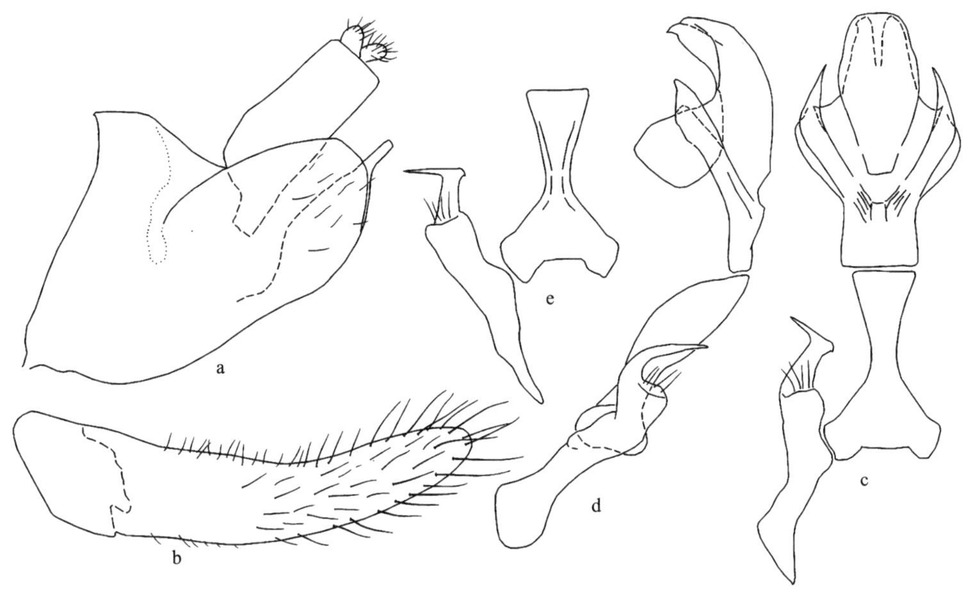

图 117　黄缘横脊叶蝉，新种 *Evacanthus flavisideus* Li, Li *et* Xing, sp. nov.

a. 雄虫尾节侧面观 (male pygofer, lateral view)；b. 雄虫下生殖板 (male subgenital plate)；c. 阳茎、连索、阳基侧突腹面观 (aedeagus, connective and style, ventral view)；d. 阳茎、连索、阳基侧突侧面观 (aedeagus, connective and style, lateral view)；e. 连索、阳基侧突 (connective and style)

体黑褐色。头冠大部黑色，复眼内侧、单眼着生区淡黄白色；复眼黑褐色；颜面黑褐色。前胸背板淡黄白色，中央和两侧纵纹黑色；小盾片黑色；前翅褐色，翅脉淡黄白色，前缘域淡橘黄色；胸部腹板黑色，胸足淡黄白色。腹部背、腹面黑色，下生殖板基部淡黄白色。雌虫体色较淡，其中颜面淡黄褐色。

正模 ♂，四川甘孜泸定，2012.Ⅶ.29，范志华采。副模：6♂3♀，四川甘孜泸定，2012.Ⅶ.29，范志华、李虎采；1♂，四川天全，2005.Ⅷ.1，徐芳玲采。所有模式标本均保存在贵州大学昆虫研究所 (GUGC)。

词源 新种以前翅前缘域淡橘黄色这一特征命名。

分布 四川。

新种外形特征与淡脉横脊叶蝉 *Evacanthus danmainus* Kuoh 相似，不同点是新种前翅前缘域淡橘黄色，雄虫下生殖板匀称，阳茎背突边缘有 1 指形突。

(114) 黄边横脊叶蝉 *Evacanthus flavocostatus* Li *et* Wang, 1996 (图 118)

Evacanthus flavocostatus Li *et* Wang, 1996, Entomotaxonomia, 18(2): 95. **Type locality**: Hubei (Wudangshan).

模式标本产地 湖北武当山。

体连翅长，雄虫 7.5-7.8mm，雌虫 8.2-8.5mm。

头冠前端宽圆突出，中央长度短于二复眼间宽，基域隆起高于端区，二单眼间横脊短小，基域两侧各有 1 隆丘；单眼位于头冠侧域，着生在前缘脊和侧脊的交汇处；颜面额唇基隆起，中域平坦，两侧横印痕短，前唇基由基至端逐渐变狭，端缘弧圆，末端超出舌侧板端缘甚多，中域纵向隆起似脊。前胸背板较头部宽，微短于头冠中央长度，前缘弧圆突出，后缘中央呈角状凹入，前缘域有 1 宽弧形凹痕，凹痕后生横皱纹；小盾片中长短于前胸背板，中域横凹。

雄虫尾节侧瓣长而宽大，由基至端逐渐变狭，腹缘突起沿端缘向背面伸出，超出背缘甚多；雄虫下生殖板狭长，基域膜质，端缘圆，散生细长刚毛；阳茎粗短，侧面观中部背域有 1 对分叉的片状突，片状突和阳茎干末端相向弯曲，几乎相接，致呈圆孔状，基部腹缘有 1 突起；连索 Y 形，主干长是臂长的 2.5 倍；阳基侧突扭曲变细弯折，其弯曲处基部有数根细长刚毛，末端成逗点状向外侧伸出。雌虫腹部第 7 节腹板隆起，中央长度是第 6 节的 2 倍，后缘接近平直。

体黑褐色。头冠淡黄褐色，中央大部黑褐色；单眼淡黄色；复眼黑褐色；颜面淡黄褐色，两侧宽纵带纹、中央纵脊、前唇基端域黑褐色。前胸背板前域两侧各有 1 大斑、侧缘及后缘域淡黄褐色；小盾片黑色；前翅黑色，前缘域由基至端橙黄色，翅脉及后缘淡黄白色；后翅煤褐色；胸部腹板和胸足淡黄褐微带白色，腹板有不规则黑褐色斑块，后足胫刺着生处及爪黑褐色。腹部背、腹面黑褐色。雌虫第 7 节腹板及尾节淡黄褐微带白色，产卵器黑色。

寄主 草本植物。

检视标本 **陕西**：1♀，周至，2010.Ⅷ.10，常志敏采 (GUGC)。**湖北**：♂ (正模)，1♂4♀

(副模)，武当山，1983.Ⅶ.8，葛钟麟提供 (AAU)；1♂，神农架八角庙，2003.Ⅶ.19，马俊采 (YTU)。

分布　陕西、甘肃、湖北、贵州。

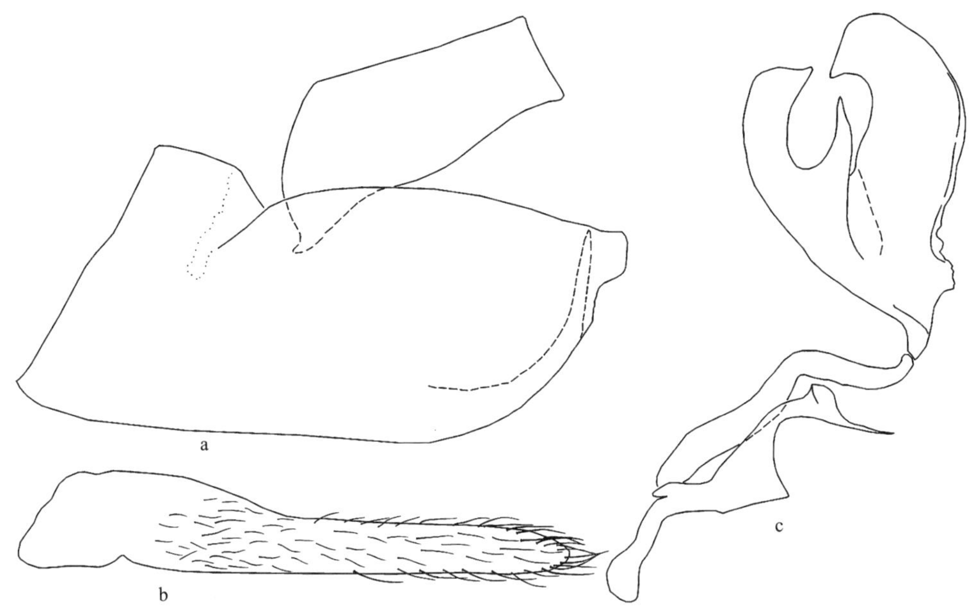

图 118　黄边横脊叶蝉 *Evacanthus flavocostatus* Li *et* Wang

a. 雄虫尾节侧瓣侧面观 (male pygofer side, lateral view)；b. 雄虫下生殖板 (male subgenital plate)；c. 阳茎、连索、阳基侧突侧面观 (aedeagus, connective and style, lateral view)

(115) 叉片横脊叶蝉，新种 *Evacanthus forkus* Li, Li *et* Xing, sp. nov. (图 119)

模式标本产地　陕西宁陕火地塘。

体连翅长，雄虫 8.5-8.6mm，雌虫 9.0-9.2mm。

头冠前端宽圆突出，中央长度与二复眼间宽近似相等，中域沿缘脊低凹，二单眼间横脊短小，基域于中脊两侧各有 1 丘形突；单眼位于头冠侧域，着生在前缘脊和侧脊的交汇处；颜面额唇基隆起，中域平坦，前唇基由基至端逐渐变狭，端缘弧圆，末端超出下颚板端缘甚多，中域纵向隆起似脊。前胸背板较头部宽，与头冠接近等长，具细横皱纹，前缘域有宽弧形凹痕，前缘弧圆突出，后缘中央呈角状凹入；小盾片明显短于前胸背板，中域低凹；前翅革片部有 1 或 2 附加横脉。

雄虫尾节侧瓣近似长方形，端缘近乎角状，腹缘突起超出尾节侧瓣端缘甚多，且末端尖细向腹面弯曲；雄虫下生殖板基部分节，密生细长刚毛；阳茎基部管状，侧面观中部背域有 1 对端部分叉的片状突，其长度超过阳茎干端缘，末端向背面成钩状弯曲，腹缘有 1 指状突；连索 Y 形，长度大于臂长的 2 倍；阳基侧突较短，末端足形。

体黑褐色。头冠淡黄褐色，中央有 1 由基至端渐宽的黑色纹；复眼黑褐色；单眼黄白色；颜面黄褐色，额唇基沿中央纵脊和两侧横印痕黑褐色，舌侧板黑褐色。前胸背板黑褐色，中域和侧缘黄褐色；小盾片褐色；前翅黑褐色，翅脉黄白色，前缘域红褐色。

正模 ♂，陕西宁陕火地塘，2012.Ⅶ.12，李虎采。副模：2♂3♀，陕西火地塘，2012.Ⅶ.12，李虎、杨卫诚、郑维斌采。所有模式标本均保存在贵州大学昆虫研究所 (GUGC)。

词源 新种名来源于雄虫阳茎背突端部分叉。

分布 陕西。

新种外形特征与指片横脊叶蝉 *Evacanthus digitatus* Kuoh 相似，不同点是新种前翅前缘红褐色，雄虫尾节侧瓣腹缘突起、端部向腹面弯曲，阳茎背突端部分叉。

图 119 叉片横脊叶蝉，新种 *Evacanthus forkus* Li, Li *et* Xing, sp. nov.

a. 雄虫尾节侧瓣侧面观 (male pygofer side, lateral view)；b. 雄虫下生殖板 (male subgenital plate)；c. 阳茎、连索、阳基侧突腹面观 (aedeagus, connective and style, ventral view)；d. 阳茎、连索、阳基侧突侧面观 (aedeagus, connective and style, lateral view)

(116) 黑褐横脊叶蝉 *Evacanthus fuscous* Kuoh, 1981 (图 120)

Evacanthus fuscous Kuoh, 1981, Entomotaxonomia, 3(2): 114. **Type locality**: Qinghai (Menyuan).

模式标本产地 青海门源。

体连翅长，雄虫 5.6mm，雌虫 6.0-6.2mm。

头冠前端呈钝角状突出，中央长度明显短于二复眼间宽，四周具脊，致中域低凹；单眼位于头冠前侧缘域，着生在缘脊和侧脊交汇处的凹陷内；颜面额唇基隆起，中域平坦，前唇基长大于宽，由基至端逐渐变狭，末端突出在下颚板端缘；触角脊明显，着生在复眼的后角处。前胸背板较头部宽，前狭后宽，表面密生细小刻点，中后部有横皱纹。

雄虫尾节侧瓣宽大，端缘弧圆突出，腹缘突起伸至尾节侧瓣端缘；雄虫下生殖板狭长，散生细长刚毛；阳茎基部管状，侧面观中部背缘有 1 对长大的片状突起，腹缘中后部有 1 向阳茎干基部伸出的锥形突，亚端部两侧各有 1 小的齿状突，阳茎孔位于末端；

连索 Y 形，主干明显大于臂长；阳基侧突端部扭曲，末端尖细。雌虫腹部第 7 节腹板中长是第 6 节的 2 倍，后缘中央微突，中央隆起，产卵器长超出尾节端缘。

体黑褐色。头冠前侧缘区、颜面基缘、前胸背板后缘、触角及各足淡黄微带褐色。前翅深栗褐色，前缘、后缘、革片沿爪缝及端区污黄白色。

检视标本 **贵州**：1♂，梵净山金顶，1995.Ⅶ.16，杨茂发采 (GUGC)。

分布 青海、四川、贵州、西藏。

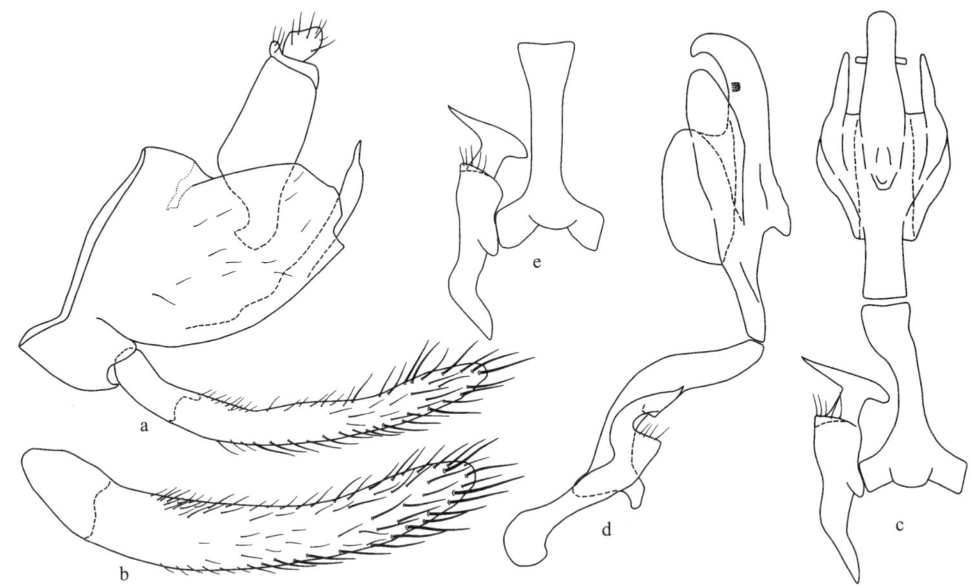

图 120 黑褐横脊叶蝉 *Evacanthus fuscous* Kuoh

a. 雄虫尾节侧面观 (male pygofer, lateral view)；b. 雄虫下生殖板 (male subgenital plate)；c. 阳茎、连索、阳基侧突腹面观 (aedeagus, connective and style, ventral view)；d. 阳茎、连索、阳基侧突侧面观 (aedeagus, connective and style, lateral view)；e. 连索、阳基侧突 (connective and style)

(117) 黑面横脊叶蝉 *Evacanthus heimianus* Kuoh, 1980 (图 121)

Evacanthus heimianus Kuoh, 1980, Insects of Xizang, 1: 196. **Type locality**: Xizang (Changdu).

模式标本产地 西藏昌都妥坝。

体连翅长，雄虫 5.1-5.5mm，雌虫 6.5-6.9mm。

头冠前端钝圆突出，中央长度短于二复眼间宽，侧缘与后缘均具脊，致中域低凹；单眼位于头冠前侧缘，着生在缘脊和侧脊交汇的凹陷内；颜面额唇基隆起略呈半球形，中域平坦，前唇基基部宽大，向前渐次收狭，末端超过下颚板端缘。前胸背板前缘弧圆突出，后缘微凹入，密生细小刻点，中后部有横皱纹；前翅长超过腹部末端，翅脉明显，中脉与肘脉间附生 1 横脉致划分出 1 小室。

雄虫尾节侧瓣端缘弧圆突出，腹缘突起沿外缘伸向背缘，末端呈锥状；雄虫下生殖板狭长弯曲，密生细长刚毛；阳茎基部管状，侧面观中部背域两侧有近似椭圆形的片状突，侧缘有1沿阳茎干延伸的片状突，端部呈弯管状，弯曲部中域有1齿状突；连索Y形，主干长是臂长的3倍；阳基侧突端部扭曲弯折外伸。雌虫腹部第7节腹板中长大于第6节腹板，后缘中央弧圆突出，产卵器长超出尾节端缘。

体黑色。唯颜面基缘1横带、触角及胸足淡黄褐色。前翅亦黑色，翅的接合缝、亚前缘区的宽纵带、革片近爪缝处1狭带均污黄白色，在端区的黑色部分减淡为烟黄褐色。雌虫与雄虫体色基本相同。

寄主 蔬菜。

检视标本 **四川**：2♂1♀，丹巴，2005.Ⅷ.24，石福明采 (GUGC)。

分布 陕西、四川、贵州、云南、西藏。

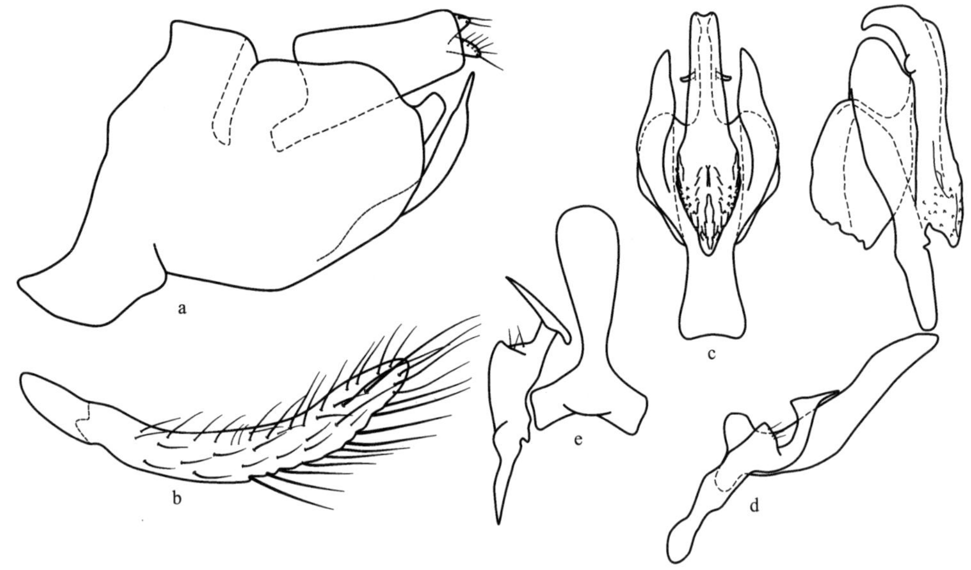

图121 黑面横脊叶蝉 *Evacanthus heimianus* Kuoh

a. 雄虫尾节侧瓣侧面观 (male pygofer side, lateral view)；b. 雄虫下生殖板 (male subgenital plate)；c. 阳茎腹面观 (aedeagus, ventral view); d. 阳茎、连索、阳基侧突侧面观 (aedeagus, connective and style, lateral view); e. 连索、阳基侧突 (connective and style)

(118) 黄面横脊叶蝉 *Evacanthus interruptus* (Linnaeus, 1758) (图 122)

Cicada interrupta Linnaeus, 1758, Syst. Nat., ed. 10 1: 438. **Type locality**: Finland.

Cicada bicordata Scopoli, 1763: 114.

Evacanthus interruptus: Lepeletier *et* Serville, 1825, Enc. Meth., 10: 612.

Ambdycephalus interruptus: Curtis, 1833, Brit. Ent., 12: 527.

Euacanthus interruptus: Burmeister, 1835, Handb. Ent., 2: 116.

Evacanthus ngricans Matsumura, 1911, Agr. Jour., 3: 20.

Evacanthus mayakei Matsumura, 1911, Agr. Jour., 3: 21.

Euacanthus aurantiacus Matsumura, 1915, Journal of the College of Agriculture, Imperial University of Tokyo, 5: 172.

模式标本产地 欧洲。

体连翅长，雄虫 6.4-6.5mm，雌虫 6.7-6.8mm。

头冠前端宽圆突出，四周有脊，致沿侧脊凹陷；单眼位于头冠侧缘，着生在缘脊和侧脊交汇的凹陷内；颜面额唇基长大于宽，呈半球形隆起，中域平坦，前唇基由基至端逐渐变狭，末端弧形突出，舌侧板伸不及前唇基端缘。前胸背板中域隆起向两侧倾斜，显著宽于头部，中央长度微短于头冠，前缘弧圆突出，后缘微凹；小盾片横刻痕较直且凹陷。

雄虫尾节侧瓣宽圆突出，端区散生刚毛，腹缘突起端部突然变细成锥状；雄虫下生殖板长叶片状微弯曲，散生粗和细间杂刚毛；阳茎基部细管状，侧面观中部背缘两侧各有 1 近似长方形突起和 1 沿阳茎干延伸的长突，端部呈管状弯曲，弯曲处中部两侧各有 1 齿状突，末端小钩状；连索 Y 形，主干长是臂长的 2 倍；阳基侧突中部膨大，亚端部细颈状，颈状部基域有数根细刚毛，端部尖细弯折外伸。雌虫腹部第 7 节腹板中长大于第 6 节腹板，后缘中央宽凹，两侧叶短，产卵器长超出尾节端缘。

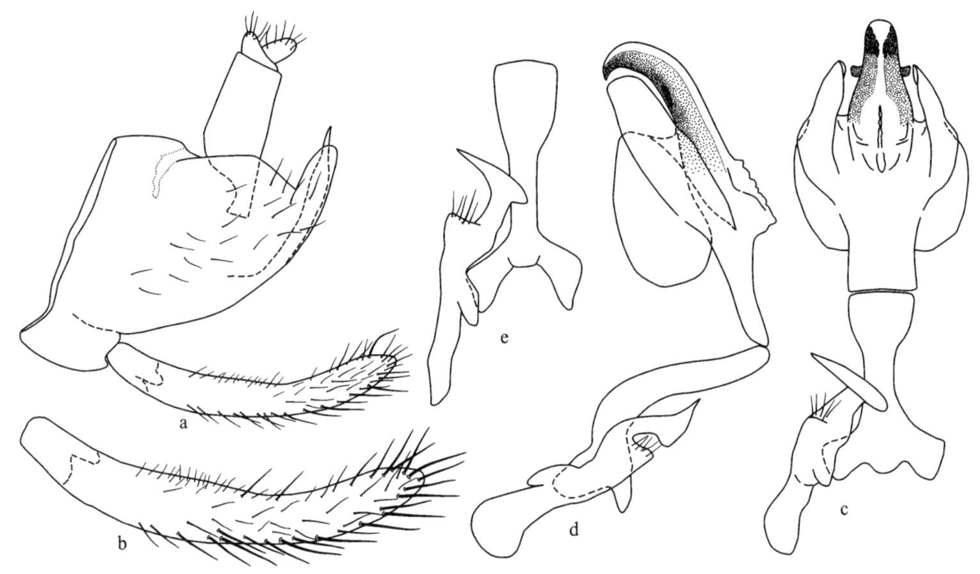

图 122 黄面横脊叶蝉 *Evacanthus interruptus* (Linnaeus)

a. 雄虫尾节侧面观 (male pygofer, lateral view)；b. 雄虫下生殖板 (male subgenital plate)；c. 阳茎、连索、阳基侧突腹面观 (aedeagus, connective and style, ventral view)；d. 阳茎、连索、阳基侧突侧面观 (aedeagus, connective and style, lateral view)；e. 连索、阳基侧突 (connective and style)

体黑色。头冠后侧角及后缘和单眼区淡黄色；复眼黑褐色；单眼淡黄色；颜面淡黄色，两侧区有不甚明显的褐色纹。前胸背板仅后缘和侧缘淡褐黄色；前翅淡黄色，翅端黑色，其黑色部分向上延伸，致在革片中央形成 1 黑色带纹，爪片大部黑色，仅在内缘呈现黄色边；胸部腹板淡褐色至暗褐色，胸足黄色微带褐色，仅胫刺基部黑褐色。腹部背面黑色，腹面暗褐色。雌虫腹部黄色，边缘具黑色宽带。

寄主 苜蓿、三叶草及禾本科植物。

检视标本 **吉林**：1♂2♀，长白山白河，1996.Ⅷ.10，李子忠采 (GUGC)；2♂4♀，长白山，1996.Ⅷ.26，李子忠采 (GUGC)；8♂3♀，长白山，2011.Ⅶ.24-25，范志华、李虎、于晓飞、焦猛采 (GUGC)；2♂1♀，珲春，2011.Ⅶ.30，范志华采 (GUGC)。**河北**：2♂1♀，小五台，2005.Ⅷ.11，宋琼章采 (GUGC)。**山西**：2♂1♀，吕梁交城，2011.Ⅷ.22，李虎采 (GUGC)；9♂4♀，历山，2012.Ⅶ.29，邢济春采 (GUGC)；4♂2♀，历山，2012.Ⅶ.31，张培采 (GUGC)；3♂2♀，宁武，2012.Ⅷ.25，李虎采 (GUGC)。**陕西**：2♂1♀，太白山，2012.Ⅶ.17-18，焦猛采 (GUGC)。**台湾**：1♂，Taichung，1983.Ⅶ.15，C. T. Yang 采 (GUGC)；1♀，Kaohsiung，1990.Ⅶ. 20，W. P. Yeh 采 (GUGC)；1♂，Nantou，2001.Ⅶ.25，P. H. Chan 采 (GUGC)。**四川**：3♂2♀，炉霍，2006.Ⅷ.19，石福明采 (GUGC)；2♂，雅江，2017.Ⅷ.5，杨茂发采 (GUGC)；1♂，格西沟自然保护区，2017.Ⅷ.17，张文采 (GUGC)。**贵州**：3♂4♀，威宁，1986.Ⅷ.21，李子忠采 (GUGC)；3♂2♀，梵净山，1995.Ⅶ.16，杨茂发采 (GUGC)。

分布 黑龙江、吉林、河北、山西、河南、陕西、宁夏、甘肃、新疆、浙江、福建、台湾、四川、贵州、云南、西藏；俄罗斯，朝鲜，日本，北美洲。

(119) 葛氏横脊叶蝉 *Evacanthus kuohi* Liang, 1995 (图 123)

Evacanthus uncinatus Kuoh, 1992, In: Chen (ed.), Insects of the Hengduan Mountains Region, 1: 259. **Type locality**: Yunnan (Weixi).

Evacanthus kuohi Liang, 1995, Entomological News, 106(4): 209. Newnamed.

模式标本产地 云南维西。

体连翅长，雄虫 7.6mm，雌虫 6.6mm。

前胸背板与小盾片表面生细柔毛。头冠前端宽圆突出，中长为二复眼间宽的 3/4，亚前缘、侧缘和后缘均具脊，中域自横脊起渐向基部升高，基部 2 个隆丘偏向中后部；单眼位于头冠前侧缘，着生在侧脊和缘脊交汇的凹陷内；颜面额唇基纵向隆起。

雄虫尾节侧瓣端缘圆，腹缘突起始于基部，向外侧直伸近达端缘；雄虫下生殖板基部分节，侧缘有长刚毛；阳茎基部管状，侧面观中部背缘两侧各有 1 端部微呈钩状的片状突，端部管状弯曲，腹缘近基部有 1 齿状突；连索 Y 形，基部膨大，主干长是臂长的 2 倍；阳基侧突基部较细，亚端部强度弯曲，末端尖细，向外侧伸出。

体烟黄褐色。头冠前缘脊、中纵脊、横脊与基缘中部烟黄褐色，2 个隆丘黑褐色，侧缘脊与侧角区污黄白色；复眼黑褐色；单眼淡黄褐色；颜面淡黄褐色，前唇基与舌侧板色较深而带橙色。前胸背板烟黄褐色，前翅前缘侧区褐黑色，中域两侧各有 2 前后相连的淡黄褐色长形斑，后缘及侧缘区污黄白色；小盾片淡黄褐色，两基侧角与中域 2 圆点黑褐色；前翅烟黄褐色，前缘区与翅脉色淡青白色；胸部腹面具有烟黄色斑块，足淡黄褐色，后足胫刺基部与各跗爪黑褐色。腹部黑褐色，下生殖板基部及尾节基部淡黄褐色。雌虫前胸背板中域色浅，小盾片与胸部腹面色深。

检视标本 **云南**：1♂，泸水片马，2000.Ⅷ.15，李子忠采 (GUGC)。

分布 云南。

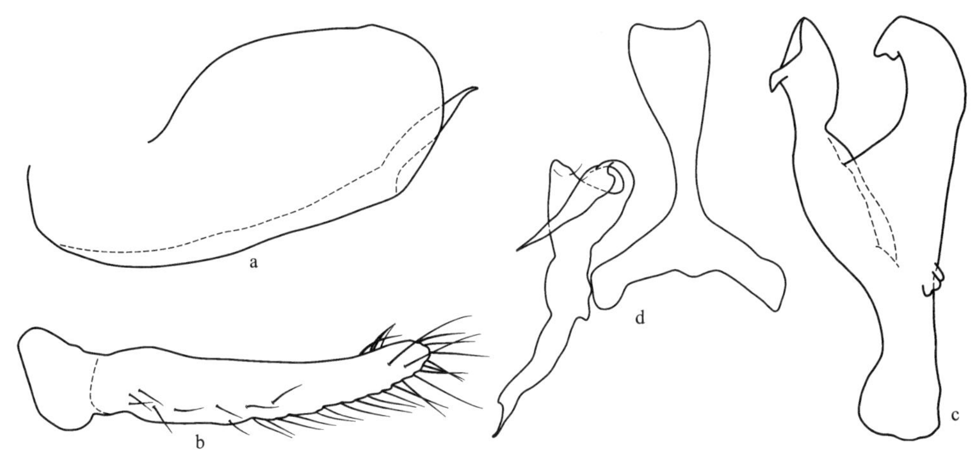

图 123 葛氏横脊叶蝉 *Evacanthus kuohi* Liang

a. 雄虫尾节侧瓣侧面观 (male pygofer side, lateral view)；b. 雄虫下生殖板 (male subgenital plate)；c. 阳茎侧面观 (aedeagus, lateral view)；d. 连索、阳基侧突 (connective and style)

(120) 片刺横脊叶蝉 *Evacanthus laminatus* Kuoh, 1992 (图 124；图版Ⅵ：3)

Evacanthus laminatus Kuoh, 1992, In: Chen (ed.), Insects of the Hengduan Mountains Region, 1: 263. **Type locality**: Sichuan (Hongyuan).

Evacanthus hairus Li *et* Wang, 1996, Entomotaxonomia, 18(2): 96. **New synonymy.**

Evacanthus procerus Cai *et* Shen, 1997, Entomotaxonomia, 19(4): 246. **New synonymy.**

模式标本产地 四川红原。

体连翅长，雄虫 7.7-7.9mm，雌虫 8.1-8.3mm。

头冠较短，前端钝圆突出，中长为二复眼间宽 3/4 强，横脊较低而不十分显著，略微向侧前方斜伸，横脊后横向低洼，基域微渐升高，但明显低于后缘脊，基部 2 隆丘突起明显，与后缘相接；颜面额唇基中纵脊隆起，中域显然低凹，致在中脊两侧似成 2 纵凹槽。前胸背板与小盾片密生小毛，前翅中室基部生 1-2 根附加横脉。

雄虫尾节侧瓣近似长方形突出，腹缘突起短小，伸不达尾节侧瓣端缘；雄虫下生殖板匀称弯曲，生不规则排列长刚毛；阳茎基部管状，侧面观中部背缘两侧片状突近似方形，侧缘有 1 端部尖且沿阳茎干伸出的长突，腹缘中部呈角状突出；连索 Y 形，主干明显大于臂长；阳基侧突端部弯曲向外延伸，亚端部有细小刚毛。

体黑色。头冠前侧缘淡黄色；复眼和单眼均黑褐色；颜面颊区和触角淡黄褐色。前胸背板侧缘和后缘褐色；前翅烟黑色，前、后缘及翅脉橙红色。腹部各节腹板后缘窄边与下生殖板基部污白色。雌虫体色与雄虫基本一致，唯颜面基缘区污黄褐色，颊区端半部黑褐色。在前胸背板两侧中央各有 1 淡污黄褐色纵纹；前翅前缘区橙红色，生殖节全黑色。

检视标本 **河南**：1♀，嵩县白云山，2010.Ⅷ.2，李虎、范志华采 (GUGC)。**陕西**：1♀，秦岭，1964.Ⅵ.28，唐周怀采 (NWAFU)；1♂，陕西，1982.Ⅶ.16，周静若、刘兰采

(NWAFU)；1♀，华山，1979.Ⅶ.采集日期不详，田畴采 (NWAFU)。**甘肃**：1♀，成县，1964. 采集月份和日期不详，周尧和刘绍友采 (NWNFU)。**四川**：4♂7♀，甘孜，2012. Ⅶ.26，李虎、范志华采 (GUGC)。**贵州**：1♀，绥阳宽阔水，1984.Ⅷ.7，李子忠采 (GUGC)；6♂8♀，绥阳宽阔水茶场，2010.Ⅵ.2-5，李玉建采 (GUGC)；6♂，绥阳宽阔水茶场，2010. Ⅵ.2-5，张斌采 (GUGC)；4♀，绥阳宽阔水茶场，2010.Ⅵ.2-5，张培采 (GUGC)；4♂4♀，绥阳宽阔水，2010.Ⅵ.3-5，郑延丽采 (GUGC)；1♂，绥阳宽阔水下寺村，2010.Ⅵ.6，郑延丽采 (GUGC)；4♂5♀，绥阳宽阔水茶场，2010.Ⅵ.5，戴仁怀、李虎采 (GUGC)。

分布 河南、陕西、甘肃、四川、贵州。

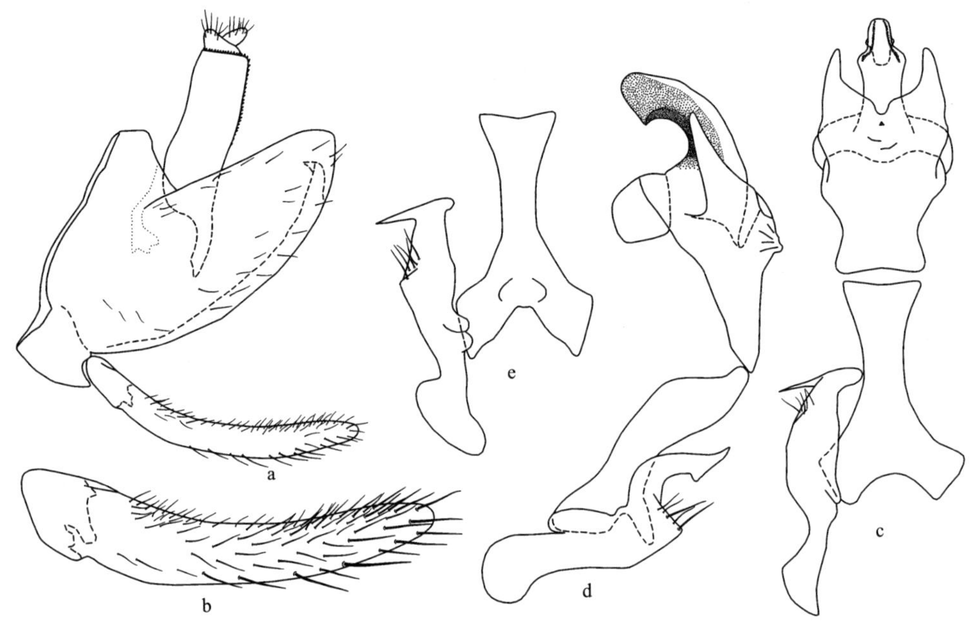

图 124 片刺横脊叶蝉 *Evacanthus laminatus* Kuoh

a. 雄虫尾节侧面观 (male pygofer, lateral view)；b. 雄虫下生殖板 (male subgenital plate)；c. 阳茎、连索、阳基侧突腹面观 (aedeagus, connective and style, ventral view)；d. 阳茎、连索、阳基侧突侧面观 (aedeagus, connective and style, lateral view)；e. 连索、阳基侧突 (connective and style)

(121) 宽索横脊叶蝉 *Evacanthus latus* Cai *et* Jiang, 2001 (图 125)

Evacanthus latus Cai *et* Jiang, 2001, Scientia Silvae Sinicae, 37(3): 95. **Type locality**: Henan (Neixiang).

模式标本产地 河南内乡。

体连翅长，雄虫 8.1-8.3mm，雌虫 8.5-9.0mm。

头冠前端宽圆突出，中长约为二复眼间宽的 3/5，略短于前胸背板，中央纵脊及侧脊前半部明显，中纵脊中部两侧凹陷，基域有 2 隆丘；单眼位于头冠前侧缘，着生在横脊末端；颜面散生黄褐色细柔毛，额唇基中域略平坦，前唇基中域隆起，端缘弧圆，超出舌侧板端缘。前胸背板散生细柔毛，略微大于头冠宽度，前缘弧圆，后缘中央弧形凹入，近前缘中央横印痕明显。

雄性尾节侧瓣近长三角形，腹缘突短小，向后腹缘伸出；雄虫下生殖板端向渐窄，端部狭圆，密生不规则排列的细长刚毛；阳茎基部管状，中部背缘两侧各有 1 方形的片状突和 1 沿阳茎干延伸弯曲的长突，中前部近腹缘两侧各有 1 近三角形的片状突，腹缘锯齿状，中后部有 1 较大的刺突；连索 Y 形；阳基侧突基部宽扁，中部粗壮弯曲，近端部变细处有数根刚毛，端部逐渐变细鸟喙状外伸。雌虫腹部第 7 节腹板中央长度是第 6 节腹板中长的 2 倍，后缘中央接近平直，产卵器伸出尾节侧瓣端缘。

体黑褐色。头冠后缘靠近复眼基角及复眼周围黄白色；颜面黑褐色，复眼下方颊区及舌侧板周边黄褐色；前翅黑褐色，前缘域近端部、后缘及翅脉红褐色。

寄主　葛藤。

检视标本　**贵州**：1♂1♀，梵净山，2000.Ⅴ.22，李子忠采 (GUGC)；1♂2♀，绥阳宽阔水香树湾，2010.Ⅵ.7，郑延丽、张斌采 (GUGC)；2♂2♀，绥阳宽阔水旺草镇，2010.Ⅵ.8，郑延丽采 (GUGC)；2♂3♀，绥阳宽阔水香树湾，2010.Ⅵ.9，张培采 (GUGC)；1♀，绥阳宽阔水白哨村，2010.Ⅵ.9，李玉建采 (GUGC)。

分布　河南、贵州。

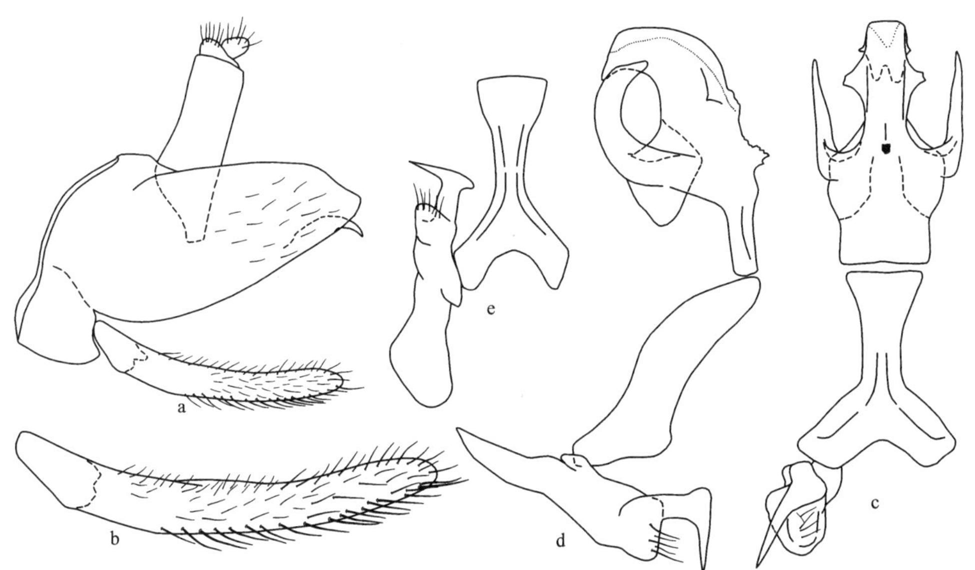

图 125　宽索横脊叶蝉 *Evacanthus latus* Cai *et* Jiang

a. 雄虫尾节侧面观 (male pygofer, lateral view)；b. 雄虫下生殖板 (male subgenital plate)；c. 阳茎、连索、阳基侧突腹面观 (aedeagus, connective and style, ventral view)；d. 阳茎、连索、阳基侧突侧面观 (aedeagus, connective and style, lateral view)；e. 连索、阳基侧突 (connective and style)

(122) 片突横脊叶蝉 *Evacanthus longianus* Yang *et* Zhang, 2000 (图 126)

Evacanthus longianus Yang *et* Zhang, 2000, In: Zhang (ed.), Systematic and Faunistic Research on Chinese Insects: 43. **Type locality**: Henan (Neixiang).

模式标本产地　河南内乡宝天曼。

体连翅长，雄虫 7.8-8.0mm，雌虫 8.1-8.4mm。

头冠前端钝圆突出，四周有脊，致中域低凹，基域于中脊两侧各有 1 隆丘；颜面额唇基中域略平坦，前唇基端向渐窄。前胸背板前域有 1 弧形凹痕，凹痕前光滑，后域有横皱纹；小盾片横刻痕弧形弯曲。

雄虫尾节侧瓣基部宽，端部弧圆，腹缘突起宽长，末端弯曲；雄虫下生殖板外侧缘及端缘有长刚毛，其余部分密生细刚毛；阳茎基部管状，侧面观中部背面有 2 宽短的片状突，腹面有基部愈合端部分叉的片状长突，该突起长度超过阳茎干末端；连索 Y 形，两臂及端部均膨大，主干长大于臂长；阳基侧突基部宽阔片状，端部横向延伸，呈鸟头状。雌虫腹部第 7 节腹板中央纵向隆起，后缘接近平直，产卵器伸出尾节侧瓣端缘。

体淡黄白色。头冠各脊和基部丘形突黑色；复眼黑褐色；单眼淡黄色；颜面黄白色，基域两侧各有 1 眉形黑色横纹，中央纵脊、横印痕列、前唇基中部、舌侧板外侧缘均淡褐色。前胸背板 3 纵纹带黑色，后缘及侧缘黄白色；小盾片近基角处各有 1 半椭圆形黑色小斑，两侧缘黑色，端区淡褐色；前翅黑褐色，前缘亚端部 1 纵纹、后缘及翅脉淡黄白色；胸部腹面淡黄白色，有不规则黑色斑块。雌虫前胸背板 3 黑色纵纹于后缘横向相接。腹部第 7 节腹板、尾节侧瓣淡黄褐色，其余深褐色。

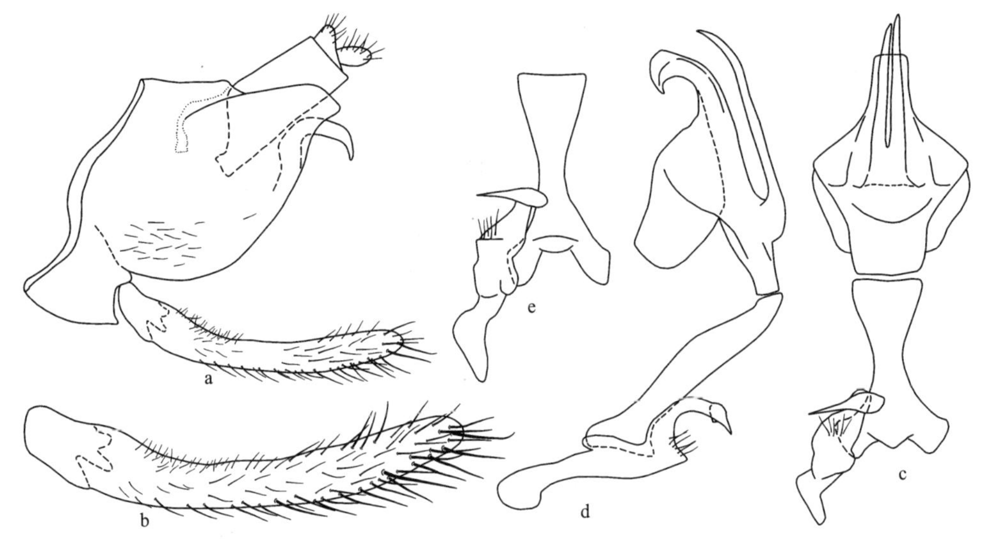

图 126　片突横脊叶蝉 *Evacanthus longianus* Yang *et* Zhang

a. 雄虫尾节侧面观 (male pygofer, lateral view)；b. 雄虫下生殖板 (male subgenital plate)；c. 阳茎、连索、阳基侧突腹面观 (aedeagus, connective and style, ventral view)；d. 阳茎、连索、阳基侧突侧面观 (aedeagus, connective and style, lateral view)；e. 连索、阳基侧突 (connective and style)

检视标本　**山西**：1♂2♀，历山，2012.Ⅶ.24，张斌采 (GUGC)。**陕西**：1♂，安康火地塘，2012.Ⅶ.12，郑维斌采 (GUGC)；1♂3♀，太白山，2012.Ⅶ.30，范志华、李虎采 (GUGC)。**湖北**：2♂3♀，巴东，2006.Ⅶ.16，胡鑫、李明采 (YTU)。**四川**：2♂1♀，王朗自然保护

区，2017.Ⅶ.19，杨再华采 (GUGC)；**贵州**：3♂，梵净山，2002.Ⅵ.4，李子忠采 (GUGC)；1♀，毕节，2011.Ⅷ.10，于晓飞采 (GUGC)。**云南**：1♂，泸水片马，2011.Ⅵ.20，李玉建采 (GUGC)。

分布　山西、河南、陕西、湖北、四川、贵州、云南。

(123) 长刺横脊叶蝉 *Evacanthus longispinosus* Kuoh, 1992 (图 127；图版Ⅵ：4)

Evacanthus longispinosus Kuoh, 1992, In: Chen (ed.), Insects of the Hengduan Mountains Region, 1: 264. **Type locality**: Sichuan (Kangding).

模式标本产地　四川康定瓦斯沟。

体连翅长，雄虫 8.0-8.3mm，雌虫 8.9mm。

头冠、颜面、前胸背板和小盾片疏生小软毛。头冠较长，向前成钝角突出，中长为复眼间宽的 5/6，二单眼间横脊较低而不十分明显，但显然向前侧方斜伸并与中纵脊成“十”字形相交，中央于距横脊较远处横向低凹，由此向基缘略升高，但仍略低于基缘脊，基部中脊两侧隆丘与基缘相接；前翅前中室中生 1-3 横脉，有时端前内室也增生 1 横脉。

雄虫尾节侧瓣狭长，末端呈尖角状，腹缘突起向外侧直伸；雄虫下生殖板匀称微弯，密生长刚毛；阳茎基部管状，侧面观中部背缘有近似方形的片状突，近端部侧缘有 1 裂片状突，腹缘中部有 2 长突延伸至阳茎干端缘，端部弯管状；连索 Y 形，两臂特短；阳基侧突亚端部强度弯曲，弯曲处有长刚毛。雌虫腹部第 7 节腹板后缘中央宽而浅凹。

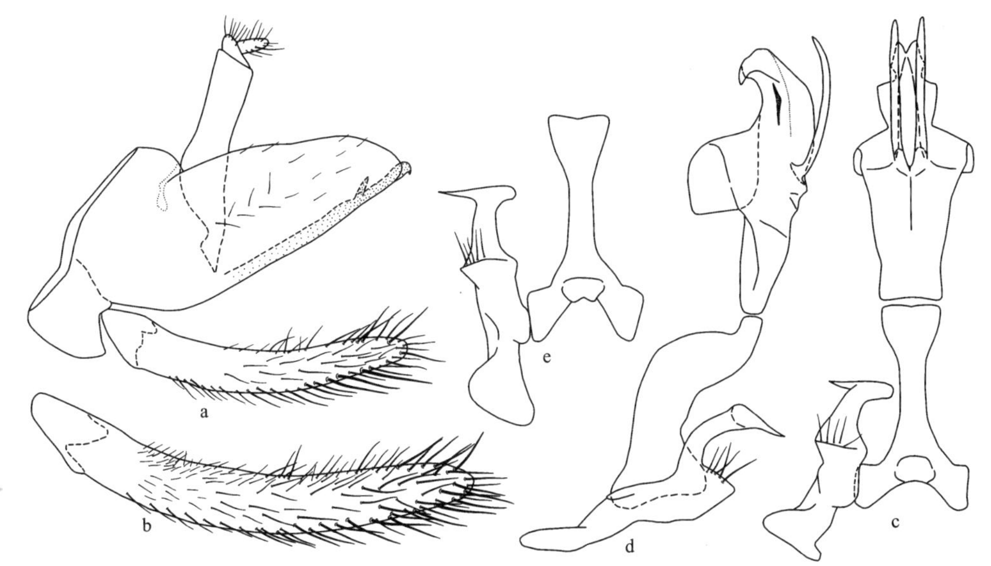

图 127　长刺横脊叶蝉 *Evacanthus longispinosus* Kuoh

a. 雄虫尾节侧面观 (male pygofer, lateral view)；b. 雄虫下生殖板 (male subgenital plate)；c. 阳茎、连索、阳基侧突腹面观 (aedeagus, connective and style, ventral view)；d. 阳茎、连索、阳基侧突侧面观 (aedeagus, connective and style, lateral view)；e. 连索、阳基侧突 (connective and style)

体橙黄色。头冠有 1 大黑斑几占整个冠面；复眼黑色；单眼黄棕色；颜面颊区中央具有烟黄色晕斑，舌侧板带有烟褐色。前胸背板具 3 黑斑，呈“小”字形排列；小盾片黑色；前翅黄褐色，前缘和翅脉橙黄淡白色；胸部腹板黑褐色，各节板缝边缘黄白色。腹部背、腹面黑褐色。

检视标本 **陕西**：1♂，朱雀，2012.Ⅶ.20，于晓飞采 (GUGC)；2♂，留坝，2012.Ⅶ.23，于晓飞采 (GUGC)。**四川**：1♂1♀，康定，2005.Ⅷ.9，周忠会采 (GUGC)；2♂，丹巴，2005.Ⅷ.24，石福明采 (GUGC)。**贵州**：1♂，梵净山，2002.Ⅵ.4，李子忠采 (GUGC)。

分布 陕西、四川、贵州。

(124) 黑带横脊叶蝉 *Evacanthus nigrifasciatus* Kuoh, 1987 (图 128)

Evacanthus nigrifasciatus Kuoh, 1987, In: Zhang (ed.), Agricultural Insects, Spiders, Plant Diseases and Weeds of Xizang, 1: 112. **Type locality**: Xizang (Linzhi).

模式标本产地 西藏林芝。

体连翅长，雄虫 5.2-5.4mm，雌虫 5.6mm。

前胸背板、小盾片及前翅表面疏生细小柔毛。头冠前端宽圆突出，中央长度仅及二复眼间宽的 3/4，中后部均匀隆起，二单眼间横脊不太明显；单眼位于头冠前侧缘，着生在缘脊和侧脊交汇的凹陷内；颜面额唇基中央有明显纵脊。前胸背板较头部宽，约与头冠等长，前缘弧圆突出，后缘深刻凹入，中后部有横皱纹；前翅在第 1 分枝的内枝与第 2 分枝脉间生有数根横脉。雄虫前翅仅伸达腹部末端，雌虫尾节部分或全部外露在翅端。

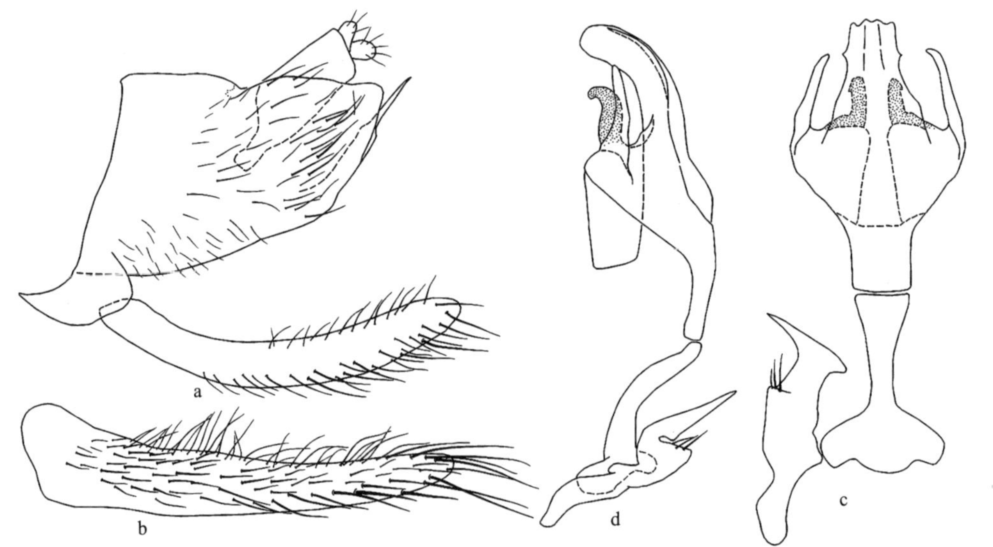

图 128 黑带横脊叶蝉 *Evacanthus nigrifasciatus* Kuoh

a. 雄虫尾节侧面观 (male pygofer, lateral view)；b. 雄虫下生殖板 (male subgenital plate)；c. 阳茎、连索、阳基侧突腹面观 (aedeagus, connective and style, ventral view)；d. 阳茎、连索、阳基侧突侧面观 (aedeagus, connective and style, lateral view)

雄虫尾节侧瓣宽圆突出，中后部密生刚毛，腹缘突起沿外缘伸至端背缘，其末端尖细；雄虫下生殖板长而微弯，密生刚毛；阳茎基部管状，侧面观中部背缘两侧各有 1 片状突，其突起部再生 1 枝状突，端部管状弯曲；连索 Y 形，主干基部膨大，两臂特短；阳基侧突亚端部细管状，端部弯折外伸。雌虫腹部第 7 节腹板中央长度与第 6 腹节近似相等，中央呈脊状隆起，后缘中央轻度突出，产卵器超出尾节端缘甚多。

体淡黄褐色。头冠污黄色，中域于横脊之后有 1 黑色宽横带，接近横带的中脊及中脊两侧各 1 小斑点均黑色，构成“小”字形；颜面淡黄褐色，基域两侧各有 1 眉形黑褐色横纹。前胸背板淡黄褐色，两侧区中央各有 1 横斑，形如横逗点形；小盾片淡黄褐色，基侧角有黑色斑，黑斑内缘弧形；前翅黑色，前缘域、爪片、后缘及翅脉淡褐黄色；后翅煤褐色；胸部腹面及胸足均淡黄褐色。腹部腹面包括整个生殖节黄褐色。雌虫第 7 节腹板中央深褐色。

寄主　灌木。

检视标本　**西藏**：1♂，墨脱汗密，2003.Ⅷ.9，任国栋采 (HBU)。

分布　西藏。

(125) 黑盾横脊叶蝉 *Evacanthus nigriscutus* Li *et* Wang, 1996 (图 129；图版Ⅵ：5)

Evacanthus nigriscutus Li *et* Wang, 1996, Entomotaxonomia, 18(2): 94. **Type locality**: Guizhou (Wangmo).

模式标本产地　贵州望谟。

体连翅长，雄虫 6.2-6.5mm，雌虫 6.5-7.0mm。

头冠前端宽圆突出，中央长度短于二复眼间宽，基域于中脊两侧各有 1 明显的隆丘，基缘域拱起高抬，明显高于端缘域；单眼位于头冠前侧缘，着生在缘脊和侧脊交汇的凹陷内；颜面额唇基近似长形，中域平坦，前唇基由基至端逐渐变狭，中央隆起似脊，端缘圆形突出。前胸背板较头部宽，与头冠中长近似相等，前缘域有浅凹痕，侧缘、后缘反折向上似缘脊；小盾片较前胸背板短，横刻痕位于中后部且凹陷，端区有横皱纹。

雄虫尾节侧瓣端缘弧圆突出，散生细小刚毛，腹缘突起宽扁，沿外缘斜伸至端背缘，端部突然变细；雄虫下生殖板狭片状，端缘圆，内侧缘有长刚毛，蔓生细刚毛；阳茎基部细管状，侧面观中部背缘两侧各有 1 方形的片状突和 1 端部弯钩状的长突，端部侧面有 1 锥形小突，腹缘中后部深凹入；连索 Y 形，主干细长，端部和两臂扩大；阳基侧突亚端部强度变细成颈状，颈状部基域有数根细长刚毛。雌虫腹部第 7 节腹板中央长度是第 6 腹节的 3 倍，后缘中央呈尖角状突出，产卵器超出尾节端缘。

体橙黄色。头冠淡橙黄色，单眼区深褐色；复眼黑褐色；单眼黄褐色；颜面深橙黄色无斑纹。前胸背板淡橙黄色，中域有 1 近似笔架形黑斑；小盾片黑色；前翅深红略带黄色。雌虫前翅橙黄色，前缘、爪片大部包括沿爪缝的革片边缘、沿端片的狭部及革片中央纵带纹均黑色；胸部腹面深褐色，胸足淡黄褐色。腹部背、腹面均黑褐色。

寄主　草本植物。

检视标本　**广西**：1♂，南宁，2002.Ⅴ.11，梁红兵采 (GUGC)；2♂1♀，兴安猫儿山，

2015.Ⅶ.20，吴云飞采 (GUGC)。**四川**：1♀，雅江，2017.Ⅷ.13，杨再华采 (GUGC)。**贵州**：♂ (正模)，4♀ (副模)，望谟，1986.Ⅶ.15，李子忠采 (GUGC)；1♂，荔波小七孔，1998.Ⅴ.10，李子忠采 (GUGC)；12♂3♀，梵净山护国寺，2000.Ⅴ.27，李子忠采 (GUGC)；3♂3♀，赤水金沙沟，2000.Ⅴ.29，李子忠采 (GUGC)；2♂，赤水金沙沟，2000.Ⅵ.1，戴仁怀采 (GUGC)；1♂3♀，习水蔺江，2000.Ⅵ.4，李子忠采 (GUGC)；1♂，雷公山，2004.Ⅷ.2，严凯采 (GUGC)；1♀，雷公山大塘，2004.Ⅷ.4，徐翩采 (GUGC)；1♂，雷公山小丹江，2005.Ⅴ.31，宋月华采 (GUGC)；3♂3♀，绥阳宽阔水香树湾，2010.Ⅵ.6，张斌采 (GUGC)；3♂，绥阳宽阔水香树湾，2010.Ⅵ.6，张培采 (GUGC)；1♂1♀，绥阳宽阔水香树湾，2010.Ⅵ.7，郑延丽采 (GUGC)；1♂，绥阳宽阔水青杠塘，2010.Ⅵ.8，李虎、戴仁怀采 (GUGC)。**云南**：3♂1♀，泸水片马，2000.Ⅷ.15，李子忠采 (GUGC)；1♀，腾冲，2002.Ⅶ.18，李子忠采 (GUGC)；5♂4♀，龙陵，2002.Ⅶ.24-25，李子忠采 (GUGC)；2♂2♀，高黎贡山百花岭，2011.Ⅵ.13，李玉建采 (GUGC)；7♂4♀，腾冲，2011.Ⅶ.16，李玉建采 (GUGC)；2♂3♀，哀牢山，2012.Ⅶ.21，徐世燕采 (GUGC)；3♂2♀，玉溪，2012.Ⅶ.21-22，郑维斌采 (GUGC)；5♂3♀，大理苍山，2012.Ⅷ.4，李虎、范志华采 (GUGC)；2♂5♀，腾冲，2013.Ⅶ.30，杨卫诚采 (GUGC)；4♂6♀，腾冲，2013.Ⅷ.1，范志华采 (GUGC)；4♂3♀，高黎贡山，2013.Ⅷ.5，杨卫诚采 (GUGC)；1♂，大理，2012.Ⅷ.14，范志华采 (GUGC)；1♂1♀，绿春，2014.Ⅷ.4，郭梅娜采 (GUGC)；1♀，腾冲，2002.Ⅶ.18，李子忠采 (GUGC)。

分布 广西、四川、贵州、云南。

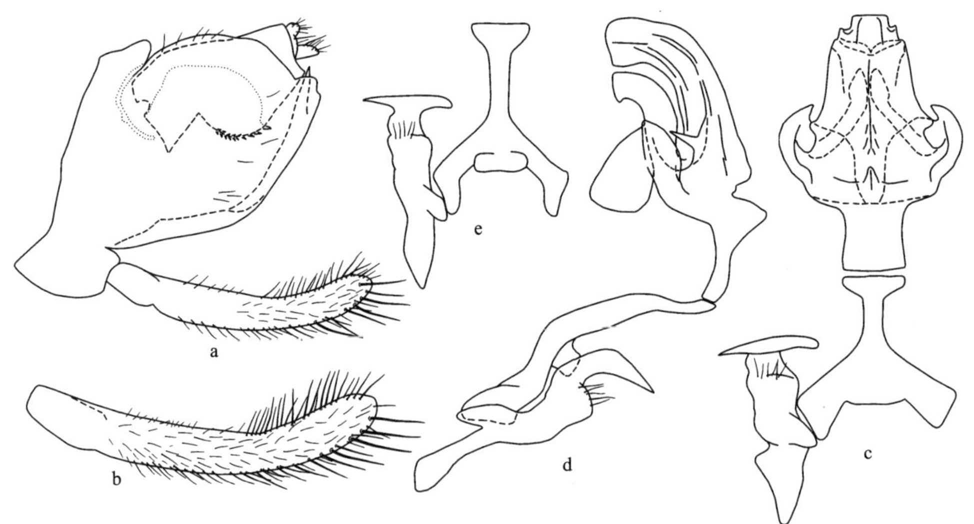

图 129 黑盾横脊叶蝉 *Evacanthus nigriscutus* Li *et* Wang

a. 雄虫尾节侧面观 (male pygofer, lateral view)；b. 雄虫下生殖板 (male subgenital plate)；c. 阳茎、连索、阳基侧突腹面观 (aedeagus, connective and style, ventral view)；d. 阳茎、连索、阳基侧突侧面观 (aedeagus, connective and style, lateral view)；e. 连索、阳基侧突 (connective and style)

(126) 黑条横脊叶蝉 *Evacanthus nigristreakus* Li *et* Wang, 2002 (图 130)

Evacanthus nigristreakus Li *et* Wang, 2002, Acta Entomologica Sinica, 45(Suppl.): 44. **Type locality**: Yunnan (Lanping).

模式标本产地　云南兰坪。

体连翅长，雄虫 4.7-4.9mm，雌虫 4.8-5.0mm。

头冠前端宽圆突出，中央长度与二复眼间宽接近相等，中央纵向隆起，基域有 2 隆丘，前缘和侧缘具脊，且沿脊低凹；单眼位于头冠侧域，着生在侧脊和缘脊交汇处；颜面额唇基隆起平坦。前胸背板较头部宽，微短于头冠中长，后缘中央呈角状凹入；小盾片较前胸背板短，横刻痕伸不达侧缘。

雄虫尾节侧瓣宽圆突出，端区有细刚毛，腹缘突起短小，仅达尾节侧瓣亚端部；雄虫下生殖板向外侧弯，内侧有数根粗刚毛，密生细小刚毛；阳茎基部管状，侧面观中部背缘有 1 对大的片状突和相向延伸的指状突，腹缘中部锯齿状，端部细管状；连索 Y 形，主干基部宽大；阳基侧突弯曲，弯曲处有长刚毛，末端向两侧扩延。雌虫腹部第 7 节腹板较第 6 节长，后缘中央轻度突出，产卵器伸出尾节端缘。

体淡黄白色。头冠中域有 1 大黑斑；复眼及颜面黑色。前胸背板前域有 1 近似“山”字形黑色斑；小盾片黑色；前翅灰白色，爪片和革片中央 1 宽纵带及前缘基部黑色。虫体腹面黑色，胸足淡黄微带褐色色泽。

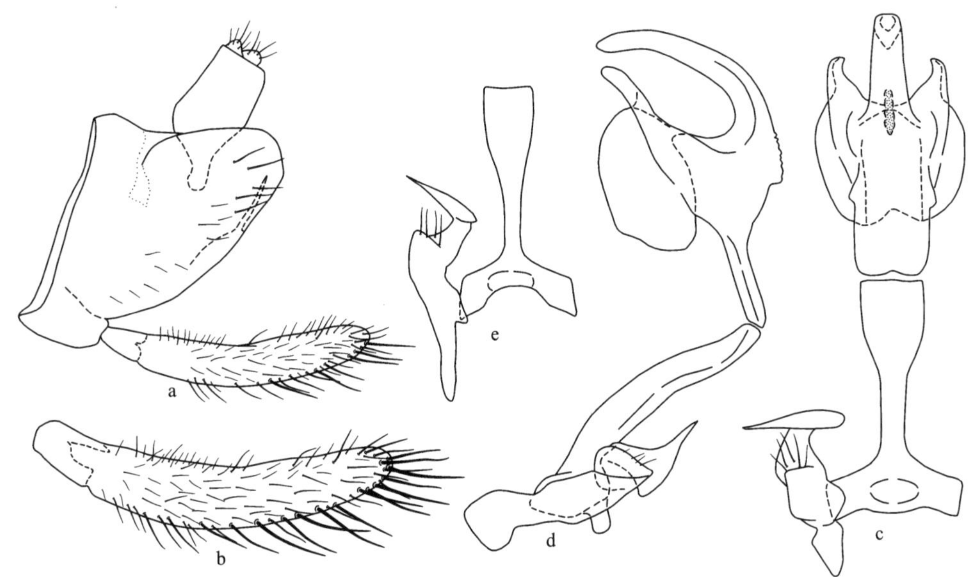

图 130　黑条横脊叶蝉 *Evacanthus nigristreakus* Li *et* Wang

a. 雄虫尾节侧面观 (male pygofer, lateral view)；b. 雄虫下生殖板 (male subgenital plate)；c. 阳茎、连索、阳基侧突腹面观 (aedeagus, connective and style, ventral view)；d. 阳茎、连索、阳基侧突侧面观 (aedeagus, connective and style, lateral view)；e. 连索、阳基侧突 (connective and style)

检视标本　**云南**：♂ (正模)，5♂9♀ (副模)，兰坪，2000.Ⅷ.12，李子忠、陈祥盛采 (GUGC)；1♀，兰坪，2000.Ⅷ.13，杨茂发采 (GUGC)。

分布　云南。

(127) 黄褐横脊叶蝉 *Evacanthus ochraceus* Kuoh, 1992 (图 131；图版Ⅵ：6)

Evacanthus ochraceus Kuoh, 1992, In: Chen (ed.), Insects of the Hengduan Mountains Region, 1: 260. **Type locality**: Sichuan (Jiuzhaigou).

模式标本产地　四川九寨沟。

体连翅长，雄虫 7.3-7.5mm，雌虫 8.4-8.5mm。

头冠略呈钝角突出，中央中脊、缘脊、侧脊和横脊均明显，纵脊两侧有横印痕，冠面在横脊后自中央向基端略渐隆起，基部接近基缘的两侧各有 1 长圆形隆丘；颜面额唇基区基部隆起甚高，中域平坦而略纵凹，前唇基大，向端部渐次收狭，末端狭圆超过下额片端缘。前胸背板与小盾片表面未生柔毛；前翅中室近基端增生 1 或 2 横脉。

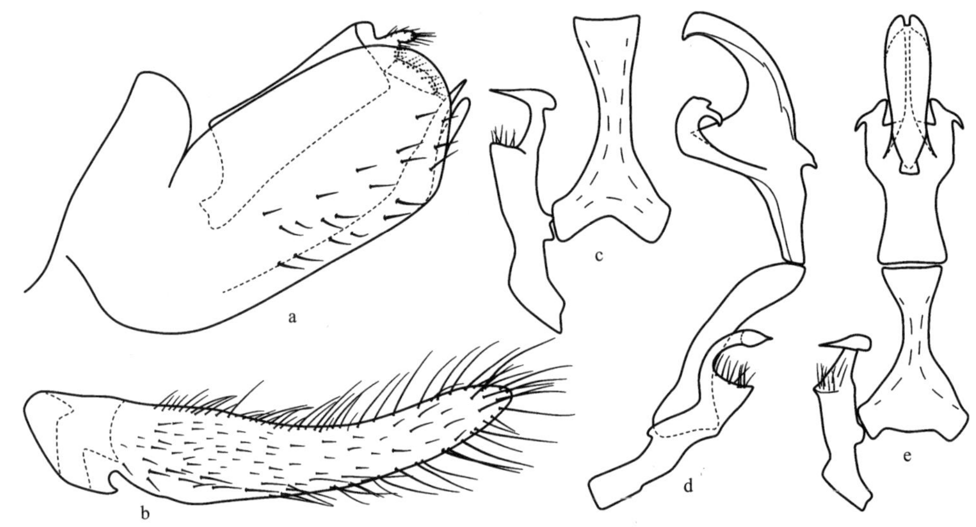

图 131　黄褐横脊叶蝉 *Evacanthus ochraceus* Kuoh

a. 雄虫尾节侧瓣侧面观 (male pygofer side, lateral view)；b. 雄虫下生殖板 (male subgenital plate)；c. 连索、阳基侧突 (connective and style)；d. 阳茎、连索、阳基侧突侧面观 (aedeagus, connective and style, lateral view)；e. 阳茎、连索、阳基侧突腹面观 (aedeagus, connective and style, ventral view)

雄虫尾节侧瓣近似长方形，端缘圆，腹缘突起始于亚端部，端部尖细；雄虫下生殖板端向渐窄，密生细小刚毛和长缘毛；阳茎基部管状，侧面观中部背域两侧突起宽大，突起末端有 1 钩状突，腹缘中部有 1 尖刺突，末端近似小钩状；连索 Y 形，主干中长明显大于臂长；阳基侧突基部匀称，亚端部强度弯曲，弯曲处有众多刚毛。

体及前翅淡黄褐色。头冠各脊黑色，单眼区及基部长圆形斑均黑色；复眼黑色；单眼淡黄褐色；颜面除基部淡黄褐色外，其余部分为烟黄色。前胸背板前缘区有数枚小型黑褐色斑点，其中中域并列 2 枚，两侧各 3 聚于一处；小盾片两基侧角黑色；前翅烟黄色，翅脉色较浅；胸部腹面、前足与中足间有 5 黑褐色斑点排成 1 横列，各足胫节与各跗节端部及后足胫刺烟黄色，跗爪烟黑色。腹部背面黑褐色，腹面烟黄色，各腹板后缘及雄虫下生殖板烟褐色。雌虫前胸背板前缘中央斑点不明显，前翅翅脉带橙色。

检视标本　**陕西**：1♂，太白山，2012.Ⅶ.17-18，焦猛采 (GUGC)。**云南**：4♂2♀，迪庆，2012.Ⅷ.8，李虎、范志华采 (GUGC)。

分布　陕西、四川、云南。

(128) 浅色横脊叶蝉 *Evacanthus qiansus* Kuoh, 1980 (图 132)

Evacanthus qiansus Kuoh, 1980, Insects of Xizang, 1: 197. **Type locality**: Xizang (ChaYaCountry Jitang).

模式标本产地　西藏察雅县吉塘。

体连翅长，雄虫 6.0-6.3mm，雌虫 6.5-6.8mm。

头冠前端宽圆突出，中央长度小于二复眼间宽，中域低凹；单眼位于头冠前侧缘，着生在前缘脊与侧脊交汇的凹陷内；颜面额唇基隆起成半球形，中域平坦，前唇基基部宽大，由基至端逐渐变狭，末端超过下颚板端缘。前胸背板较头部宽，与头冠中长接近相等，前缘弧圆突出，后缘浅凹入，密生细小刻点，中后部有横皱纹；小盾片横刻痕弧形凹入。

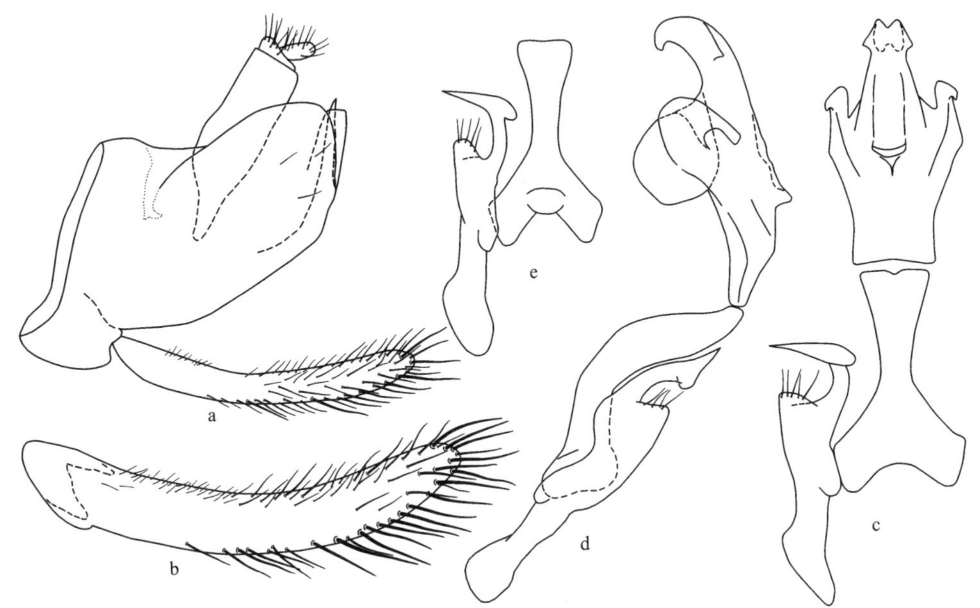

图 132　浅色横脊叶蝉 *Evacanthus qiansus* Kuoh

a. 雄虫尾节侧面观 (male pygofer, lateral view)；b. 雄虫下生殖板 (male subgenital plate)；c. 阳茎、连索、阳基侧突腹面观 (aedeagus, connective and style, ventral view)；d. 阳茎、连索、阳基侧突侧面观 (aedeagus, connective and style, lateral view)；e. 连索、阳基侧突 (connective and style)

雄虫尾节侧瓣近似长方形，端缘钝圆，腹缘突起细小，末端尖细；雄虫下生殖板窄而弯，散生细刚毛，侧缘有长刚毛；阳茎基部管状，侧面观中部背缘两侧各有 1 端部弯曲的片状突，腹缘近中部有 1 指状突，亚端部外侧呈角状扩延，阳茎孔位于末端；连索 Y 形，两臂特短；阳基侧突亚端部强度凹弯，弯曲处有数根刚毛。

体黄褐色。头冠缘脊、中脊、横脊、单眼后域斑纹及基缘域 2 卵圆形斑均黑色；颜面带橙红色色泽。前胸背板深褐色，前缘区有 3 并列黑色斑，其中间 1 枚向后延伸，另在亚侧缘及后缘区呈浅黑褐色；小盾片基侧角及末端黑色；前翅烟褐色，翅脉污黄白色，在第 1 分脉的外枝与内枝脉间有 1 烟褐色纵带，此带纹延伸至翅端，爪片沿接合缝有 3 烟褐色斑，端片边缘烟褐色。腹部腹面带橙红色色泽，背面及雄虫下生殖板深褐色。

检视标本 **四川**：4♂5♀，丹巴，2005.Ⅷ.24，石福明采 (GUGC)。

分布 四川、云南、西藏。

(129) 黄带横脊叶蝉 *Evacanthus repexus* Distant, 1908 (图 133)

Evacanthus repexus Distant, 1908, The fauna of British Indian including Ceylon and Burma, Rhynchota, 4: 227. **Type locality**: India.

模式标本产地 印度北方。

体连翅长，雄虫 5.2-5.5mm，雌虫 5.8-6.2mm。

头冠前端宽圆突出，中央长度较二单眼间宽度小，中域低凹，整个头冠自后向前倾；单眼位于头冠前侧域，着生在缘脊和侧脊交汇处；颜面额唇基中域平坦，前唇基由基至端逐渐变狭。前胸背板较头部宽，约与头冠等长，前缘弧圆，后缘微凹，前缘域有 1 弧形凹痕，凹痕后生横皱纹；小盾片横刻痕位于中后部且凹陷。

雄虫尾节侧瓣近似长方形，腹缘突起始于中后部，端部变细成锥形；雄虫下生殖板微弯曲，蔓生细刚毛，侧缘有粗长刚毛；阳茎基部管状，侧面观中部背缘翼状突向前后延伸，端部呈弯管状，阳茎孔位于末端；连索 Y 形，主干基部膨大，两臂特短；阳基侧突端部弯折向外伸出。雌虫腹部第 7 节腹板中央长度稍大于第 6 节腹板，中央近似龙骨状隆起，后缘接近平直，产卵器微超出尾节端缘。

体黑色。头冠基缘近复眼处、冠面相交的颜面基缘、前胸背板后缘狭边及胸足淡黄色。前翅淡黄色，一些个体呈淡橙黄色，端区黑色，其黑色部分向前延伸占据革片中央大部，爪片亦黑色，仅后缘淡黄微带白色。

寄主 玉米、柑橘。

检视标本 **四川**：1♂，长宁竹海，2008.Ⅵ.5，张玉波、李红荣采 (GUGC)。**贵州**：3♂2♀，织金，1986.Ⅷ.18，李子忠采 (GUGC)；2♂，梵净山铜矿厂，2002.Ⅴ.28，李子忠采 (GUGC)；4♂，梵净山护国寺，2002.Ⅴ.29，李子忠采 (GUGC)；1♂2♀，关岭普利乡，2009.Ⅷ.17，邢济春采 (GUGC)；1♂，关岭普利乡，2009.Ⅷ.22，李虎采 (GUGC)；7♂5♀，绥阳宽阔水，2010.Ⅶ.4，戴仁怀、李虎采 (GUGC)；2♂，望谟，2013.Ⅵ.26，邢济春采 (GUGC)。**云南**：8♂5♀，兰坪，2000.Ⅷ.12-13，李子忠采 (GUGC)；2♂3♀，泸水片马，2000.Ⅷ.17，李子忠采 (GUGC)；5♂3♀，高黎贡山，2013.Ⅶ.16，范志华采 (GUGC)。

西藏：2♂3♀，墨脱，2003.Ⅷ.8，任国栋采 (HBU)。

分布 陕西、甘肃、湖北、广西、四川、贵州、云南、西藏；印度。

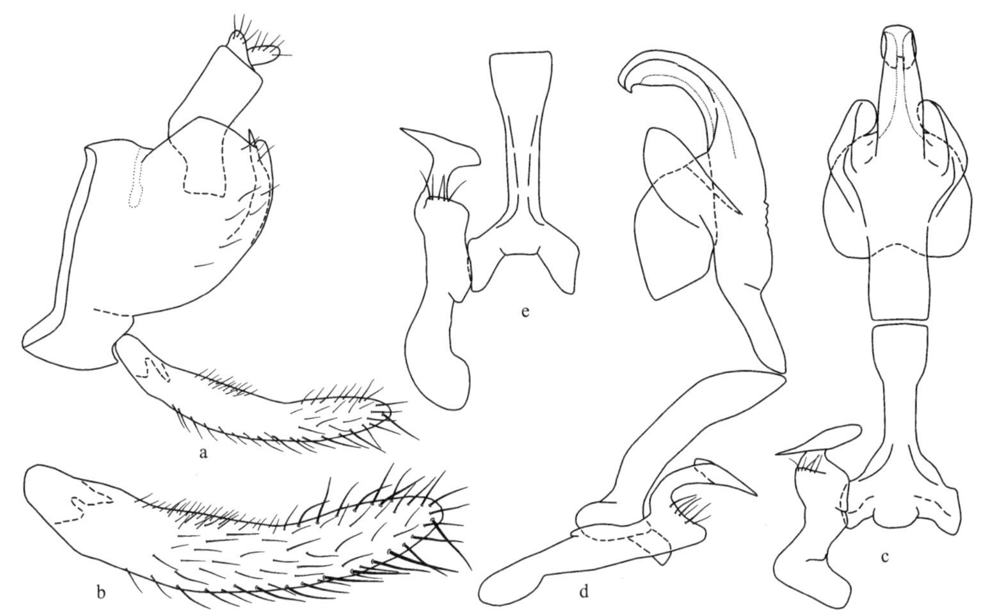

图 133 黄带横脊叶蝉 *Evacanthus repexus* Distant

a. 雄虫尾节侧面观 (male pygofer, lateral view)；b. 雄虫下生殖板 (male subgenital plate)；c. 阳茎、连索、阳基侧突腹面观 (aedeagus, connective and style, ventral view)；d. 阳茎、连索、阳基侧突侧面观 (aedeagus, connective and style, lateral view)；e. 连索、阳基侧突 (connective and style)

(130) 红脉横脊叶蝉 *Evacanthus rubrivenosus* Kuoh, 1992 (图 134；图版Ⅵ：7)

Evacanthus rubrivenosus Kuoh, 1992, In: Chen (ed.), Insects of the Hengduan Mountains Region, 1: 261. **Type locality**: Sichuan (Kangding).

模式标本产地 四川康定。

体连翅长，雄虫 7.5-7.8mm，雌虫 8.3-8.5mm。

头冠前端呈钝角突出，中长约为复眼间宽的 4/5，横脊自中纵脊略向前侧方斜伸，冠面中央横向低凹，基端略隆起，有 2 长圆形隆丘。前胸背板与小盾片表面密生柔毛；前翅在中室基部增生 1-3 横脉，有的在端部亦增生 1 横脉，个别横脉消失以致没有端前内室。

雄虫尾节侧瓣近似长方形，端缘宽圆突出，腹缘突起沿外缘伸至背缘；雄虫下生殖板较匀称，微弯，密生细刚毛；阳茎宽大微弯，侧面观中部背缘两侧各有 1 末端具指状弯曲的片状突，腹缘近基部有 1 指状突，端部向背面弯曲，亚端部两侧近似角状扩延；连索 Y 形，两臂特短；阳基侧突扭曲，亚端部强度凹弯，弯曲处有细刚毛。雌虫腹部第 7 节腹板后缘呈角状凹入。

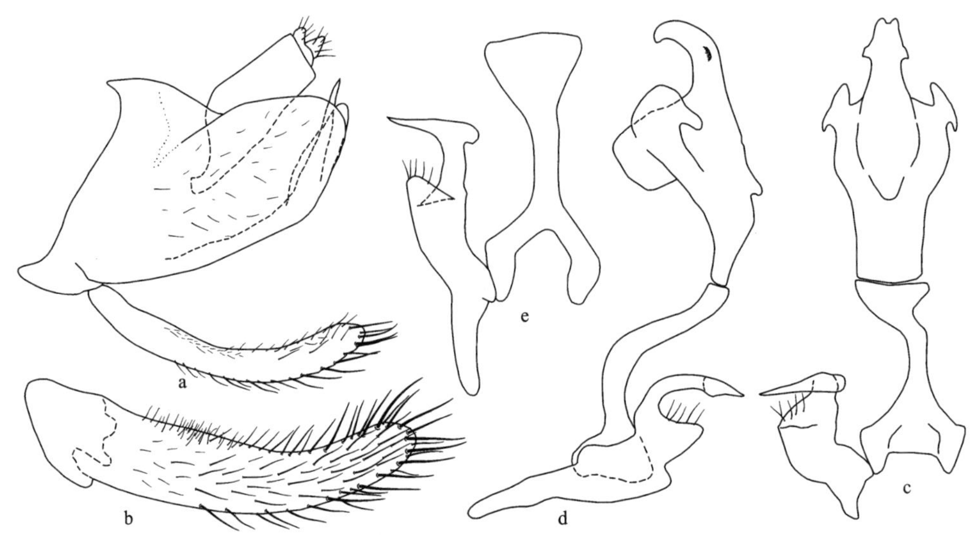

图 134 红脉横脊叶蝉 *Evacanthus rubrivenosus* Kuoh

a. 雄虫尾节侧面观 (male pygofer, lateral view); b. 雄虫下生殖板 (male subgenital plate); c. 阳茎、连索、阳基侧突腹面观 (aedeagus, connective and style, ventral view); d. 阳茎、连索、阳基侧突侧面观 (aedeagus, connective and style, lateral view); e. 连索、阳基侧突 (connective and style)

体乌黄色。头冠中央有大块黑色区，侧域与颜面侧区淡乌黄色，前唇基端部淡黄褐色；触角淡污黄色；复眼黑褐色；单眼浅黄褐色。前胸背板有 3 黑色纵斑；小盾片黑色；前翅烟黑色，前缘区与翅脉橙红色；胸部腹面黑色，板缝边缘及下生殖板基半部污黄白色，尾节黑褐色。此种个体间色泽、斑纹大小存在很大变化；有的头部、前胸背板与小盾片为污白色，颜面的唇基区为栗黄色；有的中纵脊及两侧横印痕列黑褐色。雌虫头冠仅各脊与基部 2 隆丘黑褐色，前胸背板斑块减小到仅于前缘残留退迹，色亦减淡，小盾片仅 2 基侧角浅黑褐色，以致难以认为是同种。雌虫生殖节与产卵器全为黑色。

检视标本 **四川**：4♂10♀，丹巴，2005.Ⅷ.24，石福明采 (GUGC)；2♂3♀，康定，2005.Ⅶ.30，石福明采 (GUGC)；1♂1♀，康定，2005.Ⅷ.9，周忠会采 (GUGC)；2♂7♀，格西沟自然保护区，2017.Ⅷ.17，杨茂发、何宏力采 (GUGC)。

分布 四川。

(131) 红条横脊叶蝉 *Evacanthus rubrolineatus* Li *et* Wang, 2002 (图 135)

Evacanthus rubrolineatus Li *et* Wang, 2002, Acta Entomologica Sinica, 45(Suppl.): 44. **Type locality**: Guizhou (Xishui).

模式标本产地 贵州习水。

体连翅长，雄虫 7.5mm。

头部与前胸背板接近等宽，前端宽圆突出，基域中脊两侧各有 1 圆形突起；单眼位于头冠侧域，着生在缘脊与侧脊交汇的凹陷处；颜面额唇基长形，隆起平坦。前胸背板前缘弧形突出，后缘中央凹入，前缘有 1 宽横凹痕，凹痕前域光滑，后域具粗横皱纹。

雄虫尾节侧瓣近似长方形，端缘宽圆突出，腹缘突起长片状，末端渐细；雄虫下生殖板长形，散生细长刚毛，外侧有 1 列粗长刚毛；阳茎基部管状，侧面观中部背域两侧各有 1 与阳茎干相对弯曲的片状突起，此突起与阳茎干末端彼此接近，近似缺环形，腹缘中后部向外侧扩大；连索 Y 形；阳基侧突亚端部弯曲，弯曲处有刚毛，末端平直向两侧伸出。

体及前翅黑色，被灰白色短毛。头冠基域两侧靠近复眼处、颜面颊区淡黄白色。前翅革片基部至亚端部前缘域 1 宽斜带、臀脉上 3 斑点及中脉和径中横脉大部血红色，后缘淡红色，无别的斑纹。胸足淡黄微带白色色泽。

检视标本　**贵州**：1♂ (正模)，习水，2000.Ⅵ.4，陈祥盛采 (GUGC)。

分布　贵州。

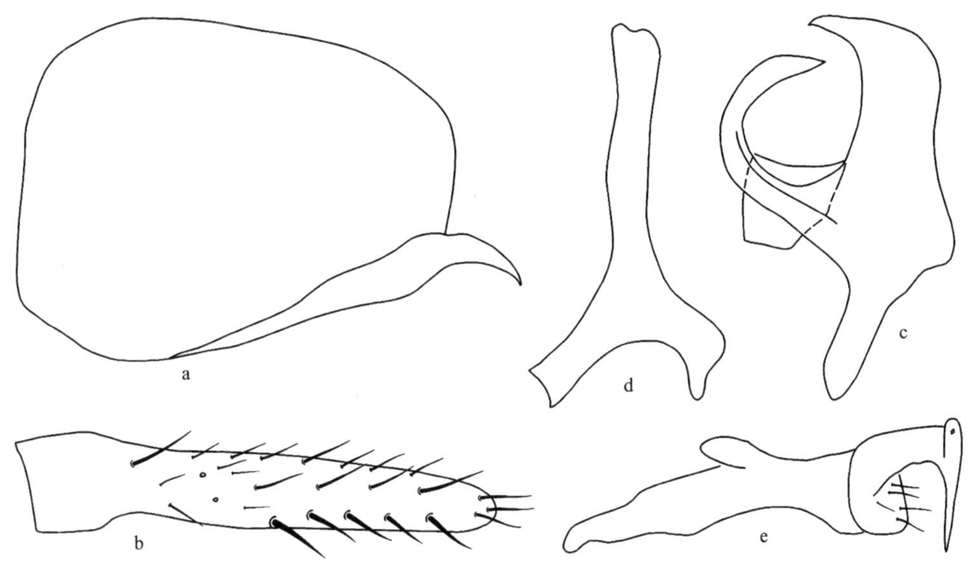

图 135　红条横脊叶蝉 *Evacanthus rubrolineatus* Li *et* Wang

a. 雄虫尾节侧瓣侧面观 (male pygofer side, lateral view)；b. 雄虫下生殖板 (male subgenital plate)；c. 阳茎侧面观 (aedeagus, lateral view)；d. 连索(connective)；e. 阳基侧突 (style)

(132) 红边横脊叶蝉 *Evacanthus ruficostatus* Kuoh, 1987 (图 136)

Evacanthus ruficostatus Kuoh, 1987, In: Zhang (ed.), Agricultural Insects, Spiders, Plant Diseases and Weeds of Xizang, 1: 110. **Type locality**: Xizang (Linzhi).

模式标本产地　西藏林芝。

体连翅长，雄虫 5.3-5.7mm，雌虫 5.5mm。

头冠、前胸背板、小盾片及前翅生有细小黄白色柔毛。头冠前端宽圆突出，中央长度略短于二复眼间宽，由基域向端部逐渐低下，基域于中脊两侧区各有 1 丘形隆起；单眼位于头冠侧域，着生在缘脊和侧脊交汇的凹陷内；颜面额唇基中央纵向隆起。前胸背板较头部宽，中域隆起向两侧斜倾，前缘弧圆突出，后缘深凹入，前缘区有 1 横凹痕，凹痕前光滑，凹痕后具横皱纹；小盾片端区亦生横皱纹。雌虫翅较短，致产卵器外露在翅的端缘。

雄虫尾节侧瓣端缘呈尖角状突出，端区有长刚毛，腹缘突起末端尖细；雄虫下生殖板基部分节，生不规则长刚毛；阳茎基部细管状，侧面观中部背缘两侧各有 1 近似方形和长形的片状突，腹缘呈龙骨状突起，端部呈管状弯曲，亚端部两侧各有 1 齿突，末端呈小钩状；连索 Y 形，两臂特短；阳基侧突端部扭曲弯折向外伸出。雌虫腹部第 7 节腹板中央长度与第 6 节接近等长，中域隆起，后缘接近平直，产卵器伸出尾节端缘。

图 136 红边横脊叶蝉 *Evacanthus ruficostatus* Kuoh

a. 雄虫尾节侧面观 (male pygofer, lateral view)；b. 雄虫下生殖板 (male subgenital plate)；c. 阳茎、连索、阳基侧突腹面观 (aedeagus, connective and style, ventral view)；d. 阳茎、连索、阳基侧突侧面观 (aedeagus, connective and style, lateral view)；e. 连索、阳基侧突 (connective and style)

体黑色。头冠中前域有 1 黑色横带，基部有 2 黑色圆点，前侧角、后侧角、单眼着生区污黄白色；颜面额唇基基部横印痕、中部、前唇基基部、舌侧板与颊区端半部黑褐色。前胸背板有 3 污黄白色斑；前翅亦污黄白色，在前缘区有 1 红黄色缘带纹，但此带纹伸不及翅基与末端，仅占据中段，有些个体则缺如；胸部腹面污黄白色；小盾片基域中央污暗，中域有 2 小污暗点。雌虫体色较淡，尤其是体背，致呈污黄白色，前胸背板仅前区存在 2 黑褐色斑。

寄主 麦类。

检视标本 **西藏**：2♂1♀，林芝，1984.Ⅹ.16，王保海采 (GUGC)。

分布 西藏。

(133) 红缘横脊叶蝉 *Evacanthus rufomarginatus* Kuoh, 1987 (图 137)

Evacanthus rufomarginatus Kuoh, 1987, In: Zhang (ed.), Agricultural Insects, Spiders, Plant Diseases and Weeds of Xizang, 1: 109. **Type locality**: Xizang (Motuo).

模式标本产地　西藏墨脱。

体连翅长，雄虫 6.2-6.4mm。

头冠前端宽圆突出，中央长度略短于二复眼间宽，中域低凹；单眼位于头冠前侧缘，着生在缘脊和侧脊交汇的凹陷处；颜面额唇基隆起略呈半球形，中域平坦。前胸背板明显宽于头部，前缘弧圆突出，后缘略凹；小盾片横刻痕位于中后部；前翅第 1 分枝脉与爪缝间生数根横脉。

雄虫尾节侧瓣宽圆突出，端缘波曲，腹缘突起沿外缘伸至背缘，其末端尖细；雄虫下生殖板微弯，密生细刚毛；阳茎基部管状，中部背缘两侧各有前、后延伸的翼状突起，端部呈弯管状，阳茎孔位于末端；连索 Y 形，主干长度明显大于臂长；阳基侧突端部曲折，弯折处有长刚毛，末端呈足状扩延。

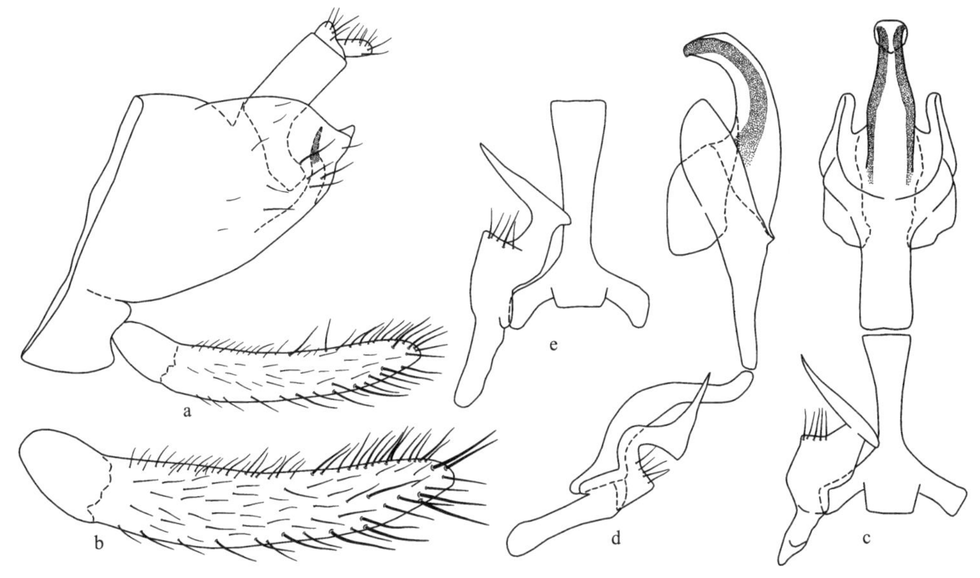

图 137　红缘横脊叶蝉 *Evacanthus rufomarginatus* Kuoh

a. 雄虫尾节侧瓣侧面观 (male pygofer side, lateral view)；b. 雄虫下生殖板 (male subgenital plate)；c. 阳茎、连索、阳基侧突腹面观 (aedeagus, connective and style, ventral view)；d. 阳茎、连索、阳基侧突侧面观 (aedeagus, connective and style, lateral view)；e. 连索、阳基侧突 (connective and style)

体黑色。头冠前缘、前侧角与后侧角区均黄白色，在颜面基缘有 1 橙红色横带，横带与头冠前侧角淡色区间有 2 黑色眉形横纹，颊区于触角窝下方有 1 橙红色纵斑，颊区基部侧缘区、触角、单眼及复眼周缘污黄白色；复眼灰黑色。前胸背板后缘、胸部侧板后区污黄白色；前翅爪片黑色，革片中央具有 2 污黄白色纵带纹，或革片污黄白色，中央具有 1 由基部向端部逐渐加宽的黑色纵带，前缘黑色，爪片内、后缘区污黄白色；胸足橙黄色，唯后足胫刺基部及各跗节端部黑褐色。腹部雄虫下生殖板及尾节由基部黄褐色向端部逐渐加深成黑褐色。

寄主　柑橘。

检视标本　**四川**：1♂，康定，2006.Ⅷ.30，石福明采 (GUGC)。**云南**：1♂，丽江，2000.Ⅷ.10，李子忠采 (GUGC)；1♂，兰坪，2000.Ⅷ.12，李子忠采 (GUGC)。**西藏**：1♂，林芝，1992.Ⅷ.9，王保海采 (GUGC)。

分布　四川、云南、西藏。

(134) 嵩县横脊叶蝉，新种 *Evacanthus songxianensis* Li, Li *et* Xing, sp. nov. (图 138)

模式标本产地　河南嵩县。

体连翅长，雄虫 5.0mm，雌虫 5.3-5.5mm。

头冠前端宽圆突出，中长约为二复眼间宽的 3/4，略短于前胸背板，中央纵脊及侧脊明显，单眼前方有 1 横脊，中纵脊中部两侧略微凹陷；颜面额唇基中域略平坦，前唇基中域隆起，端缘弧圆，超出舌侧板端缘。前胸背板较头冠宽，前缘弧圆，后缘中央略微凹陷，近前缘中央有 1 长弧形凹痕。前胸背板、小盾片、前翅和颜面散生细柔毛。

图 138　嵩县横脊叶蝉，新种 *Evacanthus songxianensis* Li, Li *et* Xing, sp. nov.

a. 雄虫尾节侧面观 (male pygofer, lateral view)；b. 雄虫下生殖板 (male subgenital plate)；c. 阳茎、连索、阳基侧突腹面观 (aedeagus, connective and style, ventral view)；d. 阳茎、连索、阳基侧突侧面观 (aedeagus, connective and style, lateral view)；e. 连索、阳基侧突 (connective and style)

雄性尾节侧瓣近三角形，散生细刚毛，腹缘突起长，端部变细，向后背缘伸出；雄虫下生殖板微弯曲，散生细刚毛，侧缘及端缘有长刚毛；阳茎基部管状，侧面观中部背域两侧各有 1 顺着阳茎干延伸和向后扩展的片状突，腹缘中后部近似方形突出，呈锯齿状，端部管状弯曲，亚端部两侧各有 1 短柱状突；连索 Y 形，主干基部特别膨大；阳基侧突基部较细，中部粗壮弯曲，近端部变细处有数根刚毛，端部向两侧延伸。

体黑褐色。头冠黄褐色，中前域黑褐色，中脊近后缘两侧各有 1 黑色圆斑；复眼黄褐色；单眼无色半透明；颜面黄褐色。前胸背板黑色，后缘及侧缘黄白色；小盾片黑色；前翅黑褐色，前缘域、后缘及爪脉周边黄白色。

正模　♂，河南嵩县白云山，2002.Ⅶ.19，陈祥盛采。副模：2♀，采集地点、采集时间、采集人同正模。所有模式标本均保存在贵州大学昆虫研究所 (GUGC)。

词源　新种名来源于模式标本产地——河南嵩县。

分布　河南。

新种外形特征与黄面横脊叶蝉 *Evacanthus interruptus* (Linnaeus) 相似，其区别点是本新种头冠基域有 2 黑色圆斑，雄虫尾节侧瓣近似三角形，阳茎腹缘突起近似方形。

(135) 侧刺横脊叶蝉，新种 *Evacanthus splinterus* Li, Li *et* Xing, sp. nov. (图 139；图版Ⅵ：8)

模式标本产地　辽宁本溪，吉林长白山，河南白云山，陕西太白山，新疆喀纳斯。

体连翅长，雄虫 5.2-5.4mm，雌虫 6.1-6.3mm。

头冠前端宽圆突出，中央长度与二复眼间宽近似相等，二侧脊在头冠顶端弧形相交，沿中央纵脊隆和沿侧脊低凹，基域抬起，两侧有不甚明显的丘形突。前胸背板有细小柔毛，前缘域有不规则形凹陷；小盾片较前胸背板短，中央横凹；雄虫前翅长超过腹部末端，雌虫则伸不及腹部末端，致腹部末端外露。

雄虫尾节侧瓣端向渐窄，具细小刚毛，端缘呈角状突出，腹缘突起末端尖细，伸出尾节侧瓣端背缘；雄虫下生殖板端向渐窄，密生细长刚毛；阳茎基部管状，侧面观背缘两侧各有 1 向前伸的长片状突和向后扩延的片状突，腹缘中部龙骨状，靠近基部成不规则形突出，端部管状弯曲，亚端部两侧各有 1 刺状突，阳茎孔位于末端；连索 Y 形，主干长明显大于臂长；阳基侧突端部弯曲，弯曲处生长刚毛。雌虫腹部第 7 节腹板中域隆起，中央长度是第 6 节的 2 倍，后缘中央接近平直，产卵器伸出尾节侧瓣端缘。

体淡黄白色。头冠前端有 1 黑色横纹，横纹后紧接 1“八”字形黑色纹，一些个体黑色横纹减淡，基部两侧丘形纹处有黑色圆斑；复眼黑褐色；单眼、触角和颜面淡黄白色。前胸背板淡黄白色，两侧域各有 1 黑色纵纹；前翅淡黄白色，爪片中后部和革片端部纵纹黑褐色；胸部腹板和胸足淡黄白色，无明显斑纹。

正模　♂，辽宁本溪桓仁县，2011.Ⅶ.19，范志华采。副模：1♂，吉林长白山，2011.Ⅶ.24，范志华采；1♂，河南白云山，2002.Ⅶ.24，陈祥盛采；3♀，新疆喀纳斯，1997.Ⅶ.13，李子忠采；4♂3♀，陕西太白山，2012.Ⅶ.14，杨卫诚、黄荣采。所有模式标本均保存在贵州大学昆虫研究所 (GUGC)。

词源　新种名来源于阳茎亚端部两侧有 1 刺状突。

分布　吉林、辽宁、河南、陕西、新疆。

新种外形特征与黄面横脊叶蝉 *Evacanthus interruptus* (Linnaeus) 相似，不同点是本新种头冠淡黄白色，基域两侧各有 1 黑色圆斑，雌虫前翅盖不及腹部末端。

图 139 侧刺横脊叶蝉，新种 *Evacanthus splinterus* Li, Li *et* Xing, sp. nov.

a. 雄虫尾节侧瓣侧面观 (male pygofer side, lateral view)；b. 雄虫下生殖板 (male subgenital plate)；c. 阳茎、连索、阳基侧突腹面观 (aedeagus, connective and style, ventral view)；d. 阳茎、连索、阳基侧突侧面观 (aedeagus, connective and style, lateral view)；e. 连索、阳基侧突 (connective and style)

(136) 点翅横脊叶蝉 *Evacanthus stigmatus* Kuoh, 1987 (图 140)

Evacanthus stigmatus Kuoh, 1987, In: Zhang (ed.), Agricultural Insects, Spiders, Plant Diseases and Weeds of Xizang, 1: 108. **Type locality**: Xizang (Bomizhamu).

模式标本产地 西藏波密扎木。

体连翅长，雄虫 6.1-6.3mm，雌虫 6.1-6.5mm。

头冠向前宽圆突出，中央长度短于二复眼间宽，前缘、侧缘与后缘均具隆起脊，致中域低凹；单眼位于头冠侧缘域，着生在缘脊和侧脊交汇处；颜面额唇基隆起略呈半球形，中域较平坦，前唇基基部宽大，向前渐次收狭，末端狭圆，超过下颚板端缘；触角脊明显，着生在近复眼的后角处。前胸背板横宽，前缘弧圆突出，后缘几乎平直，侧缘直，略向侧后方斜倾，致前胸背板后部宽于前部，密生有细小刻点，在亚前缘区有 1 横凹痕，其后生有横皱；小盾片横刻痕平直，该区低凹；前翅宽短，翅脉隆起，生许多小横脉，致成网络状。

雄虫尾节侧瓣宽圆突出，腹缘突起始于基部，沿端缘向背面延伸，此突起末端尖刺状；雄虫下生殖板由基至端渐细，密被细刚毛；阳茎基部管状，中部背域各有 2 突起，其中靠近阳茎干的突起短而弯曲，远离阳茎干的突起长而直，端部管状向背面弯曲；连索 Y 形，主干长大于臂长；阳基侧突亚端部变细，末端向两侧扩伸。雌虫腹部第 7 节腹板中长是第 6 节的 2 倍，后缘接近平直，产卵器长超出尾节端缘甚多。

头冠淡污黄略带橙色，基部 2 斑点、前缘区 1 横带、颜面基缘两侧各 1 横纹、额唇基两侧缘各 1 纵带纹及前唇基基缘 2 斑点均黑色，颊区近复眼前缘处有 1 黑色斑纹；复眼黑色；单眼黄白色。前胸背板、小盾片污黄白略带绿色色泽，在前胸背板前缘区有 1 黑色宽带，小盾片横刻纹及中域 2 斑点污暗；前翅污黄略带绿色色泽，网室中生有烟褐色斑点；后翅烟黑色；胸部腹面、胸足及整个腹部淡污黄略带褐色，其中前足与后足胫节色较深。腹部背、腹面中域烟褐色，产卵器亦烟褐色。

寄主　蔬菜。

检视标本　**四川**：2♀，道孚，2017.Ⅷ.7，杨茂发、严斌采 (GUGC)。**西藏**：1♀，拉萨，1984. Ⅷ.16，王保海采 (GUGC)；3♂5♀，林芝，2017.Ⅶ. 3，杨茂发、何宏力采 (GUGC)；1♂3♀，易贡，2017.Ⅷ.12-14，杨茂发、何宏力采 (GUGC)。

分布　四川、西藏。

注：本种雄性外生殖器首次记述。

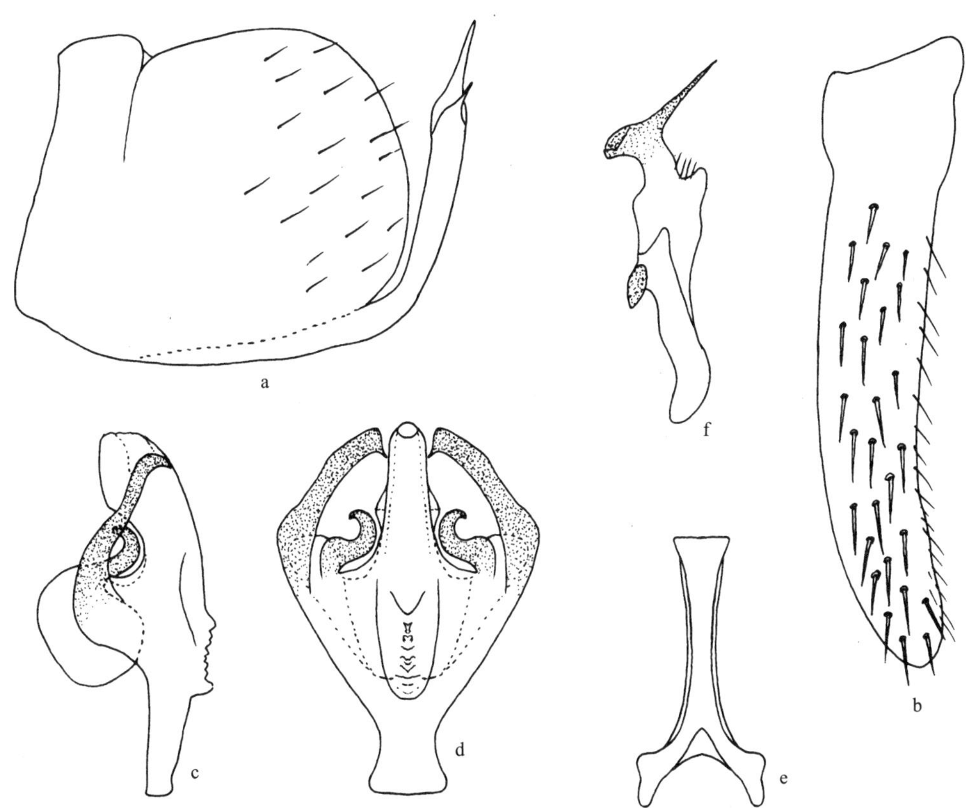

图 140　点翅横脊叶蝉 *Evacanthus stigmatus* Kuoh

a. 雄虫尾节侧瓣侧面观 (male pygofer side, lateral view)；b. 雄虫下生殖板 (male subgenital plate)；c. 阳茎侧面观 (aedeagus, lateral view)；d. 阳茎腹面观 (aedeagus, ventral view)；e. 连索 (connective)；f. 阳基侧突 (style)

(137) 条翅横脊叶蝉 *Evacanthus taeniatus* Li, 1985 (图 141；图版Ⅶ：1)

Evacanthus taeniatus Li, 1985, Acta Entomologica Sinica, 28(4): 345. **Type locality**: Guizhou (Guanling).

Evacanthus longfasciatus Li *et* Zhang, 2007, In: Li, Yang *et* Jin (ed.), Insect Fauna from Nature Reserve of Guizhou Province 5: 156. **New synonymy.**

模式标本产地　贵州关岭。

体连翅长，雄虫 7.0-7.2mm，雌虫 7.3-7.5mm。

头冠前端呈锐角状突出，中域凹陷，基域于中脊两侧各有 1 圆形隆丘；单眼位于头冠前侧缘，着生在前缘脊与侧脊交汇的凹陷内；颜面额唇基扁平，前唇基长大于宽，由基至端逐渐收狭，末端突出在舌侧板端缘；触角脊明显，着生于复眼的后角处。前胸背板较头部宽，中央长度与头冠中长近似相等，前缘弧圆，后缘微凹，密生横皱纹，中前域有 1 横印痕；小盾片中域凹陷。

雄虫尾节侧瓣宽大，端缘弧圆，腹缘突起端部尖刺状；雄虫下生殖板叶片状，端域和侧缘有粗长刚毛；阳茎基部管状，侧面观中部背域有较小的片状突，腹缘有 1 对长突，末端呈四裂状，性孔位于裂片中央；连索 Y 形，主干基部膨大；阳基侧突亚端部内侧深凹，末端尖细。雌虫腹部第 7 节腹板中央长度与第 6 节接近等长，后缘接近平直，产卵器微超出尾节端缘。

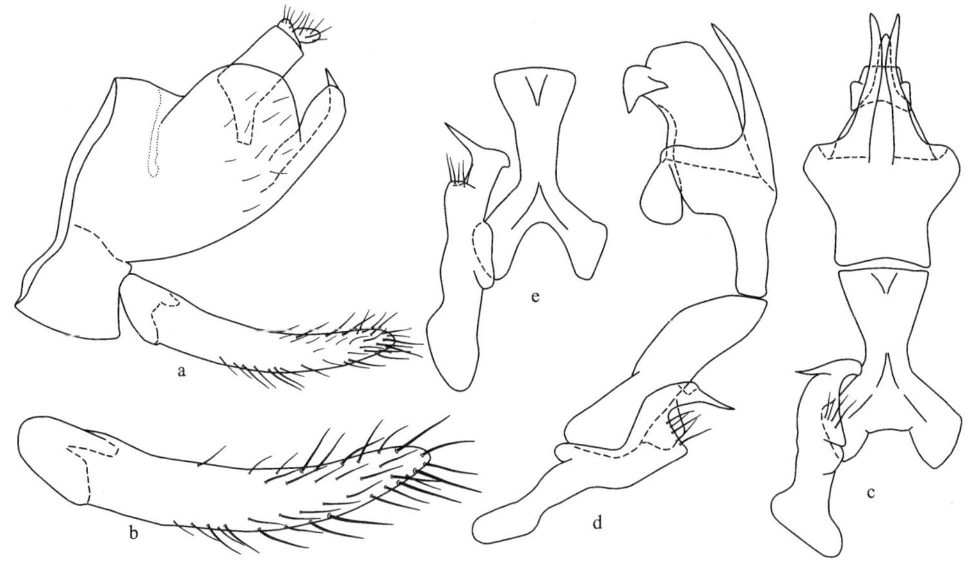

图 141　条翅横脊叶蝉 *Evacanthus taeniatus* Li

a. 雄虫尾节侧面观 (male pygofer, lateral view)；b. 雄虫下生殖板 (male subgenital plate)；c. 阳茎、连索、阳基侧突腹面观 (aedeagus, connective and style, ventral view)；d. 阳茎、连索、阳基侧突侧面观 (aedeagus, connective and style, lateral view)；e. 连索、阳基侧突 (connective and style)

体黑褐色。头冠侧区于复眼内缘处、颜面颊区、触角、前胸侧板、胸足及腹部第 7、

第 8 腹节腹板后缘淡黄褐色。前翅红褐色，前缘域基部 2/5、翅端及向革片中央延伸的 1 纵带纹、爪片沿爪缝黑褐色。

寄主　玉米。

检视标本　**贵州**：♂ (正模)，4♀ (副模)，关岭，1976.Ⅶ.24，李子忠采 (GUGC)；2♂，绥阳宽阔水，1984.Ⅷ.1，李子忠采 (GUGC)；2♂5♀，绥阳宽阔水，1989.Ⅵ.6，李子忠采 (GUGC)；4♂1♀，梵净山护国寺，2002.Ⅴ.27，李子忠采 (GUGC)；2♂，梵净山金顶，2002.Ⅴ.29，李子忠采 (GUGC)；4♂，道真三桥镇，2004.Ⅴ.22，杨茂发采 (GUGC)；1♀，雷公山，2004.Ⅷ.2，严凯采 (GUGC)；7♂3♀，雷公山莲花坪，2005.Ⅵ.2-5，李子忠、张斌采 (GUGC)；3♂3♀，雷公山莲花坪，2005.Ⅵ.3，宋月华采 (GUGC)；7♂3♀，雷公山小丹江，2005.Ⅴ.31，宋月华采 (GUGC)；1♂，雷公山莲花坪，2005.Ⅴ.31，宋琼章采 (GUGC)；1♀，雷公山莲花坪，2005.Ⅴ.31，葛德燕采 (GUGC)；1♂，绥阳宽阔水茶场，2010.Ⅵ.2，张培采 (GUGC)。

分布　贵州。

(138) 小字横脊叶蝉 *Evacanthus trimaculatus* Kuoh, 1987 (图 142)

Evacanthus trimaculatus Kuoh, 1987, In: Zhang (ed.), Agricultural Insects, Spiders, Plant Diseases and Weeds of Xizang, 1: 113. **Type locality**: Xizang (Qusong).

模式标本产地　西藏曲松。

体连翅长，雄虫 6.0-6.3mm，雌虫 6.7-6.8mm。

头冠前端宽圆突出，中央长度约为二复眼间宽度的 3/4，周缘有脊，致中域轻度凹陷；单眼位于头冠前侧域，着生在侧脊和缘脊交汇的凹陷处；颜面额唇基隆起，中域平坦。前胸背板较头部宽，与头冠中央长度近似相等，基部 4/5 生横皱纹；前胸背板及小盾片密生细小软毛；前翅软毛稀疏不甚明显，第 1 分枝的内枝与第 2 分枝翅脉间生 2 横脉。

雄虫尾节侧瓣近似三角形突出，端区有刚毛，腹缘突起末端尖细，伸出尾节侧瓣端缘；雄虫下生殖板基部分节，微弯曲有横皱，生不规则排列的长刚毛；阳茎基部管状，侧面观中部背缘两侧有分别向前和向后延伸的片状突，腹缘龙骨状突出，龙骨突基部向后突出，具细齿，亚端部两侧各有 1 刺状突；连索 Y 形，主干基部膨大，主干大于臂长；阳基侧突端部急剧凹弯，致成钳状。

体淡黄褐色。头冠色较深而带有棕色，中域基缘处有 1 对黑色圆斑，与中央黑色纵脊构成"小"字形，横脊亦黑色，侧域内缘区有 1 黑色纵带纹；复眼灰黑色；单眼、触角淡黄褐色；颜面基缘两侧各有 1 眉形黑色横纹，额唇基中脊黑色。前胸背板前缘域有 1 对黑色横斑；小盾片基角处有 1 黑色小斑点，中域浅黑色；前翅浅污黄白微带褐色色泽；胸部腹面及足淡黄褐色，仅后足胫刺基部及各足爪深黄褐色。腹部背面黑褐色，各节腹板后缘及尾节淡黄褐色。雌虫产卵器黑褐色。

寄主　杂草。

检视标本　**吉林**：3♂5♀，长白山市长白县，2011.Ⅶ.24-25，范志华、李虎采 (GUGC)。

分布　吉林、甘肃、西藏。

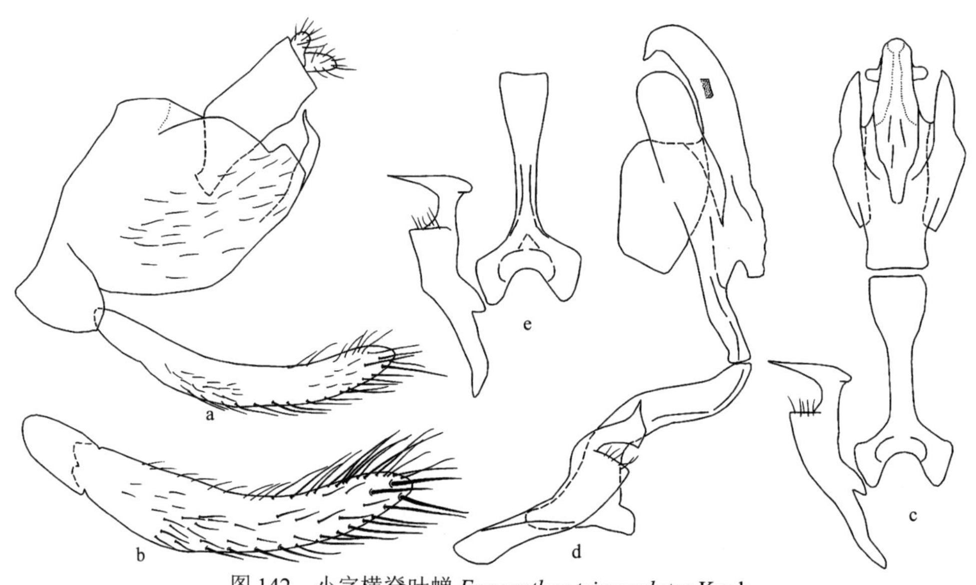

图 142　小字横脊叶蝉 *Evacanthus trimaculatus* Kuoh

a. 雄虫尾节侧面观 (male pygofer, lateral view)；b. 雄虫下生殖板 (male subgenital plate)；c. 阳茎、连索、阳基侧突腹面观 (aedeagus, connective and style, ventral view)；d. 阳茎、连索、阳基侧突侧面观 (aedeagus, connective and style, lateral view)；e. 连索、阳基侧突 (connective and style)

(139) 端钩横脊叶蝉 *Evacanthus uncinatus* Li, 1989 (图 143；图版Ⅶ：2)

Evacanthus uncinatus Li, 1989, Acta Zootaxonomica Sinica, 14(3): 337. **Type locality**: Guizhou (Fanjingshan).

模式标本产地　贵州梵净山。

体连翅长，雄虫 6.0-6.3mm，雌虫 6.8-7.0mm。

头冠前端呈角状突出，中央长度大于二复眼内缘间宽，中域低凹；单眼位于头冠前侧缘，着生在前缘脊与侧脊交汇处；颜面额唇基中域平坦，前唇基隆起，基部宽大，由基至端逐渐变狭，舌侧板宽大，但末端伸不及前唇基端缘。前胸背板宽大于长，前缘弧圆突出，后缘微凹，中前域有 1 弧形凹痕，中后部有横皱纹；小盾片横刻痕位于中后部。雄虫翅长超出尾节侧瓣端缘，雌虫产卵器外露在前翅端缘。

雄虫尾节侧瓣宽大，端缘弧圆突出，腹缘突起短小，仅伸至外缘 1/3 处，末端尖细；雄虫下生殖板长叶片状，密生细刚毛，侧缘有长刚毛；阳茎基部管状，侧面观中部两侧各有 1 刺状突和 1 片状突，腹面中部呈锯齿状，端部背面有 1 对钩状突起，阳茎孔位于末端；连索 Y 形，主干长度显著大于臂长；阳基侧突基部宽大，端部细且弯折外伸。雌虫腹部第 7 节腹板与第 6 节腹板中央长度接近相等，后缘接近平直，产卵器长伸出尾节端缘。

体淡黄褐色。头冠黑色，唯基部近复眼内缘、颊区及颜面基缘淡黄褐色。前胸背板、侧板及小盾片淡黄褐色，唯前胸背板 3 纵带及小盾片中央纵带纹黑色；前翅黑褐色，翅脉红褐色，前缘域具黄白色或橙黄色狭边；胸部腹板黑褐色，足淡黄褐色或橙黄色。腹部背、腹面黑褐色，雄虫下生殖板端半部黑褐色。.

寄主　竹及草本植物。

检视标本　**四川**：1♂1♀，峨眉山，1991.Ⅷ.1，李子忠采（GUGC）。**贵州**：♂（正模），♀（配模），1♀（副模），梵净山，1982.Ⅸ.15，杨臣瑾、夏绍眉采（GUGC）；25♂35♀，梵净山，1986.Ⅶ.22-28，李子忠采（GUGC）；6♂10♀，梵净山，1994.Ⅷ.10，陈祥盛采（GUGC）；6♂10♀，梵净山金顶，1994.Ⅷ.10，李子忠采（GUGC）；7♂4♀，梵净山，1994.Ⅷ.10，张亚洲采（GUGC）；3♂，梵净山金顶，1995.Ⅶ.16，杨茂发采（GUGC）；10♂14♀，贵州梵净山，2001.Ⅶ.30-31，李子忠采（GUGC）；3♂5♀，梵净山，2007.Ⅶ.30，杨茂发采（GUGC）。**云南**：1♂，兰坪，2000.Ⅷ.13，杨茂发采（GUGC）；1♀，兰坪，2000.Ⅷ.13，李子忠采（GUGC）。

分布　四川、贵州、云南。

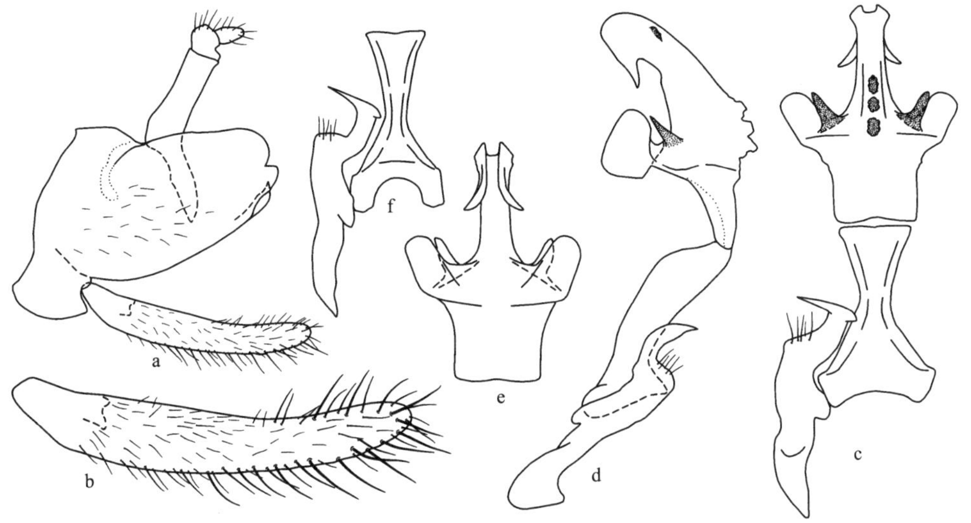

图 143　端钩横脊叶蝉 *Evacanthus uncinatus* Li

a. 雄虫尾节侧面观（male pygofer, lateral view）；b. 雄虫下生殖板（male subgenital plate）；c. 阳茎、连索、阳基侧突腹面观（aedeagus, connective and style, ventral view）；d. 阳茎、连索、阳基侧突侧面观（aedeagus, connective and style, lateral view）；e. 阳茎背面观（aedeagus, dorsal view）；f. 连索、阳基侧突（connective and style）

(140) 雅江横脊叶蝉，新种 *Evacanthus yajiangensis* Li, Li *et* Xing, sp. nov.（图 144）

模式标本产地　四川甘孜雅江。

体连翅长，雄虫 6.8-7.0mm，雌虫 7.0mm。

头冠前端微呈角状突出，中央长度微大于二复眼内缘间宽；单眼位于头冠前侧缘，着生在前缘脊与侧脊交汇处；颜面额唇基中域平坦，前唇基基部宽大，端向逐渐变狭。前胸背板宽大于长，短于头冠，具细横皱纹，前缘弧圆突出，后缘微凹，中前域有 1 弧形凹痕；小盾片较前胸背板短，中域低凹。

雄虫尾节侧瓣长方形，腹缘突起始于端部，未伸出尾节侧瓣端缘；雄虫下生殖板基部分节，微弯曲，密生细长刚毛；阳茎基部管状，侧面观中部背缘两侧各有 1 端部钳状的片状突和宽圆的片状突，腹缘近基部呈角状突出，中部呈马鞍形弯曲，端部两侧有 2 小刺突；连索 Y 形，主干长明显大于臂长；阳基侧突端部强度弯曲，弯曲处生长刚毛。

体姜黄色。头冠中央大部黑色，靠近中脊色浅淡；复眼黑褐色；单眼淡黄白色；颜面淡黄白色无明显斑纹。前胸背板姜黄色，中央纵纹和两侧黑褐色；小盾片黑色；前翅黑褐色，翅脉及前缘域红褐色；胸部腹板和胸足淡黄白色。腹部背、腹面黑褐色，雄虫下生殖板基部淡黄白色。

正模 ♂，四川甘孜雅江，2005.Ⅷ.8，石福明采。副模：1♂1♀，采集时间、地点、采集人同正模。所有模式标本均保存在贵州大学昆虫研究所 (GUGC)。

词源 新种名来源于模式标本产地——四川甘孜雅江。

分布 四川。

新种外形特征与端钩横脊叶蝉 *Evacanthus uncinatus* Li 相似，不同点是新种小盾片黑色，雄虫尾节侧瓣腹缘突起伸达端缘，阳茎中部背缘两侧各有 1 端部钳状的片状突。

图 144 雅江横脊叶蝉，新种 *Evacanthus yajiangensis* Li, Li *et* Xing, sp. nov.

a. 雄虫尾节侧面观 (male pygofer, lateral view)；b. 雄虫下生殖板 (male subgenital plate)；c. 阳茎、连索、阳基侧突腹面观 (aedeagus, connective and style, ventral view)；d. 阳茎、连索、阳基侧突侧面观 (aedeagus, connective and style, lateral view)

11. 多突叶蝉属 *Multiformis* Li *et* Li, 2012

Multiformis Li *et* Li, 2012, Zootaxa, 3185: 54. **Type species**: *Multiformis longlingensis* Li *et* Li, 2012.

模式种产地：云南龙陵。

属征：头冠前端呈角状突出，冠面中后域隆起，显著高于侧缘域，具 5 纵脊，即 1

中脊、2 侧脊、2 单眼下脊；单眼位于侧脊外侧，距复眼较距头冠顶端略近；颜面额唇基隆起，中央有 1 明显的纵脊，两侧有横印痕列。前胸背板中央长度与头冠近似相等，显著宽于头部，前缘弧圆突出，后缘接近平直，中域微凹；小盾片与前胸背板接近等长，横刻痕凹陷；前翅翅脉明显，R_{1a} 脉与前缘垂直相交，有 4 端室，端片狭小。

雄虫尾节侧瓣近三角形，腹缘无突起，散生数根短刚毛；雄虫下生殖板基部分节，外缘生数根细长刚毛，内侧中央有 1 列粗刚毛；阳茎管状背向弯，基部与连索相接处有 1 骨化极强的片状突，其上着生 1 对片状突和 1 长突；连索 Y 形，主干较长；阳基侧突基部细长，中部宽大，端部细长呈鸟喙状。

地理分布：东洋界。

此属由 Li 和 Li (2012a) 以 *Multiformis longlingensis* Li *et* Li 为模式种建立，并记述 2 新种，其后于 2014 年记述产于云南的 1 新种。

全世界仅知 3 种，主要分布于中国。本志记述 3 种。

种检索表 (♂)

1. 颜面污黄色……………………………………………………………龙陵多突叶蝉 *M. longlingensis*
   颜面黑色………………………………………………………………………………………2
2. 前胸背板、小盾片黑褐色………………………………………………黑面多突叶蝉 *M. nigrafacialis*
   前胸背板淡黄褐色，小盾片淡白色……………………………………叉突多突叶蝉 *M. ramosus*

(141) 龙陵多突叶蝉 *Multiformis longlingensis* Li *et* Li, 2012 (图 145；图版Ⅶ：3)

Multiformis longlingensis Li *et* Li, 2012, Zootaxa, 3185: 54. **Type locality**: Yunnan (Longling).

模式标本产地　云南龙陵。

体连翅长，雄虫 6.6mm，雌虫 7.1mm。

头冠前端呈角状突出，中后域轻度隆起；单眼位于头冠前侧缘，着生在侧脊外侧，距复眼较距头冠顶端略近；颜面额唇基隆起，唇基间缝明显，前唇基由基至端逐渐变狭，端缘弧圆突出。前胸背板较头部宽，前缘弧圆突出，后缘微凹，侧缘弧圆；小盾片横刻痕位于中部，弧形弯曲。

雄虫尾节侧瓣端向渐窄，近似三角形，无腹缘突起，端缘有刚毛；雄虫下生殖板基部分节，近端部宽大，外缘生数根细长刚毛，内缘域有 1 列粗刚毛，端部生数根长刚毛；阳茎管状弯曲，基部腹面有 1 高度骨化的突起，此突起侧面有 1 粗大的片状突，其上着生 1 对端部 3 分叉、其腹缘中域有 3 小齿的片状突，基部腹面有 1 细长光滑的长突；连索 Y 形，主干比较长；阳基侧突基部细长，中部宽大，端部细长呈鸟喙状折曲。雌虫腹部第 7 节腹板中央长度与第 6 节腹板接近等长，后缘中央微凹，产卵器伸出尾节侧瓣端缘。

体污黄色。头冠中央有 1“工”字形黑斑；复眼黑色；单眼污黄色半透明；颜面污黄色，额唇基中央沿纵脊及两侧黑褐色，前唇基黑褐色，颊区中央纵纹及舌侧板黑褐色。前翅赭黄色，近端部有 1 污黑色斑，翅脉黑褐色；胸部腹面和胸足淡黄白色。

检视标本 **云南**：♂ (正模)，龙陵，2002.Ⅶ.25，李子忠采 (GUGC)；1♀ (副模)，龙陵，2002.Ⅶ.24，李子忠采 (GUGC)。

分布 云南。

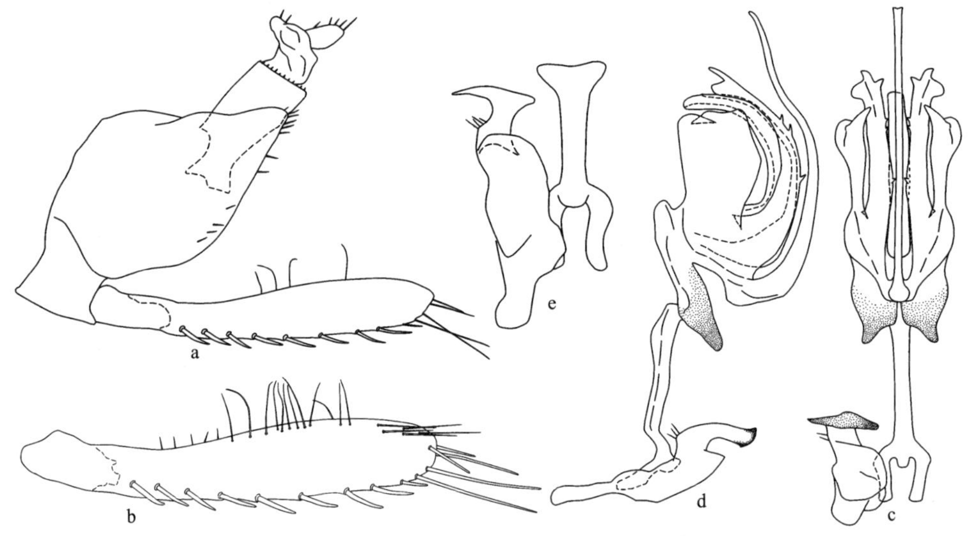

图 145 龙陵多突叶蝉 *Multiformis longlingensis* Li *et* Li

a. 雄虫尾节侧面观 (male pygofer, lateral view)；b. 雄虫下生殖板 (male subgenital plate)；c. 阳茎、连索、阳基侧突腹面观 (aedeagus, connective and style, ventral view)；d. 阳茎、连索、阳基侧突侧面观 (aedeagus, connective and style, lateral view)；e. 连索、阳基侧突 (connective and style)

(142) 黑面多突叶蝉 *Multiformis nigrafacialis* Li *et* Li, 2012 (图 146)

Multiformis nigrafacialis Li *et* Li, 2012, Zootaxa, 3185: 57. **Type locality**: Yunnan (Longling).

模式标本产地 云南龙陵。

体连翅长，雄虫 6.3-6.5mm，雌虫 6.5-7.0mm。

头冠前端呈角状突出，中后域轻度隆起；单眼位于头冠前侧缘，着生在侧脊外侧，距复眼较距头冠顶端近；颜面额唇基隆起，唇基间缝明显，前唇基由基至端逐渐变狭，端缘弧圆突出。前胸背板较头部宽，前缘弧圆突出，后缘微凹，侧缘弧圆突出；小盾片横刻痕位于中后部，弧形弯曲。

雄虫尾节侧瓣近似三角形，端缘尖角状，无腹缘突起；雄虫下生殖板基部分节，基部较窄，近端部宽大，外缘生有数根细长刚毛，内缘生有 1 列粗刚毛，端部生有数根长刚毛；阳茎背向弯曲，基部背面有 1 对高度骨质化的长方形片状突，其上着生 1 对近端部有 2 小刺、腹缘中部至端部有 3 小齿的片状突，腹面有 1 末端分叉的细长突起；连索 Y 形，主干比较长；阳基侧突基部细长，中部宽大，端部细长呈鸟喙状折曲。

体黑褐色。头冠中央有 1 淡黄色横带纹；复眼赭黄色；单眼乌黄色半透明；颜面黑色。前胸背板和小盾片黑褐色；前翅赭黄色，中域及近端部各有 1 黑褐色斑，翅脉黑褐色。胸部腹面及胸足淡黄色。

检视标本　**云南**：♂ (正模)，3♂ (副模)，龙陵，2002.Ⅶ.25，李子忠采 (GUGC)；1♂，红河黄连山，2012.Ⅷ.3，龙见坤采 (GUGC)；2♂1♀，高黎贡山，2013.Ⅷ.5，杨卫诚采 (GUGC)。

分布　云南。

图 146　黑面多突叶蝉 *Multiformis nigrafacialis* Li *et* Li

a. 雄虫尾节侧面观 (male pygofer, lateral view)；b. 雄虫下生殖板 (male subgenital plate)；c. 阳茎、连索、阳基侧突腹面观 (aedeagus, connective and style, ventral view)；d. 阳茎、连索、阳基侧突侧面观 (aedeagus, connective and style, lateral view)；e. 阳基侧突 (style)

(143) 叉突多突叶蝉 *Multiformis ramosus* Li *et* Li, 2014 (图 147)

Multiformis ramosus Li *et* Li, 2014, Zootaxa, 3755(5): 498. **Type locality**: Yunnan (Gaoligongshan).

模式标本产地　云南高黎贡山。

体连翅长，雄虫 6.0-6.2mm，雌虫 7.1-7.2mm。

头冠前端呈角状突出，中后域轻度隆起；单眼位于头冠前侧缘，着生在侧脊外侧，距复眼较距头冠顶端近；颜面额唇基隆起，唇基间缝明显，前唇基由基至端逐渐变狭，端缘弧圆突出。前胸背板较头部宽，前缘弧圆突出，后缘接近平直；小盾片横刻痕位于中后部，弧形弯曲。

雄虫尾节侧瓣近似三角形，端缘极度变细尖突，突出部有长刚毛；雄虫下生殖板基部分节，基部较细，中前端部宽大，散生细刚毛，外缘生有数根细长刚毛，内缘生有 1 列粗刚毛；阳茎基部宽扁，中后部管状弯曲，基部背面有 1 对高度骨化的长方形突起，其上着生 1 对宽大的片状突，片状突腹缘有 4 枚尖齿，基部腹面有 1 端向宽大末端分叉的细长突起；连索 Y 形，主干长是臂长的 8 倍；阳基侧突基部细长，中部宽大，端部变细弯曲成足形。雌虫腹部第 7 节腹板中央长度与第 6 节接近等长，后缘中央轻度凹入，产卵器伸出尾节侧瓣端缘。

体黑褐色。头冠基缘、中央两侧各 1 横带、顶端 1 线形斑均黄白色；复眼黑色；颜面黑色，额唇基基域两侧黄白色，与头冠黄白色横带纹相接。前胸背板两侧角淡黄白色；小盾片黄白色，基侧角黑褐色；前翅黄褐色，翅脉、亚端部横带纹黑褐色。胸部腹板和胸足淡黄白色。腹部背、腹面黑褐色。

检视标本 **云南**：2♀，龙陵，2000.Ⅶ.24，李子忠采 (GUGC)；♂ (正模)，2♂1♀ (副模)，高黎贡山，2013.Ⅷ.5，范志华采 (GUGC)；1♂1♀，高黎贡山，2013.Ⅶ.25，刘沅、孙海燕采 (GUGC)。

分布 云南。

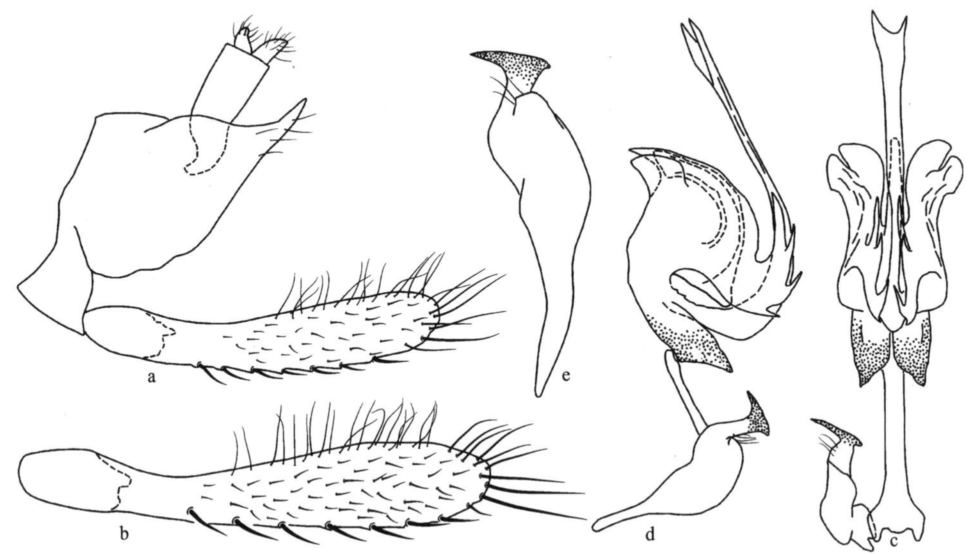

图 147 叉突多突叶蝉 *Multiformis ramosus* Li *et* Li

a. 雄虫尾节侧面观 (male pygofer, lateral view)；b. 雄虫下生殖板 (male subgenital plate)；c. 阳茎、连索、阳基侧突腹面观 (aedeagus, connective and style, ventral view)；d. 阳茎、连索、阳基侧突侧面观 (aedeagus, connective and style, lateral view)；e. 阳基侧突 (style)

12. 隆脊叶蝉属，新属 *Oncusa* Li, Li *et* Xing, gen. nov.

Type species: *Convexana rugosa* Li *et* Wang, 1996.

模式种产地：贵州石阡。

属征：头冠前端呈锐角突出，中央有 1 隆起的纵脊，两侧各有 1 在头冠顶端与中脊相连的侧脊，中脊和侧脊均隆起，致头冠两侧域低洼；单眼位于头冠的前侧域，着生在侧脊内侧分叉处；颜面额唇基中央有 1 纵脊，两侧有横印痕。前胸背板较头部宽，有横皱纹；前翅长超过腹部末端，翅脉明显，R_{1a} 脉与前缘反折相交，有 4 端室，端片不甚明显。

雄虫尾节侧瓣端向渐窄，腹缘无突起；雄虫下生殖板柳叶状，基部分节，中央有 1 列粗长刚毛；阳茎中部两侧各有 1 片状突，两片状突扣合成囊状；连索 Y 形；阳基侧突端部向外侧扩延。

词源　新属名以头冠中脊和侧脊均隆起这一明显特征命名。

地理分布：东洋界。

新属外形特征与凸冠叶蝉属 *Convexana* Li 相似，不同点是，本新属头冠中央纵脊隆起，两侧各有 1 明显的侧脊，致两侧域低洼；与脊额叶蝉属 *Carinata* Li 的区别是，本新属雄虫尾节侧瓣腹缘无突起。

本属为新厘定，并记述 2 种新组合。

种 检 索 表 (♂)

头冠黑褐色，雄虫尾节侧瓣狭长……………………………………………… **皱纹隆脊叶蝉 *O. rugosa***

头冠淡黄褐色，雄虫尾节侧瓣宽短………………………………………… **兰坪隆脊叶蝉 *O. lanpingensis***

(144) 兰坪隆脊叶蝉 *Oncusa lanpingensis* (Li *et* Wang, 2001) (图 148)

Taperus lanpingensis Li *et* Wang, 2001, Zoological Research, 22(5): 390. **Type locality**: Yunnan (Lanping).

Convexana lanpingensis (Li *et* Wang): Zhang, Zhang and Wei, 2010, Zootaxa, 2721: 45.

Oncusa lanpingensis (Li *et* Wang, 2001). **New combination.**

模式标本产地　云南兰坪。

体连翅长，雄虫 6.5mm。

头冠前端呈尖角状向前突出，中域轻度隆起；单眼位于侧脊外侧，与复眼和头冠顶端之距近似相等；颜面额唇基纵向隆起，前唇基由基至端渐狭。前胸背板较头部宽，比头冠短，具细横皱纹；小盾片横刻痕弧弯，两端伸达侧缘。

雄虫尾节侧瓣端腹缘斜向上延伸，致端背缘呈角状突出，端区有细小柔毛；雄虫下生殖板较宽，基部分节、中域有不规则排列的粗刚毛；阳茎基部管状，中部呈长形囊状，端部有齿；连索 Y 形，主干细长而匀称，中长是臂长的 4 倍；阳基侧突形状奇特，基部细，中部粗壮，端部急剧弯曲，向两侧延伸扩延。

体黄褐色。头冠中央纵脊黄白色；复眼褐色；单眼淡黄色；颜面淡黄褐色，基缘域、颊区和触角淡黄白色。前胸背板黄褐色；小盾片淡黄微带褐色色泽，有 4 条不甚明显的褐色纵带；前翅暗灰色接近透明，爪片末端和端缘褐色，粗视前翅亦为黄褐色；腹部背面黄褐色。

检视标本　**云南**：1♂ (正模)，兰坪，2000.Ⅷ.12，李子忠采 (GUGC)。

分布　云南。

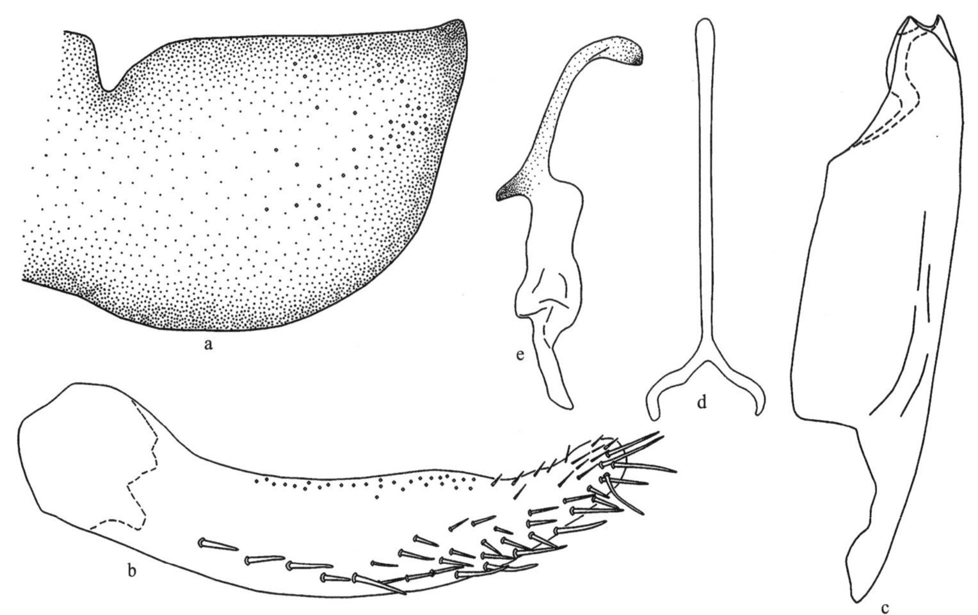

图 148 兰坪隆脊叶蝉 *Oncusa lanpingensis* (Li *et* Wang)

a. 雄虫尾节侧瓣侧面观 (male pygofer side, lateral view)；b. 雄虫下生殖板 (male subgenital plate)；c. 阳茎侧面观 (aedeagus, lateral view)；d. 连索 (connective)；e. 阳基侧突 (style)

(145) 皱纹隆脊叶蝉 *Oncusa rugosa* (Li *et* Wang, 1996) (图 149；图版Ⅶ：4)

Convexana rugosa Li *et* Wang, 1996, Entomotaxonomia, 18(2): 98. **Type locality**: Guizhou (Shiqian), Jiangxi (Wuyishan) .

Oncusa rugosa (Li *et* Wang, 1996). **New combination.**

模式标本产地 贵州石阡，江西武夷山。

体连翅长，雄虫 5.8-6.0mm，雌虫 6.5-6.8mm。

头冠前端呈钝角状突出，中央长度大于二复眼内缘间宽，密生纵皱，基域中脊和两侧脊各有 1 短垠；单眼位于头冠前侧缘，着生在侧脊分叉处。前胸背板隆起向两侧倾斜，密生横皱, 前缘域两侧有半月形凹痕；小盾片具皱纹。

雄虫尾节侧瓣端向渐窄，腹缘无突起；雄虫下生殖板狭长，基部分节，端区有粗长刚毛；阳茎基部较细，中部双瓣扣合成囊状，端部呈弯管状，侧面观腹缘近基部向外侧呈角状突出，阳茎孔位于末端；连索 Y 形，主干基部扩大，中长是臂长的 4 倍；阳基侧突基部细，中部粗而扭曲，端部弯折向两侧扩延。雌虫腹部第 7 节腹板中长是第 6 节的 3 倍多，后缘中央极度向后突出。

体煤褐色。头冠黑褐色，唯中央沿纵脊淡灰白色；颜面淡黄白色无斑纹。前翅灰白色，爪片后缘 3 斑、第 1 端室基部及端缘黑褐色；胸部腹板和胸足淡黄白色。腹部背、腹面均黑褐色。雌虫体色较雄虫淡、头冠沿中脊直到小盾片末端宽带纹淡灰白色，前胸背板中域外侧亦具不甚明显的灰白色纵带纹。

寄主　草本植物。

检视标本　**江西**：2♂1♀，武夷山，1980.Ⅶ.28，林毓鉴采 (JXAU)。**贵州**：♂ (正模)，5♂9♀ (副模)，石阡佛顶山，1994.Ⅷ.17，李子忠、汪廉敏采 (GUGC)；1♂，石阡佛顶山，1994.Ⅷ.17，李子忠采 (GUGC)。

分布　江西、贵州。

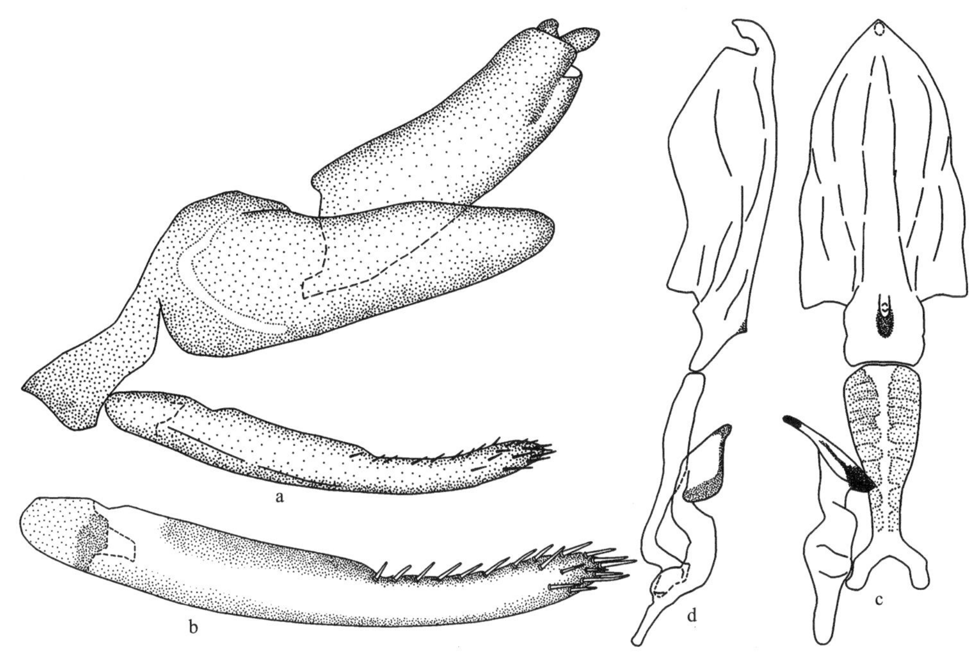

图 149　皱纹隆脊叶蝉 *Oncusa rugosa* (Li *et* Wang)

a. 雄虫尾节侧面观 (male pygofer, lateral view)；b. 雄虫下生殖板 (male subgenital plate)；c. 阳茎、连索、阳基侧突腹面观 (aedeagus, connective and style, ventral view)；d. 阳茎、连索、阳基侧突侧面观 (aedeagus, connective and style, lateral view)

13. 锥头叶蝉属 *Onukia* Matsumura, 1912

Onukia Matsumura, 1912, Annotationes Zoologicae Japonenses, 8(1): 44. **Type species**: *Onukia onukii* Matsumura, 1912.

Apphia Distant, 1918, The fauna of British Indian including Ceylon and Burma, Rhynchota, 7: 4.

模式种产地：日本北海道。

属征：头冠前端呈锐角突出，中央长度微大于或等于前胸背板，中域轻度隆起，具 5 纵脊，即 1 中脊、2 侧脊、2 单眼下脊；单眼位于头冠前侧缘，着生在侧脊外侧，与复眼的距离较距头冠顶端近；颜面额唇基隆起，中央有 1 纵脊，前唇基由基至端逐渐变狭。前胸背板比头部宽，具细横皱纹；前翅半透明，翅脉明显，R_{1a} 脉与前缘反折或垂直相交，有 4 端室，缺端片。

雄虫尾节侧瓣端背角和端腹角呈刺状突，腹缘无突起；雄虫下生殖板叶片状，长度超过尾节侧瓣端缘，中域有 1 列粗长刚毛，散生细刚毛；阳茎端部变细，中部两侧常有大的片状突起，阳茎孔位于末端；连索 Y 形；阳基侧突小，端尖向外侧伸出。

地理分布：东洋界，古北界。

此属由 Matsumura (1912) 以日本产 *Onukia onukii* Matsumura 为模式种建立，并描记产于我国台湾和日本的 3 新种；Distant (1918) 记述缅甸 1 新种；Baker (1923) 根据菲律宾和我国福建标本记述3新种；Kato (1933) 根据我国台湾标本建立1新种；Ishihara (1963) 修订了该属，并第一次记述雄性外生殖器的构造特征；李子忠和汪廉敏 (1991) 描记产于贵州的 5 新种；Huang (1992) 记述产于台湾的种类；李子忠和汪廉敏 (1993a) 记述云南 2 新种；李子忠和汪廉敏 (1996a) 对该属进行较系统的研究，将 *O. kelloggii* Baker 移至脊额叶蝉属 *Carinata*；张新民等 (2010) 将黄额锥头叶蝉 *Onukia flavifrons* 移入角突叶蝉属 *Taperus*。

全世界先后报道 15 种，经研究对一些种的归属进行了调整，实有 4 种，中国现知 3 种。本志记述 6 种，含 3 新种。

种检索表 (♂)

1. 颜面大部黑色，端区淡黄白色或全黄白色……2
   颜面全黑色……4
2. 颜面橘黄色或黑褐色……**马鞍锥头叶蝉，新种 *O. saddlea* sp. nov.**
   颜面大部黑色，端区淡黄白色……3
3. 雄虫尾节侧瓣端背缘和端腹缘均呈尖角状突出刺状……**斑驳锥头叶蝉 *O. guttata***
   雄虫尾节侧瓣仅端腹角呈刺状延伸……**白缘锥头叶蝉，新种 *O. palemargina* sp. nov.**
4. 头冠黑色，顶端有 1 黄色斑……**乌黑锥头叶蝉，新种 *O. pitchara* sp. nov.**
   头冠黑色，顶端无黄色斑……5
5. 雄虫尾节侧瓣端缘宽圆突出……**大贯锥头叶蝉 *O. onukii***
   雄虫尾节侧瓣端背缘和端腹缘均尖角突出……**黑色锥头叶蝉 *O. nigra***

(146) 斑驳锥头叶蝉 *Onukia guttata* Li *et* Wang, 1991 (图 150；图版Ⅶ：5)

Onukia guttata Li *et* Wang, 1991, Agriculture and Forestry Insect Fauna of Guizhou, 4: 58. **Type locality**: Guizhou (Kuankuoshui, Wangmo) .

模式标本产地 贵州绥阳宽阔水、望谟。

体连翅长，雄虫 5.5-5.8mm，雌虫 5.8-6.0mm。

头冠前端呈尖角状突出，中域隆起微向前倾，中央长度大于二复眼间宽，密生细纵皱纹；单眼位于头冠前侧缘，着生在侧脊外侧，与复眼的距离较距头冠顶端近；颜面额唇基隆起，前唇基中央纵向隆起，由基到端逐渐变狭，端缘弧圆突出。前胸背板前狭后宽，显著宽于头部，与头冠中央长度接近相等，前缘弧圆突出，后缘接近平直，密生细小横皱；小盾片较前胸背板短，横刻痕弧形凹陷。

雄虫尾节侧瓣宽大，端缘斜直，端背缘和端腹缘均呈尖角状突出；雄虫下生殖板外侧域和端域均生粗刚毛；阳茎端部呈管状，侧面观中部背缘两侧有端部尖细的片状突，阳茎孔位于顶端；连索 Y 形，主干长是臂长的 4 倍；阳基侧突基部细，中部粗壮，端部扭曲外伸。雌虫腹部第 7 节腹板中长是第 6 节的 2 倍，后缘中央向后凸出，产卵器微超出尾节端缘。

体黑色。头冠前缘中央沿单眼上脊处有 1 短浅黄色线状纹；单眼淡黄色；复眼黑色；颜面前唇基及颊区端部淡黄白色。前胸背板和小盾片黑色；前翅黑褐色，唯爪片末端 1 斑纹、前缘域中部及端区 1 横带纹淡黄微带白色；胸部腹板和胸足淡黄白色无斑纹。腹部背面煤褐色，腹面淡黄白色。雌虫腹部第 7 节腹板后缘中部黑褐色，尾节黑褐色。

寄主　竹类。

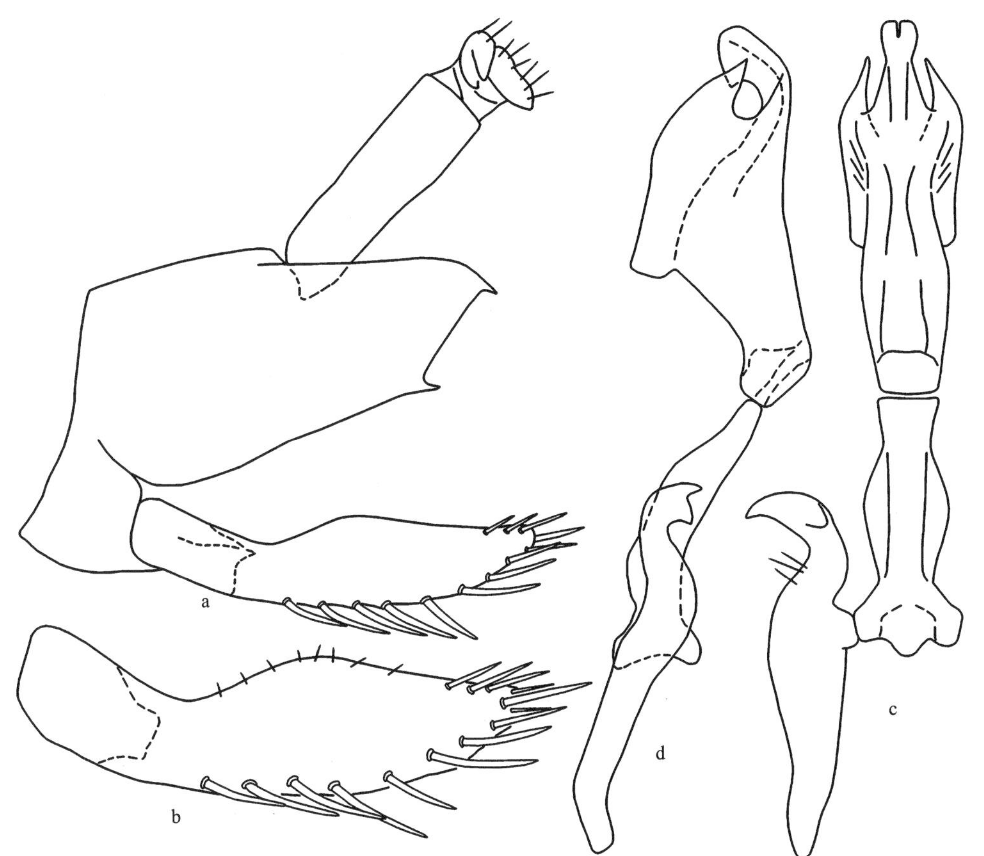

图 150　斑驳锥头叶蝉 *Onukia guttata* Li *et* Wang

a. 雄虫尾节侧面观（male pygofer, lateral view）；b. 雄虫下生殖板（male subgenital plate）；c. 阳茎、连索、阳基侧突腹面观（aedeagus, connective and style, ventral view）；d. 阳茎、连索、阳基侧突侧面观（aedeagus, connective and style, lateral view）

检视标本　**湖北**：1♂，五峰，2013.Ⅶ.24，屈玲采（GUGC）。**湖南**：2♂1♀，张家界，2013.Ⅷ.2，吴云飞、李虎采（GUGC）。**贵州**：♂（正模），10♂20♀（副模），绥阳宽阔水，1984.Ⅷ.1-4，李子忠采（GUGC）；5♂10♀（副模），望谟，1986.Ⅵ.15-17，李子忠采（GUGC）；3♂1♀，梵净山，1986.Ⅶ.22，李子忠采（GUGC）；1♂，绥阳宽阔水，1989.Ⅶ.10，李子

忠采 (GUGC); 3♂，梵净山，1994.Ⅷ.9，张亚洲采 (GUGC); 3♂1♀，梵净山，1994.Ⅷ.10，李子忠采 (GUGC); 2♂，梵净山护国寺，2000.Ⅷ.2，宋红艳采 (GUGC); 4♂，梵净山茴香坪，2001.Ⅷ.1，杨茂发采 (GUGC); 5♂，梵净山护国寺，2001.Ⅷ.2，宋红艳、宋琼章采 (GUGC); 1♂，梵净山护国寺，2001.Ⅷ.2，李子忠采 (GUGC); 1♂4♀，绥阳宽阔水，2001.Ⅶ.26，李子忠采 (GUGC); 1♀，绥阳宽阔水，2010.Ⅷ.11，范志华采 (GUGC)。**云南**：1♂，腾冲，2013.Ⅷ.1，范志华采 (GUGC)。

分布 湖北、湖南、贵州、云南。

(147) 黑色锥头叶蝉 *Onukia nigra* Li *et* Wang, 1991 (图 151)

Onukia nigra Li *et* Wang, 1991, Agriculture and Forestry Insect Fauna of Guizhou, 4: 58. **Type locality**: Guizhou (Suiyang).

模式标本产地 贵州绥阳宽阔水。

体连翅长，雄虫 6.8-7.0mm，雌虫 7.0-7.5mm。

头冠前端呈尖角状突出，基域于中脊两侧有横印痕；单眼位于头冠前侧缘，与复眼的距离约等于单眼到头冠顶端的 1/2；颜面额唇基隆起，前唇基由基到端逐渐变狭，中部急剧缢缩内陷，端缘弧圆突出。前胸背板较头部宽，前、后缘接近平直，中后部密生横皱纹；小盾片横刻痕接近平直，伸不及侧缘。

雄虫尾节侧瓣端向渐窄，微向腹面弯曲，端区有细刚毛，端背缘和端腹缘的顶角均呈刺状；雄虫下生殖板长度超过尾节侧瓣端缘，外侧有交错排列的粗刚毛；阳茎端部呈细长管状，侧面观中部背域两侧有大的片状突，片状突端部尖细成刺状；连索 Y 形，其主干长是臂长的 2.5 倍；阳基侧突端部弯折外伸，其弯曲处生数根刚毛。雌虫腹部第 7 节腹板中央长度是第 6 节的 1.5 倍，后缘接近平直，中央隆起，向两侧倾斜，产卵器长超过尾节侧瓣端缘。

体黑色。头冠近复眼边缘淡黄白色，一些个体沿单眼上脊处有 1 短淡黄色纹；单眼黄色；复眼黑色；触角淡黄白色，其鞭节微带煤褐色。胸部腹板和胸足淡黄白色至橙黄色，无斑纹；前翅黑褐色，爪片部黑色成分减淡为褐色，端区有 1 淡黄白色横带。雌虫腹部背面黑褐色，腹面淡黄褐色，唯第 7 腹节腹板中央黑色。

寄主 竹类。

检视标本 **湖北**：1♀，巴东，2006.Ⅶ.16，杨帆采 (YTU); 2♀，五峰，2013.Ⅶ.23-24，范志华和屈玲采 (GUGC)。**贵州**：♂ (正模)，10♂25♀ (副模)，绥阳宽阔水，1984.Ⅷ.1-2，李子忠采 (GUGC); 1♂，梵净山，1994.Ⅷ.10，李子忠采 (GUGC); 7♂15♀ (副模)，望谟，1986.Ⅵ.15-17，李子忠采 (GUGC); 1♀，梵净山，1994.Ⅷ.9，张亚洲采 (GUGC); 1♀，梵净山，1986.Ⅶ.22，李子忠采 (GUGC); 7♂15♀，望谟，1986.Ⅵ.15-17，李子忠、汪廉敏采 (GUGC); 2♀，绥阳宽阔水，1989.Ⅶ.10，李子忠采 (GUGC); 1♂6♀，梵净山，2001.Ⅶ.30，李子忠采 (GUGC); 5♀，梵净山，2001.Ⅷ.1-2，杨茂发采 (GUGC); 1♀，绥阳宽阔水，2010.Ⅷ.11，李虎采 (GUGC)。

分布 湖北、贵州。

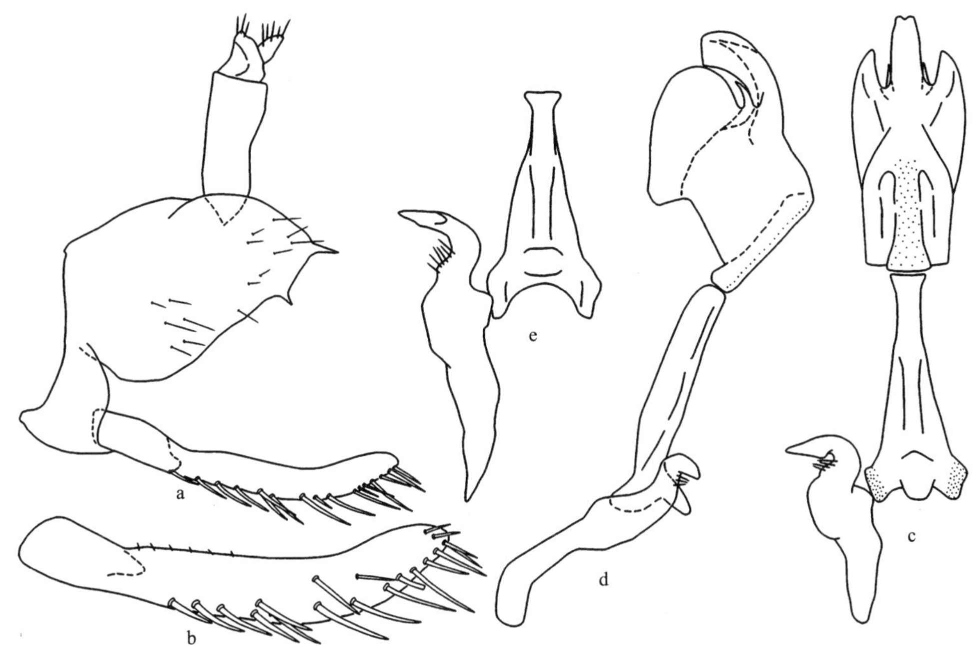

图 151　黑色锥头叶蝉 *Onukia nigra* Li *et* Wang

a. 雄虫尾节侧面观 (male pygofer, lateral view)；b. 雄虫下生殖板 (male subgenital plate)；c. 阳茎、连索、阳基侧突腹面观 (aedeagus, connective and style, ventral view)；d. 阳茎、连索、阳基侧突侧面观 (aedeagus, connective and style, lateral view)；e. 连索、阳基侧突 (connective and style)

(148) 大贯锥头叶蝉 *Onukia onukii* Matsumura, 1912 (图 152)

Onukia onukii Matsumura, 1912, Annotationes Zoologicae Japonenses, 8: 44. **Type locality**: Japan Hokkaido.

Onukia onukii Matsumura, 1912: Zhang, 1990, A taxonomic study of Chinese Cicadellidae (Homoptera): 49.

模式标本产地　日本北海道。

体连翅长，雄虫 6.5mm，雌虫 7.0-7.5mm。

头冠前端呈尖角状突出，中域隆起，基域于中脊两侧有横印痕；单眼位于头冠前侧缘；颜面额唇基隆起，前唇基由基到端逐渐变狭。前胸背板较头部宽，前、后缘接近平直，中后部密生横皱纹。

雄虫尾节侧瓣近似长方形，端缘圆，端区有细长刚毛；雄虫下生殖板较宽，中部有 1 列粗长刚毛；阳茎侧面观中部背缘两侧有发达的片状突，片状突端部尖细，中部腹缘隆起，端部细管状弯曲；连索 Y 形，主干长明显大于臂长；阳基侧突亚端部变细弯曲，弯曲处有刚毛，末端尖细。

体黑色。小盾片褐色；前翅褐色，中部和前缘域有黄白色透明斑块，亚端部有 1 不规则淡黄白色横带纹，综合 Matsumura (1912a) 和张雅林 (1990)。

检视标本 本次研究未获标本。

分布 浙江、福建；日本。

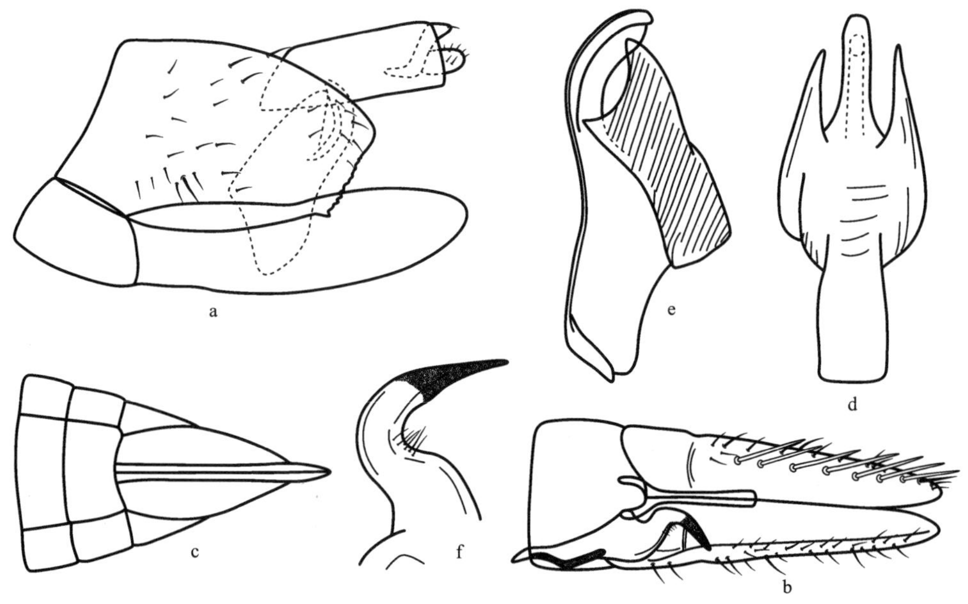

图 152 大贯锥头叶蝉 *Onukia onukii* Matsumura (仿张雅林，1990)

a. 雄虫尾节侧面观 (male pygofer, lateral view)；b. 雄虫尾节腹面观 (male pygofer, ventral view)；c. 雌虫腹部末端腹面观 (female apical part of female abdomen, ventral view)；d. 阳茎腹面观 (aedeagus, ventral view)；e. 阳茎侧面观 (aedeagus, lateral view)；f. 阳基侧突 (style)

(149) 白缘锥头叶蝉，新种 *Onukia palemargina* Li, Li *et* Xing, sp. nov. (图 153；图版 Ⅶ：6)

模式标本产地 云南屏边。

体连翅长，雄虫 5.5mm，雌虫 5.8-6.0mm。

头冠前端呈锐角状突出，中域隆起微向前倾，中央长度大于二复眼间宽，密生细纵皱纹；单眼位于头冠前侧缘，着生在侧脊外侧，与复眼的距离较距头冠顶端近；颜面额唇基隆起，中央有 1 纵脊，两侧有斜横印痕列，前唇基基部宽大，端向逐渐变狭。前胸背板前狭后宽，显著宽于头部，与头冠中央长度接近相等，前缘弧圆突出，后缘接近平直，密生细小横皱；小盾片较前胸背板短，横刻痕位于中后部，弧形凹陷。

雄虫尾节侧瓣近似长方形，端部腹缘凹入，端腹角长刺状延伸，端背角细小；雄虫下生殖板中部外侧微宽大，密生细长刚毛，中域内侧有 1 列粗长刚毛；阳茎侧面观近端部两侧各有 1 长片状突，末端鸟喙状；连索近似板状；阳基侧突端部弯曲，弯曲处有长刚毛。雌虫腹部第 7 节腹板中央长度明显大于第 6 节腹板中长，后缘中央接近平直，产卵器伸出尾节侧瓣端缘。

体黑色。头冠前缘有 1“八”字形黄色纹；单眼红褐色；颜面黑色，前唇基、舌侧板和颊区端缘黄白色。前翅黑褐色，前缘基半部、端区 2 斜纹、爪片末端及翅端断续横带纹淡黄白色；胸部腹板和胸足淡黄白色。腹部背面黑色，腹面黄白色。

正模　♂，云南屏边，2014.Ⅷ.7，刘洋洋采。副模：4♀，云南绿春，2014.Ⅷ.7-14，王英鉴采。所有模式标本均保存在贵州大学昆虫研究所 (GUGC)。

词源　新种以前翅基半部淡黄白色这一明显特征命名。

分布　云南。

新种外形特征与斑驳锥头叶蝉 *Onukia guttata* Li *et* Wang 相似，不同点是新种雄虫尾节侧瓣端腹角延伸成刺状，下生殖板密生细长刚毛，阳茎扁平，侧面观近端部两侧各有 1 长片状突。

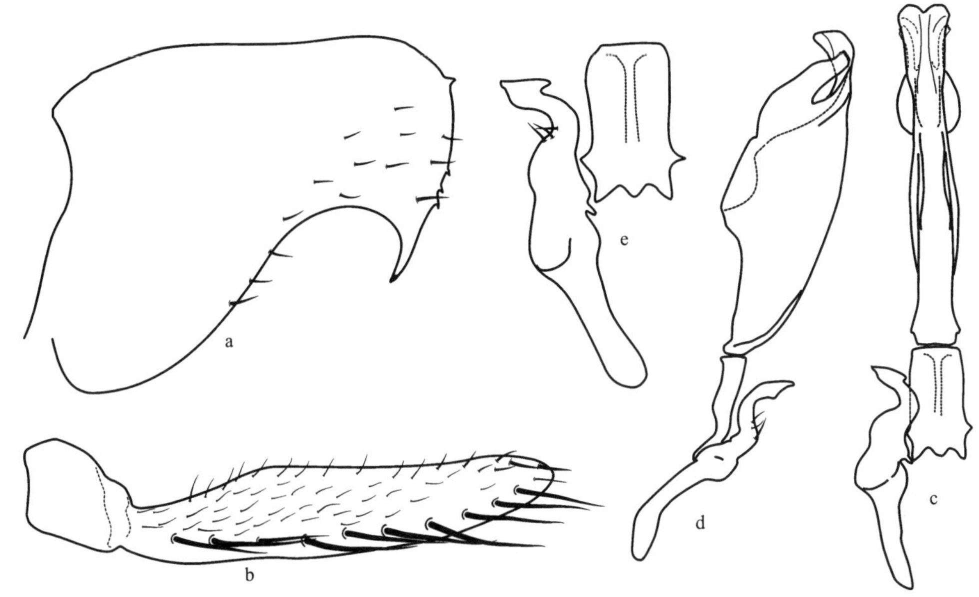

图 153　白缘锥头叶蝉，新种 *Onukia palemargina* Li, Li *et* Xing, sp. nov.

a. 雄虫尾节侧瓣侧面观 (male pygofer side, lateral view)；b. 雄虫下生殖板 (male subgenital plate)；c. 阳茎、连索、阳基侧突腹面观 (aedeagus, connective and style, ventral view)；d. 阳茎、连索、阳基侧突侧面观 (aedeagus, connective and style, lateral view)；e. 连索、阳基侧突 (connective and style)

(150) 乌黑锥头叶蝉，新种 *Onukia pitchara* Li, Li *et* Xing, sp. nov. (图 154)

模式种产地　云南玉溪。

体连翅长，雄虫 5.0-5.2mm，雌虫 5.3mm。

头冠前端呈尖角状突出，中域隆起微向前倾，中央长度大于二复眼间宽，密生细纵皱纹，基域中脊两侧各有 1 丘形突；单眼位于头冠前侧缘，着生在侧脊外侧，与复眼的距离较距头冠顶端近；颜面额唇基隆起，中央有 1 纵脊，前唇基基部宽大，端向逐渐变狭，端缘弧圆突出。前胸背板前狭后宽，显著宽于头部，与头冠中央长度接近相等，前缘弧圆突出，后缘接近平直，密生细小横皱；小盾片较前胸背板短，横刻痕弧形凹陷。

雄虫尾节侧瓣近似长方形，端背角和端腹角均明显；雄虫下生殖板微弯曲，中域有 1 列粗长刚毛，外侧域有不规则排列的细刚毛；阳茎侧面观中部背域两侧有端部尖细的片状突，腹缘接近平直，阳茎孔位于顶端；连索近似棒状；阳基侧突端部弯曲外伸。雌虫腹部第 7 节腹板中央长度是第 6 节腹板中长的 1.5 倍，后缘中央微突，产卵器伸出尾节侧瓣端缘。

体和前翅沥青色。头冠顶端、单眼着生区和胸足淡黄褐色；颜面黑色。腹部背面、腹面黑褐色。

正模　♂，云南玉溪哀牢山，2012.Ⅶ.22，郑维斌采。副模：1♂，采集时间、地点、采集人同正模；1♀，云南玉溪哀牢山，2012.Ⅶ.21，徐世燕采；1♂，云南玉溪哀牢山，2012.Ⅶ.22，常志敏采。所有模式标本均保存在贵州大学昆虫研究所 (GUGC)。

词源　新种以体沥青色这一明显特征命名。

分布　云南。

新种外形特征与斑驳锥头叶蝉 *Onukia guttata* Li *et* Wang 相似，不同点是新种颜面全黑色，前翅前缘无黄白色透明斑，阳茎中部腹缘接近平直。

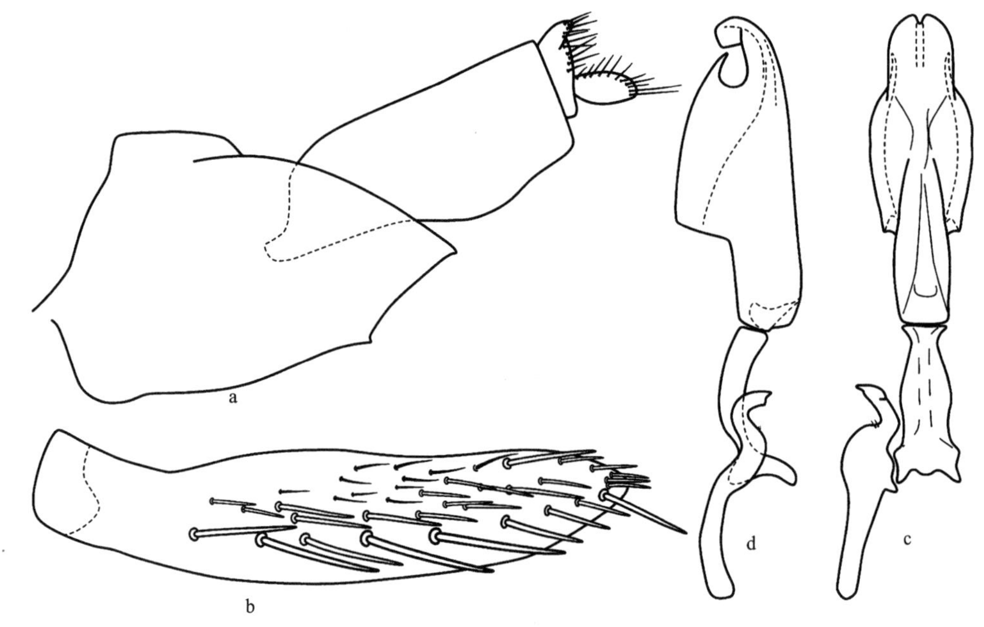

图 154　乌黑锥头叶蝉，新种 *Onukia pitchara* Li, Li *et* Xing, sp. nov.

a. 雄虫尾节侧瓣侧面观 (male pygofer side, lateral view)；b. 雄虫下生殖板 (male subgenital plate)；c. 阳茎、连索、阳基侧突腹面观 (aedeagus, connective and style, ventral view)；d. 阳茎、连索、阳基侧突侧面观 (aedeagus, connective and style, lateral view)

(151) 马鞍锥头叶蝉，新种 *Onukia saddlea* Li, Li *et* Xing, sp. nov. (图 155)

模式标本产地　广西大明山、融水。

体连翅长，雄虫 5.2-5.3mm。

头冠前端呈尖角状突出，中央长度显著大于二复眼间宽，密生细纵皱纹，边缘有脊；单眼位于头冠前侧缘，紧靠侧脊外侧，与复眼的距离约等于单眼直径的 3 倍；颜面额唇基隆起，中央有 1 纵脊，两侧有肌肉印痕，前唇基基域膨大，由基到端逐渐变狭，端缘弧圆突出。前胸背板前狭后宽，显著宽于头部，与头冠中央长度接近相等，有细横皱纹，前、后缘接近平直；小盾片微短于前胸背板，有少许瘤状突，横刻痕弧形弯曲，两端伸达侧缘。

雄虫尾节侧瓣长形，端腹缘呈尖刺状突出；雄虫下生殖板微弯曲，中域有 1 列粗长刚毛；阳茎基部管状，侧面观中部腹缘近似马鞍形凹入，中部背域两侧有端部尖细的片状突，端部管状弯曲，阳茎孔位于末端；连索 Y 形；阳基侧突基部细，中部粗壮，端部扭曲外伸。

体黑色。头冠中脊淡橘黄色或黑色；复眼黑褐色；单眼灰白色；颜面橘黄色或黑褐色，无斑纹。前翅黑褐色，翅端前缘有大小不等的 2 淡黄白色斜纹。虫体腹面淡黄白色，无斑纹。

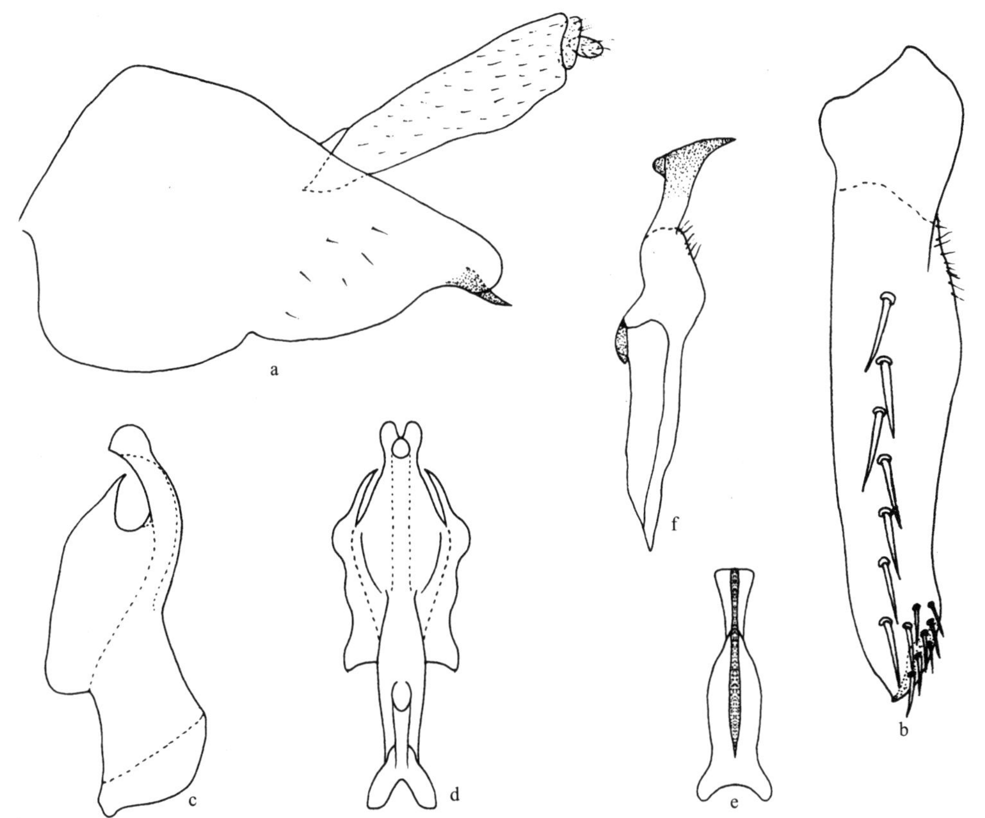

图 155　马鞍锥头叶蝉，新种 *Onukia saddlea* Li, Li *et* Xing, sp. nov.

a. 雄虫尾节侧瓣侧面观 (male pygofer side, lateral view)；b. 雄虫下生殖板 (male subgenital plate)；c. 阳茎侧面观 (aedeagus, lateral view)；d. 阳茎腹面观 (aedeagus, ventral view)；e. 连索(connective)；f. 阳基侧突 (style)

正模　♂，广西大明山，2015.Ⅶ.22，詹洪平采。副模：2♂，广西融水，2015.Ⅶ.12，詹洪平采。所有模式标本均保存在贵州大学昆虫研究所 (GUGC)。

词源　新种名以阳茎中部腹缘近似马鞍形凹入这一明显特征命名。

分布　广西。

新种外形特征与斑驳锥头叶蝉 *Onukia guttata* Li *et* Wang 相似，不同点是新种头冠黑色无斑纹，雄虫尾节侧瓣端腹缘呈尖刺状突起，阳茎腹缘呈马鞍形凹入。

14. 拟锥头叶蝉属 *Onukiades* Ishihara, 1963

Onukiades Ishihara, 1963, Transactions of the Shikoku Entomological Society, 8(1): 3. **Type species:** *Euacanthus formosanus* Matsumura, 1912.

模式种产地：台湾。

属征：头冠前端呈锐角突出，冠面轻度隆起，具 5 纵脊，即 1 中脊、2 侧脊、2 单眼下脊，其中单眼下脊较弱；单眼与复眼的距离较距头冠顶端近；颜面额唇基中域隆起，中央有 1 纵脊，两侧有横印痕列，前唇基基部缢缩，亚端部膨大至端部渐变狭。前胸背板较头部宽，微短于头冠；前翅接近皮革质，半透明，翅脉不甚明显，具 4 端室，端片不甚明显；后足腿节端刺式 2∶1。

雄虫尾节侧瓣向外侧突出，腹缘无突起；雄虫下生殖板内侧域有数根长刚毛，疏生细刚毛；阳茎基部扩大，向背面弯，端部有 1 对长的突起；连索近似“X”字形；阳基侧突端部弯折向外伸出。

地理分布：东洋界。

此属由 Ishihara (1963) 以台湾产 *Euacanthus formosanus* Matsumura 为模式种建立；Huang (1992) 描记台湾 1 新种；李子忠和汪廉敏 (2002b) 记述分布于贵州的 1 新种。

全世界已知 3 种，中国均有分布。本志记述 4 种，含 1 种新组合。

种 检 索 表 (♂)

1. 头冠、前胸背板和小盾片全黑色……………………………………**双突拟锥头叶蝉 *O. connexia***
   头冠、前胸背板和小盾片非全黑色……………………………………………………………2
2. 前胸背板无明显的黑色斑……………………………………………**白边拟锥头叶蝉 *O. albicostatus***
   前胸背板有明显的黑色斑……………………………………………………………………3
3. 前胸背板有 2 黑斑，分列两侧……………………………………**纵带拟锥头叶蝉 *O. longitudinalis***
   前胸背板有 4 黑斑，其中 3 位于基域………………………………**台湾拟锥头叶蝉 *O. formosanus***

(152) 白边拟锥头叶蝉 *Onukiades albicostatus* Li *et* Wang, 2002 (图 156)

Onukiades albicostatus Li *et* Wang, 2002, Cicadellidae: Evacanthinae, In: Li *et* Jin (ed.), Insect Fauna from Nature Reserve of Guizhou Province 1: 194. **Type locality**: Guizhou (Libomaolan).

模式标本产地　贵州荔波茂兰。

体连翅长，雄虫 5.2-5.5mm，雌虫 5.5-6.0mm。

头冠前端呈锐角状突出，中央长度明显大于二复眼间宽，冠面轻度隆起；单眼位于头冠前侧缘，靠近复眼；颜面额唇基纵向隆起，前唇基由基至端渐窄。前胸背板较头部宽，比头冠短，中域隆起，具横皱纹，前缘弧圆突出，后缘较平直；小盾片中长与前胸背板近似相等，横刻痕位于中后部，微凹陷。

雄虫尾节侧瓣近似三角形突出，端缘宽圆，端区有细长刚毛；雄虫下生殖板基部分节，密生细长刚毛，中域有 1 列粗长刚毛；阳茎管状较匀称，末端逆生 1 对长突；连索 Y 形，主干微短于臂长；阳基侧突端部细，弯曲外伸。雌虫腹部第 7 节腹板后缘深凹入，两侧叶甚长，产卵器伸出尾节侧瓣端缘。

体淡黄白色。头冠中前域有 1 前端向内凹入的三角形黑色大斑；复眼黑褐色；颜面黄白色，触角窝下方有 1 黑色斑。前胸背板淡黄白色，周缘褐色；前翅煤褐色，前缘域灰白色接近透明，后缘白色，爪缝及革片煤褐色与白色区分界明显；胸部腹板和胸足淡黄白色无斑纹。腹部背面褐色，腹面淡黄白色。

检视标本　**贵州**：♂ (正模)，2♂3♀ (副模)，荔波茂兰，1998.Ⅴ.29，李子忠采 (GUGC)。

分布　贵州。

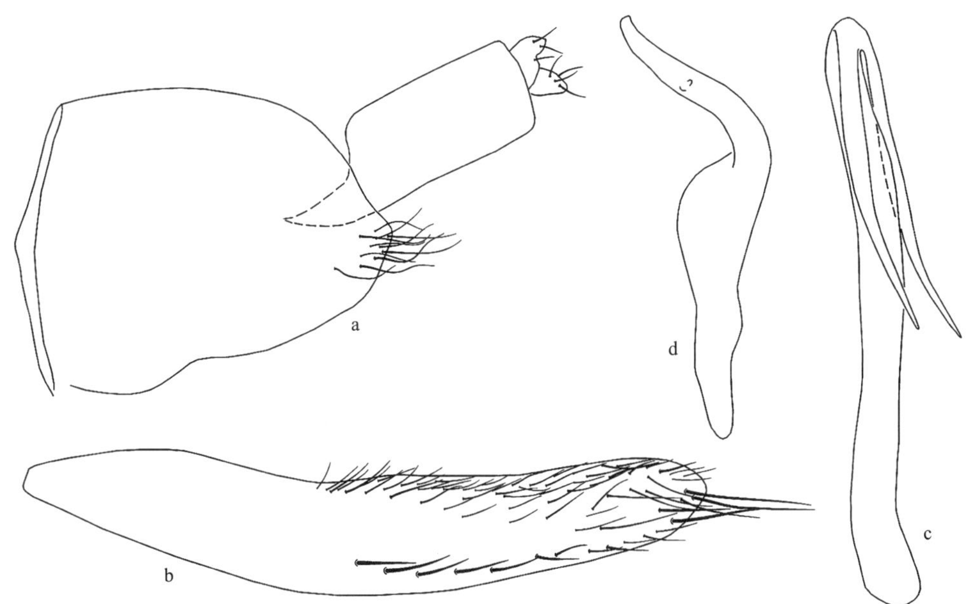

图 156　白边拟锥头叶蝉 *Onukiades albicostatus* Li *et* Wang

a. 雄虫尾节侧瓣侧面观 (male pygofer side, lateral view)；b. 雄虫下生殖板 (male subgenital plate)；c. 阳茎腹面观 (aedeagus, ventral view)；d. 阳基侧突(style)

(153) 双突拟锥头叶蝉 *Onukiades connexia* (Distant, 1918) (图 157)

Platyretus connexia Distant, 1918, The fauna of British Indian including Ceylon and Burma, Rhynchota, 7: 37. **Type locality**: India.

Onukia connexia (Distant): Yang *et* Zhang, 2004, In: Yang (ed.), Insects of the Great Yarlung Zangbo Canyon of Xizang, China: 30.

Onukiades connexia (Distant, 1918). **New combination.**

模式标本产地 印度。

体连翅长，雄虫 5.1-5.5mm，雌虫 5.9-6.0mm。

头冠前端呈圆锥状突出，中央长度微大于二复眼间宽，明显大于前胸背板，冠面隆起，侧域微凹，冠面布满细纵皱纹；单眼位于侧脊外侧，与复眼距离约为距头冠顶端距离的 1/2；颜面额唇基隆起，前唇基基域宽阔隆起，末端超出下颚板端缘。前胸背板前、后缘均近平直，侧缘域中央突出；小盾片与前胸背板等长。

雄虫尾节侧瓣基部宽短，端部骤然变细，末端尖突，端缘有细刚毛；雄虫下生殖板长叶片状，内侧域有粗长刚毛，外侧域有细刚毛；阳茎背突发达，端区有 2 对长突，其中末端 1 对更长，向后延伸，次后 1 对较短，向两侧伸出；连索 Y 形，主干与臂长近似相等；阳基侧突中后部近乎管状，端部平切，向外侧扩延。

体黑褐色。头冠、前胸背板和小盾片全黑色头冠顶端、单眼前缘黄白色；颜面淡黄白色。前翅淡黄褐色，中部前缘域和亚端部横带纹淡黄白色。

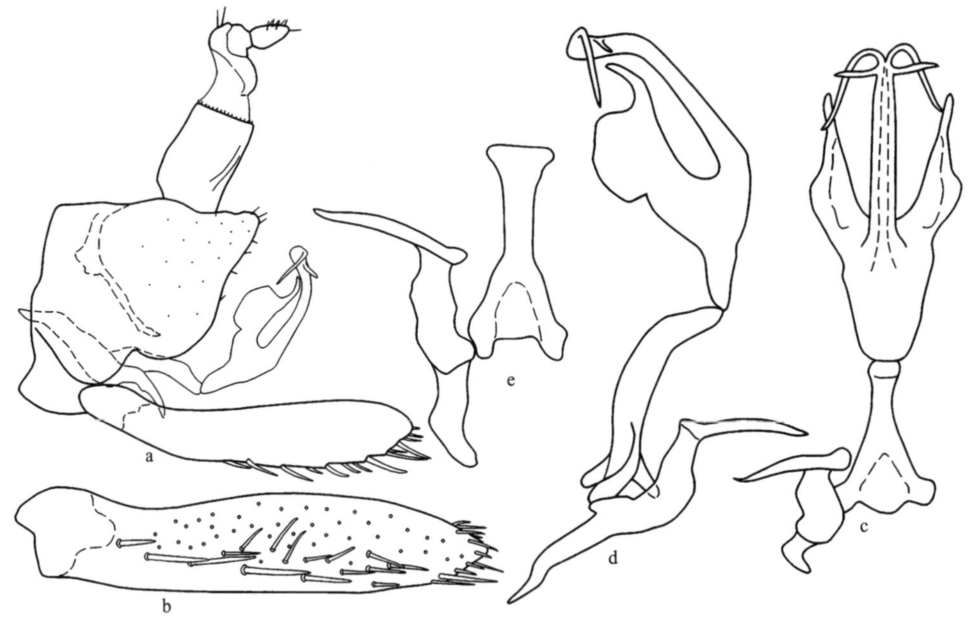

图 157 双突拟锥头叶蝉 *Onukiades connexia* (Distant)

a. 雄虫尾节侧面观 (male pygofer, lateral view)；b. 雄虫下生殖板 (male subgenital plate)；c. 阳茎、连索、阳基侧突腹面观 (aedeagus, connective and style, ventral view)；d. 阳茎、连索、阳基侧突侧面观 (aedeagus, connective and style, lateral view)；e. 连索、阳基侧突 (connective and style)

检视标本 **云南**：4♂5♀，泸水片马，2000.Ⅷ.18，李子忠采 (GUGC)；2♂1♀，铜壁关，2000.Ⅷ.20，李子忠采 (GUGC)；7♂5♀，腾冲，2002.Ⅶ.14，李子忠采 (GUGC)；7♂5♀，

泸水片马，2002.Ⅶ.18，李子忠采 (GUGC)；4♂7♀，铜壁关，2002.Ⅶ.21，李子忠采 (GUGC)；2♂，泸水片马，2010.Ⅶ.24，龙见坤采 (GUGC)；5♂3♀，铜壁关，2011.Ⅵ.3，李玉建采 (GUGC)；4♂2♀，龙陵，2011.Ⅵ.9，李玉建采 (GUGC)；3♂2♀，保山百花岭，2011.Ⅵ.13-15，杨再华采 (GUGC)；7♂9♀，瑞丽，2013.Ⅶ.21，范志华采 (GUGC)；4♂7♀，高黎贡山，2013.Ⅷ.5，范志华采 (GUGC)。

分布　云南、西藏；印度 (喜马拉雅山)。

(154) 台湾拟锥头叶蝉 *Onukiades formosanus* (Matsumura, 1912) (图 158)

Euacanthus formosanus Matsumura, 1912, Annotationes Zoologicae Japonenses, 8: 40. **Type locality**: Taiwan.

Onukiades formosanus (Matsumura): Ishihara, 1963, Transactions of the Shikoku Entomological Society, 8(1): 4.

模式标本产地　台湾。

体连翅长，雄虫 7.0mm，雌虫 7.5mm。

头冠前端呈尖角突出，冠部隆起，单眼上脊和单眼下脊间有纵皱；单眼位于头冠侧缘，着生于单眼上脊外侧，与复眼的距离明显小于与头冠顶端之距。颜面额唇基纵向隆起，前唇基由基至端逐渐变狭。前胸背板较头部宽，中央长度短于头冠中长；小盾片宽度明显大于中长。

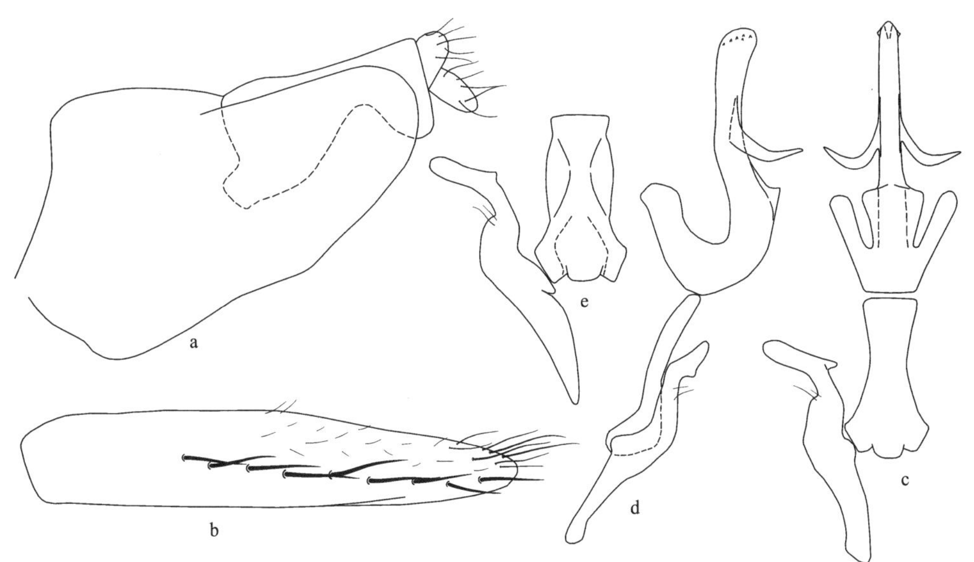

图 158　台湾拟锥头叶蝉 *Onukiades formosanus* (Matsumura)

a. 雄虫尾节侧瓣侧面观 (male pygofer side, lateral view)；b. 雄虫下生殖板 (male subgenital plate)；c. 阳茎、连索、阳基侧突腹面观 (aedeagus, connective and style, ventral view)；d. 阳茎、连索、阳基侧突侧面观 (aedeagus, connective and style, lateral view)；e. 连索、阳基侧突 (connective and style)

雄虫尾节侧瓣近乎长方形，末端宽圆突出，端区有细刚毛；雄虫下生殖板端向渐细，外侧缘有细长毛，内侧域有粗刚毛；阳茎向背面弯曲，背突发达，端部有 1 对极小的突起，中部有 1 对长突；连索 Y 形；阳基侧突端部尖，靠近顶端内缘近似角状突。

体淡黄白色。头冠端前域 1 斑点、颜面基域两侧 1 斑点及额唇基中域两侧 1 斑点均黑褐色。前胸背板有 4 黑斑，其中前域中央 1、基缘 3；前翅前缘域及端区淡黄褐色，后部橘黄色。

检视标本 **台湾**：1♂1♀，Taichung，1992.Ⅴ.3，C. Y. Li 采 (GUGC)。

分布 台湾。

(155) 纵带拟锥头叶蝉 *Onukiades longitudinalis* Huang, 1992 (图 159；图版Ⅶ：7)

Onukiades longitudinalis Huang, 1992, Bulletin of National Museum of Natural Science, 3: 174. **Type locality**: Taiwan (Chiayi).

模式标本产地 台湾嘉义。

体连翅长，雄虫 4.8-5.0mm，雌虫 5.0-5.2mm。

头冠前端呈尖角突出，冠面隆起，沿单眼上下脊间有纵皱；单眼位于头冠前侧域，着生在侧脊外侧，与复眼距离较距头冠顶端近；颜面额唇基隆起，前唇基由基至端逐渐变狭。前胸背板较头部宽，微短于头冠中央长，前缘弧圆，后缘微凹；小盾片较前胸背板短，横刻痕位于中后部。

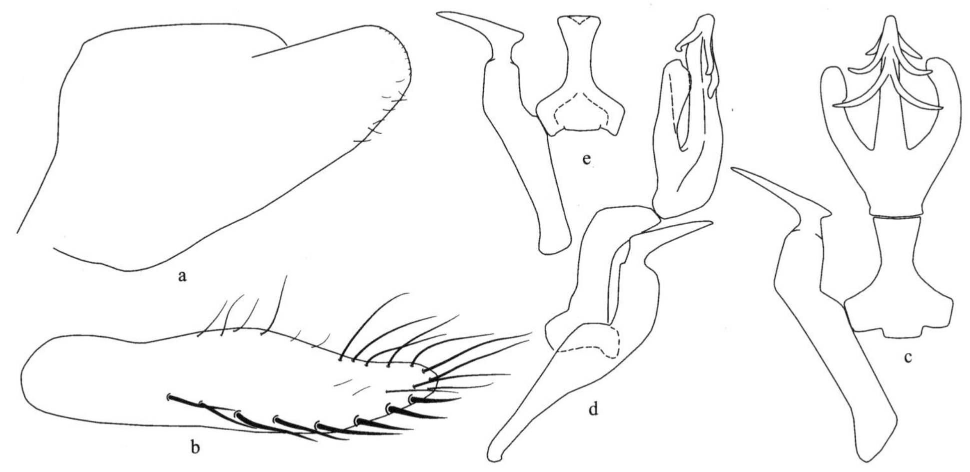

图 159 纵带拟锥头叶蝉 *Onukiades longitudinalis* Huang

a. 雄虫尾节侧瓣侧面观 (male pygofer side, lateral view)；b. 雄虫下生殖板 (male subgenital plate)；c. 阳茎、连索、阳基侧突腹面观 (aedeagus, connective and style, ventral view)；d. 阳茎、连索、阳基侧突侧面观 (aedeagus, connective and style, lateral view)；e. 连索、阳基侧突 (connective and style)

雄虫尾节侧瓣端向渐窄，端缘近乎圆形突出，端区生细小刚毛；雄虫下生殖板长叶片状，端部尖，中域外侧扩大，外缘有细长刚毛，内侧有 1 列粗刚毛；阳茎基部膨大，背突发达，微弯曲，端区生有 3 对突起；连索近似 T 字形；阳基侧突端部弯折向外伸出。雌虫腹部第 7 节腹板中长是第 6 节的 2 倍，后缘中央微突出，产卵器超出尾节端缘甚多。

体淡黄微带白色。头冠前端有 1 黑色斑块；复眼黑褐色；颜面基域两侧 1 斑点和额唇基中部外侧域 1 斑点黑色。前胸背板和小盾片两侧 1 纵斑黑褐色，一些个体前胸背板前缘 1 小斑及后缘狭边黑褐色；前翅金黄色，端区淡褐色，前缘室有圆形橘黄色斑。

检视标本 **台湾**：1♂1♀, Tainan，1985.Ⅶ. 10，C. C. Ching 采 (GUGC)；1♂，高雄，2002.Ⅺ.24，李子忠采 (GUGC)；7♂11♀，桃源，2002.Ⅺ.21-22，李子忠、杨茂发、陈祥盛采 (GUGC)。

分布 台湾。

15. 锥顶叶蝉属 *Onukiana* Yang *et* Zhang, 2004

Onukiana Yang *et* Zhang, 2004, In: Yang (ed.), Insects of the Great Yarlung Zangbo Canyon of Xizang, China: 29. **Type species**: *Onukiana motuona* Yang *et* Zhang, 2004.

模式种产地：西藏墨脱。

属征：头冠前端呈锥状突出，中长比前胸背板略短，具 5 纵脊，即 1 中脊、2 侧脊、2 单眼下脊；单眼位于侧脊外侧，与复眼的距离较距头冠顶端近；额唇基隆起，中央有 1 纵脊。前胸背板前缘弧圆，后缘较为平直，前侧缘和后侧缘呈锐角状；小盾片约与前胸背板等长，横刻痕凹陷浅；前翅翅脉明显，R_{1a} 脉与前缘成直角相交，端室 4，端片狭小。

雄虫尾节侧瓣宽短，端缘弧圆，腹缘有 1 长突，紧靠尾节后缘；雄虫下生殖板宽叶片状，内侧有 1 排长刚毛，外侧域有多根细长刚毛；阳茎囊状，近末端折曲，阳茎孔位于折曲处末端，折曲处与阳茎干有膜状结构相连；连索近 Y 形；阳基侧突手杖形，手杖柄基部突起有缺刻，柄上散生几根细毛，端部具三角形突起。

地理分布：东洋界。

此属由杨玲环和张雅林 (2004) 以 *Onukiana motuona* Yang *et* Zhang 为模式种建立。

此属目前全世界仅知 1 种，主要分布于中国。本志记述 1 种。

(156) 墨脱锥顶叶蝉 *Onukiana motuona* Yang *et* Zhang, 2004 (图 160)

Onukiana motuona Yang *et* Zhang, 2004, In: Yang (ed.), Insects of the Great Yarlung Zangbo Canyon of Xizang, China: 29. **Type locality**: Xizang (Motuo).

模式标本产地 西藏墨脱。

体连翅长，雄虫 6.0mm。

头冠中央长度明显大于前胸背板，前端呈锐角状突出；单眼位于头冠前侧缘，着生在侧脊外侧，约位于复眼与头冠顶端中间；颜面额唇基隆起，中央纵脊明显，前唇基中央有 1 中纵脊，端缘略伸出下颚板。

雄虫尾节侧瓣宽短，端背域有数根短小刚毛，腹突细长，超过肛管；雄虫下生殖板长度显著超过尾节侧瓣端缘，中部宽大，两端较细，中域有 1 列粗长刚毛；阳茎干侧面观中域两侧各有 1 刺状突，基半部宽大，阳茎背面观宽阔，端半部背腹扁平；连索 Y 形，主干长为臂长的近 3 倍；阳基侧突扭曲，两端尖细，端部呈鸟喙状。

头冠黑色，仅中脊前端 1 狭纵斑、侧脊内侧近复眼前侧角接近中纵脊处各 1 半弧形宽横带、头冠侧域、复眼边缘及单眼黄白色；单眼外侧有 1 小黑色斑，下方有 1 小斑块，此 2 小斑及顶端黄白色纵斑的两侧黑色；颜面额唇基橙黄色，中央纵脊深橙黄色，其余黄白色。前胸背板黑色，其侧缘黄白色；小盾片基角黑色，其余黄白色；前翅黑褐色，前缘基部 1 半圆形小斑、中域 1 近三角形大斑、亚端部宽横带黄白色，后缘由基部至端部有 3 不甚清晰的半圆形淡黄白色小斑。虫体背面及后翅黑色；虫体腹面除胸足胫节、胫刺及雄虫下生殖板外淡黄白色 (摘自杨玲环和张雅林，2004)。

检视标本 本次研究未获标本。

分布 西藏。

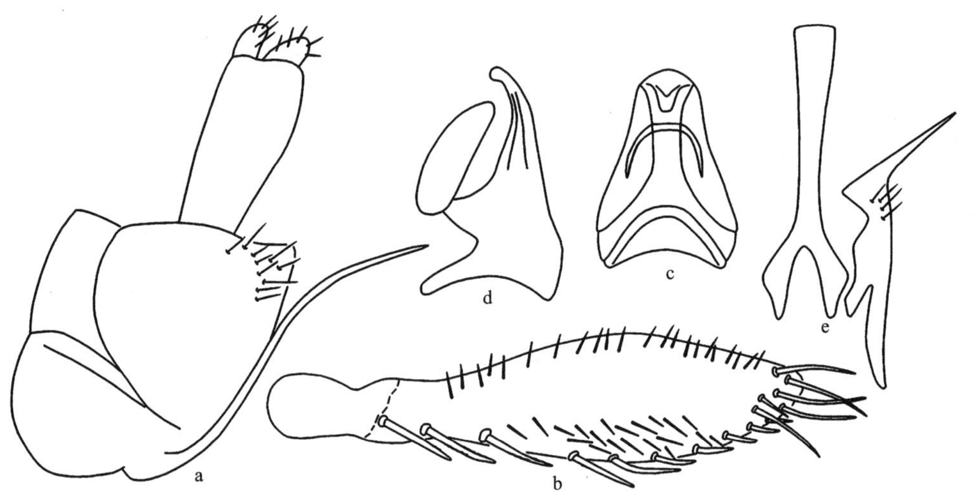

图 160 墨脱锥顶叶蝉 *Onukiana motuona* Yang *et* Zhang (仿杨玲环和张雅林，2004)
a. 雄虫尾节侧面观 (male pygofer, lateral view)；b. 雄虫下生殖板 (male subgenital plate)；c. 阳茎背面观(aedeagus, dorsal view)；d. 阳茎侧面观 (aedeagus, lateral view)；e. 连索、阳基侧突 (connective and style)

16. 拟脊额叶蝉属，新属 *Paracarinata* Li, Li *et* Xing, gen. nov.

Type species: *Paracarinata crocicrowna* Li, Li *et* Xing, sp. nov.

模式种产地：云南西双版纳勐腊。

头冠前端呈锐角状突出，中域轻度隆起，密生细纵皱纹，中央有 1 纵脊，两侧有起自头冠顶端的侧脊，该侧脊于单眼前域即消失；单眼位于头冠前侧缘，靠近复眼；颜面额唇基长大于宽，中域隆起，中央有 1 纵脊，两侧有横印痕列；前胸背板较头部宽，与头冠接近等长；小盾片较前胸背板短；前翅翅脉明显，R_{1a} 脉与前缘反折或垂直相交，爪片长大，前缘域宽，有 4 端室，端片不明显。

雄虫尾节侧瓣端缘极度延伸且弯折；雄虫下生殖板中部外侧扩大，端部尖细，中域有 1 列粗长刚毛；阳茎基部管状，中部和亚端部均有突起；连索 Y 形，主干明显大于臂长；阳基侧突亚端部骤然变细。

词源：新属名以其外形与脊额叶蝉属 *Carinata* Li *et* Wang 相似而命名。

地理分布：东洋界。

新属外形特征与 *Carinata* Li *et* Wang 相似，不同点是新属雄虫尾节侧瓣端部极度延伸弯折，腹缘无突起，雄虫下生殖板基部不分节。

此属为新厘定，目前仅知 1 种，分布于中国。本志记述 1 种。

(157) 黄冠拟脊额叶蝉，新种 *Paracarinata crocicrowna* Li, Li *et* Xing, sp. nov. (图 161)

模式标本产地　云南西双版纳勐腊磨憨。

体连翅长，雄虫 5.5mm。

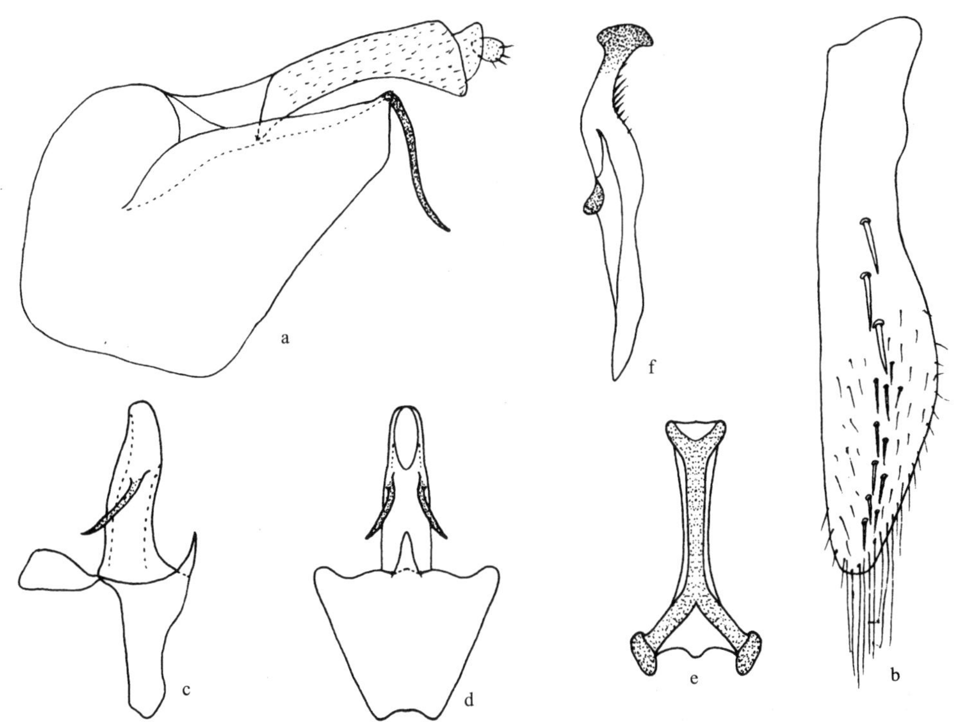

图 161　黄冠拟脊额叶蝉，新种 *Paracarinata crocicrowna* Li, Li *et* Xing, sp. nov.

a. 雄虫尾节侧瓣侧面观 (male pygofer side, lateral view)；b. 雄虫下生殖板 (male subgenital plate)；c. 阳茎侧面观 (aedeagus, lateral view)；d. 阳茎腹面观 (aedeagus, ventral view)；e. 连索 (connective)；f. 阳基侧突 (style)

头冠前端呈锐角状突出，中域轻度隆起，复眼前微呈角状突出，密生细纵皱纹，中央有 1 纵脊，两侧有起自头冠顶端的侧脊，此脊于单眼前域即消失；单眼位于头冠前侧缘，靠近复眼；颜面额唇基长大于宽，中域隆起，中央有 1 纵脊，两侧有横印痕列，前唇基端向渐窄，端缘弧圆；前胸背板较头部宽，与头冠接近等长，前缘弧圆突，后缘接近平直，前缘域有 1 弧形凹痕；小盾片较前胸背板短，横刻痕弧形凹陷。

雄虫尾节侧瓣端向渐窄，端区有粗长刚毛，端缘有 1 细长而弯折的突起，背面观左右两侧突起对向相交；雄虫下生殖板基部不分节。中部外侧扩大，端部尖细，中域有 1 列粗长刚毛；阳茎基部管状，背面观中部两侧各有 1 片状突，亚端部两侧各有 1 刺状突；连索 Y 形，主干长明显大于臂长；阳基侧突亚端部变细，端缘平切扩延。

头冠橘黄色，中央有 1 黑色圆形斑；单眼黄褐色，四周黑色环绕似 1 小黑色斑；复眼黑褐色；颜面淡橘黄色，额唇基外侧有 1 黑色长斑。前胸背板橘黄色，后缘黄褐色；小盾片橘黄色；前翅橘黄色，革片中央有 1 黑色宽纵带纹，此纵带纹在基部占据爪片基部外侧小部分、翅端全部；胸部腹板和胸足淡橘黄色，无明显斑纹。

正模 ♂，云南勐腊磨憨，2017.Ⅵ.19，罗强采。模式标本保存在贵州大学昆虫研究所 (GUGC)。

词源 新种名来源于头冠橘黄色这一明显特征。

分布 云南。

新种外形特征与黑带脊额叶蝉 *Carinata nigrofasciata* Li *et* Wang 相似，不同点是新种雄虫尾节侧瓣端缘有弯折的长突，雄虫下生殖板基部不分节，阳茎亚端部两侧各有 1 刺状突。

17. 副锥头叶蝉属 *Paraonukia* Ishihara, 1963

Paraonukia Ishihara, 1963, Transactions of the Shikoku Entomological Society, 8(1): 5. **Type species:** *Paraonukia keitonis* Ishihara, 1963.

模式种产地：台湾。

属征：头冠前端呈锐角突出，冠面轻度隆起，具 5 纵脊，即 1 中脊、2 侧脊、2 单眼下脊，各脊均起自头冠顶端集中点；单眼小，位于头冠前侧域，着生在侧脊外侧，与复眼距离约等于与头冠顶端之距；颜面额唇基隆起，中央有 1 纵脊，舌侧板宽大，向外侧扩大，前唇基由基至端逐渐缩小。前胸背板较头部宽，但不及头冠长；前翅接近皮革质，半透明，革片基部翅脉不甚明显，端片狭小。

雄虫尾节侧瓣末端宽圆突出，腹缘无突起；雄虫下生殖板基部分节，中域有 1 列粗刚毛，侧缘有细长刚毛；阳茎与连索接近愈合，背突发达，基部腹面有 1 端部分叉的长突；连索 Y 形；阳基侧突端部弯折向外伸。

地理分布：东洋界。

此属由 Ishihara (1963) 以我国台湾产 *Paraonukia keitonis* Ishihara 为模式种建立；Huang (1992) 重新描述了该属模式种，并描记产于台湾的 1 新种；Yang 等 (2013) 记述贵州 1 新种。

全世界已知 3 种，中国均有分布。本志记述 4 种，含 1 种新组合。

种检索表 (♂)

1. 阳茎干基部腹面突起端部或亚端部分叉……2
   阳茎干基部腹面突起仅基部相连……**长突副锥头叶蝉 *P. keitonis***
2. 阳茎干基部腹突端部分叉……**黑额副锥头叶蝉 *P. arisana***
   阳茎干端部腹突亚端部分叉……3
3. 雄虫尾节侧瓣端背角和端腹角明显……**望谟副锥头叶蝉 *P. wangmoensis***
   雄虫尾节侧瓣既无端背角又无端腹角……**赭色副锥头叶蝉 *P. ochra***

(158) 黑额副锥头叶蝉 *Paraonukia arisana* (Matsumura, 1912) (图 162；图版Ⅶ：8)

Onukia arisana Matsumura, 1912, Annotationes Zoologicae Japonenses, 8(1): 45. **Type locality**: Taiwan.

Paraonukia arisana (Matsumura, 1912). **New combination.**

模式标本产地　台湾。

体连翅长，雄虫 6.0-6.4mm，雌虫 6.2-6.5mm。

头冠前端锐角突出，冠面轻度隆起，密布纵皱纹；单眼位于头冠前侧缘，着生在侧脊外侧，距复眼的距离约等于到头冠顶端距离的 2 倍；颜面额唇基长大于宽甚多，中域显著隆起，前唇基由基至端逐渐变狭，中域隆起。前胸背板较头部宽，中央长度明显短于头冠，前缘弧圆突出，后缘接近平直，密生横皱纹，前域两侧各有 1 横凹陷；小盾片较前胸背板短，横刻痕位于中后部，较直。

雄虫尾节侧瓣宽大，端背角和端腹角均呈刺状，端区有细柔毛；雄虫下生殖板狭长微弯，基部分节，端缘圆，侧缘域有粗刚毛；阳茎短小，背突近似方形，腹缘有 1 端部分叉的长突；连索 Y 形，两臂特短，主干两侧有膜质包被，中长是臂长的 3 倍；阳基侧突中部膨大，端部弯折外伸。雌虫腹部第 7 节腹板中央长度与第 6 节腹板接近等长，后缘中央深凹，产卵器伸出尾节侧瓣甚多。

体及前翅黑色。复眼淡黄褐色；单眼米黄色。前翅前缘 3 块大斑、后缘域 3 小斑及端区 1 狭横带斑淡黄白色，接近透明；胸部腹板和胸足淡黄白色；腹面淡黄褐色。腹部背面褐色。

检视标本　**福建**：1♀，武夷山，1998.Ⅷ.6，杨茂发采 (GUGC)。**台湾**：1♂，Shitoushan，1985.Ⅶ.21，C. C. Chiang 采 (GUGC)；1♂，Taipei，1988.Ⅹ.20，采集人不详 (GUGC)；1♀，Hsinchu，1989.Ⅷ.21，C. C. Chiang 采 (GUGC)；1♂，南投雾社，2002.Ⅺ.22，李子忠采 (GUGC)；1♂，Nantou，2003.Ⅵ.18，C. S. Lin 和 W. T. Yang 采 (GUGC)。**海南**：1♀，黎母岭，1997.Ⅴ.23，杨茂发采 (GUGC)；1♀，吊罗山，2009.Ⅵ.9，侯晓晖采 (GUGC)。**广西**：1♂，花坪，1997.Ⅵ.6，杨茂发采 (GUGC)；1♂，金秀，2009.Ⅴ.16，李红荣采 (GUGC)。

分布　福建、台湾、海南、广西；印度。

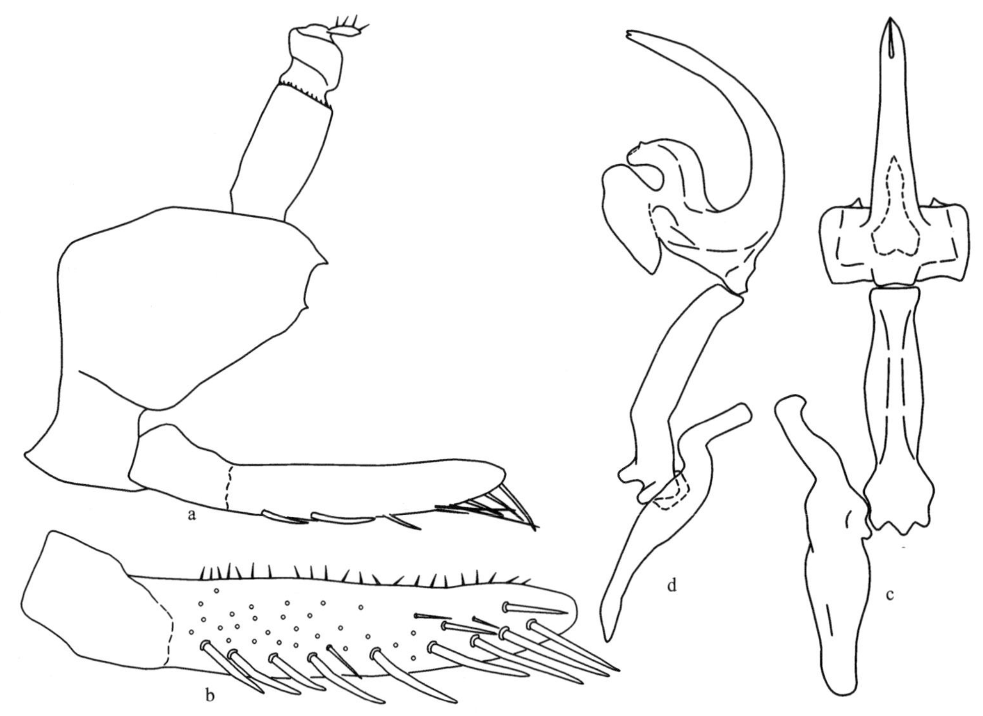

图 162 黑额副锥头叶蝉 *Paraonukia arisana* (Matsumura)

a. 雄虫尾节侧面观 (male pygofer, lateral view); b. 雄虫下生殖板 (male subgenital plate); c. 阳茎、连索、阳基侧突腹面观 (aedeagus, connective and style, ventral view); d. 阳茎、连索、阳基侧突侧面观 (aedeagus, connective and style, lateral view)

(159) 长突副锥头叶蝉 *Paraonukia keitonis* Ishihara, 1963 (图 163)

Paraonukia keitonis Ishihara, 1963, Transactions of the Shikoku Entomological Society, 8(1): 5. **Type locality**: Taiwan.

模式标本产地 台湾。

体连翅长，雄虫 5.1-5.8mm，雌虫 7.2-7.4mm。

头冠前端呈锐角突出，中央长度大于二复眼内缘间宽，冠面隆起，沿侧脊外侧单眼区有众多纵皱；单眼位于头冠前侧域，着生在侧脊外侧，与复眼的距离与到头冠顶端的距离接近相等；颜面额唇基中域隆起。前胸背板侧缘宽圆突出；小盾片宽大于长。

雄虫尾节侧瓣近似长方形突出，端缘钝圆，端区有细小刚毛；雄虫下生殖板接近匀称，基部分节，长约等于宽的 4.5 倍，内侧域有 1 列长刚毛，外侧缘亦具长刚毛；阳茎与连索接近融合，基部腹面有 1 对基部相连的细长突起，其长度微超过下生殖板端缘，末端具 2 向外侧伸出的刺状突；连索 Y 形，主干基部微膨大；阳基侧突端部弯曲，弯曲处有长刚毛，末端向两侧延伸。

体淡黄白色。头冠中前域有 1 黑斑；单眼区有红色斑；颜面有 2 对黑斑，其中 1 对位于颜面基缘域，另 1 对在额唇基中部两侧。前胸背板基缘黑色；前翅淡黄色，爪缝及革片中央纵纹暗褐色。

观察标本　**台湾**：1♀，Yunlin，1985.Ⅶ.6，C. T. Yang 采（GUGC）；1♂，Chiayi，1987.Ⅷ.10，C. T. Yang 采（GUGC）；1♂1♀，Kaohsiung，1989.Ⅸ.7，C. C. Chiang 采（GUGC）；1♀，Kaohsiung，1989.Ⅸ.7，K. W. Huang 采（GUGC）。

分布　台湾。

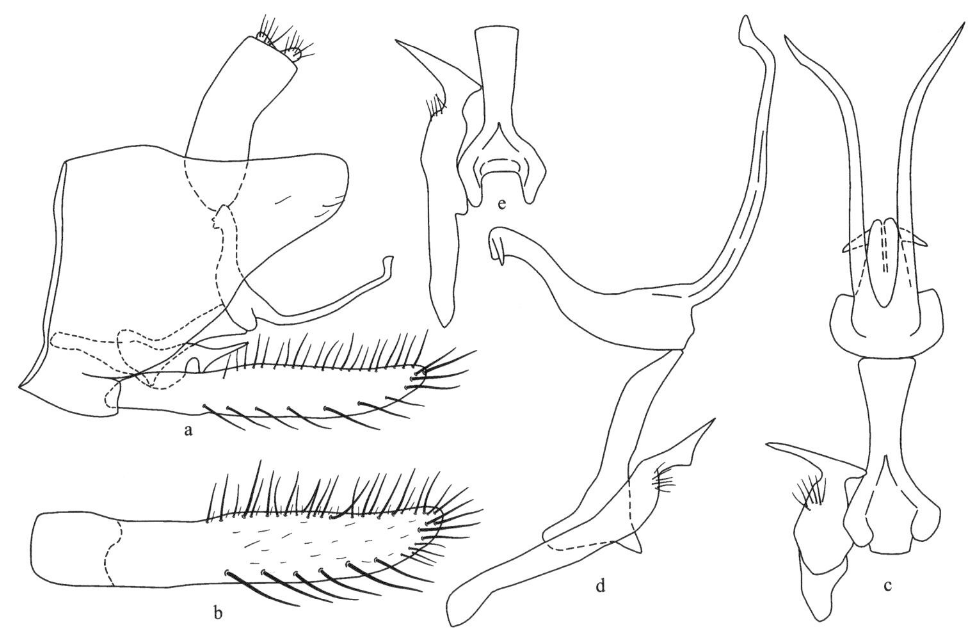

图 163　长突副锥头叶蝉 *Paraonukia keitonis* Ishihara

a. 雄虫尾节侧面观（male pygofer, lateral view）；b. 雄虫下生殖板（male subgenital plate）；c. 阳茎、连索、阳基侧突腹面观（aedeagus, connective and style, ventral view）；d. 阳茎、连索、阳基侧突侧面观（aedeagus, connective and style, lateral view）；e. 连索、阳基侧突（connective and style）

(160) 赭色副锥头叶蝉 *Paraonukia ochra* Huang, 1992 (图 164)

Paraonukia ochra Huang, 1992, Bulletin of National Museum of Natural Science, 3: 169. **Type locality**: Taiwan (Taichung).

模式标本产地　台湾台中。

体连翅长，雄虫 4.6-5.2mm，雌虫 5.5mm。

头冠前端呈尖角突出，冠面隆起，沿侧脊外侧有众多纵皱纹；单眼位于侧脊外侧，与复眼的距离约等于与头冠顶端之距；颜面额唇基中域隆起。前胸背板宽大于长，侧缘弧圆突出；小盾片较前胸背板短，宽大于长。

雄虫尾节侧瓣近似三角形突出，基部宽，端部钝圆，端区腹缘有细长刚毛；雄虫下生殖板由基至端逐渐变狭，内侧有细长刚毛，外侧域有长刚毛，中央长度约等于最宽处的 5.2 倍；阳茎背突发达，基部腹缘有 1 对端部分叉的突起，阳茎干端部 1/3 处有 1 对侧突；连索基部呈三裂状；阳基侧突端部弯折，在弯折处基域有数根刚毛。雌虫腹部第7节腹板中央长度约为第6节腹板中长的2倍，后缘中央波状，产卵器伸出尾节侧瓣甚多。

体淡黄色。头冠中前域有1黑色斑，单眼区有2红色圆斑；复眼褐色；颜面有2对黑色斑，其中1对在基缘两侧，另外1对在额唇基中域外侧。前胸背板前域中部和后缘域黑色；前翅黄棕色，爪片金黄色。

检视标本 **台湾**：1♀，Nantou，1985.Ⅵ.29，C. T. Yang 采 (GUGC)；1♂，Nantou，1987.Ⅷ.8，C. T. Yang 采 (GUGC)。

分布 台湾。

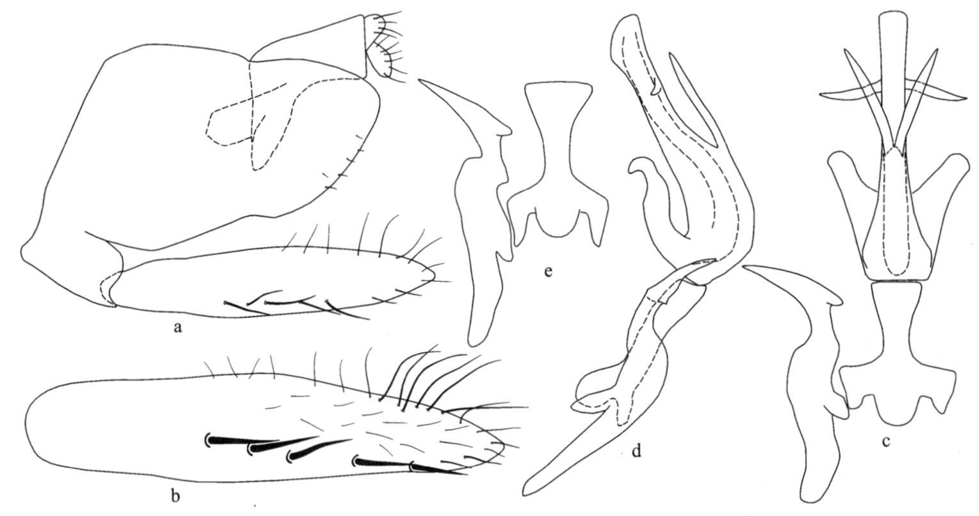

图 164 赭色副锥头叶蝉 *Paraonukia ochra* Huang

a. 雄虫尾节侧面观 (male pygofer, lateral view)；b. 雄虫下生殖板 (male subgenital plate)；c. 阳茎、连索、阳基侧突腹面观 (aedeagus, connective and style, ventral view)；d. 阳茎、连索、阳基侧突侧面观 (aedeagus, connective and style, lateral view)；e. 连索、阳基侧突 (connective and style)

(161) 望谟副锥头叶蝉 *Paraonukia wangmoensis* Yang, Chen *et* Li, 2013 (图 165；图版 Ⅷ：1)

Paraonukia wangmoensis Yang, Chen *et* Li, 2013, Zootaxa, 3620(3): 457. **Type locality**: Guizhou (Wangmo).

模式标本产地 贵州望谟。

体连翅长，雄虫 5.7-6.1mm，雌虫 6.5-7.0mm。

头冠前端呈尖角状突出，中央长度大于二复眼间宽，密生细纵皱纹；单眼位于头冠前侧缘，着生在侧脊外侧，与复眼的距离较距头冠顶端近；颜面额唇基隆起，前唇基中央纵向隆起，由基到端逐渐变狭。前胸背板中域隆起，密生横皱纹，前缘弧圆突出，后缘接近平直；小盾片有细横皱纹，中域低凹。雌虫腹部第7节腹板明显大于第6节腹板中长，后缘中央深刻凹入，产卵器伸出尾节侧瓣端缘。

雄虫尾节侧瓣端向渐窄，端缘向背缘斜倾，端背角和端腹角均具 1 刺状突；雄虫下生殖板基部分节，微弯曲，生不规则排列的粗长刚毛；阳茎基部膨大，背突发达，端部管状弯曲，腹缘突起亚端部分叉；连索近似板状；阳基侧突近似棍棒状。

体及前翅黑色。复眼、触角淡黄褐色。前翅前缘黄白色，有 2 黑色斜纹；胸部腹板和胸足白色无斑纹。腹部背面黑褐色；腹面淡黄褐色。雌虫第 7 节腹板后缘中央黑色。

寄主 斑竹、广竹等。

检视标本 **湖北**：1♂，大别山，2014.Ⅷ.29，周正湘采 (GUGC)。**湖南**：1♂ (副模)，武冈，2011.Ⅹ.1，陈祥盛、杨琳采 (GUGC)；1♀，张家界，2014.Ⅷ.15，王英鉴采 (GUGC)。江西：7♂11♀，武夷山，2014.Ⅷ.21-22，焦猛、龙见坤采 (GUGC)。**浙江**：1♂，天目山，2014.Ⅷ.4，焦猛采 (GUGC)。**福建**：1♂1♀，武夷山，2012.Ⅴ.24，龙见坤采 (GUGC)；1♂2♀，武夷山，2013.Ⅵ.26，李斌、严斌采 (GUGC)。**广东**：1♂，南岭，2006.Ⅷ.4，杨再华采 (GUGC)。**海南**：1♂，吊罗山，2007.Ⅶ.16，张斌采 (GUGC)；2♂，吊罗山，2013.Ⅳ.3，龙见坤、邢济春、张玉波采 (GUGC)。**广西**：2♂2♀，武鸣，2012.Ⅴ.14，范志华采 (GUGC)；2♂4♀，龙胜，2012.Ⅴ.18，李虎采 (GUGC)；5♂9♀，兴安，2012.Ⅴ.21，范志华采 (GUGC)。**贵州**：♂ (正模)，7♂3♀ (副模)，望谟打易，1997.Ⅸ.22，陈祥盛采 (GUGC)；1♂ (副模)，平塘，2011.Ⅷ.27，陈祥盛、杨琳采 (GUGC)。

分布 浙江、湖北、江西、湖南、福建、广东、海南、广西、贵州。

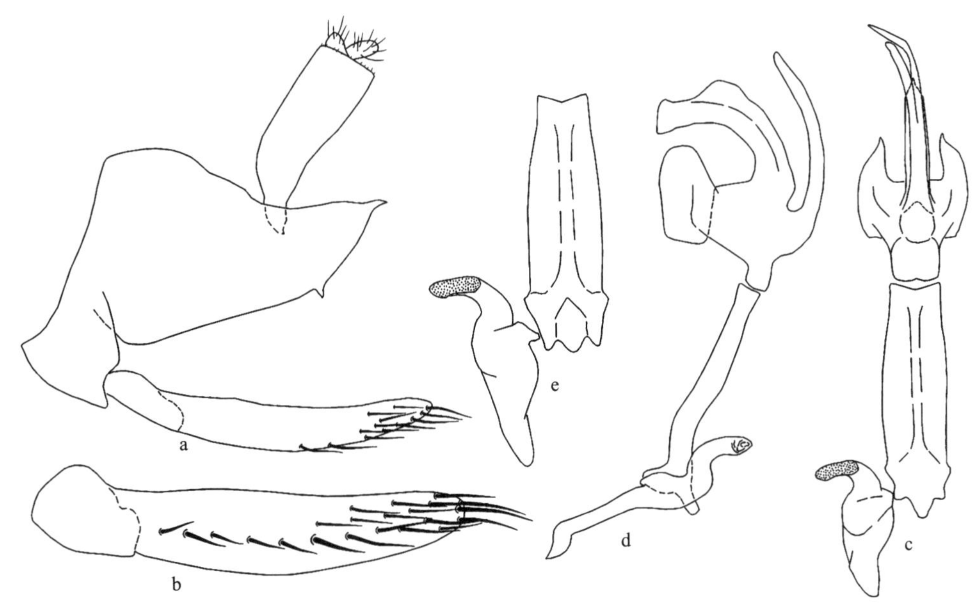

图 165 望谟副锥头叶蝉 *Paraonukia wangmoensis* Yang, Chen *et* Li

a. 雄虫尾节侧面观 (male pygofer, lateral view)；b. 雄虫下生殖板 (male subgenital plate)；c. 阳茎、连索、阳基侧突腹面观 (aedeagus, connective and style, ventral view)；d. 阳茎、连索、阳基侧突侧面观 (aedeagus, connective and style, lateral view)；e. 连索、阳基侧突 (connective and style)

18. 拟片脊叶蝉属 *Parapythamus* Li *et* Li, 2011

Parapythamus Li *et* Li, 2011, Zootaxa, 3004: 41. **Type species**: *Parapythamus suiyangensis* Li *et* Li, 2011.

模式种产地：贵州绥阳宽阔水。

属征：头冠前端呈角状突出，中央长度与二复眼间宽近似相等，有 5 纵脊，即 1 中脊、2 侧脊、2 单眼下脊，中脊片状，中脊和侧脊间凹陷明显，头冠中域有 1 圆锥状突起；复眼较大，长度约为头冠中长的 2/3；单眼位于头冠前侧缘，着生在侧脊外侧，与复眼的距离较近；颜面额唇基隆起，中央有 1 明显隆起的纵脊，两侧有横印痕列。前胸背板较头部宽；小盾片三角形，横刻痕明显；前翅 R_{1a} 脉与前缘垂直相交，有 4 端室，3 端前室，端片不甚明显。

雄虫尾节侧瓣向外侧突出，腹缘无突起；雄虫下生殖板柳叶形，中央有 1 列不规则的粗长刚毛；阳茎细长管状，向背面弯曲，近端部常有突起；连索 Y 形；阳基侧突长形，端部向外侧扩延。

地理分布：东洋界。

此属由 Li 和 Li (2011c) 以 *Parapythamus suiyangensis* Li *et* Li 为模式种建立。

全世界仅知 1 种，主要分布于中国。本志记述 1 种。

(162) 绥阳拟片脊叶蝉 *Parapythamus suiyangensis* Li *et* Li, 2011 (图 166)

Parapythamus suiyangensis Li *et* Li, 2011, Zootaxa, 3004: 41. **Type locality**: Guizhou (Suiyang, Kuankuoshui).

模式标本产地 贵州绥阳宽阔水。

体连翅长，雄虫 6.5-7.0mm。

头冠前端呈角状突出，中脊和侧脊间凹陷明显，头冠中域有 1 圆锥状突起，头冠长度与头冠宽度大致相等；复眼较大，长度约为头冠中长的 2/3；单眼位于侧脊外侧，与复眼的距离较近，约为与头冠顶端距离的 1/2；颜面额唇基隆起。前胸背板前缘弧圆，后缘微凹；小盾片横刻痕明显，两端不达侧缘。

雄虫尾节侧瓣近似长方形，背缘弧形，腹缘斜直，致端腹角微突出，端缘有细刚毛；雄虫下生殖板端向渐窄，中央有 1 列排列不规则的粗长刚毛；阳茎管状，基部向背面强度弯曲，亚端部两侧近似耳状扩延，末端两侧各有 1 锥形突起，阳茎孔位于末端；连索 Y 形，主干长是臂长的 2.5 倍；阳基侧突基部近似管状，端部向外侧扩延。

体淡黄褐色。头冠前域、单眼着生区及小盾片淡黄白色，前胸背板和小盾片上 3 纵纹淡褐色；复眼黑褐色；单眼淡黄褐色；颜面中央淡褐色，额唇基侧域、颊区、舌侧板和前唇基端部淡黄白色。前翅黄褐色具黄白色斑块，端区翅脉橘黄色。

检视标本 **贵州**：1♂，绥阳宽阔水，2001.Ⅷ.26，李子忠采 (GUGC)；♂ (正模)，绥阳宽阔水，2010.Ⅷ.14，邢济春采 (GUGC)；1♂ (副模)，绥阳宽阔水，2010.Ⅷ.14，范志华采 (GUGC)；1♂，绥阳宽阔水，2010.Ⅷ.14，李玉建采 (GUGC)。

分布　贵州。

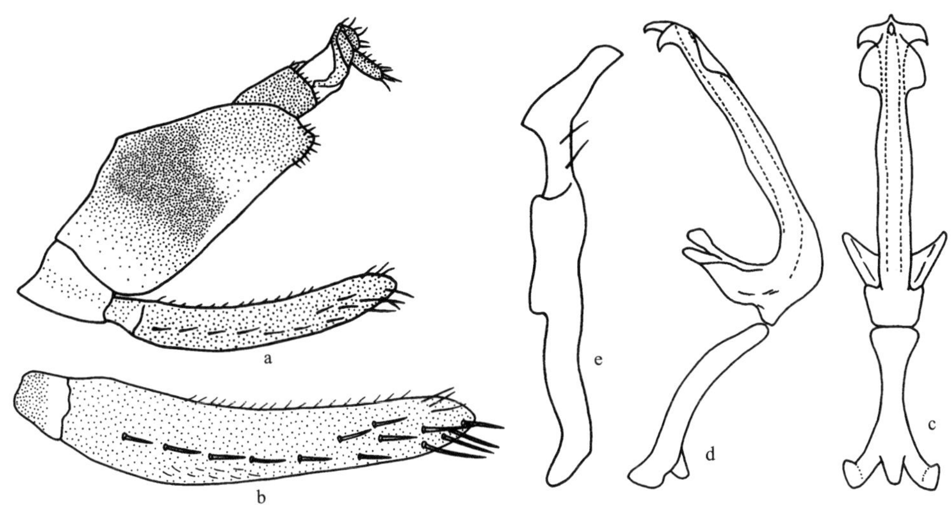

图 166　绥阳拟片脊叶蝉 *Parapythamus suiyangensis* Li *et* Li

a. 雄虫尾节侧面观 (male pygofer, lateral view)；b. 雄虫下生殖板 (male subgenital plate)；c. 阳茎、连索腹面观 (aedeagus and connective, ventral view)；d. 阳茎、连索侧面观 (aedeagus and connective, lateral view)；e. 阳基侧突 (style)

19. 长突叶蝉属 *Processus* Huang, 1992

Processus Huang, 1992, Bulletin of National Museum of Natural Science, 3: 177. **Type species:** *Processus bifasciatus* Huang, 1992.

模式种产地：台湾。

属征：头冠前端呈锐角突出，中央有 1 纵脊，两侧亦具脊，沿侧脊有众多纵皱；单眼位于头冠前侧域，着生在侧脊外侧，与复眼的距离与头冠顶端近似相等；颜面额唇基长大于宽，中央有 1 纵脊；前胸背板较头部宽，约与头冠等长，前缘弧圆突出，后缘微凹；小盾片较前胸背板短；前翅长超过腹部末端，有 4 端室，端片不甚明显。

雄虫尾节侧瓣端向渐窄，腹缘突起明显；雄虫下生殖板长叶片状，侧缘有长刚毛；阳茎管状，基部腹缘有 1 对长的突起；连索 Y 形；阳基侧突端部弯折向外伸出。

地理分布：东洋界。

此属由 Huang (1992) 以台湾产 *Processus bifasciatus* Huang 为模式种建立。

全世界仅知 1 种。本志记述 4 种，含 3 种新组合，提出 2 种新异名。

种检索表 (♂)

1. 阳茎中部两侧各有 1 三角状突起 ······························ **双带长突叶蝉 *P. bifasciatus***
　　阳茎中部两侧无三角状突起 ······························ 2
2. 阳茎端部两侧各有 1 刺状突 ······························ **吴氏长突叶蝉 *P. wui***
　　阳茎端部两侧无刺状突 ······························ 3

3. 雄虫下生殖板近似三角形……………………………………………………中带长突叶蝉 *P. midfascianus*
   雄虫下生殖板长条形……………………………………………………………叉突长突叶蝉 *P. bistigmanus*

(163) 双带长突叶蝉 *Processus bifasciatus* Huang, 1992 (图 167)

Processus bifasciatus Huang, 1992, Bulletin of National Museum of Natural Science, 3: 177. **Type locality**: Taiwan (Hualien).

模式标本产地 台湾花莲。

体连翅长，雄虫 5.4-5.9mm，雌虫 6.4-6.9mm。

头冠前端呈尖角突出，中央长度大于二复眼间宽；单眼位于头冠侧域，着生在侧脊外侧，到复眼的距离约等于与头冠顶端之距；颜面额唇基中域隆起，前唇基两侧接近平行，端缘圆。前胸背板较头部宽，明显短于头冠中央长度，前缘弧圆，后缘微凹；小盾片基部宽明显大于中长。

雄虫尾节侧瓣端缘尖突，端区有细刚毛，腹缘端部有细长突起，伸出端缘甚多；雄虫下生殖板端部长度是基部宽的 5.4 倍，外侧缘和内侧均生长刚毛；阳茎基腹缘有 1 对长度与阳茎主干等长的片状突，基部 1/3 和中部各有 1 对侧突；连索 Y 形，主干长大于臂长；阳基侧突端部尖突，亚端部有数根刚毛。雌虫腹部第 7 节腹板中央长度明显大于第 6 节腹板，后缘中央接近平直，产卵器伸出尾节侧瓣甚多。

体淡黄色。头冠近端部有 1 黑斑；颜面有 2 对黑斑，其中 1 对在基缘，另外 1 对在额唇基中部两侧。前胸背板有 2 黑色横带，分列于前缘和基缘；前翅暗棕色，前缘域和爪片金黄色，端区棕色。

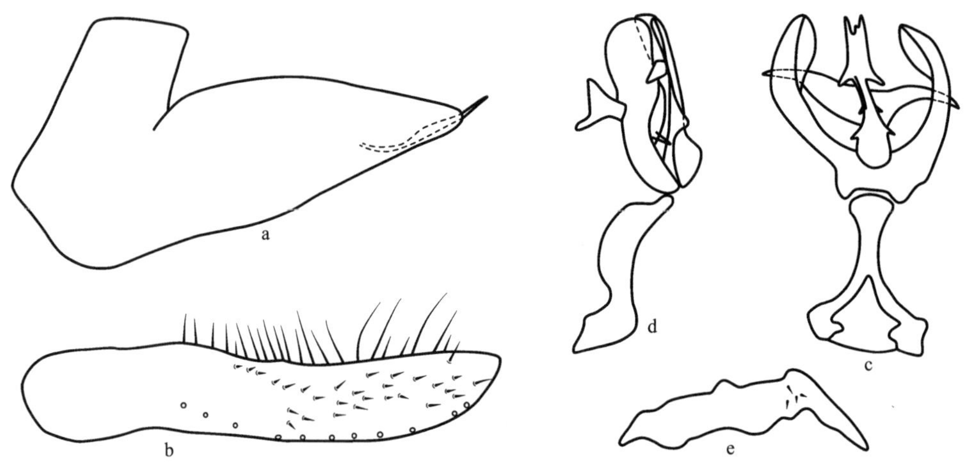

图 167 双带长突叶蝉 *Processus bifasciatus* Huang

a. 雄虫尾节侧瓣侧面观 (male pygofer side, lateral view)；b. 雄虫下生殖板 (male subgenital plate)；c. 阳茎、连索腹面观 (aedeagus and connective, ventral view)；d. 阳茎、连索侧面观 (aedeagus and connective, lateral view)；e. 阳基侧突 (style)

检视标本 **台湾**：1♂，Yunlin, 1986.Ⅶ.6, M. L. Lee 采 (GUGC)；1♀，Kaohsiung，

1989.Ⅸ.7，C. C. Chiang 采（GUGC）。

分布　台湾。

(164) 叉突长突叶蝉 *Processus bistigmanus* (Li *et* Zhang, 1993) (图 168；图版Ⅷ：2)

Evacanthus bistigmanus Li *et* Zhang, 1993, Journal of Guizhou Agricultural College, 12(Suppl.): 24. **Type locality**: Zhejiang (Tianmushan).

Evacanthus longus Cai *et* Shen, 1997, Entomotaxonomia, 19(4): 248. **New synonymy.**

Evacanthus yinae Cai, He *et* Zhu, 1998, In: Wu (ed.), Insects of Longwangshan: 67. **New synonymy.**

Processus bistigmanus (Li *et* Zhang, 1993). **New combination.**

模式标本产地　浙江天目山。

体连翅长，雄虫 7.3-7.8mm，雌虫 8.0-8.2mm。

头冠前端呈钝角状突出，中域隆起，侧脊外侧有纵皱纹；单眼位于头冠侧脊外侧；颜面额唇基长大于宽，前唇基中域隆起，由基至端逐渐变狭，端缘弧圆突出。前胸背板较头部宽，中域隆起，向两侧倾斜，前缘接近平直，后缘凹入；小盾片横刻痕位于中后部。

雄虫尾节侧瓣端向渐窄，腹缘突起始于中部，沿侧瓣伸出，微超过尾节侧瓣端缘；雄虫下生殖板端部缢缩，密被细刚毛，内侧缘有排列不规则的长刚毛；阳茎基部细，中部背缘有 1 对大的片状突起，两侧各有 1 线状突，端部变细，末端分叉；连索 Y 形，主干微大于臂长；阳基侧突端部变细弯折外伸。雌虫腹部第 7 节腹板中央长度是第 6 节的 2 倍，中央隆起，后缘接近平直，产卵器微伸出尾节端缘。

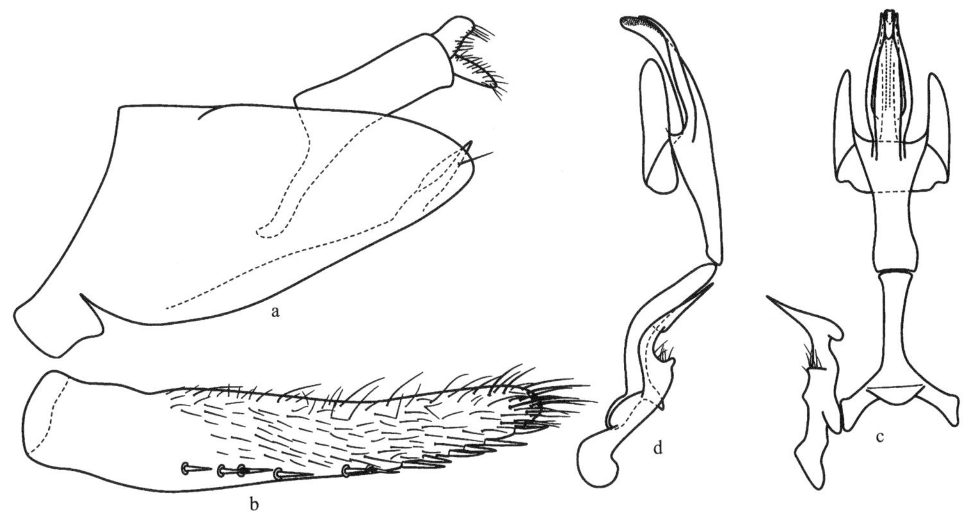

图 168　叉突长突叶蝉 *Processus bistigmanus* (Li *et* Zhang)

a. 雄虫尾节侧瓣侧面观 (male pygofer side, lateral view)；b. 雄虫下生殖板 (male subgenital plate)；c. 阳茎、连索、阳基侧突腹面观 (aedeagus, connective and style, ventral view)；d. 阳茎、连索、阳基侧突侧面观 (aedeagus, connective and style, lateral view)

体及前翅淡黄白色。头冠中域有1倒钟形黑斑，端缘和前侧缘冠面相交处各有1黑色斑点；复眼黑褐色；单眼淡黄褐色；颜面淡黄白色，额唇基中央纵脊和端部两侧各有1长形斑黑色。前胸背板前域有1对黑斑，中后部有1黑色宽横带；小盾片二基侧角各有1黑斑；前翅爪脉间有黑褐色宽纵带，革片中央有1条黑色纵带，此带纹至亚端处弯曲伸至前缘；胸部腹板和胸足淡黄白色无斑纹。腹部背面各节中部有褐色宽带，腹面淡黄色无斑纹。

检视标本 **陕西**：1♀，周至，2010.Ⅷ.10，常志敏采 (GUGC)；3♂2♀，朱雀国家森林公园，2012.Ⅶ.11，于晓飞采 (GUGC)；1♀，太白山，2012.Ⅶ.17，焦猛采 (GUGC)。**湖北**：3♂4♀，武当山，1983.Ⅶ.1，采集人不详 (GUGC)；2♂3♀，大别山，2014.Ⅵ.24，龙见坤采 (GUGC)。**浙江**：♂ (正模)，♀ (配模)，1♀ (副模)，天目山，1957.Ⅶ.27，杨集昆采 (CAU)；1♂1♀，天目山，1957.Ⅶ.28，李法圣采 (CAU)；1♂1♀，西天目山，2009.Ⅶ.21，孟泽洪采 (GUGC)。

分布 河南、陕西、浙江、湖北。

(165) 中带长突叶蝉 *Processus midfascianus* (Wang *et* Li, 2001) (图 169；图版Ⅷ：3)

Carinata midfasciana Wang *et* Li, 2001, Entomotaxonomia, 23(3): 175. **Type locality**: Yunnan (Pianma).

Processus midfascianus (Wang *et* Li, 2001). **New combination.**

模式标本产地 云南片马。

体连翅长，雄虫 6.1-6.3mm，雌虫 6.2-6.5mm。

头冠前端呈尖角突出，中长约为二复眼间宽的1.4倍，冠面隆起，具细纵皱纹；单眼位于侧脊外侧，与复眼的距离小于与头冠顶端之距；颜面额唇基隆起。前胸背板较头部宽，中央长度小于头冠中长，密生横皱纹；小盾片宽大，略小于前胸背板中长，横刻痕弧弯。

雄虫尾节侧瓣宽大，端背缘斜直，端腹角向外侧延伸，腹缘突起始于延伸部，末端微超出尾节侧瓣端缘；雄虫下生殖板亚端部近三角形扩延，中央有1列粗长刚毛；阳茎管状微弯，基部腹缘两侧各有1长的片状突，末端双钩状；连索Y形，主干特长；阳基侧突端部弯曲，弯曲处有细刚毛，末端卷折。雌虫腹部第7节腹板较第6节长，后缘中央轻度凹入，产卵器伸出尾节端缘甚多。

体及前翅淡黄白色。头冠中央有1近圆形黑斑；复眼黑色；单眼红褐色；触角窝下方有1黑色斑。前胸背板基域、前翅中央宽纵带黑色。雌、雄虫尾节淡褐色。

检视标本 **云南**：♂ (正模)，3♂5♀ (副模)，泸水片马，2000.Ⅷ.18，李子忠、杨茂发采 (GUGC)；1♂2♀，腾冲，2006.Ⅷ.17，张争光采 (GUGC)；1♂，泸水片马，2011.Ⅵ.16，李玉建采 (GUGC)；6♂，泸水片马，2012.Ⅶ.21，龙见坤采 (GUGC)。

分布 云南。

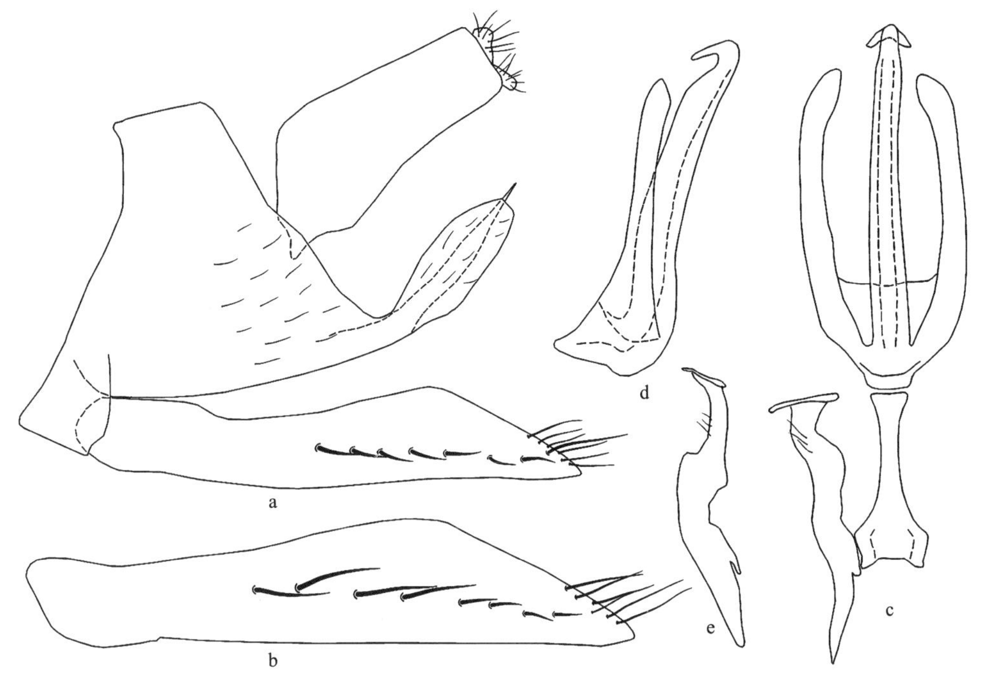

图 169　中带长突叶蝉 *Processus midfascianus* (Wang *et* Li)

a. 雄虫尾节侧面观 (male pygofer, lateral view)；b. 雄虫下生殖板 (male subgenital plate)；c. 阳茎、连索、阳基侧突腹面观 (aedeagus, connective and style, ventral view)；d. 阳茎侧面观 (aedeagus, lateral view)；e. 阳基侧突 (style)

(166) 吴氏长突叶蝉 *Processus wui* (Cai, He *et* Zhu, 1998) (图 170)

Evacanthus wui Cai, He *et* Zhu, 1998, In: Wu (ed.), Insects of Longwangshan: 68. **Type locality**: Zhejiang (Longwangshan).

Processus wui (Cai, He *et* Zhu, 1998). **New combination.**

模式标本产地　浙江龙王山。

体连翅长，雄虫 7.5-7.6mm，雌虫 7.8mm。

头冠前端呈角状突出，中央长度约等于二复眼间宽；单眼位于头冠前侧缘，着生在侧脊外侧的凹陷内；颜面额唇基长大于宽，前唇基纵向隆起，端向渐窄，末端弧圆。前胸背板较头部宽，后缘微凹；小盾片较前胸背板长，横刻痕平直。

雄虫尾节侧瓣近似长方形，腹缘突起始于近端部，末端具弯钩状突；雄虫下生殖板微弯曲，端向渐窄，密生细小刚毛；阳茎管状弯曲，基部两侧各有 1 长突，伸达阳茎干亚端部，基部腹缘有 1 刺状突，端部两侧各有 1 小刺突，阳茎孔位于末端；连索 Y 形，主干明显大于臂长；阳基侧突中部膨大，亚端部骤然变细，且弯曲近似蟹钳状，弯曲处具细刚毛。雌虫腹部第 7 节腹板中央长度明显大于第 6 节腹板，后缘中央接近平直，产卵器伸出尾节侧瓣端缘甚多。

体黑褐色。头冠顶端及颜面基域两侧各 1 延伸至头冠侧缘的斑纹黑色，头冠中央有

1“凹”字形的黑色斑；复眼黑色；单眼无色透明；颜面淡黄白色，额唇基中脊及两侧各有1褐色小斑点。前胸背板前域两侧各有1长形黑色纹，中域黑褐色；小盾片基侧角黑色；前翅淡黄褐色，爪片和革片中央各有1黑褐色纵纹，前缘域灰白色。腹部背面黑褐色，腹面淡黄褐色。

检视标本 **福建**：2♂1♀，武夷山，2013.Ⅵ.26，李斌、严斌采 (GUGC)。

分布 浙江、福建。

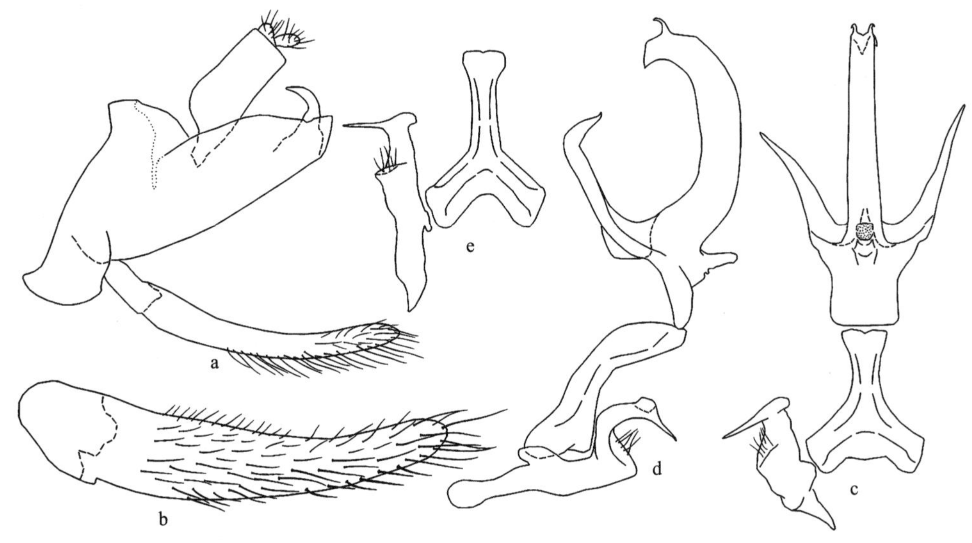

图 170 吴氏长突叶蝉 *Processus wui* (Cai, He *et* Zhu)

a. 雄虫尾节侧面观 (male pygofer, lateral view)；b. 雄虫下生殖板 (male subgenital plate)；c. 阳茎、连索、阳基侧突腹面观 (aedeagus, connective and style, ventral view)；d. 阳茎、连索、阳基侧突侧面观 (aedeagus, connective and style, lateral view)；e. 连索、阳基侧突 (connective and style)

20. 片脊叶蝉属 *Pythamus* Melichar, 1903

Pythamus Melichar, 1903, Homoptera Fauna Ceylon: 161. **Type species:** *Pythamus dealbatus* Melichar, 1903.

Dussana Distant, 1908: Viraktamath *et* Webb, 2007, Zootaxa, 1546: 52. Synonymized.

模式种产地：斯里兰卡。

属征：头冠前端呈尖角状突出，中央有1片状隆起的纵脊，两侧亦具脊，且于顶端汇集1点，侧脊于单眼前分叉，中脊、侧脊间凹陷深；单眼位于侧脊外侧，靠近复眼近；颜面额唇基长而狭、隆起，中央有1隆突起纵脊，两侧有横印痕列；前胸背板较头部短，前缘接近平直，侧缘弧圆；小盾片三角形；前翅长超过腹部末端，翅脉明显，R_{1a}脉与前缘反折相交，有4端室，端片不明显。

雄虫尾节侧瓣端区散生刚毛，腹缘突起细长，常超过尾节侧瓣；雄虫下生殖板中域有1列粗刚毛，侧缘有长刚毛；阳茎有发达的背突；连索Y形，主干长于臂长；阳基侧突端部尖细弯曲外伸。

地理分布： 东洋界。

此属由 Melichar (1903) 以 *Pythamus dealbatus* Melichar 为模式种建立；Distant (1908) 记述印度 1 新种；Baker (1923) 记述马来西亚、新加坡和菲律宾 4 种 3 变种；Huang (1992) 记述台湾 1 新种；李子忠和张雅林 (1993) 记述海南 1 新种；Viraktamath 和 Webb (2007) 对该属进行了考订，认定 *Dussana* Distant 是该属的异名，并记述印度 3 新种；Wang 和 Zhang (2015b) 记述海南、广西 2 新种。

目前全世界已记述 14 种 3 变种，其中一些种的归属已进行了调整。本志记述 2 种。

种检索表 (♂)

头冠前侧缘具 2 白色斑，敷衍内侧白色，阳茎背突正方形……………**海南片脊叶蝉 *P. hainanensis***

头冠前侧缘具 2 红褐色斑，复眼内侧非白色，阳茎背突长方形………………**红纹片脊叶蝉 *P. rufus***

(167) 海南片脊叶蝉 *Pythamus hainanensis* Wang *et* Zhang, 2015 (图 171)

Pythamus hainanensis Wang *et* Zhang, 2015, Zootaxa, 4058(3): 430. **Type locality**: Hainan (Diaoluoshan).

模式标本产地　海南吊罗山。

体连翅长，雄虫 6.2mm，雌虫 6.2-6.3mm。

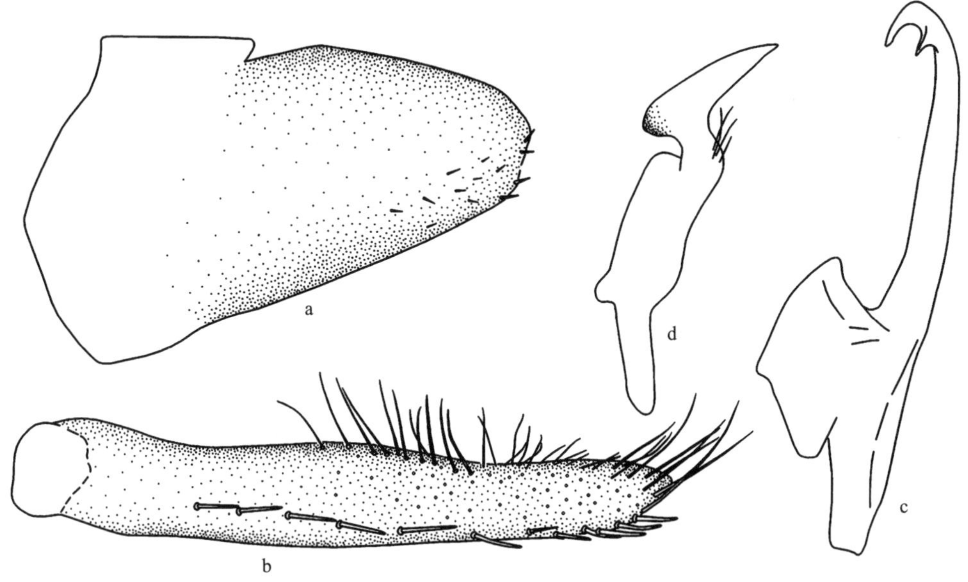

图 171　海南片脊叶蝉 *Pythamus hainanensis* Wang *et* Zhang

a. 雄虫尾节侧瓣侧面观 (male pygofer side, lateral view)；b. 雄虫下生殖板 (male subgenital plate)；c. 阳茎侧面观 (aedeagus, lateral view)；d. 阳基侧突 (style)

头冠前端呈尖角状突出，密被细小颗粒状突起，中央有 1 片状隆起的纵脊，两侧亦具脊，且于顶端汇集 1 点，侧脊于单眼前分叉，中脊、侧脊间凹陷深；单眼位于侧脊外侧，靠近复眼近；颜面额唇基长大于宽，中央有 1 隆起纵脊，两侧有横印痕列；前胸背板较头部短，密被细横皱纹，前缘接近平直，侧缘弧圆。

雄虫尾节侧瓣端向渐窄，端缘有细刚毛，腹缘突起伸不及尾节侧瓣端缘；雄虫下生殖板侧缘有细长刚毛，中域有粗长刚毛；阳茎管状背向弯曲，中部背突近似方形，亚端部两侧各有 1 刺状突，端部弯钩状，阳茎孔位于末端；连索 Y 形，主干长大于臂长；阳基侧突亚端部弯曲，弯曲处有数根刚毛。雌虫腹部第 7 节腹板中长大于第 6 节腹板中长，后缘中央宽凹，产卵器伸出尾节侧瓣端缘。

头冠黑色，侧缘于复眼前有 2 黄白色纵斑，紧靠复眼内侧有黄白色窄边；单眼黄白色；复眼黑褐色；颜面黑褐色。前胸背板和小盾片黑色，唯小盾片端部侧缘和端缘黄白色；前翅淡黄褐色，前域有 2 淡黄白色斑；虫体腹面黑褐色，胸足淡黄白色。

检视标本 **海南**：1♂，尖峰岭，1997.Ⅴ.16，杨茂发采 (GUGC)；1♀，尖峰岭，2007.Ⅶ.10，李玉建采 (GUGC)；1♀，尖峰岭，2009.Ⅳ.17，侯晓晖采 (GUGC)。

分布 海南。

(168) 红纹片脊叶蝉 *Pythamus rufus* Wang *et* Zhang, 2015 (图 172)

Pythamus rufus Wang *et* Zhang, 2015, Zootaxa, 4058(3): 435. **Type locality**: Guangxi (Napo).

模式标本产地 广西那坡。

体连翅长，雄虫 6.7mm，雌虫 7.0mm。

头冠前端呈尖角状突出，中央长度显著大于前胸背板，密被细小颗粒状突起，中央有 1 片状隆起的纵脊，两侧亦具脊，且于顶端汇集 1 点，侧脊于单眼前分叉，中脊、侧脊间凹陷深；单眼位于侧脊分叉处，靠近复眼近；颜面额唇基长而狭，中央有 1 隆突起的纵脊，两侧有横印痕列，前唇基端向渐窄；前胸背板较头部宽，密被细横皱纹，前缘弧圆，侧缘微凹。

雄虫尾节侧瓣端向渐窄，腹缘突起向外侧直伸，端部有细齿，超出尾节侧瓣端缘；雄虫下生殖板较匀称，侧缘有长刚毛，中域有 1 列刚毛；阳茎向背面弯曲，基部管状，中部背突近似长方形，亚端部两侧各有 1 小刺突，末端弯钩状，阳茎孔位于末端；连索 Y 形，主干明显大于臂长；阳基侧突亚端部变细，末端呈足状。雌虫腹部第 7 节腹板中长微大于第 6 节腹板中长，后缘接近平直，产卵器伸出尾节侧瓣端缘。

头冠黑色，侧缘靠近复眼有 2 红褐色纵斑；单眼黄褐色；颜面黑褐色；前胸背板黑色；小盾片基半部黑色，末端和端部侧缘淡黄白色；前翅黑褐色半透明，中部 1 横带和端部褐色，前缘有 2 黄白色大斑；胸足淡黄白色。

检视标本 **广西**：1♀，十万大山，2012.Ⅵ.8，郑维斌采 (GUGC)。

分布 广西。

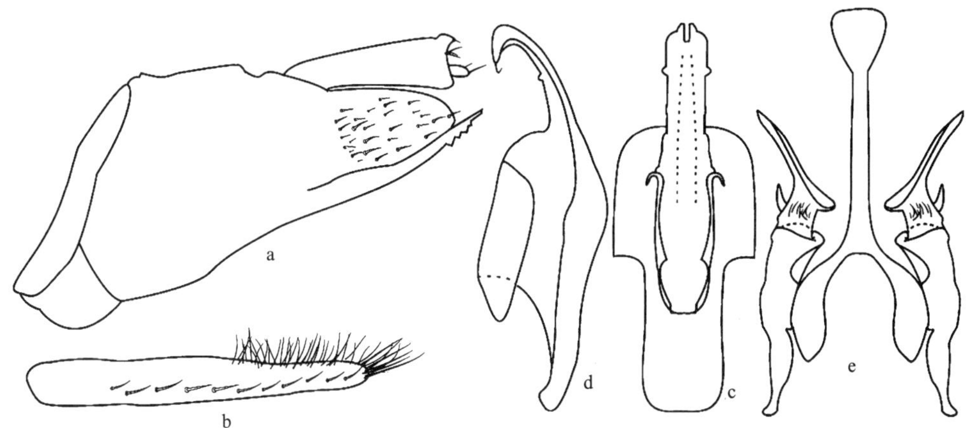

图 172　红纹片脊叶蝉 *Pythamus rufus* Wang *et* Zhang (仿 Wang and Zhang, 2015b)

a. 雄虫尾节侧瓣侧面观 (male pygofer side, lateral view)；b. 雄虫下生殖板 (male subgenital plate)；c. 阳茎腹面观 (aedeagus, ventral view)；d. 阳茎侧面观 (aedeagus, lateral view)；e. 连索、阳基侧突 (connective and style)

21. 突额叶蝉属 *Risefronta* Li *et* Wang, 2001

Risefronta Li *et* Wang, 2001, Acta Zootaxonomica Sinica, 26(4): 518. **Type species**: *Risefronta albicincta* Li *et* Wang, 2001.

模式种产地：云南泸水片马。

属征：体较短粗。头冠前端呈角状突出，有 5 纵脊，即 1 中脊、2 侧脊、2 单眼下脊，侧脊与单眼下脊在单眼前区愈合；头冠与颜面弧圆相交，头冠与颜面分界不明显；颜面额唇基显著隆起，中央有 1 隆起纵脊，前唇基低而平坦。前翅长超过腹部末端，翅脉明显，R_{1a} 脉与前缘反折相交，有 2 端前室，4 端室，端片狭小。

雄虫尾节侧瓣腹缘突起细长；雄虫下生殖板宽大，基部分节，近内侧边缘有数根粗刚毛，外侧有数根细长刚毛；阳茎中部背域两侧有片状突，侧面观腹面中域呈角状扩延，端部背向弯曲，阳茎孔位于末端；连索 Y 形；阳基侧突端部较长，折曲向外侧伸出。

地理分布：东洋界。

此属由李子忠和汪廉敏 (2001a) 以 *Risefronta albicincta* Li *et* Wang 为模式种建立。

全世界仅知 1 种，主要分布于中国。本志记述 1 种。

(169) 白带突额叶蝉 *Risefronta albicincta* Li *et* Wang, 2001 (图 173)

Risefronta albicincta Li *et* Wang, 2001, Acta Zootaxonomica Sinica, 26(4): 518. **Type locality**: Yunnan (Pianma).

模式标本产地　云南泸水片马。

体连翅长，雄虫 5.6-5.8mm，雌虫 6.1mm。

体较粗短有强壮感。头冠宽短，前端呈角状突出；单眼位于头冠前侧缘，着生在侧脊外侧；头冠与颜面弧圆相交，额唇基呈球形隆起。前胸背板较头部宽，具横皱纹；小盾片较前胸背板短，基域有横皱纹。

雄虫尾节侧瓣宽圆突出，端缘斜向背面延伸，致端背域弧圆突出，端背域有粗长刚毛，腹缘突起细长沿端缘向背面延伸，长度超过端缘甚多；雄虫下生殖板宽大，微弯曲，中域密被细刚毛，内侧和外侧均生长刚毛；阳茎基部细管状，侧面观中部背缘两侧各有1长形的片状突，腹面呈角状扩延，端部管状弯曲；连索Y形，主干长是臂长的6倍；阳基侧突亚端部扭曲，末端向外侧扩延。雌虫腹部第7节腹板中央长度是第6节腹板中央长度的1.5倍，后缘中央接近平直，产卵器伸出尾节侧瓣端缘。

体黑色。触角、小盾片端部、胸部腹板和胸足淡黄白色。前翅黑褐色，前缘中部1横斑、端缘及爪片末端淡黄白色。腹部背、腹面黑褐色。

检视标本 **云南**：♂(正模)，1♂(副模)，泸水片马，2000.Ⅷ.16，杨茂发采 (GUGC)；1♂1♀，泸水片马，2002.Ⅷ.20，李子忠采 (GUGC)。

分布 云南。

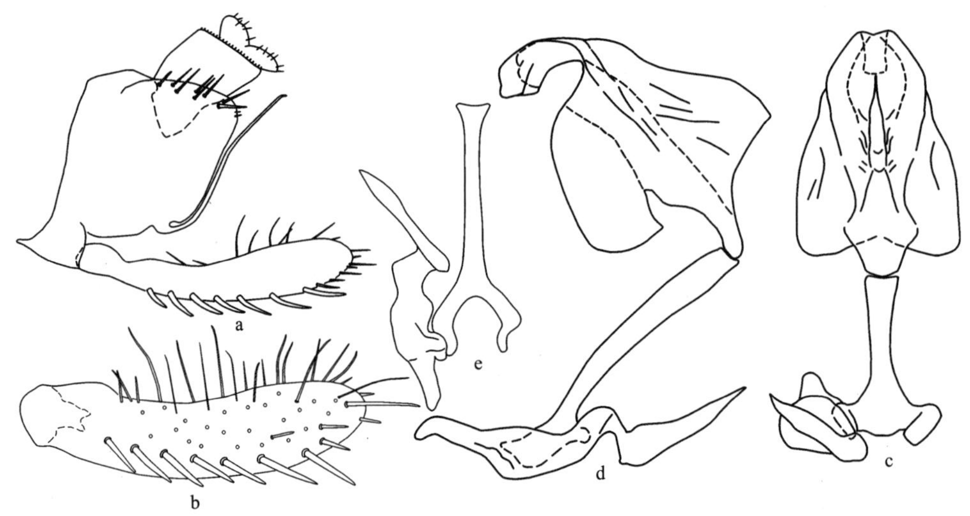

图173 白带突额叶蝉 *Risefronta albicincta* Li *et* Wang

a. 雄虫尾节侧面观 (male pygofer, lateral view)；b. 雄虫下生殖板 (male subgenital plate)；c. 阳茎、连索、阳基侧突腹面观 (aedeagus, connective and style, ventral view)；d. 阳茎、连索、阳基侧突侧面观 (aedeagus, connective and style, lateral view)；e. 连索、阳基侧突 (connective and style)

22. 突脉叶蝉属 *Riseveinus* Li *et* Wang, 1995

Riseveinus Li *et* Wang, 1995, Entomotaxonomia, 17(3): 192. **Type species:** *Dussana sinensis* Jacobi, 1944.

模式种产地：福建。

属征：头冠、前胸背板、小盾片和前翅生皱纹。头冠极度向前突出，中央长度等于或大于前胸背板和小盾片中长之和，前翅翅脉明显突起，从小盾片末端起到头冠顶端逐渐抬高，高出复眼水平面。头冠中央有1隆起纵脊，侧缘亦具隆起脊，脊间凹陷较深，侧脊于复眼前分叉；单眼位于头冠侧域，着生在侧脊的分叉内；颜面额唇基中域隆起，中央有1隆起纵脊，两侧有横印痕列。前胸背板较头部宽，中域隆起向两侧倾斜；小盾片较前胸背板短；前翅长超过腹部末端，翅脉明显突起，1A和2A脉于中部愈合，有4端室，端片不明显。

雄虫尾节侧瓣端缘突出，腹缘无突起；雄虫下生殖板长叶片状，散生粗长刚毛；阳茎中部背缘有1对片状突，腹缘常有长突；连索Y形；阳基侧突端部扩延。

地理分布：东洋界。

此属由李子忠和汪廉敏 (1995) 以 *Dussana sinensis* Jacobi 为模式种建立；Zhang 等 (2010a) 考订此属，并描记云南、台湾2新种和1种新组合；Li 和 Li (2012b) 记述云南1新种。

全世界已记述5种，中国均有分布。本志记述5种，提出1种新异名。

种检索表 (♂)

1. 阳茎端部向背面强度弯曲……………………………………单钩突脉叶蝉 ***R. asymmetricus***
   阳茎端部不强度弯曲……………………………………………………………………2
2. 阳茎干末端有1对细长突起……………………………………扁茎突脉叶蝉 ***R. compressus***
   阳茎干末端无细长突起……………………………………………………………………3
3. 阳茎干背突腹缘有1对细长突起……………………………保山突脉叶蝉 ***R. baoshanensis***
   阳茎干背突腹缘无细长突起………………………………………………………………4
4. 阳茎背缘突起近似圆形………………………………………白脉突脉叶蝉 ***R. albiveinus***
   阳茎背缘突起近似长方形……………………………………中华突脉叶蝉 ***R. sinensis***

(170) 白脉突脉叶蝉 *Riseveinus albiveinus* (Li *et* Wang, 1993) (图 174)

Vangama albiveina Li *et* Wang, 1993, Entomotaxonomia, 15(4): 243. **Type locality**: Guizhou (Guiyang).

Riseveinus albiveinus (Li *et* Wang): Zhang, Zhang *et* Wei, 2010, Zootaxa, 2601: 61.

模式标本产地　贵州贵阳。

体连翅长，雄虫 8.0-8.2mm，雌虫 10.5-11.0mm。头冠长，雄虫 2.8-3.0mm，雌虫 3.8-4.0mm。

体及前翅密被皱纹和柔毛。头冠中央长度明显大于前胸背板，约与后足胫节等长，自复眼前缘狭窄变细向前延伸突出，端部向上翘，沿中央纵脊和两侧脊间深凹，致边缘反折，侧脊于复眼前分叉，且2叉一同向后延伸至复眼前缘处；单眼位于头冠侧缘，着生在侧脊分叉处的凹洼内；颜面额唇基隆起，前唇基由基至端逐渐变狭，端缘弧圆突出，舌侧板宽大，末端伸不及前唇基端缘。前胸背板中域隆起，前狭后宽，显著宽于头部，前、后缘接近平行，前缘域两侧各有1半月形凹痕；小盾片宽横刻痕位于中后部。

雄虫尾节侧瓣后缘呈角状突出，端区有粗刚毛，背缘域有细柔毛；雄虫下生殖板端向渐窄，生有不规则排列的粗刚毛和细毛；阳茎基部管状，中部背缘有 1 对近似圆形的片状突，腹缘有 1 对末端超过阳茎干端缘的长突；连索 Y 形，主干细长，其长度约为臂长的 5 倍；阳基侧突宽扁斧形。雌虫腹部第 7 节腹板较第 6 节长，后缘呈波状突出，产卵器长超出尾节端缘。

体黑褐色。头冠中脊基半部、侧脊、额唇基中脊、触角及胸足淡灰白色，后足胫刺着生处、胫节末端及跗节大部黑褐色。前翅深褐色，散生不规则灰白色斑，尤以前缘域中部 1 斑最大，翅脉灰白色。

寄主　草本植物。

检视标本　**湖北**：1♀，神农架，1997.Ⅷ.17，杨茂发采 (GUGC)；1♂，大别山，2014.Ⅵ.24，龙见坤采 (GUGC)。**江西**：2♀，武夷山，2014.Ⅷ.21，焦猛采 (GUGC)。**浙江**：4♀，莫干山，2014.Ⅷ.7-12，龙见坤、焦猛采 (GUGC)。**福建**：1♂，武夷山，2013.Ⅵ.26，李斌采 (GUGC)。**贵州**：♂ (正模)，♀ (配模)，5♂1♀，贵阳，1986.Ⅵ.6-8，李子忠采(GUGC)；1♂，贵阳，1986.Ⅵ.5，周莉采(GUGC)；1♀，荔波茂兰，1998.Ⅴ.30，廖启荣采 (GUGC)；1♀，梵净山护国寺，2001.Ⅷ.1，李子忠采(GUGC)；2♀，雷公山，2004.Ⅷ.1-2，葛德燕采(GUGC)；2♂，沿河麻阳河，2007.Ⅵ.9，陈祥盛采(GUGC)；1♀，绥阳宽阔水，2010.Ⅷ.15，邢济春采(GUGC)。**云南**：2♀，高黎贡山，2012.Ⅶ.30，龙见坤采 (GUGC)。

分布　陕西、浙江、湖北、江西、福建、四川、贵州、云南。

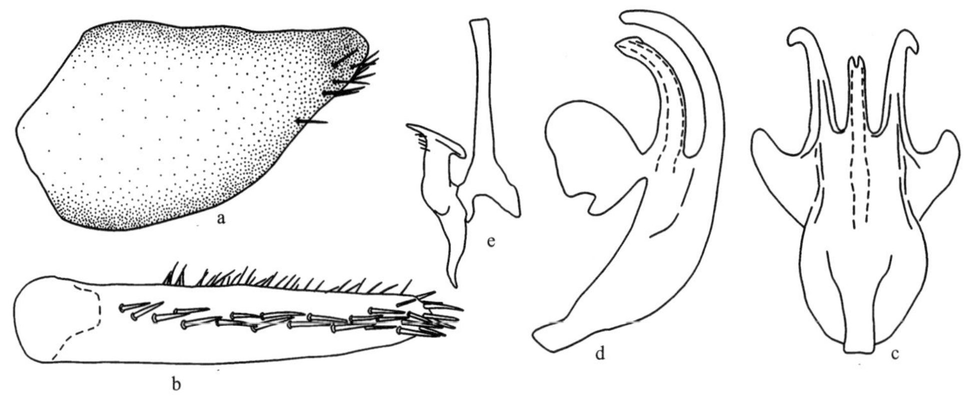

图 174　白脉突脉叶蝉 *Riseveinus albiveinus* (Li *et* Wang)

a. 雄虫尾节侧瓣侧面观 (male pygofer side, lateral view)；b. 雄虫下生殖板 (male subgenital plate)；c. 阳茎腹面观 (aedeagus, ventral view)；d. 阳茎侧面观 (aedeagus, lateral view)；e. 连索、阳基侧突 (connective and style)

(171) 单钩突脉叶蝉 *Riseveinus asymmetricus* Zhang, Zhang *et* Wei, 2010 (图 175)

Riseveinus asymmetricus Zhang, Zhang *et* Wei, 2010, Zootaxa, 2601: 64. **Type locality**: Yunnan (Xishuangbanna).

模式标本产地　云南西双版纳。

体连翅长，雄虫 8.5mm，头部宽 1.5mm，头冠长 1.5mm。

头冠前端角状突出，中央长度大于前胸背板和小盾片中长之和；单眼位于侧脊外侧的凹陷内；颜面长大于宽，前唇基基部隆起，端向渐窄，舌侧板伸出前唇基端缘。前胸背板较头部宽，基域有不甚明显的皱纹，后缘微凹入；小盾片中央长度与前胸背板相等，横刻痕低凹；前翅前缘有细小刻点。

雄虫尾节侧瓣长大于宽，近似锥状突出，端区有细刚毛；雄虫下生殖板长叶片状，中央有 1 列粗长刚毛，边缘有细刚毛；阳茎干管状微弯曲，端部呈弯钩状，中部背缘两侧各有 1 长方形片状突，腹缘有 1 端向渐尖的长突，阳茎孔位于末端；连索 Y 形，主干长是臂长的 8 倍；阳基侧突端部呈人足形扩延。

体黑色。头冠中脊、额唇基中脊、触角、小盾片端区侧缘淡黄白色。胸部腹板黑褐色，胸足黄白色；前翅黑褐色，翅脉及翅面不规则斑黄白色。腹部背、腹面黑褐色（摘自 Zhang *et al.*, 2010a）。

检视标本　本次研究未见标本。

分布　云南。

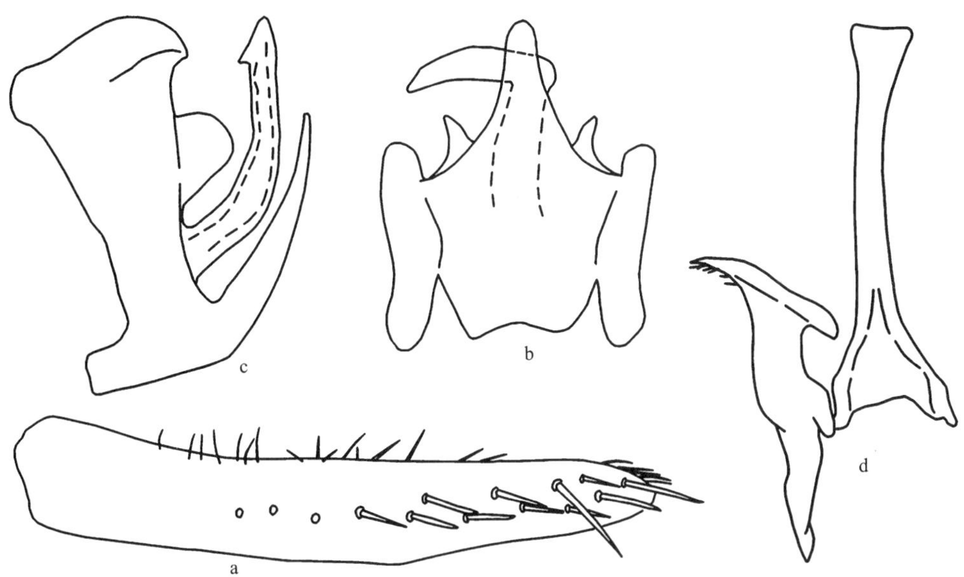

图 175　单钩突脉叶蝉 *Riseveinus asymmetricus* Zhang, Zhang *et* Wei（仿 Zhang *et al.*, 2010a）

a. 雄虫下生殖板（male subgenital plate）；b. 阳茎腹面观（aedeagus, ventral view）；c. 阳茎侧面观（aedeagus, lateral view）；d. 连索、阳基侧突（connective and style）

(172) 保山突脉叶蝉 *Riseveinus baoshanensis* Li *et* Li, 2012（图 176；图版Ⅷ：6）

Riseveinus baoshanensis Li *et* Li, 2012, Zootaxa, 3185: 60. **Type locality**: Yunnan (Baoshan).

模式标本产地　云南保山。

体连翅长，雄虫 7.5-8.0mm，雌虫 8.5-9.0mm。

体及前翅密生细柔毛。头冠中央长度明显大于前胸背板，自复眼前缘狭窄变细向前延伸突出，端部向上翘，沿中央纵脊两侧深凹，致边缘突起向上，侧脊于复眼前分叉；单眼位于头冠前侧缘，着生在侧脊外侧分叉处的凹洼内；颜面适度隆起。前胸背板前缘弧圆突出，侧缘呈角状突出，后缘近平直，中央微凹，长度约为头冠长度的 2/3，明显宽于头冠；小盾片略短于前胸背板，横刻痕位于中后部。

雄虫尾节侧瓣后缘呈角状突出，端区有数根粗刚毛；雄虫下生殖板狭长，中域有粗长刚毛列，外缘生有数根细刚毛；阳茎干中部背缘有 1 对片状突起，片状突基域有 1 对背向弯曲的细长突起，腹缘生 1 短突；连索 Y 形，主干较粗，两臂特短；阳基侧突宽扁斧形，基部均匀，折曲处散生数根细刚毛。雌虫腹部第 7 节腹板中央有 1 纵脊，后缘呈 W 形突出，产卵器长超出尾节侧瓣端缘。

体黑褐色。头冠中脊基半部、侧脊、额唇基中脊、触角及胸足灰白色，后足胫刺着生处、胫节末端及跗节大部黑褐色。前翅深褐色，散生不规则灰白色斑，尤以前缘域中后部 1 斑最大，翅脉灰白色。

检视标本 **云南**：♂ (正模)，保山百花岭，2011.Ⅵ.13-15，张斌采(GUGC)；1♂ (副模)，保山百花岭，2011.Ⅵ.13-15，李玉建采 (GUGC)；1♂1♀ (副模)，保山百花岭，2011.Ⅵ.13-15，杨再华采(GUGC)；2♀ (副模)，保山百花岭，2011.Ⅵ.13-15，张斌采(GUGC)；1♂2♀，高黎贡山，2013.Ⅷ.5，王英鉴、孙海燕采 (GUGC)；1♂，高黎贡山，2013.Ⅷ.5，杨卫诚采 (GUGC)。

分布 云南。

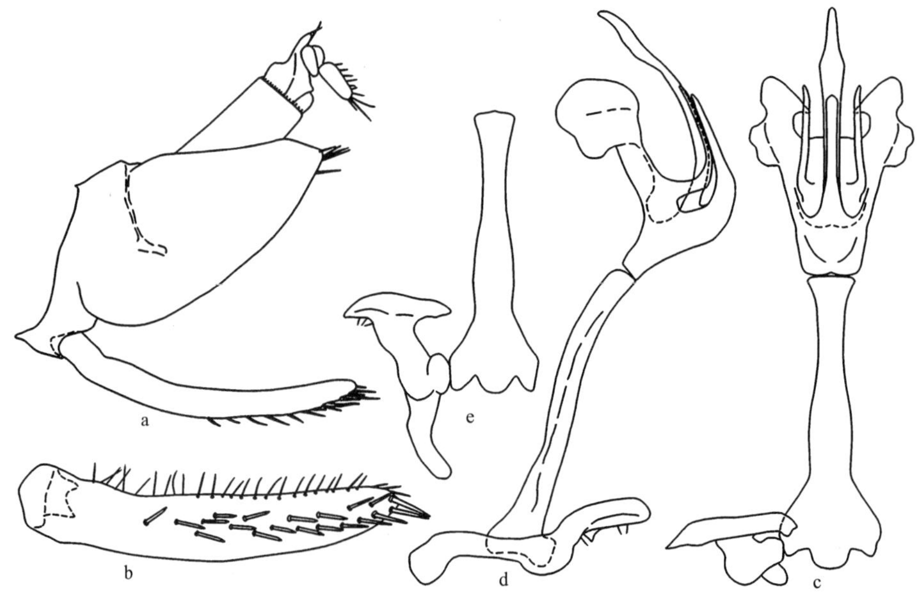

图 176 保山突脉叶蝉 *Riseveinus baoshanensis* Li *et* Li

a. 雄虫尾节侧面观 (male pygofer, lateral view)；b. 雄虫下生殖板 (male subgenital plate)；c. 阳茎、连索、阳基侧突腹面观 (aedeagus, connective and style, ventral view)；d. 阳茎、连索、阳基侧突侧面观 (aedeagus, connective and style, lateral view)；e. 连索、阳基侧突 (connective and style)

(173) 扁茎突脉叶蝉 *Riseveinus compressus* Zhang, Zhang *et* Wei, 2010 (图 177)

Riseveinus compressus Zhang, Zhang *et* Wei, 2010, Zootaxa, 2601: 64. **Type locality**: Taiwan (Hualien).

模式标本产地　台湾花莲。

体连翅长，雄虫 8.5mm，头部宽 1.6mm，头部长 1.5mm。

头冠中央长度长于前胸背板和小盾片中长之和；单眼位于侧脊外侧的凹陷内；颜面长大于宽，前唇基基部隆起，端向渐窄，舌侧板伸出前唇基端缘。前胸背板较头部宽，基域有不甚明显的皱纹，后缘微凹入；小盾片中央长度与前胸背板相等，横刻痕低凹；前翅前缘有细小刻点。

雄虫下生殖板长叶片状，微弯曲，中央有粗长刚毛，内缘有细长刚毛；阳茎干管状微弯曲，侧面观宽扁，末端有 1 对长突，中部腹缘有 1 对长突，其长度伸不及阳茎干末端，背缘两侧有 1 对近似长方形的片状突；连索 Y 形，主干长度是臂长的 9 倍；阳基侧突末端呈斧头状扩延。

体黑色。头冠中脊、触角、小盾片中央 2 线状纹及端区侧缘淡黄白色。胸部腹板黑褐色，胸足黄白色；前翅黑褐色，前缘域中部淡黄白色。腹部背、腹面黑褐色 (摘自 Zhang *et al.*, 2010a)。

检视标本　本次研究未见标本。

分布　台湾。

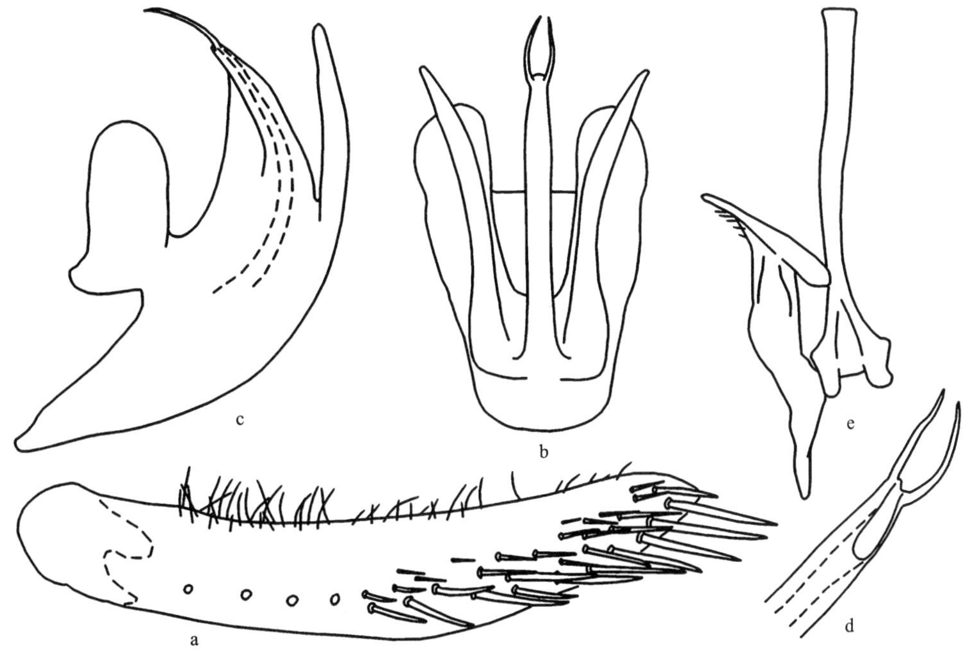

图 177　扁茎突脉叶蝉 *Riseveinus compressus* Zhang, Zhang *et* Wei (仿 Zhang *et al.*, 2010a)

a. 雄虫下生殖板 (male subgenital plate)；b. 阳茎腹面观 (aedeagus, ventral view)；c. 阳茎侧面观 (aedeagus, lateral view)；d. 阳茎端部 (apical area of aedeagus)；e. 连索、阳基侧突 (connective and style)

(174) 中华突脉叶蝉 *Riseveinus sinensis* (Jacobi, 1944) (图 178；图版Ⅷ：7)

Dussana sinensis Jacobi, 1944, Mitteilungen der Müchener Entomonigischen Gesellschaft, 34: 51. **Type locality**: Fujian.

Pythanmus chiabaotawow Huang, 1992, Bulletin of National Museum of Natural Science, 3: 177. **New synonymy.**

Riseveinus sinensis (Jacobi): Li *et* Wang, 1995, Entomotaxonomia, 17(3): 192.

模式标本产地 福建。

体连翅长，雄虫 9.2-9.5mm，雌虫 9.8mm。头冠长 1.8-2.0mm。

头冠由基至端逐渐向上翘，中脊和侧脊间低凹，侧脊于复眼前分叉；单眼位于头冠侧域，着生在分叉的凹陷内，与复眼的距离约等于自身直径的 2 倍；颜面基域隆起，端部平坦，端缘弧圆，前唇基和后唇基交界处低凹，舌侧板短小，末端伸不及前唇基端缘。前胸背板较头部宽，中域隆起向两侧倾斜，前缘接近平直，后缘微凹，前缘域两侧有 1 低凹痕；小盾片较前胸背板短，横刻痕位于中后部。

雄虫尾节背缘接近平直，端腹缘斜直向上，致端缘上部呈角状突出，端区有数根长刚毛；雄虫下生殖板弯曲，端缘圆，散生不规则排列的粗长刚毛；阳茎向背面弯曲，背缘有 1 对长形突起，腹缘有 1 对端向较细的长突，其末端超过阳茎干端缘，且与阳茎一并弯曲伸向背面；连索长 Y 形，主干长是臂长的 8 倍；阳基侧突手杖形。

体黑色。头冠中脊、侧脊、额唇基中脊、触角、小盾片中央 2 线状纹及端区侧缘淡黄微带褐色色泽。前翅黑褐色，翅脉及翅面不规则斑黄白色；胸足黄白色。

检视标本 **陕西**：1♀，太白山，1982.Ⅶ.18，周静若采 (NWAFU)。**湖北**：1♂，神农架，1988. Ⅷ.4，杨忠歧采 (NWAFU)；1♂2♀，神农架，2003.Ⅶ.14-15，李晶、李松林采 (YTU)；1♀，神农架，2013.Ⅶ.17，常志敏采 (GUGC)。**湖南**：1♀，张家界，2013. Ⅷ.3，李虎采 (GUGC)。**江西**：1♂，庐山，1975.Ⅶ.12，刘友樵采 (IZCAS)。**浙江**：1♂，庆元，2013.Ⅵ.29，李斌采 (GUGC)；1♀，磐安，2013.Ⅶ.2，严斌采 (GUGC)。**福建**：1♂，崇安，1960.Ⅵ.24，金根桃、林杨明采 (IZCAS)；1♂，武夷山，2013.Ⅵ.26，李斌采 (GUGC)。

分布 陕西、浙江、湖北、江西、湖南、福建。

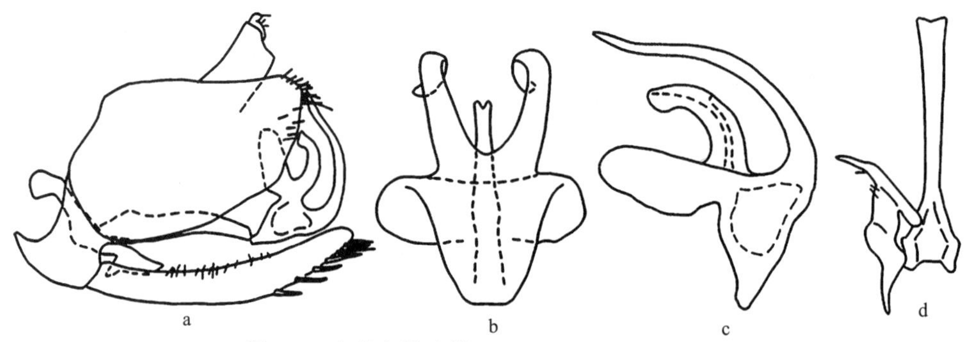

图 178 中华突脉叶蝉 *Riseveinus sinenis* (Jacobi)

a. 雄虫尾节侧面观 (male pygofer, lateral view)；b. 阳茎腹面观 (aedeagus, ventral view)；c. 阳茎侧面观 (aedeagus, lateral view)；d. 连索、阳基侧突 (connective and style)

23. 窄冠叶蝉属 *Shortcrowna* Li *et* Li, 2014

Shortcrowna Li *et* Li, 2014, Zootaxa, 3764(4): 467. **Type species**: *Shortcrowna leishanensis* Li *et* Li, 2014.

模式种产地：贵州雷山。

属征：体较粗壮，常具黑色斑纹，头、胸部及前翅散生细弱柔毛。头冠前端宽圆突出，中央长度小于或等于二复眼间宽，有 3 纵脊，即 1 中脊、2 侧脊，侧脊于中部分叉；单眼位于头冠前侧缘，着生在侧脊分叉处；颜面额唇基隆起，中央有 1 明显隆起纵脊，两侧有横印痕列。前胸背板较头部宽；小盾片三角形；前翅狭长，翅脉明显，R_{1a} 脉与前缘垂直相交，有 4 端室，端片狭小。

雄虫尾节侧瓣宽大，腹缘无突起；雄虫下生殖板长叶片状，外缘具有细长刚毛，内缘域有刚毛列，端部散生数根粗刚毛；阳茎管状，背向弯曲，背缘有 1 对大的片状突；连索 Y 形；阳基侧突端部呈鸟喙状。

地理分布：东洋界。

此属由 Li 和 Li (2014b) 以 *Shortcrowna leishanensis* Li *et* Li 为模式种建立。

此属已知 4 种，全分布于中国。本志记述 4 种。

种 检 索 表 (♂)

1. 头冠黄褐色，基域中央有 2 黑色斑点……………………………………二点窄冠叶蝉 ***S. biguttata***
   头冠黑色，基域中央无黑色斑……………………………………………………………………2
2. 前翅边缘有黑褐色条带………………………………………………黑缘窄冠叶蝉 ***S. nigrimargina***
   前翅边缘无黑褐色条带……………………………………………………………………………3
3. 前翅红褐色，前胸背板后侧域有 1 橙黄色带纹…………………………雷山窄冠叶蝉 ***S. leishanensis***
   前翅污黄色，前胸背板中央有 1“工”字形黑色纹……………………黄头窄冠叶蝉 ***S. flavocapitata***

(175) 二点窄冠叶蝉 *Shortcrowna biguttata* (Li *et* Wang, 2002) (图 179)

Bundenra biguttata Li *et* Wang, 2002, Acta Zootaxonomica Sinica, 27(3): 550. **Type locality**: Guizhou (Fanjingshan).

Shortcrowna biguttata (Li *et* Wang): Li *et* Li, 2014, Zootaxa, 3764(4): 469.

模式标本产地　贵州梵净山。

体连翅长，雄虫 7.5-7.8mm，雌虫 8.0-8.2mm。

头冠前端宽圆突出，冠面隆起，两侧有起自头冠顶端且于端部分叉的斜脊；单眼位于头冠前侧缘，着生在侧脊的分叉处；颜面额唇基隆起。前胸背板较头部宽，前缘中域有 1 不甚明显的凹痕，前缘两侧各有 1 螺纹，其后密生横皱；小盾片中域低凹，横刻痕弧弯。

雄虫尾节侧瓣端缘弧圆突出，端区有粗刚毛；雄虫下生殖板微弯曲，中域扩大，中部内侧有 1 列粗长刚毛；阳茎管状微弯曲，中部背域突起片状宽大，阳茎孔位于末端；连索 Y 形，主干长是臂长的 3 倍；阳基侧突宽扁，端部向外侧弯曲，弯曲处有数根粗长刚毛。雌虫腹部第 7 节腹板中长是第 6 节腹板中长的 3 倍，后缘中央深刻凹入，两侧叶端部尖突，产卵器长伸出尾节侧瓣端缘。

体及前翅淡黄微带褐色。头冠基域于中脊两侧各有 1 黑色圆点；复眼黑褐色；颜面淡黄白色，额唇基基缘 1 斑点、触角窝下方 1 纵斑均黑褐色。前胸背板前缘域有不规则形褐色斑点；小盾片基侧角黑褐色斑，中央有褐色纵纹；前翅淡黄具褐色晕，翅脉淡黄白色；胸部腹板和胸足淡黄白色，爪黑褐色。腹部背、腹面淡黄白色。雌虫第 7 节腹板端区褐色。

观察标本　**贵州**：♂ (正模)，1♂2♀ (副模)，梵净山，2001.Ⅶ.27，刘高峰采 (GUGC)；5♂1♀，雷公山，2004.Ⅶ.30，廖启荣采 (GUGC)；2♂1♀，雷公山，2004.Ⅶ.31，葛德燕采 (GUGC)；1♂，雷公山，2004.Ⅶ.31，徐翩采 (GUGC)；2♂，雷公山，2004.Ⅷ.4，宋琼章采 (GUGC)。

分布　贵州。

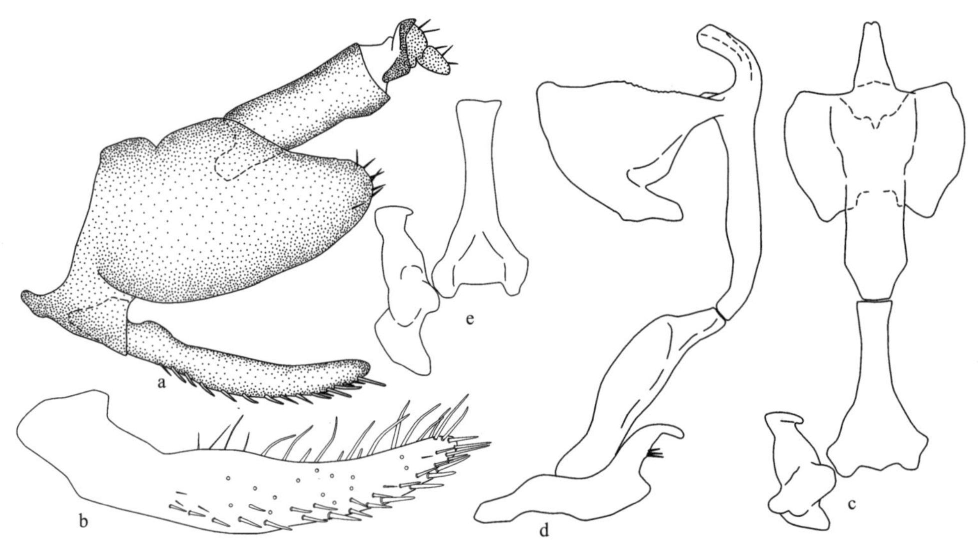

图 179　二点窄冠叶蝉 *Shortcrowna biguttata* (Li *et* Wang)

a. 雄虫尾节侧面观 (male pygofer, lateral view)；b. 雄虫下生殖板 (male subgenital plate)；c. 阳茎、连索、阳基侧突腹面观 (aedeagus, connective and style, ventral view)；d. 阳茎、连索、阳基侧突侧面观 (aedeagus, connective and style, lateral view)；e. 连索、阳基侧突 (connective and style)

(176) 黄头窄冠叶蝉 *Shortcrowna flavocapitata* (Kato, 1933) (图 180；图版Ⅷ：8)

Bundera flavocapitata Kato, 1933, Ent. World, 1: 454. **Type locality**: Taiwan.

Shortcrowna flavocapitata (Kato): Li *et* Li, 2014, Zootaxa, 3764(4): 470.

模式标本产地　台湾。

体连翅长，雄虫 6.2-7.3mm，雌虫 7.4-7.6mm。

头冠前端宽圆突出，冠面隆起，中央长度与二复眼间宽接近相等；单眼位于头冠侧缘域，着生在侧脊分叉处，与头冠顶端的距离约等于与复眼距离的 2 倍；颜面额唇基隆起。前胸背板较头部宽。

雄虫尾节侧瓣近似三角形，背缘接近平直，端腹缘斜直，致端背缘呈角状突出，端区生数根细长刚毛；雄虫下生殖板端缘和基缘钝圆，中长约等于基部宽的 8.7 倍，散生细长刚毛和缘毛；阳茎管状背向弯曲，中部背缘两侧有直的片状和 1 宽膜状突起；连索 Y 形，主干较阳茎短；阳基侧突两端较细，端区有数根刚毛。

体淡黄褐色。头冠中前域有 1 大黑斑；复眼暗黄褐色；单眼淡黄褐色；颜面淡黄褐色，额唇基有 3 黑斑，其中 1 在基缘域，另外 2 分列于两侧，前唇基端部亦黑色。前胸背板淡黄微带褐色，前域两侧横斑和中后部 1 宽横带纹均黑色，一些个体前域 2 横斑相融成 1 条横带，且前、后横带间有 1 黑色纵线相连；小盾片黑色，一些个体在中域有淡黄褐色斑；前翅污黄色，前缘域基部 3/5、革片中央纵带纹及沿接合缝区暗褐色；胸部腹板和胸足淡黄褐色。

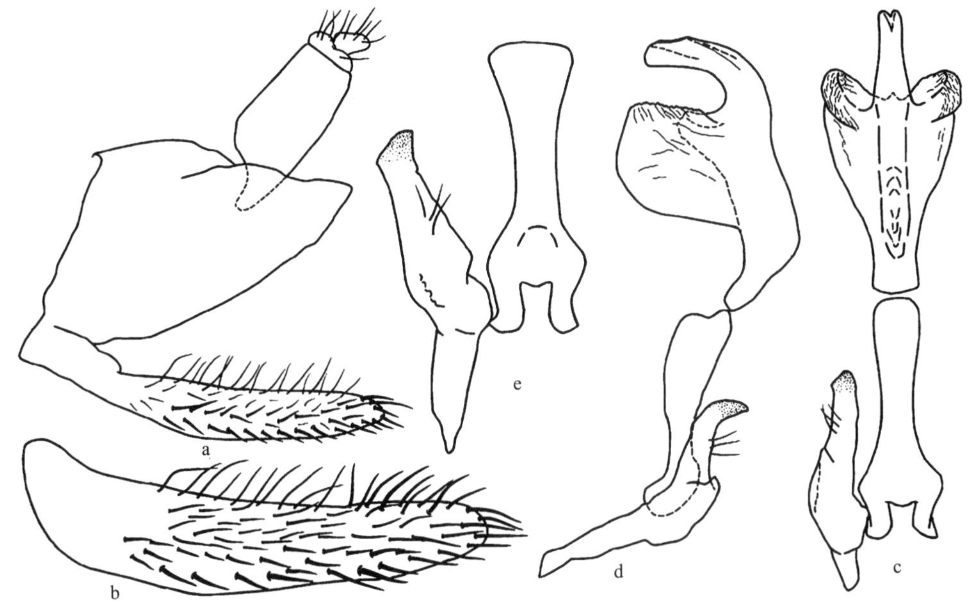

图 180　黄头窄冠叶蝉 *Shortcrowna flavocapitata* (Kato)

a. 雄虫尾节侧面观 (male pygofer, lateral view)；b. 雄虫下生殖板 (male subgenital plate)；c. 阳茎、连索、阳基侧突腹面观 (aedeagus, connective and style, ventral view)；d. 阳茎、连索、阳基侧突侧面观 (aedeagus, connective and style, lateral view)；e. 连索、阳基侧突 (connective and style)

检视标本　**福建**：1♂7♀，武夷山，2012.Ⅴ.23-24，杨卫诚、常志敏采 (GUGC)。**台湾**：1♂，Taichung，1986.Ⅳ.11，C. S. Lin 采 (GUGC)；1♂，Taichung，1990.Ⅴ.1，L. Le. Sage 采 (GUGC)；1♂1♀，Taichung，1990.Ⅴ.3，C. C. Chang 采 (GUGC)；1♂，Taichung，1991.Ⅴ.1，C. C. Chiang 采 (GUGC)；1♂，Nantou，1991.Ⅴ.1，C. C. Chiang (GUGC)；1♂，

Yunlin，1991.Ⅻ.13，C. C. Chiang 采 (GUGC)；1♂，Nantou，1992.Ⅳ.29，W. T. Yang 采 (GUGC)；1♂，Nantou，1992.Ⅶ.22，C. S. Lin 采 (GUGC)；1♂，Nantou，1997.Ⅵ.26，C. S. Lin 和 W. T. Yang 采 (GUGC)；1♀，Kaohsiung，1998.Ⅳ.28，M. L. Chan 采 (GUGC)；1♂，Hualien，2003.Ⅴ.7，C. S. Linh 和 W. T. Yang 采 (GUGC)。**贵州**：2♀，荔波茂兰，1095.Ⅴ.13，李子忠采 (GUGC)；5♂4♀，习水，2000.Ⅴ.28，李子忠采 (GUGC)。

分布 福建、台湾、贵州。

(177) 雷山窄冠叶蝉 *Shortcrowna leishanensis* Li *et* Li, 2014 (图 181；图版Ⅸ：1)

Shortcrowna leishanensis Li *et* Li, 2014, Zootaxa, 3764(4): 472. **Type locality**: Guizhou (Leishan).

模式标本产地 贵州雷山。

体连翅长，雄虫 7.4-7.6mm，雌虫 8.5-8.7mm。

头、胸部及前翅散生细弱柔毛。头冠前端呈钝角状突出，中央长度小于宽，侧脊端部分叉，基域于中央纵脊两侧各有 1 斜向前方的短隆脊；复眼较大，长度约为头冠中长的 2/3；单眼位于头冠前侧缘，与复眼的距离和与头冠顶端的距离近似相等；颜面额唇基隆起。前胸背板中长略大于头冠，宽度大于头冠，前缘弧圆突出，后缘中央凹刻明显；小盾片横刻痕明显。

雄虫尾节侧瓣宽大，近长方形，端部散生数根短刚毛；雄虫下生殖板长叶片状，外缘具有细长刚毛，内缘域有粗刚毛列；阳茎管状，侧面观微向背弯曲，背缘有 1 对近似方形的片状突，端部浅叉状；连索 Y 形，主干明显大于臂长；阳基侧突端部呈鸟头状。

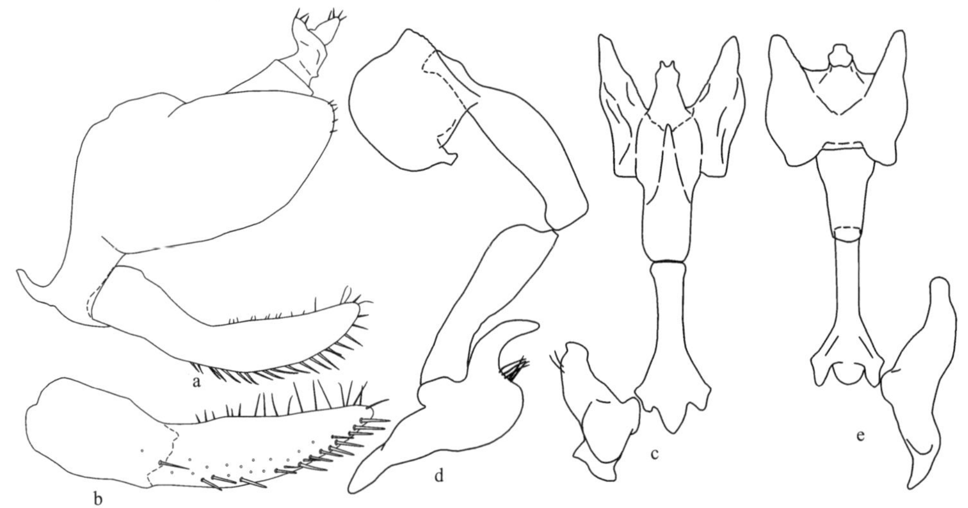

图 181 雷山窄冠叶蝉 *Shortcrowna leishanensis* Li *et* Li

a. 雄虫尾节侧面观 (male pygofer, lateral view)；b. 雄虫下生殖板 (male subgenital plate)；c. 阳茎、连索、阳基侧突腹面观 (aedeagus, connective and style, ventral view)；d. 阳茎、连索、阳基侧突侧面观 (aedeagus, connective and style, lateral view)；e. 阳茎、连索、阳基侧突背面观 (aedeagus, connective and style, dorsal view)

体黑褐色。头冠侧域、单眼后方及复眼周边黄褐色；复眼黑褐色；单眼无色半透明；颜面黄白色，额唇基基域及中部外侧各有 1 卵圆形黑斑，前唇基端区黑褐色。前胸背板中域黑褐色，前缘域有数个黑斑，后缘域有 1 橙黄色条带；小盾片黑色；前翅红褐色，雌虫红色成分减淡，端室处黑褐色半透明，前翅沿 M 脉、Cu_1 脉及爪片各有 1 黑褐色带纹。

检视标本　**贵州**：♂ (正模)，2♂2♀ (副模)，2005.Ⅵ.4，雷山方祥，李子忠、张斌采 (GUGC)。

分布　贵州。

(178) 黑缘窄冠叶蝉 *Shortcrowna nigrimargina* (Li *et* Wang, 2002) (图 182)

Bundera nigrimargina Li *et* Wang, 2002, In: Li *et* Jin (ed.), Insect Fauna from National Reserve of Guizhou Province 1: 191. **Type locality**: Guizhou (Libomaolan).

Shortcrowna nigrimargina (Li *et* Wang): Li *et* Li, 2014, Zootaxa, 3764 (4): 471.

模式标本产地　贵州荔波茂兰。

体连翅长，雄虫 7.0-7.4mm，雌虫 7.5-7.8mm。

头、胸部及前翅散生细柔毛。头冠前端宽圆突出，中央长度与二复眼间宽近似相等；单眼位于头冠前侧缘，着生在侧脊分叉处；颜面额唇基隆起。前胸背板较头部宽。

雄虫尾节侧瓣近似三角形突出，端腹缘斜向背面伸出，端区有刚毛；雄虫下生殖板狭长，端向渐窄，散生粗刚毛；阳茎管状向背面弯曲，侧面观中部背缘有 1 对近似半圆形的片状突，端部管状弯曲；连索 Y 形，主干长是臂长的 3 倍；阳基侧突粗壮，端部扭曲向外侧伸出。雌虫腹部第 7 节腹板中央长度是第 6 节腹板的 2 倍，后缘中央舌形突出，产卵器伸出尾节侧瓣端缘甚多。

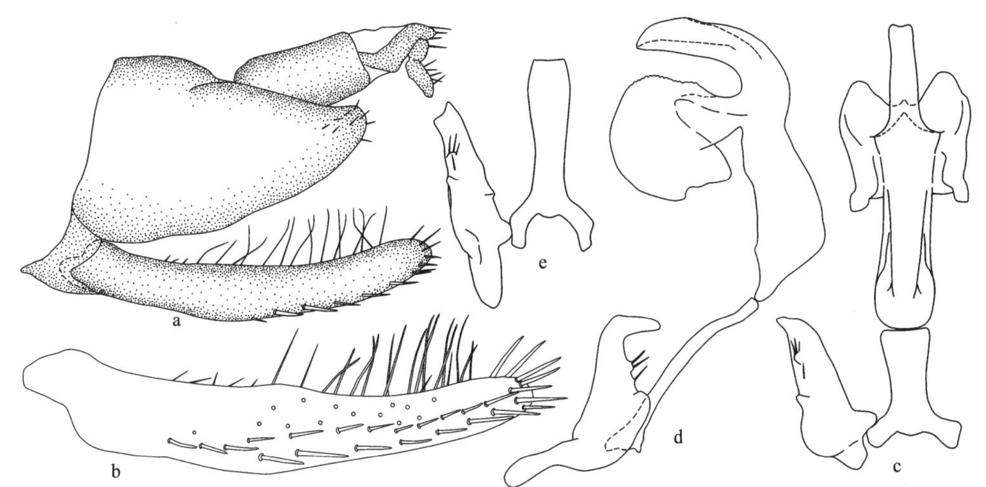

图 182　黑缘窄冠叶蝉 *Shortcrowna nigrimargina* (Li *et* Wang)

a. 雄虫尾节侧面观 (male pygofer, lateral view)；b. 雄虫下生殖板 (male subgenital plate)；c. 阳茎、连索、阳基侧突腹面观 (aedeagus, connective and style, ventral view)；d. 阳茎、连索、阳基侧突侧面观 (aedeagus, connective and style, lateral view)；e. 连索、阳基侧突 (connective and style)

体黑褐色。头冠黄白色，中央 1 大斑、缘脊和中央纵脊黑色；复眼黑色；单眼淡褐色；颜面黄白色，额唇基基缘中央及端缘和侧缘组成的 U 形斑黑褐色，前唇基端缘深褐色。前胸背板和小盾片黑色无斑纹；前翅红色，前缘和后缘黑色，端区煤褐色，有些个体前翅中域沿 Cu_2 脉有 1 黑褐色条带；胸部腹板淡黄白色，腹板中央有黑褐色斑块；胸足淡黄白色，胫节黑褐色。腹部背、腹面黑褐色，各节边缘淡黄白色。

检视标本 **贵州**：1♂，惠水，1979.Ⅷ.7，李子忠采 (GUGC)；♂ (正模)，1♀ (副模)，荔波茂兰，1980.Ⅴ.29，李子忠采 (GUGC)；1♀，茂兰永康，1998.Ⅴ.29，李子忠采 (GUGC)；1♂，荔波茂兰小七孔，1998.Ⅴ.30，李子忠采 (GUGC)；1♂，绥阳宽阔水香树湾，2010.Ⅵ.6，张斌采 (GUGC)；1♂2♀，绥阳宽阔水旺草镇，2010.Ⅵ.8，郑延丽采 (GUGC)；1♂，荔波茂兰，2011.Ⅳ.9，龙见坤采 (GUGC)；1♂，荔波茂兰，2011.Ⅳ.11，张培采 (GUGC)。

分布 贵州。

24. 思茅叶蝉属 *Simaonukia* Li *et* Li, 2017

Simaonukia Li *et* Li, 2017, Zookeys, 669: 108. **Type species:** *Simaonukia longispinus* Li *et* Li, 2017.

模式种产地：云南思茅。

属征：体中等大小，常为黑色。头冠具纵皱纹，前端呈角状突出，中央长度等于或小于前胸背板中长，具 5 纵脊，即 1 中脊、2 单眼上脊、2 单眼下脊，并于顶端汇集；单眼位于侧脊外侧，靠近复眼较顶端近，前唇基有 1 明显纵脊，前唇基基部宽大，舌侧板末端伸达前唇基端缘。前胸背板比头部宽，具横皱纹；小盾片三角形；前翅 R_{1a} 脉明显，有 4 端室，端片狭窄。

雄虫尾节侧瓣近似三角形，腹缘无突起，端区有细小刚毛；雄虫下生殖板舌形，散生细刚毛，外侧有 1 纵列粗长刚毛；阳茎基部背域有 1 对长突，亚端部有 1 对短突，末端钩状；连索近似板形；阳基侧突短，端部足形。

地理分布：东洋界。

此属由 Li 等 (2016) 以云南产长刺思茅叶蝉 *Simaonukia longispinus* Li *et* Li 为模式种建立，仅知 1 种，分布于中国。

目前此属仅知 1 种，主要分布于中国。本志记述 1 种。

(179) 长刺思茅叶蝉 *Simaonukia longispinus* Li *et* Li, 2017 (图 183；图版Ⅸ：2)

Simaonukia longispinus Li *et* Li, 2017, Zookeys, 669: 108. **Type locality**: Yunnan (Simao).

模式标本产地 云南思茅。

体连翅长，雄虫 4.9-5.0mm，雌虫 5.0-5.2mm。

头冠前端呈尖角突出，冠面隆起，具纵皱纹；单眼位于侧脊外侧，与复眼的距离小于与头冠顶端之距；颜面额唇基中域隆起。前胸背板宽大于长，具细横皱纹，前缘弧圆突出，后缘接近平直；小盾片较前胸背板短，横刻痕较直深凹，后缘隆起有横皱纹。

雄虫尾节侧瓣端向渐窄，近似三角形突出，端区和端腹缘有粗刚毛；雄虫下生殖板基部分节，较匀称，中域有 1 列粗长刚毛；阳茎近基部背域有 1 基部相连的长突，此突起中部向腹面弯曲，亚端部生 1 侧突，阳茎干末端弯曲锥形；连索近似板状，中部微突；阳基侧突较匀称，端部弯曲。雌虫腹部第 7 节腹板与第 6 节腹板接近等长，后缘中央接近平直，产卵器伸出尾节侧瓣端缘。

体及前翅黑色。单眼鲜红色；颜面端部淡黄白色。前翅前缘基部、爪片末端和端区前缘黄白色，端区前缘黄白色区内有 1 血红色斜纹。虫体腹面淡黄白色，无斑纹。

检视标本　**贵州**：1♀，望谟打易，2012.Ⅶ.23，郑维斌采 (GUGC)；3♂2♀，安龙，2012.Ⅷ.27，龙见坤采 (GUGC)。**云南**：♂，西双版纳，2011.Ⅱ.22，梁文琴采 (GUGC)；♂ (正模)，思茅普洱，2014.Ⅷ.21，郭梅娜采 (GUGC)；1♂，西双版纳，2014.Ⅷ.24，郭梅娜采 (GUGC)；1♀，绿春，2014.Ⅷ.14，周正湘采 (GUGC)；1♂，腾冲，2002.Ⅶ.15，李子忠采 (GUGC)；1♂，勐腊，2017.Ⅷ.20，智妍采 (GUGC)。

分布　贵州、云南。

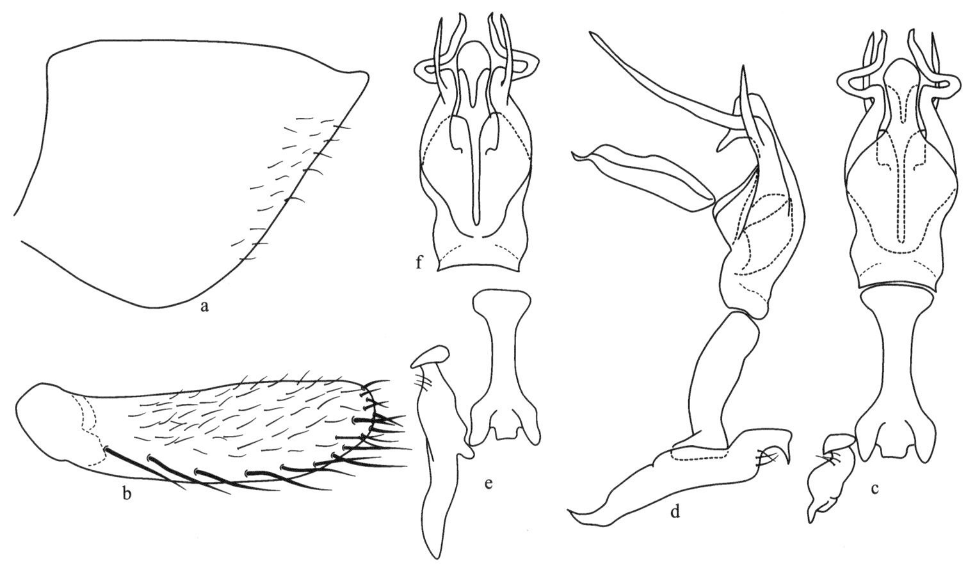

图 183　长刺思茅叶蝉 *Simaonukia longispinus* Li *et* Li

a. 雄虫尾节侧瓣侧面观 (male pygofer side, lateral view)；b. 雄虫下生殖板 (male subgenital plate)；c. 阳茎、连索、阳基侧突腹面观 (aedeagus, connective and style, ventral view)；d. 阳茎、连索、阳基侧突侧面观 (aedeagus, connective and style, lateral view)；e. 连索、阳基侧突 (connective and style)；f. 阳茎背面观 (aedeagus, dorsal view)

25. 皱背叶蝉属 *Striatanus* Li *et* Wang, 1995

Striatanus Li *et* Wang, 1995, Entomotaxonomia, 17(3): 189. **Type species:** *Striatanus curvatanus* Li *et* Wang, 1995.

模式种产地：贵州三都。

属征：头冠、前胸背板、小盾片和前翅具横皱纹。头冠极度突出，中央长度约等于前胸背板和小盾片之和，有 3 隆起纵脊，即 1 中脊、2 侧脊，中脊和侧脊间凹陷，侧脊于复眼前分叉；单眼位于头冠侧域，着生在侧脊分叉的凹陷内；颜面额唇基较平坦，侧面观斜直，中央有 1 突起的纵脊，两侧有横印痕列，前唇基基部隆起宽大。前胸背板中域隆起，向两侧倾斜；前翅长超过腹部末端，翅脉明显突起，2 臀脉于中部愈合，R_{1a} 脉与前缘反折相交，端片不甚明显。

雄虫尾节侧瓣腹缘有 1 长突；雄虫下生殖板长叶片状，端区疏生粗长刚毛；阳茎常有突起；连索 Y 形；阳基侧突外形种间变化较大。

地理分布：东洋界，古北界。

此属由李子忠和汪廉敏 (1995) 以 *Striatanus curvatanus* Li *et* Wang 为模式种建立，并记述贵州、西藏 3 新种；Zhang 等 (2009) 对该属进行了考订，并记述云南 1 新种。

全世界已知 4 种，全分布于中国。本志记述 5 种，含 1 新种。

种检索表 (♂)

1. 雄虫尾节侧瓣腹缘突起侧面观向外侧直伸 ………… 2
   雄虫尾节侧瓣腹缘突起侧面观向背面弯曲 ………… 3
2. 阳茎中部背缘突起向后弯曲 ………… **道真皱背叶蝉，新种 *S. daozhenensis* sp. nov.**
   阳茎中部背缘突起不向后弯曲 ………… **西藏皱背叶蝉 *S. tibetaensis***
3. 雄虫尾节侧瓣腹缘突起端区呈齿状 ………… **齿突皱背叶蝉 *S. dentatus***
   雄虫尾节侧瓣腹缘突起端区不呈锯齿状 ………… 4
4. 阳茎端部侧面观较直 ………… **直突皱背叶蝉 *S. erectus***
   阳茎端部侧面观微弯曲 ………… **曲突皱背叶蝉 *S. curvatanus***

(180) 曲突皱背叶蝉 *Striatanus curvatanus* Li *et* Wang, 1995 (图 184；图版Ⅸ：3)

Striatanus curvatanus Li *et* Wang, 1995, Entomotaxonomia, 17(3): 189. **Type locality**: Guizhou (Sandu), Sichuan (Emeishan).

模式标本产地　贵州三都，四川峨眉山。

体连翅长，雄虫 7.2-7.4mm，雌虫 7.5-7.8mm。

头冠前端极度向前突出，中央长度约等于前胸背板和小盾片之和；单眼位于头冠侧域，着生在侧脊分叉的凹陷内，与复眼的距离约等于自身直径的 2.5 倍；颜面额唇基较平坦，前唇基基域隆起，端区较平坦。前胸背板中央隆起似脊，向两侧倾斜，前缘弧圆，后缘微凹；小盾片约与前胸背板等长，横刻痕位于中后部，端区较平坦。

雄虫尾节侧瓣侧面观近长方形，端缘弧圆，端区有粗长刚毛，腹缘突起宽大沿端缘向背缘伸出，疏生横皱痕；雄虫下生殖板狭长，中域有粗长刚毛，端区疏生长刚毛；阳茎侧面观基部膨大，中部背域两侧各有 1 片状突起，端部变细成管状弯曲；连索 Y 形，主干细长，其长度是臂长的 4 倍；阳基侧突手杖形。雌虫腹部第 7 节腹板中央长度是第 6 节腹板的 1.5 倍，后缘中央舌形突出，产卵器伸出尾节侧瓣端缘甚多。

体黑色。头冠中脊、侧脊、颜面额唇基中脊、单眼、小盾片端区及基域两侧纵线状纹和胸足淡黄白色；复眼灰褐色。前翅黑褐色，翅脉及翅面不规则斑白色透明，尤以前缘区白色斑大而明显。

寄主　草本植物。

检视标本　**陕西**：1♂，太白山，2012.Ⅶ.11，徐世燕采 (GUGC)；1♂，火地塘，2012.Ⅶ.12，常志敏采 (GUGC)。**湖北**：1♂，五峰，1999.Ⅶ.10，杜艳丽采 (GUGC)；1♂，五峰后河，2002.Ⅶ.18，万涛采 (YTU)；1♂，神农架，2003.Ⅶ.16，向月琴采 (YTU)；1♂，五峰，2008.Ⅶ.14，徐庆宣采 (YTU)。**湖南**：1♂，张家界，2013.Ⅷ.2，常志敏采 (GUGC)。**四川**：1♂ (副模)，峨眉山，1957.Ⅶ.10，黄克仁采 (IZCAS)；1♂，宝兴，2005.Ⅷ.1，唐毅采 (GUGC)；1♂，泸定，2005.Ⅷ.8，唐毅采 (GUGC)；2♂，峨眉山，2010.Ⅶ.12，张培采 (GUGC)；1♂，甘孜，2012.Ⅶ. 28，李虎采 (GUGC)。**贵州**：♂ (正模)，1♂ (副模)，三都，1982.Ⅴ.28，王德琪采 (GUGC)；1♂，梵净山护国寺，2001.Ⅶ.28，刘高峰采 (GUGC)；5♂1♀，赫章，2008.Ⅷ.20，倪俊强采 (GUGC)；1♂，望谟，2013.Ⅵ.26，龙见坤采 (GUGC)。**云南**：1♂，哀牢山，2012.Ⅶ.21，徐世燕采 (GUGC)；1♂，玉溪，2012.Ⅶ.22，郑维斌采 (GUGC)；1♂，西双版纳，2012.Ⅶ.31，徐世燕采 (GUGC)；1♂2♀，金平，2012.Ⅷ.7，徐世燕采 (GUGC)；1♂2♀，高黎贡山，2013.Ⅷ.5，范志华采 (GUGC)。

分布　陕西、湖北、湖南、四川、贵州、云南。

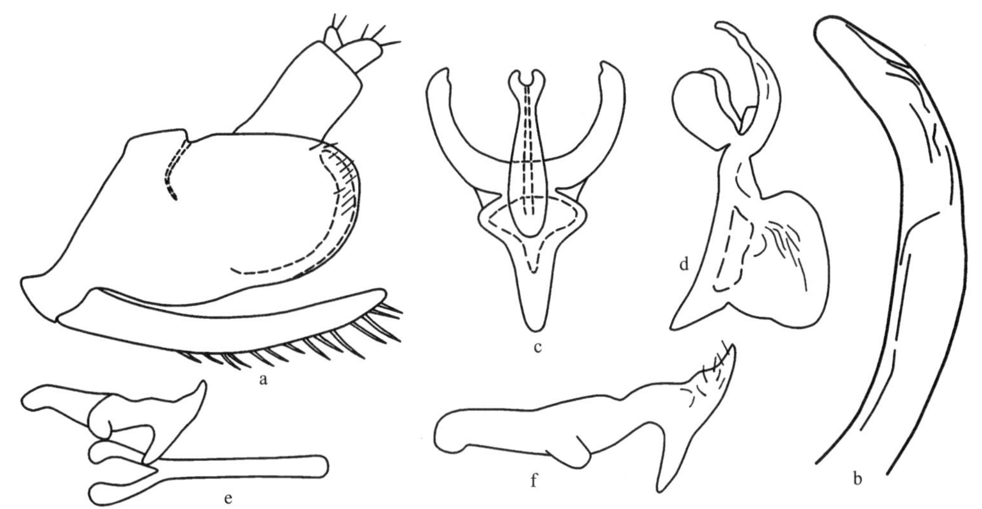

图 184　曲突皱背叶蝉 *Striatanus curvatanus* Li *et* Wang

a. 雄虫尾节侧面观 (male pygofer, lateral view)；b. 雄虫尾节侧瓣腹缘突起端部 (apical part of ventral margin process at male pygofer side)；c. 阳茎腹面观 (aedeagus, ventral view)；d. 阳茎侧面观 (aedeagus, lateral view)；e. 连索、阳基侧突 (connective and style)；f. 阳基侧突 (style)

(181) 道真皱背叶蝉，新种 *Striatanus daozhenensis* Li, Li *et* Xing, sp. nov. (图 185)

模式标本产地　贵州道真。

体连翅长，雄虫 7.2-7.4mm。

头冠、前胸背板、小盾片和前翅具横皱纹。头冠前端极度向前突出，中长约等于前胸背板和小盾片之和；单眼位于头冠前侧缘，着生在侧脊分叉的凹陷处，与复眼的距离较远，约等于单眼自身直径的 4 倍。前胸背板前、后缘接近平直。

雄虫尾节侧瓣近似三角形，腹缘突起细长，超出尾节侧瓣端缘，端部波浪状；雄虫下生殖板狭长，端半部中域散生不规则排列的粗长刚毛；阳茎粗短，侧面观中部和端部背域两侧各有 1 向后伸出的长突，其中中部突起中域有 1 刺状突，腹面近基部成三角形扩延，性孔位于末端；连索 Y 形，近基部膨大，两臂特短；阳基侧突宽扁，端部弯折向外伸出。

体黑色。头冠中脊、侧脊、颜面额唇基中脊、单眼、小盾片端区及基域两侧 1 纵线状纹和胸足淡黄白色；复眼灰褐色。前翅黑褐色，翅脉及翅面不规则斑白色透明，尤以前缘区白色斑大而明显。

正模 ♂，贵州道真大沙河，2004.Ⅷ.17，杨茂发采。模式标本保存在贵州大学昆虫研究所 (GUGC)。

词源 新种以模式标本采集地——贵州道真命名。

分布 贵州。

新种外形特征与曲突皱背叶蝉 *Striatanus curvatanus* Li *et* Wang 相似，不同点是本新种雄虫尾节侧瓣腹缘突起向外侧直伸，长度超出尾节侧瓣端缘，阳茎端部两侧突起向后弯曲。

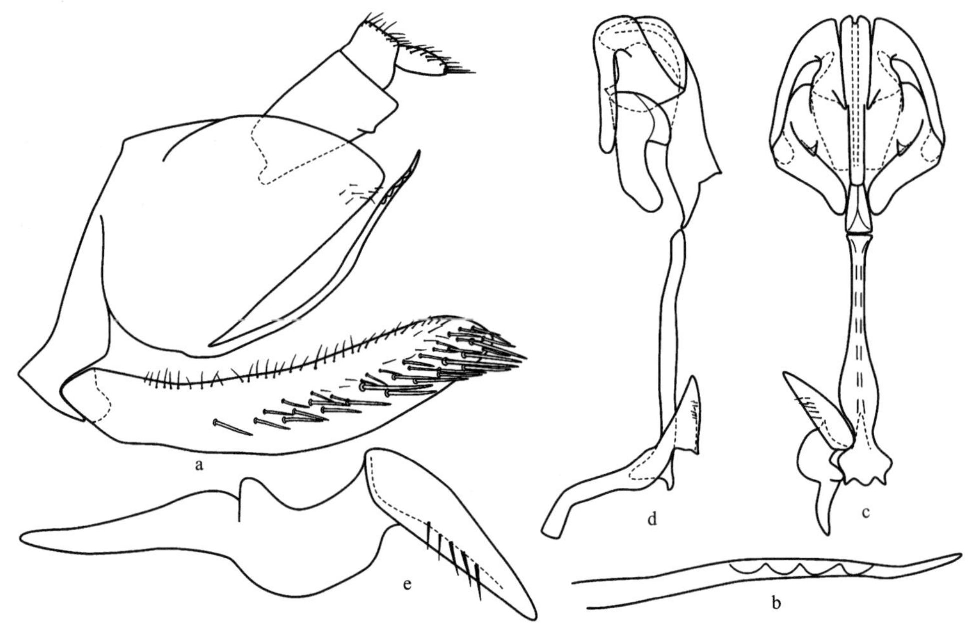

图 185 道真皱背叶蝉，新种 *Striatanus daozhenensis* Li, Li *et* Xing, sp. nov.

a. 雄虫尾节侧面观 (male pygofer, lateral view)；b. 雄虫尾节侧瓣腹缘突起端部 (apical part of ventral margin process at male pygofer side)；c. 阳茎、连索、阳基侧突腹面观 (aedeagus, connective and style, ventral view)；d. 阳茎、连索、阳基侧突侧面观 (aedeagus, connective and style, lateral view)；e. 阳基侧突 (style)

(182) 齿突皱背叶蝉 *Striatanus dentatus* Li *et* Wang, 1995 (图 186；图版Ⅸ：4)

Striatanus dentatus Li *et* Wang, 1995, Entomotaxonomia, 17(3): 190. **Type locality**: Guizhou (Fanjingshan), Yunnan (Mengla).

模式标本产地　贵州梵净山，云南勐腊。

体连翅长，雄虫 7.5-7.8mm。

头冠前端极度向前突出，中长约等于前胸背板和小盾片之和；单眼位于头冠前侧缘，着生在侧脊分叉处，与复眼的距离较远，约等于单眼自身直径的 4 倍；颜面前唇基基部隆起，端缘弧圆突出。前胸背板后缘中央略呈角状凹入。

雄虫尾节侧瓣侧面观端向渐窄，端缘向背面斜直，端区有数根长刚毛，腹缘突起沿端缘向背面伸出，约伸出尾节侧瓣背缘，其端域呈锯齿状；雄虫下生殖板狭长，端半部中域散生不规则排列的粗长刚毛；阳茎基部管状，中部背域两侧各有 1 向后伸出的显著突起，突起端部有皱褶，阳茎孔长形，位于末端；连索 Y 形，主干细长，中央长度是臂长的 7 倍；阳基侧突宽扁，端部弯折向外伸出。雌虫腹部第 7 节腹板中央长度与第 6 节腹板接近等长，产卵器伸出尾节侧瓣端缘。

体及前翅黑色。头冠中脊、侧脊、颜面中脊、小盾片中央 2 纵线纹及端区侧缘、前翅翅脉及不规则透明斑和胸足淡黄白色；复眼黑褐色；单眼淡黄褐色。

寄主　草本植物。

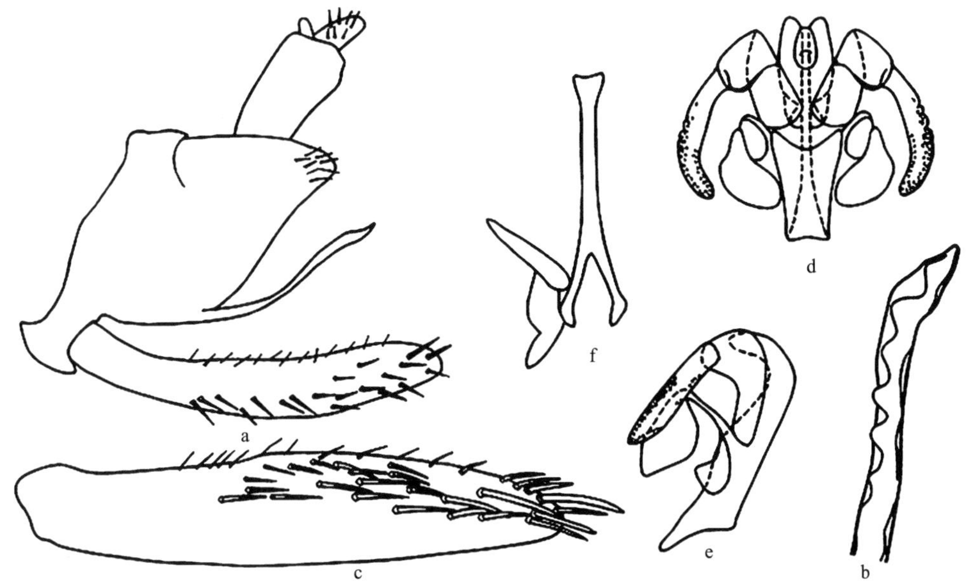

图 186　齿突皱背叶蝉 *Striatanus dentatus* Li *et* Wang

a. 雄虫尾节侧面观 (male pygofer, lateral view)；b. 雄虫尾节侧瓣腹缘突起端部 (apical part of ventral margin process at male pygofer side)；c. 雄虫下生殖板 (male subgenital plate)；d. 阳茎腹面观 (aedeagus, ventral view)；e. 阳茎侧面观 (aedeagus, lateral view)；f.连索、阳基侧突 (connective and style)

检视标本　**贵州**：♂(正模)，梵净山，1994.Ⅷ.7，李子忠采 (GUGC)。**云南**：1♂(副模)，勐腊，1987.Ⅸ.6，刘兰、薛增召采 (IZCAS)；1♂，勐腊，2008.Ⅶ.20，李建达采 (GUGC)；1♂，勐仑，2010.Ⅷ.6，党凯采 (GUGC)；2♂，红河分水岭，2012.Ⅶ.5，郑维斌采 (GUGC)；1♂，玉溪老军山，2012.Ⅶ.22，郑维斌采 (GUGC)；1♂，西双版纳，2012.Ⅶ.24，郑维斌采 (GUGC)；1♂1♀，福贡，2012.Ⅶ.25，龙见坤采 (GUGC)；3♂，福贡，2012.Ⅶ.25，龙见坤采 (GUGC)；2♂，西双版纳勐腊，2012.Ⅶ.30，常志敏采 (GUGC)；2♂1♀，梁河勐养，2013.Ⅶ.27，杨卫诚、孙海燕采 (GUGC)；1♂1♀，梁河勐养，2013.Ⅶ.27，范志华采 (GUGC)。

分布　贵州、云南。

(183) 直突皱背叶蝉 *Striatanus erectus* Zhang, Zhang *et* Wei, 2009 (图 187)

Striatanus erectus Zhang, Zhang *et* Wei, 2009, Zootaxa, 2292: 56. **Type locality**: Yunnan (Pingbian).

模式标本产地　云南屏边。

体连翅长，雄虫 7.5-7.8mm，雌虫 8.5mm。

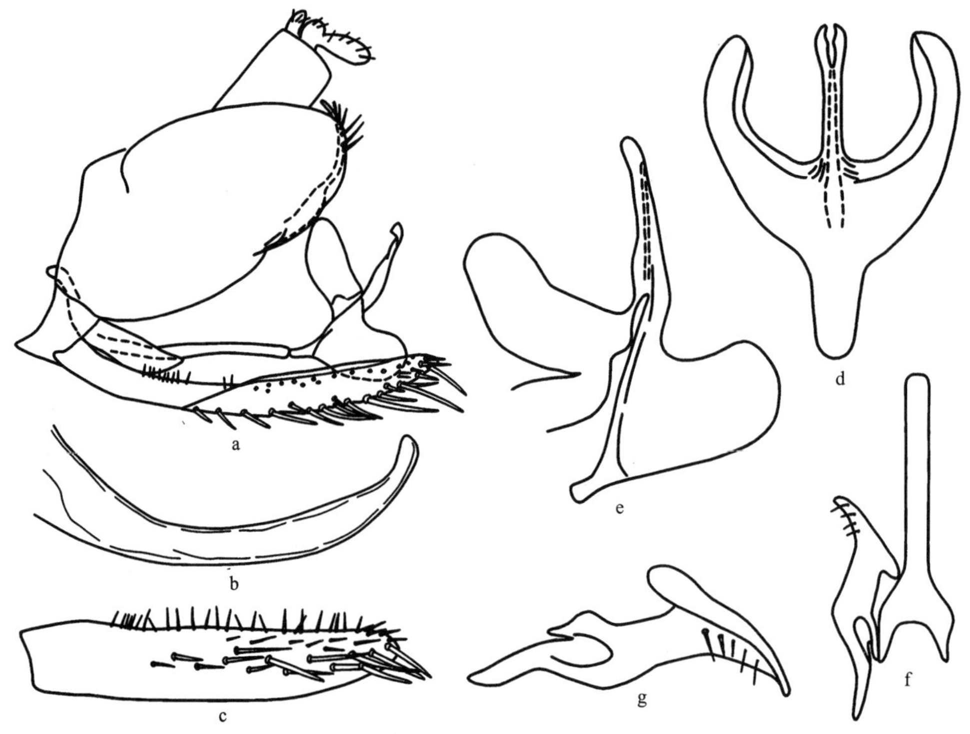

图 187　直突皱背叶蝉 *Striatanus erectus* Zhang, Zhang *et* Wei

a. 雄虫尾节侧面观 (male pygofer, lateral view)；b. 雄虫尾节侧瓣腹缘突起 (ventral margin process at male pygofer side)；c. 雄虫下生殖板 (male subgenital plate)；d. 阳茎腹面观 (aedeagus, ventral view)；e. 阳茎侧面观 (aedeagus, lateral view)；f. 连索、阳基侧突 (connective and style)；g. 阳基侧突 (style)

头冠前端极度向前突出，中长约等于前胸背板和小盾片之和；单眼位于头冠前侧缘，着生在侧脊分叉处，与复眼的距离较远，约等于单眼自身直径的 4 倍；颜面前唇基基部隆起，端缘弧圆突出。前胸背板前缘弧圆，后缘接近平直。

雄虫尾节侧瓣近似长方形，端缘弧圆，端缘有数根长刚毛，腹缘突起末端接近尾节侧瓣端背缘；雄虫下生殖板长形，端半部有不规则排列的粗长刚毛；阳茎侧面观背域有 1 对片状突，与阳茎接近等长，腹缘中部有 1 片状突；连索 Y 形，主干特长；阳基侧突宽扁，端部弯折向外伸出。雌虫腹部第 7 节腹板明显大于第 6 节，中央隆起似 1 纵脊，后缘中央舌形突出，产卵器伸出尾节侧瓣端缘。

体黑色。单眼、颜面中央纵脊、小盾片端域两侧和胸部腹板淡黄白色。前翅黑褐色，前缘域不规则形斑及端区翅脉淡黄白色。

检视标本　**云南**：1♀，西双版纳，2014.Ⅷ.21，郭梅娜采 (GUGC)；2♂，绿春黄连山，2014.Ⅷ.14，郭梅娜采 (GUGC)。

分布　云南。

(184) 西藏皱背叶蝉 *Striatanus tibetaensis* Li *et* Wang, 1995 (图 188)

Striatanus tibetaensis Li *et* Wang, 1995, Entomotaxonomia, 17(3): 191. **Type locality**: Xizang (Yigong).

图 188　西藏皱背叶蝉 *Striatanus tibetaensis* Li *et* Wang

a. 雄虫尾节侧面观 (male pygofer, lateral view)；b. 雄虫尾节侧瓣腹缘突起端部 (apical part of ventral margin process at male pygofer side)；c. 雄虫下生殖板 (male subgenital plate)；d. 阳茎腹面观 (aedeagus, ventral view)；e. 阳茎侧面观 (aedeagus, lateral view)；f. 连索、阳基侧突 (connective and style)；g. 阳基侧突 (style)

模式标本产地 西藏易贡。

体连翅长，雄虫 7.2-7.5mm。

头冠前端极度向前突出，中长约等于前胸背板和小盾片中长之和；单眼靠近侧脊分叉的内枝，与复眼的距离较远，约等于单眼自身直径的 4 倍。前胸背板中域纵向隆起似脊，向两侧倾斜，前缘弧圆，后缘微凹；小盾片约与前胸背板等长，横刻痕位于中后部，端区较平坦。

雄虫尾节侧瓣侧面观端缘呈尖角状突出，端区有数根长刚毛，腹缘突起向外侧直伸，端部扭曲；雄虫下生殖板长叶片状，中域有 1 列不规则排列的粗长刚毛；阳茎中部背域两侧各有 1 大的突起，与阳茎干一并弯曲伸向背方，腹缘基部膨大；连索 Y 形，主干特长，中长是臂长的 5 倍；阳基侧突宽扁，端部弯折向外方伸出。

体黑色。头冠中脊、侧脊、颜面额唇基中脊基部 3/4、触角、小盾片中域 2 纵线状纹及端区两侧淡黄微带褐色。前翅黑褐色，翅脉黄白色，具不规则灰白色透明斑，尤以前域中部透明斑最明显；胸足黄白色。

检视标本 **西藏**：♂ (正模)，1♂ (副模)，易贡，1978.Ⅶ.28，李法圣采 (CAU)。

分布 西藏。

26. 锥茎叶蝉属 *Subulatus* Yang *et* Zhang, 2001

Subulatus Yang *et* Zhang, 2001, Entomotaxonomia, 23(3): 177. **Type species:** *Subulatus bipunctatus* Yang *et* Zhang, 2001.

模式种产地：四川峨眉山。

属征：头冠前端弧圆或圆锥形突出，中长略小于或等于二复眼间宽，约与前胸背板等长，中央有 1 明显纵脊，两侧有侧脊，脊间凹陷，侧域具细纵皱纹；单眼位于侧脊外侧，距复眼较距头冠顶端近；颜面额唇基隆起，中央纵脊明显，两侧有横印痕列，前唇基基部宽，端部狭圆，端缘超出下颚板。前胸背板宽大于长，前缘弧圆突出，后缘中央略凹入，侧缘中部向外突出，中前域有 1 弧形横凹痕，凹痕前部光滑，中后域布满由刻点排列而成的横纹。小盾片三角形，约与前胸背板等长，横刻痕位于中偏端部；前翅翅脉明显，R_{1a} 脉与前缘垂直相交，有 5 端室，端片狭小。

雄虫尾节侧瓣侧面观基半部宽阔，端半部狭长，腹缘突起细长；雄虫下生殖板狭长，超出尾节末端，端半部密生大刚毛；阳茎基部管状，侧面观中部背域两侧各具 1 片状突起，端部指状，密布鳞片状小齿，阳茎孔位于亚端部；连索 Y 形，主干细长；阳基侧突波曲，端部向一侧延伸，端向渐细。

地理分布：东洋界。

此属由杨玲环和张雅林 (2001) 以 *Subulatus bipunctatus* Yang *et* Zhang 为模式种建立，并记述四川、云南 2 新种；张新民等 (2010d) 对该属进行了修订，并描述湖南 1 新种；Li 等 (2014) 记述云南 1 新种。

全世界已知 4 种。本志记述 5 种，含 1 新种。

种检索表(♂)

1. 体白色……………………………………………百色锥茎叶蝉，新种 ***S. baiseensis* sp. nov.**
   体淡黄褐色……………………………………………………………………………2
2. 前胸背板几乎全为黑色……………………………………**二点锥茎叶蝉 *S. bipunctatus***
   前胸背板非全黑色………………………………………………………………………3
3. 小盾片全黑色………………………………………………………**黄背锥茎叶蝉 *S. flavidus***
   小盾片仅基侧角黑色……………………………………………………………………4
4. 头冠可见 5 枚黑斑………………………………………………**桑植锥茎叶蝉 *S. sangzhiensis***
   头冠可见 3 枚黑斑………………………………………………**三斑锥茎叶蝉 *S. trimaculatus***

(185) 百色锥茎叶蝉，新种 *Subulatus baiseensis* Li, Li *et* Xing, sp. nov. (图 189)

模式标本产地　广西百色。

体连翅长，雄虫 5.7mm。

头冠前端呈角状突出，中域轻度隆起，中央有 1 条明显纵脊，两侧有明显的侧脊；单眼位于头冠前侧缘，着生在侧脊外侧，距复眼较距头冠顶端近；触角细长，长度超过头冠中长 2 倍，颜面额唇基隆起，中央有 1 隆起的纵脊，两侧有横印痕列，唇基间缝明显，前唇基由基至端逐渐变狭，端缘弧圆突出。前胸背板较头部宽，前缘弧圆突出，后缘平直中央微凹，侧缘弧圆突出；小盾片横刻痕位于中部，弧形弯曲，两端伸不及侧缘。

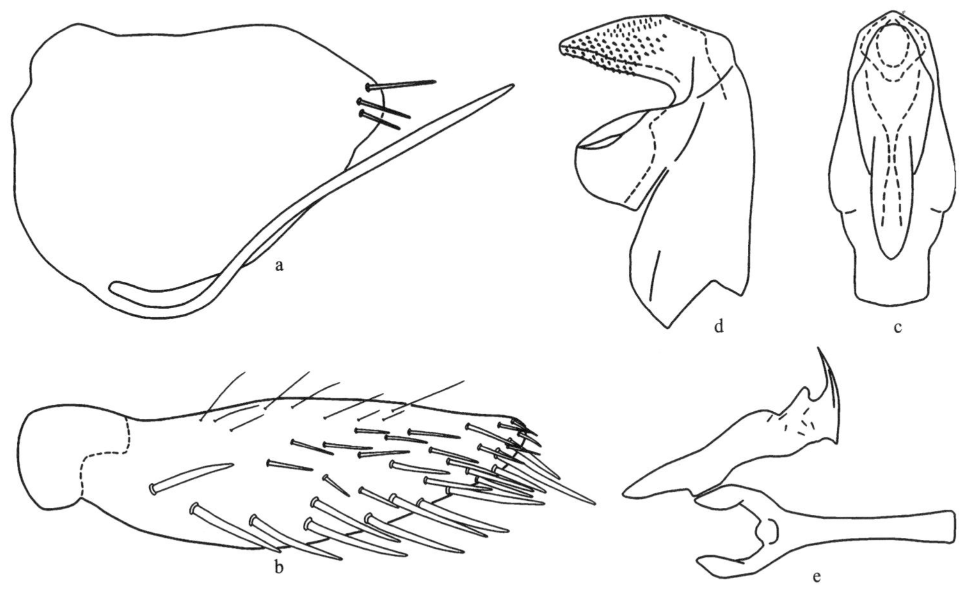

图 189　百色锥茎叶蝉，新种 *Subulatus baiseensis* Li, Li *et* Xing, sp. nov.

a. 雄虫尾节侧瓣侧面观 (male pygofer side, lateral view)；b. 雄虫下生殖板 (male subgenital plate)；c. 阳茎腹面观 (aedeagus, ventral view)；d. 阳茎侧面观 (aedeagus, lateral view)；e. 连索、阳基侧突 (connective and style)

雄虫尾节侧瓣近似三角形，端缘圆，有数根长刺，腹缘突起细长，末端超过尾节侧瓣端缘；雄虫下生殖板宽叶片状，基部分节，中域稍扩大，末端尖圆，边缘有细长刚毛，中域、端区及内缘粗刚毛排列不规则；阳茎扁状，侧面观中部背面有 1 对片状突，腹面有 1 厚的倒三角形突起，端部背向弯曲，散生大量细小刺状突起，阳茎孔位于阳茎末端；连索 Y 形；阳基侧突粗细匀称，端部向外弯曲，呈鸟喙状。

体白色。头冠中前域有 1 蝶形黑色大斑，顶端有 1 黑色小斑；复眼赭色；单眼黄白色半透明。

正模 ♂，广西百色大王岭，2007.Ⅶ.16，孟泽洪采。模式标本保存在贵州大学昆虫研究所 (GUGC)。

词源 新种以模式标本产地——广西百色命名。

分布 广西。

新种外形特征与二点锥茎叶蝉 *Subulatus bipunctatus* Yang *et* Zhang 相似，不同点是新种体白色，雄虫尾节侧瓣宽大，阳茎干宽扁。

(186) 二点锥茎叶蝉 *Subulatus bipunctatus* Yang *et* Zhang, 2001 (图 190；图版Ⅸ：5)

Subulatus bipunctatus Yang *et* Zhang, 2001, Entomotaxonomia, 23(3): 178. **Type locality**: Sichuan (Emeishan).

模式标本产地 四川峨眉山。

体连翅长，雄虫 6.5-6.9mm，雌虫 7.0-7.2mm。

头冠前端弧圆突出，中长略小于二复眼间宽，约与前胸背板等长；单眼位于头冠前侧缘，着生在侧脊外侧，距复眼较距头冠顶端近；复眼内缘较直；颜面宽阔，额唇基隆起长略大于宽，前唇基基部宽，端部狭圆，端缘超出下颚板，前唇基及下颚板端部有皱纹。前胸背板宽大于长，前缘弧圆，后缘中央凹入，侧缘中部突出，中前域有 1 弧形横凹痕，凹痕前光滑，凹痕后布满由刻点排列而成的横纹。

雄虫尾节侧瓣基半部宽阔，端半部狭长，端域及中域有刚毛，腹突细小始于基部；雄虫下生殖板长片状，密生刚毛；阳茎基部管状，侧面观中部背域各有 1 大的片状突，端部细长布满小齿，腹面观端部膨大呈球形；连索倒 Y 形，主干长为臂长的 4 倍；阳基侧突狭长，基部尖，近基部扩展，中部向外侧弯曲，端部端向渐尖。雌虫腹部第 7 节腹板中央长度是第 6 节腹板中长的 3 倍，中央呈龙骨状突起，后缘中央舌形突出，产卵器伸出尾节侧瓣端缘。

体淡黄褐色。头冠前端、后缘及复眼内缘淡黄白色，头顶及两侧各有 1 黑色斑，两侧斑向上延伸接近中脊，3 斑均向下延伸至颜面基域，致成颜面基域 3 大黑斑，基部中脊两侧各有 1 黑色小圆斑；颜面橙黄色，中纵脊黑色。前胸背板深褐色；小盾片黑褐色；前翅大部烟灰色，翅缘、翅脉黑色，由基部至爪片末端有 1 弯折黑色纵带，爪片沿翅后缘有 1 个橙红色近椭圆形大斑，占据爪片大部分；胸足淡黄色，仅后足胫节端部褐色。

检视标本 **云南**：1♂，泸水片马，2000.Ⅷ.17，李子忠采 (GUGC)；1♂2♀，泸水片马，2006.Ⅷ.15，宋琼章采 (GUGC)。

分布　四川、云南。

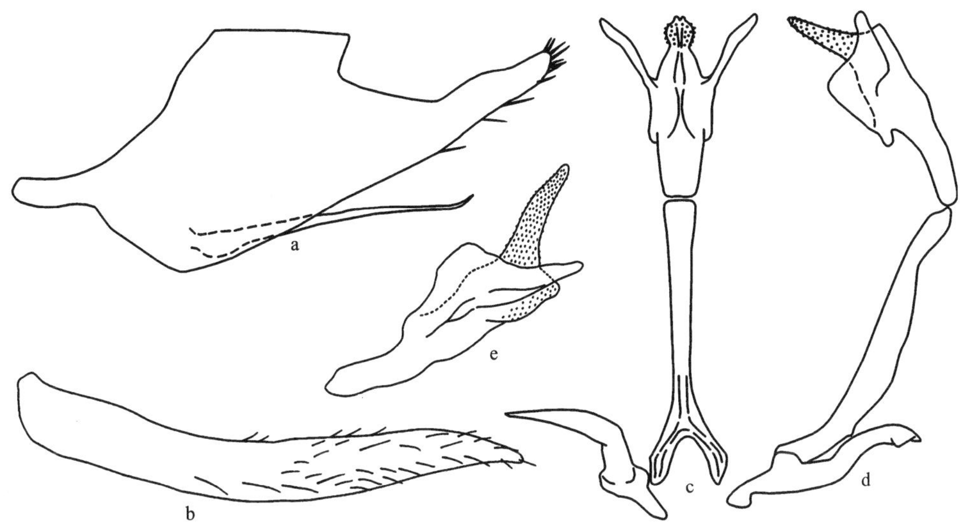

图 190　二点锥茎叶蝉 *Subulatus bipunctatus* Yang *et* Zhang

a. 雄虫尾节侧瓣侧面观 (male pygofer side, lateral view)；b. 雄虫下生殖板 (male subgenital plate)；c. 阳茎、连索、阳基侧突腹面观 (aedeagus, connective and style, ventral view)；d. 阳茎、连索、阳基侧突侧面观 (aedeagus, connective and style, lateral view)；e. 阳茎侧面观 (aedeagus, lateral view)

(187) 黄背锥茎叶蝉 *Subulatus flavidus* Li *et* Li, 2014 (图 191；图版Ⅸ：6)

Subulatus flavidus Li *et* Li, 2014, Zootaxa, 3914(1): 79. **Type locality**: Yunnan (Longling, Lushui).

模式标本产地　云南龙陵、泸水。

体连翅长，雄虫 6.3-6.5mm，雌虫 6.4-6.7mm。

头冠前端锥状突出，约与前胸背板等长，中脊及侧脊间凹陷，侧域有数条细纵皱纹，中脊基部两侧有 2 斜向上的短凹痕；颜面前唇基由基向端渐狭，端缘超出下颚板，舌侧板、前唇基端部及下颚板端部有皱纹。前胸背板前缘弧圆突出，后缘中央略凹入，中前域有 1 弧形横凹痕，凹痕前光滑，凹痕后布满横纹；小盾片约与前胸背板等长，横刻痕位于中部，弧形弯曲，侧缘有许多短小细皱纹。

雄虫尾节侧瓣基半部宽阔，端半部狭长，基域近腹缘有数根刚毛，端域有近 20 根刚毛，腹突细小；雄虫下生殖板长片状，除基部外布满大刚毛；阳茎基部短管状，中部背域两侧各有 1 大的片状突，端半部细长弯曲布满小齿；连索倒 Y 形，主干长约为臂长的 3 倍；阳基侧突细长，两端渐尖，中基部膨大，中端部有数根刚毛。雌虫腹部第 7 节腹板后缘中央呈锥形突出。

体黄褐色。头顶有 1 小黑斑，侧脊内侧中域邻单眼各有 1 近圆形黑斑；颜面淡黄白色，基部中央有 1 个小黑斑，此斑与头冠顶端小斑相连，额唇基两侧各 1 长斑、前唇基中央纵纹均黑色。前胸背板中后半部黑褐色，后缘淡黄白色，小盾片黑色；前翅褐色，前缘域和爪片橘黄色；胸部腹板和胸足淡黄白色。

检视标本　**云南**：1♀，龙陵，2002.Ⅶ.25，杨茂发采 (GUGC)；♂ (正模)，龙陵，2011.Ⅵ.10-11，李玉建采 (GUGC)；7♂8♀ (副模)，龙陵，2011.Ⅵ.10-11，李玉建采 (GUGC)；12♂8♀ (副模)，龙陵，2011.Ⅵ.10-11，龙见坤采 (GUGC)；6♂8♀ (副模)，龙陵，2011.Ⅵ.10-11，杨再华采 (GUGC)；1♂ (副模)，泸水片马，2012.Ⅶ.21，龙见坤采 (GUGC)。

分布　云南。

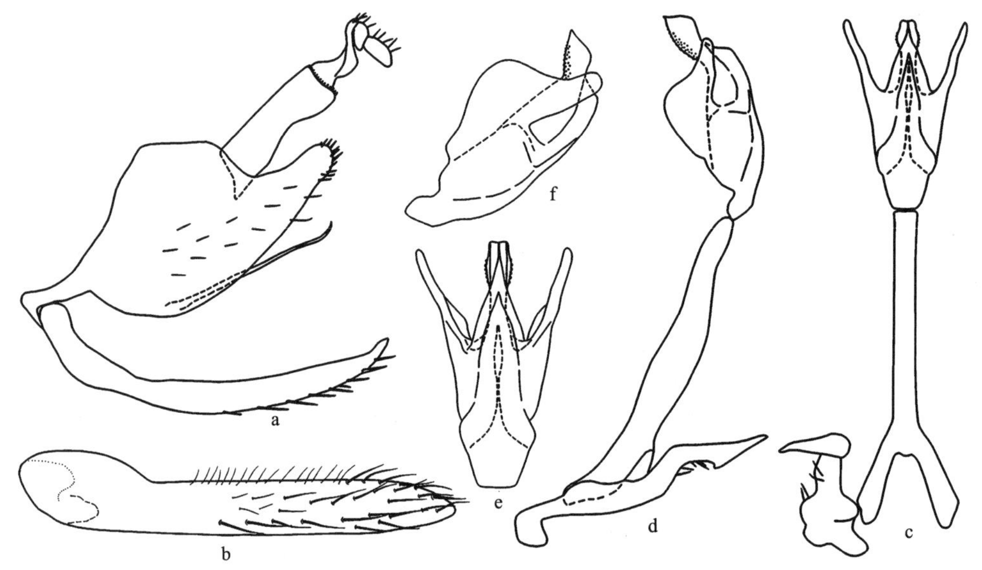

图 191　黄背锥茎叶蝉 *Subulatus flavidus* Li *et* Li

a. 雄虫尾节侧面观 (male pygofer, lateral view)；b. 雄虫下生殖板 (male subgenital plate)；c. 阳茎、连索、阳基侧突腹面观 (aedeagus, connective and style, ventral view)；d. 阳茎、连索、阳基侧突侧面观 (aedeagus, connective and style, lateral view)；e. 阳茎腹面观 (aedeagus, ventral view)；f. 阳茎侧面观 (aedeagus, lateral view)

(188) 桑植锥茎叶蝉 *Subulatus sangzhiensis* Zhang *et* Zhang, 2010 (图 192)

Subulatus sangzhiensis Zhang *et* Zhang, 2010, Sciencepaper Online, http://www.paper.edu.cn: 2. **Type locality**: Hunan (Sangzhi).

模式标本产地　湖南桑植。

体连翅长，雄虫 6.0-6.5mm，雌虫 7.0-7.5mm。

头冠前缘弧形或圆锥形前突，中长约与前胸背板等长，中央纵脊和侧脊间低凹；单眼位于头冠外侧缘，着生在侧脊外侧，与复眼间距离小于到头冠顶端的距离；颜面额唇基稍隆起。前胸背板中域隆起。

雄虫尾节侧瓣骨化程度较高，基半部宽阔，端半部变窄且具细长刚毛；雄虫下生殖板狭长超过尾节末端，散生刚毛；阳茎干中部背域两侧各着生 1 片状突起，端半部呈细圆锥状，细密生细齿，性孔位于亚端部；连索 Y 形，主干长为侧臂长的 1.5 倍。雌虫第

7 节腹板向后较长延伸，约为第 6 节腹板中长的 6 倍，后缘中央凹陷。

体浅棕色。头冠顶端有 1 小黑斑，并延伸至颜面形成黑色大斑块，中央纵脊中部两侧靠近单眼处各有 1 黑斑，并延伸至颜面，中纵脊近后缘两侧各有 1 黑色圆斑；颜面后唇基外缘近端部中纵脊两侧各有 1 黑斑。前胸背板近后缘处有 1 近弧形黑褐斑；小盾片基侧角黑色；前翅淡黄褐色，翅脉黑色；胸部腹板淡黄白色，中胸腹板有 2 黑色大斑，胸足淡黄白色。

检视标本　**江西**：1♂，武夷山，2014.Ⅷ.22，焦猛采 (GUGC)。

分布　江西、湖南。

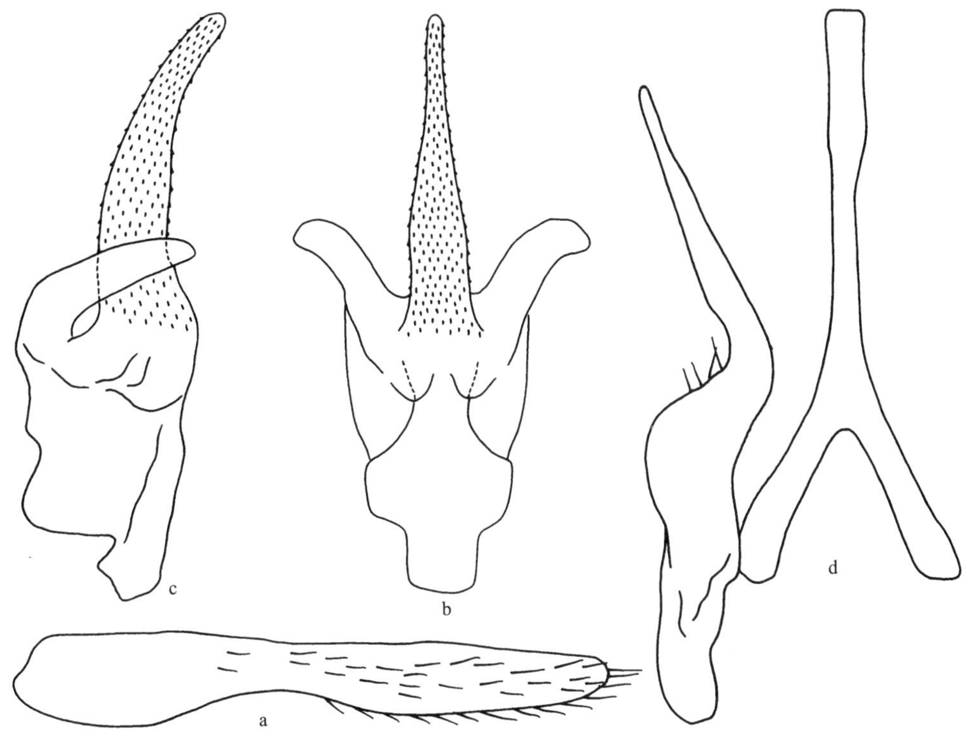

图 192　桑植锥茎叶蝉 *Subulatus sangzhiensis* Zhang *et* Zhang

a. 雄虫下生殖板 (male subgenital plate)；b. 阳茎腹面观 (aedeagus, ventral view)；c. 阳茎侧面观 (aedeagus, lateral view)；d. 连索、阳基侧突 (connective and style)

(189) 三斑锥茎叶蝉 *Subulatus trimaculatus* Yang *et* Zhang, 2001 (图 193)

Subulatus trimaculatus Yang *et* Zhang, 2001, Entomotaxonomia, 23(3): 179. **Type locality**: Yunnan (Xishuangbanna).

模式标本产地　云南西双版纳。

体连翅长，雄虫 7.5-8.0mm。

头冠前端锥状突出，约与前胸背板等长，中脊及侧脊间凹陷，侧域有数条细纵皱纹，中脊基部两侧有 2 斜向上的短凹痕；颜面前唇基由基向端渐狭，端缘超出下颚板，舌侧板、前唇基端部及下颚板端部有皱纹。前胸背板前缘弧圆突出，后缘中央略凹入，中前域有 1 弧形横凹痕，凹痕前光滑，凹痕后布满横纹；小盾片约与前胸背板等长，横刻痕位于中部，弧形弯曲，侧缘有许多短小细皱纹。

雄虫尾节侧瓣基半部宽阔，端半部狭长，基域近腹缘有数根刚毛，端域有近 20 根刚毛，腹突细小；雄虫下生殖板长片状，除基部外布满大刚毛；阳茎基部短管状，中部背域两侧各有 1 大的片状突，端半部细长弯曲布满小齿，中域膨大呈球形；连索倒 Y 形，主干长约为臂长的 2 倍；阳基侧突细长，两端渐尖，中基部膨大，中端部有数根刚毛。

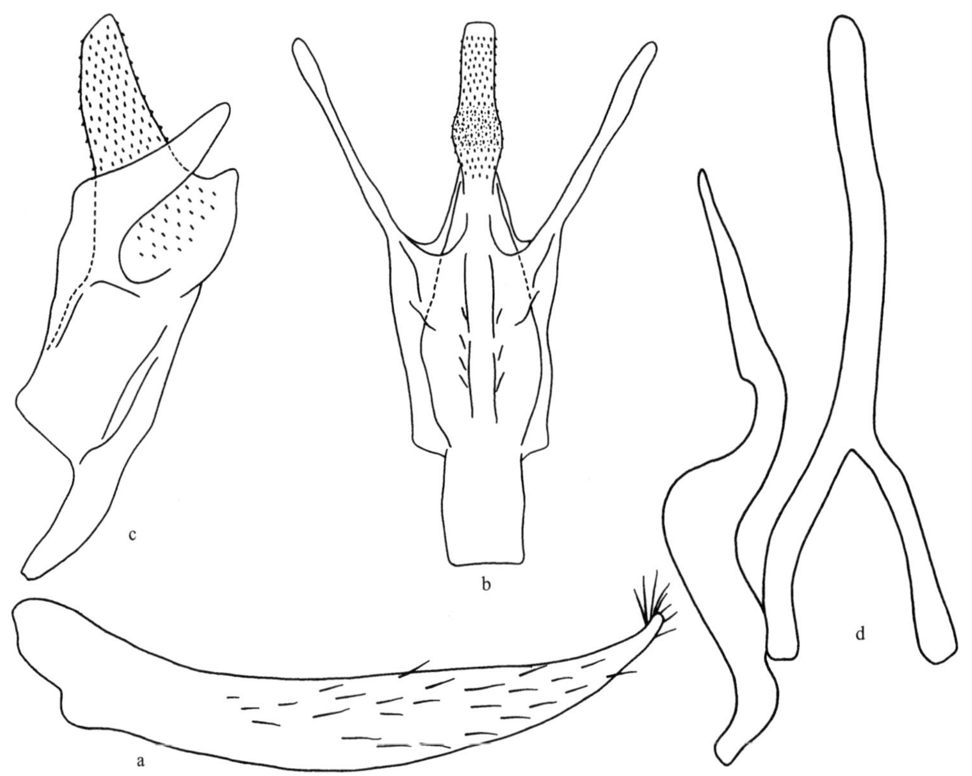

图 193 三斑锥茎叶蝉 *Subulatus trimaculatus* Yang *et* Zhang (仿杨玲环和张雅林，2001)

a. 雄虫下生殖板 (male subgenital plate)；b. 阳茎腹面观 (aedeagus, ventral view)；c. 阳茎侧面观 (aedeagus, lateral view)；d. 连索、阳基侧突 (connective and style)

体黄褐色。头顶有 1 小黑斑，侧脊内侧中域邻单眼各有 1 近圆形黑斑；颜面基部中央有 1 小黑斑，此斑与头冠顶端小斑相连，其余褐色。前胸背板后半部颜色较深，小盾片基侧角黑色；前翅褐色无斑纹；胸腹部腹面和雄虫下生殖板黄白色；胸足黄白色，仅胫节端部、各跗分节端刺及爪黄褐色 (摘自杨玲环和张雅林，2001)。

检视标本 本次研究未获标本。

分布 云南。

27. 角突叶蝉属 *Taperus* Li *et* Wang, 1994

Taperus Li *et* Wang, 1994, Journal of Natural History, 28: 374. **Type species:** *Taperus fasciatus* Li *et* Wang, 1994.

模式种产地：四川峨眉山。

属征：体呈圆筒形。头冠前端呈锐角状突出，中央长度大于二复眼间宽，冠面隆起，具纵皱纹，中央 1 纵脊与 2 侧脊汇集于头冠顶端；单眼位于侧脊外侧，距复眼较距顶端近；颜面额唇基隆起，中央有 1 明显的纵脊，两侧有横印痕列，前唇基由基至端渐变狭。前胸背板隆起，宽大于长，具横皱纹；前翅长超过腹部末端，翅脉明显，R_{1a} 脉与前缘反折相交，有 2 端前室，4 端室，端片狭小。

雄虫尾节侧瓣端缘有刚毛簇，腹缘无突起；雄虫下生殖板狭而长，基部分节，在内侧有数根粗刚毛列；阳茎背缘有片状突，端部变细呈弯管状，阳茎孔位于末端；连索 Y 形；阳基侧突端部细，弯曲向外侧伸出。

地理分布：东洋界。

此属由李子忠和汪廉敏 (1994b) 以 *Taperus fasciatus* Li *et* Wang 为模式种建立，并记述四川、贵州 3 新种；蔡平和申效诚 (1997，1999) 描记河南 2 新种；李子忠和汪廉敏 (2001b) 描记云南 1 新种；张新民等 (2010d) 对该属进行了考订，描记 3 新种 1 种新组合；Li 和 Li (2011b) 记述云南 1 新种。

全世界已报道 11 种，本研究已将一些种的归属重新进行调整，实有 8 种。本志记述 9 种，含 1 新种。

种检索表 (♂)

1. 雄虫尾节侧瓣侧面观端向渐窄……2
   雄虫尾节侧瓣侧面观近似方形……7
2. 雄虫尾节侧瓣仅端缘有刚毛簇……**横带角突叶蝉 *T. fasciatus***
   雄虫尾节侧瓣端背缘、端腹缘和端缘均有刚毛簇……3
3. 阳茎端部有刺状突……4
   阳茎端部无刺状突……5
4. 阳茎背缘亚端部有 1 刺状突……**道真角突叶蝉 *T. daozhenensis***
   阳茎背缘亚端部无刺状突……**白带角突叶蝉 *T. albivittatus***
5. 阳茎近基部腹面不呈角状突出……**绿春角突叶蝉 *T. luchunensis***
   阳茎近基部腹面呈角状突出……6
6. 雄虫尾节侧瓣端缘呈角状突出……**版纳角突叶蝉 *T. bannaensis***
   雄虫尾节侧瓣端缘平直……**黄额角突叶蝉 *T. flavifrons***
7. 尾节侧瓣侧面观端缘斜直……**福贡角突叶蝉，新种 *T. fugongensis* sp. nov.**
   尾节侧瓣侧面观端缘非斜直……8
8. 阳茎侧面观近基部腹面呈角状突出……**端黑角突叶蝉 *T. apicalis***

阳茎侧面观近基部腹面接近平直……………………………………… **方瓣角突叶蝉 *T. quadragulatus***

(190) 白带角突叶蝉 *Taperus albivittatus* Li *et* Wang, 1994 (图 194)

Taperus albivittatus Li *et* Wang, 1994, Journal of Natural History, 28: 375. **Type locality**: Sichuan (Emeishan).

模式标本产地　四川峨眉山。

体连翅长，雄虫 5.2-5.3mm，雌虫 5.8-6.0mm。

头冠前端呈锐角状突出，中央长度微大于二复眼间宽，冠面隆起，具纵皱纹；单眼位于头冠前侧缘，到头冠顶端的距离约等于单眼到复眼距离的 2 倍。前胸背板前缘弧圆突出，后缘接近平直；小盾片横刻痕位于中后部。

雄虫尾节侧瓣端缘呈角状突出，端缘、端背缘和端腹缘均生刺状刚毛簇；雄虫下生殖板叶片状，基部分节，内侧缘有 7 根粗刚毛，端缘有细刚毛；阳茎中部背缘两侧具 2 大的片状突起，端部呈管状弯曲，其端背缘逆生刺状倒突，端腹缘亦生刺状突；连索 Y 形，主干长是臂长的 4 倍；阳基侧突基部细管状，中部膨大，端部弯曲向外侧伸出。雌虫腹部第 7 节腹板中央长度是第 6 节的 2 倍，产卵器微超出尾节端缘。

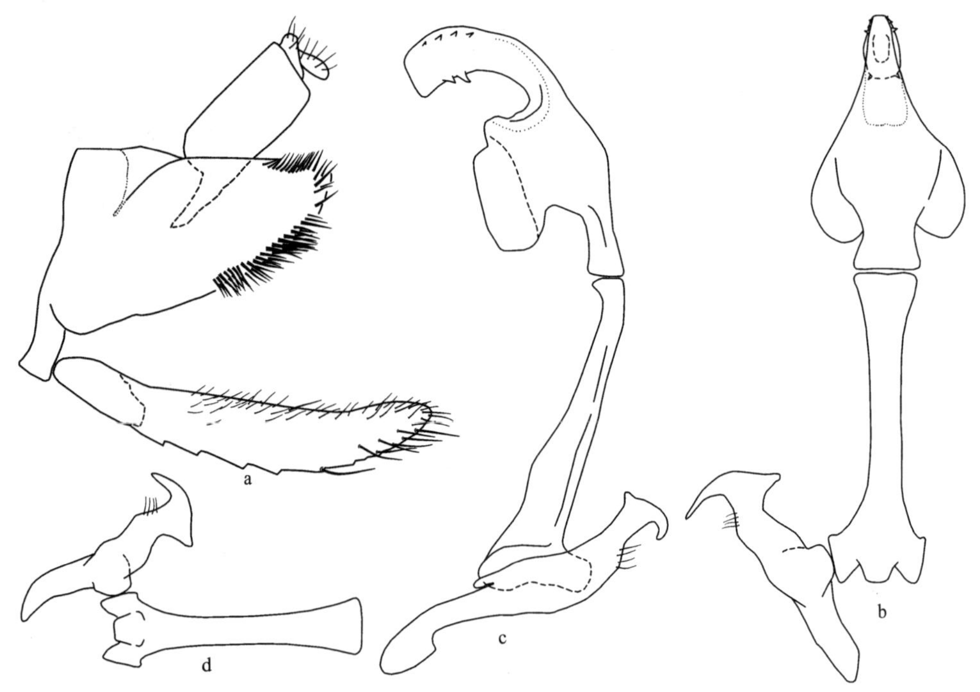

图 194　白带角突叶蝉 *Taperus albivittatus* Li *et* Wang

a. 雄虫尾节侧面观 (male pygofer, lateral view); b. 阳茎、连索、阳基侧突腹面观 (aedeagus, connective and style, ventral view); c. 阳茎、连索、阳基侧突侧面观 (aedeagus, connective and style, lateral view); d. 连索、阳基侧突 (connective and style)

体和前翅均黑色。沿头冠中脊到前胸背板后缘纵带纹、单眼着生区、侧脊外域光滑区、颜面、胸部腹板及胸足淡黄白色。前翅前缘域 2 大斑、爪片末端 1 斑块、第 1 和第 2 端室间 1 横斑灰白色。腹部背面黑色，腹面淡黄褐色。雌虫体及前翅深褐色，从头冠到小盾片末端中央白色纵带纹逐渐加宽；生殖节黑色。

寄主　禾本科植物。

检视标本　**四川**：♀ (配模)，峨眉山，1991.Ⅷ.3，李子忠采 (GUGC)。**贵州**：1♂，贵阳，1986.Ⅵ.4，李子忠采 (GUGC)。

分布　四川、贵州。

(191) 端黑角突叶蝉 *Taperus apicalis* Li *et* Wang, 1994 (图 195)

Taperus apicalis Li *et* Wang, 1994, Journal of Natural History, 28: 377. **Type locality**: Guizhou (Shuicheng).

模式标本产地　贵州水城。

体连翅长，雄虫 5.8mm。

头冠前端呈尖角状突出，中央长度接近二复眼间宽的 2 倍；单眼位于头冠前侧缘，与头冠顶端的距离约等于与复眼距离的 3 倍。前胸背板前缘弧圆突出，后缘微凹；小盾片横刻痕位于中后部。

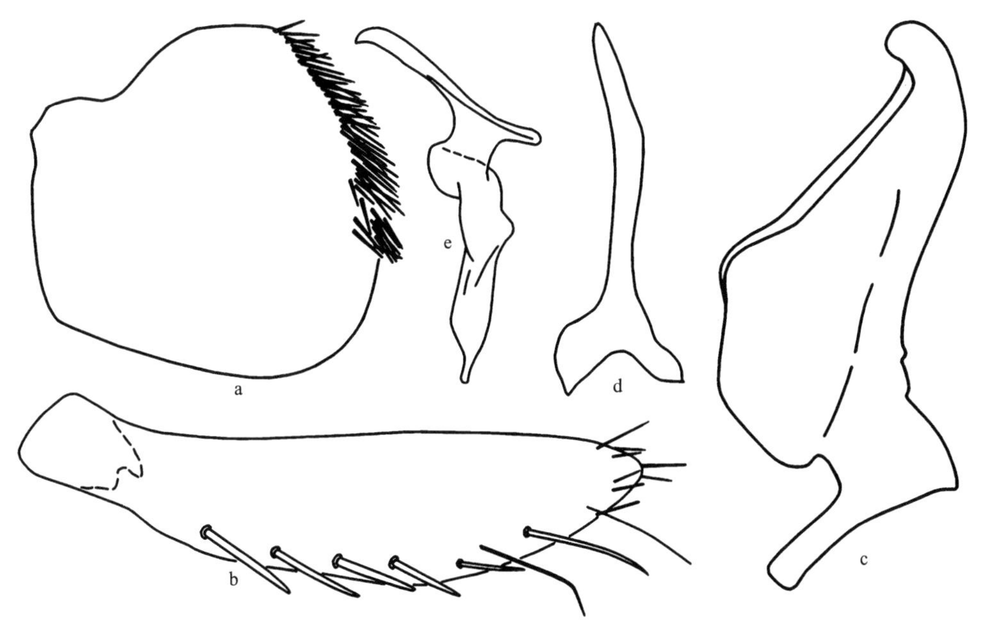

图 195　端黑角突叶蝉 *Taperus apicalis* Li *et* Wang

a. 雄虫尾节侧瓣侧面观 (male pygofer side, lateral view)；b. 雄虫下生殖板 (male subgenital plate)；c. 阳茎侧面观 (aedeagus, latera view)；d. 连索(connective)；e. 阳基侧突 (style)

雄虫尾节侧瓣侧面观端向宽大，端缘弧圆突出，端缘密生刺状刚毛簇；雄虫下生殖板叶片状，基部分节，内侧缘有 1 列约 6 根粗刚毛，端区有细毛；阳茎侧面观中部背缘两侧各有 1 大的片状突，端部管状弯曲，端缘斜切，中部凹入，近基部腹面呈角状突；连索 Y 形，主干长是臂长的 3 倍；阳基侧突基部呈管状，端部弯曲向外侧伸出。

体黑色。头冠单眼着生区前 1 横带、单眼与复眼间 1 斑点、沿头冠中央纵脊延伸至小盾片末端纵带纹、颜面、胸部腹板、胸足和腹部腹面淡黄白色。前翅深褐色，前缘域基部 5/6 和爪片末端灰白色。腹部背面褐色，各节后缘狭窄边黄白色。

寄主　禾本科植物。

检视标本　**贵州**：♂ (正模)，水城，1987.Ⅸ.30，李子忠采 (GUGC)；1♀，望谟，2012.Ⅶ.23，郑维斌采 (GUGC)。

分布　贵州。

(192) 版纳角突叶蝉 *Taperus bannaensis* Zhang, Zhang *et* Wei, 2010 (图 196)

Taperus bannaensis Zhang, Zhang *et* Wei, 2010, Zootaxa, 2721: 44. **Type locality**: Yunnan (Xishuangbanna).

模式标本产地　云南西双版纳。

体连翅长，雄虫 5.5-5.6mm，雌虫 5.8mm。

头冠前端呈尖角状突出，中央长度明显大于二复眼间宽，冠面隆起，中脊和侧脊均明显，有众多纵皱；颜面额唇基隆起，前唇基由基至端渐变狭。前胸背板隆起，宽大于长，具横皱纹；小盾片三角形，横刻痕位于中后部。

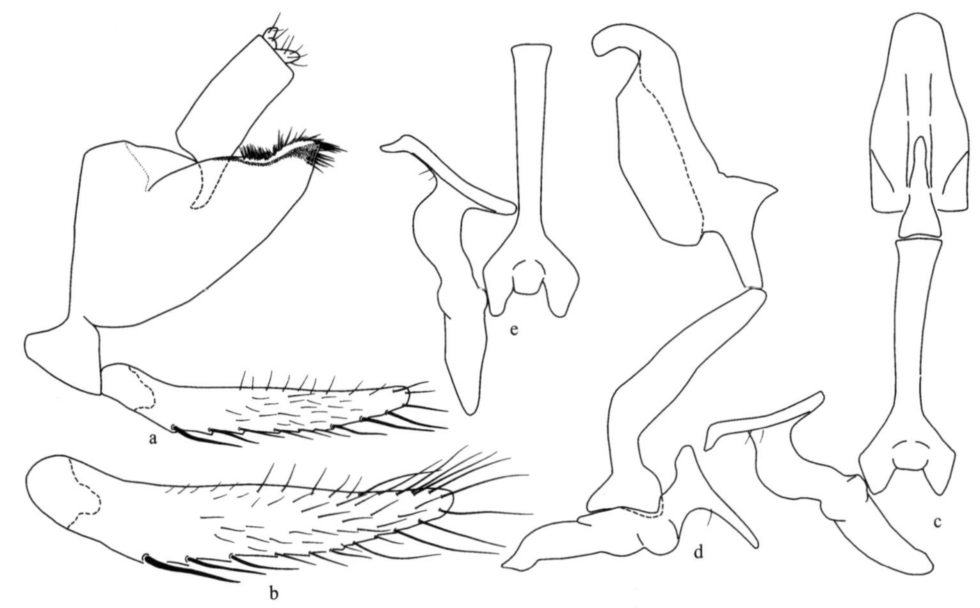

图 196　版纳角突叶蝉 *Taperus bannaensis* Zhang, Zhang *et* Wei

a. 雄虫尾节侧面观 (male pygofer, lateral view)；b. 雄虫下生殖板 (male subgenital plate)；c. 阳茎、连索、阳基侧突腹面观 (aedeagus, connective and style, ventral view)；d. 阳茎、连索、阳基侧突侧面观 (aedeagus, connective and style, lateral view)；e. 连索、阳基侧突 (connective and style)

雄虫尾节侧瓣端向渐窄，端缘圆，端背缘和端缘有粗长刚毛簇；雄虫下生殖板长片状，基部分节，内侧域有 4 根粗长刚毛，中域有细刚毛，外侧缘有细长刚毛；阳茎基部呈细管状，侧面观中部背缘两侧各有 1 大的片状突起，近基部腹面呈角状突出，端部呈管状弯曲；连索 Y 形，主干长是臂长的 3 倍；阳基侧突基部呈管状弯曲，端部弯折向外侧伸出。雌虫腹部第 7 节腹板中央长度微大于第 6 节腹板中长，后缘中央接近平直，产卵器伸出尾节侧瓣端缘。

体黑褐色。头冠和前胸背板中央有淡黄白色纵纹；颜面黄白色，无明显斑纹，触角淡黄白色。前翅近乎黑褐色，前缘域黄白色半透明，端前域 1 斜纹和端区黑褐色；胸部腹板和胸足淡黄白色无明显斑纹。腹部背面黑褐色，腹面淡褐色，各节后缘具黄白色宽边。

检视标本　**海南**：1♂1♀，黎母岭，1997.Ⅴ.23，杨茂发采 (GUGC)。**云南**：1♂，西双版纳，2012.Ⅶ.31，徐世燕采 (GUGC)；1♂，黄连山，2012.Ⅷ.3，徐世燕采 (GUGC)。

分布　海南、云南。

(193) 道真角突叶蝉 *Taperus daozhenensis* Li *et* Li, 2011 (图 197；图版Ⅸ：7)

Taperus daozhenensis Li *et* Li, 2011, Zookeys, 120: 5. **Type locality**: Guizhou (Daozhen).

模式标本产地　贵州道真。

体连翅长，雄虫6.0-6.2mm。

头冠前端宽圆突出，中央长度微大于二复眼间宽，冠面隆起，具纵皱纹；单眼位于头冠前侧缘，与复眼的距离较距头冠顶端近；颜面额唇基纵向隆起。前胸背板较头部宽，中域隆起，前缘弧圆，后缘微凹；小盾片三角形，横刻痕位于中后部，弧形弯曲。

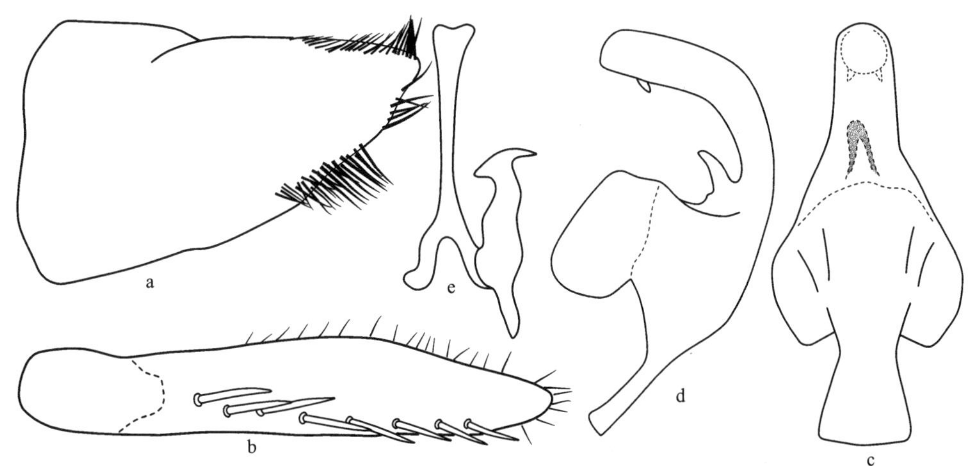

图 197　道真角突叶蝉 *Taperus daozhenensis* Li *et* Li

a. 雄虫尾节侧瓣侧面观 (male pygofer side, lateral view)；b. 雄虫下生殖板 (male subgenital plate)；c. 阳茎腹面观 (aedeagus, ventral view)；d. 阳茎侧面观 (aedeagus, lateral view)；e. 连索、阳基侧突 (connective and style)

雄虫尾节侧瓣近三角形，端区有3簇粗长刚毛，其中一簇位于背缘近端部，一簇位于尾节腹缘近端部，另一簇位于腹缘后半部；雄虫下生殖板中部微扩大，基部分节，内侧有1列粗长刚毛，外侧缘有细长刚毛；阳茎基部管状，侧面观中前部背缘两侧各有1较大的片状突，紧靠近片状突有1刺状突，端部管状弯曲，有2短刺突；连索Y形，主干长是臂长的3倍；阳基侧突基部细，中部粗壮，末端足状。

体深黑色。头冠、前胸背板、小盾片中央纵带纹、颜面淡黄白色。前翅黑色，前缘中部有1近乎白色的半透明区。

寄主　草本植物。

检视标本　**贵州**：1♂，石阡佛顶山，1994.Ⅷ.16，杨茂发采 (GUGC)；2♂，荔波茂兰，1996.Ⅸ.24，杨茂发采 (GUGC)；♂ (正模)，2♂ (副模)，道真，2004.Ⅷ.17-22，杨茂发采 (GUGC)。**湖南**：1♂，张家界，1995.Ⅷ.14，李子忠采 (GUGC)。

分布　湖南、贵州。

(194) 横带角突叶蝉 *Taperus fasciatus* Li *et* Wang, 1994 (图 198；图版Ⅸ：8)

Taperus fasciatus Li *et* Wang, 1994, Journal of Natural History, 28: 378. **Type locality**: Sichuan (Emeishan).

模式标本产地　四川峨眉山。

体连翅长，雄虫 5.1-5.5mm，雌虫 5.8-6.0mm。

头冠前端呈锐角状突出，中央长度约等于二复眼间宽度的 2 倍，具纵皱纹；单眼位于头冠侧缘，与头冠顶端的距离约等于与复眼距离的 3 倍；颜面额唇基纵向隆起。前胸背板中域隆起，前缘弧圆突出，后缘接近平直，前缘域两侧有凹痕；小盾片约与前胸背板等长，横刻痕位于中后部。

雄虫尾节侧瓣端向渐窄，端缘弧圆，具刚毛簇；雄虫下生殖板叶片状，基部分节，内侧缘有 5 根粗刚毛，外侧缘有许多细刚毛，顶端有数根长刚毛；阳茎基部管状，侧面观中部背域两侧各有 1 长片状突起，腹缘近基部呈角状突，端部呈管状，末端钝圆；连索 Y 形，主干长是臂长的 3 倍；阳基侧突基部呈管状弯曲，端部弯折向外侧伸出。雌虫腹部第 7 节腹板中长是第 6 节的 2 倍，中域隆起，后缘宽且中部轻凹入，产卵器长超出尾节端缘。

体及前翅黑色。沿头冠中脊延伸至前胸背板基域的纵带、侧脊外侧光滑区、颜面、胸部腹板、胸足和腹部腹面淡黄白色。前翅端区 1 横带及爪片末端 1 大斑灰白色。腹部背面、生殖节和爪黑色。雌虫体深褐色，前翅灰白色，中央纵带纹及端区黑色，腹部第 7 节腹板后缘中央黑褐色。

寄主　竹子及其他禾本科植物。

检视标本　**陕西**：2♂3♀，佛坪，2010.Ⅶ.17，郑延丽采 (GUGC)。**湖北**：1♂，五峰，2013.Ⅶ.23，常志敏采 (GUGC)；5♂3♀，星斗山，2010.Ⅷ.4，倪俊强采 (GUGC)。**湖南**：3♂1♀，张家界，2013.Ⅷ.3，李虎采 (GUGC)；1♂4♀，八大公山，2013.Ⅷ.5，吴云飞采 (GUGC)。**福建**：2♂2♀，梅花山，2013.Ⅵ.21，李斌、严斌采 (GUGC)。**海南**：2♂，尖

峰岭，2007.Ⅶ.10-12，李玉建采（GUGC）。**广西**：2♂1♀，花坪，1994.Ⅵ.11，杜予州采（GUGC）；4♂2♀，金秀大瑶山，2009.Ⅴ.16，陈芳采（GUGC）。**四川**：♂（正模），♀（配模），8♂4♀（副模），峨眉山，1991.Ⅷ.3，李子忠采（GUGC）；1♂，广元水磨沟，2007.Ⅷ.18，张玉波采（GUGC）；3♂，白水河，2007.Ⅷ.27，邢济春采（GUGC）。**贵州**：7♂3♀，道真大沙河，1988.Ⅸ.18，李子忠采（GUGC）；1♂，梵净山，1994.Ⅷ.8，张亚洲采（GUGC）；2♂3♀，道真大沙河，2004.Ⅷ.17-20，杨茂发采（GUGC）；20♂17♀，雷公山小丹江，2005.Ⅸ.13-14，李子忠、张斌采（GUGC）；1♂，赫章，2008.Ⅷ.20，倪俊强采（GUGC）；6♂7♀，绥阳宽阔水茶场，2010.Ⅷ.10-17，戴仁怀、李虎、范志华采（GUGC）；16♂7♀，绥阳宽阔水茶场，2010.Ⅷ.14-17，于晓飞采（GUGC）；3♂，绥阳宽阔水茶场，2010.Ⅷ.12，李玉建采（GUGC）；1♂，平塘三角坡，2010.Ⅹ.17，陈祥盛、杨琳采（GUGC）；5♂2♀，望谟，2013.Ⅵ.28-29，龙见坤、母银林采（GUGC）。**云南**：1♂3♀，西双版纳勐腊，2013.Ⅶ.25，刘洋洋采（GUGC）；1♂，屏边，2017.Ⅷ.20，罗强采（GUGC）。

分布　陕西、浙江、湖北、江西、湖南、福建、海南、广西、四川、贵州、云南。

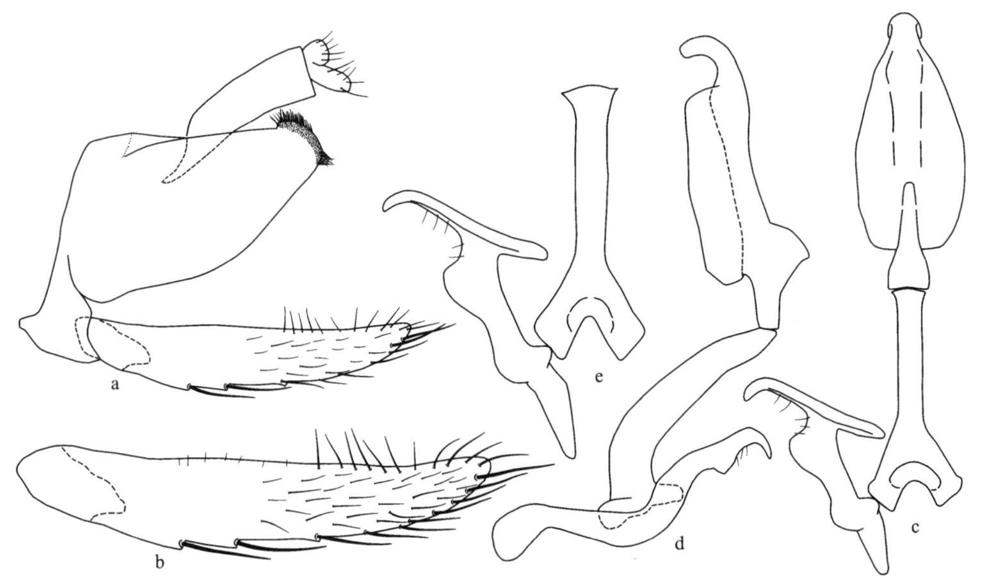

图 198　横带角突叶蝉 *Taperus fasciatus* Li *et* Wang

a. 雄虫尾节侧面观（male pygofer, lateral view）；b. 雄虫下生殖板（male subgenital plate）；c. 阳茎、连索、阳基侧突腹面观（aedeagus, connective and style, ventral view）；d. 阳茎、连索、阳基侧突侧面观（aedeagus, connective and style, lateral view）；e. 连索、阳基侧突（connective and style）

(195) 黄额角突叶蝉 *Taperus flavifrons* (Matsumura, 1912)（图 199；图版Ⅹ：1）

Onukia flavifrons Matsumura, 1912, Annotationes Zoologicae Japonenses, 8(1): 45. **Type locality**: Taiwan.
Taperus flavifrons (Matsumura): Zhang, Zhang *et* Wei, 2010, Zootaxa, 2721: 39.

模式标本产地　台湾。

体连翅长，雄虫 4.8-5.2mm，雌虫 5.5-5.9mm。

头冠前端呈尖角状突出，冠面隆起，中央长度与二复眼间宽近似相等；单眼位于头冠前侧缘，与复眼的距离较距头冠顶端近。前胸背板比头部宽，较头冠长，中域隆起；小盾片三角形，较前胸背板短；雄虫前翅第 1 端室中央长度约等于宽的 4.1 倍，雌虫长约等于宽的 4.8 倍。

雄虫尾节侧瓣呈长方形突出，端缘斜直密生细长刚毛簇；雄虫下生殖板长叶片状，微弯曲，基部分节，中央长度约等于基部宽度的 8.2 倍，生众多细刚毛；阳茎基部管状，中部背域两侧有大的长片状突，端部 1/5 突然变细弯曲；连索 Y 形，主干长大于臂长甚多，与阳茎干接近等长；阳基侧突中部波曲，端部弯折外伸。雌虫腹部 7 节腹板中央长度微大于第 6 节腹板中长，后缘中央弧凹，两侧叶尖突，产卵器微伸出尾节侧瓣端缘。

体及前翅黑色。头冠中央有 1 纵贯前胸背板直到小盾片后缘的黄白色纵纹，此纵纹由前至后逐渐加宽；单眼着生区有 2 黄色小斑；颜面黄白色。胸部腹板和胸足淡黄白色，无明显斑纹；前翅基部前缘域淡黄色，端区有 1 淡黄白色横纹。腹部背面黄褐色，腹面黄白色。雌虫、雄虫尾节淡褐色。

寄主 草本植物。

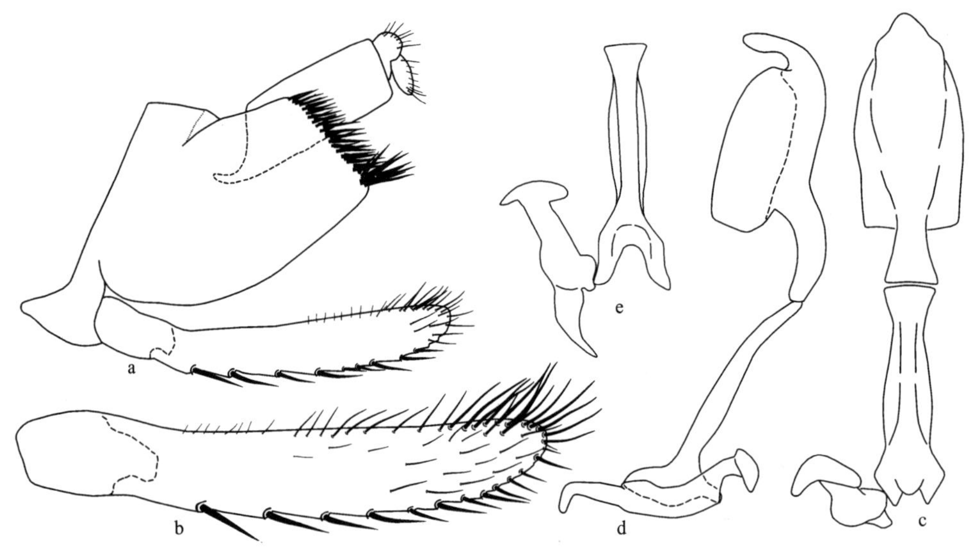

图 199 黄额角突叶蝉 *Taperus flavifrons* (Matsumura)

a. 雄虫尾节侧面观 (male pygofer, lateral view)；b. 雄虫下生殖板 (male subgenital plate)；c. 阳茎、连索、阳基侧突腹面观 (aedeagus, connective and style, ventral view)；d. 阳茎、连索、阳基侧突侧面观 (aedeagus, connective and style, lateral view)；e. 连索、阳基侧突 (connective and style)

检视标本 **福建**：1♂，武夷山，2012.Ⅴ.24，郑维斌采 (GUGC)。**台湾**：1♂，Taichung，1987.Ⅹ.18，I. C. Hsu 采 (GUGC)；1♀，Taichung，1987.Ⅺ.1，I. C. Hsu 采 (GUGC)；1♂，Nantou，1988.Ⅱ.26，I. C. Hsu 采 (GUGC)；3♂，Nantou，2002.Ⅹ.13，C. S. Lin 采 (GUGC)；2♂，Nantou，2002.Ⅸ.13，C. S. Lin 和 W. T. Yang 采 (GUGC)；1♂1♀，南投雾社，2002.

Ⅺ.22，李子忠采 (GUGC)；1♀，日月潭，2002.Ⅺ.25，李子忠采 (GUGC)；1♂2♀，高雄桃源乡，2002.Ⅺ.19-21，李子忠采 (GUGC)；1♂1♀，Nantou，2004.Ⅶ.13，C. S. Lin 和 W. T. Yang 采 (GUGC)。**广东**：1♂，丹霞山，2013.Ⅴ.15，焦猛采 (GUGC)。**海南**：3♂5♀，尖峰岭，1997.Ⅴ.14-16，杨茂发采 (GUGC)；2♂，五指山，2007.Ⅶ.13-15，张斌采 (GUGC)；1♂，五指山，2007.Ⅶ.13-15，李玉建采 (GUGC)；1♂，吊罗山，2007.Ⅶ.16-18，张斌采 (GUGC)；1♀，五指山，2007.Ⅶ.13-15，张慧采 (GUGC)；1♀，五指山，2007.Ⅶ.13-15，宋月华采 (GUGC)；1♀，吊罗山，2007.Ⅶ.16-18，张慧采 (GUGC)；1♀，吊罗山，2007.Ⅶ.16-18，张斌采(GUGC)。**贵州**：3♂7♀，梵净山，2001.Ⅷ.2-4，李子忠、宋红艳采 (GUGC)。

分布　福建、台湾、广东、海南、贵州。

(196) 福贡角突叶蝉，新种 *Taperus fugongensis* Li, Li *et* Xing, sp. nov. (图 200)

模式标本产地　云南福贡。

体连翅长，雄虫 5.4mm。

头冠前端呈尖角状突出，冠面中央纵向隆起，具纵皱纹，中央长度大于二复眼间宽的 1/3；单眼位于头冠前侧缘，与复眼的距离较距头冠顶端近。前胸背板比头部宽，较头冠短，中域隆起密生横皱纹，前缘弧圆，后缘接近平直；小盾片较前胸背板短，横刻痕弧形低凹。

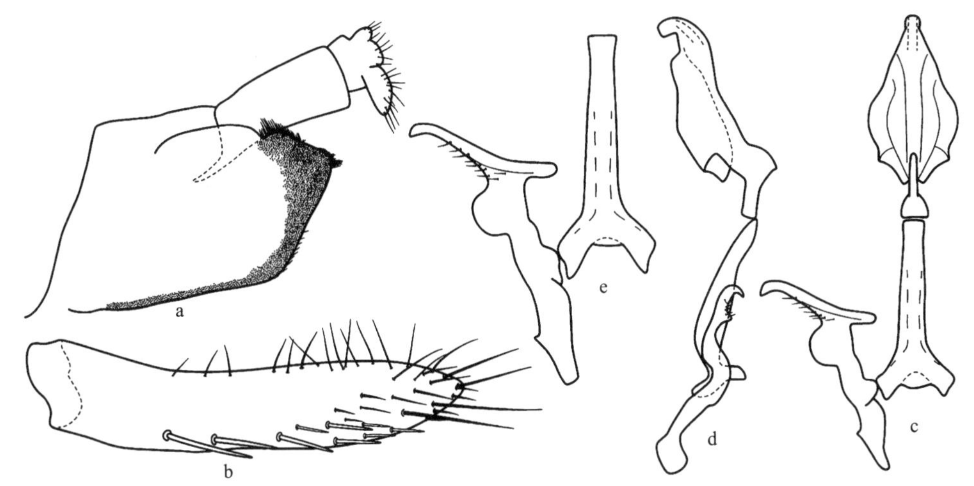

图 200　福贡角突叶蝉，新种 *Taperus fugongensis* Li, Li *et* Xing, sp. nov.

a. 雄虫尾节侧瓣侧面观 (male pygofer side, lateral view)；b. 雄虫下生殖板 (male subgenital plate)；c. 阳茎、连索、阳基侧突腹面观 (aedeagus, connective and style, ventral view)；d. 阳茎、连索、阳基侧突侧面观 (aedeagus, connective and style, lateral view)；e. 连索、阳基侧突 (connective and style)

雄虫尾节侧瓣近似方形，端缘斜向背面延伸，端背缘斜向腹面延伸，致端缘呈角状突出，密生细长刚毛簇；雄虫下生殖板较匀称，微弯曲，内侧域有数根粗长刚毛；阳茎基部管状，侧面观中部背缘两侧各有 1 大的片状突起，腹缘内凹，近基部呈角状突出，端部管状弯曲，性孔位于末端；连索 Y 形，主干长是臂长的 5 倍；阳基侧突基部呈管状弯曲，端部弯折向两侧延伸。

体黑色。头冠沿中央纵脊、二单眼前 1 横斑淡黄色；复眼黑褐色；单眼红褐色；颜面淡黄白色，无明显斑纹。前翅黑褐色，前缘中部有 1 由基至端渐次扩大的白色长形斑，前缘端部有 1 黄白色小横斑；胸部腹板和胸足淡黄色。

正模 ♂，云南福贡，2012.Ⅶ.25，龙见坤采。模式标本保存在贵州大学昆虫研究所 (GUGC)。

词源 新种名来源于模式标本产地——云南福贡。

分布 云南。

新种外形特征与端黑角突叶蝉 *Taperus apicalis* Li *et* Wang 相似，不同点是本新种前翅前缘中部有 1 长形白色斑，翅端有 1 黄白色横斑，雄虫尾节侧瓣端缘呈角状突出。

(197) 绿春角突叶蝉 *Taperus luchunensis* Zhang, Zhang *et* Wei, 2010 (图 201)

Taperus luchunensis Zhang, Zhang *et* Wei, 2010, Zootaxa, 2721: 45. **Type locality**: Yunnan (Lvchun).

模式标本产地 云南绿春。

体连翅长，雄虫 6.2-6.4mm，雌虫 6.5-6.8mm。

头冠前端呈锐角状突出，中央长度与二复眼间宽近似相等，冠面隆起，有众多纵皱纹；单眼位于侧脊外侧，距复眼较距头冠顶端近；额唇基隆起，前唇基由基至端渐变狭。前胸背板隆起，较头部宽，宽大于长，具横皱纹。

雄虫尾节侧瓣端向渐窄，端区微向上翘，端缘和端腹缘有刚毛簇；雄虫下生殖板基部分节，微弯曲，内侧有粗刚毛列，外侧缘有长刚毛；阳茎基部细管状，侧面观中部背域两侧片状突近乎长方形，腹缘中部轻度凹入，端部细管状弯曲，紧贴片状突端缘；连索 Y 形，主干长是臂长的 3 倍；阳基侧突近乎管状，端缘平切，亚端部有细刚毛。雌虫腹部第 7 节腹板中央长度是第 6 节的 2 倍，后缘中央近似舌形突出，两侧叶宽突，产卵器伸出尾节侧瓣端缘。

体黑褐色。头冠、前胸背板、小盾片中央黄白色纵带纹自头冠到小盾片逐渐加宽；颜面淡黄白色，无明显斑纹。前翅黑褐色，前缘中部 1 大斑、端区前缘 1 小斑淡黄白色半透明；胸部腹板和胸足淡黄白色，无斑纹。腹部背面黑褐色，腹面淡橘红色，尾节黑褐色。

寄主 草本植物。

检视标本 **湖北**：1♂，神农架，2004.Ⅷ.13，彭景阳采 (YTU)；2♂5♀，五峰，2013.Ⅶ.23，常志敏采 (GUGC)。**湖南**：2♂4♀，张家界，2013.Ⅷ.3，李虎采 (GUGC)。**福建**：1♂2♀，泉州戴云山，2013.Ⅴ.23，焦猛、李斌采 (GUGC)；2♂，梅花山，2013.Ⅵ.21，李斌、严斌采 (GUGC)。**广西**：2♂，元宝山，2004.Ⅶ.14，杨茂发采 (GUGC)；1♀，元宝山，2004.Ⅶ.15，杨茂发采 (GUGC)。**四川**：2♂1♀，广元水磨沟，2007.Ⅷ.18，孟泽洪采 (GUGC)。**贵州**：1♂2♀，梵净山，1986.Ⅶ.24，陈祥盛采 (GUGC)；2♂3♀，梵净山，1994.Ⅷ.9，李子忠、陈祥盛采 (GUGC)；4♂7♀，梵净山，2001.Ⅷ.3，李子忠、宋红艳采

(GUGC)；4♂5♀，雷公山小丹江，2005.Ⅸ.13-14，李子忠、张斌采 (GUGC)；2♂1♀，绥阳宽阔水茶场，2010.Ⅷ.11-12，李玉建采 (GUGC)；2♂1♀，绥阳宽阔水茶场，2010.Ⅷ.14，于晓飞采 (GUGC)；2♂，绥阳宽阔水茶场，2010.Ⅷ.11-14，李虎采 (GUGC)；1♂1♀，绥阳宽阔水茶场，2010.Ⅷ.10-12，范志华采 (GUGC)。**云南**：2♂1♀，保山百花岭，2011.Ⅵ.13-14，李玉建采 (GUGC)；1♀，高黎贡山，2013.Ⅷ.5，范志华采 (GUGC)；2♂5♀，高黎贡山，2013.Ⅷ.5，范志华采 (GUGC)。

分布　湖北、湖南、福建、广西、四川、贵州、云南。

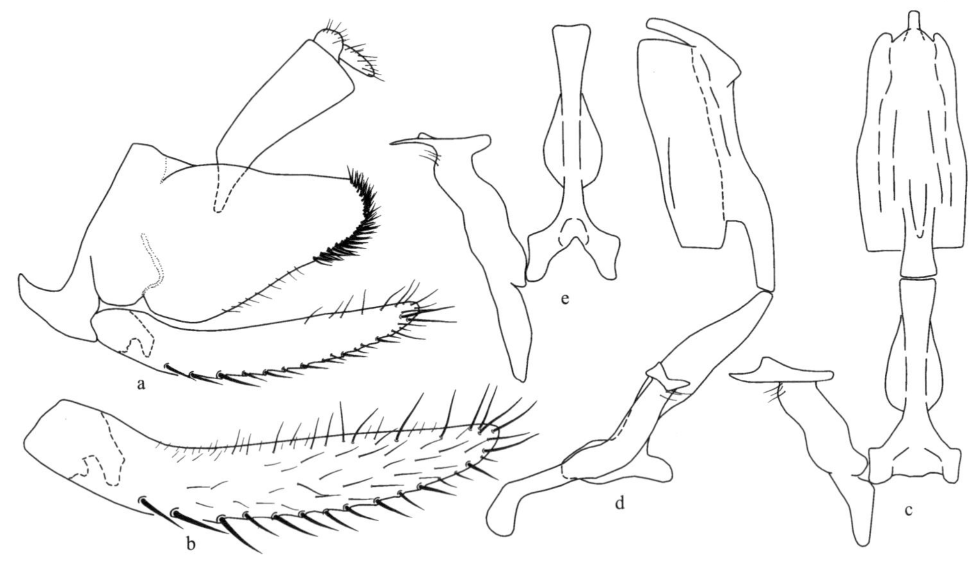

图 201　绿春角突叶蝉 *Taperus luchunensis* Zhang, Zhang *et* Wei

a. 雄虫尾节侧面观 (male pygofer, lateral view)；b. 雄虫下生殖板 (male subgenital plate)；c. 阳茎、连索、阳基侧突腹面观 (aedeagus, connective and style, ventral view)；d. 阳茎、连索、阳基侧突侧面观 (aedeagus, connective and style, lateral view)；e. 连索、阳基侧突 (connective and style)

(198) 方瓣角突叶蝉 *Taperus quadragulatus* Zhang, Zhang *et* Wei, 2010 (图 202)

Taperus quadragulatus Zhang, Zhang *et* Wei, 2010, Zootaxa, 2721: 44. **Type locality**: Hunan (Sangzhi).

模式标本产地　湖南桑植。

体连翅长，雄虫 5.5mm，雌虫 6.0-6.1mm。

头冠前端宽圆突出，中央长度微大于二复眼间宽，冠面隆起，有纵皱纹；单眼位于侧脊外侧，距复眼较距头冠顶端近。前胸背板隆起，宽大于长，具横皱纹；小盾片三角形，横刻痕位于中后部，弧形弯曲。

雄虫尾节侧瓣近乎长方形，端背域密生长刚毛，端缘接近平直，密生粗长刚毛簇；雄虫下生殖板由基至端渐窄，基部分节，内侧域有粗长刚毛列，外侧缘有细长刚毛；阳茎基部细管状，侧面观中部背缘片状突宽长方形，腹缘接近平直，端部管状紧贴片状突，阳茎孔位于末端；连索 Y 形，主干长是臂长的 2.5 倍；阳基侧突长形，末端平切向外侧伸出。

体黑色。体背中央有 1 条黄白色纵纹；颜面黄白色。前翅淡黄褐色，前缘域有 1 黄白色斑 (摘自 Zhang *et al.*, 2010c)。

检视标本 本次研究未见标本。

分布 湖南、贵州。

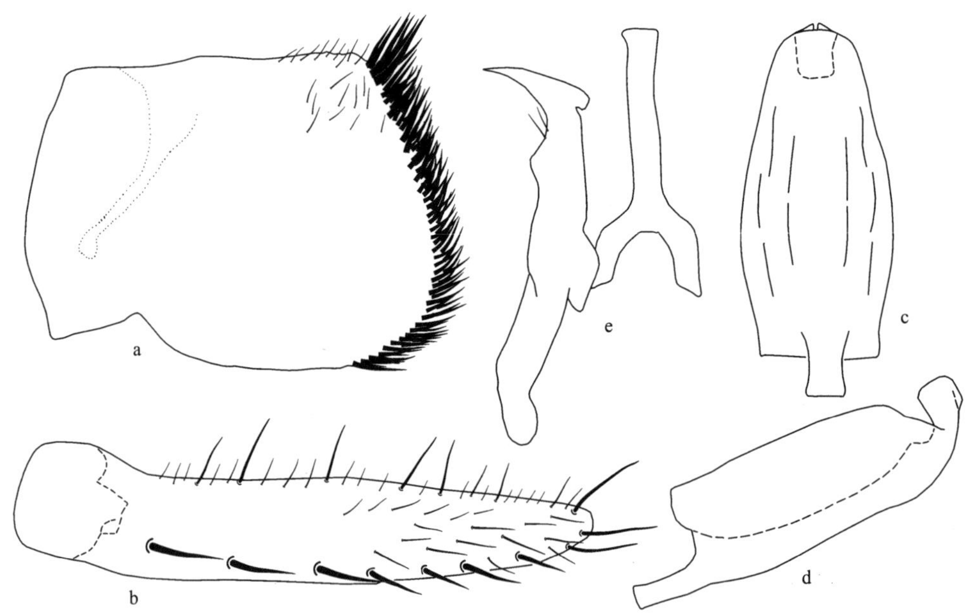

图 202 方瓣角突叶蝉 *Taperus quadragulatus* Zhang, Zhang *et* Wei (仿 Zhang *et al.*, 2010c)

a. 雄虫尾节侧瓣侧面观 (male pygofer side, lateral view)；b. 雄虫下生殖板 (male subgenital plate)；c. 阳茎腹面观 (aedeagus, ventral view)；d. 阳茎侧面观 (aedeagus, lateral view)；e. 连索、阳基侧突 (connective and style)

28. 横脉叶蝉属 *Transvenosus* Wang *et* Zhang, 2015

Transvenosus Wang *et* Zhang, 2015, Zootaxa, 4052(5): 295. **Type species**: *Transvenosus nigrodorsalis* Wang *et* Zhang, 2015.

模式种产地：泰国。

属征：头部前端呈三角形突出，中央长度与前胸背板和二复眼间距离近似相等，头冠中域低洼，中央纵脊明显，侧缘亦具脊；单眼位于头冠前缘，着生在侧脊外侧。颜面额唇基纵向隆起，中央有明显纵脊，两侧肌肉印痕明显，舌侧板宽大。前胸背板较头部宽，与小盾片接近等长，具横皱纹，前侧缘长，后缘微凹；前翅翅脉隆起，R_{1a} 脉反折与前缘相交，有 1-3 横脉和 2 爪脉，有 4 端室，端片不明显。

雄虫尾节侧瓣基部腹缘有 1 细长的突起；雄虫下生殖板内侧有 1 列粗长刚毛，密生细刚毛；阳茎向背面弯曲，中部背域呈片状扩延，阳茎孔位于末端；连索 Y 形，主干长度明显大于臂长；阳基侧突端部近似足状。

地理分布：东洋界。

此属由 Wang 和 Zhang (2015a) 以泰国产 *Transvenosus nigrodorsalis* Wang *et* Zhang 为模式种建立，并记述泰国 1 新种，提出 1 种新组合。本志记述 5 种，含 2 新种 2 种新组合。

注：该属为中国新纪录。

种检索表 (♂)

1. 雄虫尾节侧瓣腹缘突起较短，伸不及尾节侧瓣端缘……2
   雄虫尾节侧瓣腹缘突起较长，伸达或超过尾节侧瓣端缘……3
2. 头冠前端黑色斑前缘向内凹入……**凹斑横脉叶蝉 *T. emarginatus***
   头冠斑纹不如前述……**囊茎横脉叶蝉，新种 *T. sacculuses* sp. nov.**
3. 雄虫下生殖板近似三角形……**端斑横脉叶蝉 *T. signumes***
   雄虫下生殖板近似长方形……4
4. 雄虫尾节侧瓣腹缘突起伸出尾节侧瓣端缘甚多……**白脉横脉叶蝉 *T. albovenosus***
   雄虫尾节侧瓣腹缘突起仅达尾节侧瓣端缘……**扩茎横脉叶蝉，新种 *T. expansinus* sp. nov.**

(199) 白脉横脉叶蝉 *Transvenosus albovenosus* (Li *et* Webb, 1996) (图 203)

Cunedda albovenosa Li *et* Webb, 1996, Entomologica Sinica, 3(1): 24. **Type locality**: Vietnam.

Transvenosus albovenosus (Li *et* Webb, 1996). **New combination.**

模式标本产地 越南。

体连翅长，雄虫 7.5mm，雌虫 7.8mm。

头冠前端呈尖角状突出，中央长度大于二复眼间宽，中脊与侧脊间深凹；单眼位于头冠前侧域，着生在侧脊分叉处，距复眼较距头冠顶端近；颜面额唇基显著隆起。前胸背板较头部宽，约与头冠等长，密生横皱纹；小盾片中域低凹。

雄虫尾节侧瓣宽大，端缘宽圆突出，端腹缘有细小刚毛，腹缘突起细长，长度超过尾节侧瓣端缘甚多；雄虫下生殖板长叶片状，微弯曲，内侧有粗长刚毛列；阳茎基部细管状，侧面观中部膨大，背缘有 1 对长片状突，端部弯钩状，阳茎孔位于末端；连索 Y 形，主干特长；阳基侧突端部极度变细弯曲向外伸。雌虫腹部第 7 节腹板后缘中央接近平直，产卵器伸出尾节侧瓣端缘。

体淡黄色。头冠淡黄微带白色，中域和端区具不规则形褐色斑纹；复眼黑褐色；单眼鲜红色；颜面淡黄白色，唯两侧横印痕列、额颊缝、舌侧板及颊区外侧域黑褐色。前胸背板淡黄褐色，中央及两侧各 1 纵带纹黑褐色；小盾片淡黄微带白色，二基角处黑褐色；前翅淡黄白色，具不规则形黑色斑纹，翅脉白色；胸部腹板和胸足淡黄白色，唯前足腿节具褐色斑，后足胫节及爪黑色。

检视标本 **云南：**1♂，屏边大围山，1996.Ⅴ.22，郑乐怡采 (NKU)。**越南：**♂ (正模)，♀ (副模)，Vietnam Tam Dao Mt.，1989.Ⅶ.5，V. Novotny 采 (BMNH)。

分布 云南；越南。

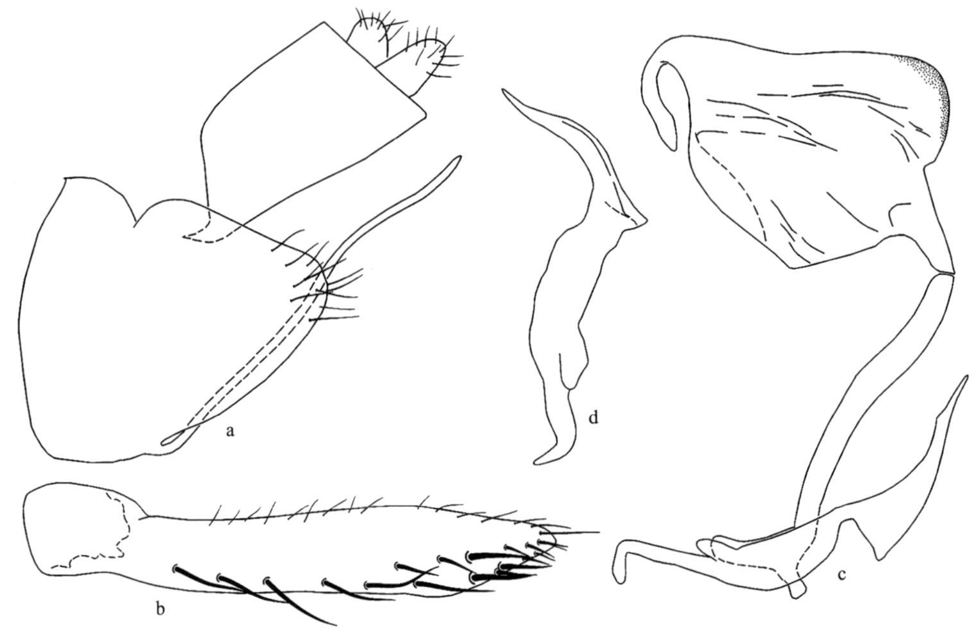

图 203　白脉横脉叶蝉 *Transvenosus albovenosus* (Li *et* Webb)

a. 雄虫尾节侧瓣侧面观 (male pygofer side, lateral view)；b. 雄虫下生殖板 (male subgenital plate)；c. 阳茎、连索、阳基侧突侧面观 (aedeagus, connective and style, lateral view)；d. 阳基侧突(style)

(200) 凹斑横脉叶蝉 *Transvenosus emarginatus* (Li *et* Wang, 1991) (图 204)

Onukia emarginata Li *et* Wang, 1991, Agriculture and Forestry Insect Fauna of Guizhou, 4: 60. **Type locality**: Guizhou (Fanjingshan).

Transvenosus emarginatus (Li *et* Wang, 1991). **New combination.**

模式标本产地　贵州梵净山。

体连翅长，雄虫 5.5-5.8mm，雌虫 6.0-6.2mm。

头冠前端呈尖角状突出，中前域有细纵皱纹；单眼位于侧脊外侧，距复眼较距头冠顶端近；颜面额唇基显著隆起，前唇基由基至端逐渐变狭，端缘弧圆突出，舌侧板半月形，末端伸不及前唇基端缘。前胸背板较头部宽，微短于头冠，中域隆起，向两侧倾斜，前缘弧圆突出，后缘接近平直，密生横皱纹；小盾片较前胸背板短，横刻痕凹陷。

雄虫尾节侧瓣宽圆突出，端缘突出有齿且向内卷折，腹缘突起细而光滑，末端伸不达尾节侧瓣端缘；雄虫下生殖板长叶片状，末端圆，具不规则排列的粗刚毛，端缘有长毛；阳茎端部细管状弯曲，中部背域两侧各有 1 片状突，端部管状弯曲，阳茎孔位于末端；连索 Y 形，主干细长；阳基侧突粗壮，端部弯曲向外伸，末端尖细。雌虫腹部第 7 节腹板较第 6 节微长，后缘平直，产卵器微超出尾节侧瓣端缘。

体淡橙黄色。头冠前端沿侧脊有 1 近似三角形黑色大斑，此斑前缘向内凹入，基域有 1 黑色宽横带纹，其两端抵达侧脊，单眼后缘有 1 黑色小点紧靠三角形大黑斑；复眼黑褐色；单眼淡黄白色。前胸背板橙黄色，中域黑褐色，雄虫黑褐色域约占 8/10，雌虫约占 1/2；小盾片雄虫黑褐色，雌虫褐色有 3 橙黄色斑；前翅煤褐色，中部 1 枚横带斑和端区浅黄白色微带褐色，雌虫翅色更淡。虫体腹面淡黄白色无任何斑纹。

寄主　蔷薇科。

检视标本　**贵州**：♂(正模)，♀(配模)，1♂(副模)，梵净山，1986.Ⅷ.17，李子忠采(GUGC)；1♂，梵净山，1994.Ⅷ.9，陈祥盛采 (GUGC)；1♂，梵净山，2001.Ⅷ.2，李子忠采 (GUGC)。**越南**：3♂2♀，Vietnam Tam Dao Mt.，1993.Ⅸ.5，V. Novotny 采 (GUGC)。

分布　贵州；越南。

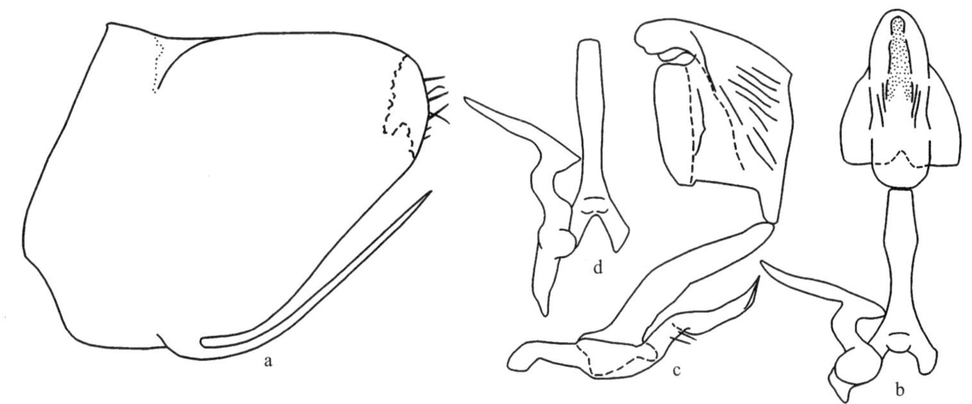

图 204　凹斑横脉叶蝉 *Transvenosus emarginatus* (Li *et* Wang)

a. 雄虫尾节侧瓣侧面观 (male pygofer side, lateral view)；b. 阳茎、连索、阳基侧突腹面观 (aedeagus, connective and style, ventral view)；c. 阳茎、连索、阳基侧突侧面观 (aedeagus, connective and style, lateral view)；d. 连索、阳基侧突 (connective and style)

(201) 扩茎横脉叶蝉，新种 *Transvenosus expansinus* Li, Li *et* Xing, sp. nov. (图 205)

模式标本产地　云南红河、勐龙。

体连翅长，雄虫 6.5-6.6mm。

头冠前端呈尖角状突出，中央长度明显大于二复眼内缘间宽，中央纵脊明显高凸，中脊与侧脊间低凹；单眼位于头冠侧缘，距复眼的距离约等于单眼直径的 4 倍；颜面额唇基长大于宽，两侧接近平行，中央纵脊明显，前唇基由基至端渐窄，端缘平切。前胸背板较头部宽，短于头冠中长，密生横皱纹；小盾片横刻痕低凹较直，伸不及侧缘。

雄虫尾节侧瓣近似三角形向外侧突出，端缘呈尖角状，腹缘突起细长几达尾节侧瓣端缘，端区有粗刚毛；雄虫下生殖板较匀称，微弯曲，基部分节，中域有 1 列粗长刚毛，侧缘有细长刚毛；阳茎基部较细，侧面观中部背缘有 1 对近似长方形的片状突，腹缘呈半圆形扩突，端部管状弯曲，阳茎孔位于末端；连索 Y 形，主干匀称，中长是臂长的 3 倍；阳基侧突亚端部弯曲，弯曲处有数根细小刚毛，端缘平直向两侧延伸，其中一端特长，其末端尖细。

体淡黄褐色。头冠深褐色，中前域 3 平行斑、复眼内侧域、基域中央 1 斑点均黄白色；复眼黑褐色；单眼血红色；颜面淡褐色，额唇基两侧横印痕列、舌侧板、前唇基基域和触角淡黄白色。前胸背板淡黄白色，中央纵线和前侧缘淡黄褐色；小盾片淡黄白色，基侧角淡黄褐色；前翅淡黄褐色，间杂褐色斑，翅脉黄白色；胸部腹板和胸足灰褐色。

正模 正模：♂，云南红河黄连山，2012.Ⅷ.3，郑维斌采。副模：1♂，云南勐龙，2013.Ⅶ.19，刘沅采。所有模式标本均保存在贵州大学昆虫研究所 (GUGC)。

词源 新种以阳茎腹缘呈半圆形扩突这一明显特征命名。

分布 云南。

新种外形特征与端斑横脉叶蝉 *Transvenosus signumes* (Li *et* Webb) 相似，不同点是新种头冠深褐色，雄虫尾节侧瓣近似三角形，阳茎中部背缘有 1 对近似长方形的片状突。

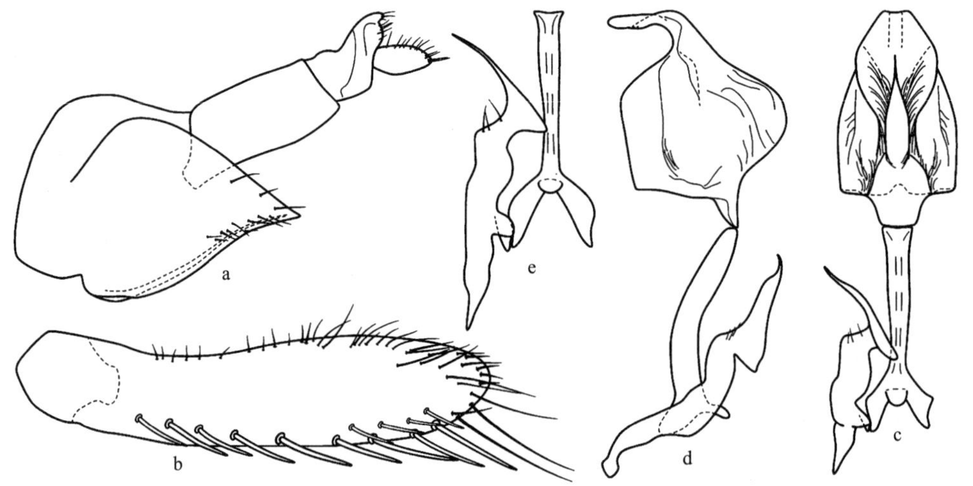

图 205 扩茎横脉叶蝉，新种 *Transvenosus expansinus* Li, Li *et* Xing, sp. nov.

a. 雄虫尾节侧瓣侧面观 (male pygofer side, lateral view)；b. 雄虫下生殖板 (male subgenital plate)；c. 阳茎、连索、阳基侧突腹面观(aedeagus, connective and style, ventral view)；d. 阳茎、连索、阳基侧突侧面观(aedeagus, connective and style, lateral view)；e. 连索、阳基侧突(connective and style)

(202) 囊茎横脉叶蝉，新种 *Transvenosus sacculuses* Li, Li *et* Xing, sp. nov. (图 206；图版Ⅷ：4)

模式标本产地 云南绿春。

体连翅长，雄虫 6.8-7.0mm。

头冠前端呈锐角状突出，中央长度明显大于二复眼间宽，中脊与侧脊间低凹，前域有细纵皱纹；单眼位于侧脊外侧，距复眼较距头冠顶端近；颜面额唇基显著隆起，前唇基基部膨大，由基至端逐渐变狭，端缘弧圆突出，舌侧板半月形，末端伸不及前唇基端缘。前胸背板较头部宽，前、后缘接近平直，具细横皱纹；小盾片较前胸背板短，横刻痕弧形低凹。

雄虫尾节侧瓣近似三角形突出，端区有数根粗长刚毛，腹缘突起细而光滑，始于基部，末端伸不及尾节侧瓣端缘；雄虫下生殖板基部分节，近基部内侧缢缩，亚端部扩大，内侧域有 1 列粗长刚毛；阳茎基部细管状，侧面观中部腹缘椭圆突出，背缘两侧各有 1 片状突，两片状突扣合成囊状，端部细管状向背面弯曲，阳茎孔位于末端；连索 Y 形，主干长是臂长的 2 倍；阳基侧突具匀称，末端足形。

体淡黄褐色。头冠中脊基部和中部及中脊两侧近复眼处具黄白色斑；复眼黑褐色；单眼鲜红色；颜面淡黄褐色，额唇基两侧横印痕和舌侧板褐色。前胸背板淡黄褐色，中央和两侧有褐色纵纹；小盾片淡黄白色，中央纵纹和两侧角褐色；前翅淡黄褐色，翅脉及翅面不规则形斑黄白色；胸部腹板和胸足黑褐色。腹部背、腹面黑褐色，腹面各节后缘灰白色。

正模　♂，云南绿春，2012.Ⅷ.5，徐世燕采 (GUGC)。副模：1♂，采集时间、地点、采集人同正模。所有模式标本均保存在贵州大学昆虫研究所 (GUGC)。

词源　新种以阳茎近似囊状这一明显特征命名。

分布　云南。

新种外形特征与端斑横脉叶蝉 *Transvenosus signumes* (Li *et* Webb) 相似，不同点是新种雄虫尾节侧瓣腹缘突起，末端伸不及尾节侧瓣端缘，雄虫下生殖板近基部内侧缢缩，阳茎囊状。

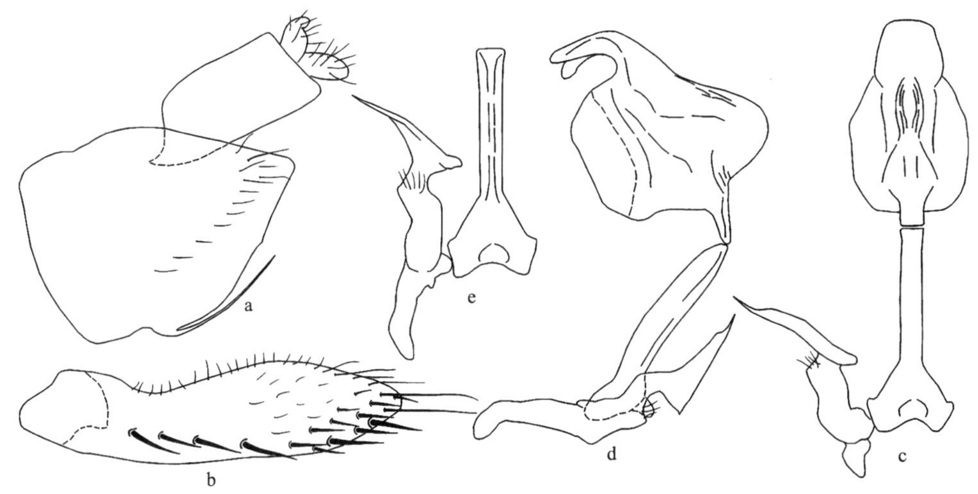

图 206　囊茎横脉叶蝉，新种 *Transvenosus sacculuses* Li, Li *et* Xing, sp. nov.

a. 雄虫尾节侧瓣侧面观 (male pygofer side, lateral view)；b. 雄虫下生殖板 (male subgenital plate)；c. 阳茎、连索、阳基侧突腹面观 (aedeagus, connective and style, ventral view)；d. 阳茎、连索、阳基侧突侧面观 (aedeagus, connective and style, lateral view)；e. 连索、阳基侧突 (connective and style)

(203) 端斑横脉叶蝉 *Transvenosus signumes* (Li *et* Webb, 1996) (图 207；图版Ⅷ：5)

Cunedda signuma Li *et* Webb, 1996, Entomologica Sinica, 3(1): 25. **Type locality**: Thailand.

Transvenosus signuma (Li *et* Webb): Wang *et* Zhang, 2015, Zootaxa, 4052 (5): 597.

模式标本产地　泰国。

体连翅长，雄虫 7.0-7.1mm。

头冠前端呈锐角状突出，中域两侧低凹；单眼位于头冠前侧缘，与复眼的距离较距头冠顶端近；颜面额唇基长大于宽。前胸背板较头部宽，约与头冠等长，密生横皱纹，前、后缘接近平直；小盾片横刻痕后具横皱纹。

雄虫尾节侧瓣近似三角形突出，端区生细小刚毛，腹缘突起光滑细长，末端与尾节侧瓣接近等长；雄虫下生殖板中部外侧扩大，内侧有 1 列粗长刚毛；阳茎基部细管状，侧面观中部膨大，背域两侧有片状突，末端管状弯曲，阳茎孔位于末端；连索 Y 形，主干长明显大于臂长；阳基侧突端部变细弯折向外侧伸出。

体淡黄色。头冠淡黄白色，端区及中域有不规则形褐色斑块；复眼黑色；单眼淡黄白色；颜面淡黄白色，唯额颊缝、前唇基、颊区外侧及舌侧板内侧域黑褐色。前胸背板淡黄褐色，中域及两侧各有 1 黑褐色纵纹；小盾片淡黄褐色，端区近乎褐色，基侧角及中域斑块褐色；前翅翅脉黄白色，爪片淡褐色，革片淡黄白色，具不规则形黄白色斑块，尤其前缘域 3 斑最明显；胸部腹板淡黄白色，具不规则形褐色斑块，唯前、中足腿节横斑及后足胫节褐色。

检视标本 **云南**：1♂，盈江铜壁关，2002.Ⅶ.20，李子忠采 (GUGC)。**泰国**：♂(正模)，Thailand Chiang Mai Dol Pa Kia，1987.IX.5，A. Samruadkll 采 (BMNH)。

分布 云南；泰国。

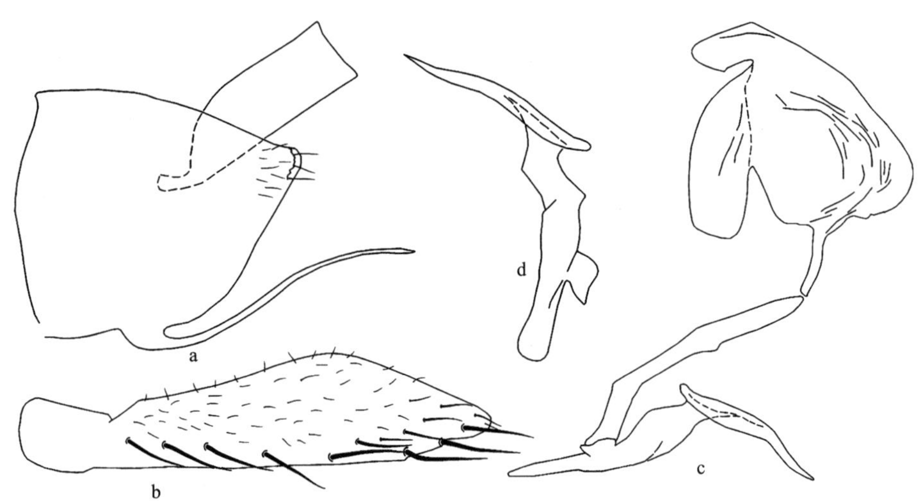

图 207 端斑横脉叶蝉 *Transvenosus signumes* (Li *et* Webb)

a. 雄虫尾节侧瓣侧面观 (male pygofer side, lateral view)；b. 雄虫下生殖板 (male subgenital plate)；c. 阳茎、连索、阳基侧突侧面观 (aedeagus, connective and style, lateral view)；d. 阳基侧突 (style)

29. 弯头叶蝉属 *Vangama* Distant, 1908

Vangama Distant, 1908, The fauna of British Indian including Ceylon and Burma, Rhynchota, 4: 260.

Type species: *Vangama steneosaura* Distant, 1908.

模式种产地：印度西北部。

属征：头冠极度向前突出，中央长度约与后足胫节等长，端部微向上翘，中央有 1 明显的纵脊，侧缘亦具脊；单眼位于头冠侧缘，着生在复眼前域；颜面长大于宽，中域隆起，中央有 1 明显的纵脊。前胸背板宽大于长，中域隆起向两侧倾斜，前缘弧圆突出，后缘微凹；小盾片宽三角形，微短于前胸背板；前翅狭长，爪片宽大，具 4 端室，端片狭小。

雄虫尾节侧瓣腹缘无突起，端区有长刚毛；雄虫下生殖板叶片状，基部有关节，散生不规则排列的粗刚毛；阳茎端部腹缘有 1 对枝状突；连索 Y 形；阳基侧突端部弯折向外伸出。

地理分布：东洋界。

此属由 Distant (1908) 以印度产 *Vangama steneosaura* Distant 为模式种建立。

全世界已记述 3 种，其中 *Vangama albiveina* 拟移至其他属，实有 2 种。中国仅知 1 种，本志记述 1 种。

(204) 黑色弯头叶蝉 *Vangama picea* Wang *et* Li, 1999 (图 208)

Vangama picea Wang *et* Li, 1999, Entomotaxonomia, 21(2): 105. **Type locality**: Guizhou (Libo).

模式标本产地　贵州荔波。

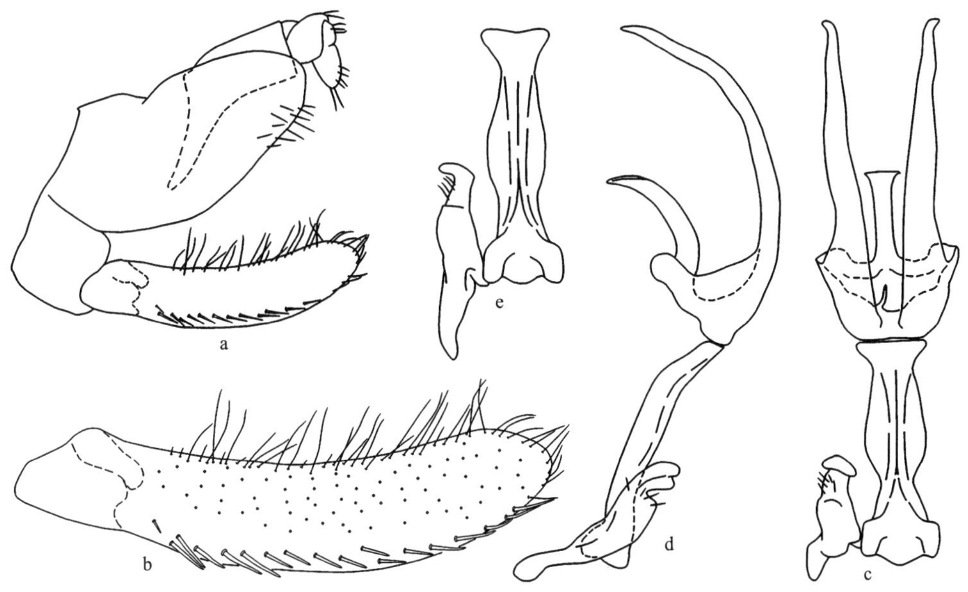

图 208　黑色弯头叶蝉 *Vangama picea* Wang *et* Li

a. 雄虫尾节侧面观 (male pygofer, lateral view)；b. 雄虫下生殖板 (male subgenital plate)；c. 阳茎、连索、阳基侧突腹面观 (aedeagus, connective and style, ventral view)；d.阳茎、连索、阳基侧突侧面观 (aedeagus, connective and style, lateral view)；e. 连索、阳基侧突 (connective and style)

体连翅长，雄虫 12.5-13.2mm，雌虫 14.5-15.2mm。头冠长，雄虫 5.0-5.5mm，雌虫 6.0-6.5mm。

头冠极度向前延伸，中央长度略大于后足胫节，端部向上弯曲；单眼位于头冠前侧缘，紧靠复眼，与复眼的距离约等于单眼直径的 2 倍；颜面纵向隆起，前唇基由基至端渐狭，中央纵向隆起似脊。前胸背板较头部宽，前、后缘接近平直，中央纵向微隆起似脊，前缘域两侧有不规则凹痕，密布横皱纹；小盾片中域较平坦，具不规则皱纹和细小刻点，横刻痕位于中后部，伸不及侧缘。

雄虫尾节侧瓣端缘圆，近端缘域有刚毛；雄虫下生殖板微弯，基部分节，内侧域有粗刚毛，外侧域有细长刚毛；阳茎管状，基部腹面有 1 对宽扁的长突，其长度大于阳茎干的 1.5 倍，并与阳茎同向背面弯；连索近 Y 形，主干极长；阳基侧突端部弯折外伸，中端部膨大。雌虫腹部第 7 节腹板中央纵向隆起似纵脊，中央长度是第 6 节的 2 倍，后缘接近平直，产卵器长度超过尾节末端甚多。

体及前翅黑色有光泽。复眼黄褐色；触角淡黄褐色。胸部腹板黑色，胸足淡黄微带白色。雌虫尾节侧瓣边缘淡黄褐色。

检视标本 **广西**：2♂，龙州，2012.Ⅵ.8，李虎采 (GUGC)。**贵州**：♂(正模)，7♂9♀(副模)，荔波茂兰，1998.Ⅴ.27-29，汪廉敏、李子忠采 (GUGC)。

分布 广西、贵州。

30. 腹突叶蝉属，新属 *Ventroprojecta* Li, Li *et* Xing, gen. nov.

Type species: *Ventroprojecta nigriguttata* Li, Li *et* Xing, sp. nov.

模式种产地：云南绿春。

属征：头冠前端呈锐角突出，中央长度大于二复眼间宽，具 3 明显纵脊，即 1 中脊、2 侧脊，侧脊外侧有众多纵皱纹；单眼位于头冠前侧域，着生在侧脊外侧，紧靠复眼；额唇基长大于宽，两侧接近平行，中央有 1 明显的纵脊，前唇基由基至端渐窄。前胸背板较头部宽，前缘弧圆，后缘接近平直；小盾片三角形，中央长度与前胸背板接近等长；前翅长超过腹部末端，有 4 端室，端片不甚明显。

雄虫尾节侧瓣端向渐窄，端腹缘向背面斜倾，致端背角突出，基部腹缘有 1 短突；雄虫下生殖板中部微扩大，端缘尖突，中域有 1 列粗长刚毛；阳茎侧面观微弯曲，中部腹缘有 1 对长突，背域有 1 对片状突；连索 Y 形；阳基侧突两端细，中部膨大，端部弯曲。

词源：新属以阳茎腹面有 1 对长突这一明显特征命名。

地理分布：东洋界。

新属外形特征与狭顶叶蝉属 *Angustuma* Xing *et* Li 相似，不同点是新属头冠仅有 3 纵脊，雄虫阳茎腹面有 1 对长突；与锥头叶蝉属 *Onukia* Matsumura 的区别是，雄虫尾节侧瓣腹缘有突起。

本属为新厘定，并记述 2 新种。

种检索表 (♂)

体和前翅黑色，雄虫体长 5.1mm……………………………… **黄斑腹突叶蝉，新种 *V. luteina* sp. nov.**

体和前翅淡橘黄色，雄虫体长 5.5-6.0mm……………… **黑斑腹突叶蝉，新种 *V. nigriguttata* sp. nov.**

(205) 黄斑腹突叶蝉，新种 *Ventroprojecta luteina* Li, Li *et* Xing, sp. nov. (图 209；图版 X：2)

模式标本产地　云南勐仑。

体连翅长，雄虫 5.1mm。

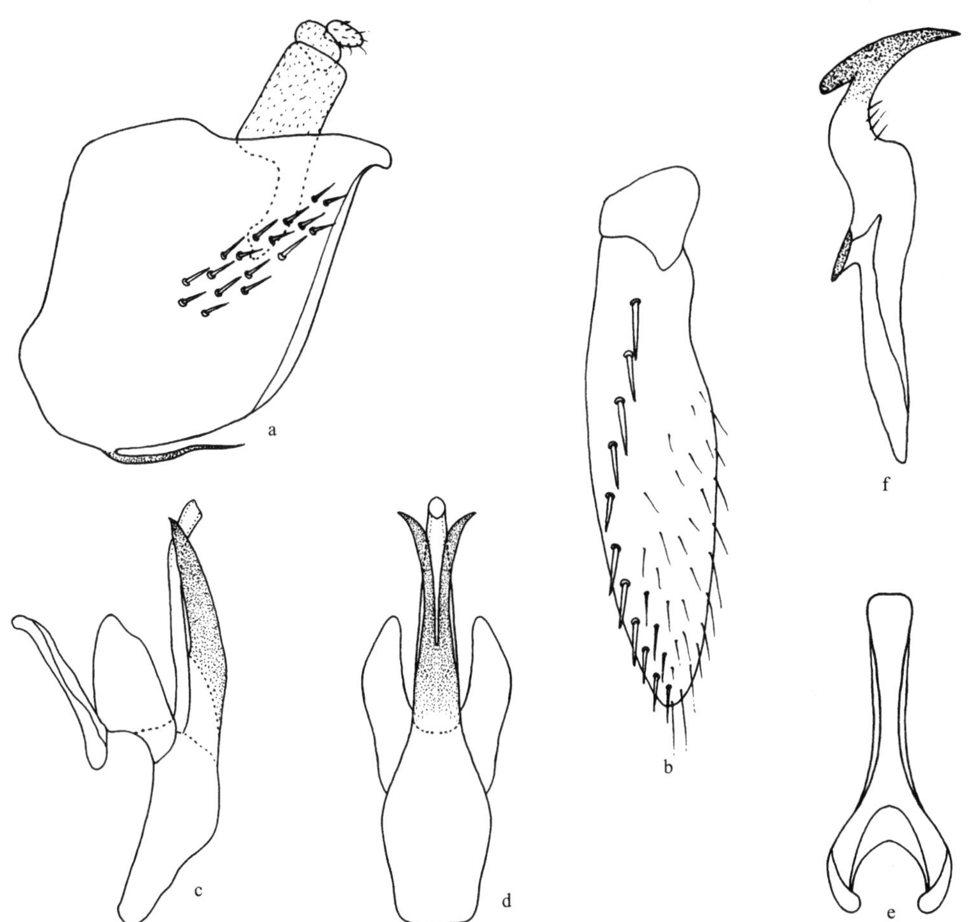

图 209　黄斑腹突叶蝉，新种 *Ventroprojecta luteina* Li, Li *et* Xing, sp. nov.

a. 雄虫尾节侧瓣侧面观 (male pygofer side, lateral view)；b. 雄虫下生殖板 (male subgenital plate)；c. 阳茎侧面观 (aedeagus, lateral view)；d. 阳茎腹面观 (aedeagus, ventral view)；e. 连索(connective)；f. 阳基侧突 (style)

头冠前端呈角状突出，中央长度大于二复眼间宽，冠面隆起，有 3 明显的纵脊，侧脊外侧有众多纵皱纹；单眼位于侧脊外侧，与复眼的距离较距头冠顶端近；颜面额唇基隆起，中央有1明显的纵脊，前唇基近似球形，端缘弧圆。前胸背板较头部宽，有横皱纹；小盾片三角形，横刻痕处低凹。

雄虫尾节侧瓣基部宽大，端部渐细，端腹缘斜向背面伸出，致端背角明显突出，微弯曲，末端呈钩状，端区有不规则排列的粗长刚毛；雄虫下生殖板内侧中域有1列粗长刚毛，端缘有细长刚毛；阳茎近似细管状弯曲，端部腹缘有1对基部近似愈合、端部分开的宽大长突，背域有1三角形片状突；连索Y形，主干长是臂长的5.5倍；阳基侧突宽扁，基部细，中部较宽大，端部细而弯曲，弯曲处有细长刚毛，端缘平直。

体黑色。头冠淡黄白色，中央有1菱形黑纹；颜面黑色。前翅黑色，后缘近基部有黄色斑，两翅合拢时近似长椭圆形黄色斑。虫体腹面黑褐色。

正模 ♂，云南勐仑，2014.Ⅷ.18，郭梅娜采。模式标本保存在贵州大学昆虫研究所(GUGC)。

词源 新种名以前翅有1黄色斑这一明显特征命名。

分布 云南。

新种外形特征与黑斑腹突叶蝉 *Ventroprojecta nigriguttata* Li, Li *et* Xing, sp. nov.相似，不同点是新种体较小，体和前翅黑色。

(206) 黑斑腹突叶蝉，新种 *Ventroprojecta nigriguttata* Li, Li *et* Xing, sp. nov. (图 210；图版Ⅹ：3)

模式标本产地 云南绿春、勐腊、勐仑。

体连翅长，雄虫 5.5-6.0mm，雌虫 6.5-7.0mm。

头冠前端呈锐角突出，中央长度明显大于二复眼间宽，侧脊外侧由基至端有众多纵皱纹；单眼位于头冠前侧域，着生在侧脊外侧，与复眼的距离约等于单眼直径的2.5倍；额唇基纵向隆起，两侧接近平行，前唇基由基至端渐窄。前胸背板光滑，较头部宽，前缘弧圆，后缘接近平直；小盾片中央长度与前胸背板接近等长，横刻痕位于中后部。

雄虫尾节侧瓣基部宽大，端部渐细，端背缘平直，端腹缘斜向背面伸出，致端背角明显突出，微弯曲，末端呈钩状，中域有不规则排列的粗长刚毛；雄虫下生殖板内侧中域有1列粗长刚毛，端缘有细长刚毛；阳茎近似管状弯曲，端部腹缘有1对基部近似愈合、端部分开的长突，背域有1三角形片状突，阳茎孔位于末端；连索Y形，主干长是臂长的5倍；阳基侧突宽扁，基部细，中部较宽大，端部细而弯曲，弯曲处有细长刚毛，端缘平直。雌虫腹部第7节腹板中央长度明显大于第6节，后缘中央呈笔架形突出，产卵器伸出尾节侧瓣端缘甚多。

体和前翅淡橘黄色。头冠中前域有1近似菱形的黑色斑；单眼血红色；颜面淡黄白色，额唇基中央纵脊、侧缘1/5、触角窝下方1斑点均黑色。前翅端部1/5黑色；胸部腹面和胸足淡黄白色。腹部背、腹面黑褐色。

正模 ♂，云南绿春黄连山，2012.Ⅷ.4，常志敏、郑维斌采。副模：1♀，云南勐腊，2008.Ⅶ.19，宋月华采；1♀，云南勐腊，2012.Ⅶ.24，郑维斌、徐世燕采；2♀，云南勐仑，2012.Ⅶ.30-31，常志敏采；5♀，云南勐仑，2014.Ⅷ.18，周正湘、郭梅娜采。所有模式标本均保存在贵州大学昆虫研究所 (GUGC)。

词源　新种名来源于头冠中前域有 1 黑色斑。

分布　云南。

新种外形特征与黄斑腹突叶蝉 *Ventroprojecta luteina* Li, Li *et* Xing, sp. nov.相似，不同点是新种体较大，体和前翅淡橘黄色，颜面淡黄白色。

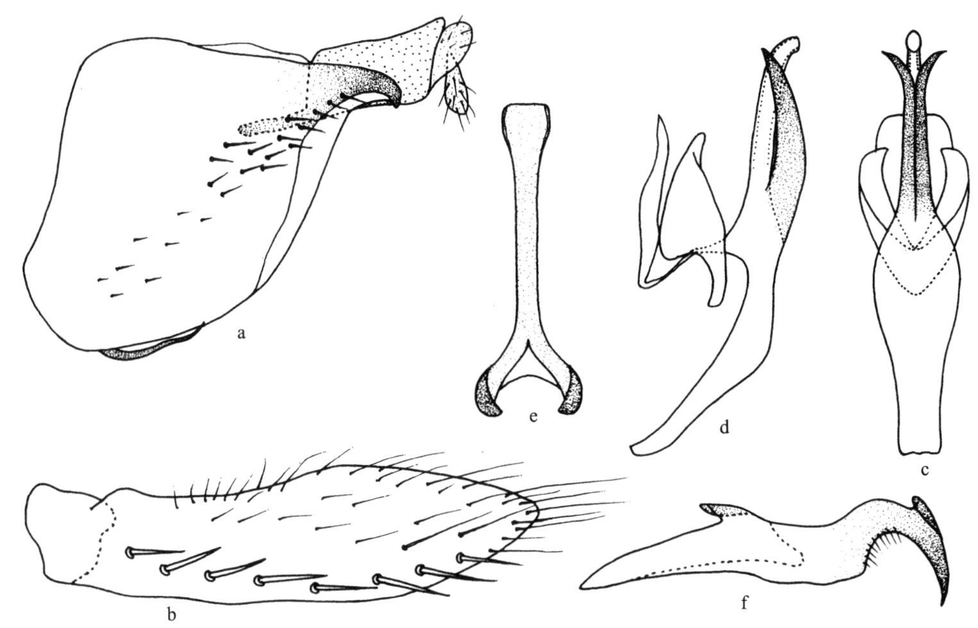

图 210　黑斑腹突叶蝉，新种 *Ventroprojecta nigriguttata* Li, Li *et* Xing, sp. nov.

a. 雄虫尾节侧瓣侧面观 (male pygofer side, lateral view)；b. 雄虫下生殖板 (male subgenital plate)；c. 阳茎腹面观 (aedeagus, ventral view)；d. 阳茎侧面观 (aedeagus, lateral view)；e. 连索(connective)；f. 阳基侧突 (style)

二、隐脉叶蝉族 Nirvanini Baker, 1923

Nirvaniinae Baker, 1923, Philip. Jour. Sci., 23(4): 375.

Nirvanini Metcalf, 1963, General Catalogue of the Homoptera, Fascicle Pt. 7: 5.

族征：体细弱扁平，体长 3-10mm。体多为白色、黄白色、橙黄色，常具黑、黄、褐、红等色彩斑纹。头冠中央长度大于或等于二复眼间宽，中域平坦或微隆，边缘常有脊；复眼较大，斜置于前胸背板前侧角；单眼位于头冠前侧缘，与复眼的距离小于或等于到头冠顶端之距；颜面额唇基基部隆起，中央常具脊；触角较长，触角窝深；前翅革片基部翅脉模糊不清。

地理分布：东洋界，古北界，新北界，新热带界，非洲界，澳洲界。

此族由 Baker (1923) 建立，当时放在隐脉叶蝉科 Nirvaniidae，包含 Macroceratogoniinae、Stenometopiinae、Nirvaniinae 3 亚科，在隐脉叶蝉亚科下未分族，编制该亚科 8 属检索表；

Haupt (1929) 订正为 Nirvanidae；Evans (1947)采用了隐脉叶蝉亚科 Nirvaninae，在亚科下未分族；Metcalf (1963) 采用隐脉叶蝉族 Nirvanini。继后一些学者如 Linnavuori (1979)、Viraktamath 和 Wesley (1988)、Huang (1989b)、Viraktamath (1992)、李子忠和陈祥盛 (1999) 等沿用隐脉叶蝉族分类阶元；Dietrich (2004) 对横脊叶蝉亚科分类系统进行了考订，认为隐脉叶蝉亚科 Nirvaninae 是横脊叶蝉亚科 Evacanthinae 的异名，将隐脉叶蝉族 Nirvanini 归在横脊叶蝉亚科内。

全世界已记述 37 属，其中一些属已移出，诸如 *Mukaria* Distant、*Mohunia* Distant、*Flatfronta* Chen *et* Li 等。中国现有 13 属，本志记述 16 属，含 3 新属。

属检索表 (♂)

1. 头冠中央长度大于二复眼间宽……2
   头冠中央长度小于或等于二复眼间宽……9
2. 头冠、前胸背板、小盾片仅两侧各有 1 橘黄色纵纹……**扁头叶蝉属 *Ophiuchus***
   头冠、前胸背板、小盾片两侧无 1 橘黄色纵纹……3
3. 雄虫尾节侧瓣端缘极度凹入……**凹片叶蝉属 *Concaveplana***
   雄虫尾节侧瓣端缘不极度凹入……4
4. 雄虫尾节侧瓣内侧有向腹面延伸的内突……**内突叶蝉属 *Extensus***
   雄虫尾节侧瓣内侧无向腹面延伸的内突……5
5. 雄虫尾节侧瓣端部突二叉状，腹缘无突起……**叉突叶蝉属 *Aequoreus***
   雄虫尾节侧瓣端部突不分叉，腹缘有突起……6
6. 头冠中央长度大于二复眼间宽度 2 倍……**长头叶蝉属，新属 *Longiheada* gen. nov.**
   头冠中央长度不大于二复眼间宽度 2 倍……7
7. 头冠轻度隆起……**类隐脉叶蝉属 *Sinonirvana***
   头冠扁平……8
8. 雄虫下生殖板细长，长宽比接近 8∶1……**隐脉叶蝉属 *Nirvana***
   雄虫下生殖板细宽短，长宽比小于 6∶1……**拟隐脉叶蝉属 *Sophonia***
9. 额唇基丰满隆起近似球形隆起……**隆额叶蝉属 *Convexfronta***
   额唇基丰满不呈球形隆起……10
10. 前胸背板和小盾片隐现黑色斑……**长索叶蝉属 *Longiconnecta***
    前胸背板和小盾片不隐现黑色斑……11
11. 前翅常具黑褐色横带纹……**端突叶蝉属，新属 *Extenda* gen. nov.**
    前翅黑褐色斑纹不呈横带状……12
12. 雄虫尾节侧瓣端背角和端腹角向外侧延伸……**双突叶蝉属，新属 *Biprocessa* gen. nov.**
    雄虫尾节侧瓣端背角和端腹角不明显延伸……13
13. 雄虫尾节侧瓣端端背角和端腹角有对生的突起……**对突叶蝉属 *Decursusnirvana***
    雄虫尾节侧瓣端端背角和端腹角无对生的突起……14
14. 雄虫尾节侧瓣腹缘有 1 长突……**短冠叶蝉属 *Kana***

雄虫尾节侧瓣腹缘无 1 长突……………………………………………………………………15

15. 阳茎基半部骨化，端半部膜质呈囊状………………………………………**消室叶蝉属 *Chudania***

阳茎全部骨化，端半部非膜质呈囊状…………………………………………**小板叶蝉属 *Oniella***

31. 叉突叶蝉属 *Aequoreus* Huang, 1989

Aequoreus Huang, 1989, Bulletin of the Society of Entomology (Taichung), 21: 61. **Type species:** *Aequoreus disfasciatus* Huang, 1989.

模式种产地：台湾。

属征：头冠侧缘在复眼前略向外凸，然后向头顶汇集，头冠中央长度短于二复眼间宽，二复眼内侧基部 2/3 平行；单眼间距离小于与复眼间距；颜面长宽接近相等，额唇基基部中央具 1 纵脊，两侧基部内凹，中部外凸，端部急变狭。前胸背板较头部宽，中央长度约为宽度之半，前缘略向前凸出，后缘略凹入，侧缘向前斜弯；前翅长超过腹部末端，基部翅脉模糊不清，具 4 端室，端片狭小；后翅具 3 封闭端室。

雄虫尾节侧瓣侧面观端缘呈叉突，端区有粗长刚毛；雄虫下生殖板长叶片状，中域有 1 列粗长刚毛；阳茎近端部具有复杂突起；连索 Y 形；阳基侧突端部骤然变细，且弯曲。

地理分布：东洋界。

此属由 Huang (1989b) 以 *Aequoreus disfasciatus* Huang 为模式种建立；Chiang (1991) 记述台湾 1 新种。

全世界仅知 2 种，中国均有分布。本志记述 3 种，含 1 种新组合。

种检索表 (♂)

1. 前翅无黑褐色斑点和条纹……………………………………………**黄氏叉突叶蝉 *A. huangi***

前翅具有褐色斑点和条纹……………………………………………………………………2

2. 阳茎基部突起 3 叉状……………………………………………………**细纹叉突叶蝉 *A. linealaus***

阳茎基部突起不分叉…………………………………………………**褐带叉突叶蝉 *A. disfasciatus***

(207) 褐带叉突叶蝉 *Aequoreus disfasciatus* Huang, 1989 (图 211)

Aequoreus disfasciatus Huang, 1989, Bulletin of the Society of Entomology (Taichung), 21: 67. **Type locality**: Taiwan (Hualien).

模式标本产地　台湾花莲。

体连翅长，雄虫 4.0mm，雌虫 4.6mm。

头冠较短，中央长度微短于二复眼间宽，中域轻度隆起，前端近似角状凸出，侧缘于复眼前一段较直，基部冠缝明显，约为头冠中长的 2/3；单眼位于头冠前侧缘，单眼间距离与复眼间距离接近相等；颜面额唇基基部隆起，中央有 1 短纵脊，纵脊长度小于该区长的 1/3，两侧有横印痕，前唇基由基至端渐狭，舌侧板极小。前胸背板较头冠长，中域隆起，前缘宽圆突出，后缘接近平直，前侧缘斜直；小盾片基域宽是中央长度的1.6倍。

雄虫尾节侧瓣侧面观近似长方形，端背角分叉，并伸向腹面，端区外侧有粗长刚毛；雄虫下生殖板长是宽的5倍，侧域具粗刚毛；阳茎构造复杂，腹面观基部有1对片状突，此突起基部相连，末端尖细，在中央有3叉状突起，此突起的中突末端圆，侧突末端尖细；连索Y形，主干长是臂长的1.5倍；阳基侧突较阳茎长，末端钳形。

体和前翅淡黄色。前翅具有褐色斑点和条纹，其中第2端室基部有1褐色斑，翅端前缘域有3褐色斜纹，尤以第4端室前缘褐色斜纹最短。

检视标本 **台湾**：1♀，Hualien，1985.Ⅷ.8，C. L. Chen 采 (GUGC)。

分布 台湾。

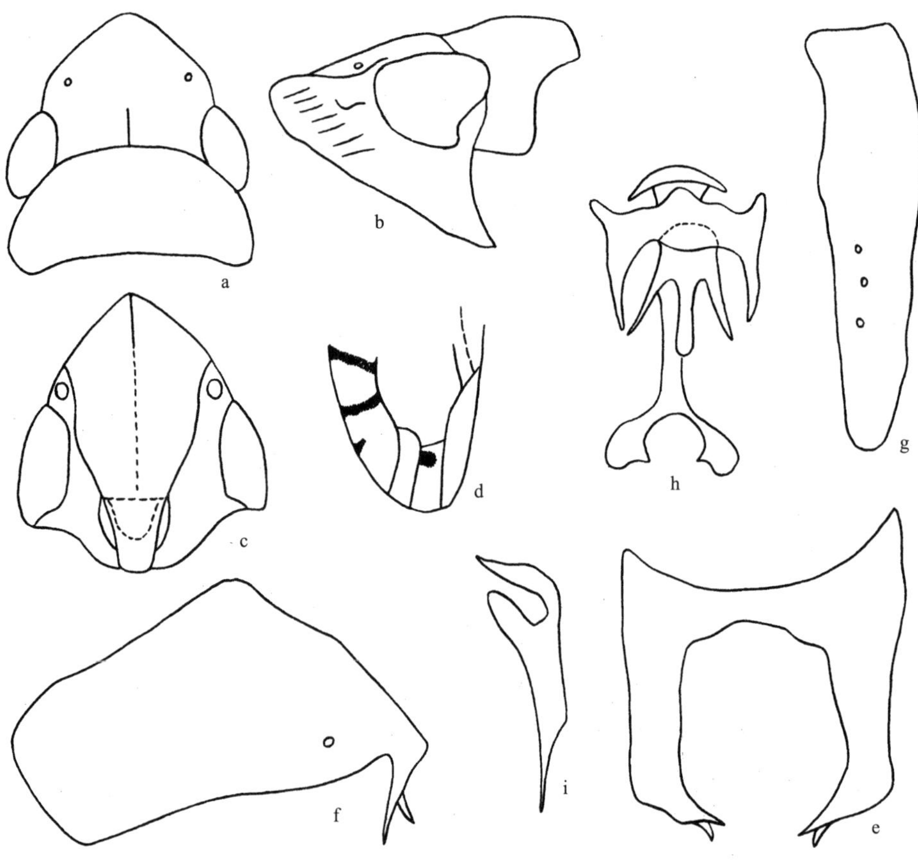

图211 褐带叉突叶蝉 *Aequoreus disfasciatus* Huang (仿 Huang，1989b)

a. 头、胸部背面观 (head and thorax, dorsal view)；b. 头、胸部侧面观 (head and thorax, lateral view)；c. 颜面 (face)；d. 前翅端部 (end of forewing)；e. 雄虫尾节侧瓣背面观 (male pygofer side, dorsal view)；f. 雄虫尾节侧瓣侧面观 (male pygofer side, lateral view)；g. 雄虫下生殖板 (male subgenital plate)；h. 阳茎、连索腹面观 (aedeagus and connective, ventral view)；i. 阳基侧突 (style)

(208) 黄氏叉突叶蝉 *Aequoreus huangi* Jiang, 1991 (图 212)

Aequoreus huangi Jiang, 1991, J. Taiwan Mus., 44(1): 79. **Type locality**: Taiwan (Miaoli).

模式标本产地　台湾苗栗。

体连翅长，雄虫 4.2-4.5mm，雌虫 4.5mm。

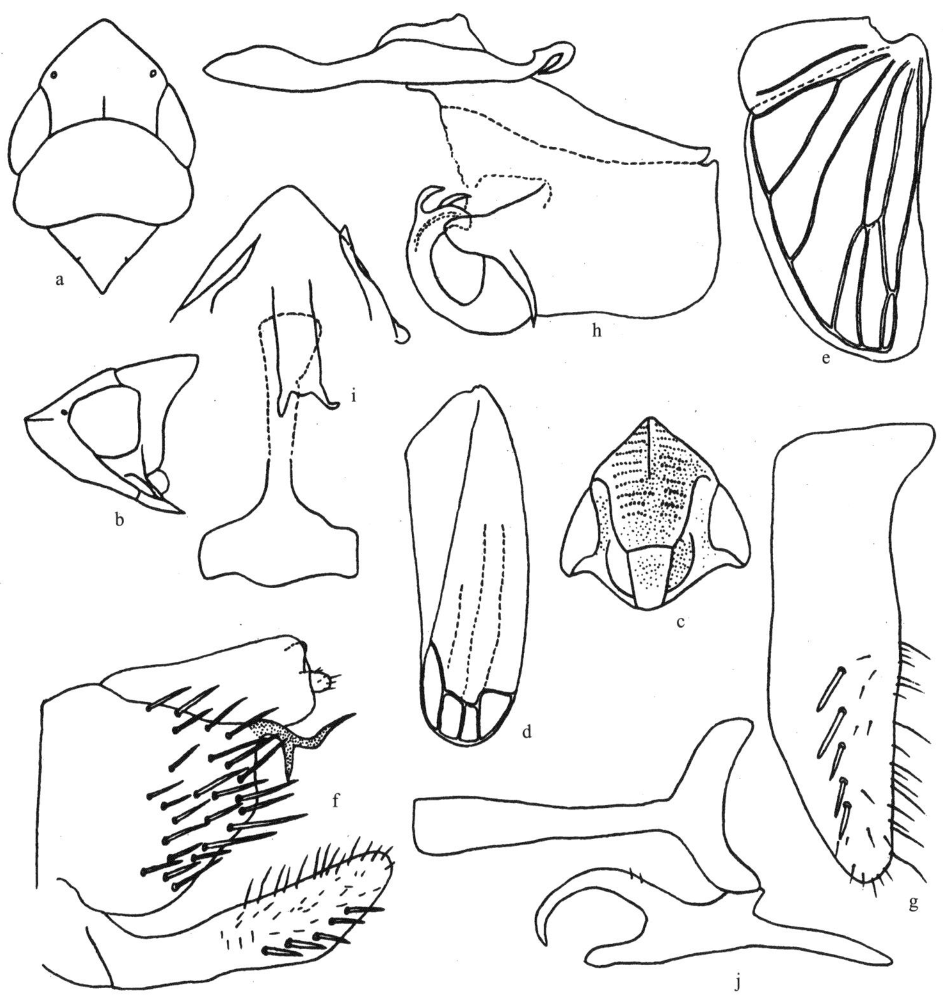

图 212　黄氏叉突叶蝉 *Aequoreus huangi* Jiang (仿 Chiang, 1991)

a. 头、胸部背面观 (head and thorax, dorsal view)；b. 头、胸部侧面观 (head and thorax, lateral view)；c. 颜面 (face)；d. 前翅 (forewing)；e. 后翅 (hindwing)；f. 雄虫尾节侧面观 (male pygofer, dorsal view)；g. 雄虫下生殖板 (male subgenital plate)；h. 阳茎、连索、阳基侧突侧面观 (aedeagus, connective and style, lateral view)；i. 阳茎和连索腹面观(aedeagus, and connective, ventral view)；j. 连索和阳基侧突 (connective and style)

头冠中央长度小于二复眼间宽，约与前胸背板等长；复眼内缘于头冠基部两侧平行；单眼位于头冠前侧缘，着生在复眼的前角处；额唇基基部丰满隆起，基域中央有 1 短纵脊，两侧有侧褶，中端部较平坦，前唇基由基至端逐渐变狭。前胸背板中域隆起，前缘宽圆凸出，后缘凹入；小盾片横印痕不明显。

雄虫尾节侧瓣侧面观基部宽，端部渐窄，端缘宽圆，端背角有1端部分叉的突起，端区有长刚毛；雄虫下生殖板基部宽，端部较狭，在中域有约5根长刚毛列，边缘有长毛；阳茎弯曲，基部有1对突起，端部亦具1对较短的突起；连索Y形，主干较长；阳基侧突细小，端部近似钳状。雌虫腹部第7节腹板后缘中央凹入。

体淡橘黄色。头冠边缘淡褐色；复眼深褐色；颜面额唇基、前唇基及舌侧板黑褐色，颊区沿复眼边缘有黑色带纹。前胸背板和小盾片橘黄色；前翅橘黄微带绿色光泽，翅端接近透明，后翅淡褐色；胸部腹板和腹部黑褐色，足黄绿色。

检视标本 **台湾**：1♀，Miaoli，1989.Ⅺ.20，K. W. Huang 采 (GUGC)。

分布 台湾。

(209) 细纹叉突叶蝉 *Aequoreus linealaus* (Li *et* Wang, 2003) (图 213)

Sophonia lineala Li *et* Wang, 2003, Acta Zootaxonomica Sinica, 28(3): 503. **Type locality**: Guizhou (Fanjingshan).

Aequoreus linealaus (Li *et* Wang, 2003). **New combination.**

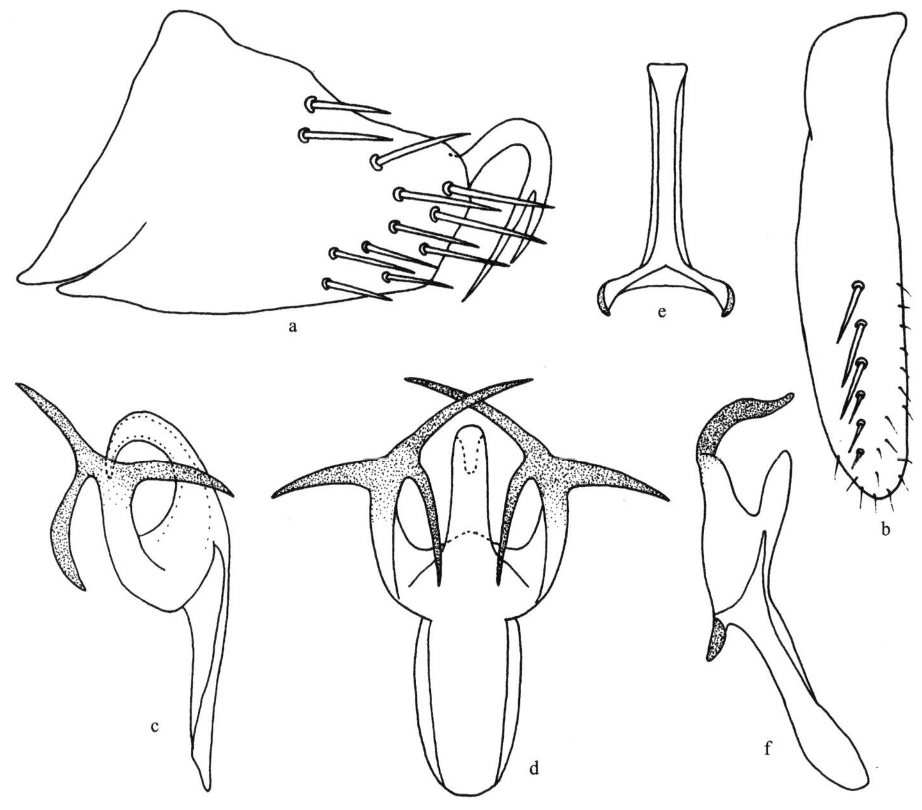

图 213 细纹叉突叶蝉 *Aequoreus linealaus* (Li *et* Wang)

a. 雄虫尾节侧瓣侧面观 (male pygofer side, lateral view)；b. 雄虫下生殖板 (male subgenital plate)；c. 阳茎侧面观 (aedeagus, lateral view)；d. 阳茎腹面观 (aedeagus, ventral view)；e. 连索 (connective)；f. 阳基侧突 (style)

模式标本产地　贵州梵净山。

体连翅长，雄虫 4.0-4.2mm，雌虫 4.4mm。

头冠前端呈锐角突出，中央长度约等于二复眼内缘间宽度的 1.2 倍，端区有细皱纵纹，前侧缘有缘脊；单眼位于头冠侧域，到复眼的距离与到侧缘之距近似相等；颜面额唇基基域中央丰满隆起，中央有 1 短纵脊，两侧有斜褶，端区平坦。前胸背板较头部宽，短于头冠中长，前缘弧圆突出，后缘凹入，端前域有 1 弧形凹痕。

雄虫尾节侧瓣侧面观端向渐窄，端区有粗长刚毛，端缘极度变细，向外侧延伸，延伸部末端分叉；雄虫下生殖板宽短，中域有 1 列粗长刚毛；阳茎中部两侧各有 1 端部 3 叉状的突起，端部呈管状弯曲，阳茎孔位于末端；连索 Y 形，主干长是臂长的 1.5 倍；阳基侧突亚端部极度弯曲，致呈蟹钳状。

体白色。复眼淡褐色；单眼淡黄色。前翅乳白色，端缘域具烟黄晕，爪片末端和第 2 端室内 1 小斑及端区前缘 3 细斜纹黑褐色。虫体腹面白色无斑纹。

检视标本　**贵州**：1♂1♀，梵净山，1994.Ⅷ.9，李子忠采 (GUGC)；♂ (正模)，2♂ (副模)，梵净山，2001.Ⅶ.29，李子忠、杨茂发采 (GUGC)；1♂，梵净山，2002.Ⅵ.1，李子忠采 (GUGC)。**云南**：1♀，红河，2012.Ⅷ.5，郑维斌采 (GUGC)。

分布　贵州、云南。

32. 双突叶蝉属，新属 *Biprocessa* Li, Li *et* Xing, gen. nov.

Type species: *Biprocessa specklea* Li, Li *et* Xing, sp. nov.

模式种产地：云南。

属征：头冠前端呈锐角突出，中央长度明显大于二复眼内缘间宽，近复眼前角处向外侧突出，前侧缘具明显的缘脊；单眼位于头冠前侧缘，靠近复眼前角处；颜面额唇基中长明显大于宽，基部丰满隆起，中央有1短纵脊，两侧有侧褶，端部较平坦。前胸背板较头冠短，与头部宽近似相等，前缘域有1弧形凹痕；小盾片较前胸背板短；前翅长超过腹部末端，常有褐色带纹，革片基部翅脉不明显，端片狭小，无端前室，有4端室。

雄虫尾节侧瓣近似长方形，端背角和端腹角均向外侧延伸；雄虫下生殖板中域有1列粗长刚毛；阳茎近似管状，基部和端部常有突起；连索Y形；阳基侧突基部宽扁，端部向外侧延伸。

词源：新属以雄虫尾节侧瓣端背角和端腹角均向外侧延伸这一明显特征命名。

地理分布：东洋界。

新属与拟隐脉叶蝉属*Sophonia* Walker相似，不同点是新属前翅常有褐色带纹，雄虫尾节侧瓣端背角和端腹角均向外侧延伸，阳茎端部和基部常有发达的突起。

此属为新厘定，共记述2种，含1新种和1种新组合。

检 索 表 (♂)

前翅革片中部有 1 褐色斜纹，阳茎端部箭头形…………………………… **斜纹双突叶蝉 *B. obliquizonata***

前翅革片中后部有 1 褐色纹，阳茎端部具长突…………… **褐纹双突叶蝉，新种 *B. specklea* sp. nov.**

(210) 斜纹双突叶蝉 *Biprocessa obliquizonata* (Li *et* Wang, 2003) (图 214)

Sophonia obliquizonata Li *et* Wang, 2003, Acta Zootaxonomica Sinica, 28(3): 502. **Type locality:** Yunnan (Longling).

Biprocessa obliquizonata (Li *et* Wang, 2003). **New combination.**

模式标本产地 云南龙陵。

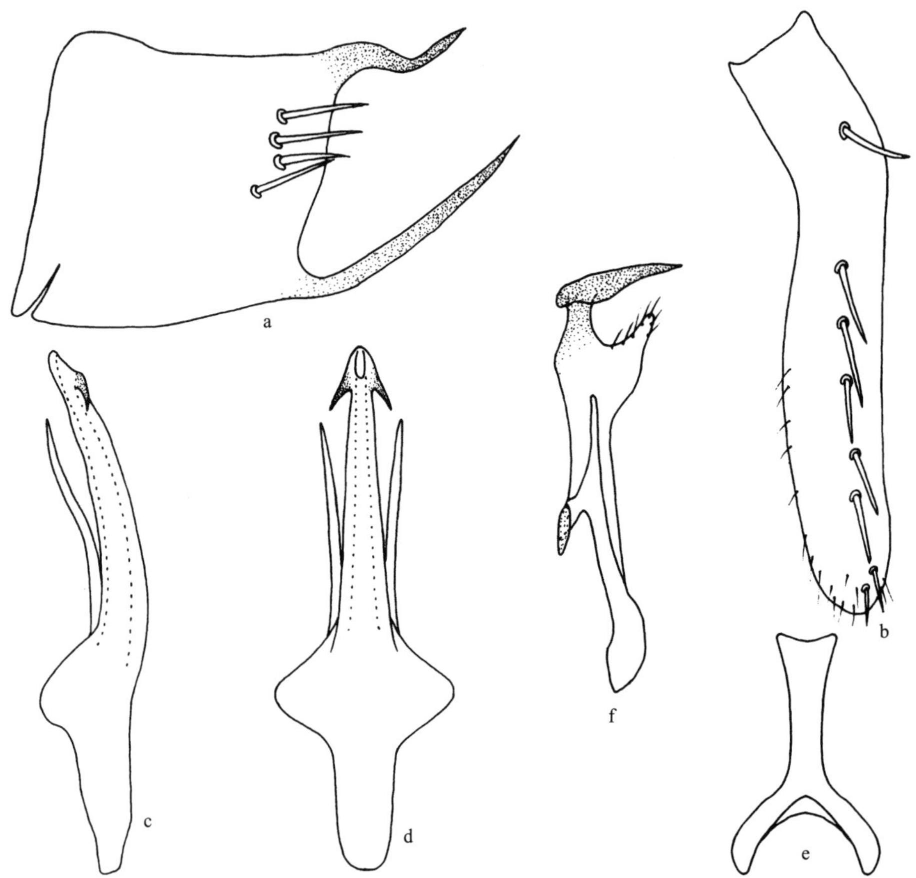

图 214 斜纹双突叶蝉 *Biprocessa obliquizonata* (Li *et* Wang)

a. 雄虫尾节侧瓣侧面观 (male pygofer side, lateral view)；b. 雄虫下生殖板 (male subgenital plate)；c. 阳茎侧面观 (aedeagus, lateral view)；d. 阳茎腹面观 (aedeagus, ventral view)；e. 连索 (connective)；f. 阳基侧突 (style)

体连翅长，雄虫 3.8-4.2mm，雌虫 4.0-4.3mm。

头冠前端呈锐角突出，中央长度明显大于二复眼内缘间宽，近复眼前角处向外侧突出，前侧缘具明显的缘脊；单眼位于头冠侧域，与复眼的距离约为单眼直径的 1.5 倍；颜面额唇基中长明显大于宽，基部丰满隆起，端部较平坦。前胸背板较头冠短，与头部宽近似相等，前缘域有 1 弧形凹痕；小盾片较前胸背板短，横刻痕弧形弯曲，两端伸达侧缘。

雄虫尾节侧瓣端缘接近平直，端背角和端腹角均向外侧延伸成枝状突，端域中部有数根粗长刚毛；雄虫下生殖板中域有 1 列粗长刚毛，端缘有数根细长刚毛；阳茎端部箭头形，中端部两侧各有 1 向前延伸的突起；连索 Y 形，主干长大于臂长；阳基侧突宽扁，中部和端部各有 1 向外侧延伸的突起。雌虫腹部第 7 节腹板中长是第 6 节的 2 倍，中央呈龙骨状隆起，后缘接近平直。

体淡黄白色。复眼淡褐色；单眼橘黄色。前翅灰白色，杂以橘黄色斑，爪片中部有向前缘斜伸的褐色宽带纹，前缘域端部 3 斜纹、第 1 和第 3 端室内圆形斑点均黑褐色。虫体腹面白色无斑纹。

寄主 草本植物。

检视标本 **云南**：♂ (正模)，3♂4♀ (副模)，龙陵，2002.Ⅶ.26，李子忠、宋红艳采 (GUGC)。**西藏**：1♂2♀，易贡，2017.Ⅷ.12，杨再华、张文采 (GUGC)；2♀，易贡，2017.Ⅷ.12，杨茂发、严斌采 (GUGC)。

分布 云南、西藏。

(211) 褐纹双突叶蝉，新种 *Biprocessa specklea* Li, Li *et* Xing, sp. nov. (图 215；图版 Ⅹ：4)

模式标本产地 云南泸水。

体连翅长，雄虫 4.1mm。

头冠前端呈锐角突出，中域平坦，中央长度明显大于二复眼内缘间宽，近复眼前角处向外侧突出，前侧缘具明显的缘脊；单眼位于头冠侧域，与复眼的距离约为单眼直径的 2 倍；颜面额唇基基部丰满隆起，端部较平坦。前胸背板较头冠短，前缘域有 1 弧形凹痕，中域隆起，后缘呈角状凹入；小盾片较前胸背板短，横刻痕弧形弯曲，两端伸达侧缘，端区有横皱纹。

雄虫尾节侧瓣近似长方形，端背角和端腹角均向外侧成细刺状延伸，端区有粗长刚毛；雄虫下生殖板端向渐窄，中域有 1 列粗长刚毛；阳茎管状，基域两侧各有 1 突起，末端伸达阳茎干端缘，末端有 1 对向后延伸的刺状突；连索 Y 形，主干长明显大于臂长；阳基侧突宽扁，端部呈蟹钳状。

体淡黄白色。复眼淡褐色；单眼血红色。前翅淡橘黄色，革片基角处褐色，中后部有 1 半月形较宽的褐色纹，沿褐色纹边缘黑褐色，两翅合拢时呈淡黄褐色圆形纹，端区淡黄褐色，前缘 3 斜纹和第 2 端室基部圆形纹黑褐色。虫体腹面淡黄白色，无明显斑纹。

正模 ♂，云南泸水片马，2011.Ⅵ.15，李玉建采。模式标本保存在贵州大学昆虫研究所 (GUGC)。

词源 新种以前翅具有褐色斑纹这一显著特征命名。

分布 云南。

新种外形特征与斜纹双突叶蝉 *Biprocessa obliquizonata* (Li *et* Wang) 相似，不同点是新种两前翅合拢时呈明显的淡黄褐色圆形纹，阳茎基部有 1 对长突，端部有 1 对向后延伸的刺状突。

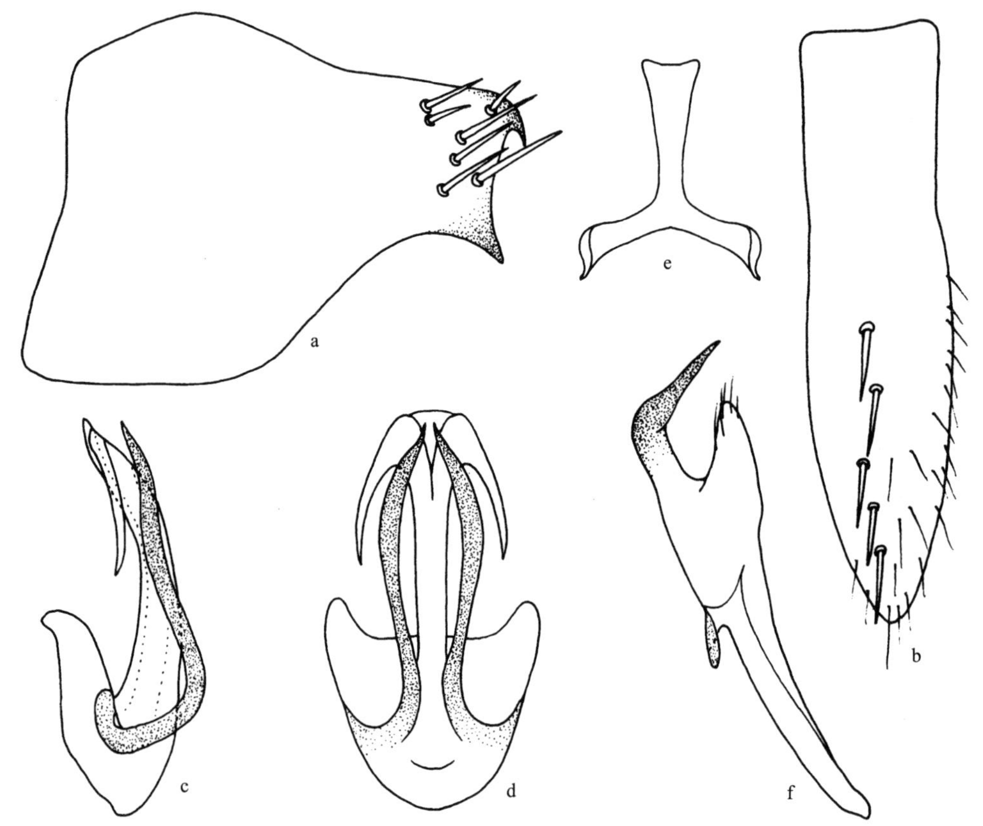

图 215 褐纹双突叶蝉，新种 *Biprocessa specklea* Li, Li *et* Xing, sp. nov.

a. 雄虫尾节侧瓣侧面观 (male pygofer side, lateral view)；b. 雄虫下生殖板 (male subgenital plate)；c. 阳茎侧面观 (aedeagus, lateral view)；d. 阳茎腹面观 (aedeagus, ventral view)；e. 连索 (connective)；f. 阳基侧突 (style)

33. 消室叶蝉属 *Chudania* Distant, 1908

Chudania Distant, 1908, The fauna of British Indian including Ceylon and Burma, Rhynchota, 4: 268.

Type species: *Chudania delecta* Distant, 1908.

模式种产地：印度。

属征：头冠向前略呈角状凸出，顶角等于或大于 90°，中央长度与二复眼间宽接近相等，侧缘有缘脊，在缘脊外侧向侧面倾斜，在倾斜部常有横条纹；单眼位于头冠前侧缘；复眼近椭圆形；颜面额唇基隆起，近半球形，两侧横印痕明显，基部中央有纵脊，在头冠顶端与颜面交界处和头冠缘脊相结合。前胸背板约与头冠等长，前缘弧形凸出，后缘略凹入；小盾片三角形；前翅宽阔，其长度超过腹部末端，前缘略呈弧形凸出，革片基部翅脉不甚明显，有 4 端室，端片狭长。

雄虫尾节侧瓣侧面观端缘具大刚毛，端腹缘后方有发达的突起；雄虫下生殖板长阔，外侧在基半部常内凹，中央有 1 列粗长刚毛，内缘常有 1 根刺状突；阳茎向腹面弯曲，一般基半部骨化，端半部膜质、囊状，膜质部腹面常有纵骨化带或自基半部末端发出的长突支持膜质，基半部常有成对突起，在阳茎基部与连索关键处腹面常有 1 叉状短突或 1 对短突；连索 Y 形；阳基侧突宽阔，基半部常扭曲，亚端半部深凹入，末端向外侧延伸。

体多呈浅黄色，体背、颜面及前翅常具褐色至黑褐色斑纹图案。有些种雌雄二型，两性斑纹图案截然不同。

地理分布：东洋界，古北界，非洲界。

此属由 Distant (1908) 以 *Chudania delecta* Distant 为模式种建立，并报道产于印度的 1 新种；Heller (1972) 报道了非洲消室叶蝉 *Chudania africana* Heller；Jacobi (1944) 报道了福建 1 新种；Heller (1988) 首次描述了印度消室叶蝉 *Chudania delecta* Distant 的雄性外生殖器；张雅林 (1990) 在《中国叶蝉分类研究(同翅目：叶蝉科)》中对该属进行了考订，并记述四川、云南、广西、甘肃、湖北等省 (区) 8 新种；蔡平和葛钟麟 (1996) 记述福建 1 新种；张雅林 (1992) 报道西藏 1 新种；李子忠和陈祥盛 (1999，2001) 记述贵州、云南 1 新种；Dai 和 Zhang (2005) 记述广西 1 新种。

全世界已报道 17 种。中国记述 16 种，其中 1 种已移出。本志记述 17 种，含 3 新种，提出 1 种新异名。

种检索表 (♂)

1. 革片部黑色斑纹外侧不呈锯齿状……2
   革片部黑色斑纹外侧锯齿状……6
2. 雄虫下生殖板基部内侧无枝状突……**广西消室叶蝉 *C. guangxiiana***
   雄虫下生殖板基部内侧有 1 枝状突……3
3. 雄虫尾节侧瓣腹缘突起端部弯曲……4
   雄虫尾节侧瓣腹缘突起端部不弯曲……5
4. 阳茎中部两侧突起端部具齿状突……**福建消室叶蝉 *C. fujianana***
   阳茎中部两侧突起端部无齿状突……**昆明消室叶蝉 *C. kunmingana***
5. 阳茎中部两侧有 1 对端部分枝的突起……**印度消室叶蝉 *C. delecta***
   阳茎中部两侧有突起不分枝……**多刺消室叶蝉，新种 *C. multispinata* sp. nov.**
6. 阳茎近基部 1 对 3 分枝突起……**三叉消室叶蝉 *C. trifurcata***
   阳茎中部突起不成 3 分枝……7
7. 阳茎膜质部与骨化部交界处有 2 对长突……**中华消室叶蝉 *C. sinica***
   阳茎膜质部与骨化部交界处无 2 对长突……8
8. 阳茎中部背域突起呈 X 形……9
   阳茎中部背域无 X 形突起……11

9. 阳茎中部背域 X 形突起较匀称 ……………………………………… **云南消室叶蝉 *C. yunnana***
   阳茎中部背域 X 形突起不匀称 ……………………………………………………… 10
10. 阳茎基部腹面有 1 对端部分叉的突起，中部近腔口处无 1 对端部分叉的突 ………………………………………………………………… **叉突消室叶蝉 *C. axona***
   阳茎基部腹面无 1 对端部分叉的突起，中部近腔口处有 1 对端部分叉的突 ………………………………………………………………… **贵州消室叶蝉 *C. guizhouana***
11. 阳茎基部有 1 对分叉的突起 ……………………………………… **甘肃消室叶蝉 *C. ganana***
   阳茎基部无分叉的突起 ……………………………………………………… 12
12. 阳茎亚基部无突起 ……………………………………………………… 13
   阳茎亚基部有 1 对突起 ……………………………………………………… 14
13. 阳茎基部腔口的端部腹面有 1 对端部分叉的突起 ……………………… **赫氏消室叶蝉 *C. hellerina***
   阳茎基部腔口的端部腹面无 1 对端部分叉的突起 ………… **金平消室叶蝉，新种 *C. jinpinga* sp. nov.**
14. 阳茎亚基部 1 对突起不分叉 ……………………… **佛坪消室叶蝉，新种 *C. fopingana* sp. nov.**
   阳茎亚基部 1 对突起分叉 ……………………………………………………… 15
15. 阳茎中部突起纤细匀称 ……………………………………… **丽江消室叶蝉 *C. lijiangensis***
   阳茎中部突起端向渐细 ……………………………………………………… 16
16. 阳茎中部有 1 对小的突起 ……………………………………… **武当消室叶蝉 *C. wudangana***
   阳茎中部无小突 ……………………………………… **峨眉消室叶蝉 *C. emeiana***

(212) 叉突消室叶蝉 *Chudania axona* Yang *et* Zhang, 1990 (图 216)

Chudania axona Yang *et* Zhang, 1990, A Taxonomic Study of Chinese Cicadellidae (Homoptera): 63.
Type locality: Guangxi (Langping).

模式标本产地 广西浪平。

体连翅长，雄虫 5.0-5.2mm，雌虫 5.5-5.8mm。

头冠前端略呈角状凸出，中域轻度隆起，中央长度约与前胸背板等长，边缘有脊，冠缝不甚明显，侧脊外侧有纵条纹；单眼位于头冠前侧缘，靠近复眼；颜面额唇基隆起成半球形，中央有明显纵脊，两侧有横印痕列，前唇基由基至端渐狭，舌侧板极狭小。前胸背板隆起，微宽于头部，前缘弧圆凸出，后缘接近平直；小盾片横刻痕凹陷，几乎达侧缘。

雄虫尾节侧瓣端缘宽圆凸出，端区有粗长刚毛，端腹角有 1 片状突起，由基至端渐细，端尖微弯；雄虫下生殖板宽扁，外侧中部内凹，中域有 1 纵列粗刚毛，侧缘域有细小刚毛；阳茎弧形弯向腹面，端半部膜质沿腹面有 2 纵骨化带，基半部骨化，中部两侧有 2 对基部接近相连的突起，分别伸向基方和端方，基部腹面有 1 对分叉的突起，基部与连索关键处有 1 根叉状突起；连索 Y 形；阳基侧突两端细，中部粗壮，近端部骤变细成枝状。雌虫腹部第 7 节腹板中央长度是第 6 节的 3 倍，中央隆起似脊，后缘接近平直，产卵器微超出尾节端缘。

雄虫头冠、颜面基半部、前胸背板及小盾片黑色有光泽；复眼褐色；单眼、触角、颜面端半部、胸部和腹部腹面及胸足浅黄色，唯各足爪淡褐色。前翅具有黑色与浅黄白色相接的斑纹图案，其内缘、后缘、端区黑色，两翅合拢时中域有 1 大的黑色菱形纹，前缘基域、前缘端域 1 大斑淡黄白色，在黑色部与淡黄白色部分交界处相互交错。雌虫体色斑纹图案与雄虫相似，在斑纹图案中，体背黑色部分及前翅褐色区比雄虫小，其中头冠两侧区、前胸背板两侧及小盾片基角处淡黄白色，前翅黄白色区占 1/2。

寄主　草本植物。

检视标本　**广西**：5♂5♀，花坪，1997.Ⅵ.5，杨茂发采（GUGC）；2♀，百色大王岭，2007.Ⅶ.17，孟泽洪采（GUGC）；1♂3♀，十万大山，2011.Ⅴ.4，张歆逢采（GUGC）；5♂3♀，龙州弄岗，2011.Ⅴ.7，于晓飞采（GUGC）；11♂3♀，龙州，2012.Ⅴ.7-8，范志华采（GUGC）。**贵州**：1♂，紫云，1992.Ⅷ.12，李子忠采（GUGC）；11♂2♀，望谟，1997.Ⅸ.24，陈祥盛采（GUGC）；3♂2♀，荔波茂兰，1998.Ⅴ.21，李子忠采（GUGC）；7♂9♀，望谟，2013.Ⅵ.26-29，龙见坤、刘洋洋采（GUGC）。

分布　湖南、广西、贵州。

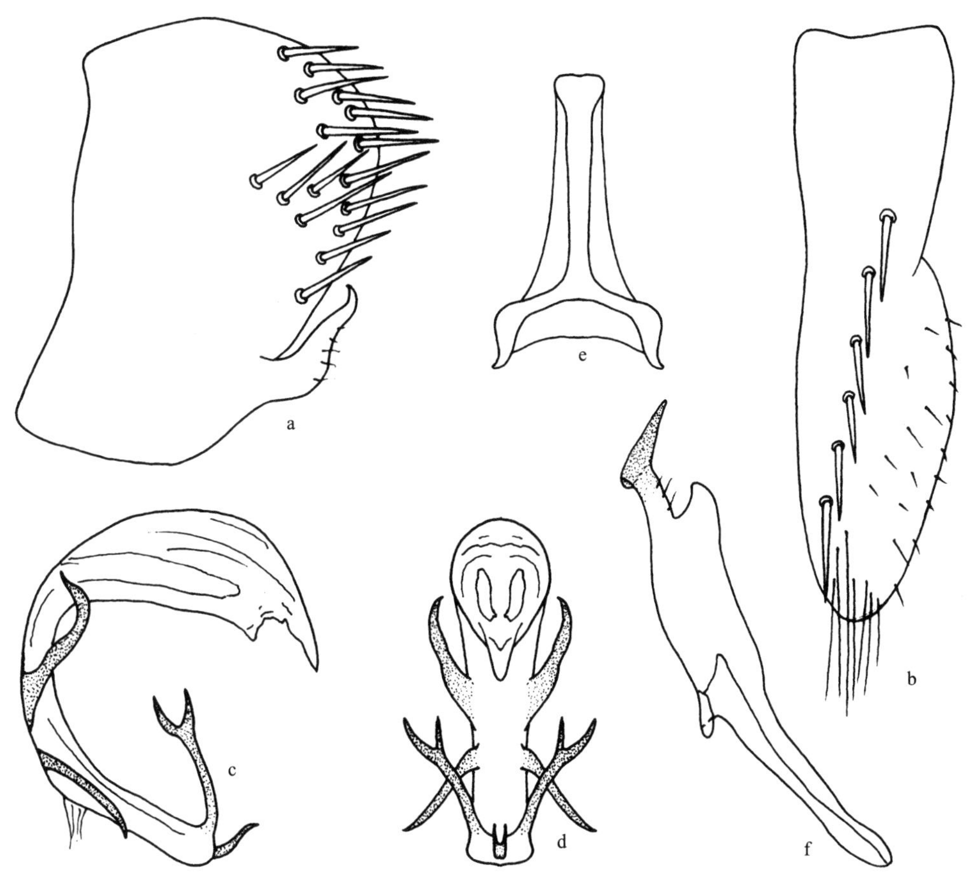

图 216　叉突消室叶蝉 *Chudania axona* Yang *et* Zhang

a. 雄虫尾节侧瓣侧面观（male pygofer side, lateral view）；b. 雄虫下生殖板（male subgenital plate）；c. 阳茎侧面观（aedeagus, lateral view）；d. 阳茎腹面观（aedeagus, ventral view）；e. 连索（connective）；f. 阳基侧突（style）

(213) 印度消室叶蝉 *Chudania delecta* Distant, 1908 (图 217；图版Ⅹ：5)

Chudania delecta Distant, 1908, The fauna of British Indian including Ceylon and Burma, Rhynchota, 4: 268. **Type locality**: India.

模式标本产地　印度。

体连翅长，雄虫 4.5-4.8mm，雌虫 5.7-6.0mm。

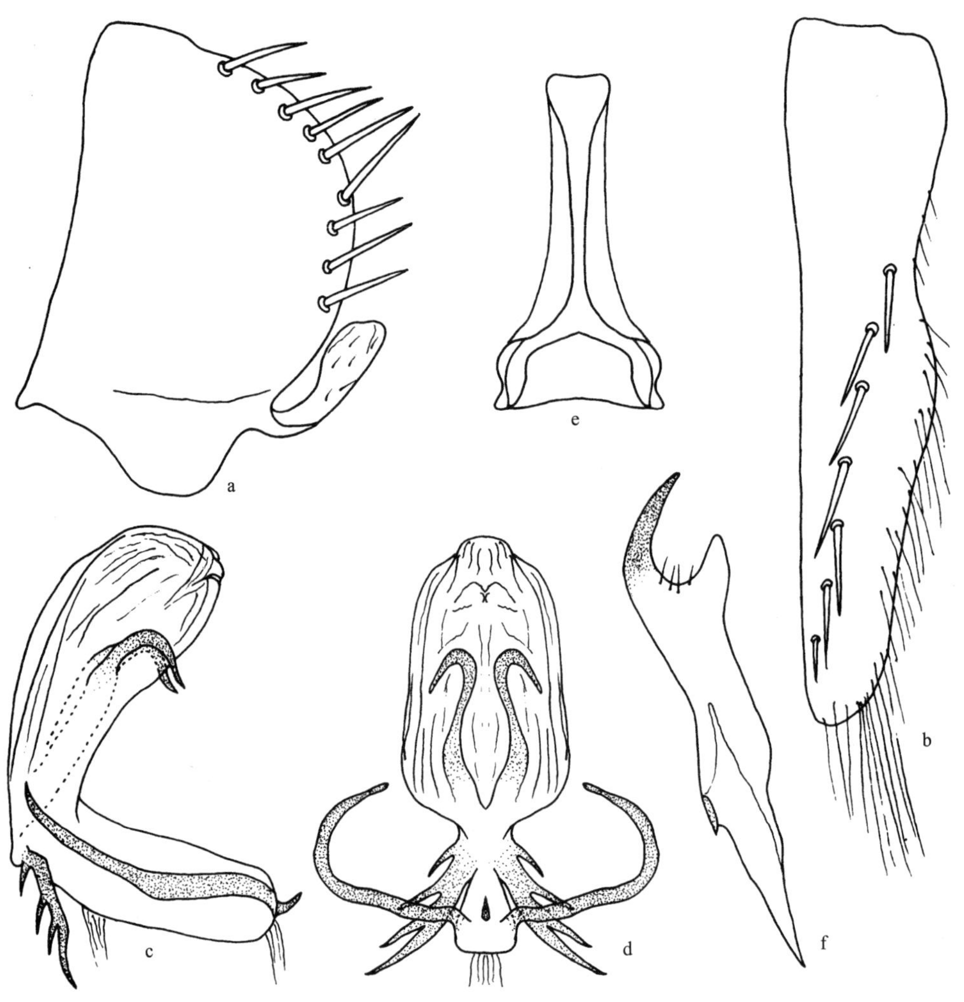

图 217　印度消室叶蝉 *Chudania delecta* Distant

a. 雄虫尾节侧瓣侧面观 (male pygofer side, lateral view)；b. 雄虫下生殖板 (male subgenital plate)；c. 阳茎侧面观 (aedeagus, lateral view)；d. 阳茎腹面观 (aedeagus, ventral view)；e. 连索 (connective)；f. 阳基侧突 (style)

头冠向前略呈角状凸出，冠缝不甚明显，边缘有脊，缘脊外侧有横皱纹，头冠中央长度与二复眼间宽接近相等；单眼位于头冠前侧域二复眼前角处，与复眼的距离大于与缘脊之距；颜面额唇基长大于宽，中央隆起，基域中央有 1 短纵脊，两侧有横印痕，前唇基端向渐狭，舌侧板小。前胸背板中域隆起，较头部宽，比头冠短，前缘弧圆，后缘凹入；小盾片基缘与侧缘近似相等。

雄虫尾节侧瓣侧面观向外侧宽圆凸出，沿端缘有粗长刚毛，腹缘有 1 宽扁的突起，突起中部狭，末端宽圆；雄虫下生殖板宽扁，中域中央有 1 纵列粗刚毛，中端部外侧微凹，侧缘有众多细长刚毛；阳茎端部囊状，两侧有骨化带支撑，膜质部末端伸出 1 对骨化极强的突起，在阳茎中部有 1 对分枝的突起，约分 4 枝，近基部有 1 对光滑的长突，基部与连索关键处有 1 小突起；连索 Y 形；阳基侧突亚端部变形呈蟹钳状。

雄虫头冠、前胸背板、颜面基半部黑色；单眼黄白色；复眼黑色。前翅后缘域和端区黑褐色，端区黑色域具有淡黄白色斑，其余部分浅黄白色。腹部腹面浅黄色，背面黑色，各节后缘有黄白色狭边。雌虫头冠侧缘、复眼、单眼及前胸背板侧缘域淡黄白色，小盾片尖端褐色，颜面和胸足淡黄褐色，唯颜面基缘狭窄部分黑色。腹部腹面淡黄褐色；前翅淡黄白色，内缘、后缘及端区黑褐色，在端部褐色区有不规则且不连续的黄褐色斑，翅面褐色和黄白色区相接处呈角状交错。

检视标本　**贵州**：1♀，织金，1986.Ⅷ.8，李子忠采 (GUGC)；1♀，道真，1988.Ⅹ.15，李子忠采 (GUGC)；1♀，绥阳宽阔水，1989.Ⅵ.6，李子忠采 (GUGC)；1♀，望谟，1997.Ⅸ.24，陈祥盛采 (GUGC)；2♀，道真大沙河，2004.Ⅶ.21，张斌采 (GUGC)；1♂，安龙，2008.Ⅶ.11，李玉建采 (GUGC)；1♂，关岭，2009.Ⅷ.22，邢济春采 (GUGC)；1♀，望谟，2012.Ⅷ.22，龙见坤采 (GUGC)。**云南**：1♂，龙陵，2002.Ⅶ.24，戴仁怀采 (GUGC)；1♀，高黎贡山，2011.Ⅵ.14，李玉建采 (GUGC)；1♂1♀，金平，2012.Ⅷ.7，徐世燕采 (GUGC)。

分布　福建、贵州、云南；印度，斯里兰卡。

(214) 峨眉消室叶蝉 *Chudania emeiana* Yang *et* Zhang, 1990 (图 218)

Chudania emeiana Yang *et* Zhang, 1990, A Taxonomic Study of Chinese Cicadellidae (Homoptera): 67.
Type locality: Sichuan (Emeishan).

模式标本产地　四川峨眉山。

体连翅长，雄虫 5.0-5.2mm，雌虫 5.8-6.1mm。

头冠前端呈角状凸出，中域隆起向前倾斜，边缘有脊，冠缝不明显，在缘脊外侧有肌印痕；单眼位于头冠前侧缘，靠近复眼；颜面额唇基呈半球形隆起，中央有 1 纵脊，两侧有横印痕列，前唇基由基至端渐狭，端缘弧圆。前胸背板较头部略宽，约与头冠等长，中域隆起，前缘宽圆凸出，后缘微凹；小盾片横刻痕凹陷。

雄虫尾节侧瓣端缘宽圆凸出，沿端缘有粗长刚毛，腹缘突起端向渐细，着生数根细小刚毛；雄虫下生殖板外侧中域内凹，中央有 1 纵列粗刚毛，端区有数根粗壮短刚毛，外侧域有细小刚毛；阳茎向腹面弯曲，端半部膜质囊状，腹面有 2 根骨化带支撑，基半部骨化，在阳茎中部有 1 对短突起，此突起末端尖细，在腔口中部腹面有 1 对发达的长突起，此突起近基部 1/3 处向背方分出 1 根小枝，阳茎与连索关键处有短小的突起；连索 Y 形；阳基侧突中部宽扁，端部骤然变细，末端足状伸出。雌虫腹部第 7 节腹板中央长度是第 6 节的 2 倍，后缘接近平直，产卵器微超出尾节端缘。

雄虫头冠、颜面基半部、复眼、前胸背板、小盾片黑色；颜面端半部、单眼、触角、胸部和腹部腹面浅黄色，唯爪褐色；前翅基缘、后缘及端区黑褐色，此黑褐色区在翅中端部最宽，从翅前缘延伸至后缘，致两翅合拢时呈菱纹状，且前缘基部及翅端前缘 1/3 处有 1 斜斑浅黄白色，爪片末端有 1 黄白色小斑，翅端有不连续浅黄色横带斑。雌虫体背有起自头冠顶端、纵贯前胸背板和小盾片、沿前翅后缘终止于前翅端缘呈锯齿状的黑色宽带纹。

寄主 草本植物、慈竹。

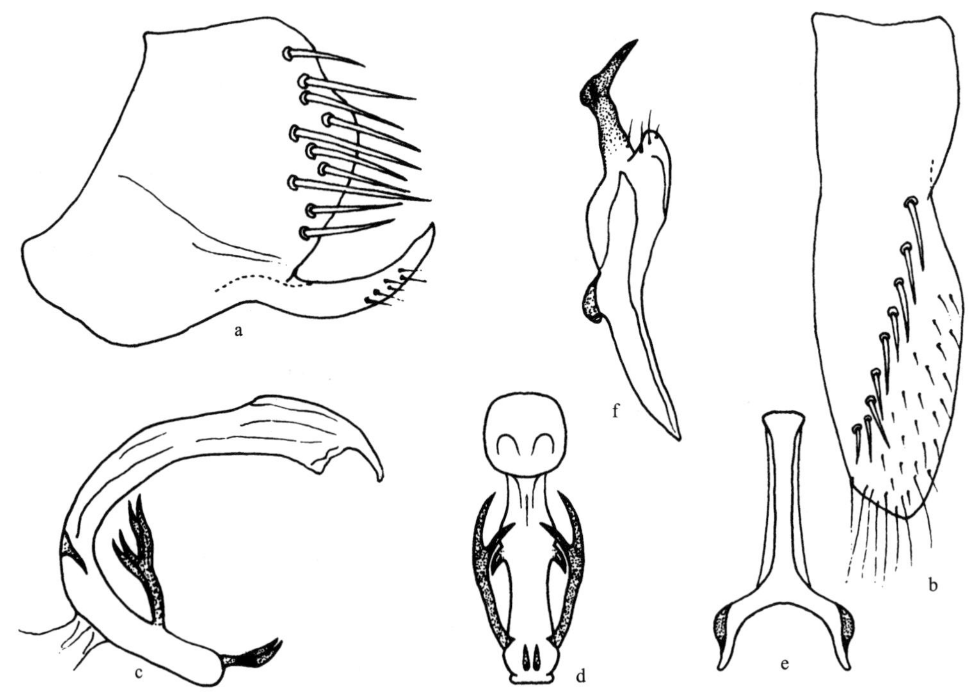

图 218 峨眉消室叶蝉 *Chudania emeiana* Yang *et* Zhang

a. 雄虫尾节侧瓣侧面观 (male pygofer side, lateral view)；b. 雄虫下生殖板 (male subgenital plate)；c. 阳茎侧面观 (aedeagus, lateral view)；d. 阳茎腹面观 (aedeagus, ventral view)；e. 连索 (connective)；f. 阳基侧突 (style)

检视标本 **湖南**：1♂11♀，张家界，1995.Ⅷ.12-14，李子忠、陈祥盛采 (GUGC)。**四川**：5♂9♀，峨眉山，1991.Ⅷ.7，李子忠采 (GUGC)；11♂4♀，绵阳，2010.Ⅶ.20-22，常志敏、李克彬采 (GUGC)。**贵州**：1♂3♀，梵净山，1986.Ⅶ.21，李子忠采 (GUGC)；5♀，梵净山，1994.Ⅷ.8，陈祥盛采 (GUGC)；8♂5♀，梵净山，1994.Ⅷ.7-9，李子忠、陈祥盛采 (GUGC)；1♂2♀，石阡佛顶山，1994.Ⅷ.15，陈祥盛采 (GUGC)；5♀，望谟，1997.Ⅸ.24，陈祥盛采 (GUGC)；11♂7♀，习水，2000.Ⅸ.21-22，李子忠采 (GUGC)；4♂5♀，梵净山，2001.Ⅷ.1-3，李子忠采 (GUGC)；7♂4♀，绥阳宽阔水，2001.Ⅷ.26，李子忠采 (GUGC)；3♂5♀，绥阳宽阔水，2002.Ⅵ.1，李子忠采 (GUGC)；11♂15♀，道真大沙河，2004.Ⅷ.22-28，杨茂发采 (GUGC)；5♂2♀，雷公山，2005.Ⅷ.17-18，李子忠、张斌采 (GUGC)；3♀，大方，2007.Ⅴ.18，李玉建采 (GUGC)；1♂1♀，福泉黄丝镇，2006.Ⅷ.10，

陈祥盛、杨琳采 (GUGC)；11♂15♀，绥阳宽阔水，2010.Ⅶ.10-12，李虎、戴仁怀、常志敏采 (GUGC)；5♂2♀，毕节，2011.Ⅶ.8-10，于晓飞采 (GUGC)；3♂1♀，梵净山，2011.Ⅸ.21，范志华采 (GUGC)。**云南**：3♂1♀，绿春，2012.Ⅷ.4，徐世燕采 (GUGC)。

分布　湖南、四川、贵州、云南。

(215) 佛坪消室叶蝉，新种 *Chudania fopingana* Li, Li *et* Xing, sp. nov. (图 219；图版 Ⅹ：6)

模式标本产地　陕西佛坪。

体连翅长，雄虫 4.2-4.5mm，雌虫 5.1mm。

头冠前端呈角状凸出，中央长度大于二复眼间宽，端缘有脊；单眼位于头冠前侧缘，与复眼的距离约等于单眼直径的 1.5 倍；颜面额唇基隆起，近半球形，两侧肌肉印痕明显，中央纵脊在头冠顶端与颜面交界处和头冠缘脊相结合。前胸背板约与头冠等长，前缘向前弧形凸出，后缘略凹入，侧缘较直。

雄虫尾节侧瓣宽圆突出，端缘弧圆，沿外缘有 1 列粗长刚毛，腹缘突起端部尖突，生细长刚毛；雄虫下生殖板长片状，中部宽阔，中域有 1 列粗长刚毛；阳茎向腹面弧形弯曲，端半部膜质，囊状，腹面有 2 骨化带支持，基部与连索关键处有 1 对短突，基部两侧有 1 对光滑的长突，伸向腹面，中部两侧有 1 对细长突起；连索 Y 形，主干长是臂长的 1.5 倍；阳基侧突两端细、中部粗，亚端部急剧凹入，凹入处有细刚毛；雌虫腹部第 7 节腹板是第 6 节腹板中长的 1.5 倍，后缘中央接近平直，产卵器微伸出尾节侧瓣端缘。

雄虫头冠、前胸背板、小盾片黑色；复眼红褐色；单眼、触角淡黄白色；颜面基半部黑色，端半部淡黄白色。前翅爪片沿翅的基缘、后缘及爪片端部全黑褐色，翅端部亦黑褐色，其余部分白色透明，在黑色部与白色交界边缘呈角状交错，翅端黑褐色区沿翅前缘中部有 1 较大的白色斑纹，近似三角形，其附近端方有 1 白色小斑，爪片端部及第 1 端室近端部各有 1 黄白色小斑；胸部腹板和胸足淡黄白色，无明显斑纹。腹部背面褐色，腹面黄褐色。雌虫体淡黄白色，颜面基部中央有小黑点，头冠、前胸背板、小盾片中央纵贯 1 宽黑褐色纵带，此带纹在头冠前端宽大，前胸背板前缘、后缘黑褐色，前翅爪片后缘及翅端亦黑褐色，在黑褐色与浅黄白色交界处呈角状交错，在爪片末端有 1 浅黄色小斑，腹部背面浅黄色。

正模　♂，陕西佛坪，2010.Ⅷ.5，常志敏采。副模：3♂1♀，采集时间、地点、采集人同正模。所有模式标本均保存在贵州大学昆虫研究所 (GUGC)。

词源　新种名来源于模式标本产地——陕西佛坪自然保护区。

分布　陕西。

新种外形特征与甘肃消室叶蝉 *Chudania ganana* Yang *et* Zhang 相似，不同点是新种体较大，前翅前缘白色透明，阳茎近基部突起光滑。

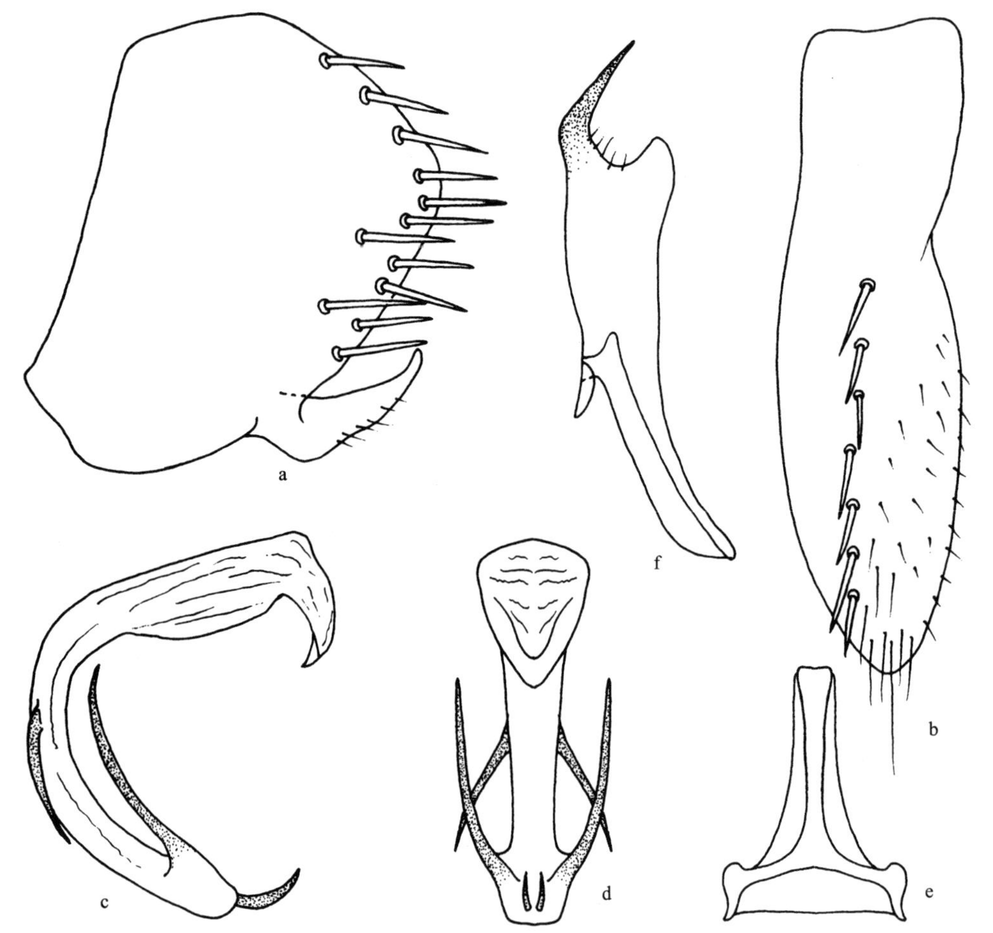

图 219 佛坪消室叶蝉，新种 *Chudania fopingana* Li, Li *et* Xing, sp. nov.

a. 雄虫尾节侧瓣侧面观 (male pygofer side, lateral view)；b. 雄虫下生殖板 (male subgenital plate)；c. 阳茎侧面观 (aedeagus, lateral view)；d. 阳茎腹面观 (aedeagus, ventral view)；e. 连索 (connective)；f. 阳基侧突 (style)

(216) 福建消室叶蝉 *Chudania fujianana* Cai *et* Kuoh, 1992 (图 220)

Chudania fujianana Cai *et* Kuoh, 1992, Journal of Anhui Agricultural College, 19(2): 130. **Type locality:** Fujian (Chongan).

Chudania tibeta Zhang, 1992, Entomotaxonomia, 14(4): 263. **New synonymy.**

模式标本产地 福建崇安。

体连翅长，雄虫 5.8-6.2mm。

头冠向前略呈角状凸出，缘脊明显，冠缝可见，中央有 1 纵脊在顶端与缘脊汇集，基半部较平坦，光滑疏生细小刚毛；颜面隆起，额唇基两侧肌痕明显，在颜面基半部中央有 1 条纵脊。前胸背板中央略大于头长，前缘弧形凸出，后缘略凹入；小盾片与前胸背板接近等长，横刻痕弧形弯曲明显低陷。

雄虫尾节沿端缘有粗长刚毛，腹缘突起端部宽阔，向背面弯曲，有细小刚毛；雄虫下生殖板微弯，在基部约 1/3 处外缘内凹，内缘有 1 根刺状突，中央斜向内缘端部有 1 纵列大刚毛，外侧有许多长柔毛和小刚毛；阳茎向腹面弯曲，端半部膜质、囊状，有 1 对发达的突起，弯向腹面和侧面，基半部骨化，有 3 对突起，其中 1 对位于阳茎中部背方两侧，细长，稍弯曲，伸向基方，其上有许多小齿，1 对位于基半部中部腹面两侧，细长，侧向水平伸出，末端弯向背面，阳茎基部与连索关键处有 1 对短突；连索 Y 形，阳茎干特长；阳基侧突宽阔，基半部扭曲，端半部稍阔，亚端部骤然变细，致端部呈近蟹钳状，钳状部分凹陷内有小刚毛。

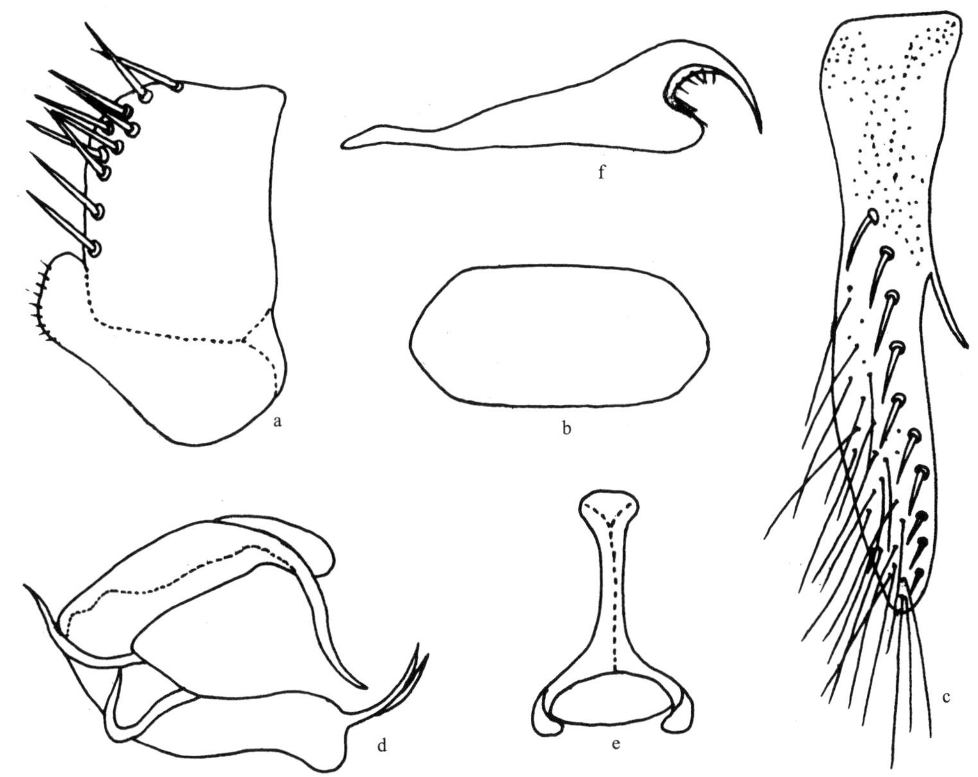

图 220　福建消室叶蝉 *Chudania fujianana* Cai *et* Kuoh

a. 雄虫尾节侧瓣侧面观 (male pygofer side, lateral view); b. 生殖基瓣 (genital valve); c. 雄虫下生殖板 (male subgenital plate); d. 阳茎侧面观 (aedeagus, lateral view); e. 连索 (connective); f. 阳基侧突 (style)

雄虫头冠、前胸背板、小盾片、颜面基半部黑色有光泽；复眼黑褐色；触角黄白色；颜面端半部、胸部腹面均浅黄色；下生殖板端半部浅褐色，基半部黄色，腹部背面及尾节烟褐色；前翅端半部和爪区端半部及基半部沿翅基缘、后缘呈黑褐色，其余部分浅黄色，翅端半部黑色区在前缘有 1 不规则形黄斑，被 1 黑褐色细线横分，有的个体翅脉颜色较浅。前翅爪区黑褐色斑在不同个体间形状略有变化。

检视标本　**四川**：1♂，千佛山，2007.Ⅷ.14，邢济春采 (GUGC)。**贵州**：1♂，梵净

山，1994.Ⅷ.13，李子忠采 (GUGC)；1♂，安龙，2008.Ⅶ.12，李玉建采 (GUGC)。**云南：** 1♂，兰坪，2000.Ⅷ.12，李子忠采 (GUGC)；1♂，腾冲，2002.Ⅶ.15，李子忠采 (GUGC)；2♂，龙陵，2002.Ⅶ.25，李子忠采 (GUGC)；1♂，盈江，2011.Ⅴ.29，李玉建采 (GUGC)；1♂，泸水，2012.Ⅶ.21，龙见坤采 (GUGC)；2♂，红河，2012.Ⅷ.5，郑维斌采 (GUGC)；1♂，绿春，2012.Ⅷ.3，常志敏采 (GUGC)；2♂，高黎贡山，2013.Ⅷ. 5，杨卫诚采 (GUGC)。

分布 福建、四川、贵州、云南、西藏。

(217) 甘肃消室叶蝉 *Chudania ganana* Yang *et* Zhang, 1990 (图 221)

Chudania ganana Yang *et* Zhang, 1990, A Taxonomic Study of Chinese Cicadellidae (Homoptera): 68. **Type locality**: Gansu (Kangxian) .

模式标本产地 甘肃康县。

体连翅长，雄虫 4.7-4.8mm，雌虫 5.5-5.8mm。

头冠前端略呈角状凸出，缘脊在头冠顶端汇集，冠缝不明显，冠面有纵条纹亦向顶端汇集，在头冠缘脊外侧倾斜部有横条纹；单眼位于头冠前侧缘，着生在复眼前及缘脊内侧；颜面额唇基隆起，基部有 1 细的中脊，两侧有横印痕列，密布细小刻点。前胸背板横宽，中央长度与头冠相等，密生横皱纹，前缘弧圆凸出，后缘凹入；小盾片较前胸背板短，横刻痕平直，位于中后部，伸不达侧缘。

雄虫尾节侧瓣端缘宽圆凸出，沿端缘有粗刚毛，端腹缘有 1 指状突，其上生有小刚毛；雄虫下生殖板中部外缘处凹陷，中央斜向内缘末端有 1 纵列粗刚毛，在此粗刚毛外侧有许多细小刚毛；阳茎向腹面弧形弯曲，端半部膜质，囊状，腹面有 2 骨化带支持，基半部骨化，在骨化部背侧端半部有 1 对弯曲的突起伸向基方，基部腹面有 1 对很长的突起，沿阳茎腹面延伸，突起基部 2/5 处分出 1 短突，其长度约为全长的 1/5，阳茎与连索关键处有 1 根叉状短突；连索 Y 形，主干长是臂长的 3 倍；阳基侧突两端细，中部粗。雌虫腹部第 7 节腹板横宽，中部纵向隆起，后缘波曲，产卵器微伸出尾节侧瓣端缘。

雄虫头冠、颜面、前胸背板、小盾片全黑色；复眼红褐色；单眼、触角、胸部和腹部腹面均浅黄色。前翅爪片沿翅基缘、后缘及爪片端部全褐色，翅端部亦褐色，在褐色部与浅黄色交界边缘呈角状交错，翅端褐色区沿翅前缘中部有 1 较大的浅黄色斑纹，近似三角形，其附近端方有 1 浅黄色小斑，在爪片端部及第 1 端室近端部各有 1 小黄斑。腹部背面褐色，尾节亦黑褐色。雌虫体淡黄白色，颜面基部中央有 1 小黑点，头冠、前胸背板、小盾片中央纵贯 1 宽黑褐色纵带，前翅爪片后缘及翅端亦黑褐色，在黑褐色与浅黄白色交界处呈角状交错，在爪片末端有 1 浅黄色小斑，腹部背面浅黄色。

寄主 竹类。

检视标本 **陕西：** 5♂1♀，留坝，2012.Ⅶ.22-23，李虎采 (GUGC)。**甘肃：** 1♂，兰州，1997.Ⅷ.21，李子忠采 (GUGC)。**四川：** 2♂3♀，广元水磨沟，2007.Ⅷ.18，邢济春采 (GUGC)；4♀，广元水磨沟，2007.Ⅷ.18，张玉波采 (GUGC)；2♂5♀，米仓山，2007.Ⅷ.20，邢济春采 (GUGC)；1♂5♀，千佛山，2007.Ⅷ.27，邢济春采 (GUGC)。

分布 陕西、甘肃、四川、贵州。

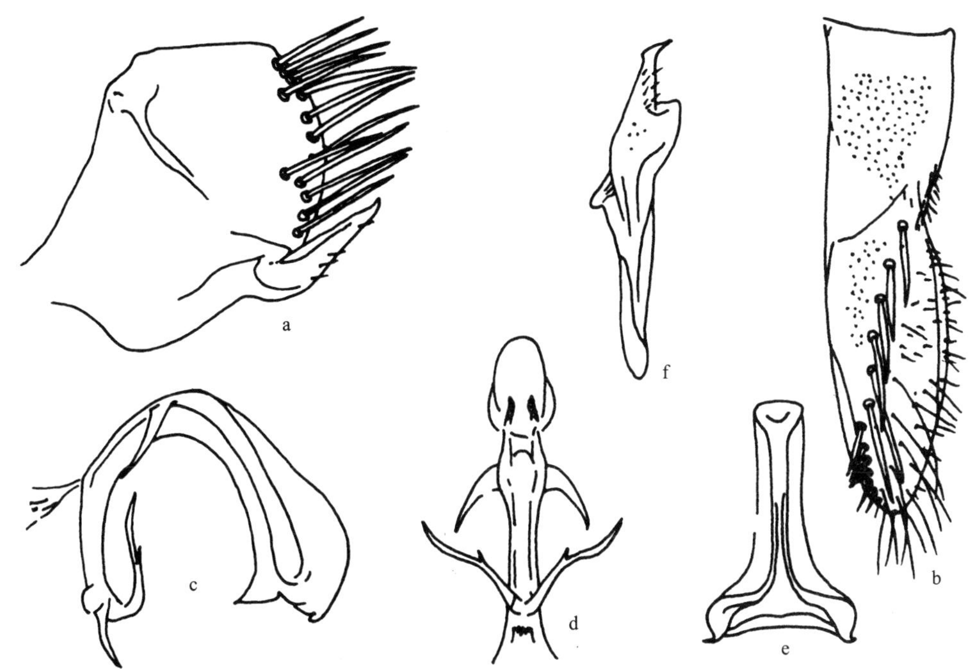

图 221　甘肃消室叶蝉 *Chudania ganana* Yang *et* Zhang

a. 雄虫尾节侧瓣侧面观 (male pygofer side, lateral view)；b. 雄虫下生殖板 (male subgenital plate)；c. 阳茎侧面观 (aedeagus, lateral view)；d. 阳茎腹面观 (aedeagus, ventral view)；e. 连索 (connective)；f. 阳基侧突 (style)

(218) 广西消室叶蝉 *Chudania guangxiiana* Dai *et* Zhang, 2005 (图 222；图版 X：7)

Chudania guangxiiana Dai *et* Zhang, 2005, Zootaxa, 1057: 63. **Type locality**: Guangxi (Napo).

模式标本产地　广西那坡。

体连翅长，雄虫 3.9-4.0mm。

头冠前端呈角状凸出，中央长度较二复眼间宽微短，冠缝不甚明显，侧缘有脊；单眼位于头冠前侧缘，着生在复眼前及缘脊内侧；颜面额唇基隆起，基部有 1 细的中脊，两侧有横印痕列，密布细小刻点。前胸背板横宽，中央长度与头冠相等，密生横皱纹，前缘弧圆凸出，后缘凹入；小盾片较前胸背板短，横刻痕平直，位于中后部。

雄虫尾节侧瓣侧面观宽短，端缘弧圆突出，端区有粗长刚毛，腹缘突起端向较细，末端呈钩状弯曲；雄虫下生殖板中央斜向内缘有 1 纵列粗刚毛，在此粗刚毛外侧有许多细小刚毛，基部内侧有 1 刺状突；阳茎侧面观向腹面弧形弯曲，端半部膜质，囊状，腹面有 2 纵骨化带支持该膜质部，基半部骨化，与连索关键处有 1 对短突，近腔口处两侧各有 1 基部分叉的长突，中部两侧各有 1 向端部伸出的长突；连索 Y 形，主干长是臂长的 1.5 倍；阳基侧突中部较粗壮，端部深度凹陷，似蟹钳状。

雄虫头冠、前胸背板、小盾片、颜面基半部黑色，单眼、触角、颜面端半部淡黄白色；前翅黑褐色，革片基部 1/4、爪片末端、亚端部前缘 2 三角形斑淡黄白色。

检视标本　**贵州**：1♂，绥阳宽阔水，1989.Ⅶ.6，李子忠采 (GUGC)；1♂，望谟，2012.Ⅷ.23，于晓飞采 (GUGC)。

分布　广西、贵州。

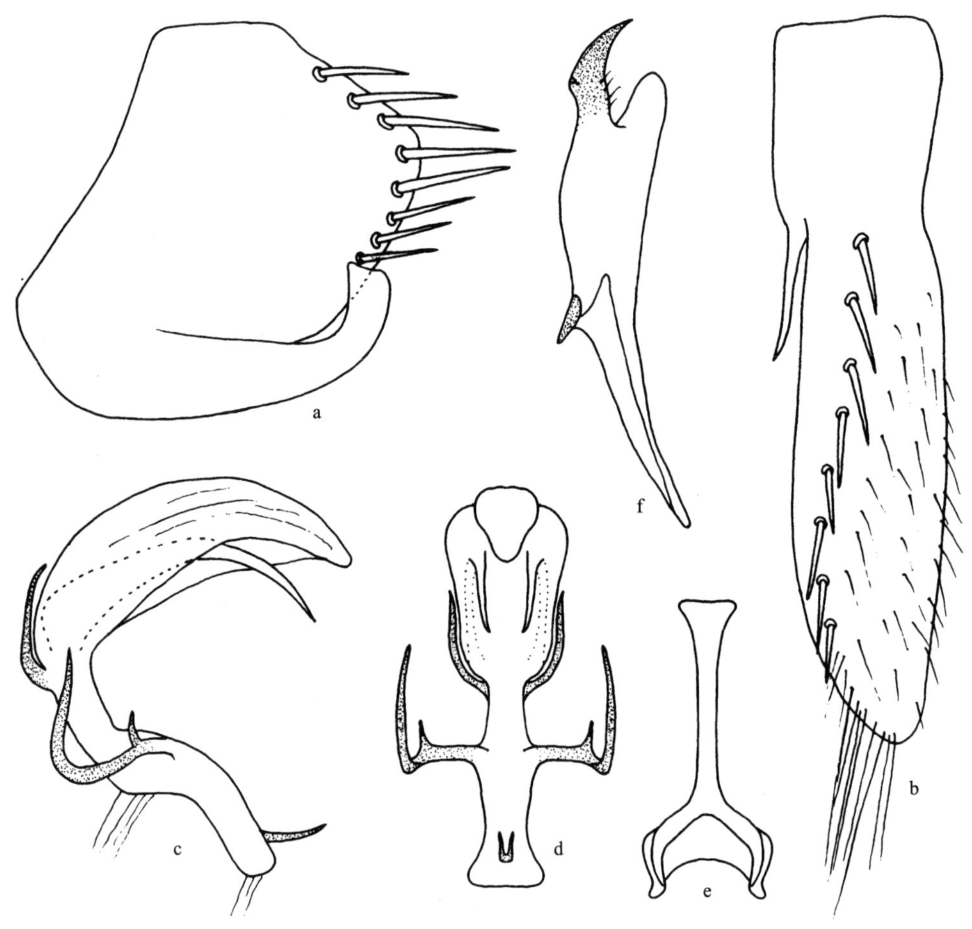

图 222　广西消室叶蝉 *Chudania guangxiiana* Dai *et* Zhang

a. 雄虫尾节侧瓣侧面观 (male pygofer side, lateral view)；b. 雄虫下生殖板 (male subgenital plate)；c. 阳茎侧面观 (aedeagus, lateral view)；d. 阳茎腹面观 (aedeagus, ventral view)；e. 连索 (connective)；f. 阳基侧突 (style)

(219) 贵州消室叶蝉 *Chudania guizhouana* Li *et* Chen, 1999 (图 223)

Chudania guizhouana Li *et* Chen, 1999, Nirvaninae from China (Homoptera: Cicadellidae): 109. **Type locality**: Guizhou (Libo).

模式标本产地　贵州荔波。

体连翅长，雄虫 4.6-4.7mm，雌虫 5.3-5.5mm。

头冠向前略呈角状凸出，冠面轻度隆起，有细弱纵条纹向顶端汇集，冠缝不清楚，侧缘在复眼前有一小段较直，缘脊外侧倾斜部有皱纹，头冠中央长度小于二复眼间宽；

单眼明显，位于头冠前侧缘，与复眼的距离约等于单眼直径的 2 倍；颜面额唇基隆起，近似半球形，两侧有横印痕列，中央纵脊明显，长约为额唇基全长的 4/5。前胸背板中央长度略大于头冠，中域隆起向两侧倾斜，前缘弧形凸出，后缘微凹，侧缘直；小盾片横刻痕凹陷，两端伸达侧缘。

雄虫尾节侧瓣端缘弧圆，沿外缘有大刚毛列，端腹缘有 1 发达的尾节突，斜伸向背后方，末端略弯曲，生细刚毛；雄虫下生殖板外缘近中部凹陷，由此斜伸向内缘，着生粗壮大刚毛列，端部另有几根小刚毛和一些细长刚毛；阳茎向腹面弧形弯曲，端半部膜质，囊状，腹面有 2 纵骨化带支持该膜质部，基半部骨化，在中部两侧有 2 对 X 形突起，其中一对伸向端方，端渐尖，向背方弯曲，另一对伸向基方，端部尖，基部腔口中部腹面两侧有 1 对发达突起，此突起近中部分成二叉状，其中主干 1 根较长，基部与连索关键处腹面有 1 根分叉的短突；连索 Y 形；阳基侧突宽阔，约在中部处与连索相关联，端半部末端呈足状延伸，致端部呈近蟹钳状。

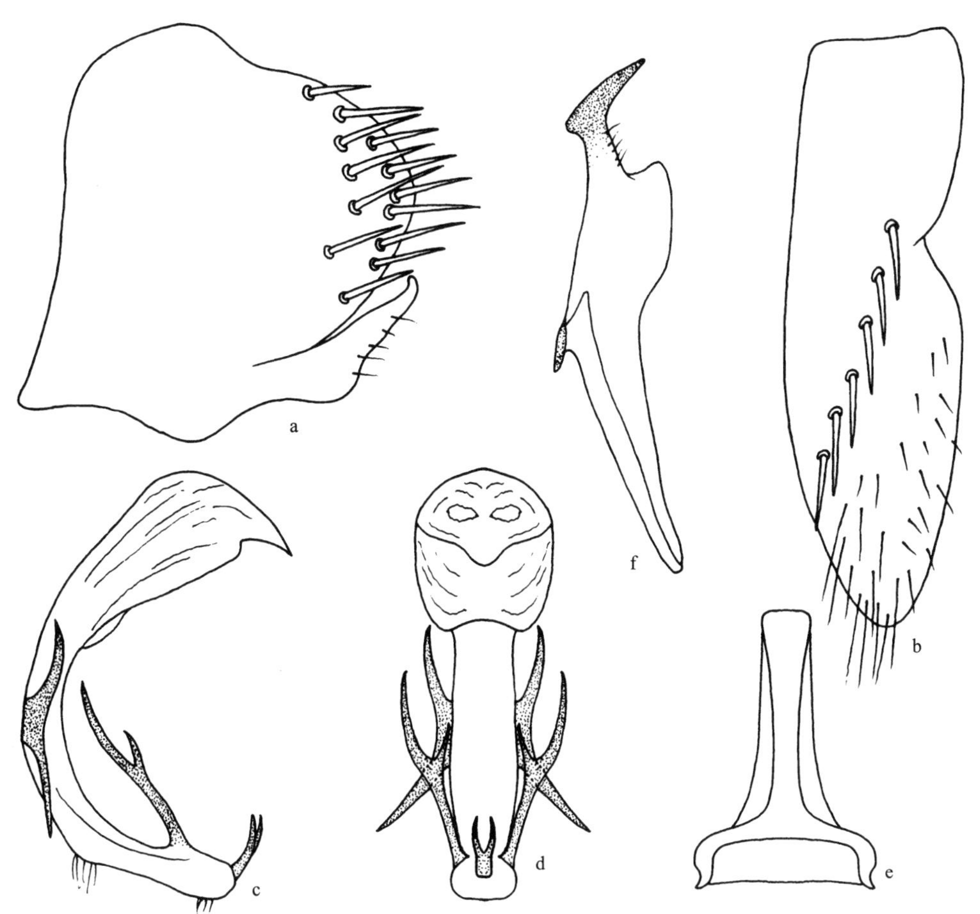

图 223　贵州消室叶蝉 *Chudania guizhouana* Li *et* Chen

a. 雄虫尾节侧瓣侧面观 (male pygofer side, lateral view)；b. 雄虫下生殖板 (male subgenital plate)；c. 阳茎侧面观 (aedeagus, lateral view)；d. 阳茎腹面观 (aedeagus, ventral view)；e. 连索 (connective)；f. 阳基侧突 (style)

雄虫头冠、前胸背板、小盾片及颜面基域大部黑褐色，有光泽；颜面端半部黄白色，复眼黑褐色，单眼、触角、胸部、腹部腹面淡黄色，腹部背面深褐色。前翅沿基缘、后缘及翅端半部黑褐色，其余部分浅黄色，褐色区与浅黄色区交界处互相交错，褐色区呈角状凸出，革片端半部褐色区沿端横脉及相连纵脉呈浅黄色，中部靠近翅前缘有 1 大型浅黄色斑纹，爪片末端及中室端部各有 1 浅黄色小斑，尾节褐色，下生殖板黄褐色。雌虫颜面仅基部有 1 黑色小点，是头冠顶端黑斑向颜面延伸所致，其余为淡黄白色；头冠、前胸背板、小盾片纵贯 1 锯齿状黑色宽带纹，沿前翅后缘延伸至端缘；两前翅合拢时构成的褐色斑纹图案明显不同于雄虫。腹部背板呈浅黄色。

检视标本 **贵州**：5♀，绥阳宽阔水，1984.Ⅶ.28，李子忠采 (GUGC)；1♀，荔波，1986.Ⅹ.15，李子忠采 (GUGC)；♂(正模)，3♂(副模)，荔波，1988.Ⅴ.16，李子忠采 (GUGC)；4♂，荔波，1988.Ⅴ.16，李子忠采 (GUGC)；2♂5♀，道真，1988.Ⅸ.14，李子忠采 (GUGC)；2♂2♀ (副模)，荔波，1995.Ⅴ.21，陈祥盛采 (GUGC)；1♂4♀，荔波茂兰，1996.Ⅷ.28，杨茂发采 (GUGC)。**西藏**：1♂，拉萨，1998.Ⅷ.13，李子忠采 (GUGC)。

分布 贵州、西藏。

(220) 赫氏消室叶蝉 *Chudania hellerina* Zhang *et* Yang, 1990 (图 224)

Chudania hellerina Zhang *et* Yang, 1990, A Taxonomic Study of Chinese Cicadellidae (Homoptera): 65. **Type locality**: Guangxi (Dayaoshan).

模式标本产地 广西大瑶山。

体连翅长，雄虫 4.7-5.0mm，雌虫 5.5-5.8mm。

头冠前端呈角状突出，中域隆起，边缘有脊，冠缝不甚明显，有不甚明显的纵皱纹，缘脊外侧有横印痕；单眼位于头冠前侧缘，靠近复眼；颜面额唇基呈半球形隆起，中央有 1 明显纵脊，两侧有横印痕列，前唇基基部微大于端方，两侧接近平行。前胸背板中域隆起，表面光滑，中央长度略小于头冠，约与头部等宽，前缘弧形凸出，后缘凹入；小盾片横刻痕平直，伸达侧缘。

雄虫尾节侧瓣端缘弧圆突出，端区沿端缘有粗大刚毛列，腹缘突起位于亚端部，并向外侧伸出，末端弯曲；雄虫下生殖板外侧中部内凹，中域有 1 粗大的刚毛纵列，外侧域有细刚毛；阳茎向腹面弧形弯曲，端半部膜质，囊状，腹面有 2 骨化带支撑，基半部骨化程度强，在近中部两侧有 1 对突起向两侧伸出，在基部腔口的端部腹面有 1 对端部分叉的突起，与连索关键处有 1 根叉状的短突；连索 Y 形；阳基侧突两端细，中间粗，末端足形。雌虫腹部第 7 节腹板中央长度是第 6 节的 3 倍，后缘接近平直，产卵器微超出尾节端缘。

雄虫头冠、颜面基半部、复眼、前胸背板、小盾片黑色有光泽，单眼、触角、颜面端半部、胸部和腹部腹面浅黄色，腹部背面深褐色，尾节褐色，胸足爪深褐色。前翅沿基缘、后缘及翅端半部深褐色，其余部分浅黄色，褐色区与浅黄色区交界处互相交错，且褐色区呈角状凸出，革片端半部褐色区沿端横脉及相连纵脉浅黄色，中端区前缘有 1 大的浅黄色斑，端区自前缘至后缘有 1 不规则、不连续的浅黄色横带，爪片末端有 1 浅黄色小斑。雌虫体背黑色部分及前翅褐色区较雄虫小，其中头冠中部两侧、前胸背板和小盾片两侧淡黄白色。腹部背面浅黄色。

寄主　草本植物。

检视标本　**湖南**：1♀，武冈云山，2011.Ⅹ.1，陈祥盛、杨琳采 (GUGC)。**广西**：1♂2♀，花坪，1997.Ⅵ.6，杨茂发采 (GUGC)。**四川**：2♀，千佛山，2007.Ⅷ.14，邢济春采 (GUGC)；2♀，白水河，2007.Ⅷ.27，邢济春采 (GUGC)；1♂，绵阳，2010.Ⅶ.22，李克彬采 (GUGC)。**贵州**：3♂3♀，梵净山，1994.Ⅷ.9，陈祥盛采 (GUGC)；5♂4♀，绥阳宽阔水，1994.Ⅷ.2，李子忠采 (GUGC)；3♂4♀，石阡佛顶山，1994.Ⅷ.15，李子忠、陈祥盛采 (GUGC)。**云南**：1♀，西双版纳勐腊，2011.Ⅷ.24，郑维斌、常志敏采 (GUGC)。

分布　湖南、广西、四川、贵州、云南。

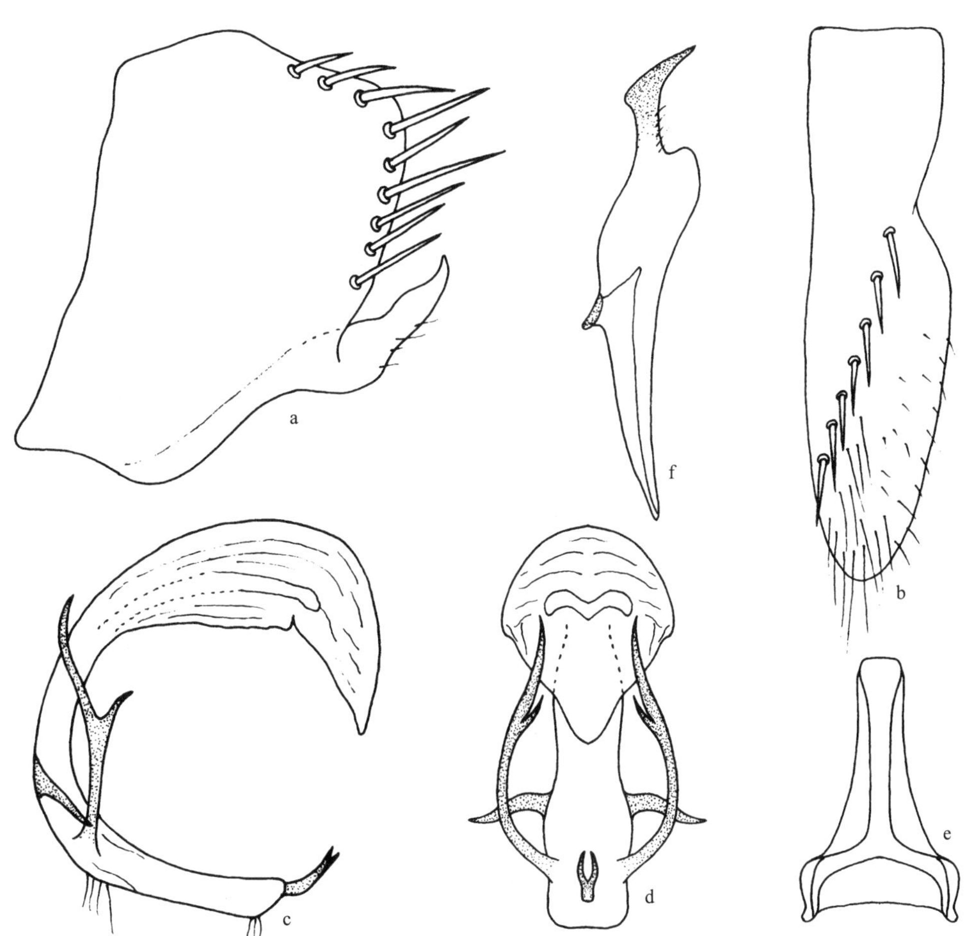

图 224　赫氏消室叶蝉 *Chudania hellerina* Zhang *et* Yang

a. 雄虫尾节侧瓣侧面观 (male pygofer side, lateral view)；b. 雄虫下生殖板 (male subgenital plate)；c. 阳茎侧面观 (aedeagus, lateral view)；d. 阳茎腹面观 (aedeagus, ventral view)；e. 连索 (connective)；f. 阳基侧突 (style)

(221) 金平消室叶蝉，新种 *Chudania jinpinga* Li, Li *et* Xing, sp. nov. (图 225)

模式标本产地 云南金平。

体连翅长，雄虫 5.0-5.2mm。

头冠前端呈角状突出，中域隆起，边缘有脊，中央长度与前胸背板接近等长，冠缝不甚明显；单眼位于头冠前侧缘，靠近复眼前角，与复眼的距离约等于单眼直径的 2 倍；颜面额唇基呈半球形隆起，中央有 1 明显纵脊，两侧有横印痕列，前唇基基部微大于端方，两侧接近平行，端缘微突。前胸背板中域隆起，前域两侧微缢缩，表面光滑，约与头部等宽，前缘弧形凸出，后缘凹入；小盾片横刻痕平直，伸不达侧缘。

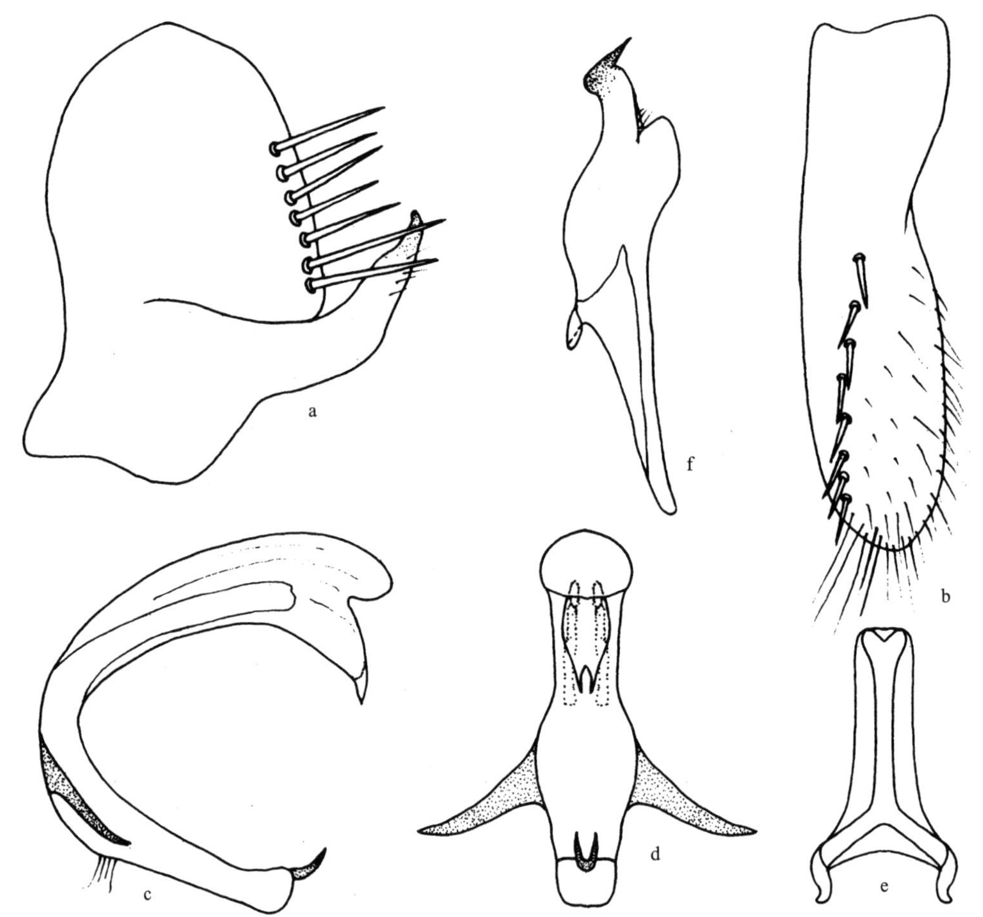

图 225 金平消室叶蝉，新种 *Chudania jinpinga* Li, Li *et* Xing, sp. nov.

a. 雄虫尾节侧瓣侧面观 (male pygofer side, lateral view)；b. 雄虫下生殖板 (male subgenital plate)；c. 阳茎侧面观 (aedeagus, lateral view)；d. 阳茎腹面观 (aedeagus, ventral view)；e. 连索 (connective)；f. 阳基侧突 (style)

雄虫尾节侧瓣端缘宽圆突出，端区沿端腹缘有 7-8 根粗大刚毛列，腹缘突起始于基部，基部宽大，端向渐细，有细刚毛，末端尖细；雄虫下生殖板中后部微扩大，中域有 1 列粗长刚毛；阳茎向腹面弯曲，端半部膨大膜质，囊状，由膜质基部向端部伸出 1 对细长的枝状突起，此突起弯向腹面，基半部骨化，在中部与膜质部交界处两侧各有 1 长突，基部与连索关键处有 1 对小突起；连索 Y 形，主干长度明显大于臂长；阳基侧突基部宽扁，端部蟹钳状，弯曲处有细刚毛。

雄虫体淡黄白色。头冠、前胸背板、小盾片和颜面黑色，小盾片基侧角有 1 黄色斑，前翅内缘、后缘和端缘黑褐色，黑色部与黄白色交界处呈锯齿状。此种体色斑纹个体间差异较大，但雄性外生殖器基部一致，主要差异是：头冠、前胸背板、小盾片中央有 1 黑色纵纹；复眼黑色；单眼黄白色；颜面黄白色；前翅淡黄白色，半透明，端区前缘 1 斑点和端缘黑色。

正模　♂，云南金平，2015.Ⅴ.19，吴云飞采。副模：2♂，采集时间、地点、采集人同正模。所有模式标本均保存在贵州大学昆虫研究所 (GUGC)。

词源　新种名以模式标本采集地——云南金平命名。

分布　云南。

新种外形特征与昆明消室叶蝉 *Chudania kunmingana* Zhang *et* Yang 相似，区别点是新种雄虫尾节侧瓣腹缘突起端部尖细，阳茎中部两侧有 1 长突，体色斑纹明显不同。

(222) 昆明消室叶蝉 *Chudania kunmingana* Zhang *et* Yang, 1990 (图 226；图版Ⅹ：8)

Chudania kunmingana Zhang *et* Yang, 1990, A Taxonomic Study of Chinese Cicadellidae (Homoptera): 61. **Type locality**: Yunnan (Kunming).

模式标本产地　云南昆明。

体连翅长，雄虫 5.2-5.5mm，雌虫 5.8-6.0mm。

头冠轻度隆起，中央长度微短于前胸背板，边缘向上反折似缘脊，在缘脊外侧倾斜部分有横条纹，冠缝不甚明显；单眼位于头冠前侧缘；颜面额唇基呈半球形突起，基域中央有隆起脊，两侧有横印痕列，前唇基由基至端逐渐变狭，端缘弧圆凸出。前胸背板较头部微宽，中域隆起向两侧倾斜，具不甚明显的横皱纹，前缘向前弧形凸出，后缘微凹；小盾片横刻痕凹陷，伸不达侧缘。

雄虫尾节侧瓣端缘宽圆凸出，端区外缘有粗长刚毛列，腹缘突起宽扁，端部向上弯曲，端缘平切；雄虫下生殖板基部内缘 1/3 处有 1 根刺状突，从基部中域 1/3 起斜向内缘端部有 1 纵列粗刚毛，外缘域有细长柔毛和细小刚毛；阳茎向腹面弯曲，端半部膜质、囊状，由膜质基部向端部伸出 1 对细长枝状突起，此突起弯向腹面，基半部骨化，在中部与膜质部交界处两侧各有 1 枝状突，基部接近腔口的腹侧面，向侧面伸出 1 端部弯曲的细长突起，连索关键处有 1 对小突起；连索 Y 形；阳基侧突基部宽扁，端部蟹钳状。雌虫腹部第 7 节腹板是第 6 节的 2 倍，中央有隆起似脊，后缘接近平直，产卵器略伸出尾节侧瓣端缘。

雄虫头冠、颜面基半部、复眼、前胸背板、小盾片、前翅爪片及革片端部黑褐色；单眼、触角、颜面端半部、胸部腹板、胸足均淡黄白色，唯爪黑色。腹部背面及侧面深褐色，但背面基部 1-4 节两侧浅黄色。雌虫前胸背板两侧缘有淡黄白色狭边，前翅革片中部及爪片外域均淡黄色，腹部背、腹面均淡黄白色。

寄主 草本植物。

检视标本 **重庆**：1♂，江津四面山，1998.Ⅵ.17，陈祥盛采 (GUGC)。**贵州**：1♀，织金，1986.Ⅷ.8，李子忠采 (GUGC)；1♀，道真，1988.Ⅴ.15，李子忠采 (GUGC)；5♂3♀，绥阳宽阔水，1989.Ⅶ.6，李子忠采 (GUGC)；1♂，望谟，1997.Ⅸ.23，陈祥盛采 (GUGC)。**云南**：1♂，兰坪，2000.Ⅷ.12，李子忠采 (GUGC)；3♂，盈江铜壁关，2002.Ⅶ.16，李子忠采 (GUGC)；1♂，龙陵，2002.Ⅶ.25，李子忠采 (GUGC)；2♂，临沧，2008.Ⅶ.26，李建达采 (GUGC)。

分布 重庆、贵州、云南。

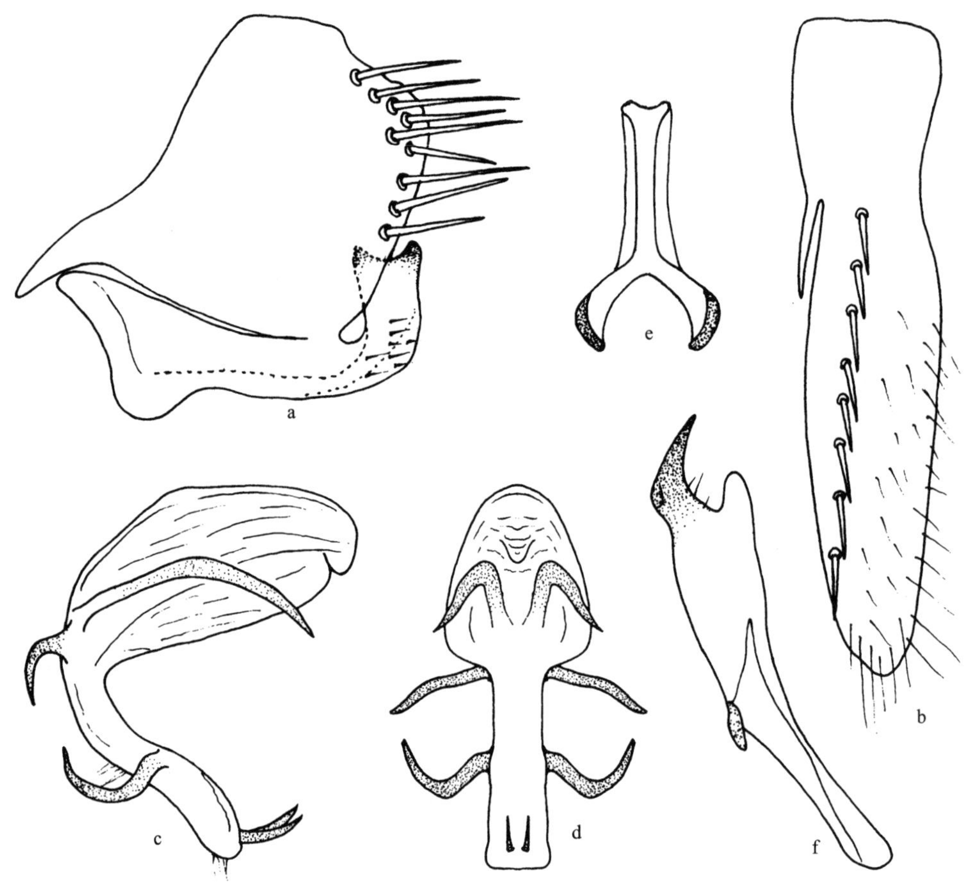

图 226 昆明消室叶蝉 *Chudania kunmingana* Zhang *et* Yang

a. 雄虫尾节侧瓣侧面观 (male pygofer side, lateral view)；b. 雄虫下生殖板 (male subgenital plate)；c. 阳茎侧面观 (aedeagus, lateral view)；d. 阳茎腹面观 (aedeagus, ventral view)；e. 连索 (connective)；f. 阳基侧突 (style)

(223) 丽江消室叶蝉 *Chudania lijiangensis* Li *et* Chen, 2001 (图 227；图版Ⅺ：1)

Chudania lijiangensis Li *et* Chen, 2001, Entomtaxonomica, 23(2): 90. **Type locality**: Yunnan (Lijiang).

模式标本产地　云南丽江。

体连翅长，雄虫 5.2-5.5mm，雌虫 6.1-6.5mm。

头冠向前呈角状突出，中域轻度隆起，中央长度与二复眼间宽度接近相等，冠缝不明显，具缘脊，单眼位于头冠侧域的弯曲处，距复眼的距离约为单眼直径的 1.5 倍；颜面额唇基隆起，基部中央有 1 明显纵脊，两侧有横印痕列，前唇基由基至端逐渐变狭。前胸背板与头部宽接近等宽，中域隆起向两侧斜倾，前、后缘接近平行；小盾片宽横刻痕弧形低凹。

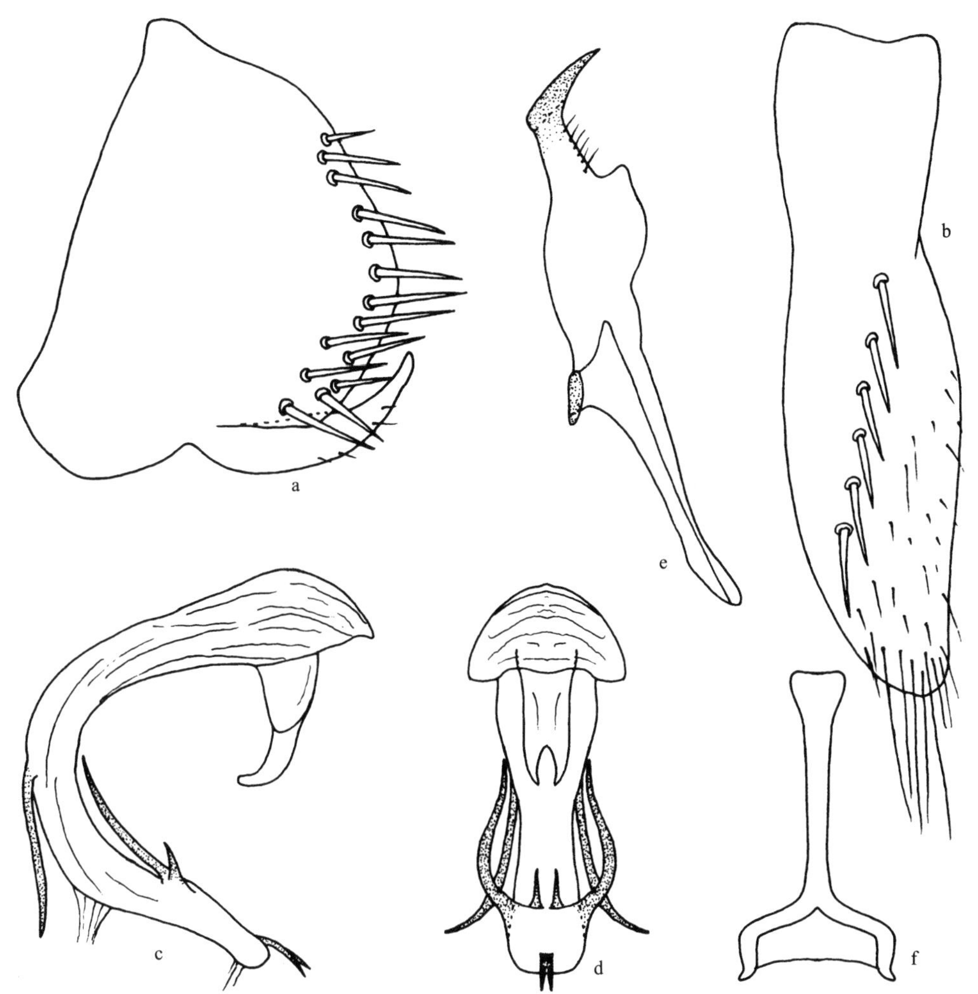

图 227　丽江消室叶蝉 *Chudania lijiangensis* Li *et* Chen

a. 雄虫尾节侧瓣侧面观 (male pygofer side, lateral view)；b. 雄虫下生殖板 (male subgenital plate)；c. 阳茎侧面观 (aedeagus, lateral view)；d. 阳茎腹面观 (aedeagus, ventral view)；e. 阳基侧突 (style)；f. 连索 (connective)

雄虫尾节侧瓣端向渐窄，腹缘突起由基至端渐变细弯曲，有细刚毛；雄虫下生殖板中域有 1 纵列粗刚毛，端区有长刚毛；阳茎弯向腹面，端半部膨大膜质、囊状，由膜质部向端部伸出 1 对突起，基半部骨化较强，在与膜质部交界处两侧各有 1 根枝状突，近基部两侧各有 1 基部有侧刺的长突，与连索关键处有 1 对小刺状突；连索 Y 形；阳基侧突两端细，中部粗，末端卷折。雌虫腹部第 7 节腹板中长明显大于第 6 腹节，中央纵向隆起，后缘中央微突，产卵器长超出尾节端缘甚多。

雄虫头冠、颜面基半部、复眼、前胸背板、小盾片、前翅爪片外侧及革片端部黑色，前翅黑色部与黄白色部交界处呈锯齿状；胸部腹板和胸足、前翅革片基半部及爪片内侧与端区前缘 2 小斑淡黄白色；腹部背、腹面淡黄白色，无任何斑纹。雌虫体淡黄白色，头冠、前胸背板、小盾片及前翅后缘沿合缝处纵贯 1 锯齿状黑色宽带，翅端无白色斑点。

检视标本 **四川**：1♂，广元，2007.Ⅷ.20，孟泽洪采 (GUGC)。**云南**：♂ (正模)，9♂15♀ (副模)，丽江，2000.Ⅶ.10-11，李子忠、陈祥盛采 (GUGC)；3♂，泸水片马，2000.Ⅷ.18，李子忠采 (GUGC)；1♂，丽江，2006.Ⅷ.8，张培采 (GUGC)；9♂7♀，香格里拉，2011.Ⅷ.9-10，范志华、李虎采 (GUGC)；7♂9♀，香格里拉，2012.Ⅷ.9-10，李虎、范志华采 (GUGC)。

分布 四川、云南。

(224) 多刺消室叶蝉，新种 *Chudania multispinata* Li, Li *et* Xing, sp. nov. (图 228；图版 Ⅺ：2)

模式标本产地 四川甘孜、泸定，云南腾冲、兰坪、红河。

体连翅长，雄虫 5.1-5.3mm，雌虫 5.6-5.8mm。

头冠前端略呈角状凸出，中域隆起，中前域有纵皱纹，中后部光滑，中央长度明显大于二复眼间宽，缘脊在头冠顶端汇集，冠缝明显；单眼位于头冠前侧缘，着生在复眼前角，与复眼的距离和与头冠前侧缘的距离相等；颜面额唇基隆起，基部有 1 细的中脊，两侧有横印痕列，密布细小刻点。前胸背板中央长度与头冠相等，前缘弧圆凸出，后缘凹入；小盾片较前胸背板短，中域低凹，端区有细小颗粒状突起。

雄虫尾节侧瓣端缘宽圆凸出，沿端缘有粗刚毛，腹缘突起端部宽扁，向背面弯曲，末端尖刺状，生细刚毛；雄虫下生殖板基部内侧有 1 长而粗的刺状突，中部外缘处凹陷，由此处附近中央斜向内缘末端有 1 纵列粗刚毛，在此粗刚毛外侧有许多细小刚毛，端区有细长刚毛；阳茎向腹面弧形弯曲，端半部膜质囊状，腹面有 2 骨化极强的骨化带支持，基半部骨化，基部腹缘有 2 刺状突，亚基部腹面两侧各有 1 弯曲且具细齿的长突，中部近腔口处背面两侧各有 1 向基部延伸的刺突；连索 Y 形，主干长明显大于臂长；阳基侧突中部较粗壮，端部深度凹陷，似蟹钳状。

雄虫头冠、前胸背板、小盾片、颜面基半部黑色，单眼、触角、颜面端半部淡黄白色；前翅黑褐色，爪片基部外侧、革片基部 1/4、端区前缘 1 横斑均白色，近端部前缘 1 横斑、第 1 端室 1 横斑、端区翅脉均淡黄白色；胸部腹板和胸足白色。腹部背、腹面黑褐色。雌虫头冠、前胸背板大部、小盾片全部黑色，颜面及前胸背板侧缘黄白色。前翅黄白色，沿后缘及翅端黑褐色，黑褐色与黄白色交接处呈锯齿状。

正模 ♂，四川甘孜，2012.Ⅶ.28，范志华采。副模：1♂，四川泸定，2012.Ⅶ.28，范志华采；1♂，云南兰坪，2000.Ⅷ.12，李子忠采；1♂，云南红河，2012.Ⅷ.3，郑维斌采；2♂1♀，云南腾冲，2013.Ⅷ.1，范志华采；3♂2♀，云南高黎贡山，2013.Ⅷ.5，范志华采。所有模式标本均保存在贵州大学昆虫研究所 (GUGC)。

词源　新种名来源于阳茎亚基部腹面突起的基部具细齿的长突。

分布　四川、云南。

新种外形特征与中华消室叶蝉 *Chudania sinica* Zhang *et* Yang 相似，不同点是新种前翅端部前缘有 1 白色横斑，雄虫尾节侧瓣腹缘突起端部尖细，阳茎亚基部腹缘突起的基部具齿的长突。

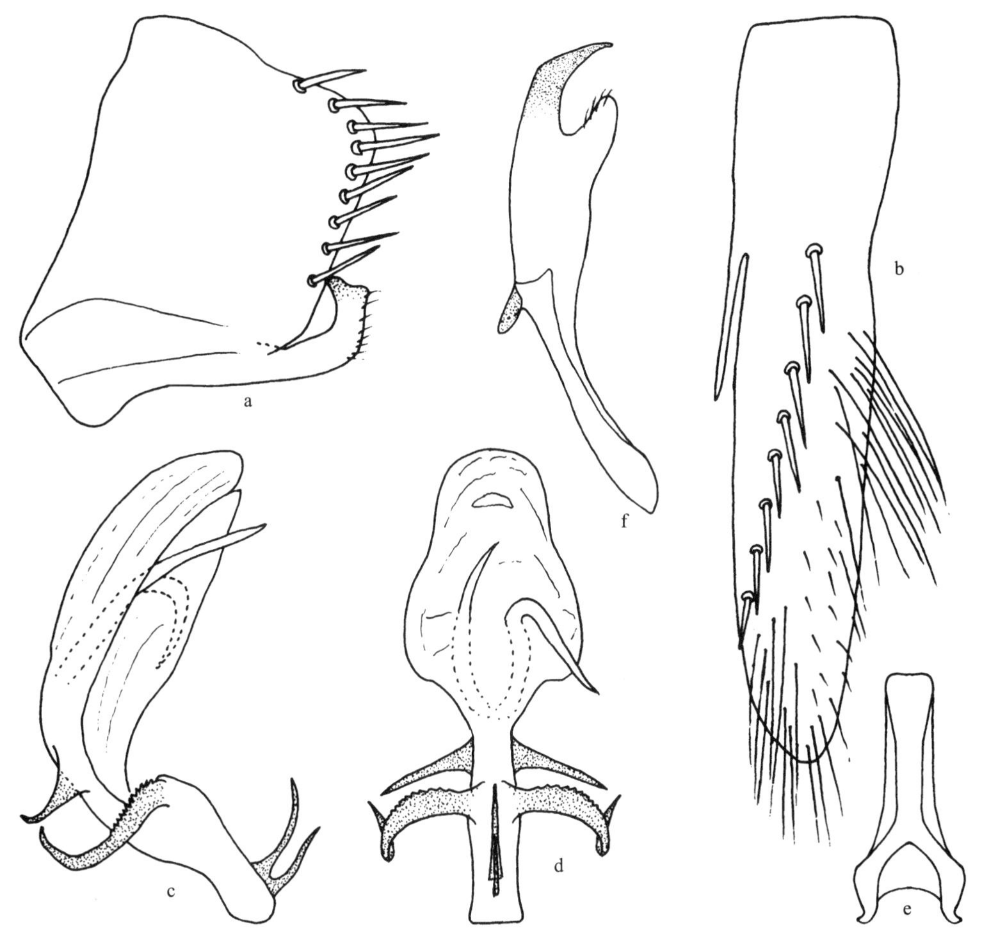

图 228　多刺消室叶蝉，新种 *Chudania multispinata* Li, Li *et* Xing, sp. nov.

a. 雄虫尾节侧瓣侧面观 (male pygofer side, lateral view)；b. 雄虫下生殖板 (male subgenital plate)；c. 阳茎侧面观 (aedeagus, lateral view)；d. 阳茎腹面观 (aedeagus, ventral view)；e. 连索 (connective)；f. 阳基侧突 (style)

(225) 中华消室叶蝉 *Chudania sinica* Zhang *et* Yang, 1990 (图 229；图版XI：3-4)

Chudania sinica Zhang *et* Yang, 1990, A Taxonomic Study of Chinese Cicadellidae (Homoptera): 59.

Type locality: Hunan (Hengshan).

模式标本产地 湖南衡山。

体连翅长，雄虫 5.0-5.2mm，雌虫 5.8-6.0mm。

头冠向前端略呈角状凸出，中域轻度隆起，中央长度略大于前胸背板，冠缝明显或不清楚，边缘有脊，在缘脊外侧倾斜部分有横条纹；单眼位于头冠侧域的弯曲处，距缘脊的外侧与到复眼的距离近似相等；颜面额唇基隆起，基域中央各有 1 纵脊，其长度约为该区长度的 1/3，两侧有横印痕列，前唇基由基至端逐渐变狭，端缘弧圆。前胸背板与头部宽近似相等，中域隆起，向两侧倾斜，前缘弧圆，后缘凹入；小盾片横刻痕凹陷，位于中后部，两端伸不及侧缘。

雄虫尾节侧瓣宽圆突出，边缘有粗刚毛列，腹缘突起端部背向略呈直角状弯曲；雄虫下生殖板基部 1/3 处外缘内凹，内缘有 1 刺状突，由此处中央斜向内缘端部有 1 纵列粗刚毛，在此刚毛列外侧有较细长刚毛和短刚毛；阳茎弯向腹面，端半部膨大，膜质囊状，近端部腹面有 1 根骨化较强的囊状突，基半部骨化，在与膜质部交界处有 2 对突起，突起端部弯钩状，端部渐尖，在阳茎与连索关键处有 2 短突；连索 Y 形；阳基侧突端部蟹钳状。雌虫腹部第 7 节腹板较第 6 节长，后缘接近平直，产卵器伸出尾节侧瓣端缘。

雄虫头冠、颜面基半部、复眼、前胸背板、小盾片均黑色，前翅内缘、后缘及端部深褐色，构成明显的斑纹图案，爪区沿翅基缘、后缘及爪片端部和革片端部呈褐色，其余部浅黄色，革片端部褐色区沿端横脉相连纵脉呈浅黄色，在近翅端有 1 不规则浅黄色不连续的横带纹。单眼、触角、颜面端半部、胸部和腹部腹面及胸足均浅黄色，唯胸足爪褐色。雌、雄虫斑纹图案变化不大，仅雌虫色浅、雄虫色深。

寄主 广玉兰、油桐、草本植物。

检视标本 **山东**：2♂1♀，济南，2013.Ⅶ.21，李斌、严斌采 (GUGC)。**河北**：3♂2♀，兴隆雾灵山，2011.Ⅷ.7，于晓飞采 (GUGC)；8♂10♀，兴隆雾灵山，2011.Ⅷ.7-8，范志华采 (GUGC)。**河南**：2♀，内乡，2010.Ⅶ.29，李虎、范志华采 (GUGC)。**陕西**：3♂1♀，留坝，2011.Ⅷ.19，于晓飞采 (GUGC)。**湖北**：2♂3♀，神农架，2013.Ⅶ.17，常志敏、李虎采 (GUGC)；1♀，神农架，2013.Ⅶ.18，范志华采 (GUGC)；大别山，2014.Ⅷ.29，周正湘采 (GUGC)。**湖南**：7♂3♀，张家界，1995.Ⅷ.19-20，陈祥盛采 (GUGC)；3♂5♀，古丈，1995.Ⅷ.20，李子忠采 (GUGC)；1♂1♀，新宁崀山，2011.Ⅹ.2，杨琳、陈祥盛采 (GUGC)。**江苏**：2♂1♀，南京宝华山，2009.Ⅷ.21，郑延丽采 (GUGC)。**安徽**：2♂3♀，牯牛降，2013.Ⅶ.27，李斌、严斌采 (GUGC)。**浙江**：5♂9♀，庆元，2013.Ⅶ.3，李斌、严斌采 (GUGC)。**广东**：2♂，丹霞山，2013.Ⅴ.15，李斌采 (GUGC)。**海南**：1♂2♀，五指山，2007.Ⅶ.13，张斌采 (GUGC)；1♂，吊罗山，2015.Ⅷ.15，罗强采 (GUGC)。**广西**：7♂10♀，花坪，1997.Ⅵ.5-6，杨茂发采 (GUGC)；1♀，百色，2007.Ⅶ.17，孟泽洪采 (GUGC)；1♂，金秀，2009.Ⅴ.18，郑延丽采 (GUGC)；1♂2♀，龙州，2011.Ⅴ.7，于晓飞采 (GUGC)；4♂5♀，龙州，2012.Ⅴ.7-8，范志华采 (GUGC)；4♂2♀，融水，2012.Ⅴ.24，李虎采 (GUGC)。**四川**：3♂5♀，金佛山，1996.Ⅶ.3，杨茂发采 (GUGC)；3♂2♀，绵阳，2010.Ⅷ.20，李克彬采 (GUGC)；2♂3♀，峨眉山，2012.Ⅷ.3，李虎采 (GUGC)。**贵州**：5♂3♀，绥阳宽阔水，1984.Ⅶ.3，李子忠采 (GUGC)；3♂4♀，梵净山，1984.Ⅷ.7，李子忠采 (GUGC)；2♂3♀，

贵阳，1986.Ⅵ.5，李子忠采 (GUGC)；2♂3♀，务川，1986.Ⅶ.15，覃举安采 (GUGC)；5♂7♀，六枝，1989.Ⅵ.20，李子忠采 (GUGC)；2♂3♀，紫云，1996.Ⅶ.23，杨茂发采 (GUGC)；7♂9♀，荔波茂兰，1996.Ⅸ.24-26，杨茂发采 (GUGC)；7♂10♀，荔波，1996.Ⅸ.21-22，杨茂发采 (GUGC)；2♂3♀，道真大沙河，2004.Ⅷ.24-28，杨茂发采 (GUGC)；3♂5♀，雷公山，2005.Ⅷ.17-18，李子忠、张斌采 (GUGC)；5♂4♀，沿河麻阳河，2007.Ⅸ.27-28，李玉建、宋琼章采 (GUGC)；1♂，册亨者楼，2011.Ⅷ.26，龙见坤、常志敏采 (GUGC)；4♂5♀，梵净山，2011.Ⅸ.21，范志华采 (GUGC)；1♂1♀，册亨，2012.Ⅷ.25，徐世燕采 (GUGC)；2♂1♀，望谟，2012.Ⅷ.22，龙见坤采 (GUGC)；1♂，榕江，2015.Ⅵ.16，刘沅采 (GUGC)。**云南**：3♀，兰坪，2000.Ⅷ.12，李子忠采 (GUGC)；2♂3♀，盈江铜壁关，2002.Ⅶ.20，李子忠、戴仁怀采 (GUGC)；2♂1♀，景洪，2011.Ⅱ.22，梁文琴采 (GUGC)；8♂5♀，香格里拉，2012.Ⅷ.9，李虎、范志华采 (GUGC)；2♂，腾冲，2013.Ⅶ.31，杨卫诚采 (GUGC)；2♂4♀，西畴，2017.Ⅷ.11，龚念采 (GUGC)。

分布 河北、山东、河南、陕西、江苏、安徽、浙江、湖北、湖南、福建、广东、海南、广西、四川、贵州、云南。

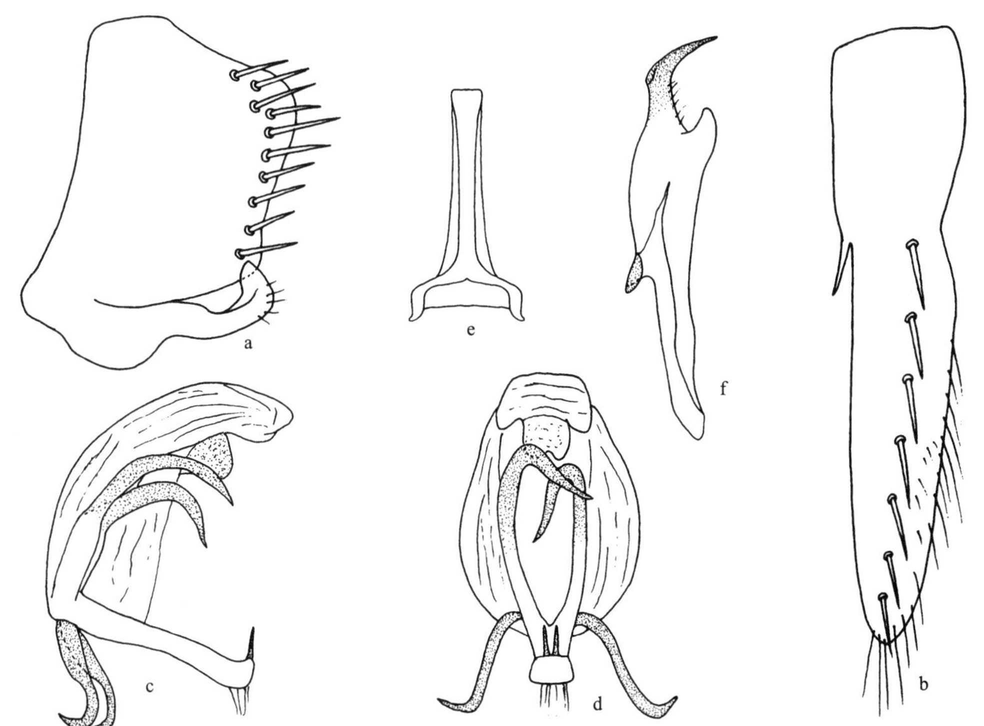

图 229 中华消室叶蝉 *Chudania sinica* Zhang *et* Yang

a. 雄虫尾节侧瓣侧面观 (male pygofer side, lateral view)；b. 雄虫下生殖板 (male subgenital plate)；c. 阳茎侧面观 (aedeagus, lateral view)；d. 阳茎腹面观 (aedeagus, ventral view)；e. 连索 (connective)；f. 阳基侧突 (style)

(226) 三叉消室叶蝉 *Chudania trifurcata* Li *et* Wang, 1992 (图 230)

Chudania trifurcata Li *et* Wang, 1992, Agriculture and Forestry Insect Fauna of Guizhou, 4: 132. **Type locality**: Guizhou (Wangmo).

模式标本产地 贵州望谟。

体连翅长，雄虫 4.5-4.6mm。

头冠适度隆起，向前倾斜，端缘宽圆突出，边缘有脊，冠缝不明显；单眼位于头冠侧缘，紧靠复眼；复眼中等大小，外缘与头冠侧缘在同一圆弧线上；颜面额唇基隆起近似半球形，基部中央纵脊明显，两侧有横印痕列，前唇基基域隆起，端缘接近平直，舌侧板小，近似狭条状，颊区宽大。前胸背板中域隆起，适度前倾，密生细小横皱，前缘弧圆凸出，后缘微凹，侧缘反折似脊；小盾片横刻痕凹陷，位于中后部，伸不及侧缘。

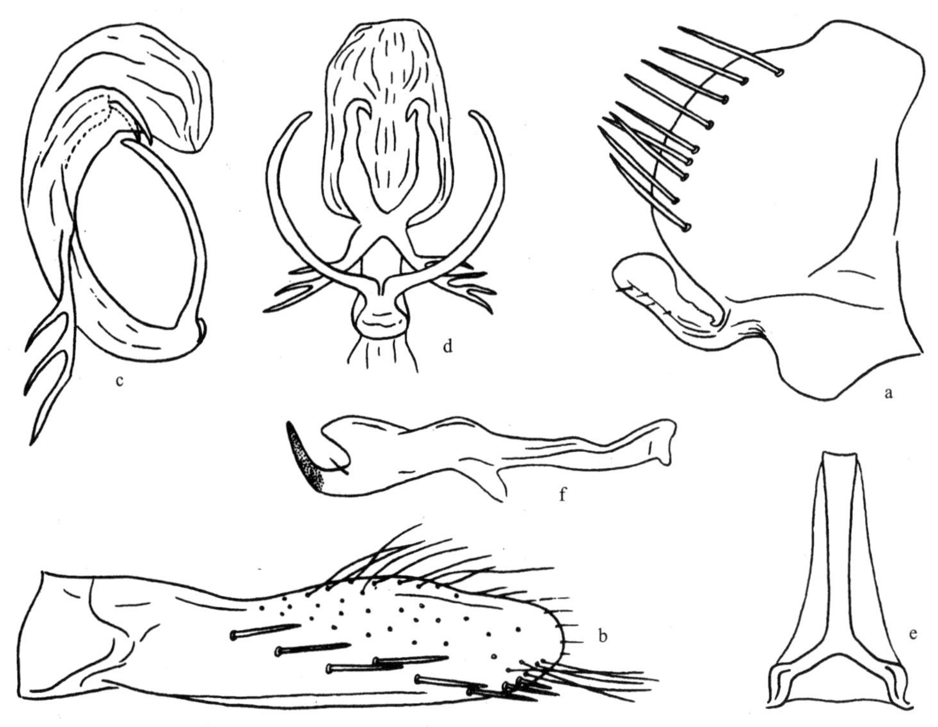

图 230 三叉消室叶蝉 *Chudania trifurcata* Li *et* Wang

a. 雄虫尾节侧瓣侧面观 (male pygofer side, lateral view)；b. 雄虫下生殖板 (male subgenital plate)；c. 阳茎侧面观 (aedeagus, lateral view)；d. 阳茎腹面观 (aedeagus, ventral view)；e. 连索 (connective)；f. 阳基侧突 (style)

雄虫尾节侧瓣端缘弧圆，沿外缘有粗长刚毛，腹缘有 1 发达的片状突，此突起由基至端逐渐扩大，顶端圆；雄虫下生殖板长叶片状，中部有 1 纵列粗刚毛，外侧域有细刚毛；阳茎向腹面弯曲，端半部膜质囊状，基半部骨化，在膜质部与骨化部交界处有 2 对突起，其中一对末端成爪状伸向膜质部，另一对末端成分枝状伸向骨化部，此突起端部分 3 枝，基部腹面与连索关键处有 1 对特长的突起；连索 Y 形；阳基侧突基部扭曲，端部分叉呈蟹钳状。

雄虫头冠、前胸背板、小盾片及颜面基域大部黑色，颜面端半部淡黄白色。前翅基缘域、后缘域及翅端中后部黑褐色，前缘域基半部有 1 橙黄色斑块，端半部黑褐色区域前缘杂有 2 淡黄白色小斑，翅面黑色区与橙黄色区交界处相互交错；胸部腹板和胸足淡橙黄色，仅各足爪黑色。

检视标本　**湖南**：1♂，古丈，1995.Ⅷ.19，陈祥盛采 (GUGC)。**贵州**：♂(正模)，望谟，1986.Ⅵ.27，李子忠采 (GUGC)；1♂，务川，1986.Ⅶ.15，覃举安采 (GUGC)；1♂，望谟，1996.Ⅸ.23，陈祥盛采 (GUGC)；1♂，贵阳，1993.Ⅸ.2，陈祥盛采 (GUGC)；1♂，荔波，1995.Ⅴ.24，陈祥盛采 (GUGC)。

分布　湖南、贵州。

(227) 武当消室叶蝉 *Chudania wudangana* Zhang *et* Yang, 1990 (图 231)

Chudania Wudangana Zhang *et* Yang, 1990, A Taxonomic Study of Chinese Cicadellidae (Homoptera): 64. **Type locality**: Hubei (Wudangshan).

模式标本产地　湖北武当山。

体连翅长，雄虫 5.1-5.3mm，雌虫 5.8-6.0mm。

头冠前端呈角状凸出，边缘有脊，冠缝不太明显，缘脊外侧有横印痕；单眼位于头冠前侧缘，靠近复眼；颜面额唇基呈半球形隆起，中央有 1 纵脊，两侧有横印痕列，前唇基由基至端渐狭，端缘弧圆。前胸背板中域隆起向前倾斜，与头部接近等宽；小盾片横刻痕凹陷弧形弯曲，两端略伸达侧缘。

雄虫尾节侧瓣宽圆凸出，端区有粗长刚毛，排列不规则，端腹角有 1 根弯曲的突起，其上有短小刚毛；雄虫下生殖板外缘中部内陷，中央有 1 纵列粗长刚毛，外侧域有细小刚毛；阳茎向腹面弯曲，端半部膜质，囊状，其腹面有 2 纵向骨化带支撑该膜质部，基半部骨化，在中部两侧有 1 对短小突起，斜向基方伸出，近基部腹面两侧各有 1 弯曲中部分叉的长突，基部与连索关键处有 2 根短突；连索 Y 形，主干长明显大于臂长；阳基侧突基部扭曲，中部宽扁，端部细颈状，末端足形外伸。雌虫腹部第 7 节腹板中央长度明显大于第 6 节，后缘接近平直，产卵器长与尾节侧瓣端缘近似相等。

雄虫头冠、前胸背板、小盾片、复眼黑色。前翅淡黄白色，内缘、后缘及翅端黑褐色，黑色部与白色部成锯齿状交错，翅端有黄白色透明斑。雌虫头冠、前胸背板、小盾片淡黄白色，中央有 1 黑色纵纹，此纵纹在头冠前端和基部呈黑色，前胸背板呈哑铃状；复眼黑色；单眼淡黄白色；颜面基半部黑色有光泽。前翅内缘、后缘、端区黑褐色，亚端部黑褐色区向前缘扩展，伸达前缘，前缘基部及近端部有 1 淡黄白色斑点，端部褐色区有不规则排列大小不等的 4 枚淡黄褐色横带斑，在褐色与黄白色相接处交错不齐；胸部腹板及胸足淡黄白色。腹部背面黑褐色，腹面淡黄白色，尾节黑褐色。

寄主　葎草。

检视标本　**湖北**：2♂1♀，武当山，1997.Ⅷ.8，杨茂发采 (GUGC)；3♂2♀，五峰，

2013.Ⅶ.24，李虎、屈玲采 (GUGC)。**广西**：1♂，百色大王岭，2007.Ⅶ.17，孟泽洪采 (GUGC)。**海南**：1♂2♀，尖峰岭，2013.Ⅷ.3，李虎采 (GUGC)。**贵州**：1♂，安龙，2008.Ⅶ.12，李玉建采 (GUGC)。

分布　湖北、湖南、海南、广西、贵州。

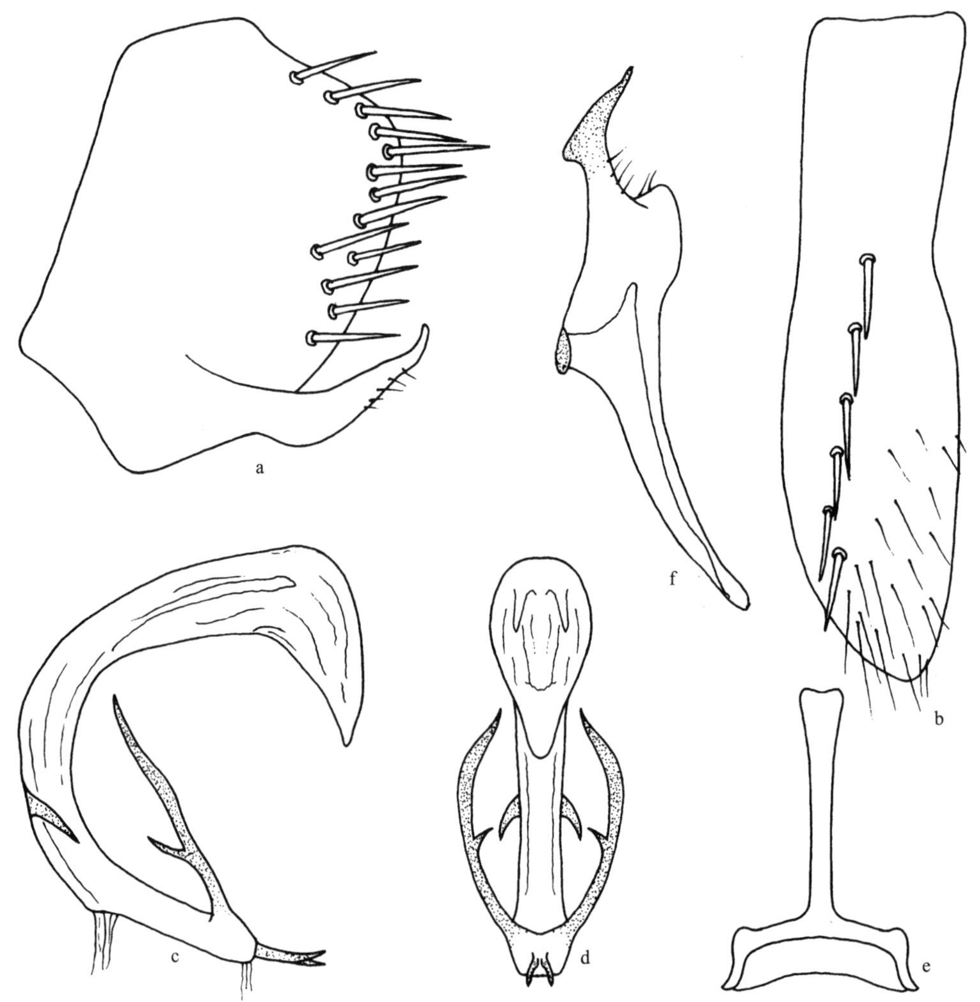

图 231　武当消室叶蝉 *Chudania wudangana* Zhang *et* Yang

a. 雄虫尾节侧瓣侧面观 (male pygofer side, lateral view)；b. 雄虫下生殖板 (male subgenital plate)；c. 阳茎侧面观(aedeagus, lateral view)；d. 阳茎腹面观 (aedeagus, ventral view)；e. 连索 (connective)；f. 阳基侧突 (style)

(228) 云南消室叶蝉 *Chudania yunnana* Yang *et* Zhang, 1990 (图 232)

Chudania yunnana Yang *et* Zhang. Zhang, 1990, A Taxonomic Study of Chinese Cicadellidae (Homoptera): 62. **Type locality:** Yunnan (Xishuangbanna).

模式标本产地　云南西双版纳。

体连翅长，雄虫 5.0-5.2mm，雌虫 5.5-6.0mm。

头冠前端略呈角状凸出，较前胸背板微短，中域隆起向前倾斜，边缘有脊，缘脊外侧有横印痕；单眼位于头冠侧缘，靠近复眼；颜面额唇基呈半球形隆起，基域中央有 1 纵脊，两侧有横印痕列，前唇基纵向隆起，由基至端渐狭，舌侧板狭小。前胸背板与头部等宽，中域隆起，前缘弧圆凸出，后缘微凹，具不甚明显的横皱纹；小盾片横刻痕凹陷，两端伸不及侧缘。

雄虫尾节侧瓣端缘宽圆凸出，端区有不规则排列的粗长刚毛，端腹缘下方有 1 根发达的突起，此突起侧扁微弯，末端尖细有数根细刚毛；雄虫下生殖板外缘中部凹入，且由外缘凹处的附近中央斜向内缘端部有 1 纵列粗长刚毛，外侧域有细小刚毛；阳茎向腹面弯曲，端半部膜质囊状，末端膨大，腹面有 2 骨化带支撑，中部背面有 2 对短小突起呈 X 形，分别伸向基方和端方，基部腹面有 1 对发达的突起，其端部分叉，阳茎与连索关键处有 1 对小突；连索 Y 形；阳基侧突宽扁，基半部扭曲，末端呈足状延伸。雌虫腹部第 7 节腹板中央长度是第 6 节的 2 倍，后缘接近平直，产卵器稍微超出尾节侧瓣端缘。

雄虫头冠、颜面基半部、前胸背板及小盾片黑色有光泽；复眼黑褐色，单眼、触角、颜面端半部、胸部和腹部腹面及胸足浅黄白色，唯各足褐色；前翅内缘、后缘及端区黑褐色，前缘基部和端部 1 浅黄白色斜斑致两翅合拢时中部黑褐色部分呈菱形纹，在褐色和黄白色交界处相互交错，翅端有不甚明显亦不连续的黄白色横带斑。雌虫体浅黄白色，头冠、前胸背板、小盾片及前翅后缘沿合缝处纵贯 1 锯齿状宽带，翅端缘域浅褐色。

寄主　竹类。

检视标本　**陕西**：3♂，留坝，2012.Ⅶ.20，李虎采 (GUGC)。**广西**：1♂，龙州，2011.Ⅴ.7，于晓飞采 (GUGC)。**四川**：1♂，千佛山，2007.Ⅷ.14，邢济春采 (GUGC)。**贵州**：1♂，平塘大塘三角坡，2011.Ⅷ.27，陈祥盛、杨琳采 (GUGC)；1♂8♀，册亨，2010.Ⅷ.26，常志敏采 (GUGC)。**云南**：4♂5♀，勐腊，1992.Ⅴ.22，李子忠采 (GUGC)；1♂1♀，勐腊，1994.Ⅳ.20，杜予州采 (GUGC)；8♂11♀，腾冲，2002.Ⅶ.15-16，李子忠采 (GUGC)；5♂6♀，盈江铜壁关，2002.Ⅶ.20，李子忠采 (GUGC)；1♂，盈江铜壁关，2002.Ⅶ.20，杨茂发采 (GUGC)；1♂，龙陵，2002.Ⅶ.25，李子忠采 (GUGC)；1♂2♀，勐腊，2008.Ⅶ.21，蒋晓红采 (GUGC)；2♂3♀，怒江，2010.Ⅴ.18，李虎采 (GUGC)；2♂，瑞丽，2011.Ⅵ.5，李玉建采 (GUGC)；4♂，高黎贡山，2011.Ⅵ.14，李玉建采 (GUGC)；1♂，绿春黄连山，2011.Ⅷ.4，常志敏、郑维斌采 (GUGC)；2♂，福贡，2012.Ⅶ.25，龙见坤采 (GUGC)；2♂，绿春，2012.Ⅷ.3，龙见坤采 (GUGC)；4♂2♀，金平，2012.Ⅷ.7，常志敏采 (GUGC)；5♂3♀，瑞丽，2013.Ⅶ.16，范志华采 (GUGC)；3♂2♀，盈江，2013.Ⅶ.19，杨卫诚采 (GUGC)；3♂1♀，梁河，2013.Ⅶ.27，杨卫诚采 (GUGC)；4♂3♀，高黎贡山，2013.Ⅷ.5，范志华采 (GUGC)；1♂1♀，磨憨，2017.Ⅵ.29，罗强采 (GUGC)；2♀，西畴，2017.Ⅷ.11，龚念采 (GUGC)；3♂，勐腊，2017.Ⅷ.20，智妍采 (GUGC)。

分布　陕西、广西、四川、贵州、云南。

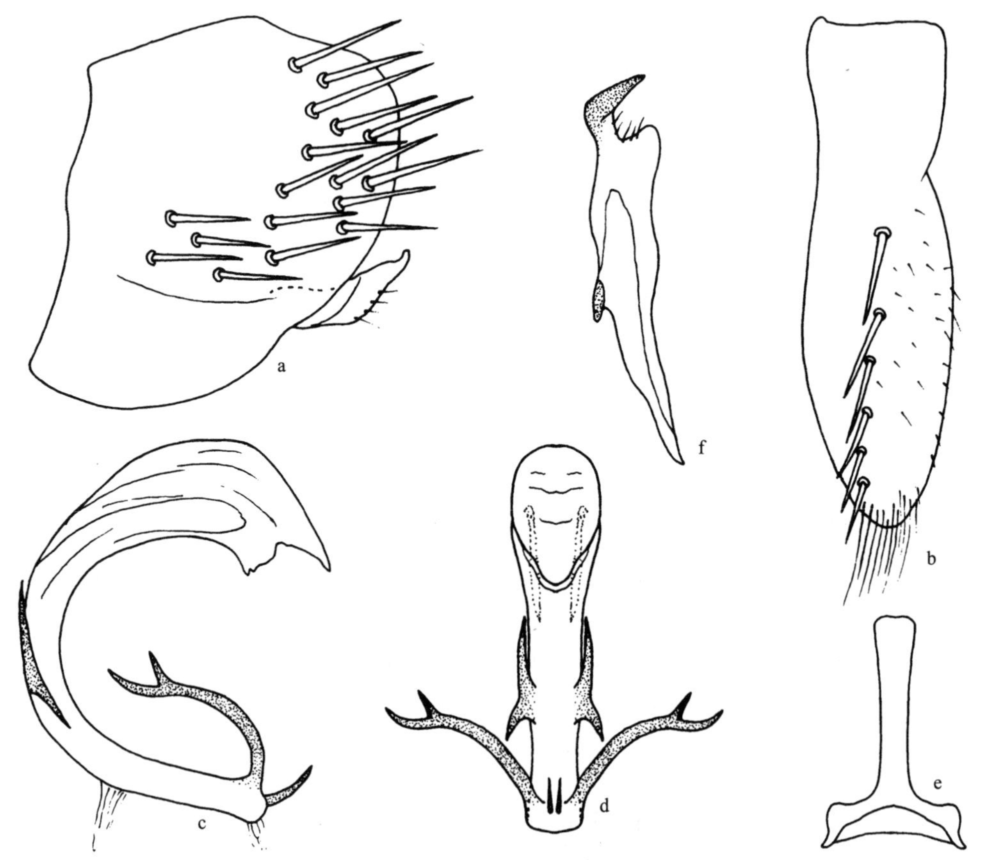

图 232 云南消室叶蝉 *Chudania yunnana* Yang *et* Zhang

a. 雄虫尾节侧瓣侧面观 (male pygofer side, lateral view); b. 雄虫下生殖板 (male subgenital plate); c. 阳茎侧面观 (aedeagus, lateral view); d. 阳茎腹面观 (aedeagus, ventral view); e. 连索 (connective); f. 阳基侧突 (style)

34. 凹片叶蝉属 *Concaveplana* Chen *et* Li, 1998

Concaveplana Chen *et* Li, 1998, Acta Zootaxonomica Sinica, 23(4): 382. **Type specie:** *Concaveplana spinata* Chen *et* Li, 1998.

模式种产地：贵州石阡。

属征：头冠、前胸背板和小盾片纵贯 3 橘黄色带纹。头冠向前呈角状伸出，中央长度大于二复眼间宽，基部冠缝明显，中部、端部平凹，端缘上翘，侧缘具缘脊；单眼位于头冠前侧缘，靠近复眼；颜面长大于宽，额唇基基部中域纵向隆起，具中纵脊，斜侧褶明显，前唇基端向渐狭，端缘接近平切，舌侧板小。前胸背板宽约为长的 2 倍，前缘弧圆凸出，后缘略凹入，两侧缘平行；小盾片横刻痕位于中后部，弯曲凹陷；前翅革片基部翅脉不清楚，具 4 端室，端片狭小。

雄虫尾节侧瓣端缘中部极度凹陷，端腹缘后半部具粗大刚毛，端背域极度延伸，在延伸部中上方着生粗大刚毛；雄虫下生殖板长阔，中域斜生粗大刚毛；阳茎基部背域有1对片状突，端部弯曲，常具突起或细刺；连索Y形；阳基侧突中部宽阔，基部扭曲，端部片状反折。

本属种间外形特征差异不大，但雄性外生殖器构造明显不同，是鉴别种的重要依据。

地理分布：东洋界，古北界。

此属由陈祥盛和李子忠 (1998b) 以 *Concaveplana spinata* Chen *et* Li 为模式种建立，并记述1新种、2新组合种；李子忠和陈祥盛 (1999) 在《中国隐脉叶蝉 (同翅目：叶蝉科)》中记述4新种；李子忠等 (2010) 记述贵州1新种。

目前全世界已知8种，全分布于中国。本志记述13种，含5新种。

种检索表 (♂)

1. 阳茎端部与主干成垂直弯曲……2
   阳茎端部与主干近似或不垂直弯曲……8
2. 阳茎端部弯曲处有2长突……3
   阳茎端部弯曲处无长突……5
3. 阳茎基部背域突起光滑弯曲……**车八岭凹片叶蝉，新种 *C. chebalingensis* sp. nov.**
   阳茎基部背域突起分叉或有侧突……4
4. 阳茎基部背域突起分叉……**钩茎凹片叶蝉 *C. hamulusa***
   阳茎基部背域突起中部有1侧突……**红线凹片叶蝉 *C. rufolineata***
5. 阳茎基部背域两侧突起分叉……6
   阳茎基部背域两侧突起不分叉……7
6. 阳茎基部背域两侧突起亚端部分叉……**叉茎凹片叶蝉 *C. furcata***
   阳茎基部背域两侧突起端部分叉……**端刺凹片叶蝉 *C. spinata***
7. 阳茎基部背域两侧有2对突起……**双刺凹片叶蝉，新种 *C. bispiculana* sp. nov.**
   阳茎基部背域两侧有1对突起……**红条凹片叶蝉 *C. rubilinena***
8. 阳茎干基部腹缘无突起……9
   阳茎干基部腹缘有突起……11
9. 阳茎干基部背域两侧无侧突……**三带凹片叶蝉 *C. trifasciata***
   阳茎干基部背域两侧有侧突……10
10. 阳茎干基部背域两侧突起中部有1侧突……**侧突凹片叶蝉，新种 *C. splintera* sp. nov.**
    阳茎干基部背域两侧突起中部和亚端部各有1侧突……**绥阳凹片叶蝉，新种 *C. suiyangensis* sp. nov.**
11. 阳茎干基部腹缘有1对光滑的突起……**腹突凹片叶蝉 *C. ventriprocessa***
    阳茎干基部有1端部分叉的片状突……12
12. 阳茎干基部背域突起中部和亚端部各有1侧突……**茂兰凹片叶蝉 *C. maolana***
    阳茎干基部背域突起仅中部有1侧突……**叉突凹片叶蝉，新种 *C. forkplata* sp. nov.**

(229) 双刺凹片叶蝉，新种 *Concaveplana bispiculana* Li, Li *et* Xing, sp. nov. (图 233)

模式标本产地 广西龙州、融安。

体连翅长，雄虫 6.8-7.0mm，雌虫 7.2-7.5mm。

头冠前端呈锐角突出，中央长度约为二复眼间宽度的 1.8 倍，基部冠缝明显，中部、端部平凹，端缘上翘，侧缘具缘脊；单眼位于头冠侧缘，靠近复眼。前胸背板宽大于长，前缘弧圆凸出，后缘略凹入；小盾片横刻痕位于中后部，弯曲凹陷。

雄虫尾节侧瓣端缘中部极度深凹入，致端背角极度延伸光滑无毛，长度超过肛管末端，由基至端渐细，末端尖，端腹角宽圆突出由腹面向背面斜倾，沿边缘有 12-13 根粗刚毛；雄虫下生殖板宽扁，端缘宽圆，中域有纵向排列不规则的粗长刚毛；阳茎基部粗，端部细管状，末端呈直角状弯曲，基部背缘有 2 刺突，侧刺中部有 1 侧突，端向渐细，末端尖突，阳茎干亚端部有 2 刺；连索 Y 形，主干长是臂长的 3 倍；阳基侧突基部细，中部粗，亚端部骤变凹弯，弯曲处有数根细小刚毛。雌虫腹部第 7 节腹板中央长度是第 6 节腹板中央长度的 1.5 倍，后缘中央呈舌形突出。

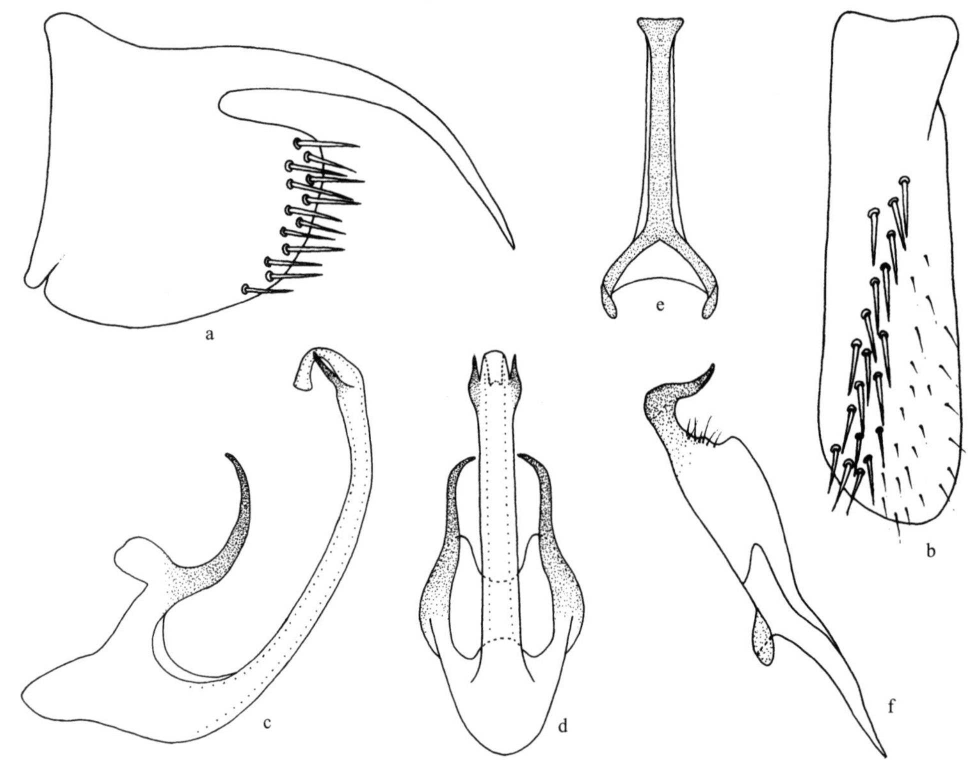

图 233 双刺凹片叶蝉，新种 *Concaveplana bispiculana* Li, Li *et* Xing, sp. nov.

a. 雄虫尾节侧瓣侧面观 (male pygofer side, lateral view)；b. 雄虫下生殖板 (male subgenital plate)；c. 阳茎侧面观 (aedeagus, lateral view)；d. 阳茎腹面观 (aedeagus, ventral view)；e. 连索 (connective)；f. 阳基侧突 (style)

体淡黄白色。头冠、前胸背板、小盾片纵贯 3 橘黄色纵纹，此纵纹在头冠端缘成锚状相接，其中央纵纹终止于小盾片末端，两侧纵纹终止于小盾片基侧角，一些个体小盾片上纵纹色淡至消失；单眼白色透明；复眼淡褐色。前翅淡黄白色，半透明，爪片末端、第 3 端室内 1 斑点及翅端前缘 3 斜纹均淡褐色。虫体腹面淡黄白色，无明显斑纹。

正模　♂，广西龙州，2011.Ⅴ.7，于晓飞采。副模：4♂7♀，采集时间、地点、采集人同正模；2♂3♀，广西融安，2011.Ⅴ.24，范志华采；3♂6♀，广西龙州，2011.Ⅴ.7-8，范志华采。所有模式标本均保存在贵州大学昆虫研究所 (GUGC)。

词源　新种以阳茎亚端部有 2 刺命名。

分布　广西。

新种外形特征与端刺凹片叶蝉 *Concaveplana spinata* Chen *et* Li 相似，不同点是本新种雄虫尾节侧瓣端区延长部无刚毛，阳茎基部突起不分叉，阳茎亚端部有 2 刺。

(230) 车八岭凹片叶蝉，新种 *Concaveplana chebalingensis* Li, Li *et* Xing, sp. nov. (图 234)

模式标本产地　广东车八岭。

体连翅长，雄虫 7.5mm。

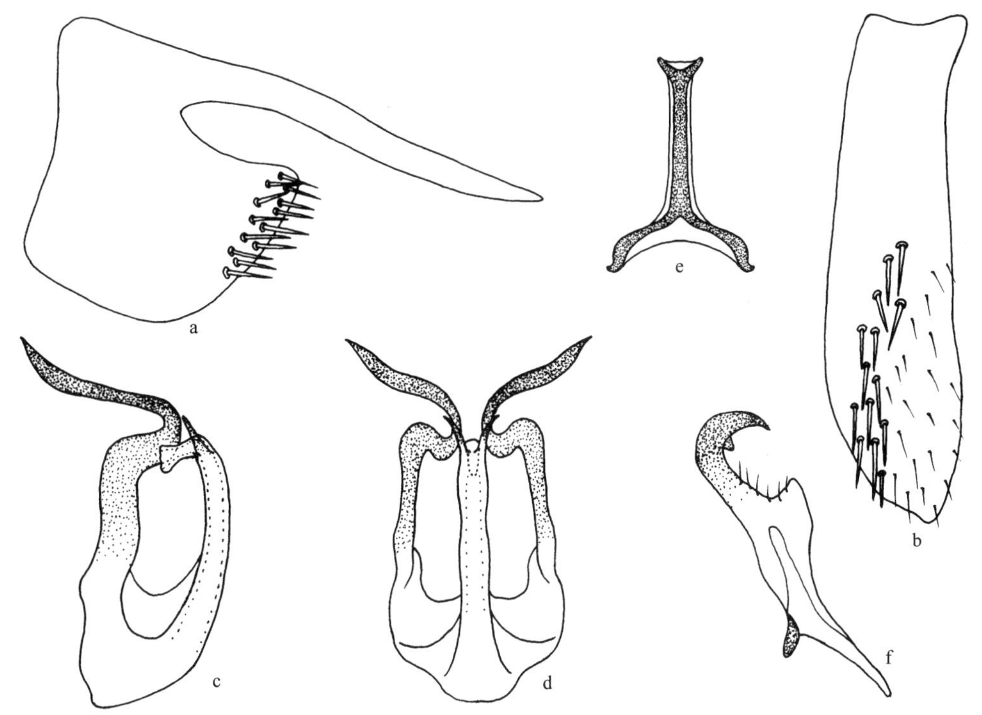

图 234　车八岭凹片叶蝉，新种 *Concaveplana chebalingensis* Li, Li *et* Xing, sp. nov.

a. 雄虫尾节侧瓣侧面观 (male pygofer side, lateral view)；b. 雄虫下生殖板 (male subgenital plate)；c. 阳茎侧面观 (aedeagus, lateral view)；d. 阳茎腹面观 (aedeagus, ventral view)；e. 连索 (connective)；f. 阳基侧突 (style)

头冠前端宽圆凸出，中央长度与前胸背板和小盾片中长之和近似相等，基部冠缝明显，端区微向上翘，边缘有脊；单眼位于头冠侧缘，与复眼的距离约为单眼直径的 3 倍；颜面额唇基基部较丰满，中端部较平坦，前唇基由基至端渐狭。前胸背板中域轻度隆起，具细小刻点，前缘弧圆，后缘微凹，中央长度约等于头冠中长之半；小盾片中央长度小于头冠中长，横刻痕弧形弯曲，两端伸不达侧缘。

雄虫尾节侧瓣端缘中部极度深凹入，致端背角极度延伸，长度超过肛管末端，由基至端渐细，末端尖，端腹角宽圆突出由腹面向背面斜倾，沿边缘有不规则排列的粗刚毛；雄虫下生殖板宽扁，亚端部微扩大，端缘圆，中域有纵向排列不规则的粗长刚毛；阳茎基部粗，端部细呈管状，亚端部呈直角状弯曲，弯曲处两侧各有 1 刺状突，末端有细齿，基部背缘有 1 对基部宽大、端部极度弯曲变细的长突；连索 Y 形，主干长是臂长的 4 倍；阳基侧突基部细，中部粗，亚端部凹弯，弯曲处有数根细小刚毛。

体淡黄白色。头冠、前胸背板、小盾片纵贯 3 橘黄色纵纹，此纵纹在头冠端缘成锚状相接，此纵纹在前胸背板、小盾片上橘黄色变淡至消失；单眼淡黄色；复眼淡褐色。前翅淡黄白色，半透明，翅端前缘有 3 淡褐色斜纹。

正模 ♂，广东车八岭，2013.Ⅴ.10，李斌采。模式标本保存在贵州大学昆虫研究所(GUGC)。

词源 新种以模式标本采集地——广东车八岭命名。

分布 广东。

新种外形特征与端刺凹片叶蝉 *Concaveplana spinata* Chen *et* Li 相似，不同点是新种雄虫下生殖板亚端部扩大，阳茎亚端部有 1 对刺状突，基部背域突起不分叉。

(231) 叉突凹片叶蝉，新种 *Concaveplana forkplata* Li, Li *et* Xing, sp. nov. (图 235)

模式标本产地 广东丹霞山，广西武鸣、金秀、大明山、兴安。

体连翅长，雄虫 7.5-7.6mm，雌虫 7.6-8.0mm。

头冠前端宽圆凸出，向前倾斜，中央长度约为二复眼间宽度的 1.8 倍，基部冠缝明显，端区微向上翘，边缘有脊；单眼位于头冠侧缘，靠近复眼，与复眼的距离约为单眼直径的 2.5 倍；颜面额唇基基部较丰满，中端部较平坦，前唇基由基至端渐狭。前胸背板中域轻度隆起，与头部宽度近似相等，中央长度微大于头冠中长的 1/2，前缘弧圆，后缘微凹；小盾片横刻痕凹陷，两端伸达侧缘。

雄虫尾节侧瓣端缘中部极度深凹，致端背角极度延伸，端部微弯曲，长度超过肛管末端，由基至端渐细，末端尖，端腹角宽圆突出，沿边缘有粗长刚毛列；雄虫下生殖板宽扁，端缘外缘凹入，中域有排列不规则的粗长刚毛；阳茎管状弯曲，亚端部腹缘突起端部分叉，其长度超过阳茎干末端甚多，基部背缘有 1 对宽的片状突，端向渐细，其基部有 1 刺状突；连索 Y 形，主干长是臂长的 2.5 倍；阳基侧突基部细，中部粗，亚端部骤变凹弯，弯曲处有数根细小刚毛。

体淡黄白色。头冠、前胸背板、小盾片纵贯 3 橘黄色纵纹，此纵纹在头冠端缘成锚状相接，其中央 1 条终止于小盾片末端，另外两侧纵纹终止于小盾片基侧角；复眼浅褐色；单眼淡黄色。前翅淡黄白色接近透明，翅脉黄色，端区前缘 3 短斜纹、第 2 端室中部和爪片末端 1 小斑点均褐色。虫体腹面和胸足淡黄白色。

正模 ♂，广东丹霞山，2013.Ⅴ.15，焦猛采。副模：2♂1♀，广东丹霞山，2013.Ⅴ.15，李斌采；1♂，广西武鸣，2015.Ⅴ.18，吴云飞采；1♂，广西金秀，2015.Ⅶ.20，罗强采；3♂2♀，广西大明山，2015.Ⅷ.21，罗强采；4♂3♀，广西兴安，2015.Ⅶ.27，罗强采。所有模式标本均保存在贵州大学昆虫研究所 (GUGC)。

词源　新种名来源于阳茎干腹缘突起端部分叉。

分布　广东、广西。

新种外形特征与腹突凹片叶蝉 *Concaveplana ventriprocessa* Li *et* Chen 相似，不同点是新种雄虫尾节侧瓣端背角端部弯曲，阳茎腹缘突起端部分叉，亚端部有 2 长突。

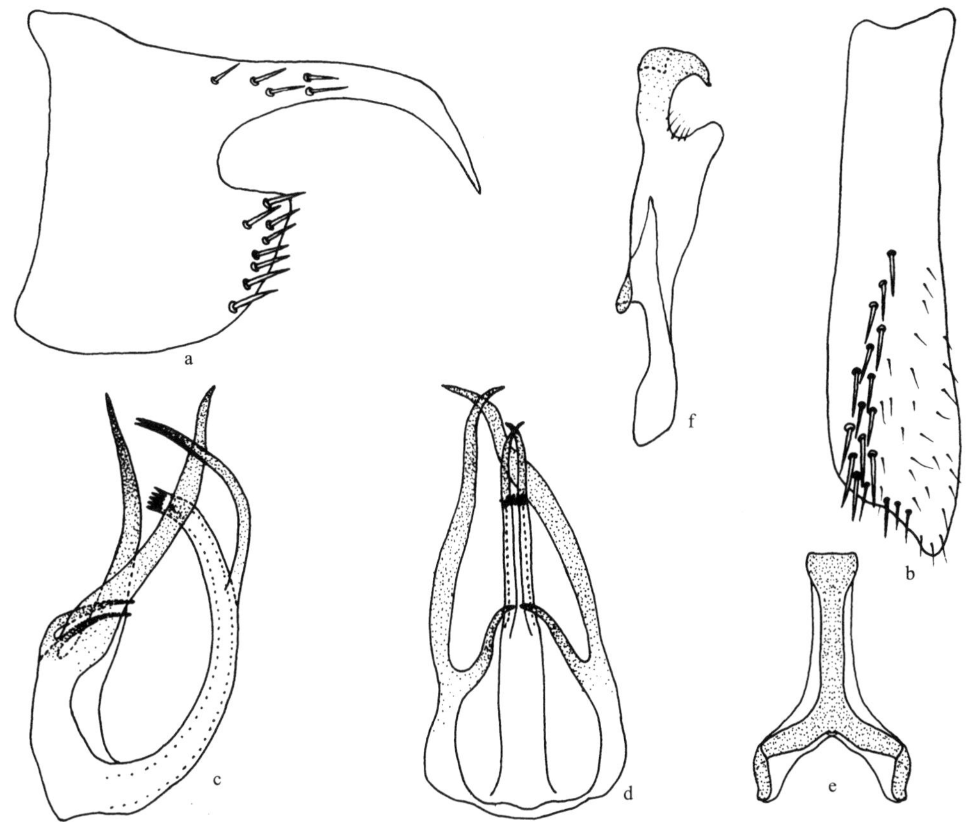

图 235　叉突凹片叶蝉，新种 *Concaveplana forkplata* Li, Li *et* Xing, sp. nov.

a. 雄虫尾节侧瓣侧面观 (male pygofer side, lateral view)；b. 雄虫下生殖板 (male subgenital plate)；c. 阳茎侧面观 (aedeagus, lateral view)；d. 阳茎腹面观 (aedeagus, ventral view)；e. 连索 (connective)；f. 阳基侧突 (style)

(232) 叉茎凹片叶蝉 *Concaveplana furcata* Li *et* Chen, 1999 (图 236)

Concaveplana furcata Li *et* Chen, 1999, Nirvaninae from China (Homoptera: Cicadellidae): 73. **Type locality**: Guangxi (Pingxiang).

模式标本产地　广西凭祥。

体连翅长，雄虫 6.5-6.8mm，雌虫 6.8-6.9mm。

头冠前端呈锐角凸出，中央长度约为二复眼间宽度的 1.5 倍，基部冠缝明显，冠面平坦光滑，端区微向上翘；单眼位于头冠侧缘，与复眼和侧脊的距离近似相等，约为单眼直径的 2 倍；颜面额唇基基部较丰满，中端部较平坦，前唇基由基至端渐狭。前胸背板中域轻度隆起，与头部宽度近似相等，中央长度是头冠的 1/2，前缘弧圆，后缘微凹，侧缘斜直；小盾片侧缘长度和基缘近似相等，横刻痕凹陷，伸不及侧缘。

雄虫尾节侧瓣端缘中部极度深凹，致端背角极度延伸，长度超过肛管末端，末端尖，中部有 4-5 根粗长刚毛，端腹缘由腹向背斜倾，致呈角状凸出，沿凸出部边缘有不规则排列的粗长刚毛；雄虫下生殖板宽扁，中央有粗刚毛列，其基部、中部排成单行，端部不规则排列；阳茎基部粗，端部细呈管状，且于中部呈直角状弯曲，末端分叉，基部背缘有 1 对分枝的突起，突起分枝位于中部，其分枝较主枝短，且双双弯折向背面直伸；连索 Y 形，主干细长，其长度约为臂长的 2 倍；阳基侧突基部细，中部粗，亚端部骤变凹弯，呈钩状，其弯曲处有数根细小刚毛。雌虫腹部第 7 节腹板中央纵向隆起，有 1 明显的纵脊，后缘中央极度向后凸出，两侧凹入，致呈笔架形向后凸出，产卵器末端与尾节端缘近似等长。

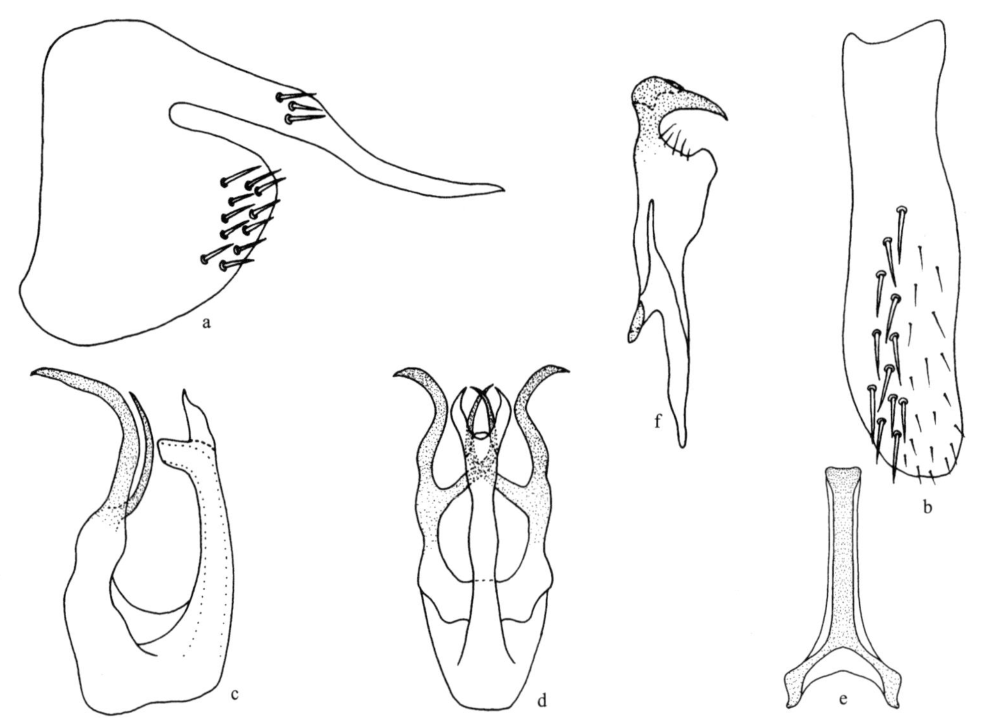

图 236 叉茎凹片叶蝉 *Concaveplana furcata* Li *et* Chen

a. 雄虫尾节侧瓣侧面观 (male pygofer side, lateral view)；b. 雄虫下生殖板 (male subgenital plate)；c. 阳茎侧面观 (aedeagus, lateral view)；d. 阳茎腹面观 (aedeagus, ventral view)；e. 连索 (connective)；f. 阳基侧突 (style)

体浅黄白色。头冠、前胸背板、小盾片纵贯 3 橘黄色纵纹，此纵纹在头冠端缘成锚状相接，其中央纵纹终止于小盾片末端，两侧纵纹终止于小盾片基侧角，一些个体此纵线纹细弱色淡，少数个体于头冠端缘 3 线接合部另有 2 鲜红色横线斑；单眼淡黄色；复眼浅褐色。前翅淡黄白色接近透明，翅脉黄色色泽较深，端区前缘有 3 短褐色斜纹，爪片末端有 1 褐色小点。虫体腹面和胸足淡黄白色，少数个体腹部背、腹面姜黄色。

检视标本　**广西**：♂ (正模)，5♂9♀ (副模)，凭祥，1997.Ⅵ.1，杨茂发采 (GUGC)；11♂8♀，金秀，2015.Ⅶ.25，罗强采 (GUGC)。

分布　广西。

(233) 钩茎凹片叶蝉 *Concaveplana hamulusa* Li *et* Chen, 1999 (图 237；图版Ⅺ：5)

Concaveplana hamulusa Li *et* Chen, 1999, Nirvaninae from China (Homoptera: Cicadellidae): 78. **Type locality**: Guangxi (Huaping).

模式标本产地　广西花坪。

体连翅长，雄虫 6.5-6.8mm。

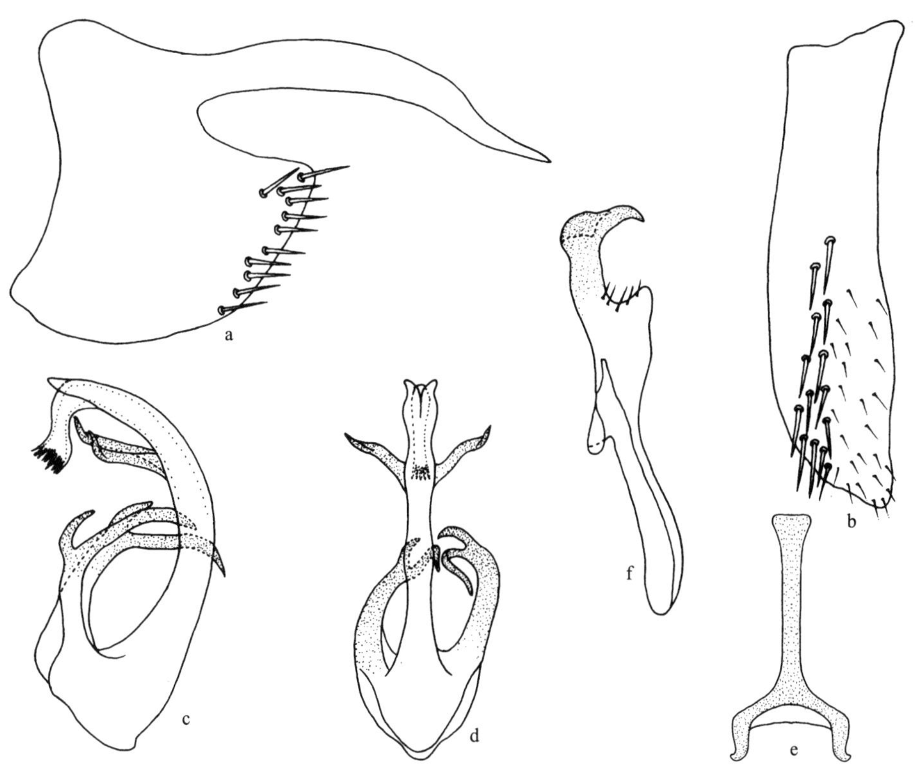

图 237　钩茎凹片叶蝉 *Concaveplana hamulusa* Li *et* Chen

a. 雄虫尾节侧瓣侧面观 (male pygofer side, lateral view)；b. 雄虫下生殖板 (male subgenital plate)；c. 阳茎侧面观 (aedeagus, lateral view)；d. 阳茎腹面观 (aedeagus, ventral view)；e. 连索 (connective)；f. 阳基侧突 (style)

头冠扁平，侧缘自复眼前向端部汇集，致前端近似角状突出，中央长度明显大于二复眼间宽，边缘有脊，致端缘微向上翘；单眼位于头冠前侧缘，与复眼的距离约等于与头冠侧缘之距；颜面额唇基长大于宽，基域中央轻度隆起，中端部平坦，前唇基由基至端逐渐变狭。前胸背板较头部宽，中央长度是头冠中长的 1/2，前缘域有 1 不甚明显的横印痕，前缘弧圆凸出，后缘接近平直，侧缘向外侧凸出；小盾片横刻痕位于中后部，两端伸不及侧缘。

雄虫尾节侧瓣外缘中部宽凹入，致端背角极度延伸，端背角变细极度突伸，其突伸处基部中域有 2 根粗刺，端腹角宽圆向外侧突出，沿突出部外缘有粗长刚毛；雄虫下生殖板近中端部宽大，端缘向内侧斜倾，中端部中央有排列不规则的粗长刚毛；阳茎管状向背方弯曲，基部背面有 1 对宽的突起，末端分叉，其背叉长、腹叉短，端部向背面成 90° 弯折直伸，末端有微刺，弯折处两侧各有 1 刺突向外侧伸出，亚端部两侧各有 1 根端部弯折的长突；连索 Y 形，主干长是臂长的 4 倍，末端微膨大；阳基侧突中部扩大，亚端部骤变细，末端平切向外侧伸出，致端部呈蟹钳状。

体淡黄白色。头冠、前胸背板、小盾片纵贯 3 橘黄色纵纹，此纵纹在头冠端缘成锚状相接，其中央纵纹终止于小盾片末端，另外 2 纵纹终止于小盾片基侧角，一些个体此纵纹由前至后渐淡直至小盾片处消失不显，另前胸背板侧域相配有不甚明显的橘黄色纵线；复眼黑褐色；单眼与体同色接近透明状；颜面淡黄白色，无任何斑纹。前翅淡黄白色半透明，端区微带褐晕，爪片末端、第 2 端室中央 1 小斑点、端部前缘 3 斜线均淡黑褐色。胸部腹板及胸足淡黄白色，无任何斑纹。腹部背、腹面淡黄白色略带姜黄色色泽。

检视标本 **广西**：♂ (正模)，1♂ (副模)，花坪，1997.Ⅵ.6，杨茂发采 (GUGC)。

分布 广西。

(234) 茂兰凹片叶蝉 *Concaveplana maolana* Li *et* Chen, 1999 (图 238；图版Ⅺ：6)

Concaveplana maolana Li *et* Chen, 1999, Nirvaninae from China (Homoptera: Cicadellidae): 76. **Type locality**: Guizhou (Maolan).

模式标本产地 贵州茂兰。

体连翅长，雄虫 7.5-7.8mm，雌虫 8.0-8.2mm。

头冠前端宽圆凸出，中央长度约为二复眼间宽度的 1.4 倍，基部冠缝明显，中端部平坦，端缘薄微向上翘，基域中央略凸，边缘有脊；单眼位于头冠前侧角，与复眼的距离约为单眼直径的 3 倍，与侧脊的距离约为单眼直径的 2 倍；颜面额唇基基部中央纵脊长度约为额唇基中央长度的 1/4，中端部较平坦，前唇基由基至端渐狭，中央纵向隆起，尤以基域最显，端缘平切。前胸背板较头部微宽，前缘弧圆凸出，后缘微凹，两侧斜倾，前缘域有 1 弧形凹痕；小盾片基缘与侧缘约等长，中央长度与前胸背板的近似相等，横刻痕位于中部，两端伸不及侧缘。

雄虫尾节侧瓣端缘中部深凹入，端背角极度延长，且弯曲，其长度超过肛管末端甚多，延伸部基半部宽扁，端部尖细，端腹角呈角状突出，其边缘有粗长刚毛；雄虫下生殖板长阔，中部中央斜生不规则簇生的粗刚毛；阳茎管状弯曲，基部腹缘有 1 端部分叉的突起，背缘基部两侧各有 1 宽扁的长突，该突起中部有 1 短分枝；连索 Y 形，主干长是臂长的 1.5 倍；阳基侧突中部扩大，亚端部骤变细，末端接近平切。雌虫腹部第 7 节腹板后缘中央深凹，两侧叶宽大向后延伸，产卵器微超出尾节端缘。

体淡黄白色。体背有 3 橘黄色纵纹，起自头冠顶端，分别终止于小盾片基侧角和末端，此纵带纹由头冠顶端至小盾片末端色渐减淡，3 纵纹平行，于头冠前缘处相互连接成锚状，前胸背板两侧各有橙色纵纹相配。前翅淡黄白色接近半透明，爪片末端 1 小斑、第 2 端室基部 1 小斑、翅端由前至后的 3 斜线均浅褐色。雄虫腹部第 2-8 节背、腹面均橘黄色。

检视标本　**陕西**：1♀，佛坪，2010.Ⅶ.16，李虎采 (GUGC)。**宁夏**：2♂1♀，2009.Ⅶ.15，六盘山，杨再华、李斌采 (GUGC)。**广西**：5♂2♀，兴安，2015.Ⅶ.25，罗强采 (GUGC)。**贵州**：♂ (正模)，7♂10♀ (副模)，荔波茂兰，1998.Ⅴ.27-29，李子忠采 (GUGC)；2♂1♀，1998.Ⅵ.15，荔波茂兰，陈会明采 (GUGC)；1♂2♀，独山，2012.Ⅶ.12-17，宋琼章采 (GUGC)；2♂，榕江，2015.Ⅵ.16，刘洋洋采；2♂1♀，荔波茂兰，2015.Ⅶ.24，刘沅采 (GUGC)。

分布　陕西、宁夏、广西、贵州。

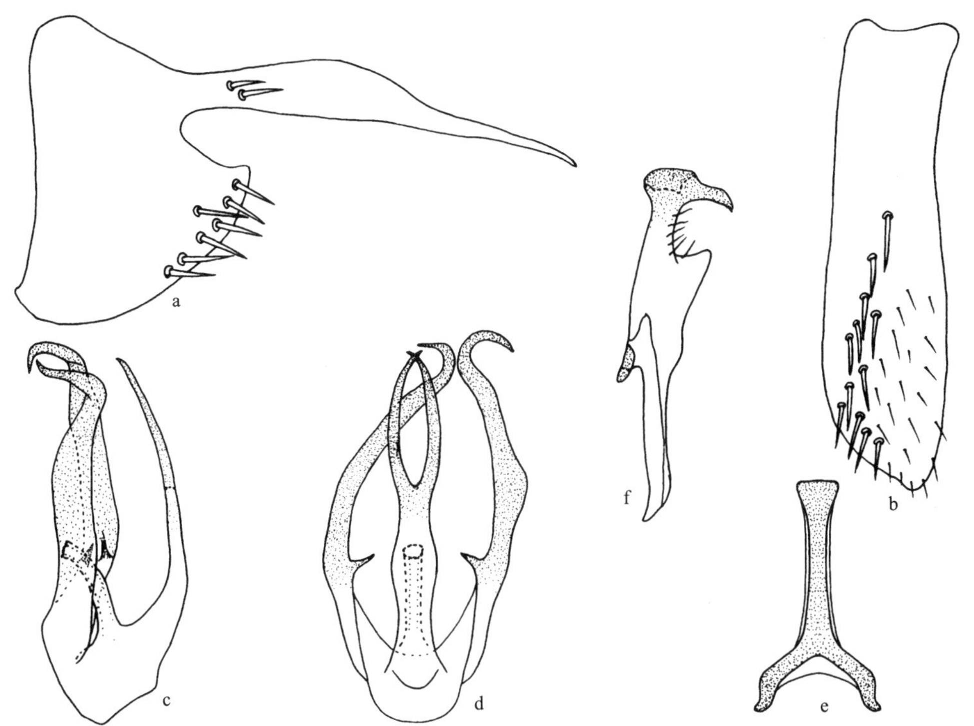

图 238　茂兰凹片叶蝉 *Concaveplana maolana* Li *et* Chen

a. 雄虫尾节侧瓣侧面观 (male pygofer side, lateral view)；b. 雄虫下生殖板 (male subgenital plate)；c. 阳茎侧面观 (aedeagus, lateral view)；d. 阳茎腹面观 (aedeagus, ventral view)；e. 连索 (connective)；f. 阳基侧突 (style)

(235) 红条凹片叶蝉 *Concaveplana rubilinena* Li, 2010 (图 239)

Concaveplana rubilinena Li, 2010, In: Chen, Li *et* Jin (ed.), Insect Fauna from Nature Reserve of Guizhou Province 6: 153. **Type locality**: Guizhou (Mayanghe).

模式标本产地　贵州沿河麻阳河。

体连翅长，雄虫 6.8-7.0mm，雌虫 7.5mm。

头冠前端宽圆突出，中央长度与前胸背板和小盾片中长之和近似等长，中端部平坦，端缘薄微向上翘，基域中央微凸，边缘有脊；单眼位于头冠前侧角，与复眼的距离约为单眼直径的 3 倍，与侧脊的距离约为单眼直径的 2 倍；颜面额唇基中端部较平坦，前唇基由基至端渐狭，中央纵向隆起，尤以基域最显，端缘平切。前胸背板较头部微宽，前缘弧圆凸出，后缘微凹，两侧斜倾，前缘域有 1 弧形凹痕；小盾片基缘与侧缘约等长，中央长度与前胸背板的近似相等，横刻痕位于中部，两端伸不及侧缘。

雄虫尾节侧瓣端缘中央深刻凹入，致端背角极度延伸，端腹角宽圆突出，沿边缘有粗长刚毛；雄虫下生殖板长而宽，外侧域有 1 列粗长刚毛；阳茎管状弯曲，端部与主干垂直弯曲，基部有 1 对宽大光滑的突起，其长度超过阳茎干端缘；连索 Y 形，主干长度明显大于臂长；阳基侧突基部宽，端部尖细弯曲向外伸，弯曲处有细刚毛。

体淡黄白色。头冠、前胸背板、小盾片纵贯 3 橘黄色纵纹，此纵纹在头冠端缘成锚状相接，分别终止于小盾片末端和基侧角。前翅淡黄白色半透明，端部前缘有 3 不甚明显的淡黄褐色斜纹。虫体腹面淡黄白色，无明显斑纹。

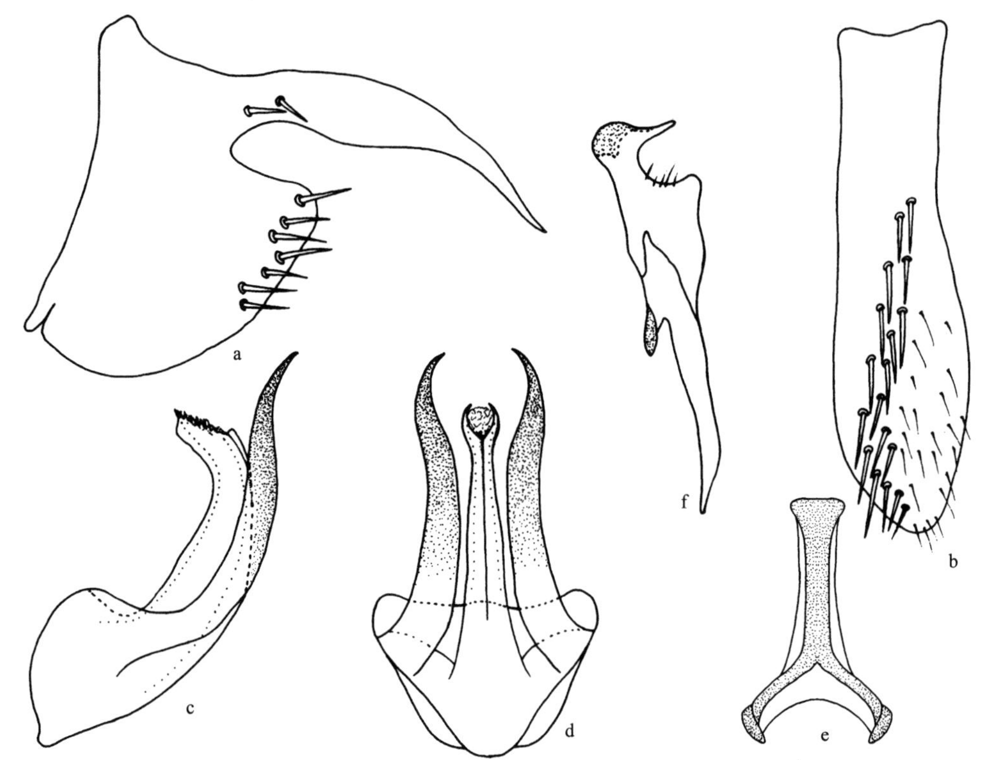

图 239　红条凹片叶蝉 *Concaveplana rubilinena* Li

a. 雄虫尾节侧瓣侧面观 (male pygofer side, lateral view)；b. 雄虫下生殖板 (male subgenital plate)；c. 阳茎侧面观 (aedeagus, lateral view)；d. 阳茎腹面观 (aedeagus, ventral view)；e. 连索 (connective)；f. 阳基侧突 (style)

检视标本　**四川**：1♂，雅安孔平乡，2010.Ⅶ.15，郑延丽采 (GUGC)。**贵州**：1♂，沿河麻阳河，2007.Ⅵ.11，陈祥盛采 (GUGC)；♂ (正模)，8♂1♀ (副模)，沿河麻阳河，2007.Ⅸ.27-30，宋琼章、李玉建、邢济春采 (GUGC)。

分布　四川、贵州。

(236) 红线凹片叶蝉 *Concaveplana rufolineata* (Kuoh, 1973) (图 240；图版Ⅺ：7)

Pseudonirvana rufolineata Kuoh, 1973, Acta Entomologica Sinica, 16(2): 180. **Type locality**: Jiangxi (Lushan).

Concaveplana rufolineata (Kuoh): Chen *et* Li, 1998, Acta Zootaxonomica Sinica, 23(4): 384.

模式标本产地　江西庐山。

体连翅长，雄虫 7.6-7.8mm，雌虫 8.0-8.2mm。

头冠前端呈角状凸出，中央长度为二复眼间宽度的 1.5 倍，前半部平坦而略低凹，后半部轻度隆起，边缘具缘脊；单眼着生在头冠，位于近复眼的前角；颜面额唇基基部丰满隆起，中端部较平坦，前唇基由基至端逐渐变狭，端缘近于平直。前胸背板前缘弧圆凸出，后缘略凹入，在中后部有不甚明显的横皱，侧缘接近平直；小盾片横刻痕弧弯，两端伸达两侧缘。

雄虫尾节侧瓣端缘中部强度凹入，致端背角极度延伸，延伸成粗长突起，突起背面中部生 5 根粗刚毛，端腹缘角状突出，沿外缘有不规则排列的粗刚毛；雄虫下生殖板长条形，中后部斜生 1 列粗长刚毛，端区散生短毛；阳茎管状弯曲，基部背域两侧有 1 对长突，其突起基部宽大，端部较细且弯曲，近弯曲处有 1 伸向前方的侧突，端部成直角弯曲，末端有微齿；连索 Y 形，主干长是臂长的 1.5 倍；阳基侧突中部扩大，亚端部强度弯曲，末端近乎四角状扩延。雌虫腹部第 7 节腹板后缘侧区深刻凹入，两侧向后延伸，整个如倒“凹”字形。

体淡藁黄微带白色。体背 3 橘红色纵纹纵贯头冠、前胸背板和小盾片，分别终止于小盾片末端及基侧角，此纵纹由头冠顶端到小盾片末端色逐渐减淡，分别由橘红色减淡成橘黄色至淡黄绿色。前翅淡藁黄色，接近透明，在前缘区端部 3 斜纹、爪片末端 1 斑点、第 2 端室基部横脉外半段暗褐色。腹部背、腹面均橘红色，但末端色减淡。

检视标本　**山东**：1♂2♀，招远，2011.Ⅷ.9，郑维斌采 (GUGC)；2♀，昆山，2011.Ⅷ.14，龙见坤采 (GUGC)；5♂9♀，烟台，2013.Ⅶ.15，李斌、严斌采 (GUGC)。**河南**：5♂6♀，内乡，2010.Ⅶ.27-30，李虎采 (GUGC)。**陕西**：1♂，佛坪，2010.Ⅶ.17，李虎采 (GUGC)。**湖北**：1♂，神农架，2003.Ⅶ.16，程明军采 (YTU)；4♂，京山，2007.Ⅶ.9-13，刘小雄、刘红叶、黄义艺采 (YTU)；1♂，远安，2009.Ⅶ.16，孙文杰采 (YTU)；1♂，五峰，2013.Ⅶ.24，邢东亮采 (GUGC)；1♂，大别山，2014.Ⅵ.24，龙见坤采 (GUGC)；2♂，大别山，2014.Ⅷ.29，王英鉴采 (GUGC)。**湖南**：2♂3♀，小溪，2016.Ⅷ.11，丁永顺采 (GUGC)；1♂，借母溪，2016.Ⅷ.23，王英鉴采 (GUGC)。**江西**：2♂1♀，南昌梅岭，1993.Ⅶ.10，林毓鉴收于灯下 (JXAU)；5♂7♀，武夷山，2014.Ⅷ.1-3，焦猛采 (GUGC)。**江苏**：1♂2♀，南京中山陵，1983.Ⅵ.13，李月华采 (IPPC)。**安徽**：1♂3♀，六安天堂寨，2013.Ⅷ.1，李

斌、严斌采 (GUGC)。**浙江**：1♂，天目山，2009.Ⅶ.20，陈勇采 (GUGC)；5♂7♀，大盘山，2013.Ⅶ.3，李斌、严斌采 (GUGC)；3♂2♀，天目山，2014.Ⅷ.12，焦猛采 (GUGC)。**四川**：2♂1♀，千佛山，2007.Ⅷ.13，邢济春采 (GUGC)；1♂；水磨沟，2007.Ⅷ.17，孟泽洪采 (GUGC)。**贵州**：1♂，沿河县麻阳河，2007.Ⅵ.11，陈祥盛采 (GUGC)；3♂1♀，安龙，2008.Ⅶ.12，李玉建采 (GUGC)；1♂，梵净山，2011.Ⅸ.20，于晓飞采 (GUGC)。

分布 山东、河南、陕西、江苏、安徽、浙江、湖北、江西、湖南、四川、贵州。

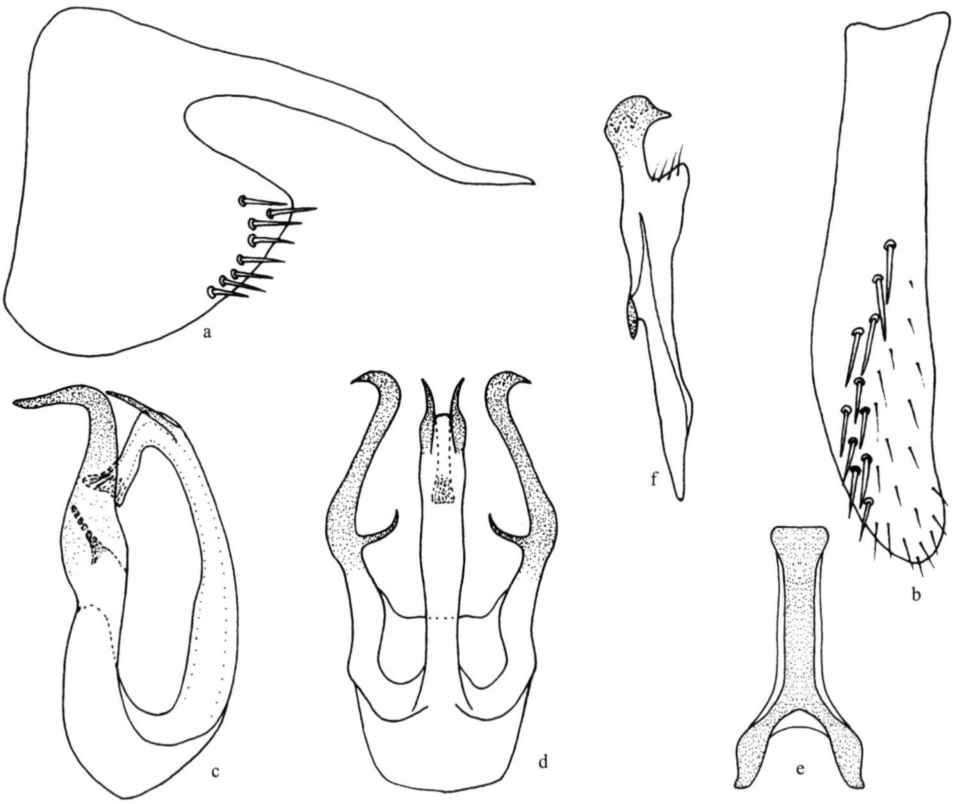

图 240 红线凹片叶蝉 *Concaveplana rufolineata* (Kuoh)

a. 雄虫尾节侧瓣侧面观 (male pygofer side, lateral view)；b. 雄虫下生殖板 (male subgenital plate)；c. 阳茎侧面观 (aedeagus, lateral view)；d. 阳茎腹面观 (aedeagus, ventral view)；e. 连索 (connective)；f. 阳基侧突 (style)

(237) 端刺凹片叶蝉 *Concaveplana spinata* Chen *et* Li, 1998 (图 241)

Concaveplana spinata Chen *et* Li, 1998, Acta Zootaxonomica Sinica, 23(4): 382. **Type locality**: Guizhou (Shiqianfodingshan).

模式标本产地 贵州石阡佛顶山。

体连翅长，雄虫 7.5-7.6mm，雌虫 8.1-8.3mm。

头冠向前呈锐角状突出，中央长度为二复眼间宽的 1.1 倍，基部冠缝明显，中部、端部冠面平凹，端缘上翘，侧缘具缘脊；单眼位于头冠侧缘，靠近复眼前角，与侧脊和复眼的距离均相等，约为单眼直径的 3 倍；颜面额唇基基部中域隆起具脊，中部、端部平凹，前唇基端向渐狭，端缘平切。前胸背板中央长度约为头冠长的 0.6 倍，前缘弧圆凸出，后缘略凹入，侧缘直；小盾片横刻痕位于中部偏后，弯曲凹陷，两端伸达侧缘。

雄虫尾节侧瓣端缘中部极度凹入，致端背角极度延伸，延长部背面着生 5 根粗刚毛，端腹角宽短，密生粗长刚毛；雄虫下生殖板宽短，端缘略斜尖，中域斜生 1 列粗长刚毛；阳茎基部膨大，从基部背域两侧各延伸 1 长突，其突起中部生 1 短突，端部成直角弯曲，末端着生许多小刺；连索 Y 形，主干长约等于臂长的 3 倍；阳基侧突基部扭曲，中部宽阔，端部弯曲延伸，片状反折，弯曲处具小刚毛。雌虫腹部第 7 节腹板中央长度与第 6 节的近似相等，中域纵向脊状隆起，后缘中央向后凸出，两侧内凹，致两侧缘长，产卵器伸出尾节端缘。

体淡黄白色。虫体背面有 3 橘黄色纹，起自头冠近前缘处，分别延伸至小盾片末端和 2 基侧角，此纵纹在小盾片色泽渐淡转变为黄绿色。另在前胸背板两侧缘各有 1 橙黄色至淡黄绿色纵线；前翅黄白色接近透明，前缘端半部 3 斜纹、爪片末端 1 小斑点、第 2 端室基部横脉外半段为暗褐色；胸部背、腹面黄白色；胸足淡黄色，爪、后足胫节、跗节末端褐色。腹部背、腹面橙红色。

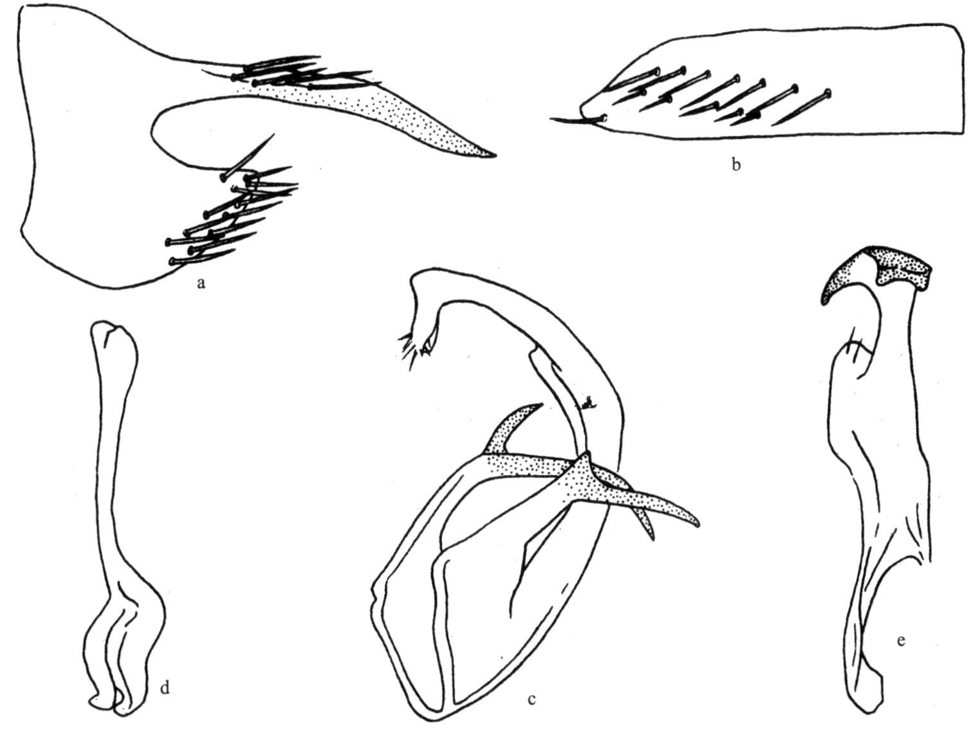

图 241　端刺凹片叶蝉 *Concaveplana spinata* Chen *et* Li

a. 雄虫尾节侧瓣侧面观 (male pygofer side, lateral view)；b. 雄虫下生殖板 (male subgenital plate)；c. 阳茎侧面观 (aedeagus, lateral view)；d. 连索 (connective)；e. 阳基侧突 (style)

检视标本　**四川**：2♀，峨眉山，1991.Ⅷ.4，李子忠采（GUGC）。**贵州**：♂（正模），石阡，1994.Ⅷ.15，李子忠采（GUGC）；2♀（副模），梵净山，1994.Ⅷ.10，李子忠采（GUGC）。

分布　四川、贵州。

(238) 侧突凹片叶蝉，新种 *Concaveplana splintera* Li, Li *et* Xing, sp. nov.（图 242；图版 Ⅺ：8）

模式标本产地　广西兴安。

体连翅长，雄虫 7.0-7.3mm，雌虫 7.5-8.0mm。

头冠前端宽圆凸出，中央长度约等于前胸背板和小盾片中长之和，基部冠缝明显，中端部平坦，端缘薄扁上翘，基域中央微凸，边缘有脊；单眼位于头冠前侧角，与复眼的距离约为单眼直径的 3 倍，与侧脊的距离约为单眼直径的 2 倍；颜面额唇基基部隆起，中端部较平坦，前唇基由基至端渐狭，中央纵向隆起，端缘平切。前胸背板不及头部宽，小于头冠中长，前缘弧圆凸出，后缘微凹，前缘域有弧形凹痕；小盾片中央长度明显小于前胸背板，横刻痕弧形，位于中后部。

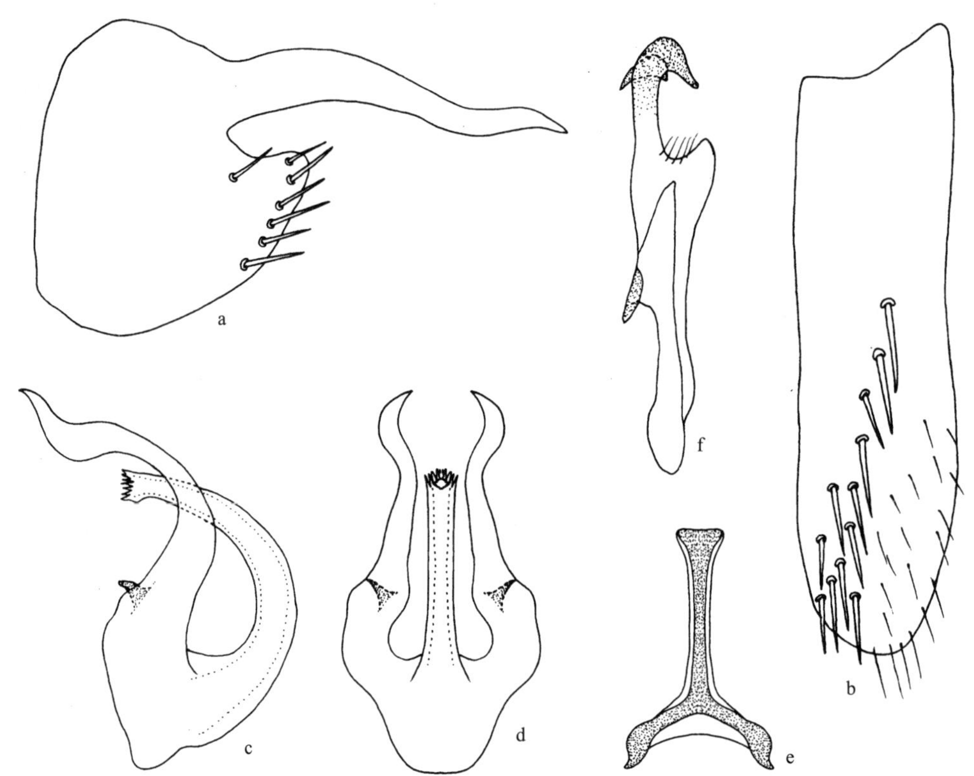

图 242　侧突凹片叶蝉，新种 *Concaveplana splintera* Li, Li *et* Xing, sp. nov.

a. 雄虫尾节侧瓣侧面观（male pygofer side, lateral view）；b. 雄虫下生殖板（male subgenital plate）；c. 阳茎侧面观（aedeagus, lateral view）；d. 阳茎腹面观（aedeagus, ventral view）；e. 连索（connective）；f. 阳基侧突（style）

雄虫尾节侧瓣端部中央强度凹入，致端背角极度延伸，延长部由基至端渐细，端部弯曲，末端尖，端腹角宽扁，呈角状突出，沿外缘有粗长刚毛；雄虫下生殖板端缘斜直，中域有 1 列粗长刚毛；阳茎管状弯曲，基部背域两侧突起各有 1 基部宽大、中部有 1 侧突、端部骤然变细弯曲的突起，阳茎干末端有细齿；连索 Y 形，主干长是臂长的 1.5 倍；阳基侧突基部扭曲，中部宽阔，端部弯曲延伸，片状反折。雌虫腹部第 7 节腹板中央长度是第 6 节腹板中长的 3 倍，后缘中央向后呈舌形突出，产卵器伸出尾节侧瓣端缘。

体淡黄白色。头冠、前胸背板和小盾片纵贯 3 橘黄色带纹，分别终止于小盾片末端和基侧角。前翅淡黄白色，接近透明，端区前缘 3 斜纹、革片末端、第 2 端室 1 小斑点均淡黄褐色。虫体腹面淡黄色，唯雌虫淡黄白色。

正模　♂，广西兴安，2015.Ⅶ.25，罗强采。副模：8♂2♀，采集时间、地点、采集人同正模；5♂4♀，广西九万大山，2015.Ⅶ.18，刘沅采。所有模式标本均保存在贵州大学昆虫研究所 (GUGC)。

词源　新种名以阳茎基部突起的中部有 1 侧突这一明显特征命名。

分布　广西。

新种外形特征与茂兰凹片叶蝉 *Concaveplana maolana* Li *et* Chen 相似，不同点是新种雄虫下生殖板端缘斜直，阳茎基部背域无端部分叉的突起，雌虫第 7 节腹板后缘舌形。

(239) 绥阳凹片叶蝉，新种 *Concaveplana suiyangensis* Li, Li *et* Xing, sp. nov. (图 243)

模式标本产地　贵州绥阳。

体连翅长，雄虫 8.0-8.2mm，雌虫 8.1-8.2mm。

头冠前端宽圆凸出，中央长度约等于前胸背板和小盾片中长之和，基部冠缝明显，中端部平坦，端缘薄微向上翘，基域中央微凸，边缘有脊；单眼位于头冠前侧角，与复眼的距离约为单眼直径的 3 倍，与侧脊的距离约为单眼直径的 2 倍；颜面额唇基基部隆起，中端部较平坦，前唇基由基至端渐狭，中央纵向隆起，端缘平切。前胸背板较头部微宽，前缘弧圆凸出，后缘微凹，前缘域有 1 个弧形凹痕；小盾片中央长度与前胸背板的近似相等，基缘与侧缘约等长，横刻痕位于中部，两端伸不及侧缘。

雄虫尾节侧瓣端缘中央强度凹入，致端背角极度延伸，延长部由基至端渐细，末端尖，长度超过肛管端缘，端腹缘向背缘斜伸，致呈锐角突，沿外缘有粗长刚毛；雄虫下生殖板中域有 1 列粗长刚毛，端缘斜直；阳茎管状背向微弯，端部近乎弯钩状，端缘有微齿，基部背域两侧各有 1 基部宽、中部和端部各生 1 侧刺的长突；连索 Y 形，主干长是臂长的 1.5 倍；阳基侧突端部急剧弯曲，弯曲处有细刚毛，末端向两侧扩延。雌虫腹部第 7 节腹板中央长度是第 6 节腹板中长的 3 倍，后缘中央向后突出，两侧浅凹入，产卵器伸出尾节侧瓣端缘。

体淡黄白色。头冠、前胸背板和小盾片纵贯 3 橘黄色带纹，分别终止于小盾片末端和 2 基侧角。前翅淡黄白色，端区前缘有 3 淡黄褐色斜纹。虫体腹面淡黄白色，无明显斑纹。

正模　♂，贵州绥阳宽阔水，2010.Ⅷ.13，李玉建采。副模：2♂4♀，贵州绥阳宽阔水，2010.Ⅷ.13，李玉建、宋琼章采。所有模式标本均保存在贵州大学昆虫研究所 (GUGC)。

词源 新种名来源于模式标本采集地——贵州绥阳。

分布 贵州。

新种外形特征与红线凹片叶蝉 *Concaveplana rufolineata* (Kuoh) 相似，不同点是新种雄虫下生殖板端缘斜直，阳茎基部两侧片状突有 2 枚指状突，阳茎端部弯曲处无突起。

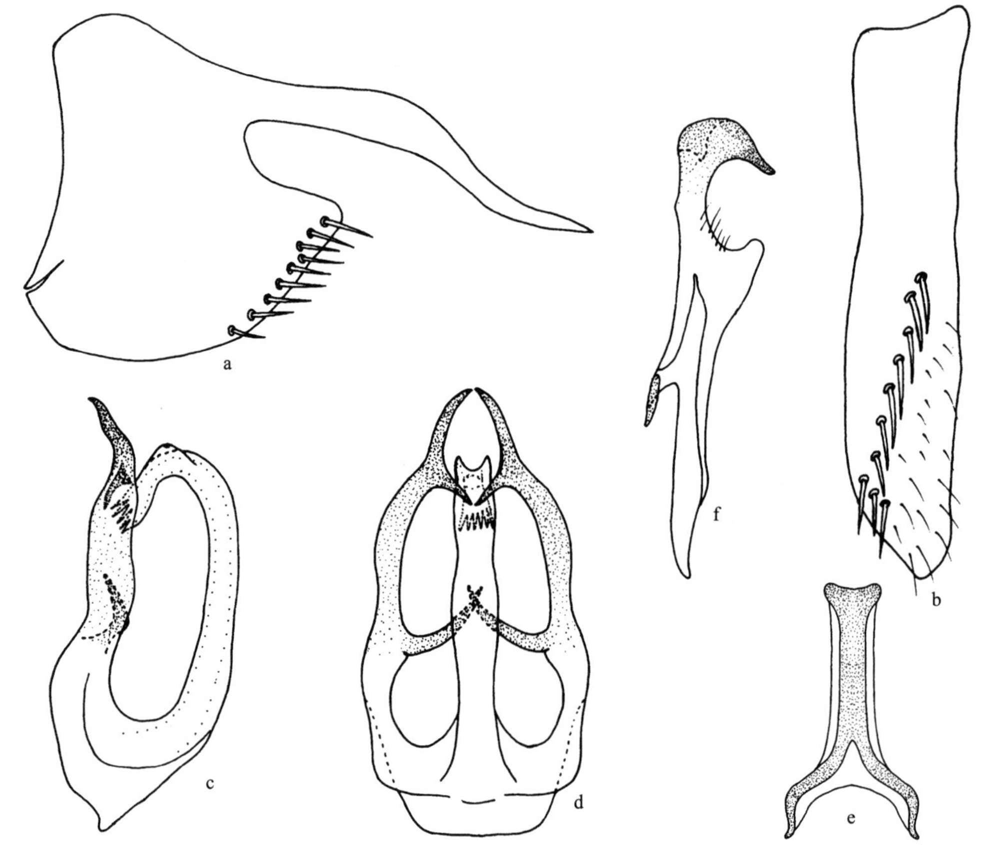

图 243 绥阳凹片叶蝉，新种 *Concaveplana suiyangensis* Li, Li *et* Xing, sp. nov.

a. 雄虫尾节侧瓣侧面观 (male pygofer side, lateral view)；b. 雄虫下生殖板 (male subgenital plate)；c. 阳茎侧面观 (aedeagus, lateral view)；d. 阳茎腹面观 (aedeagus, ventral view)；e. 连索 (connective)；f. 阳基侧突 (style)

(240) 三带凹片叶蝉 *Concaveplana trifasciata* (Huang, 1989) (图 244)

Ophiuchus trifasciata Huang, 1989, Bulletin of the Society of Entomology (Taichung), 21: 69. **Type locality**: Taiwan.

Concaveplana trifasciata (Huang): Chen *et* Li, 1998, Acta Zootaxonomica Sinica, 23(4): 38.

模式标本产地 台湾。

体连翅长，雄虫 5.8-6.3mm，雌虫 6.3-6.7mm。

头冠前端宽圆突出，中域轻度凹陷，中央长度微小于前胸背板和小盾片中长之和，两侧在复眼前向外侧凸出，由此向顶端聚集，冠缝在基部 1/3 处明显，边缘有脊；单眼位于头冠侧缘，靠近复眼前角；颜面额唇基隆起，前唇基由基至端渐窄。前胸背板中域轻度隆起，长大于宽，前缘弧圆，后缘凹入；小盾片横刻痕位于中后部。

雄虫尾节侧瓣端缘中部深凹入，致端背角极度延伸，延长突起端部尖细，其基部有1根粗刚毛，端腹角钝圆，外侧缘有粗长刚毛；雄虫下生殖板长度是宽度的3倍，较阳茎短，末端尖，中域斜生1列粗刚毛；阳茎向背面弯曲，在基部背域具4枚突起，其中外侧突起较内侧突起长，所有突起末端弯曲，阳茎顶端生2根短的刺状突；连索Y形，主干长明显大于臂长；阳基侧突短小，近似棒状。雌虫腹部第7节腹板中央长度明显大于第6节腹板中长，后缘中央宽圆突出，两侧叶平直，产卵器微伸出尾节侧瓣端缘。

体淡黄白色。虫体背面3橘红色纵带纹于头冠顶端聚集，纵贯头冠、前胸背板和小盾片。前翅淡黄白色，端部前缘3斜纹、第2端室1斑点棕褐色，沿前缘脉有橘红色带纹。

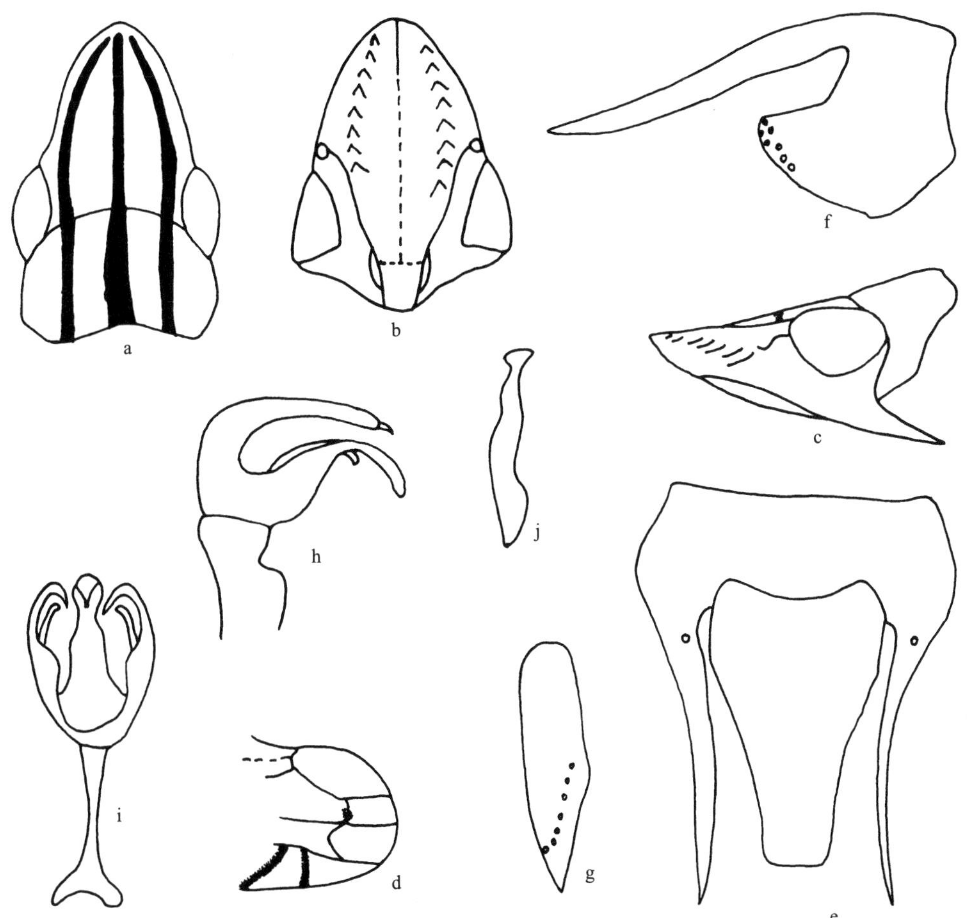

图244 三带凹片叶蝉 *Concaveplana trifasciata* (Huang) (仿 Huang, 1989b)

a. 头、胸部背面观 (head and thorax, dorsal view); b. 颜面 (face); c. 头、胸部侧面观 (head and thorax, lateral view); d. 前翅端部 (end of forewing); e. 雄虫尾节背面观 (male pygofer, dorsal view); f. 雄虫尾节侧瓣侧面观 (male pygofer side, lateral view); g. 雄虫下生殖板 (male subgenital plate); h. 阳茎侧面观 (aedeagus, lateral view); i. 阳茎、连索腹面观 (aedeagus and connective, ventral view); j. 阳基侧突 (style)

检视标本　**台湾**：1♀，Nantou，1990.Ⅶ.30，C. C. Chiang 采（GUGC）。

分布　湖南、台湾。

(241) 腹突凹片叶蝉 *Concaveplana ventriprocessa* Li *et* Chen, 1999 (图 245)

Concaveplana ventriprocessa Li *et* Chen, 1999, Nirvaninae from China (Homoptera: Cicadellidae): 75. **Type locality**: Hunan (Hengshan).

模式标本产地　湖南衡山。

体连翅长，雄虫 8.0-8.2mm，雌虫 8.5-8.8mm。

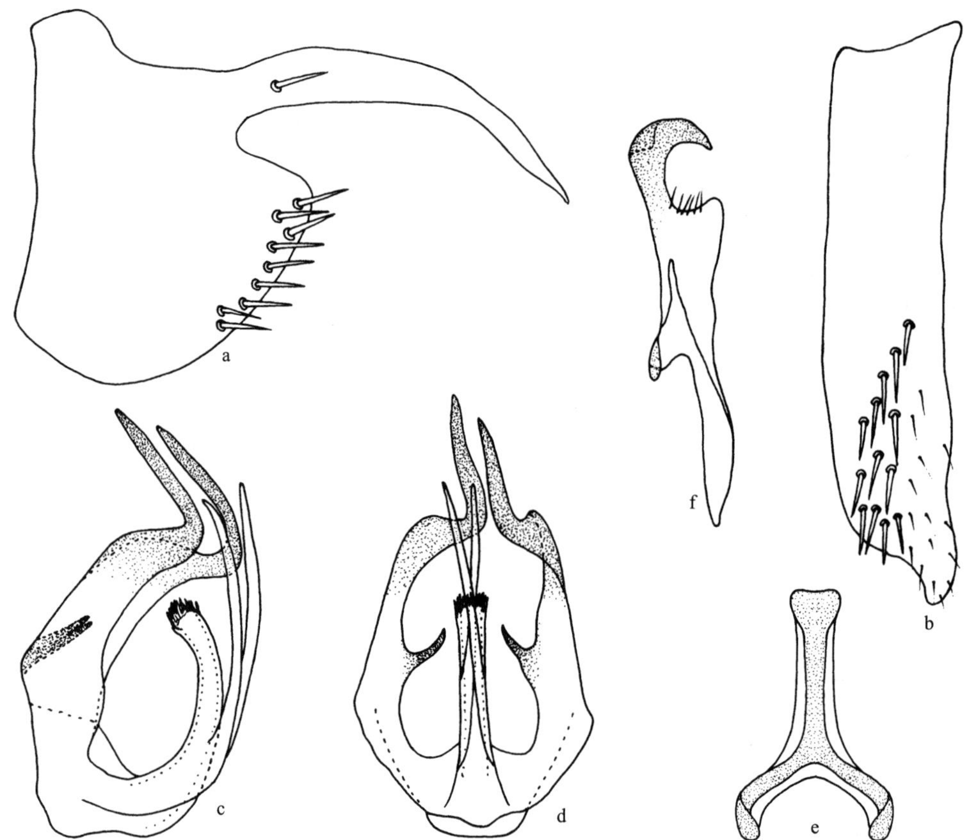

图 245　腹突凹片叶蝉 *Concaveplana ventriprocessa* Li *et* Chen

a. 雄虫尾节侧瓣侧面观 (male pygofer side, lateral view)；b. 雄虫下生殖板 (male subgenital plate)；c. 阳茎侧面观 (aedeagus, lateral view)；d. 阳茎腹面观 (aedeagus, ventral view)；e. 连索 (connective)；f. 阳基侧突 (style)

头冠宽扁，前端近似角状凸出，中央长度与二复眼间宽接近相等，边缘有脊，致边缘微向上卷，基部冠缝较明显，侧缘在复眼前一小段较直，继后向前渐次收狭向顶端汇集；单眼位于头冠前侧缘域，与复眼的距离约等于单眼直径，与侧缘脊之距明显大于单眼直径；颜面额唇基长大于宽，中度隆起平坦，前唇基由基至端渐狭，中央纵向隆起，端缘弧圆。前胸背板较头部宽，中央长度是头冠的 1/2，前缘宽圆凸出，后缘凹入；小盾片中央长度与前胸背板的近似相等，横刻痕深凹弧弯伸达侧缘。

雄虫尾节侧瓣端缘中部深刻内凹，端部背角极度突出延伸，由基至端渐细，末端尖，基域有 3-5 根约成纵行的粗长刚毛，端腹角呈角状突出，其突出部有 12-13 根不规则排列的粗刚毛；雄虫下生殖板端部斜尖，末端骤变细，致呈指状，中央有 16-18 根粗刚毛，其基域成单行，端域近似双行或不规则排列，端区有细小刚毛；阳茎弯管状，基部腹缘有 1 对长突，基部背缘两侧各有 1 基部宽扁、端部变细且弯曲的长突，在长突基部 1/5 处着生 1 根枝状突；连索 Y 形，主干长显著大于臂长；阳基侧突中部宽，亚端部骤变细成颈状，末端片状扩大。雌虫腹部第 7 节腹板较第 6 节长，中央纵向隆起似脊，后缘中央向后凸出，两侧深凹入，故两侧叶很长，产卵器微超出尾节端缘。

体淡黄白色。体背有 3 橘黄色纵纹，起自头冠，纵贯前胸背板，终止于小盾片基侧域和末端，此纵带于头冠顶端成锚状相接，由前至后色渐淡，至小盾片几乎不显，另前胸背板侧缘相配有 1 同色的纵带；复眼黑褐色；单眼黄白色。前翅与体同色，爪片末端 1 斑点、第 2 端室基部 1 圆点浅褐色，翅端前缘 3 斜纹及爪缝和爪片后淡黄微带褐色；虫体腹面及胸足淡黄白色。雌虫腹部腹板淡黄白色，雄虫橘黄色。

寄主　油桐。

检视标本　**湖北**：2♂1♀，后河，1999.Ⅹ.10，杜艳丽采 (GUGC)；2♂1♀，大别山，2014.Ⅷ.29，周正湘采 (GUGC)。**湖南**：♂ (正模)，10♂15♀ (副模)，衡山，1985.Ⅷ.11-13，张雅林采 (NWAFU)。**浙江**：5♂4♀，凤阳山，2009.Ⅶ.28-29，陈勇采 (GUGC)；1♂1♀，凤阳山，2009.Ⅶ.28，孟泽洪采 (GUGC)。**海南**：1♂，吊罗山，2015.Ⅷ.15，罗强采(GUGC)。

分布　浙江、湖北、湖南、海南。

35. 隆额叶蝉属 *Convexfronta* Li, 1997

Convexfronta Li, 1997, J. of GAC, 16(Suppl.): 2. **Type species:** *Convexfronta guoi* Li, 1997.

模式种产地：贵州望谟。

属征：头冠前端呈角状凸出，中央长度等于或微短于二复眼间宽，中域隆起，边缘具缘脊，侧缘于复眼前一段较直，继后向顶端汇集；单眼位于头冠侧缘域，靠近复眼前角；颜面长大于宽，额唇基丰满隆起，中央有 1 纵脊，前唇基基部隆起向两侧凸出，端部较狭。前胸背板与头冠等长，中域隆起，向两侧倾斜，前缘弧圆向前凸出，后缘微凹；前翅革片基部翅脉模糊不清，有 4 端室，端片狭小。

雄虫尾节侧瓣端向渐窄，端区有粗长刚毛，腹缘有突起；雄虫下生殖板中域有 1 列粗壮刚毛；阳茎基部背缘常有 1 对片状突；连索 Y 形；阳基侧突亚端部骤然变细，端缘平切，向外侧扩延。

地理分布：东洋界，古北界。

此属由李子忠等 (1997) 以 *Convexfronta guoi* Li 为模式种建立。

目前全世界仅知 1 种，分布于中国。本志记述 1 种。

(242) 郭氏隆额叶蝉 *Convexfronta guoi* Li, 1997 (图 246；图版XII：1)

Convexfronta guoi Li, 1997, J. of GAC, 16(Suppl.): 2. **Type locality**: Guizhou (Wangmo).

模式标本产地　贵州望谟。

体连翅长，雄虫 8.2-8.7mm，雌虫 9.5-9.8mm。

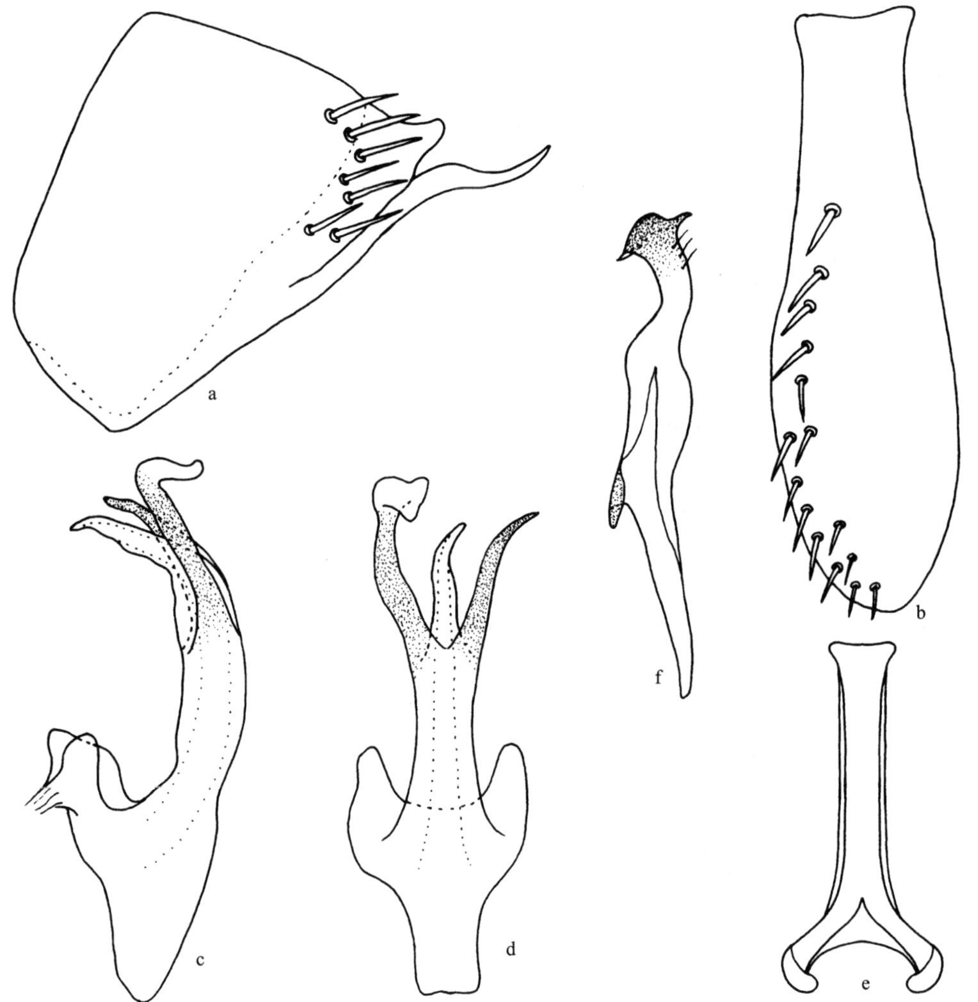

图 246　郭氏隆额叶蝉 *Convexfronta guoi* Li

a. 雄虫尾节侧瓣侧面观 (male pygofer side, lateral view)；b. 雄虫下生殖板 (male subgenital plate)；c. 阳茎侧面观 (aedeagus, lateral view)；d. 阳茎腹面观 (aedeagus, ventral view)；e. 连索 (connective)；f. 阳基侧突 (style)

头冠前端呈角状凸出，中央长度大于二复眼间宽，中域隆起，边缘具脊，侧缘于复眼前一段较直，继后向端部汇集，冠缝明显；单眼位于头冠侧域，靠近复眼前角；颜面额唇基丰满隆起，前唇基基部隆起向两侧凸出，端部较狭。前胸背板中央长度与头冠的近似相等，中域隆起向两侧倾斜，前缘弧形凸出，后缘微凹。

雄虫尾节侧瓣端向渐窄，端缘圆，端区生有粗长刚毛，腹缘有 1 根向外侧延伸的突起；雄虫下生殖板长阔，末端宽圆，中央斜生 1 列粗大刚毛，端区密生细小刚毛；阳茎基部膨大，背腔发达，端部膜质，亚端部有 1 对粗壮突；连索 Y 形，主干长是臂长的 8 倍；阳基侧突中部宽阔，近似长方形，亚端部变细，末端片状向后弯折。雌虫腹部第 7 节腹板中央长度略大于第 6 腹节，中央纵向隆起似脊，后缘中央呈笔架形向后凸出，产卵器中央长度略超出尾节侧瓣端缘。

体黄白色。头冠端域有 1 黑色圆斑，其后连接 1 黑色细中线，此线在黑色圆斑后有一段较细弱，几乎断开而不相连，黑色细线纵贯前胸背板，一些个体此线于前胸背板消失；头冠两侧各有 1 乳白色宽带纹，纵贯前胸背板，终止于小盾片末端，此带外缘波状，在头冠向外侧呈齿状凸出；复眼黑褐色；单眼微带橙红色。小盾片基侧角乳白色；前翅黄白色，第 2 端室基部有 1 黑色圆斑，翅面上散布宽狭不等的 5 条云状条纹，云状纹边缘褐色，中央色减淡近于白色，翅端缘褐色。胸、腹部腹板淡黄白色，唯后足胫节末端及爪褐色。

寄主　草本植物。

检视标本　**河北**：3♀，兴隆雾灵山，2011.Ⅷ.7-8，范志华、李虎采 (GUGC)。**陕西**：5♂9♀，周至，2010.Ⅷ.10-12，郑延丽、常志敏采 (GUGC)。**湖北**：1♂1♀，五峰，1999.Ⅶ.10，杜艳丽采 (GUGC)。**贵州**：♂ (正模)，2♂1♀ (副模)，望谟，1986.Ⅵ.26，李子忠采 (GUGC)；1♂1♀，安顺，1989.Ⅸ.17，魏濂艨采 (GUGC)；1♀，梵净山，2017.Ⅷ.31，王显益采 (GUGC)。**云南**：1♂1♀，保山，2011.Ⅵ.14，龙见坤采 (GUGC)。

分布　河北、陕西、湖北、贵州、云南。

36. 对突叶蝉属 *Decursusnirvana* Gao *et* Zhang, 2014

Decursusnirvana Gao *et* Zhang, In: Gao, Dai *et* Zhang, 2014, Zootaxa, 3841(4): 491. **Type species**: *Decursusnirvana fasciiformis* Gao *et* Zhang, 2014.

模式种产地：四川。

属征：头冠前端宽圆突出，中央长度与二复眼间宽近似相等，中域轻度隆起，具细弱的皱纹，冠缝明显，似纵脊，边缘有脊；单眼位于头冠前侧缘，距复眼较距头冠顶端近；颜面额唇基中央有 1 明显的纵脊，前唇基基部宽大，至端部渐次狭小，末端接近平切，舌侧板狭小。前胸背板中央长度小于或等于头冠中长，宽于头部，尤以后部最宽，两侧向前倾斜；小盾片横刻痕两端伸达侧缘；前翅淡黄白色，常具黑色带纹，基部翅脉消弱不明显，有 4 端室，端片狭小。

雄虫尾节侧瓣宽大，端区有粗长刚毛，端背缘和端腹缘均有突起，突起末端在外侧相对；雄虫下生殖板宽大弯曲，内侧域有 1 列粗长刚毛，端部向外侧弯曲；阳茎管状，中部呈直角状弯折，端半部常有突起；连索 Y 形；阳基侧突端部分叉。

地理分布：东洋界，古北界。

此属由 Gao 等 (2014) 以 *Decursusnirvana fasciiformis* Gao *et* Zhang 为模式种建立。目前仅知 2 种，分布于中国。本志记述 2 种，提出 1 种新异名。

种检索表 (♂)

头冠前端黑色宽横带纹与基部黄白色纹相等，前翅黑色斑纹非纵带状……**端黑对突叶蝉 *D. excelsa***

头冠前端黑色宽横带较宽，基部淡黄白色纹较窄，前翅具黑色纵带纹…………………………………………………………………………………**纵带对突叶蝉 *D. fasciiformis***

(243) 端黑对突叶蝉 *Decursusnirvana excelsa* (Melichar, 1902) (图 247；图版Ⅻ：2)

Tettigonia excelsa Melichar, 1902, Ann. Mus. Zool. St. Pbg., 7: 113. **Type locality**: Sichuan.

Tettigoniella excelsa (Melichar): Oshania, 1912: 100.

Oniella excelsa (Melichar): Matsumura, 1912, Annotationes Zoologicae Japonenses, 8(1): 46.

Cicadella excelsa (Melichar): Wu, 1935: 74.

Chudania nigridorsalis Kuoh, 1992, Insects of the Hengduan Mountains Region, Vol. 1: 294. **New synonymy.**

Decursusnirvana excelsa (Melichar): Gao, Dai *et* Zhang, 2014, Zootaxa, 3841(4): 492.

模式标本产地 四川。

体连翅长，雄虫 4.2-4.4mm，雌虫 5.5-5.8mm。

头冠前端宽圆凸出，中域隆起，中央长度与二复眼间宽接近相等，冠缝明显，边缘有脊，皱纹密布；单眼位于头冠前侧缘，着生在复眼前角处，与复眼的距离和到缘脊的距离接近相等；颜面额唇基纵向隆起，基域中央有 1 纵脊，两侧有横印痕列，前唇基端向较狭。前胸背板较头部狭，中央长度微短于头冠中长，中前域有 1 横印痕，密生横皱纹，前缘微凸，后缘接近平直；小盾片横刻痕位于中部；一些个体前翅长伸不过腹部末端，致尾节端部外露。

雄虫尾节侧瓣端区生粗大长刚毛，排列不规则，端背缘有 1 尖端向下的突起，端腹缘基部有 1 大片状突起，由基向端渐狭，末端呈尖端向上的钩状突，且与端背角的钩突双双相对；雄虫下生殖板中部外侧微内凹，内侧域近中部有排列不规则的粗长刚毛；阳茎管状，中部呈直角状弯折，具 5 刺状突，其中 1 根位于弯折处基部，2 根位于末端，另有 2 根位于中部且对生；连索 Y 形；阳基侧突基部细，中部宽扁，亚端部骤细，弯曲成钳状，其弯曲处有数根刺毛。雌虫腹部第 7 节腹板中央长度明显大于第 6 节，中央纵向隆起，后缘中央向后凸出，产卵器长超出尾节侧瓣端缘。一些个体尾节端部超过前翅端缘。

体淡黄白色。头冠前端黑色，基域淡黄白色；复眼黑色；单眼红褐色；颜面淡黄白色，舌侧板黑色。前胸背板、小盾片黑色，唯前胸背板侧缘黄白色，一些个体前胸背板基域中央及小盾片基侧角处有 1 淡黄白色斑点；前翅黑色有白色斑，其中爪片基域外侧 1 纵斑、爪片末端 1 大斑、前缘中基部、亚端部及爪片末端外侧近第 1 端室基部 1 圆斑均白色，端区深褐色；胸部腹面及胸足淡黄白色，爪褐色，一些个体腹板黑色。腹部背面褐色，腹面淡黄带褐色光泽，尤以腹部末端褐色光泽加深。此种个体间黑色斑纹常有变化，尤以前翅黑色斑的大小及形状变化较大。

寄主　草本植物。

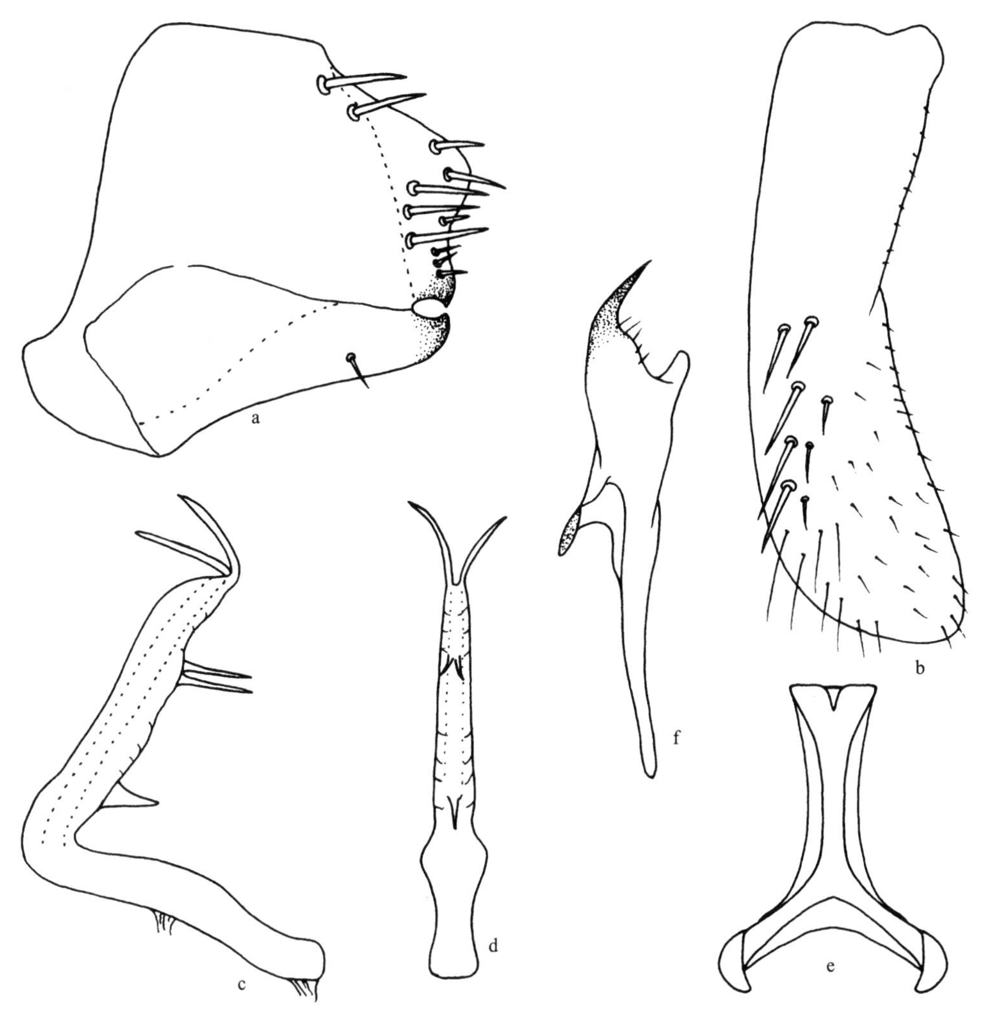

图 247　端黑对突叶蝉 *Decursusnirvana excelsa* (Melichar)

a. 雄虫尾节侧瓣侧面观 (male pygofer side, lateral view)；b. 雄虫下生殖板 (male subgenital plate)；c. 阳茎侧面观 (aedeagus, lateral view)；d. 阳茎腹面观 (aedeagus, ventral view)；e. 连索 (connective)；f. 阳基侧突 (style)

检视标本　**陕西**：太白山，5♂，2012.Ⅶ.17，李虎、焦猛采 (GUGC)。**青海**：7♂3♀，湟源，1997.Ⅷ.28，陈祥盛采 (GUGC)；5♂，北山，2009.Ⅷ.7，杨再华采 (GUGC)。**四川**：5♂5♀，峨眉山，1991.Ⅷ.7，李子忠采 (GUGC)；1♂1♀，丹巴，2005.Ⅷ.24，石福明采 (GUGC)；3♂2♀，康定，2005.Ⅷ.30，石福明采 (GUGC)；3♂4♀，峨眉山，1995.Ⅸ.16，杨茂发采 (GUGC)；2♂，白水，2012.Ⅶ.17，焦猛采 (GUGC)；1♂，王朗自然保护区，

2017.Ⅶ.19，杨再华采 (GUGC)；3♂1♀，王朗自然保护区，2017.Ⅶ.19，杨再华、张文采 (GUGC)。**贵州**：3♂2♀，梵净山，1986.Ⅶ.24，李子忠采 (GUGC)；11♂15♀，梵净山，1994.Ⅷ.10-11，陈祥盛、张亚洲、李子忠采 (GUGC)；5♂10♀，梵净山，2001.Ⅷ.1-2，李子忠采 (GUGC)；2♂2♀，梵净山，2004.Ⅷ.17，杨茂发采 (GUGC)。**云南**：2♂，泸水片马，2000.Ⅷ.12，李子忠采 (GUGC)。

分布 陕西、甘肃、青海、湖北、四川、贵州、云南。

(244) 纵带对突叶蝉 *Decursusnirvana fasciiformis* Gao *et* Zhang, 2014 (图 248；图版 Ⅻ：3)

Decursusnirvana fasciiformis Gao *et* Zhang, In: Gao, Dai *et* Zhang, 2014, Zootaxa, 3841(4): 491. **Type locality**: Sichuan (Yaan).

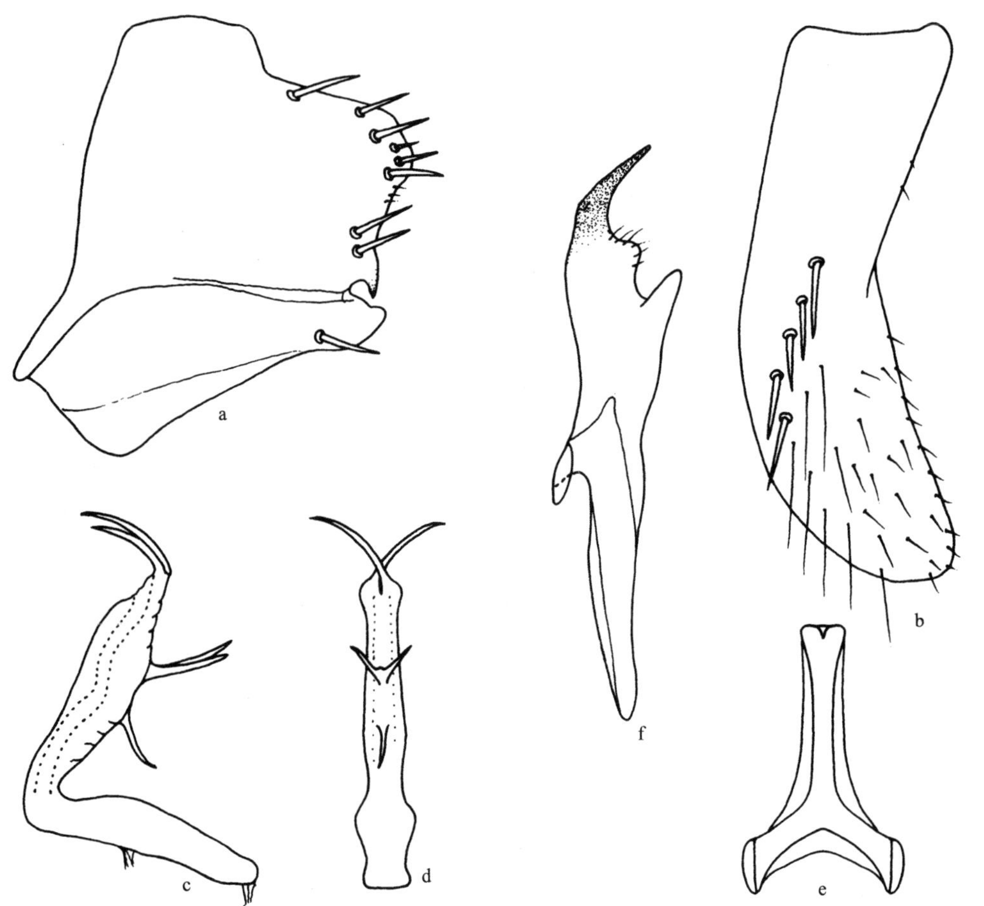

图 248 纵带对突叶蝉 *Decursusnirvana fasciiformis* Gao *et* Zhang

a. 雄虫尾节侧瓣侧面观 (male pygofer side, lateral view)；b. 雄虫下生殖板 (male subgenital plate)；c. 阳茎侧面观 (aedeagus, lateral view)；d. 阳茎腹面观 (aedeagus, ventral view)；e. 连索 (connective)；f. 阳基侧突 (style)

模式标本产地　四川雅安。

体连翅长，雄虫 4.8-5.0mm，雌虫 5.0-5.2mm。

头冠前端宽圆突出，中域隆起，向前倾斜，中央长度大于二复眼间宽，冠缝明显，边缘有脊，冠面皱纹密布；单眼位于头冠前侧缘域，着生在复眼前角处，与复眼的距离和到缘脊的距离接近相等；颜面额唇基纵向隆起，基域中央有 1 纵脊，两侧有横印痕列，前唇基端向较狭。前胸背板较头部窄，中央长度微短于头冠中长，密生横皱纹，前、后缘接近平直；小盾片横刻痕低凹，端区有横皱纹。

雄虫尾节侧瓣端背缘向外侧突出，端缘中央微凹，端区有粗长刚毛，端腹突宽大，末端鸟喙状，端背突相对较小，末端宽凹；雄虫下生殖板宽扁，中部向外侧弯曲，末端宽圆，中域内侧有粗长刚毛，密生细毛；阳茎管状，中部呈直角状弯折，端半部基域有 1 短刺，亚端部有 1 对生的长刺，末端有 2 长刺，腹面观此 2 长刺基部交叉；连索 Y 形，主干长是臂长的 1.5 倍；阳基侧突端部分叉，其内叉宽短，外叉细长，末端尖细。

头冠基半部乳白色较窄，端半部黑色部分较宽；复眼黑褐色；单眼黄白色；颜面黄白色或淡黄褐色，舌侧板黑色。前胸背板、小盾片黑色；前翅淡黄白色，爪片大部、革片中央纵带纹黑色。虫体腹面黄白色。

检视标本　**四川**：1♀，白水河，2007.Ⅶ.27，邢济春采 (GUGC)。**云南**：5♂3♀，泸水片马，2000.Ⅷ.17，李子忠采 (GUGC)。

分布　四川、云南。

37. 端突叶蝉属，新属 *Extenda* Li, Li *et* Xing, gen. nov.

Type species: *Oniella fasciata* Li *et* Wang, 1992.

模式种产地：贵州梵净山。

属征：头冠前端呈角状凸出，中央长度大于二复眼间宽，中域平坦或稍隆起，常有细弱纵褶向顶端汇集，前侧缘有 1 弱脊，侧缘在复眼前有一小段平直，冠缝明显；单眼位于头冠前侧缘，靠近复眼前角；颜面额唇基中央有 1 纵脊，前唇基基部宽大，至端部渐次狭小，末端接近平切，舌侧板狭小。前胸背板中央长度小于或等于头冠中长，宽于头部，尤以后部最宽；小盾片横刻痕两端伸达侧缘；前翅淡黄白色，常具黑色横带纹，革片基部翅脉消弱不明显，有 4 端室，端片狭小。

雄虫尾节侧瓣端缘具粗长刚毛，端缘或端腹缘向外侧延伸，似端突；雄虫下生殖板长叶片状，中域有 1 列粗长刚毛；阳茎呈 S 形弯曲，具有发达突起；连索 Y 形；阳基侧突基半部常扭曲，亚端部变细弯曲，端尖弯曲向外伸出。

词源　新属以雄虫尾节侧瓣端缘或端腹缘向外侧延伸似端突这一显著特征命名。

地理分布：东洋界，古北界。

本新属与小板叶蝉属 *Oniella* Matsumura 相似，不同点是新属前翅具黑色横带纹，雄虫尾节侧瓣端缘或端腹缘向外侧延伸，阳茎 S 形。

此属为新厘定，记述 5 种，含 1 新种 4 种新组合。

种检索表 (♂)

1. 前胸背板、小盾片淡黄白色……………………………………………… **中带端突叶蝉 *E. centriganga***
   前胸背板、小盾片非淡黄白色……………………………………………………………………2
2. 阳茎基部背域有 1 对基部弯曲的长突…………………… **宽带端突叶蝉，新种 *E. broadbanda* sp. nov.**
   阳茎基部背域无明显的突起………………………………………………………………………3
3. 前翅中央有 1 倒“7”字形黑色纹 ……………………………………… **黑背端突叶蝉 *E. nigronotum***
   前翅中央有黑色横带纹……………………………………………………………………………4
4. 阳茎端部和中部各有 1 对刺状突……………………………………………… **横带端突叶蝉 *E. fasciata***
   阳茎端部有 1 对刺状突，中部有 1 齿突……………………………… **三带端突叶蝉 *E. ternifasciatata***

(245) 宽带端突叶蝉，新种 *Extenda broadbanda* Li, Li *et* Xing, sp. nov. (图 249)

模式标本采集地 云南兰坪、大理。

体连翅长，雄虫 4.8-5.0mm，雌虫 5.1-5.2mm。

头冠向前呈角状凸出，冠面轻度隆起，冠缝明显，边缘具脊；单眼位于头冠前侧缘，接近复眼前角处，与复眼的距离约为单眼直径的 2.5 倍；颜面额唇基基部轻度隆起，中前部轻度凹入，舌侧板狭小。前胸背板前缘弧圆凸出，后缘凹入，侧缘斜直；小盾片横刻痕深凹，弯曲，两端伸达侧缘。

雄虫尾节侧瓣端腹缘极度向外侧延伸，延伸部端域收窄变细，端背缘向端腹缘斜倾，端区有粗长刚毛；雄虫下生殖板微弯曲，亚端部微膨大，中域有 1 列粗长刚毛；阳茎基部膨大，中部背域有 1 对基部弯曲、端部直伸的长突，端部管状微弯，末端有 1 对向两侧直伸的刺突，阳茎孔位于末端；连索 Y 形，主干长与臂长近似相等；阳基侧突较匀称，端部弯曲有数根细刚毛，末端向两侧适度扩延。雌虫第 7 节腹板中长是第 6 节腹板中长的 3 倍，后缘中央极度突出，产卵器伸出尾节侧瓣端缘。

体淡黄白色。头冠淡黄微带褐色色泽；复眼黑褐色；单眼淡黄色。前胸背板黑色，前缘域淡黄白色；小盾片黑色；前翅淡黄色，中域有 1 黑色弯曲的宽横带纹，端区前缘 2 细斜线和基部内侧靠近小盾片处均黑色，端区褐色。虫体腹面及胸足淡黄白色。

正模 ♂，云南兰坪，2012.Ⅷ.3，龙见坤采。副模：7♂，云南兰坪，采集时间、地点、采集人同正模；1♂，云南兰坪，2000.Ⅷ.1，李子忠采；2♀，云南大理，2000.Ⅶ.10，李子忠采。所有模式标本均保存在贵州大学昆虫研究所 (GUGC)。

词源 新种以前翅中央有 1 宽横带纹这一明显特征命名。

分布 云南。

本新种外形特征与横带端突叶蝉 *Extenda fasciata* (Li *et* Wang) 相似，不同点是新种雄虫尾节侧瓣端缘斜直，阳茎末端有 1 对向两侧直伸的短突，基部背域有 1 对长突。

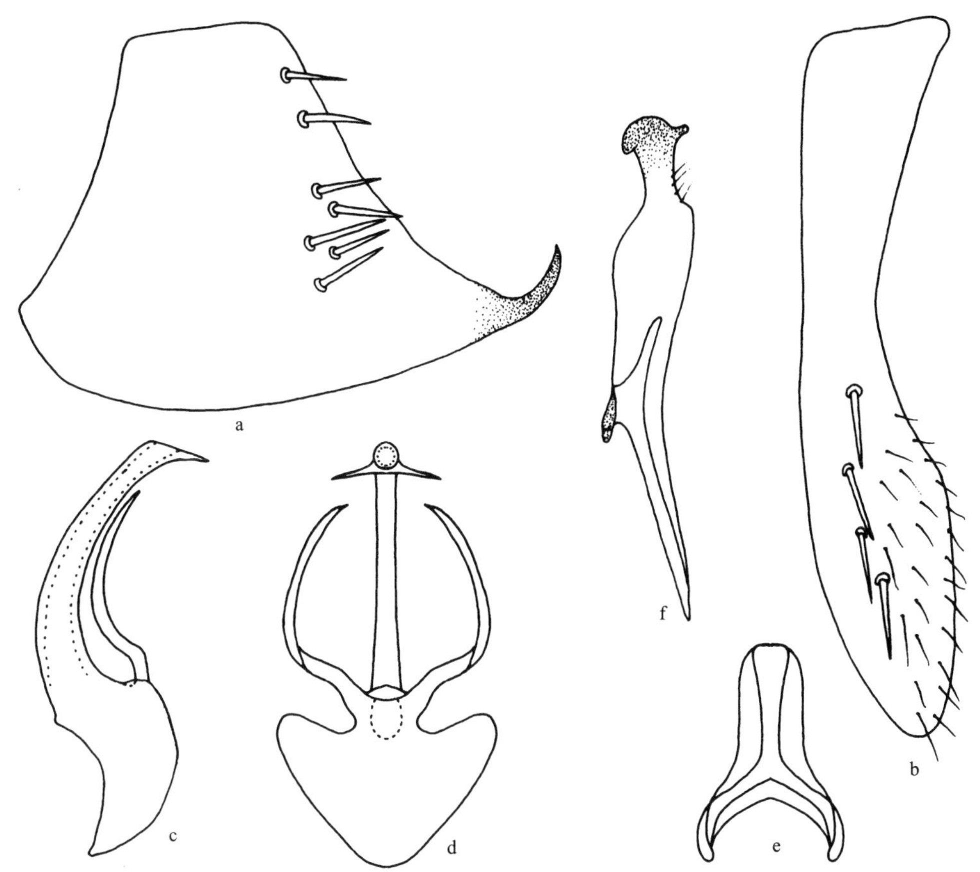

图 249　宽带端突叶蝉，新种 *Extenda broadbanda* Li, Li *et* Xing, sp. nov.

a. 雄虫尾节侧瓣侧面观 (male pygofer side, lateral view)；b. 雄虫下生殖板 (male subgenital plate)；c. 阳茎侧面观 (aedeagus, lateral view)；d. 阳茎腹面观 (aedeagus, ventral view)；e. 连索 (connective)；f. 阳基侧突 (style)

(246) 中带端突叶蝉 *Extenda centriganga* (Li *et* Chen, 1997) (图 250；图版Ⅻ：4)

Oniella centriganga Li *et* Chen, 1997, Entomotaxonomia, 19(3): 169. **Type locality**: Guizhou (Fanjingshan).

Extenda centriganga (Li *et* Chen, 1997). **New combination.**

模式标本产地　贵州梵净山。

体连翅长，雄虫 5.6-5.8mm，雌虫 6.0-6.1mm。

头冠向前呈角状凸出，冠面隆起，有细弱条纹向顶端汇集，冠缝明显，头冠侧缘在复眼前一小段直，具缘脊；单眼位于头冠侧缘，接近复眼前角处，与复眼的距离约为单眼直径的 2.5 倍；颜面额唇基基部轻度隆起，中前部轻度凹入，中央纵脊长约为额唇基全长的 1/2，舌侧板狭小。前胸背板前缘弧圆凸出，后缘凹入，侧缘斜直，前缘域有 1 弧形印痕；小盾片横刻痕深凹弯曲，两端伸达侧缘。

雄虫尾节侧瓣宽圆突出，端区有粗刚毛，腹缘后方有 1 根粗刺状尾节突；雄虫下生殖板中部缢缩，两端扩大，端缘圆，中域有 1 列约 7 根粗刚毛，外缘生细刚毛；阳茎呈 S 形，亚端部生 3 根刺突，其中较粗的 1 根突起伸向端方，2 细长的突起伸向基方，末端呈细弯钩状；连索 Y 形，主干和臂长接近相等；阳基侧突基部常扭曲，中部阔，端部鸟头状延伸，端部与外侧延伸部间的凹陷深。雌虫腹部第 7 节腹板中央长度大于第 6 腹节，中域隆起，后缘波曲。

体淡黄白色。复眼浅灰褐色；单眼淡黄色。前胸背板、小盾片淡黄白色；前翅淡黄白色，爪片基部 1 不规则斑纹、中域 1 宽横带、爪片端部、端区及近端部前缘 2 斜线均黑褐色，端区黑褐色区与淡黄白色区相互交错；各足爪及后足胫节端部黑色。

检视标本 **贵州**：♂ (正模)，4♂9♀ (副模)，梵净山金顶，1994.Ⅷ.7-9，李子忠、陈祥盛采 (GUGC)；1♂1♀，梵净山护国寺，2001.Ⅷ.2，宋红艳、李子忠采 (GUGC)；1♂，梵净山，2017.Ⅷ.31，王显益采 (GUGC)。

分布 贵州。

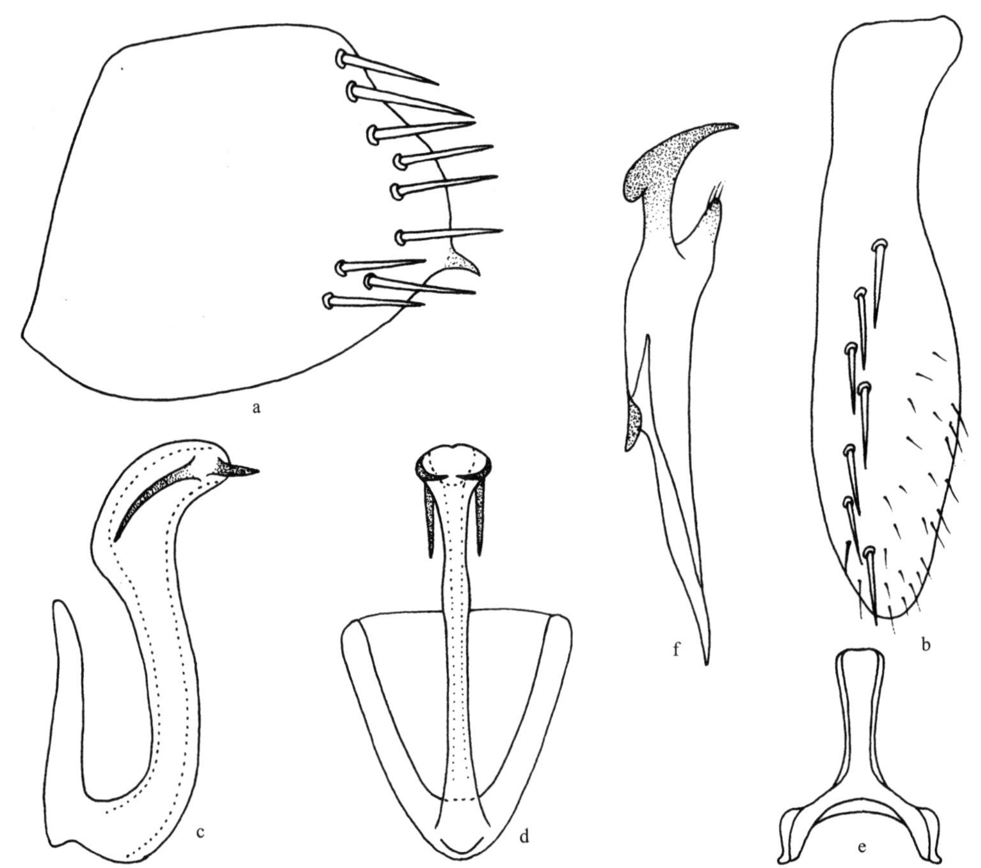

图 250 中带端突叶蝉 *Extenda centriganga* (Li *et* Chen)

a. 雄虫尾节侧瓣侧面观 (male pygofer side, lateral view)；b. 雄虫下生殖板 (male subgenital plate)；c. 阳茎侧面观 (aedeagus, lateral view)；d. 阳茎腹面观 (aedeagus, ventral view)；e. 连索 (connective)；f. 阳基侧突 (style)

(247) 横带端突叶蝉 *Extenda fasciata* (Li *et* Wang, 1992) (图 251；图版Ⅻ：5)

Oniella fasciata Li *et* Wang, 1992, Agriculture and Forestry Insect Fauna of Guizhou, 4: 128. **Type locality**: Guizhou (Fanjingshan).

Extenda fasciata (Li *et* Wang, 1992). **New combination.**

模式标本产地　贵州梵净山。

体连翅长，雄虫 4.5-4.8mm，雌虫 5.1-5.4mm。

头冠前端宽圆凸出，中央长度约等于二复眼间宽，冠面平坦，约高出复眼水平面，有明显的冠缝和缘脊，前端有纵褶；单眼位于头冠前侧缘，接近复眼的前角处，与复眼的距离约等于单眼直径的 3 倍；颜面额唇基基部轻度隆起，中端部轻度凹陷。前胸背板轻度隆起，微向前倾，前缘弧圆凸出，后缘微呈角状凹入，前侧缘斜直，表面密生横皱纹；小盾片横刻痕深凹入，两端伸达侧缘。

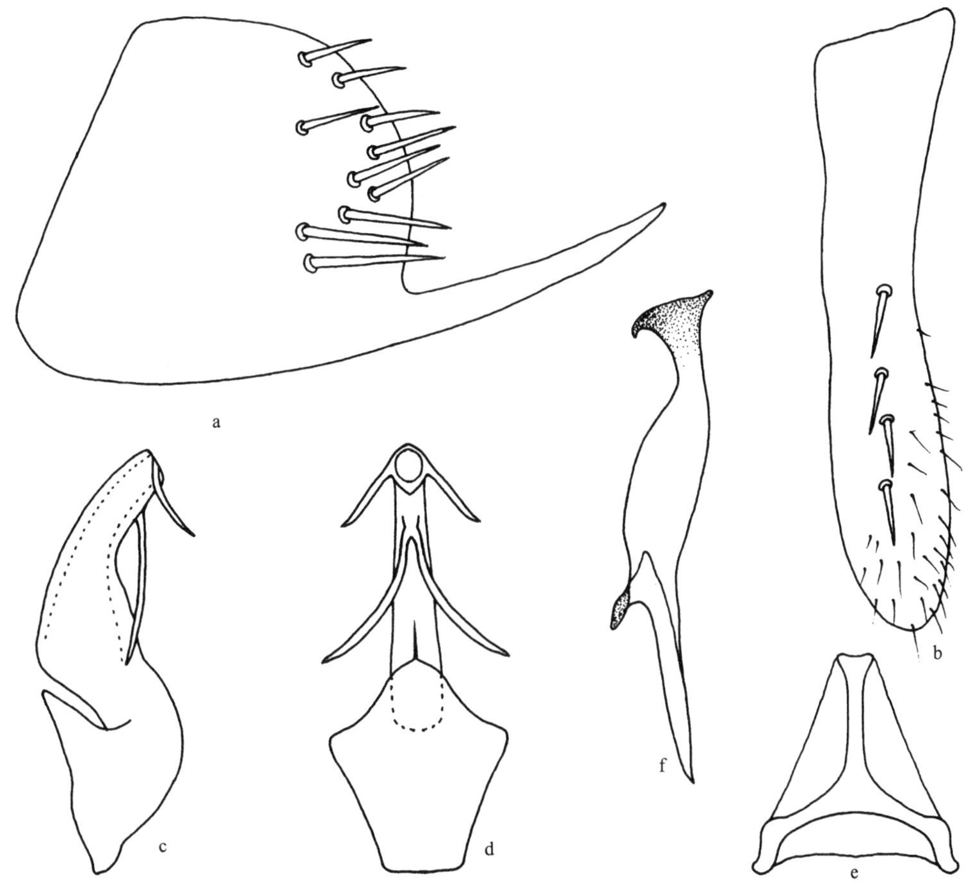

图 251　横带端突叶蝉 *Extenda fasciata* (Li *et* Wang)

a. 雄虫尾节侧瓣侧面观 (male pygofer side, lateral view)；b. 雄虫下生殖板 (male subgenital plate)；c. 阳茎侧面观 (aedeagus, lateral view)；d. 阳茎腹面观 (aedeagus, ventral view)；e. 连索 (connective)；f. 阳基侧突 (style)

雄虫尾节侧瓣端缘宽圆凸出，端区有粗刚毛，端腹缘有发达的突起；雄虫下生殖板中域有 1 列粗刚毛，外缘生长毛；阳茎 S 形弯曲，基部膨大，末端和中部各生 1 对刺状突；连索 Y 形；阳基侧突两端细，中部粗，端缘向两侧扩伸。雌虫腹部第 7 节中长是第 6 节的 4 倍，后缘中央向后凸出，凸出部端缘平直，两侧端缘亦接近平直，产卵器伸出尾节端缘甚多但不伸出前翅端缘。

体淡黄白色。复眼浅灰色；单眼淡黄色。前胸背板黑色，仅前缘域基部有 1 淡黄白色斑；小盾片全黑色；前翅淡黄白色，爪片基部 1 长斑、中域 1 宽横带、端区及近端部前缘 2 斜线均黑褐色，端区黑褐色部与淡黄白色部互相交错参差不齐；胸部腹板和胸足淡黄白色，仅后足胫节端部及爪黑褐色。腹部背、腹面淡黄白色无任何斑纹。

寄主 草本植物。

检视标本 **河南**：1♀，白云山，2008.Ⅷ.14，李建达采 (GUGC)。**陕西**：1♂，太白山，1997.Ⅸ.1，李子忠采 (GUGC)。**湖北**：14♂7♀，神农架，1997.Ⅷ.10，陈祥盛采 (GUGC)；2♂3♀，神农架，2013.Ⅶ.17，李虎、常志敏采 (GUGC)。**四川**：7♂3♀，天全，2012.Ⅶ.24-25，范志华、李虎采 (GUGC)。**贵州**：♂ (正模)，2♂ (副模)，梵净山，1986.Ⅷ.8，李子忠采 (GUGC)；3♂2♀，梵净山，1994.Ⅷ.9-11，杨茂发、陈祥盛采 (GUGC)；3♂5♀，梵净山，1994.Ⅷ.14，张亚洲采 (GUGC)；2♂，绥阳宽阔水，2001.Ⅶ.25，李子忠采 (GUGC)；1♂，雷公山，2005.Ⅷ.13，张斌采 (GUGC)；2♂1♀，梵净山，2017.Ⅷ.30，王显益、张越采 (GUGC)。**云南**：2♂4♀，丽江，2000.Ⅷ.10，李子忠采 (GUGC)；6♂2♀，兰坪，2012.Ⅶ.3-4，龙见坤采 (GUGC)。

分布 河南、陕西、湖北、四川、贵州、云南。

(248) 黑背端突叶蝉 *Extenda nigronotum* (Li *et* Chen, 1999) (图 252；图版Ⅻ：6)

Oniella nigronotum Li *et* Chen, 1999, Nirvaninae from China (Homoptera: Cicadellidae): 90. **Type locality**: Guizhou (Libo).

Extenda nigronotum (Li *et* Chen, 1999). **New combination.**

模式标本产地 贵州荔波。

体连翅长，雄虫 4.5-4.6mm，雌虫 4.8mm。

头冠中域轻度隆起，侧缘于复眼前渐次收窄，致前端呈锐角凸出，冠缝明显，侧缘具脊；单眼位于头冠前侧缘，紧靠复眼，与复眼之距约等于单眼直径的 2.5 倍；颜面额唇基基部丰满隆起，两侧有横印痕列，中后部平坦，前唇基由基至端渐狭，中央纵向隆起，端缘接近平直，颊区宽大，末端超过前唇基端缘。前胸背板中域隆起，向两侧倾斜，较头部宽，中央长度略小于头冠；小盾片较前胸背板短，横刻痕位于中端部。

雄虫尾节侧瓣端区收窄，致端缘呈角状凸出，近端部腹缘有 1 根枝状突，端区生粗长刚毛；雄虫下生殖板中端部扩大，中央有 1 纵列粗长刚毛；阳茎端部呈管状弯曲，中部显著膨大，两侧各有 2 根逆生的枝状突，其内枝长，外枝短；连索 Y 形，主干长是臂长的 3 倍；阳基侧突宽扁，端部蟹钳状。雌虫腹部第 7 节腹板中央长度是第 6 节的 2 倍，后缘中央缺刻状凹入，产卵器微伸出尾节侧瓣端缘。

体及前翅淡黄白色。复眼黑色；单眼橘黄色。前胸背板前缘及侧缘淡黄白色，其余黑色；小盾片仅端区淡黄白色；前翅爪片中部有 1 倒“7”字形黑斑，两翅合拢时此黑斑呈宽⊥形纹，端区前缘域 3 斜线、爪片末端及端区横跨第 1 端室和第 2 端室的 1 大斑均黑色。

检视标本 **贵州**：♂（正模），1♀（副模），荔波小七孔，1998.Ⅴ.23，李子忠采（GUGC）。**云南**：1♂，勐腊，2008.Ⅶ.19，宋月华采（GUGC）；2♂，勐腊，2016.Ⅵ.2，罗强采（GUGC）。

分布 贵州、云南。

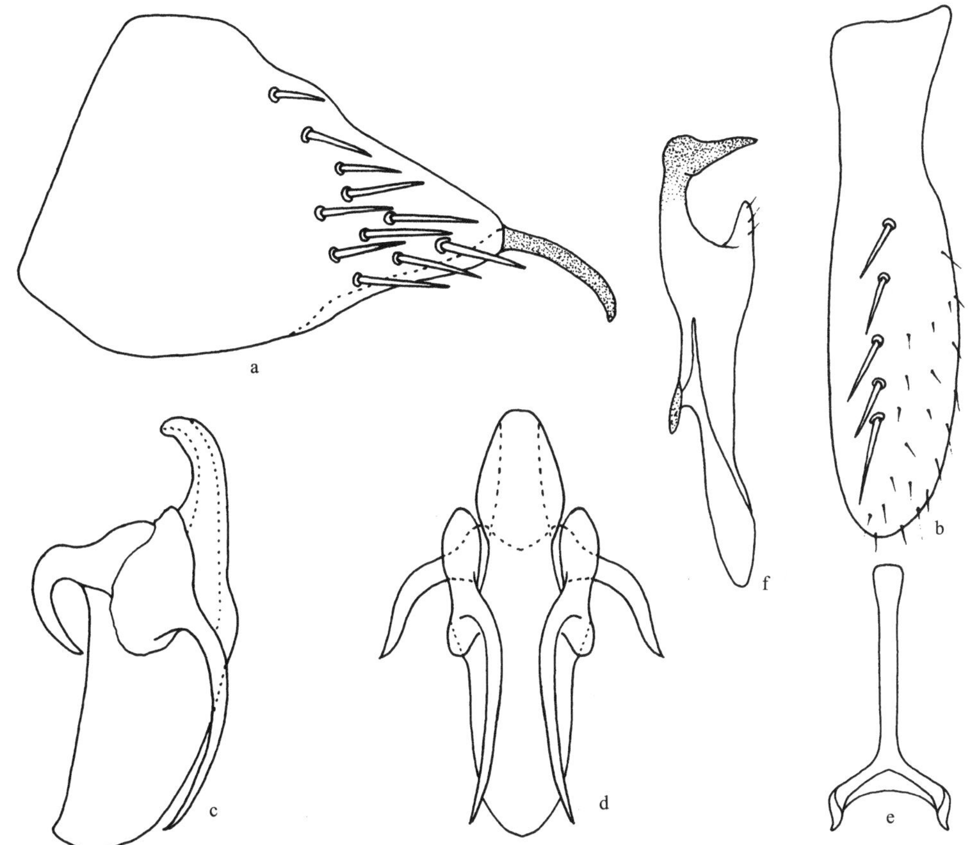

图 252 黑背端突叶蝉 *Extenda nigronotum* (Li *et* Chen)

a. 雄虫尾节侧瓣侧面观（male pygofer side, lateral view）；b. 雄虫下生殖板（male subgenital plate）；c. 阳茎侧面观（aedeagus, lateral view）；d. 阳茎腹面观（aedeagus, ventral view）；e. 连索（connective）；f. 阳基侧突（style）

(249) 三带端突叶蝉 *Extenda ternifasciatata* (Cai *et* Ge, 1996)（图 253）

Oniella ternifasciatata Cai *et* Ge, 1996, Acta Entomologica Sinica, 39(2): 186. **Type locality**: Fujian (Chongan Huanggangshan).

Extenda ternifasciatata (Cai *et* Ge, 1996). **New combination.**

模式标本产地 福建崇安黄岗山。

体连翅长，雄虫 4.8mm，雌虫 5.3mm。

头冠前端角状凸出，中央长度约等于二复眼间宽，侧缘具脊，后缘稍隆起，冠面略向前倾，显然高出复眼，冠缝纤细不清晰；单眼位于头冠侧缘，接近复眼前角处，与侧缘间的距离小于与复眼间的距离；颜面额唇基宽大于长，基部丰满隆起，端部较平坦。前胸背板较头部宽，中域隆起，向两侧倾斜，中央长度略小于头冠。

雄虫尾节侧瓣宽大，后缘较直，端腹缘向后方凸出，形成 1 根长刺状突起，端区生大刚毛 8 枚；雄虫下生殖板狭长，端向渐狭，端半部生细毛，其外缘有 1 纵列大刚毛；阳茎 S 形，基部膨大，端部大半管状，背面近中央有 1 齿突，末端腹面具 1 对伸向基方的长刺突；阳基侧突片状，但基半部狭细，末端向外侧膨大如矢头状。雌虫腹部第 7 节腹板横宽，中央脊状隆起。

体淡黄白色有光泽。前胸背板除前缘域以外的部分、小盾片与前翅爪片基部 1 斜斑均为黑色。前翅淡黄白色，中域 1 横带、端区及近端部前缘 2 斜线及后足胫节末端同为暗红褐色，致使体背粗视似有 3 黑色横带。雌虫斑纹略有不同，前翅中横带明显较窄，端区外缘域色泽浅淡 (摘自蔡平和葛钟麟，1996)。

检视标本　本次研究未获标本。

分布　福建。

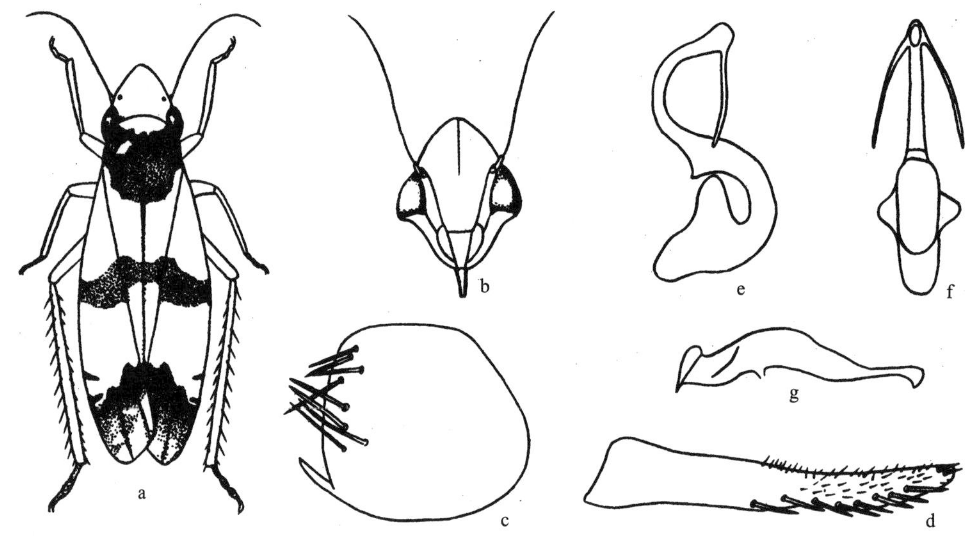

图 253　三带端突叶蝉 *Extenda ternifasciatata* (Cai *et* Ge) (仿蔡平和葛钟麟, 1996)

a. 成虫整体背面观 (adult, dorsal view)；b. 颜面 (face)；c. 雄虫尾节侧瓣侧面观 (male pygofer side, lateral view)；d. 雄虫下生殖板 (male subgenital plate)；e. 阳茎侧面观 (aedeagus, lateral view)；f. 阳茎腹面观 (aedeagus, ventral view)；g. 阳基侧突 (style)

38. 内突叶蝉属 *Extensus* Huang, 1989

Extensus Huang, 1989, Bulletin of the Society of Entomology (Taichung), 21: 70. **Type species:** *Extensus latus* Huang, 1989.

模式种产地：台湾。

属征：体细小柔弱，淡黄白色至橙黄色，常有黑色斑纹。头冠向前延伸凸出，复眼前有一小段平直，继后向前渐次收狭，前侧缘有缘脊，冠缝明显；单眼位于头冠侧缘，靠近复眼前角处；颜面额唇基基部丰满隆起，具短中脊，有斜褶，端部平坦，舌侧板小，前唇基基部宽，端部渐狭。前胸背板中长小于或等于头冠中央长度，较头部宽；小盾片三角形，横刻痕深凹；前翅长超过腹部末端，革片基部翅脉模糊不清，有 4 端室，端片狭小。

雄虫尾节侧瓣长大于宽，端区着生粗刚毛，尾节侧瓣内侧有 1 对细长突起，指向腹面；雄虫下生殖板长条形，外缘及端部着生细长刚毛，尤以端部刚毛最为细长；阳茎管状弯曲，基部常具 1 对突起，端部常具细突；连索 Y 形；阳基侧突端部向外侧扩延。

地理分布：东洋界。

此属由 Huang (1989b) 以 *Extensus latus* Huang 为模式种建立，并记述台湾 2 新种；李子忠和陈祥盛 (1999) 记述 1 新种 2 种新组合；李子忠等 (2010) 记述贵州 1 新种。

目前全世界记述 6 种。在已经建立并发表的 6 种中，其体色斑纹虽有不同，尤其是体背黑色纵带纹形状差异较大，但经解剖大量全国各地标本发现雄性外生殖器基本相似，故视为同种。

本志记述 1 种，提出 5 种新异名。

(250) 宽带内突叶蝉 *Extensus latus* Huang, 1989 (图 254；图版Ⅻ：7)

Extensus latus Huang, 1989, Bulletin of the Society of Entomology (Taichung): 73. **Type locality**: Taiwan (Nantou).

Extensus collectivus Huang, 1989, Bulletin of the Society of Entomology (Taichung): 72. **New synonymy.**

Sophonia ruficincata Li *et* Wang, 1991, Zoological Research, 12(2): 128; Li *et* Chen, 1999, Nirvaninae from China (Homoptera: Cicadellidae): 60. **New synonymy.**

Sophonia zonulata Li *et* Wang, 1991, Zoological Research, 12(2): 125; Li *et* Chen, 1999, Nirvaninae from China: 58. **New synonymy.**

Extensus centrilineus Li *et* Chen, 1999, Nirvaninae from China (Homoptera: Cicadellidae): 56. **New synonymy.**

Extensus albistriatus Li, 2010, In: Chen, Li *et* Jin (ed.), Insect Fauna from Nature Reserve of Guizhou Province 6: 152. **New synonymy.**

模式标本产地　台湾南投。

体连翅长，雄虫 4.9-5.2mm，雌虫 5.6-5.8mm。

头冠前端呈角状凸出，中域轻度隆起，前缘域有纵褶纹，侧缘在复眼前一小段较直，边缘有脊，冠缝明显；单眼位于头冠侧缘，着生在缘脊内侧，与复眼的距离约等于单眼直径的 3 倍；颜面额唇基基部丰满隆起，中前部较平坦，前唇基由基至端渐狭，端缘接近平直。前胸背板隆起前倾，前缘宽圆凸出，后缘微凹；小盾片基域宽大于长，横刻痕凹陷，两端伸不及侧缘。

雄虫尾节侧瓣宽圆突出，端区有长刚毛，内侧有 1 对向腹面延伸的突起；雄虫下生殖板柳叶状，端缘有数根长刚毛；阳茎管状弯曲，基部有 1 对弯曲的片状突，端部有 4 根刺状突；连索 Y 形；阳基侧突端部急剧变细，末端向外侧伸出，其中一侧延伸成刺状。雌虫腹部第 7 节腹板横宽，后缘波曲，尾节端部有长刚毛，产卵器微伸出尾节侧瓣端缘。

体淡黄白色。复眼浅褐色；单眼淡黄白色；体背有 1 宽黑色纵带纹，此带纹起自头冠顶端，终止于小盾片末端，其两端分别于头冠和小盾片端部更宽。前翅与体同色，爪片后缘黑色并与体背后缘黑色宽纵带纹相连接，端区浅褐色，爪片末端有 1 黑色长斑，其后接 1 棕褐色纹，端区前缘有 2 黑色短斜纹，第 2 端室内有 1 黑色圆斑。虫体腹面淡黄白色无任何斑纹。

该种个体间体色斑纹明显不同，尤其是体背黑色纵带纹差异较大，主要差异是纵带纹宽大匀称、纵带纹细而较匀称、纵带纹粗细不匀称、纵带纹断续，但经解剖大量全国各地标本，雄性外生殖器构造基本相似，故视为同种。

寄主 杂灌木、草本植物。

检视标本 **湖北**：1♀，神农架，1997.Ⅷ.12，杨茂发采 (GUGC)；1♂，武当山，1998.Ⅷ.8，杨茂发采 (GUGC)；1♂，神农架，2013.Ⅶ.18，常志敏采 (GUGC)。**湖南**：2♀，张家界，1995.Ⅷ.12，陈祥盛采 (GUGC)；4♂1♀，张家界，2013.Ⅷ.3，李虎采 (GUGC)。**江西**：3♂2♀，武夷山，2014.Ⅷ.23，焦猛采 (GUGC)；4♂3♀，武夷山，2014.Ⅷ.21，焦猛采 (GUGC)；1♂2♀，武夷山，2014.Ⅷ.21，焦猛采 (GUGC)。**安徽**：3♂2♀，六安，2013.Ⅷ.1，李斌、严斌采 (GUGC)。**浙江**：1♀，天目山，2009.Ⅷ.23，倪俊强采 (GUGC)。**福建**：1♀，泉州戴云山，2013.Ⅴ.23，焦猛采 (GUGC)；1♂2♀，武夷山，2013.Ⅵ.21，李斌、严斌采 (GUGC)；1♂，武夷山，2013.Ⅵ.21，李斌采 (GUGC)；2♂1♀，武夷山，2013.Ⅵ.25，李斌、严斌采 (GUGC)。**台湾**：1♂，Hualien，1985.Ⅷ.7，C. T. Yang 采 (GUGC)；1♀，Ilan，1986.Ⅷ.2，K. W. Huang 采 (GUGC)；1♂，Taichung，1987.Ⅷ.7，C. T. Yang 采 (GUGC)；1♀，Ilan，1989.Ⅷ.8，K. W. Huang 采 (GUGC)；1♀，南投，1989.Ⅸ.7，C. C. Chiang 采 (GUGC)；3♂5♀，高雄桃源，2002.Ⅺ.20，李子忠采 (GUGC)。**海南**：1♂，尖峰岭，1997.Ⅴ.14，杨茂发采 (GUGC)；1♀，尖峰岭，1997.Ⅴ.16，汪廉敏采 (GUGC)；2♂3♀，尖峰岭，2007.Ⅷ.8，宋琼章采 (GUGC)；10♀，尖峰岭、霸王岭、吊罗山，2007.Ⅶ.12-17，宋月华、邢济春采 (GUGC)；3♂7♀，尖峰岭，2013.Ⅳ.6，龙见坤、邢济春、张玉波采 (GUGC)；1♂，尖峰岭，2013.Ⅳ.6，龙见坤采 (GUGC)；**广西**：1♀，金秀，1982.Ⅶ.12，李法圣采 (CAU)；1♂1♀，金秀，2008.Ⅵ.24，孟泽洪采 (GUGC)；2♂，大明山，2015.Ⅶ.15，严斌采 (GUGC)；13♂11♀，金秀，2015.Ⅶ.18-20，罗强采 (GUGC)；2♂4♀，大明山，2015.Ⅶ.21，王英鉴采 (GUGC)；9♂6♀，九万大山，2015.Ⅶ.21-22，刘沅采 (GUGC)。**四川**：3♂4♀，峨眉山，1991.Ⅷ.4，李子忠采 (GUGC)；2♂4♀，峨眉山，1991.Ⅷ.15，李子忠采 (GUGC)；1♂，千佛山，2007.Ⅷ.13，邢济春采 (GUGC)；3♂♀，磨西，2014.Ⅷ.12，杨茂发、严斌采 (GUGC)。**贵州**：2♂，务川，1985.Ⅵ.21，覃举安采 (GUGC)；3♂1♀，荔波茂兰，1988.Ⅷ.12，李子忠、谭诗信采 (GUGC)；5♂7♀，梵净山，1994.Ⅷ.14，张亚洲、李子忠采 (GUGC)；2♂5♀，石阡佛顶山，1994.Ⅷ.17，陈祥盛采 (GUGC)；5♂5♀，

梵净山，1994.Ⅷ.9-12，李子忠、陈祥盛采（GUGC）；1♂2♀，石阡佛顶山，1994.Ⅷ.15，张亚洲采（GUGC）；3♂，梵净山，1994.Ⅷ.9，李子忠、陈祥盛采（GUGC）；1♂2♀，石阡佛顶山，1994.Ⅷ.15，陈祥盛采（GUGC）；1♂，石阡佛顶山，1994.Ⅷ.16，李子忠采（GUGC）；1♂，荔波茂兰，1995.Ⅷ.3，陈会明采（GUGC）；2♂1♀，绥阳宽阔水，2001.Ⅷ.26，李子忠采（GUGC）；5♂7♀，梵净山，2001.Ⅷ.1-3，李子忠、杨茂发采（GUGC）；2♂3♀，梵净山，2001.Ⅶ.28，李子忠采（GUGC）；2♂3♀，道真大沙河，2004.Ⅶ.17-20，杨茂发采（GUGC）；1♀，道真大沙河，2004.Ⅷ.17，杨茂发采（GUGC）；1♀，道真大沙河，2004.Ⅷ.24，陈祥盛采（GUGC）；2♀，道真大沙河，2004.Ⅷ.12，杨茂发采（GUGC）；4♂2♀，沿河麻阳河，2007.Ⅹ.6，邢济春、张玉波采（GUGC）；2♂，绥阳宽阔水，2010.Ⅵ.8，李玉建采（GUGC）；1♂，贵州石阡佛顶山，2011.Ⅷ.13，宋琼章采（GUGC）；2♂5♀，习水，2013.Ⅷ.22，邢东亮、屈玲采（GUGC）；1♂，望谟打易，2013.Ⅵ.26，郭梅娜采（GUGC）；2♂3♀，梵净山，2017.Ⅷ.29，王显益、张越采（GUGC）。云南：2♂3♀，腾冲，2002.Ⅶ.16，李子忠采（GUGC）；1♀，绿春，2012.Ⅷ.3，常志敏采（GUGC）；1♀，腾冲，2013.Ⅶ.30，杨卫诚采（GUGC）；1♀，高黎贡山，2013.Ⅷ.5，范志华采（GUGC）；2♀，高黎贡山，2013.Ⅷ.5，杨茂发采（GUGC）。

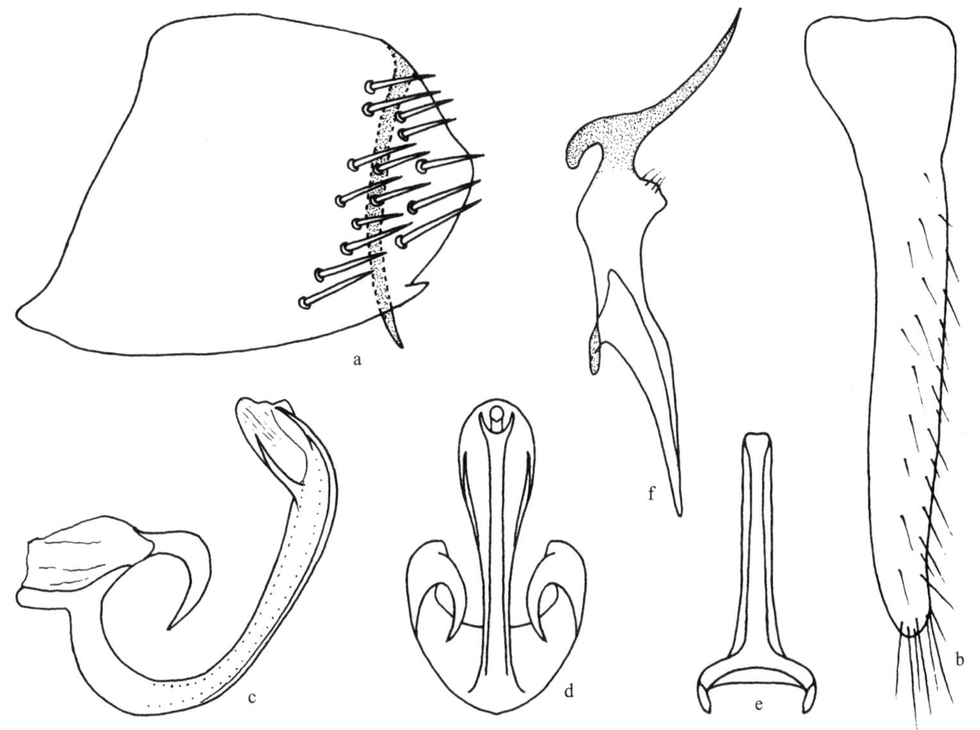

图254　宽带内突叶蝉*Extensus latus* Huang

a. 雄虫尾节侧瓣侧面观（male pygofer side, lateral view）；b. 雄虫下生殖板（male subgenital plate）；c. 阳茎侧面观（aedeagus, lateral view）；d. 阳茎腹面观（aedeagus, ventral view）；e. 连索（connective）；f. 阳基侧突（style）

分布 安徽、浙江、湖北、江西、湖南、福建、台湾、广东、海南、广西、重庆、四川、贵州、云南。

39. 短冠叶蝉属 *Kana* Distant, 1908

Kana Distant, 1908, The fauna of British Indian including Ceylon and Burma, Rhynchota, 4: 285. **Type species:** *Kana thoracica* Distant, 1908.

模式种产地：斯里兰卡。

属征：头冠宽短，中央长度是二复眼间宽度的 1.5 倍，前缘近似角状凸出，冠面轻度平坦，边缘有脊，基域中央冠缝明显；单眼位于头冠前侧缘，紧靠侧脊，与复眼的距离大于与侧脊之距；颜面额唇基中央轻度隆起，两侧有横印痕列。前胸背板较头部宽，前缘向前凸出，前侧缘斜直，外缘凸出；小盾片宽三角形；前翅长超过腹部末端，革片基部翅脉模糊不清，具 4 端室，端片不明显。

雄虫尾节侧瓣端缘宽圆突出，具粗长刚毛，腹缘突起宽大，端向渐窄；雄虫下生殖板薄片状；阳茎构造简单，管状；连索 Y 形；阳基侧突端部骤细向外侧伸出。

地理分布：东洋界。

此属由 Distant (1908) 以斯里兰卡产 *Kana thoracica* Distant 为模式种建立，并描述了产于斯里兰卡、印度的一些新种，继后有 Pruthi (1930)、Baker (1923)、Viraktamath 和 Wesley (1988)、Huang (1994) 等描述了产于菲律宾、印度及中国台湾的新种。

目前全世界已记述 16 种。中国仅知 1 种，为本志记述。

(251) 横带短冠叶蝉 *Kana lanyuensis* Huang, 1994 (图 255)

Kana lanyuensis Huang, 1994, Chinese Journal of Entomology, 14(1): 8. **Type locality**: Taiwan.

模式标本产地 台湾台东。

体连翅长，雄虫 4.0-4.3mm，雌虫 5.6mm。

头冠短而平坦，基域中央有 1 冠缝，侧额缝伸达头冠边缘，雄虫头冠中央长度等于二复眼前缘间宽度的 0.83-0.90 倍，雌虫则为 0.95 倍；雄虫头冠中央长度是前胸背板的 1.25-1.32 倍，雌虫则为 1.46 倍；雄虫头冠中央长度是小盾片的 1.19-1.50 倍，雌虫则为 1.67 倍；雄虫二单眼间距离为二复眼内缘间距离的 0.72-0.74 倍，雌虫则为 0.8 倍；额唇基两侧有横印痕列，前唇基长，由基至端渐狭，舌侧板宽大，颊区末端宽。

雄虫尾节侧面观端区向上翘，端缘圆，端部背缘 1/3 处凹入，腹缘斜直，中部凹入，在端区有粗刚毛 6 根和一些柔毛，腹缘有 1 端部尖细的长突；雄虫下生殖板薄片状，端缘圆，近端部 1/3 处凹入，在外侧有数根粗刚毛，密生细刚毛；阳茎简单管状，近端部有 1 根尖突；连索近似 Y 形；阳基侧突端部尖，在端部 1/4 处骤变细。

体黑色。头冠两侧缘和后缘有乳白色斑带，沿前缘和中央 1 斑纹橘黄色，一些个体为乳白色；复眼黑色；颜面在前缘两侧乳白色。前胸背板前域中央有橘黄色横带斑；小盾片橘黄色占据中央大部，一些个体中央有黑色纵线；前翅基部、端部和中央部分黑色，前缘域沿横脉有 2 黑色斑，爪片橘黄色，端前室外侧有深橘黄色斑；后翅浅褐色。腹部各节后缘橘黄色；足黄色，跗节末端黑色 (摘自 Huang，1994)。

检视标本　本次研究未获标本。

分布　台湾。

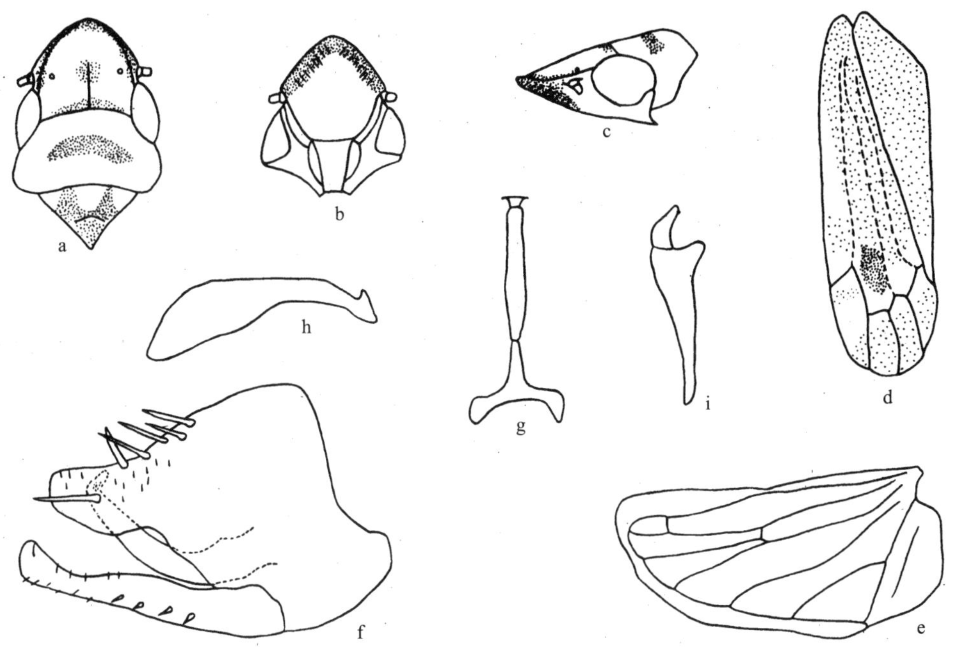

图 255　横带短冠叶蝉 *Kana lanyuensis* Huang (仿 Huang, 1994)

a. 头、胸部背面观 (head and thorax, dorsal view)；b. 颜面 (face)；c. 头、胸部侧面观 (head and thorax, lateral view)；d. 前翅 (forewing)；e. 后翅 (hindwing)；f. 雄虫尾节侧面观 (male pygofer, lateral view)；g. 阳茎、连索腹面观 (aedeagus and connective, ventral view)；h. 阳茎侧面观 (aedeagus, lateral view)；i. 阳基侧突 (style)

40. 长索叶蝉属 *Longiconnecta* Li *et* Xing, 2016

Longiconnecta Li *et* Xing, 2016, Journal of Mountain Agriculture and Biology, 35(4): 1. **Type species:** *Nirvana basimaculata* Wang *et* Li, 1997.

模式种产地：贵州习水。

属征：头冠前端宽圆突出，中央长度与二复眼间宽近似相等，冠面隆起，冠缝明显，边缘有脊；单眼位于头冠前侧缘，靠近复眼；额唇基轻度隆起，中域平坦，两侧有横印痕。前胸背板较头部宽，与头冠接近等长，中后部隐现黑色斑；小盾片三角形，与前胸背板接近等长；前翅长超过腹部末端，革片基部翅脉模糊不清，端片狭小，有 4 端室。

雄虫尾节侧瓣侧面观向外侧突出，端区有粗长刚毛，端缘常有长的突起；雄虫下生殖板长片状，侧缘域有粗长刚毛列；阳茎构造简单，基部常有突起；连索 Y 形，主干特长；阳基侧突近似棍棒状。

地理分布：东洋界。

本属由李子忠和邢济春 (2016) 以贵州产 *Nirvana basimaculata* Wang *et* Li 为模式种建立。

目前仅知 4 种，主要分布于中国。本志记述 4 种。

种检索表 (♂)

1. 前翅后缘中部有 1 长形褐色斑…………………………………………**斑缘长索叶蝉 *L. marginalspota***
   前翅后缘中部无褐色斑……………………………………………………………………………2
2. 雄虫尾节侧瓣端部突起锯齿状…………………………………………**白翅长索叶蝉 *L. albula***
   雄虫尾节侧瓣端部突起光滑………………………………………………………………………3
3. 体乳白色，阳茎末端分叉……………………………………………**基斑长索叶蝉 *L. basimaculata***
   体黄色，阳茎末端不分叉……………………………………………………**黄色长索叶蝉 *L. flava***

(252) 白翅长索叶蝉 *Longiconnecta albula* (Cai *et* Shen, 1998) (图 256)

Sophonia albula Cai *et* Shen, 1998, In: Shen *et* Shi (ed.), The Fauna and Taxonomy of Insects in Henan, Vol. 2: 46. **Type locality**: Henan (Ningbao yawushan).

Longiconnecta albula (Cai *et* Shen): Li *et* Xing, 2016, Journal of Mountain Agriculture and Biology, 35(1): 3.

模式标本产地 河南宁宝亚武山。

体连翅长，雄虫 4.5-4.7mm，雌虫 4.8-5.0mm。

头冠前端宽圆突出，中央长度微大于头冠中长，与前胸背板中长近似相等；单眼位于头冠前侧缘，紧靠复眼；颜面额唇基轻度隆起，中域扁平，两侧有横印痕列。前胸背板较头部宽，约与头冠等长，中域微隆并向两侧倾斜，前缘弧圆，后缘微凹，前缘域有 1 浅凹痕；小盾片约与头冠等长，横刻痕位于中后部。

雄虫尾节侧瓣侧面观端向渐窄，端区有粗长刚毛，端腹角向外侧延伸，其延伸部有齿；雄虫下生殖板长片状，端区内侧域有粗长刚毛列，边缘有细长刚毛；阳茎基部宽大，端向渐细成管状弯曲，基部两侧有 1 对线状长突，长度超过阳茎干甚多；连索 Y 形，主干长是臂长的 8 倍；阳基侧突相对较小，端部尖细弯曲。雌虫腹部第 7 节腹板中央长度是第 6 节的 2 倍，后缘中央接近平直，产卵器伸出尾节侧瓣端缘。

体淡黄白色，一些个体头冠前端黑褐色。复眼黑色；单眼、触角与体同色，颜面姜黄色。前胸背板中域隐现 1 黑色斑，基域有 2 黑色斑，此黑色斑一半在前胸背板基域隐现，另一半在小盾片基角处显现；前翅乳白色；胸部腹板和胸足淡黄白色，无明显斑纹。腹部背面黑褐色，腹面黄白色，雌虫产卵器端部淡红褐色。

寄主 椿树。

检视标本 **山西**：7♂14♀，历山自然保护区，2012.Ⅶ.23-26，邢济春、宋琼章采 (GUGC)。**陕西**：1♂，留坝，2010.Ⅶ.21，李虎采 (GUGC)；2♀，太白山，2012.Ⅶ.14，

徐世燕采 (GUGC)。**甘肃**：2♂3♀，镇原县，2007.Ⅷ.25，曹巍采 (GUGC)。**浙江**：1♂2♀，临安天目山，2009.Ⅶ.29，孟泽洪采 (GUGC)。

分布　山西、河南、陕西、甘肃、浙江。

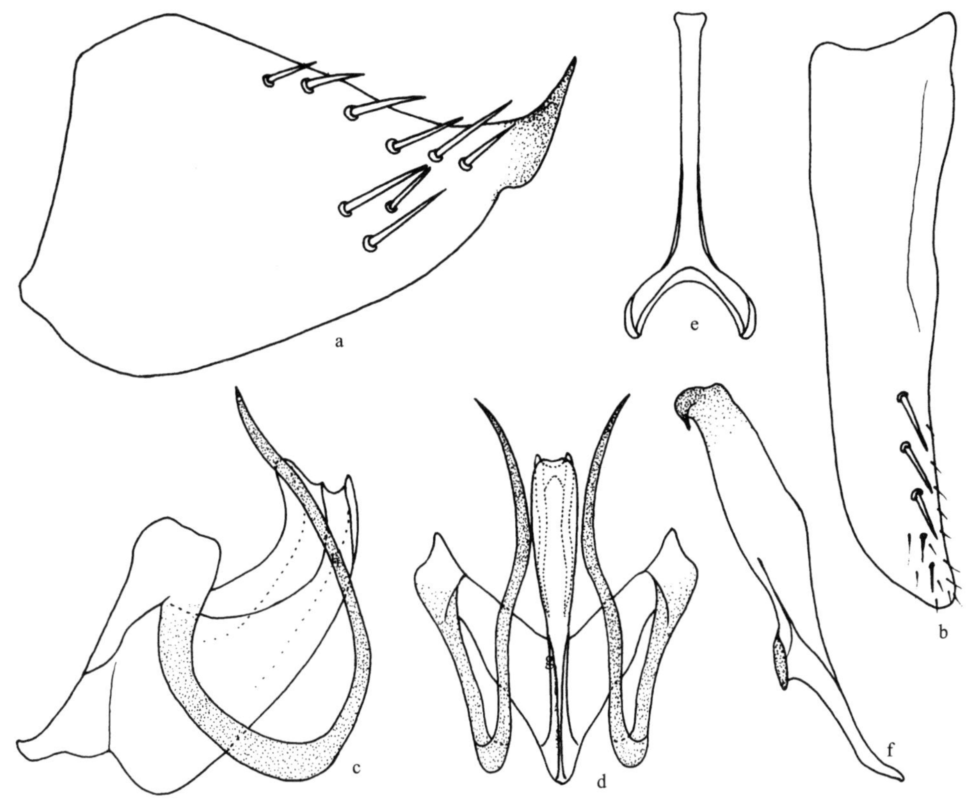

图 256　白翅长索叶蝉 *Longiconnecta albula* (Cai *et* Shen)

a. 雄虫尾节侧瓣侧面观 (male pygofer side, lateral view)；b. 雄虫下生殖板 (male subgenital plate)；c. 阳茎侧面观 (aedeagus, lateral view)；d. 阳茎腹面观 (aedeagus, ventral view)；e. 连索 (connective)；f. 阳基侧突 (style)

(253) 基斑长索叶蝉 *Longiconnecta basimaculata* (Wang *et* Li, 1997) (图 257)

Nirvana basimaculata Wang *et* Li, 1997, Entomological Journal of East China, 6(2): 4. **Type locality**: Guizhou (Xishui).

Longiconnecta basimaculata (Wang *et* Li): Li *et* Xing, 2016, Journal of Mountain Agriculture and Biology, 35(1): 3.

模式标本产地　贵州习水。

体连翅长，雄虫 6.3-6.5mm。

头冠中域微隆起，向前凸伸，冠缝明显，前缘有脊；单眼位于头冠前侧缘，与复眼之距约等于单眼直径的 1.5 倍；颜面额唇基轻度隆起，中域扁平，两侧有横印痕列。前胸背板较头部宽，约与头冠等长，中域微隆并向两侧倾斜，前缘弧圆，后缘微凹，前缘域有 1 浅凹痕；小盾片约与头冠等长，横刻痕位于中后部。

雄虫尾节侧瓣近似三角形，沿端缘域有 1 列粗刚毛，腹缘突起始于端半部，伸出尾节侧瓣端缘甚多；雄虫下生殖板狭长微弯曲，侧缘有粗长刚毛；阳茎弯曲成 C 形，末端分叉，基部两侧各有 1 根光滑的枝状突；连索 Y 形，主干长是臂长的 8 倍；阳基侧突粗细匀称，两端向外侧弯曲，微呈 S 形。

体及前翅乳白色，唯虫体腹面及胸足白色略带黄白色晕，前翅端缘微带褐色光泽。单眼黄白色；复眼黑色。前胸背板中域隐现 1 黑色斑，基域有 2 黑色斑，此黑色斑一半在前胸背板基域隐现，另一半在小盾片基角处显现。

寄主　草本植物。

检视标本　**贵州**：♂ (正模)，1♂ (副模)，习水，1996.Ⅵ.16，马贵云采 (GUGC)；1♂，荔波茂兰，2011.Ⅶ.16，宋琼章采 (GUGC)。

分布　贵州。

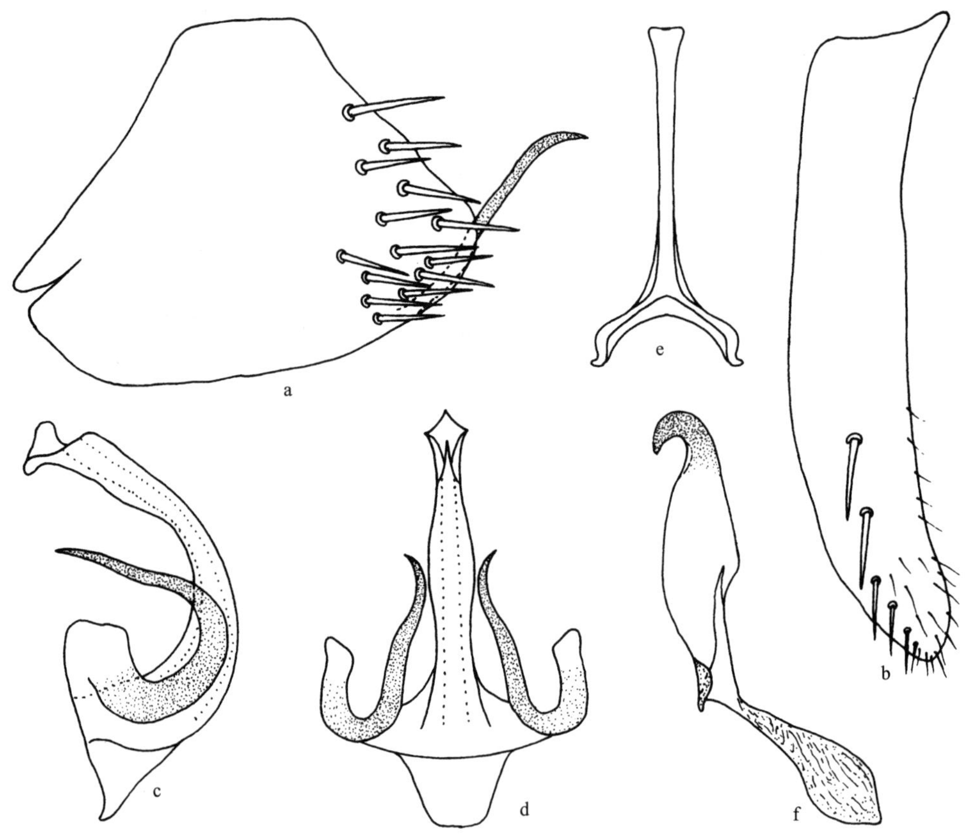

图 257　基斑长索叶蝉 *Longiconnecta basimaculata* (Wang *et* Li)

a. 雄虫尾节侧瓣侧面观 (male pygofer side, lateral view)；b. 雄虫下生殖板 (male subgenital plate)；c. 阳茎侧面观 (aedeagus, lateral view)；d. 阳茎腹面观 (aedeagus, ventral view)；e. 连索 (connective)；f. 阳基侧突 (style)

(254) 黄色长索叶蝉 *Longiconnecta flava* (Cai *et* He, 2001) (图 258)

Sophonia flava Cai et He, 2001, In: Wu *et* Pan (ed.), Insects of Tianmushan National Nature Reserve: 211. **Type locality**: Zhejiang (Tianmushan).

Longiconnecta flava (Cai *et* He): Li *et* Xing, 2016, Journal of Mountain Agriculture and Biology, 35(1): 3.

模式标本产地　浙江天目山。

体连翅长，雄虫 5.2-5.4mm，雌虫 5.9-6.2mm。

头冠前端呈角状突出，中央长度约小于二复眼间宽；单眼与复眼之距稍大于单眼直径；颜面额唇基狭长，基部均匀丰满隆起，其上有斜走的侧褶，基域中央有明显的纵脊，端部平坦，前唇基基部宽，端向渐狭，端缘接近平直，舌侧板小。前胸背板前缘向前凸出，后缘微凹；小盾片与前胸背板接近等长，横刻痕弧弯，两端伸达侧缘。

雄虫尾节侧瓣端向渐窄，端缘弧圆并着生 1 长刺状突，端区有粗长刚毛；雄虫下生殖板近长方形稍弯曲，中域有 1 列粗长刚毛，端缘具长刚毛；阳茎长管状，向背面弯曲，基部两侧各有 1 长突，并向背方伸出，阳茎孔位于末端；连索 Y 形，主干细长，其长度是臂长的 3 倍；阳基侧突片状，基部收窄，末端钩状弯曲。

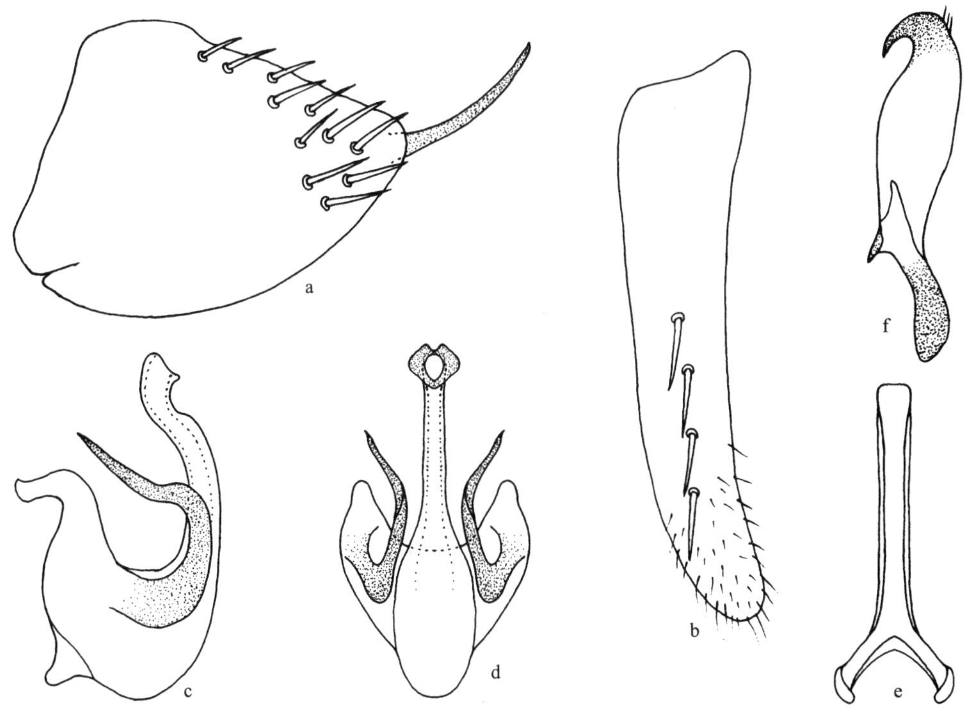

图 258　黄色长索叶蝉 *Longiconnecta flava* (Cai *et* He)

a. 雄虫尾节侧瓣侧面观 (male pygofer side, lateral view)；b. 雄虫下生殖板 (male subgenital plate)；c. 阳茎侧面观 (aedeagus, lateral view)；d. 阳茎腹面观 (aedeagus, ventral view)；e. 连索 (connective)；f. 阳基侧突 (style)

体黄色，稍具绿色色泽。复眼黑色；单眼无色透明。前翅乳白色，端部微带褐色色泽，爪片末端有 1 淡褐色斑；各足跗节末端暗褐色。腹部背面中央黑褐色。

检视标本 **浙江**：5♂4♀，天目山，2014.Ⅷ.6，焦猛采 (GUGC)。

分布 浙江。

(255) 斑缘长索叶蝉 *Longiconnecta marginalspota* Li *et* Xing, 2016 (图 259；图版Ⅻ：8)

Longiconnecta marginalspota Li *et* Xing, 2016, Journal of Mountain Agriculture and Biology, 35(1): 2.

Type locality: Yunnan (Gaoligongshan, Mengla).

模式标本产地 云南高黎贡山、勐腊。

体连翅长，雄虫 4.6mm，雌虫 5.0mm。

头冠前端呈锐角突出，中央长度明显大于二复眼间距，冠面隆起，有细弱条纹向顶端汇集，冠缝明显，具缘脊；单眼位于头冠前侧缘，接近复眼前角处，与复眼和侧缘的距离近似相等；颜面额唇基基部轻度隆起，基域中央有纵脊，两侧有斜走皱褶，舌侧板狭小。前胸背板拱突，有细弱的横皱纹，前缘弧圆突出，后缘为凹；小盾片横刻痕位于中后部，弧形弯曲，两端伸不达侧缘。

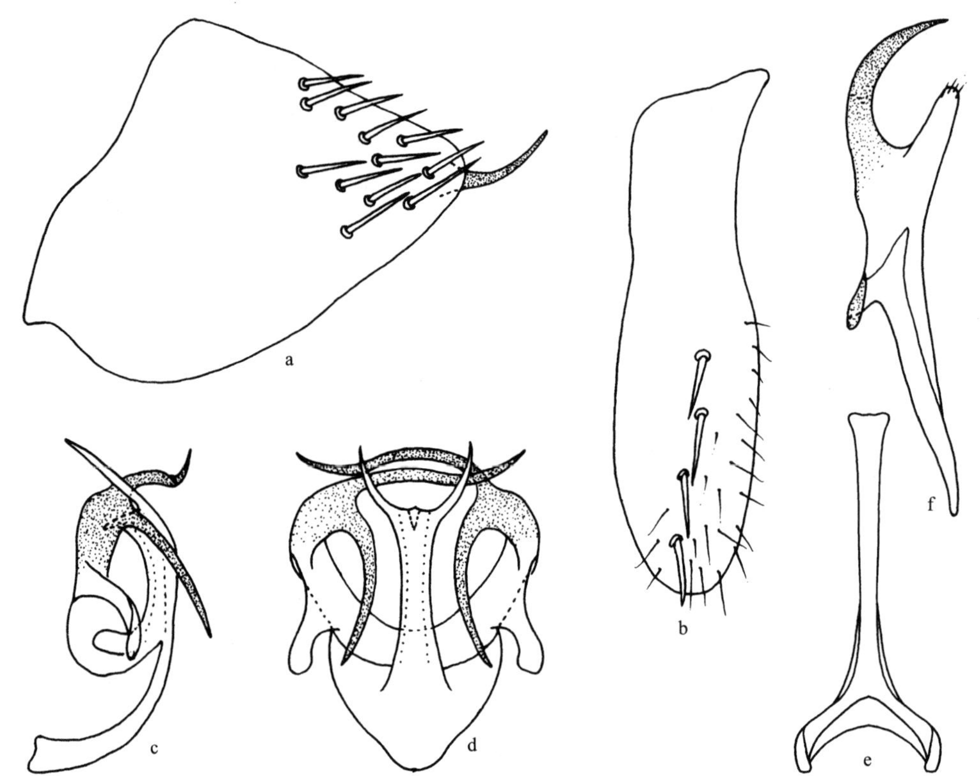

图 259 斑缘长索叶蝉 *Longiconnecta marginalspota* Li *et* Xing

a. 雄虫尾节侧瓣侧面观 (male pygofer side, lateral view)；b. 雄虫下生殖板 (male subgenital plate)；c. 阳茎侧面观 (aedeagus, lateral view)；d. 阳茎腹面观 (aedeagus, ventral view)；e. 连索 (connective)；f. 阳基侧突 (style)

雄虫尾节侧瓣近似三角形突出，端缘向后延伸成光滑的线状突，端区有粗长刚毛；雄虫下生殖板宽短，端缘圆，中域有 1 列粗长刚毛，边缘有细小刚毛；阳茎基部圆形膨大，背缘有 1 枚端部分叉的片状突，阳茎干弯曲，末端部有 2 长刺突；连索 Y 形，主干特长，中长是臂长的 3.5 倍；阳基侧突中部较粗，端部变细而弯曲。雌虫腹部第 7 节腹板中央长度与第 6 节腹板接近等长，后缘中央笔架形。

体及前翅乳白色。复眼褐色；单眼橘黄色。前翅后缘中央 1 长斑、爪片末端、端区前缘 3 斜线深褐色，端区淡褐色。虫体腹面淡黄白色，无明显斑纹。

检视标本　**云南**：♂ (正模)，高黎贡山百花岭，2013.Ⅷ.5，杨卫诚采 (GUGC)；1♀ (副模)，勐腊，2013.Ⅶ.22，刘洋洋采 (GUGC)。

分布　云南。

41. 长头叶蝉属，新属 *Longiheada* Li, Li *et* Xing, gen. nov.

Type species: *Longiheada scarleta* Li, Li *et* Xing, sp. nov.

模式种产地：云南勐仑。

属征：头冠前端宽圆突出，中域较平坦，中央长度约等于前胸背板和小盾片中长之和，边缘具脊，复眼前角向外侧突出，继后收窄致端缘呈角状突出；单眼位于复眼前角，到复眼的距离约等于单眼直径的 2 倍；复眼椭圆形；颜面额唇基中域平坦。前胸背板与头部接近等宽，有横皱纹；小盾片三角形，中央长度小于前胸背板中长；前翅长超过腹部末端，革片基部翅脉模糊不清，有 4 端室，端片狭小。

雄虫尾节侧瓣侧面观端缘宽圆突出，端区有粗长刚毛，基部腹缘有突起；腹部第 10 节腹缘有 1 对边缘有刺的片状突；雄虫下生殖板长片状，密被细刚毛，中央有 1 列粗长刚毛；阳茎管状，端部常有突起；连索 Y 形；阳基侧突构造简单。

词源　新属名以头冠中长与前胸背板和小盾片中长之和近似相等这一明显特征命名。

地理分布：东洋界。

新属外形特征与拟隐脉叶蝉属 *Sophonia* Walker 相似，不同点是本新属头冠特别长，中央长度约等于前胸背板和小盾片中长之和，雄虫尾节侧瓣基部腹缘有 1 对长突，第 10 节腹缘有 1 对突起。

本属为新厘定，并记述 1 新种。

(256) 猩红长头叶蝉，新种 *Longiheada scarleta* Li, Li *et* Xing, sp. nov. (图 260)

模式标本产地　云南勐仑。

体连翅长，雄虫 5.8mm。

头冠前端呈锐角突出，中央长度约等于前胸背板和小盾片中长之和，中域平凹，端缘微向上翘，边缘有脊；单眼位于头冠前侧缘，到复眼的距离约等于单眼直径的 2 倍；复眼椭圆形；颜面额唇基较平坦，前唇基端向渐窄。前胸背板微拱突，有细弱的横皱纹，前、后缘接近平行；小盾片横刻痕位于中后部，弧形弯曲，伸不达侧缘。

雄虫尾节侧瓣端缘宽圆突出，端部有粗长刚毛，基部腹缘有 1 对长突；腹部第 10 节管状，中部腹缘有 1 对边缘有刺的片状突；雄虫下生殖板宽短，端缘圆，中域有 1 列粗长刚毛，边缘有细小刚毛；阳茎管状，背向弯曲，末端有 1 对短突；连索 Y 形；阳基侧突基部细，端部成刺状向外侧伸出。

体淡黄白色。头冠、前胸背板、小盾片中央纵贯 1 黑色纹，此黑色纹在头冠部呈“十”字形，在前胸背板呈哑铃形，在小盾片上近似长方形，在黑色纵纹两侧镶嵌猩红色；单眼淡黄白色；复眼黑色；颜面淡黄白色，基缘有 1 枚黑色斑。前翅前缘大部淡黄白色，后缘和端区淡黄褐色，爪片基部淡黄白色与淡黄褐色交界处呈锯齿状，爪片末端 1 斑点、端区不连续的 1 列 4 斑点均黑色；胸部腹板和胸足淡黄白色。腹部背、腹面淡黄白色。

正模 ♂，云南勐仑，2016.Ⅵ.21，罗强采。模式标本保存在贵州大学昆虫研究所(GUGC)。

词源 新种名来源于头冠、前胸背板、小盾片黑色纵纹两侧镶嵌猩红色这一明显特征。

分布 云南。

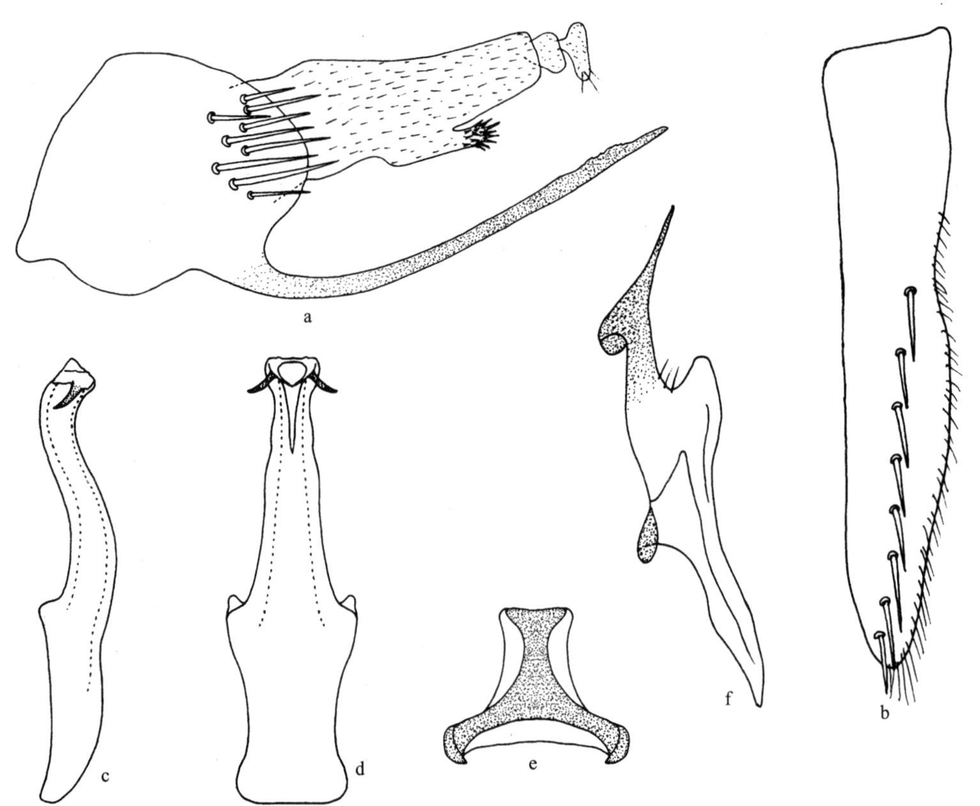

图 260 猩红长头叶蝉，新种 *Longiheada scarleta* Li, Li *et* Xing, sp. nov.

a. 雄虫尾节侧瓣侧面观 (male pygofer side, lateral view)；b. 雄虫下生殖板 (male subgenital plate)；c. 阳茎侧面观 (aedeagus, lateral view)；d. 阳茎腹面观 (aedeagus, ventral view)；e. 连索 (connective)；f. 阳基侧突 (style)

新种体淡黄白色，头冠、前胸背板、小盾片纵贯 1 黑色纹，在黑色纵纹两侧镶嵌猩红色，有别于隐脉叶蝉族其他种。

42. 隐脉叶蝉属 *Nirvana* Kirkaldy, 1900

Nirvana Kirkaldy, 1900: 293. **Type species:** *Nirvana pseudommatos* Kirkaldy, 1900.

Quercinirvana Ahmed *et* Mahmood, 1970, Pak. J. Sci. Ind. Res., 12(3): 260; Huang, 1994, Chinese Journal of Entomology, 14(1): 85. Synonymized.

模式种产地：斯里兰卡。

属征：头冠平坦，向前延伸凸出，自复眼向前逐渐变狭，顶角圆，中央长度约等于二复眼间宽的 1.5 倍，侧缘具缘脊；单眼位于头冠侧缘，靠近复眼；颜面额唇基狭长，端部较平坦，基部丰满凸出，其上有细弱斜褶，基域中央有不甚明显的中纵脊，前唇基由基至端渐狭，端缘接近平直，舌侧板小。前胸背板前缘凸出，后缘微凹；小盾片三角形；前翅长超过腹部末端，革片基部翅脉模糊不清，有 4 端室，端片明显；后翅有 3 封闭端室。

雄虫尾节侧瓣宽圆突出，端区具粗长刚毛，腹缘有或无突起；雄虫下生殖板细长，其长度与中央宽之比接近 8∶1，端缘具细长刚毛；阳茎构造简单，背腔发达；连索 Y 形；阳基侧突端部扩延。

地理分布： 东洋界，古北界，澳洲界 (大洋洲界)。

此属由 Kirkaldy (1900) 以 *Nirvana pseudommatos* Kirkaldy 为模式种建立，先后对此属做过研究的学者有 Melichar (1903)、Distant (1908)、Matsumura (1912a，1912b)、Baker (1923)、Viraktamath 和 Wesley (1988)、Huang (1989b)、Ahmed 和 Mahmood (1970)、李子忠和汪廉敏 (1997) 等。随着研究的深入，其中一些种的归属有了变化。

全世界已知 11 种，中国现知 2 种。本志记述 2 种。

种 检 索 表 (♂)

头冠、前胸背板、小盾片中央无黑色纵纹……………………………………淡色隐脉叶蝉 ***N. pallida***

头冠、前胸背板、小盾片中央有黑色纵纹……………………………………宽带隐脉叶蝉 ***N. suturalis***

(257) 淡色隐脉叶蝉 *Nirvana pallida* Melichar, 1903 (图 261；图版 XIII：1)

Nirvana pallida Melichar, 1903, Homoptera-Fauna von Ceylon: 166. **Type locality**: Sri Lanka.

Quercinirvana bengalensis Ahmed *et* Mahmood, 1970, Pak. J. Sci. Ind. Res., 12: 263; Huang, 1994, Chinese Journal of Entomology, 14(1): 85. Synonymized.

Pseudonirvana rubrolimbata Kuoh *et* Kuoh, 1983, Acta Entomologica Sinica, 26(3): 319; Huang, 1994, Chinese Journal of Entomology, 14(1): 85. Synonymized.

Sophonia rubrolimbata (Kuoh *et* Kuoh): Huang, 1989, Bulletin of the Society of Entomology (Taichung), 21: 63; Huang, 1994, Chinese Journal of Entomology, 14(1): 85. Synonymized.

模式标本产地 斯里兰卡。

体连翅长，雄虫 4.5-4.7mm，雌虫 5.0-5.2mm。

头冠平坦，前半部略低凹，前端微翘起，生有细纵皱，端缘呈尖角状凸出，中央长度大于二复眼间宽度的 1.5 倍，长过前胸背板的 1.5 倍；单眼位于头冠侧缘，靠近复眼；颜面额唇基狭长，端部较平坦，基部丰满凸出，其上有细弱斜褶，基域中央有不甚明显的中纵脊，前唇基由基至端渐狭，端缘接近平直，舌侧板小。前胸背板前缘凸出，后缘微凹，侧缘几乎平直。

雄虫尾节侧瓣端缘宽圆突出，端区有粗长刚毛，端腹角呈树枝状突出，此突起末端尖细；雄虫下生殖板极狭长，末端散生数根刚毛，端区中域有粗长刚毛列；阳茎细长管状弧弯，基部背缘生有 1 对片状突，末端生有 1 对基部并连的枝状短突，亚端部腹缘有 1 根向基方延伸的枝状长突；连索 Y 形，主干长微大于臂长；阳基侧突长过连索甚多，端部变细向外侧伸出。雌虫腹部第 7 节腹板后缘中央轻度凹入，产卵器长超过尾节端缘。

体黄白色。头冠侧缘具淡橙红色缘带，此带由基至端逐渐减淡至消失，头冠中央沿冠缝有 1 白色纵带；前翅接近透明略带金黄色晕，端半部前缘区 2 短斜纹、第 2 端室内 1 圆形斑均为深褐色至黑褐色。雄虫下生殖板端半部为淡橙红色，各足跗爪黑褐色。

寄主 大豆、绿豆、豇豆、蚕豆、木豆、苎麻、刺梨、水稻、甘蔗、樟树、番石榴、柑橘、水竹。

检视标本 **河南**：2♂5♀，少林寺，2002.Ⅶ.16，杜艳丽采 (GUGC)；2♂4♀，少林寺，2002.Ⅻ.1，陈祥盛采 (GUGC)。**湖北**：2♀，宜昌，2008.Ⅶ.14，赵翔采 (YTU)。**湖南**：2♂2♀，永顺，1995.Ⅷ.20，陈祥盛采 (GUGC)。**江西**：1♂2♀，九连山，2008.Ⅶ.24，杨再华采 (GUGC)。**江苏**：9♂12♀，宝华山，2009.Ⅷ.19-21，张培、郑延丽采 (GUGC)。**安徽**：1♀，六安，2013.Ⅷ.1，李斌采 (GUGC)。**福建**：1♂，古田梅花山，2009.Ⅷ.17，张培采 (GUGC)。**台湾**：2♀，Pingtung，1987.Ⅳ.18，C. T. Yang 采 (GUGC)；1♀，Taitung，1989.Ⅱ.14，K. W. Huang 采 (GUGC)；1♂，Pingtung，1989.Ⅴ.23，K. W. Huang 采 (GUGC)；1♂，Nantou，1990.Ⅷ.1，C. C. Chiang 采 (GUGC)；1♀，Pingtung，1990.Ⅰ.16，C. C. Chiang 采 (GUGC)；1♂，Nantou，1990.Ⅺ.20，C. S. Tseng 采 (GUGC)；10♂13♀，南投雾社，2002.Ⅺ.20-22，李子忠、杨茂发、陈祥盛采 (GUGC)。**广东**：1♂1♀，湛江，2013.Ⅳ.19，焦猛采 (GUGC)。**海南**：7♂9♀，尖峰岭，1997.Ⅴ.13，杨茂发、汪廉敏采 (GUGC)；12♂19♀，黎母岭，1997.Ⅴ.23-25，杨茂发采 (GUGC)；5♂2♀，东方大田，2007.Ⅶ.9，李玉建采 (GUGC)；9♂7♀，火山口公园，2009.Ⅳ.8，侯晓晖采 (GUGC)；3♂4♀，尖峰岭，2013.Ⅳ.6，龙见坤、邢济春、张玉波采 (GUGC)；1♂2，霸王岭，2013. Ⅳ.16，孙海燕采 (GUGC)；5♂3♀，鹦哥岭，2013.Ⅵ.11，罗强采 (GUGC)；3♂2♀，霸王岭，2015.Ⅷ.24，姚亚林采 (GUGC)。**广西**：1♂2♀，百色，2008.Ⅴ.3，孟泽洪采 (GUGC)；1♂2♀，融水，2012.Ⅴ.24，李虎采 (GUGC)。**四川**：3♂2♀，金佛山，1996.Ⅶ.3，杨茂发采 (GUGC)；5♂1♀，长宁竹海，2008.Ⅵ.6，张玉波、李红荣采 (GUGC)。**贵州**：1♂2♀，三都，1977.Ⅶ.4，李子忠采 (GUGC)；1♂3♀，务川，1985.Ⅵ.21，覃举安采(GUGC)；9♂14♀，望谟，1986.Ⅶ.10，李子忠采 (GUGC)；1♂2♀，荔波茂兰，1988.Ⅹ.15，李子忠采 (GUGC)；15♂20♀，榕江，

1989.Ⅷ.10-12，李子忠、汪廉敏采 (GUGC)；7♂15♀，梵净山，1994.Ⅷ.5-7，李子忠采 (GUGC)；3♂5♀，罗甸八茂，1994.Ⅸ.16，陈祥盛采 (GUGC)；4♂5♀，道真大沙河，2004.Ⅶ.27，张斌采 (GUGC)；20♂25♀，沿河麻阳河，2007.Ⅸ.27-30，宋琼章、李玉建采 (GUGC)；1♂1♀，平塘，2010.Ⅹ.17，陈祥盛、杨琳采 (GUGC)；1♂，荔波茂兰，2011.Ⅶ.16，宋琼章采 (GUGC)；1♂1♀，荔波茂兰，2011.Ⅷ.21，孟泽洪采 (GUGC)；1♂，习水，2013.Ⅷ.22，屈玲采 (GUGC)。云南：11♂15♀，勐仑，1992.Ⅴ.16-19，李子忠采 (GUGC)；1♂2♀，腾冲，2002.Ⅶ.15，李子忠采 (GUGC)；3♂5♀，勐腊，2008.Ⅶ.18，蒋晓红采 (GUGC)；4♂2♀，景洪，2011.Ⅱ.23，梁文琴采 (GUGC)；1♂2♀，勐腊，2013.Ⅷ.18，邢济春采 (GUGC)；2♂1♀，勐腊，2013.Ⅷ.27，郭梅娜采 (GUGC)；1♂1♀，瑞丽，2013.Ⅷ.15，范志华采 (GUGC)；1♀，屏边，2017.Ⅷ.19，罗强采 (GUGC)。

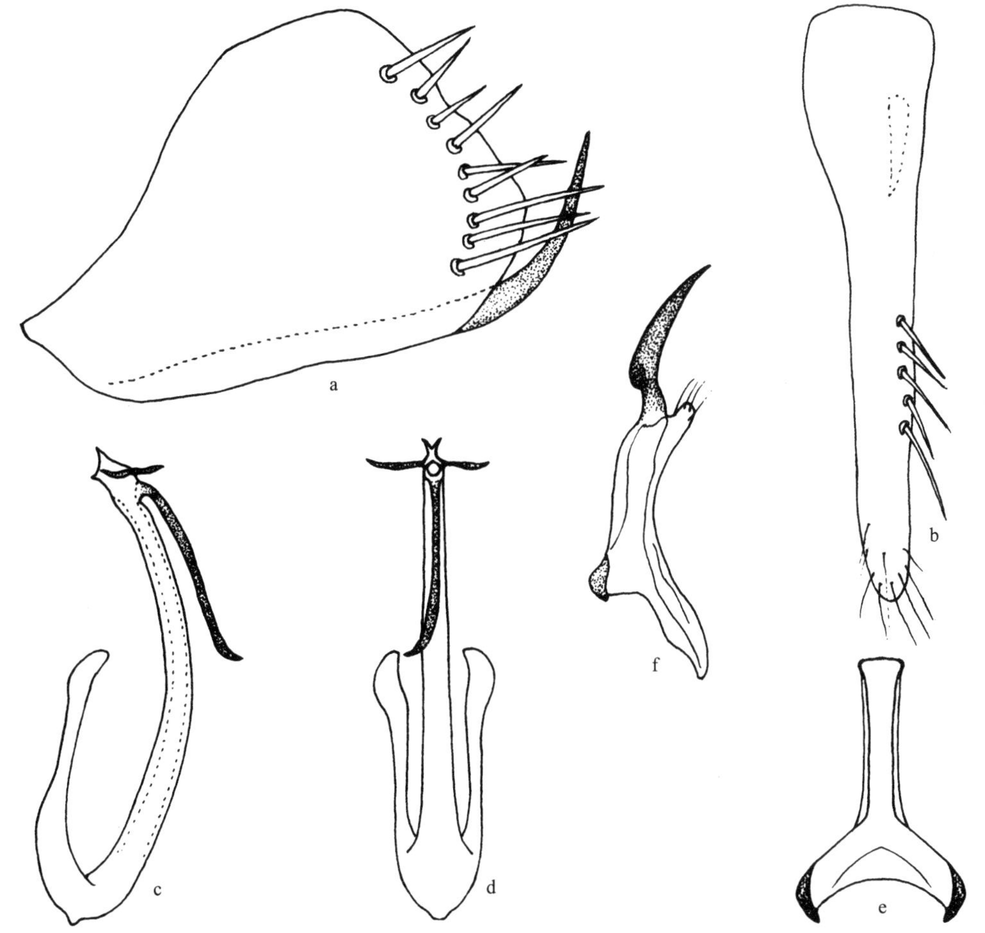

图 261　淡色隐脉叶蝉 *Nirvana pallida* Melichar

a. 雄虫尾节侧瓣侧面观 (male pygofer side, lateral view)；b. 雄虫下生殖板 (male subgenital plate)；c. 阳茎侧面观 (aedeagus, lateral view)；d. 阳茎腹面观 (aedeagus, ventral view)；e. 连索 (connective)；f. 阳基侧突 (style)

分布　河南、陕西、江苏、安徽、浙江、湖北、江西、湖南、福建、台湾、广东、海南、香港、广西、四川、贵州、云南；日本，巴基斯坦，印度，孟加拉国，泰国，斯里兰卡，菲律宾，马来西亚，新加坡。

(258) 宽带隐脉叶蝉 *Nirvana suturalis* Melichar, 1903 (图 262；图版 XIII：2)

Nirvana suturalis Melichar, 1903, Homoptera-Fauna von Ceylon: 166. **Type locality**: Sri Lanka.

Sophonia fluctuosa Huang, 1989, Bulletin of the Society of Entomology (Taichung), 21: 6; Huang, 1994, Chinese Journal of Entomology, 14(1): 85. Synonymized.

模式标本产地 斯里兰卡。

体连翅长，雄虫 6.0-6.2mm，雌虫 6.2-6.5mm。

头冠平坦，前端向前凸出，端缘宽圆，边缘有缘脊，中央长度显著大于前胸背板中长，略小于前胸背板和小盾片之和；单眼位于头冠前侧缘，着生在缘脊内侧，与复眼的距离约等于单眼直径的 3 倍；颜面额唇基宽大，基域丰满隆起，中央有 1 短的纵脊，两侧有横印痕列，中端部中域平坦，前唇基两侧接近平行，端缘接近平直。前胸背板中域隆起，两侧斜倾，前缘宽圆凸出，后缘接近平直，前侧缘斜直；小盾片横刻痕位于中后部，两端伸不达侧缘。

雄虫尾节侧瓣端部尖突，背缘中部凸起，端区有许多粗长刚毛；雄虫下生殖板狭长，中央长度是宽的 7.5 倍，端缘圆，侧缘有长刚毛，中域有 1 列粗长刚毛；阳茎构造简单，在基部具有 1 对大的突起，端半部管状弯曲，末端微膨大，阳茎孔位于末端；连索 Y 形，主干长度明显大于臂长；阳基侧突基部 1/3 细小，中域扩大，末端尖细。雌虫腹部第 7 节腹板较第 6 节长，后缘接近平直，产卵器长超过尾节端缘。

体及前翅淡黄白色。体背有 1 黑色宽纵带纹，此带纹起自头冠顶端，终止于前翅爪片末端，纵带纹两侧呈锯齿状突出，其中头冠有 2 齿、前胸背板有 2 齿、前翅有 4 齿、小盾片基部有 1 齿。单眼淡黄褐色；复眼黑褐色；颜面淡黄白色，无任何斑纹。前翅第 2 端室内有 1 黑褐色圆斑。腹部背、腹面黄白色，无任何斑纹。

部分采自云南的雄虫标本，头冠、前胸背板、小盾片中央宽纵带纹不呈锯齿状，仅头冠中央纵带纹中段较细，但外生殖器一致，有待进一步研究。

寄主 花生、水稻、甘蔗。

检视标本 **广西**：1♂1♀，龙州龙岗，2011.Ⅴ.7，于晓飞采 (GUGC)；1♂，龙州，2012.Ⅴ.7，范志华采 (GUGC)。**海南**：1♂，黎母岭，1997.Ⅴ.23，杨茂发采 (GUGC)。**台湾**：1♀，Nantou，1987.Ⅶ.12，C. C. Chiang 采 (GUGC)；1♂，Nantou，1987.Ⅶ.22，K. W. Huang 采 (GUGC)；1♂，Taipei，1987.Ⅶ.24，C. C. Chiang 采 (GUGC)；1♂1♀，Nantou，1987.Ⅷ.13，C. C. Yang 采 (GUGC)；1♀，Nantou，1989.Ⅴ.31，K. W. Huang 采 (GUGC)；1♀，Taipei，1990.Ⅺ.10，C. C. Chiang 采 (GUGC)；6♂9♀，南投雾社、桃源，2002.Ⅺ.20-22，李子忠、杨茂发、陈祥盛采 (GUGC)。**重庆**：1♀，大足，1994.Ⅸ.17，杨茂发采 (GUGC)；2♂4♀，金佛山，1996.Ⅶ.3，杨茂发采 (GUGC)。**四川**：1♀，千佛山，2007.Ⅷ.13，邢济春采 (GUGC)。**贵州**：1♂1♀，习水，1975.Ⅶ.7，李子忠采 (GUGC)；2♂6♀，习水，1975.Ⅶ.15，马贵云采 (GUGC)；1♀，茂兰三岔河，1996.Ⅺ.20，杨茂发

采 (GUGC)。**云南**：1♂，勐腊，2008.Ⅶ.19，蒋晓红采 (GUGC)；1♀，勐腊，2008.Ⅶ.19，宋月华采 (GUGC)；1♂，高黎贡山，2011.Ⅵ.14，李玉建采 (GUGC)；8♂3♀，高黎贡山，2013.Ⅷ.5，杨卫诚采 (GUGC)；1♂，西双版纳勐海，2013.Ⅶ.13，邢济春采 (GUGC)；1♂，勐仑，2013.Ⅷ.27，郭梅娜采 (GUGC)。

分布　甘肃、台湾、广东、海南、广西、重庆、四川、贵州、云南；日本，印度，缅甸，斯里兰卡。

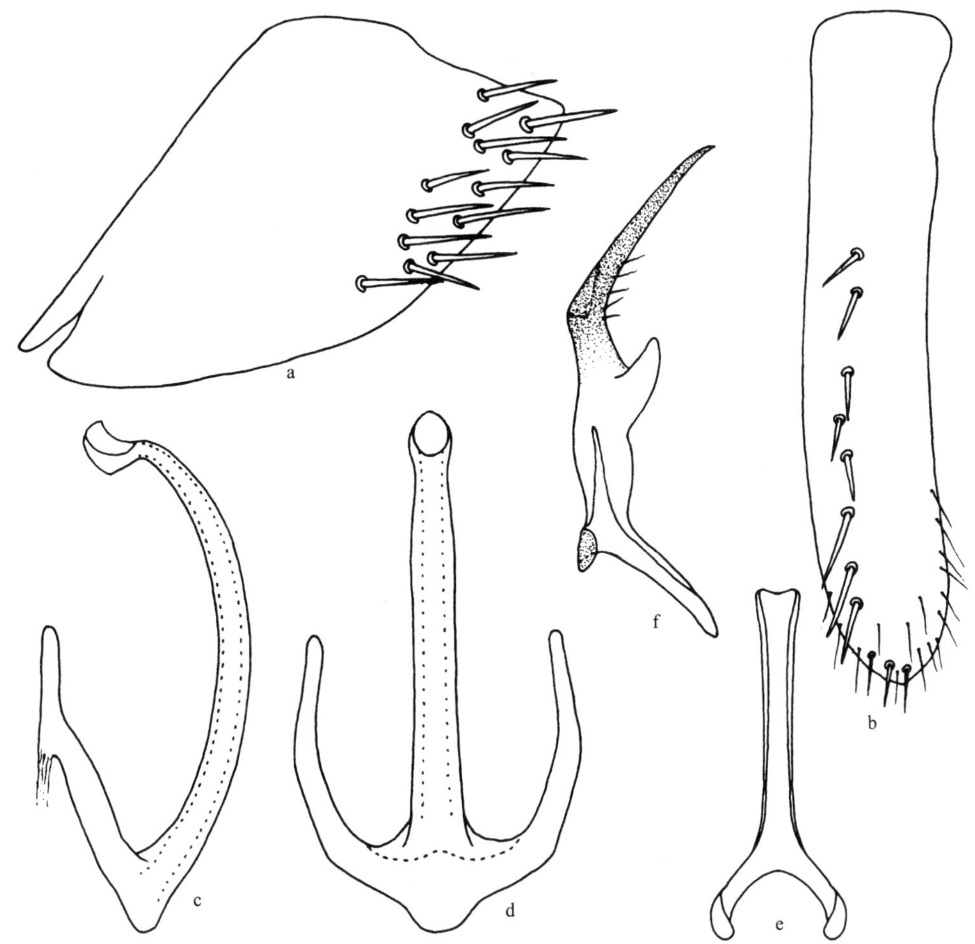

图 262　宽带隐脉叶蝉 *Nirvana suturalis* Melichar

a. 雄虫尾节侧瓣侧面观 (male pygofer side, lateral view)；b. 雄虫下生殖板 (male subgenital plate)；c. 阳茎侧面观 (aedeagus, lateral view)；d. 阳茎腹面观 (aedeagus, ventral view)；e. 连索 (connective)；f. 阳基侧突 (style)

43. 小板叶蝉属 *Oniella* Matsumura, 1912

Oniella Matsumura, 1912, Annotationes Zoologicae Japonenses, 8(1): 46. **Type species:** *Oniella leucocephala* Matsumura, 1912.

模式种产地：日本。

属征：头冠向前呈钝角状凸出，中央长度小二复眼间宽，中域平坦或稍隆起，常有细弱纵褶向顶端汇集，前侧缘有 1 弱脊，侧缘在复眼前有一小段平直，冠缝明显；单眼位于头冠近侧缘，靠近复眼前角；颜面额唇基中央有 1 纵脊并在头冠顶端与颜面交界处和头冠缘脊相交，前唇基基部宽大，至端部渐次狭小，末端接近平切，舌侧板狭小。前胸背板中央长度小于或等于头冠中长，宽大于头部，尤以后部最宽，两侧向前倾斜；小盾片横刻痕两端伸达侧缘；前翅淡黄白色，基部翅脉消弱不明显，常具黑褐色纵纹，有 4 端室，端片狭小。

雄虫尾节侧瓣发达，端区具粗刚毛，端缘内侧有或无发达的突起；雄虫下生殖板柳叶状，中域有 1 列粗长刚毛；阳茎近似管状弯曲，具有发达突起；连索 Y 形；阳基侧突端部二叉状。

此属雌雄个体间体色斑纹差异较大，性二型较明显。

地理分布：东洋界，古北界。

此属由 Matsumura (1912a) 以 *Oniella leucocephala* Matsumura 为模式种建立，并描记产于日本的 2 新种；Melichar (1902) 记述我国四川 2 新种，当时归在 *Tettigonia* 属；李子忠和汪廉敏 (1992a) 描记产于贵州的 1 新种；葛钟麟 (1992) 报道四川 1 新种；蔡平和葛钟麟 (1996) 报道福建 1 新种；李子忠和陈祥盛 (1997) 报道贵州 1 新种；李子忠和陈祥盛 (1999) 记述贵州和陕西 2 新种。

全世界已报道 10 种，本次研究对一些种的归属重新进行了调整，中国现知 2 种。本志记述 2 种，含 1 种新组合。

种 检 索 表 (♂)

阳茎干基部腹面有 1 对长突，背缘有细齿……………………………… **陕西小板叶蝉 *O. shaanxiana***

阳茎干基部腹面无突起，背缘有 1 对片状突…………………………………… **白头小板叶蝉 *O. honesta***

(259) 白头小板叶蝉 *Oniella honesta* (Melichar, 1902) (图 263；图版 XIII：3)

Tettigonia honesta Melichar, 1902, Ann. Mus. Zool. St. Pbg., 7: 132. **Type locality**: Sichuan.

Oniella leucocephala Matsumura, 1912, Annotationes Zoologicae Japonenses, 8(1): 47; Li *et* Chen, 1999: 81. Synonymized.

Oniella nigrovittata Kuoh, 1992, In: Chen (ed.), 1992, Insects of the Hengduan Mountains Region, Vol. 1: 295; Li *et* Chen, 1999: 81. Synonymized.

Oniella flavomarginata Li *et* Chen, 1999: 85; Gao *et* Zhang, 2013: 38. Synonymized.

Oniella honesta (Melichar, 1902). **New combination.**

模式标本产地 四川。

体连翅长，雄虫 5.8-6.0mm，雌虫 6.2-7.0mm。

头冠轻度隆起，略高于复眼水平面，端缘呈锐角状凸出，边缘有缘脊；单眼位于头冠前侧缘，着生在复眼前角，与复眼的距离小于与侧缘脊之距；颜面额唇基长大于宽，中央呈球形隆起，基域中央有 1 短纵脊，两侧有横印痕列，前唇基由基至端渐狭，纵向隆起，端缘与颊区端缘在同一圆弧线上。前胸背板较头部微宽或等宽，中央长度与头冠的近似相等，前缘宽圆，后缘凹入，前缘域有 1 弧形凹痕；小盾片基缘微长于侧缘，横刻痕位于中后部，浅凹陷，较直。

雄虫尾节侧瓣端缘突出，端区有粗长刚毛，呈不规则排列，端部内侧突起宽大，末端叉状；雄虫下生殖板长叶片状，中央有 1 纵列粗长刚毛，散生细小刚毛；阳茎管状向背面弯曲，中部背缘有 1 对片状突，此突起边缘有 1 端部微弯的枝状突，背缘有细小齿，末端微膨大，有 2 刺突，阳茎孔位于末端腹面；连索 Y 形，主干长是臂长的 2 倍；阳基侧突与连索接近等长，端部骤变细，末端尖细。雌虫腹部第 7 节腹板中央长度是第 6 节的 2 倍，后缘中央接近平直，产卵器伸出尾节侧瓣端缘甚多。

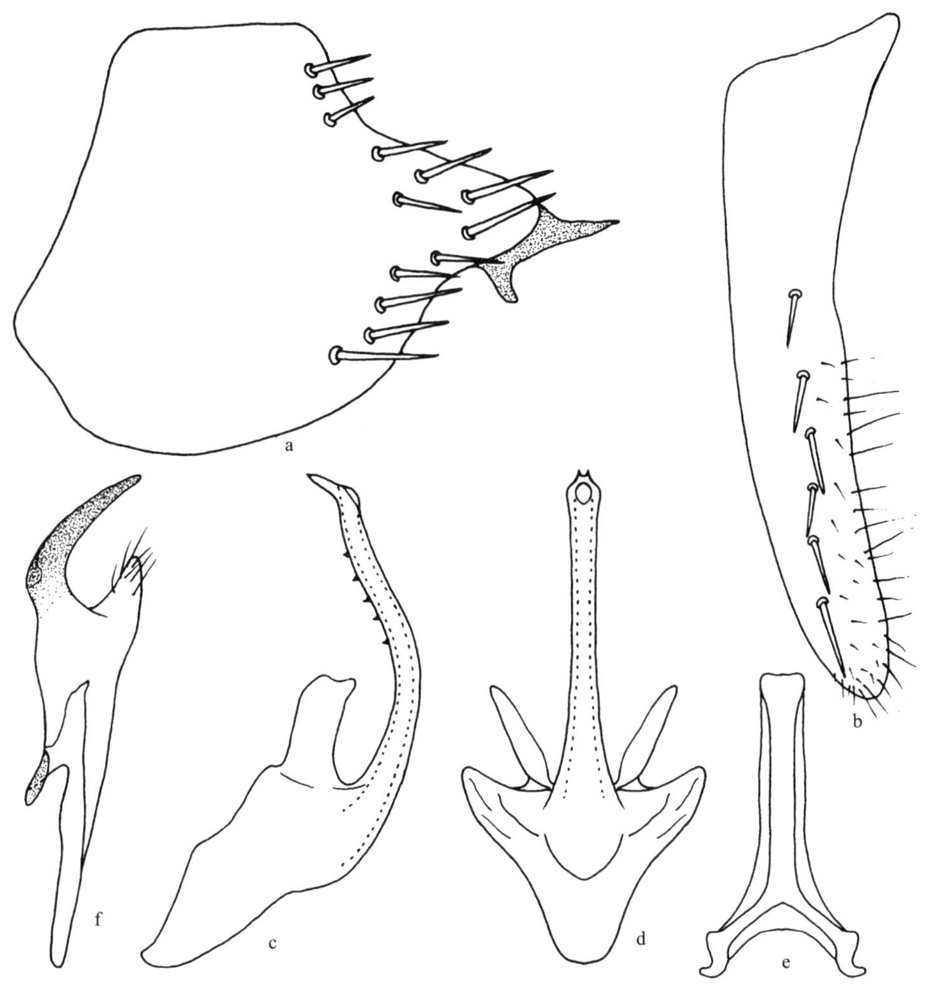

图 263　白头小板叶蝉 *Oniella honesta* (Melichar)

a. 雄虫尾节侧瓣侧面观 (male pygofer side, lateral view)；b. 雄虫下生殖板 (male subgenital plate)；c. 阳茎侧面观 (aedeagus, lateral view)；d. 阳茎腹面观 (aedeagus, ventral view)；e. 连索 (connective)；f. 阳基侧突 (style)

雄虫头冠淡黄色微白。单眼橘黄色；复眼灰褐色；颜面淡黄白色无任何斑纹。前胸背板黑色，侧缘淡黄白色；小盾片黑色，端区淡黄白色；前翅黑色具淡黄白色斑，其中后缘有 2 近似半圆形斑，两翅合拢时呈现 2 黄白色圆斑，前缘有 4 枚大小不一的黄白色斑，第 3 端室基部有 1 黄白色小斑；胸部腹板及胸足淡黄白色无斑纹；腹部背面黑色，腹面淡黄白色，各节后缘黑色，尾节端半部黑色。雌虫有深色和浅色两型：深色型体色与雄虫相似，不同点是前翅端区前缘有 2 黑色横线，前翅端缘域浅黄色，端区 2 白色透明斑变成 1 白色透明横带斑，第 2 端室基部有 1 黑色斑。腹部背、腹面均淡黄白色，仅尾节端缘区有 1 黑斑；浅色型的体色较淡，斑纹图案与深色型相似，仅黑色减淡为浅黄褐色，前翅褐色与黄白色交界处边缘为深褐色至黑色。

本种雌雄个体间体色斑纹差异较大，雄虫尾节侧瓣端部内缘突起形状变异明显，主要有片状、羊角状、鱼尾状、铲状、叉状、针刺状等。

检视标本 **河北**：5♂7♀，雾灵山，2011.Ⅷ.7-8，范志华、李虎、焦猛采 (GUGC)；7♂3♀，兴隆雾灵山，2011.Ⅷ.7-8，李虎、范志华采 (GUGC)。**河南**：1♂4♀，洛阳白云山，2008.Ⅷ.14，李建达采 (GUGC)。**山西**：7♂，方山，2011.Ⅷ.21，李虎采 (GUGC)；3♂1♀，历山，2012.Ⅶ.26，宋琼章采 (GUGC)；2♂2♀，历山，2012.Ⅶ.29，邢济春采 (GUGC)。**陕西**：1♂，太白山，1997.Ⅸ.2，陈祥盛采 (GUGC)；2♂1♀，周至县，2010.Ⅷ.10，常志敏、郑延丽采 (GUGC)；3♂5♀，太白山，2012.Ⅶ.12，杨茂发采 (GUGC)；10♂7♀，太白山，2012.Ⅶ.17，李虎采 (GUGC)；9♂5♀，太白山，2012.Ⅶ.19，范志华采 (GUGC)；11♂14♀，太白山，2012.Ⅶ.17-18，焦猛采 (GUGC)；5♂2♀，西安朱雀森林公园，2013.Ⅶ.13，常志敏采 (GUGC)。**宁夏**：11♂3♀，六盘山，2009.Ⅶ.28-29，宋琼章、杨再华采 (GUGC)。**湖北**：1♂，神农架，1997.Ⅷ.13，杨茂发采 (GUGC)；1♂，神农架，2013.Ⅶ.17，常志敏采 (GUGC)；5♂3♀，武当山，2013.Ⅷ.14，常志敏采 (GUGC)；1♀，五峰，2013.Ⅶ.22，李虎采 (GUGC)。**湖南**：1♀，永顺，2016.Ⅷ.24，丁永顺采 (GUGC)。**江西**：1♂，庐山，1975.Ⅶ.12，刘友樵采 (IZCAS)。**安徽**：3♂，六安，2013.Ⅶ.31，李斌采 (GUGC)。**浙江**：1♂1♀，天目山，2009.Ⅶ.29，孟泽洪采 (GUGC)；3♂2♀，大盘山，2013.Ⅶ.3，李斌、严斌采 (GUGC)。**广西**：1♂，武鸣，2012.Ⅴ.14，杨楠楠采 (GUGC)。**重庆**：3♂，白云山，2008.Ⅵ.17，杨茂发采 (GUGC)；4♂，金佛山，2008.Ⅵ.19，李洪荣采 (GUGC)。**四川**：2♂，康定，2005.Ⅷ.24，石福明采 (GUGC)；2♂1♀，唐家河，2011.Ⅶ.17，戴仁怀采 (GUGC)；12♂7♀，甘孜康定，2012.Ⅶ.31，范志华、李虎采 (GUGC)；2♂2♀，卧龙自然保护区，2017.Ⅷ.4，杨茂发、何宏力采 (GUGC)；1♀，汶川，2017.Ⅷ.5，杨茂发采 (GUGC)；19♂12♀，王朗自然保护区，2017.Ⅶ.19，杨再华、张文采 (GUGC)。**贵州**：1♀，绥阳宽阔水，1989.Ⅵ.6，李子忠采 (GUGC)；7♂9♀，梵净山，1994.Ⅷ.10-11，李子忠、陈祥盛采 (GUGC)；1♂，绥阳宽阔水，2010.Ⅷ.13，范志华采 (GUGC)；6♂6♀，绥阳宽阔水，2001.Ⅷ.26，李子忠采 (GUGC)；5♂2♀，梵净山，2001.Ⅷ.1，李子忠采 (GUGC)；2♀，梵净山，2002.Ⅵ.1，李子忠采 (GUGC)；3♂1♀，沿河麻阳河，2007.Ⅵ.11，张玉波采 (GUGC)；5♂3♀，绥阳宽阔水，2010.Ⅷ.12，李虎、李玉建、戴仁怀采 (GUGC)。**云南**：1♀，兰坪，2000.Ⅷ.1，杨茂发采 (GUGC)；1♂，兰坪，2000.Ⅷ.2，李子忠采 (GUGC)。

分布 河北、山西、河南、陕西、宁夏、甘肃、新疆、安徽、浙江、湖北、江西、湖南、广西、重庆、四川、贵州、云南；俄罗斯，朝鲜，日本。

(260) 陕西小板叶蝉 *Oniella shaanxiana* Gao *et* Zhang, 2013 (图 264)

Oniella shaanxiana Gao *et* Zhang, 2013, Zootaxa, 3693(1): 42. **Type locality**: Shaanxi (Zhouzhi), Sichuan (Yaan).

模式标本产地 陕西周至，四川雅安。

体连翅长，雄虫 5.2-5.4mm，雌虫 5.9-6.1mm。

头冠前端呈钝角突出，中央长度大于二复眼间宽，冠缝明显，边缘有脊；单眼位于头冠侧缘近复眼前角处；颜面额唇基长大于宽，呈球形隆起，中央有 1 纵脊，两侧有横印痕列，前唇基端向渐狭，纵向隆起。前胸背板较头部宽，约与头冠等长，中域隆起，密生细横皱纹，前缘弧圆，后缘轻凹，侧缘斜直；小盾片宽横刻痕凹陷。

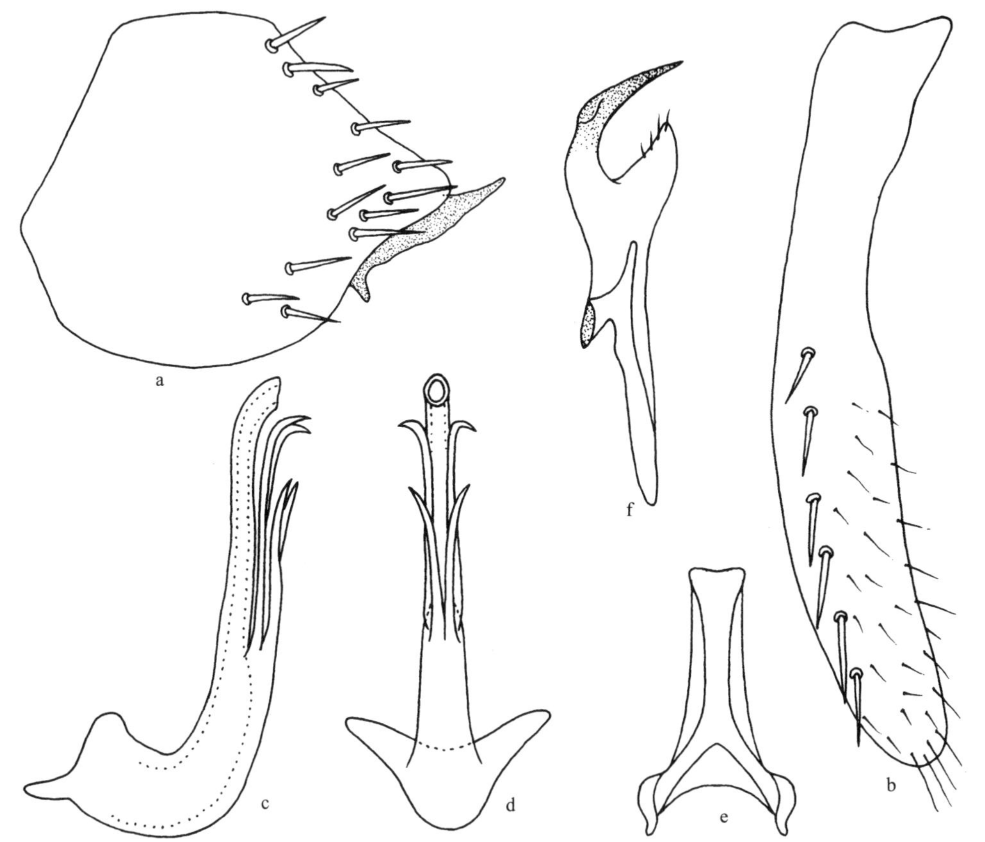

图 264 陕西小板叶蝉 *Oniella shaanxiana* Gao *et* Zhang

a. 雄虫尾节侧瓣侧面观 (male pygofer side, lateral view)；b. 雄虫下生殖板 (male subgenital plate)；c. 阳茎侧面观 (aedeagus, lateral view)；d. 阳茎腹面观 (aedeagus, ventral view)；e. 连索 (connective)；f. 阳基侧突 (style)

雄虫尾节侧瓣宽大，端缘接近平直，端区有粗长刚毛，端部内缘突起端部尖突；雄虫下生殖板柳叶状，中央有 1 列粗长刚毛；阳茎向背面弯曲，腹面基部两侧各有 1 对长形突，紧接此突有 1 弯曲的棒状突，端部细管状，背缘有细齿，末端有 1 指状突，阳茎孔位于端部腹面；连索 Y 形，主干长是臂长的 1.5 背；阳基侧突端部分为 2 叉。

雄虫头冠污黄白色，无明显斑纹。前胸背板中央淡黄褐色，侧域与头冠同色；小盾片基域污黄白色，侧域淡黄褐色；前翅淡黄白色，中央有 1 弯曲的淡褐色纵纹，此纵纹边缘色较深，致两翅合拢时有 2 明显的黄白色圆斑，其中靠近小盾片末端 1 圆斑较大，端区前缘 3 细斜纹和翅端淡褐色，第 2 端室内有 1 褐色斑；胸部腹板和胸足淡黄白色，无斑纹。腹部背、腹面淡黄白色。雌虫体色斑纹与雄虫近似。

检视标本　**宁夏**：9♂14♀，六盘山，2008.Ⅶ.28-29，宋琼章、杨再华采 (GUGC)。**四川**：1♂12♀，甘孜康定，2012.Ⅶ.31，李虎采 (GUGC)；1♂1♀，安岳大平乡，2017.Ⅷ.18，杨再华、张文采 (GUGC)。

分布　陕西、宁夏、四川。

44. 扁头叶蝉属 *Ophiuchus* Distant, 1918

Ophiuchus Distant, 1918, The fauna of British Indian including Ceylon and Burma, Rhynchota, 7: 33.
Type species: *Ophiuchus princeps* Distant, 1918.

模式种产地：印度。

属征：体扁平。头冠匙形，中长约等于前胸背板和小盾片中长之和，侧缘于复眼前一段较直，继后向顶端逐渐收狭，致头冠顶端呈锐角状凸出；单眼位于头冠前侧缘；颜面扁平，前唇基由基至端逐渐变狭。前胸背板横宽，中域适度隆起，前、后缘接近平直，侧缘斜直；小盾片三角形，基部宽度大于中央长度；前翅革片基部翅脉不甚明显，具 4 端室，端片狭小。

雄虫尾节侧瓣侧面观向外侧凸出，腹缘常有突起；雄虫下生殖板宽扁，有粗刚毛；阳茎常有突起；连索 Y 形；阳基侧突构造简单。

地理分布：东洋界，澳洲界 (大洋洲界)。

此属由 Distant (1918) 以印度产 *Ophiuchus princeps* Distant 为模式种建立；Baker (1923) 根据菲律宾标本记述 2 新种；Evans (1966) 描述产于澳大利亚的 1 新种；李子忠和汪廉敏 (1997) 报道贵州 1 新种；Huang (1989b) 根据台湾标本建立 1 新种和 *Ophiuchus basilanus* Baker 台湾新分布，该种已移出，且当时新种 *Ophiuchus trifasciatus* Huang 仅根据雌性标本建立，尚待进一步研究。

全世界已报道 6 种，中国已知 1 种。本志记述 1 种。

(261) 双带扁头叶蝉 *Ophiuchus bizonatus* Li *et* Wang, 1997 (图 265；图版 XIII：4)

Ophiuchus bizonatus Li *et* Wang, 1997, J. of GAC, 16(3): 14. **Type locality**: Guizhou (Libo).

模式标本产地　贵州荔波。

体连翅长，雄虫 6.2-6.5mm，雌虫 7.0-7.2mm。

头冠扁薄匙形，边缘反折微向上翘，侧缘于复眼前向外扩，继后逐渐收窄，致头冠顶端呈锐角突出，中长约等于前胸背板和小盾片中长之和。单眼位于头冠前侧缘；颜面扁平，前唇基由基至端逐渐变狭。前胸背板横宽，中域适度隆起，前、后缘接近平直，侧缘斜直；小盾片基部宽度大于中央长度。

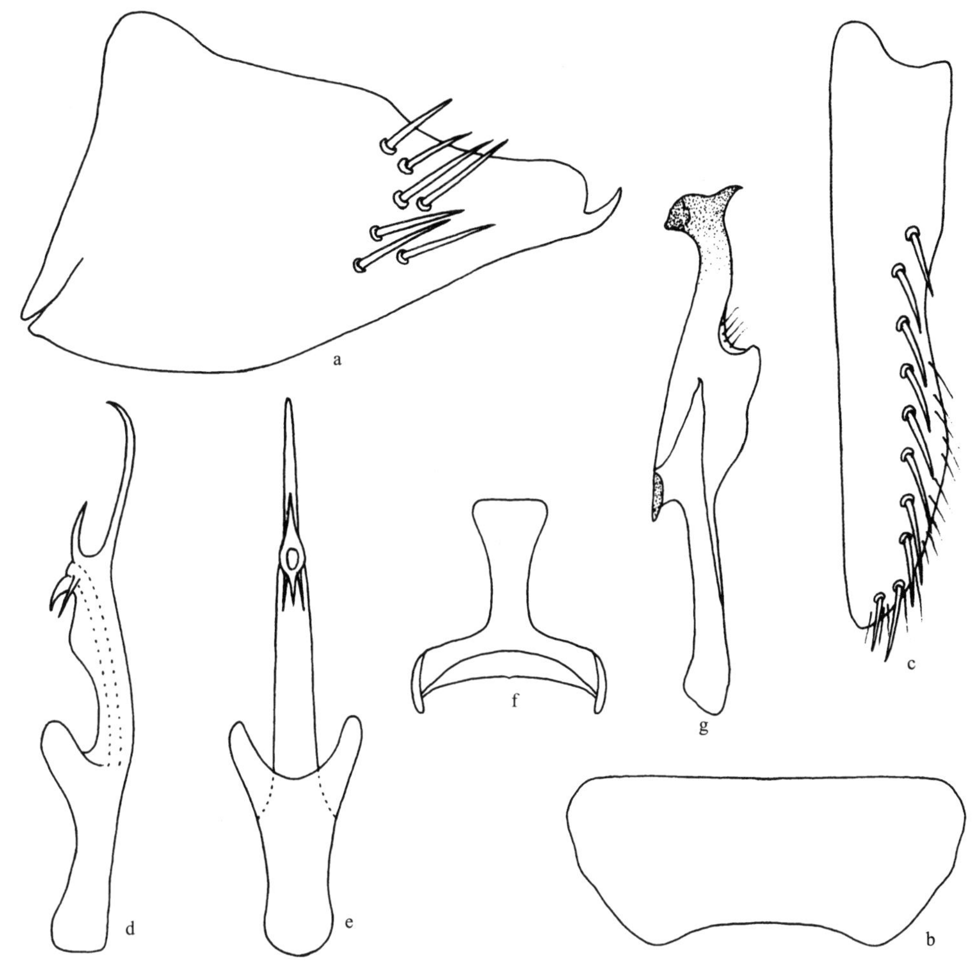

图 265　双带扁头叶蝉 *Ophiuchus bizonatus* Li *et* Wang

a. 雄虫尾节侧瓣侧面观 (male pygofer side, lateral view); b. 生殖基瓣 (genital valve); c. 雄虫下生殖板 (male subgenital plate); d. 阳茎侧面观 (aedeagus, lateral view); e. 阳茎腹面观 (aedeagus, ventral view); f. 连索 (connective); g. 阳基侧突 (style)

雄虫尾节侧瓣端向渐窄，端腹缘向外延伸成尖角状，端区有粗长刚毛；雄虫下生殖板狭长，外侧中部内凹，中域有 1 列粗刚毛，侧缘有细刚毛；阳茎基部粗，端部弯曲变细，中部背面有 1 宽的突起，在突起基部逆生 3 刺状突，顺生 1 刺状突；连索 Y 形，主干微大于臂长；阳基侧突中部粗，两端细，端缘微扩，接近平切。雌虫腹部第 7 节腹板中央长度是第 6 节的 2 倍，后缘中央接近平直，产卵器伸出尾节端缘甚多，但伸不出前翅端缘。

体淡黄白色。头冠顶端于冠缝末端有 1 小黑点，两侧有 1 橘红色带纹纵贯前胸背板，终止于小盾片基侧角处，前胸背板两侧亦具橘红色狭纵带；前翅淡黄微带白色，内缘、后缘至爪片末端宽带及革片基部 2/5 处靠近爪缝处 1 斑块橘红色，端缘域淡黄色。

检视标本 **台湾**：1♀，Pintung，1989.Ⅱ.20，C. S. Lin 采 (GUGC)；1♂，Nantou，2006.Ⅸ.21，K. W. Huang 采 (GUGC)；2♀，高雄，2002.Ⅺ.21-22，李子忠采 (GUGC)。**海南**：1♀，尖峰岭，2007.Ⅶ.10，李玉建采 (GUGC)；1♀，吊罗山，2007.Ⅶ.18，李玉建采 (GUGC)；1♂，霸王岭，2009.Ⅵ.25，何婷婷采 (GUGC)；4♂8♀，尖峰岭，2013.Ⅳ.5，龙见坤、邢济春、张玉波采 (GUGC)。**贵州**：♂ (正模)，1♂1♀ (副模)，荔波，1995.Ⅵ.4，陈会明采 (GUGC)；3♂4♀，习水，2013.Ⅷ.22，邢东亮、屈玲采 (GUGC)；1♂，荔波茂兰，2015.Ⅶ.26，姚亚林采 (GUGC)。

分布 台湾、海南、贵州。

45. 类隐脉叶蝉属 *Sinonirvana* Gao *et* Zhang, 2014

Sinonirvana Gao *et* Zhang, 2014, In: Gao, Dai *et* Zhang, 2014, Zootaxa, 3841(4): 496. **Type species:** *Sinonirvana hirsuta* Gao *et* Zhang, 2014.

模式种产地：云南金平。

属征：头部前端近似角状突出，中央长度明显大于前胸背板中长。头冠接近平坦，前侧缘有脊，冠缝明显；单眼小；颜面微突，基部中央有纵脊，前唇基基部宽，端缘平直，舌侧板小。前胸背板较头部窄，前缘弧圆突出，后缘微凹；小盾片横刻痕明显，两端伸达侧缘；前翅翅脉不甚明显，有 4 端室，端片狭窄。

雄虫尾节侧瓣发达，腹缘突起明显，后缘有长刚毛；雄虫下生殖板侧缘有细长刚毛，中侧域有 1 列粗长刚毛；阳茎干基半部直，端半部向腹面弯曲，具有 1 对突起，阳茎孔位于端部腹面；连索 Y 形；阳基侧突基部细，端部蟹钳状。

地理分布：东洋界。

此属由 Gao 等 (2014) 以云南产 *Sinonirvana hirsuta* Gao *et* Zhang 为模式种建立。

目前仅知 1 种，本志记述 1 种。

(262) 多毛类隐脉叶蝉 *Sinonirvana hirsuta* Gao *et* Zhang, 2014 (图 266；图版 XIII：5)

Sinonirvana hirsuta Gao *et* Zhang, 2014, In: Gao, Dai *et* Zhang, 2014, Zootaxa, 3841(4): 497. **Type locality**: Yunnan (Jinping) .

模式标本产地 云南金平。

体连翅长，雄虫 4.9-5.0mm，雌虫 5.0-5.3mm。

头部前端近似角状突出，中央长度明显大于前胸背板中长。头冠接近平坦，边缘有脊，冠缝明显；单眼小；复眼外缘与头冠前侧缘在同一圆弧线上；颜面额唇基微突，基部中央有纵脊，前唇基基部宽，端缘平直，舌侧板小。前胸背板较头部窄，前缘弧圆突出，后缘微凹；小盾片横刻痕明显，两端伸达侧缘。

雄虫尾节侧瓣骨化极强，端背缘有约 11 根粗长刚毛，腹缘有 1 弯曲的突起，亦生细刚毛；雄虫下生殖板两端较窄，中部微凸，散生细长刚毛，中部侧域有 1 列粗长刚毛；阳茎基部直，中部呈直角弯曲，背面观弯曲处和端部各有 1 对突起；连索 Y 形，主干长与背长近似相等；阳基侧突基部细，端部蟹钳状。

雄虫体黄白色，头冠、前胸背板、小盾片中央有 1 黑色线纹。前胸背板侧缘橘红色；单眼橘红色；复眼淡褐色。前翅白色，后缘中部有 1 基部宽、端部变细的黑色斜纹，爪片末端及翅端前缘 1 斜线黑色。虫体腹面黄白色，无明显斑纹。雌虫体色更淡，头冠、前胸背板、小盾片中央有 1 黑色纵线。前胸背板侧缘橘黄色；前翅黑色斑减退至不明显。

检视标本　**云南**：7♂6♀，金平，2015.Ⅴ.15，吴云飞采 (GUGC)；2♂1♀，金平，2016.Ⅵ.7，王英鉴采 (GUGC)。

分布　云南。

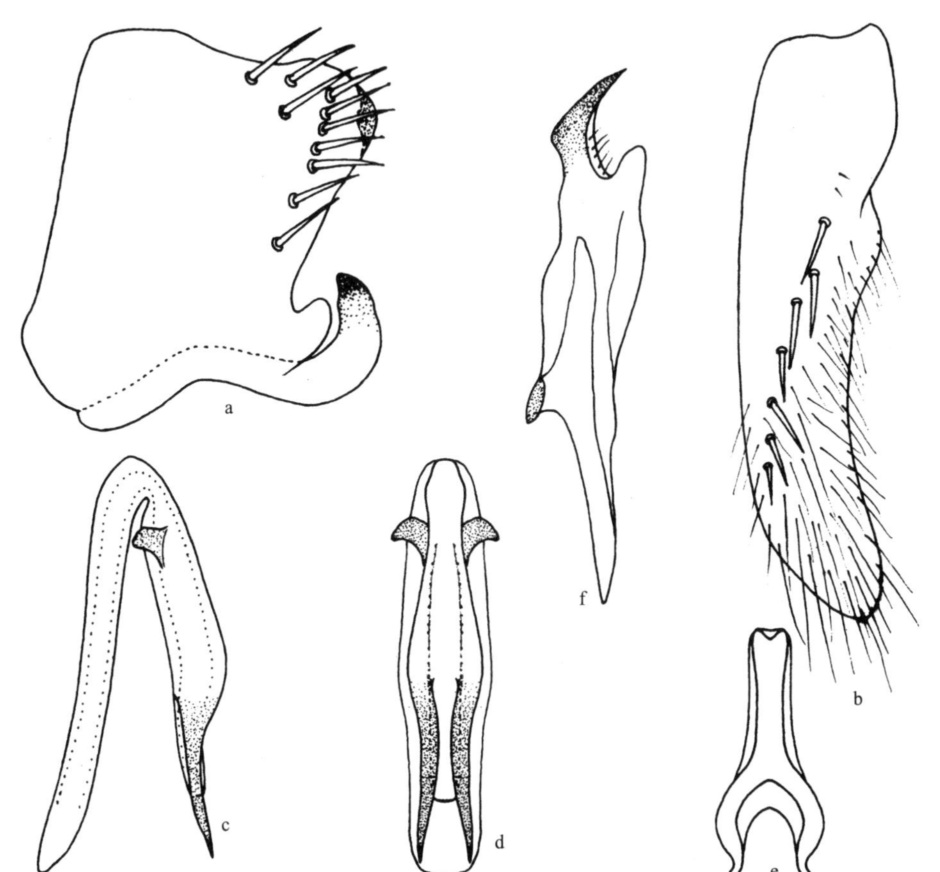

图 266　多毛类隐脉叶蝉 *Sinonirvana hirsuta* Gao *et* Zhang

a. 雄虫尾节侧瓣侧面观 (male pygofer side, lateral view)；b. 雄虫下生殖板 (male subgenital plate)；c. 阳茎侧面观 (aedeagus, lateral view)；d. 阳茎腹面观 (aedeagus, ventral view)；e. 连索 (connective)；f. 阳基侧突 (style)

46. 拟隐脉叶蝉属 *Sophonia* Walker, 1870

Sophonia Walker, 1870: 327. **Type species**: *Sophonia rufitelum* Walker, 1870.

Pseudonirvana Baker, 1923, Philip. Jour. Sci., 23(4): 386.

Quercinirvana Ahmed *et* Mahmood, 1970, Pak. J. Sci. Ind. Res., 12(3): 260; Webb *et* Viraktamath, 2004, Zootaxa, 692: 4. Synonymized.

模式种产地：印度尼西亚。

属征：头冠平坦或略隆起，向前延伸凸出，自复眼向前渐次收狭，中央长度约为二复眼间宽的 1.5 倍，具缘脊；单眼位于头冠侧缘，靠近复眼前角处；颜面额唇基狭长，基部均匀丰满隆起，其上有斜走的侧褶，基域中央有明显的纵脊，端部平坦，前唇基基部宽，端向渐狭，端缘接近平直，舌侧板小。前胸背板前缘向前凸出，后缘微凹；前翅长超过腹部末端，革片基部翅脉模糊不清，无端前室，具 4 端室，端片狭小；后翅有 3 封闭端室。

雄虫尾节侧瓣端区具粗刚毛，端缘常有不同形状的突起；雄虫下生殖板一般长阔，中域具 1 列粗刚毛；阳茎具复杂突起；连索 Y 形；阳基侧突基部扭曲，端部尖。

地理分布：东洋界，古北界，新北界，澳洲界。

此属由 Walker (1870) 以 *Sophonia rufitelum* Walker 为模式种建立；Baker (1923) 以菲律宾产 *Pseudonirvana sandakanensis* Baker 为模式种建立 *Pseudonirvana*=*Sophonia*，并记述 7 新种和 1 已知种；Ahmed 和 Mahmood (1970) 以 *Quercinirvana longicephala* Ahmed *et* Mahmood 为模式种建立 *Quercinirvana*=*Sophonia* 属；Distant (1908) 记述印度、缅甸和斯里兰卡的 3 新种；Evans (1966，1973) 记述澳大利亚和新几内亚 4 新种；Webb 和 Viraktamath (2004) 报道美国夏威夷的 4 已知种。我国研究此属并建立一些新分类单元的学者有葛钟麟 (1973，1992)、葛钟麟和葛竞麟 (1983)、Huang (1989b)、李子忠和汪廉敏 (1991)、陈祥盛和李子忠 (1998a)、蔡平和申效诚 (1998)、蔡平和何俊华 (2002) 等。

本属种类较多，目前全世界已记述 44 种。我国已报道 32 种，拟对一些种的归属进行调整，实有 22 有效种。本志记述 32 种，含 10 新种，提出 3 种新异名。

种 检 索 表 (♂)

1. 体背中央有白色或黑色纵线纹……2
   体背中央无白色或黑色纵线纹，但体背或仅头冠有红色纵纹……3
2. 体背中央有白色纵线纹……**饰纹拟隐脉叶蝉，新种 *S. adorana* sp. nov.**
   体背中央有黑色纵线纹……12
3. 体背中央有 1 黑色纵线纹在头冠呈单线亦不分叉……4
   体背中央黑色纵线纹在头冠呈双线或分叉……7
4. 体背中央黑色纵线纹粗细不匀……**庐山拟隐脉叶蝉 *S. lushana***
   体背中央黑色纵线纹粗细匀称……5
5. 头冠顶端无黑色圆斑……**侧突拟隐脉叶蝉，新种 *S. flanka* sp. nov.**

头冠顶端有 1 黑色圆斑……6
6. 阳茎中部背域片状突中部向外侧扩延……**黑线拟隐脉叶蝉 *S. nigrilineata***
阳茎中部背域片状突中部不向外侧扩延……**单线拟隐脉叶蝉 *S. unilineata***
7. 体背纵线纹在头冠分叉……**长线拟隐脉叶蝉 *S. longitudinalis***
体背纵线纹在头冠呈双线……8
8. 体背纵线在前胸背板和小盾片两侧有血红色边……**东方拟隐脉叶蝉 *S. orientalis***
体背纵线在前胸背板和小盾片两侧无血红色边……9
9. 体淡橘黄色……**剑突拟隐脉叶蝉 *S. spathulata***
体淡黄白色……10
10. 雄虫尾节侧瓣端部无明显突起……**张氏拟隐脉叶蝉 *S. zhangi***
雄虫尾节侧瓣端部有明显突起……11
11. 阳茎近似管状，末端有 1 对长突……**细线拟隐脉叶蝉，新种 *S. hairlinea* sp. nov.**
阳茎非管状，末端有 1 对短突……**双线拟隐脉叶蝉 *S. bilineara***
12. 体背中央或仅头冠中央有红色纵纹……13
体背中央或头冠中央无红色纵纹……16
13. 体背中央有橙红色纵纹……**红色拟隐脉叶蝉 *S. rufa***
仅头冠中央有红色纵纹……14
14. 头冠中央有 1 血红色纵线，两侧无斑纹……**红纹拟隐脉叶蝉 *S. erythrolinea***
头冠中央有 1 血红色纵线，两侧有明显斑纹……15
15. 头冠顶端两侧有 1 血红色铲形纹……**弧纹拟隐脉叶蝉 *S. arcuata***
头冠顶端两侧无血红色铲形纹……**肛突拟隐脉叶蝉 *S. anushamata***
16. 前翅乳白色……17
前翅非乳白色……18
17. 阳茎亚端部有 2 对刺状突……**曲茎拟隐脉叶蝉，新种 *S. tortuosa* sp. nov.**
阳茎亚端部或基部有 1 对长突……**盈江拟隐脉叶蝉，新种 *S. yingjianga* sp. nov.**
18. 颜面黑色……**黑面拟隐脉叶蝉 *S. nigrifrons***
颜面非黑色……19
19. 头冠前侧缘橘黄色……**桫椤拟隐脉叶蝉 *S. cyatheana***
头冠前侧缘非橘黄色……20
20. 阳茎端部两侧和中部两侧均具发达突起……**白色拟隐脉叶蝉 *S. albuma***
阳茎构造不如前述……21
21. 阳茎 S 形……22
阳茎不呈 S 形……23
22. 阳茎基部和端部均有突起……**尖板拟隐脉叶蝉，新种 *S. pointeda* sp. nov.**
阳茎基部和端部两侧均无突起……**逆突拟隐脉叶蝉，新种 *S. contrariesa* sp. nov.**
23. 前翅后缘黑褐色……**褐缘拟隐脉叶蝉 *S. fuscomarginata***
前翅后缘非黑褐色……24

24. 体淡橘黄色或姜黄色……25
体淡黄白色或乳白色……26
25. 体姜黄色……端刺拟隐脉叶蝉，新种 ***S. spinula* sp. nov.**
体橙黄色……枝突拟隐脉叶蝉 ***S. branchuma***
26. 体及前翅乳白色……27
体及前翅淡黄白色……28
27. 阳茎干中部有 1 乳状突……双枝拟隐脉叶蝉 ***S. biramosa***
阳茎干中部无乳状突……细点拟隐脉叶蝉，新种 ***S. microstaina* sp. nov.**
28. 前翅中部有不规则形褐色纹……横纹拟隐脉叶蝉 ***S. transvittata***
前翅中部不具褐色斑纹……29
29. 雄虫尾节侧瓣端缘有 3 突起……云南拟隐脉叶蝉 ***S. yunnanensis***
雄虫尾节侧瓣端缘突起不足 3 或无突起……30
30. 雄虫尾节侧瓣端缘无突起……纯色拟隐脉叶蝉 ***S. unicolor***
雄虫尾节侧瓣端缘有突起……31
31. 雄虫尾节侧瓣端缘有 2 突起……黑边拟隐脉叶蝉，新种 ***S. nigricostana* sp. nov.**
雄虫尾节侧瓣端缘有 1 长突……蔷薇拟隐脉叶蝉 ***S. rosea***

(263) 饰纹拟隐脉叶蝉，新种 *Sophonia adorana* Li, Li *et* Xing, sp. nov. (图 267)

模式标本产地　云南西双版纳勐腊。

体连翅长，雄虫 4.5mm。

头冠前端呈尖角状突出，中央长度略大于二复眼间宽度，显著大于前胸背板中央长度，冠面轻度隆起，边缘具脊，缘脊近复眼前向外侧扩凸；单眼位于头冠侧域，着生在头冠侧缘的扩凸处，与复眼和缘脊的距离约为单眼直径的 2 倍。前胸背板中域隆起，前缘域两侧凹陷，前缘宽圆凸出，前侧缘长而斜直，后侧缘短；小盾片横刻痕凹陷弧弯，两端伸达侧缘。

雄虫尾节侧瓣端部向外侧凸出，端部突起弯曲，端区着生粗长刚毛；雄虫下生殖板外侧域有 1 纵列粗刚毛，端区生数根长刚毛；阳茎宽扁弧形弯曲，基部背域有 1 对片状突，片状突端部骤变成针状，中部有 1 对齿突，端部腹面有 1 对刺状突，端部管状弯曲；连索 Y 形，主干中部显著膨大，两端较细；阳基侧突端部呈钳状。雌虫腹部第 7 节腹板中央长度大于第 6 节腹板中长，中央纵向隆起，后缘接近平直，产卵器伸出尾节端缘。

体淡黄白色。头冠、前胸背板、小盾片中央纵贯 1 黄白色线状纹，线状纹两侧饰淡褐色纹，线状纹前端与头冠前缘 1 黑色圆斑相接。头冠沿缘脊褐色；单眼红褐色；复眼黑褐色。前翅淡黄白色，翅端前缘 3 斜纹、爪片末端、第 2 端室内 1 圆斑均黑褐色。虫体腹面淡黄白色，无明显斑纹。

正模　♂，云南西双版纳勐腊，2016.Ⅵ.23，王英鉴采。新种模式标本保存在贵州大学昆虫研究所 (GUGC)。

词源　新种名以头冠、前胸背板、小盾片中央黄白色纵纹两侧饰淡褐色纹这一明显特征命名。

分布 云南。

新种外形特征与白色拟隐脉叶蝉 *Sophonia albuma* Li *et* Wang 相似，不同点是新种头冠、前胸背板、小盾片中央纵贯黄白色线状纵纹，雄虫尾节侧瓣端部突起弯曲；阳茎腹面有 1 对刺状突。

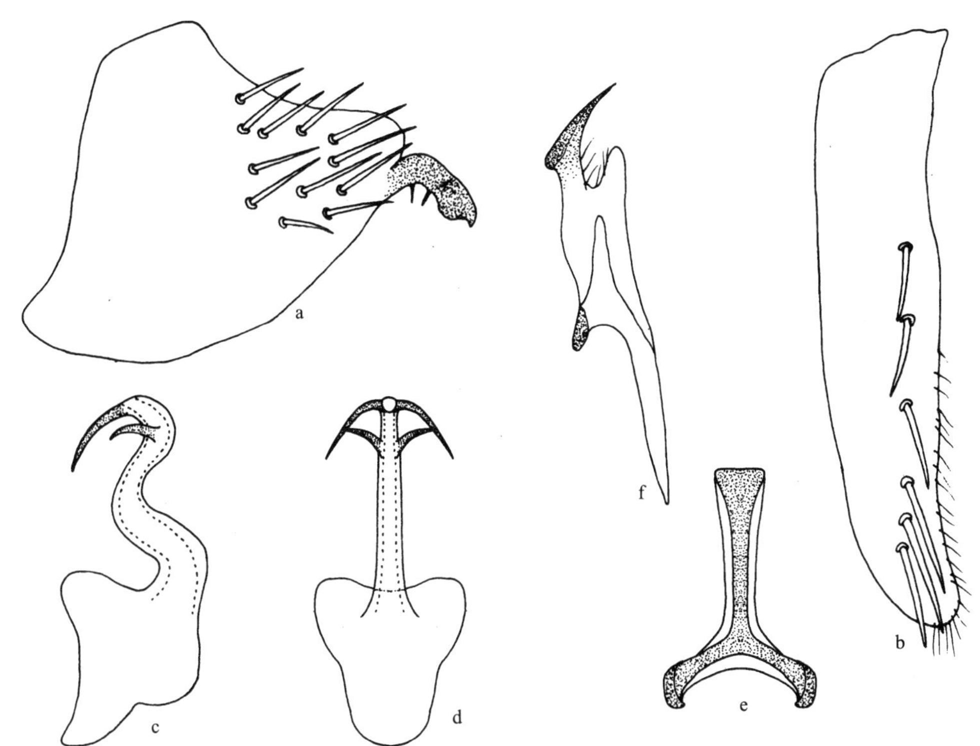

图 267 饰纹拟隐脉叶蝉，新种 *Sophonia adorana* Li, Li *et* Xing, sp. nov.

a. 雄虫尾节侧瓣侧面观 (male pygofer side, lateral view)；b. 雄虫下生殖板 (male subgenital plate)；c. 阳茎侧面观 (aedeagus, lateral view)；d. 阳茎腹面观 (aedeagus, ventral view)；e. 连索 (connective)；f. 阳基侧突 (style)

(264) 白色拟隐脉叶蝉 *Sophonia albuma* Li *et* Wang, 1991 (图 268；图版 XIII：6)

Sophonia albuma Li *et* Wang, 1991, Zoological Research, 12(2): 127. **Type locality**: Guizhou (Fanjingshan, Xishui, Daozhen, Zunyi).

模式标本产地 贵州梵净山、习水、道真、遵义。

体连翅长，雄虫 4.2-4.5mm，雌虫 5.0-5.2mm。

头冠前端呈尖角状凸出，中央长度略大于二复眼间宽度，显著大于前胸背板中央长度，冠面轻度隆起，边缘具脊，缘脊近复眼前向外侧扩凸；单眼位于头冠侧域，着生在头冠侧缘的扩凸处，与复眼和缘脊的距离约为单眼直径的 2 倍。前胸背板中域隆起，前缘域两侧凹陷，前缘宽圆凸出，前侧缘长而斜直，后侧缘短；小盾片横刻痕凹陷弧弯，两端伸达侧缘。

雄虫尾节侧瓣端部向外侧凸出，端腹角有 1 根枝状突起，端区着生粗长刚毛；雄虫下生殖板外侧域有 1 纵列粗刚毛，端区生数根长刚毛；阳茎宽扁弧形弯曲，基部背域有 1 对片状突，片状突端部骤变成针状，中部有 1 对齿突，端部腹面有 1 对刺状突，端部管状弯曲；连索 Y 形，主干中部显著膨大，两端较细；阳基侧突端部呈钳状。雌虫腹部第 7 节腹板中央长度大于第 6 节腹板中长，中央纵向隆起，后缘接近平直，产卵器长伸出尾节侧瓣端缘。

体乳白色。单眼着生区及单眼淡橘红色，一些个体此橘红色向头冠侧缘延伸，致头冠前侧缘亦淡橘黄色；复眼淡褐色。前翅与体同色，端缘域具烟黄晕，端半部前缘区有 3 淡褐色斜纹，爪片末端有 1 褐色斑，第 2 端室内有 1 黑褐色圆斑；各足跗爪及后足胫节端部黑褐色。

寄主 草本植物。

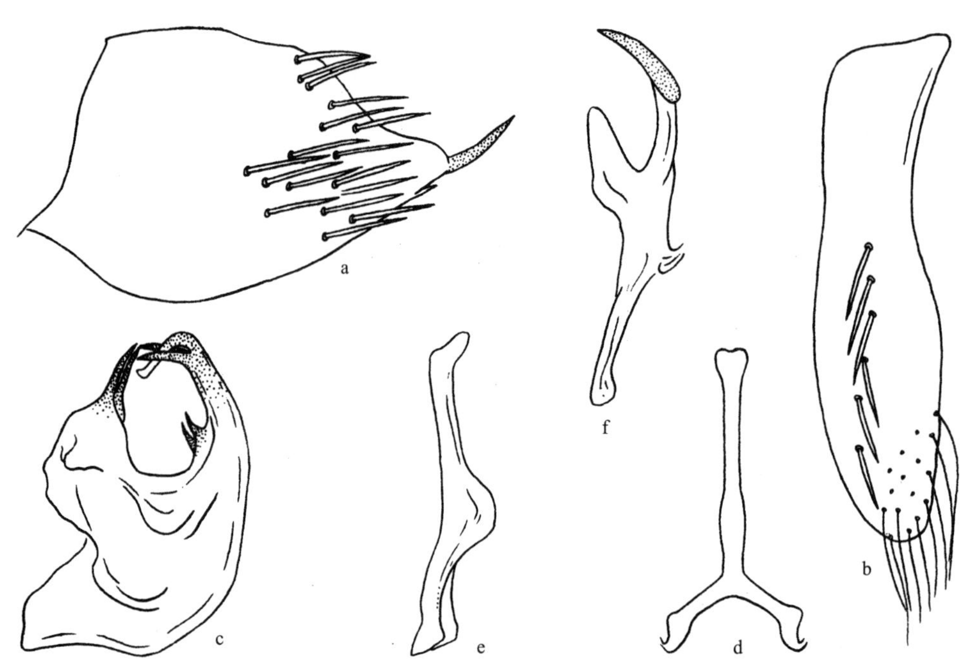

图 268 白色拟隐脉叶蝉 *Sophonia albuma* Li *et* Wang

a. 雄虫尾节侧瓣侧面观 (male pygofer side, lateral view)；b. 雄虫下生殖板 (male subgenital plate)；c. 阳茎侧面观 (aedeagus, lateral view)；d. 连索背面观 (connective, dorsal view)；e. 连索侧面观 (connective, lateral view)；f. 阳基侧突 (style)

检视标本 **河北**：3♂5♀，兴隆雾灵山，2011.Ⅷ.7-8，范志华采 (GUGC)。**河南**：1♂，西峡，2010.Ⅷ.1，李虎采 (GUGC)；2♀，西峡，2010.Ⅶ.31，李虎、范志华采 (GUGC)。**陕西**：3♂5♀，太白山，1997.Ⅸ.2，李子忠采 (GUGC)。**湖北**：1♂2♀，咸丰，1999.Ⅶ.26，杜艳丽采 (GUGC)；1♂2♀，神农架，2013.Ⅶ.17，常志敏采 (GUGC)。**江西**：1♂2♀，武夷山，2014.Ⅷ.21，焦猛采 (GUGC)。**安徽**：4♂3♀，牯牛降，2013.Ⅶ.27，于晓飞采 (GUGC)；

2♂5♀，六安，2013.Ⅶ.31，李斌、严斌采（GUGC）。**福建**：1♂，福州，1998.Ⅶ.2，林秀玲采（GUGC）；1♂，武夷山，2013.Ⅵ. 25，李斌采（GUGC）。**广西**：2♀，元宝山，2004.Ⅶ.15，杨茂发采（GUGC）。**四川**：10♂18♀，峨眉山，1991.Ⅷ.4，李子忠采（GUGC）。**贵州**：4♂7♀，习水，1975.Ⅶ.15，马贵云采（GUGC）；2♂3♀，毕节，1977.Ⅶ.17，李子忠采（GUGC）；10♂15♀（副模），习水，1977.Ⅶ.15-17，李子忠采（GUGC）；♂（正模），3♂5♀（副模），梵净山，1986.Ⅶ.21，李子忠采（GUGC）；3♂2♀（副模），道真大沙河，1988.Ⅷ.14，李子忠采（GUGC）；7♂9♀（副模），遵义，1988.Ⅶ.15-17，李子忠采（GUGC）；7♂9♀，遵义，1989.Ⅶ.15，吴文英采（GUGC）；2♂3♀（副模），道真，1988.Ⅷ.14，李子忠采（GUGC）；5♂8♀，梵净山，1994.Ⅷ.8，陈祥盛采（GUGC）；7♂9♀，习水，1996.Ⅶ.16，马贵云采（GUGC）；8♂10♀，梵净山，2001.Ⅷ.8-10，陈祥盛、李子忠采（GUGC）；1♂，道真大沙河，2004.Ⅷ.1，张斌采（GUGC）；7♂9♀，雷公山，2005.Ⅸ.17-19，宋月华、李子忠、张斌采（GUGC）；9♂12♀，绥阳宽阔水，2010.Ⅷ.15-17，戴仁怀、李玉建采（GUGC）；2♂1♀，大方，2011.Ⅷ.1，于晓飞采（GUGC）；2♂3♀，毕节，2011.Ⅷ.10，于晓飞采（GUGC）；1♂2♀，习水，2013.Ⅷ.22，屈玲、邢东亮采（GUGC）。**云南**：3♂，福贡，2012.Ⅶ.25，龙见坤采（GUGC）；1♂1♀，高黎贡山，2013.Ⅷ.5，范志华采（GUGC）。

分布　河北、河南、陕西、安徽、湖北、江西、福建、广西、四川、贵州、云南。

(265) 肛突拟隐脉叶蝉 *Sophonia anushamata* Chen *et* Li, 1998（图 269；图版 XIII：7）

Sophonia anushamata Chen *et* Li, 1998, Zoological Research, 19(1): 65. **Type locality**: Guizhou (Shiqian, Fanjingshan), Sichuan (Emeishan), Hunan (Zhangjiajie).

模式标本产地　贵州石阡、梵净山，四川峨眉山，湖南张家界。

体连翅长，雄虫 5.6-5.9mm，雌虫 6.2-6.7mm。

头冠中央长度为二复眼间宽的 1.7 倍，基部冠缝明显，中域平凹，端缘上翘，侧缘具缘脊；单眼位于头冠侧缘；颜面额唇基基部纵向隆起，中央纵脊约占该区全长的 1/3，中、端部平凹，其上有斜褶，前唇基端向渐狭，端缘接近平切，舌侧板狭小。前胸背板短，约为头冠中央长度的 1/2，前缘弧圆凸出，后缘微凹，前缘域有弧形凹痕，中域、后域生细横皱纹；小盾片横刻痕位于中后部，弯曲凹陷，两端伸达侧缘。

雄虫尾节侧瓣端缘凸圆，端区有粗长刚毛，肛管基部指向腹面，前方有 1 对肛钩，弯曲相对，端部分叉，有的种类在主枝上又分出 1 根侧枝；雄虫下生殖板长阔，外缘基部稍波曲，中域具有 1 列约 10 根粗刚毛，端区生小刚毛；阳茎基半部膨大，近基部腹缘两侧各有 1 根粗长光滑的长刺突，端部弯曲分叉，亚端部背域两侧着生端部分叉的突起；连索 Y 形，主干略长于臂长；阳基侧突基部扭曲，端缘平切，端部与外侧延伸部之间宽凹陷，凹陷处生小刚毛。雌虫腹部第 7 节腹板中央长度是第 6 节的 2 倍，中央纵向隆起，似 1 纵脊，后缘微波状，产卵器长伸出尾节侧瓣端缘。

体淡乌黄微带褐色色泽。头冠中部、端部沿冠缝处有 1 很细的血红色 Y 形线，约占冠缝长的 2/3，侧缘于冠缝两侧各有 1 淡黄色弧形斑纹。前胸背板侧区及中域端部、小盾片基半中区浅黄色；前翅与体同色，爪片具 3 浅褐色斑纹，爪片末端 1 小点、革片近爪缝 1 斑纹浅褐色，前缘区 3 斜纹、第 2 端室基部横脉 1 短横纹均褐色；各足跗爪暗褐色。腹部淡黄色。

寄主 桃、碧桃。

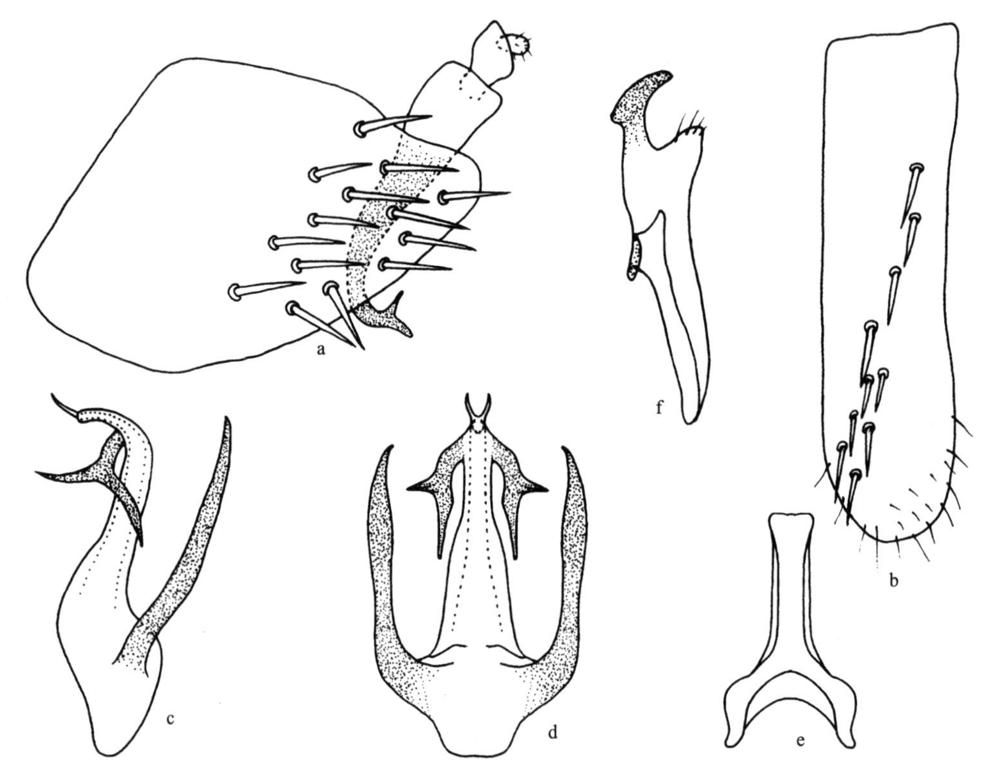

图 269 肛突拟隐脉叶蝉 *Sophonia anushamata* Chen *et* Li

a. 雄虫尾节侧瓣侧面观 (male pygofer side, lateral view)；b. 雄虫下生殖板 (male subgenital plate)；c. 阳茎侧面观 (aedeagus, lateral view)；d. 阳茎腹面观 (aedeagus, ventral view)；e. 连索 (connective)；f. 阳基侧突 (style)

检视标本 **湖北**：1♂1♀，神农架，2013.Ⅶ.17，常志敏采 (GUGC)；1♂，五峰，2013.Ⅶ.22，常志敏采 (GUGC)。**湖南**：2♂3♀ (副模)，张家界，1995.Ⅷ.12-15，陈祥盛采 (GUGC)。**浙江**：3♂2♀，莫干山，2014.Ⅷ.4，龙见坤采 (GUGC)。**四川**：2♂3♀ (副模)，峨眉山净水，1991.Ⅷ.4，李子忠采 (GUGC)；3♂1♀，千佛山，2007.Ⅷ.13，邢济春采 (GUGC)。**贵州**：6♂1♀ (副模)，梵净山，1994.Ⅷ.12，李子忠、陈祥盛采 (GUGC)；♂ (正模)，石阡佛顶山，1994.Ⅷ.17，陈祥盛采 (GUGC)；2♂3♀ (副模)，石阡佛顶山，1994.Ⅷ.16-17，陈祥盛采 (GUGC)；9♂4♀，荔波茂兰，1996.Ⅸ.21-22，杨茂发采 (GUGC)；2♂4♀，习水，2000.Ⅸ.25，李子忠采 (GUGC)；2♂4♀，梵净山，2001.Ⅷ.2，李子忠采 (GUGC)；2♂4♀，道真大沙河，2004.Ⅷ.17-20，杨茂发采 (GUGC)；3♂5♀，绥阳宽阔水，2010.Ⅷ.15-17，李虎、宋琼章、范志华采 (GUGC)；5♂7♀，梵净山，2011.Ⅸ.21，范志华采 (GUGC)；6♂11♀，望谟，2012.Ⅷ.23，常志敏、郑维斌采 (GUGC)；1♀，习水，2013.Ⅷ.22，屈玲采 (GUGC)；1♂3♀，梵净山，2017.Ⅷ.30，王显益、张越采 (GUGC)。**广西**：1♂，凭祥，1997.Ⅵ.1，

杨茂发采 (GUGC)。**云南**：1♀，腾冲，2002.Ⅷ.15，李子忠采 (GUGC)；2♂，香格里拉，2012.Ⅷ.10，范志华采 (GUGC)。

分布 浙江、湖北、江西、湖南、广西、四川、贵州、云南。

(266) 弧纹拟隐脉叶蝉 *Sophonia arcuata* Chen *et* Li, 1998 (图 270；图版 XIII：8)

Sophonia arcuata Chen *et* Li, 1998, Zoological Research, 19(1): 65. **Type locality**: Guizhou (Shiqian).

模式标本产地 贵州石阡。

体连翅长，雄虫 6.5-6.6mm，雌虫 6.5-6.8mm。

头冠近呈匙状向前延伸，中央长度为二复眼间宽的 1.7 倍，冠面端部平凹，其上有不甚明显的纵褶，冠缝明显，前侧缘微向上翘；单眼位于头冠侧缘靠近复眼前角处，与复眼的距离约为单眼直径的 1.5 倍，单眼间距大于复眼间距；颜面长为宽的 1.5 倍，额唇基基部纵向隆起，有斜褶，中脊短，前唇基端向渐狭，端缘接近平切。前胸背板中央长度约为头冠的 1/2，前缘弧圆凸出，后缘略呈角状凹入，前缘域有 1 弧形凹痕，后半部密生细小横皱；小盾片与前胸背板等长，横刻痕位于中部，弧形凹陷，两端伸达侧缘。

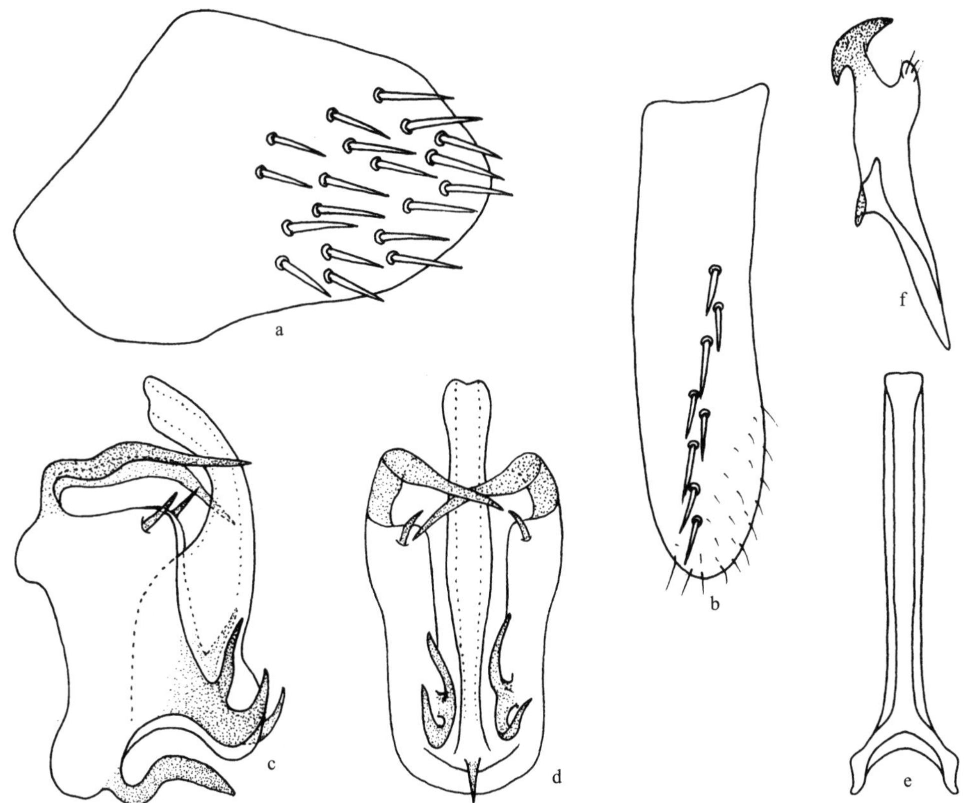

图 270 弧纹拟隐脉叶蝉 *Sophonia arcuata* Chen *et* Li

a. 雄虫尾节侧瓣侧面观 (male pygofer side, lateral view)；b. 雄虫下生殖板 (male subgenital plate)；c. 阳茎侧面观 (aedeagus, lateral view)；d. 阳茎腹面观 (aedeagus, ventral view)；e. 连索 (connective)；f. 阳基侧突 (style)

雄虫尾节侧瓣近似长方形，端缘宽圆突出，端区有粗长刚毛；雄虫下生殖板长片状，中域着生 1 列粗刚毛；阳茎中部膨大，近基部两侧有 1 粗刺突，伸向腹后方，自中部延伸出 3 对片状突起，此突起基部膨大，端半部延伸为刺状突，其中 1 对指向阳茎端部，阳茎干端部管状弯曲；连索 Y 形，主干长是臂长的 6 倍；阳基侧突基部膨大，端部弯向内侧，略膨大，端缘略呈弧形。

体黄白至橙黄色。头冠中部、端部沿冠缝有 1 很细的血红色纵线，与此线端部相接处有 1 血红色的铲状纹，头冠冠缝两侧有 2 对橙黄色弧形条纹，一对位于中部稍偏端部，另一对与单眼相连；复眼褐色；单眼黄白色。前胸背板、小盾片淡橙黄色；前翅端区前缘有 3 褐色斜纹，第 1、第 3 斜纹后侧及第 3 端室各有 1 透明斑。腹部背、腹面均淡黄至橙黄色。

寄主 草本植物。

检视标本 **贵州**：6♂1♀，梵净山，1994.Ⅷ.12，李子忠、陈祥盛采 (GUGC)；♂(正模)，石阡佛顶山，1994.Ⅷ.15，李子忠采 (GUGC)；3♂(副模)，石阡佛顶山，1994.Ⅷ.15，李子忠、陈祥盛采 (GUGC)；2♂1♀，石阡佛顶山，2011.Ⅷ.13，徐芳玲、宋琼章采 (GUGC)；1♂，习水，2011.Ⅷ.14，于晓飞采 (GUGC)；1♀，贵阳，2012.Ⅸ.6-7，徐世燕采 (GUGC)。**云南**：1♂，勐腊，2008.Ⅶ.18，蒋晓红采 (GUGC)；1♀，小勐养，2008.Ⅶ.21，宋月华采 (GUGC)；1♂，勐遮，2008.Ⅶ.24，蒋晓红采 (GUGC)。

分布 贵州、云南。

(267) 双线拟隐脉叶蝉 *Sophonia bilineara* Li *et* Chen, 1999 (图 271)

Sophonia bilineara Li *et* Chen, 1999, Nirvaninae from China (Homoptera: Cicadellidae): 53. **Type locality**: Guangdong (Dinghushan) .

Sophonia concave Cai *et* He, 2002, In: Huang (ed.), Forest Insects of Hainan: 151. **New synonymy.**

模式标本产地 广东鼎湖山。

体连翅长，雄虫 3.8-4.0mm，雌虫 4.0-4.2mm。

头冠较平坦，密生皱纹，端缘微向上翘，中央长度明显大于二复眼间宽度，与前胸背板和小盾片中央长度之和接近相等，自复眼前向前端渐狭，端缘近似角状突出；单眼位于头冠前侧缘，靠近复眼，与复眼的距离约等于单眼直径，与缘脊之距约为单眼直径的 1/2；颜面额唇基平坦，两侧有侧褶，基缘域较隆起，前唇基由基至端渐狭。前胸背板中域隆起，向两侧倾斜，前缘弧圆凸出，后缘近似角状，前缘域有 1 弧形印痕，前侧缘较长而斜直；小盾片横刻痕位于中后部，弧弯深凹陷，两端伸不及侧缘。

雄虫尾节侧瓣宽圆突出，沿端缘有粗长刚毛，端腹缘有宽扁的突起，此突起超过端缘甚多，微向上弯，末端渐细；雄虫下生殖板末端宽圆，中央有 1 纵列粗刚毛；阳茎向背面弯曲，基部有 1 对长的突起向腹面直伸，末端部有 1 对短突；连索 Y 形，主干长明显大于臂长；阳基侧突亚端部骤变细成管状，末端人足形。雌虫腹部第 7 节腹板中央长度是第 6 节腹板的 2 倍，中央呈龙骨状，后缘中域呈角状凸出，产卵器伸出尾节侧瓣端缘。

体淡黄白色。头冠顶端有 1 近似长方形黑斑，此斑后连黑色纵线，起自头冠顶、终于小盾片末端，此线于头冠呈双线，从前胸背板端缘到小盾片末端则合并为单线；复眼灰褐色；单眼淡黄色。前翅与体同色，沿两前翅接合缝有较宽的淡黄色区，爪片末端、第 2 端室基部 1 圆斑及翅端前缘 2 斜线深褐色。胸部腹面及胸足淡黄白色。腹部背、腹面略带橙黄色光泽。

检视标本　**广东：**♂ (正模)，鼎湖山，1983.Ⅵ.18，张雅林采 (NWAFU)；1♂1♀ (副模)，鼎湖山，1983.Ⅵ.18，张雅林采 (NWAFU)。**海南：**2♂2♀，尖峰岭，1983.Ⅴ.19，张雅林采 (NWAFU)；1♂，黎母岭，1997.Ⅴ.23，汪廉敏采 (GUGC)。**广西：**1♂，龙州，2012.Ⅴ.6，李虎采 (GUGC)；2♂3♀，金秀，2015.Ⅶ.18，罗强采 (GUGC)；1♂，天峨，2015.Ⅶ.19，严斌采 (GUGC)。**贵州：**1♀，望谟，2012.Ⅷ.22，龙见坤采 (GUGC)。**云南：**2♀，梁河勐养，2013.Ⅶ.25，范志华采 (GUGC)。

分布　广东、海南、广西、贵州、云南。

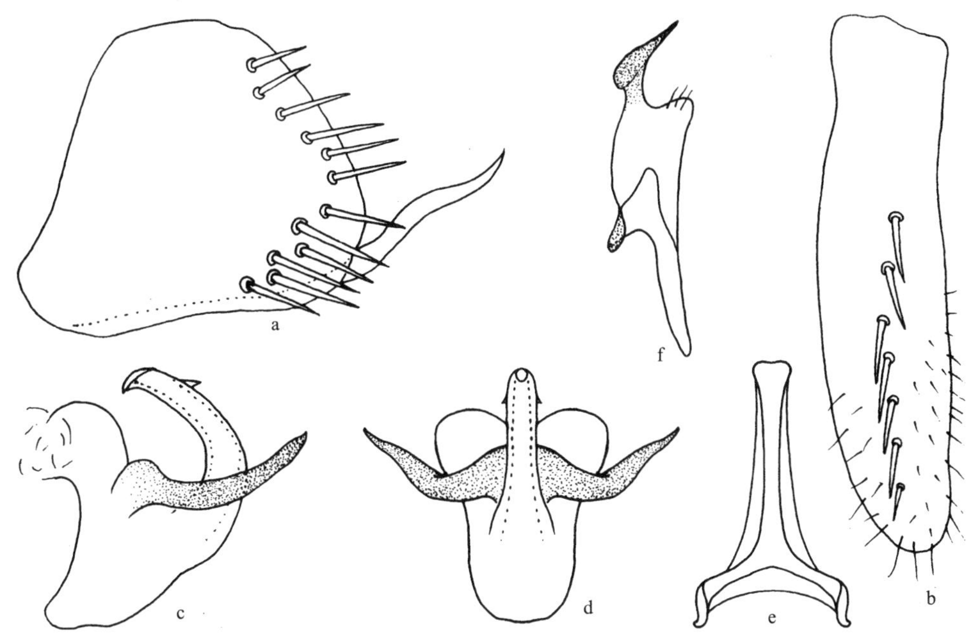

图 271　双线拟隐脉叶蝉 *Sophonia bilineara* Li *et* Chen

a. 雄虫尾节侧瓣侧面观 (male pygofer side, lateral view)；b. 雄虫下生殖板 (male subgenital plate)；c. 阳茎侧面观 (aedeagus, lateral view)；d. 阳茎腹面观 (aedeagus, ventral view)；e. 连索 (connective)；f. 阳基侧突 (style)

(268) 双枝拟隐脉叶蝉 *Sophonia biramosa* Li *et* Du, 2001 (图 272)

Sophonia biramosa Li *et* Du, 2001, Acta Zootaxonomica Sinica, 26(4): 520. **Type locality**: Hubei (Wufeng).

模式标本产地　湖北五峰。

体连翅长，雄虫 5.1-5.2mm。

头冠前端呈角状突出，中央长度大于二复眼间宽的 1.5 倍，冠缝明显，似 1 中脊，前侧缘具缘脊，前域有细纵皱纹；单眼位于头冠前侧域，与复眼前角的距离约为单眼直径的 2 倍；颜面额唇基基部丰满隆起，端部较平坦。前胸背板较头部宽，前缘弧圆凸出，后缘弧形凹入；小盾片中央长度短于前胸背板，横刻痕位于中后部，弧形弯曲。

雄虫尾节侧瓣自基向端逐渐收狭，致端腹角成片状向背面弯曲延伸，其延伸部中域向外侧扩大，端背域和端腹域各具数根粗刚毛；雄虫下生殖板中域有 1 列粗长刚毛，端区有细刚毛；阳茎宽扁弯曲，基部两侧有 1 对枝状长突起，端向渐窄，其长度超出阳茎末端，此突起基部侧生 1 刺状突，阳茎干中部有 1 乳状突，阳茎孔位于末端；连索 Y 形，主干长是臂长的 5 倍；阳基侧突基部细，中部粗壮，端部变细，末端成片状扭曲。

体及前翅乳白色。复眼深褐色；单眼淡黄色。小盾片横刻痕前的中央、前翅后缘沿爪片 1 狭带及端区不规则斑、第 1 端室均橘黄色。胸部腹面及胸足淡黄白色，腹部背面淡黄白色。

检视标本，**湖北**：♂ (正模)，1♂ (副模)，五峰，1999.Ⅶ.10，杜艳丽采 (GUGC)。

分布 湖北。

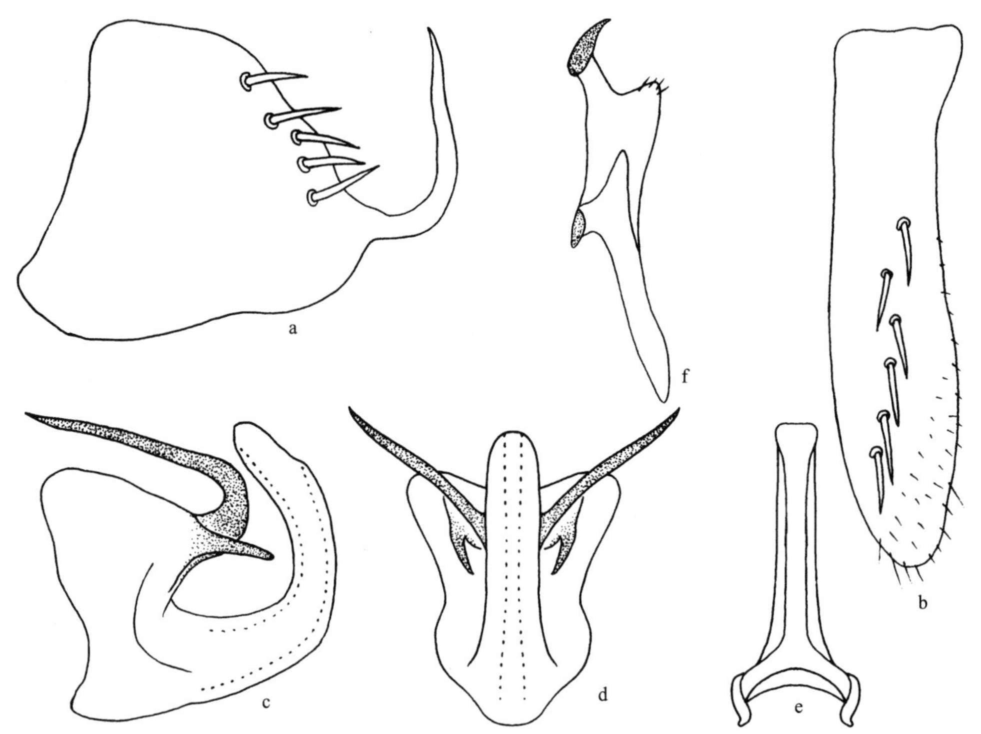

图 272 双枝拟隐脉叶蝉 *Sophonia biramosa* Li *et* Du

a. 雄虫尾节侧瓣侧面观 (male pygofer side, lateral view)；b. 雄虫下生殖板 (male subgenital plate)；c. 阳茎侧面观 (aedeagus, lateral view)；d. 阳茎腹面观 (aedeagus, ventral view)；e. 连索 (connective)；f. 阳基侧突 (style)

(269) 枝突拟隐脉叶蝉 *Sophonia branchuma* Li *et* Wang, 2003 (图 273)

Sophonia branchuma Li *et* Wang, 2003, Acta Zootaxonomica Sinica, 28(3): 504. **Type locality**: Yunnan (Longling).

模式标本产地　云南龙陵。

体连翅长，雄虫 5.4-5.6mm。

头冠前端呈锐角状突出，中央长度明显大于二复眼间宽，前侧缘有明显的缘脊，冠缝明显；单眼位于头冠前侧缘，距侧缘约小于与复眼之距；颜面额唇基狭长，基部均匀丰满隆起，中央有 1 纵脊，两侧有斜走的侧褶，端部平坦，前唇基基部宽，端向渐狭，端缘接近平直，舌侧板小。前胸背板前缘向前凸出，后缘微凹；小盾片中长明显小于前胸背板，横刻痕位于中后部，弧形弯曲，两端伸达侧缘。

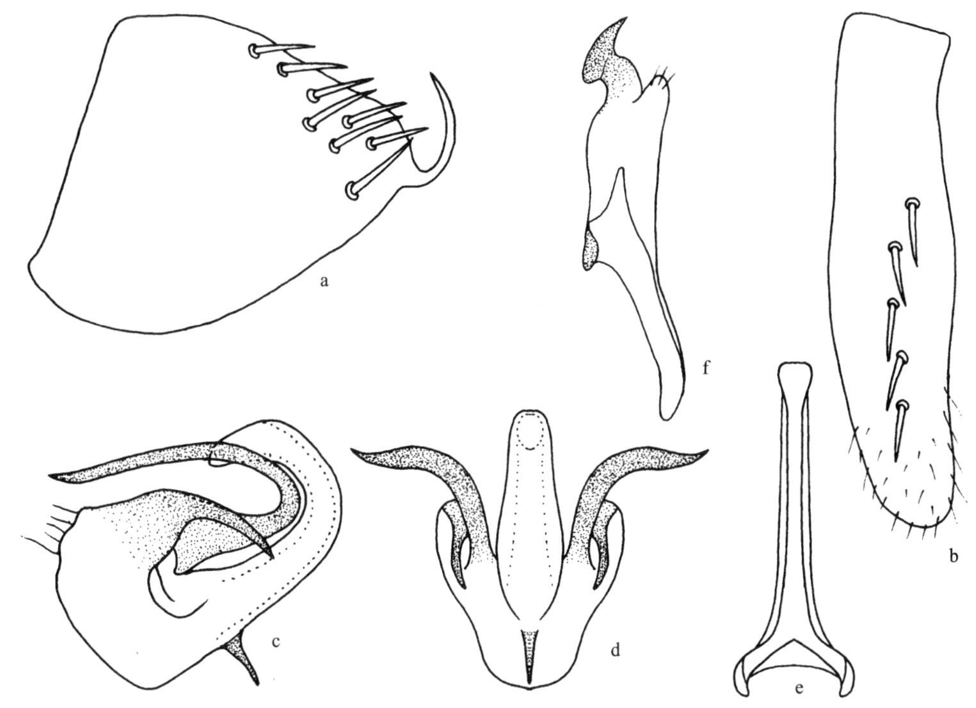

图 273　枝突拟隐脉叶蝉 *Sophonia branchuma* Li *et* Wang

a. 雄虫尾节侧瓣侧面观 (male pygofer side, lateral view)；b. 雄虫下生殖板 (male subgenital plate)；c. 阳茎侧面观 (aedeagus, lateral view)；d. 阳茎腹面观 (aedeagus, ventral view)；e. 连索 (connective)；f. 阳基侧突 (style)

雄虫尾节侧瓣宽圆突出，端区有粗长刚毛，亚端部腹缘有 1 枝状突；雄虫下生殖板中域生 1 列不规则排列的粗长刚毛，端缘有细长刚毛；阳茎管状弯曲，基部腹缘有 1 枝状突，背缘有 2 对光滑的长突，其中靠近阳茎干的 1 对长，远离的较短；连索 Y 形，主干特别长；阳基侧突基部细，中部宽扁扩大，端部扭曲，端缘扩突。

体橙黄色。复眼灰褐色；单眼与体同色。前翅白色透明，端区和亚端部杂有橙黄色斑，爪片末端、第 2 端室内 1 大斑及端区前缘 3 斜纹黑褐色，第 1 端室内有 1 黑褐色斑。虫体腹面淡黄白色无斑纹。

检视标本 **云南**：3♂，盈江铜壁关，2001.Ⅵ.15，田明义采 (GUGC)；♂(正模)，龙陵，2002.Ⅶ.26，李子忠采 (GUGC)。

分布 云南。

(270) 逆突拟隐脉叶蝉，新种 *Sophonia contrariesa* Li, Li *et* Xing, sp. nov. (图 274)

模式标本产地 广东茂名大雾岭。

体连翅长，雄虫 4.1mm。

头冠前端宽圆突出，中央长度微大于二复眼间宽，冠面较平坦，冠缝明显，边缘有脊，冠缝明显；单眼位于头冠前侧缘，距复眼和距缘脊相等，约为单眼直径的 3 倍；触角较长，向后伸达小盾片末端；颜面额唇基基部中央纵脊仅占全区长的 1/3，侧褶宽而明显，中端部平坦，前唇基近乎长方形；前胸背板中域隆起，较头部宽，微短于头冠中长，前缘弧圆，后缘微凹，前缘域有弧形凹痕；小盾片中长小于前胸背板，横刻痕位于中后部，弧形弯曲，两端伸不达侧缘。

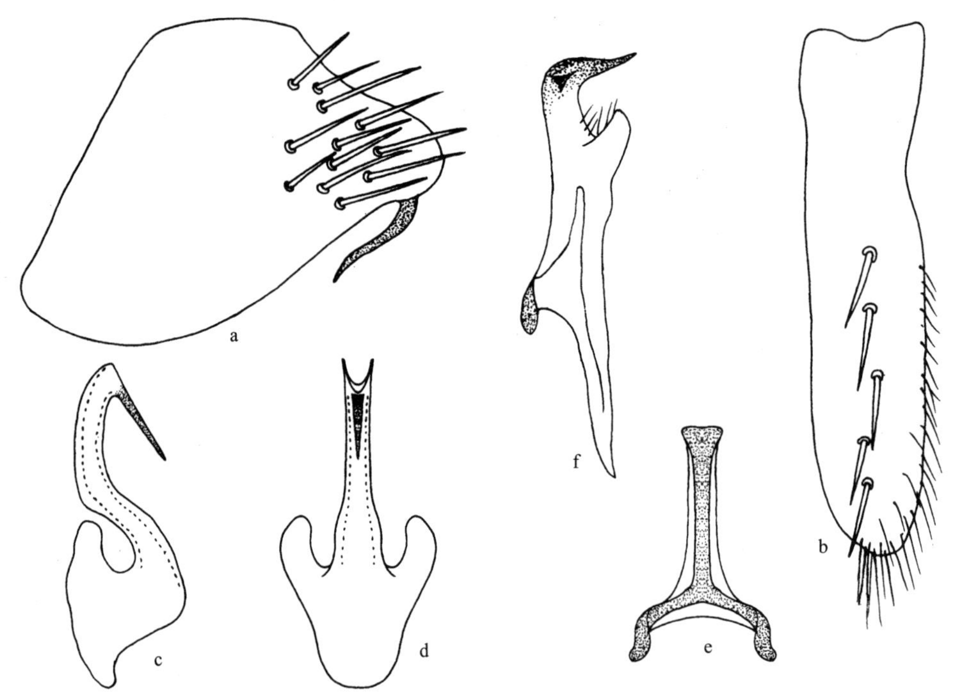

图 274 逆突拟隐脉叶蝉，新种 *Sophonia contrariesa* Li, Li *et* Xing, sp. nov.

a. 雄虫尾节侧瓣侧面观 (male pygofer side, lateral view)；b. 雄虫下生殖板 (male subgenital plate)；c. 阳茎侧面观 (aedeagus, lateral view)；d. 阳茎腹面观 (aedeagus, ventral view)；e. 连索 (connective)；f. 阳基侧突 (style)

雄虫尾节侧瓣宽圆突出，端区有粗长刚毛，端部腹缘有 1 向后延伸的长突；雄虫下生殖板与尾节侧瓣接近等长，端区中域有 1 列粗长刚毛；阳茎构造简单，近乎 S 形；连索 Y 形，主干长明显大于臂长；阳基侧突亚端部弯曲呈钳状。

头冠橘黄色；单眼淡黄色；复眼淡褐色；颜面淡黄白色。前胸背板和小盾片淡橘黄色，无明显斑纹。前翅橘红色，翅端前缘 3 斜纹、爪片末端黑褐色，第 2 端室内有 1 黑色斑。虫体腹面淡黄白色。

正模　♂，广东茂名大雾岭，2013.Ⅳ.22，李斌采。新种模式标本保存在贵州大学昆虫研究所 (GUGC)。

词源　新种名以雄虫尾节侧瓣端部腹缘逆生 1 长突这一明显特征命名。

分布　广东。

新种外形特征与红色拟隐脉叶蝉 *Sophonia rufa* (Kuoh *et* Kuoh) 相似，不同点是新种前翅橘红色，雄虫尾节侧瓣端部腹缘逆生 1 长突，阳茎近 S 形。

(271) 桫椤拟隐脉叶蝉 *Sophonia cyatheana* Li *et* Wang, 1992 (图 275)

Sophonia cyatheana Li *et* Wang, 1992, Agriculture and Forestry Insect Fauna of Guizhou, 1: 141. **Type locality**: Guizhou (Chishui)。

模式标本产地　贵州赤水。

体连翅长，雄虫 4.5-4.8mm，雌虫 5.0-5.5mm。

头冠前端呈锐角突出，冠面轻度隆起，中央长度显著大于前胸背板，冠缝明显，边缘亦具脊，前半部有细的纵褶；单眼位于头冠侧缘，与复眼的距离约等于单眼直径的 3 倍；颜面额唇基基部丰满隆起，具有明显的中脊，两侧有侧褶，端半部较平坦，前唇基中域纵向隆起，两侧接近平行，端缘平直。前胸背板中域隆起向两侧倾斜，前缘宽圆凸出，后缘中央微凹，前缘域有 1 弧形横凹痕；小盾片横刻痕弧凹，两端伸达侧缘。

雄虫尾节侧瓣端缘弧圆，端背缘有 1 细长而弯曲的突起，其长度超过肛管甚多，端区有数根粗刚毛；雄虫下生殖板长叶片状，中域有 1 纵列约 5 根粗长刚毛；阳茎基部粗壮，两侧有 2 对突，其中靠近阳茎干的一对较长，远离阳茎干的一对较短，端部管状微弯曲；连索 Y 形，主干细长；阳基侧突基部扭曲，端部钳状。雌虫腹部第 7 节腹板中央长度是第 6 节的 2 倍，中央呈龙骨状突起，后缘接近平直，产卵器伸出尾节端缘。

体乳白色微带淡黄色晕。头冠前侧缘及前胸背板侧缘域呈橘黄色；复眼灰褐色。前翅与体同色，仅在爪片后部的端区淡橘黄色，爪片末端 1 圆斑、端区由前缘域伸向后方的 3 斜线纹、第 2 端室内 1 大斑均黑褐色。

寄主　草本植物。

检视标本　**陕西**：3♂5♀，太白山，1997.Ⅸ.1-3，李子忠、陈祥盛采 (GUGC)。**湖北**：2♂1♀，利川，2010.Ⅷ.1，倪俊强采 (GUGC)；3♂1♀，星斗山，2010.Ⅷ.4，倪俊强采 (GUGC)。**湖南**：7♂12♀，张家界，1995.Ⅷ.15-17，陈祥盛采 (GUGC)。**海南**：3♂3♀，尖峰岭，1997.Ⅴ.14，杨茂发、汪廉敏采 (GUGC)；1♂，吊罗山，2013.Ⅳ.2，龙见坤采 (GUGC)。**广西**：5♂3♀，凭祥，1996.Ⅴ.31，杨茂发采 (GUGC)；5♂3♀，龙州，1997.Ⅴ.30，杨茂发采 (GUGC)；3♂5♀，龙州，2012.Ⅳ.8，郑维斌采 (GUGC)；1♂，九万大山，2015.Ⅶ.18，刘沅采 (GUGC)；

2♂，金秀，2015.Ⅶ.21，罗强采 (GUGC)；3♂2♀，兴安，2015.Ⅶ.25，罗强采 (GUGC)；2♂3♀，桂林，2015.Ⅶ.27，罗强采 (GUGC)。**四川**：2♂2♀，峨眉山，1991.Ⅷ.4，李子忠采 (GUGC)；1♂，千佛山，2007.Ⅷ.13，邢济春采 (GUGC)。**贵州**：1♀，贵阳，1986.Ⅵ.5，李子忠采 (GUGC)；♂ (正模)，3♂6♀ (副模)，赤水，1989.Ⅶ.29-30，李子忠、杜予州采 (GUGC)；5♂14♀，梵净山，1994.Ⅷ.9，李子忠、陈祥盛、张亚洲采 (GUGC)；2♂4♀，石阡佛顶山，1994.Ⅷ.15，陈祥盛、李子忠采 (GUGC)；2♂6♀，习水，2000.Ⅸ.20-21，李子忠采 (GUGC)；3♂，梵净山，2001.Ⅷ.1，李子忠采 (GUGC)；1♂，绥阳宽阔水，2001.Ⅷ.26，李子忠采 (GUGC)；2♂4♀，道真大沙河，2004.Ⅷ.17-21，杨茂发采 (GUGC)；3♂，绥阳宽阔水，2010.Ⅷ.12-13，李虎、范志华采 (GUGC)；4♂8♀，梵净山，2011.Ⅸ.22-24，范志华采 (GUGC)。

分布 陕西、湖北、湖南、海南、广西、四川、贵州。

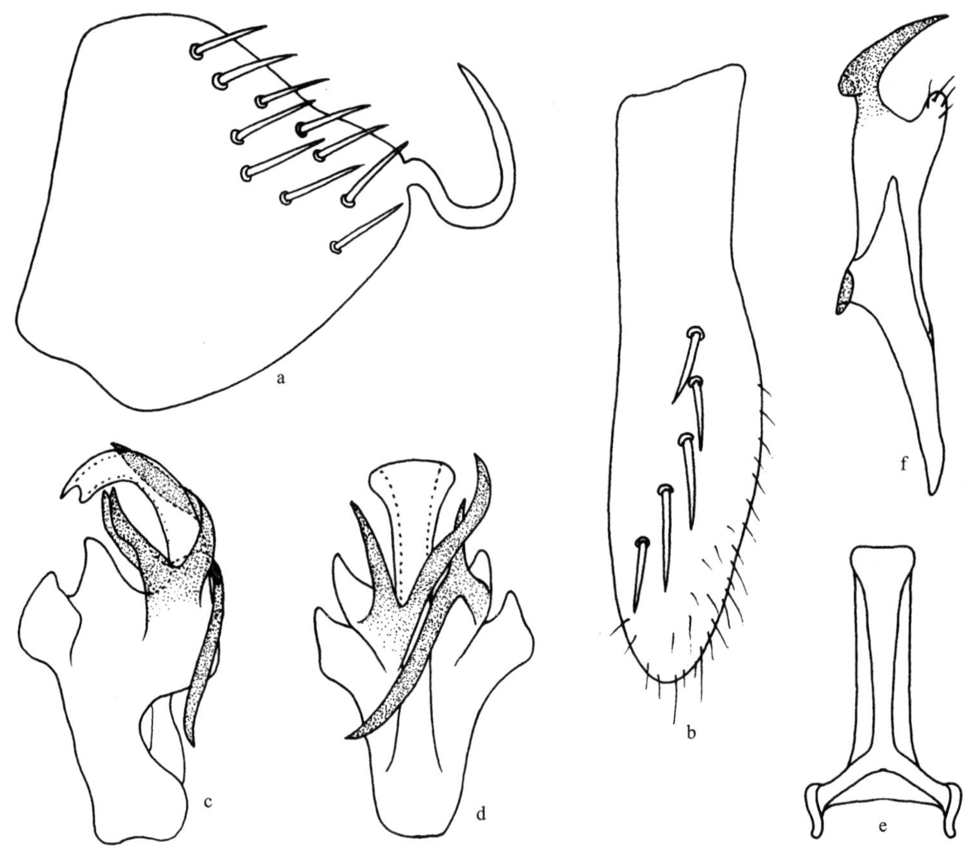

图 275 桫椤拟隐脉叶蝉 *Sophonia cyatheana* Li *et* Wang

a. 雄虫尾节侧瓣侧面观 (male pygofer side, lateral view)；b. 雄虫下生殖板 (male subgenital plate)；c. 阳茎侧面观 (aedeagus, lateral view)；d. 阳茎腹面观 (aedeagus, ventral view)；e. 连索 (connective)；f. 阳基侧突 (style)

(272) 红纹拟隐脉叶蝉 *Sophonia erythrolinea* (Kuoh *et* Kuoh, 1983) (图 276)

Pseudonirvana erythrolinea Kuoh *et* Kuoh, 1983, Acta Entomologica Sinica, 26(3): 319. **Type locality**: Yunnan (Menglun).

Sophonia erythrolinea (Kuoh *et* Kuoh): Li *et* Wang, 1992, Agriculture and Forestry Insect Fauna of Guizhou, 4: 137.

模式标本产地　云南勐仑。

体连翅长，雄虫 5.7-5.9mm，雌虫 6.0-6.3mm。

头冠狭长，中央长度为二复眼间宽度的 1.7 倍，侧缘于复眼前一段较直，有缘脊，此缘脊于复眼前向外侧弯曲，边缘有脊，致端缘翘起，中域略平凹，冠面有细纵皱；单眼位于头冠前侧缘，与缘脊的距离约为单眼直径，距复眼约为单眼直径的 1.5 倍；颜面额唇基基域隆起，中央纵脊约为该区长的 2/5，两侧侧褶明显，中端部较平坦，前唇基中央纵向隆起。前胸背板中域隆起，前缘弧圆凸出，后缘深凹入。

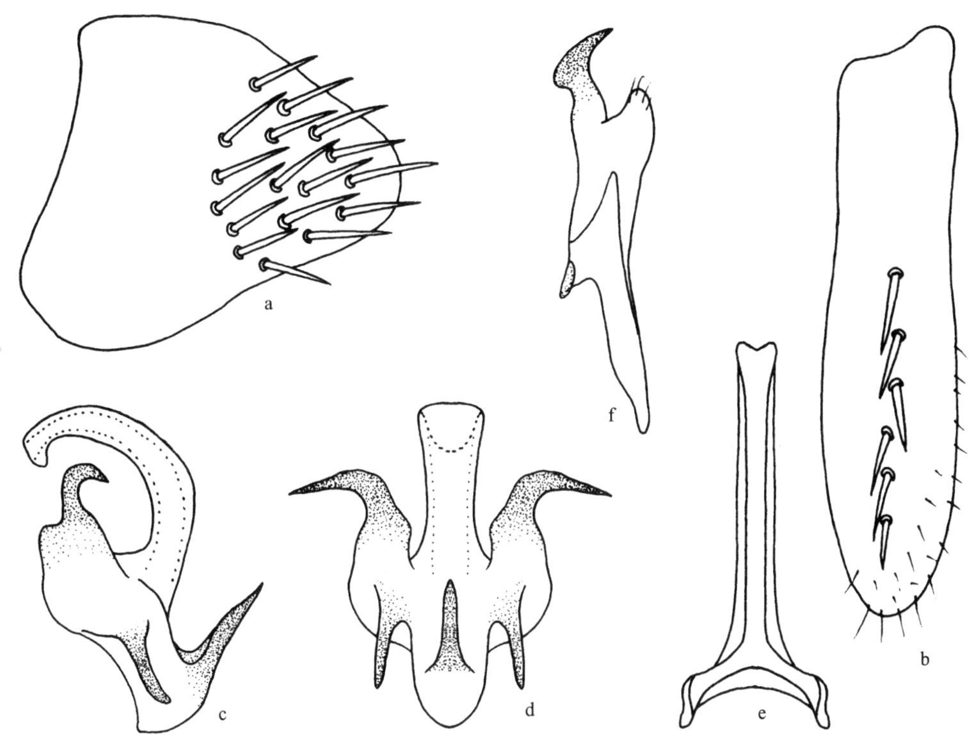

图 276　红纹拟隐脉叶蝉 *Sophonia erythrolinea* (Kuoh *et* Kuoh)

a. 雄虫尾节侧瓣侧面观 (male pygofer side, lateral view)；b. 雄虫下生殖板 (male subgenital plate)；c. 阳茎侧面观 (aedeagus, lateral view)；d. 阳茎腹面观 (aedeagus, ventral view)；e. 连索 (connective)；f. 阳基侧突 (style)

雄虫尾节侧瓣端缘宽圆，端区有粗长刚毛；雄虫下生殖板狭长，中域有 1 纵列粗刚毛，侧域有细刚毛；阳茎基部膨大，基部背面向后延伸成 1 粗刺状突，基部背域两侧延伸成片状突起，突起的端部有 2 对刺，其中一对较粗位于基部，另一对较长位于端部且弯向侧方，端部管状微弯，末端呈钩状，阳茎孔位于亚端部；连索 Y 形，主干长大于臂长；阳基侧突细小，长度仅及连索的 1/2。雌虫腹部第 7 节腹板中央长度是第 6 节腹板的 2 倍，中央纵向隆起似脊，后缘中央微凹，接近平直，产卵器伸出尾节端缘。

体淡黄白色。头冠中部、端部沿中脊有 1 很细的血红色 Y 形纹，约占全长的 2/3，一些个体此纹端部分叉，与主干不相连而成两点状。前胸背板侧区、中域和小盾片基半部中央淡乌黄色；前翅与体同色半透明，爪片末端 1 斑点、前缘区 3 短斜纹黑褐色，一些个体在前缘区有不甚明显的烟晕斑；后足胫节端半部背面淡棕红色，爪暗红色。

寄主　番石榴。

检视标本　**广西**：2♂3♀，凭祥，1997.Ⅵ.1，杨茂发采 (GUGC)。**云南**：2♂4♀，勐腊，1992.Ⅳ.20，杜予州采 (GUGC)；5♂3♀，勐仑，1992.Ⅹ.16，李子忠采 (GUGC)；1♂1♀，勐腊，1992.Ⅹ.22，李子忠采 (GUGC)；1♂，畹町，1992.Ⅹ.30，李子忠采 (GUGC)；2♂3♀，腾冲，2002.Ⅶ.14，李子忠采 (GUGC)；1♂1♀，勐腊，2002.Ⅹ.22，李子忠采 (GUGC)；3♂4♀，梁河勐养，2013.Ⅶ.23，范志华采 (GUGC)；1♂，梁河勐养，2013.Ⅶ.27，杨卫诚采 (GUGC)；3♂2♀，绿春，2014.Ⅷ.13，刘洋洋、王英鉴采 (GUGC)。

分布　广西、云南。

(273) 侧突拟隐脉叶蝉，新种 *Sophonia flanka* Li, Li *et* Xing, sp. nov. (图 277)

模式标本产地　贵州绥阳宽阔水。

体连翅长，雄虫 5.2mm。

头冠前端呈锐角突出，中央长度大于二复眼间宽度的 1.5 倍，冠面微隆起，侧缘反折似缘脊，沿缘脊低洼；单眼着生在缘脊内侧，与复眼间距约等于单眼直径，与侧脊的距离小于单眼直径；颜面额唇基基部隆起，中央纵脊长度仅及该区长的 1/3，两侧有宽而明显的侧褶，前唇基由基至端渐狭。前胸背板较头部宽，与头冠接近等长，中域隆起，前缘宽圆凸出，后缘微凹；小盾片的横刻痕弧形弯曲，两端伸达侧缘。

雄虫尾节侧瓣端向渐窄，致端缘向外延伸成刺状突，端区有粗长刚毛；雄虫下生殖板中央有 1 列粗长刚毛，外侧缘有细刚毛；阳茎干向背面弯曲，基部细管状，中部背域有 1 片状突，此突起端部侧生 1 刺突，基部呈片状，末端尖细，另中部和亚端部背缘两侧各生 1 对刺状突，阳茎孔位于末端；连索 Y 形，主干长是臂长的 5 倍；阳基侧突端部蟹钳状。

体和前翅淡黄白色。颜面淡黄白色，基域无黑斑。头冠、前胸背板、小盾片中央纵贯 1 黑色细线，此纵线于头冠顶端扩大，头冠边缘黑色；复眼黑褐色；单眼鲜红色。前翅端区前缘 3 斜纹、端缘及第 2 端室 1 圆斑褐色。

正模　♂，贵州绥阳宽阔水，2010.Ⅷ.11，李虎采。模式标本保存在贵州大学昆虫研究所 (GUGC)。

词源　新种以阳茎干中部和亚端部两侧各有 1 对刺状突这一显著特征命名。

分布　贵州。

新种外形特征与黑线拟隐脉叶蝉 *Sophonia nigrilineata* Chen *et* Li 相似，不同点是新种颜面淡黄白色，基域无黑色斑，阳茎干中部和亚端部各有 1 对刺状突。

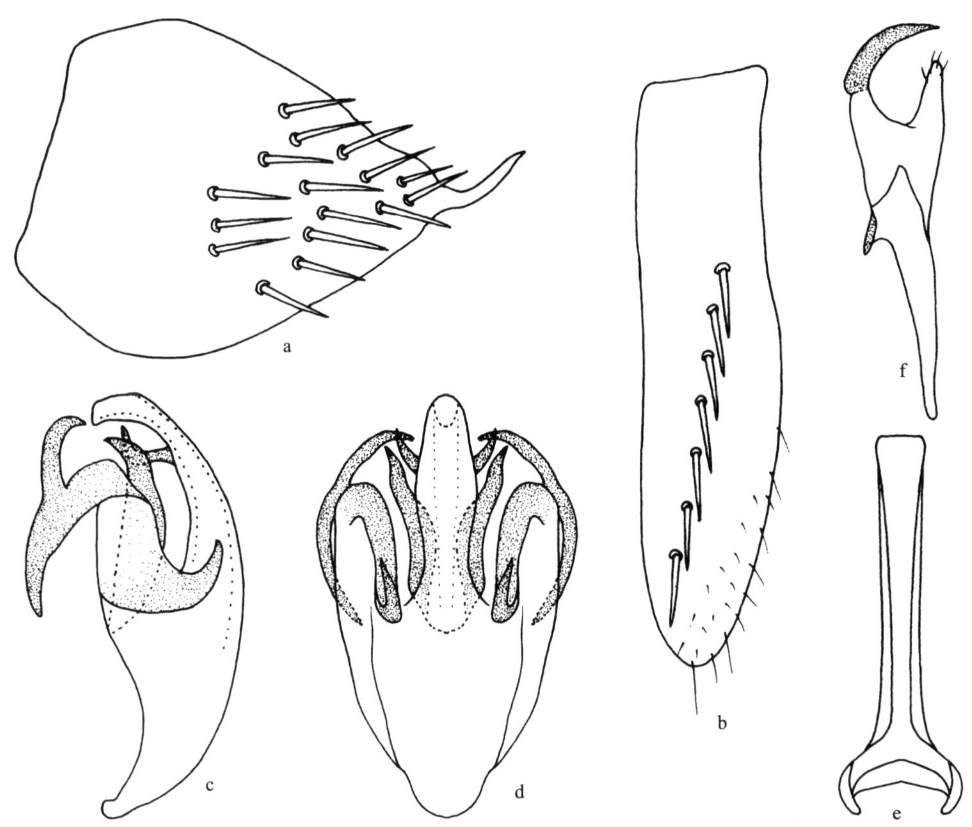

图 277　侧突拟隐脉叶蝉，新种 *Sophonia flanka* Li, Li *et* Xing, sp. nov.

a. 雄虫尾节侧瓣侧面观 (male pygofer side, lateral view)；b. 雄虫下生殖板 (male subgenital plate)；c. 阳茎侧面观 (aedeagus, lateral view)；d. 阳茎腹面观 (aedeagus, ventral view)；e. 连索 (connective)；f. 阳基侧突 (style)

(274) 褐缘拟隐脉叶蝉 *Sophonia fuscomarginata* Li *et* Wang, 1991 (图 278)

Sophonia fuscomarginata Li *et* Wang, 1991, Zoological Research: 125. **Type locality**: Guizhou (Liuzhi, Zhijin).

模式标本产地　贵州六枝、织金。

体连翅长，雄虫 5.2-5.5mm，雌虫 5.8-6.0mm。

头冠向前呈锐角突出，中央长度大于二复眼间宽度，约与前胸背板等长，冠面轻度隆起，端缘微向上翘，具缘脊，缘脊于复眼前一段较直，中脊长度仅及头冠中央长的 1/2；单眼位于头冠侧缘，与复眼的距离约为单眼直径的 3 倍，与侧脊的距离约为单眼直径的 2 倍；颜面额唇基基域丰满隆起，中端部较平坦，前唇基近似长方形，中域纵向隆起。前胸背板前缘宽圆凸出，后缘微凹，中域隆起向两侧斜倾，前缘域有 1 横凹痕；小盾片横刻痕弧弯，两端伸达侧缘。

雄虫尾节侧瓣端半部渐窄，端缘宽圆突出，端区生粗刚毛；雄虫下生殖板宽扁，外侧域有 1 纵列粗刚毛，端缘有长毛；阳茎基部腹面有 1 对发达的突起，其长度超过阳茎末端，端部管状弯曲，阳茎孔位于末端；连索细 Y 形，主干长是臂长的 3 倍；阳基侧突端部钳状。雌虫腹部第 7 腹节腹板宽大，后缘深裂凹入，产卵器长超过尾节侧瓣端缘。

体淡黄白色。复眼深褐色；单眼橘红色。前翅淡灰白色半透明，端半部前缘域有 3 黑色斜纹，端缘及端片和第 1 端室基部淡黄褐色，第 2 端室内有 1 黑褐色圆斑，爪片末端亦具 1 褐色斑，后缘有褐色狭边；后足胫节端部和雄虫下生殖板刚毛黑色。

寄主　杂灌木。

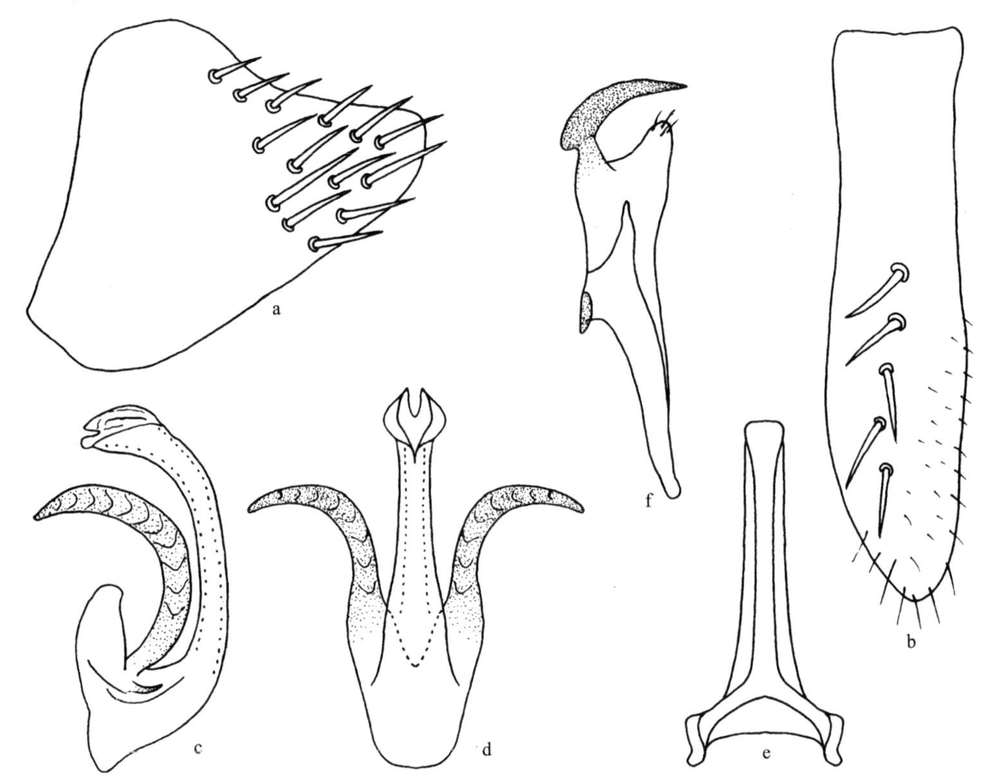

图 278　褐缘拟隐脉叶蝉 *Sophonia fuscomarginata* Li *et* Wang

a. 雄虫尾节侧瓣侧面观 (male pygofer side, lateral view)；b. 雄虫下生殖板 (male subgenital plate)；c. 阳茎侧面观 (aedeagus, lateral view)；d. 阳茎腹面观 (aedeagus, ventral view)；e. 连索 (connective)；f. 阳基侧突 (style)

检视标本　**河南**：2♂4♀，内乡，2010.Ⅶ.27，李虎、范志华采 (GUGC)。**陕西**：2♂1♀，佛坪，2010.Ⅶ.16，李虎、范志华采 (GUGC)。**湖北**：1♂，咸丰，2004.Ⅷ.18，杜艳丽采 (GUGC)。**广东**：1♂1♀，南昆山，2010.Ⅷ.28，邢济春采 (GUGC)。**四川**：2♂4♀，峨眉山，1991.Ⅷ.4-5，李子忠采 (GUGC)；1♂2♀，甘孜，2012.Ⅶ.28，范志华采 (GUGC)。**贵州**：2♂3♀，习水，1975.Ⅶ.15，马贵云采 (GUGC)；4♂6♀，大方，1977.Ⅷ.11，李子忠采 (GUGC)；1♂1♀ (副模)，织金，1987.Ⅷ.15，李子忠采 (GUGC)；4♂3♀，织金，1988.Ⅷ.15，李子忠采 (GUGC)；♂ (正模)，10♂16♀ (副模)，六枝，1989.Ⅶ.21，熊鹰采 (GUGC)；

1♂2♀，金沙，1992.Ⅶ.18，李子忠采 (GUGC)；5♂7♀，沿河麻阳河，2007.Ⅴ.12，孟泽洪、宋琼章、李玉建采 (GUGC)；2♂，毕节，2011.Ⅷ.8，于晓飞采 (GUGC)。**云南**：1♂，保山，2011.Ⅵ.14，龙见坤采 (GUGC)；9♂13♀，香格里拉，2012.Ⅷ.10，李虎、范志华采 (GUGC)；1♂2♀，高黎贡山，2013.Ⅷ.5，杨卫诚采 (GUGC)。

分布　河南、陕西、湖北、广东、四川、贵州、云南。

(275) 细线拟隐脉叶蝉，新种 *Sophonia hairlinea* Li, Li *et* Xing, sp. nov. (图 279)

模式标本产地　云南高黎贡山、瑞丽、盈江。

体连翅长，雄虫 4.2-4.5mm，雌虫 4.8mm。

头冠前端宽圆突出，中央长度是二复眼间宽度的 1.2 倍；单眼位于头冠前侧缘，与复眼之距约等于单眼直径的 2.5 倍；颜面额唇基狭长，基部均匀丰满隆起，其上有斜走的侧褶，基域中央有明显的纵脊，端部平坦，前唇基基部宽，端向渐狭，端缘接近平直。前胸背板前缘弧圆，后缘微凹。

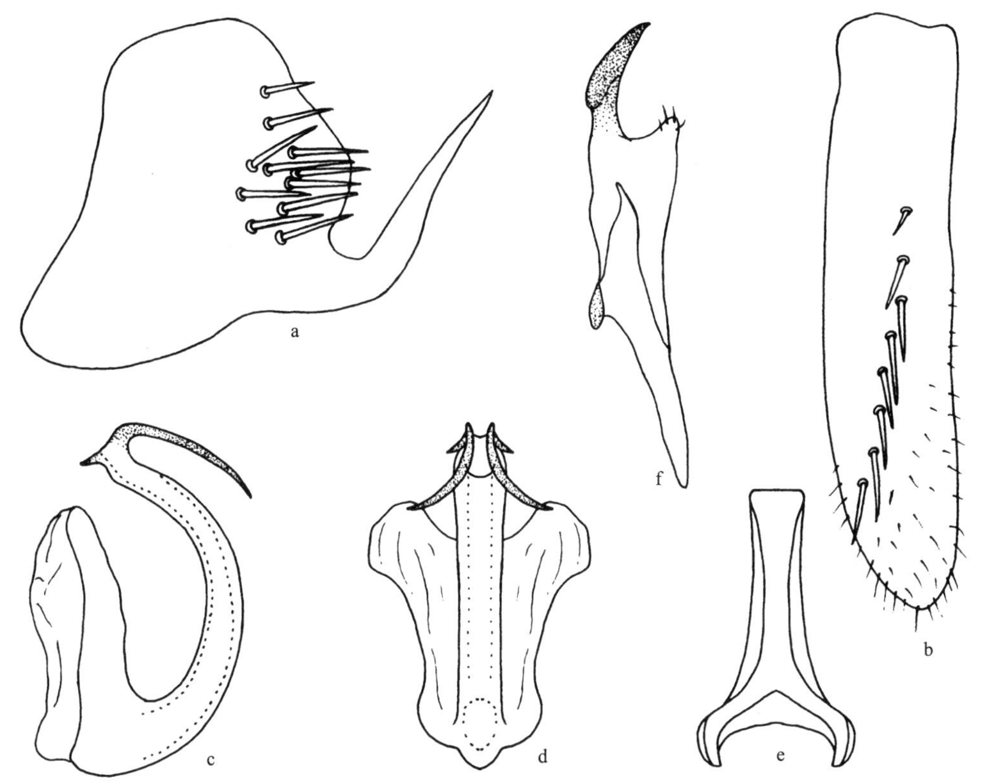

图 279　细线拟隐脉叶蝉，新种 *Sophonia hairlinea* Li, Li *et* Xing, sp. nov.

a. 雄虫尾节侧瓣侧面观 (male pygofer side, lateral view)；b. 雄虫下生殖板 (male subgenital plate)；c. 阳茎侧面观 (aedeagus, lateral view)；d. 阳茎腹面观 (aedeagus, ventral view)；e. 连索 (connective)；f. 阳基侧突 (style)

雄虫尾节侧瓣近似方形，端缘弧圆，端区有粗长刚毛，端腹角极度延伸，末端尖细，向背面弯曲；雄虫下生殖板细长，中域有 1 列粗长刚毛；阳茎管状弯曲，末端腹缘有 1

对向后延伸的长突，背缘有 1 对短突，背腔发达，阳茎孔位于末端；连索 Y 形，主干长是臂长的 2 倍；阳基侧突亚端部急剧变细且深凹入，末端向外侧尖呈刺状伸出。雌虫腹部第 7 节腹板中央长度与第 6 节腹板中长接近相等，后缘中央宽凹入，产卵器伸出尾节侧瓣端缘。

体淡黄白色。头冠顶端有 1 近似圆形黑色斑，其后连接 2 黑色细线，此细线于头冠基域愈合，并纵贯前胸背板和小盾片。前胸背板和小盾片淡橘红色；前翅淡黄白色，爪片后域、翅的端缘淡橘黄色，爪片后域橘黄色中央有 1 褐色纵线，翅端前缘 2 斜纹、第 2 端室内 1 圆斑均黑褐色。虫体腹面淡黄白色，无明显斑纹。

正模　♂，云南高黎贡山，2011.Ⅵ.14，李玉建采。副模：1♀，采集时间、采集地和采集人同正模；1♂，云南瑞丽，2011.Ⅵ.5，李玉建采；2♂，云南盈江铜壁关，2002.Ⅶ.21，李子忠采。所有模式标本均保存在贵州大学昆虫研究所 (GUGC)。

词源　新种以头冠、前胸背板和小盾片纵贯 1 黑色细线这一显著特征命名。

分布　云南。

新种外形特征与长线拟隐脉叶蝉 *Sophonia longitudinalis* (Distant) 相似，不同点是新种头冠、前胸背板和小盾片纵贯 1 黑色细线，雄虫尾节侧瓣端腹角极度延伸，阳茎末端有 1 对向后延伸的长突。

(276) 长线拟隐脉叶蝉 *Sophonia longitudinalis* (Distant, 1908) (图 280)

Nirvana longitudinalis Distant, 1908, The fauna British Indian including Ceylon and Burma, Rhynchota, 4: 283. **Type locality**: India.

Sophonia longitudinalis (Distant): Viraktamath *et* Wesley, 1988, Revision of Indian Nirvaninae, 12: 201.

Sophonia furdinea (Kuoh *et* Kuoh): Li *et* Chen, 1999, Nirvaninae from China (Homoptera: Cicadellidae): 39.

Pseudonirvana furcilinea (Kuoh *et* Kuoh): Webb *et* Viraktamath, 2004, Zootaxa, 692: 4. Synonymized.

模式标本产地　印度。

体连翅长，雄虫 4.2-4.3mm，雌虫 4.8-5.1mm。

头冠前端呈锐角突出，中央长度大于二复眼间宽度的 1.5 倍，是前胸背板中央长度的 1.5 倍，冠面微隆起，中端区生有小皱纹，侧缘在复眼前一小段平直，继后在近复眼前向外侧弯曲；单眼着生在缘脊内侧的冠面，与复眼间的距离约等于单眼直径的 2.5 倍，与侧脊的距离不及单眼直径；颜面额唇基中央纵脊长度仅及该区长的 1/3，两侧有宽而明显的侧褶，中端部较平坦而微凹，前唇基由基至端渐狭，中域纵向隆起。前胸背板较头部宽，前缘宽圆凸出，后缘凹入；小盾片的横刻痕弧形弯曲，两端伸达侧缘。

雄虫尾节侧瓣端缘宽圆凸出，端区散生粗长刚毛；雄虫下生殖板具有 1 列粗长刚毛；阳茎基部两侧有 1 对片状突起，突起的端部延伸成刺状突，端部向背、腹两侧各生 1 对刺状突，阳茎孔位于 2 刺间很小的突起末端；连索 Y 形，主干长明显大于臂长；阳基侧突狭长，端部扭曲外伸。雌虫腹部第 7 节腹板较第 6 节长，中央纵向隆起，后缘接近平直，产卵器伸出尾节端缘。

体淡黄微带褐色。头冠顶端有 1 近方形的黑色纹，黑纹后有 2 褐色纵线，线与斑纹不相连，2 线向后渐次接近至头冠基部愈合，致成叉状，而后成 1 线贯穿前胸背板，终止于小盾片末端；前翅与体同色接近透明，在端部的前缘区 2 短斜线和 1 短纹均黑褐色，第 2 端室内 1 圆斑、爪片后缘区 1 条纹和革片中央 1 条纹同为褐色，端区具橙黄晕；虫体腹面色较淡，各足胫节浅褐色，爪黑褐色。腹部背面橘黄色。

寄主　柑橘、相思树、红木。

检视标本　**福建**：4♂3♀，福州，1998.Ⅶ.2，林乃铨采 (FAFU)。**海南**：1♂2♀，东方大田，2007.Ⅶ.9，宋琼章、邢济春采 (GUGC)；3♂，东方大田，2007.Ⅶ.9，张斌、宋月华采 (GUGC)；1♀，尖峰岭，2007.Ⅶ.11，宋月华采 (GUGC)；1♂1♀，尖峰岭，2013.Ⅳ.3，龙见坤、邢济春、张玉波采 (GUGC)。**云南**：3♂5♀，勐腊，1992.Ⅴ.22，李子忠采 (GUGC)；1♂1♀，红河，2013.Ⅶ.31，范志华采 (GUGC)。

分布　福建、广东、海南、云南；印度，斯里兰卡。

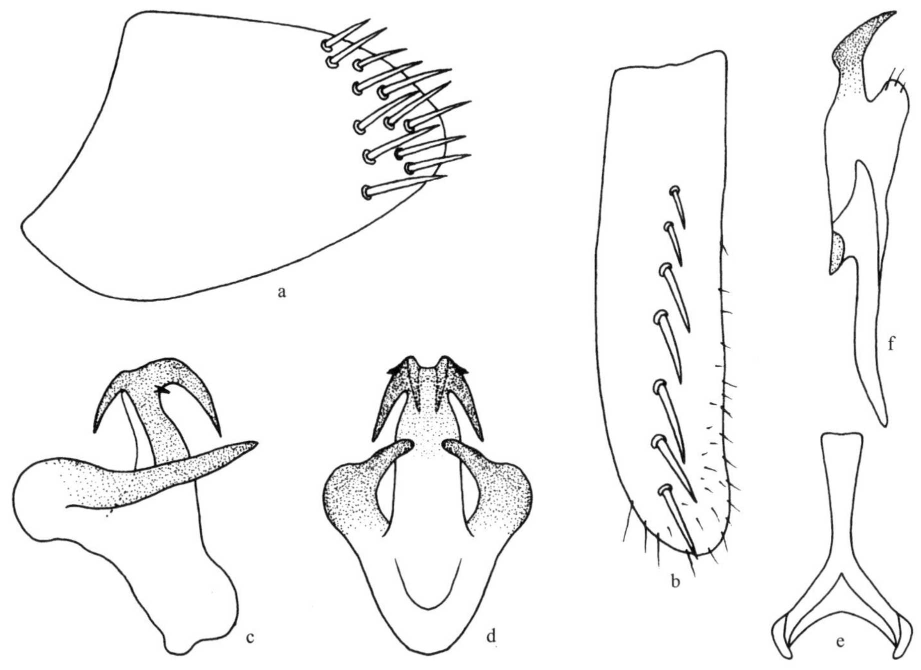

图 280　长线拟隐脉叶蝉 *Sophonia longitudinalis* (Distant)

a. 雄虫尾节侧瓣侧面观 (male pygofer side, lateral view)；b. 雄虫下生殖板 (male subgenital plate)；c. 阳茎侧面观 (aedeagus, lateral view)；d. 阳茎腹面观 (aedeagus, ventral view)；e. 连索 (connective)；f. 阳基侧突 (style)

(277) 庐山拟隐脉叶蝉 *Sophonia lushana* (Kuoh, 1973) (图 281)

Pseudonirvana lushana Kuoh, 1973, Acta Entomologica Sinica, 16(2): 181. **Type locality**: Jiangxi (Lushan).

Sophonia lushana (Kuoh): Li *et* Wang, 1992, Agriculture and Forestry Insect Fauna of Guizhou, 4: 136.

模式标本产地 江西庐山。

体连翅长，雄虫 5.0-5.2mm，雌虫 6.2-6.3mm。

头冠前端近似角状突出，中央长度接近二复眼间宽度的 1.5 倍，具缘脊，中域微隆起；单眼位于头冠近复眼前角；颜面额唇基基部隆起，具中纵脊，两侧区斜走斜褶印痕明显可辨，中端部扁平，前唇基端向渐狭，末端平截。前胸背板前缘向前凸出，后缘微凹，中后区具细小横皱；小盾片横刻痕位于中部，弧形弯曲。

雄虫尾节侧瓣近似长方形，端区有不规则排列的粗长刚毛；雄虫下生殖板中域有 1 列粗长刚毛，侧缘有细长刚毛；阳茎管状，基部背域有 1 对长突，其长度为阳茎干的 1/2，端部向背面弯曲，端部变粗无突起，阳茎孔位于末端；连索 Y 形，主干中长明显大于臂长；阳基侧突基部细，中部粗壮，端部细弯曲向外伸。

体淡藁黄色。体背自头冠前端、前胸背板、小盾片、两前翅接合缝直至前翅爪片末端纵贯 1 黑线，此线在头冠顶端部分很粗，致成 1 斑点，斑点后有一小段很细，再后变粗，而后粗细一致，其后仅在小盾板横刻痕之后稍许变粗，前翅部分一般较粗，且以中段最粗。头冠前缘色泽略淡，在近复眼内缘处减淡成淡黄白色斑纹；单眼淡藁黄色。前翅略带淡藁黄色，第 2 端室基部 1 圆斑、翅端前缘 2 斜线黑褐色。雌虫产卵器末端逐渐加深呈暗褐色。

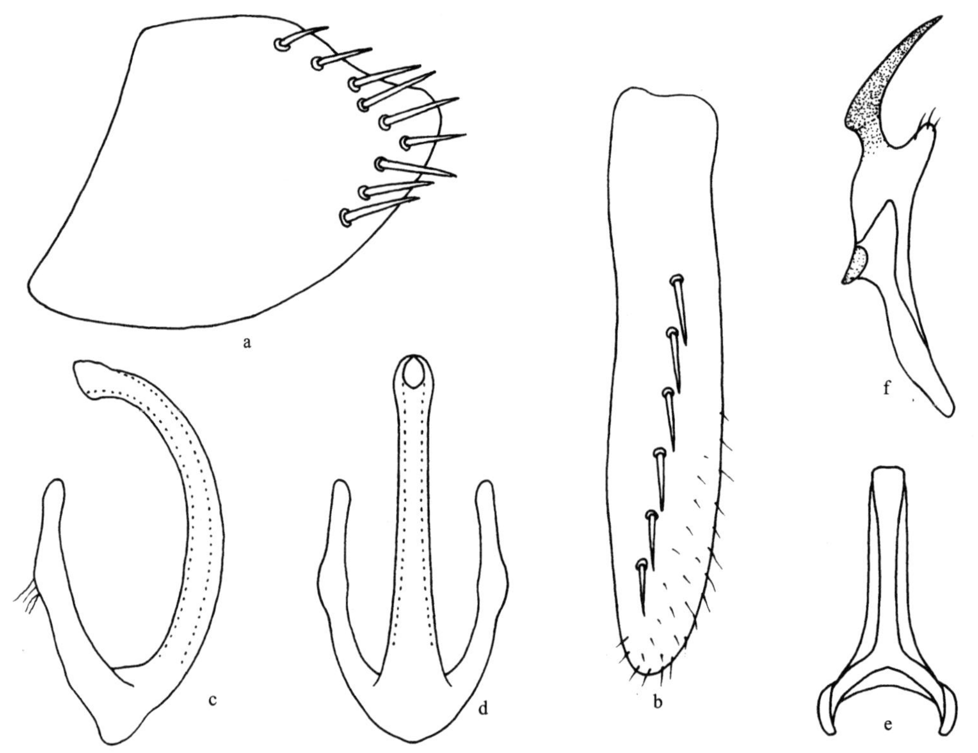

图 281 庐山拟隐脉叶蝉 *Sophonia lushana* (Kuoh)

a. 雄虫尾节侧瓣侧面观 (male pygofer side, lateral view)；b. 雄虫下生殖板 (male subgenital plate)；c. 阳茎侧面观 (aedeagus, lateral view)；d. 阳茎腹面观 (aedeagus, ventral view)；e. 连索 (connective)；f. 阳基侧突 (style)

检视标本 **浙江**：2♀，天目山，2014.Ⅷ.1，焦猛采 (GUGC)。**云南**：1♂，盈江，2001.Ⅵ.15，田明义采 (GUGC)；1♂，腾冲，2002.Ⅶ.17，戴仁怀采 (GUGC)。

分布 浙江、江西、云南。

(278) 细点拟隐脉叶蝉，新种 *Sophonia microstaina* Li, Li *et* Xing, sp. nov. (图 282)

模式标本产地 云南龙陵、高黎贡山。

体连翅长，雄虫 3.8-4.0mm，雌虫 4.0mm。

头冠平坦或略隆起，向前延伸突出，自复眼向前渐次收狭，前侧缘具缘脊；单眼位于头冠前侧缘，靠近复眼前角处；颜面额唇基基部均匀丰满隆起，其上有斜走的侧褶，基域中央有明显的纵脊，端部平坦，前唇基基部宽，端向渐狭，端缘接近平直。前胸背板前缘向前凸出，后缘微凹。

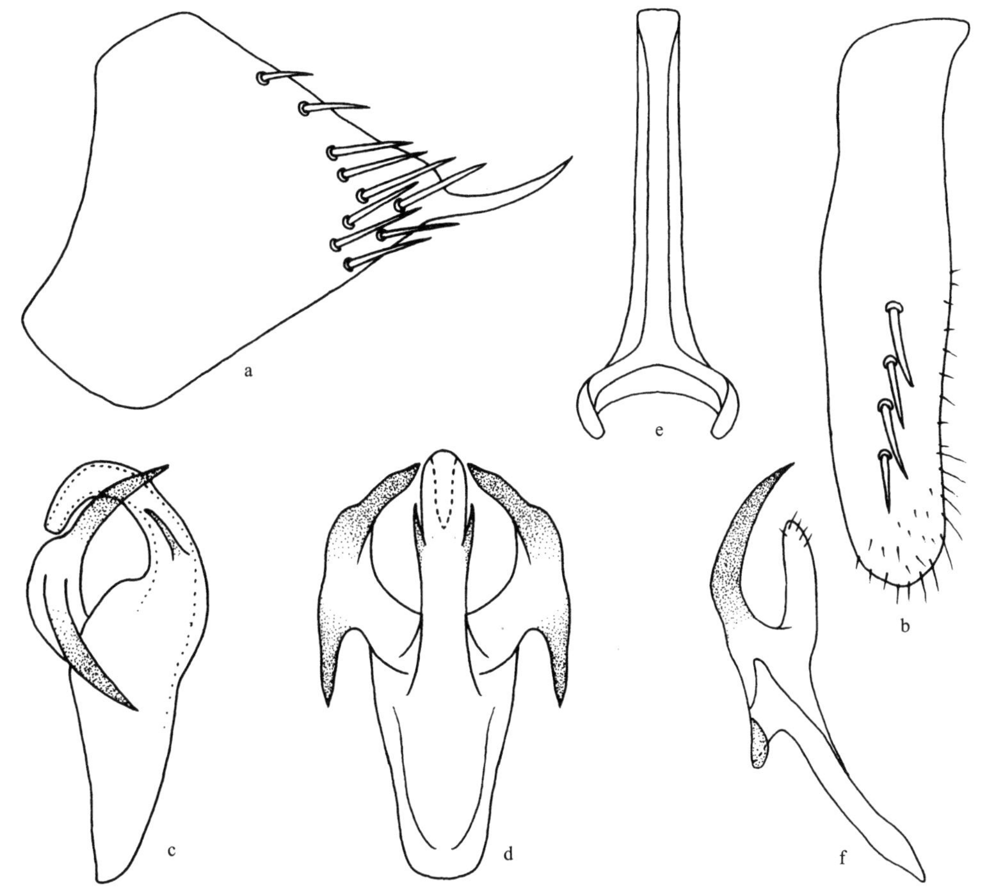

图 282 细点拟隐脉叶蝉，新种 *Sophonia microstaina* Li, Li *et* Xing, sp. nov.

a. 雄虫尾节侧瓣侧面观 (male pygofer side, lateral view)；b. 雄虫下生殖板 (male subgenital plate)；c. 阳茎侧面观 (aedeagus, lateral view)；d. 阳茎腹面观 (aedeagus, ventral view)；e. 连索 (connective)；f. 阳基侧突 (style)

雄虫尾节侧瓣宽圆突出，端区有粗长刚毛，端缘极度向外延伸成细长突起；雄虫下生殖板宽扁，端缘弧圆，端区 1/4 处有 1 纵列粗长刚毛；阳茎侧面观端部管状弯曲，腹面观近端部两侧各有 1 刺状突，中部背域两侧各有 1 端部向两侧延伸的片状突，阳茎孔位于末端；连索 Y 形；阳基侧突亚端部极度深凹，致呈 2 枝接近等长的弧形突起。雌虫腹部第 7 节腹板中央长度明显大于第 6 节腹板中长，后缘中央接近等长，产卵器伸出尾节侧瓣端缘。

体及前翅乳白色。复眼灰白色。前翅爪片末端 1 斑点、翅端前缘 2 斜纹、第 2 端室基部中央 1 小斑点均黑褐色。

正模 ♂，云南龙陵，2002.Ⅶ.26，李子忠采。副模：1♀，采集时间、采集地和采集人同正模；1♂，云南高黎贡山，2011.Ⅵ.14，李玉建采；1♂，云南高黎贡山，2013.Ⅷ.5，杨卫诚采。所有模式标本均保存在贵州大学昆虫研究所 (GUGC)。

词源 新种以前翅爪片末端有小黑褐色斑点这一明显特征命名。

分布 云南。

新种外形特征与白色拟隐脉叶蝉 *Sophonia albuma* Li *et* Wang 相似，不同点是本新种头冠前侧缘非淡橘黄色，雄虫尾节侧瓣端缘有 1 长突，亚端部有 2 刺状突。

(279) 黑边拟隐脉叶蝉，新种 *Sophonia nigricostana* Li, Li *et* Xing, sp. nov. (图 283；图版 XIV：1)

模式标本产地 四川泸定、雅安、丹巴。

体连翅长，雄虫 4.2-4.5mm，雌虫 4.5-5.0mm。

头冠前端宽圆突出，中央长度大于二复眼间宽度的 1.5 倍，中域轻度隆起，前端侧缘有纵皱纹，边缘有脊；单眼位于头冠前侧缘，与复眼的距离约等于单眼直径的 2 倍；颜面额唇基中部隆起，两侧区斜走印痕明显可辨，端部扁平，前唇基端向渐狭，末端弧圆突出。前胸背板隆起，微宽于头部，较头冠短，具细小横皱纹；小盾片较前胸背板短，横刻痕低凹，中后部平坦。

雄虫尾节侧瓣宽圆突出，端区有粗长刚毛，端腹缘有 1 长突和 1 短突；雄虫下生殖板宽扁，端缘宽圆，中央有 1 列粗长刚毛；阳茎侧面观端部管状弯曲，基部两侧各有 1 片状突，此突起由基至端渐窄，其基部有 1 小刺突，片状突末端二叉状，弯曲处有 1 对端部尖细的突起，末端有 1 对向后延伸的长突；连索 Y 形；阳基侧突亚端部深凹，致端部呈蟹钳状。雌虫腹部第 7 节腹板中央长度明显大于第 6 节腹板中长，后缘中央深凹入，两侧叶宽圆突出，产卵器伸出尾节侧瓣端缘。

体灰白色。复眼黑褐色；单眼血红色。前翅乳白色，后缘黑褐色，端区前缘 3 斜纹、爪脉、爪片末端、第 2 端室基部 1 圆斑均黑褐色，端缘淡褐色。虫体腹面灰白色，雄虫下生殖板中域刚毛黑色。

正模 ♂，四川甘孜泸定，2012.Ⅶ.28，李虎采。副模：1♂9♀，四川甘孜泸定，2012.Ⅶ.28，李虎、范志华采；1♂5♀，四川雅安，2014.Ⅷ.11，詹洪平采；7♂9♀，四川磨西，2015.Ⅷ.2，杨茂发、严斌采；2♂1♀，四川丹巴，2017.Ⅷ.5，杨茂发采。所有模式标本均保存在贵州大学昆虫研究所 (GUGC)。

词源　新种以前翅后缘黑褐色这一明显特征命名。

分布　四川。

新种外形特征与褐缘拟隐脉叶蝉 *Sophonia fuscomarginata* Li *et* Wang 相似，不同点是新种前翅后缘黑褐色，体较小，阳茎背缘突起端部分叉。

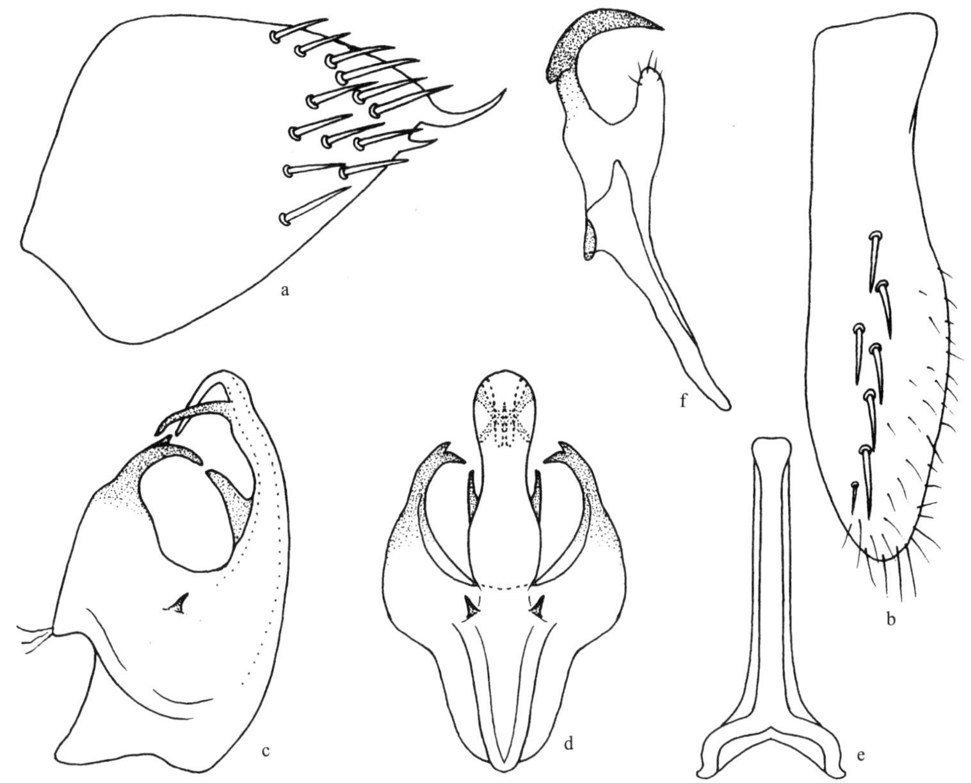

图 283　黑边拟隐脉叶蝉，新种 *Sophonia nigricostana* Li, Li *et* Xing, sp. nov.

a. 雄虫尾节侧瓣侧面观 (male pygofer side, lateral view)；b. 雄虫下生殖板 (male subgenital plate)；c. 阳茎侧面观 (aedeagus, lateral view)；d. 阳茎腹面观 (aedeagus, ventral view)；e. 连索 (connective)；f. 阳基侧突 (style)

(280) 黑面拟隐脉叶蝉 *Sophonia nigrifrons* (Kuoh, 1992) (图 284；图版 XIV：2)

Pseudonirvana nigrifrons Kuoh, 1992, In: Chen (ed.), Insects of the Hengduan Mountains Region, 1: 292. **Type locality**: Xizang (Mangkang).

Sophonia nigrifrons (Kuoh): Li *et* Chen, 1999, Nirvaninae from China: 41.

模式标本产地　西藏芒康。

体连翅长，雄虫 6.0-6.2mm，雌虫 6.3-6.4mm。

头冠前端近似角状突出，中央长度大于二复眼间宽的 1.3 倍，中域微隆起；单眼生于头冠侧区近复眼前角处，与复眼和与侧缘之距近似相等，约为单眼直径的 3 倍；颜面额唇基基部隆起，中央 1/2 处有明显纵脊，两侧生有斜褶印痕，端半部中域渐次平坦，前唇基基部两侧平行，端半部渐收狭，末端平截。前胸背板与头部几乎等宽；小盾片横刻痕弧形，两端伸达侧缘。

雄虫尾节侧瓣宽短，端区有粗长刚毛；雄虫下生殖板狭长，端部侧区具 1 列粗长刚毛；阳茎基部膨大，在基部生有 1 对刺状突起，中部生有 1 对弯曲的片状突起，此片状突基部有 1 个小齿突，阳茎孔位于末端；连索 Y 形，主干短；阳基侧突细长，端部蟹钳状。

体乳白色。头冠端半部缘脊与中脊黑色；复眼与触角黄褐色；颜面额唇基中域黑色，前唇基中域黑褐色。前翅乳白色，翅端前缘区 4 斜线状纹、第 2 端室内 1 斑点均黑褐色，端缘与爪片末端烟黑色，翅端缘区及近爪片末端具淡金黄色晕区；胸足与体同色，仅后足胫节末端、第 1 跗节端部与第 2 跗节及跗爪黑褐色。腹部腹面侧区黄白色。

寄主　禾草科植物。

检视标本　**山西**：1♂，历山，2012.Ⅶ.29，邢济春采 (GUGC)。**四川**：1♂，丹巴，2017.Ⅷ.5，杨茂发采 (GUGC)；5♂2♀，巴塘，2017.Ⅷ.16，杨茂发、严斌采 (GUGC)；4♂2♀，雅江，2017.Ⅷ.17，杨茂发、严斌采 (GUGC)。**贵州**：3♂2♀，水城，1977.Ⅵ.25，李子忠采 (GUGC)；5♂7♀，毕节，1977.Ⅷ.9，李子忠采 (GUGC)；3♂13♀，威宁，1986.Ⅶ.26-27，李子忠采 (GUGC)；1♂2♀，大方，2011.Ⅷ.1，于晓飞采 (GUGC)。**云南**：1♂，盈江，2000.Ⅷ.10，李子忠采 (GUGC)；5♂9♀，兰坪，2000.Ⅷ.12-13，李子忠采 (GUGC)；3♂5♀，兰坪，2006.Ⅷ.8，宋琼章采 (GUGC)；1♂3♀，兰坪，2012.Ⅷ.3-4，龙见坤采 (GUGC)。**西藏**：1♂，易贡，2017.Ⅷ.12，杨再华采 (GUGC)。

分布　山西、四川、贵州、云南、西藏。

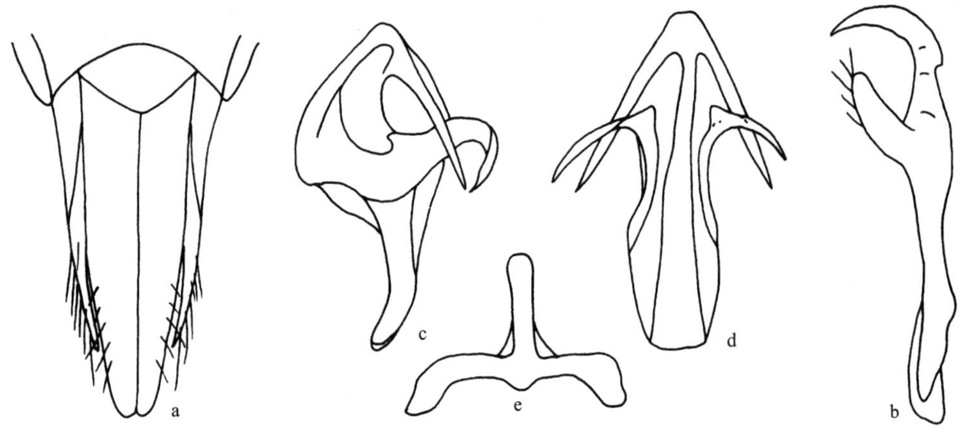

图 284　黑面拟隐脉叶蝉 *Sophonia nigrifrons* (Kuoh)

a. 雄虫生殖节腹面 (male genital segment, lateral view)；b. 阳基侧突 (style)；c. 阳茎侧面观 (aedeagus, lateral view)；d. 阳茎腹面观 (aedeagus, ventral view)；e. 连索 (connective)

(281) 黑线拟隐脉叶蝉 *Sophonia nigrilineata* Chen *et* Li, 1998 (图 285；图版 XIV：3)

Sophonia nigrilineata Chen *et* Li, 1998, Zoological Research, 19(1): 67. **Type locality**: Guizhou (Sinan).

Sophonia nigromarginata Cai *et* Shen, 1998, The Fauna and Taxonomy of Insects in Henan, Vol. 2: 47. **New synonymy.**

模式标本产地 贵州思南。

体连翅长，雄虫 5.5-5.8mm，雌虫 6.1-6.3mm。

头冠向前呈角状突出，中央长度略大于二复眼间宽，冠面微隆起，前侧缘亚缘区低凹成 1 浅槽，侧区于槽的内缘有 2 参差不齐的纵皱褶；单眼位于头冠侧缘近复眼前角处，与复眼的距离为单眼直径的 1.2 倍；颜面额唇基中部、端部中域平坦，具有斜褶；前唇基端向渐窄，端缘平切，中域呈 Y 形隆起，舌侧板狭小。前胸背板中央长度为头冠中央长度的 7/10，中域微隆起，向两侧倾斜，前缘弧圆凸出，后缘轻度略凹入；小盾片与前胸背板等长，横刻痕位于中后部，弯曲凹陷，两侧伸达侧缘。

雄虫尾节侧瓣近三角形，中端部具粗长刚毛，端、腹缘交汇处有 1 光滑的长突，弯向背方；雄虫下生殖板基部外缘波曲，端缘圆，中域斜生 1 列粗刚毛，粗刚毛外侧域及侧缘着生短小刚毛；阳茎管状弯曲，侧面观中部背域两侧各具 1 片突，片突基部和端部呈刺状延伸，片状突中部向外侧成片状延伸，中部腹侧缘各有 1 基部相连的长突，端部两侧各有 1 长刺突；连索 Y 形，主干基部膨大；阳基侧突基部扭曲，端部急剧洼陷近乎钳状。雌虫腹部第 7 节腹板中央长度是第 6 节的 2.5 倍，中央纵向隆起似 1 纵脊，后缘正中央轻凹入，产卵器伸出尾节端缘甚多。

体淡黄白微带褐色色泽。头冠顶端有 1 黑色斑，其后连接 1 黑色细线，贯穿头冠、前胸背板，终止于小盾片末端。头冠侧脊及亚缘区凹槽浅褐色；单眼橘红色；复眼黑褐色；颜面额唇基基部有 1 黑色斑纹与头冠部黑色斑相接，基部两侧与头冠交接处浅褐色。前胸背板侧缘区为黑褐色；小盾片基部至横刻痕之间黑色，中线两侧有乳白色斑纹；前翅近透明，爪片端部、前缘基方 1/3 处 1 亚缘纹、端部前缘域 3 斜纹、近端部 1 短纹均褐色，第 2 端室基部有 1 黑褐色圆斑；胸足跗爪、胫节黑褐色；腹部背面中域及腹面两侧域褐色，下生殖板中部有 1 三角形褐斑。

寄主 蜡梅、杂灌木。

检视标本 **山西**：4♂1♀，历山，2012.Ⅶ.29，邢济春采 (GUGC)。**四川**：8♂9♀，千佛山，2007.Ⅷ.13-14，邢济春采 (GUGC)。**贵州**：8♂10♀，威宁，1976.Ⅶ.15-16，李子忠采 (GUGC)；3♂1♀，水城，1977.Ⅵ.25，李子忠采 (GUGC)；3♂7♀，毕节，1977.Ⅷ.9，李子忠采 (GUGC)；2♂，大方，1977.Ⅷ.11，李子忠采 (GUGC)；11♂3♀，思南，1978.Ⅶ.1，李子忠采 (GUGC)；♂(正模)，4♀(副模)，思南，1978.Ⅷ.1，李子忠采 (GUGC)；1♂，织金，1987.Ⅶ.15，李子忠采 (GUGC)；1♂，桐梓，1994.Ⅶ.5，孙林采 (GUGC)；1♂2♀，石阡，1994.Ⅷ.15，李子忠、陈祥盛采(GUGC)；2♂1♀，晴隆，1982.Ⅷ.10，秦廷奎采 (GUGC)；2♂3♀，织金，1987.Ⅶ.15，李子忠采 (GUGC)；1♂，织金，1987.Ⅶ.15，李子忠采 (GUGC)；1♂，桐梓，1994.Ⅶ.5，孙林采 (GUGC)；2♀，石阡佛顶山，1994.Ⅶ.14，陈祥盛采 (GUGC)；1♂2♀，石阡，1994.Ⅷ.15，李子忠、陈祥盛采(GUGC)；6♂7♀，道真大沙河，2004.Ⅷ.17-20，宋琼章、杨茂发采 (GUGC)；9♂10♀，绥阳宽阔水，2010.Ⅷ.11-17，戴仁怀、李虎、范志华采 (GUGC)；2♂1♀，石阡佛顶山，2011.Ⅷ.13，徐芳玲、宋琼章采 (GUGC)；12♂16♀，

望谟，2012.Ⅷ.2-24，于晓飞、龙见坤、杨卫诚采 (GUGC)；7♂9♀，习水，2013.Ⅷ.22，邢东亮、屈玲采 (GUGC)。**云南**：2♂3♀，丽江，2000.Ⅷ.10，李子忠采 (GUGC)；6♂9♀，兰坪，2000.Ⅷ.14，李子忠采 (GUGC)；4♂7♀，兰坪，2006.Ⅷ.8，宋琼章采 (GUGC)；4♂6♀，泸水片马，2012.Ⅶ.21，龙见坤采 (GUGC)；2♂4♀，高黎贡山，2013.Ⅶ.5，范志华采 (GUGC)；1♂，西畴，2017.Ⅷ.11，龚念采 (GUGC)。

分布 山西、河南、湖南、四川、贵州、云南。

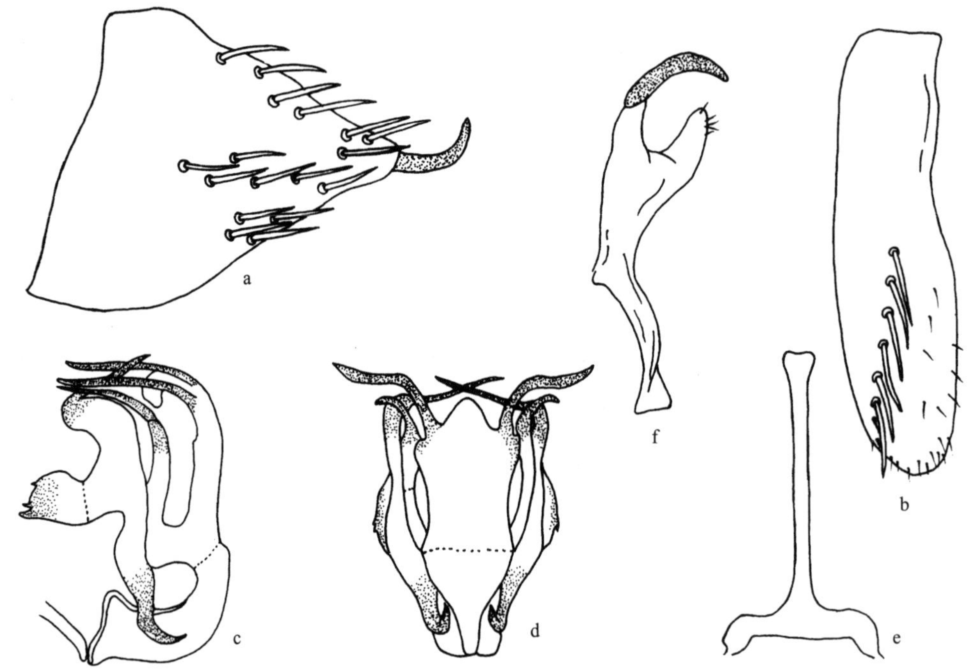

图 285 黑线拟隐脉叶蝉 *Sophonia nigrilineata* Chen *et* Li

a. 雄虫尾节侧瓣侧面观 (male pygofer side, lateral view)；b. 雄虫下生殖板 (male subgenital plate)；c. 阳茎侧面观 (aedeagus, lateral view)；d. 阳茎腹面观 (aedeagus, ventral view)；e. 连索 (connective)；f. 阳基侧突 (style)

(282) 东方拟隐脉叶蝉 *Sophonia orientalis* (Matsumura, 1912) (图 286；图版 XIV：4)

Nirvana orientalis Matsumura, 1912, Jap. J. Coll. Agr. Tokoku Imp. Univ. 4: 282. **Type locality**: Taiwan.

Pseudonirvana rufofascia Kuoh *et* Kuoh, 1983, Acta Entomologica Sinica, 26(3): 317.

Pseudonirvana rufofascia (Kuoh *et* Kuoh): Huang, 1989, Bulletin of the Society of Entomology (Taichung), 21: 63. Synonymized.

Quercinirvana longicephala Ahmed *et* Mahmood: Webb *et* Viraktamath, 2004, Zootaxa, 692: 3. Synonymized.

Sophonia orientalis (Matsumura): Li *et* Chen, 1999, Nirvaninae from China (Homoptera: Cicadellidae): 51.

模式标本产地　台湾。

体连翅长，雄虫 4.5-4.6mm，雌虫 5.2-5.5mm。

头冠前端近似锐角突出，中央长度大于二复眼间宽度的 1.5 倍，冠面较平坦，边缘有弱脊，冠缝明显；单眼位于头冠前侧缘，着生在侧缘近复眼的弯曲缘脊内侧，与复眼的距离约等于单眼直径的 3 倍，与侧脊的距离约为单眼直径；颜面额唇基基域隆起，中端部平坦，前唇基由基至端渐狭。前胸背板隆起，较头部宽，其长度不及头冠中央长度的 1/2，前缘弧圆凸出，后缘微凹；小盾片横刻痕弧弯，两端伸达侧缘。

雄虫尾节侧瓣端区有粗长刚毛，端腹缘向外侧极度延伸成长刺突，此突起端部弯曲；雄虫下生殖板宽短，中域有 1 纵列粗刚毛，外侧域密被细刚毛；阳茎端部管状弯曲，基部腹面有 1 对发达的突起，与阳茎接近等长，末端有 1 对刺状倒突；连索 Y 形，主干长明显大于臂长；阳基侧突端部变细外伸。雌虫腹部第 7 节腹板中央长度显著大于第 6 节腹板中长，中央纵向隆起似脊，后缘接近平直，产卵器微伸出尾节侧瓣端缘。

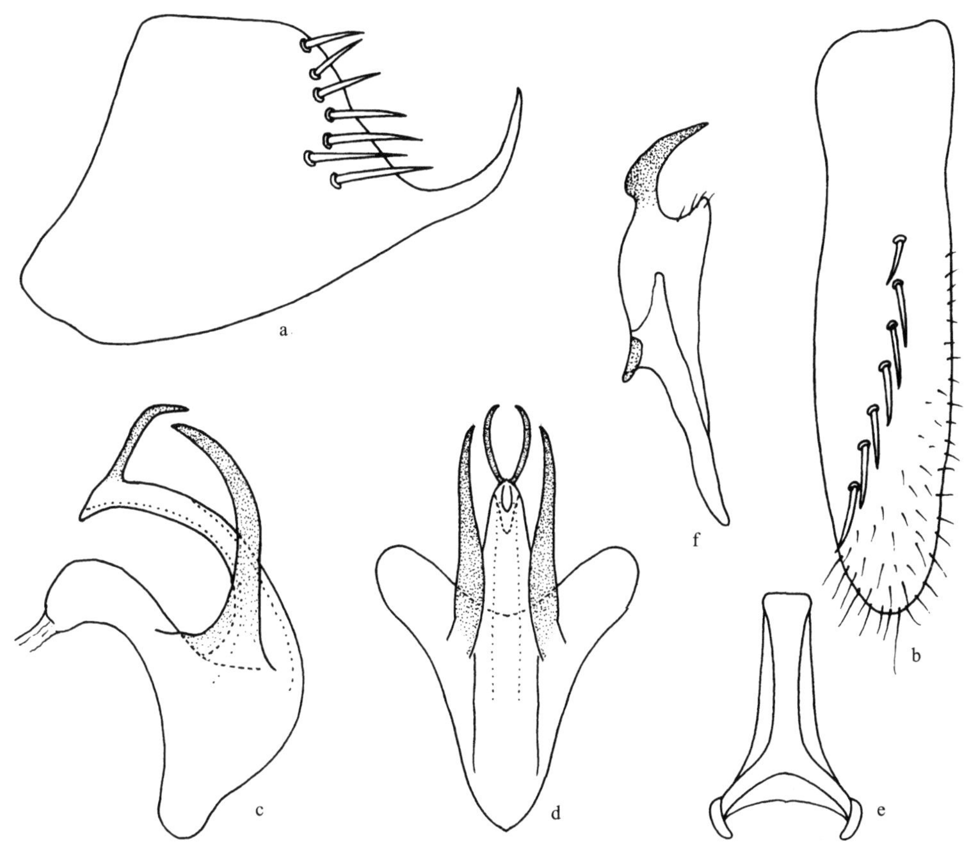

图 286　东方拟隐脉叶蝉 *Sophonia orientalis* (Matsumura)

a. 雄虫尾节侧瓣侧面观 (male pygofer side, lateral view)；b. 雄虫下生殖板 (male subgenital plate)；c. 阳茎侧面观 (aedeagus, lateral view)；d. 阳茎腹面观 (aedeagus, ventral view)；e. 连索 (connective)；f. 阳基侧突 (style)

体淡黄白色略带橙色。头冠顶端有 1 近似长方形黑纹，其后连接 2 黑色纵线，此 2

纵线于头冠基缘会合成 1 较粗条纹，贯穿前胸背板、小盾片，并沿前翅接合缝直至爪片末端，在黑色纵线两侧配置有血红色条纹。前翅与体同色，几乎透明，有淡橙黄晕，第 2 端室内有 1 黑色斑，翅端前缘有 2 黑色短斜纹，端区烟黄晕较明显。腹部背、腹面同为淡橙红色，仅背面红色成分较浓，各足跗爪黑褐色。

寄主 茶、桑、相思树。

检视标本 **湖北：**1♂，大别山，2014.Ⅷ.29，周正湘采 (GUGC)；3♂1♀，大别山，2014.Ⅵ.30，郭梅娜采 (GUGC)。**安徽：**1♀，牯牛降，2013.Ⅶ.27，李斌采 (GUGC)。**福建：**2♀，福州，1998.Ⅶ.1，方雄熙采 (GUGC)；1♀，武夷山，2013.Ⅵ.25，李斌采 (GUGC)。**台湾：**2♂1♀，南投，2002.Ⅺ.20，李子忠、杨茂发采 (GUGC)。**广东：**2♂，南昆山，2010.Ⅷ.23，邢济春采 (GUGC)。**广西：**1♂，金秀，2015.Ⅶ.20，罗强采 (GUGC)。**贵州：**2♂3♀，荔波，1998.Ⅴ.23，李子忠采 (GUGC)；1♂，沿河麻阳河，2007.Ⅵ.5，邢济春采 (GUGC)；1♀，沿河麻阳河，2007.Ⅸ.27，邢济春采 (GUGC)；1♀，沿河麻阳河，2007.Ⅸ.30，蒋晓红采 (GUGC)；2♂，荔波茂兰，2011.Ⅷ.16，宋琼章采 (GUGC)；2♂，独山，2012.Ⅶ.12，宋琼章采 (GUGC)。**云南：**1♀，高黎贡山，2013.Ⅷ.5，杨卫诚采 (GUGC)。**美国：**2♂，夏威夷，1994.Ⅺ.18，梁络球采 (GUGC)。

分布 安徽、浙江、湖北、福建、台湾、广东、广西、贵州、云南；美国 (夏威夷)。

(283) 尖板拟隐脉叶蝉，新种 *Sophonia pointeda* Li, Li *et* Xing, sp. nov. (图 287)

模式标本产地 广西兴安、九万大山，四川泸定磨西。

体连翅长，雄虫 4.2-4.5mm，雌虫 4.5-5.0mm。

头冠中央长度微大于二复眼间宽，基部微隆起，端前域低洼，有不明显的纵皱，边缘有脊，冠缝明显；单眼位于头冠前侧缘，距复眼和距缘脊相等，约为单眼直径的 2 倍；颜面额唇基基部中央纵脊仅占全区长的 1/3，侧褶宽弱，中端部平坦，前唇基由基至端渐窄，端缘接近平直；前胸背板中域隆起，较头部宽，微短于头冠中长，前缘弧圆，后缘微凹；小盾片中长小于前胸背板，横刻痕位于中后部，弧形弯曲，端部有细横皱纹。

雄虫尾节侧瓣端向渐窄，端区生粗长刚毛，端缘分别向背面和腹面延伸，其中向背面延伸的突起细长而弯曲，向腹面延伸的突起粗而直；雄虫下生殖板宽短，中域有 1 列粗长刚毛，端部呈尖刺状；阳茎 S 形，端部两侧各有 1 长刺突，基部两侧各有 1 片状长突，该突起基部宽、端部尖刺状；连索 Y 形，主干长微大于臂长；阳基侧突亚端部急剧弯曲，末端近乎鱼尾状。雌虫第 7 节腹板中长明显大于第 6 节，后缘接近平直，产卵器伸出尾节侧瓣端缘甚多。

头冠淡黄白色，单眼着生处橘黄色；单眼白色透明；复眼黑褐色；颜面黄白色，无斑纹。前胸背板黄白色，中后部橘黄色；小盾片淡黄白色；前翅淡黄白色，具橘黄色晕，爪片末端、翅端前缘 3 斜纹及第 2 端室内 1 斑纹均黑褐色。虫体腹面淡黄白色，无明显斑纹。

正模 ♂，广西兴安，2015.Ⅶ.25，罗强采。副模，15♂13♀，采集时间、地点、采集人同正模；1♂2♀，广西大明山，2015.Ⅶ.21，严斌采；8♂3♀，广西九万大山，2015.

Ⅶ.22，刘沅采；5♂，四川泸定磨西，2014.Ⅷ.12，杨茂发、严斌采。所有模式标本均保存在贵州大学昆虫研究所 (GUGC)。

词源　新种名以雄虫下生殖板端部尖刺状这一明显特征命名。

分布　广西、四川。

新种外形特征与枝突拟隐脉叶蝉 *Sophonia branchuma* Li *et* Wang 相似，不同点是新种雄虫尾节侧瓣端缘向背面、腹面延伸，雄虫下生殖板端部延伸成刺状，阳茎 S 形。

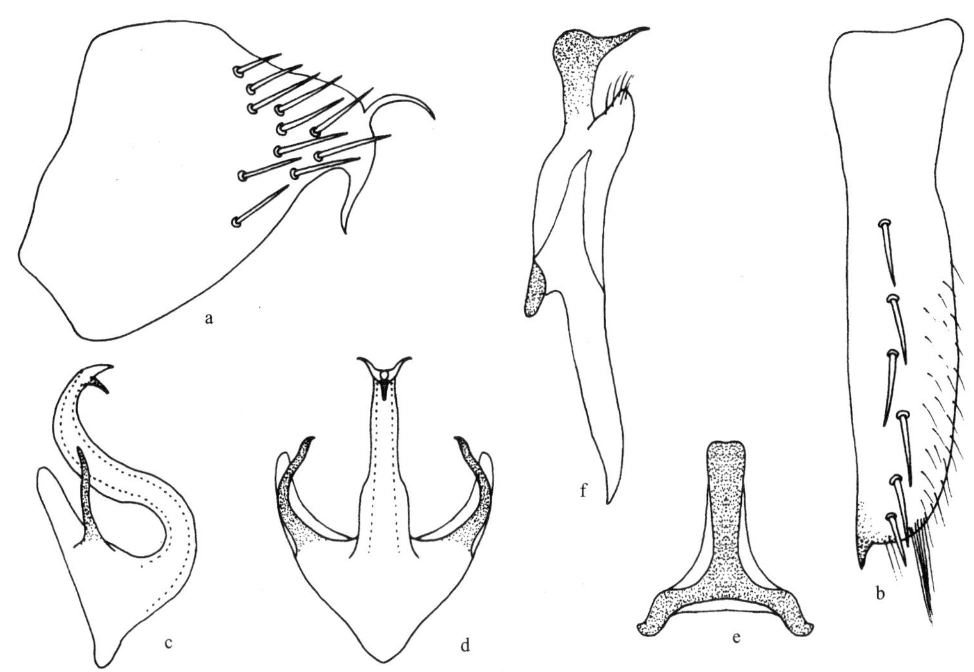

图 287　尖板拟隐脉叶蝉，新种 *Sophonia pointeda* Li, Li *et* Xing, sp. nov.

a. 雄虫尾节侧瓣侧面观 (male pygofer side, lateral view)；b. 雄虫下生殖板 (male subgenital plate)；c. 阳茎侧面观 (aedeagus, lateral view)；d. 阳茎腹面观 (aedeagus, ventral view)；e. 连索 (connective)；f. 阳基侧突 (style)

(284) 红色拟隐脉叶蝉 *Sophonia rufa* (Kuoh *et* Kuoh, 1983) (图 288)

Pseudonirvana rufa Kuoh *et* Kuoh, 1983, Acta Entomologica Sinica, 26(3): 321. **Type locality**: Anhui (Huangshan).

Sophonia rufa (Kuoh *et* Kuoh): Li *et* Chen, 1999, Nirvaninae from China (Homoptera: Cicadellidae): 37.

模式标本产地　安徽黄山。

体连翅长，雄虫 4.7-4.9mm，雌虫 5.1mm。

头冠前端呈锐角突出，冠面平坦而轻度隆起，中央长度显著大于二复眼间宽，侧脊在近复眼处向外侧弯曲，侧缘近复眼处有很小一段平直；单眼位于头冠侧缘脊弯曲处的内侧，与复眼的距离约为单眼直径的 3 倍，距侧缘脊约为单眼直径的 2 倍；颜面额唇基区基部隆起，中脊长约为该区长的 1/5，前唇基区基部中域及端部中央纵向隆起。前胸背板较头部宽，明显短于头冠中长，前缘宽圆凸出，后缘凹入，前侧缘长而斜直，后侧缘短；小盾片横刻痕位于中后部。

雄虫尾节侧瓣向外侧凸出，端缘近似角状突出，近端部有 1 光滑的刺状突，端区散生粗长刚毛；雄虫下生殖板狭长，外侧域生 1 列粗长刚毛，其中近端部的 3 刚毛粗且黑色；阳茎两端膨大，中部管状，基部背域两侧突起粗短，其上生 1 根长刺突，端部两侧各生 1 根向基方延伸的长刺；连索 Y 形，主干长是臂长的 2 倍；阳基侧突基部细，中部宽扁，亚端部骤变细内凹，其凹曲处有数根小刚毛，末端鸟喙状。雌虫腹部第 7 节腹板中央长度是第 6 节的 2 倍，后缘中央深刻凹入，两侧叶宽大，产卵器长伸出尾节侧瓣端缘。

体淡乌黄色。由于体背及前翅具有橙红色条纹，故粗视体橙红色，这些条纹起自头冠前侧缘延伸至小盾片基侧角，前胸背板中后部有 1 橙红色纵纹，延伸至小盾片横刻痕处，小盾片端部橙红色。前翅沿革缝有 1 橙红色宽纵带，端半部前缘区有 3 黑褐色短斜纹，端缘及爪片末端与爪片后缘中部有一段为淡烟橙黄色，第 2 端室内有 1 黑褐色大斑。腹部背面橙黄略带褐色光泽。

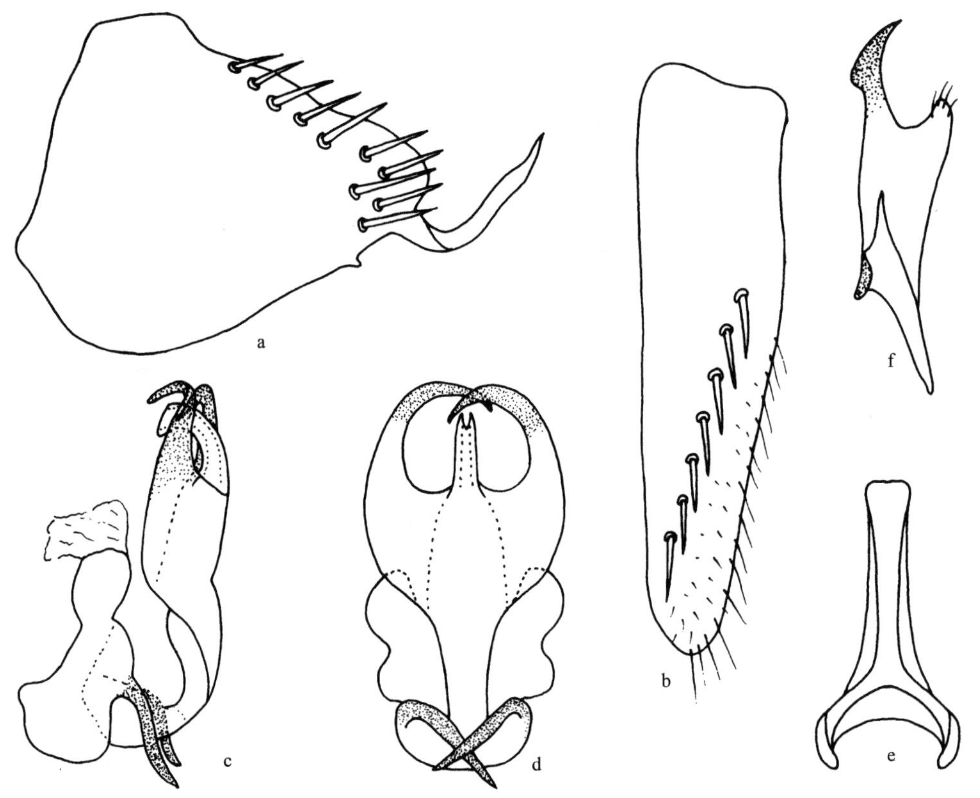

图 288 红色拟隐脉叶蝉 *Sophonia rufa* (Kuoh *et* Kuoh)

a. 雄虫尾节侧瓣侧面观 (male pygofer side, lateral view)；b. 雄虫下生殖板 (male subgenital plate)；c. 阳茎侧面观 (aedeagus, lateral view)；d. 阳茎腹面观 (aedeagus, ventral view)；e. 连索 (connective)；f. 阳基侧突 (style)

检视标本　**贵州**：1♂，石阡佛顶山，1994.Ⅷ.9，陈祥盛采 (GUGC)；1♀，石阡佛顶山，1994.Ⅷ.15，李子忠采 (GUGC)；1♂，梵净山，2001.Ⅷ.2，李子忠采 (GUGC)。

分布　安徽、贵州。

(285) 蔷薇拟隐脉叶蝉 *Sophonia rosea* Li *et* Wang, 1991 (图 289)

Sophonia rosea Li *et* Wang, 1991, Zoological Research, 12(2): 126. **Type locality**: Guizhou (Guiyang, Daozhen, Bijie).

Pseudonirvana alba Kuoh, 1992: Li *et* Chen, 1999, Nirvaninae from China (Homoptera: Cicadellidae): 35. Synonymized.

Sophonia aurantiaca Cai *et* Shen, 1999, In: Sun *et* Pei (ed.), Fauna of Insects Henan Province of China, 4: 32. **New synonymy**.

模式标本产地　贵州贵阳、道真、毕节。

体连翅长，雄虫 5.5-5.8mm，雌虫 6.2-6.5mm。

头冠中央长度略大于二复眼间宽度，显著大于前胸背板中央长度，冠面轻度隆起，中央纵脊细弱，缘脊强壮明显；单眼着生在头冠侧缘缘脊的内侧，与复眼和缘脊的距离约等于单眼直径的 2.5 倍；颜面额唇基基部丰满隆起，中央纵脊长度约为该区中央长度的 2/5，两侧有侧褶，中端部较平坦，前唇基中央纵向隆起，由基至端逐渐收狭，端缘平直。前胸背板中域隆起向两侧倾斜，前缘域两侧轻度凹陷，前侧缘长而斜直，后侧缘短；小盾片的横刻痕凹陷弧弯，几乎伸达侧缘。

雄虫尾节侧瓣侧面观由背向腹斜直，致端腹缘呈角状凸出，凸出部末端骤变细，致成枝状突，端区生粗长刚毛；雄虫下生殖板中域生有 1 纵列粗长刚毛；阳茎基部显著膨大，端部腹面有 2 对突起，其中第 1 对突起基部宽扁、端部细长，第 2 对突起细长弯钩状；连索 Y 形，主干细长；阳基侧突中部宽扁，端部骤变细弯曲成钳状。雌虫腹部第 7 节腹板中央长度是第 6 节腹板中长的 2 倍，中央纵向隆起似脊，后缘接近平直，产卵器长伸出尾节端缘。

体淡黄白色。前翅淡黄白色半透明，端缘域有淡黄褐晕，端部前缘有 3 褐色斜纹向后伸出，第 2 端室内有 1 黑褐色圆斑，爪片末端亦具褐色斑。此种体色斑纹常变化大，尤其是雄虫，一些个体头冠前端、颜面、胸部腹板、腹部背面和腹面黑褐色；一些雌性个体头冠前端有 1 黑点，颜面中央有 1 黑斑，腹部腹面各节后缘亦具黑褐色边。

寄主　大豆、四季豆、刺梨。

检视标本　**陕西**：2♂3♀，太白山，1997.Ⅸ.2，李子忠采 (GUGC)；1♂2♀，宁陕，2010.Ⅶ.25，李虎、范志华采 (GUGC)。**湖南**：1♂1♀，永顺，2016.Ⅷ.20，丁永顺采 (GUGC)。**广西**：1♀，百色，2007.Ⅶ.17，孟泽洪采 (GUGC)。**贵州**：2♂ (副模)，大方，1977.Ⅶ.7，李子忠采 (GUGC)；2♂ (副模)，毕节，1977.Ⅶ.24，李子忠采 (GUGC)；2♂2♀，平塘，1979.Ⅵ.7，李子忠采 (GUGC)；♂ (正模)，贵阳，1984.Ⅵ.12-15，李子忠采 (GUGC)；5♂8♀ (副模)，贵阳，1984.Ⅵ.12-15，李子忠采 (GUGC)；8♂9♀，织金，1986.Ⅷ.17，李子忠采 (GUGC)；2♂1♀，梵净山，2001.Ⅷ.1，李子忠采 (GUGC)；2♂，绥阳宽阔水，2010.Ⅷ.13，

李虎、范志华采 (GUGC)；2♂，绥阳宽阔水，2010.Ⅷ.14，于晓飞采 (GUGC)；1♂，习水，2011.Ⅶ.26，李斌采 (GUGC)；3♂7♀，大方，2011.Ⅷ.1，于晓飞采 (GUGC)；3♂2♀，安龙，2015.Ⅵ.18，周正湘采 (GUGC)。云南：2♂3♀，兰坪，2000.Ⅷ.13，李子忠采 (GUGC)；3♂3♀，临沧，2008.Ⅶ.26，蒋晓红采 (GUGC)；1♂，文山，2016.Ⅴ.27，罗强采 (GUGC)；1♂1♀，屏边，2017.Ⅷ.20，罗强采 (GUGC)。

分布 河南、陕西、湖南、广西、贵州、云南。

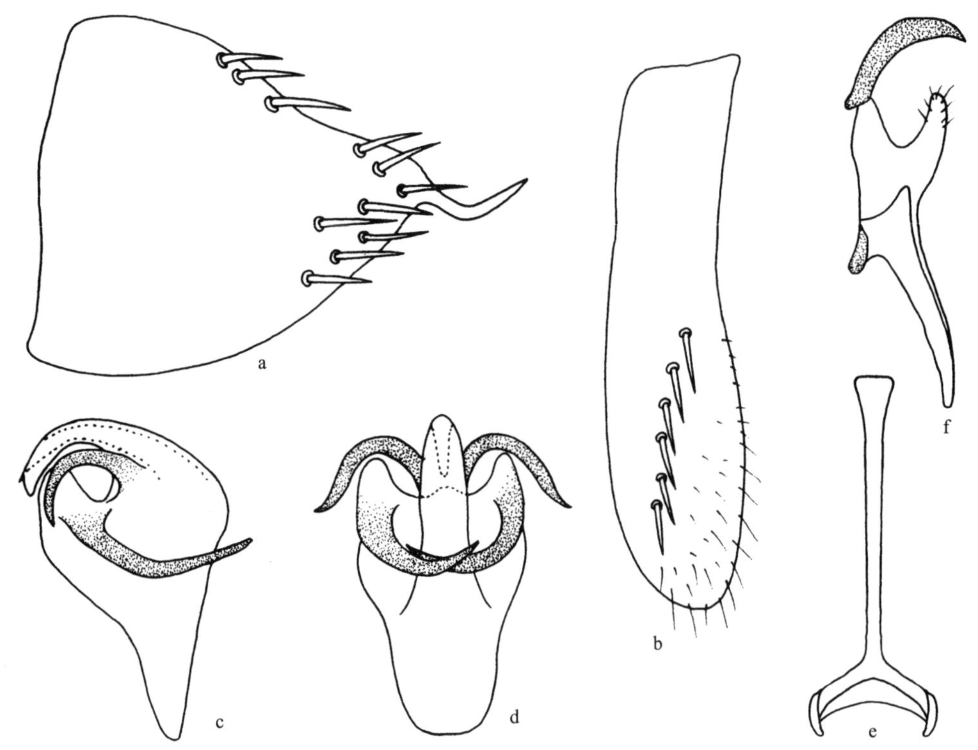

图 289 蔷薇拟隐脉叶蝉 *Sophonia rosea* Li *et* Wang

a. 雄虫尾节侧瓣侧面观 (male pygofer side, lateral view)；b. 雄虫下生殖板 (male subgenital plate)；c. 阳茎侧面观 (aedeagus, lateral view)；d. 阳茎腹面观 (aedeagus, ventral view)；e. 连索 (connective)；f. 阳基侧突 (style)

(286) 剑突拟隐脉叶蝉 *Sophonia spathulata* Chen *et* Li, 2000 (图 290)

Sophonia spathulata Chen *et* Li, 2000, Acta Entomologica Sinica, 43(1): 75. **Type locality**: Guizhou (Libo, Luodian, Guiyang).

模式产地 贵州荔波、罗甸、贵阳。

体连翅长，雄虫 4.8-5.1mm，雌虫 5.2-5.4mm。

头冠前端呈角状突出，中长为二复眼间宽的 1.5 倍，冠面平坦，前侧缘具缘脊；单眼位于头冠前侧缘复眼前角处，与复眼的距离为单眼直径的 2 倍，与侧脊的距离等于单眼直径；颜面额唇基基部纵向隆起，端部平坦，前唇基端向渐狭，端缘接近平切。前胸背板中长仅及头冠中长的 1/2，前缘弧圆突出，后缘微凹入，中域略纵向隆起，向两侧倾斜。小盾片横刻痕弯曲凹陷，两端伸达侧缘。

雄虫尾节侧瓣后背域着生粗刚毛，端腹缘向后延伸成剑状突；雄虫下生殖板长阔，端缘圆，中域斜生 1 列粗长刚毛，中后部着生细长刚毛；阳茎中部膨大，两侧各有 1 片状突，端部管状弯曲，端缘平切，末端两侧各逆生 1 小钩，端部背方有 1 膜质、囊状结构，一些个体在亚端部生 1 对小刺突；连索 Y 形，主干与臂近等长；阳基侧突基部扭曲，中部宽，亚端部凹陷，末端尖。

体黄白略带橙色。头冠冠缝两侧各有 1 黑色细纵线，纵线端部各连接 1 长椭圆黑斑，2 黑斑部分重叠，致在有些个体中近似成 1 长圆斑纹，细纵线会合于头冠基部成 1 较粗条纹，贯穿前胸背板，终止于小盾片末端，且从前至后黑线略加粗，在这些黑色条纹的两侧配置有橙红色纵条纹，由细到粗，致小盾片全呈橙红色，前胸背板两侧缘区各有 1 橙黄色纵纹；复眼褐色；单眼橙红色。前翅接近透明，具淡橙黄色晕斑，整个爪片后缘有黑褐色斑纹，双翅合并后成 1 粗黑褐条纹，较前胸背板、小盾片黑线粗，缘纹内侧配置有橙红色条纹，翅端前缘区 2 斜纹、第 2 端室基部 1 圆斑均黑色，端缘域烟黄晕较明显。腹部背面橙红色，腹面橙黄色。此种虫体色变化较大，有的个体红色条纹减淡，致虫体呈现淡橙黄色。

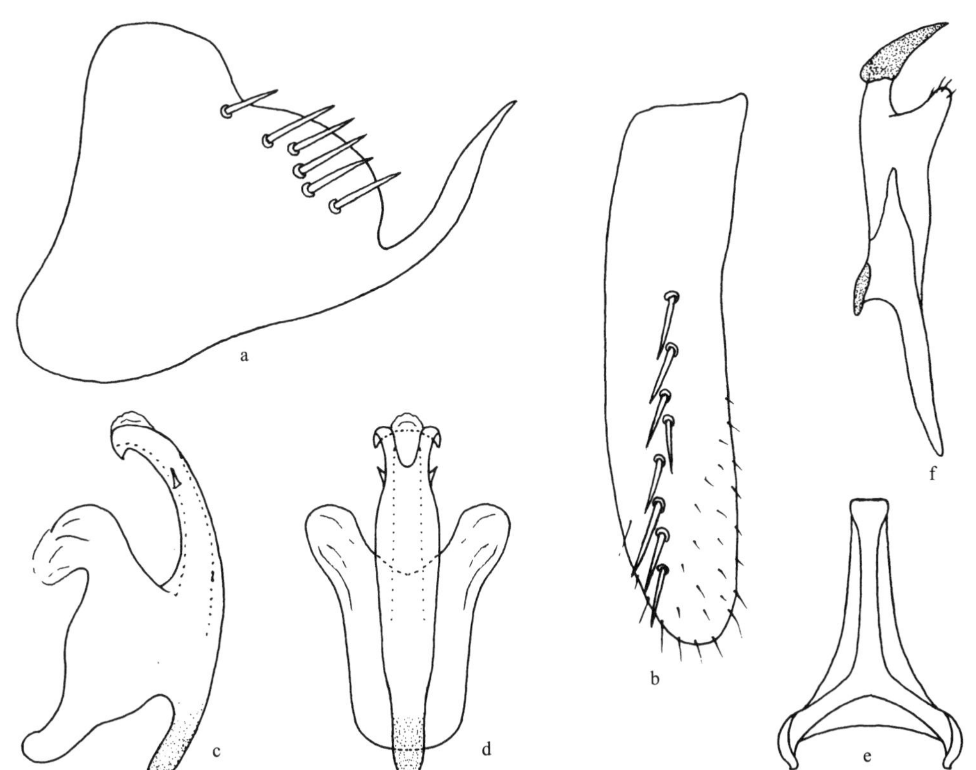

图 290　剑突拟隐脉叶蝉 *Sophonia spathulata* Chen *et* Li

a. 雄虫尾节侧瓣侧面观 (male pygofer side, lateral view)；b. 雄虫下生殖板 (male subgenital plate)；c. 阳茎侧面观 (aedeagus, lateral view)；d. 阳茎腹面观 (aedeagus, ventral view)；e. 连索 (connective)；f. 阳基侧突 (style)

寄主 盐肤木、桃树。

检视标本 **贵州**：2♂3♀，三都，1982.Ⅶ.7，李子忠采 (GUGC)；1♂1♀，贵阳，1983. Ⅳ.2，陈祥盛采 (GUGC)；2♂3♀，荔波茂兰，1984.Ⅴ.27，李子忠采 (GUGC)；♂ (正模)，2♀ (副模)，荔波，1984.Ⅹ.27，李子忠采 (GUGC)；1♂2♀，荔波茂兰，1984.Ⅹ.27，李子忠采 (GUGC)；2♀ (副模)，罗甸，1993.Ⅸ.16，陈祥盛采 (GUGC)；1♂1♀ (副模)，贵阳，1993.Ⅺ.2，陈祥盛采 (GUGC)；1♀，石阡佛顶山，1994.Ⅷ.14，杨茂发采 (GUGC)；1♀，荔波茂兰，1995.Ⅹ.24，杨茂发采 (GUGC)；2♂5♀，贵阳，1996.Ⅷ.5，汪廉敏采 (GUGC)；1♂，荔波茂兰，1998.Ⅹ.21，李子忠采 (GUGC)；1♀，梵净山，2001.Ⅶ.28，李子忠采 (GUGC)。**云南**：1♂1♀，铜壁关，1992.Ⅷ.21，李子忠采 (GUGC)；1♀，龙陵，2002.Ⅶ.25，李子忠采 (GUGC)。

分布 贵州、云南。

(287) 端刺拟隐脉叶蝉，新种 *Sophonia spinula* Li, Li *et* Xing, sp. nov. (图 291)

模式标本产地 广西上思。

体连翅长，雄虫 4.9mm。

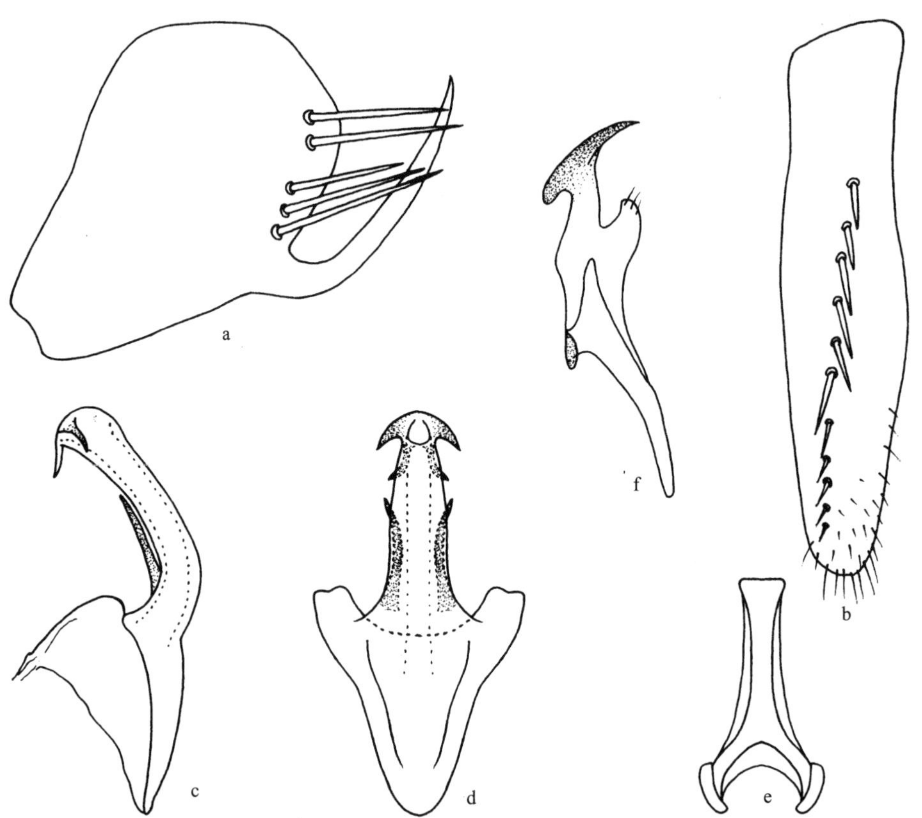

图 291 端刺拟隐脉叶蝉，新种 *Sophonia spinula* Li, Li *et* Xing, sp. nov.

a. 雄虫尾节侧瓣侧面观 (male pygofer side, lateral view)；b. 雄虫下生殖板 (male subgenital plate)；c. 阳茎侧面观 (aedeagus, lateral view)；d. 阳茎腹面观 (aedeagus, ventral view)；e. 连索 (connective)；f. 阳基侧突 (style)

头冠前端锐角状突出，中长为二复眼间宽的 1.5 倍，冠面轻度隆起，冠缝明显，前侧缘具缘脊；单眼位于头冠前侧缘复眼前角处，与复眼的距离为单眼直径的 2 倍；颜面额唇基基部隆起，中央有短纵脊，两侧横印痕明显，端半部平坦，前唇基端向渐狭，端缘接近平切。前胸背板较头部宽，中央长度明显短于头冠中长，中域隆起向两侧倾斜，前、后缘接近平直，侧缘斜直；小盾片较前胸背板短，横刻痕位于中后部。

雄虫尾节侧瓣端缘宽圆，端腹角极度延伸成刺状突，端区有粗长刚毛；雄虫下生殖板较匀称，中域有 1 列粗长刚毛；阳茎管状微弯曲，基部有 1 对长突，末端有 2 对刺状突；连索 Y 形，主干长大于臂长；阳基侧突基部扭曲，中部宽，亚端部弯曲凹陷，末端向两侧扩延。

体姜黄色。复眼淡褐色；单眼淡黄白色，单眼着生区橘黄色。前翅橘黄色，爪片末端、端区前缘 3 斜纹和第 2 端室基部 1 圆斑均淡褐色。虫体腹面和胸足淡黄白色，无明显斑纹。

正模　♂，广西上思，2012.Ⅳ.8，郑维斌采。模式标本保存在贵州大学昆虫研究所(GUGC)。

词源　新种名以阳茎末端有 2 对刺状突这一显著特征命名。

分布　广西。

新种外形特征与纯色拟隐脉叶蝉 *Sophonia unicolor* (Kuoh *et* Kuoh) 相似，不同点是新种体姜黄色，单眼着生区橘黄色，阳茎末端有 2 对刺状突。

(288) 曲茎拟隐脉叶蝉，新种 *Sophonia tortuosa* Li, Li *et* Xing, sp. nov. (图 292)

模式标本产地　云南香格里拉，四川泸定。

体连翅长，雄虫5.9-6.0mm，雌虫6.1-6.3mm。

头冠前端锐角状突出，中长为二复眼间宽的1.5倍，冠面平坦，冠缝明显，前侧缘具缘脊；单眼位于头冠前侧缘复眼前角处，与复眼的距离为单眼直径的1.5倍，与侧脊的距离为单眼直径；颜面额唇基基部隆起，两侧横印痕明显，端半部平坦，前唇基端向渐狭，端缘接近平切。前胸背板较头部宽，中央长度明显大于头冠中长，中域略纵向隆起，向两侧倾斜，前缘域有1弧形凹痕，前缘弧圆突出，后缘微凹；小盾片较前胸背板短，横刻痕位于中后部。

雄虫尾节侧瓣端向渐窄，端缘极度变细成刺状延伸，端域有粗长刚毛；雄虫下生殖板宽短，端部中域有1列粗长刚毛，外侧域密被细刚毛；阳茎宽短，端部成钩状弯曲，亚端部有1对刺状突，中部有1对长突；连索Y形，主干长是臂长的5倍；阳基侧突基部细，中部膨大，端部变细弯曲，末端近乎刀片状。雌虫腹部第7节腹板中央长度较第6节腹板长，后缘中央接近平直，产卵器伸出尾节侧瓣端缘。

体淡黄白色。头冠缘脊黑褐色；复眼淡褐色；单眼血红色。前翅乳白色，爪片末端褐色，第1端室基部淡黄褐色，第2端室基部1圆斑和端区前缘3斜线黑褐色。虫体腹面淡黄白色，无明显斑纹。

正模　♂，云南香格里拉，2012.Ⅷ.9，李虎采。副模：5♀，云南香格里拉，2012.

Ⅷ.9-10，范志华采；1♂，四川泸定，2012.Ⅶ.28，李虎采。所有模式标本均保存在贵州大学昆虫研究所 (GUGC)。

词源　新种名以阳茎端部成钩状弯曲这一明显特征命名。

分布　四川、云南。

新种外形特征与剑突拟隐脉叶蝉*Sophonia spathulata* Chen *et* Li相似，不同点是新种头冠、前胸背板、小盾片中央无黑色纵线，阳茎端部钩状弯曲，亚端部有1对刺状突。

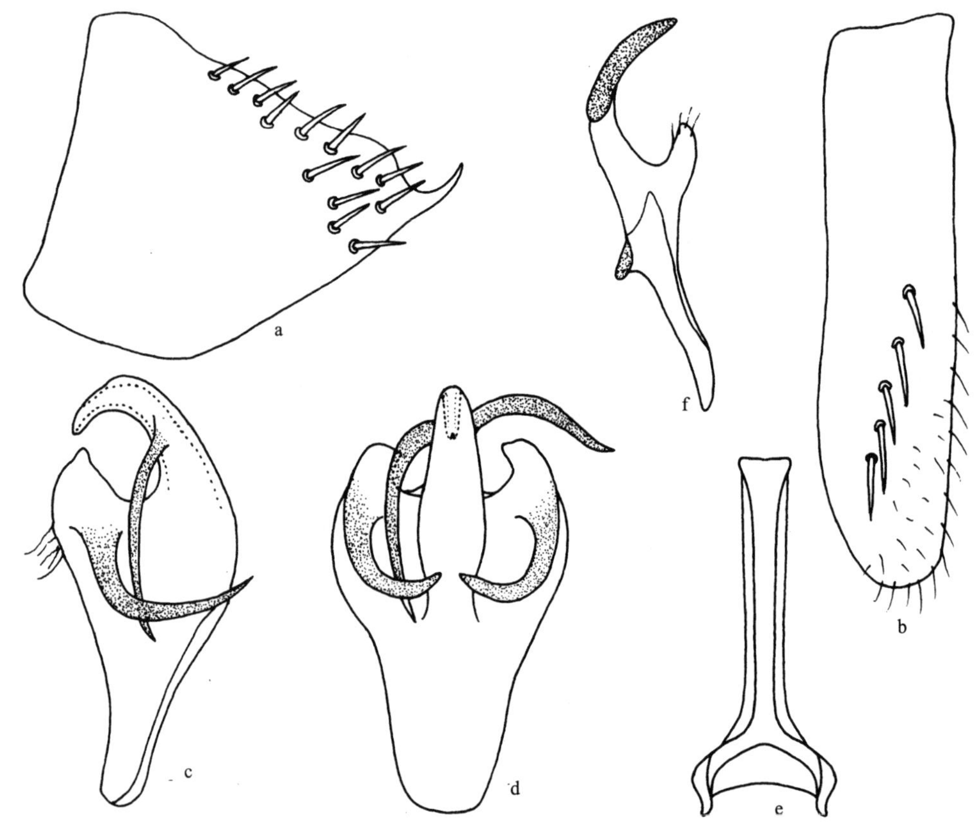

图 292　曲茎拟隐脉叶蝉，新种 *Sophonia tortuosa* Li, Li *et* Xing, sp. nov.

a. 雄虫尾节侧瓣侧面观 (male pygofer side, lateral view)；b. 雄虫下生殖板 (male subgenital plate)；c. 阳茎侧面观 (aedeagus, lateral view)；d. 阳茎腹面观 (aedeagus, ventral view)；e. 连索 (connective)；f. 阳基侧突 (style)

(289) 横纹拟隐脉叶蝉 *Sophonia transvittata* Li *et* Chen, 2005 (图 293；图版 XIV：5)

Sophonia transvittata Li *et* Chen, 2005, Journal Natural History, 39(1): 75. **Type locality**: Yunnan (Pianma).

模式标本产地　云南片马。

体连翅长，雄虫 5.1-5.2mm，雌虫 5.8-6.0mm。

头冠前端呈锐角状突出，中央长度明显大于二复眼间宽，冠面平坦，冠缝明显，前侧缘具缘脊；单眼位于头冠前侧缘复眼前角处，与复眼的距离为单眼直径的 1.5 倍；颜面额唇基基部隆起，两侧横印痕明显，端半部平坦，前唇基端向渐狭，端缘接近平切。前胸背板较头部宽，与头冠接近等长，中域略纵向隆起向两侧倾斜，前缘弧圆突出，后缘微凹入，侧缘斜直；小盾片较前胸背板短，横刻痕位于中后部，弧形弯曲。

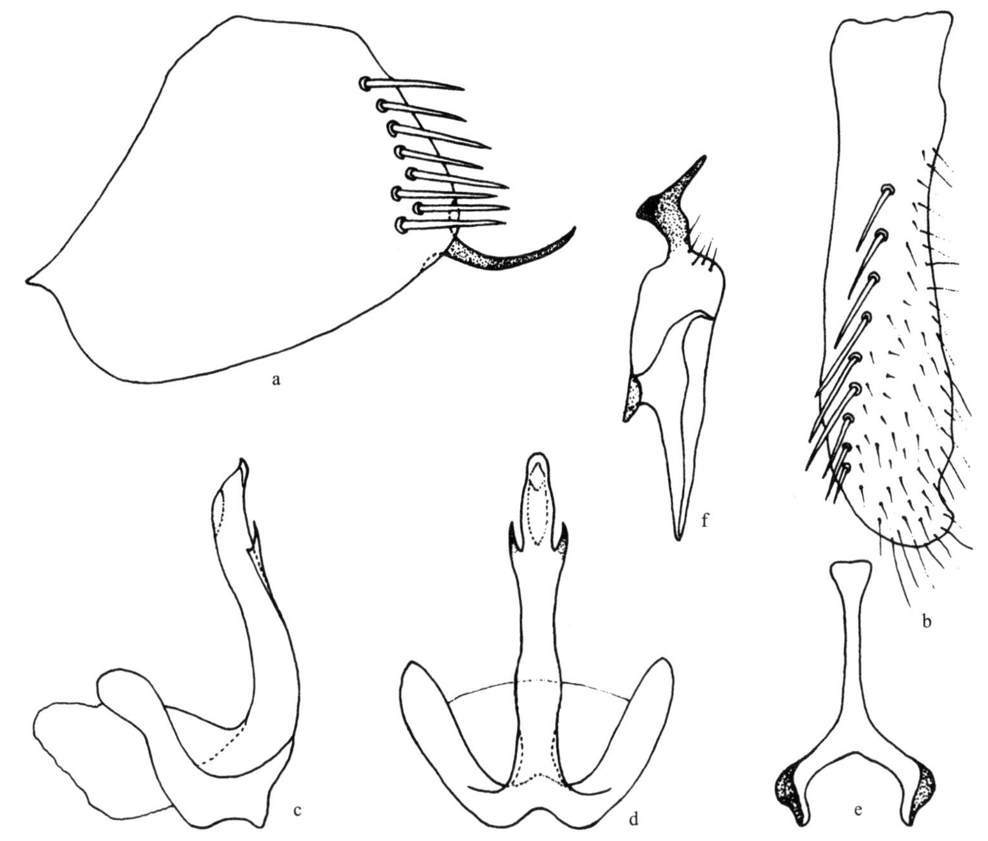

图 293　横纹拟隐脉叶蝉 *Sophonia transvittata* Li *et* Chen

a. 雄虫尾节侧瓣侧面观 (male pygofer side, lateral view)；b. 雄虫下生殖板 (male subgenital plate)；c. 阳茎侧面观 (aedeagus, lateral view)；d. 阳茎腹面观 (aedeagus, ventral view)；e. 连索 (connective)；f. 阳基侧突 (style)

雄虫尾节侧瓣宽短，端缘宽圆突出，端区有粗长刚毛，端腹缘呈针刺状突起；雄虫下生殖板外侧中域弯曲，端部微扩大，中央有 1 列粗长刚毛，侧域密被细刚毛；阳茎侧面观管状弯曲，端部两侧各有 1 刺状突，基部两侧各有 1 片状突，阳茎孔位于末端；连索 Y 形，主干长是臂长的 1.5 倍；阳基侧突中部膨大，亚端部细颈状，末端成尖刺状向两侧扩延。雌虫第 7 节腹板中央长度较第 6 节腹板长，后缘中央深凹入，产卵器伸出尾节侧瓣端缘。

体淡黄白色。复眼淡黄色至淡褐色；单眼周围橘黄色；颜面或多或少带白色，无斑纹。前胸背板和小盾片淡黄色，前者侧域具橘黄色带纹；前翅淡黄色，近中部前缘至后缘细横带纹、端部中央大斑均黑色，翅基部、端部及横带纹两侧具不规则的橘红色斑纹；

胸、腹部腹板黄白色，无斑纹。雌虫体色如雄虫，但前翅中部横带纹及端部中央黑斑变狭变细。

寄主 竹子。

检视标本 **贵州**：5♂12♀，望谟打易，1997.IX.6，陈祥盛采 (GUGC)；1♀，安龙，2012.Ⅷ.28，郑维斌采 (GUGC)。**云南**：♂ (正模)，1♂3♀ (副模)，泸水片马，2000.Ⅷ.15，李子忠采 (GUGC)。

分布 贵州、云南。

(290) 纯色拟隐脉叶蝉 *Sophonia unicolor* (Kuoh *et* Kuoh, 1983) (图 294)

Pseudonirvana unicolor Kuoh *et* Kuoh, 1983, Acta Entomologica Sinica, 26(3): 323. **Type locality**: Fujian (Sanming).

Sophonia unicolor (Kuoh *et* Kuoh): Li *et* Chen,1999, Nirvaninae from China (Homoptera: Cicadellidae): 40.

模式标本产地 福建三明。

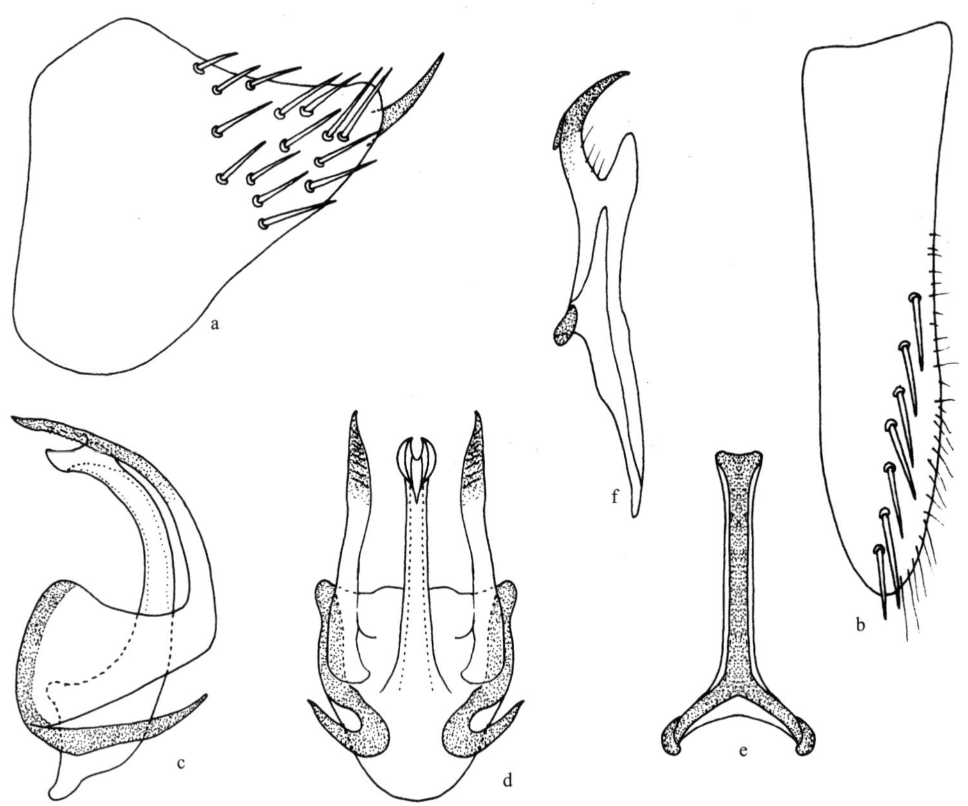

图 294 纯色拟隐脉叶蝉 *Sophonia unicolor* (Kuoh *et* Kuoh)

a. 雄虫尾节侧瓣侧面观 (male pygofer side, lateral view)；b. 雄虫下生殖板 (male subgenital plate)；c. 阳茎背侧面观 (aedeagus, dorsal-lateral view)；d. 阳茎腹面观 (aedeagus, ventral view)；e. 连索 (connective)；f. 阳基侧突 (style)

体连翅长，雄虫 5.0-5.2mm，雌虫 5.3mm。

头冠前端呈锐角状突出，中央长度与二复眼间宽近于相等，与前胸背板接近等长，端前域有不明显的纵皱，侧脊在近复眼处向外侧弯曲；单眼位于头冠前侧缘，与复眼和与缘脊等距，约为单眼直径的 2 倍；颜面额唇基基部中央纵脊仅占全区长的 1/3，侧褶宽弱，中端部中域平坦，前唇基中央纵向隆起。前胸背板较头部宽，中长明显短于头冠；小盾片侧缘较基缘长，横刻痕位于中后部。

雄虫尾节侧瓣端向渐窄，端区生粗长刚毛，端部突起光滑；雄虫下生殖板宽短，中域具 1 列粗长刚毛；阳茎干基部具 2 对片状突，分别向基部和端部伸出，阳茎孔位于末端；连索 Y 形，主干长微大于臂长；阳基侧突较长，亚端部急剧弯曲，近似钳状。

体淡黄略带褐色色泽，无明显斑纹。前翅与体同色，半透明，爪片末端 1 斑点、第 2 端室基半中部 1 小斑点、端区前缘区 2 斜纹、连接此 2 纹末端 1 纵纹及近末端的前缘 1 短纹均为烟褐色，此外在前缘区近中部有 1 斜纹与爪后缘中部 1 短纹色浅淡不甚显著。腹部背、腹面色较浅淡。

寄主　茶树。

检视标本　**湖北**：大别山，2014.Ⅶ.22，郭梅娜采（GUGC）。**福建**：2♂1♀，武夷山，2013.Ⅵ.25，李斌、严斌采（GUGC）。**广西**：2♂，元宝山，2004.Ⅶ.15，杨茂发采（GUGC）。

分布　湖北、福建、广西。

(291) 单线拟隐脉叶蝉 *Sophonia unilineata* (Kuoh *et* Kuoh, 1983)（图 295）

Pseudonirvana unilineata Kuoh *et* Kuoh, 1983, Acta Entomologica Sinica, 26(3): 322. **Type locality**: Sichuan (Guanxian).

Sophonia unilineata (Kuoh *et* Kuoh): Li *et* Chen, 1999, Nirvaninae from China (Homoptera: Cicadellidae): 37.

模式标本产地　四川灌县。

体连翅长，雄虫 5.5-5.8mm，雌虫 6.1-6.3mm。

头冠前端呈锐角突出，中央长度大于二复眼间宽，冠面均匀隆起，但亚缘区低凹成 1 浅槽，侧区于槽的内缘具有参差不齐的 2 纵褶，冠缝明显似中脊，缘脊延伸致复眼前向外侧弯曲，其侧缘在复眼前一段平直；单眼着生在冠面弯曲缘脊内侧，与复眼的距离约等于单眼直径的 1.2 倍，与缘脊的距离约为单眼直径；颜面额唇基基部隆起，中央纵脊长度约占该区长的 1/3，两侧有明显的侧褶，中端部较平坦。前胸背板前缘宽圆凸出，后缘凹入；小盾片的横刻痕弧弯，两端伸达侧缘。

雄虫尾节侧瓣近三角形，中后部具粗刚毛，端腹缘有 1 向背方弯曲的尾节突；雄虫下生殖板中域斜生 1 列粗刚毛，外侧域及侧缘着生短小刚毛；阳茎粗大，基部两侧各有 1 根长刺状突，末端两侧亦生长刺状突，两刺突间夹生 1 根小突起；连索 Y 形，主干基部弯曲膨大；阳基侧突扭曲形。

体淡黄褐色，其中前胸背板色更淡微带白色色泽。头冠顶端有 1 大黑斑，向后连接 1 条黑褐色中线，纵贯前胸背板，终止于小盾片末端，头冠缘脊与前胸背板侧缘区亦为褐黑色；复眼黑褐色。前翅灰白色，翅端前缘区 3 斜纹、近端部 1 短纵纹及爪片末端斑纹均为淡烟褐色，第 2 端室内有 1 黑褐色大圆斑，端区具烟黄晕，尤以端缘区黄晕色较深。后足胫节与各跗节末端及跗爪黑褐色 (摘自葛钟麟和葛竞麟，1983)。

检视标本 本次研究未获标本。

分布 四川。

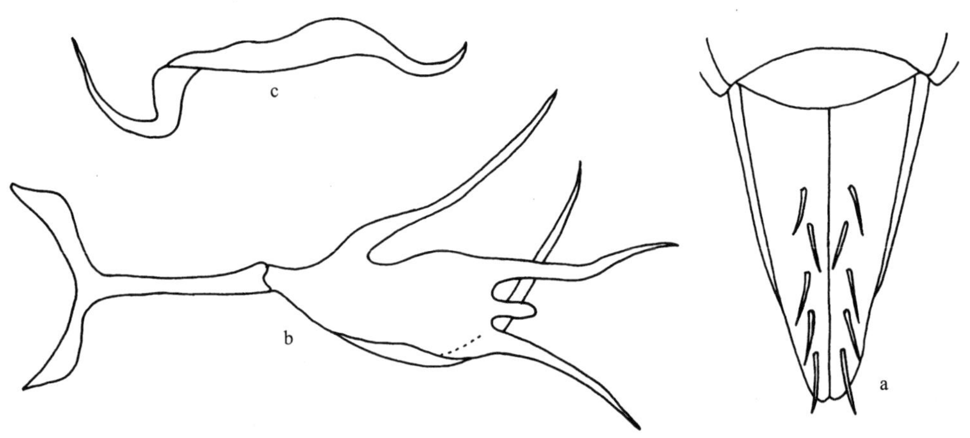

图 295 单线拟隐脉叶蝉 *Sophonia unilineata* (Kuoh *et* Kuoh, 1983) (仿葛钟麟和葛竞麟, 1983)
a. 雄虫生殖节腹面观 (male genital segment, ventral view)；b. 阳茎、连索腹面观 (aedeagus and connective, ventral view)；c. 阳基侧突(style)

(292) 盈江拟隐脉叶蝉，新种 *Sophonia yingjianga* Li, Li *et* Xing, sp. nov. (图 296)

模式标本产地 云南盈江。

体连翅长，雄虫 5.4-5.6mm，雌虫 6.0mm。

头冠前端呈锐角突出，边缘有脊，冠面均匀隆起，致沿边缘轻度凹陷，端前域有纵皱纹；单眼着生在冠面弯曲缘脊内侧，与复眼的距离约等于单眼到侧缘之距；颜面额唇基基部隆起，中央纵脊长度约占该区长的 1/3，两侧有明显的侧褶，中端部较平坦，前唇基端向渐窄，端缘接近平直。前胸背板中域隆起，中央长度与头冠中长近似相等，前缘宽圆凸出，后缘凹入，前侧缘长而斜直，后侧缘短；小盾片横刻痕弧形弯曲，两端伸达侧缘。

雄虫尾节侧瓣近似三角形突出，端区有粗长刚毛，端缘有 1 光滑而弯曲的长突；雄虫下生殖板接近匀称，中域有 1 列粗长刚毛，端缘和侧缘有细长刚毛；阳茎管状弯曲，基部背域有 1 对弯曲的突起，此突起中后部有 1 刺状突，基部腹缘有 1 刺状突，亚端部两侧各有 1 刺状突；连索 Y 形，主干长是臂长的 3 倍；阳基侧突中部粗壮，亚端部强度弯曲成颈状，末端向外侧延伸。雌虫腹部第 7 节腹板中央长度大于第 6 节腹板中长，后缘中央极度深刻凹入，两侧叶接近平直，产卵器与尾节侧瓣端缘接近等长。

体及前翅乳白色。复眼淡褐色；单眼红褐色。前翅端区前缘 3 斜纹、爪片末端及第 2 端室 1 圆斑黑褐色；虫体腹面白色，无明显斑纹。

正模　♂，云南盈江铜壁关，2001.Ⅵ.15，田明义采。副模：1♂，采集时间、地点、采集人同正模；1♀，云南梁河，2013.Ⅶ.27，杨卫诚采。所有模式标本均保存在贵州大学昆虫研究所 (GUGC)。

词源　新种名来源于模式标本采集地——云南盈江。

分布　云南。

新种外形特征与纯色拟隐脉叶蝉 *Sophonia unicolor* (Kuoh *et* Kuoh) 相似，不同点是新种体及前翅乳白色，阳茎基部背突中后部有 1 对弯曲的长突。

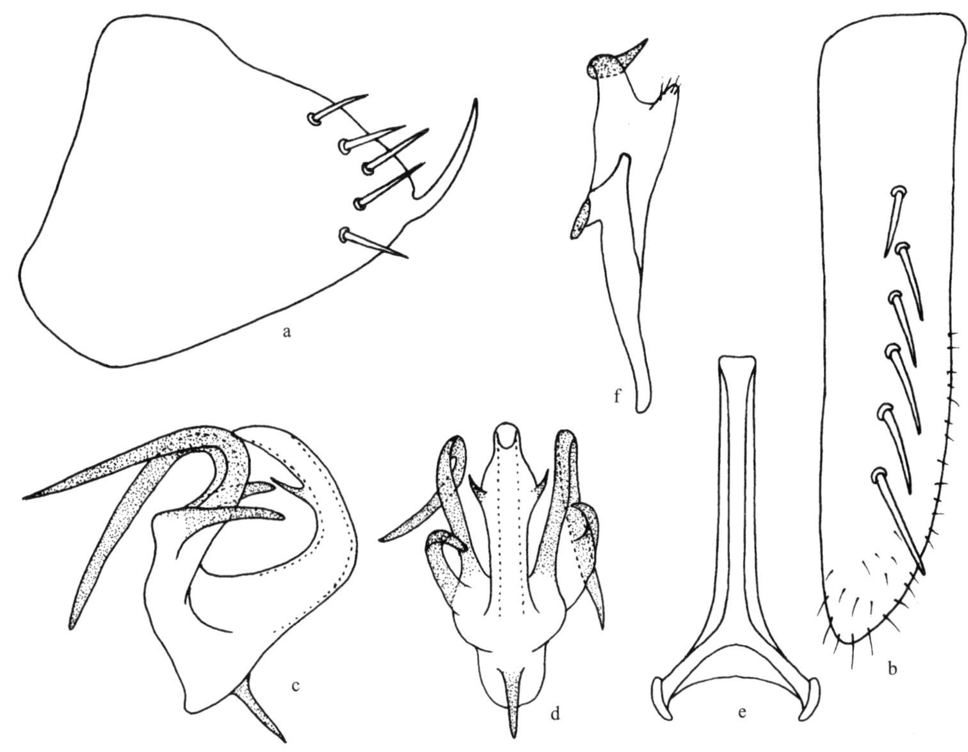

图 296　盈江拟隐脉叶蝉，新种 *Sophonia yingjianga* Li, Li *et* Xing, sp. nov.

a. 雄虫尾节侧瓣侧面观 (male pygofer side, lateral view)；b. 雄虫下生殖板 (male subgenital plate)；c. 阳茎侧面观 (aedeagus, lateral view)；d. 阳茎腹面观 (aedeagus, ventral view)；e. 连索 (connective)；f. 阳基侧突 (style)

(293) 云南拟隐脉叶蝉 *Sophonia yunnanensis* Li *et* Chen, 2005 (图 297)

Sophonia yunnanensis Li *et* Chen, 2005, Journal Natural History, 39(1): 76. **Type locality**: Yunnan (Pianma).

模式标本产地　云南片马。

体连翅长，雄虫 5.1-5.2mm，雌虫 5.2-5.3mm。

头冠向前呈锐角状突出，中央长度明显大于二复眼间宽，冠面微隆起，前侧缘有脊；单眼位于头冠侧缘近复眼前角处，与复眼的距离为单眼直径的 3 倍；颜面额唇基纵向隆起，基域有短纵脊，两侧有横印痕，前唇基端向渐窄。前胸背板与头冠接近等长，中域隆起，前、后缘接近弧形弯曲；小盾片较前胸背板短，横刻痕弧形弯曲。

雄虫尾节侧瓣端区收缩变窄，有粗长刚毛，端缘具 3 枝状突；雄虫下生殖板长叶片状，中域有 1 列粗长刚毛；阳茎基部两侧各有 1 片状突，伸至阳茎末端，端缘有 1 对向后延伸的刺状突，阳茎孔位于末端；连索 Y 形，主干与臂长近似相等；阳基侧突中部粗壮，亚端部强度弯曲成颈状，末端向外侧延伸。雌虫腹部第 7 节腹板中央长度较第 6 节腹板微长，后缘中央接近平直，产卵器微伸出尾节侧瓣端缘。

体淡黄白色。复眼淡褐色；单眼橘黄色；颜面淡黄白色，无明显斑纹。前翅淡黄白色，端区前缘 3 斜纹、爪脉和爪片末端、第 2 端室基部 1 斑点均为黑褐色，中后部有 1 边缘黑褐色的半月形淡褐色纹，两前翅合拢时致成淡褐色菱形纹。虫体腹面淡黄白色，无明显斑纹。

检视标本 **云南：**♂ (正模)，5♀ (副模)，泸水片马，2000.Ⅷ.17，李子忠、陈祥盛采 (GUGC)；3♂，泸水片马，2011.Ⅵ.15，李玉建采 (GUGC)。

分布 云南。

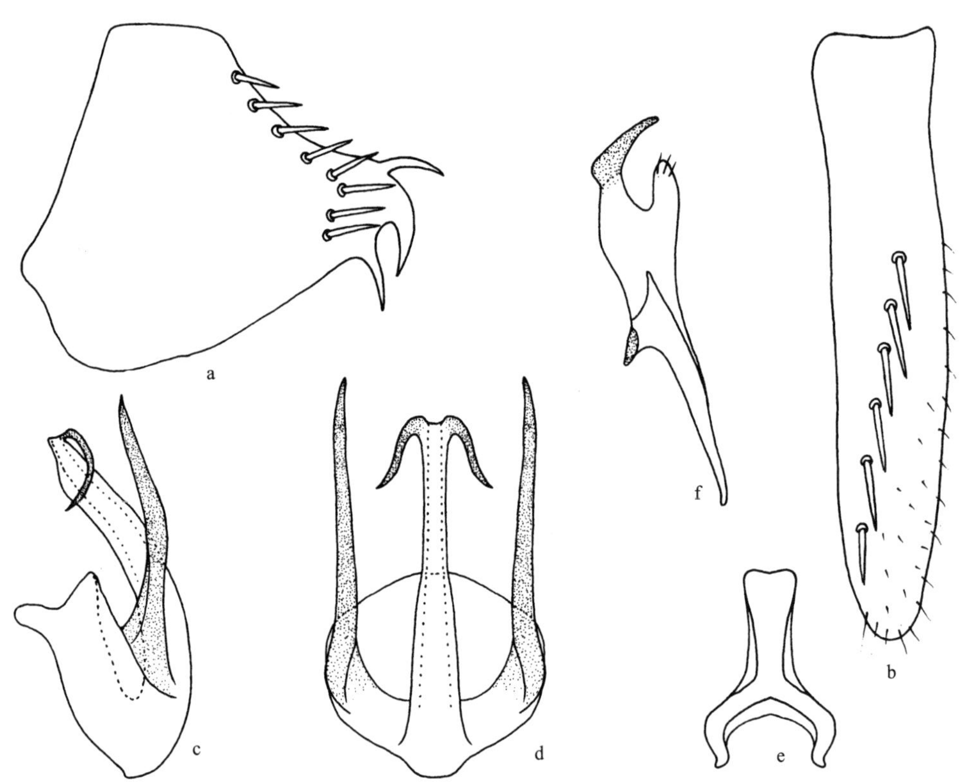

图 297 云南拟隐脉叶蝉 *Sophonia yunnanensis* Li *et* Chen

a. 雄虫尾节侧瓣侧面观 (male pygofer side, lateral view)；b. 雄虫下生殖板 (male subgenital plate)；c. 阳茎侧面观 (aedeagus, lateral view)；d. 阳茎腹面观 (aedeagus, ventral view)；e. 连索 (connective)；f. 阳基侧突 (style)

(294) 张氏拟隐脉叶蝉 *Sophonia zhangi* Li *et* Chen, 1999 (图 298)

Sophonia zhangi Li *et* Chen, 1999, Nirvaninae from China (Homoptera: Cicadellidae): 54. **Type locality**: Guangdong (Dinghushan) .

模式产地　广东鼎湖山。

体连翅长，雄虫 4.4-4.6mm，雌虫 4.8-5.0mm。

头冠轻度隆起，中域较平坦，前端近似角状突出，中央长度显著大于二复眼间宽，边缘有脊，冠面密生皱纹；单眼位于头冠前侧缘，着生在侧脊外侧，与复眼的距离约等于单眼直径；颜面额唇基长大于宽，平坦，两侧有侧褶，前唇基宽大，尤以基部最宽，端缘平直。前胸背板隆起，前缘宽圆凸出，后缘近似角状凹入，前侧缘斜直长，后侧缘短；小盾片基缘长稍大于侧缘，横刻痕弧弯，两端伸达侧缘。

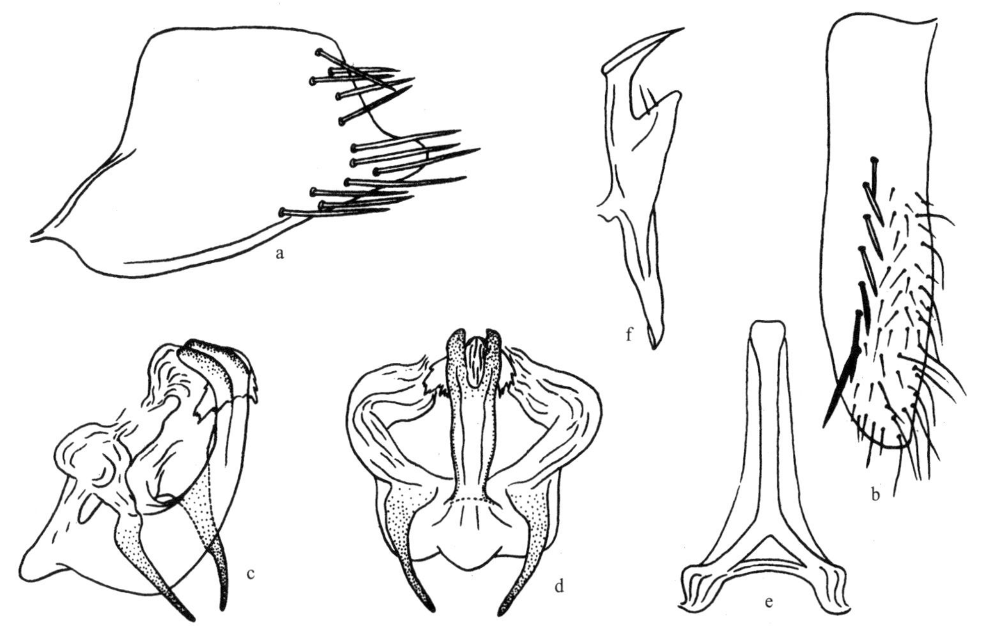

图 298　张氏拟隐脉叶蝉 *Sophonia zhangi* Li *et* Chen

a. 雄虫尾节侧瓣侧面观 (male pygofer side, lateral view)；b. 雄虫下生殖板 (male subgenital plate)；c. 阳茎侧面观 (aedeagus, lateral view)；d. 阳茎腹面观 (aedeagus, ventral view)；e. 连索 (connective)；f. 阳基侧突 (style)

雄虫尾节侧瓣端缘宽圆凸出，侧域密生细刚毛；端腹缘近似角状突出；雄虫下生殖板宽扁，中央有 1 纵列粗刚毛，端区有规则排列的粗长刚毛；阳茎向背面弯曲，基部两侧有 1 对细长的突起，伸向背面，末端双叉状，阳茎孔位于分叉处；连索 Y 形，主干细长，其长度是臂长的 4 倍；阳基侧突中部粗扁，亚端部骤变细，呈管状，末端呈人足形，在急变细处有数根细长刚毛。雌虫腹部第 7 节腹板中央长度明显大于第 6 节腹板中长，中央呈龙骨状突出，后缘波曲，产卵器长伸出尾节侧瓣端缘。

体淡橙黄褐色。头冠边缘及靠近复眼内缘、前胸背板边缘及复眼内缘延伸到前胸背板的端区部分淡黄白色；头冠前端有近似长方形的黑色斑，此斑前、后缘中部内凹，其后连接 2 黑色纵线，此线向后延伸并于前胸背板端缘合并成 1 细线，纵贯前胸背板，终止于小盾片末端。复眼深灰褐色。小盾片基侧角淡黄白色，其余橙黄色；前翅淡黄白色，爪片后缘、第 2 端室中部 1 圆斑、端区前缘 2 斜纹、近端部前缘 1 小斑和爪片末端 1 斑点均深褐色，从第 1 端室基部起沿端缘至第 4 端室末端止为淡橙黄色；胸部腹板及胸足淡黄白色，各足爪褐色。腹部背面淡橘黄色，腹面淡黄白色。雌虫产卵器浅褐色，肛管橘红色。

检视标本 **广东**：♂ (正模)，1♀ (副模)，鼎湖山，1985.Ⅶ.17，张雅林采 (NWAFU)。**广西**：1♂，龙州，2012.Ⅴ.6，李虎采 (GUGC)。

分布 广东、广西。

三、缺缘叶蝉族 Balbillini Baker, 1923

Balbillini Baker, 1923, Philip. Jour. Sci., 23(4): 375.

族征：体较粗壮，拱凸微扁，中到大型种。体色较淡，常为橙黄、橘黄、黄白等色，常具红色和深色斑。头部较前胸背板狭，头冠前端呈角状凸出，侧缘于复眼前成缺刻状凹入，自背面可见触角的柄节，侧缘有脊；单眼较大，位于头冠前侧域，着生在侧脊内侧；触角较短，向后仅伸达小盾片基域；颜面扁平凹入，额唇基卵圆形，前唇基由基至端渐狭，颊区狭小，在复眼处向内刻凹。前胸背板隆起向两侧倾斜，前侧缘长；前翅长过腹部末端，半透明，端部前缘翅脉常分叉，端片明显或缺；后足腿节端刺式 2∶0∶0 或 2∶1∶0。

地理分布：东洋界，非洲界。

此族由 Baker (1923) 建立，当时放在 Macroceratogoniinae 亚科内，包括 *Stenotortor* Baker 和 *Balbillus* Distant 2 属。继后一些学者均将其作为族级处理，Linnavuori (1979) 考订该族，全面描述族的鉴别特征；Viraktamath 和 Wesley (1988) 将其放在隐脉叶蝉亚科 Nirvaninae，并对族征进行再记述；Dietrich (2004) 根据横脊叶蝉亚科 Evacanthinae 系统发育研究结果将其移入本亚科。

该族共计 3 属，分别是 *Balbillus* Distant、*Stenotortor* Baker 和 *Macroceratogonia* Kirkaldy。我国已知 1 属，本志记述 2 属，含 1 中国新纪录属。

属检索表

前翅无端片，后足腿节端刺式 2∶1∶0……………………………………… **薄扁叶蝉属 *Stenotortor***

前翅端片发达，后足腿节端刺式 2∶0∶0…………………………………………… **缺缘叶蝉属 *Balbillus***

47. 缺缘叶蝉属 *Balbillus* Distant, 1908

Balbillus Distant, 1908, The fauna of British Indian including Ceylon and Burma, Rhynchota, 4: 287.
Type species: *Balbillus granulosus* Distant, 1908.

模式种产地：斯里兰卡。

属征：体较粗壮，拱凸微扁。体色较淡，常为橙黄、橘黄、黄白等色，常具红色和深色斑。头部较前胸背板狭，头冠前端呈角状凸出，侧缘于复眼前成缺刻状凹入，自背面可见触角的柄节，侧缘有脊；单眼较大，位于头冠前侧域，着生在侧脊内侧；触角向后仅伸达小盾片基域；颜面扁平凹入，额唇基卵圆形，前唇基由基至端渐狭，颊区狭小，在复眼处向内刻凹。前胸背板隆起向两侧倾斜，前侧缘长；前翅端部前缘翅脉常分叉，端片发达；后足腿节端刺式 2∶0∶0。

雄虫尾节侧瓣很短，端背角明显突出；下生殖板两侧平行，外侧缘有粗刚毛；阳茎构造简单，生殖孔很大；连索近似梯形；阳基侧突构造简单，无突起。

地理分布：东洋界。

此属由 Distant (1908) 以里兰卡产 *Balbillus granulosus* Distant 为模式种建立；Baker (1923) 记述新加坡 1 新种；Viraktamath 和 Wesley (1988) 根据印度标本建立 1 新种；李子忠和汪廉敏 (2006b) 记述分布于贵州的 *Stenotortor albuma* Li *et* Wang 移至本属。

目前全世界已知 3 种。本志记述 3 种，含 2 新种 1 种新组合。

注：该属为中国新纪录。

种 检 索 表

1. 体和前翅乳白色……………………………………………………………**白色缺缘叶蝉 *B. albumus***
   体和前翅淡黄褐色………………………………………………………………………………2
2. 头冠有 1 枚黑色锥形纹……………………………………**锥纹缺缘叶蝉，新种 *B. laperpatteus* sp. nov.**
   头冠无明显斑纹………………………………**吊罗山缺缘叶蝉，新种 *B. diaoluoshanensis* sp. nov.**

(295) 白色缺缘叶蝉 *Balbillus albumus* (Li *et* Wang, 2006) (图 299)

Stenotortor albuma Li *et* Wang, 2006, Cicadellidae: Hecalinae, Evacanthinae, Nirvaninae, Euscelinae, Iassinae and Typhlocybinae, In: Jin *et* Li (ed.), Insect Fauna from Nature Reserve of Guizhou Province 3: 139. **Type locality**: Guizhou (Chishui).
Balbillus albumus (Li *et* Wang, 2006). **New combination.**

模式标本产地　贵州赤水。

体连翅长，雌虫 7.2mm。

体扁平，背面隆起。头冠前端呈锐角状突出，中央长度约等于二复眼间宽，冠缝明显，侧缘于复眼处凹入，继后向前急剧收窄，致复眼前缘向外侧呈角状突出，侧脊亦向外侧弯曲；单眼位于头冠侧域，着生在侧脊弯曲处的内侧；颜面额唇基明显凹扁，舌侧板小，呈半月形。前胸背板明显宽于头部，背面拱突，中央长度与头冠中长近似相等，前缘接近平直，后缘凹入；小盾片中央长度与前胸背板接近等长，横刻痕弧形，位于中后部。

雌虫腹部第 7 节腹板中央长度是第 6 节的 3.5 倍，后缘中央深凹入，产卵器伸出尾节侧瓣端缘。

体乳白色无明显斑纹。复眼黑褐色；颜面中央灰白色，侧域乳白色。前胸背板和小盾片黄白色；前翅乳白色，革片中域及端区有不规则形污斑；胸部腹板和胸足淡黄白色，爪黑褐色。腹部背、腹面乳白色，无明显斑纹。

检视标本 **贵州**：1♀ (正模)，赤水桫椤自然保护区，2000.Ⅵ.1，李子忠采 (GUGC)。

分布 贵州。

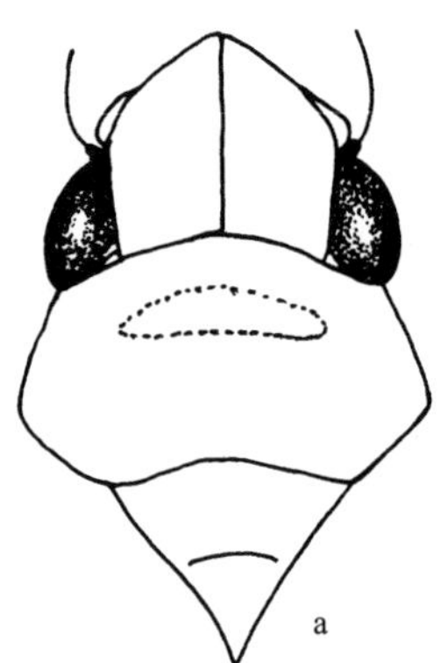

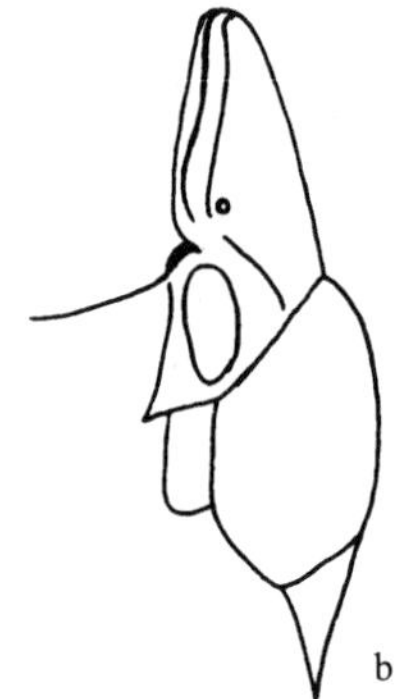

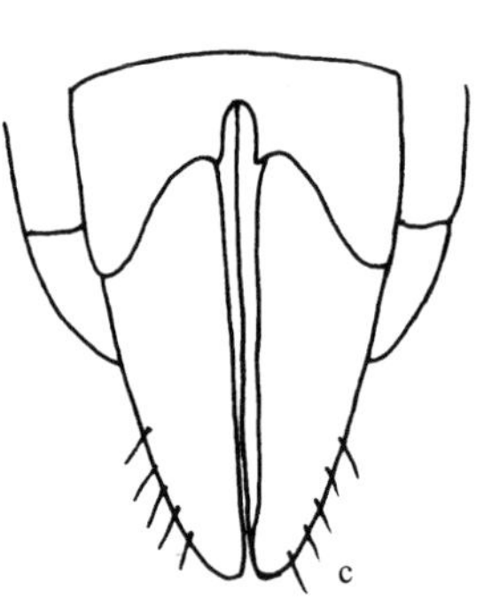

图 299 白色缺缘叶蝉 *Balbillus albumus* (Li *et* Wang)

a. 头、胸部背面观 (head and thorax, dorsal view)；b. 头、胸部侧面观 (head and thorax, lateral view)；c. 雌虫生殖节腹面观 (female genital segment, ventral view)

(296) 吊罗山缺缘叶蝉，新种 *Balbillus diaoluoshanensis* Li, Li *et* Xing, sp. nov. (图 300；图版 XIV：6)

模式标本产地 海南吊罗山。

体连翅长，雄虫 6.2mm。

体微扁平。头冠向前倾斜，中央长度大于二复眼间宽，中央纵脊和缘脊轻度隆起，并在头冠端缘成锚状连接，侧脊外侧域较宽扁，复眼内侧隆起似脊；单眼位于头冠前侧缘，着生在侧脊外侧；复眼中等大，约等于头冠基部宽度的 1/2；颜面扁平轻度凹入，前唇基轻度隆起，近似长方形，颊区宽大。前胸背板隆起，生细小颗粒，较头部宽，中央长度与头冠接近等长，前缘弧圆，后缘近似角状凹入；小盾片中部低洼。

雄虫尾节侧瓣背缘平直，腹缘斜向背缘，致端缘呈角状突出，端区有粗长刚毛；雄虫下生殖板宽短，端缘宽圆，有细小柔毛；阳茎长片状，亚端部膨大有 1 小刺突；连索 Y 形，主干长微大于臂长；阳基侧突近似棒状。

体和前翅淡黄褐色无明显斑纹。颜面淡黄白色，前唇基、舌侧板黑色。前胸背板色较深，近似淡褐色；胸部腹板和胸足淡黄白色。

正模 ♂，海南吊罗山，2014.Ⅳ.27，龙见坤采。模式标本保存在贵州大学昆虫研究所 (GUGC)。

词源　新种名以模式标本产地——海南吊罗山自然保护区命名。

分布　海南。

新种外形特征与 *Balbillus indicus* Viraktamath *et* Wesley 相似，不同点是新种体较大，体和前翅淡黄褐色无明显斑纹，阳茎亚端部膨大。

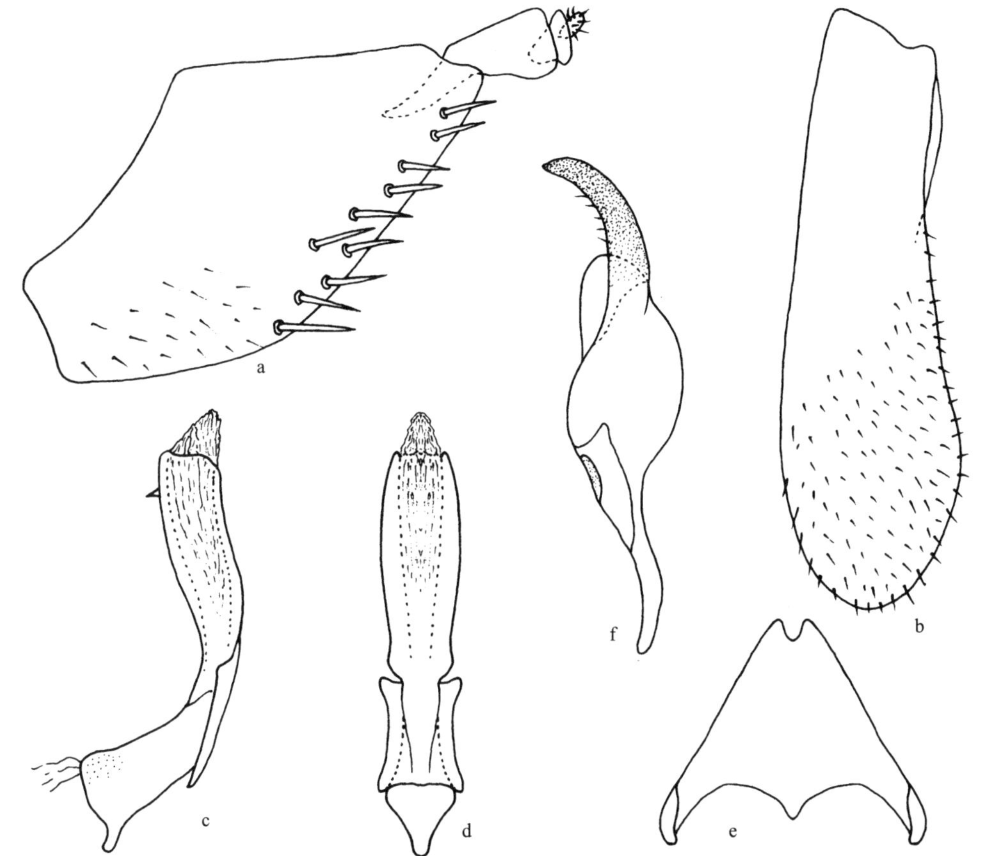

图 300　吊罗山缺缘叶蝉，新种 *Balbillus diaoluoshanensis* Li, Li *et* Xing, sp. nov.

a. 雄虫尾节侧瓣侧面观 (male pygofer side, lateral view)；b. 雄虫下生殖板 (male subgenital plate)；c. 阳茎侧面观 (aedeagus, lateral view)；d. 阳茎腹面观 (aedeagus, ventral view)；e. 连索 (connective)；f. 阳基侧突 (style)

(297) 锥纹缺缘叶蝉，新种 *Balbillus laperpatteus* Li, Li *et* Xing, sp. nov. (图 301；图版 XⅣ：7)

模式标本产地　海南吊罗山。

体连翅长，雄虫 5.5mm。

头冠前端宽圆突出，冠面轻度隆起向前倾斜，中央长度大于二复眼间宽，中央纵脊和缘脊明显微隆起，侧脊外侧宽扁；单眼位于头冠前侧缘；复眼圆球形，微小于头冠基域宽度的 1/2；颜面扁平轻度凹入，前唇基近似长方形。前胸背板中域隆起，较头部宽，与头冠接近等长，有细横皱纹，前、后缘弧圆；小盾片横刻痕位于中后部，微低洼。

雄虫尾节侧瓣近似长方形，端区有粗长刚毛；雄虫下生殖板宽扁，端缘宽圆，长度超过尾节侧瓣端缘，端部密生柔毛；阳茎宽短，生细齿突，侧面观中域向外侧突出；连索 Y 形；阳基侧突两端细，中部粗，端部微弯，密生细齿。

体及前翅淡黄褐色。头冠前半部淡黄白色，后半部淡黄褐色，中央有 1 锥形黑色斑，端缘 1 斑点、端部前缘两侧和基部侧缘各 1 小斑均黑色。虫体腹面和胸足淡黄白色。

正模 ♂，海南吊罗山，2014.Ⅳ.27，龙见坤采。模式标本保存在贵州大学昆虫研究所 (GUGC)。

词源 新种名以头冠中央有 1 锥形黑色斑这一明显特征命名。

分布 海南。

新种外形特征与吊罗山缺缘叶蝉 *Balbillus diaoluoshanensis* Li, Li *et* Xing, sp. nov.相似，不同的是新种头冠中央有 1 锥形黑色斑，雄虫下生殖板端缘圆，阳茎宽短。

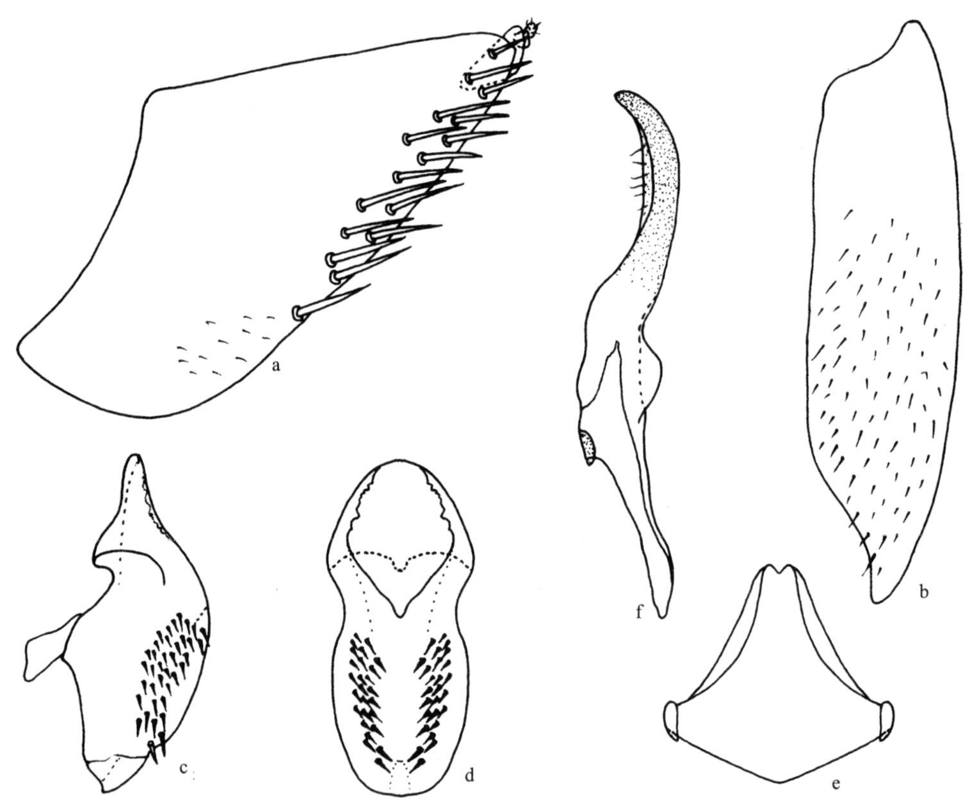

图 301 锥纹缺缘叶蝉，新种 *Balbillus laperpatteus* Li, Li *et* Xing, sp. nov.

a. 雄虫尾节侧瓣侧面观 (male pygofer side, lateral view)；b. 雄虫下生殖板 (male subgenital plate)；c. 阳茎侧面观 (aedeagus, lateral view)；d. 阳茎腹面观 (aedeagus, ventral view)；e. 连索 (connective)；f. 阳基侧突 (style)

48. 薄扁叶蝉属 *Stenotortor* Baker, 1923

Stenotortor Baker, 1923, Philip. Jour. Sci., 23(4): 377. **Type species**: *Stenotortor inocarpi* Baker, 1923.

模式种产地：新加坡。

属征：体扁平，背面隆起。头冠中央长度约等于二复眼间宽，在复眼前向内侧凹入，继后向前渐次收狭，致端部呈角状突出，中域隆起，中央有纵脊，两侧有缘脊；单眼位于头冠前侧域，着生在侧脊外侧；复眼中等大，卵圆形；颜面额唇基平凹，颊区外侧在复眼处向内凹入，舌侧板极小。前胸背板纵向隆起，向两侧倾斜，中央长度与头冠中长近似相等；前翅前缘域向外侧凸出，端部较狭，两前翅合拢时呈屋脊状，基部翅脉模糊不清，无端片，有 4 端室；后足腿节端刺式 2∶1∶0。

雄虫尾节侧瓣宽大，端缘呈角状突出，端区有粗长刚毛；雄虫下生殖板长形，伸出尾节侧瓣端缘，端区密生柔毛；阳茎宽扁，常有附突；连索近似三角形；阳基侧突变化大，多为棒状。

地理分布：东洋界。

此属由 Baker (1923) 以 *Stenotortor inocarpi* Baker 为模式种建立；Viraktamath 和 Wesley (1988) 根据印度标本建立 1 新种；李子忠和陈祥盛 (1999) 记述贵州 1 新纪录种；李子忠和汪廉敏 (2006b) 根据贵州标本建立 1 新种移至缺缘叶蝉属。

(298) 红纹薄扁叶蝉 *Stenotortor subhimalaya* Viraktamath *et* Wesley, 1988 (图 302；图版 XIV：8)

Stenotortor subhimalaya Viraktamath *et* Wesley, 1988, Gt. Basin. Nat. Mem., 12: 186. **Type locality**: Bangladesh; Li *et* Chen, 1999, Nirvaninae from China (Homoptera: Cicadellidae): 130.

模式标本产地　孟加拉国。

体连翅长，雄虫 5.2-5.4mm，雌虫 5.8-6.0mm。

头冠前端呈圆锥状突出，中央长度大于二复眼间宽度，中域有 1 明显的纵脊，侧缘于复眼前深刻凹入，继后向前骤然收狭，致复眼前缘向外侧呈角状凸出，侧缘域有 1 向外侧呈角状凸出的侧脊；单眼位于头冠侧域，着生在侧脊内侧弯曲处；颜面额唇基显著凹入，致头冠成薄片状拱凸，颊区外侧于复眼处明显内凹，前唇基由基至端渐狭，端缘弧圆凸出，舌侧板极小，呈半月形。前胸背板拱凸，较头部宽，中央长度小于头冠中长，前缘接近平直，后缘弧形凹入；小盾片约与前胸背板中央长度相等，横刻痕弧弯，两端伸达侧缘。

雄虫尾节侧瓣端背缘平直，端缘斜向背面延伸，致端背缘呈角状突出，端区有粗长刚毛；雄虫下生殖板近似长形，端区尖突，密生细柔毛；阳茎长片状，侧面观背缘中部呈角状突出；连索 Y 形；阳基侧突棒状，端部弯曲。雌虫腹部第 7 节腹板后缘中深裂，两侧叶端缘平直，尾节密生细小短刚毛，产卵器微伸出尾节端缘。

体及前翅橘黄色。头冠中脊两侧的斜带纹、前胸背板侧域 1 斜带纹及小盾片基域和基侧角红褐色；前翅前缘域众多横脉血红色，爪片和革片上弯曲带纹黑褐色，构成显著的图案。虫体腹面及胸足淡黄白色，无任何斑纹。

检视标本 **海南**：3♂1♀，白沙，2013.III.26，邢济春、龙见坤采 (GUGC)。**贵州**：2♀，荔波茂兰，1998.Ⅹ.24，李子忠、戴仁怀采 (GUGC)。

分布 海南、贵州；印度，孟加拉国。

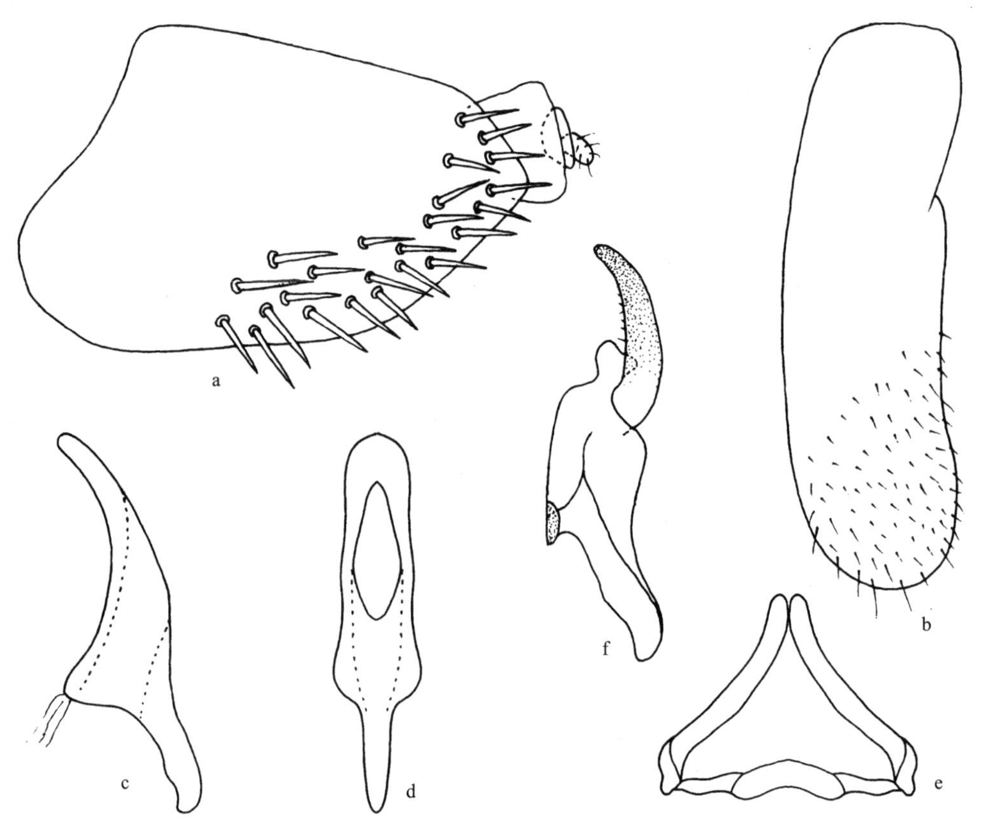

图 302 红纹薄扁叶蝉 *Stenotortor subhimalaya* Viraktamath *et* Wesley

a. 雄虫尾节侧瓣侧面观 (male pygofer side, lateral view)；b. 雄虫下生殖板 (male subgenital plate)；c. 阳茎侧面观 (aedeagus, lateral view)；d. 阳茎腹面观 (aedeagus, ventral view)；e. 连索 (connective)；f. 阳基侧突 (style)

四、无脊叶蝉族 Pagaroniini Anufriev, 1978

Pagaroniini Anufriev, 1978, Horae Societatis Entomologicae Unionis Soveticae: 58.

族征：体粗壮，近似圆筒形。头冠前端呈角状突出，端缘低于复眼，冠缝明显，单眼着生区轻度凹陷；单眼位于头冠前侧缘，着生在侧额缝末端；颜面额唇基隆起部较平坦，中央有明显纵脊或缺。前胸背板较头部宽，前缘突出，后缘凹入，中域有横皱纹；小盾片三角形，横刻痕位于中后部；前翅端片不甚明显；后足腿节端刺式 2:1:1。

地理分布：古北界，新北界。

此族由 Anufriev 于 1978 年建立；Dietrich (2004) 对横脊叶蝉亚科系统发育进行了分析，将无脊叶蝉族 Pagaroniini 归在横脊叶蝉亚科。

全世界仅知 1 属，中国有分布。本志记述 1 属。

49. 无脊叶蝉属 *Pagaronia* Ball, 1902

Pagaronia Ball, 1902, West Coast and other Jassidae (Homoptera), The Canadian Entomologist: 19.
Type species: *Pagaronia 13-punctata* Ball, 1902.

模式种产地：美国北方。

属征：体黄白色，头冠有黑色斑。头冠前端呈角状突出，单眼着生区凹陷；单眼位于头冠前侧缘，着生在侧额缝末端；颜面额唇基隆起，中域平坦。前胸背板较头部宽；前翅黄白色，半透明，翅脉明显，缺端片。

雄虫尾节侧瓣宽大；雄虫下生殖板短于尾节侧瓣，基部宽大，端部渐细；阳茎管状弯曲，两侧常有突起；阳基侧突棒状，近似 S 形弯曲。

地理分布：古北界，新北界。

此属由 Ball (1902) 以美国产 *Pagaronia 13-punctata* Ball 为模式种建立；Evans (1947) 将其放在 Errhomeniini 族；Dietrich (2004) 将其归在横脊叶蝉亚科 Evacanthinae 无脊叶蝉族 Pagaroniini。Meng 等 (2014) 报道该属在中国的新分布和 1 种新组合。

本志记述 1 种。

(299) 白色无脊叶蝉 *Pagaronia albescens* (Jacobi, 1943) (图 303)

Kolla albescens Jacobi, 1943, Arbeiten uber morphologische und taxonomische Entomologie, 10: 28.
Type locality: Heilongjiang.
Pagaronia albescens (Jacobi): Meng, Yang *et* Webb, 2014, Zookeys, 420: 64.

模式标本产地 黑龙江。

体连翅长，雄虫 8.5-9.0mm，雌虫 8.7-9.8mm。

头冠前端呈角状突出，前端中域隆起，两侧微凹，基域中央横凹；单眼位于头冠前侧缘，到复眼的距离与到侧缘的距离近似相等；复眼球形突出；颜面额唇基隆起，两侧无横印痕，前唇基端向渐窄。前胸背板较头部宽，前缘接近平直，后缘角状凹入，前域有 1 弧形凹痕，凹痕后密生细横皱纹；小盾片与前胸背板接近等长，横刻痕较直，位于中后部，两端伸达侧缘。

雄虫尾节侧瓣宽大，散生柔毛，无明显突起；雄虫下生殖板宽短，明显短于尾节侧瓣，亚端部微扩大，端部渐细，中域有不规则排列的粗长刚毛；阳茎管状弯曲，末端两侧有向后延伸且近中部分叉的长突；连索板状；阳基侧突近似棒状。

体黄白色。头冠前端 1/3 处有 3 黑色斑排成 1 横列；复眼黑褐色；颜面黄白色。前翅黄白色半透明，后缘红褐色。腹部腹面橘黄色。

检视标本 **辽宁**：3♂5♀，本溪，2011.Ⅶ.21，范志华、于晓飞采 (GUGC)。**吉林**：1♀，长白山，2011.Ⅶ.21，于晓飞采 (GUGC)。

分布 黑龙江、吉林、辽宁。

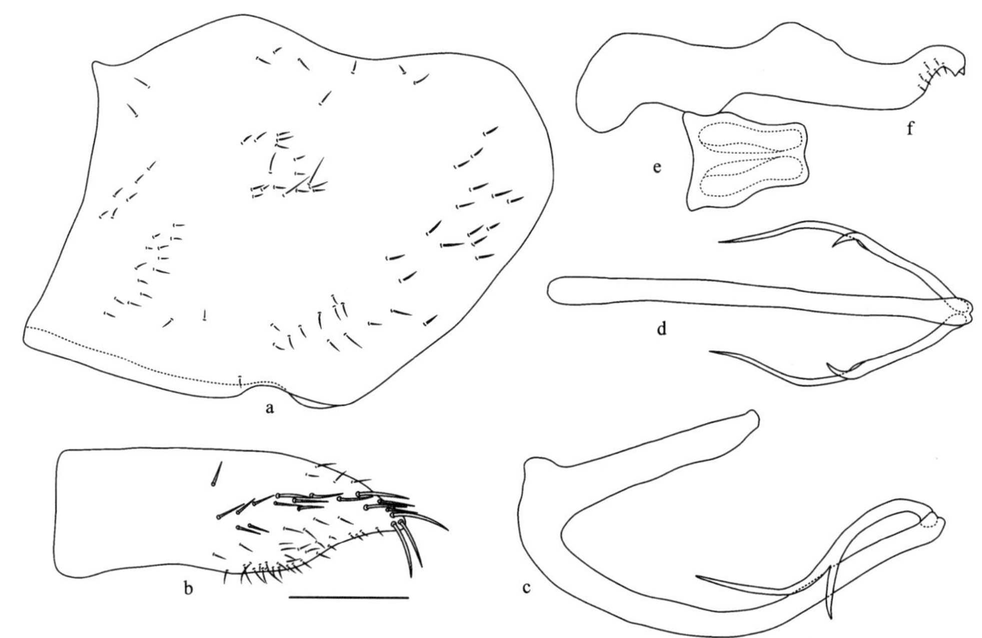

图 303 白色无脊叶蝉 *Pagaronia albescens* (Jacobi)

a. 雄虫尾节侧瓣侧面观 (male pygofer side, lateral view)；b. 雄虫下生殖板 (male subgenital plate)；c. 阳茎侧面观 (aedeagus, lateral view)；d. 阳茎腹面观 (aedeagus, ventral view)；e. 连索 (connective)；f. 阳基侧突 (style)

参 考 文 献

蔡平, 何俊华. 1999. 中国叶蝉天敌种类及其应用概况 (综述). 安徽农业大学学报, 26(1): 74-79.

Ahmed M and Mahmood S H. 1969. A new genus and two new species of Nirvanini (Cicadellidae: Homoptera) from Pakistan. Journal of Science and Industry Research, 12(3): 260-264.

Ahmed M and Malik K F. 1972. On the true identification of genus *Chudania* Distant, collected on fig (*Ficus carica*) in forests of Azad Kashmir and Kaptai (Pakistan). Pakistan Journal of Forestry, 22(2): 103-107.

Anufriev G A. 1970. Four new species of *Pagaronia* Ball (Homoptera, Cicadellidae) from the Far-East, allied to *Tettigonia guttigera* Uhl. Bull Academie Polonaise des Sciences. Serie des Sciences Biologiques, 18(9): 553-557.

Anufriev G A. 1971a. New and little known Far Eastern species of leafhoppers (Homoptera: Cicadellidae) of the genus *Pagaronia* Ball, 1902. Ibid. II, 19: 335-339.

Anufriev G A. 1971b. Six new Far Eastern species of leafhoppers (Homoptera: Auchenorrhyncha). Ibid. II, 19: 517-522.

Anufriev G A. 1979. Notes on some A Jacobi's species of auchenorrhynchous insects described from North-East China (Homoptera). Reichenbachia, 17(19): 163-170.

Anufriev G A and Emeyanov A F. 1988. Suborder Cicadinea (Auchenorrhyncha). In: Opredelitel'nasekomykh Dal'nego Vostoka SSSR. Vol. 2. Leningrad, Nauka, 495 pp. (In Russian).

Baker C F. 1915. Studies in Philippine Jassoides II Stenocotidae of Philippine. Philippine Journal of Science, 10(3): 189-200.

Baker C F. 1923. The Jassoidea related to the Stenocotidae with special reference to Malayan species. Philippine Journal of Science, 23(4): 345-403.

Ball E D. 1902. West Coast and other Jassidae (Homoptera). The Canadian Entomologist, 34(1): 12-22.

Cai P and Ge Z-L. 1996. Three new species of Nirvanidae from China (Homoptera: Cicadelloidea). Acta Entomologica Sinica, 39(20): 186-190. [蔡平, 葛钟麟, 1996. 中国隐脉叶蝉科 3 新种(同翅目: 叶蝉总科). 昆虫学报, 39(20): 186-190.]

Cai P and Gu X-L. 2002. A new species of *Evacanthus* from Henan Province, China (Homoptera: Cicadellidae: Evacanthinae). In: Shen X-C and Zhao Y-Q (ed.). Insects of the Mountains Taihang and Tongbai Regions. China Agricultural Science and Technology Press, Beijing. 19-20. [蔡平, 顾晓玲, 2002. 中国河南横脊叶蝉属一新种（同翅目: 叶蝉科: 横脊叶蝉亚科). 见: 申效诚, 赵永谦主编, 太行山及桐柏山区昆虫. 北京: 中国农业科学技术出版社. 19-20.]

Cai P and He J-H. 1995. Homoptera. In: Wu H (ed.). Insects of Baishanzu Mountain, Eastern China. Forest Publishing House of China, Beijing. 95-100. [蔡平, 何俊华, 1995. 同翅目. 见: 吴鸿主编, 华东百山祖昆虫. 北京: 中国林业出版社. 95-100.]

Cai P and He J-H. 1998. Homoptera: Cicadellidae. In: Shen X-C and Shi Z-Y (ed.). The Fauna and Taxonomy of Insects in Henan, Vol. 2. China Agricultural Scientech Press, Beijing. 242-250. [蔡平, 何俊华, 1998. 同翅目: 叶蝉科. 见: 申效诚, 时振亚主编, 河南昆虫分类区系研究 第二卷. 北京: 中国农业科技出版社. 242-250.]

Cai P and He J-H. 2002. Homoptera: Cicadelliodea: Cicadellidae. In: Huang F S (ed.). Forest Insects of Hainan. Science Press, Beijing. 134-157. [蔡平, 何俊华, 2002. 同翅目: 叶蝉总科: 叶蝉科. 见: 黄复生主编, 海南森林昆虫. 北京: 科学出版社. 134-157.]

Cai P, He J-H and Gu X-L. 2001. Homoptera: Cicadellidae. In: Wu H and Pan C-W (ed.). 2001. Insects of Tianmushan National Nature Reserve. Science Press, Beijing. 185-218. [蔡平, 何俊华, 顾晓玲, 2001. 同翅目: 叶蝉科. 见: 吴鸿, 潘承文主编, 天目山昆虫. 北京: 科学出版社. 185-218.]

Cai P, He J-H and Zhu G-P. 1998. Homoptera: Cicadellidae. In: Wu H (ed.). Insect of Longwangshan. Forest Publishing House of China, Beijing. 64-75. [蔡平, 何俊华, 朱广平, 1998. 同翅目: 叶蝉科. 见: 吴鸿主编, 龙王山昆虫. 北京: 中国林业出版社. 64-75.]

Cai P and Huang B-K. 1999. Cicadellidae. In: Huang B-K (ed.). Fauna Insect of Fujian. Vol. 2. Fujian Science and Technology Publishing House, Fuzhou. 270-377. [蔡平, 黄邦侃, 1999. 叶蝉总科: 叶蝉科. 见: 黄邦侃主编, 福建昆虫志 (第二卷). 福州: 福建科学技术出版社. 270-377.]

Cai P and Shen X-C.1997. Four new species of Evacanthinae (Homoptera: Cicadellidae) from China. Entomotaxonomia, 19(4): 246-252. [蔡平, 申效诚, 1997. 横脊叶蝉亚科四新种. 昆虫分类学报, 19(4): 246-252.]

Cai P and Shen X-C. 1998. New species of Cicadellidae from Henan Province (Homoptera: Cicadellidae). In: Shen X-C and Shi Z-Y (ed.). The Fauna and Taxonomy of Insects in Henan, Vol. 2. China Agricultural Scientech Press, Beijing. 242-250. [蔡平, 申效诚, 1998. 河南省叶蝉科新种记述 (同翅目: 叶蝉总科). 见: 申效诚, 时振亚主编, 河南昆虫分类区系研究　第二卷. 北京: 中国农业科技出版社. 46-48.]

Cai P and Shen X-C. 1999a. Nine leafhopper new species of Baotianman. In: Shen X-C and Pei H-C (ed.). Fauna of Insects Henan Province of China, Vol. 4. China Agricultural Scientech Press, Beijing. 23-35. [蔡平, 申效诚, 1999a. 宝天曼叶蝉九新种 (同翅目: 叶蝉科). 见: 申效诚, 裴海潮主编, 河南昆虫分类区系研究　第四卷. 北京: 中国农业科技出版社. 23-35.]

Cai P and Shen X-C. 1999b. Homoptera: Cicadellidae. In: Shen X-C and Deng G-F (ed.). Insects from Jigongshan. China Agricultural Scientech Press, Beijing. 85-91. [蔡平, 申效诚. 1999b. 同翅目: 叶蝉科. 见: 申效诚, 邓桂芬主编, 鸡公山区昆虫. 北京: 中国农业科技出版社. 85-91.]

Cai P, Sun J-H, Jang J-F, Kerry O B and Orr D. 2001. A list of Chinese Cicadellidae (Homoptera) on Kudzu, with description of new species and new records. Scientia Silvae Sinicae, 37(3): 92-98. [蔡平, 孙江华, 江佳富, Kerry O B, Orr D, 2001. 中国葛藤叶蝉名录及新种, 新纪录描述 (同翅目: 叶蝉科). 林业科学, 37(3): 92-98.]

Chen X-S and Li Z-Z. 1997. A new genus and species of Nirvaninae (Homoptera: Cicadellidae). Entomotaxonomia, 19(3): 169-172. [陈祥盛, 李子忠, 1997. 隐脉叶蝉亚科一新属一新种. 昆虫分类学报, 19(3): 169-172.]

Chen X-S and Li Z-Z. 1998a. Three new species of the genus *Sophonia* from China (Homoptera: Cicadellidae). Zoological Research, 19(1): 65-70. [陈祥盛, 李子忠, 1998a. 中国隐脉叶蝉属三新种 (同翅目: 叶蝉科). 动物学研究, 19(1): 65-70.]

Chen X-S and Li Z-Z. 1998b. A new genus and a new species of Nirvanini (Homoptera: Cicadellidae: Nirvaninae). Acta Zootaxonomica Sinica, 23(4): 382-385. [陈祥盛, 李子忠, 1998b. 隐脉叶蝉族一新属新种 (同翅目: 叶蝉科: 隐脉叶蝉亚科). 动物分类学报, 23(4): 382-385.]

Chen X-S and Li Z-Z. 2000. A new species of the genus *Sophonia* (Homoptera: Cicadellidae: Nirvaninae). Acta Entomologica Sinica, 43(1): 75-77. [陈祥盛, 李子忠, 2000. 拟隐脉叶蝉属一新种 (同翅目: 叶蝉科: 隐脉叶蝉亚科). 昆虫学报, 43(1): 75-77.]

Chen X-S and Li Z-Z. 2004. Cladistics analysis of the phylogenetic relationships among the genera of Nirvaninae (Homoptera: Cicadellidae) from China. Journal of Mountain Agriculture and Biology, 23(2): 113-120. [陈祥盛, 李子忠, 2004. 中国隐脉叶蝉亚科系统发育的支序分析. 山地农业生物学报, 23(2): 113-120.]

Chen X-S, Yang L and Li Z-Z. 2012. Bamboo-feeding leafhoppers in China. Forest Publishing House of China, Beijing. 218pp. [陈祥盛, 杨琳, 李子忠, 2012. 中国竹子叶蝉. 北京: 中国林业出版社. 218页.]

Chen Y-Q, Lin N-Q and Fang X-X. 2002. Population dynamics and bionomics of *Pseudonirvana pallida* and *P. furcilinea*. Entomological Knowledge, 39(1): 40-43. [陈义群, 林乃铨, 方雄熙, 2002. 两种拟隐脉叶蝉的种群动态及生物学特性初步观察. 昆虫知识, 39(1): 40-43.]

Chiang C-C. 1991. A new species of *Aequoreus* from Taiwan (Homoptera: Cicadellidae: Nirvaninae). J. Taiwan Mus., 44(1): 79-81.

Dai W and Zhang Y-L. 2005. A new species of *Chudania* Distant (Hemiptera: Cicadellidae: Nirvaninae) from China. Zootaxa, 1057: 61-64.

Datta B. 1973a. On Indian Cicadellidae (Insecta: Homoptera). XIV. Zoologischer Anzeiger, 190(3&4): 218-224.

Datta B. 1973b. On Indian Cicadellidae (Insecta: Homoptera) . XIX. Zoologischer Anzeiger, 191(1&2): 103-108.

Datta B. 1973c. On Indian Cicadellidae (Insecta: Homoptera). XXII. Zoologischer Anzeiger, 191(5&6): 443-447.

Dietrich C H. 2004. Phylogeny of the leafhopper subfamily Evacanthinae with a review of Neotropical species and notes on related groups (Hemiptera: Membracoidea: Cicadellidae). Systematic Entomology, 29: 455-487.

Dietrich C H. 2005. Keys to the families of Cicadomorpha and subfamilies and tribes of Cicadellidae (Hemiptera: Auchenorrhyncha). Florida Entomologist, 88(4): 502-517.

Dietrich C H. 2011. A remarkable new genus of Nirvanini (Hemiptera: Cicadellidae: Evacanthinae) from Southeast Asia. Zootaxa, 2970: 63-67.

Distant W L. 1908. The fauna of British Indian including Ceylon and Burma. Rhynchota, 4: 157-419.

Distant W L. 1918. The fauna of British Indian including Ceylon and Burma. Rhynchota, 7: 1-109.

Evans J W. 1938. A contribution to the study of the Jassoidea (Homoptera). Papers and Proceedings of the Royal Society of Tasmania, 19-55.

Evans J W. 1941. New Australian leafhoppers. Transactions of the Royal Society of South Australia, 65: 36-41.

Evans J W. 1947. A natural classification of leaf-hoppers (Jassoidea, Homoptera). Part 3: Jassidae. Transactions of the Royal Entomological Society of London, 98: 105-271.

Evans J W. 1958. Character selection in systematics with special reference to the classification of the leafhoppers (Insecta, Homoptera, Cicadelloidea). Systematic Zoology, 7: 126-131.

Evans J W. 1966. The leafhoppers and froghoppers of Australia and New Zealand (Homoptera: Cicadelloidea and Cercopoidea) . Memoirs of the Australian Museum, 12: 1-347.

Evans J W. 1973. Some new genera and species of Cicadelloidea from Australia and New Guinea (Homoptera). Pacific Insects, 15: 185-197.

Evans J W. 1974. New CaledonIan leafhoppers and the systematic position of *Kosmiopelix* Kirkaldy and

Euacanthus Evans (Homoptera: Cicadellidae). Pacific Insects, 16(2-3): 165-175.

Gao M and Zhang Y-L. 2013. Review of the leafhopper genus *Oniella* Matsumura (Hemiptera: Cicadellidae), with description of a new species from China. Zootaxa, 3693(1): 36-48.

Gao M, Dai W and Zhang Y-L. 2014. Two new Nirvanini genera from China (Hemiptera: Cicadellidae). Zootaxa, 3841(4): 491-500.

Hamilton K G A. 1983. Introduced and native leafhoppers common to the Old and New Worlds (Rhynchota: Homoptera: Cicadellidae). Canadian Entomologist, 114: 473-511.

Haupt H. 1929. Neueinteilung der Homoptera-Cicadellinae nach phylogenetisch zu-wertenden Merkmalen. Zoologische Jahrbucher (Abteilung fur Systematik, Okologie und Geographie der Tiere), 58: 173-286.

Hayashi M and Kenji A. 1990. Five new species of the genus *Pagaronza* Ball (Homoptera, Cicadellidae, Cicadellinae) from central Honshu. Esakia, special issue, 1: 5-13.

Hayashi M and Okudera S. 2007. Six new species of the leafhopper genus *Pagaronia* (Auchenorrhyncha, Cicadellidae, Evacanthinae) from Japan. Japanese Journal of Systematic Entomology, 13(2): 321-331.

Heller F R. 1972. Zwei neue Nirvaniden aus Kamerun (Homopt., Cicad.). Stuttgarter Beitrage zur Naturkunde aus dem Staatlichen Museum fur Naturkunde in Stuttgart, Series A, 246: 1-7.

Heller F R. 1988. Die Typen von *Chudania exposita* Jacobi und Genitalarmaturen von anderen Nirvaniden (Homoptera, Cicadellidae, Nirvanidae). Entomotaxonomia, 10(1-2): 55-64.

Hoffmann S R. 2001. The southern boundary of the Palaearctic realm in China and adjacent countries. Acta Zoologica Sinica, 47(2) : 121-131.

Huang K-W. 1989a. Redescriptions of three species of *Hecalus* of Taiwan and with male genital characters of *Ophiuchus basilanus*. Bulletin of the Society of Entomology (Taichung), 22: 14-20.

Huang K-W. 1989b. Nirvanini of Taiwan (Homoptera: Cicadellidae: Nirvaninae). Bulletin of the Society of Entomology (Taichung), 21: 61-71.

Huang K-W. 1992. Taxonomy of Evacanthini of Taiwan (Homoptera: Cicadellidae: Nirvaninae). Bulletin of National Museum of Natural Science, (3): 159-184.

Huang K-W. 1994. Supplement of Nirvanini of Taiwan (Homoptera: Cicadellidae: Nirvaninae). Chinese Journal of Entomology, 14(1): 83-88.

Ishihara T A. 1953a. The insect fauna of Mt. Ishizuchi and Omogo Valley. Iyo. Japan. Transactions of the Shikoku Entomological Society, 3(Suppl.): 115-117.

Ishihara T A. 1953b. A tentative check list of the superfamily Cicadelloidea of Japan (Homoptera). Scientific Reports of the Matsuyama Agricultural College, 11: 1-72.

Ishihara T. 1963. Genus *Onukia* and new Formosan allied genera (Hemiptera: Evacanthidae). Transactions of the Shikoku Entomological Society, 8(1): 1-5.

Ishihara T. 1979. Some notes on four Indian species of Cicadelloidea (Hemiptera). Trans. Shikoku Ent. Soc., 14(3-4): 99-103.

Izzard R J. 1955. A new genus and species of Nirvaninae (Homoptera, Cicadellidae) from south India. Indian Journal of Entomology, 17: 186-188.

Jacobi A. 1943. Zur Kenntnis der Insekten von Mandschukuo, 12. Eine Homoperenfaunula der Mandschurei. Arb, morphol, taxon. Ent. Berlin Dahlem, Band.10: 21-31.

Jacobi A. 1944. Die Zikadenfauna der Provinz Fukien in Südchina und ihre tiergeographischen Beziehungen. Mitteilungen der Müchener Entomonigischen Gesellschaft, 34: 5-66.

Karamer J P. 1964. A review of the Neotropical Nirvaninae (Homoptera: Cicadellidae). Entomological News,

35(5): 113-121.

Karamer J P. 1965. Studies of the Neotropical leafhopper Ⅰ (Homoptera: Cicadellidae). Entomological Society of Washington, 67(2): 65-74.

Karamer J P. 1976. Studies of Neotropical leafhoppers Ⅱ (Homoptera: Cicadellidae). Proceedings of the Entomological Society of Washington, 78(1): 38-43.

Kato M. 1929. Descriptions of some new Formosan Homoptera. Transactions of the Natural History Society of Formosa, 19: 540-551.

Kato M. 1932. Notes on some Homoptera from south Manchuria, collected by Mr. Yukimichi Kikuchi. Kontyû, 5: 216-229.

Kato M. 1933. Notes on Japanese Homoptera, with descriptions of one new genus and some new species. Ent. World: 452-471.

Kirkaldy G W. 1900. Bilbliographical and nomenclatorial notes on the Rhynchota. No 1. The Entomologist, 33: 238-243.

Knight W J. 2010. Leafhoppers (Cicadellidae) of the Pacific. An annotated systematic checklist of the leafhoppers recorded in the Pacific region during the period 1758 -2000, 338pp.

Kuoh C-L. 1966. Economic Insect Fauna of China, Fasc. 10, Homoptera: Cicadellidae. Science Press, Beijing. 170pp. [葛钟麟, 1966. 中国经济昆虫志 (第十册, 同翅目, 叶蝉科). 北京: 科学出版社. 170 页.]

Kuoh C-L. 1973. Two new species of *Pseudonirvana* (Homoptera: Cicadellidae). Acta Entomologica Sinica, 16(2): 180-182. [葛钟麟, 1973. 拟隐脉叶蝉属二新种记述. 昆虫学报, 16(2): 180-182.]

Kuoh C-L. 1981a. Homoptera: Cicadellidae. In: Insects of Xizang l. Science Press, Beijing. 195-219. [葛钟麟, 1981a. 同翅目: 叶蝉科. 见: 中国科学院青藏高原综合科学考察队, 西藏昆虫 (第一册). 北京: 科学出版社. 195-219.]

Kuoh C-L. 1981b. Six new species Cicadellidae from Qinghai, China. Entomotaxonomia, 3 (2): 111-117. [葛钟麟, 1981. 青海叶蝉六新种. 昆虫分类学报, 3(2): 111-117.]

Kuoh C-L. 1987. Homoptera: Cicadelliodea. In: Zhang S-M (ed.). Agricultural insects, spiders, plant diseases and weeds of Xizang 1. Xizang Peoples Publishing House, Lasa. 99-132. [葛钟麟, 1987. 同翅目: 叶蝉总科. 见: 张士美主编, 西藏农业病虫及杂草 (一). 拉萨: 西藏人民出版社. 99-132.]

Kuoh C-L. 1992. Homoptera: Cicadelliodea. In: Chen S-X (ed.). Insects of the Hengduan Mountains Region. Vol. 1. Science Press, Beijing. 243-316. [葛钟麟, 1992. 同翅目: 叶蝉总科. 见: 陈世骧主编, 横断山区昆虫 (第一册). 北京: 科学出版社. 243-316.]

Kuoh C-L and Kuoh J-L. 1983. New species of *Pseudonirvana* (Homoptera: Cicadellidae). Acta Entomologica Sinica, 26(3): 316-325. [葛钟麟, 葛竞麟, 1983. 拟隐脉叶蝉属新种记述. 昆虫学报, 26(3): 316-325.]

Kramer J P. 1964. A review of the Neotropical Nirvaninae (Homoptera: Cicadellidae). Entomological News, 75(5): 113-127.

Lehr P A. 1988. Keys to the insects of the fareast of the USSR (V. II Homoptera and Heteroptera). Leningrad Nauka Publishing House: 28-31.

Liang A-P. 1995. New homonym synonym and combinations in the Chinese Cicadellidae (Homoptera: Auchenorrhyncha). Entomological News, 106(4): 209-211.

Linnavuori R. 1972. Revisional studies on African leafhoppers (Homoptera Cicadelloidea). Revue de Zoologie *et* de Botanique Africaines, 86: 196-252.

Linnavuori R. 1979. Revisional of the African Cicadelloidae (Homoptera: Auchenorrhyench). Rev. Zool. Afr.,

94(4): 928-1010.

Li Y-J and Li Z-Z. 2011a. Notes on the leafhopper genus *Angustella* Li (Hemiptera: Cicadellidae: Evacanthinae), with descriptions of four new species from China. Zootaxa, 2740: 44-52.

Li Y-J and Li Z-Z. 2011b. A new species and new records of the leafhopper genus *Taperus* Li & Wang, 1994 (Hemiptera, Cicadellidae, Evacanthinae) from China. Zookeys, 120: 1-8.

Li Y-J and Li Z-Z. 2011c. *Parapythamus*, a new genus of Evacanthinae (Hemiptera: Cicadellidae) from China. Zootaxa, 3004: 40-44.

Li Y-J and Li Z-Z. 2012a. *Multiformis*, a new genus of Evacanthini (Hemiptera: Cicadellidae: Evacanthinae), with the descriptions of two new species from China. Zootaxa, 3185: 53-58.

Li Y-J and Li Z-Z. 2012b. A new species of the leafhopper genus *Riseveinus* Li, 1995 (Hemiptera: Cicadellidae: Evacanthinae) from China. Zootaxa, 3185: 59-63.

Li Y-J and Li Z-Z. 2014a. A new species of the leafhopper genus *Multiformis* Li & Li (Hemiptera: Cicadellidae: Evacanthinae) from China. Zootaxa, 3755(5): 496-500.

Li Y-J and Li Z-Z. 2014b. *Shortcrowna*, a new genus of Evacanthinae (Hemiptera: Cicadellidae) from China. Zootaxa, 3764(4): 467-474.

Li Y-J, Li Z-Z and Yang M-F. 2014. A review of the leafhopper genus *Subulatus* Yang & Zhang (Hemiptera: Cicadellidae: Evacanthinae) , with description of a new species from China. Zootaxa, 3914(1): 77-82.

Li Y-J, Li Z-Z and Yang M-F. 2016. *Simaonukia*, a new genus of the leafhopper tribe Evacanthini (Hemiptera, Cicadellidae, Evacanthinae), with descriptions of a new species from China. Zookeys, 669: 107-112.

Li Z-Z. 1985. A new species of the genus *Evacanthus* (Homoptera: Evacanthidae). Acta Entomologica Sinica, 28(4): 345-346. [李子忠, 1985. 横脊叶蝉属一新种记述 (同翅目: 横脊叶蝉科). 昆虫学报, 28(4): 345-346.]

Li Z-Z. 1986. On a new genus and anew specie of Evacanthidae from Guizhou Province, China (Homoptera: Cicadellidae). Acta Zootaxonomica Sinica, 11(3): 309-311. [李子忠, 1986. 横脊叶蝉科一新属一新种记述 (同翅目: 横脊叶蝉科). 动物分类学报, 11(3): 309-311.]

Li Z-Z. 1989. A new species of *Evacanthus* from Guizhou Province (Homoptera: Cicadellidae). Acta Zootaxonomica Sinica, 14(3): 337-338. [李子忠, 1989. 贵州横脊叶蝉属一新种 (同翅目: 横脊叶蝉科). 动物分类学报, 14(3): 337-338.]

Li Z-Z. 1991. A taxonomic study of Evacanthidae from China (Homoptera: Evacanthidae). J. of GAC, 10(2): 112-120. [李子忠, 1991. 中国横脊叶蝉科分类研究 (同翅目: 横脊叶蝉科). 贵州农学院学报, 10(2): 112-120.]

Li Z-Z. 1994. A new genus and three new species of Evacanthidae from China (Homoptera: Cicadelloidea). Acta Zootaxonomica Sinica, 19(4): 465-470. [李子忠, 1994. 横脊叶蝉科一新属三新种 (同翅目: 叶蝉科: 横脊叶亚科). 动物分类学报, 19(4): 465-470.]

Li Z-Z and Chen X-S. 1997. Description of a new species of the genus *Oniella* from Guizhou, China (Homoptera: Nirvaninae). Acta Zootaxonomica Sinica, 22(2): 169-171. [李子忠, 陈祥盛, 1997. 小板叶蝉属一新种记述 (同翅目: 叶蝉科: 隐脉叶蝉亚科). 动物分类学报, 22(2): 169-171.]

Li Z-Z and Chen X-S. 1999. Nirvaninae from China (Homoptera: Cicadellidae). Guizhou Science and Technology Publishing House, Guiyang. 149pp. [李子忠, 陈祥盛, 1999. 中国隐脉叶蝉 (同翅目: 叶蝉科). 贵阳: 贵州科技出版社. 149 页.]

Li Z-Z and Chen X-S. 2001. A new Species of the genus *Chudania* (Homoptera: Cicadellidae: Nirvaninae) from Yunnan Province, China. Entomotaxonomia, 23(2): 90-92. [李子忠, 陈祥盛, 2001. 云南消室叶蝉

属一新种 (同翅目: 叶蝉科: 隐脉叶蝉亚科). 昆虫分类学报, 23(2): 90-92.]

Li Z-Z and Chen X-S. 2005. A checklist and key to species of the genus *Sophonia* (Insecta: Auchenorrhyncha: Cicadellidae: Nirvaninae) in China with descriptions of two new species. Journal of Natural History, 39(1): 71-78.

Li Z-Z, Chen X-S and Zhang B. 2007. Descriptions of a new genus and species of leafhopper (Hemiptera: Cicadellidae: Mukariinae) attacking *Chimonobambusa* (Gramineae: Bambusoideae) from Guizhou Province, China. Scientia Silvae Sinicae, 43(10): 87-89.

Li Z-Z and Dai R-H. 2003. The Faunal Structure of Nirvaninae Insects in China. Journal of Guangxii Academy of Science, 19(3): 129-133. [李子忠, 戴仁怀, 2003. 中国隐脉叶蝉亚科昆虫的区系结构分析. 广西科学院学报, 19(3): 129-133.]

Li Z-Z and Du Y-L. 2001. A new species of the genus *Sophonia* from Hubei Province, China (Homoptera: Cicadellidae: Nirvaninae). Acta Zootaxonomica Sinica, 26(4): 520-521. [李子忠, 杜艳丽, 2001. 湖北拟隐脉叶蝉属一新种 (同翅目: 叶蝉科: 隐脉叶蝉亚科). 动物分类学报, 26(4): 520-521.]

Li Z-Z, Li J-D and Jiang X-H. 2010. Hemiptera: Cicadellidae: Hecalinae, Coelidiinae, Iassinae, Nirvaninae and Evacanthinae. In: Chen X-S, Li Z-Z and Jin D-C (ed.). Insect Fauna from Nature Reserve of Guizhou Province 6. Guizhou Science and Technology Publishing House, Guiyang. 145-157. [李子忠, 李建达, 蒋晓红, 2010. 半翅目: 叶蝉科: 铲头叶蝉亚科: 离脉叶蝉亚科: 叶蝉亚科: 隐脉叶蝉亚科: 横脊叶蝉亚科. 见: 陈祥盛, 李子忠, 金道超主编, 贵州省国家级自然保护区昆虫区系研究 6. 贵阳: 贵州科技出版社. 145-157.]

Li Z-Z and Novotny V. 1997. A new species of the genus *Carinata* from Vietnam (Homoptera: Cicadellidae: Evacanthinae). Acta Entomologica Sinica, 40(2): 187-188. [李子忠, Novotny V, 1997. 越南脊额叶蝉属一新种 (同翅目: 叶蝉科: 横脊叶蝉亚科). 昆虫学报, 40(2): 187-188.]

Li Z-Z and Wang L-M. 1991. Five new species of the genus *Sophonia* from Guizhou, China (Homoptera: Nirvanidae). Zoological Research, 12(2): 125-132. [李子忠, 汪廉敏, 1991. 贵州拟隐脉叶蝉属五新种 (同翅目: 隐脉叶蝉科). 动物学研究, 12(2): 125-132.]

Li Z-Z and Wang L-M. 1992a. Agricultural and Forestry Insect Fauna in Guizhou, Vol. 4. Guizhou Science and Technology Publishing House, Guiyang. 304pp. [李子忠, 汪廉敏, 1992a. 贵州农林昆虫志 卷 4. 贵阳: 贵州科技出版社. 304 页.]

Li Z-Z and Wang L-M. 1992b. Three new specie of the genus *Carinata* from China (Homoptera: Evacanthidae). Guizhou Science, 10(4): 44-47. [李子忠, 汪廉敏, 1992b. 脊额叶蝉属三新种 (同翅目: 横脊叶蝉科). 贵州科学, 10(4): 44-47.]

Li Z-Z and Wang L-M. 1993a. A new record genus and a new species of Evacanthidae (Homoptera: Cicadelloidea) from China. Entomotaxonomia, 15(4): 243-245. [李子忠, 汪廉敏, 1993a. 横脊叶蝉科一新纪录属及一新种 (同翅目: 叶蝉科: 横脊叶蝉亚科). 昆虫分类学报, 15(4): 243-245.]

Li Z-Z and Wang L-M. 1993b. Description of *Taperus* with three species (Homoptera: Cicadellidae: Evacanthinae) from China. Journal of Guizhou Agricultural College, 12(Suppl.): 49-54. [李子忠, 汪廉敏, 1993b. 角突叶蝉属三种记述 (同翅目: 叶蝉科: 横脊叶蝉亚科). 贵州农学院学报, 12(增刊): 49-54.]

Li Z-Z and Wang L-M. 1993c. A taxonomic study of Chinese *Onukia* (Homoptera: Evacanthinae). Journal of Guizhou Agricultural College, 12(Suppl.): 34-39. [李子忠, 汪廉敏, 1993c. 中国锥头叶蝉属分类研究 (同翅目: 横脊叶蝉亚科). 贵州农学院学报, 12(增刊): 34-39.]

Li Z-Z and Wang L-M. 1993d. A taxonomic study from *Carinata* of China (Homoptera: Evacanthinae).

Journal of Guizhou Agricultural College, 12(Suppl.): 19-22. [李子忠, 汪廉敏, 1993d. 中国脊额叶蝉属分类研究 (同翅目: 横脊叶蝉亚科). 贵州农学院学报, 12(增刊): 19-22.]

Li Z-Z and Wang L-M. 1994a. Description of one new species of *Bundera* from Mount Emei (Homoptera: Evacanthidae). Sichuan Journal of Zoology, 13(1): 6-8. [李子忠, 汪廉敏, 1994a. 峨眉山斜脊叶蝉属一新种记述 (同翅目: 横脊叶蝉科). 四川动物, 13(1): 6-8.]

Li Z-Z and Wang L-M. 1994b. A new genus and three new species of the tribe Evacanthini (Insecta: Homoptera: Cicadellidae) with a key to the genera and a list of species occurring in China. Journal of Natural History, 28: 373-382.

Li Z-Z and Wang L-M. 1995. Two new genera and three new species of Evacanthinae (Homoptera: Cicadellidae) from China. Entomotaxonomia, 17(3): 189-196. [李子忠, 汪廉敏, 1995. 中国横脊叶蝉亚科二新属三新种(同翅目: 叶蝉科). 昆虫分类学报, 17(3): 189-196.]

Li Z-Z and Wang L-M. 1996a. The Evacanthinae of China (Homoptera: Cicadellidae). Guizhou Science and Technology Publishing House, Guiyang. 134 pp. [李子忠, 汪廉敏, 1996a. 中国横脊叶蝉 (同翅目: 叶蝉科). 贵阳: 贵州科技出版社. 134 页.]

Li Z-Z and Wang L-M. 1996b. Five new species of Evacanthinae (Homoptera: Cicadellidae) from China. Entomotaxonomia, 18(2): 94-100. [李子忠, 汪廉敏, 1996b. 横脊叶蝉亚科五新种(同翅目: 横脊叶蝉亚科). 昆虫分类学报, 18(2): 94-100.]

Li Z-Z and Wang L-M. 1997. Description of a new species of *Ophiuchus* (Homoptera: Nirvaninae) . J. of GAC, 16(3): 14-15.[李子忠, 汪廉敏, 1997. 扁头叶蝉属一新种记述 (同翅目: 叶蝉科: 隐脉叶蝉亚科). 贵州农学院学报, 16(3): 14-15.]

Li Z-Z and Wang L-M. 1998. A new genus and a new species of Evacanthinae from China (Homoptera: Cicadellidae). Acta Zootaxonomica Sinica, 23(2): 198-200. [李子忠, 汪廉敏, 1998. 横脊叶蝉亚科一新属一新种记述 (同翅目: 叶蝉科). 动物分类学报, 23(2): 198-200.]

Li Z-Z and Wang L-M. 2001a. A new genus and a new species of Evacanthinae from Yunnan Province, China. Acta Zootaxonomica Sinica, 26(4): 518-519.

Li Z-Z and Wang L-M. 2001b. Three new species of Evacanthinae from Yunnan, China (Homoptera: Cicadellidae). Zoological Research, 22(5): 387-391. [李子忠, 汪廉敏, 2001b. 云南横脊叶蝉亚科三新种(同翅目: 叶蝉科). 动物学研究, 22(5): 387-391.]

Li Z-Z and Wang L-M. 2002a. Fuor new species of the family Cicadellidae from China (Homoptera: Cicadelldea). Acta Entomologica Sinica，45(Suppl.): 43-47. [李子忠, 汪廉敏, 2002a. 中国叶蝉科四新种记述 (同翅目: 叶蝉科). 昆虫学报, 45(增刊): 43-47.]

Li Z-Z and Wang L-M. 2002b. Cicadellidae: Evacanthinae. In: Li Z-Z and Jin D-C (ed.). Insect Fauna from Nature Reserve of Guizhou Province 1. Guizhou Science and Technology Publishing House, Guiyang. 188-195. [李子忠, 汪廉敏, 2002b. 叶蝉科: 横脊叶蝉亚科. 见: 李子忠, 金道超主编, 贵州省国家级自然保护区昆虫区系研究 1. 贵阳: 贵州科技出版社. 188-195.]

Li Z-Z and Wang L-M. 2003a. A taxonomic study of the genus *Angustella* (Homoptera, Cicadellidae, Evacanthinae). Acta Zootaxonomica Sinica, 28(4): 708-711. [李子忠, 汪廉敏, 2003a. 狭顶叶蝉属分类研究 (同翅目: 叶蝉科: 横脊叶蝉亚科). 动物分类学报, 28(4): 708-711.]

Li Z-Z and Wang L-M. 2003b. Descriptions of three new species of *Sophonia* (Homoptera, Cicadellidae, Nirvaninae). Acta Zootaxonomica Sinica, 28(3): 502-505. [李子忠, 汪廉敏, 2003b. 拟隐脉叶蝉属三新种记述 (同翅目: 叶蝉科: 隐脉叶蝉亚科). 动物分类学报, 28(3): 502-505.]

Li Z-Z and Wang L-M. 2006a. Cicadellidae. In: Jin D-C and Li Z-Z (ed.). Insect fauna from nature reserve of

Guizhou Province 3. Guizhou Science and Technology Publishing House, Guiyang. 134-144. [李子忠, 汪廉敏, 2006a. 叶蝉科. 见: 金道超, 李子忠主编, 贵州省国家级自然保护区昆虫区系研究 3. 贵阳: 贵州科技出版社. 134-144.]

Li Z-Z and Wang L-M. 2006b. Cicadellidae. In: Li Z-Z and Jin D-C. (ed.). Insect fauna from nature reserve of Guizhou Province 4. Guizhou Science and Technology Publishing House, Guiyang. 162-169. [李子忠, 汪廉敏, 2006b. 叶蝉科. 见: 李子忠, 金道超主编, 贵州省国家级自然保护区昆虫区系研究 4. 贵阳: 贵州科技出版社. 162-169.]

Li Z-Z ,Wang L-M and Chen X-S. 1997. A new genus and a new species (Homoptera: Cicadellidae). Journal of Guizhou Agricultural College, 16(Suppl.): 1-3. [李子忠, 汪廉敏, 陈祥盛, 1997. 隐脉叶蝉亚科一新属一新种 (同翅目: 叶蝉科). 贵州农学院学报, 16(增刊): 1-3.]

Li Z-Z, Wang L-M and Yang L-H. 2002. A systematic study on the genus *Bundera* Distant (Homoptera: Cicadellidae: Evacanthinae). Acta Zootaxonomica Sinica, 27(3): 548-555. [李子忠, 汪廉敏, 杨玲环, 2002. 斜脊叶蝉属系统分类研究(同翅目: 叶蝉科: 横脊叶蝉亚科). 动物分类学报, 27(3): 548-555.]

Li Z-Z, Wang L-M and Zhang Y-L. 1994. Description of five new species of *Carinata* (Homoptera: Evacanthidae) from China. Entomotaxonomia, 16(2): 99-106. [李子忠, 汪廉敏, 张雅林, 1994. 中国脊额叶蝉属五新属记述 (同翅目: 横脊叶蝉科). 昆虫分类学报, 16(2): 99-106.]

Li Z-Z and Webb M D. 1996. Four new species of Evacanthinae from Vietnam and Thailand (Homoptera: Cicadellidae). Entomologica Sinica, 3(1): 22-28.

Li Z-Z and Xing J-C. 2016. A new genus and a new species of the tribe Nirvanini (Hemiptera: Cicadellidae: Nirvaninae) from China. Journal of Mountain Agriculture and Biology, 35(1): 1-4. [李子忠, 邢济春, 2016. 中国隐脉叶蝉族一新属新种记述(半翅目: 叶蝉科: 横脊叶蝉亚科). 山地农业生物学报, 35(1): 1-4.]

Li Z-Z and Zhang Y-L. 1993. Two new species of Evacanthinae from China (Homoptera: Cicadellidae). Journal of Guizhou Agricultural College, 12(Suppl.): 23-26. [李子忠, 张雅林, 1993. 横脊叶蝉亚科二新种(同翅目: 叶蝉科: 横脊叶蝉亚科). 贵州农学院学报, 12(增刊): 23-26.]

Li Z-Z, Zhang B and Wang Y-J. 2007. Cicadellidae. In: Li Z-Z, Yang M-F and Jin D-C (ed.). Insect Fauna from Nature Reserve of Guizhou Province 5. Guizhou Science and Technology Publishing House, Guiyang. 146-166. [李子忠, 张斌, 王颖娟, 2007. 叶蝉科. 见: 李子忠, 金道超, 杨茂发主编, 贵州省国家级自然保护区昆虫区系研究 5. 贵阳: 贵州科技出版社. 146-166.]

Matsumura S. 1902. Monographie der Jassinen Japans. Természetrajzi Füzetek kiadja a Magyar nemzeti Muzeum, 25: 353-404.

Matsumura S. 1912a. Die Cicadinen Japans. Annotationes Zool. Japanese(Annotationes Zoologicae Japonenses), 8(1): 27-51.

Matsumura S. 1912b. Die Acocephalinen und Bythoscopinen. Japans. Sapporo College of Agriculture Journal, 4: 279-325.

Matsumura S. 1915. Die Jassinen und einige neue Acocephalinen Japans. Journal of the college of Agriculture, Imperial University of Tokyo. J. Coll. Agr. Tokoku Imp. Univ. , 5: 165-240.

Melichar L. 1902. Homopteren aus West China, Persien und dem Sud Ussuri Gebiete. Ann. Mus. Zool. St. Pbg.,7: 158-161.

Melichar L. 1903. Homoptera-Fauna von Ceylon. Verlag von Felix L. Damer. Berlin, 248pp.

Meng Z-H, Yang M-F and Webb M D. 2014. Identity of the leafhopper *Kolla albescens*, with new synonymy (Hemiptera, Cicadellidae). Zookeys, 420: 61-68.

Merino G. 1936. Philippine Cicadellidae. Philip. Jour. Sci., 61(3): 307-400, 4pls.

Metcalf Z P. 1939. Hints on bibliographies. The Journal of the Society for the Bibliography of Natural History, 1: 241-248.

Metcalf Z P. 1946. Homoptera. Fulgoroidea and Jassoidea of Guam. Bulletin of the Bernice P. Bishop Museum, 189: 105-148.

Metcalf Z P. 1952. New names in the Homoptera. Journal of the Washington Academy of Science, 42: 226-231.

Metcalf Z P. 1962a. General Catalogue of the Homoptera. Fascicle VI. Cicadelloidea. Part 2. Hylicidae. U.S. Department of Agriculture, Agriculture Research Service. 18pp.

Metcalf Z P. 1962b. General Catalogue of the Homoptera. Fascicle VI. Cicadelloidea. Part 3. Gyponidae. U.S. Department of Agriculture, Agriculture Research Service. 229pp.

Metcalf Z P. 1962c. General Catalogue of the Homoptera. Fascicle VI. Cicadelloidea. Part 4. Ledridae. U.S. Department of Agriculture, Agriculture Research Service. 147pp.

Metcalf Z P. 1962d. General Catalogue of the Homoptera. Fascicle VI. Cicadelloidea. Part 5. Ulopidae. U.S. Department of Agriculture, Agriculture Research Service. 95pp. [New name: *Evansiola* for *Evansiella*.]

Metcalf Z P. 1963a. General Catalogue of the Homoptera. Fascicle VI. Cicadelloidea. Part 6. Evacanthidae. U.S. Department of Agriculture, Agriculture Research Service. 63pp.

Metcalf Z P. 1963b. General Catalogue of the Homoptera. Fascicle VI. Cicadelloidea. Part 7. Nirvanidae. U.S. Department of Agriculture, Agriculture Research Service.35pp.

Metcalf Z P. 1963c. General Catalogue of the Homoptera. Fascicle VI. Cicadelloidea. Part 8. Aphrodidae. U.S. Department of Agriculture, Agriculture Research Service. 268pp.

Metcalf Z P. 1963d. General Catalogue of the Homoptera. Fascicle VI. Cicadelloidea. Part 9. Hecalidae. U.S. Department of Agriculture, Agriculture Research Service. 123pp.

Metcalf Z P. 1964a. General Catalogue of the Homoptera. Fascicle VI. Cicadelloidea. Bibliography of the Cicadelloidea (Homoptera: Auchenorrhyncha). U.S. Department of Agriculture, Agriculture Research Service. 349pp.

Metcalf Z P. 1964b. General Catalogue of the Homoptera. Fascicle VI. Cicadelloidea. Part 11. Coelidiidae. U.S. Department of Agriculture, Agriculture Research Service. 182pp.

Metcalf Z P. 1965a. General Catalogue of the Homoptera. Fascicle VI. Cicadelloidea. Part 1. Tettigellidae. U.S. Department of Agriculture, Agriculture Research Service. 730pp.

Metcalf Z P. 1965b. General Catalogue of the Homoptera. Fascicle VI. Cicadelloidea. Part 12. Eurymelidae. U.S. Department of Agriculture, Agriculture Research Service. 43pp.

Metcalf Z P. 1966a. General Catalogue of the Homoptera. Fascicle VI. Cicadelloidea. Part 14. Agalliidae. U.S. Department of Agriculture, Agriculture Research Service. 173pp.

Metcalf Z P. 1966b. General Catalogue of the Homoptera. Fascicle VI. Cicadelloidea. Part 13. Macropsidae. U.S. Department of Agriculture, Agriculture Research Service. 261pp.

Metcalf Z P. 1966c. General Catalogue of the Homoptera. Fascicle VI. Cicadelloidea. Part 15. Iassidae. U.S. Department of Agriculture, Agriculture Research Service. 229pp.

Metcalf Z P. 1966d. General Catalogue of the Homoptera. FascicleVI. Cicadelloidea Part 16. Idioceridae. U.S. Department of Agriculture, Agriculture Research Service. 237pp.

Metcalf Z P. 1967a. General Catalogue of the Homoptera. Fascicle VI. Cicadelloidea. Part 10. Section I. Euscelidae. U.S. Department of Agriculture, Agriculture Research Service. 1077pp.

Metcalf Z P. 1967b. General Catalogue of the Homoptera. Fascicle VI. Cicadelloidea. Part 10. Section II. Euscelidae. U.S. Department of Agriculture, Agriculture Research Service. pp. 1078-2074.

Metcalf Z P. 1967c. General Catalogue of the Homoptera. Fascicle VI. Cicadelloidea Part 10. Section III. Euscelidae. U.S. Department of Agriculture, Agriculture Research Service. pp. 2075-2695. [New Name: *Zepama* for *Metcalfiella*.]

Metcalf Z P. 1968a. General Catalogue of the Homoptera. Fascicle VI. Cicadelloidaa. Part 17. Cicadelloidea. U.S. Department of Agriculture, Agriculture Research Service. 1513pp.

Okada T. 1976. Three new species of *Pagaronia* Ball (Homoptera: Cicadellidae) from Japan. Kontyu, 44(2): 138-141.

Okada T. 1978. Twelve new species of *Pagaronia* Ball (Homoptera, Cicadellidae) from Japan. Kontyu, 46(3): 371-384.

Oman P M. 1949. The Nearctic leafhoppers (Homoptera: Cicadellidae), A generic classification and check list. Memoirs of the Entomological Society of Canada, 3: 1-253.

Oman P W, Knight W J and Nielson M W. 1990. Leafhoppers (Cicadellidae): a bibliography, generic check-list and index to the world literature 1956-1985. C. A. B. International Institute of Entomology, Wallingford, U. K., 368pp.

Peng Y, Zhao J-Z and Chen J. 1997. Progress in the researches and applications on spiders in China. Acta Arachnologica Sinica, 6(1): 69-73. [彭宇, 赵敬钊, 陈建, 1997. 我国关于蜘蛛的研究和利用进展. 蛛形学报, 6(1): 69-73.]

Pruthi H S. 1930. Studies on Indian Jassidae (Homoptera). Part I. Introductory and Description of some new genera and species. Memoirs of the Indian Museum, 11: 1-68.

Pruthi H S. 1936. Studies on Indian Jassidae (Homoptera). Part III. Descriptions of some new genera and species, with first records of some known species from India. Memoirs of the Indian Museum, 11: 101-131.

Ramakrishnan U. 1988. New leafhopper species of *Dussana* Distant and male genitalia of *Cunedda phaeops* Distant (Evacanthinae: Cicadellidae: Homoptera) . J. Ent. Res., 12(1): 45-50.

Schumacher F. 1915. Der gegenwartige Stand unserer Kenntnis von der Homopteren-Fauna der Insel Formosa unter besonderer Berucksichtigung von Sauter schem Material. Mitteilungen Aus Dem Museum Für Naturkunde in Berlin Zoologisches Museum Und Institut Für Spezielle Zoologie, 8: 91-110.

Van Duzee E P. 1892. A synoptical arrangement of the genera of North American Jassidae, with descriptions of some new species. Transactions of the American Entomological Society, 19: 295-307.

Viraktamath C A. 1992. Oriental Nirvanine leafhoppers (Homoptera: Cicadellidae): a review of C. F. Baker's species and keys to the genera and species from Singapore, Borneo and the Philippines. Insect Systematics & Evolution, 23(3): 249-273.

Viraktamath C A and Wesley C S. 1988. Revision of the Nirvaninae (Homoptera: Cicadellidae) of the Indian subcontinent. Great Basin Naturalist Memoirs, 12: 182-223.

Viraktamath C A and Webb M D. 2007. Review of the leafhopper genus *Pythamus* Melichar (Hemiptera: Cicadellidae: Evacanthinae) in the Indian subcontinent. Zootaxa, 1546: 51-61.

Walker F. 1870. Catalogue of the Homopterous insects collected in the Indian Archipelago by Mr. A. R. Wallace, with descriptions of new species. Journal of the Linnean Society, Zoology, 10: 276-330.

Wang H-Q. 1989. Study on utilization of spiders in farmland of China. Chinese Journal of Zoology, 24(5): 50-52. [王洪全, 1989. 我国农田蜘蛛利用研究. 动物学杂志, 24(5): 50-52.]

Wang L-M and Li Z-Z. 1998. Three new species of *Carinata* (Homoptera: Cicadellidae: Evacanthinae) From China. Entomotaxonomia, 20(2): 115-118. [汪廉敏, 李子忠, 1998. 脊额叶蝉属三新种 (同翅目: 叶蝉科: 横脊叶蝉亚科). 昆虫分类学报, 20(2): 115-118.]

Wang L-M and Li Z-Z. 2001. A new species of *Carinata* (Homoptera: Cicadellidae: Evacanthinae) from China. Entomotaxonomia, 23(2): 175-176. [汪廉敏, 李子忠, 2001. 脊额叶蝉属一新种 (同翅目: 叶蝉科: 横脊叶蝉亚科). 昆虫分类学报, 23(2): 175-176.]

Wang L-M and Li Z-Z. 2003. A new species of *Mohunia* (Homoptera: Cicadellidae: Nirveninae) from China. Entomotaxonomia, 25(3): 186-189. [汪廉敏, 李子忠, 2003. 痕叶蝉属一新种 (同翅目: 叶蝉科: 隐脉叶蝉亚科). 昆虫分类学报, 25(3): 186-189.]

Wang Y and Zhang Y-L. 2014. *Concavocorona*, a new genus of the leafhopper subfamily Evacanthinae (Hemiptera: Cicadellidae), with description of a new species. Zootaxa, 3794(4): 587-592.

Wang Y and Zhang Y-L. 2015a. Two new species in the leafhopper genus *Pythamus* Melichar (Hemiptera: Cicadellidae: Evacanthinae) from China. Zootaxa, 4058(3): 429-436.

Wang Y and Zhang Y-L. 2015b. *Transvenosus*, a new genus in the leafhopper subfamily Evacanthinae (Hemiptera: Cicadellidae), with description of one new species. Zootaxa, 4052(5): 595-600.

Wang Y, Dietrich C H and Zhang Y-L. 2016. *Australnirvana*, a new leafhopper genus of Nirvanini (Hemiptera: Cicadellidae: Evacanthinae) from Australia. Zootaxa, 4168(1): 134-140.

Wang Y, Dietrich C H and Zhang Y-L. 2017. Review of two genera of Nirvanini leafhoppers (Hemiptera: Cicadellidae: Evacanthinae) from Africa. Zootaxa, 4231(3): 431-441.

Wang Y, Wei C and Zhang Y-L. 2013. *Diramus*, a new genus of the leafhopper subfamily Evacanthinae (Hemiptera: Cicadellidae), with description of three new species from Thailand. Zootaxa, 3640(3): 473-478.

Wang Y, Viraktamath C A and Zhang Y-L. 2015. *Mediporus*, a new genus of the leafhopper subfamily Evacanthinae (Hemiptera: Cicadellidae), with a key to genera of the Evacanthini. Zootaxa, 3964(3): 379-385.

Webb M D and Viraktamath C A. 2004. On the identity of an invasive leafhopper on Hawaii (Hemiptera, Cicadellidae, Nirvaninae). Zootaxa, 692: 1-6.

Xing J-C and Li Z-Z. 2013. New replacement name for *Angustella* Li, 1986 (Hemiptera: Cicadellidae: Evacanthinae: Evacanthini), with description of a new species. Zootaxa, 3702(4): 386-390.

Yang L, Chen X-S and Li Z-Z. 2013. Review of the bamboo-feeding species of tribe Evacanthini (Hemiptera: Cicadellidae) with description of two new species from China. Zootaxa, 3620(3): 453-472.

Yang L-H and Zhang Y-L. 1999. Two new species of *Angustella* (Homoptera: Cicadellidae: Evacanthinae) From Yunnan. Entomotaxonomia, 21(2): 101-104. [杨玲环, 张雅林, 1999. 云南狭顶叶蝉属二新种 (同翅目: 叶蝉科: 横脊叶蝉亚科). 昆虫分类学报, 21(2): 101-104.]

Yang L-H and Zhang Y-L. 2001. A new genus and two new species of Evacanthinae (Homoptera: Cicadellidae) from China. Entomotaxonomia, 23(3): 177-181. [杨玲环, 张雅林, 2001. 中国横脊叶蝉亚科一新属二新种 (同翅目: 叶蝉科). 昆虫分类学报, 23(3): 177-181.]

Yang L-H and Zhang Y-L. 2004. Homoptera: Cicadellidae. In: Yang X-K , Huang F-S and Yao J (ed.). Insects of the Great Yarlung Zangbo Canyon of Xizang, China. Science Press, Beijing. 28-32. [杨玲环, 张雅林, 2004. 同翅目: 叶蝉科. 见: 杨星科, 黄复生, 姚建主编, 西藏雅鲁藏布大峡谷昆虫. 北京: 科学出版社. 28-32.]

Yang M-F, Li Z-Z, Wang L-M and Chen X-S. 2002. Cicadellidae. In: Li Z-Z and Jin D-C (ed.). Insect Fauna from Nature Reserve of Guizhou Province 1. Guizhou Science and Technology Publishing House, Guiyang. 171-204. [杨茂发, 李子忠, 汪廉敏, 陈祥盛, 2002. 叶蝉科. 见: 李子忠, 金道超主编, 贵州省国家级自然保护区昆虫区系研究 1. 贵阳: 贵州科技出版社. 171-204.]

Zhang Y-L. 1990. A Taxonomic Study of Chinese Cicadellidae (Homoptera). Tianze Eldonejo (Tianze Press), Yangling, 218pp. [张雅林, 1990. 中国叶蝉分类研究 (同翅目: 叶蝉科). 杨凌: 天则出版社. 218页.]

Zhang Y-L. 1992. A new species of the genus *Chudania* Distant (Homoptera: Cicadellidae: Nirvalinae). Entomotaxonomia, 14(4): 263-265. [张雅林, 1992. 消室叶蝉属一新种 (同翅目: 叶蝉科: 隐脉叶蝉亚科). 昆虫分类学报, 14(4): 263-265.

Zhang Y-L, Zhang X-M and Wei C. 2009. Review of the leafhopper genus *Striatanus* Li & Wang (Hemiptera: Cicadellidae: Evacanthinae) with description of one new species from China. Zootaxa, 2292: 49-56.

Zhang Y-L, Zhang X-M and Wei C. 2010a. Advances in systematic study of the leafhopper subfamily Evacanthinae (Hemiptera: Cicadellidae) Worldwide. Sciencepaper Online. http://www.paper.edu.cn: 1-5. [张雅林, 张新民, 魏琮, 2010a. 世界横脊叶蝉系统分类研究进展 (半翅目: 叶蝉科). 中国科技论文在线: 1-5.]

Zhang Y-L, Zhang X-M and Wei C. 2010b. Review of the genus *Boundarus* Li & Wang (Hemiptera: Cicadellidae: Evacanthinae) from China, with description of two new species. Zootaxa, 2575: 63-68.

Zhang Y-L, Zhang X-M and Wei C. 2010c. Review of the leafhopper genus *Taperus* Li & Wang (Hemiptera: Cicadellidae: Evacanthinae) from China, with description of three new species. Zootaxa, 2721: 39-46.

Zhang X-M, Wei C and Zhang Y-L. 2010d. Advances in systematic study of the leafhopper review of the genus *Subulatus* Yang & Zhang, with description of anew species from China (Hemiptera: Cicadellidae: Evacanthinae) Worldwide. http://www.paper.edu.cn: 1-5. [张新民, 魏琮, 张雅林, 2010. 锥茎叶蝉属修订并记述一新种 (半翅目: 叶蝉科: 横脊叶蝉亚科). 中国科技论文在线: 1-5.]

Zhang X-M, Zhang Y-L and Wei C. 2010e. Review of the leafhopper genus *Riseveinus* Li (Hemiptera: Cicadellidae: Evacanthinae), with descriptions of two new species from China. Zootaxa, 2601: 61-68.

英 文 摘 要

English Summary

General Introduction

The present volume of Fauna Sinica deals with the subfamily Evacanthinae (Hemiptera: Cicadellidae) fauna of China. It is divided into two sections, general section and taxonomic section.

The general section focuses on the history of study and taxonomic overview, morphological characters of adult, biology and ecology, economic importance and pest management, material and methods, as well as faunal analysis of Evacanthinae.

In the taxonomic section, 4 tribes, 49 genera and 299 species of Evacanthinae from China are described. Among them 8 genera 76 species are new to science, 2 genera and 1 species are reported as new records to China, 26 new combinations, 21specific synonyms are proposed from China. At the same time, 299 figures of male genitalia and 14 plates are provided. The keys to the Chinese tribes, genera and species of Evacanthinae are presented. The descriptions of new genera, new species and key to the genera and species in this monograph are given as follows.

New Taxa

1. *Angustuma menglunensis* Li, Li *et* Xing, sp. nov. (Fig. 10)

Length (including forewings): ♂, 6.2-6.3mm.

Holotype: ♂, CHINA: Yunnan, Menglun, 17 August 2014, coll. Sun Haiyan. Paratype: 1♂, the same data as holotype. The type specimens are all deposited in Institute of Entomology, Guizhou University, Guiyang, Guizhou, China (GUGC).

Etymology: The species is named after the locality of the type specimens, Menglun.

Distribution: China (Yunnan).

Remarks: This species resembles *Angustuma nigrinota* (Yang *et* Zhang), but it can be distinguished by: 1) its smaller body; 2) the color of forewings black; 3) the dorsal processes of aedeagus flat.

2. *Angustuma wangmoensis* Li, Li *et* Xing, sp. nov. (Fig. 19)

Length (including forewings): ♂, 6.1mm.

Holotype: ♂, CHINA: Guizhou, Wangmo, 25 June 2013, coll. Sun Haiyan. The type specimen is deposited in Institute of Entomology, Guizhou University, Guiyang, Guizhou, China (GUGC).

Etymology: The species is named after the locality of the type specimens, Wangmo.

Distribution: China (Guizhou).

Remarks: This species resembles *Angustuma nigricauda* (Chen, Yang *et* Li), but it can be distinguished by: 1) the color of body and forewing orange-yellow; 2) front edge of forewing opaque; 3) hook of dorsal margin of aedeagus small.

Ⅰ. *Bentus* Li, Li *et* Xing, gen. nov.

Type species: *Onukia flavomaculata* Kato, 1933.

Type species distribution: China (Taiwan).

Description: Apex of head in dorsal view acutely produced, middle longitudinal carina and submarginal carina obvious, carina under ocelli relatively obvious; area between middle carina and submarginal carina distinctly concave, with some longitudinal striae. Ocelli located laterad of submarginal carina, distance between ocelli and eye shorter than apex. Face including eyes, longer than wide. Frontoclypeus swollen, with middle longitudinal carina strongly elevated, laterally obliquely striate. Pronotum shorter than crown, wider than head, a round elevated structure medially on crown. Scutellum triangular, as long as or shorter than pronotum, with transverse depression distinct, the front area of transverse with some engravings. Forewing veins slightly prominent, with R_{1a} present; four apical cells, appendix very narrow.

Male pygofer without ventral process, the base area broad, gradually narrowing from the domain to the end and recurved dorsally. Subgenital plate elongate, the area of inner side with a row of comb-like fine setae distributed. Aedeagus with a pair of lamellate dorsal apodeme, and one triangular ventral process; base of aedeagus shaft somewhat tubular. Connective Y-shaped. Style shapely, apex of style short and crooked.

Etymology: The name of the new genus refers to its male pygofer dorsal horn recurved dorsally.

Geographical distribution: Oriental, Palearctic.

Remarks: The new genus is very similar to the genus *Onukia* Matsumura externally, but it can be distinguished from the latter by: 1) between middle carina and submarginal carina distinctly concave; 2) male pygofer gradually narrowing from the domain to the end and recurved dorsally; 3) aedeagus with a pair of lamellate dorsal apodeme. The new genus is also very similar to the genus *Angustuma* Xing *et* Li, but it can be distinguished from the latter by male pygofer without ventral process.

3. *Boundarus prickus* Li, Li *et* Xing, sp. nov. (Fig. 23)

Length (including forewings): ♂, 5.2mm.

Holotype: ♂, CHINA: Shaanxi, Taibaishan, 18 July 2010, coll. Jiao Meng. The type specimen is deposited in Institute of Entomology, Guizhou University, Guiyang, Guizhou, China (GUGC).

Etymology: The species name is derived from the number of its dorsal processes of the end of aedeagus.

Distribution: China (Shaanxi).

Remarks: This species resembles *Boundarus nigronotus* Zhang, Zhang *et* Wei, but it can be distinguished by: 1) the medium margin of pronotum broad with a yellow-orange circular marking; 2) the end of pygofer side oblique straight ; 3) the end of aedeagus with a dorsal conical process.

4. *Bundera fourmacula* Li, Li *et* Xing, sp. nov. (Fig. 29)

Length (including forewings): ♂, 6.5-6.8mm; ♀, 6.8-7.2mm.

Holotype: ♂, CHINA: Yunnan, Lushui, Pianma, 17 August 2000, coll. Li Zizhong. Paratypes: 5♂9♀, the same data as holotype; 1♀, Yunnan, Lushui, Pianma, 16 June 2010, coll. Li Yujian. The type specimens are deposited in Institute of Entomology, Guizhou University, Guiyang, Guizhou, China (GUGC).

Etymology: The species name is derived from the number of black markings of crown.

Distribution: China (Yunnan).

Remarks: This species resembles *Bundera maculata* Kuoh, but it can be distinguished by its crown with four rectangular black markings, the pygofer side triangle and the dorsal process of aedeagus oblong.

5. *Bundera ziyunensis* Li, Li *et* Xing, sp. nov. (Fig. 39)

Length (including forewings): ♂, 5.1mm.

Holotype: ♂, CHINA: Guizhou, Ziyun, Zongdi, 24 July 1996, coll. Yang Maofa. The type specimen is deposited in Institute of Entomology, Guizhou University, Guiyang, Guizhou, China (GUGC).

Etymology: The species is named after the locality of the type specimens, Ziyun.

Distribution: China (Guizhou).

Remarks: This species resembles *Bundera emeiana* Li *et* Wang, but it can be distinguished by the black color of its crown, the color of its face white-yellow and the medium of dorsal of aedeagus angular broad.

6. *Carinata annulata* Li, Li *et* Xing, sp. nov. (Fig. 41)

Length (including forewings): ♂, 6.2-6.3mm; ♀, 6.5mm.

Holotype: ♂, CHINA: Guizhou, Libomaolan, Banzhai, 24 September 1996, coll. Chen Huiming. Paratypes: 1♀, Guizhou, Libomaolan, Banzhai, 24 November 1996, coll. Yang Maofa; 1♂, Taiwan Nantou, 12 July 1991, coll. W. T. Yang. The type specimens are all deposited in Institute of Entomology, Guizhou University, Guiyang, Guizhou, China (GUGC).

Etymology: The species name is derived from the Latin word "annulate", indicating the two processes of sub-end of aedeagus bent into a ring.

Distribution: China (Guizhou, Taiwan).

Remarks: This species resembles *Carinata rufipenna* Li *et* Wang, but it can be distinguished by the color of its forewing orange-yellow, the ventral process starting at medium of male pygofer side and sub-end of aedeagus with two annulate processes.

7. *Carinata biforka* Li, Li *et* Xing, sp. nov. (Fig. 44)

Length (including forewings): ♂, 8.0mm; ♀, 8.5mm.

Holotype: ♂, CHINA: Fujian, Meihuashan, 21 June 2013, coll. Li Bin and Yan Bin. Paratype: 1♀, the same data as holotype. The type specimens are all deposited in Institute of Entomology, Guizhou University, Guiyang, Guizhou, China (GUGC).

Etymology: The species is named after the ventral process of male pygofer bifurcate.

Distribution: China (Fujian).

Remarks: This species resembles *Carinata kelloggii* (Baker), but it can be distinguished from the latter by: 1) the central region of forewing orange; 2) ventral process of male pygofer side bifurcate; 3) aedeagus sigmoid in lateral view.

8. *Carinata bihamuluca* Li, Li *et* Xing, sp. nov. (Fig. 47)

Length (including forewings): ♂, 6.0-6.2mm; ♀, 6.3-6.5mm.

Holotype: ♂, CHINA: Yunnan, Yuanyang, 3 August 2013, coll. Liu Yangyang. Paratypes: 9♂13♀, the same data as holotype, coll. Liu Yangyang and Xing Jichun. The type specimens are all deposited in Institute of Entomology, Guizhou University, Guiyang, Guizhou, China (GUGC).

Etymology: The species is named after the shape of the end of its aedeagus.

Distribution: China (Yunnan).

Remarks: This species resembles *Carinata branchera* Wang *et* Li, but it can be distinguished from the latter by: 1) the spot of crown smaller and roundish; 2) the end of male pygofer side becoming narrow; 3) the end of aedeagus bi-hooked.

9. *Carinata chishuiensis* Li, Li *et* Xing, sp. nov. (Fig. 49)

Length (including forewings): ♂, 6.0-6.1mm; ♀, 6.7-6.8mm.

Holotype: ♂, CHINA: Guizhou, Chishui, 31 July 1989, coll. Li Zizhong. Paratypes: 3♂2♀, the same data as holotype. The type specimens are all deposited in Institute of Entomology, Guizhou University, Guiyang, Guizhou, China (GUGC).

Etymology: The species is named after the locality of the holotype, Chishui.

Distribution: China (Guizhou).

Remarks: This species resembles *Carinata albusa* Li *et* Wang, but it can be distinguished by the middle front domain of crown with a heart-shaped black marking, the shape of ventral process of male pygofer side broom-like and the end of style acicular.

10. *Carinata datianensis* Li, Li *et* Xing, sp. nov. (Fig. 51)

Length (including forewings): ♂, 8.1-8.3mm; ♀, 8.3-8.6mm.

Holotype: ♂, CHINA: Fujian, Datian, Daxianfeng, 14 May 2012, coll. Long Jiankun. Paratypes: 5♂3♀, the same data as holotype, coll. Long Jiankun and Chang Zhimin; 2♂, Fujian, Yongan, Tianbaoyan, 7-8 May 2012, coll. Long Jiankun and Yang Weicheng. The type specimens are all deposited in Institute of Entomology, Guizhou University, Guiyang, Guizhou, China (GUGC).

Etymology: The species is named after the locality of the type specimens, Datian.

Distribution: China (Fujian).

Remarks: This species resembles *Carinata kelloggii* (Baker), but it can be distinguished from the latter by: 1) the color of forewings ginger; 2) ventral process of male pygofer side smooth, the aedeagus with a pair of dorsal processes.

11. *Carinata dushanensis* Li, Li *et* Xing, sp. nov. (Fig. 52)

Length (including forewings): ♂, 6.2mm; ♀, 6.5mm.

Holotype: ♂, CHINA: Guizhou, Dushan, 12 July 2012, coll. Song Qiongzhang. Paratype: 1♀, Guizhou, Dushan, 14 July 2012, coll. Xing Dongliang. The type specimens are all deposited in Institute of Entomology, Guizhou University, Guiyang, Guizhou, China (GUGC).

Etymology: The species is named after the locality of the type specimens, Dushan.

Distribution: China (Guizhou).

Remarks: This species resembles *Carinata kelloggii* (Baker), but it can be distinguished from the latter by: 1) crown with a irregular black oval spot; 2) pygofer side near triangular; 3) each side of aedeagus with a spiny process at end.

12. *Carinata emeishanensis* Li, Li *et* Xing, sp. nov. (Fig. 53)

Length (including forewings): ♂, 5.6-5.9mm.

Holotype: ♂, CHINA: Sichuan, Emeishan, 1 August 1991, coll. Li Zizhong. Paratypes: 4♂, the same data as holotype. The type specimens are all deposited in Institute of Entomology, Guizhou University, Guiyang, Guizhou, China (GUGC).

Etymology: The species is named after the locality of the type specimens, Emeishan.

Distribution: China (Sichuan).

Remarks: This species resembles *Carinata flavida* Li *et* Wang, but it can be distinguished from the latter by: 1) pygofer near quadrate; 2) ventral process of male pygofer side not biforked; 3) the shape of style different.

13. *Carinata expenda* Li, Li *et* Xing, sp. nov. (Fig. 54)

Length (including forewings): ♂, 6.3-6.5mm; ♀, 6.5mm.

Holotype: ♂, CHINA: Guangxi, Huaping, 6 June 1997, coll. Wang Lianmin. Paratypes: 2♂1♀, the same data as holotype, coll. Wang Lianmin and Yang Maofa. The type specimens are all deposited in Institute of Entomology, Guizhou University, Guiyang, Guizhou, China (GUGC).

Etymology: The species name is derived from its anal tube which is very swollen.

Distribution: China (Guangxi).

Remarks: This species resembles *Carinata kelloggii* (Baker), but it can be distinguished from the latter by: 1) its anal tube very swollen; 2) ventral process of male pygofer side smooth; 3) the aedeagus simple.

14. *Carinata meandera* Li, Li *et* Xing, sp. nov. (Fig. 61)

Length (including forewings): ♂, 4.9-5.0mm.

Holotype: ♂, CHINA: Guangxi, Longzhou, 6 May 2012, coll. Li Hu. Paratype: 1♂, the same data as holotype. The type specimens are all deposited in Institute of Entomology, Guizhou University, Guiyang, Guizhou, China (GUGC).

Etymology: The species name is derived from the end of its ventral process of male pygofer which is curvy.

Distribution: China (Guangxi).

Remarks: This species resembles *Carinata rufipenna* Li *et* Wang, but it can be distinguished by: 1) its forewing ginger; 2) male pygofer side triangular-shaped; 3) ventral process of male pygofer side curvy at end.

15. *Carinata nigerenda* Li, Li *et* Xing, sp. nov. (Fig. 62)

Length (including forewings): ♂, 5.5-5.6mm; ♀, 5.7-6.0mm.

Holotype: ♂, CHINA: Guizhou, Wangmo, 23 August 2012, coll. Zheng Weibin. Paratypes: 3♂2♀, the same data as holotype. The type specimens are all deposited in Institute of Entomology, Guizhou University, Guiyang, Guizhou, China (GUGC).

Etymology: The species name is derived from the color of the end of forewings.

Distribution: China (Guizhou).

Remarks: This species resembles *Carinata yangi* Li *et* Zhang, but it can be distinguished by: 1) the crown of the head with a front deep concave black spot; 2) the color of the end of forewings black; 3) ventral process of male pygofer side bifurcated at end, and the its outer fork dendritic.

16. *Carinata nigricauda* Li, Li *et* Xing, sp. nov. (Fig. 64)

Length (including forewings): ♂, 6.5mm; ♀, 6.7-7.1mm.

Holotype: ♂, CHINA: Jiangxi, Longnan, 25 July 2008, coll. Yang Zaihua. Paratypes: 2♀, the same data as holotype; 1♀, Jiangxi, Jinggangshan, 19 July 2008, coll. Yang Zaihua. The type specimens are all deposited in Institute of Entomology, Guizhou University, Guiyang, Guizhou, China (GUGC).

Etymology: The species name is derived from the color of the end of its forewings.

Distribution: China (Jiangxi).

Remarks: This species resembles *Carinata unipuncta* Wang *et* Li, but it can be distinguished by: 1) body and forewings orange; 2) the end of ventral process of male pygofer side tortuous; 3) the end of aedeagus with a spike on each side.

17. *Carinata obliquela* Li, Li *et* Xing, sp. nov. (Fig. 67)

Length (including forewings): ♂, 5.3-5.4mm; ♀, 5.5-6.0mm.

Holotype: ♂, CHINA: Guizhou, Wangmo, 23 August 2012, coll. Chang Zhimin. Paratypes: 1♂6♀, Guizhou, Wangmo, 22-23 August 2012, coll. Long Jiankun, Yang Weicheng and Chang Zhimin. The type specimens are all deposited in Institute of Entomology, Guizhou University, Guiyang, Guizhou, China (GUGC).

Etymology: The species name is derived from its forewing with a black brown diagonal marking.

Distribution: China (Guizhou).

Remarks: This species resembles *Carinata albusa* Li *et* Wang, but it can be distinguished by: 1) outboard of frontoclypeus with longitudinal black marking; 2) forewing with a black brown diagonal marking; 3) subapical of aedeagus with a little spiny process on each side.

18. *Carinata scopulata* Li, Li *et* Xing, sp. nov. (Fig. 70)

Length (including forewings): ♂, 6.0-6.1mm; ♀, 6.1mm.

Holotype: ♂, CHINA: Guizhou, Leishan, Leigongshan, 17 September 2005, coll. Li Zizhong and Zhang Bin. Paratypes: 1♀, the same data as holotype; 1♂, Guangxi, Rongshui, Yuanbaoshan, 14 July 2004, coll. Yang Maofa. The type specimens are all deposited in Institute of Entomology, Guizhou University, Guiyang, Guizhou, China (GUGC).

Etymology: The species name is derived from the shape of ventral process of its male pygofer.

Distribution: China (Guizhou, Guangxi).

Remarks: This species resembles *Carinata rufipenna* Li *et* Wang, but it can be distinguished by: 1) male pygofer expansile; 2) the shape of ventral process of its male pygofer broom-like; 3) the end of style spinous.

19. *Carinata torta* Li, Li *et* Xing, sp. nov. (Fig. 72)

Length (including forewings): ♂, 6.0-6.1mm.

Holotype: ♂, CHINA: Guizhou, Anlong, 11 July 2008, coll. Li Yujian. The type specimen is deposited in Institute of Entomology, Guizhou University, Guiyang, Guizhou, China (GUGC).

Etymology: The species name is derived from the shape of ventral process of its male pygofer.

Distribution: China (Guizhou).

Remarks: This species resembles *Carinata rufipenna* Li *et* Wang, but it can be distinguished by: 1) the shape of ventral process of its male pygofer tortile; 2) ventral process of pygofer side angulate; 3) style well-proportioned.

20. *Carinata yuanbaoshanensis* Li, Li *et* Xing, sp. nov. (Fig. 76)

Length (including forewings): ♂, 5.8-6.0mm; ♀, 6.2-6.4mm.

Holotype: ♂, CHINA: Guangxi, Rongshui, Yuanbaoshan, 14 July 2004, coll. Yang Maofa. Paratypes: 6♂5♀, the same data as holotype. The type specimens are all deposited in Institute of Entomology, Guizhou University, Guiyang, Guizhou, China (GUGC).

Etymology: The species is named after the locality of the type specimens, Yuanbaoshan.

Distribution: China (Guangxi).

Remarks: This species resembles *Carinata unicurvana* Li *et* Zhang, but it can be distinguished by: 1) forewing yellowish white; 2) outside of eyes without black marking; 3) aedeagus with two spines near middle area of dorsal margin.

II. *Concaves* Li, Li *et* Xing, gen. nov.

Type species: *Onukia albiclypeus* Li *et* Wang, 1993.

Type species distribution: China (Yunnan).

Description: Apex of head in dorsal view acutely produced, middle longitudinal carina and submarginal carina obvious, ocelli carina under relatively obscure; area between middle carina and submarginal carina distinctly concave; ocelli located laterad of submarginal carina, distance between ocelli and eye shorter than apex; eye small, slightly lower than the crown; frontoclypeus swollen, with middle longitudinal carina strongly elevated, laterally obliquely striate. Pronotum as long as or shorter than crown, wider than head, a round elevated structure medially on crown, the trailing edge straight; scutellum triangular, shorter than or as long as pronotum, with transverse depression distinct, the transverse not reach lateral margin; forewing veins slightly prominent, R_{1a} veins pendicular to leading edge, four apical cells, appendix very narrow.

Male pygofer side longitypical, gradually narrowing from the domain to the end, without ventral process; subgenital plate elongate, macrosetae irregularly distributed; aedeagus with a pair of lamellate dorsal apodeme near middle part, and a pair of little lamellate dorsal area near end; base and end of aedeagal shaft somewhat tubular; connective Y-shaped; style shapely, apex of style crooked.

Etymology: The name of the new genus refers to its crown area between middle carina and submarginal carina distinctly concave.

Geographical distribution: Oriental, Palearctic.

Remarks: The new genus is very similar to the genus *Onukia* Matsumura externally, but it can be distinguished from the latter by: 1) area between middle carina and submarginal carina distinctly concave; 2) carina under ocelli relatively obscure; 3) male pygofer gradually narrowing from the domain to the end; 4) sexual dimorphism.

21. *Convexana albitapeta* Li, Li *et* Xing, sp. nov. (Fig. 82)

Length (including forewings): ♂, 5.1-5.2mm; ♀, 5.3-5.4mm.

Holotype: ♂, CHINA: Yunnan, Lijiang, 10 August 2000, coll. Li Zizhong. Paratypes: 1♂9♀, the same data as holotype. The type specimens are all deposited in Institute of Entomology, Guizhou University, Guiyang, Guizhou, China (GUGC).

Etymology: The species name is derived from the white marking on its crown, pronotum and scutellum middle area.

Distribution: China (Yunnan).

Remarks: This species resembles *Convexana albicarinata* Li, but it can be distinguished by: 1) forewing yellow-brown; 2) male pygofer side broad and short; 3) aedeagus with a angular shaped protrusion near middle area of ventral margin in lateral view.

22. *Convexana cruciata* Li, Li *et* Xing, sp. nov. (Fig. 84)

Length (including forewings): ♂, 5.0mm; ♀, 5.2mm.

Holotype: ♂, CHINA: Guizhou, Libo, 16 October 1988, coll. Li Zizhong. Paratype: 1♀, the same data as holotype. The type specimens are all deposited in Institute of Entomology, Guizhou University, Guiyang, Guizhou, China (GUGC).

Etymology: The species name is derived from the shape of white marking on its crown.

Distribution: China (Guizhou).

Remarks: This species resembles *Convexana albicarinata* Li, but it can be distinguished by: 1) middle area of crown with a cross-shaped white marking; 2) face of male yellow-white; 3) aedeagus with a angular shaped protrusion near middle area of ventral margin in lateral view.

23. *Convexana curvatura* Li, Li *et* Xing, sp. nov. (Fig. 85)

Length (including forewings): ♂, 5.0-5.1mm; ♀, 5.2-5.3mm.

Holotype: ♂, CHINA: Guizhou, Libo, 15 October 1998, coll. Li Zizhong. Paratypes: 2♂2♀, the same data as holotype; 3♂, Guizhou, Shiqian, 16 August 1994, coll. Chen Xiangsheng and Yang Maofa; 1♂, Guizhou, Suiyang, Kuankuoshui, 6 June 1989, coll. Li Zizhong. The type specimens are all deposited in Institute of Entomology, Guizhou University, Guiyang, Guizhou, China (GUGC).

Etymology: The species name is derived from the shape of male pygofer side end.

Distribution: China (Guizhou).

Remarks: This species resembles *Convexana albicarinata* Li, but it can be distinguished by: 1) middle area of pronotum without yellow-white marking; 2) the front base of forewing without transparent white spot; 3) aedeagus with a angular shaped protrusion near middle area of ventral margin in lateral view.

24. *Convexana furcella* Li, Li *et* Xing, sp. nov. (Fig. 87)

Length (including forewings): ♂, 5.6-5.7mm; ♀, 6.1mm.

Holotype: ♂, CHINA: Hunan, Zhangjiajie, 3 August 2013, coll. Xing Dongliang. Paratypes: 1♀, the same data as holotype; 1♂, Guizhou, Dushan, 14 July 2012, coll. Xing Dongliang; 1♂, Fujian, Wuyishan, 31 October 2005, coll. Zhou Zhonghui. The type specimens are all deposited in Institute of Entomology, Guizhou University, Guiyang, Guizhou, China (GUGC).

Etymology: The species name is derived from its aedeagus with a little cone-shaped process on ventral margin.

Distribution: China (Hunan, Guizhou, Fujian).

Remarks: This species resembles *Convexana albicarinata* Li, but it can be distinguished by: 1) middle area of crown without white marking; 2) the male pygofer side almost rectangular; 3) aedeagus with a little cone-shaped process on base of ventral margin in lateral view.

25. *Convexana nigridorsuma* Li, Li *et* Xing, sp. nov. (Fig. 88)

Length (including forewings): ♂, 5.1-5.2mm; ♀, 5.3-5.5mm.

Holotype: ♂, CHINA: Yunnan, Yingjiang, Tongbiguan, 1 June 2011, coll. Li Yujian.

Paratypes: 8♂, Yunnan, Yingjiang, Tongbiguan, 1-3 June 2011, coll. Li Yujian; 4♀, Yunnan, Longling, 11 June 2011, coll. Li Yujian; 5♂, Yunnan, Lushui, Pianma, 19 June 2011, coll. Li Yujian; 3♂, Yunnan, Dali, 21 June 2011, coll. Li Yujian; 2♂, Yunnan, Lushui, Pianma, 21-23 July 2012, coll. Long Jiankun. The type specimens are all deposited in Institute of Entomology, Guizhou University, Guiyang, Guizhou, China (GUGC).

Etymology: The species name is derived from the color of its black body.

Distribution: China (Yunnan).

Remarks: This species resembles *Convexana nigrifronta* Li, but it can be distinguished by: 1) face of male yellow-white; 2) sub-end of male pygofer side tapering sharply; 3) middle area of style broad.

26. *Convexana nigriventrala* Li, Li *et* Xing, sp. nov. (Fig. 90)

Length (including forewings): ♂, 5.3-5.5mm.

Holotype: ♂, CHINA: Yunnan, Lushui, Pianma, 16 June 2011, coll. Li Yujian. Paratypes: 7♂, the same data as holotype. The type specimens are all deposited in Institute of Entomology, Guizhou University, Guiyang, Guizhou, China (GUGC).

Etymology: The species name is derived from the color of its black thorax on ventral side.

Distribution: China (Yunnan).

Remarks: This species very resembles *Convexana nigridorsuma* Li, Li *et* Xing, sp. nov., but it can be distinguished by: 1) the front of forewing medially with a transparent white spot; 2) middle area of mesosternum black; 3) aedeagus broad.

27. *Convexana palepenna* Li, Li *et* Xing, sp. nov. (Fig. 91)

Length (including forewings): ♂, 5.8-6.0mm; ♀, 6.5-6.8mm.

Holotype: ♂, CHINA: Hubei, Shennongjia, 10 August 1997, coll. Yang Maofa. Paratypes: 3♂5♀, the same data as holotype. The type specimens are all deposited in Institute of Entomology, Guizhou University, Guiyang, Guizhou, China (GUGC).

Etymology: The species name is derived from the color of its forewing.

Distribution: China (Hubei).

Remarks: This species resembles *Convexana albicarinata* Li, but it can be distinguished by: 1) the color of body lighter; 2) subgenital plate elongate, gradually narrowing towards to the end; 3) aedeagus with a angular shaped protrusion near middle area of ventral margin in lateral view.

28. *Convexana shennongjiaensis* Li, Li *et* Xing, sp. nov. (Fig. 93)

Length (including forewings): ♂, 4.8-5.1mm; ♀, 5.3mm.

Holotype: ♂, CHINA: Hubei, Shennongjia, 10 August 1997, coll. Yang Maofa. Paratypes:

1♂1♀, the same data as holotype; 1♂, Hubei, Xianfeng, 26 July 1999, coll. Du Yanli; 1♂, Hubei, Shennongjia, 17 July 2003, coll. Zhang Fan. The type specimens are all deposited in Institute of Entomology, Guizhou University, Guiyang, Guizhou, China (GUGC).

Etymology: The species is named after the locality of the type specimens, Shennongjia.

Distribution: China (Hubei).

Remarks: This species resembles *Convexana nigrifronta* Li, but it can be distinguished by: 1) face yellow-white; 2) male pygofer side rectangular; 3) aedeagus with a angular shaped protrusion near middle area of ventral margin in lateral view.

29. *Convexana vertebrana* Li, Li *et* Xing, sp. nov. (Fig. 94)

Length (including forewings): ♂, 5.0-5.2mm.

Holotype: ♂, CHINA: Guangxi, Yuanbaoshan, 15 July 2004, coll. Yang Maofa. Paratypes: 2♂, the same data as holotype. The type specimens are all deposited in Institute of Entomology, Guizhou University, Guiyang, Guizhou, China (GUGC).

Etymology: The species name is derived from its aedeagus with carinate process on ventral side.

Distribution: China (Guangxi).

Remarks: This species resembles *Convexana albicarinata* Li, but it can be distinguished by: 1) pronotum black, without white marking; 2) male pygofer side almost rectangular; 3) aedeagus with carinate process on ventral side.

30. *Cunedda albibanda* Li, Li *et* Xing, sp. nov. (Fig. 95)

Length (including forewings): ♂, 8.1mm.

Holotype: ♂, CHINA: Guizhou, Wangmo, 22 August 2012, coll. Long Jiankun. The type specimen is deposited in Institute of Entomology, Guizhou University, Guiyang, Guizhou, China (GUGC).

Etymology: The species name is derived from the forewing with a transparent white spot.

Distribution: China (Guizhou).

Remarks: This species resembles *Cunedda hyalipictata* (Li *et* Wang), but it can be distinguished by: 1) male pygofer side broad, end edge folding; 2) apex of subgenital plate protruding.

31. *Cunedda brownfronsa* Li, Li *et* Xing, sp. nov. (Fig. 96)

Length (including forewings): ♂, 5.2-5.5mm; ♀, 5.6-6.1mm.

Holotype: ♂, CHINA: Yunnan, Pingbian, 7 August 2014, coll. Liu Yangyang. Paratypes: 3♂3♀, the same data as holotype, coll. Liu Yangyang, Guo Mei'na and Wang Yingjian; 2♂, Yunnan, Xishuangbanna, Mohan, 21 August 2014, coll. Guo Mei'na; 3♀, Yunnan, Pu'er, 23 August 2014, coll. Wang Yingjian and Guo Mei'na; 7♂3♀, Yunnan, Mohan, 29 June 2017, coll. Luo Qiang; 6♂4♀, Yunnan, Pingbian, Daweishan, 20 August 2017, coll. Luo Qiang. The type specimens are all deposited in Institute of Entomology, Guizhou University, Guiyang, Guizhou, China (GUGC).

Etymology: The species name is derived from the color of its frontoclypeus.

Distribution: China (Yunnan).

Remarks: This species resembles *Cunedda punctata* (Li *et* Zhang), but it can be distinguished by: 1) the color of its body and forewing; 2) the frontoclypeus brownish; 3) ventral margin of aedeagus expansile in lateral view.

32. *Cunedda honghensis* Li, Li *et* Xing, sp. nov. (Fig. 97)

Length (including forewings): ♂, 8.9mm; ♀, 9.2mm.

Holotype: ♂, CHINA: Yunnan, Honghe, Fenshuiling, 5 August 2012, coll. Zheng Weibin. Paratypes: 1♂, Yunnan, Ruili, 17 July 2013, coll. Yang Weicheng; 1♀, Yunnan, Ruili, 16 July 2013, coll. Fan Zhihua. The type specimens are all deposited in Institute of Entomology, Guizhou University, Guiyang, Guizhou, China (GUGC).

Etymology: The species is named after the locality of the holotype specimen, Honghe.

Distribution: China (Yunnan).

Remarks: This species resembles *Cunedda punctatus* (Li *et* Zhang), but it can be distinguished by: 1) body larger; 2) male pygofer side triangular, its dorsal margin near straight; 3) aedeagus with a angular shaped protrusion near base of ventral margin in lateral view.

33. *Cunedda yichanga* Li, Li *et* Xing, sp. nov. (Fig. 101)

Length (including forewings): ♂, 8.1mm.

Holotype: ♂, CHINA: Hubei, Yichang, 22 July 2013, coll. Chang Zhimin. The type specimen is deposited in Institute of Entomology, Guizhou University, Guiyang, Guizhou, China (GUGC).

Etymology: The species is named after the locality of the type specimen, Yichang.

Distribution: China (Hubei).

Remarks: This species resembles *Cunedda hyalipictata* (Li *et* Wang), but it can be distinguished by: 1) its crown angular shaped produced; 2) the area between middle carina and submarginal carina of crown with some black spots; 3) the posterior of pygofer digitate.

34. *Evacanthus albimarginatus* Li, Li *et* Xing, sp. nov. (Fig. 104)

Length (including forewings): ♂, 4.5-4.7mm; ♀, 5.0mm.

Holotype: ♂, CHINA: Xizang, Linzhi, 14 August 1992, coll. Wang Baohai. Paratypes: 2♂1♀, Xizang, Linzhi, 10 August 2017, coll. Yang Maofa and Yan Bin. The type specimens are deposited in Institute of Entomology, Guizhou University, Guiyang, Guizhou, China

(GUGC).

Etymology: The species name is derived from the color of front edge and rear edge of forewing.

Distribution: China (Xizang).

Remarks: This species resembles *Evacanthus interruptus* (Linnaeus), but it can be distinguished by: 1) front edge and rear edge of forewing yellow-white; 2) middle area of crown with a pentagonal black marking; 3) ventral margin of aedeagus denticulate.

35. *Evacanthus bihookus* Li, Li *et* Xing, sp. nov. (Fig. 107)

Length (including forewings): ♂, 4.8mm.

Holotype: ♂, CHINA: Shanxi, Yicheng, Lishan, 29 July 2012, coll. Xing Jichun. The type specimen is deposited in Institute of Entomology, Guizhou University, Guiyang, Guizhou, China (GUGC).

Etymology: The species name is derived from its curved processes arising dorsally from atrium of aedeagus with two hooked processes.

Distribution: China (Shanxi).

Remarks: This species resembles *Evacanthus bimaculatus* Li *et* Wang, but it can be distinguished by: 1) pronotum and scutellum black; 2) aedeagus medially on ventral margin with some denticles, and its curved processes arising dorsally from atrium with two hooked processes.

36. *Evacanthus camberus* Li, Li *et* Xing, sp. nov. (Fig. 110)

Length (including forewings): ♂, 4.9-5.1mm; ♀, 5.2-5.3mm.

Holotype: ♂, CHINA: Xizang, Zuogong, 15 August 2017, coll. Yang Maofa and He Hongli. Paratypes: 7♂3♀, the same data as holotype; 1♂, Qinghai, Baishanlinchang, 17 August 2008, coll. Song Qiongzhang. The type specimens are deposited in Institute of Entomology, Guizhou University, Guiyang, Guizhou, China (GUGC).

Etymology: The species name is derived from the shape of yellow white marking in the front of each ocellus.

Distribution: China (Qinghai, Xizang).

Remarks: This species resembles *Evacanthus interruptus* (Linnaeus), but it can be distinguished by: 1) crown with a yellow white marking in the front of each ocellus; 2) male pygofer side quadrate; 3) apex of aedeagus curved.

37. *Evacanthus dentisus* Li, Li *et* Xing, sp. nov. (Fig. 112)

Length (including forewings): ♂, 7.9-8.1mm; ♀, 8.1-8.3mm.

Holotype: ♂, CHINA: Sichuan, Emeishan, 1 August 1991, coll. Li Zizhong. Paratypes: 3♂4♀, the same data as holotype; 1♀, Sichuan, Emeishan, 16 July 1995, coll. Yang Maofa.

The type specimens are all deposited in Institute of Entomology, Guizhou University, Guiyang, Guizhou, China (GUGC).

Etymology: The species name is derived from the shape of aedeagus with teeth-like projections on ventral margin.

Distribution: China (Sichuan).

Remarks: This species resembles *Evacanthus rubrivenosus* Kuoh, but it can be distinguished by: 1) pronotum black, and its hind edge yellowish-brown; 2) male pygofer side near rectangular; 3) ventral margin of aedeagus with some teeth-like projections.

38. *Evacanthus flavisideus* Li, Li *et* Xing, sp. nov. (Fig. 117)

Length (including forewings): ♂, 4.8-5.0mm; ♀, 5.0-5.2mm.

Holotype: ♂, CHINA: Sichuan, Ganzi, Luding, 29 July 2012, coll. Fan Zhihua. Paratypes: 6♂3♀, the time and collection data as holotype, coll. Fan Zhihua and Li Hu; 1♂, Sichuan, Tianquan, 1 August 2005, coll. Xu Fangling. The type specimens are all deposited in Institute of Entomology, Guizhou University, Guiyang, Guizhou, China (GUGC).

Etymology: The species name is derived from the color of front edge of forewing.

Distribution: China (Sichuan).

Remarks: This species resembles *Evacanthus danmainus* Kuoh, but it can be distinguished by: 1) front edge of forewing light orange-yellow; 2) subgenital plate shapely; 3) outer margin of dorsally film of aedeagus with a finger-like process.

39. *Evacanthus forkus* Li, Li *et* Xing, sp. nov. (Fig. 119)

Length (including forewings): ♂, 8.5-8.6mm; ♀, 9.0-9.2mm.

Holotype: ♂, CHINA: Shaanxi, Ningshan, Huoditang, 12 July 2012, coll. Li Hu. Paratypes: 2♂3♀, Shaanxi, Ningshan, Huoditang, 12 July 2012, coll. Li Hu, Yang Weicheng and Zheng Weibin. The type specimens are all deposited in Institute of Entomology, Guizhou University, Guiyang, Guizhou, China (GUGC).

Etymology: The species name is derived from the dorsally film of its aedeagus bifurcate.

Distribution: China (Shaanxi).

Remarks: This species resembles *Evacanthus digitatus* Kuoh, but it can be distinguished by: 1) front edge of forewing red brown; 2) ventral process of male pygofer side ventral bending; 3) dorsally film of aedeagus bifurcate.

40. *Evacanthus songxianensis* Li, Li *et* Xing, sp. nov. (Fig. 138)

Length (including forewings): ♂, 5.0mm; ♀, 5.3-5.5mm.

Holotype: ♂, CHINA: Henan, Songxian, Baiyun Mountain, 19 July 2002, coll. Chen Xiangsheng. Paratypes: 2♀, the same data as holotype. The type specimens are all deposited in Institute of Entomology, Guizhou University, Guiyang, Guizhou, China (GUGC).

Etymology: The species is named after the locality of the type specimens, Songxian.

Distribution: China (Henan).

Remarks: This species resembles *Evacanthus interruptus* (Linnaeus), but it can be distinguished by: 1) base area of crown with two black round spots; 2) ventral margin of pygofer side near triangular; 3) aedeagus with a near rectangular shaped protrusion near middle area of ventral margin in lateral view.

41. *Evacanthus splinterus* Li, Li *et* Xing, sp. nov. (Fig. 139)

Length (including forewings): ♂, 5.2-5.4mm; ♀, 6.1-6.3mm.

Holotype: ♂, CHINA: Liaoning, Benxi, Huanren, 19 July 2011, coll. Fan Zhihua. Paratypes: 1♂, Jilin, Changbaishan, 24 July 2011, coll. Fan Zhihua; 1♂, Henan, Baiyunshan, 24 July 2002, coll. Chen Xiangsheng; 3♀, Xinjiang, Ha'nasi, 13 July 1997, coll. Li Zizhong; 4♂3♀, Shaanxi, Taibaishan, 14 July 2012, coll. Yang Weicheng and Huang Rong. The type specimens are all deposited in Institute of Entomology, Guizhou University, Guiyang, Guizhou, China (GUGC).

Etymology: The species name is derived from the subapical of aedeagus with a spine process on each side.

Distribution: China (Jilin, Liaoning, Henan, Shaanxi, Xinjiang).

Remarks: This species resembles *Evacanthus interruptus* (Linnaeus), but it can be distinguished by: 1) crown light yellow white; 2) base area of crown with two black markings; 3) female forewing cover less than the end of abdomen.

42. *Evacanthus yajiangensis* Li, Li *et* Xing, sp. nov. (Fig. 144)

Length (including forewings): ♂, 6.8-7.0mm; ♀, 7.0mm.

Holotype: ♂, CHINA: Sichuan, Ganzi, Yajiang, 8 August 2005, coll. Shi Fuming. Paratypes: 1♂1♀, the same data as holotype. The type specimens are all deposited in Institute of Entomology, Guizhou University, Guiyang, Guizhou, China (GUGC).

Etymology: The species is named after the locality of the type specimens, Yajiang.

Distribution: China (Sichuan).

Remarks: This species resembles *Evacanthus uncinatus* Li, but it can be distinguished by: 1) scutellum black; 2) ventral process of male pygofer side reaching the end edge; 3) dorsally film of aedeagus forceps-like.

Ⅲ. *Oncusa* Li, Li *et* Xing, gen. nov.

Type species: *Convexana rugosa* Li *et* Wang, 1996.

Type species distribution: China (Guizhou).

Description: Apex of head in dorsal view acutely produced, with middle longitudinal carina and submarginal carina, submarginal carina concentrated on head, middle longitudinal carina and submarginal carina obvious, area between middle carina and submarginal carina distinctly concave; ocelli located laterad of submarginal carina; frontoclypeus swollen, with middle longitudinal carina strongly elevated, laterally obliquely striate. Pronotum wider than head, with some transverse wrinkles; scutellum triangular, with transverse depression distinct; forewing veins obvious, R_{1a} veins pendicular to leading edge, four apical cells, appendix very narrow.

Male pygofer without ventral process, the base area broad, gradually narrowing to the end; subgenital plate long shaped, the base segmental, row of elongate fine setae along outer submargin; aedeagus with a pair of lamellate dorsal apodeme, and the apodeme cystic buckled; connective Y-shaped; apex of style extend outwards.

Etymology: The name of the new genus refers to both its middle longitudinal carina and submarginal carina obvious.

Geographical distribution: Oriental.

Remarks: The new genus is similar to the genus *Convexana* Li externally, but it can be distinguished from the latter by middle longitudinal carina and submarginal carina obvious, area between middle carina and submarginal carina distinctly concave. The new genus is also similar to the genus *Carinata* Li, but it can be distinguished from the latter by male pygofer without ventral process.

43. *Onukia palemargina* Li, Li *et* Xing, sp. nov. (Fig. 153)

Length (including forewings): ♂, 5.5mm; ♀, 5.8-6.0mm.

Holotype: ♂, CHINA: Yunnan, Pingbian, 7 August 2014, coll. Liu Yangyang. Paratypes: 4♀, Yunnan, Lvchun, 7-14 August 2014, coll. Wang Yingjian. The type specimens are all deposited in Institute of Entomology, Guizhou University, Guiyang, Guizhou, China (GUGC).

Etymology: The species name is derived from the color of the base half its forewing.

Distribution: China (Yunnan).

Remarks: This species resembles *Onukia guttata* Li *et* Wang, but it can be distinguished by: 1) ventral horn of male pygofer side spine-like; 2) subgenital plate with some macrosetae irregularly distributed; 3) aedeagus compressed, and its end with scalelike processes on both sides.

44. *Onukia pitchara* Li, Li *et* Xing, sp. nov. (Fig. 154)

Length (including forewings): ♂, 5.0-5.2mm; ♀, 5.3mm.

Holotype: ♂, CHINA: Yunnan, Yuxi, Ailaoshan, 22 July 2012, coll. Chang Zhimin. Paratypes: 1♂, the same data as holotype; 1♀, Yunnan, Yuxi, Ailaoshan, 21 July 2012, coll. Xu Shiyan; 1♂, Yunnan, Yuxi, Ailaoshan, 22 July 2012, coll Chang Zhimin. The type specimens are all deposited in Institute of Entomology, Guizhou University, Guiyang, Guizhou, China (GUGC).

Etymology: The species name is derived from the color of its body.

Distribution: China (Yunnan).

Remarks: This species resembles *Onukia guttata* Li *et* Wang, but it can be distinguished by: 1) face black; 2) the forewing edge without transparent yellow white spot; 3) ventral margin of aedeagus near straight.

45. *Onukia saddlea* Li, Li *et* Xing, sp. nov. (Fig. 155)

Length (including forewings): ♂, 5.2-5.3mm.

Holotype: ♂, CHINA: Guangxi, Damingshan, 22 July 2015, coll. Zhan Yanping. Paratypes: 2♂, Guangxi, Rongshui, 12 July 2015, coll. Zhan Hongping. The type specimens are deposited in Institute of Entomology, Guizhou University, Guiyang, Guizhou, China (GUGC).

Etymology: This species name is derived from ventral margin of aedeagus saddle-shaped.

Distribution: China (Guangxi).

Remarks: The new species is very similar to the *Onukia guttata* Li *et* Wang, but it can be distinguished from the latter by : 1) crown black without stripe; 2) caudoventral processes of pygofer side prick-like; 3) ventral margin of aedeagus saddle-shaped.

Ⅳ. *Paracarinata* Li, Li *et* Xing, gen. nov.

Type species: *Paracarinata crocicrowna* Li, Li *et* Xing, sp. nov.

Type species distribution: China (Yunnan).

Description: Crown apex in dorsal view acutely produced, middle area rise, with margin carina, lateral carinata indistinct at ocelli front area; eye oval; middle of frontoclypeus with a longitudinal carina at base. Pronotum rise with small wrinkle, broader than head， as long as crown; scutellum triangular, shorter than pronotum, with transverse depression distinct; forewings veins clear, with four apical cells, appendix obscure.

Male pygofer side with buckling long apical process; subgenital plate elongate, its middle outboard expand; middle and sub end of aedeagus shaft with processes; connective Y-shaped; style thin at subapex.

Etymology: The genus is named for the very similarity in general habitus to genus *Carinata* Li *et* Wang.

Geographical distribution: Oriental.

Remarks: The new genus is similar to the genus *Carinata* Li *et* Wang, but it can be distinguished from the latter by: 1) male pygofer side with long apical process; 2) ventral margin of pygofer side without process; 3) subgenital plate without segmentation at base.

46. *Paracarinata crocicrowna* Li, Li *et* Xing, sp. nov. (Fig. 161)

Length (including forewings): ♂, 5.5mm.

Holotype: ♂, CHINA: Yunnan, Xishuangbanna, Mengla, 19 June 2017, coll. Luo Qiang. The type specimen is deposited in Institute of Entomology, Guizhou University, Guiyang, Guizhou, China (GUGC).

Etymology: This species name is derived from the orange crown.

Distribution: China (Yunnan).

Remarks: The new species is very similar to the *Carinata nigrofasciata* Li *et* Wang, but it can be distinguished from the latter by: 1) male pygofer side without ventral process; 2) subgenital plate without segmentation at base; 3) subapex of aedeagus shaft with a prick-shaped process on both sides.

47. *Striatanus daozhenensis* Li, Li *et* Xing, sp. nov. (Fig. 185)

Length (including forewings): ♂, 7.2-7.4mm.

Holotype: ♂, CHINA: Guizhou, Daozhen, Dashahe, 17 August 2004, coll. Yang Maofa. The type specimen is deposited in Institute of Entomology, Guizhou University, Guiyang, Guizhou, China (GUGC).

Etymology: The species is named after the locality of the type specimen, Daozhen.

Distribution: China (Guizhou).

Remarks: This species resembles *Striatanus curvatanus* Li *et* Wang, but it can be distinguished by: 1) ventral process of male pygofer side straight in lateral view; 2) length of ventral process exceeded end margin of pygofer side; 3) paired lateral processes of aedeagus backward bending obviously at base.

48. *Subulatus baiseensis* Li, Li *et* Xing, sp. nov. (Fig. 189)

Length (including forewings): ♂, 5.7mm.

Holotype: ♂, CHINA: Guangxi, Baise, Dawangling, 16 July 2007, coll. Meng Zehong. The type specimen is deposited in Institute of Entomology, Guizhou University, Guiyang, Guizhou, China (GUGC).

Etymology: The species is named after the locality of the type specimen, Baise.

Distribution: China (Guangxi).

Remarks: This species resembles *Subulatus bipunctatus* Yang *et* Zhang, but it can be distinguished by: 1) body white; 2) male pygofer side broad; 3) the aedeagal shaft compressus.

49. *Taperus fugongensis* Li, Li *et* Xing, sp. nov. (Fig. 200)

Length (including forewings): ♂, 5.4mm.

Holotype: ♂, CHINA: Yunnan, Fugong, 25 July 2012, coll. Long Jiankun. The type specimen is deposited in Institute of Entomology, Guizhou University, Guiyang, Guizhou, China (GUGC).

Etymology: The species is named after the locality of the type specimens, Fugong.

Distribution: China (Yunnan).

Remarks: This species resembles *Taperus apicalis* Li *et* Wang, but it can be distinguished by: 1) middle area of the front edge of forewing with a long white marking, end of forewing with a white transversal marking; 2) apex of male pygofer side becoming angle shaped protrusion.

50. *Transvenosus expansinus* Li, Li *et* Xing, sp. nov. (Fig. 205)

Length (including forewings): ♂, 6.5-6.6mm.

Holotype: ♂, CHINA: Yunnan, Honghe, Huanglianshan, 3 August 2012, coll. Zheng Weibin. Paratype: 1♂, Yunnan, Menglong, 19 July 2013, coll. Liu Yuan. The type specimens are all deposited in Institute of Entomology, Guizhou University, Guiyang, Guizhou, China (GUGC).

Etymology: The species name is derived from aedeagus significantly ventrad expanded.

Distribution: China (Yunnan).

Remarks: This species resembles *Transvenosus signumes* (Li *et* Webb), but it can be distinguished from the latter by: 1) crown deep-brown; 2) male pygofer side triangular; 3) middle area of aedeagus with a pair of similar oblong-shaped processes in lateral view.

51. *Transvenosus sacculuses* Li, Li *et* Xing, sp. nov. (Fig. 206)

Length (including forewings): ♂, 6.8-7.0mm.

Holotype: ♂, CHINA: Yunnan, Lvchun, 5 August 2012, coll. Xu Shiyan. Paratype: 1♂, the same data as holotype. The type specimens are all deposited in Institute of Entomology, Guizhou University, Guiyang, Guizhou, China (GUGC).

Etymology: The species name is derived from the shape of its aedeagus near saccate.

Distribution: China (Yunnan).

Remarks: This species resembles *Transvenosus signumes* (Li *et* Webb), but it can be distinguished by: 1) ventral process of male pygofer side short; 2) subgenital plate concave near base; 3) aedeagus near saccate.

Ⅴ. *Ventroprojecta* Li, Li *et* Xing, gen. nov.

Type species: *Ventroprojecta nigriguttata* Li, Li *et* Xing, sp. nov.

Type species distribution: China (Yunnan).

Description: Apex of head in dorsal view acutely produced, crown longer than wide, middle longitudinal carina and submarginal carina obvious; area between middle carina and submarginal carina complanate; ocelli located laterad of submarginal carina, near to eye; frontoclypeus swollen, with middle longitudinal carina strongly elevated, laterally almost parallel, clypeus broad at base. Pronotum wider than head; scutellum large, about as long as pronotum; forewing veins slightly prominent, four apical cells, appendix obscure.

Male pygofer side with a short ventral process, the base area broad, gradually narrowing to the end; subgenital plate elongate, the medium area expansive, row of elongate fine setae along outer submargin; aedeagus slightly bent in lateral view, with a pair of lamellate dorsal apodeme, and a pair of ventral processes; connective Y-shaped; style shapely, the medium area expansive, apex of style crooked.

Etymology: The name of the new genus refers to its ventral side of aedeagus with a pair of processes.

Geographical distribution: Oriental.

Remarks: The new genus is very similar to the genus *Angustuma* Xing *et* Li in appearance, but it can be distinguished from the latter by: 1) head with three longitudinal carinas, one middle carina and two submarginal carinas; 2) aedeagus with a pair of ventral processes. The new genus is also similar to the genus *Onukia* Matsumura in externally, but it can be distinguished from the latter by male pygofer side with a short ventral process.

52. *Ventroprojecta luteina* Li, Li *et* Xing, sp. nov. (Fig. 209)

Length (including forewings): ♂, 5.1mm.

Holotype: ♂, CHINA: Yunnan, Menglun, 18 August 2014, coll. Guo Mei'na. The type specimen is deposited in Institute of Entomology, Guizhou University, Guiyang, Guizhou, China (GUGC).

Etymology: The species name is derived from its forewing with a yellow marking.

Distribution: China (Yunnan).

Remarks: This species resembles *Ventroprojecta nigriguttata* Li, Li *et* Xing, sp. nov., but it can be distinguished by: 1) body smaller; 2) body and forewing black; 3) face black.

53. *Ventroprojecta nigriguttata* Li, Li *et* Xing, sp. nov. (Fig. 210)

Length (including forewings): ♂, 5.5-6.0mm; ♀, 6.5-7.0mm.

Holotype: ♂, CHINA: Yunnan, Lvchun, Huanglianshan, 4 August 2012, coll. Chang Zhimin and Zheng Weibin. Paratypes: 1♀, Yunnan, Mengla, 19 July 2008, coll. Song Yuehua; 1♀, Yunnan, Mengla, 24 July 2012, coll. Zheng Weibin and Xu Shiyan; 2♀, Yunnan Menglun, 30-31 July 2012, coll. Chang Zhimin; 5♀, Yunnan, Menglun, 18 August 2014, coll. Zhou Zhengxiang and Guo Mei'na. The type specimens are all deposited in Institute of Entomology, Guizhou University, Guiyang, Guizhou, China (GUGC).

Etymology: The species name is derived from its crown with a black marking.

Distribution: China (Yunnan).

Remarks: This species resembles *Ventroprojecta luteina* Li, Li *et* Xing, sp. nov., but it can be distinguished by: 1) body larger; 2) body and forewing orange; 3) face yellow-white.

Ⅵ. *Biprocessa* Li, Li *et* Xing, gen. nov.

Type species: *Biprocessa specklea* Li, Li *et* Xing, sp. nov.

Type species distribution: China (Yunnan).

Description: Apex of head in dorsal view acutely produced, longer than wide, its front-lateral margin with carina; ocelli located laterad of submarginal carina, near to eye; Frontoclypeus with a short middle carina. Pronotum shorter than crown, its front margin with a curve impression; scutellum shorter than pronotum; forewings longer than abdominal end, with brown stripes, four apical cells, appendix obscure.

Male pygofer side oblong, with dorsal horn and ventral horn; subgenital plate elongate, the middle area with long setae; aedeagus shaft siphonate, its base and apex with processes; connective Y-shaped; style at base broad, and end slender.

Etymology: The name of the new genus refers to male pygofer side with dorsal horn and ventral horn.

Geographical distribution: Oriental.

Remarks: This new genus is very similar to the *Sophonia* Walker, but it can be distinguished from the latter by: 1) male pygofer side with dorsal horn and ventral horn; 2) base and end of aedeagal shaft with long process; 3) forewings with brown stripes.

54. *Biprocessa specklea* Li, Li *et* Xing, sp. nov. (Fig. 215)

Length (including forewings): ♂, 4.1mm.

Holotype: ♂, CHINA: Yunnan, Lushui, Pianma, 15 June 2011, coll. Li Yujian. The type specimen is deposited in Institute of Entomology, Guizhou University, Guiyang, Guizhou, China (GUGC).

Etymology: The species name is derived from its forewings with brown stripes.

Distribution: China (Yunnan).

Remarks: This species resembles *Biprocessa obliquizonata* (Li *et* Wang), but it can be distinguished from the latter by: 1) posterior margin of forewing with semicircle brown stripes; 2) the base of aedeagus shaft with a long process, and its apex with a pair of spinose processes.

55. *Chudania fopingana* Li, Li *et* Xing, sp. nov. (Fig. 219)

Length (including forewings): ♂, 5.0-5.2mm; ♀, 5.1mm.

Holotype: ♂, CHINA: Shaanxi, Foping, 5 August 2010, coll. Chang Zhimin. Paratypes: 3♂1♀, the same data as holotype. The type specimens are all deposited in Institute of Entomology, Guizhou University, Guiyang, Guizhou, China (GUGC).

Etymology: The species is named after the locality of type specimen, Foping.

Distribution: China (Shaanxi).

Remarks: This species is very similar to *Chudania ganana* Yang *et* Zhang, but it can be distinguished from the latter by: 1) body larger; 2) anterior margin of forewings white; 3) the base processes of aedeagal shaft smooth.

56. *Chudania jinpinga* Li, Li *et* Xing, sp. nov. (Fig. 225)

Length (including forewings): ♂, 5.0-5.2mm.

Holotype: ♂, CHINA: Yunnan, Jinping, 19 May 2015, coll. Wu Yunfei. Paratypes: 2♂, the same data as holotype. The type specimens are all deposited in Institute of Entomology, Guizhou University, Guiyang, Guizhou, China (GUGC).

Etymology: The species is named after the locality of type specimens, Jinping.

Distribution: China (Yunnan).

Remarks: This species is similar to *Chudania kunmingana* Zhang *et* Yang, but it can be distinguished from the latter by: 1) ventral process of pygofer side pointed at end; 2) middle of aedeagal shaft with a pair of long processes; 3) color pattern very distinct.

57. *Chudania multispinata* Li, Li *et* Xing, sp. nov. (Fig. 228)

Length (including forewings): ♂, 5.1-5.3mm; ♀, 5.6-5.8mm.

Holotype: ♂, CHINA: Sichuan, Ganzi, 28 July 2012, coll. Fan Zhihua. Paratypes: 1♂, Sichuan, Luding, 28 July 2012, coll. Fan Zhihua; 1♂, Yunnan, Lanping, 12 August 2000, coll. Li Zizhong; 1♂, Yunnan, Honghe, 3 August 2012, coll. Zheng Weibin; 2♂1♀, Yunnan, Tengchong, 1 August 2013, coll. Fan Zhihua; 3♂2♀, Yunnan, Gaoligongshan, 5 August 2013, coll. Fan Zhihua. The type specimens are all deposited in Institute of Entomology, Guizhou University, Guiyang, Guizhou, China (GUGC).

Etymology: The species name is derived from aedeagal shaft with spinose process at base.

Distribution: China (Sichuan, Yunnan).

Remarks: This species resembles *Chudania sinica* Zhang *et* Yang, but it can be distinguished from the latter by: 1) posterior margin of forewings with a white transverse spot; 2) ventral process of pygofer side tapering at end; 3) ventral margin process of aedeagal shaft with serration near at base.

58. *Concaveplana bispiculana* Li, Li *et* Xing, sp. nov. (Fig. 233)

Length (including forewings): ♂, 6.8-7.0mm; ♀, 7.2-7.5mm.

Holotype: ♂, CHINA: Guangxi, Longzhou, 7 May 2011, coll. Yu Xiaofei. Paratypes: 4♂7♀, the same data as holotype; 2♂3♀, Guangxi, Rongan, 24 May 2011, coll. Fan Zhihua; 3♂6♀, Guangxi, Longzhou, 7-8 May 2011, coll. Fan Zhihua. The type specimens are all deposited in Institute of Entomology, Guizhou University, Guiyang, Guizhou, China (GUGC).

Etymology: The species name is derived from the base of aedeagal shaft with two pricks.

Distribution: China (Guangxi).

Remarks: This species resembles *Concaveplana spinata* Chen *et* Li, but it can be distinguished from the latter by: 1) caudodorsal processes of pygofer side without bristle; 2) base process of aedeagus not forked; 3) subapex of aedeagal shaft with two spiniform processes.

59. *Concaveplana chebalingensis* Li, Li *et* Xing, sp. nov. (Fig. 234)

Length (including forewings): ♂, 7.5mm.

Holotype: ♂, CHINA: Guangdong, Chebaling, 10 May 2013, coll. Li Bin. The type specimen is deposited in Institute of Entomology, Guizhou University, Guiyang, Guizhou, China (GUGC).

Etymology: The species is named after the locality of type specimen, Chebaling.

Distribution: China (Guangdong).

Remarks: This species resembles *Concaveplana spinata* Chen *et* Li, but it can be distinguished by: 1) subgenital plate expanded at end; 2) subapex of aedeagus with a pair of processes; 3) basal process of aedeagus not forked.

60. *Concaveplana forkplata* Li, Li *et* Xing, sp. nov. (Fig. 235)

Length (including forewings): ♂, 7.5-7.6mm; ♀, 7.6-8.0mm.

Holotype: ♂, CHINA: Guangdong, Danxiashan, 15 May 2013, coll. Jiao Meng. Paratypes: 2♂1♀, Guangdong, Danxiashan, 15 May 2013, coll. Li Bin; 1♂, Guangxi, Wuming, 18 May 2015, coll. Wu Yunfei; 1♂, Guangxi, Jinxiu, 20 July 2015, coll. Luo Qiang; 3♂2♀, Guangxi, Damingshan, 21 August 2015, coll. Luo Qiang; 4♂3♀, Guangxi, Xing'an, 27 July 2015, coll. Luo Qiang. The type specimens are all deposited in Institute of Entomology, Guizhou University, Guiyang, Guizhou, China (GUGC).

Etymology: The species name is derived from ventral process of aedeagal shaft forked at end.

Distribution: China (Guangdong, Guangxi).

Remarks: This species is very similar to *Concaveplana ventriprocessa* Li *et* Chen, but it can be distinguished from the latter by: 1) apical area of pygofer side curved; 2) ventral process of aedeagal shaft forked at apex; 3) subapex of aedeagus with two spick-shaped processes.

61. *Concaveplana splintera* Li, Li *et* Xing, sp. nov. (Fig. 242)

Length (including forewings): ♂, 7.0-7.3mm; ♀, 7.5-8.0mm.

Holotype: ♂, CHINA: Guangxi, Xing'an, 25 July 2015, coll. Luo Qiang. Paratypes: 8♂2♀, the same data as holotype; 5♂4♀, Guangxi, Jiuwandashan, 18 July 2015, coll. Liu Yuan. The type specimens are all deposited in Institute of Entomology, Guizhou University, Guiyang, Guizhou, China (GUGC).

Etymology: This species name is derived from the middle area of aedeagus with a lateral process.

Distribution: China (Guangxi).

Remarks: The new species is similar to the *Concaveplana maolana* Li *et* Chen, but it can be distinguished from the latter by: 1) end margin of subgenital plate oblique; 2) dorsal area of aedeagus without forked process at base; 3) female segment seventh tongue-shaped at back edge.

62. *Concaveplana suiyangensis* Li, Li *et* Xing, sp. nov. (Fig. 243)

Length (including forewings): ♂, 8.0-8.2mm; ♀, 8.1-8.2mm.

Holotype: ♂, CHINA: Guizhou, Suiyang, 13 August 2010, coll. Li Yujian. Paratypes: 2♂4♀, 13 August 2010, coll. Li Yujian and Song Qiongzhang. The type specimens are all deposited in Institute of Entomology, Guizhou University, Guiyang, Guizhou, China (GUGC).

Etymology: The species name is after the locality of type specimens, Suiyang.

Distribution: China (Guizhou).

Remarks: This species is similar to *Concaveplana rufolineata* (Kuoh), but it can be distinguished from the latter by: 1) subgenital plates sideling; 2) base of aedeagal shaft with two fingers on both sides; 3) apical area of aedeagal shaft curved.

Ⅶ. *Extenda* Li, Li *et* Xing, gen. nov.

Type species: *Oniella fasciata* Li *et* Wang, 1992.

Type species distribution: China (Guizhou).

Description: Apex of head in dorsal view acutely produced. Crown longer than the width between the eyes, with longitudinal wrinkle, and its front margin with a weak carina. Ocelli located laterad of crown near to eye. Frontoclypeus with a middle carina, base of clypeus broad. The length of middle pronotum less than or equal to head broad. Scutellum triangle. Forewings with black transverse band pattern, four apical cells, appendix obscure.

Pygofer side with caudal process or caudoventral process; subgenital plate with a column thick bristle; aedeagal shaft S-shaped, with developed process; connective Y-shaped; style blade-shaped.

Etymology: The name of the new genus refers to pygofer side with caudal process or caudoventral process.

Geographical distribution: Oriental.

Remarks: This new genus is very similar to *Oniella* Matsumura, but it can be distinguished from the latter by: 1) forewings with black transverse stripes; 2) pygofer side with caudal process or caudoventral process; 3) aedeagal shaft S-shaped.

63. *Extenda broadbanda* Li, Li *et* Xing, sp. nov. (Fig. 249)

Length (including forewings): ♂, 4.8-5.0mm; ♀, 5.1-5.2mm.

Holotype: ♂, CHINA: Yunnan, Lanping, 3 August 2012, coll. Long Jiankun. Paratypes: 7♂, the same date holotype; 1♂, Yunnnan, Lanping, 1 August 2000, coll. Li Zizhong; 2♀, Yunnan, Dali, 10 July 2000, coll. Li Zizhong. The type specimens are all deposited in Institute of Entomology, Guizhou University, Guiyang, Guizhou, China (GUGC).

Etymology: The species name is derived from the forewings with black transverse stripes.

Distribution: China (Yunnan).

Remarks: This species is similar to *Extenda fasciata* (Li *et* Wang), but it can be distinguished from the latter by: 1) caudal margin of pygofer side slant straight; 2) end of aedeagal shaft with a pair of short processes; 3) base of aedeagal shaft with a pair of long processes.

Ⅷ. *Longiheada* Li, Li *et* Xing, gen. nov.

Type species: *Longiheada scarleta* Li, Li *et* Xing, sp. nov.

Type species distribution: China (Yunnan).

Description: Apex of head in dorsal view acutely produced, middle area level, with margin carina, middle as long as pronotum and scutellum additions; ocelli located front-lateral margin of crown near to eye; eye oval; frontoclypeus level, clypeus broad at base. Pronotum rise with small wrinkle; scutellum triangular, as long as or shorter than pronotum, with transverse depression distinct; forewings veins blurred and indistinct with four apical cells, appendix obscure.

Male pygofer side with ventral process, the base area broad, narrowing to the end; ventral area of segment X with a pair of processes; subgenital plate elongate, end area with fine setae distributed; aedeagus with processes at end; connective Y-shaped; style simple.

Etymology: The name of the new genus refers to its very long crown.

Geographical distribution: Oriental.

Remarks: The new genus is similar to the genus *Sophonia* Walker, but it can be distinguished from the latter by: 1) crown very long; 2) pygofer side with ventral process; 3) ventral area of segment X with a pair of processes.

64. *Longiheada scarleta* Li, Li *et* Xing, sp. nov. (Fig. 260)

Length (including forewings): ♂, 5.8mm.

Holotype: ♂, CHINA: Yunnan, Menglun, 21 June 2016, coll. Luo Qiang. The type specimen is deposited in Institute of Entomology, Guizhou University, Guiyang, Guizhou, China (GUGC).

Etymology: This new species name is derived from the black longitudinal grain of crown, pronotum and scutellum inlaying scarlet on both sides.

Distribution: China (Yunnan) .

Remarks: The black longitudinal grain of crown, pronotum and scutellum inlaying scarlet on both sides will separate it from all other species in this genus.

65. *Sophonia adorana* Li, Li *et* Xing, sp. nov. (Fig. 267)

Length (including forewings): ♂, 4.5mm.

Holotype: ♂, CHINA: Yunnan, Xishuangbanna, Mengla, 23 June 2016, coll. Wang Yingjian. The type specimen is deposited in Institute of Entomology, Guizhou University, Guiyang, Guizhou, China (GUGC).

Etymology: This species name is derived from the middle longitudinal pale line of crown, pronotum and scutellum decorating pale brown stripes on both sides.

Distribution: China (Yunnan).

Remarks: The new species is similar to the *Sophonia albuma* Li *et* Wang, but it can be distinguished from the latter by: 1) middle of crown, pronotum and scutellum with a longitudinal pale line; 2) process of pygofer side curved; 3) apex of aedeagus with a pair of spine-shaped processes.

66. *Sophonia contrariesa* Li, Li *et* Xing, sp. nov. (Fig. 274)

Length (including forewings): ♂, 4.1mm.

Holotype: ♂, CHINA: Guangdong, Maoming, Dawuling, 22 April 2013, coll. Li Bin. The type specimen is deposited in Institute of Entomology, Guizhou University, Guiyang, Guizhou, China (GUGC).

Etymology: This species name is derived from the ventral margin of male pygofer side with a contrary process.

Distribution: China (Guangdong).

Remarks: The new species is similar to the *Sophonia rufa* (Kuoh *et* Kuoh), but it can be distinguished from the latter by: 1) forewings orange; 2) ventral margin of male pygofer side with a contrary process; 3) aedeagus S-shaped.

67. *Sophonia flanka* Li, Li *et* Xing, sp. nov.（Fig. 277）

Length (including forewings): ♂, 5.2mm.

Holotype: ♂, CHINA: Guizhou, Suiyang, Kuankuoshui, 11 August 2010, coll. Li Hu. The type specimen is deposited in Institute of Entomology, Guizhou University, Guiyang, Guizhou, China (GUGC).

Etymology: The species name is derived from the apex of aedeagal shaft with a pair of spiniform processes.

Distribution: China (Guizhou).

Remarks: This species is similar to *Sophonia nigrilineata* Chen *et* Li, but it can be distinguished from the latter by: 1) face yellow white; 2) base of face without black spot; 3) near apex and middle of aedeagal shaft with a pair of spiniform processes.

68. *Sophonia hairlinea* Li, Li *et* Xing, sp. nov. (Fig. 279)

Length (including forewings): ♂, 4.2-4.5mm; ♀, 4.8mm.

Holotype: ♂, CHINA: Yunnan, Gaoligongshan, 14 June 2011, coll. Li Yujian. Paratypes: 1♀, the same data as holotype; 1♂, Yunnan, Ruili, 5 June 2011, coll. Li Yujian; 2♂, Yunnan, Yingjiang, Tongbiguan, 21 July 2002, coll. Li Zizhong. The type specimens are all deposited in Institute of Entomology, Guizhou University, Guiyang, Guizhou, China (GUGC).

Etymology: The species name is derived from the body with a black longitudinal line.

Distribution: China (Yunnan).

Remarks: This species is similar to *Sophonia longitudinalis* (Distant), but it can be distinguished from the latter by: 1) body with a black longitudinal line; 2) caudoventral margin of pygofer side extremely extending; 3) apex of aedeagal shaft with a pair of long processes.

69. *Sophonia microstaina* Li, Li *et* Xing, sp. nov. (Fig. 282)

Body length (including forewings) : ♂, 3.8-4.0mm; ♀, 4.0mm.

Holotype: ♂, CHINA: Yunnan, Longling, 26 July 2002, coll. Li Zizhong. Paratypes: 1♀, the same data as holotype; 1♂, Yunnan, Gaoligongshan, 14 June 2011, coll. Li Yujian; 1♂, Yunnan, Gaoligongshan, 5 August 2013, coll. Yang Weicheng. The type specimens are all deposited in Institute of Entomology, Guizhou University, Guiyang, Guizhou, China (GUGC).

Etymology: The species name is derived from the clavus of forewings with a black spot at end.

Distribution: China (Yunnan).

Remarks: This species is very similar to *Sophonia albuma* Li *et* Wang, but it can be distinguished from the latter by: 1) ocelli not orange; 2) pygofer side with a long process at end; 3) near apex of aedeagal shaft with two spikes.

70. *Sophonia nigricostana* Li, Li *et* Xing, sp. nov. (Fig. 283)

Length (including forewings): ♂, 4.2-4.5mm; ♀, 4.5-5.0mm.

Holotype: ♂, CHINA: Sichuan, Ganzi, Luding, 28 July 2012, coll. Li Hu. Paratypes: 1♂9♀, Sichuan, Ganzi, Luding, 28 July 2012, coll. Li Hu and Fan Zhihua; 1♂5♀, Sichuan, Yaan, 11 August 2014, coll. Zhan Hongping; 7♂9♀, Sichuan, Moxi, 2 August 2015, coll. Yang Maofa and Yan Bin; 2♂1♀, Sichuan, Danba, 5 August 2017, coll. Yang Maofa. The type specimens are all deposited in Institute of Entomology, Guizhou University, Guiyang, Guizhou, China (GUGC).

Etymology: The species name is derived from posterior margin of forewings brown.

Distribution: China (Sichuan).

Remarks: This species is similar to *Sophonia fuscomarginata* Li *et* Wang, but it can be distinguished from the latter by: 1) the posterior margin of forewings brown; 2) body small; 3) process of aedeagus forked at end.

71. *Sophonia pointeda* Li, Li *et* Xing, sp. nov. (Fig. 287)

Length (including forewings): ♂, 4.2-4.5mm; ♀, 4.5-5.0mm.

Holotype: ♂, CHINA: Guangxi, Xing'an, 25 July 2015, coll. Luo Qiang. Paratypes: 15♂13♀, the same data as holotype; 1♂2♀, Guangxi, Damingshan, 21 July 2015, coll. Yan Bin; 8♂3♀, Guangxi, Jiuwandashan, 22 July 2015, coll. Liu Yuan; 5♂, Sichuan, Luding, Moxi, 12 August 2014, coll. Yang Maofa and Yan Bin. The type specimens are all deposited in Institute of Entomology, Guizhou University, Guiyang, Guizhou, China (GUGC).

Etymology: This species name is derived from the subgenital plate prick-shaped at end.

Distribution: China (Guangxi, Sichuan).

Remarks: The new species is very similar to the *Sophonia branchuma* Li *et* Wang, but it can be distinguished from the latter by: 1) caudal margin of pygofer side with caudodorsal process and caudoventral processes; 2) subgenital plate prick-shaped at end; 3) aedeagus S-shaped.

72. *Sophonia spinula* Li, Li *et* Xing, sp. nov. (Fig. 291)

Length (including forewings): ♂, 4.9mm.

Holotype: CHINA: Guangxi, Shangsi, 8 April 2012, coll. Zheng Weibin. The type specimen is deposited in Institute of Entomology, Guizhou University, Guiyang, Guizhou, China (GUGC).

Etymology: The species name is derived from apex of aedeagal shaft with two pairs of spiniform processes.

Distribution: China (Guangxi).

Remarks: This species is similar to *Sophonia unicolor* (Kuoh *et* Kuoh), but it can be distinguished from the latter by: 1) body ginger; 2) ocellus region orange; 3) apex of aedeagal shaft with two pairs of spiniform processes.

73. *Sophonia tortuosa* Li, Li *et* Xing, sp. nov. (Fig. 292)

Length (including forewings): ♂, 5.9-6.0mm; ♀, 6.1-6.3mm.

Holotype: ♂, CHINA: Yunnan, Xianggelila, 9 August 2012, coll. Li Hu. Paratypes: 5♀, Yunnan, Xianggelila, 9-10 August 2012, coll. Fan Zhihua; 1♂, Sichun, Luding, 28 July 2012, coll. Li Hu. The type specimens are all deposited in Institute of Entomology, Guizhou University, Guiyang, Guizhou, China (GUGC).

Etymology: The species name is derived from the apex of aedeagal shaft curved.

Distribution: China (Sichuan, Yunnan).

Remarks: This species is similar to *Sophonia spathulata* Chen *et* Li, but it can be distinguished from the latter by: 1) body without black longitudinal line; 2) apex of aedeagal shaft concaved; 3) subapex of aedeagal shaft with two spiniform processes.

74. *Sophonia yingjianga* Li, Li *et* Xing, sp. nov. (Fig. 296)

Length (including forewings): ♂, 5.4-5.6mm; ♀, 6.0mm.

Holotype: ♂, CHINA: Yunnan, Yingjiang, Tongbiguan, 15 June 2001, coll. Tian Mingyi. Paratypes: 1♂, the same data as holotype; 1♀, Yunnan Lianghe, 27 July 2013, coll. Yang Weicheng. The type specimens are all deposited in Institute of Entomology, Guizhou University, Guiyang, Guizhou, China (GUGC).

Etymology: The species is named after the locality of type specimens, Yingjiang.

Distribution: China (Yunnan).

Remarks: This species is similar to *Sophonia unicolor* (Kuoh *et* Kuoh), but it can be distinguished from the latter by: 1) body and forewings milk white; 2) dorsal margin of aedeagal shaft with a pair of curved processes at base; 3) subapex of aedeagal shaft with a pair of spiniform processes on both sides.

75. *Balbillus diaoluoshanensis* Li, Li *et* Xing, sp. nov. (Fig. 300)

Body length (including forewings) : ♂, 6.2mm.

Holotype: ♂, CHINA: Hainan, Diaoluoshan, 27 April 2014, coll. Long Jiankun. The type specimen is deposited in Institute of Entomology, Guizhou University, Guiyang, Guizhou, China (GUGC).

Etymology: The species is named after the locality of type specimen, Diaoluoshan.

Distribution: China (Hainan).

Remarks: This species resembles *Balbillus indicus* Viraktamath *et* Wesley, but it can be distinguished from the latter by: 1) body larger; 2) body and forewings yellowish-brown, without stripe; 3) apex of aedeagal shaft expanded.

76. *Balbillus laperpatteus* Li, Li *et* Xing, sp. nov. (Fig. 301)

Body length (including forewings) : ♂, 5.5mm.

Holotype: ♂, CHINA: Hainan, Diaoluoshan, 27 June 2014, coll. Long Jiankun. The type specimen is deposited in Institute of Entomology, Guizhou University, Guiyang, Guizhou, China (GUGC).

Etymology: The species name is derived from the crown with a cone-shaped black spot.

Distribution: China (Hainan).

Remarks: This new species is very similar to *Balbillus diaoluoshanensis* Li, Li *et* Xing, sp. nov, but it can be distinguished from the latter by: 1) middle of crown with a taper-shaped black spot; 2) end of subgenital plate not pointed; 3) aedeagal shaft short and broad.

KEYS

Subfamily Evacanthinae Metcalf, 1939

Key to the Chinese tribes

1. Hind femur with formula 2+1+0 or 2+0+0; front tibia flattened ········ **Balbillini**
   Hind femur with formula 2+1+1; front tibia cylindrical ········ 2
2. Frontoclypeus with middle carina incomplete, front femur ventral row with basal setae distinctly larger than others ········ **Nirvanini**
   Frontoclypeus with middle carina complete, front femur ventral row with two or more basal setae distinctly larger than others ········ 3
3. Frontoclypeus with complete middle longitudinal carina ········ **Evacanthini**
   Frontoclypeus with middle longitudinal carina absent or vestigial ········ **Pagaroniini**

Evacanthini Metcalf, 1939

Key to the Chinese genera (♂)

1. The length of crown as three or more times between eyes ········ ***Vangama***
   The length of crown less than three times between eyes ········ 2
2. Middle carina of crown strongly elevated and crest-like or lamellate ········ 3
   Middle carina of crown not strongly elevated ········ 5
3. Pygofer side with ventral process ········ ***Cunedda***
   Pygofer side without ventral process ········ 4
4. Aedeagal shaft with lateral lobes well developed ········ ***Pythamus***
   Aedeagal shaft without lateral lobes well developed ········ ***Parapythamus***

5. The length of crown as two times between eyes; claval veins fused at middle ······ 6
   The length of crown less than two times between eyes; claval veins not fused at middle ······ 7
6. Pygofer side with ventral process ······ ***Striatanus***
   Pygofer side without ventral process ······ ***Riseveinus***
7. Crown strongly flattened; frontoclypeus not bulging ······ ***Concavocorona***
   Crown rounded in front; frontoclypeus mild or distinct bulging ······ 8
8. Crown angularity in front; frontoclypeus distinctly bulging ······ ***Risefronta***
   Crown rounded in front; frontoclypeus mildly bulging ······ 9
9. Anterior margin of crown with a transverse carina or limit ······ 10
   Anterior margin of crown without transverse limit ······ 11
10. Anterior margin of crown with a transverse carina ······ ***Evacanthus***
    Anterior margin of crown with a transverse limit ······ ***Boundarus***
11. Crown with five carinae ······ 12
    Crown with three carinae ······ 21
12. Middle carina distinctly hollow on both sides ······ ***Concaves* gen. nov.**
    Middle carina distinctly not hollow on both sides ······ 13
13. Male pygofer side with ventral process ······ 14
    Male pygofer side without ventral process ······ 17
14. Male pygofer side curved at end ······ ***Bentus* gen. nov.**
    Male pygofer side not curved at end ······ 15
15. Base of aedeagus with two pairs of processes ······ ***Multiformis***
    Base of aedeagus without two pairs of processes ······ 16
16. Apex of aedeagus with lots of pricks ······ ***Subulatus***
    Apex of aedeagus without prick ······ 18
17. Aedeagus with arcuate ventral apophysis, and its both sides medially without process ······ ***Angustuma***
    Aedeagus without arcuate ventral apophysis, and its both sides medially with process ······ ***Onukiana***
18. Aedeagus with long dorsal processes ······ ***Simaonukia***
    Aedeagus without long dorsal processes ······ 19
19. Aedeagus with a long ventral process and its apex forked ······ ***Paraonukia***
    Aedeagus without a long ventral process ······ 20
20. Apex of aedeagus with two or more pairs of processes ······ ***Onukiades***
    Apex of aedeagus without processes ······ ***Onukia***
21. Lateral carina of crown thin ······ 22
    Lateral carina of crown clear ······ 24
22. Pygofer side with ventral process ······ ***Carinata***
    Pygofer side without ventral process ······ 23
23. Pygofer side without apical process ······ ***Convexana***
    Pygofer side with apical process ······ ***Paracarinata* gen. nov.**

24. Between middle carina and lateral carina hollow ·· 25
    Between middle carina and lateral carina not hollow ·· 26
25. Pygofer side with ventral process ·· ***Transvenosus***
    Pygofer side without ventral process ·· ***Oncusa*** **gen. nov.**
26. Apex of pygofer side with thorns ·· ***Taperus***
    Apex of pygofer side without thorn ·· 27
27. Pygofer side with ventral process ·· 28
    Pygofer side without ventral process ·· 29
28. Ventral process of pygofer side located at apically ·· ***Processus***
    Ventral process of pygofer side located at basally ·· ***Ventroprojecta*** **gen. nov.**
29. Length of crown less than between eyes ·· ***Shortcrowna***
    Length of crown more than between eyes ·· ***Bundera***

Angustuma Xing *et* Li, 1986

Key to species (♂)

1. Pronotum and scutellum black ·· 2
   Pronotum and scutellum not black ·· 5
2. Forewings brown, its front area with transparent spot ·· ***A. nigrinota***
   Forewings brown or black, its front area without transparent spot ·· 3
3. Forewings brown ·· ***A. pallidus***
   Forewings black ·· 4
4. Crown black, with triangular pale white spot ·· ***A. menglunensis*** **sp. nov.**
   Crown brown, with a black spot ·· ***A. nigricarina***
5. Forewings translucent ·· ***A. albida***
   Forewings not translucent ·· 6
6. Forewings only apical area black ·· 7
   Forewings apical area not black ·· 8
7. Forewings turquoise ·· ***A. nigricauda***
   Forewings orange ·· ***A. wangmoensis*** **sp. nov.**
8. Forewings dark yellow, its anterior margin pale ·· ***A. leucostriata***
   Forewings not dark yellow, its anterior margin not pale ·· 9
9. Anterior margin of forewings in middle transparent ·· 10
   Anterior margin of forewings in middle not transparent ·· 11
10. Claw suture of forewings with a black fascia ·· ***A. albonotata***
    Claw suture and corium with black longitudinal fascia ·· 12
11. Body and forewings bronzing; pronotum with a black longitudinal fascia ·· ***A. rudorsuma***

Body and forewings orange; pronotum without a black longitudinal fascia ·····················*A. longipyga*

12. Middle area of pronotum with black spots ··· 13

Middle area of pronotum without black spots··· *A. jinghongensis*

13. Middle area of pronotum with black spot short, connect with black fascia····················· *A. rufipenna*

Middle area of pronotum with black spot short, not connect with black fascia ····························· 14

14. Middle area of corium without black longitudinal grains ··································· *A. nigrimargina*

Middle area of corium with a black longitudinal grain ······································· *A. panxianensis*

Bentus **Li, Li *et* Xing, gen. nov.**

Only one species found in China: *Bentus flavomaculatus* (Kato, 1933).

Boundarus **Li *et* Wang, 1998**

Key to species (♂)

1. Middle of crown with a big black spot··2

Middle of crown without a black spot··3

2. Aedeagus sheet process bended and without a taper-shaped process at end·····················*B. ancinatus*

Aedeagus sheet process not bend and with a taper-shaped process at end ··············· *B. prickus* **sp. nov.**

3. Anterior margin of crown with three black big spots ··· *B. trimaculatus*

Anterior margin of crown without black big spots ··4

4. Ventral margin of aedeagus medially horned ·· *B. nigronotus*

Ventral margin of aedeagus medially invaginated·· *B. ogumae*

Bundera **Distant, 1908**

Key to species (♂)

1. Both sides of middle carina with four black spots································· *B. fourmacula* **sp. nov.**

Both sides of middle carina without four black spots··2

2. Pronotum black··3

Pronotum not black ··9

3. Pronotum black only in male··4

Pronotum black in male and female ··5

4. Clavus and anterior margin of forewings part with transparent spot························· *B. bambusana*

Clavus and anterior margin of forewings with a taupe spot·· *B. doscolora*

5. Apex of crown with a small traverse spot ··· *B. heichiana*

Apex of crown without a small traverse spot ··6

6. Face black ·· ***B. maculata***
   Face yellowish white ·· 7
7. Middle of crown with a big black spot, lateral margin with a small black spot ·············· ***B. venata***
   Streak of crown inferior to the preceding ·· 8
8. Forewings black without streak ·· ***B. ziyunensis* sp. nov.**
   Forewing with a brown traverse spot in clavus ·· ***B. emeiana***
9. Anterior margin of forewings transparent white ·· ***B. pellucida***
   Anterior margin of forewings not transparent ·· 10
10. Crown light yellow without streak ·· ***B. nigricana***
    Crown light yellow with streak ·· 11
11. Middle of crown with a inverted trapezium-shaped black spot ·· ***B. scalarra***
    Middle of crown with a black spot ·· 12
12. Middle of crown with a toppled taper-shaped black spot ·· ***B. rufistriana***
    Middle of crown without toppled taper-shaped black spot ·· 13
13. Crown orange ·· ***B. tengchihugh***
    Crown yellowish white ·· ***B. trimaculata***

Carinata Li *et* Wang, 1991

Key to species (♂)

1. Ventral process of pygofer side smooth ·· 2
   Ventral process of pygofer side forked ·· 28
2. Body milk white ·· ***C. albusa***
   Body not milk white ·· 3
3. Body black ·· 4
   Body yellowish white ·· 6
4. Scutellum yellowish ·· ***C. flaviscutata***
   Scutellum black ·· 5
5. Dorsal margin of aedeagus with a finger-type process ·· ***C. nigra***
   Dorsal margin of aedeagus without a finger-type process ·· ***C. leucoventera***
6. Process of aedeagal shaft smooth or forking near at end ·· 7
   Near end of aedeagal shaft without process ·· 13
7. Process of aedeagal shaft forked at end ·· ***C. signigena***
   Process of aedeagal shaft not forked at end ·· 8
8. Aedeagal shaft with two pairs of processes ·· ***C. nigropictura***
   Aedeagal shaft with a pair of processes ·· 9
9. Process of aedeagal shaft located at apically ·· ***C. nigricauda* sp. nov.**

Process of aedeagal shaft not located at apically ······ 10

10. Process of aedeagal shaft round-shaped ······ ***C. annulata*** **sp. nov.**

Process of aedeagal shaft not round-shaped ······ 11

11. Base of connective with a pair of angle-shaped processes ······ ***C. obliquela*** **sp. nov.**

Base of connective without angle-shaped process ······ 12

12. Apical process of aedeagal shaft prick-shaped ······ ***C. bifida***

Apical process of aedeagal shaft hook-shaped ······ ***C. unipuncta***

13. Middle of aedeagal shaft with process ······ 14

Middle of aedeagal shaft without process ······ 16

14. Middle of aedeagal shaft with two processes ······ ***C. yuanbaoshanensis*** **sp. nov.**

Middle of aedeagal shaft with a process ······ 15

15. Process of aedeagal shaft branched ······ ***C. maculata***

Process of aedeagal shaft short and wide ······ ***C. bifurcata***

16. Ventral process of pygofer side dating from subterminal ······ 17

Ventral process of pygofer side dating from base ······ 20

17. Apex of aedeagal shaft with four branch-shaped processes ······ ***C. branchera***

Apex of aedeagal shaft without branch-shaped process ······ 18

18. Apex of aedeagal shaft with two hooks ······ ***C. bihamuluca*** **sp. nov.**

Apex of aedeagal shaft without two hooks ······ 19

19. Middle of forewings with a black longitudinal fascia ······ ***C. ganga***

Middle of forewings without a black longitudinal fascia ······ ***C. emeishanensis*** **sp. nov.**

20. Apex of aedeagal shaft hooked ······ 21

Apex of aedeagal shaft not hooked ······ 22

21. Apex of aedeagal shaft with two hooks ······ ***C. choui***

Apex of aedeagal shaft with six hooks ······ ***C. bartulata***

22. Anal tube of male extremely expanded ······ ***C. expenda*** **sp. nov.**

Anal tube of male cylinder-shaped ······ 23

23. Ventral process of pygofer side contorted at end ······ ***C. torta*** **sp. nov.**

Ventral process of pygofer side not contorted at end ······ 24

24. Dorsal margin of aedeagal shaft with two rod-shaped processes ······ ***C. datianensis*** **sp. nov.**

Dorsal margin of aedeagal shaft without rod-shaped process ······ 25

25. Ventral process of pygofer side crooked at end ······ ***C. meandera*** **sp. nov.**

Ventral process of pygofer side not crooked at end ······ 26

26. Body and forewings orange, crown without streak ······ ***C. recurvata***

Body and forewings yellow-white, crown with a black spot ······ 27

27. Middle of the corium with a winding black fascia ······ ***C. nigrofasciata***

Middle of the corium without a winding black fascia ······ ***C. unicurvana***

28. Ventral process of pygofer side forked ······ 29

Ventral process of pygofer side branched ························ 32

29. Ventral process of pygofer side forked at end ························ ***C. bifurca***

Ventral process of pygofer side forked at base or subend ························ 30

30. Ventral process of pygofer side forked at base ························ ***C. biforka* sp. nov.**

Ventral process of pygofer side forked subapically ························ 31

31. Ventral process of pygofer side forked ························ ***C. flavida***

Ventral process of pygofer side plume-shaped ························ ***C. nigerenda* sp. nov.**

32. Ventral process of pygofer side curved ························ 33

Ventral process of pygofer side not curved ························ 34

33. Body red, end of crown with a heart-shaped black spot ························ ***C. rufipenna***

Body pale orange, crown with a small black spot ························ ***C. yangi***

34. Ventral process of pygofer side broom-shaped at end ························ ***C. scopulata* sp. nov.**

Ventral process of pygofer side not broom-shaped at end ························ 35

35. Anterior margin of forewings with transparent white ························ ***C. kelloggii***

Anterior margin of forewings not transparent white ························ 36

36. Subapical of aedeagal shaft with a spine process on each side ························ ***C. dushanensis* sp. nov.**

Subapical of aedeagal shaft without spine process on each side ························ ***C. chishuiensis* sp. nov.**

***Concaves* Li, Li *et* Xing, gen. nov.**

Key to species (♂)

1. Middle of face milk white ························ ***C. albiclypeus***

Face yellow-white ························ 2

2. Crown without X-shaped black streak ························ ***C. bipunctatus***

Crown with X-shaped black streak ························ ***C. flavopunctatus***

***Concavocorona* Wang *et* Zhang, 2014**

Only one species found in China: *Concavocorona abbreviata* (Jacobi, 1944).

***Convexana* Li, 1994**

Key to species (♂)

1. Body and forewings red ························ ***C. rufa***

Body and forewings not red ························ 2

2. Face black brown ························ ***C. nigrifronta***

Face yellow-white ························ 3

3. Body and forewings pale brown ························ ***C. palepenna* sp. nov.**

Body and forewings black brown ······ 4

4. Middle of crown with a cross white streak ······ *C. cruciata* **sp. nov.**

Middle of crown without a cross white streak ······ 5

5. Crown, pronotum and scutellum with a yellow-white longitudinal striation ······ 6

Middle of crown yellow-white or only base and end yellow-white ······ 7

6. Sac-shaped of aedeagal shaft rectangular ······ *C. albicarinata*

Sac-shaped of aedeagal shaft triangular ······ *C. albitapeta* **sp. nov.**

7. Base and end of crown with yellow-white spots ······ *C. nigriventrala* **sp. nov.**

Middle of crown with yellow-white longitudinal stripe ······ 8

8. Anterior margin of forewings with a very long translucent spot ······ *C. fleura*

Anterior margin of forewings with a triangular translucent spot ······ 9

9. End margin of pygofer side bending curved ······ *C. curvatura* **sp. nov.**

End margin of pygofer side not bending curved ······ 10

10. Ventral margin of aedeagal shaft pricked at end ······ *C. vertebrana* **sp. nov.**

Ventral margin of aedeagal shaft not pricked at end ······ 11

11. Ventral process of pygofer side similarly rectangular ······ 12

Ventral process of pygofer side similarly triangular ······ 13

12. Forewings brown, its anterior margin with a transparent spot ······ *C. shennongjiaensis* **sp. nov.**

Forewings dark brown, its anterior margin without transparent spot ······ *C. furcella* **sp. nov.**

13. Ventral margin of aedeagal shaft horn-shaped at middle ······ *C. bimaculata*

Ventral margin of aedeagal shaft not horn-shaped at middle ······ *C. nigridorsuma* **sp. nov.**

Cunedda Distant, 1918

Key to species (♂)

1. Anterior margin of crown approximately conical protrusion produced ······ *C. macrusa*

Anterior margin of crown strongly produced ······ 2

2. Frontoclypeus brown; middle of crown with a yellow-white spot ······ *C. brownfronsa* **sp. nov.**

Frontoclypeus and crown inferior to the preceding ······ 3

3. Body and forewing red soil ······ *C. punctata*

Body and forewing not red soil ······ 4

4. End margin of pygofer side back-scrolling ······ *C. albibanda* **sp. nov.**

End margin of pygofer side back-scrolling ······ 5

5. Face yellow white ······ *C. hyalipictata*

Face pale brown ······ 6

6. Dorsal margin of aedeagal shaft with rectangular process ······ *C. honghensis* **sp. nov.**

Dorsal margin of aedeagal shaft with quadrate process ······ *C. yichanga* **sp. nov.**

Evacanthus Lepeletier *et* Serville, 1825

Key to species (♂)

1. vein of forewing net-shaped ······ ***E. stigmatus***
   Vein of forewings not net-shaped ······ 2
2. Forewings black brown ······ 3
   Forewings not black brown, with or without black spot ······ 26
3. Vein of forewings red brown ······ 4
   Vein of forewings not red brown ······ 12
4. Pronotum with three black longitudinal striations ······ 5
   Pronotum without black longitudinal striation ······ 7
5. Flake process of aedeagal shaft with a pour hook ······ ***E. rubrivenosus***
   Flake process of aedeagal shaft without pour hook ······ 6
6. Apex of aedeagal shaft with a pair of hooks ······ ***E. uncinatus***
   Apex of aedeagal shaft without a pair of hooks ······ ***E. ruficostatus***
7. Aedeagal shaft medially with two pricks ······ ***E. rubrolineatus***
   Aedeagal shaft medially without two pricks ······ 8
8. Ventral margin of aedeagal shaft with serration ······ ***E. dentisus* sp. nov.**
   Ventral margin of aedeagal shaft without serration ······ 9
9. Dorsal margin of aedeagal shaft with sawteeth ······ ***E. densus***
   Dorsal margin of aedeagal shaft without tooth ······ 10
10. Lateral margin of aedeagal shaft with a flake process ······ ***E. laminatus***
    Lateral margin of aedeagal shaft without a flake process ······ 11
11. Apex of aedeagal shaft with a triangle process on each side ······ ***E. latus***
    Apex of aedeagal shaft without triangle process on each side ······ ***E. rufomarginatus***
12. Ventral margin of aedeagal shaft with two flakes and fused at base ······ ***E. longianus***
    Aedeagal shaft inferior to the preceding ······ 13
13. Pronotum with three black longitudinal spots ······ ***E. longispinosus***
    Pronotum without three black longitudinal spots ······ 14
14. Posterior margin of forewings yellow white ······ 15
    Posterior margin of forewings not yellow white ······ 16
15. Aedeagal shaft with a long process medially on each side ······ ***E. flavocostatus***
    Aedeagal shaft without a long process medially on each side ······ ***E. flavisideus* sp. nov.**
16. Pronotum with three black longitudinal striations ······ ***E. extremes***
    Pronotum without three black longitudinal striations ······ 17
17. Face black ······ 18
    Face not black ······ 21

18. Ventral margin of aedeagal shaft with a pair of long processes ········ ***E. taeniatus***
Ventral margin of aedeagal shaft without a pair of long processes ········ 19
19. Apex of aedeagal shaft with a taper-shaped process on each side ········ ***E. fuscous***
Apex of aedeagal shaft without a taper-shaped process on each side ········ 20
20. Apex of aedeagal shaft with a pair of inverse processes ········ ***E. albovittatus***
Apex of aedeagal shaft without a pair of inverse processes ········ ***E. heimianus***
21. Apex of aedeagal shaft with a taper-shaped process on each side ········ 22
Apex of aedeagal shaft without a taper-shaped process on each side ········ 23
22. Middle and base of aedeagal shaft with a prick ········ ***E. yajiangensis* sp. nov.**
Middle and base of aedeagal shaft without a prick ········ ***E. camberus* sp. nov.**
23. Body and forewing with pubescence ········ ***E. danmainus***
Body and forewing without pubescence ········ 24
24. Front area of crown with a black transverse fascia ········ ***E. nigrifasciatus***
Front area of crown without a black transverse fascia ········ 25
25. Process of aedeagal shaft forked apically ········ ***E. forkus* sp. nov.**
Process of aedeagal shaft not forked apically ········ ***E. songxianensis* sp. nov.**
26. Forewings yellow white, without stripe ········ 27
Forewings brown or ginger, with or without stripe ········ 29
27. Process of aedeagal shaft with hook at base and end ········ ***E. bihookus* sp. nov.**
Process of aedeagal shaft without hook ········ 28
28. Base of crown with two black spots ········ ***E. biguttatus***
Middle of crown with a black spot ········ ***E. albimarginatus* sp. nov.**
29. Forewings without black stripe ········ 30
Forewings with black stripes ········ 32
30. Base of crown with a pair of black spots ········ ***E. trimaculatus***
Base of crown without black spot ········ 31
31. Aedeagal shaft with a prick medially in ventral margin ········ ***E. ochraceus***
Aedeagal shaft without a prick medially in ventral margin ········ ***E. kuohi***
32. Face black ········ 33
Face not black ········ 35
33. Base of crown with two hump-shaped black spots ········ ***E. fatuus***
Base of crown without two hump-shaped black spots ········ 34
34. Middle of crown with a large black spot ········ ***E. nigristreakus***
Crown black ········ ***E. repexus***
35. Pronotum with two or three black longitudinal stripes ········ 36
Pronotum without black stripe ········ 37
36. Pronotum with three black longitudinal stripes ········ ***E. digitatus***
Pronotum with two black longitudinal stripes ········ ***E. splinterus* sp. nov.**

37. Pronotum orange-yellow ········ 38
    Pronotum not orange-yellow ········ 39
38. Middle of pronotum with a penholder-shaped black spot ········ ***E. nigriscutus***
    Anterior area of pronotum with three black spots ········ ***E. qiansus***
39. Middle of crown with a black longitudinal stripe ········ ***E. bimaculatus***
    Middle of crown without a black longitudinal stripe ········ 40
40. Apex of aedeagal shaft with a long process on each side ········ ***E. interruptus***
    Apex of aedeagal shaft without process on each side ········ 41
41. End of aedeagal shaft forked ········ ***E. albicostatus***
    End of aedeagal shaft not forked ········ 42
42. End of aedeagal shaft with two forks ········ ***E. acuminatus***
    End of aedeagal shaft without two forks ········ ***E. bivittatus***

Multiformis **Li *et* Li, 2012**

Key to species (♂)

1. Face dark yellow ········ ***M. longlingensis***
   Face black ········ 2
2. Pronotum and scutellum black ········ ***M. nigrafacialis***
   Pronotum yellow brown; scutellum yellow white ········ ***M. ramosus***

Oncusa **Li, Li *et* Xing, gen. nov.**

Key to species (♂)

Crown black; pygofer side long and narrow ········ ***O. rugosa***
Crown yellow brown; pygofer side short and wide ········ ***O. lanpingensis***

Onukia **Matsumura, 1912**

Key to species (♂)

1. Greater part of face black or whole pale-yellow ········ 2
   Face black ········ 4
2. Face pale-yellow ········ ***O. saddlea*** **sp. nov.**
   Greater part of face black ········ 3
3. End of pygofer side with pricks on dorsal margin and ventral margin ········ ***O. guttata***
   End of pygofer side with pricks only on dorsal margin ········ ***O. palemargina*** **sp. nov.**
4. Crown black, its anterior margin yellowish ········ ***O. pitchara*** **sp. nov.**

Crown black, without yellow spots ··· 5

5. Apex of pygofer side roundly produced ··· ***O. onukii***

Dorsal margin and ventral margin of pygofer side angle-shaped ··· ***O. nigra***

Onukiades Ishihara, 1963

Key to species (♂)

1. Crown, pronotum and scutellum black ··· ***O. connexia***

Crown, pronotum and scutellum not black ··· 2

2. Pronotum without black stripes ··· ***O. albicostatus***

Pronotum with black stripes ··· 3

3. Pronotum with two black spots ··· ***O. longitudinalis***

Pronotum with four black spots ··· ***O. formosanus***

Onukiana Yang *et* Zhang, 2004

Only one species found in China: *Onukiana motuona* Yang *et* Zhang, 2004.

Paracarinata Li, Li *et* Xing, gen. nov.

Only one species found in China: *Paracarinata crocicrowna* Li, Li *et* Xing, sp. nov.

Paraonukia Ishihara, 1963

Key to species (♂)

1. Ventral process of aedeagal shaft forked apically and subapically ··· 2

Ventral process of aedeagal shaft forked basally ··· ***P. keitonis***

2. Ventral process of aedeagal shaft forked at end ··· ***P. arisana***

Ventral process of aedeagal shaft forked at subend ··· 3

3. Pygofer side with caudodorsal horn and caudoventral horn ··· ***P. wangmoensis***

Pygofer side without caudodorsal horn and caudoventral horn ··· ***P. ochra***

Parapythamus Li *et* Li, 2011

Only one species found in China: *Parapythamus suiyangensis* Li *et* Li, 2011.

Processus Huang, 1992

Key to species (♂)

1. Middle of aedeagal shaft with a triangle process on each side ········ ***P. bifasciatus***
   Middle of aedeagal shaft without a triangle process on each side ········ 2
2. Apex of aedeagal shaft with a prick on each side ········ ***P. wui***
   Apex of aedeagal shaft without a prick on each side ········ 3
3. Subgenital plate similarly triangular ········ ***P. midfascianus***
   Subgenital plate similarly oblong ········ ***P. bistigmanus***

Pythamus Melichar, 1903

Key to species (♂)

Crown with pale spot, ventral process of pygofer side curved ········ ***P. hainanensis***
Crown with red spot, ventral process of pygofer side straight ········ ***P. rufus***

Risefronta Li *et* Wang, 2001

Only one species found in China: *Risefronta albicincta* Li *et* Wang, 2001.

Riseveinus Li *et* Wang, 1995

Key to species (♂)

1. Apex of aedeagal shaft strongly bend ········ ***R. asymmetricus***
   Apex of aedeagal shaft not bend ········ 2
2. Apex of aedeagal shaft with pairs of long processes ········ ***R. compressus***
   Apex of aedeagal shaft without pairs of long processes ········ 3
3. Dorsal process of aedeagal shaft with pairs of slender processes ········ ***R. baoshanensis***
   Dorsal process of aedeagal shaft without pairs of slender processes ········ 4
4. Dorsal process of aedeagal shaft round ········ ***R. albiveinus***
   Dorsal process of aedeagal shaft oblong ········ ***R. sinensis***

Shortcrowna Li *et* Li, 2014

Key to species (♂)

1. Crown yellow, its base with two black spots ········ ***S. biguttata***

Crown black, its base without black spot ········ 2

2. Margin of forewings with black longitudinal fascia ········ *S. nigrimargina*

Margin of forewings without black longitudinal fascia ········ 3

3. Forewings red brown; posterior margin of pronotum with a red fascia ········ *S. leishanensis*

Forewings dark yellow; middle of pronotum with a 工-shaped black stripe ········ *S. flavocapitata*

Simaonukia Li *et* Li, 2017

Only one species found in China: *Simaonukia longispinus* Li *et* Li, 2017.

Striatanus Li *et* Wang, 1995

Key to species (♂)

1. Ventral process of aedeagal shaft straight ········ 2

Ventral process of aedeagal shaft not straight ········ 3

2. Dorsal process of aedeagal shaft bended ········ ***S. daozhenensis* sp. nov.**

Dorsal process of aedeagal shaft not bended ········ *S. tibetaensis*

3. Ventral process of pygofer side with serration at end ········ *S. dentatus*

Ventral process of pygofer side without serration at end ········ 4

4. Apical area of aedeagal shaft straight in lateral view ········ *S. erectus*

Apical area of aedeagal shaft curved in lateral view ········ *S. curvatanus*

Subulatus Yang *et* Zhang, 2001

Key to species (♂)

1. Body white ········ ***S. baiseensis* sp. nov.**

Body yellow brown ········ 2

2. Pronotum brown ········ *S. bipunctatus*

Pronotum black ········ 3

3. Scutellum black ········ *S. flavidus*

Base side angle of scutellum black ········ 4

4. Crown with five black spots ········ *S. sangzhiensis*

Crown with three black spots ········ *S. trimaculatus*

Taperus Li *et* Wang, 1994

Key to species (♂)

1. End of pygofer side gradually narrow······2
   Pygofer side near quadrilateral······7
2. Pygofer side with tufted setae only apically······*T. fasciatus*
   Pygofer side with tufted setae at end back and belly······3
3. Apical area of aedeagal shaft with spiniform processes······4
   Apical area of aedeagal shaft without spiniform processes······5
4. Dorsal margin of aedeagal shaft with a spine······*T. daozhenensis*
   Dorsal margin of aedeagal shaft without spine······*T. albivittatus*
5. Base of aedeagal shaft straight on ventral margin······*T. luchunensis*
   Base of aedeagal shaft angular on ventral margin······6
6. End margin of pygofer side angular, lateral view······*T. bannaensis*
   End margin of pygofer side straight, lateral view······*T. flavifrons*
7. End margin of pygofer side inclined in lateral view······*T. fugongensis* **sp. nov.**
   End margin of pygofer side not inclined in lateral view······8
8. Ventral margin of aedeagal shaft angular, near base······*T. apicalis*
   Ventral margin of aedeagal shaft straight, near base······*T. quadragulatus*

Transvenosus Wang *et* Zhang, 2015

Key to species (♂)

1. Ventral process of pygofer side shorter than its end······2
   Ventral process of pygofer side stretching or exceeding its end······3
2. Black spot of crown invaginating at anterior margin······*T. emarginatus*
   Crown streak inferior to the preceding······*T. sacculuses* **sp. nov.**
3. Subgenital plate triangular······*T. signumes*
   Subgenital plate oblong······4
4. Ventral process of pygofer side exceeding its end······*T. albovenosus*
   Ventral process of pygofer side stretching its end······*T. expansinus* **sp. nov.**

Vangama Distant, 1908

Only one species found in China: *Vangama picea* Wang *et* Li, 1999.

Ventroprojecta Li, Li *et* Xing, gen. nov.

Key to species (♂)

Body and forewings black; body length 5.1mm ········ *V. luteina* **sp. nov.**

Body and forewings yellow; body length 5.5-6.0mm ········ *V. nigriguttata* **sp. nov.**

Nirvanini Baker, 1923

Key to the Chinese genera (♂)

1. Middle length of crown more than width between eyes ········ 2
   Middle length of crown less than width between eyes ········ 9
2. Crown, pronotum and scutellum with a yellow longitudinal fascia on each side ········ ***Ophiuchus***
   Crown, pronotum and scutellum without a yellow longitudinal fascia on both sides ········ 3
3. Pygofer side concaved at end ········ ***Concaveplana***
   Pygofer side not concaved at end ········ 4
4. Pygofer side with inner process ········ ***Extensus***
   Pygofer side without inner process ········ 5
5. End of pygofer side with a forked process ········ ***Aequoreus***
   End of pygofer side not forked at end ········ 6
6. Middle long of crown greater than wide double ········ ***Longiheada* gen. nov.**
   Middle long of crown less than wide double ········ 7
7. Crown rather rise ········ ***Sinonirvana***
   Crown rather flat ········ 8
8. Subgenital plate of male long, the ratio of length and breadth near 8：1 ········ ***Nirvana***
   Subgenital plate of male short, the ratio of length and breadth near 6：1 ········ ***Sophonia***
9. Frontoclypeus near spherical ········ ***Convexfronta***
   Frontoclypeus not spherical ········ 10
10. Pronotum and scutellum with black spots ········ .***Longiconnecta***
    Pronotum and scutellum without black spots ········ 11
11. Forewings with black brown transversus fascia ········ ***Extenda* gen. nov.**
    Forewings without black brown transversus fascia ········ 12
12. Dorsal horn and ventral horn of pygofer side stretched ········ ***Biprocessa* gen. nov.**
    Dorsal horn and ventral horn of pygofer side not stretched ········ 13
13. Dorsal horn and ventral horn of pygofer side with opposite processes ········ ***Decursusnirvana***
    Dorsal horn and ventral horn of pygofer side without opposite processes ········ 14
14. Pygofer side of male with a long process on ventral margin ········ ***Kana***
    Pygofer side of male without a long process on ventral margin ········ 15

15. Base of aedeagal shaft sclerotization, and its end membranous ········ ***Chudania***
    Aedeagal shaft not membranous ········ ***Oniella***

Aequoreus Huang, 1989

Key to species (♂)

1. Forewings with spots and stripes ········ ***A. huangi***
   Forewings without spot and stripe ········ 2
2. Base of aedeagal shaft with tree forks ········ ***A. linealaus***
   Base of aedeagal shaft not forked ········ ***A. disfasciatus***

Biprocessa Li, Li *et* Xing, gen. nov.

Key to species (♂)

Middle of corium with a brown oblique stripe; end of aedeagal shaft arrow-shaped ········ ***B. obliquizonata***
Posterior margin of corium with a brown stripe; end of aedeagal shaft with a long process ········ ***B. specklea* sp. nov.**

Chudania Distant, 1908

Key to species (♂)

1. Black stripe of corium without serration at outside ········ 2
   Black stripe of corium with serration at outside ········ 6
2. Inner side of subgenital plate without thorn at base ········ ***C. guangxiiana***
   Inner side of subgenital plate with a thorn at base ········ 3
3. Ventral process of pygofer side curved at end ········ 4
   Ventral process of pygofer side not curved at end ········ 5
4. Middle process of aedeagal shaft with teeth at end ········ ***C. fujianana***
   Middle process of aedeagal shaft without teeth at end ········ ***C. kunmingana***
5. Middle process of aedeagal shaft branched at end ········ ***C. delecta***
   Middle process of aedeagal shaft not branched at end ········ ***C. multispinata* sp. nov.**
6. Basal process of aedeagal shaft with three branches ········ ***C. trifurcata***
   Basal process of aedeagal shaft without three branches ········ 7
7. Ossification of aedeagal shaft with two long processes at end ········ ***C. sinica***
   Ossification of aedeagal shaft without two long processes at end ········ 8
8. Middle of aedeagal shaft with X-shaped process ········ 9
   Middle of aedeagal shaft without X-shaped process ········ 11

9. X-shaped process of aedeagal shaft symmetrical ········ ***C. yunnana***
   X-shaped process of aedeagal shaft dissymmetrical ········ 10
10. Basal process of aedeagal shaft forked, its middle without a forked process ········ ***C. axona***
   Basal process of aedeagal shaft not forked, its middle with a forked process ········ ***C. guizhouana***
11. Basal process of aedeagal shaft with a pair of forked processes ········ ***C. ganana***
   Basal process of aedeagal shaft without a pair of forked processes ········ 12
12. Sub base of aedeagal shaft without process ········ 13
   Sub base of aedeagal shaft with processes ········ 14
13. Cavity of aedeagal shaft with a pair of forked processes ········ ***C. hellerina***
   Cavity of aedeagal shaft without a pair of forked processes ········ ***C. jinpinga* sp. nov.**
14. Sub basal process of aedeagal shaft not forked ········ ***C. fopingana* sp. nov.**
   Sub basal process of aedeagal shaft forked ········ 15
15. Middle process of aedeagal shaft symmetrical ········ ***C. lijiangensis***
   Middle process of aedeagal shaft not symmetrical ········ 16
16. Middle process of aedeagal shaft with a pair of small processes ········ ***C. wudangana***
   Middle process of aedeagal shaft without small process ········ ***C. emeiana***

Concaveplana Chen *et* Li, 1998

Key to species (♂)

1. Apical area of aedeagal shaft curved ········ 2
   Apical area of aedeagal shaft not curved ········ 8
2. Apical area of aedeagal shaft with two long processes ········ 3
   Apical area of aedeagal shaft without long process ········ 5
3. Basal process of aedeagal shaft smooth and bending ········ ***C. chebalingensis* sp. nov.**
   Basal process of aedeagal shaft forked or with a lateral process ········ 4
4. Basal process of aedeagal shaft forked ········ ***C. hamulusa***
   Basal process of aedeagal shaft with a splinter at middle ········ ***C. rufolineata***
5. Basal process of aedeagal shaft forked ········ 6
   Basal process of aedeagal shaft not forked ········ 7
6. Basal process of aedeagal shaft forked at subapical ········ ***C. furcata***
   Basal process of aedeagal shaft not forked at subapical ········ ***C. spinata***
7. Basal process of aedeagal shaft with two pairs of processes ········ ***C. bispiculana* sp. nov.**
   Basal process of aedeagal shaft with a pair of processes ········ ***C. rubilinena***
8. Ventral margin of aedeagus shaft without process at base ········ 9
   Ventral margin of aedeagus shaft with process at base ········ 11
9. Dorsal margin process of aedeagus shaft without side process ········ ***C. trifasciata***

Dorsal margin process of aedeagus shaft with side process ························ 10

10. Dorsal margin process of aedeagus shaft with one side process ························ ***C. splintera* sp. nov.**

Dorsal margin process of aedeagus shaft with two side processes ························ ***C. suiyangensis* sp. nov.**

11. Ventral margin of aedeagus shaft with a pair of smooth processes at base ························ ***C. ventriprocessa***

Ventral margin of aedeagus shaft with a bifurcate process at base ························ 12

12. Dorsal margin process of aedeagus shaft with a side process middle and sub apex ························ ***C. maolana***

Dorsal margin process of aedeagus shaft with a side process only middle ························ ***C. forkplata* sp. nov.**

Convexfronta Li, 1997

Only one species found in China: *Convexfronta guoi* Li, 1997.

Decursusnirvana Gao, Dai *et* Zhang, 2014

Key to species (♂)

Middle of crown with a black transverse stripe, forewings without black longitudinal stripe ························ ***D. excelsa***

Anterior area of crown black, its base yellow white, forewings with black longitudinal stripe ························ ***D. fasciiformis***

Extenda Li, Li *et* Xing, gen. nov.

Key to species (♂)

1. Pronotum and scutellum yellow white ························ ***E. centriganga***

Pronotum and scutellum not yellow white ························ 2

2. Dorsal area of aedeagal shaft with a pair of long processes ························ ***E. broadbanda* sp. nov.**

Dorsal area of aedeagal shaft without a pair of long processes ························ 3

3. Middle of forewing with a 7-shaped black stripe ························ ***E. nigronotum***

Middle of forewing with a black transverse stripe ························ 4

4. End and middle of aedeagus with a pair of spinose processes ························ ***E. fasciata***

End of aedeagus with a pair of spinose processes, and its middle with a cuspidal process ························ ***E. ternifasciatata***

Extensus Huang, 1989

Only one species found in China: *Extensus latus* Huang, 1989.

Kana Distant, 1908

Only one species found in China: *Kana lanyuensis* Huang, 1994.

Longiconnecta Li *et* Xing, 2016

Key to species (♂)

1. End margin of forewing with a long brown spot at middle ······ ***L. marginalspota***
   End margin of forewing without a long brown spot at middle ······ 2
2. End process of pygofer side with teeth ······ ***L. albula***
   End process of pygofer side smooth ······ 3
3. Body milk white, aedeagal shaft forked at end ······ ***L. basimaculata***
   Body pale yellow, end of aedeagal shaft not forked ······ ***L. flava***

Longiheada Li, Li *et* Xing, gen. nov.

Only one species found in China: *Longiheada scarleta* Li, Li *et* Xing, sp. nov.

Nirvana Kirkaldy, 1900

Key to species (♂)

Crown, pronotum and scutellum with a black longitudinal stripe ······ ***N. suturalis***
Crown, pronotum and scutellum without black longitudinal stripe ······ ***N. pallida***

Oniella Matsumura, 1912

Key to species (♂)

Base of aedeagus with two pairs of processes, its dorsal margin without process ······ ***O. shaanxiana***
Base of aedeagus without process, its dorsal margin with process ······ ***O. honesta***

Ophiuchus Distant, 1918

Only one species found in China: *Ophiuchus bizonatus* Li *et* Wang, 1997.

Sinonirvana Gao *et* Zhang, 2014

Only one species found in China: *Sinonirvana hirsuta* Gao *et* Zhang, 2014.

Sophonia Walker, 1870

Key to species (♂)

1. Middle of body with black or pale longitudinal stripe ······ 2
   Middle of body without black longitudinal stripe ······ 3
2. Middle of body with pale longitudinal stripe ······ ***S. adorana*** **sp. nov.**
   Middle of body with black longitudinal stripe ······ 12
3. Black longitudinal line of body in uniline at crown ······ 4
   Black longitudinal line of body in double or forked at crown ······ 7
4. Black longitudinal line of body without regularity ······ ***S. lushana***
   Black longitudinal line of body with regularity ······ 5
5. Anterior margin of crown without black spot ······ ***S. flanka*** **sp. nov.**
   Anterior margin of crown with a black spot ······ 6
6. Piece-shaped of aedeagus expanding at middle ······ ***S. nigrilineata***
   Piece-shaped of aedeagus not expanding at middle ······ ***S. unilineata***
7. Black longitudinal line of body forked at crown ······ ***S. longitudinalis***
   Black longitudinal line of body not forked at crown ······ 8
8. Black longitudinal line of the pronotum and scutellum filleting blood red ······ ***S. orientalis***
   Black longitudinal line of the pronotum and scutellum not filleting blood red ······ 9
9. Body yellow ······ ***S. spathulata***
   Body yellow white ······ 10
10. End of male pygofer side without process ······ ***S. zhangi***
    End of male pygofer side with process ······ 11
11. Aedeagal shaft tube-shaped, its end with a pair of long processes ······ ***S. hairlinea*** **sp. nov.**
    Aedeagal shaft not tube-shaped, its end with a pair of short processes ······ ***S. bilineara***
12. Middle of body or crown with red longitudinal stripe ······ 13
    Middle of body or crown without red longitudinal stripe ······ 16
13. Middle of body with orange longitudinal stripe ······ ***S. rufa***
    Only middle of crown with red longitudinal stripe ······ 14
14. Crown with a blood red longitudinal stripe, its both sides without stripe ······ ***S. erythrolinea***
    Crown with a blood red longitudinal stripe, its both sides with stripe ······ 15
15. Anterior margin of crown with red spaded-shaped stripes ······ ***S. arcuata***
    Anterior margin of crown without red spade-shaped stripes ······ ***S. anushamata***
16. Forewings milk white ······ 17
    Forewings not milk white ······ 18
17. Subapical of aedeagal shaft with two pairs of prick-shaped processes ······ ***S. tortuosa*** **sp. nov.**
    Subapical or base of aedeagal shaft with a pair of long processes ······ ***S. yingjianga*** **sp. nov.**

18. Face black ···· *S. nigrifrons*
    Face not black ···· 19
19. Anterior margin of crown yellow ···· *S. cyatheana*
    Anterior margin of crown not yellow ···· 20
20. Apex and middle of aedeagus shaft with processes on both sides ···· *S. albuma*
    Structure of aedeagal shaft inferior to the preceding ···· 21
21. Aedeagal shaft S-shaped ···· 22
    Aedeagal shaft not S-shaped ···· 23
22. Base and end of aedeagal shaft with processes ···· ***S. pointeda* sp. nov.**
    Base and end of aedeagal shaft without process ···· ***S. contrariesa* sp. nov.**
23. End margin of forewings black brown ···· *S. fuscomarginata*
    End margin of forewings not black ···· 24
24. Body orange or ginger ···· 25
    Body yellow white or milk white ···· 26
25. Body ginger ···· ***S. spinula* sp. nov.**
    Body yellow ···· *S. branchuma*
26. Body and forewing milk white ···· 27
    Body and forewing yellow white ···· 28
27. Middle of aedeagal shaft with a papilla-shaped process ···· *S. biramosa*
    Middle of aedeagal shaft without a papilla-shaped process ···· ***S. microstaina* sp. nov.**
28. Middle of forewings with irregular brown stripes ···· *S. transvittata*
    Middle of forewings without irregular brown stripes ···· 29
29. Pygofer side with three branch-shaped processes ···· *S. yunnanensis*
    Pygofer side with two or a branch-shaped processes ···· 30
30. End margin of pygofer side without process ···· *S. unicolor*
    End margin of pygofer side with process ···· 31
31. End margin of pygofer side with two processes ···· ***S. nigricostana* sp. nov.**
    End margin of pygofer side with a process ···· *S. rosea*

Balbillini Baker, 1923

Key to the Chinese genera (♂)

Forewing with a well-developed appendix; hind femoral spinulation 2∶1∶0 ···· *Balbillus*

Forewing without appendix; hind femoral spinulation 2∶0∶0 ···· *Stenotortor*

Balbillus Distant, 1908

Key to species (♂)

1. Body and forewings white ·· ***B. albumus***
   Body and forewings pale yellowish-brown ·· 2
2. Crown with a taper-shaped black spot ··· ***B. laperpatteus* sp. nov.**
   Crown without black spot ·· ***B. diaoluoshanensis* sp. nov.**

Stenotortor Baker, 1923

Only one species found in China: *Stenotortor subhimalaya* Viraktamath *et* Wesley, 1988.

Pagaroniini Anufriev, 1978

Only one genus found in China: *Pagaronia* Ball, 1902.

Pagaronia Ball, 1902

Only one species found in China: *Pagaronia albescens* (Jacobi, 1943).

中 名 索 引

（按汉语拼音排序）

D

E

F

G

H

T

W

X

Y

Z

学名索引

A

B

C

D

E

F

G

H

I

J

K

L

M

N

O

P

Q

R

S

T

U

V

W

Y

Z

《中国动物志》已出版书目

《中国动物志》

兽纲　第六卷　啮齿目（下）　仓鼠科　罗泽珣等　2000，514 页，140 图，4 图版。

兽纲　第八卷　食肉目　高耀亭等　1987，377 页，66 图，10 图版。

兽纲　第九卷　鲸目　食肉目 海豹总科　海牛目　周开亚　2004，326 页，117 图，8 图版。

鸟纲　第一卷　第一部　中国鸟纲绪论　第二部　潜鸟目　鹳形目　郑作新等　1997，199 页，39 图，4 图版。

鸟纲　第二卷　雁形目　郑作新等　1979，143 页，65 图，10 图版。

鸟纲　第四卷　鸡形目　郑作新等　1978，203 页，53 图，10 图版。

鸟纲　第五卷　鹤形目　鸻形目　鸥形目　王岐山、马鸣、高育仁　2006，644 页，263 图，4 图版。

鸟纲　第六卷　鸽形目　鹦形目　鹃形目　鸮形目　郑作新、冼耀华、关贯勋　1991，240 页，64 图，5 图版。

鸟纲　第七卷　夜鹰目　雨燕目　咬鹃目　佛法僧目　鴷形目　谭耀匡、关贯勋　2003，241 页，36 图，4 图版。

鸟纲　第八卷　雀形目　阔嘴鸟科　和平鸟科　郑宝赉等　1985，333 页，103 图，8 图版。

鸟纲　第九卷　雀形目　太平鸟科　岩鹨科　陈服官等　1998，284 页，143 图，4 图版。

鸟纲　第十卷　雀形目　鹟科(一)　鸫亚科　郑作新、龙泽虞、卢汰春　1995，239 页，67 图，4 图版。

鸟纲　第十一卷　雀形目　鹟科(二)　画眉亚科　郑作新、龙泽虞、郑宝赉　1987，307 页，110 图，8 图版。

鸟纲　第十二卷　雀形目　鹟科(三)　莺亚科　鹟亚科　郑作新、卢汰春、杨岚、雷富民等　2010，439 页，121 图，4 图版。

鸟纲　第十三卷　雀形目　山雀科　绣眼鸟科　李桂垣、郑宝赉、刘光佐　1982，170 页，68 图，4 图版。

鸟纲　第十四卷　雀形目　文鸟科 雀科　傅桐生、宋榆钧、高玮等　1998，322 页，115 图，8 图版。

爬行纲　第一卷　总论　龟鳖目　鳄形目　张孟闻等　1998，208 页，44 图，4 图版。

爬行纲　第二卷　有鳞目　蜥蜴亚目　赵尔宓、赵肯堂、周开亚等　1999，394 页，54 图，8 图版。

爬行纲　第三卷　有鳞目　蛇亚目　赵尔宓等　1998，522 页，100 图，12 图版。

两栖纲　上卷　总论　蚓螈目　有尾目　费梁、胡淑琴、叶昌媛、黄永昭等　2006，471 页，120 图，16 图版。

两栖纲　中卷　无尾目　费梁、胡淑琴、叶昌媛、黄永昭等　2009，957 页，549 图，16 图版。

两栖纲 下卷 无尾目 蛙科 费梁、胡淑琴、叶昌媛、黄永昭等 2009，888 页，337 图，16 图版。
硬骨鱼纲 鲽形目 李思忠、王惠民 1995，433 页，170 图。
硬骨鱼纲 鲇形目 褚新洛、郑葆珊、戴定远等 1999，230 页，124 图。
硬骨鱼纲 鲤形目(中) 陈宜瑜等 1998，531 页，257 图。
硬骨鱼纲 鲤形目(下) 乐佩绮等 2000，661 页，340 图。
硬骨鱼纲 鲟形目 海鲢目 鲱形目 鼠鱚目 张世义 2001，209 页，88 图。
硬骨鱼纲 灯笼鱼目 鲸口鱼目 骨舌鱼目 陈素芝 2002，349 页，135 图。
硬骨鱼纲 鲀形目 海蛾鱼目 喉盘鱼目 鮟鱇目 苏锦祥、李春生 2002，495 页，194 图。
硬骨鱼纲 鲉形目 金鑫波 2006，739 页，287 图。
硬骨鱼纲 鲈形目(四) 刘静等 2016，312 页，142 图，15 图版。
硬骨鱼纲 鲈形目(五) 虾虎鱼亚目 伍汉霖、钟俊生等 2008，951 页，575 图，32 图版。
硬骨鱼纲 鳗鲡目 背棘鱼目 张春光等 2010，453 页，225 图，3 图版。
硬骨鱼纲 银汉鱼目 鳉形目 颌针鱼目 蛇鳚目 鳕形目 李思忠、张春光等 2011，946 页，345 图。
圆口纲 软骨鱼纲 朱元鼎、孟庆闻等 2001，552 页，247 图。
昆虫纲 第一卷 蚤目 柳支英等 1986，1334 页，1948 图。
昆虫纲 第二卷 鞘翅目 铁甲科 陈世骧等 1986，653 页，327 图，15 图版。
昆虫纲 第三卷 鳞翅目 圆钩蛾科 钩蛾科 朱弘复、王林瑶 1991，269 页，204 图，10 图版。
昆虫纲 第四卷 直翅目 蝗总科 癞蝗科 瘤锥蝗科 锥头蝗科 夏凯龄等 1994，340 页，168 图。
昆虫纲 第五卷 鳞翅目 蚕蛾科 大蚕蛾科 网蛾科 朱弘复、王林瑶 1996，302 页，234 图，18 图版。
昆虫纲 第六卷 双翅目 丽蝇科 范滋德等 1997，707 页，229 图。
昆虫纲 第七卷 鳞翅目 祝蛾科 武春生 1997，306 页，74 图，38 图版。
昆虫纲 第八卷 双翅目 蚊科(上) 陆宝麟等 1997，593 页，285 图。
昆虫纲 第九卷 双翅目 蚊科(下) 陆宝麟等 1997，126 页，57 图。
昆虫纲 第十卷 直翅目 蝗总科 斑翅蝗科 网翅蝗科 郑哲民、夏凯龄 1998，610 页，323 图。
昆虫纲 第十一卷 鳞翅目 天蛾科 朱弘复、王林瑶 1997，410 页，325 图，8 图版。
昆虫纲 第十二卷 直翅目 蚱总科 梁络球、郑哲民 1998，278 页，166 图。
昆虫纲 第十三卷 半翅目 姬蝽科 任树芝 1998，251 页，508 图，12 图版。
昆虫纲 第十四卷 同翅目 纩蚜科 瘿绵蚜科 张广学、乔格侠、钟铁森、张万玉 1999，380 页，121 图，17+8 图版。
昆虫纲 第十五卷 鳞翅目 尺蛾科 花尺蛾亚科 薛大勇、朱弘复 1999，1090 页，1197 图，25 图版。
昆虫纲 第十六卷 鳞翅目 夜蛾科 陈一心 1999，1596 页，701 图，68 图版。
昆虫纲 第十七卷 等翅目 黄复生等 2000，961 页，564 图。
昆虫纲 第十八卷 膜翅目 茧蜂科(一) 何俊华、陈学新、马云 2000，757 页，1783 图。
昆虫纲 第十九卷 鳞翅目 灯蛾科 方承莱 2000，589 页，338 图，20 图版。

昆虫纲 第二十卷 膜翅目 准蜂科 蜜蜂科 吴燕如 2000，442 页，218 图，9 图版。

昆虫纲 第二十一卷 鞘翅目 天牛科 花天牛亚科 蒋书楠、陈力 2001，296 页，17 图，18 图版。

昆虫纲 第二十二卷 同翅目 蚧总科 粉蚧科 绒蚧科 蜡蚧科 链蚧科 盘蚧科 壶蚧科 仁蚧科 王子清 2001，611 页，188 图。

昆虫纲 第二十三卷 双翅目 寄蝇科(一) 赵建铭、梁恩义、史永善、周士秀 2001，305 页，183 图，11 图版。

昆虫纲 第二十四卷 半翅目 毛唇花蝽科 细角花蝽科 花蝽科 卜文俊、郑乐怡 2001，267 页，362 图。

昆虫纲 第二十五卷 鳞翅目 凤蝶科 凤蝶亚科 锯凤蝶亚科 绢蝶亚科 武春生 2001，367 页，163 图，8 图版。

昆虫纲 第二十六卷 双翅目 蝇科(二) 棘蝇亚科(一) 马忠余、薛万琦、冯炎 2002，421 页，614 图。

昆虫纲 第二十七卷 鳞翅目 卷蛾科 刘友樵、李广武 2002，601 页，16 图，136+2 图版。

昆虫纲 第二十八卷 同翅目 角蝉总科 犁胸蝉科 角蝉科 袁锋、周尧 2002，590 页，295 图，4 图版。

昆虫纲 第二十九卷 膜翅目 螯蜂科 何俊华、许再福 2002，464 页，397 图。

昆虫纲 第三十卷 鳞翅目 毒蛾科 赵仲苓 2003，484 页，270 图，10 图版。

昆虫纲 第三十一卷 鳞翅目 舟蛾科 武春生、方承莱 2003，952 页，530 图，8 图版。

昆虫纲 第三十二卷 直翅目 蝗总科 槌角蝗科 剑角蝗科 印象初、夏凯龄 2003，280 页，144 图。

昆虫纲 第三十三卷 半翅目 盲蝽科 盲蝽亚科 郑乐怡、吕楠、刘国卿、许兵红 2004，797 页，228 图，8 图版。

昆虫纲 第三十四卷 双翅目 舞虻总科 舞虻科 螳舞虻亚科 驼舞虻亚科 杨定、杨集昆 2004，334 页，474 图，1 图版。

昆虫纲 第三十五卷 革翅目 陈一心、马文珍 2004，420 页，199 图，8 图版。

昆虫纲 第三十六卷 鳞翅目 波纹蛾科 赵仲苓 2004，291 页，153 图，5 图版。

昆虫纲 第三十七卷 膜翅目 茧蜂科(二) 陈学新、何俊华、马云 2004，581 页，1183 图，103 图版。

昆虫纲 第三十八卷 鳞翅目 蝙蝠蛾科 蛱蛾科 朱弘复、王林瑶、韩红香 2004，291 页，179 图，8 图版。

昆虫纲 第三十九卷 脉翅目 草蛉科 杨星科、杨集昆、李文柱 2005，398 页，240 图，4 图版。

昆虫纲 第四十卷 鞘翅目 肖叶甲科 肖叶甲亚科 谭娟杰、王书永、周红章 2005，415 页，95 图，8 图版。

昆虫纲 第四十一卷 同翅目 斑蚜科 乔格侠、张广学、钟铁森 2005，476 页，226 图，8 图版。

昆虫纲 第四十二卷 膜翅目 金小蜂科 黄大卫、肖晖 2005，388 页，432 图，5 图版。

昆虫纲 第四十三卷 直翅目 蝗总科 斑腿蝗科 李鸿昌、夏凯龄 2006，736 页，325 图。

昆虫纲 第四十四卷 膜翅目 切叶蜂科 吴燕如 2006，474 页，180 图，4 图版。

昆虫纲 第四十五卷 同翅目 飞虱科 丁锦华 2006，776 页，351 图，20 图版。
昆虫纲 第四十六卷 膜翅目 茧蜂科 窄径茧蜂亚科 陈家骅、杨建全 2006，301 页，81 图，32 图版。
昆虫纲 第四十七卷 鳞翅目 枯叶蛾科 刘有樵、武春生 2006，385 页，248 图，8 图版。
昆虫纲 蚤目(第二版，上下卷) 吴厚永等 2007，2174 页，2475 图。
昆虫纲 第四十九卷 双翅目 蝇科(一) 范滋德、邓耀华 2008，1186 页，276 图，4 图版。
昆虫纲 第五十卷 双翅目 食蚜蝇科 黄春梅、成新月 2012，852 页，418 图，8 图版。
昆虫纲 第五十一卷 广翅目 杨定、刘星月 2010，457 页，176 图，14 图版。
昆虫纲 第五十二卷 鳞翅目 粉蝶科 武春生 2010，416 页，174 图，16 图版。
昆虫纲 第五十三卷 双翅目 长足虻科(上下卷) 杨定、张莉莉、王孟卿、朱雅君 2011，1912 页，1017 图，7 图版。
昆虫纲 第五十四卷 鳞翅目 尺蛾科 尺蛾亚科 韩红香、薛大勇 2011，787 页，929 图，20 图版。
昆虫纲 第五十五卷 鳞翅目 弄蝶科 袁锋、袁向群、薛国喜 2015，754 页，280 图，15 图版。
昆虫纲 第五十六卷 膜翅目 细蜂总科(一) 何俊华、许再福 2015，1078 页，485 图。
昆虫纲 第五十七卷 直翅目 螽斯科 露螽亚科 康乐、刘春香、刘宪伟 2013，574 页，291 图，31 图版。
昆虫纲 第五十八卷 襀翅目 叉襀总科 杨定、李卫海、祝芳 2014，518 页，294 图，12 图版。
昆虫纲 第五十九卷 双翅目 虻科 许荣满、孙毅 2013，870 页，495 图，17 图版。
昆虫纲 第六十卷 半翅目 扁蚜科 平翅绵蚜科 乔格侠、姜立云、陈静、张广学、钟铁森 2017，414 页，137 图，8 图版。
昆虫纲 第六十一卷 鞘翅目 叶甲科 叶甲亚科 杨星科、葛斯琴、王书永、李文柱、崔俊芝 2014，641 页，378 图，8 图版。
昆虫纲 第六十二卷 半翅目 盲蝽科(二) 合垫盲蝽亚科 刘国卿、郑乐怡 2014，297 页，134 图，13 图版。
昆虫纲 第六十三卷 鞘翅目 拟步甲科(一) 任国栋等 2016，534 页，248 图，49 图版。
昆虫纲 第六十四卷 膜翅目 金小蜂科(二) 金小蜂亚科 肖晖、黄大卫、矫天扬 2019，495 页，186 图，12 图版。
昆虫纲 第六十五卷 双翅目 鹬虻科、伪鹬虻科 杨定、董慧、张魁艳 2016，476 页，222 图，7 图版。
昆虫纲 第六十七卷 半翅目 叶蝉科 (二) 大叶蝉亚科 杨茂发、孟泽洪、李子忠 2017，637 页，312 图，27 图版。
昆虫纲 第六十八卷 脉翅目 蚁蛉总科 王心丽、詹庆斌、王爱芹 2018，285 页，2 图，38 图版。
昆虫纲 第七十二卷 半翅目 叶蝉科（四） 李子忠、李玉建、邢济春 2020，547 页，303 图，14 图版。
无脊椎动物 第一卷 甲壳纲 淡水枝角类 蒋燮治、堵南山 1979，297 页，192 图。
无脊椎动物 第二卷 甲壳纲 淡水桡足类 沈嘉瑞等 1979，450 页，255 图。
无脊椎动物 第三卷 吸虫纲 复殖目(一) 陈心陶等 1985，697 页，469 图，10 图版。

无脊椎动物 第四卷 头足纲 董正之 1988，201页，124图，4图版。
无脊椎动物 第五卷 蛭纲 杨潼 1996，259页，141图。
无脊椎动物 第六卷 海参纲 廖玉麟 1997，334页，170图，2图版。
无脊椎动物 第七卷 腹足纲 中腹足目 宝贝总科 马绣同 1997，283页，96图，12图版。
无脊椎动物 第八卷 蛛形纲 蜘蛛目 蟹蛛科 逍遥蛛科 宋大祥、朱明生 1997，259页，154图。
无脊椎动物 第九卷 多毛纲(一) 叶须虫目 吴宝铃、吴启泉、丘建文、陆华 1997，323页，180图。
无脊椎动物 第十卷 蛛形纲 蜘蛛目 园蛛科 尹长民等 1997，460页，292图。
无脊椎动物 第十一卷 腹足纲 后鳃亚纲 头楯目 林光宇 1997，246页，35图，24图版。
无脊椎动物 第十二卷 双壳纲 贻贝目 王祯瑞 1997，268页，126图，4图版。
无脊椎动物 第十三卷 蛛形纲 蜘蛛目 球蛛科 朱明生 1998，436页，233图，1图版。
无脊椎动物 第十四卷 肉足虫纲 等辐骨虫目 泡沫虫目 谭智源 1998，315页，273图，25图版。
无脊椎动物 第十五卷 粘孢子纲 陈启鎏、马成伦 1998，805页，30图，180图版。
无脊椎动物 第十六卷 珊瑚虫纲 海葵目 角海葵目 群体海葵目 裴祖南 1998，286页，149图，20图版。
无脊椎动物 第十七卷 甲壳动物亚门 十足目 束腹蟹科 溪蟹科 戴爱云 1999，501页，238图，31图版。
无脊椎动物 第十八卷 原尾纲 尹文英 1999，510页，275图，8图版。
无脊椎动物 第十九卷 腹足纲 柄眼目 烟管螺科 陈德牛、张国庆 1999，210页，128图，5图版。
无脊椎动物 第二十卷 双壳纲 原鳃亚纲 异韧带亚纲 徐凤山 1999，244页，156图。
无脊椎动物 第二十一卷 甲壳动物亚门 糠虾目 刘瑞玉、王绍武 2000，326页，110图。
无脊椎动物 第二十二卷 单殖吸虫纲 吴宝华、郎所、王伟俊等 2000，756页，598图，2图版。
无脊椎动物 第二十三卷 珊瑚虫纲 石珊瑚目 造礁石珊瑚 邹仁林 2001，289页，9图，55图版。
无脊椎动物 第二十四卷 双壳纲 帘蛤科 庄启谦 2001，278页，145图。
无脊椎动物 第二十五卷 线虫纲 杆形目 圆线亚目(一) 吴淑卿等 2001，489页，201图。
无脊椎动物 第二十六卷 有孔虫纲 胶结有孔虫 郑守仪、傅钊先 2001，788页，130图，122图版。
无脊椎动物 第二十七卷 水螅虫纲 钵水母纲 高尚武、洪惠馨、张士美 2002，275页，136图。
无脊椎动物 第二十八卷 甲壳动物亚门 端足目 蛾亚目 陈清潮、石长泰 2002，249页，178图。
无脊椎动物 第二十九卷 腹足纲 原始腹足目 马蹄螺总科 董正之 2002，210页，176图，2图版。
无脊椎动物 第三十卷 甲壳动物亚门 短尾次目 海洋低等蟹类 陈惠莲、孙海宝 2002，597页，237图，4彩色图版，12黑白图版。
无脊椎动物 第三十一卷 双壳纲 珍珠贝亚目 王祯瑞 2002，374页，152图，7图版。
无脊椎动物 第三十二卷 多孔虫纲 罩笼虫目 稀孔虫纲 稀孔虫目 谭智源、宿星慧 2003，295页，193图，25图版。
无脊椎动物 第三十三卷 多毛纲(二) 沙蚕目 孙瑞平、杨德渐 2004，520页，267图，1图版。

无脊椎动物 第三十四卷 腹足纲 鹑螺总科 张素萍、马绣同 2004，243 页，123 图，5 图版。

无脊椎动物 第三十五卷 蛛形纲 蜘蛛目 肖蛸科 朱明生、宋大祥、张俊霞 2003，402 页，174 图，5 彩色图版，11 黑白图版。

无脊椎动物 第三十六卷 甲壳动物亚门 十足目 匙指虾科 梁象秋 2004，375 页，156 图。

无脊椎动物 第三十七卷 软体动物门 腹足纲 巴锅牛科 陈德牛、张国庆 2004，482 页，409 图，8 图版。

无脊椎动物 第三十八卷 毛颚动物门 箭虫纲 萧贻昌 2004，201 页，89 图。

无脊椎动物 第三十九卷 蛛形纲 蜘蛛目 平腹蛛科 宋大祥、朱明生、张锋 2004，362 页，175 图。

无脊椎动物 第四十卷 棘皮动物门 蛇尾纲 廖玉麟 2004，505 页，244 图，6 图版。

无脊椎动物 第四十一卷 甲壳动物亚门 端足目 钩虾亚目(一) 任先秋 2006，588 页，194 图。

无脊椎动物 第四十二卷 甲壳动物亚门 蔓足下纲 围胸总目 刘瑞玉、任先秋 2007，632 页，239 图。

无脊椎动物 第四十三卷 甲壳动物亚门 端足目 钩虾亚目(二) 任先秋 2012，651 页，197 图。

无脊椎动物 第四十四卷 甲壳动物亚门 十足目 长臂虾总科 李新正、刘瑞玉、梁象秋等 2007，381 页，157 图。

无脊椎动物 第四十五卷 纤毛门 寡毛纲 缘毛目 沈韫芬、顾曼如 2016，502 页，164 图，2 图版。

无脊椎动物 第四十六卷 星虫动物门 螠虫动物门 周红、李凤鲁、王玮 2007，206 页，95 图。

无脊椎动物 第四十七卷 蛛形纲 蜱螨亚纲 植绥螨科 吴伟南、欧剑峰、黄静玲 2009，511 页，287 图，9 图版。

无脊椎动物 第四十八卷 软体动物门 双壳纲 满月蛤总科 心蛤总科 厚壳蛤总科 鸟蛤总科 徐凤山 2012，239 页，133 图。

无脊椎动物 第四十九卷 甲壳动物亚门 十足目 梭子蟹科 杨思谅、陈惠莲、戴爱云 2012，417 页，138 图，14 图版。

无脊椎动物 第五十卷 缓步动物门 杨潼 2015，279 页，131 图，5 图版。

无脊椎动物 第五十一卷 线虫纲 杆形目 圆线亚目(二) 张路平、孔繁瑶 2014，316 页，97 图，19 图版。

无脊椎动物 第五十二卷 扁形动物门 吸虫纲 复殖目（三） 邱兆祉等 2018，746 页，401 图。

无脊椎动物 第五十三卷 蛛形纲 蜘蛛目 跳蛛科 彭贤锦 2020，612 页，392 图。

无脊椎动物 第五十四卷 环节动物门 多毛纲(三) 缨鳃虫目 孙瑞平、杨德渐 2014，493 页，239 图，2 图版。

无脊椎动物 第五十五卷 软体动物门 腹足纲 芋螺科 李凤兰、林民玉 2016，288 页，168 图，4 图版。

无脊椎动物 第五十六卷 软体动物门 腹足纲 凤螺总科、玉螺总科 张素萍 2016，318 页，138 图，10 图版。

无脊椎动物 第五十七卷 软体动物门 双壳纲 樱蛤科 双带蛤科 徐凤山、张均龙 2017，236 页，

50 图，15 图版。

无脊椎动物 第五十八卷 软体动物门 腹足纲 艾纳螺总科 吴岷 2018，300 页，63 图，6 图版。

无脊椎动物 第五十九卷 蛛形纲 蜘蛛目 漏斗蛛科 暗蛛科 朱明生、王新平、张志升 2017，727 页，384 图，5 图版。

《中国经济动物志》

兽类 寿振黄等 1962，554 页，153 图，72 图版。

鸟类 郑作新等 1963，694 页，10 图，64 图版。

鸟类(第二版) 郑作新等 1993，619 页，64 图版。

海产鱼类 成庆泰等 1962，174 页，25 图，32 图版。

淡水鱼类 伍献文等 1963，159 页，122 图，30 图版。

淡水鱼类寄生甲壳动物 匡溥人、钱金会 1991，203 页，110 图。

环节(多毛纲) 棘皮 原索动物 吴宝铃等 1963，141 页，65 图，16 图版。

海产软体动物 张玺、齐钟彦 1962，246 页，148 图。

淡水软体动物 刘月英等 1979，134 页，110 图。

陆生软体动物 陈德牛、高家祥 1987，186 页，224 图。

寄生蠕虫 吴淑卿、尹文真、沈守训 1960，368 页，158 图。

《中国经济昆虫志》

第一册 鞘翅目 天牛科 陈世骧等 1959，120 页，21 图，40 图版。

第二册 半翅目 蝽科 杨惟义 1962，138 页，11 图，10 图版。

第三册 鳞翅目 夜蛾科(一) 朱弘复、陈一心 1963，172 页，22 图，10 图版。

第四册 鞘翅目 拟步行虫科 赵养昌 1963，63 页，27 图，7 图版。

第五册 鞘翅目 瓢虫科 刘崇乐 1963，101 页，27 图，11 图版。

第六册 鳞翅目 夜蛾科(二) 朱弘复等 1964，183 页，11 图版。

第七册 鳞翅目 夜蛾科(三) 朱弘复、方承莱、王林瑶 1963，120 页，28 图，31 图版。

第八册 等翅目 白蚁 蔡邦华、陈宁生，1964，141 页，79 图，8 图版。

第九册 膜翅目 蜜蜂总科 吴燕如 1965，83 页，40 图，7 图版。

第十册 同翅目 叶蝉科 葛钟麟 1966，170 页，150 图。

第十一册 鳞翅目 卷蛾科(一) 刘友樵、白九维 1977，93 页，23 图，24 图版。

第十二册 鳞翅目 毒蛾科 赵仲苓 1978，121 页，45 图，18 图版。

第十三册 双翅目 蠓科 李铁生 1978，124 页，104 图。

第十四册 鞘翅目 瓢虫科(二) 庞雄飞、毛金龙 1979，170 页，164 图，16 图版。

第十五册 蜱螨目 蜱总科 邓国藩 1978，174 页，707 图。

第十六册 鳞翅目 舟蛾科 蔡荣权 1979，166 页，126 图，19 图版。

第十七册 蜱螨目 革螨股 潘锭文、邓国藩 1980，155 页，168 图。

第十八册 鞘翅目 叶甲总科(一) 谭娟杰、虞佩玉 1980，213 页，194 图，18 图版。

第十九册 鞘翅目 天牛科 蒲富基 1980，146 页，42 图，12 图版。
第二十册 鞘翅目 象虫科 赵养昌、陈元清 1980，184 页，73 图，14 图版。
第二十一册 鳞翅目 螟蛾科 王平远 1980，229 页，40 图，32 图版。
第二十二册 鳞翅目 天蛾科 朱弘复、王林瑶 1980，84 页，17 图，34 图版。
第二十三册 螨 目 叶螨总科 王慧芙 1981，150 页，121 图，4 图版。
第二十四册 同翅目 粉蚧科 王子清 1982，119 页，75 图。
第二十五册 同翅目 蚜虫类(一) 张广学、钟铁森 1983，387 页，207 图，32 图版。
第二十六册 双翅目 虻科 王遵明 1983，128 页，243 图，8 图版。
第二十七册 同翅目 飞虱科 葛钟麟等 1984，166 页，132 图，13 图版。
第二十八册 鞘翅目 金龟总科幼虫 张芝利 1984，107 页，17 图，21 图版。
第二十九册 鞘翅目 小蠹科 殷惠芬、黄复生、李兆麟 1984，205 页，132 图，19 图版。
第三十册 膜翅目 胡蜂总科 李铁生 1985，159 页，21 图，12 图版。
第三十一册 半翅目(一) 章士美等 1985，242 页，196 图，59 图版。
第三十二册 鳞翅目 夜蛾科(四) 陈一心 1985，167 页，61 图，15 图版。
第三十三册 鳞翅目 灯蛾科 方承莱 1985，100 页，69 图，10 图版。
第三十四册 膜翅目 小蜂总科(一) 廖定熹等 1987，241 页，113 图，24 图版。
第三十五册 鞘翅目 天牛科(三) 蒋书楠、蒲富基、华立中 1985，189 页，2 图，13 图版。
第三十六册 同翅目 蜡蝉总科 周尧等 1985，152 页，125 图，2 图版。
第三十七册 双翅目 花蝇科 范滋德等 1988，396 页，1215 图，10 图版。
第三十八册 双翅目 蠓科(二) 李铁生 1988，127 页，107 图。
第三十九册 蜱螨亚纲 硬蜱科 邓国藩、姜在阶 1991，359 页，354 图。
第四十册 蜱螨亚纲 皮刺螨总科 邓国藩等 1993，391 页，318 图。
第四十一册 膜翅目 金小蜂科 黄大卫 1993，196 页，252 图。
第四十二册 鳞翅目 毒蛾科(二) 赵仲苓 1994，165 页，103 图，10 图版。
第四十三册 同翅目 蚧总科 王子清 1994，302 页，107 图。
第四十四册 蜱螨亚纲 瘿螨总科(一) 匡海源 1995，198 页，163 图，7 图版。
第四十五册 双翅目 虻科(二) 王遵明 1994，196 页，182 图，8 图版。
第四十六册 鞘翅目 金花龟科 斑金龟科 弯腿金龟科 马文珍 1995，210 页，171 图，5 图版。
第四十七册 膜翅目 蚁科(一) 唐觉等 1995，134 页，135 图。
第四十八册 蜉蝣目 尤大寿等 1995，152 页，154 图。
第四十九册 毛翅目(一) 小石蛾科 角石蛾科 纹石蛾科 长角石蛾科 田立新等 1996，195 页 271 图，2 图版。
第五十册 半翅目(二) 章士美等 1995，169 页，46 图，24 图版。
第五十一册 膜翅目 姬蜂科 何俊华、陈学新、马云 1996，697 页，434 图。
第五十二册 膜翅目 泥蜂科 吴燕如、周勤 1996，197 页，167 图，14 图版。
第五十三册 蜱螨亚纲 植绥螨科 吴伟南等 1997，223 页，169 图，3 图版。
第五十四册 鞘翅目 叶甲总科(二) 虞佩玉等 1996，324 页，203 图，12 图版。
第五十五册 缨翅目 韩运发 1997，513 页，220 图，4 图版。

Serial Faunal Monographs Already Published

FAUNA SINICA

Mammalia vol. 6 Rodentia III: Cricetidae. Luo Zexun *et al.*, 2000. 514 pp., 140 figs., 4 pls.

Mammalia vol. 8 Carnivora. Gao Yaoting *et al.*, 1987. 377 pp., 44 figs., 10 pls.

Mammalia vol. 9 Cetacea, Carnivora: Phocoidea, Sirenia. Zhou Kaiya, 2004. 326 pp., 117 figs., 8 pls.

Aves vol. 1 part 1. Introductory Account of the Class Aves in China; part 2. Account of Orders listed in this Volume. Zheng Zuoxin (Cheng Tsohsin) *et al.*, 1997. 199 pp., 39 figs., 4 pls.

Aves vol. 2 Anseriformes. Zheng Zuoxin (Cheng Tsohsin) *et al.*, 1979. 143 pp., 65 figs., 10 pls.

Aves vol. 4 Galliformes. Zheng Zuoxin (Cheng Tsohsin) *et al.*, 1978. 203 pp., 53 figs., 10 pls.

Aves vol. 5 Gruiformes, Charadriiformes, Lariformes. Wang Qishan, Ma Ming and Gao Yuren, 2006. 644 pp., 263 figs., 4 pls.

Aves vol. 6 Columbiformes, Psittaciformes, Cuculiformes, Strigiformes. Zheng Zuoxin (Cheng Tsohsin), Xian Yaohua and Guan Guanxun, 1991. 240 pp., 64 figs., 5 pls.

Aves vol. 7 Caprimulgiformes, Apodiformes, Trogoniformes, Coraciiformes, Piciformes. Tan Yaokuang and Guan Guanxun, 2003. 241 pp., 36 figs., 4 pls.

Aves vol. 8 Passeriformes: Eurylaimidae-Irenidae. Zheng Baolai *et al.*, 1985. 333 pp., 103 figs., 8 pls.

Aves vol. 9 Passeriformes: Bombycillidae, Prunellidae. Chen Fuguan *et al.*, 1998. 284 pp., 143 figs., 4 pls.

Aves vol. 10 Passeriformes: Muscicapidae I: Turdinae. Zheng Zuoxin (Cheng Tsohsin), Long Zeyu and Lu Taichun, 1995. 239 pp., 67 figs., 4 pls.

Aves vol. 11 Passeriformes: Muscicapidae II: Timaliinae. Zheng Zuoxin (Cheng Tsohsin), Long Zeyu and Zheng Baolai, 1987. 307 pp., 110 figs., 8 pls.

Aves vol. 12 Passeriformes: Muscicapidae III Sylviinae Muscicapinae. Zheng Zuoxin, Lu Taichun, Yang Lan and Lei Fumin *et al.*, 2010. 439 pp., 121 figs., 4 pls.

Aves vol. 13 Passeriformes: Paridae, Zosteropidae. Li Guiyuan, Zheng Baolai and Liu Guangzuo, 1982. 170 pp., 68 figs., 4 pls.

Aves vol. 14 Passeriformes: Ploceidae and Fringillidae. Fu Tongsheng, Song Yujun and Gao Wei *et al.*, 1998. 322 pp., 115 figs., 8 pls.

Reptilia vol. 1 General Accounts of Reptilia. Testudoformes and Crocodiliformes. Zhang Mengwen *et al.*, 1998. 208 pp., 44 figs., 4 pls.

Reptilia vol. 2 Squamata: Lacertilia. Zhao Ermi, Zhao Kentang and Zhou Kaiya *et al.*, 1999. 394 pp., 54 figs., 8 pls.

Reptilia vol. 3 Squamata: Serpentes. Zhao Ermi *et al.*, 1998. 522 pp., 100 figs., 12 pls.

Amphibia vol. 1 General accounts of Amphibia, Gymnophiona, Urodela. Fei Liang, Hu Shuqin, Ye Changyuan and Huang Yongzhao *et al.*, 2006. 471 pp., 120 figs., 16 pls.

Amphibia vol. 2 Anura. Fei Liang, Hu Shuqin, Ye Changyuan and Huang Yongzhao *et al.*, 2009. 957 pp., 549 figs., 16 pls.

Amphibia vol. 3 Anura: Ranidae. Fei Liang, Hu Shuqin, Ye Changyuan and Huang Yongzhao *et al.*, 2009. 888 pp., 337 figs., 16 pls.

Osteichthyes: Pleuronectiformes. Li Sizhong and Wang Huimin, 1995. 433 pp., 170 figs.

Osteichthyes: Siluriformes. Chu Xinluo, Zheng Baoshan and Dai Dingyuan *et al.*, 1999. 230 pp., 124 figs.

Osteichthyes: Cypriniformes II. Chen Yiyu *et al.*, 1998. 531 pp., 257 figs.

Osteichthyes: Cypriniformes III. Yue Peiqi *et al.*, 2000. 661 pp., 340 figs.

Osteichthyes: Acipenseriformes, Elopiformes, Clupeiformes, Gonorhynchiformes. Zhang Shiyi, 2001. 209 pp., 88 figs.

Osteichthyes: Myctophiformes, Cetomimiformes, Osteoglossiformes. Chen Suzhi, 2002. 349 pp., 135 figs.

Osteichthyes: Tetraodontiformes, Pegasiformes, Gobiesociformes, Lophiiformes. Su Jinxiang and Li Chunsheng, 2002. 495 pp., 194 figs.

Ostichthyes: Scorpaeniformes. Jin Xinbo, 2006. 739 pp., 287 figs.

Ostichthyes: Perciformes IV. Liu Jing *et al.*, 2016. 312 pp., 143 figs., 15 pls.

Ostichthyes: Perciformes V: Gobioidei. Wu Hanlin and Zhong Junsheng *et al.*, 2008. 951 pp., 575 figs., 32 pls.

Ostichthyes: Anguilliformes Notacanthiformes. Zhang Chunguang *et al.*, 2010. 453 pp., 225 figs., 3 pls.

Ostichthyes: Atheriniformes, Cyprinodontiformes, Beloniformes, Ophidiiformes, Gadiformes. Li Sizhong and Zhang Chunguang *et al.*, 2011. 946 pp., 345 figs.

Cyclostomata and Chondrichthyes. Zhu Yuanding and Meng Qingwen *et al.*, 2001. 552 pp., 247 figs.

Insecta vol. 1 Siphonaptera. Liu Zhiying *et al.*, 1986. 1334 pp., 1948 figs.

Insecta vol. 2 Coleoptera: Hispidae. Chen Sicien *et al.*, 1986. 653 pp., 327 figs., 15 pls.

Insecta vol. 3 Lepidoptera: Cyclidiidae, Drepanidae. Chu Hungfu and Wang Linyao, 1991. 269 pp., 204 figs., 10 pls.

Insecta vol. 4 Orthoptera: Acrioidea: Pamphagidae, Chrotogonidae, Pyrgomorphidae. Xia Kailing *et al.*, 1994. 340 pp., 168 figs.

Insecta vol. 5 Lepidoptera: Bombycidae, Saturniidae, Thyrididae. Zhu Hongfu and Wang Linyao, 1996. 302 pp., 234 figs., 18 pls.

Insecta vol. 6 Diptera: Calliphoridae. Fan Zide *et al.*, 1997. 707 pp., 229 figs.

Insecta vol. 7 Lepidoptera: Lecithoceridae. Wu Chunsheng, 1997. 306 pp., 74 figs., 38 pls.

Insecta vol. 8 Diptera: Culicidae I. Lu Baolin *et al.*, 1997. 593 pp., 285 pls.

Insecta vol. 9 Diptera: Culicidae II. Lu Baolin *et al.*, 1997. 126 pp., 57 pls.

Insecta vol. 10 Orthoptera: Oedipodidae, Arcypteridae III. Zheng Zhemin and Xia Kailing, 1998. 610 pp.,

323 figs.

Insecta vol. 11 Lepidoptera: Sphingidae. Zhu Hongfu and Wang Linyao, 1997. 410 pp., 325 figs., 8 pls.

Insecta vol. 12 Orthoptera: Tetrigoidea. Liang Geqiu and Zheng Zhemin, 1998. 278 pp., 166 figs.

Insecta vol. 13 Hemiptera: Nabidae. Ren Shuzhi, 1998. 251 pp., 508 figs., 12 pls.

Insecta vol. 14 Homoptera: Mindaridae, Pemphigidae. Zhang Guangxue, Qiao Gexia, Zhong Tiesen and Zhang Wanfang, 1999. 380 pp., 121 figs., 17+8 pls.

Insecta vol. 15 Lepidoptera: Geometridae: Larentiinae. Xue Dayong and Zhu Hongfu (Chu Hungfu), 1999. 1090 pp., 1197 figs., 25 pls.

Insecta vol. 16 Lepidoptera: Noctuidae. Chen Yixin, 1999. 1596 pp., 701 figs., 68 pls.

Insecta vol. 17 Isoptera. Huang Fusheng *et al.*, 2000. 961 pp., 564 figs.

Insecta vol. 18 Hymenoptera: Braconidae I. He Junhua, Chen Xuexin and Ma Yun, 2000. 757 pp., 1783 figs.

Insecta vol. 19 Lepidoptera: Arctiidae. Fang Chenglai, 2000. 589 pp., 338 figs., 20 pls.

Insecta vol. 20 Hymenoptera: Melittidae and Apidae. Wu Yanru, 2000. 442 pp., 218 figs., 9 pls.

Insecta vol. 21 Coleoptera: Cerambycidae: Lepturinae. Jiang Shunan and Chen Li, 2001. 296 pp., 17 figs., 18 pls.

Insecta vol. 22 Homoptera: Coccoidea: Pseudococcidae, Eriococcidae, Asterolecaniidae, Coccidae, Lecanodiaspididae, Cerococcidae, Aclerdidae. Wang Tzeching, 2001. 611 pp., 188 figs.

Insecta vol. 23 Diptera: Tachinidae I. Chao Cheiming, Liang Enyi, Shi Yongshan and Zhou Shixiu, 2001. 305 pp., 183 figs., 11 pls.

Insecta vol. 24 Hemiptera: Lasiochilidae, Lyctocoridae, Anthocoridae. Bu Wenjun and Zheng Leyi (Cheng Loyi), 2001. 267 pp., 362 figs.

Insecta vol. 25 Lepidoptera: Papilionidae: Papilioninae, Zerynthiinae, Parnassiinae. Wu Chunsheng, 2001. 367 pp., 163 figs., 8 pls.

Insecta vol. 26 Diptera: Muscidae II: Phaoniinae I. Ma Zhongyu, Xue Wanqi and Feng Yan, 2002. 421 pp., 614 figs.

Insecta vol. 27 Lepidoptera: Tortricidae. Liu Youqiao and Li Guangwu, 2002. 601 pp., 16 figs., 2+136 pls.

Insecta vol. 28 Homoptera: Membracoidea: Aetalionidae and Membracidae. Yuan Feng and Chou Io, 2002. 590 pp., 295 figs., 4 pls.

Insecta vol. 29 Hymenoptera: Dyrinidae. He Junhua and Xu Zaifu, 2002. 464 pp., 397 figs.

Insecta vol. 30 Lepidoptera: Lymantriidae. Zhao Zhongling (Chao Chungling), 2003. 484 pp., 270 figs., 10 pls.

Insecta vol. 31 Lepidoptera: Notodontidae. Wu Chunsheng and Fang Chenglai, 2003. 952 pp., 530 figs., 8 pls.

Insecta vol. 32 Orthoptera: Acridoidea: Gomphoceridae, Acrididae. Yin Xiangchu, Xia Kailing *et al.*, 2003. 280 pp., 144 figs.

Insecta vol. 33 Hemiptera: Miridae, Mirinae. Zheng Leyi, Lü Nan, Liu Guoqing and Xu Binghong, 2004. 797 pp., 228 figs., 8 pls.

Insecta vol. 34 Diptera: Empididae, Hemerodromiinae and Hybotinae. Yang Ding and Yang Chikun, 2004.

334 pp., 474 figs., 1 pls.

Insecta vol. 35 Dermaptera. Chen Yixin and Ma Wenzhen, 2004. 420 pp., 199 figs., 8 pls.

Insecta vol. 36 Lepidoptera: Thyatiridae. Zhao Zhongling, 2004. 291 pp., 153 figs., 5 pls.

Insecta vol. 37 Hymenoptera: Braconidae II. Chen Xuexin, He Junhua and Ma Yun, 2004. 518 pp., 1183 figs., 103 pls.

Insecta vol. 38 Lepidoptera: Hepialidae, Epiplemidae. Zhu Hongfu, Wang Linyao and Han Hongxiang, 2004. 291 pp., 179 figs., 8 pls.

Insecta vol. 39 Neuroptera: Chrysopidae. Yang Xingke, Yang Jikun and Li Wenzhu, 2005. 398 pp., 240 figs., 4 pls.

Insecta vol. 40 Coleoptera: Eumolpidae: Eumolpinae. Tan Juanjie, Wang Shuyong and Zhou Hongzhang, 2005. 415 pp., 95 figs., 8 pls.

Insecta vol. 41 Diptera: Muscidae I. Fan Zide *et al.*, 2005. 476 pp., 226 figs., 8 pls.

Insecta vol. 42 Hymenoptera: Pteromalidae. Huang Dawei and Xiao Hui, 2005. 388 pp., 432 figs., 5 pls.

Insecta vol. 43 Orthoptera: Acridoidea: Catantopidae. Li Hongchang and Xia Kailing, 2006. 736pp., 325 figs.

Insecta vol. 44 Hymenoptera: Megachilidae. Wu Yanru, 2006. 474 pp., 180 figs., 4 pls.

Insecta vol. 45 Diptera: Homoptera: Delphacidae. Ding Jinhua, 2006. 776 pp., 351 figs., 20 pls.

Insecta vol. 46 Hymenoptera: Braconidae: Agathidinae. Chen Jiahua and Yang Jianquan, 2006. 301 pp., 81 figs., 32 pls.

Insecta vol. 47 Lepidoptera: Lasiocampidae. Liu Youqiao and Wu Chunsheng, 2006. 385 pp., 248 figs., 8 pls.

Insecta Saiphonaptera(2 volumes). Wu Houyong *et al.*, 2007. 2174 pp., 2475 figs.

Insecta vol. 49 Diptera: Muscidae. Fan Zide *et al.*, 2008. 1186 pp., 276 figs., 4 pls.

Insecta vol. 50 Diptera: Syrphidae. Huang Chunmei and Cheng Xinyue, 2012. 852 pp., 418 figs., 8 pls.

Insecta vol. 51 Megaloptera. Yang Ding and Liu Xingyue, 2010. 457 pp., 176 figs., 14 pls.

Insecta vol. 52 Lepidoptera: Pieridae. Wu Chunsheng, 2010. 416 pp., 174 figs., 16 pls.

Insecta vol. 53 Diptera Dolichopodidae(2 volumes). Yang Ding *et al.*, 2011. 1912 pp., 1017 figs., 7 pls.

Insecta vol. 54 Lepidoptera: Geometridae: Geometrinae. Han Hongxiang and Xue Dayong, 2011. 787 pp., 929 figs., 20 pls.

Insecta vol. 55 Lepidoptera: Hesperiidae. Yuan Feng, Yuan Xiangqun and Xue Guoxi, 2015. 754 pp., 280 figs., 15 pls.

Insecta vol. 56 Hymenoptera: Proctotrupoidea(I). He Junhua and Xu Zaifu, 2015. 1078 pp., 485 figs.

Insecta vol. 57 Orthoptera: Tettigoniidae: Phaneropterinae. Kang Le *et al.*, 2013. 574 pp., 291 figs., 31 pls.

Insecta vol. 58 Plecoptera: Nemouroides. Yang Ding, Li Weihai and Zhu Fang, 2014. 518 pp., 294 figs., 12 pls.

Insecta vol. 59 Diptera: Tabanidae. Xu Rongman and Sun Yi, 2013. 870 pp., 495 figs., 17 pls.

Insecta vol. 60 Hemiptera: Hormaphididae, Phloeomyzidae. Qiao Gexia, Jiang Liyun, Chen Jing, Zhang Guangxue and Zhong Tiesen, 2017. 414 pp., 137 figs., 8 pls.

Insecta vol. 61 Coleoptera: Chrysomelidae: Chrysomelinae. Yang Xingke, Ge Siqin, Wang Shuyong, Li Wenzhu and Cui Junzhi, 2014. 641 pp., 378 figs., 8 pls.

Insecta vol. 62 Hemiptera: Miridae(II): Orthotylinae. Liu Guoqing and Zheng Leyi, 2014. 297 pp., 134 figs., 13 pls.

Insecta vol. 63 Coleoptera: Tenebrionidae(I). Ren Guodong *et al.*, 2016. 534 pp., 248 figs., 49 pls.

Insecta vol. 64 Chalcidoidea : Pteromalidae(II): Pteromalinae. Xiao Hui *et al.*, 2019. 495 pp., 186 figs., 12 pls.

Insecta vol. 65 Diptera: Rhagionidae and Athericidae. Yang Ding, Dong Hui and Zhang Kuiyan. 2016. 476 pp., 222 figs., 7 pls.

Insecta vol. 67 Hemiptera: Cicadellidae (II): Cicadellinae. Yang Maofa, Meng Zehong and Li Zizhong. 2017. 637pp., 312 figs., 27 pls.

Insecta vol. 68 Neuroptera: Myrmeleontoidea. Wang Xinli, Zhan Qingbin and Wang Aiqin. 2018. 285 pp., 2 figs., 38 pls.

Insecta vol. 72 Hemiptera: Cicadellidae (IV): Evacanthinae. Li Zizhong, Li Yujian and Xing Jichun. 2020. 547 pp., 303 figs., 14 pls.

Invertebrata vol. 1 Crustacea: Freshwater Cladocera. Chiang Siehchih and Du Nanshang, 1979. 297 pp.,192 figs.

Invertebrata vol. 2 Crustacea: Freshwater Copepoda. Shen Jiarui *et al.*, 1979. 450 pp., 255 figs.

Invertebrata vol. 3 Trematoda: Digenea I. Chen Xintao *et al.*, 1985. 697 pp., 469 figs., 12 pls.

Invertebrata vol. 4 Cephalopode. Dong Zhengzhi, 1988. 201 pp., 124 figs., 4 pls.

Invertebrata vol. 5 Hirudinea: Euhirudinea and Branchiobdellidea. Yang Tong, 1996. 259 pp., 141 figs.

Invertebrata vol. 6 Holothuroidea. Liao Yulin, 1997. 334 pp., 170 figs., 2 pls.

Invertebrata vol. 7 Gastropoda: Mesogastropoda: Cypraeacea. Ma Xiutong, 1997. 283 pp., 96 figs., 12 pls.

Invertebrata vol. 8 Arachnida: Araneae: Thomisidae and Philodromidae. Song Daxiang and Zhu Mingsheng, 1997. 259 pp., 154 figs.

Invertebrata vol. 9 Polychaeta: Phyllodocimorpha. Wu Baoling, Wu Qiquan, Qiu Jianwen and Lu Hua, 1997. 323pp., 180 figs.

Invertebrata vol. 10 Arachnida: Araneae: Araneidae. Yin Changmin *et al.*, 1997. 460 pp., 292 figs.

Invertebrata vol. 11 Gastropoda: Opisthobranchia: Cephalaspidea. Lin Guangyu, 1997. 246 pp., 35 figs., 28 pls.

Invertebrata vol. 12 Bivalvia: Mytiloida. Wang Zhenrui, 1997. 268 pp., 126 figs., 4 pls.

Invertebrata vol. 13 Arachnida: Araneae: Theridiidae. Zhu Mingsheng, 1998. 436 pp., 233 figs., 1 pl.

Invertebrata vol. 14 Sacodina: Acantharia and Spumellaria. Tan Zhiyuan, 1998. 315 pp., 273 figs., 25 pls.

Invertebrata vol. 15 Myxosporea. Chen Chihleu and Ma Chenglun, 1998. 805 pp., 30 figs., 180 pls.

Invertebrata vol. 16 Anthozoa: Actiniaria, Ceriantharis and Zoanthidea. Pei Zunan, 1998. 286 pp., 149 figs., 22 pls.

Invertebrata vol. 17 Crustacea: Decapoda: Parathelphusidae and Potamidae. Dai Aiyun, 1999. 501 pp., 238 figs., 31 pls.

Invertebrata vol. 18 Protura. Yin Wenying, 1999. 510 pp., 275 figs., 8 pls.

Invertebrata vol. 19 Gastropoda: Pulmonata: Stylommatophora: Clausiliidae. Chen Deniu and Zhang Guoqing, 1999. 210 pp., 128 figs., 5 pls.

Invertebrata vol. 20 Bivalvia: Protobranchia and Anomalodesmata. Xu Fengshan, 1999. 244 pp., 156 figs.

Invertebrata vol. 21 Crustacea: Mysidacea. Liu Ruiyu (J. Y. Liu) and Wang Shaowu, 2000. 326 pp., 110 figs.

Invertebrata vol. 22 Monogenea. Wu Baohua, Lang Suo and Wang Weijun, 2000. 756 pp., 598 figs., 2 pls.

Invertebrata vol. 23 Anthozoa: Scleractinia: Hermatypic coral. Zou Renlin, 2001. 289 pp., 9 figs., 47+8 pls.

Invertebrata vol. 24 Bivalvia: Veneridae. Zhuang Qiqian, 2001. 278 pp., 145 figs.

Invertebrata vol. 25 Nematoda: Rhabditida: Strongylata I. Wu Shuqing *et al.*, 2001. 489 pp., 201 figs.

Invertebrata vol. 26 Foraminiferea: Agglutinated Foraminifera. Zheng Shouyi and Fu Zhaoxian, 2001. 788 pp., 130 figs., 122 pls.

Invertebrata vol. 27 Hydrozoa and Scyphomedusae. Gao Shangwu, Hong Hueshin and Zhang Shimei, 2002. 275 pp., 136 figs.

Invertebrata vol. 28 Crustacea: Amphipoda: Hyperiidae. Chen Qingchao and Shi Changtai, 2002. 249 pp., 178 figs.

Invertebrata vol. 29 Gastropoda: Archaeogastropoda: Trochacea. Dong Zhengzhi, 2002. 210 pp., 176 figs., 2 pls.

Invertebrata vol. 30 Crustacea: Brachyura: Marine primitive crabs. Chen Huilian and Sun Haibao, 2002. 597 pp., 237 figs., 16 pls.

Invertebrata vol. 31 Bivalvia: Pteriina. Wang Zhenrui, 2002. 374 pp., 152 figs., 7 pls.

Invertebrata vol. 32 Polycystinea: Nasellaria; Phaeodarea: Phaeodaria. Tan Zhiyuan and Su Xinghui, 2003. 295 pp., 193 figs., 25 pls.

Invertebrata vol. 33 Annelida: Polychaeta II Nereidida. Sun Ruiping and Yang Derjian, 2004. 520 pp., 267 figs., 193 pls.

Invertebrata vol. 34 Mollusca: Gastropoda Tonnacea, Zhang Suping and Ma Xiutong, 2004. 243 pp., 123 figs., 1 pl.

Invertebrata vol. 35 Arachnida: Araneae: Tetragnathidae. Zhu Mingsheng, Song Daxiang and Zhang Junxia, 2003. 402 pp., 174 figs., 5+11 pls.

Invertebrata vol. 36 Crustacea: Decapoda, Atyidae. Liang Xiangqiu, 2004. 375 pp., 156 figs.

Invertebrata vol. 37 Mollusca: Gastropoda: Stylommatophora: Bradybaenidae. Chen Deniu and Zhang Guoqing, 2004. 482 pp., 409 figs., 8 pls.

Invertebrata vol. 38 Chaetognatha: Sagittoidea. Xiao Yichang, 2004. 201 pp., 89 figs.

Invertebrata vol. 39 Arachnida: Araneae: Gnaphosidae. Song Daxiang, Zhu Mingsheng and Zhang Feng, 2004. 362 pp., 175 figs.

Invertebrata vol. 40 Echinodermata: Ophiuroidea. Liao Yulin, 2004. 505 pp., 244 figs., 6 pls.

Invertebrata vol. 41 Crustacea: Amphipoda: Gammaridea I. Ren Xianqiu, 2006. 588 pp., 194 figs.

Invertebrata vol. 42 Crustacea: Cirripedia: Thoracica. Liu Ruiyu and Ren Xianqiu, 2007. 632 pp., 239 figs.

Invertebrata vol. 43 Crustacea: Amphipoda: Gammaridea II. Ren Xianqiu, 2012. 651 pp., 197 figs.

Invertebrata vol. 44 Crustacea: Decapoda: Palaemonoidea. Li Xinzheng, Liu Ruiyu, Liang Xingqiu and Chen Guoxiao, 2007. 381 pp., 157 figs.

Invertebrata vol. 45 Ciliophora: Oligohymenophorea: Peritrichida. Shen Yunfen and Gu Manru, 2016. 502 pp., 164 figs., 2 pls.

Invertebrata vol. 46 Sipuncula, Echiura. Zhou Hong, Li Fenglu and Wang Wei, 2007. 206 pp., 95 figs.

Invertebrata vol. 47 Arachnida: Acari: Phytoseiidae. Wu weinan, Ou Jianfeng and Huang Jingling. 2009. 511 pp., 287 figs., 9 pls.

Invertebrata vol. 48 Mollusca: Bivalvia: Lucinacea, Carditacea, Crassatellacea and Cardiacea. Xu Fengshan. 2012. 239 pp., 133 figs.

Invertebrata vol. 49 Crustacea: Decapoda: Portunidae. Yang Siliang, Chen Huilian and Dai Aiyun. 2012. 417 pp., 138 figs., 14 pls.

Invertebrata vol. 50 Tardigrada. Yang Tong. 2015. 279 pp., 131 figs., 5 pls.

Invertebrata vol. 51 Nematoda: Rhabditida: Strongylata (II). Zhang Luping and Kong Fanyao. 2014. 316 pp., 97 figs., 19 pls.

Invertebrata vol. 52 Platyhelminthes: Trematoda: Dgenea (III). Qiu Zhaozhi *et al.*. 2018. 746 pp., 401 figs.

Invertebrata vol. 53 Arachnida: Araneae: Salticidae. Peng Xianjin.2020. 612pp., 392 figs.

Invertebrata vol. 54 Annelida: Polychaeta (III): Sabellida. Sun Ruiping and Yang Dejian. 2014. 493 pp., 239 figs., 2 pls.

Invertebrata vol. 55 Mollusca: Gastropoda: Conidae. Li Fenglan and Lin Minyu. 2016. 288 pp., 168 figs., 4 pls.

Invertebrata vol. 56 Mollusca: Gastropoda: Strombacea and Naticacea. Zhang Suping. 2016. 318 pp., 138 figs., 10 pls.

Invertebrata vol. 57 Mollusca: Bivalvia: Tellinidae and Semelidae. Xu Fengshan and Zhang Junlong. 2017. 236 pp., 50 figs., 15 pls.

Invertebrata vol. 58 Mollusca: Gastropoda: Enoidea. Wu Min. 2018. 300 pp., 63 figs., 6 pls.

Invertebrata vol. 59 Arachnida: Araneae: Agelenidae and Amaurobiidae. Zhu Mingsheng, Wang Xinping and Zhang Zhisheng. 2017. 727 pp., 384 figs., 5 pls.

ECONOMIC FAUNA OF CHINA

Mammals. Shou Zhenhuang *et al.*, 1962. 554 pp., 153 figs., 72 pls.

Aves. Cheng Tsohsin *et al.*, 1963. 694 pp., 10 figs., 64 pls.

Marine fishes. Chen Qingtai *et al.*, 1962. 174 pp., 25 figs., 32 pls.

Freshwater fishes. Wu Xianwen *et al.*, 1963. 159 pp., 122 figs., 30 pls.

Parasitic Crustacea of Freshwater Fishes. Kuang Puren and Qian Jinhui, 1991. 203 pp., 110 figs.

Annelida. Echinodermata. Prorochordata. Wu Baoling *et al.*, 1963. 141 pp., 65 figs., 16 pls.

Marine mollusca. Zhang Xi and Qi Zhougyan, 1962. 246 pp., 148 figs.

Freshwater molluscs. Liu Yueyin *et al.*, 1979.134 pp., 110 figs.

Terrestrial molluscs. Chen Deniu and Gao Jiaxiang, 1987. 186 pp., 224 figs.

Parasitic worms. Wu Shuqing, Yin Wenzhen and Shen Shouxun, 1960. 368 pp., 158 figs.

Economic birds of China (Second edition). Cheng Tsohsin, 1993. 619 pp., 64 pls.

ECONOMIC INSECT FAUNA OF CHINA

Fasc. 1 Coleoptera: Cerambycidae. Chen Sicien *et al.*, 1959. 120 pp., 21 figs., 40 pls.

Fasc. 2 Hemiptera: Pentatomidae. Yang Weiyi, 1962. 138 pp., 11 figs., 10 pls.

Fasc. 3 Lepidoptera: Noctuidae I. Chu Hongfu and Chen Yixin, 1963. 172 pp., 22 figs., 10 pls.

Fasc. 4 Coleoptera: Tenebrionidae. Zhao Yangchang, 1963. 63 pp., 27 figs., 7 pls.

Fasc. 5 Coleoptera: Coccinellidae. Liu Chongle, 1963. 101 pp., 27 figs., 11pls.

Fasc. 6 Lepidoptera: Noctuidae II. Chu Hongfu *et al.*, 1964. 183 pp., 11 pls.

Fasc. 7 Lepidoptera: Noctuidae III. Chu Hongfu, Fang Chenglai and Wang Lingyao, 1963. 120 pp., 28 figs., 31 pls.

Fasc. 8 Isoptera: Termitidae. Cai Bonghua and Chen Ningsheng, 1964. 141 pp., 79 figs., 8 pls.

Fasc. 9 Hymenoptera: Apoidea. Wu Yanru, 1965. 83 pp., 40 figs., 7 pls.

Fasc. 10 Homoptera: Cicadellidae. Ge Zhongling, 1966. 170 pp., 150 figs.

Fasc. 11 Lepidoptera: Tortricidae I. Liu Youqiao and Bai Jiuwei, 1977. 93 pp., 23 figs., 24 pls.

Fasc. 12 Lepidoptera: Lymantriidae I. Chao Chungling, 1978. 121 pp., 45 figs., 18 pls.

Fasc. 13 Diptera: Ceratopogonidae. Li Tiesheng, 1978. 124 pp., 104 figs.

Fasc. 14 Coleoptera: Coccinellidae II. Pang Xiongfei and Mao Jinlong, 1979. 170 pp., 164 figs., 16 pls.

Fasc. 15 Acarina: Lxodoidea. Teng Kuofan, 1978. 174 pp., 707 figs.

Fasc. 16 Lepidoptera: Notodontidae. Cai Rongquan, 1979. 166 pp., 126 figs., 19 pls.

Fasc. 17 Acarina: Camasina. Pan Zungwen and Teng Kuofan, 1980. 155 pp., 168 figs.

Fasc. 18 Coleoptera: Chrysomeloidea I. Tang Juanjie *et al.*, 1980. 213 pp., 194 figs., 18 pls.

Fasc. 19 Coleoptera: Cerambycidae II. Pu Fuji, 1980. 146 pp., 42 figs., 12 pls.

Fasc. 20 Coleoptera: Curculionidae I. Chao Yungchang and Chen Yuanqing, 1980. 184 pp., 73 figs., 14 pls.

Fasc. 21 Lepidoptera: Pyralidae. Wang Pingyuan, 1980. 229 pp., 40 figs., 32 pls.

Fasc. 22 Lepidoptera: Sphingidae. Zhu Hongfu and Wang Lingyao, 1980. 84 pp., 17 figs., 34 pls.

Fasc. 23 Acariformes: Tetranychoidea. Wang Huifu, 1981. 150 pp., 121 figs., 4 pls.

Fasc. 24 Homoptera: Pseudococcidae. Wang Tzeching, 1982. 119 pp., 75 figs.

Fasc. 25 Homoptera: Aphidinea I. Zhang Guangxue and Zhong Tiesen, 1983. 387 pp., 207 figs., 32 pls.

Fasc. 26 Diptera: Tabanidae. Wang Zunming, 1983. 128 pp., 243 figs., 8 pls.

Fasc. 27 Homoptera: Delphacidae. Kuoh Changlin *et al.*, 1983. 166 pp., 132 figs., 13 pls.

Fasc. 28 Coleoptera: Larvae of Scarabaeoidae. Zhang Zhili, 1984. 107 pp., 17. figs., 21 pls.

Fasc. 29 Coleoptera: Scolytidae. Yin Huifen, Huang Fusheng and Li Zhaoling, 1984. 205 pp., 132 figs.,

19 pls.

Fasc. 30 Hymenoptera: Vespoidea. Li Tiesheng, 1985. 159pp., 21 figs., 12pls.

Fasc. 31 Hemiptera I. Zhang Shimei, 1985. 242 pp., 196 figs., 59 pls.

Fasc. 32 Lepidoptera: Noctuidae IV. Chen Yixin, 1985. 167 pp., 61 figs., 15 pls.

Fasc. 33 Lepidoptera: Arctiidae. Fang Chenglai, 1985. 100 pp., 69 figs., 10 pls.

Fasc. 34 Hymenoptera: Chalcidoidea I. Liao Dingxi *et al.*, 1987. 241 pp., 113 figs., 24 pls.

Fasc. 35 Coleoptera: Cerambycidae III. Chiang Shunan. Pu Fuji and Hua Lizhong, 1985. 189 pp., 2 figs., 13 pls.

Fasc. 36 Homoptera: Fulgoroidea. Chou Io *et al.*, 1985. 152 pp., 125 figs., 2 pls.

Fasc. 37 Diptera: Anthomyiidae. Fan Zide *et al.*, 1988. 396 pp., 1215 figs., 10 pls.

Fasc. 38 Diptera: Ceratopogonidae II. Lee Tiesheng, 1988. 127 pp., 107 figs.

Fasc. 39 Acari: Ixodidae. Teng Kuofan and Jiang Zaijie, 1991. 359 pp., 354 figs.

Fasc. 40 Acari: Dermanyssoideae, Teng Kuofan *et al.*, 1993. 391 pp., 318 figs.

Fasc. 41 Hymenoptera: Pteromalidae I. Huang Dawei, 1993. 196 pp., 252 figs.

Fasc. 42 Lepidoptera: Lymantriidae II. Chao Chungling, 1994. 165 pp., 103 figs., 10 pls.

Fasc. 43 Homoptera: Coccidea. Wang Tzeching, 1994. 302 pp., 107 figs.

Fasc. 44 Acari: Eriophyoidea I. Kuang Haiyuan, 1995. 198 pp., 163 figs., 7 pls.

Fasc. 45 Diptera: Tabanidae II. Wang Zunming, 1994. 196 pp., 182 figs., 8 pls.

Fasc. 46 Coleoptera: Cetoniidae, Trichiidae, Valgidae. Ma Wenzhen, 1995. 210 pp., 171 figs., 5 pls.

Fasc. 47 Hymenoptera: Formicidae I. Tang Jub, 1995. 134 pp., 135 figs.

Fasc. 48 Ephemeroptera. You Dashou *et al.*, 1995. 152 pp., 154 figs.

Fasc. 49 Trichoptera I: Hydroptilidae, Stenopsychidae, Hydropsychidae, Leptoceridae. Tian Lixin *et al.*, 1996. 195 pp., 271 figs., 2 pls.

Fasc. 50 Hemiptera II: Zhang Shimei *et al.*, 1995. 169 pp., 46 figs., 24 pls.

Fasc. 51 Hymenoptera: Ichneumonidae. He Junhua, Chen Xuexin and Ma Yun, 1996. 697 pp., 434 figs.

Fasc. 52 Hymenoptera: Sphecidae. Wu Yanru and Zhou Qin, 1996. 197 pp., 167 figs., 14 pls.

Fasc. 53 Acari: Phytoseiidae. Wu Weinan *et al.*, 1997. 223 pp., 169 figs., 3 pls.

Fasc. 54 Coleoptera: Chrysomeloidea II. Yu Peiyu *et al.*, 1996. 324 pp., 203 figs., 12 pls.

Fasc. 55 Thysanoptera. Han Yunfa, 1997. 513 pp., 220 figs., 4 pls.

1. 白斑狭顶叶蝉 *Angustuma albonotata* (Yang *et* Zhang) 雄体背面观；2. 景洪狭顶叶蝉 *Angustuma jinghongensis* (Li *et* Li) 雄体背面观；3. 长尾狭顶叶蝉 *Angustuma longipyga* (Li *et* Wang) 雄体背面观；4. 勐仑狭顶叶蝉，新种 *Angustuma menglunensis* Li, Li *et* Xing, sp. nov. 雄体背面观；5. 黑脊狭顶叶蝉 *Angustuma nigricarina* (Li) 雄体背面观；6. 黑尾狭顶叶蝉 *Angustuma nigricauda* (Chen, Yang *et* Li) 雄体背面观；7. 红背狭顶叶蝉 *Angustuma rudorsuma* (Xing *et* Li) 雄体背面观；8. 望谟狭顶叶蝉，新种 *Angustuma wangmoensis* Li, Li *et* Xing, sp. nov. 雄体背面观. 标尺=1mm

图版 II

1. 北方冠垠叶蝉 *Boundarus ogumae* (Matstumura) 雄体背面观；2. 三斑冠垠叶蝉 *Boundarus trimaculatus* Li *et* Wang 雄体背面观；3. 四斑斜脊叶蝉，新种 *Bundera fourmacula* Li, Li *et* Xing, sp. nov. 雌体背面观；4. 黑翅斜脊叶蝉 *Bundera heichiana* Li *et* Wang 雄体背面观；5. 红条斜脊叶蝉 *Bundera rufistriana* Li *et* Wang 雄体背面观；6. 黄氏斜脊叶蝉 *Bundera tengchihugh* (Huang) 雄体背面观；7. 双斑斜脊叶蝉 *Bundera venata* Distant 雄体背面观；8. 倒钩脊额叶蝉 *Crinata bartulata* Yang *et* Zhang 雄体背面观. 标尺=1mm

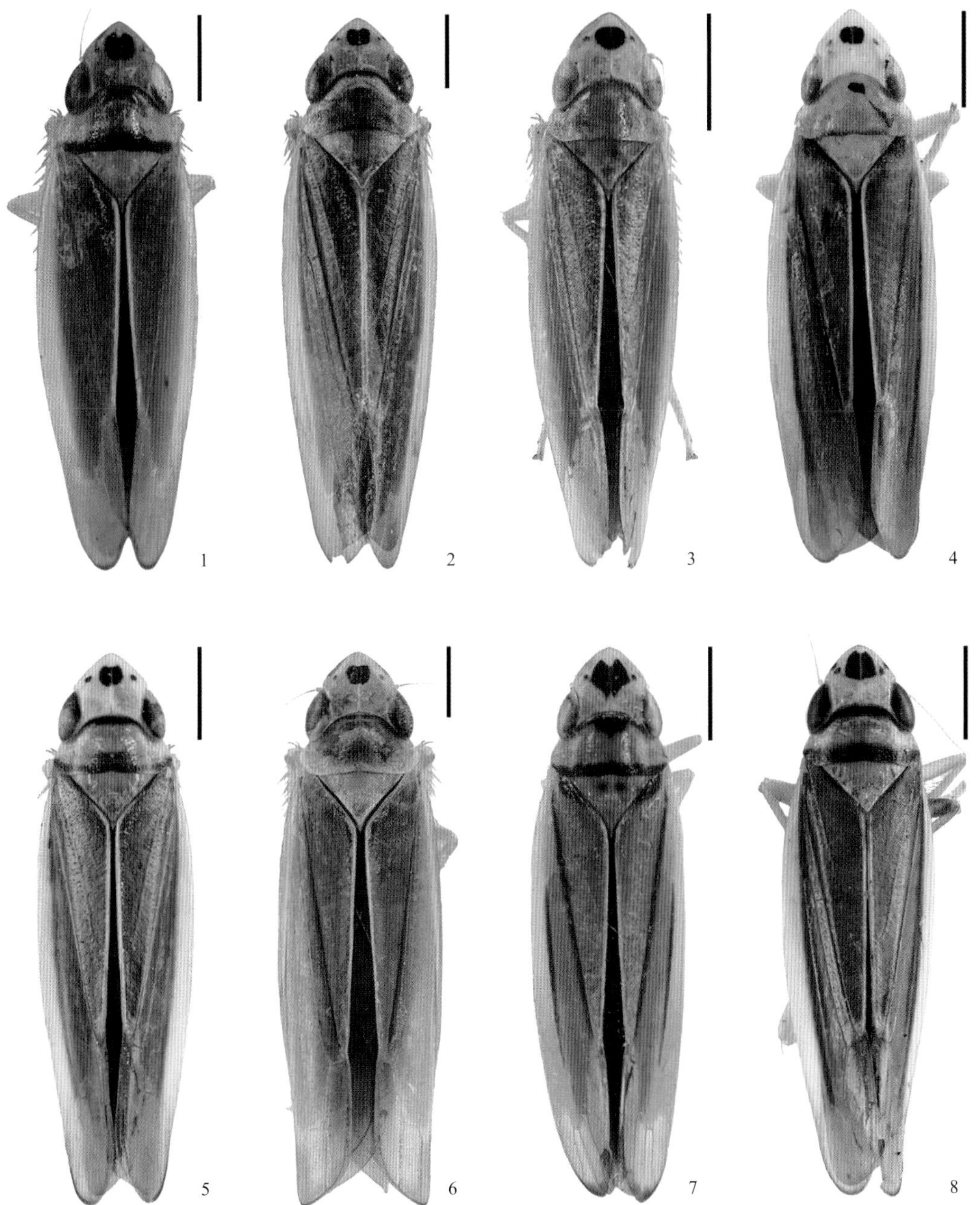

1. 叉突脊额叶蝉 *Carinata bifida* Li *et* Wang 雄体背面观；2. 双叉脊额叶蝉，新种 *Carinata biforka* Li, Li *et* Xing, sp. nov. 雄体背面观；3. 端叉脊额叶蝉 *Carinata bifurcata* Li *et* Novotny 雄体背面观；4. 双钩脊额叶蝉，新种 *Carinata bihamuluca* Li, Li *et* Xing, sp. nov. 雄体背面观；5. 赤水脊额叶蝉，新种 *Carinata chishuiensis* Li, Li *et* Xing, sp. nov. 雄体背面观；6. 大田脊额叶蝉，新种 *Carinata datianensis* Li, Li *et* Xing, sp. nov. 雄体背面观；7. 黑条脊额叶蝉 *Carinata ganga* Li *et* Wang 雄体背面观；8. 白边脊额叶蝉 *Carinata kelloggii* (Baker) 雄体背面观. 标尺=1mm

图版 IV

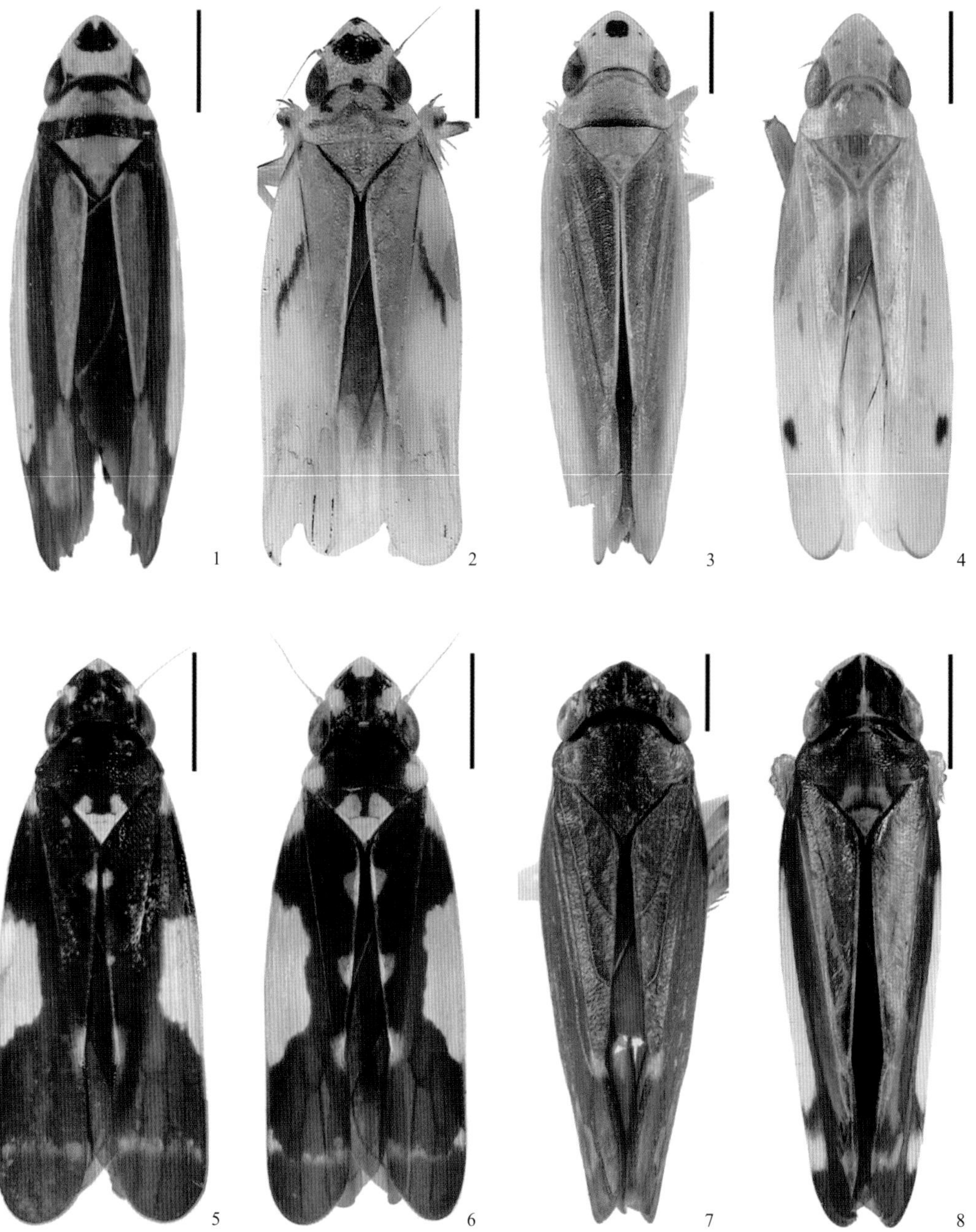

1. 黑带脊额叶蝉 *Carinata nigrofasciata* Li *et* Wang 雄体背面观；2. 斜纹脊额叶蝉，新种 *Carinata obliquela* Li, Li *et* Xing, sp. nov. 雄体背面观；3. 斑颊脊额叶蝉 *Carinata signigena* Li *et* Wang 雄体背面观；4. 一点脊额叶蝉 *Carinata unipuncta* Wang *et* Li 雄体背面观；5. 白额凹冠叶蝉 *Concaves albiclypeus* (Li *et* Wang) 雄体背面观；6. 黄斑凹冠叶蝉 *Concaves flavopunctatus* (Li *et* Wang) 雄体背面观；7. 黑色扁头叶蝉 *Concavocorona abbreviata* (Jacobi) 雄体背面观；8. 白带凸冠叶蝉，新种 *Convexana albitapeta* Li, Li *et* Xing, sp. nov. 雄体背面观. 标尺=1mm

1. 黑额凸冠叶蝉 *Convexana nigrifronta* Li 雄体背面观；2. 黑腹凸冠叶蝉，新种 *Convexana nigriventrala* Li, Li *et* Xing, sp. nov. 雄体背面观；3. 红色凸冠叶蝉 *Convexana rufa* Li 雄体背面观；4. 透斑楔叶蝉 *Cunedda hyalipictata* (Li *et* Wang) 雄体背面观；5. 大型楔叶蝉 *Cunedda macrusa* (Cai *et* He) 雄体背面观；6. 斑翅楔叶蝉 *Cunedda punctata* (Li *et* Zhang) 雄体背面观；7. 白条横脊叶蝉 *Evacanthus albovittatus* Kuoh 雄体背面观；8. 二带横脊叶蝉 *Evacanthus bivittatus* Kuoh 雄体背面观. 标尺=1mm

图版 VI

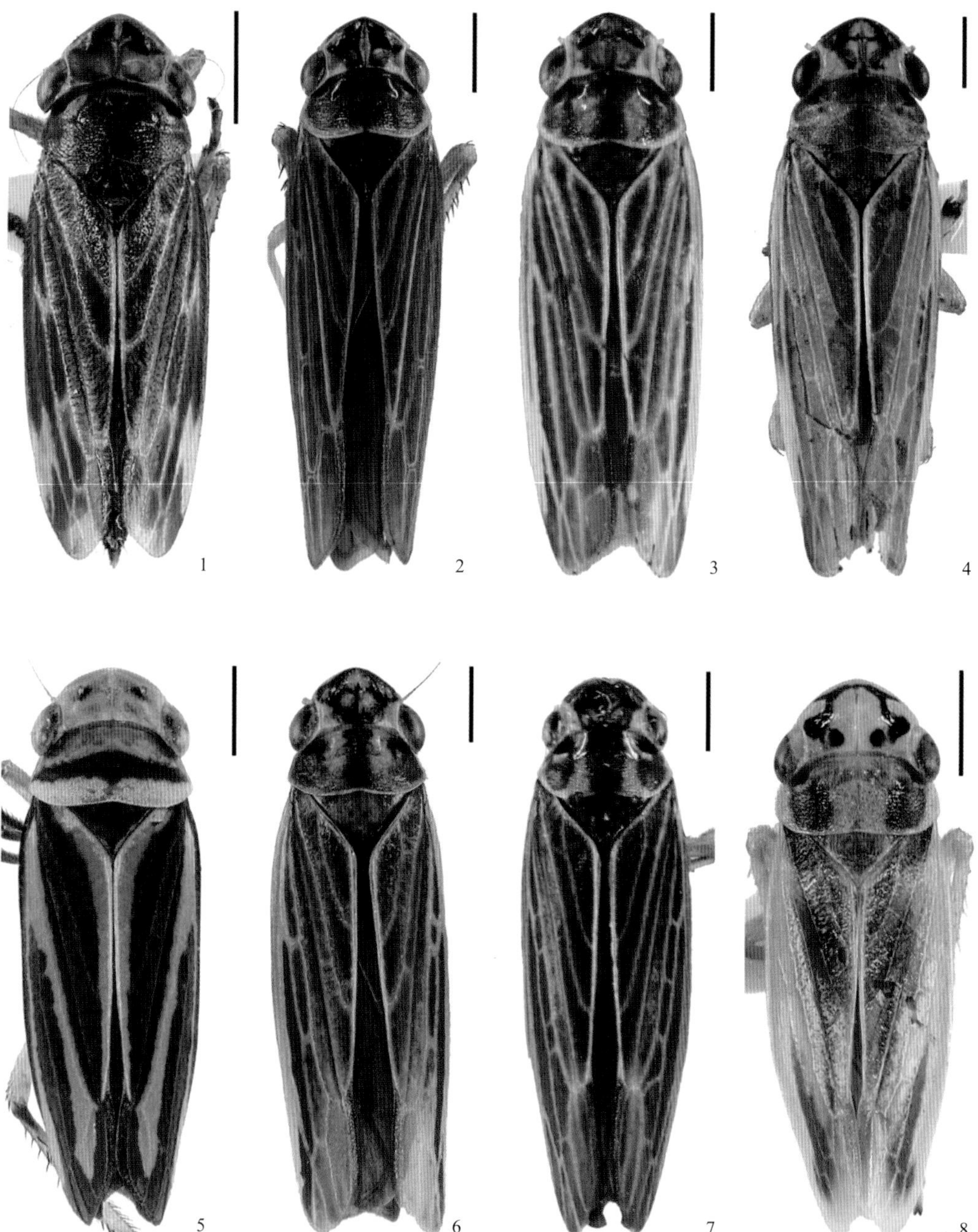

1. 淡脉横脊叶蝉 *Evacanthus danmainus* Kuoh 雄体背面观；2. 齿突横脊叶蝉，新种 *Evacanthus dentisus* Li, Li *et* Xing, sp. nov. 雄体背面观；3. 片刺横脊叶蝉 *Evacanthus laminatus* Kuoh 雄体背面观；4. 长刺横脊叶蝉 *Evacanthus longispinosus* Kuoh 雄体背面观；5. 黑盾横脊叶蝉 *Evacanthus nigriscutus* Li *et* Wang 雄体背面观；6. 黄褐横脊叶蝉 *Evacanthus ochraceus* Kuoh 雄体背面观；7. 红脉横脊叶蝉 *Evacanthus rubrivenosus* Kuoh 雄体背面观；8. 侧刺横脊叶蝉，新种 *Evacanthus splinterus* Li, Li *et* Xing, sp. nov. 雄体背面观. 标尺=1mm

1. 条翅横脊叶蝉 *Evacanthus taeniatus* Li 雄体背面观；2. 端钩横脊叶蝉 *Evacanthus uncinatus* Li 雄体背面观；3. 龙陵多突叶蝉 *Multiformis longlingensis* Li *et* Li 雄体背面观；4. 皱纹隆脊叶蝉 *Oncusa rugosa* (Li *et* Wang) 雄体背面观；5. 斑驳锥头叶蝉 *Onukia guttata* Li *et* Wang 雄体背面观；6. 白缘锥头叶蝉，新种 *Onukia palemargina* Li, Li *et* Xing, sp. nov. 雄体背面观；7. 纵带拟锥头叶蝉 *Onukiades longitudinalis* Huang 雄体背面观；8. 黑额副锥头叶蝉 *Paraonukia arisana* (Matsumura) 雄体背面观. 标尺=1mm

图版 VIII

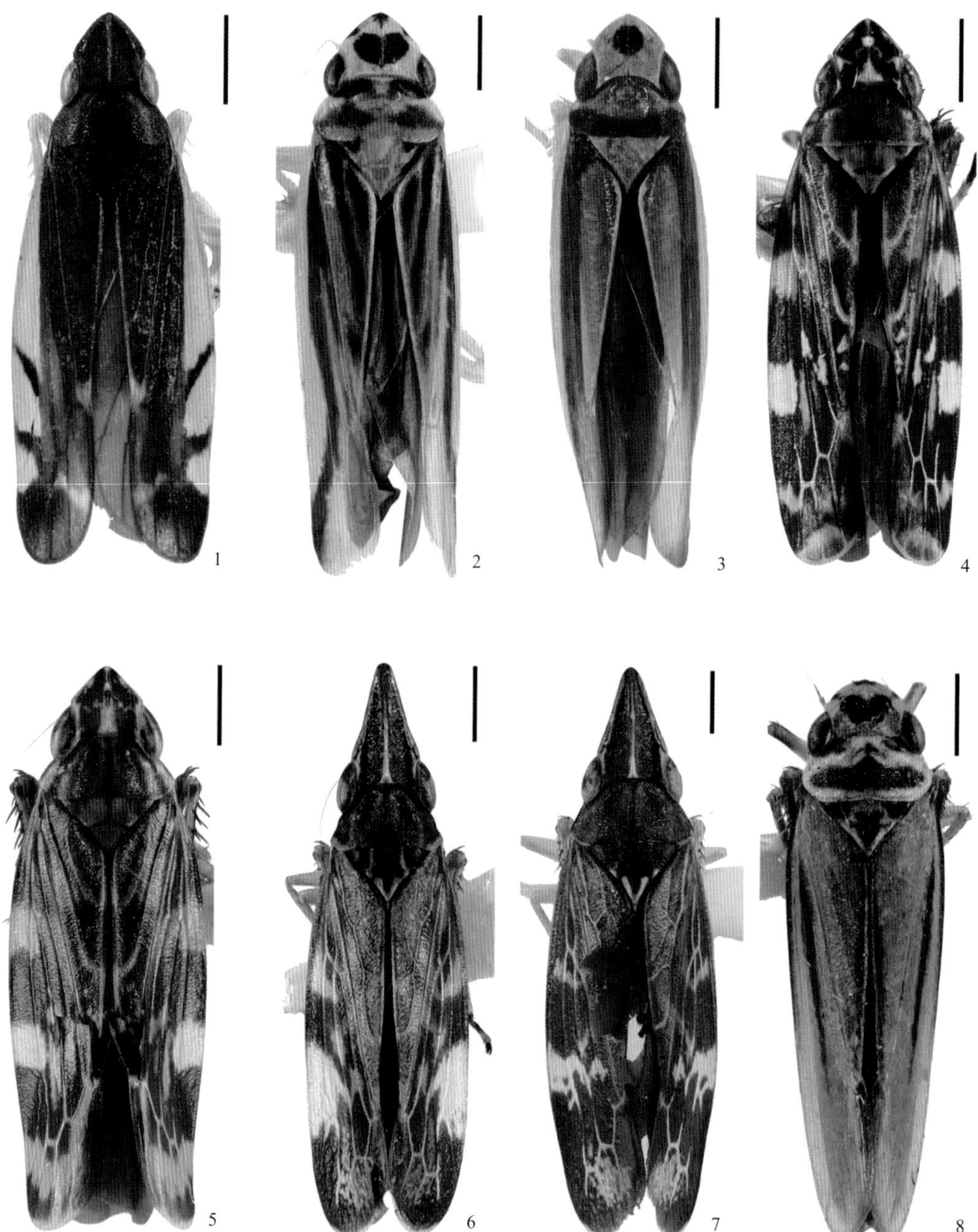

1. 望谟副锥头叶蝉 *Paraonukia wangmoensis* Yang, Chen *et* Li 雄体背面观；2. 叉突长突叶蝉 *Processus bistigmanus* (Li *et* Zhang) 雄体背面观；3. 中带长突叶蝉 *Processus midfascianus* (Wang *et* Li) 雄体背面观；4. 囊茎横脉叶蝉，新种 *Transvenosus sacculuses* Li, Li *et* Xing, sp. nov. 雄体背面观；5. 端斑横脉叶蝉 *Transvenosus signumes* (Li *et* Webb) 雄体背面观；6. 保山突脉叶蝉 *Riseveinus baoshanensis* Li *et* Li 雄体背面观；7. 中华突脉叶蝉 *Riseveinus sinensis* (Jacobi) 雄体背面观；8. 黄头窄冠叶蝉 *Shortcrowna flavocapitata* (Kato) 雄体背面观. 标尺=1mm

1. 雷山窄冠叶蝉 *Shortcrowna leishanensis* Li *et* Li 雄体背面观；2. 长刺思茅叶蝉 *Simaonukia longispinus* Li *et* Li 雄体背面观；3. 曲突皱背叶蝉 *Striatanus curvatanus* Li *et* Wang 雄体背面观；4. 齿突皱背叶蝉 *Striatanus dentatus* Li *et* Wang 雄体背面观；5. 二点锥茎叶蝉 *Subulatus bipunctatus* Yang *et* Zhang 雄体背面观；6. 黄背锥茎叶蝉 *Subulatus flavidus* Li *et* Li 雄体背面观；7. 道真角突叶蝉 *Taperus daozhenensis* Li *et* Li 雄体背面观；8. 横带角突叶蝉 *Taperus fasciatus* Li *et* Wang 雄体背面观. 标尺=1mm

图版 X

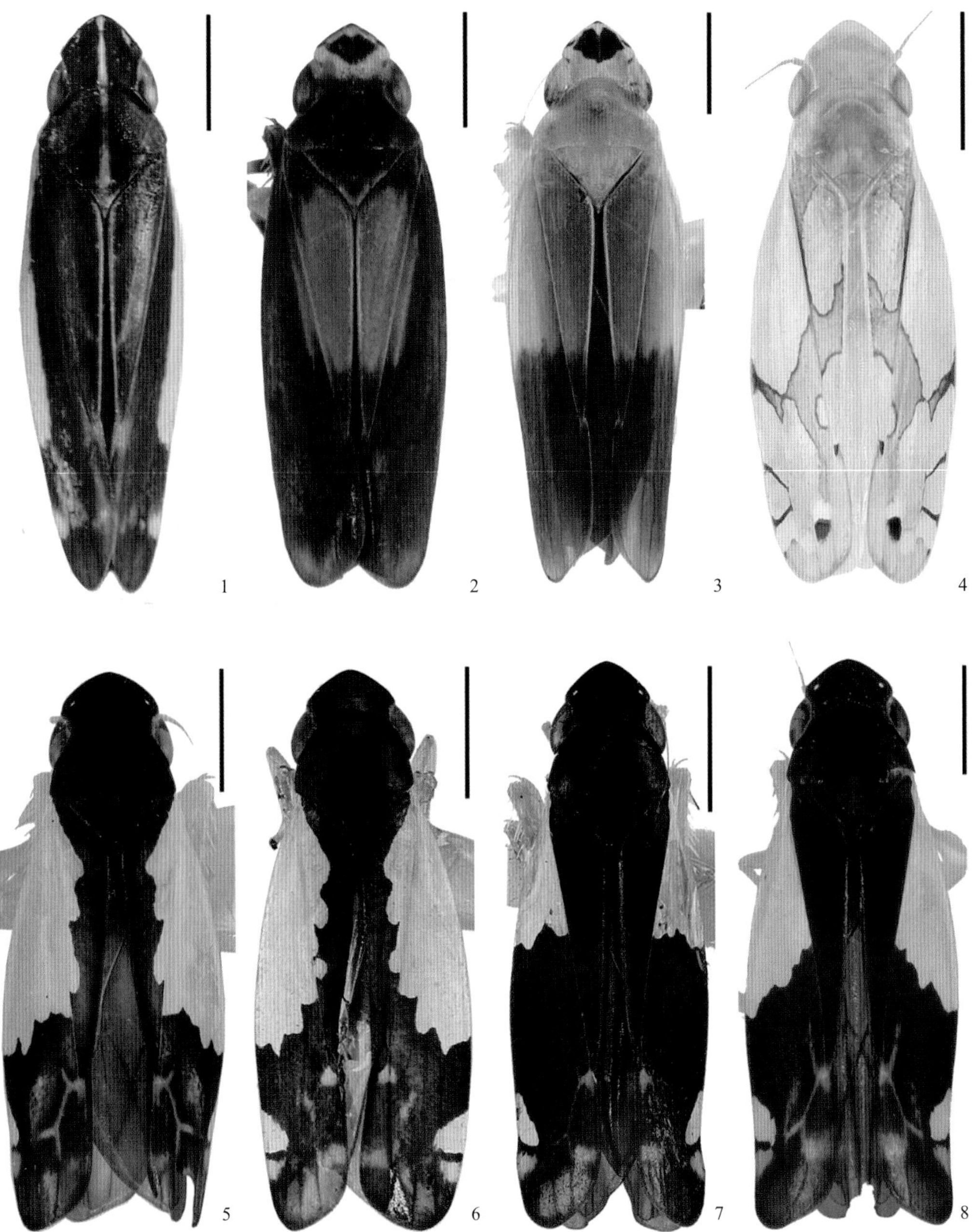

1. 黄额角突叶蝉 *Taperus flavifrons* (Matsumura) 雄体背面观；2. 黄斑腹突叶蝉，新种 *Ventroprojecta luteina* Li, Li *et* Xing, sp. nov. 雄体背面观；3. 黑斑腹突叶蝉，新种 *Ventroprojecta nigriguttata* Li, Li *et* Xing, sp. nov. 雄体背面观；4. 褐纹双突叶蝉，新种 *Biprocessa specklea* Li, Li *et* Xing, sp. nov. 雄体背面观；5. 印度消室叶蝉 *Chudania delecta* Distant 雄体背面观；6. 佛坪消室叶蝉，新种 *Chudania fopingana* Li, Li *et* Xing, sp. nov. 雄体背面观；7. 广西消室叶蝉 *Chudania guangxiiana* Dai *et* Zhang 雄体背面观；8. 昆明消室叶蝉 *Chudania kunmingana* Zhang *et* Yang 雄体背面观．标尺=1mm

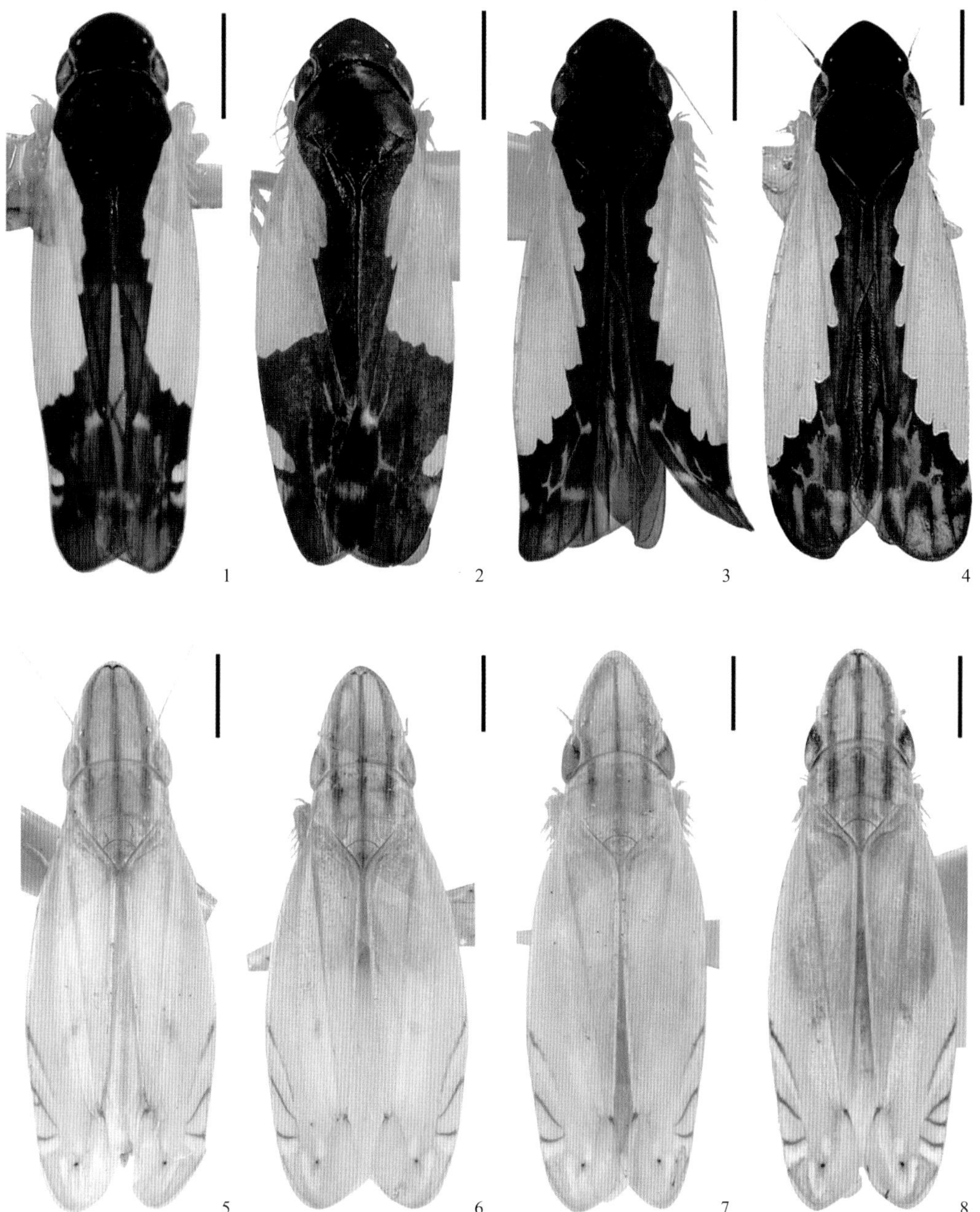

1. 丽江消室叶蝉 *Chudania lijiangensis* Li *et* Chen 雄体背面观；2. 多刺消室叶蝉，新种 *Chudania multispinata* Li, Li *et* Xing, sp. nov. 雄体背面观；3. 中华消室叶蝉 *Chudania sinica* Zhang *et* Yang 雄体背面观；4. 中华消室叶蝉 *Chudania sinica* Zhang *et* Yang 雌体背面观；5. 钩茎凹片叶蝉 *Concaveplana hamulusa* Li *et* Chen 雄体背面观；6. 茂兰凹片叶蝉 *Concaveplana maolana* Li *et* Chen 雄体背面观；7. 红线凹片叶蝉 *Concaveplana rufolineata* (Kuoh) 雄体背面观；8. 侧突凹片叶蝉，新种 *Concaveplana splintera* Li, Li *et* Xing, sp. nov. 雄体背面观. 标尺=1mm

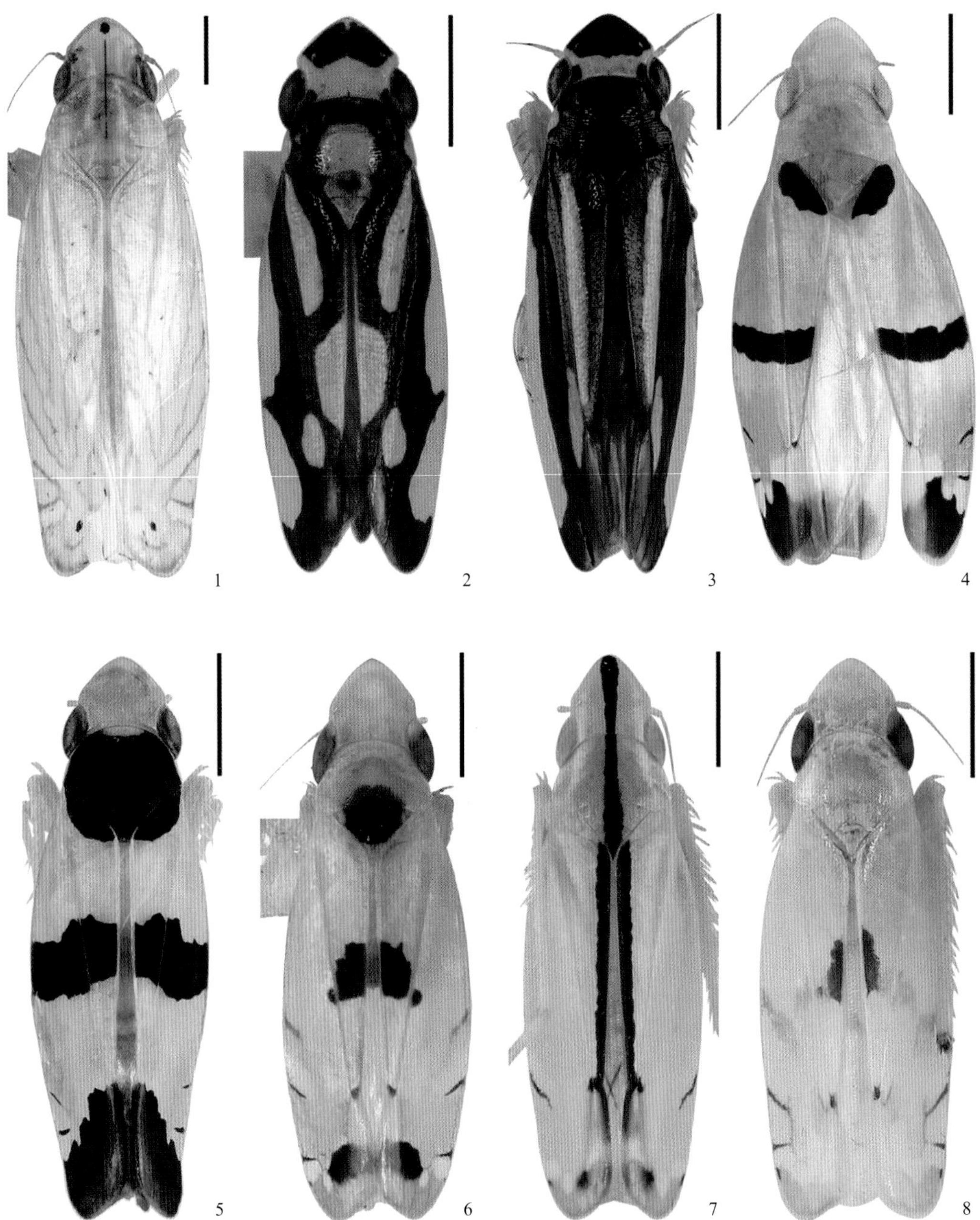

1. 郭氏隆额叶蝉 *Convexfronta guoi* Li 雄体背面观；2. 端黑对突叶蝉 *Decursusnirvana excelsa* (Melichar) 雄体背面观；3. 纵带对突叶蝉 *Decursusnirvana fasciiformis* Gao *et* Zhang 雄体背面观；4. 中带端突叶蝉 *Extenda centriganga* (Li *et* Chen) 雄体背面观；5. 横带端突叶蝉 *Extenda fasciata* (Li *et* Wang) 雄体背面观；6. 黑背端突叶蝉 *Extenda nigronotum* (Li *et* Chen) 雄体背面观；7. 宽带内突叶蝉 *Extensus latus* Huang 雄体背面观；8. 斑缘长索叶蝉 *Longiconnecta marginalspota* Li *et* Xing 雄体背面观. 标尺=1mm

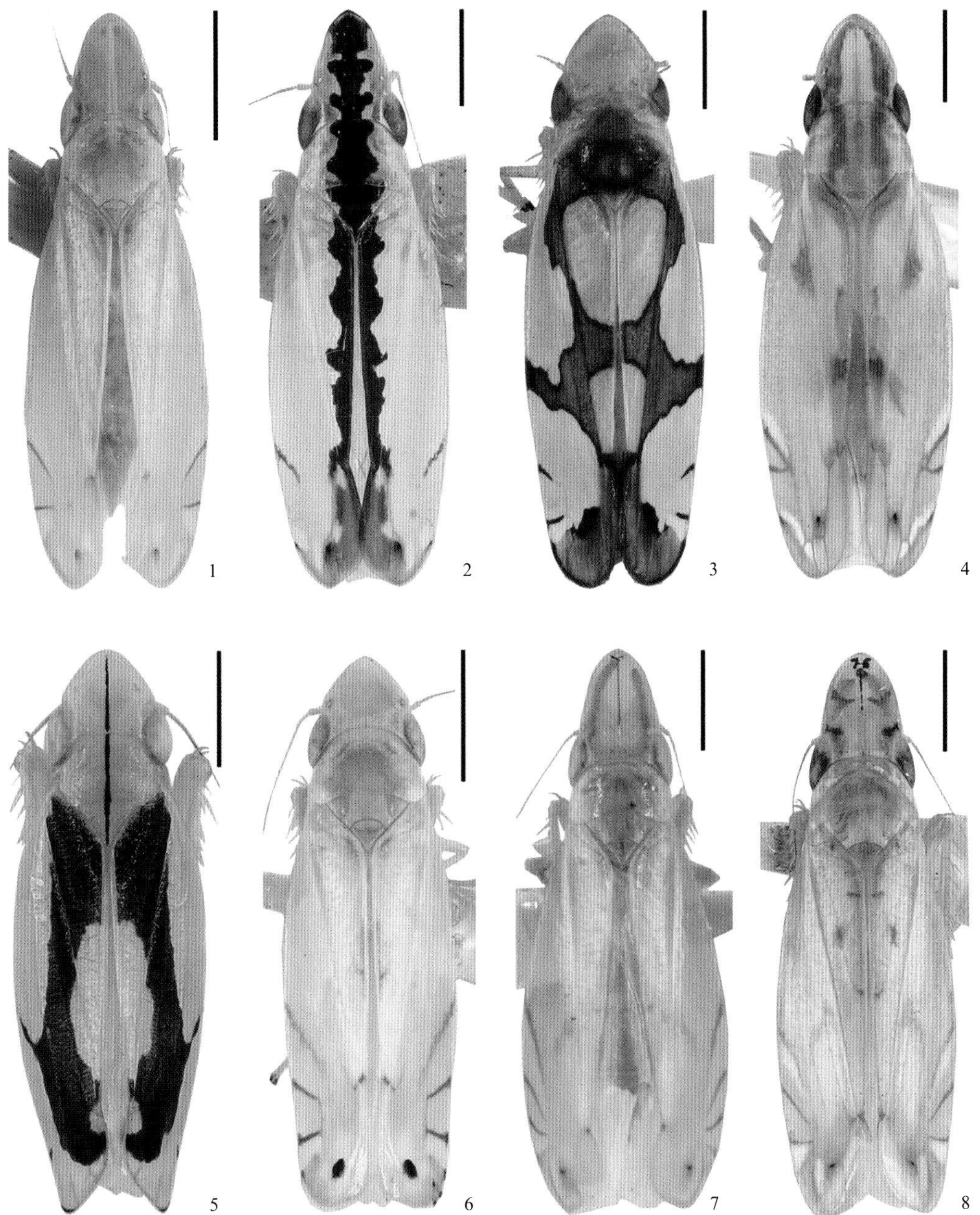

1. 淡色隐脉叶蝉 *Nirvana pallida* Melichar 雄体背面观；2. 宽带隐脉叶蝉 *Nirvana suturalis* Melichar 雄体背面观；3. 白头小板叶蝉 *Oniella honesta* (Melichar) 雌体背面观；4. 双带扁头叶蝉 *Ophiuchus bizonatus* Li *et* Wang 雄体背面观；5. 多毛类隐脉叶蝉 *Sinonirvana hirsuta* Gao *et* Zhang 雄体背面观；6. 白色拟隐脉叶蝉 *Sophonia albuma* Li *et* Wang 雄体背面观；7. 肛突拟隐脉叶蝉 *Sophonia anushamata* Chen *et* Li 雄体背面观； 8. 弧纹拟隐脉叶蝉 *Sophonia arcuata* Chen *et* Li 雄体背面观. 标尺=1mm

图版 XIV

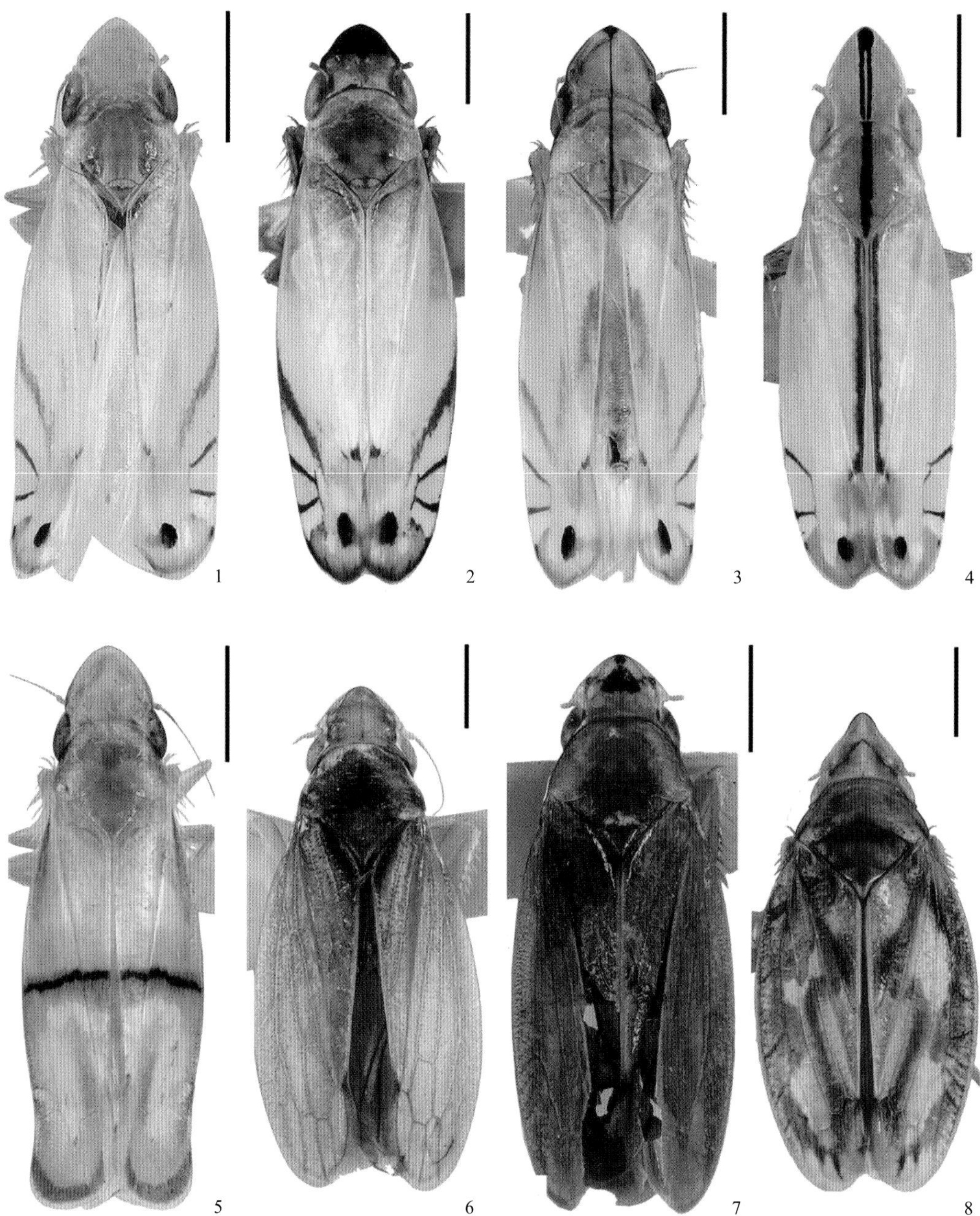

1. 黑边拟隐脉叶蝉，新种 *Sophonia nigricostana* Li, Li *et* Xing, sp. nov. 雄体背面观；2. 黑面拟隐脉叶蝉 *Sophonia nigrifrons* (Kuoh) 雄体背面观；3. 黑线拟隐脉叶蝉 *Sophonia nigrilineata* Chen *et* Li 雄体背面观；4. 东方拟隐脉叶蝉 *Sophonia orientalis* (Matsumura) 雄体背面观；5. 横纹拟隐脉叶蝉 *Sophonia transvittata* Li *et* Chen 雄体背面观；6. 吊罗山缺缘叶蝉，新种 *Balbillus diaoluoshanensis* Li, Li *et* Xing, sp. nov. 雄体背面观；7. 锥纹缺缘叶蝉，新种 *Balbillus laperpatteus* Li, Li *et* Xing, sp. nov. 雄体背面观；8. 红纹薄扁叶蝉 *Stenotortor subhimalaya* Viraktamath *et* Wesley 雄体背面观. 标尺=1mm

(Q-4623.01)
ISBN 978-7-03-066254-5

定价：**380.00** 元